Lehrbuch der
Bergwerksmaschinen
(Kraft- und Arbeitsmaschinen)

von

Dr. H. Hoffmann †
Bergschule Bochum

Dritte, umgearbeitete und verbesserte Auflage

bearbeitet von

Dipl.-Ing. C. Hoffmann
Bergschule Bochum

Mit 587 Textabbildungen

Springer-Verlag Berlin Heidelberg GmbH

ISBN 978-3-662-01778-4 ISBN 978-3-662-02073-9 (eBook)
DOI 10.1007/978-3-662-02073-9

Ursprünglich erschienen bei Springer-Verlag OHG in Berlin 1941
Softcover reprint of the hardcover 3rd edition 1941

Vorwort zur ersten Auflage.

Im Bergbau hat das Maschinenwesen wegen seines Umfanges und seiner Vielseitigkeit erhöhte Bedeutung gewonnen. Unter Bergwerksmaschinen versteht man heute einen viel größeren Kreis von Maschinen als ehedem, nachdem zu den Fördermaschinen, Wasserhaltungen, Ventilatoren und Kompressoren, zu den Haspeln, Gesteinsbohrmaschinen und Seilbahnen im unterirdischen Betriebe Schrämmaschinen, Schüttelrutschen, Abbauhämmer, Drehbohrmaschinen sowie Lokomotiven mit elektrischem, Benzolmotor- und Druckluftantrieb getreten sind. In diesem Buche sind die Maschinen der Bergwerke in noch weiterem Rahmen behandelt, indem auch die Kraftanlagen der Bergwerke und die Verteilung der Kraft einbezogen sind. Das Buch führt durch dies weite Gebiet vom Standpunkt des Betriebes, indem an Hand zahlreicher Abbildungen Zweck und Wirkung, Wirtschaftlichkeit, Regelung, Überwachung und Prüfung der Maschinen behandelt werden. Wegen der außerordentlichen Vielseitigkeit des Bergwerksmaschinenbetriebes, die davon herrührt, daß Kolben- und Turbomaschinen sowie Dampf-, Druckluft- und elektrischer Antrieb nebeneinander bestehen, hatte der zu behandelnde Stoff sehr großen Umfang, was zu gedrängter Darstellung zwang.

Das Buch wird durch einen Abschnitt über Thermodynamik eingeleitet, in welchem auch die technisch so wichtigen Entropietafeln nebst ihrer Anwendung besprochen sind. Es folgen Abschnitte über Dampfkesselanlagen, Dampfmaschinen und Dampfturbinen, Kondensations- und Abdampfverwertungsanlagen. Weiter werden Schachtförderungen, Wasserhaltungen, Kolben- und Kreiselpumpen sowie Kolben- und Turbokompressoren dargestellt. Sehr ausführlich sind die im Schrifttum stiefmütterlich behandelten Druckluftantriebe besprochen, auf welchem Gebiet in den letzten Jahren viel Neues und Gutes geschaffen ist. Außer den Druckluftmotoren selbst gehören hierher Haspel, Schrämmaschinen, Schüttelrutschen, Bohr- und Abbauhämmer. Hochdruckkompressoren und Preßluftlokomotiven sind gemeinsam besprochen. In weiteren Abschnitten sind Kältemaschinen und Ventilatoren behandelt. Bei den Verbrennungsmaschinen sind sowohl die Großgasmaschinen wie die kleinen Verpuffungsmaschinen, insbesondere die Benzolgrubenlokomotiven, ferner Dieselmaschinen und andere Schwerölmaschinen dargestellt. In dem die elektrische Kraftübertragung im Bergbau behandelnden Abschnitte ist die Schaltung eines normalen Grubenkraftwerkes gezeigt, ferner sind Drehstrom- und Gleichstromförderantriebe, elektrische Grubenlokomotiven sowie der elektrische Antrieb der vor Ort arbeitenden Maschinen dargestellt. Den Schluß bildet ein größerer Abschnitt über Meßkunde, in welchem die im Betriebe so wichtigen Messungen von Wasser, Dampf, Gas und Druckluft, ferner die Prüfung der Rauchgase dargelegt werden und der mit früheren Abschnitten über das Indizieren der Maschinen und die Bemessung von Rohrleitungen für Wasser, Dampf und Luft im Zusammenhang steht.

Auf gute Abbildungen ist größter Wert gelegt. Es waren für das Buch, das dem Unterricht in der Maschinenlehre an der Bergschule Bochum zugrunde gelegt werden soll, von der Westfälischen Berggewerkschaftskasse die berggewerkschaftlichen Zeichenkräfte zur Verfügung gestellt worden. Für diese Unterstützung, durch die es ermöglicht wurde, das Buch mit einer Fülle von Diagrammen, schematischen Darstellungen und konstruktiven Zeichnungen auszustatten, zolle ich meinen größten Dank. Am Entwurf und der Ausführung der Zeichnungen waren in erster Linie die Herren Haibach und Schultz beteiligt, denen ich auch an dieser Stelle meinen herzlichsten Dank ausspreche.

Bochum, im Januar 1926.

Der Verfasser.

Vorwort zur dritten Auflage.

Das Lehrbuch hat in der vorliegenden Auflage eine weitgehende Umgestaltung erfahren. Langjährige Erfahrung beim Gebrauch des Lehrbuches im maschinentechnischen Unterricht an der Bergschule hat eine straffere Zusammenfassung verwandter Stoffgebiete und einen gleichartigeren Aufbau der Hauptabschnitte als zweckmäßig erscheinen lassen. An manchen Stellen wurde eine leichter faßliche, durch Anwendungsbeispiele unterstützte Darstellung gewählt. Der Gebrauch umständlicher Formeln ist in noch stärkerem Maße als bisher durch Zahlentafeln und Diagramme mit erläuternden Beispielen vereinfacht worden, die auch dem Betriebsmann in der Praxis eine wertvolle Unterstützung sein werden.

Den technischen Fortschritten ist bis zur jüngsten Zeit Rechnung getragen worden. Insbesondere ist der Druckluftbetrieb seiner Bedeutung entsprechend ausführlicher als in den früheren Auflagen behandelt worden, wie es schon die Aufteilung des Abschnittes „Druckluftantriebe“ in die Abschnitte Drucklufttenergieübertragung, Druckluftantriebe, Gewinnungsmaschinen mit Druckluftantrieb und Druckluftmaschinen der Förderung erkennen läßt. Es werden nicht nur die Bauarten der Druckluftmotoren beschrieben, sondern auch ihre Betriebseigenschaften an Hand von Kennliniendiagrammen erläutert und miteinander verglichen. Völlig neu sind die Ausführungen über Drucklufthämmer, die als wichtigste Abbaugeräte bisher noch nicht in diesem Umfang in der Literatur behandelt worden sind. Neben den Ausführungen über Wirkungsweise, Kennwerte, Rückschlag, Stoßwirkungsgrad, Behandlung im Betriebe und neue Hammerbauarten wird im Abschnitt Meßkunde auch die Prüfung der Drucklufthämmer behandelt. Fast jeder Abschnitt weist Neuerungen auf, von denen nur einige kurz erwähnt seien: Hochdruckkessel, Wirbel- und Mühlenfeuerungen, Radialdampfturbinen, Getriebefördermaschinen, Sicherheits- und Betriebsvorschriften für Dieselgrubenlokomotiven, Säulenschräm- und Kerbmaschinen, Zwillings- und Drillingsrutschenmotoren, Förderbandantriebe, Hammerprüfgeräte.

Technische Gründe ließen eine nennenswerte Erweiterung der Neuauflage nicht zu, so daß manche Kürzungen notwendig wurden, um für die schon so knapp wie möglich gehaltenen Neuerungen genügenden Raum zu schaffen; so wurde der Abschnitt über elektrische Kraftübertragung gestrichen und die Ausführungen über elektrische Fördermaschinen, Grubenlokomotiven und Ventilatorantriebe in die betreffenden Hauptabschnitte eingegliedert.

Dem Entgegenkommen der Westfälischen Berggewerkschaftskasse verdanke ich es, daß die Abbildungen wieder in großem Umfange erneuert und ergänzt werden konnten. Für die Ausführung der Zeichnungen danke ich den Herren Hockenjos und Rustemeier herzlichst.

Bochum, im Oktober 1941.

Dipl.-Ing. C. Hoffmann.

Inhaltsverzeichnis.

Seite

Bezeichnungen. Maßbeziehungen. Abkürzungen 1

I. Thermodynamik 3

1. Flüssigkeiten. Dämpfe. Gase. S. 3. — 2. Der Zustand der Gase und Dämpfe. S. 3. — 3. Die Gesetze von Mariotte und Gay-Lussac. S. 4. — 4. Die allgemeine Zustandsgleichung der Gase. S. 6. — 5. Kritischer Zustand der Dämpfe. S. 7. — 6. Wärme und Arbeit. Die beiden Hauptsätze der Wärme. S. 8. — 7. Die spezifische Wärme der Gase. S. 9. — 8. Das *PV*-Diagramm (Arbeitsdiagramm). S. 10. — 9. Isothermische, adiabatische, polytropische Expansion und Kompression von Gasen. S. 11. — 10. Die Kompressorarbeit. Die Arbeit des Druckluftmotors. S. 14. — 11. Vom Wasserdampfe. S. 15. — 12. Das Wärmediagramm und der Entropiebegriff. S. 19. — 13. Entropietafeln. S. 21. — 14. Die Anwendung der Entropietafeln für Wasserdampf. S. 22. — 15. Die Anwendung der Luftentropietafel. S. 27. — 16. Kreisprozesse. Carnot-Prozeß. Thermischer Wirkungsgrad. S. 29. — 17. Die Ausströmung von Gasen und Dämpfen aus Düsen und Leitkanälen. Kritisches Druckverhältnis. S. 31. — 18. Strömgeschwindigkeit und ausströmende Menge. S. 31.

II. Die Brennstoffe und ihre Verbrennung 37

19. Überblick. Entzündungstemperatur. Verbrennungstemperatur. S. 37. — 20. Feste Brennstoffe. S. 37. — 21. Flüssige Brennstoffe. S. 38. — 22. Gasförmige Brennstoffe. S. 38. — 23. Der Heizwert der Brennstoffe. S. 39. — 24. Der Luftbedarf für die Verbrennung fester, flüssiger und gasförmiger Brennstoffe. Die Luftüberschußzahl. S. 40. — 25. Der Heizwert von Gas-Luft-Gemischen. S. 41. — 26. Die Zusammensetzung der Rauchgase. S. 41. — 27. Die Menge der Rauchgase. Der Schornsteinverlust. S. 42. — 28. Zusammenstellung wichtiger Zahlen über feste, flüssige und gasförmige Brennstoffe. S. 44.

III. Allgemeines über Dampfkesselanlagen 45

29. Gesetzliche und behördliche Bestimmungen über Anlage und Betrieb von Landdampfkesseln. S. 45. — 30. Der Zusammenhang einer Dampfkraftanlage. S. 46. — 31. Die Hauptteile der Dampfkessel. S. 47. — 32. Die Kesselleistung. Die Heizflächenbelastung. S. 48. — 33. Die Rostflächen- und Feuerraumbelastung. S. 48. — 34. Die Verdampfzahl. S. 48. — 35. Die Bedeutung der Speisewasservorwärmer und Luftvorwärmer. S. 49. — 36. Der Wirkungsgrad der Kesselanlage. S. 50. — 37. Messungen im Kesselbetriebe. S. 51.

IV. Die Feuerungen der Dampfkessel 52

38. Die Feuerungstemperatur. S. 52. — 39. Ruß. Rauch. Flugasche. Flugkoks. S. 53. — 40. Rostfeuerungen. S. 54. — 41. Gasfeuerungen. S. 58. — 42. Kohlenstaubfeuerungen. S. 60. — 43. Mühlenfeuerung. S. 63. — 44. Ölfeuerungen. S. 64. — 45. Der Schornstein. S. 64. — 46. Künstlicher Zug. S. 65.

V. Dampfkesselbauarten und Dampfkesselzubehör 66

47. Allgemeiner Überblick über die Dampfkesselbauarten. S. 66. — 48. Großwasserraumkessel. Kleinwasserraumkessel. S. 67. — 49. Flammrohrkessel. S. 69. — 50. Heiz- oder Feuerröhrenkessel. S. 69. — 51. Wasserröhrenkessel. (Schräg- und Steilrohrkessel.) S. 70. — 52. Sonderbauarten von Höchstdruckkesseln. S. 78. — 53. Das Einwalzen der Kesselröhren. S. 80. — 54. Dampfüberhitzer. S. 81. — 55. Speisewasservorwärmer. S. 83. — 56. Lufterhitzer. S. 85. — 57. Die Kesselarmatur. S. 86. — 58. Die Speisevorrichtungen. S. 89. — 59. Die Reinigung des Speisewassers. S. 91. — 60. Kohlenstaubaufbereitung. S. 94. — 61. Dampfleitungen. S. 96.

VI. Berechnung von Rohrleitungen 97

62. Der Zusammenhang zwischen Rohrquerschnitt, Durchflußgeschwindigkeit und Durchflußmenge. S. 97. — 63. Allgemeines über den Druckverlust in Rohrleitungen durch Reibung. S. 97. — 64. Druckverluste in Wasserleitungen. S. 99. — 65. Druckverluste in Luft- und Dampfleitungen. S. 99. — 66. Gleichwertige Rohrlängen für Ventile, Krümmer usw. S. 104.

VII. Allgemeines über Kolbenmaschinen 105

67. Grundlegende Wirkungsweise der Kolbenmaschinen. S. 105. — 68. Der Kurbeltrieb. S. 106. — 69. Einfachwirkende und doppeltwirkende Zylinder. S. 106. — 70. Ein- und mehrzylindrige Maschinen. Zwillings- und Drillingsanordnung. Tandemanordnung. S. 107. — 71. Einstufige und mehrstufige Wirkung (Verbundwirkung). S. 107. — 72. Hubraum. Schädlicher Raum. Verdich-

Seite

tungsraum. S. 108. — 73. Das Indikatordiagramm. Das Indizieren. S. 108. — 74. Indizierte Leistung. S. 111. — 75. Effektive Leistung. Antriebsleistung. Mechanischer Wirkungsgrad. Änderung des Wirkungsgrades mit der Belastung der Maschine. S. 112. — 76. Das Tangentialkraftdiagramm. Das Schwungrad. S. 113.

VIII. **Die Regelung der Kraftmaschinen** 115
77. Einführung. S. 115. — 78. Bauarten der Fliehkraftregler. S. 116. — 79. Die Hubdrehzahllinie der Regler. Stabilitätsgrad. Unempfindlichkeit. Ungleichförmigkeit. S. 116. — 80. Muffendruck und Verstellkraft. Arbeitsvermögen und Verstellvermögen. S. 117. — 81. Mittelbare oder indirekte Regelung. S. 118. — 82. Einstellbarkeit der Regelung auf veränderliche Umlaufzahl. S. 119. — 83. Leistungsregler. S. 120.

IX. **Die Dampfmaschinen** 121
84. Überblick. S. 121. — 85. Das Diagramm der Dampfmaschine. S. 121. — 86. Drosselregelung. Füllungsregelung. S. 122. — 87. Die einfache Muschelschiebersteuerung. S. 123. — 88. Doppelschiebersteuerungen. S. 126. — 89. Kulissensteuerungen. S. 126. — 90. Ventilsteuerungen. S. 128. — 91. Mit einem Achsenregler verbundene Steuerungen. S. 131. — 92. Steuerungen mit Auspuffschlitzen. Gleichstromdampfmaschinen. S. 132. — 93. Fehlerhafte Dampfverteilung. S. 133. — 94. Verbunddampfmaschinen. S. 133. — 95. Betrieb der Dampfmaschine mit überhitztem Dampf. S. 135. — 96. Auspuffbetrieb und Betrieb mit Kondensation. S. 135. — 97. Die Ausnützung der Wärme in der Dampfmaschine. Der thermische und der thermodynamische Wirkungsgrad der Dampfmaschine. S. 135. — 98. Leistungsversuche an Kolbendampfmaschinen. S. 137.

X. **Die Kondensation des Abdampfes von Dampfmaschinen und Dampfturbinen. Wasserrückkühlanlagen** 138
99. Zweck und Anordnung der Kondensationsanlagen. Kühlwasserbedarf. S. 138. — 100. Misch- oder Einspritzkondensationen. S. 141. — 101. Oberflächenkondensationen. S. 142. — 102. Die Reinigung der Oberflächenkondensatoren. S. 144. — 103. Die Pumpen der Kondensationen. S. 146. — 104. Der Antrieb der rotierenden Kondensationspumpen. S. 148. — 105. Die Wasserrückkühlanlagen. S. 150. — 106. Der Aufbau der Kaminkühler. S. 153.

XI. **Die Dampfturbinen** 154
107. Die Energieumformung in der Turbine. S. 154. — 108. Das Wesen der Turbine, erläutert am Beispiel der Wasserturbine. S. 155. — 109. Grundsätzliches über die Dampfturbinenbauarten, dargestellt nach ihrer Entwicklung. S. 159. — 110. Unterscheidung der Dampfturbinen nach ihrer Verwendung: Kondensationsturbine, Gegendruckturbine, Entnahmeturbine, Abdampfturbine und Zweidruckturbine. S. 164. — 111. Die Regelung der Dampfturbinen. S. 168. — 112. Beispiele ausgeführter Dampfturbinen. S. 171. — 113. Die Stopfbüchsen und Lager der Dampfturbinen. S. 178. — 114. Dampf- und Wärmeverbrauch der Dampfturbine. Thermodynamischer Wirkungsgrad der Dampfturbine. S. 179. — 115. Regeln für Leistungsversuche an Dampfturbinen. S. 180.

XII. **Verwertung des Abdampfes von Dampfkraftmaschinen** 181
116. Allgemeines. S. 181. — 117. Die Verwendung des Abdampfes zu Heizzwecken. S. 181. — 118. Verwendung des Abdampfes von Kolbenmaschinen in Niederdruckdampfturbinen. S. 184.

XIII. **Wärmespeicher** 185
185. Allgemeines über Wärmespeicher. S. 185. — 120. Gleichdruckspeicher. S. 186. — 121. Gefällespeicher. S. 187. — 122. Reine Dampfspeicher. S. 189. — 123. Beispiel für eine Fördermaschine mit Abdampfspeicher. S. 190.

XIV. **Schaltungen im Dampfkraftbetrieb** 190
124. Allgemeines. Schaltzeichen. S. 190. — 125. Schaltungsbeispiele. S. 191.

XV. **Die Verbrennungskraftmaschinen** 195
126. Überblick. S. 195. — 127. Die Entwicklung der Verbrennungskraftmaschinen. S. 196. — 128. Viertakt- und Zweitaktverfahren. S. 197. — 129. Mechanischer, thermischer, wirtschaftlicher Wirkungsgrad und Wärmeverbrauch der Verbrennungskraftmaschinen. S. 200. — 130. Bemessung und Regelung der Verbrennungskraftmaschinen. S. 201. — 131. Vergaser. Zündung. Kühlung. Schmierung. S. 202. — 132. Die einfachwirkenden Viertakt-Verpuffungsmaschinen. S. 204. — 133. Großgasmaschinen. S. 205. — 134. Die Abwärmeverwertung bei Großgasmaschinen. S. 207. — 135. Die Dieselmaschinen. S. 208. — 136. Der kompressorlose Dieselmotor. S. 211. — 137. Der Glühkopfmotor. S. 212.

XVI. **Schachtförderanlagen** 212
138. Vorbemerkung. S. 212. — 139. Gefäß- und Gestellförderung. S. 212. — 140. Überblick über Anordnung und Betrieb der Schachtförderungen. S. 215. — 141. Lage der Fördermaschine zum Schachte. Anordnung der Seilscheiben. S. 215. — 142. Der Seilausgleich. S. 217. — 143. Die Ausführung der Trommeln und Treibscheiben. S. 219. — 144. Gewichte von Trommeln, Treibscheiben, Seilscheiben. S. 222. — 145. Die bei der Treibscheibenförderung von der Treibscheibe an das Seil und umgekehrt übertragbare Umfangskraft. Der Seilrutsch. S. 223. — 146. Das

Seite

Wandern des Seiles auf der Treibscheibe und auf den Seilscheiben. S. 226. — 147. Kraft-, Geschwindigkeits- und Leistungsverhältnisse der Schachtförderungen. S. 226. — 148. Die Förderseile. S. 228. — 149. Berechnung der Förderseile. S. 229. — 150. Prüfung und Überwachung der Förderseile. S. 230. — 151. Behandlung der Förderseile. Seilschäden. S. 231. — 152. Verbindung des Förderseiles mit der Trommel und dem Förderkorbe. S. 231. — 153. Allgemeines über das Auflegen und Auswechseln der Förderseile. S. 232. — 154. Das Seilauflegen bei Trommelförderungen. S. 233. — 155. Seilauflegen bei einer Treibscheibe mit breitem Kranz. S. 234. — 156. Auflegen des Förderseiles bei einer Treibscheibe mit schmalem Kranz. S. 235.

XVII. **Die Dampffördermaschinen** 236

157. Allgemeines über die Anordnung, Bemessung, Führung, Sicherung und Steuerung der Fördermaschinen. S. 236. — 158. Kulissensteuerungen. S. 238. — 159. Knaggensteuerungen. S. 238. — 160. Die Dampfsteuerung. S. 240. — 161. Die Getriebedampffördermaschine. S. 242. — 162. Der Dampfverbrauch der Fördermaschinen. S. 243. — 163. Die Bremsen der Fördermaschinen. S. 244. — 164. Bremsdruckregler. S. 246. — 165. Die Berechnung der Bremsen. S. 248. — 166. Teufenzeiger und Endauslösung der Bremse. S. 250. — 167. Allgemeines über Sicherheitsvorrichtungen und Fahrtregler. S. 250. — 168. Wirkungsweise der Fahrtregler. S. 252. — 169. Fahrtregler mit Fliehkraftreglern. S. 255. — 170. Fahrtregler mit Durchflußregelung (hydraulische Fahrtregler). S. 257. — 171. Geschwindigkeitszeiger und -schreiber. S. 261.

XVIII. **Förderhaspel und Fördermaschinen mit elektrischem Antrieb** 262

172. Allgemeines. S. 262. — 173. Förderhaspel und Fördermaschinen mit Drehstromantrieb. S. 262. — 174. Gleichstromfördermaschinen mit Leonardscher Schaltung. S. 265.

XIX. **Die Kolbenpumpen** 269

175. Überblick. S. 269. — 176. Saughöhe, Druckhöhe, Förderhöhe. Geometrische, statische und manometrische Förderhöhe. S. 269. — 177. Das Pumpendiagramm. S. 270. — 178. Erreichbare Saughöhe. S. 270. — 179. Nutzleistung, Wirkungsgrad und Antriebsleistung einer Pumpe. S. 271. — 180. Nutzleistung, Gesamtwirkungsgrad und Antriebsleistung einer Wasserhaltungsanlage. S. 271. — 181. Volumetrischer Wirkungsgrad von Kolbenpumpen. S. 272. — 182. Wirkung und Ausrüstung der Kolbenpumpen. S. 272. — 183. Druckpumpen. Hubpumpen. S. 274. — 184. Einfach- und mehrfachwirkende Pumpen. Differentialpumpen. Liegende und stehende Pumpen. S. 274. — 185. Die Pumpenventile. S. 276. — 186. Antrieb der Kolbenpumpen mit Kurbelgetriebe. S. 278. — 187. Schwungradlose Pumpen. S. 278. — 188. Zahnradpumpen. Kapselpumpen. Membranpumpen. S. 281. — 189. Die Wasserhaltungen mit Kolbenpumpen. S. 282. — 190. Die Pumpenleitungen. S. 284.

XX. **Kreiselpumpen. Turbopumpen** 285

191. Überblick, Art und Wirkung der Kreiselpumpen. S. 285. — 192. Leistungen und Wirkungsgrade von Kreiselpumpenanlagen. S. 287. — 193. Verhalten der Kreiselpumpen bei Änderung der Fördermenge, der Drehzahl und der Druckhöhe. Die Kennlinien der Kreiselpumpen. S. 287. — 194. Der Aufbau der Kreiselpumpen. S. 289. — 195. Entstehung und Ausgleich des Axialschubes. S. 292. — 196. Ausrüstung und Inbetriebsetzung der Kreiselpumpen. S. 293. — 197. Antrieb und Regelung der Kreiselpumpen. S. 293. — 198. Vergleich zwischen Kolbenpumpen und Kreiselpumpen. S. 294. — 199. Wasserhaltungen mit Turbopumpen. S. 294. — 200. Abteufkreiselpumpen. S. 297.

XXI. **Die Kolbenkompressoren** 297

201. Gebläse und Kompressoren. S. 297. — 202. Das Diagramm des Kolbenkompressors. S. 297. — 203. Volumetrischer Wirkungsgrad und Liefergrad der Kolbenkompressoren. S. 298. — 204. Isothermische und adiabatische Verdichtung. S. 298. — 205. Zweck und Art der Kühlung von Kompressoren. S. 301. — 206. Der zweistufige Kompressor mit Zwischenkühlung. S. 302. — 207. Drei- und mehrstufige Kompressoren. S. 303. — 208. Theoretische Kompressorleistung. Mechanischer, isothermischer und Gesamtwirkungsgrad. Antriebsleistung der Kolbenkompressoren. S. 304. — 209. Aufbau und Antrieb der Kolbenkompressoren. S. 305. — 210. Die Steuerungen der Kolbenkompressoren. S. 307. — 211. Regelung der Kolbenkompressoren. S. 310. — 212. Versuchskompressor, der rückwärts als Druckluftmotor läuft. S. 312. — 213. Kompressoren mit Drehkolben. (Rotationskompressoren.) S. 313. — 214. Hochdruckkompressoren. S. 317. — 215. Leistungsversuche an Kolbenkompressoren. S. 319.

XXII. **Turbokompressoren** 319

216. Turbogebläse. Turbokompressoren. S. 319. — 217. Die Wirkungsweise der Kreiselverdichter. S. 320. — 218. Mechanischer, isothermischer und Gesamtwirkungsgrad. Antriebsleistung und Energieverbrauch der Turbokompressoren. S. 321. — 219. Aufbau und Antrieb der Turbokompressoren. S. 322. — 220. Die Kennlinien des Turbokompressors. Das „Pumpen". S. 325. — 221. Regelung des Druckes bei Turbokompressoren. S. 328. — 222. Vergleich des Turbokompressors mit dem Kolbenkompressor. S. 329. — 223. Leistungsversuche an Turbokompressoren mit Dampfantrieb. S. 330.

Seite

XXIII. **Druckluftenergieübertragung** 330
224. Allgemeines über Druckluftenergieübertragung im Bergbau. S. 330. — 225. Theoretischer und wirklicher Luftverbrauch der Druckluftmotoren bei verschieden hohem Druck und verschieden großer Füllung. Luftausnutzungsgrad. S. 332. — 226. Hoher oder niedriger Luftdruck? S. 334. — 227. Energieverluste durch Drosselung. S. 335. — 228. Wasserabscheidung aus der Druckluft. Eisbildung im Druckluftmotor. S. 336. — 229. Fortleitung der Druckluft. S. 341. — 230. Wirkungsgrad und Wirtschaftlichkeit der Druckluftenergieübertragung. S. 343.

XXIV. **Druckluftantriebe** 345
231. Überblick über die Bauarten. S. 345. — 232. Druckluftmotoren mit hin und her gehendem Kolben. S. 346. — 233. Lamellenmotoren. S. 347. — 234. Pfeilradmotoren. S. 348. — 235. Geradzahn- und Schrägzahnmotoren. S. 352. — 236. Der Zahnradmotor als Bremsmotor. S. 355.

XXV. **Gewinnungsmaschinen mit Druckluftantrieb** 356
237. Überblick. S. 356. — 238. Die Wirkungsweise der Abbauhämmer. S. 356. — 239. Rückdruck und Rückschlag. Einwirkungen auf den Abbauhammer und den Hauer. S. 358. — 240. Der Stoßwirkungsgrad der Abbauhämmer. S. 360. — 241. Die Kennwerte des Abbauhammers. S. 361. — 242. Bauarten der Abbauhämmer. S. 364. — 243. Die Behandlung der Abbauhämmer im Betriebe. S. 368. — 244. Wirkungsweise und Kennwerte der Bohrhämmer. S. 370. — 245. Bauarten der Bohrhämmer. S. 371. — 246. Stoßende Bohr- und Schrämmaschinen. S. 375. — 247. Drehbohrmaschinen. S. 375. — 248. Schrämmaschinen. Kerbmaschinen. S. 376.

XXVI. **Druckluftmaschinen der Förderung** 381
249. Überblick. S. 381. — 250. Förderhaspel und Schlepperhaspel. S. 381. — 251. Schüttelrutschenantriebe. S. 384. — 252. Förderbandantriebe. S. 392.

XXVII. **Grubenlokomotiven** 393
253. Überblick. S. 393. — 254. Fahrwiderstand und Energiebedarf der Grubenlokomotivförderung. S. 393. — 255. Druckluftlokomotiven. S. 394. — 256. Grubenlokomotiven mit Antrieb durch Verbrennungsmotoren. S. 399. — 257. Elektrische Grubenlokomotiven. S. 405.

XXVIII. **Kältemaschinen** 407
258. Die Vorgänge bei der Kälteerzeugung. S. 407. — 259. Kälte erzeugende und übertragende Flüssigkeiten. S. 408. — 260. Verwendung der Kältemaschinen. S. 409.

XXIX. **Ventilatoren** 409
261. Allgemeines. S. 409. — 262. Größe des erzeugten Druckes. Nutzleistung des Ventilators. Mechanischer Wirkungsgrad. Antriebsleistung. S. 410. — 263. Der isothermische Wirkungsgrad von mit Druckluft betriebenen Ventilatoren und Strahldüsen. S. 411. — 264. Äquivalente Grubenweite. Gleichwertige Öffnung. Temperament. S. 411. — 265. Die Kennlinien der Ventilatoren. S. 412. — 266. Aufbau, Antrieb und Regelung der Hauptgrubenventilatoren. S. 413. — 267. Luttenventilatoren. S. 415. — 268. Leistungsversuche an Ventilatoren. S. 418.

XXX. **Meßkunde** 418
269. Bestimmung der minutlichen Umlaufzahl. S. 418. — 270. Messung des Drehmoments und der Leistung einer Antriebsmaschine mittels Bremse. S. 419. — 271. Messung von Gas- und Flüssigkeitsdrücken. S. 420. — 272. Allgemeines über die Messung strömender Flüssigkeits- und Gasmengen. S. 422. — 273. Kippwassermesser. S. 423. — 274. Zählende Wassermesser für geschlossene Leitungen. S. 424. — 275. Gasuhren. S. 426. — 276. Offene Wassermessung durch Ausflußmündungen. S. 427. — 277. Offene Wassermessung durch Wehre. S. 427. — 278. Messung strömender Luftmengen durch Staugeräte (Pitotrohre). S. 428. — 279. Gemeinsames über Messungen in geschlossenen Leitungen mittels Blende, Düse oder Venturirohres. S. 430. — 280. Wassermessung mittels Blende, Düse oder Venturirohres. S. 432. — 281. Gas- und Luftmessung mittels Blende, Düse oder Venturirohres. S. 432. — 282. Dampfmesser. S. 433. — 283. Druckluftmesser. S. 435. — 284. Prüfung von Drucklufthämmern. S. 437. — 285. Rauchgasprüfer. S. 440.

Bezeichnungen. Maßbeziehungen. Abkürzungen.

l = Länge in m.
d, D = Durchmesser in cm bzw. m.
u, U = Umfang in cm bzw. m.
f, F = Querschnitt in cm^2 bzw. m^2.

O = Oberfläche in m^2.
V = Volumen in m^3 } bei Gasen und Dämpfen.
G = Gewicht in kg }
v = spezifisches Volumen von Gasen und Dämpfen in m^3/kg; $v = V : G$.
γ = spezifisches Gewicht oder Dichte. Bei festen Körpern und Flüssigkeiten wird γ in kg/l angegeben, bei Gasen in kg/m^3; $\gamma = \frac{1}{v} = \frac{G}{V}$; $\gamma \cdot v = 1$.
μ = Molekulargewicht. Ferner μ = Reibungszahl.

---

1 at = 1 metrische oder technische Atmosphäre.
1 Atm = 1 physikalische Atmosphäre.
1 at = 1 kg/cm^2 = 10 m WS (Wassersäule[1]) = 10000 mm WS = 736 mm QS (Quecksilbersäule[2]).
1 Atm = 1,033 kg/cm^2 = 10,33 m WS = 760 mm QS.
1 mm WS = 1 kg/m^2 = $\frac{1}{10000}$ at = 0,0736 mm QS.
1 mm QS = 13,6 mm WS = 0,00136 at.
1 ata = 1 at absolut.
1 atü = 1 at Überdruck = $1 + \frac{\text{Barometerstand mm QS}}{736}$ ata.

---

1 Nm^3 = 1 Normalkubikmeter bezogen auf 0°, 760 mm QS = $^1/_{22,4}$ Mol.
1 nm^3 = 1 Normalkubikmeter (klein) bezogen auf 19,2°, 760 mm QS oder 10°, 1 at = $^1/_{24}$ Mol.

---

p = absoluter Gas- oder Dampfdruck in kg/cm^2 oder at.
P = absoluter Gas- oder Dampfdruck in kg/m^2 oder in mm WS (= $10000 \cdot p$).

---

s = Sekunde.
min = Minute.
h = Stunde.

---

v oder c, bei Gasen und Dämpfen w = Geschwindigkeit in m/s.
b = Beschleunigung in m/s^2; g = Fallbeschleunigung = 9,81 m/s^2.
Q = Durchflußmenge in m^3/s.
n = minutliche Drehzahl.

---

[1] Die Wassersäule ist bei 4° C zu messen oder auf 4° C umzurechnen.
[2] Die Quecksilbersäule ist bei 0° C zu messen oder auf 0° C umzurechnen; z. B. sind 760 mm QS von 0° = 762 mm QS von 15°.

1 kcal = 427 mkg.
1 PS = 75 mkg/s = 0,175 kcal/s = 0,736 kW $\approx$ 3/4 kW.
1 kW = 102 mkg/s = 0,24 kcal/s = 1,36 PS $\approx$ 4/3 PS.
1 PSh = 270000 mkg = 270 mt = 632 kcal = 0,736 kWh.
1 kWh = 1,36 PSh = 367000 mkg = 860 kcal.

N_i, N_e = indizierte bzw. effektive Maschinenleistung in PS oder in kW.
P = Kraft in kg.

---

t = Temperatur in °C.
T = absolute Temperatur = $t + 273°$ C.
Q = Wärmemenge in kcal.
A = Wärmewert der Arbeit = $\frac{1}{427}$ kcal/mkg.
L = Abgegebene oder aufgenommene Arbeit von Gas in mkg.
H = Heizwert in kcal/kg oder, bei Gasen, in kcal/m³.
i = Wärmeinhalt für unveränderlichen Druck von 1 kg Wasser, Dampf oder Gas.
s = Entropiewert von 1 kg Wasser, Dampf oder Gas.
c_v, c_p = spezifische Wärme von Gasen und überhitzten Dämpfen bei ungeändertem Volumen bzw. ungeändertem Druck in kcal/kg.
C_v, C_p = spezifische Wärme von Gasen und überhitzten Dämpfen in kcal/Mol.

V = Volt
kV = Kilovolt
A = Ampere
W = Watt
kW = Kilowatt
kVA = Kilovoltampere
kWh = Kilowattstunde

„Sammelwerk“ = Entwicklung des niederrheinisch-westfälischen Steinkohlenbergbaues in der zweiten Hälfte des 19. Jahrhunderts. Berlin: Julius Springer 1902.
Glückauf = Berg- und Hüttenmännische Zeitschrift Glückauf, Essen.
Z. d. V. d. I. = Zeitschrift des Vereines deutscher Ingenieure, Berlin.
„Hütte“ I, II, III = Des Ingenieurs Taschenbuch „Hütte“, I., II. oder III. Band. Berlin: Verlag von Wilhelm Ernst & Sohn.
Heise-Herbst = Lehrbuch der Bergbaukunde von Heise-Herbst. Berlin: Springer-Verlag.

AEG = Allgemeine Elektrizitätsgesellschaft, Berlin.
Balcke = Maschinenbau-A. G. Balcke, Bochum.
BBC = Brown, Boveri & Cie., A. G., Mannheim.
Demag = Deutsche Maschinenfabrik A. G., Duisburg.
Flottmann = Maschinenbau-A. G. Flottmann, Herne.
FMA = Frankfurter Maschinenbau-A. G. vorm. Pokorny & Wittekind, Frankfurt a. M.
Hanomag = Hannoversche Maschinenbau-A. G. vorm. Egestorff, Hannover.
MAN = Maschinenfabrik Augsburg-Nürnberg A. G.
SSW = Siemens-Schuckertwerke.
Thyssen = Thyssen & Co. A. G., Abt. Maschinenfabrik, Mülheim-Ruhr.

I. Thermodynamik.

1. Flüssigkeiten. Dämpfe. Gase. Jede Flüssigkeit, z. B. Wasser, kann in den dampfförmigen und in den gasförmigen Zustand übergeführt werden. Im Dampfkessel hat man unten siedendes Wasser, oben Wasserdampf. Der Dampf im Kessel ist „gesättigt“, d. h. er vermag kein Wasser mehr in Dampfform aufzunehmen. In der Regel ist der im Kessel entwickelte Dampf nicht trocken, sondern feucht, d. h. ihm ist Wasser als Nebel oder tropfenförmig beigemischt. Beim gesättigten und feuchten Wasserdampf gehört zu jeder Temperatur ein bestimmter Druck, beim trockenen Sattdampf außerdem eine bestimmte Dichte. Trockener Sattdampf ist also in seinem Zustande vollkommen festgelegt, wenn entweder seine Temperatur oder sein Druck oder seine Dichte gegeben ist. Läßt man gesättigten Dampf durch die befeuerten Schlangen eines Überhitzers strömen, so wird er über die ursprüngliche Temperatur hinaus überhitzt. Beim überhitzten Dampf hat die Zusammengehörigkeit von Druck und Temperatur aufgehört. Der überhitzte Dampf folgt anderen Gesetzen wie der gesättigte Dampf und nähert sich in seinem Verhalten um so mehr den Gasen, je höher er überhitzt ist. Der in heißen Feuergasen enthaltene, aus dem Brennstoff stammende Wasserdampf ist so hoch überhitzt (über 1000^0), daß man ihn als Gas betrachten kann. Was vorstehend grundsätzlich über Wasserdampf gesagt ist, gilt für alle Dämpfe.

Ähnlich wie Wasser verwenden wir in der Technik auch Kohlensäure, Ammoniak und schweflige Säure in flüssigem, dampf- und gasförmigem Zustande. Die eigentlichen Gase aber, wie Sauerstoff, Wasserstoff, Stickstoff, Kohlenoxyd, Methan usw. nebst den Gasmischungen, wie Luft, Gichtgas, Koksofengas usw., treten in der Regel nur in gasförmigem Zustande auf. Sie sind nur durch besondere Vorkehrungen zu verflüssigen. Technisch sind flüssiger Sauerstoff und flüssige Luft von Bedeutung.

2. Der Zustand der Gase und Dämpfe. Der Zustand der Gase und Dämpfe ist durch ihren Druck, ihre Temperatur und ihr spezifisches Volumen (oder spezifisches Gewicht) gekennzeichnet. Bei Gasen und überhitzten Dämpfen können zwei dieser Zustandsgrößen beliebig zugeordnet werden; damit ist die dritte festgelegt. Bei trocken gesättigten Dämpfen besteht keine Freiheit; sondern durch den Dampfdruck z. B. ist auch die Temperatur und das spezifische Volumen festgelegt. Der rechnerische Zusammenhang ist bei den Gasen auf Grund der einfachen Gasgesetze bequem zu verfolgen. Bei den Dämpfen sind die Beziehungen verwickelt; es gibt aber für die wichtigsten Dämpfe, insbesondere für den Wasserdampf, Tafeln, denen man die zusammengehörigen Größen entnimmt.

Als Druck ist bei der Anwendung der Gasgesetze und Dampftafeln immer der absolute Druck (nie der Überdruck) einzusetzen. Der Druck wird entweder in kg/cm^2 (ata) gemessen und mit p bezeichnet, oder er wird in kg/m^2 (mm WS) gemessen und mit P bezeichnet[1]. Handelt es sich um Druckverhältnisse, ist es gleich, ob man die Werte von p oder von P vergleicht. In Beziehungen aber, die aus einer Zustandsänderung des Gases die vom Gase verrichtete oder aufgenommene Arbeit herleiten, wird der Druck in kg/m^2 oder mm WS eingesetzt. Die Temperatur wird entweder nach der Celsius-Skala oder nach der absoluten Skala gemessen, deren Nullpunkt bei -273^0 C liegt. Die Celsius-Temperatur wird mit t bezeichnet, die absolute Temperatur mit T, wobei $T = t + 273$. Das

[1] Es ist nicht allgemein üblich, streng zwischen p und P zu unterscheiden. Aber in der „Hütte“ z. B., ebenso in diesem Buche ist die Unterscheidung durchgeführt.

spezifische Volumen wird in m^3/kg gemessen und mit v bezeichnet. Das spezifische Gewicht wird in kg/m^3 angegeben und mit γ bezeichnet. $\gamma = \frac{1}{v}$ oder $\gamma \cdot v = 1$. Unter V versteht man das Volumen der betrachteten Gasmenge in m^3, unter G ihr Gewicht in kg. $G : V = \gamma$.

Nur die spezifischen Werte des Volumens oder des Gewichtes, also nur v oder γ, kennzeichnen den Zustand des Gases. Handelt es sich um das Verhältnis zweier Volumen oder zweier Gewichte, so kann man statt der spezifischen Werte v oder γ selbstverständlich auch die Werte von V bzw. G vergleichen.

3. Die Gesetze von Mariotte und Gay-Lussac. Diese Gesetze gelten für vollkommene Gase, für überhitzte Dämpfe nur in roher Annäherung. Sie beziehen sich auf Zustandsänderungen, bei denen eine der 3 Zustandsgrößen ungeändert bleibt. Der Anfangszustand ist mit dem Index 1, der geänderte Zustand mit dem Index 2 bezeichnet.

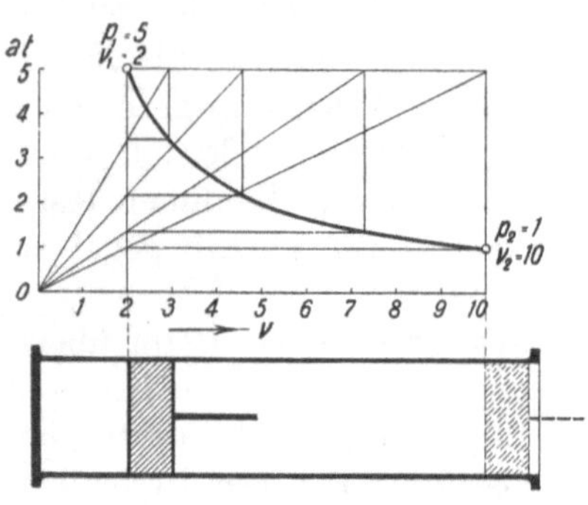

Abb. 1. Zustandsänderung nach Mariotte.

Das Gesetz von Mariotte lautet: Bei gleichbleibender Temperatur ändert sich das Volumen eines Gases umgekehrt wie der Druck und der Druck umgekehrt wie das Volumen.

$$\left.\begin{aligned} \frac{p_1}{p_2} &= \frac{v_2}{v_1} \\ \text{oder} \quad p_1 \cdot v_1 &= p_2 \cdot v_2 = \text{konst} \end{aligned}\right\} \text{dabei } t \text{ gleichbleibend.}$$

Dieses Gesetz gilt bis zu Drücken von 200 at genau; bei höheren Drücken ergeben sich Abweichungen.

Zeichnet man, wie sich der Druck nach dem Mariotteschen Gesetz in Abhängigkeit vom Volumen ändert, so erhält man eine gleichseitige Hyperbel. In Abb. 1 ist die Mariottesche Linie für eine Änderung vom Anfangszustande $v_1 = 2$, $p_1 = 5$ nach dem Endzustande $v_2 = 10$, $p_2 = 1$ gezeichnet; zugleich ist angedeutet, wie man die Mariottesche Linie ohne Rechnung zeichnen kann.

Setzt man an Stelle des spezifischen Volumens v den Wert $1/\gamma$, so lautet das Gesetz:

$$\left.\begin{aligned} \frac{p_1}{p_2} &= \frac{1/\gamma_2}{1/\gamma_1} = \frac{\gamma_1}{\gamma_2} \\ \text{oder} \quad p_1 \cdot \gamma_2 &= p_2 \cdot \gamma_1 = \text{konst} \end{aligned}\right\} \text{dabei } t \text{ gleichbleibend.}$$

Bei gleichbleibender Temperatur ändert sich also das spezifische Gewicht eines Gases ebenso wie der Druck.

Eine Zustandsänderung nach Mariotte heißt auch isothermische Zustandsänderung, und die Mariottesche Linie Isotherme. Isothermische Zustandsänderungen sind in der Technik selten, weil die Voraussetzung, daß nämlich die Temperatur gleich bleibt, selten erfüllt ist. Denn, wenn Gas verdichtet wird, so empfängt es die Verdichtungs- oder Kompressionsarbeit als Wärme und wird heißer, und wenn Gas expandiert, so leistet es die Expansionsarbeit aus seiner Wärme und wird kälter. Trotzdem ist das Mariottesche Gesetz von größter Bedeutung, und die Isotherme spielt als Vergleichslinie eine wichtige Rolle.

Bei den Dampfdiagrammen werden wir finden, daß die Expansionslinie des gesättigten Dampfes ungefähr mit der Mariotteschen Linie übereinstimmt. Das hat aber mit dem Mariotteschen Gesetze nichts zu tun, das nur für Gase und nicht für gesättigten Dampf gilt, für den auch die Voraussetzung fehlt, daß die Temperatur ungeändert bleibt.

Das Gesetz von Gay-Lussac lautet: Bei gleichbleibendem Drucke ändert sich das Volumen eines Gases ebenso wie seine absolute Temperatur; oder: Bei gleichbleibendem Drucke ändert sich das spezifische Gewicht eines Gases umgekehrt wie seine absolute Temperatur. Bei **gleichbleibendem Volumen** ändert sich der **Druck** eines Gases ebenso wie seine absolute Temperatur.

$$\left.\begin{aligned} \frac{v_1}{v_2} &= \frac{T_1}{T_2} \\ \text{oder} \quad v_1 \cdot T_2 &= v_2 \cdot T_1 = \text{konst} \end{aligned}\right\} \text{dabei } p \text{ gleichbleibend.}$$

$$\left.\begin{aligned} \frac{\gamma_1}{\gamma_2} &= \frac{T_2}{T_1} \\ \text{oder} \quad \gamma_1 \cdot T_1 &= \gamma_2 \cdot T_2 = \text{konst} \end{aligned}\right\} \text{dabei } p \text{ gleichbleibend.}$$

$$\left.\begin{aligned} \frac{p_1}{p_2} &= \frac{T_1}{T_2} \\ \text{oder} \quad p_1 \cdot T_2 &= p_2 \cdot T_1 = \text{konst} \end{aligned}\right\} \text{dabei } v \text{ gleichbleibend.}$$

Das Gay-Lussacsche Gesetz beruht auf der Tatsache, daß sich alle Gase bei Erwärmung um 1^0 C um $\frac{1}{273}$ des Volumens ausdehnen, das sie bei 0^0 C haben. Ist das Volumen bei $0^0 \text{ C} = v_0$, so wird, wenn das Gas auf t^0 erhitzt wird, das Volumen

$$v_t = v_0 + v_0 \cdot \frac{t}{273} = v_0\left(1 + \frac{t}{273}\right) = v_0 \frac{T}{273}.$$

Wird das Volumen v_1 von der Temperatur t_1 (T_1) auf die Temperatur t_2 (T_2) erwärmt, so wächst es auf

$$v_2 = v_1 \frac{T_2}{T_1}.$$

Kühlt man Gas auf -273^0 ab, so wird sein Volumen nach dem Gay-Lussacschen Gesetze = Null. Das ist nicht möglich. Bei -273^0 gilt das Gay-Lussacsche Gesetz nicht mehr.

Anwendungsbeispiel für das Gay-Lussacsche Gesetz: Soll Gas von 0^0 C auf das 2-, 3-, 4-, 5fache Volumen bei gleichbleibendem Druck ausgedehnt werden, so muß es von 0^0 auf 273, 546, 819, 1092, 1365^0 C erhitzt werden. Bei gleichbleibendem Volumen würden die Drücke bei diesen Temperaturen das 2-, 3-, 4-, 5fache betragen.

Das Mariottesche Gesetz hat bei jeder Temperatur, das Gay-Lussacsche Gesetz bei jedem Druck Gültigkeit, so daß bei **allgemeiner** Zustandsänderung beide Gesetze miteinander vereint angewendet werden können. Man erhält dann für ein Gas, das aus dem Zustande p_1, v_1, T_1 in den Zustand p_2, v_2, T_2 übergeführt wird, die Beziehung:

$$\frac{p_1}{p_2} = \frac{v_2}{v_1} \cdot \frac{T_1}{T_2};$$

$$\frac{p_1 v_1}{T_1} = \frac{p_2 v_2}{T_2} = \text{konst}.$$

Diese Beziehung enthält in sich sowohl das Mariottesche Gesetz (nämlich, wenn man $T_1 = T_2$ setzt) als auch das Gay-Lussacsche Gesetz (nämlich, wenn man $v_1 = v_2$ oder $p_1 = p_2$ setzt). Kennt man vom zweiten Zustande zwei Größen, so ist die dritte Größe aus dieser Beziehung berechenbar. Zum selben Ergebnis kommt man, wenn man die Gesetze von **Mariotte** und **Gay-Lussac** nacheinander anwendet.

$$p_2 = p_1 \cdot \frac{v_1}{v_2} \cdot \frac{T_2}{T_1},$$

$$v_2 = v_1 \cdot \frac{p_1}{p_2} \cdot \frac{T_2}{T_1},$$

$$T_2 = T_1 \cdot \frac{p_2 v_2}{p_1 v_1}.$$

Beispiele.

In einem Zylinder werde das Luftvolumen 8 von 1 at und 10° auf 5 at verdichtet, wobei die Temperatur auf 180° steigt. Das Endvolumen der Luft wird dann $= 8 \cdot \frac{1}{5} \cdot \frac{453}{283} = 2{,}55$. — Aus einem Kessel, der Gas von 1,5 at, 80° und 0,5 m³/kg spezifischem Volumen enthält, ströme Gas in einen Raum, in dem 1 at Druck herrscht. Dabei kühle sich das Gas auf 70° ab. Dann wird das spezifische Volumen

$$= 0{,}5 \cdot \frac{1{,}5}{1} \cdot \frac{343}{353} = 0{,}73 \text{ m}^3/\text{kg}.$$

— Bei einer Gasmaschine kann man aus dem Druckverlauf den Temperaturverlauf herleiten, wenn man für einen Punkt des Druckdiagramms die Temperatur kennt. Abb. 2 veranschaulicht ein Beispiel, bei dem die Temperatur zu Beginn der Verdichtung = 90° gesetzt ist[1].

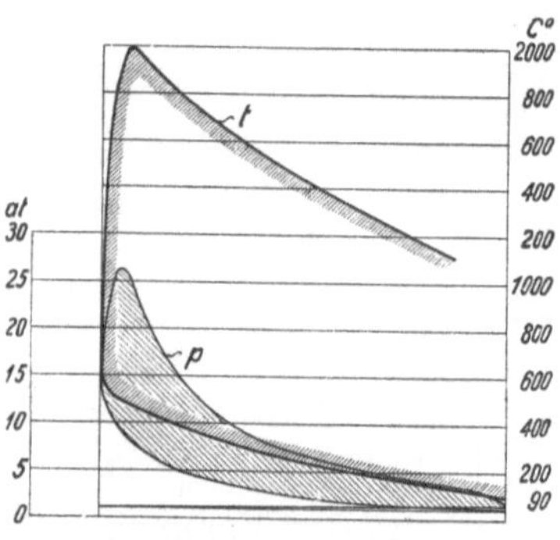

Abb. 2. Temperaturverlauf in einem Gasmaschinenzylinder.

4. Die allgemeine Zustandsgleichung der Gase. Die Gesetze von Mariotte und Gay-Lussac gelten unabhängig davon, welcher Art das Gas ist, setzen aber voraus, daß man einen Zustand des Gases kennt. Das ist bei der allgemeinen Zustandsgleichung, die im Grunde mit dem vereinigten Mariotte-Gay-Lussacschen Gesetz übereinstimmt, nicht nötig, dafür muß man die in ihr auftretende Konstante R kennen, die sogenannte Gaskonstante, die für jedes Gas oder jede Gasmischung einen bestimmten Wert hat.

Die allgemeine Zustandsgleichung lautet:

$$\frac{P \cdot v}{T} = R \quad \text{oder} \quad P v = R \cdot T^{*}.$$

Handelt es sich nicht um das spezifische Volumen v in m³/kg, sondern um das Volumen V in m³ vom Gewichte G kg, so heißt die Gleichung:

$$P \cdot V = R \cdot G \cdot T.$$

In der später (Ziffer 7) folgenden Zahlentafel 2 sind die Werte der Gaskonstanten für die technisch wichtigsten Gase zusammengestellt. Wie sich aus der Zustandsgleichung ergibt, ist R proportional dem spezifischen Volumen v des Gases, d. h. umgekehrt proportional dem spezifischen Gewicht γ oder dem Molekulargewichte μ.

$$v = \frac{R \cdot T}{P};$$

$$\gamma = \frac{P}{R \cdot T}.$$

Je leichter das Gas, um so größer R. Es gilt:

$$R = \frac{37{,}85}{\gamma} \quad (\gamma \text{ für } 0^0 \text{ und } 760 \text{ mm QS gerechnet})$$

oder

$$R = \frac{848}{\mu} \quad (\text{Gesetz von Avogadro}).$$

Für feuchte Luft ist R größer als für trockene Luft. Nach der allgemeinen Zustandsgleichung wird die Gaskonstante eines Dampf-Luftgemisches:

$$R_f = \frac{P_g \cdot V}{G_g \cdot T}.$$

Durch die Teildrücke und die Gaskonstanten von Luft und Dampf und die relative Feuchtigkeit x ausgedrückt, wird

$$R_f = \frac{R}{1 - x \frac{P_d}{P_g}\left(1 - \frac{R}{R_d}\right)}$$

[1] Aus Schüle: Technische Thermodynamik. Berlin: Springer.

* Der Druck P ist, wie noch einmal betont sei, in kg/m² oder mm WS zu messen.

Mit den Werten $R = 29{,}27$ für Luft und $R_d = 47$ für Dampf wird

$$R_f = \frac{29{,}27}{1 - 0{,}377\, x \frac{P_d}{P_g}}.$$

Beispiele.

Welches spezifische Volumen und welches spezifische Gewicht hat trockene Luft ($R = 29{,}27$) bei 730 mm QS Druck und 30° C? Da 730 mm QS = 730·13,6 = 9928 mm WS, ferner 30° C = 303° abs. sind, so ist $v = \frac{29{,}27 \cdot 303}{9928} = 0{,}89$ m³/kg und γ ist $= \frac{1}{0{,}89} = 1{,}12$ kg/m³. — Wie groß ist das spezifische Volumen einer Gasmischung, die bei 0° und 760 mm QS 0,8 kg/m³ wiegt, wenn sie bei 736 mm QS Barometerstand unter 200 mm WS Überdruck steht und ihre Temperatur 80° C ist? Die Gaskonstante R rechnet sich = 37,85 : 0,8 = 47,3. Da 736 mm QS = 10000 mm WS, so ist $P = 10000 + 200 = 10200$ mm WS. $T = 353°$. Mithin $v = \frac{47{,}3 \cdot 353}{10200} = 1{,}63$ m³/kg.

5. Kritischer Zustand der Dämpfe. Es sind drei Aggregatzustände zu unterscheiden: fest, flüssig, gasförmig. Der Aggregatzustand ist abhängig von Temperatur und Druck, so ist z. B. Wasser bei 1 at unter 0° C als Eis fest, zwischen 0° und 100° C flüssig und von 100° C aufwärts als Dampf gasförmig. Bei geringerem Druck kann Wasser aber auch bei niedrigeren Temperaturen gasförmig, bei höherem Druck auch bei höheren Temperaturen als 100° C flüssig sein. Demnach kann Dampf bei gleichem Druck durch Abkühlen oder bei gleicher Temperatur durch Verdichten verflüssigt werden. Das ist jedoch nur bis zu einer bestimmten Grenze möglich, die man deshalb „kritischen" Zustand nennt. Die Flüssigkeit dehnt sich um so mehr aus, je höher man sie erhitzt, während der zugehörige Dampf um so dichter wird, je größer der Druck wird. Im „kritischen" Zustand, d.h. bei der „kritischen" Temperatur und dem zugehörigen „kritischen" Druck werden das „kritische" spezifische Volumen der Flüssigkeit und des Dampfes gleich; die siedende Flüssigkeit und der zugehörige gesättigte Dampf gehen ineinander über.

Zahlentafel 1. Die kritischen Werte von Temperatur, Druck und Volumen.

	t_k °C	p_k ata	v_k l/kg
Wasser H_2O	374	225	3,06
Kohlensäure CO_2	31	75	2,15
Ammoniak NH_3	133	116	5,2
Schweflige Säure SO_2	156	80	1,94
Sauerstoff O_2	—119	52	2,32
Luft	—140	40,4	2,84

In der obenstehenden Zahlentafel 1 sind für eine Reihe technisch wichtiger Stoffe die Werte für die kritische Temperatur t_k, den kritischen Druck p_k und das kritische Volumen v_k zusammengestellt.

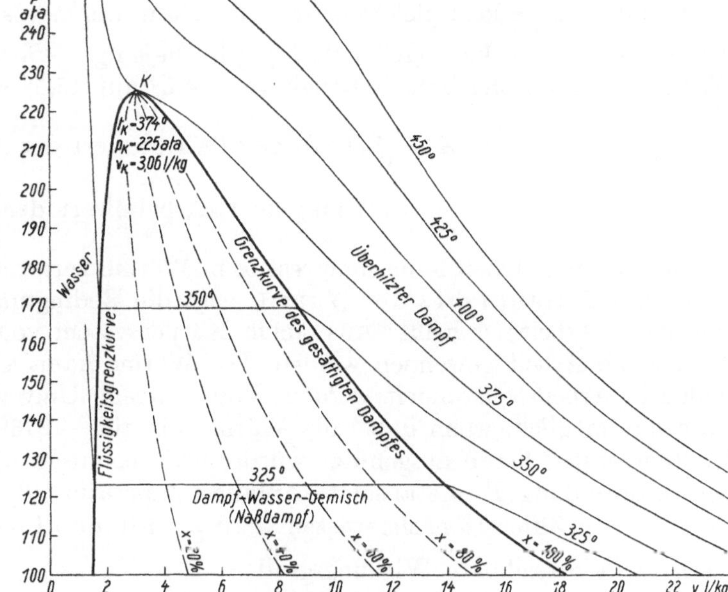

Abb. 3. Flüssigkeits- und Dampfgrenzkurven des Wassers bis zum kritischen Zustand.

Abb. 3 veranschaulicht für Wasser, wie sich das spezifische Volumen der siedenden Flüssigkeit und dasjenige des gesättigten Dampfes ändern, wenn der Dampfdruck durch Erhitzung der Flüssigkeit bis zum kritischen Werte erhöht wird. Der linke Zweig der Kurven gilt für die Flüssigkeit, der rechte für den gesättigten Dampf. Im Scheitel der Kurve, der den kritischen Zustand bedeutet, treffen beide Zweige der Kurve zusammen. Wasser hat seinen kritischen Zustand bei 374° und 225 at, wobei sowohl das flüssige Wasser wie der Wasserdampf ein Volumen von 3,06 l/kg haben.

Abb. 3 lehrt auch, wie flüssiger und dampf- oder gasförmiger Zustand ineinander übergehen. Der linke Zweig der Kurven heißt „Flüssigkeitsgrenzkurve" oder „untere Grenzkurve", der rechte Zweig „Grenzkurve des gesättigten Dampfes" oder „obere Grenzkurve". Die untere Grenzkurve gilt für siedendes Wasser und scheidet noch nicht siedendes Wasser (links) von Naßdampf (rechts). Die obere Grenzkurve gilt für gesättigten Dampf und trennt Naßdampf (links) von überhitztem Dampf (rechts). Innerhalb der Grenzkurven liegt das Naßdampfgebiet, in dem ein Dampf-Wasser-Gemisch vorhanden ist, dessen Dampfgehalt durch die gestrichelten Kurven x in Prozenten gekennzeichnet ist. Kühlt man gesättigten Dampf, so wird er verflüssigt. Um überhitzten Dampf zu verflüssigen, ist er erst auf die Temperatur des Sattdampfes herabzukühlen. Je höher der Druck, bei um so höherer Temperatur ist die Verflüssigung möglich. Oberhalb der kritischen Temperatur ist die Verflüssigung auch bei noch so hohem Drucke unmöglich.

Wasserdampf steht insofern einzig da, als er technisch immer weit unterhalb seines kritischen Zustandes verwendet wird, und auch bei sehr niedrigen Drücken mit mäßig kühlem Wasser verflüssigt werden kann. Kohlensäuredampf aber kann nur unterhalb 31° verflüssigt werden, würde also ein Kühlwasser von noch geringerer Temperatur erfordern. Mit Kühlwasser von 15° kann man Kohlensäure bei einem Druck von über 51,6 ata, Ammoniak bei einem Druck von über 7,4 ata verflüssigen. Es wird also vielfach nötig sein, Kohlensäuredampf, Ammoniakdampf usw. erst zu verdichten, um diese Dämpfe mit dem verfügbaren Kühlmittel verflüssigen zu können. (Vgl. den Abschnitt: Kältemaschinen.)

6. Wärme und Arbeit. Die beiden Hauptsätze der Wärme. Der von dem deutschen Arzt und Naturforscher Robert Mayer (1814—1878) aufgestellte 1. Hauptsatz der Wärme lautet: Wärme und Arbeit sind gleichwertig. Wärme und Arbeit sind verschiedene Energieformen, die man nach dem Grundsatz der Erhaltung der Energie eine in die andere umwandeln kann. Bei dieser Umwandlung erhält man für 1 kcal 427 mkg oder 1 mkg ist $\frac{1}{427}$ kcal gleichwertig. Die Umwandlungszahl $\frac{1}{427}$ wird mit A bezeichnet. Als Wärmeeinheit kcal (Kilokalorie) gilt diejenige Wärmemenge, durch welche 1 kg Wasser bei atmosphärischem Druck von 14,5° auf 15,5° erwärmt wird.

$$A = \frac{1}{427} \text{ kcal/mkg (Wärmewert der Arbeit)},$$

$$\frac{1}{A} = 427 \text{ mkg/kcal (Arbeitswert der Wärme)}.$$

Mechanische Arbeit kann man restlos in Wärme verwandeln. Umgekehrt gilt das aber nicht. Der 2. Hauptsatz der Wärme zeigt die Bedingungen für die Umwandlung von Wärme in Arbeit; er heißt: Aus einem Körpersystem von überall gleicher Temperatur kann keine Arbeit gewonnen werden. Die Wärme kann also nur bei Temperaturunterschied in Arbeit verwandelt werden. Vollkommene Umwandlung der Wärme in Arbeit wäre nur möglich, wenn dabei die Wärme bis auf -273^0 C, d. h. bis auf die absolute Nulltemperatur herab ausgenützt würde, was technisch nicht durchführbar ist. Ist bei der Umwandlung T_1 die absolute Anfangstemperatur, T_2 die absolute Endtemperatur, so ist, wie in Ziffer 16 nachgewiesen werden wird, dabei der überhaupt günstigste, technisch nicht erreichbare Wirkungsgrad $= \frac{T_1 - T_2}{T_1}$.

In anderer Form besagt der 2. Hauptsatz auch, daß Wärme nur von einem heißeren zu einem kälteren Körper übergehen und mechanische Arbeit liefern kann. Die Temperatur ist als Wärmespannung somit z. B. der Druckluftspannung oder der elektrischen Spannung vergleichbar. Druckluft strömt auch nur aus einem Raum höherer Spannung in einen Raum niedrigerer Spannung und kann nur Arbeit verrichten, wenn der Druck vor dem Motor größer als der Gegendruck am Auspuff ist.

Abb. 4 zeigt ein Beispiel, wie die von einer Flamme zugeführte Wärme durch Ausdehnung der im Zylinder eingeschlossenen Luft bei gleichbleibendem Druck P in Hubarbeit umgewandelt wird.

$$L = G \cdot h = P \cdot D^2 \frac{\pi}{4} \cdot h .$$

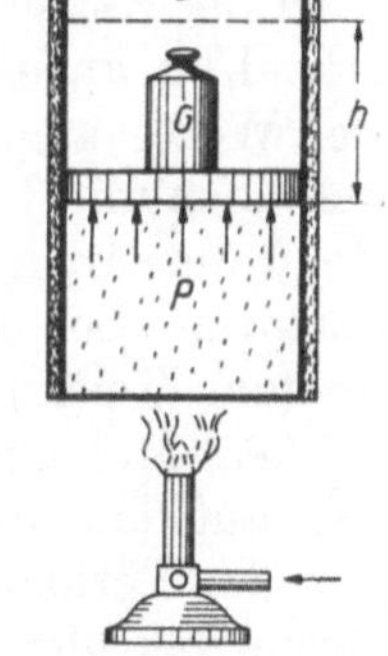

Abb. 4. Arbeit durch Wärmeausdehnung eines Gases bei gleichbleibendem Druck.

Ist das Anfangsvolumen V_1, das Endvolumen V_2, so ist

$$D^2 \frac{\pi}{4} \cdot h = V_2 - V_1$$

die Volumenzunahme, die nach dem Gay-Lussacschen Gesetz

$$V_1 \cdot \frac{T_2 - T_1}{T_1}$$

wird. Folglich ist die Arbeit

$$L = P \cdot (V_2 - V_1) = P \cdot V_1 \cdot \frac{T_2 - T_1}{T_1}$$

von dem Temperaturverhältnis abhängig.

7. Die spezifische Wärme der Gase. Unter spezifischer Wärme eines Gases versteht man die Wärme, die erforderlich ist, 1 kg Gas um 1° zu erwärmen. Man unterscheidet zwei Werte: die spezifische Wärme bei konstantem Volumen (c_v) und die spezifische Wärme bei konstantem Druck (c_p). Bleibt das Gasvolumen bei der Erhitzung ungeändert, so steigt zwar der Gasdruck entsprechend der absoluten Temperatur, aber das Gas verrichtet keine Arbeit, und die aufgewendete Wärme geht völlig in das Gas über. Wird das Gas dagegen bei gleichbleibendem Druck erhitzt, so dehnt es sich durch die Temperaturerhöhung aus, so daß außer dem Wärmeaufwand für die Erhitzung noch die der Ausdehnungsarbeit entsprechende Wärmemenge mehr verbraucht wird. c_p ist deshalb immer größer als c_v, und der Unterschied $c_p - c_v$ ist die in kcal gemessene Ausdehnungsarbeit von 1 kg Gas, das unter gleichbleibendem Druck um 1° erwärmt wird. Wird 1 kg Gas vom absoluten Nullpunkt aus auf T^0 abs. unter gleichbleibendem Druck P erwärmt, so ist nach Ziffer 6 $L = P \cdot (v - 0) = P \cdot v$ die Ausdehnungsarbeit des Gases in mkg. Nach der allgemeinen Zustandsgleichung ist $P \cdot v = R \cdot T$. Setzt man $T = 1$, so ist also R die Ausdehnungsarbeit in mkg von 1 kg Gas bei Erwärmung um 1°. Nach Umrechnung mit dem Wärmewert der Arbeit $A = \frac{1}{427}$ kcal/mkg gilt also auch

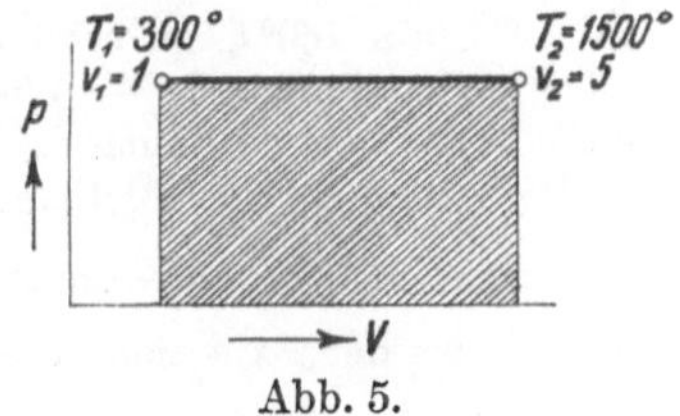

Abb. 5.

$$c_p - c_v = A \cdot R.$$

Abb. 5 veranschaulicht die Arbeit, die bei der Erhitzung eines Gases unter gleichbleibendem Druck verrichtet wird. Das Gas werde von $T_1 = 300^0$ abs. auf $T_2 = 1500^0$ abs. unter gleichbleibendem Drucke P erhitzt. Dabei steigt das Volumen im Verhältnis 1 : 5 und es ergibt sich die durch die schraffierte Fläche dargestellte Arbeit, die für 1 kg Gas $= P(v_2 - v_1)$ mkg ist. Für $p = 4$ at oder $P = 40\,000$ kg/m² verrichtet also 1 kg Gas die Arbeit $40\,000\,(5 - 1) = 160\,000$ mkg.

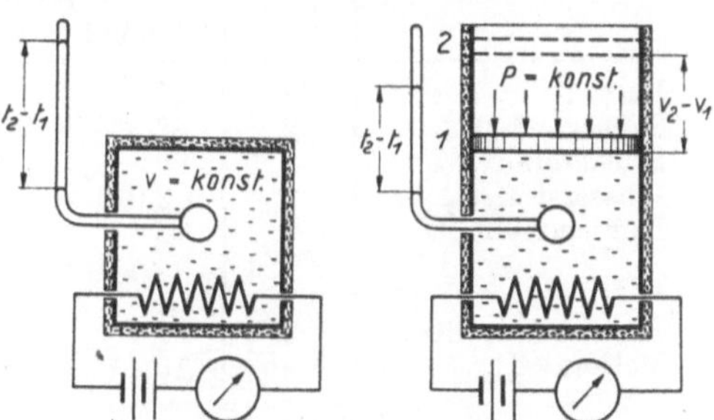

Abb. 6. Gaserhitzung mit gleicher Wärmezufuhr bei gleichbleibendem Volumen bzw. bei gleichbleibendem Druck.

Abb. 6 zeigt die Erhitzung von zwei gleichen Gasmengen, z. B. 1 kg, durch die Zufuhr gleicher Wärmemenge. Bleibt das Volumen gleich (links), so wird die Temperaturerhöhung $t_2 - t_1$ bedeutend größer als bei gleichbleibendem Druck (rechts). In letzterem Fall hat das Volumen vom Anfangszustand v_1 durch Temperaturdehnung zum Endzustand v_2 zugenommen. Ein Teil der zugeführten Wärme ist für die Ausdehnungsarbeit $P\cdot(v_2 - v_1)$ verbraucht worden, so daß mit dem Rest nur eine geringere Temperatursteigerung $t_2 - t_1$ erzielt werden kann als bei Erwärmung bei gleichbleibendem Volumen.

In der Zahlentafel 2 sind für die technisch wichtigsten Gase die Werte von c_p und c_v in kcal/kg angegeben. Da die spezifische Wärme mit der Temperatur zunimmt, sind zwei Werte angegeben, nämlich für 20° und für 1000°. Die spezifische Wärme nimmt auch noch mit dem Druck zu; die Zahlentafel 2 hat nur bis etwa 10 at Gültigkeit. Zahlentafel 3 enthält die spezifischen Wärmen c_p für Luft bei verschiedenen Drücken und Temperaturen. Bei den in der Zahlentafel aufgeführten 2atomigen Gasen ist das Produkt aus dem Molekulargewicht μ und der spezifischen Wärme dasselbe, nämlich $C_p = \mu\cdot c_p \approx 7$ kcal/Mol und $C_v = \mu\cdot c_v \approx 5$ kcal/Mol. Alle 2atomigen Gase stimmen demnach in ihrer auf das Mol bezogenen spezifischen Wärme überein. Bei allen 2atomigen Gasen ist auch das Verhältnis der spezifischen Wärme bei gleichbleibendem Druck zur spezifischen Wärme bei gleichbleibendem Volumen gleich:

$$\frac{C_p}{C_v} = \frac{\mu\cdot c_p}{\mu\cdot c_v} = \frac{c_p}{c_v} \approx \frac{7}{5} = 1{,}4\,.$$

Das in Zahlentafel 2 angegebene Verhältnis $k = \frac{c_p}{c_v}$ gilt für etwa 20° C und wird bei höheren Temperaturen etwas kleiner.

Beispiele.

Wieviel kcal und kWh sind erforderlich, um $V = 1\,\text{m}^3$ oder $G = \frac{P\cdot V}{R\cdot T} = 7{,}2$ kg Druckluft von 6 ata und 12° C auf 160° C zu erhitzen? Es sind $c_p\cdot G\cdot(t_2 - t_1) = 0{,}241\cdot 7{,}2\cdot(160 - 12) = 257$ kcal oder 257/860 = 0,3 kWh erforderlich. — Wie hoch ist die Explosionstemperatur schlagender Wetter mit 6% Methangehalt? Methan hat einen Heizwert von 8840 kcal/nm³; 1 nm³ Luftmethangemisch empfängt also bei der Verbrennung seines Methangehaltes 0,06·8840 = 530 kcal. Da die spezifische Wärme C_p der schlagenden Wetter bei der erwarteten mittleren Temperatur von 800° etwa 7,3 kcal/Mol $= \frac{7{,}3}{24} = 0{,}305$ kcal/nm³ ist, so wird die bei der Explosion zu erwartende Temperatursteigerung = 530 : 0,305 = 1740°.

Zahlentafel 2.

Gas	Atomzahl	Molekulargewicht	Spez. Gewicht bei 0° und 760 mm QS	Spez. Gewicht bei 10° und 1 ata	Gaskonstante	Spezifische Wärme in kcal/kg für 20°/1000°		$k = \frac{c_p}{c_v}$
		μ kg/Mol	γ kg/Nm³	γ kg/nm³	R	c_p	c_v	
Luft	(2)	(29)	1,293	1,207	29,27	0,241/0,277	0,172/0,208	1,40
Sauerstoff O_2 . . .	2	32	1,429	1,334	26,50	0,218/0,251	0,156/0,189	1,40
Stickstoff N_2 . . .	2	28	1,251	1,168	30,26	0,250/0,288	0,178/0,216	1,40
Wasserstoff H_2. . .	2	2,016	0,090	0,084	420,6	3,408/3,930	2,420/2,94	1,41
Kohlenoxyd CO . .	2	28	1,250	1,167	30,29	0,250/0,288	0,180/0,218	1,40
Kohlensäure CO_2. .	3	44	1,977	1,846	19,27	0,202/0,297	0,156/0,252	1,30
Methan CH_4. . . .	5	16	0,717	0,669	52,90	0,531	0,406	1,31

Zahlentafel 3. Werte der spezifischen Wärme c_p für Luft[1].

kg/cm²	0°	60°	120°	180°	240°
1	0,2394	0,2416	0,2438	0,2460	0,2482
25	0,2463	0,2485	0,2507	0,2529	0,2551
50	0,2534	0,2556	0,2578	0,2600	0,2622
100	0,2672	0,2694	0,2716	0,2738	0,2760
150	0,2797	0,2819	0,2841	0,2863	0,2885
200	0,2903	0,2925	0,2947	0,2969	0,2991
300	0,3002	0,3024	0,3046	0,3068	0,3090

8. Das *PV*-Diagramm (Arbeitsdiagramm). Damit Gas Arbeit verrichtet, muß es sich ausdehnen; damit Gas Arbeit aufnimmt, muß es auf kleineres Volumen zusammen-

[1] Nach Ostertag: Kolben- und Turbokompressoren, 3. Auflage. Berlin: Springer.

gedrückt werden. Verzeichnet man den Gasdruck P in Abhängigkeit vom Gasvolumen V, so erhält man das PV-Diagramm der Zustandsänderung. Abb. 7 zeigt ein Beispiel. Bei der elementaren Volumenzunahme dV wird die elementare Arbeit $dL = PdV$ verrichtet. Die gesamte Arbeit L bei der Volumenzunahme von V_1 auf V_2 wird durch die unter der P-Linie bis herab zur Nullachse liegende Fläche dargestellt. Verwandelt man diese Fläche in ein gleich langes Rechteck, so stellt dessen Höhe den mittleren Druck P_m dar, und es ist die verrichtete absolute Expansionsarbeit

$$L = P_m(V_2 - V_1) \text{ mkg}.$$

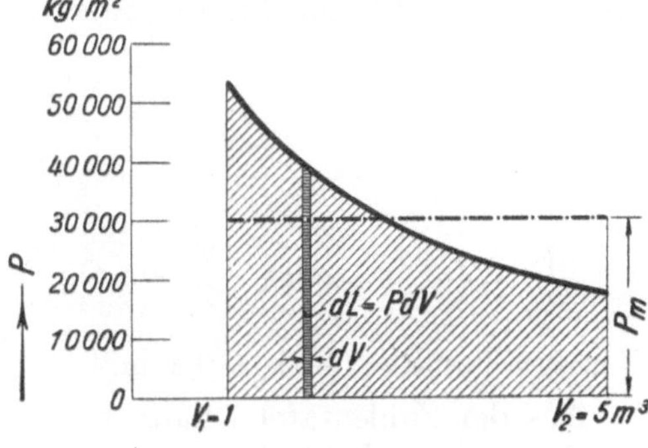

Abb. 7. PV-Diagramm.

Wird das Gas umgekehrt von V_2 auf V_1 nach derselben P-Linie verdichtet, so hat die absolute Kompressionsarbeit denselben Wert.

Die absoluten Werte gelten, wenn der äußere Druck Null ist. Expandiert aber das Gas z. B. gegen den Druck der Atmosphäre, so ist die nutzbare Expansionsarbeit um die Gegendruckarbeit kleiner. Dafür ist die für die Kompression aufzuwendende Arbeit ebenfalls um die Gegendruckarbeit kleiner. In dem dargestellten Beispiele ist die absolute Expansionsarbeit sowohl wie die absolute Kompressionsarbeit $= 30000\,(5 - 1) = 120000$ mkg. Bei einem Gegendruck von 1 at ist sowohl die nutzbare Expansionsarbeit, wie die aufzuwendende Kompressionsarbeit $= 20000\,(5 - 1) = 80000$ mkg.

Von der betrachteten Kompressionsarbeit ist die Arbeit des Kompressors zu unterscheiden, der die Luft nicht nur zu verdichten, sondern auch in die Leitung fortzudrücken hat. Bei der Dampfmaschine oder beim Druckluftmotor wirkt nicht nur die Expansion des Dampfes oder der Druckluft, sondern es tritt die Volldruckarbeit hinzu, die das einströmende Treibmittel während der Füllung verrichtet. Vgl. Ziffer 10.

Das PV-Diagramm ist mit dem in Ziffer 73 besprochenen Indikatordiagramm verwandt, bei dem der Druckverlauf im Zylinder einer Kolbenmaschine über dem Kolbenwege aufgezeichnet ist. Das Indikatordiagramm dient dazu, die Arbeitsvorgänge im Zylinder zu verfolgen und den mittleren Druck zu bestimmen.

9. Isothermische, adiabatische, polytropische Expansion und Kompression von Gasen. Während in Ziffer 8 für die Expansion und die Kompression ein beliebiger Verlauf angenommen war, sollen hier Zustandsänderungen besonderer Art betrachtet werden, die bestimmten Gesetzen folgen.

Unter isothermischer Zustandsänderung versteht man eine Zustandsänderung, bei der die Temperatur gleich bleibt. In unseren Maschinen haben wir zwar im allgemeinen keine isothermischen Zustandsänderungen, aber die isothermische Zustandsänderung ist wichtig als Grundlage für Vergleiche und zur Beurteilung der Vorgänge in der Maschine. Bei isothermischer Expansion muß dem Gase, damit es seine Temperatur behält, ebensoviel Wärme zugeführt werden, wie der geleisteten absoluten Expansionsarbeit entspricht. Umgekehrt muß, um isothermische Kompression zu ermöglichen, ebensoviel Wärme durch Kühlung entzogen werden, wie der aufgewandten absoluten Kompressionsarbeit entspricht. Für die isothermische Zustandsänderung von Gasen gilt (vgl. Ziffer 3) das Mariottesche Gesetz: $p_1 v_1 = p_2 v_2 =$ konst. Die Linie der isothermischen Expansion und Kompression ist also eine gleichseitige Hyperbel.

Bei adiabatischer Zustandsänderung wird dem Gase von außen Wärme weder zugeführt noch entzogen. Die adiabatische Zustandsänderung ist von größter Bedeutung. Denn wir haben in den Kraftmaschinen und Kompressoren angenähert adiabatische Zustandsänderungen, weil sich die Vorgänge so schnell vollziehen, daß nur in geringem Maße Wärme zugeführt oder entzogen werden kann. Adiabatisch expandierendes Gas wird kälter; denn es verliert so viel Wärme, wie der geleisteten absoluten Expansionsarbeit entspricht. Umgekehrt wird adiabatisch komprimiertes Gas heißer, denn es empfängt so viel Wärme, wie der aufgewandten absoluten Kompressionsarbeit entspricht. Das Mariottesche Gesetz, das gleichbleibende Temperatur voraussetzt, ist also nicht anwendbar; sondern sowohl die adiabatische Expansionslinie wie die adiabatische Kompressionslinie verlaufen steiler als die Mariottesche Linie.

Für die adiabatische Expansion oder Kompression gelten folgende Beziehungen, in denen $k = \frac{c_p}{c_v}$ ist und für die zweiatomigen Gase den Wert 1,4 hat.

$$p_1 v_1^k = p_2 v_2^k \text{ (Poissonsches Gesetz)};$$

$$p_2 = p_1 \left(\frac{v_1}{v_2}\right)^k \text{ und } v_2 = v_1 \left(\frac{p_1}{p_2}\right)^{\frac{1}{k}}.$$

$$\frac{T_1}{T_2} = \left(\frac{v_2}{v_1}\right)^{k-1} \text{ oder } \frac{T_1}{T_2} = \left(\frac{p_1}{p_2}\right)^{\frac{k-1}{k}}; \qquad T_2 = T_1 \left(\frac{v_1}{v_2}\right)^{k-1} \text{ oder } T_2 = T_1 \left(\frac{p_2}{p_1}\right)^{\frac{k-1}{k}}.$$

Für $k = 1{,}4$ ist $k - 1 = 0{,}4$ und $\frac{k-1}{k} = 0{,}286$ und $\frac{k}{k-1} = 3{,}5$.

Aus der Zahlentafel 4 kann man für adiabatische Expansion oder Entspannung bei gegebenem Druckabfall von p_1 auf p_2 und aus der Zahlentafel 5 für adiabatische Kompression oder Verdichtung bei gegebener Druckzunahme von p_1 auf p_2 die entsprechende Volumenänderung und Temperaturänderung entnehmen, wobei $k = 1{,}4$ gesetzt ist.

Auch der *is*-Tafel für Luft, Abb. 21, kann bequem entnommen werden, wie Druck und Temperatur bei adiabatischer Zustandsänderung zusammenhängen.

Zahlentafel 4. Adiabatisches Entspannen: $k = 1{,}4$.

$\frac{p_1}{p_2}$	$\frac{v_2}{v_1}$	$\frac{T_2}{T_1}$	$\frac{p_1}{p_2}$	$\frac{v_2}{v_1}$	$\frac{T_2}{T_1}$	$\frac{p_1}{p_2}$	$\frac{v_2}{v_1}$	$\frac{T_2}{T_1}$
1,2	1,139	0,950	5	3,156	0,632	16	7,246	0,453
1,5	1,336	0,890	6	3,598	0,600	20	8,498	0,425
2	1,641	0,820	8	4,415	0,552	24	9,680	0,404
3	2,193	0,731	10	5,188	0,518	30	11,35	0,378
4	2,692	0,672	12	5,900	0,493	40	13,94	0,349

Zahlentafel 5. Adiabatisches Verdichten: $k = 1{,}4$.

$\frac{p_2}{p_1}$	$\frac{v_2}{v_1}$	$\frac{T_2}{T_1}$	$\frac{p_2}{p_1}$	$\frac{v_2}{v_1}$	$\frac{T_2}{T_1}$	$\frac{p_2}{p_1}$	$\frac{v_2}{v_1}$	$\frac{T_2}{T_1}$
1,2	0,878	1,053	5	0,3170	1,583	16	0,1380	2,208
1,5	0,748	1,123	6	0,2780	1,668	20	0,1177	2,354
2	0,609	1,219	8	0,2265	1,811	24	0,1033	2,479
3	0,456	1,369	10	0,1927	1,931	30	0,0881	2,643
4	0,371	1,487	12	0,1695	2,034	40	0,0718	2,869

Beispiele.

1 m³ Druckluft von 5 atü und 25° C soll adiabatisch auf 2 atü entspannt werden. Wie groß werden Endvolumen und Endtemperatur? $p_1 = 5 + 1 = 6$ ata; $p_2 = 2 + 1 = 3$ ata; $v_1 = 1$ m³; $T_2 = 25 + 273 = 298°$ abs. Nach Zahlentafel 4 ist für $\frac{p_1}{p_2} = \frac{6}{3} = 2$ das Volumenverhältnis $\frac{v_2}{v_1} = 1{,}641$, oder das Endvolumen wird 1,641 mal so groß wie das Anfangsvolumen: $v_2 = 1{,}641 \cdot v_1 = 1{,}641 \cdot 1 = 1{,}641$ m³. Für das Temperaturverhältnis findet man $\frac{T_2}{T_1} = 0{,}820$, oder die Endtemperatur beträgt das 0,82fache der Anfangstemperatur: $T_2 = 0{,}82 \cdot T_1 = 0{,}82 \cdot 298 = 244°$ abs. oder $t_2 = T_2 - 273 = -29°$ C.

Es sollen 0,6 m³ Luft von 736 mm QS ($p_1 = 1$ ata) und 27° C ($T_1 = 300°$ abs.) auf $p_2 = 30$ ata verdichtet werden. Es sind das Endvolumen und die Endtemperatur zu ermitteln. — Aus Zahlentafel 5 findet man für $\frac{p_2}{p_1} = \frac{30}{1} = 30$ das Endvolumen $v_2 = 0{,}0881 \cdot v_1 = 0{,}0881 \cdot 0{,}6 = 0{,}05286$ m³ und die Endtemperatur $T_2 = 2{,}643 \cdot T_1 = 2{,}643 \cdot 300 = 792{,}9°$ abs. $\approx 520°$ C. (Nach dem Mariotteschen Gesetz wäre das isothermische Endvolumen nur $v_2' = \frac{0{,}6}{30} = 0{,}02$ m³ geworden, woraus man jedoch unter Berücksichtigung der Temperaturerhöhung und Temperaturausdehnung nach dem Gay-Lussacschen Gesetz wieder erhalten hätte $v_2 = v_2' \frac{T_2}{T_1} = 0{,}02 \frac{792{,}9}{300} = 0{,}05286\ \text{m}^3$.)

Bei isothermischer Expansion vom Anfangsdruck p_1 at auf den Enddruck p_2 at verrichtet 1 Kubikmeter Gas vom Druck p_1 die absolute Expansionsarbeit

$$L = 2{,}303 \cdot 10000 \cdot p_1 \lg \frac{p_1}{p_2}\ \text{mkg}.$$

Um 1 Kubikmeter Gas vom Anfangsdruck p_1 at isothermisch auf den Enddruck p_2 at zu verdichten, beträgt die aufzuwendende absolute Kompressionsarbeit

$$L = 2{,}303 \cdot 10000 \cdot p_1 \lg \frac{p_2}{p_1}\ \text{mkg}.$$

Bei adiabatischer Zustandsänderung ist

die absolute Expansionsarbeit:

$$Q = c_v \cdot (t_1 - t_2)\ \text{kcal/kg}$$

$$L = 427 \cdot c_v \cdot (t_1 - t_2)\ \text{mkg/kg}$$

oder

$$L = 10000 \frac{p_1}{k-1} \cdot \left[1 - \left(\frac{p_2}{p_1}\right)^{\frac{k-1}{k}}\right] \text{mkg/m}^3,$$

die absolute Kompressionsarbeit:

$$Q = c_v \cdot (t_2 - t_1)\ \text{kcal/kg}$$

$$L = 427 \cdot c_v \cdot (t_2 - t_1)\ \text{mkg/kg}$$

oder

$$L = 10000 \frac{p_1}{k-1} \cdot \left[\left(\frac{p_2}{p_1}\right)^{\frac{k-1}{k}} - 1\right] \text{mkg/m}^3.$$

Die absolute Expansions- oder Kompressionsarbeit ist nicht zu verwechseln mit der in Ziffer 10 betrachteten Motor- bzw. Kompressorarbeit. Bei isothermischer Zustands-

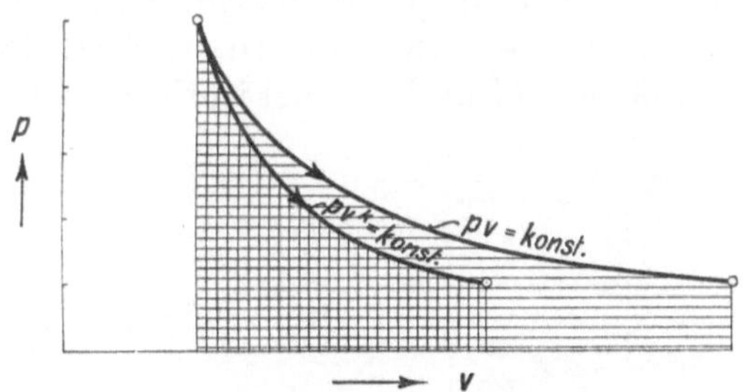

Abb. 8. Vergleich zwischen isothermischer und adiabatischer Expansion.

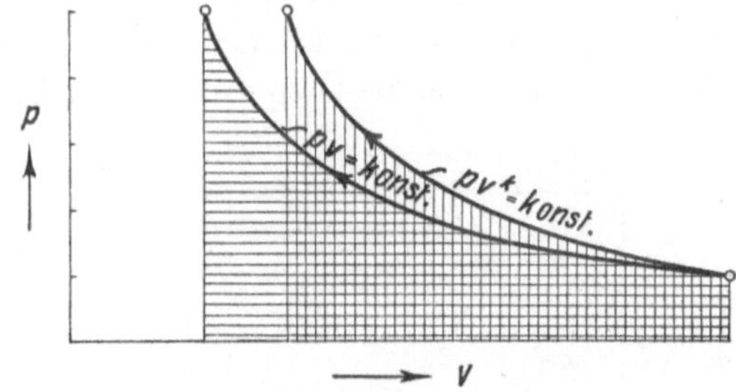

Abb. 9. Vergleich zwischen isothermischer und adiabatischer Kompression.

änderung sind zwar diese beiden zu unterscheidenden Arbeiten gleichgroß, die adiabatische Motor- oder Kompressorarbeit ist aber $k = 1{,}4$ mal so groß wie die absolute Expansions- bzw. Kompressionsarbeit.

Abb. 8 vergleicht die isothermische und adiabatische Expansion, Abb. 9 die isothermische und adiabatische Kompression. Die schraffierten Flächen unter den Expansions- bzw. Kompressionslinien bis herab zur Nullinie stellen die absoluten Expansions- bzw. Kompressionsarbeiten dar.

Technisch hat man selten genau isothermische oder genau adiabatische Zustandsänderungen. Man kann aber die tatsächlich auftretenden vielgestaltigen Zustandsänderungen mit genügender Genauigkeit durch eine Gleichung $p \cdot v^n =$ konst darstellen. Eine solche Zustandsänderung heißt polytropische Zustandsänderung und stellt den allgemeinen Fall dar. Die oben für adiabatische Zustandsänderungen angegebenen Beziehungen gelten auch für polytropische, indem man statt k den Exponenten n der Polytrope einsetzt. Wird der Exponent $n = 1$, so haben wir isothermische, wird $n = 1{,}4$, so haben wir adiabatische Zustandsänderung.

Abb. 10 zeigt die graphische Konstruktion der Polytrope nach dem Verfahren von Brauer. Von O aus zieht man Strahlen unter den Winkeln α zur Volumenachse und β

zur Druckachse und führt dann, vom Anfangszustand p_1, v_1 ausgehend, die durch Pfeile angedeutete Konstruktion durch, wobei die Parallelen unter 45° geneigt sein müssen. Für einen beliebigen Winkel α wird der zugehörige Winkel β bestimmt aus

$$\operatorname{tg}\beta = (1 + \operatorname{tg}\alpha)^n - 1 .$$

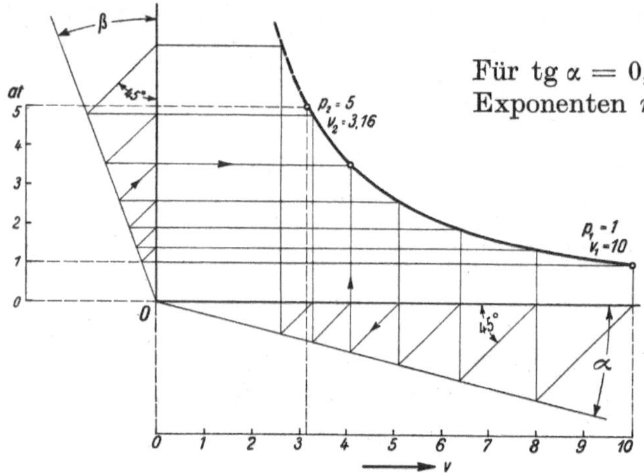

Abb. 10. Polytropenkonstruktion ($n = 1,2$).

Für $\operatorname{tg}\alpha = 0,25$ ergeben sich dann für verschiedene Exponenten n folgende Werte für $\operatorname{tg}\beta$:

$n =$	1,00	1,05	1,10	1,15	1,20
$\operatorname{tg}\beta =$	0,250	0,264	0,278	0,293	0,307

$n =$	1,25	1,30	1,35	1,40
$\operatorname{tg}\beta =$	0,322	0,337	0,352	0,367

Für die Darstellung der Adiabate mit $k = 1,4$ wird die Einrechnung von Punkten unter Zuhilfenahme der Zahlentafeln 4 und 5 schneller zum Ziele führen.

10. Die Kompressorarbeit. Die Arbeit des Druckluftmotors. Abb. 11 veranschaulicht die Arbeitsweise eines Kolbenkompressors, der Luft von 1 at Spannung ansaugt, sie auf 5 at Spannung isothermisch verdichtet und in die Leitung fortdrückt. Die Flächen $I + II$ stellen die aufzuwendende Kompressorarbeit dar. Die Flächen $I + II$ stellen auch die Arbeit eines Druckluftmotors dar, bei dem Druckluft von 5 at einströmt und isothermisch auf 1 at expandiert. Die Flächen $I + III$ dagegen bedeuten gemäß Ziffer 9 die absolute isothermische Kompressions- bzw. Expansionsarbeit. Da sich aus dem Mariotteschen Gesetz ergibt, daß die Flächen II und III bei isothermischer

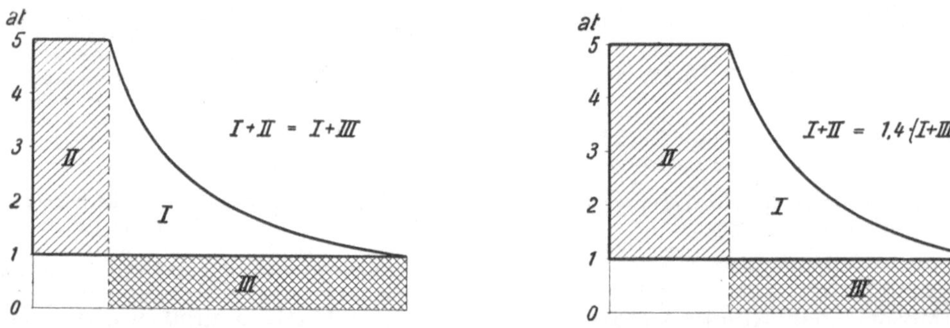

Abb. 11. Isothermische Kompressor- bzw. Motorarbeit. Abb. 12. Adiabatische Kompressor- bzw. Motorarbeit.

Zustandsänderung gleich sein müssen, so ist bei isothermischer Kompression die Kompressorarbeit gleich der absoluten Kompressionsarbeit, und bei isothermischer Expansion ist die Arbeit des Druckluftmotors, bei dem die Druckluft bis zum Gegendruck expandiert, gleich der absoluten Expansionsarbeit (vgl. Ziffer 9). Bei der adiabatischen Zustandsänderung, Abb. 12, gilt das nicht. Sondern die Kompressorarbeit $I + II$ sowohl wie die entsprechende Motorarbeit ist 1,4 mal größer als die entsprechende absolute Arbeit $I + III$. Demgemäß ergeben sich für die Arbeit des Motors, bei dem Druckluft oder Druckgas mit dem Drucke p_1 at einströmt und auf den Gegendruck p_2 at expandiert, sowie für die Arbeit des Kompressors, der Luft oder Gas von p_1 at ansaugt, auf p_2 at verdichtet und fortdrückt, die nachstehend aufgeführten Beziehungen. Bei adiabatischer Zustandsänderung ist die Motor- und Kompressorarbeit auch durch die Anfangs- und Endtemperatur t_1 bzw. t_2 gegeben. Die Formeln, die die Arbeit aus der Druckänderung herleiten, gelten für 1 Kubikmeter vom Druck p_1; die Formeln dagegen, die

die Arbeit aus der Temperaturänderung herleiten, gelten für 1 Kilogramm. Letztere entsprechen den in Ziffer 9 für adiabatische Zustandsänderung angegebenen Formeln; in den Formeln für die adiabatische Motor- oder Kompressorarbeit erscheint aber c_p statt c_v, so daß die adiabatische Motor- bzw. Kompressorarbeit $k = 1{,}4$mal so groß ist wie die absolute adiabatische Expansions- bzw. Kompressionsarbeit.

Ohne Rechnung erhält man die adiabatische Motor- oder Kompressorarbeit für 1 Kilogramm Luft aus der Luftentropietafel Abb. 21, der man die Werte in der in Ziffer 15 dargelegten Weise entnimmt.

Es gilt:

a) bei isothermischer Zustandsänderung.

Motorarbeit

$$L_{is} = 2{,}303 \cdot 10\,000\, p_1 \cdot \lg \frac{p_1}{p_2}\ \mathrm{mkg/m^3},$$

Kompressorarbeit

$$L_{is} = 2{,}303 \cdot 10\,000\, p_1 \cdot \lg \frac{p_2}{p_1}\ \mathrm{mkg/m^3}.$$

b) bei adiabatischer Zustandsänderung.

Motorarbeit

$$Q_{ad} = c_p (t_1 - t_2)\ \mathrm{kcal/kg}$$

$$L_{ad} = 427\, c_p (t_1 - t_2)\ \mathrm{mkg/kg}$$

oder

$$L_{ad} = 10\,000 \frac{k}{k-1} \cdot p_1 \left[1 - \left(\frac{p_2}{p_1}\right)^{\frac{k-1}{k}}\right] \mathrm{mkg/m^3},$$

Kompressorarbeit

$$Q_{ad} = c_p (t_2 - t_1)\ \mathrm{kcal/kg}$$

$$L_{ad} = 427\, c_p (t_2 - t_1)\ \mathrm{mkg/kg}$$

oder

$$L_{ad} = 10\,000 \frac{k}{k-1} \cdot p_1 \left[\left(\frac{p_2}{p_1}\right)^{\frac{k-1}{k}} - 1\right] \mathrm{mkg/m^3}.$$

c) für Luft insbesondere gilt:

$$Q_{ad} = 0{,}24 (t_1 - t_2)\ \mathrm{kcal/kg}$$

$$L_{ad} = 102{,}5 (t_1 - t_2)\ \mathrm{mkg/kg}$$

oder

$$L_{ad} = 10\,000 \cdot 3{,}5\, p_1 \left[1 - \left(\frac{p_2}{p_1}\right)^{0{,}286}\right] \mathrm{mkg/m^3},$$

$$Q_{ad} = 0{,}24 (t_2 - t_1)\ \mathrm{kcal/kg}$$

$$L_{ad} = 102{,}5 (t_2 - t_1)\ \mathrm{mkg/kg}$$

oder

$$L_{ad} = 10\,000 \cdot 3{,}5\, p_1 \left[\left(\frac{p_2}{p_1}\right)^{0{,}286} - 1\right] \mathrm{mkg/m^3}.$$

Für die auf den Ansaugezustand oder auf den Druck von 1 kg/cm² bezogene Luftmenge gilt:

$$L_{ad} = 10\,000 \cdot 3{,}5 \left[1 - \left(\frac{p_2}{p_1}\right)^{0{,}286}\right] \mathrm{mkg/m^3_{a.L.}},\qquad L_{ad} = 10\,000 \cdot 3{,}5 \left[\left(\frac{p_2}{p_1}\right)^{0{,}286} - 1\right] \mathrm{mkg/m^3_{a.L.}}.$$

Zur Erläuterung der vorstehend gegebenen Beziehungen seien einige Beispiele gerechnet. Wie nach Ziffer 9 zu berechnen ist, wird Druckluft von 6 at und 20° bei adiabatischer Expansion auf 2 at auf — 59°, d. h. um 79° abgekühlt. 1 kg Druckluft verrichtet demnach die absolute adiabatische Expansionsarbeit $79 \cdot c_v = 79 \cdot 0{,}172 = 13{,}6$ kcal oder $13{,}6 \cdot 427 = 5810$ mkg. Die adiabatische Motorarbeit ist $79 \cdot c_p = 79 \cdot 0{,}24 = 19$ kcal bzw. 8115 mkg. — Ferner wird Luft von 1 at und 10° bei adiabatischer Kompression auf 4 at auf 148°, d. h. um 138° erhitzt. Dem entspricht eine absolute adiabatische Kompressionsarbeit von 23,7 kcal/kg und eine adiabatische Kompressorarbeit von 33,4 kcal/kg. Wegen der Anwendung der sich auf 1 m³ beziehenden Gleichungen sei auf die späteren, die Druckluft behandelnden Abschnitte verwiesen.

11. Vom Wasserdampfe[1]. Es ist zwischen Verdunsten und Verdampfen zu unterscheiden. Verdunsten ist eine Dampfbildung an der Oberfläche des Wassers, wobei der entstehende Dampf unmittelbar zu der über dem Wasser stehenden Luft tritt. Das Wasser verdunstet bei jeder Temperatur, bei höherer stärker als bei niedrigerer. Verdampfen ist eine Dampfbildung von innen heraus, wobei der entstehende Dampf durch das Wasser emporsteigen und deshalb denselben Druck haben muß, der auf dem Wasser

[1] Vgl. die Ziffern 1, 2 und 5.

lastet. Damit das Wasser verdampft, muß es erst sieden, d. h. auf die Temperatur erhitzt sein, die zu dem auf dem Wasser lastenden Druck gehört. Unter dem Druck von 1 at (1 kg/cm²) siedet Wasser bei 99⁰, unter dem Druck von 1 Atm (760 mm QS) bei 100⁰, unter dem Druck von 2 at bei 120⁰, unter dem Druck von 5 at bei 151⁰ usw. Siedendes Wasser ,,wallt" infolge der aufsteigenden Dampfbläschen. Es ist aber nicht gesagt, daß das wallende Wasser überall auf die Siedetemperatur erhitzt ist; im Dampfkessel hat das Wasser auch erhebliche Temperaturunterschiede.

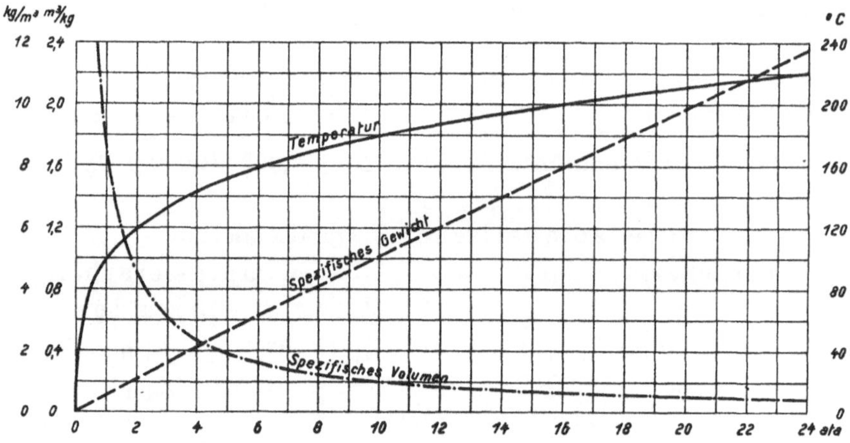

Abb. 13. Temperatur, spezifisches Gewicht und spezifisches Volumen des gesättigten Wasserdampfes in Abhängigkeit vom Dampfdruck.

Man unterscheidet nassen Dampf, gesättigten Dampf und überhitzten Dampf. Der Sattdampf bildet die Grenze zwischen nassem und überhitztem Dampf. Beim nassen Dampf gehört zu jeder Temperatur ein bestimmter Druck, beim Sattdampf außerdem ein bestimmtes spezifisches Volumen oder spezifisches Gewicht. Die zusammengehörigen Werte sind der sogenannten Tabelle der gesättigten Wasserdämpfe zu entnehmen. Die in der Zahlentafel 6 wiedergegebene Tabelle enthält die auf Grund der neuesten Forschungen ermittelten Werte. In Abb. 13 sind die Temperatur, das spezifische Gewicht und das spezifische Volumen des gesättigten Dampfes in Abhängigkeit vom Dampfdruck aufgetragen. Die Temperatur steigt erst schnell, dann immer langsamer. Das Dampfgewicht nimmt (bis etwa 100 at) ungefähr so zu wie der Dampfdruck. Dampf von 10 at wiegt etwa 5 kg/m³.

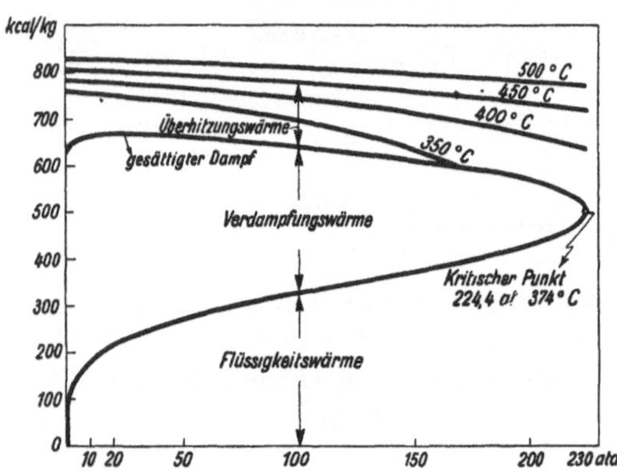

Abb. 14. Erzeugungswärme des Wasserdampfes in Abhängigkeit vom Druck.

Der Tabelle des gesättigten Wasserdampfes (Zahlentafel 6) ist auch der Wärmeaufwand[1] für die Erzeugung des Wasserdampfes zu entnehmen. Die Angaben gelten für 1 kg Dampf, der aus Wasser von 0⁰ erzeugt ist. Erst ist das Wasser auf die Siedetemperatur zu erhitzen, wofür die ,,Flüssigkeitswärme" aufzuwenden ist; dann ist das siedende Wasser unter gleichbleibendem Drucke zu verdampfen, wofür die ,,Verdampfungswärme" aufzuwenden ist. Bei der Verdampfung bleibt die Temperatur des Wassers unverändert; die zugeführte Wärme wird in Arbeit umgewandelt, hauptsächlich in innere Arbeit, um den molekularen Zusammenhang des Wassers zu lösen, zum geringen Teile in äußere Arbeit, um den Druck bei der Raumzunahme zu überwinden, die das Wasser bei der Verwandlung in Dampf erfährt.

[1] Die Werte des Wärmeinhalts von gesättigtem und überhitztem Wasserdampf sind ferner sehr bequem den *is*-Tafeln für Wasserdampf, Abb. 18 und 19, zu entnehmen.

Zahlentafel 6. Tabelle der gesättigten Wasserdämpfe[1].

Druck kg/cm²	Temperatur °C	Spez. Volumen m³/kg	Spez. Gewicht kg/m³	Flüssigkeitswärme kcal/kg	Verdampfungswärme kcal/kg	Gesamtwärme (Wärmeinhalt) kcal/kg
0,02	17	68,3	0,0147	17	586	603
0,03	24	46,5	0,0215	24	582	606
0,04	29	35,5	0,0282	29	579	608
0,05	32	28,7	0,0348	32	578	610
0,06	36	24,2	0,0413	36	576	612
0,08	41	18,5	0,0542	41	573	614
0,10	45	15,0	0,0669	45	572	617
0,15	54	10,2	0,0979	54	566	620
0,20	60	7,80	0,128	60	562	622
0,3	69	5,33	0,188	69	557	626
0,5	81	3,30	0,303	81	551	632
0,8	93	2,13	0,470	93	544	637
1,0	99	1,73	0,579	99	540	639
1,033	100	1,67	0,597	100	540	640
1,2	104	1,46	0,687	104	537	641
1,4	109	1,26	0,793	109	534	643
2	120	0,903	1,11	120	527	647
3	133	0,618	1,62	133	518	651
4	143	0,472	2,12	144	511	655
5	151	0,383	2,61	152	505	657
6	158	0,322	3,10	159	500	659
7	164	0,279	3,59	166	495	661
8	170	0,245	4,08	171	491	662
9	175	0,219	4,56	176	487	663
10	179	0,199	5,04	181	483	664
11	183	0,181	5,52	186	479	665
12	187	0,167	6,00	190	476	666
13	191	0,155	6,47	194	473	667
15	197	0,135	7,43	201	466	667
18	206	0,113	8,87	210	458	668
20	211	0,102	9,83	216	453	669
24	221	0,0850	11,76	226	443	669
30	233	0,0680	14,70	239	430	669
40	249	0,0507	19,73	257	409	666
50	263	0,0401	24,96	273	391	664
60	274	0,0329	30,41	286	374	660
80	294	0,0237	42,13	309	342	651
100	310	0,0182	55,11	329	312	641
120	323	0,0144	69,6	347	283	630
140	335	0,0116	85,9	365	253	618
160	346	0,0096	104,6	383	223	606
180	355	0,0078	128,0	402	191	593
200	364	0,0061	162,9	426	147	573

Je höher der Druck, um so größer wird die Flüssigkeitswärme, um so kleiner die Verdampfungswärme; im kritischen Punkte ist die Verdampfungswärme Null. Abb. 14 veranschaulicht den Zusammenhang[2]. Flüssigkeitswärme + Verdampfungswärme = Gesamtwärme oder Wärmeinhalt des gesättigten Dampfes. Es ist von besonderer Wichtigkeit, daß der wertvolle hochgespannte Dampf nur wenig Wärme mehr, bei sehr hohen Drücken sogar weniger Wärme für die Erzeugung braucht als niedriggespannter. Z. B. braucht Dampf von 1 at 639 kcal/kg, Dampf von 120 at 630 kcal/kg*. Meist wird der Dampf aus vorgewärmtem Speisewasser erzeugt; dann ist die tatsächliche Erzeugungswärme entsprechend geringer, bei 50° Speisewassertemperatur also um 50 kcal. Unter „Normaldampf" versteht man Dampf von 100° C und 1,033 kg/cm², der aus Wasser von 0° C erzeugt ist, und dessen Gesamtwärme = 640 kcal/kg ist.

[1] Nach Mollier: Neue Tabellen und Diagramme für Wasserdampf, 6. Aufl. Berlin: Springer 1929.
[2] Josse: Eigenschaften und Verwertung von Hoch- und Höchstdruck-Dampf. Z. d. V. d. I. 1924, S. 66.
* Vgl. Zahlentafel 6.

Im Kessel erzeugter Dampf ist meist naß, d. h. es ist ihm Wasser in Form von Tröpfchen oder Nebel beigemischt. Nasser Dampf hat dieselbe Temperatur wie trocken gesättigter Dampf von demselben Druck, aber kleineres Volumen. Nasser Dampf ist eine Mischung von trocken gesättigtem Dampfe und Wasser. Man pflegt bei nassem Dampfe den Gewichtsanteil des Dampfes mit x zu bezeichnen. Wenn $x = 0{,}9$ ist, so enthält also der nasse Dampf 90% Dampf und 10% Wasser. Da das Volumen des Wassers praktisch vernachlässigbar ist, so hat 1 kg Naßdampf mit 90% Dampfgehalt praktisch dasselbe Volumen wie 0,9 kg trocken gesättigter Dampf. Im Kolbenmaschinenbetrieb hat nasser Dampf den Vorteil, daß er selbst schmiert; im Dampfturbinenbetrieb dagegen leiden die Schaufeln, wenn der Dampf zu naß ist.

In den letzten Jahrzehnten ist in immer zunehmendem Maße überhitzter Wasserdampf für den Dampfmaschinen- und insbesondere für den Dampfturbinenbetrieb angewandt worden. Überhitzter Dampf wird erzeugt, indem man den dem Kessel entnommenen nassen Dampf auf dem Wege zur Dampfmaschine oder -turbine durch einen Überhitzer führt, wo er weit über die Sattdampftemperatur hinaus auf 350° bis 500° überhitzt wird und eine erhebliche Volumenzunahme erfährt, vgl. Zahlentafel 7. Im Zusammenhang mit dieser Volumenzunahme leistet überhitzter Dampf viel mehr als gesättigter, so daß er trotz des Wärmeaufwandes für die Überhitzung — 1 kg Dampf um 1° C zu überhitzen, erfordert unter mittleren Verhältnissen 0,55 kcal — sparsamer ist. Man muß unterscheiden zwischen Dampfersparnis und Wärmeersparnis. Die Wärmeersparnis ist wegen des Wärmeaufwandes für die Überhitzung nur etwa halb so groß wie die Dampfersparnis. Bei kräftiger Überhitzung ist die Dampfersparnis etwa 20%, die Wärmeersparnis etwa 10%. Bei Dampfturbinen rechnet man, daß je 7° Überhitzung 1% Dampfersparnis oder ½% Wärmeersparnis bedingen. Genaueres über den Wärmeaufwand für die Überhitzung und die Arbeitsfähigkeit des überhitzten Dampfes ist den mehrfach erwähnten is-Tafeln für Wasserdampf zu entnehmen.

In modernen Kesseln erzeugt man heute Hochdruckdampf von etwa 35 bis 50 at, der dann auf 400 bis 450° überhitzt wird. Zahlreiche Großanlagen arbeiten auch mit Höchstdruckdampf von 100 at und mehr. In dieser Beziehung ist Abb. 14 bedeutsam, die zeigt, wie sich der Wärmeaufwand für die Dampferzeugung und die Überhitzung bei hohen und höchsten Drücken gestaltet.

Schließlich sei betrachtet, wie sich Wasserdampf bei Zustandsänderungen verhält. Die Gasgesetze sind selbstverständlich nicht anwendbar. Die Isotherme gesättigten Wasserdampfes verläuft im PV-Diagramm (vgl. Ziffer 8) parallel zur Abszisse. Wenn Wasserdampf adiabatisch expandiert, verläuft die Expansionslinie weniger steil als bei den Gasen, nämlich bei gesättigtem Wasserdampf nach der Gleichung $pv^{1{,}135} = \text{konst}$ und bei überhitztem Wasserdampf nach der Gleichung $pv^{1{,}3} = \text{konst}$. Es ist aber zu bemerken, daß der im Dampfzylinder expandierende Dampf wegen des Wärmeaustausches zwischen Dampf und Zylinderwandung nicht adiabatisch expandiert; die wirklichen Expansionslinien liegen vielmehr über den adiabatischen Linien. Gesättigter Wasserdampf expandiert im Dampfzylinder etwa nach der Gleichung $pv = \text{konst}$, d. h. nach der gleichseitigen Hyperbel. Bei überhitztem Wasserdampf schwankt der Verlauf der Expansionslinie stark; im Mittel kann man die Gleichung $pv^{1{,}2} = \text{konst}$ zugrunde legen. Auch ist zu beachten, daß der überhitzte Dampf während der Expansion häufig seine Überhitzung verliert. Vgl. die Ziffer 14. Auch in der Dampfturbine wird dem expandierenden Dampf Wärme zugeführt, insofern als die durch Reibung und Wirbelung verlorengehende Expansionsarbeit in Form von Wärme in den Dampf zurückkehrt. Bei gleicher Füllung leistet Sattdampf mehr als Heißdampf; bei gleichem Gewicht leistet aber Heißdampf mehr als Sattdampf. Für die Kompression im Dampfzylinder wird in der Regel die Hyperbel zugrunde gelegt; tatsächlich verläuft aber die Kompressionslinie etwas steiler. Aus dem PV-Diagramm oder dem Indikatordiagramm nicht erkennbar, aber den Entropietafeln (vgl. Ziffer 14) entnehmbar, ist, daß trocken gesättigter Dampf bei der Expansion feucht wird.

Zahlentafel 7. Spezifisches Volumen v in m³/kg von überhitztem Wasserdampf[1, 2].

p at abs.	150°	200°	250°	300°	350°	400°	450°	500°	v für Sattdampf
1	1,976	2,217	2,455	2,693	2,930	3,166	3,403	3,639	1,727
2	0,980	1,103	1,224	1,343	1,463	1,581	1,700	1,818	0,903
3	0,648	0,731	0,813	0,894	0,974	1,053	1,132	1,211	0,618
4	0,481	0,546	0,608	0,669	0,729	0,789	0,847	0,908	0,472
5	—	0,434	0,485	0,534	0,582	0,631	0,678	0,726	0,383
6	—	0,360	0,403	0,444	0,485	0,525	0,565	0,605	0,322
7	—	0,307	0,344	0,380	0,415	0,449	0,484	0,518	0,279
8	—	0,267	0,300	0,331	0,362	0,393	0,423	0,453	0,245
9	—	0,236	0,266	0,294	0,322	0,349	0,376	0,402	0,219
10	—	0,211	0,238	0,264	0,289	0,314	0,339	0,362	0,199
12	—	0,173	0,197	0,219	0,240	0,261	0,281	0,301	0,167
14	—	0,147	0,168	0,187	0,205	0,223	0,241	0,258	0,144
16	—	—	0,146	0,163	0,179	0,195	0,210	0,225	0,126
18	—	—	0,128	0,144	0,159	0,173	0,186	0,200	0,113
20	—	—	0,115	0,129	0,142	0,155	0,168	0,180	0,102
25	—	—	0,089	0,102	0,113	0,123	0,134	0,143	0,082
30	—	—	0,0726	0,0836	0,0932	0,102	0,111	0,119	0,068
35	—	—	0,0603	0,0706	0,0792	0,0870	0,0945	0,1018	0,0582
40	—	—	0,0509	0,0608	0,0686	0,0757	0,0824	0,0888	0,0507
50	—	—	—	0,0469	0,0538	0,0598	0,0653	0,0706	0,0401
60	—	—	—	0,0374	0,0439	0,0492	0,0540	0,0585	0,0329
70	—	—	—	0,0304	0,0367	0,0416	0,0458	0,0498	0,0277
80	—	—	—	0,0249	0,0313	0,0358	0,0397	0,0434	0,0237
90	—	—	—	—	0,0269	0,0314	0,0350	0,0382	0,0206
100	—	—	—	—	0,0234	0,0277	0,0311	0,0342	0,0182
120	—	—	—	—	0,0179	0,0222	0,0254	0,0281	0,0144
140	—	—	—	—	0,0137	0,0182	0,0212	0,0237	0,0116
160	—	—	—	—	0,0102	0,0151	0,0181	0,0204	0,0096
180	—	—	—	—	—	0,0126	0,0156	0,0178	0,0078
200	—	—	—	—	—	0,0104	0,0136	0,0157	0,0061
220	—	—	—	—	—	0,0086	0,0119	0,0140	0,0051

Um Dampf zu verflüssigen (oder zu verdichten, kondensieren, niederzuschlagen) muß man ihm Wärme entziehen. Die bei der Verflüssigung unter unverändertem Druck frei werdende Wärme ist ebenso groß wie die vorher für die Verwandlung des Wassers in Dampf aufgewendete Wärme. Soll z. B. nasser Wasserdampf von 1,2 ata Druck mit einem Dampfgehalt $x = 0{,}8$ in Wasser von 40° C verwandelt werden, so sind ihm laut Zahlentafel $0{,}8\,(641 - 40) = 481$ kcal/kg durch Kühlung zu entziehen. Wegen seiner großen Verflüssigungswärme und seinen günstigen Temperaturverhältnissen eignet sich Wasserdampf vorzüglich zu Heizungen (Niederdruckdampfheizungen). Wenn man hochgespannten Dampf erst bis zu 1 oder 2 ata herab in Dampfmaschinen oder Dampfturbinen zur Energieerzeugung verwendet, dann mit dem Abdampf heizt, wird der Dampf in idealer Weise ausgenützt. Vgl. Ziffer 117.

12. Das Wärmediagramm und der Entropiebegriff. In ähnlicher Weise wie beim PV-Diagramm oder Arbeitsdiagramm (vgl. Ziffer 8) die von einem Gas verrichtete mechanische Arbeit als Fläche unter der Druckkurve dargestellt werden konnte, läßt sich die von einem Gas bei Zustandsänderungen aufgenommene oder abgegebene Wärmemenge als Fläche in einem Wärmediagramm darstellen. Für die mechanische Arbeit waren in Ziffer 8 die Beziehungen $dL = P\,dV$ bzw. $L = P_m\,(V_2 - V_1)$ gefunden worden. Wie

[1] Nach Mollier: Neue Tabellen und Diagramme für Wasserdampf, 6. Aufl. Berlin: Springer 1929.

[2] Nach Dipl.-Ing. Weih, Bochum, läßt sich für überhitzten Dampf von p ata und t_h ° C das spezifische Volumen nach der Formel berechnen:

$$v = v_s \cdot \frac{200 + t_h}{210 + t_s - 1{,}25\,p}.$$

In dieser Formel, welche die in der Zahlentafel 7 enthaltenen Werte von v mit guter Annäherung wiedergibt, sind v_s das spez. Volumen und t_s die Temperatur des Sattdampfes vom Druck p. Die Formel gilt zwischen 2 und 35 at.

hier als treibende Ursache der Gasdruck als Faktor im Produkt auftritt, läßt sich eine ähnliche Beziehung für die Wärme aufstellen, in der entsprechend dem Druck P die die Wärme treibende Wärmespannung, nämlich die Temperatur T, den einen Faktor bildet. Als den der Volumenänderung dV bzw. $V_2 - V_1$ entsprechenden Faktor wird eine Größe ds bzw. $s_2 - s_1$ eingeführt, womit man die folgende Gegenüberstellung gleichartiger Formeln erhält:

Für die mechanische Arbeit:	Für die Wärmemenge:
$dL = P\,dV,$	$dQ = T\,ds,$
$L = P_m(V_2 - V_1).$	$Q = T_m(s_2 - s_1).$

Die Größe s ist ebenso wie die Werte P, V und T eine Zustandsgröße. Sie wurde von dem deutschen Physiker Clausius als Entropie (Verwandlungsinhalt) bezeichnet.

Das Wärmediagramm (Abb. 15) erhält man, indem man als Ordinate die absolute Temperatur T und als Abszisse die Entropie s aufträgt, weshalb das Wärmediagramm auch Ts-Diagramm heißt. Die Entropie ist so beschaffen, daß die zu- oder abgeführte Wärme im Wärmediagramm als Fläche erscheint, die sich unter der T-Linie bis herab zur Abszisse erstreckt. Verwandelt man diese Fläche gemäß Abb. 15 in ein gleichlanges Rechteck, so ist dessen Höhe die mittlere absolute Temperatur T_m. Nimmt bei der mittleren absoluten Temperatur T_m die Entropie von s_1 auf s_2 zu, so ist die zugeführte Wärmemenge $Q = T_m(s_2 - s_1) =$ mittlerer absoluter Temperatur mal Entropiezuwachs. Die elementare Wärmezufuhr dQ ist gleich der absoluten Temperatur T mal elementarem Entropiezuwachs ds. Also $dQ = T\,ds$ oder $ds = \frac{dQ}{T}$.

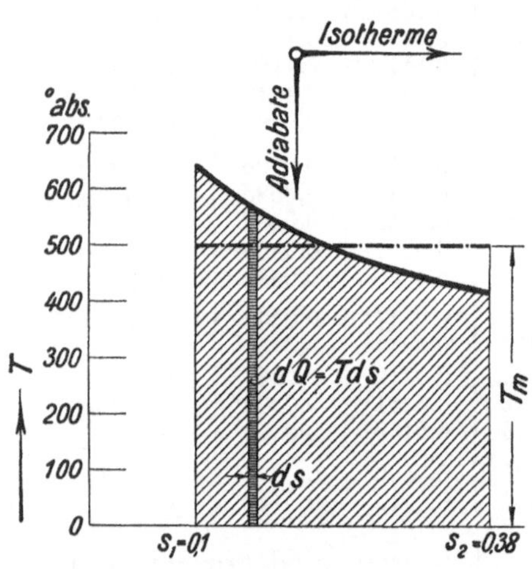

Abb. 15. Wärmediagramm oder Ts-Diagramm.

Aus dem Wärmediagramm ist ersichtlich, wieviel Wärme 1 kg Gas oder Dampf bei einer Zustandsänderung durch Heizung empfängt oder durch Kühlung verliert.

Wärmezufuhr (Heizung) bedingt Zunahme, Wärmeabfuhr (Kühlung) bedingt Abnahme der Entropie. Bei gleich großer Wärmezufuhr ist der Entropiezuwachs sehr verschieden, je nachdem wie groß T ist. Führt man einem kg Gas 1000 kcal bei $T = 500^0$ abs. zu, so ist der Entropiezuwachs $= 1000 : 500 = 2$; bei $T = 2000^0$ abs. ist der Entropiezuwachs nur $1000 : 2000 = 0{,}5$. Drosseln bedeutet Wärmezufuhr; die Entropie nimmt zu. Beim Drosseln wird Gas oder Dampf entspannt, ohne daß nach außen Arbeit abgegeben wird; die Expansionsarbeit wird vielmehr durch Reibung und Wirbel verzehrt und in Wärme verwandelt, die das entspannte Gas zurückempfängt.

Wird dem Gase bei einer Zustandsänderung Wärme weder zugeführt noch entzogen, d. h. verläuft die Zustandsänderung adiabatisch, so bleibt die Entropie unverändert, d. h. die T-Linie verläuft senkrecht. Bei einer isothermischen Zustandsänderung verläuft die T-Linie waagerecht. Bei isothermischer Expansion ist immer Wärme zuzuführen, wobei die Entropie zunimmt; bei isothermischer Kompression ist ebensoviel Wärme abzuführen, wobei die Entropie abnimmt.

Man kann nun nach den Regeln der Thermodynamik für jeden Zustand eines Gases oder Dampfes den zugehörigen Entropiewert, der immer für 1 kg Gas oder Dampf gilt, berechnen. Da es sich dabei nicht um absolute Werte, sondern nur um die Zunahme oder die Abnahme des Entropiewertes handelt, kann man den Nullpunkt willkürlich wählen. Für Wasserdampf wird die Entropie des Wassers bei 0^0 C = Null gesetzt, für Gase die Entropie des Gases bei 1 ata und bei 0^0 C. Hat das Gas also weniger als 1 ata Druck und liegt seine Temperatur unter 0^0 C, so ist seine Entropie negativ. Dem liegt aber keinerlei Bedeutung bei, weil es sich, wie gesagt, nur um die Unterschiede der Entropiewerte handelt.

Für den technischen Gebrauch sind Entropietafeln vorhanden, welchen man den jedem Zustande eines Gases oder Dampfes zugeordneten Entropiewert entnehmen kann. Auf diesem Wege kann man ein PV-Diagramm oder allgemein das Diagramm einer Kraftmaschine im Wärmediagramm „abbilden", d. h. für die in diesen Diagrammen dargestellten Zustandsänderungen das Wärmediagramm zeichnen.

Betrachten wir das als Beispiel vorgelegte Wärmediagramm Abb. 15 näher. Zunächst ist erkennbar, daß es sich weder um eine isothermische Zustandsänderung handelt — denn bei dieser ist ja T unverändert und die T-Linie verläuft waagerecht — noch um eine adiabatische Zustandsänderung — denn bei dieser wird ja Wärme weder zugeführt noch abgeführt, so daß sich auch die Entropie nicht ändert, und die T-Linie senkrecht verläuft. Wir haben also eine zwischen der adiabatischen und isothermischen, aber näher der isothermischen liegende, unter kräftiger Wärmezufuhr erfolgende Zustandsänderung. Da $T_m = 500^0$ abs. ist, und die Entropie von 0,1 auf 0,38 zugenommen hat, so ist die dem Gas zugeführte Wärme

$$Q = T_m(s_2 - s_1) = 500\,(0{,}38 - 0{,}1) = 140\,\text{kcal/kg}\,.$$

13. Entropietafeln. Durch Entropietafeln werden thermodynamische Rechnungen außerordentlich erleichtert. Man hat Entropietafeln für Luft und für Dampf. Sie gelten für 1 kg. Aus diesen Tafeln kann man, nach Drücken abgestuft, entnehmen, wie Temperatur, Druck und Entropie oder Wärmeinhalt, Druck und Entropie zusammenhängen. Die Tafeln für Luft sind entsprechend umgewertet auch für andere Gase anwendbar. Man unterscheidet Ts-Tafeln, bei denen auf der Senkrechten die absolute Temperatur aufgetragen ist und die grundsätzlich mit dem im vorigen Abschnitt besprochenen Wärmediagramm übereinstimmen, und is-Tafeln, bei denen auf der Senkrechten die für ungeänderten Druck geltende Gas- bzw. Dampfwärme i in kcal/kg aufgetragen ist. Auf der Waagerechten ist wie bei den Ts-Tafeln auch bei den is-Tafeln die Entropie abgetragen. Adiabatische Zustandsänderungen verlaufen also bei Tafeln beider Arten auf einer Senkrechten.

Bei den Ts-Tafeln verlaufen isothermische Zustandsänderungen selbstverständlich auf einer Waagerechten. Damit man die zugeführten und abgeführten Wärmemengen nicht erst als Flächen zu verzeichnen und auszumessen braucht, ergänzt man die Ts-Tafeln zweckmäßig durch Linien gleichen Wärmeinhalts. Auch Linien gleichen spezifischen Volumens sind vorteilhaft, ferner bei Tafeln für Wasserdampf Linien gleichen Dampfgehalts (vgl. Abb. 17).

Die is-Tafeln sind für die Verwendung besonders bequem, weil man die Werte für Wärmeaufwand und ausgenutzte Wärme unmittelbar abgreifen kann. Die Waagerechten sind Linien gleichen Wärmeinhaltes. Die is-Tafeln werden zweckmäßig ergänzt durch Linien gleicher Temperatur und im Gebiet des gesättigten Dampfes durch Linien gleichen Dampfgehaltes. Linien gleichen Volumens sind ebenfalls erwünscht. Die Linien gleichen Wärmeinhaltes und die Linien gleicher Temperaturen sind von Bedeutung, um die Vorgänge beim Drosseln von Dampf oder Luft zu verfolgen, denn beim Drosseln bleibt die Drosselwärme im Dampfe oder in der Luft, so daß zwar die Spannung abfällt, der Wärmeinhalt aber ungeändert bleibt, während die Temperatur eine Abnahme erfährt (Thomson-Joulesche Abkühlung), die dem Diagramm sofort zu entnehmen ist.

In diesem Buche sind 4 Entropietafeln wiedergegeben. Abb. 17 stellt eine kleine Ts-Tafel für Wasserdampf dar, die durch Linien gleichen Dampfinhaltes ergänzt ist. Abb. 18 ist eine is-Tafel für Wasserdampf (Mollier-Diagramm), ergänzt durch Linien gleicher Temperatur und gleichen Wassergehaltes. Abb. 19 ist ebenfalls eine is-Tafel für Wasserdampf, die sich bis zum kritischen Punkt erstreckt. Sie sind nach der is-Tafel gezeichnet, die in den neuen Tabellen und Diagrammen für Wasserdampf von Mollier[1]

[1] „Neue Tabellen und Diagramme für Wasserdampf" von Mollier, 6. Aufl. Berlin: Springer 1929.

enthalten ist. Abb. 21 schließlich ist eine is-Tafel für Luft, die unter Zugrundelegung der Entropietafel für Luft von Ostertag[1] gezeichnet wurde. Für technische Rechnungen kommen fast nur die is-Tafeln in Betracht, während die Ts-Tafel mehr der Veranschaulichung der Wärmevorgänge und des Entropiebegriffes dient. Wo es sich um häufiger vorkommende oder um genauere Rechnungen handelt, sind die angegebenen Originaltafeln zu verwenden, die größer und feiner geteilt sind.

14. Die Anwendung der Entropietafeln für Wasserdampf. Abb. 16 veranschaulicht an einem Zahlenbeispiel die Anwendung des Ts-Diagramms auf Wasserdampf. Es soll aus Wasser von 0° überhitzter Dampf von 10 ata und 250° C erzeugt werden, und dieser Dampf soll, verlustlos arbeitend, auf 0,1 ata entspannt werden. Wieviel kcal/kg sind für die Erzeugung des Dampfes aufzuwenden, wieviel kcal/kg werden in Arbeit umgesetzt, wie groß ist der thermische Wirkungsgrad? Bei der Erhitzung des Wassers von 0° C auf die Siedetemperatur, nämlich 179° C, ist die mittlere absolute Temperatur etwa 362° abs. und die Flüssigkeitswärme laut Tabelle = 181 kcal/kg, so daß der Entropiezuwachs = 181 : 362 = 0,5 ist. (Die Rechnung ist nur angenähert, der genaue Wert für den Entropiezuwachs ist 0,51.) Beim Verdampfen ist die absolute Temperatur unverändert = 452° abs., die Verdampfungswärme ist 483 kcal/kg, mithin ist der Entropiezuwachs = 483/452 = 1,07. Bei der Überhitzung auf 250° C ist die mittlere absolute Temperatur = 488° abs. und die Überhitzungswärme ist 38 kcal/kg, so daß der Entropiezuwachs = 0,08 ist. Die ganze schraffierte Fläche unter der T-Linie bedeutet den gesamten Wärmeaufwand von 702 kcal/kg und die Teilflächen unter den einzelnen Stücken der T-Linie stellen die angegebenen Teilwärmen für die Erhitzung des Wassers, seine Verdampfung und die Überhitzung des Dampfes dar. Um die Wärmeausnutzung bei adiabatischer Entspannung des Dampfes auf 0,1 ata (45° C) zu bestimmen, zieht man die Waagerechte durch $t = 45°$ C. Dann stellt die Fläche über dieser Linie die ausgenutzte Wärme dar, nämlich 179 kcal/kg, und die Fläche darunter die mit dem abströmenden Dampfe verlorengehende Wärme, nämlich 523 kcal/kg. Der thermische Wirkungsgrad ist 179/702 = 25,5%. Die im abströmenden Dampf enthaltene Wärme ist nicht etwa gleich der Erzeugungswärme des Dampfes von 0,1 ata Spannung, die 617 kcal beträgt, sondern erheblich geringer. Das rührt daher, daß der Dampf bei der Expansion von 10 ata auf 0,1 ata nicht nur seine Überhitzung verloren, sondern sogar feucht geworden ist. Wie man den folgenden Dampfentropietafeln entnehmen kann, ist sein Dampfgehalt nur 84%.

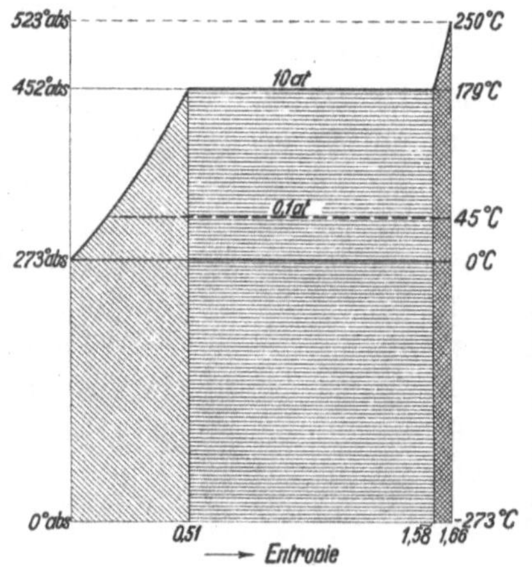

Abb. 16. Ts-Diagramm für die Erzeugung von Wasserdampf von 10 ata und 250°.

Die Ts-Tafel für Wasserdampf, Abb. 17, gilt für Dampfdrücke zwischen 0,04 ata und 25 ata. Für Wasser von 0° C ist die Entropie $s = 0$ gesetzt. Der untere von 0° C bis −273° C reichende Teil der Tafel ist fortgelassen; dieser Teil muß aber berücksichtigt werden, wenn man ein Wärmediagramm zeichnet (vgl. Abb. 16). Da in dieser Tafel Linien gleichen Wärmeinhaltes fehlen, ist sie für die Verwendung unvorteilhaft. Die Linie AB ist die sogenannte untere Grenzlinie; sie gilt für siedendes Wasser und trennt noch nicht siedendes Wasser von nassem Dampf. Die Linie CD, die sogenannte obere Grenzlinie, gilt für trockenen Dampf und trennt feuchten von überhitztem Dampf. Zwischen den Grenzlinien ist das Gebiet des nassen Dampfes. Halbiert man die Geraden zwischen den Grenzlinien, so bedeutet die entstehende Linie EF den Dampfgehalt $x = 0,5$. Entsprechende Linien für andere Werte des Dampfgehaltes sind eingezeichnet. Die dick gezeichnete Linie OP gilt für das frühere, in Abb. 16 dargestellte Beispiel. Wenn sich

[1] „Die Entropietafel für Luft" von Ostertag, 2. Aufl. Berlin: Springer 1917.

Dampf von 10 ata und 250° C (Punkt O) verlustlos wirkend adiabatisch auf 0,1 ata (Punkt P) entspannt, wird er naß und sein Dampfgehalt ist 84%. Es gilt, wie die Tafel lehrt, allgemein, daß bei adiabatischer Expansion trockner Dampf feucht wird und daß überhitzter Dampf seine Überhitzung verliert und gegebenenfalls naß wird.

Bei der is-Tafel für Wasserdampf, die zuerst von Mollier angegeben ist und ihrer Zweckmäßigkeit wegen hauptsächlich angewendet wird, ist der Wärmeinhalt i und die Entropie s von 1 kg Wasser von 0° C = Null gesetzt. Das Mollier-Diagramm enthält aber diesen Nullpunkt und die „untere" Grenzlinie nicht, sondern beschränkt sich auf den technisch wichtigen oberen Teil des is-Diagramms. Die als „Grenzkurve" bezeichnete Kurve ist also die sogenannte obere Grenzlinie und scheidet feuchten von überhitztem Dampf. Betrachten wir an Hand der Abb. 18 das Mollier-Diagramm näher. Im Überhitzungsgebiet verlaufen die Linien gleicher Temperatur (z. B. die Linie von 300° C) ungefähr parallel zu den Linien gleichen Wärmeinhaltes. Der Wärmeaufwand für die Erzeugung überhitzten Dampfes ist also beinahe unabhängig vom Druck. Z. B. erfordert 1 kg Dampf von 2 ata und 300° C 734 kcal; 1 kg Dampf von 12 ata und ebenfalls 300° C

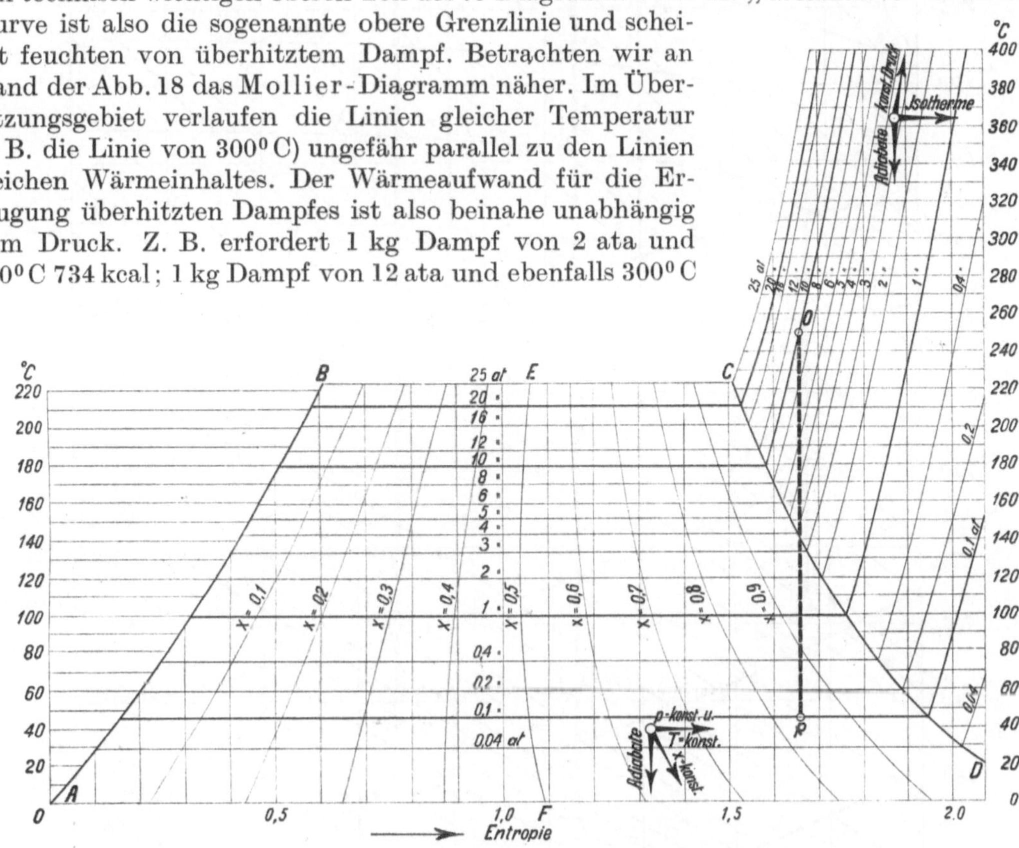

Abb. 17. Ts-Tafel für Wasserdampf.

sogar nur 728 kcal. Im Sättigungsgebiet fehlen besondere Temperaturlinien, weil da die Linien gleichen Dampfdruckes zugleich Linien gleicher Temperatur sind. Die Bedeutung der Linien gleichen Wärmeinhaltes, um das Drosseln zu verfolgen, war schon oben gekennzeichnet. Beim Drosseln wird keine Arbeit nach außen abgegeben, sondern die Expansionsarbeit des Dampfes wird durch Wirbel und Stöße aufgezehrt und in Wärme zurückverwandelt, die in den Dampf zurückkehrt. Deswegen nimmt die Entropie beim Drosseln zu. Beim Drosseln wird nasser Dampf getrocknet, trockner Dampf überhitzt. Das Arbeitsvermögen des Dampfes wird durch Drosseln immer herabgesetzt. In welchem Maße ist sehr verschieden, aber im einzelnen Falle bequem der is-Tafel zu entnehmen. Grundsätzlich gilt, daß Drosseln um so mehr schadet, mit je höherem Druck der Dampf abströmt. Bei Auspuffbetrieb schadet also Drosseln mehr als bei Expansionsbetrieb.

Es sei die Anwendung der is-Tafel für Wasserdampf an Hand der in Abb. 18 eingezeichneten Beispiele erläutert. Die Senkrechte AE stellt verlustlose adiabatische Expansion von 12 ata 300° auf 0,05 ata dar. Das gesamte Wärmegefälle beträgt 216 kcal/kg.

Ein sehr erheblicher Teil des Wärmegefälles, dargestellt durch das Stück CE, wird im Vakuum ausgenutzt. Bei Dampfturbinen werden im Mittel als nutzbare Arbeit nur etwa

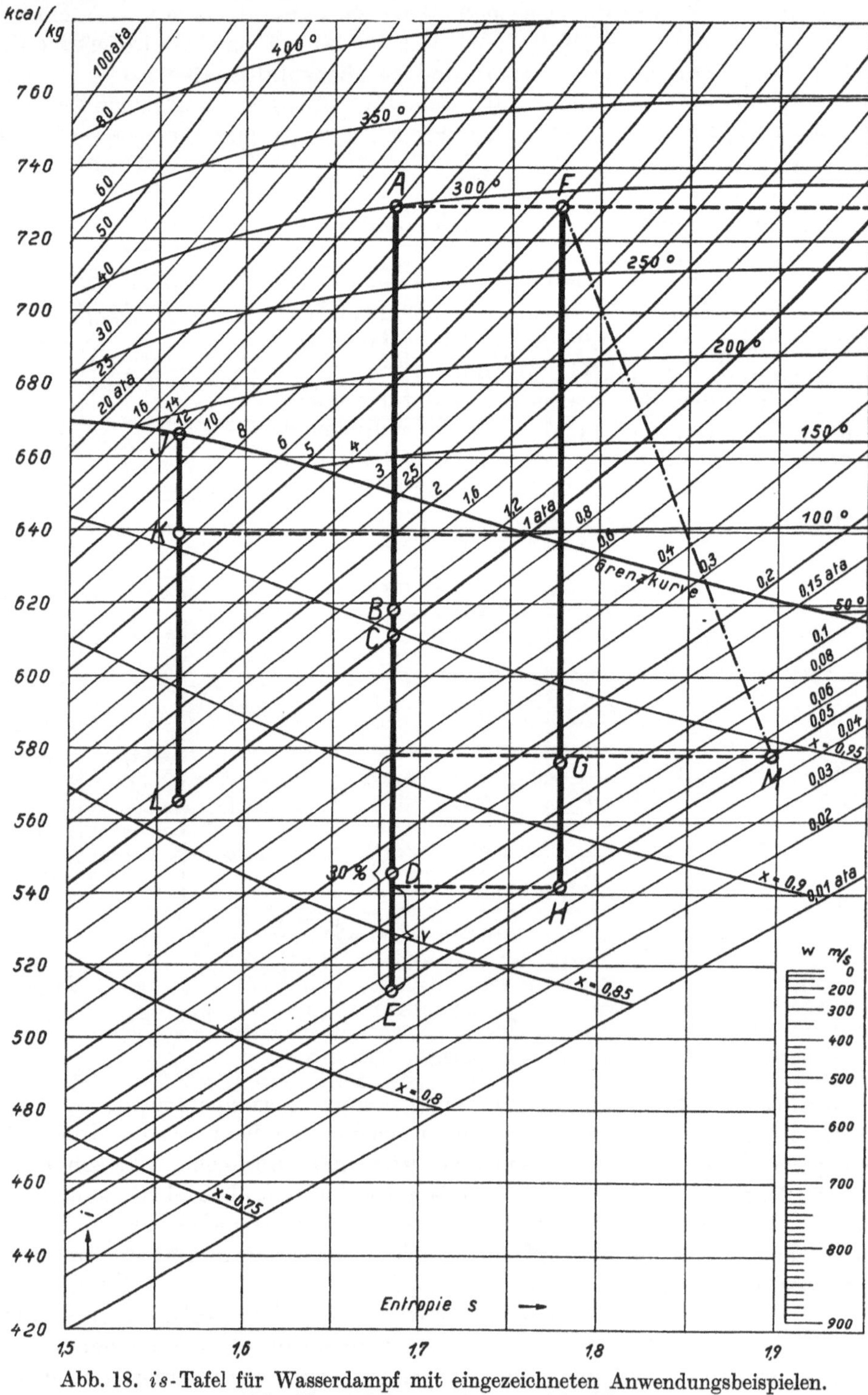

Abb. 18. is-Tafel für Wasserdampf mit eingezeichneten Anwendungsbeispielen. (1 kcal/kg = 0,5 mm; 1 mm = 2 kcal/kg.)

70 % des ausgenutzten Wärmegefälles abgegeben, im vorliegenden Falle 151 kcal/kg, während 30 % in der Turbine durch Reibung und Wirbel aufgezehrt werden und als Wärme im Dampf bleiben. Man vermindere AE um 30 % und ziehe eine Linie mit $i = 578$

bis zur Spannungslinie 0,05 ata, Punkt M. Punkt M stellt den Zustand des aus der Turbine abströmenden Dampfes dar. Weil ein Teil des Wärmegefälles im Dampf zurück-

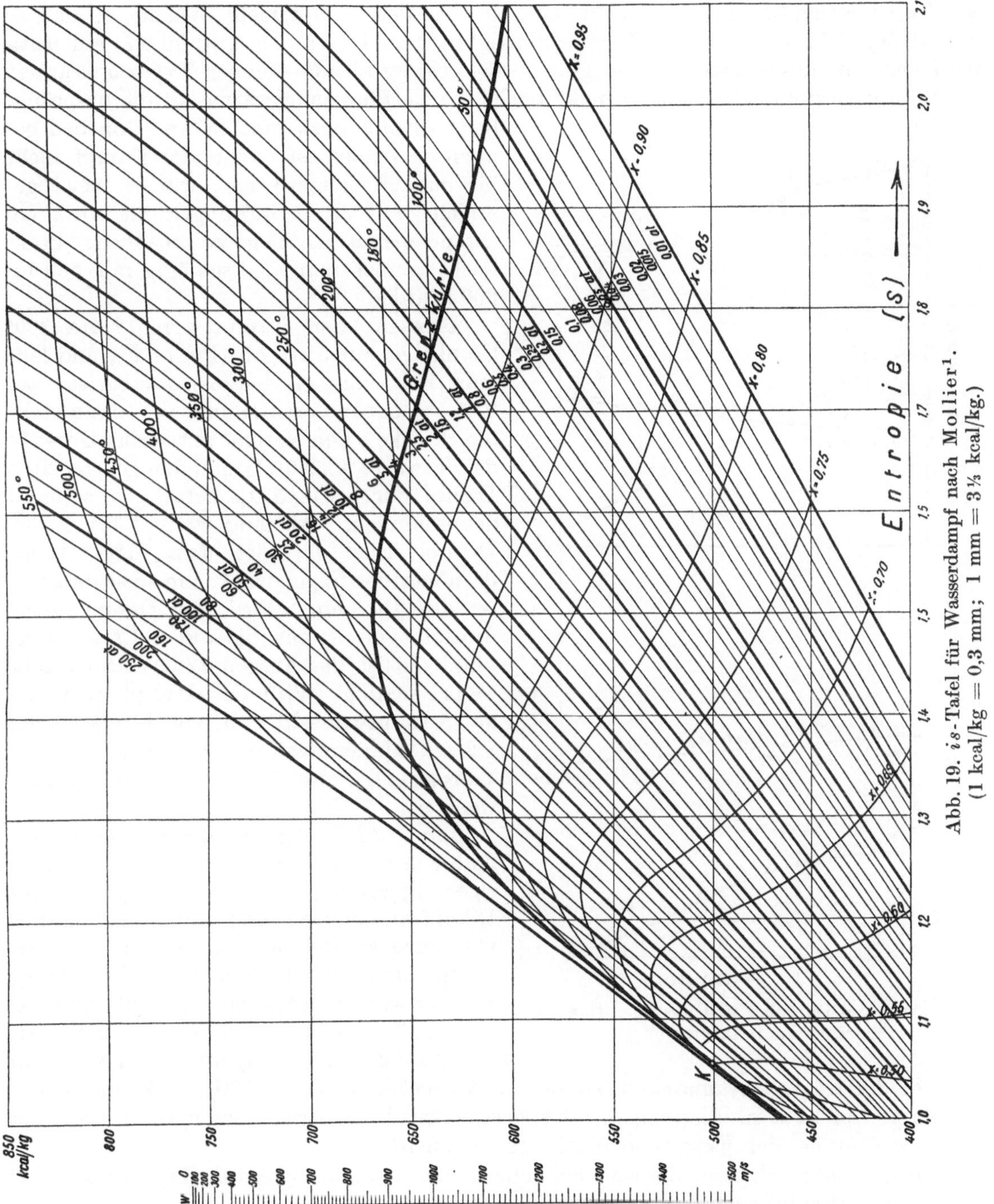

Abb. 19. is-Tafel für Wasserdampf nach Mollier[1]. (1 kcal/kg = 0,3 mm; 1 mm = 3⅓ kcal/kg.)

geblieben ist, ist der Dampf in M viel trockener, als er bei verlustloser Expansion (Punkt E) sein würde. Der Dampfverbrauch je PSh ist $\frac{632}{151} = 4{,}2$ kg. Dementsprechend beträgt der Verbrauch für die kWh $\frac{860}{151} = 5{,}7$ kg.

Die Tafel lehrt auch, wieviel Wärme vom Kühlwasser der Kondensation aufzunehmen

[1] Nach Mollier: Neue Tabellen und Diagramme für Wasserdampf, 6. Aufl. Berlin: Springer 1929.

ist, um Dampf zu verflüssigen. Wenn überhitzter Dampf von 12 ata (Punkt A) verlustlos arbeitend auf 0,05 ata entspannt ist (Punkt E), so gibt er, wenn er zu Wasser von 0° verflüssigt wird, 513 kcal/kg ab; bei der tatsächlichen mit Wirbelung und Reibung behafteten Expansion in der Turbine enthält aber der Dampf mehr Wärme, so daß er (Punkt M) 578 kcal/kg abgibt. Wenn gesättigter Dampf von 12 ata (Punkt I) auf 6 ata arbeitverrichtend entspannt ist, so gibt er 634 kcal/kg ab. Je weniger Expansionsarbeit der Dampf verrichtet hat, um so mehr reicht die Verflüssigungswärme an die ursprüngliche Erzeugungswärme heran. Von den genannten Zahlen ist, wenn der Dampf nicht bis auf 0°, sondern nur, wie es meist geschieht, auf 30 bis 40° abgekühlt wird, ein entsprechender Abzug zu machen. Praktisch rechnet man überschlägig mit 580 bis 600 kcal/kg.

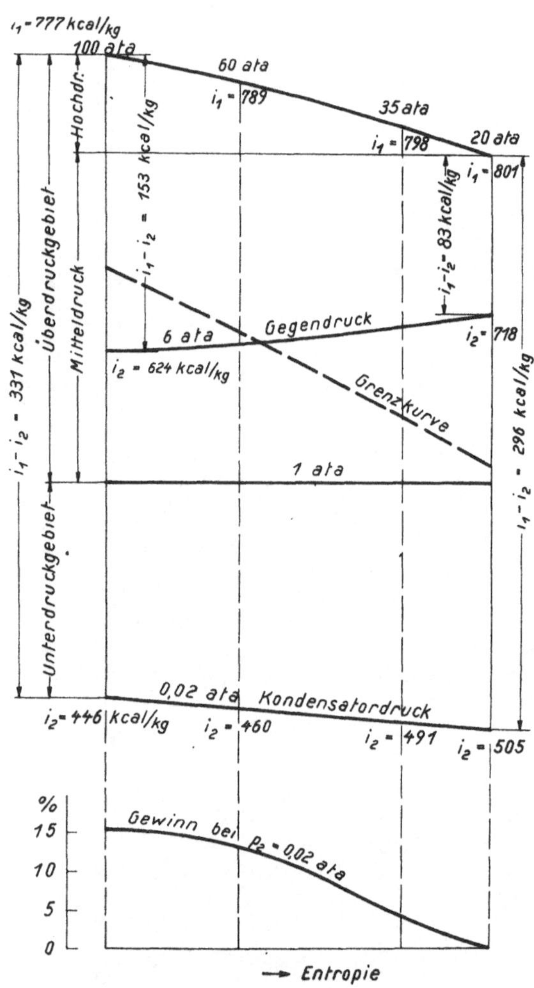

Abb. 20. Vergleich hoher und niedriger Dampfdrücke im is-Diagramm.

Drosselt man Dampf von 12 ata 300° (Punkt A) auf 5 ata ab (Punkt F), und läßt man ihn dann (verlustlos) adiabatisch auf 0,05 ata expandieren (Punkt H), dann stellt die Strecke v den Verlust durch das Drosseln dar, etwa 13 %. Nutzt man den gedrosselten Dampf nur bis 0,15 ata herab aus, so stellt der senkrechte Abstand von D bis G den Drosselverlust dar, der etwa 16 % beträgt. Je höher der Gegendruck, um so schädlicher ist das Drosseln. Wird der Dampf ungedrosselt von A aus bis auf 1,2 ata ausgenutzt, so ist das ausgenutzte Wärmegefälle = 111 kcal/kg. Wird der Dampf aber erst auf 5 ata gedrosselt, d. h. von F aus bis auf 1,2 ata ausgenutzt, so ist das ausgenutzte Wärmegefälle nur 74,5 kcal/kg, d. h. 33 % weniger.

Linie JL veranschaulicht, wie zweckmäßig es ist, wenn man Heizdampf von niedriger Spannung braucht, hochgespannten Dampf zu erzeugen und diesen erst in einer Gegendruckmaschine auszunutzen, deren Abdampf dann zum Heizen dient. Um Dampf von 12 ata zu erzeugen, braucht man nur 27 kcal/kg mehr (entsprechend dem Abschnitt JK), als für Dampf von 1 ata, kann aber in der Gegendruckmaschine zuvor ein Wärmegefälle JL = 100 kcal/kg ausnutzen. Abdampf von 1 ata ist allerdings nicht ebenso wertvoll, wie frisch erzeugter Dampf von 1 ata, weil er bei der Expansion feucht geworden ist.

Für die Möglichkeiten, die sich bei sehr hohen Dampfdrücken ergeben, ist Abb. 20 besonders aufschlußreich.

Wenn z. B. Dampf von 20 ata, 450° gegen 6 ata in einer Gegendruckmaschine ausgenutzt, dann für Heizzwecke verwendet wird, dann wird in der Maschine nur ein Wärmegefälle von 83 kcal/kg ausgenutzt. Erzeugt man aber Dampf von 100 ata, für den der Wärmeaufwand sogar kleiner ist als für Dampf von 20 ata (vgl. Abb. 14), so kann man gegen ebenfalls 6 ata Druck in der Maschine 153 kcal/kg ausnutzen. Wenn der Dampf bis auf 0,02 ata entspannt wird, so ist das gesamte ausnutzbare Wärmegefälle bei Dampf von 20 ata = 296 kcal/kg, bei Dampf von 100 ata = 331 kcal/kg, so daß man bei Dampf von 100 ata einen Gewinn von rd. 15% gegenüber Dampf von 20 ata erzielt. Die Verhältnisse bei Dampfdrücken von 60 ata und 35 ata sind mit den in der Abbildung eingetragenen Wärmewerten leicht zu errechnen.

15. Die Anwendung der Luftentropietafel. Die Luftentropietafel, Abb. 21, ähnelt in Darstellung und Anwendung der is-Tafel für Wasserdampf. Die Waagerechten sind Linien gleichen Wärmeinhaltes in kcal/kg, die gleichen Abstand voneinander haben. Die Temperaturlinien verlaufen in den niedrigen Druck- und Temperaturgebieten ebenfalls nahezu waagerecht, weichen aber bei höheren Drücken und Temperaturen stark ab, da die Tafel unter Berücksichtigung der mit Druck und Temperatur veränderlichen spezifischen Wärme gezeichnet ist. Die Linien gleichen Druckes reichen bis 300 at, so daß auch die Vorgänge in Hochdruckluft, wie sie für Grubenlokomotiven benötigt wird, verfolgt werden können.

Die Anwendung der Tafel sei an Hand der eingezeichneten Linien durch Zahlenbeispiele veranschaulicht. Es soll zunächst 1 kg Luft von 1 ata und 17° C (Punkt A) einmal isothermisch auf 7 ata (A bis B) und dann adiabatisch auf 7 ata (A bis C) verdichtet werden.

Die isothermische Kompressorarbeit, d. h. die Arbeit, um 1 kg Luft isothermisch auf 7 ata zu verdichten und fortzudrücken, ist der bei der isothermischen Verdichtung abzuführenden Wärme gleichwertig. Sie ergibt sich als Produkt der absoluten Temperatur $T = 290^0$ abs. und der aus der Tafel entnehmbaren Entropieabnahme von $+ 0{,}015$ auf $- 0{,}118$, d. h. um $ds = 0{,}133$ (A bis B). Mithin ist die isothermische Kompressorarbeit $dQ = T ds = 290 \cdot 0{,}133 = 38{,}6$ kcal/kg oder $38{,}6 \cdot 427 = 16500$ mkg/kg.

Die adiabatische Kompressorarbeit, d. h. die Arbeit, um 1 kg Luft von 1 ata und 17° C auf 7 ata adiabatisch zu verdichten und fortzudrücken, ist aus der Tafel $= 56 - 4{,}2 = 51{,}8$ kcal/kg $= 51{,}8 \cdot 427 = 22100$ mkg/kg zu entnehmen (A bis C). Bei der adiabatischen Verdichtung steigt die Temperatur, wie ebenfalls der Tafel zu entnehmen ist, von 17° C auf 229° C.

Nimmt man bei gleichem Anfangszustand (Punkt A) polytropische Verdichtung auf 7 ata mit einem Polytropenexponent $n = 1{,}3$ an, so steigt die Temperatur nur auf 181° C (A bis D). Die Kompressorarbeit setzt sich zusammen aus der abzuführenden Wärme und der Zunahme des Wärmeinhalts. Aus der Tafel ergibt sich die polytropische Kompressorarbeit $= T_m \cdot ds + (i_2 - i_1) = \frac{290 + 454}{2} \cdot 0{,}025 + 40 = 49{,}3$ kcal/kg $= 21050$ mkg/kg.

Bei zweistufiger polytropischer Verdichtung mit $n = 1{,}3$ vom Punkt A aus möge in der ersten Stufe die Verdichtung von 1 ata auf 2,65 ata erfolgen (A bis E). Dann finde Rückkühlung auf die Anfangstemperatur statt (E bis F). In der zweiten Stufe werde weiter auf 7 ata verdichtet (F bis G). Die Endtemperatur der ersten Stufe wird 90° C (Punkt E), die der zweiten 94° C (Punkt G). Die Kompressorarbeit der ersten Stufe beträgt 20,9 kcal/kg, die der zweiten 21,8 kcal/kg. Es ist also die gesamte Kompressorarbeit $= 20{,}9 + 21{,}8 = 42{,}7$ kcal/kg $= 18250$ mkg/kg.

Die Linie $A'B'$ veranschaulicht isothermische Expansion, die Linie $A'C'$ adiabatische Expansion von 5 ata und 30° C auf 1 ata. Linie $A'B'$ bedeutet ein Wärmegefälle $= T \cdot ds = 303 \cdot 0{,}11 = 33{,}3$ kcal/kg $= 14230$ mkg/kg. Die Endtemperatur ist gleich der Anfangstemperatur = 30° C. Das adiabatische Wärmegefälle (A' bis C') beträgt nur 26,7 kcal/kg $= 11400$ mkg/kg, wobei die Endtemperatur in C' auf $- 81{,}5^0$ C sinkt.

Will man die Arbeit für 1 Kubikmeter Luft haben, so muß man die für 1 kg gefundenen Werte entsprechend umrechnen, indem man sie mit dem spezifischen Gewicht der Luft vom Anfangszustand multipliziert. Als Beispiel seien die isothermische Verdichtung (A bis B) und die adiabatische Verdichtung (A bis C) von 1 ata auf 7 ata betrachtet. Im Anfangszustand (Punkt A: $p = 1$ ata; $t = 17^0$ C) ist das spezifische Gewicht $\gamma = \frac{10000}{1 \cdot 29{,}27 \cdot 290} = 1{,}178$ kg/m³. Die auf die Gewichtseinheit bezogene isothermische Kompressorarbeit war gefunden zu 16500 mkg/kg, woraus sich die auf 1 Kubikmeter

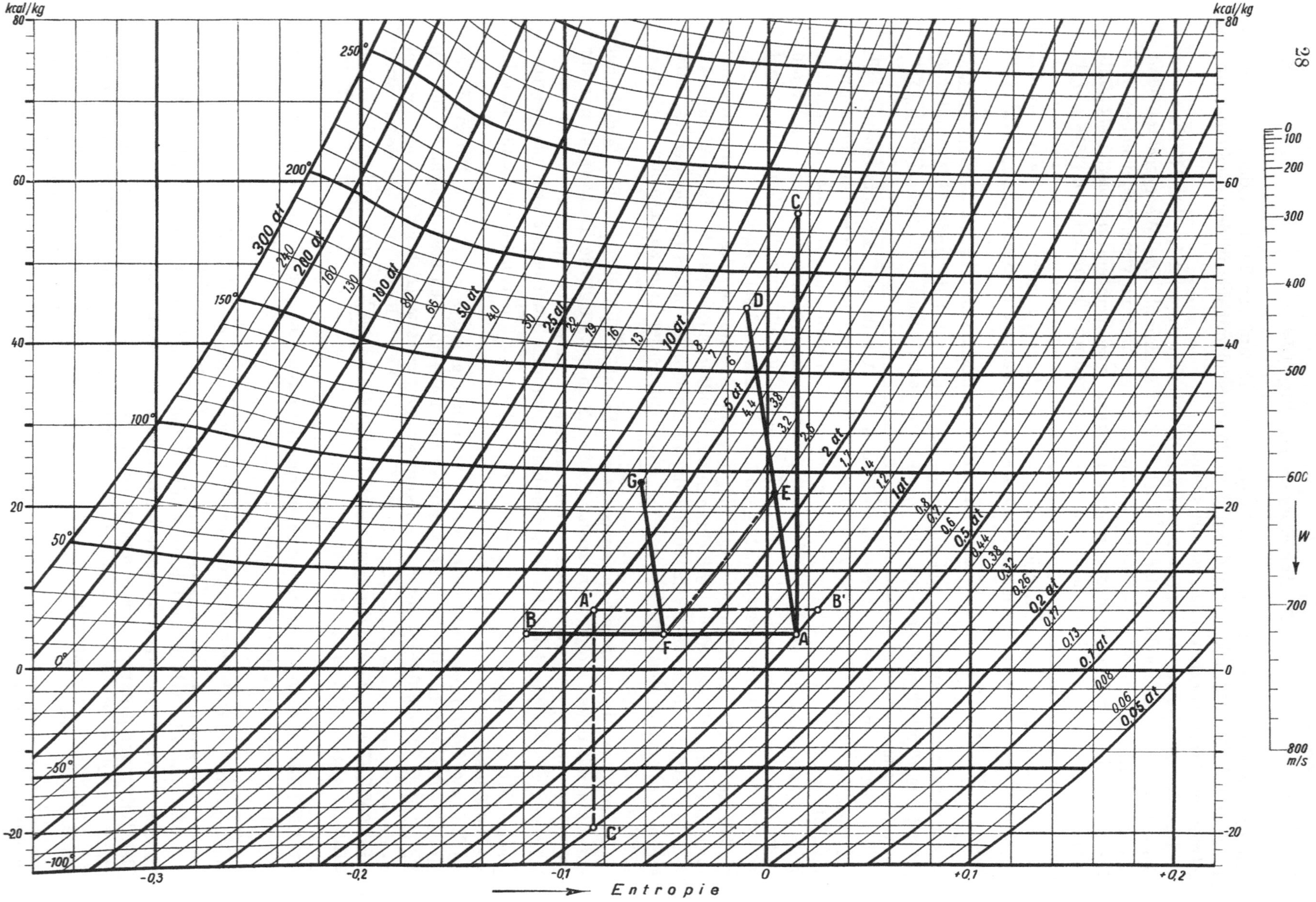

Abb. 21. is-Tafel für Luft. (1 kcal/kg = 1,45 mm; 1 mm = 0,69 kcal/kg.)

vom Ansaugezustand bezogene Kompressorarbeit ergibt zu $\gamma \cdot 16500 = 1{,}178 \cdot 16500 = 19470$ mkg/m³. Für die adiabatische Kompressorarbeit von 22100 mkg/kg findet man entsprechend $\gamma \cdot 22100 = 1{,}178 \cdot 22100 = 26030$ mkg/m³ (vgl. Zahlentafel 24, S. 300).

Die isothermische und adiabatische Expansions- oder Motorarbeit beim Entspannen der Luft vom Anfangszustand 5 ata, 30° C (Punkt A') auf 1 ata (Punkt B' bzw. C') wird in gleicher Weise umgerechnet. Das spezifische Gewicht im Anfangszustand ist $\gamma = \frac{5 \cdot 10000}{1 \cdot 29{,}27 \cdot 303} = 5{,}65$ kg/m³. Damit wird die isothermische Expansionsarbeit $= \gamma \cdot 14230 = 5{,}65 \cdot 14230 = 80500$ mkg/m³ Druckluft oder $80500 : 5 = 16100$ mkg/m³ Ansaugluft. Die adiabatische Expansionsarbeit wird $\gamma \cdot 11400 = 5{,}65 \cdot 11400 = 64500$ mkg/m³ Druckluft oder $64500 : 5 = 12900$ mkg/m³ Ansaugluft.

Für andere 2-atomige Gase ist die Luftentropietafel ebenfalls verwendbar, und zwar ohne weiteres, soweit es sich um den Zusammenhang zwischen Änderungen des Druckes und Änderungen der Temperatur handelt. Die spezifischen Wärmen sind aber dem Molekulargewicht μ der Gase umgekehrt proportional, so daß die für Luft gefundenen Änderungen des Wärmeinhalts für ein Gas mit dem Molekulargewicht μ mit $\frac{28{,}95}{\mu}$ zu multiplizieren sind.

16. Kreisprozesse. Carnot-Prozeß. Thermischer Wirkungsgrad.

Macht ein Körper nacheinander mehrere Zustandsänderungen derart durch, daß er zum Schluß wieder seinen ursprünglichen Zustand annimmt, so nennt man diese Reihenfolge von Zustandsänderungen einen **Kreisprozeß**. Hierbei kann der Körper, z. B. ein Gas, Arbeit verrichten oder Arbeit aufnehmen, was aber, weil der Anfangszustand unverändert wieder erreicht wird, nur möglich ist, wenn während des Kreisprozesses Wärme sowohl zugeführt als auch abgeführt wird. Der Unterschied zwischen der zugeführten und abgeführten Wärmemenge ist dann die im Wärmemaß gemessene erzielbare Arbeit. Hinsichtlich der Arbeitsgewinnung verlaufen die Kreisprozesse am günstigsten, bei denen alle Zustandsänderungen **umkehrbar** sind. Ein Vorgang ist umkehrbar, wenn er beim Verlauf in umgekehrter Richtung wieder zum Anfangszustand führt. Die wichtigsten umkehrbaren Vorgänge in Kraftmaschinen sind die isothermische und adiabatische Verdichtung und Entspannung. Nicht umkehrbar sind andererseits alle Reibungsvorgänge (wozu auch die Drosselung gehört) und Wärmeübergang zwischen Körpern verschiedener Temperaturen. Man wird demnach diese Vorgänge durch geeignete Wahl der Strömungsquerschnitte bzw. durch Isolation möglichst zu vermeiden suchen.

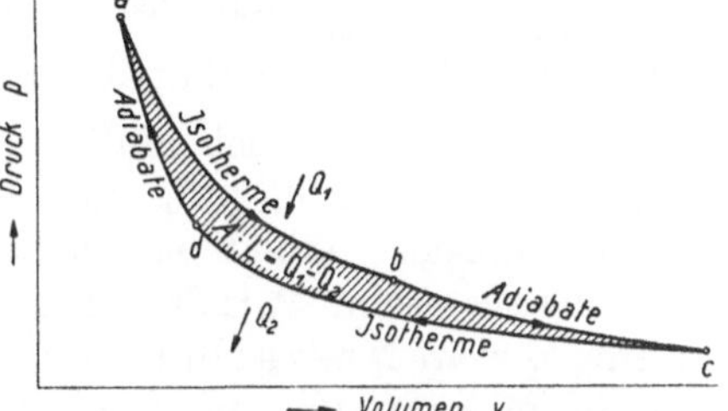

Abb. 22. Der Carnotsche Kreisprozeß im PV-Diagramm.

Abb. 22 stellt im Druck-Volumen-Diagramm einen idealen Kreisprozeß dar, in dem alle Vorgänge umkehrbar sind. Man denke sich 1 kg eines Gases vom Anfangszustand a (Druck p_a, Volumen v_a und Temperatur T_a) und lasse es isothermisch auf den Zustand b expandieren. Um die Isotherme zu erzielen, d. h. während der Entspannung die Temperatur unverändert zu halten, muß eine Wärmemenge Q_1 von außen zugeführt werden (vgl. Ziffer 9). Vom Zustand b soll das Gas bis zum Zustand c ohne Zufuhr oder Abfuhr von Wärme, also adiabatisch entspannt werden. Bei der nun folgenden Verdichtung auf den Zustand d soll eine so große Wärmemenge Q_2 nach außen abgeführt werden, daß die Verdichtung isothermisch verläuft. Dann folge eine adiabatische Verdichtung, die das Gas auf den Anfangszustand a zurückführt und damit den Kreisprozeß abschließt. Dieser zwischen zwei Isothermen und zwei Adiabaten, also nur zwischen umkehrbaren Zustandsänderungen verlaufende Kreisprozeß heißt **Carnot-Prozeß**. Im PV-Diagramm stellt die eingeschlossene Fläche die Arbeit dar. Weil das Gas zum Schluß wieder in unverändertem Zustand zurückerhalten wird, kann diese Arbeit nicht aus ihm selbst gewonnen worden sein. Das Gas ist lediglich Zwischenträger der Energie gewesen. Die Arbeit kann demnach nur aus der von außen zugeführten Wärmemenge Q_1 stammen;

aber nicht alle zugeführte Wärme kann in Arbeit umgesetzt werden, weil eine bestimmte Wärmemenge Q_2 wieder nach außen abgeführt werden muß, um die isothermische Verdichtung von c nach d zu erreichen. Die bei dem Kreisprozeß durch Wärmeumwandlung gewinnbare Arbeit ist somit im günstigsten Falle nur $A \cdot L = Q_1 - Q_2$.

Es war gesagt, daß im Ts-Diagramm die Isotherme waagerecht, die Adiabate senkrecht verläuft (vgl. Ziffer 12). Infolgedessen erscheint der Kreisprozeß von Carnot, der aus Isothermen und Adiabaten besteht, im Wärmediagramm als Rechteck (Abb. 23).

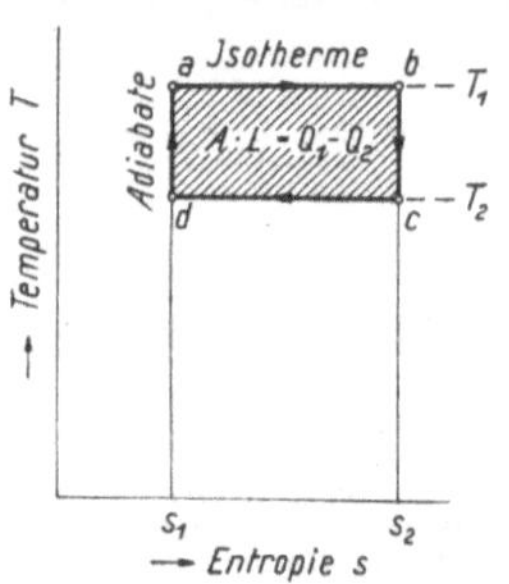

Abb. 23. Der Carnotsche Kreisprozeß im Wärmediagramm.

Erst expandiert das Gas isothermisch mit T_1 = konst, wobei die Wärmemenge $Q_1 = T_1(s_2 - s_1)$ zugeführt wird; dann expandiert das Gas adiabatisch, wobei die Temperatur von T_1 auf T_2 sinkt; dann folgt isothermische Kompression mit T_2 = konst, wobei die Wärmemenge $Q_2 = T_2(s_2 - s_1)$ abgeführt wird; schließlich wird das Gas adiabatisch verdichtet, wobei die Temperatur von T_2 auf T_1 steigt. Man erkennt ohne weiteres, daß innerhalb gegebener Temperaturgrenzen der Carnotsche Kreisprozeß der überhaupt günstigste ist, und daß sein thermischer Wirkungsgrad[1], d. h. das Verhältnis der in Arbeit umgesetzten Wärmemenge $Q_1 - Q_2$ zur zugeführten Wärmemenge Q_1, also $\frac{Q_1 - Q_2}{Q_1} = \frac{T_1 - T_2}{T_1}$ ist. Weiter ergibt sich, daß der überhaupt erreichbare thermische Wirkungsgrad um so größer ist, je höher T_1 und je kleiner T_2 ist. Die Wärme voll auszunutzen, sie ganz in mechanische Arbeit zu verwandeln, ist praktisch unmöglich; denn dann müßte $T_2 = 0^0$ abs. sein. Wirtschaftlicher Wirkungsgrad einer Kraftmaschine ist das Verhältnis der in Nutzarbeit umgewandelten zur verbrauchten Wärme oder das Produkt aus thermischem und mechanischem Wirkungsgrad.

Abb. 24 veranschaulicht einige wichtige technische Vorgänge im Druck-Volumen-Diagramm. Die Reihenfolge der Zustandsänderungen ist immer fortlaufend mit den Buchstaben a, b, c, d, a bezeichnet.

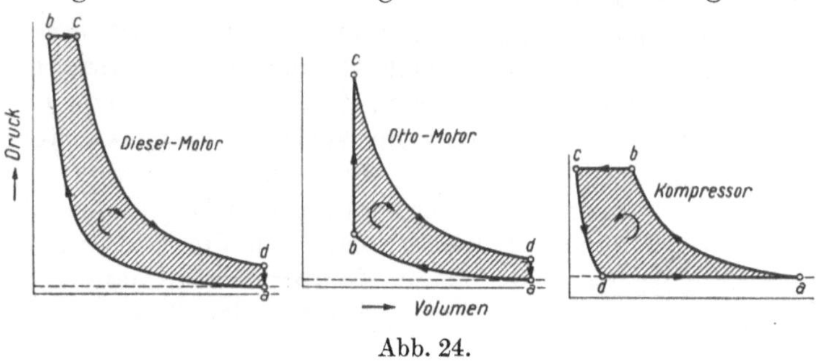

Abb. 24.

Der Vorgang im Diesel-Motor (Gleichdruckmotor) setzt sich unter Vernachlässigung des Ansaugens und Ausschiebens aus einer Adiabate (a bis b), einer Linie gleichen Druckes oder Isotrope (b bis c, Wärmezufuhr durch den Brennstoff), einer zweiten Adiabate (c bis d) und einer Linie gleichen Volumens oder Isovolume (d bis a) zusammen. Beim Otto-Motor (Explosions- oder Verpuffungsmotor) ist der Vorgang ähnlich, nur tritt während der Brennstoffwärmezufuhr an die Stelle der Linie gleichen Druckes eine Linie gleichen Volumens oder Isovolume von b bis c; außerdem sind die Drücke insgesamt kleiner. Die Pfeile geben in beiden Diagrammen einen Rechtsumlauf an, der für Kraftmaschinen kennzeichnend ist.

Das PV-Diagramm eines Kompressors besteht aus einer Adiabate (a bis b), einer Isotrope (b bis c, Ausschublinie), einer zweiten Adiabate (c bis d) und einer zweiten Isotrope (d bis a). Dieses Diagramm läßt am Linksumlauf eine Arbeitsmaschine erkennen.

Diese Vorgänge in den Maschinen unterscheiden sich von dem vorstehend besprochenen reinen Kreisprozeß dadurch, daß die Wärmezufuhr nicht von außen, sondern durch innere Wärmeentwicklung durch Brennstoffverbrennung in Öl- und Gasmaschinen oder durch Frischdampfzufuhr in Dampfmaschinen erfolgt. Der Druck wird auch nicht durch

[1] Der thermische Wirkungsgrad ist nicht mit dem thermodynamischen Wirkungsgrad zu verwechseln, der nur bei Dampfmaschinen und Dampfturbinen angewendet wird. Vgl. die Ziffern 97 und 114.

Wärmeabfuhr nach außen gesenkt, sondern durch Entweichen eines Teiles des Gases aus dem Zylinder, so daß nicht immer dieselbe Gasmenge an dem Vorgang beteiligt ist. Für die verrichtete Arbeit ist es jedoch belanglos, wie die Wärme zu- oder abgeführt wird.

17. Die Ausströmung von Gasen und Dämpfen aus Düsen und Leitkanälen. Kritisches Druckverhältnis. Wenn Wasser aus einem Raume, in welchem der Druck p_1 herrscht, durch eine Düse in einen Raum ausströmt, in welchem der Druck p_2 herrscht, so ist der Mündungsdruck immer gleich dem Gegendruck p_2, unabhängig davon, ob der Gegendruck p_2 klein oder groß im Verhältnis zum anfänglichen Druck p_1 ist. Wenn aber dehnungsfähige Gase und Dämpfe aus einer konvergenten (eingeschnürten) Düse ausströmen, ist der Mündungsdruck gleich dem Gegendruck nur, solange $\frac{p_2}{p_1}$ größer als das „kritische" Druckverhältnis ist. Für trocken gesättigten Wasserdampf ist das kritische Druckverhältnis $= 0{,}577$, für überhitzten Dampf $= 0{,}546$, und für Luft $= 0{,}528$. In einer konvergenten Düse kann Dampf oder Luft vom Drucke p_1 nur bis auf den „kritischen" Druck p_k entspannt werden, der bei gesättigtem Dampf $= 0{,}577\,p_1$, bei überhitztem Dampf $= 0{,}546\,p_1$, und bei Luft $= 0{,}528\,p_1$ ist. In Abb. 25 links ist ein Beispiel veranschaulicht. Gesättigter Dampf von $p_1 = 10$ ata strömt durch eine konvergente Düse gegen $p_2 = 2$ ata Druck aus. $\frac{p_2}{p_1} = \frac{2}{10} = 0{,}2$ ist kleiner als das kritische Druck-

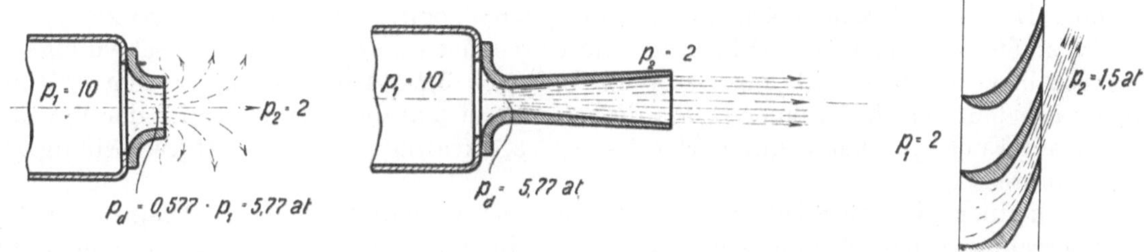

Abb. 25. Ausströmen von gesättigtem Dampf bei über- und unterkritischem Druckverhältnis.

verhältnis. Mithin ist der Mündungsdruck gleich dem kritischen Drucke $p_k = 0{,}577 \cdot 10 = 5{,}77$ ata. Der Dampfstrahl strömt also mit erheblichem Überdruck aus und bildet nicht einen geschlossenen, für die Beaufschlagung des Laufrades einer Turbine geeigneten Strahl, sondern einen Strahl, der infolge der weiteren Expansion auseinanderstrebt. Um den Dampf in der Düse über den kritischen Druck hinaus weiter zu entspannen, muß man, wie es der Schwede de Laval gezeigt hat, die zuerst eingeschnürte Düse wieder erweitern. Abb. 25 zeigt in der Mitte eine Lavalsche Düse. Um einen geschlossenen Strahl zu erhalten, ist die Erweiterung so zu bemessen, daß der Dampf in der Düse, in der er gewissermaßen geführt wird, bis auf den Gegendruck expandiert. Ist $\frac{p_2}{p_1}$ größer als 0,577 bzw. 0,546 bzw. 0,528, so ist die Düse nicht zu erweitern, sondern die konvergente Düse liefert einen geschlossenen Strahl, dessen Mündungsdruck gleich dem Gegendruck ist. (Vgl. Abb. 25 rechts: $\frac{p_2}{p_1} = \frac{1{,}5}{2} = 0{,}75 > 0{,}577$.)

18. Strömgeschwindigkeit und ausströmende Menge. Entsprechend wie man für Wasser die Ausflußgeschwindigkeit v aus der Gefällhöhe h nach der Formel $v = \sqrt{2gh}$ rechnet, errechnet man die Geschwindigkeit w ausströmender Gase und Dämpfe aus dem Wärmegefälle. Wie in der vorstehenden Ziffer dargelegt war, kann man jedes Druckgefälle durch Entspannen des Gases oder Dampfes in einer Düse ausnützen, große Druckgefälle durch die Lavalsche Düse, kleine durch konvergente Düsen. Setzt man adiabatische, d. h. reibungs- und wirbelungsfreie Strömung voraus, so wird das gesamte Wärmegefälle, das bei der Entspannung in der Düse umgesetzt wird, in kinetische oder Strömenergie umgewandelt. Ist vor der Entspannung der Wärmeinhalt i_1 kcal/kg, nach der Entspannung der Wärmeinhalt i_2 kcal/kg, so sind $i_1 - i_2$ kcal/kg oder $\frac{1}{A}(i_1 - i_2)$

$= 427\,(i_1 - i_2)$ mkg/kg in die kinetische Energie $\frac{m \cdot w^2}{2}$ umgesetzt worden. Indem man die Masse m von 1 kg des strömenden Stoffes $= \frac{1}{g}$ setzt, erhält man die Ausströmgeschwindigkeit w aus der Beziehung

$$\frac{w^2}{2\,g} = 427\,(i_1 - i_2),$$

woraus folgt

$$w = \sqrt{2\,g \cdot 427\,(i_1 - i_2)} = \sqrt{2 \cdot 9{,}81 \cdot 427 \cdot (i_1 - i_2)},$$

$$w = 91{,}5\,\sqrt{i_1 - i_2}\ \mathrm{m/s}.$$

Die Werte für i_1 und i_2 sind für Wasserdampf und Luft den *is*-Tafeln (Abb. 18, 19 oder 21) zu entnehmen, indem man von dem Punkte, der den Anfangszustand des Dampfes darstellt, senkrecht bis zur entsprechenden p-Linie geht. Den *is*-Tafeln ist auch ein Maßstab beigefügt, an dem man die zu einem gegebenen Wärmegefälle gehörige Ausströmgeschwindigkeit abstechen kann.

Einige Zahlenbeispiele mögen veranschaulichen, auf welche Werte der Ausströmgeschwindigkeit man kommt. Es werde Dampf von 12 ata und 300°, d. h. von $i_1 = 728$ kcal/kg Wärmeinhalt adiabatisch in einer Lavalschen Düse auf 2 ata oder 1 ata oder 0,1 ata entspannt. Dann sinkt sein Wärmeinhalt auf $i_2 = 639$ bzw. 611 bzw. 533 kcal/kg. $i_1 - i_2$ wird also 89 bzw. 117 bzw. 195 kcal/kg, und es rechnet sich die Ausströmgeschwindigkeit $w = 863$ bzw. 990 bzw. 1277 m/s. — Wird Luft von 3,2 ata und 40° mit einem Wärmeinhalt $i_1 = 9{,}65$ kcal/kg in einer Düse adiabatisch auf 2 ata entspannt, so ist der Wärmeinhalt am Ende $i_2 = 0{,}95$ kcal/kg. Für $i_1 - i_2 = 8{,}7$ kcal/kg wird die Luftgeschwindigkeit $w = 270$ m/s.

Bei kleinem Wärmegefälle $i_1 - i_2$ ist die Ablesegenauigkeit der *is*-Diagramme für die Berechnung der Strömgeschwindigkeit nicht mehr ausreichend. Man geht dann besser von folgender Arbeitsformel (vgl. Ziffer 10) aus:

$$L_{ad} = 10000\,\frac{k}{k-1}\,p_1 v_1 \left[1 - \left(\frac{p_2}{p_1}\right)^{\frac{k-1}{k}}\right] \mathrm{mkg/kg},$$

woraus sich ergibt

$$w = \sqrt{2\,g\,L_{ad}} = \sqrt{2\,g \cdot 10000\,\frac{k}{k-1}\,p_1 v_1 \left[1 - \left(\frac{p_2}{p_1}\right)^{\frac{k-1}{k}}\right]}\ \mathrm{m/s}.$$

Für gesättigten Dampf wird mit $k = 1{,}135$:

$$w = 1285\sqrt{p_1 v_1 \left[1 - \left(\frac{p_2}{p_1}\right)^{0{,}119}\right]}\ \mathrm{m/s}$$

und für überhitzten Dampf mit $k = 1{,}3$:

$$w = 922\sqrt{p_1 v_1 \left[1 - \left(\frac{p_2}{p_1}\right)^{0{,}231}\right]}\ \mathrm{m/s}.$$

Für Luft und andere 2atomige Gase erhält man mit $k = 1{,}4$:

$$w = 828\sqrt{p_1 v_1 \left[1 - \left(\frac{p_2}{p_1}\right)^{0{,}286}\right]}\ \mathrm{m/s}.$$

Die „kritische" Geschwindigkeit w_k, mit der Dampf oder Gas beim kritischen Gegendruck durch den engsten Düsenquerschnitt strömt, ist, ebenso wie der kritische Druck selbst, solange $\frac{p_2}{p_1}$ kleiner als das kritische Druckverhältnis ist, unabhängig vom Gegendruck. Wenn Dampf von 10 ata durch eine Düse ausströmt, bleibt die Geschwindigkeit im engsten Querschnitt so lange ungeändert, bis der Gegendruck auf 5,77 ata gestiegen ist. Erst wenn der Gegendruck noch höher steigt, nimmt die Dampfgeschwindigkeit im engsten Querschnitt ab. Es ist die im engsten Querschnitt beim kritischen Druckverhältnis auftretende Geschwindigkeit

$$w_k = 323\sqrt{p_1 v_1}\ \text{m/s}, \text{ wenn der Wasserdampf gesättigt ist,}$$

$$w_k = 333\sqrt{p_1 v_1}\ \text{m/s}, \text{ wenn der Dampf überhitzt ist und}$$

$$w_k = 339\sqrt{p_1 v_1}\ \text{m/s} \text{ für Luft und 2atomige Gase.}$$

Die im engsten Querschnitt beim kritischen Drucke auftretende Geschwindigkeit stimmt überein mit der Schallgeschwindigkeit, die zum Dampfzustand im engsten Querschnitt gehört. Bei gesättigtem Dampf ändert sich w_k nur wenig, wenn sich der Anfangsdruck ändert. Für gesättigten Dampf von 10 ata, für den $v_1 = 0{,}2\ \text{m}^3/\text{kg}$ ist, ergibt sich $w_k = 323\sqrt{10 \cdot 0{,}2} = 456$ m/s. Bei überhitztem Dampf steigt innerhalb der üblichen Temperaturgrenzen w_k bis 560 m/s.

Die wirklichen Ausströmgeschwindigkeiten sind wegen der Reibungs- und Wirbelungsverluste kleiner als die gerechneten. Bei der Lavalschen Düse ist im Mittel die wirkliche Geschwindigkeit nur 94% der gerechneten, was etwa 12% Energieverlust bedeutet.

Die auf den Ausströmzustand, d. h. auf den Druck p_2 bezogene, sekundlich ausströmende Gasmenge Q_2 ist nach bekanntem Gesetz gleich Ausströmquerschnitt mal Ausströmgeschwindigkeit. Bei adiabatischer Entspannung in der Düse wird die auf den Anfangszustand, d. h. auf den Druck p_1 vor der Düse bezogene ausströmende Menge nach dem Poissonschen Gesetz (vgl. Ziffer 9) $Q_1 = Q_2\left(\frac{p_2}{p_1}\right)^{\frac{1}{k}}$. Ist F der Düsenquerschnitt in m^2, so wird

$$Q_1 = F \cdot \sqrt{2g \cdot 10000 \frac{k}{k-1} p_1 v_1 \left[\left(\frac{p_2}{p_1}\right)^{\frac{2}{k}} - \left(\frac{p_2}{p_1}\right)^{\frac{k+1}{k}}\right]}\ \text{m}^3/\text{s}.$$

Nach der allgemeinen Zustandsgleichung der Gase kann gesetzt werden $10000\, p_1 \cdot v_1 = P_1 \cdot v_1 = R T_1$, woraus man erhält:

$$Q_1 = F\sqrt{2g\frac{k}{k-1} R T_1 \left[\left(\frac{p_2}{p_1}\right)^{\frac{2}{k}} - \left(\frac{p_2}{p_1}\right)^{\frac{k+1}{k}}\right]}\ \text{m}^3/\text{s}.$$

Für Luft mit $R = 29{,}27$ und $k = 1{,}4$ ergibt sich die stündliche, auf angesaugte Luft von 1 ata bezogene Ausströmmenge zu

$$Q = 161300\, p_1 F\sqrt{T_1}\sqrt{\left(\frac{p_2}{p_1}\right)^{1{,}429} - \left(\frac{p_2}{p_1}\right)^{1{,}714}}\ \text{m}^3_{\text{a.L.}}/\text{h}.$$

Wasserdampf mißt man nicht in Raumeinheiten, sondern in Gewichtseinheiten. Das ausströmende Dampfgewicht erhält man, indem man das Volumen durch das spezifische Volumen des Dampfes dividiert:

$$G = \frac{Q_1}{v_1} = F\sqrt{2g \cdot 10000 \frac{k}{k-1} \frac{p_1}{v_1} \left[\left(\frac{p_2}{p_1}\right)^{\frac{2}{k}} - \left(\frac{p_2}{p_1}\right)^{\frac{k+1}{k}}\right]}\ \text{kg/s}.$$

Für gesättigten Dampf mit $k = 1{,}135$ wird:

$$G = 1285 \cdot F\sqrt{\frac{p_1}{v_1}}\sqrt{\left(\frac{p_2}{p_1}\right)^{1{,}762} - \left(\frac{p_2}{p_1}\right)^{1{,}882}}\ \text{kg/s},$$

und für überhitzten Dampf mit $k = 1{,}3$:

$$G = 922 \cdot F\sqrt{\frac{p_1}{v_1}}\sqrt{\left(\frac{p_2}{p_1}\right)^{1{,}538} - \left(\frac{p_2}{p_1}\right)^{1{,}769}}\ \text{kg/s}.$$

Diese Mengenformeln gelten genau wie die Geschwindigkeitsformeln für eingeschnürte Düsen nur bis zum jeweiligen kritischen Druckverhältnis, für erweiterte Lavaldüsen (mit vollkommener Expansion auf den Gegendruck) dagegen für alle Druckverhältnisse.

Solange $\frac{p_2}{p_1}$ kleiner als das kritische Druckverhältnis ist, bleibt auch die Ausflußmenge ebenso wie die Geschwindigkeit unabhängig vom Gegendruck und ist allein durch den engsten Düsenquerschnitt und den Anfangszustand des Gases oder Dampfes bestimmt. Ist der Düsenquerschnitt F m², so ist die bei der kritischen Geschwindigkeit stündlich ausströmende, auf den Ansaugezustand bezogene Luftmenge:

$$Q_{l,r} = 41\,800\, p_1 F \sqrt{T_1}\ \text{m}^3\ _{\text{a.L.}}/\text{h}\,.$$

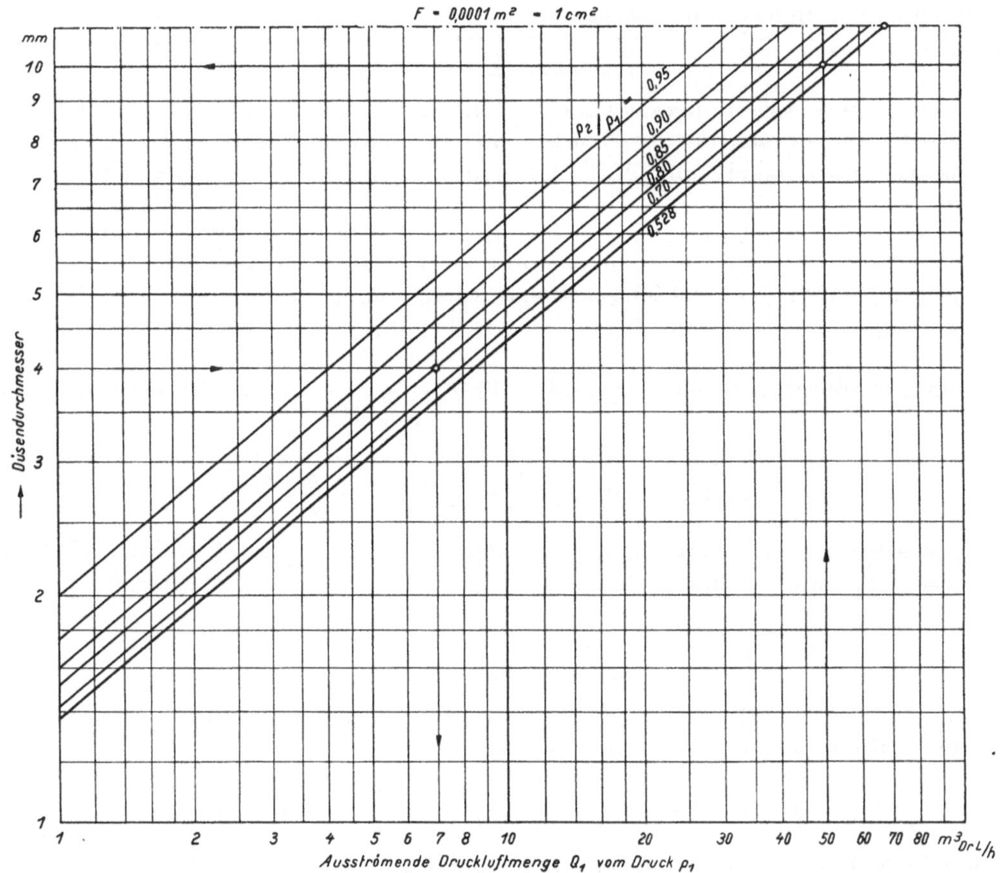

Abb. 26. Diagramm zur Bestimmung der ausströmenden Druckluftmenge Q_1 in m³/h vom Druck p_1 in Abhängigkeit vom Düsendurchmesser und vom Druckverhältnis p_2/p_1 bzw. zur Ermittelung des für eine Druckluftmenge Q_1 erforderlichen Düsendurchmessers. (Auf 20° C Lufttemperatur bezogen.)

Das ausströmende Dampfgewicht wird entsprechend bei gesättigtem Dampf

$$G_{l.r} = 199\, F \sqrt{\frac{p_1}{v_1}}\ \text{kg/s}\,,$$

und bei überhitztem Dampf

$$G_{kr} = 209\, F \sqrt{\frac{p_1}{v_1}}\ \text{kg/s}\,.$$

Mit zunehmendem Dampfdruck nimmt das ausströmende Dampfgewicht etwa im selben Verhältnis zu.

Die wirklichen Ausströmmengen sind kleiner als die in den vorstehenden Formeln mit der theoretischen Geschwindigkeit errechneten Mengen. Man kann sie im Mittel bei einfachen konvergenten Düsen mit 96 %, bei Lavaldüsen mit 94 % der gerechneten Menge ansetzen.

Das Rechnen mit den angeführten Formeln ist ziemlich zeitraubend. Mit den in den Abb. 26 und 27 wiedergegebenen Diagrammen können die im Bergwerksbetriebe häufig gebrauchten Luftmengenrechnungen erheblich vereinfacht werden.

Die Diagramme sind für die **wirklichen** Ausströmmengen gerechnet, liefern also entsprechend kleinere Werte als die theoretischen Formeln.

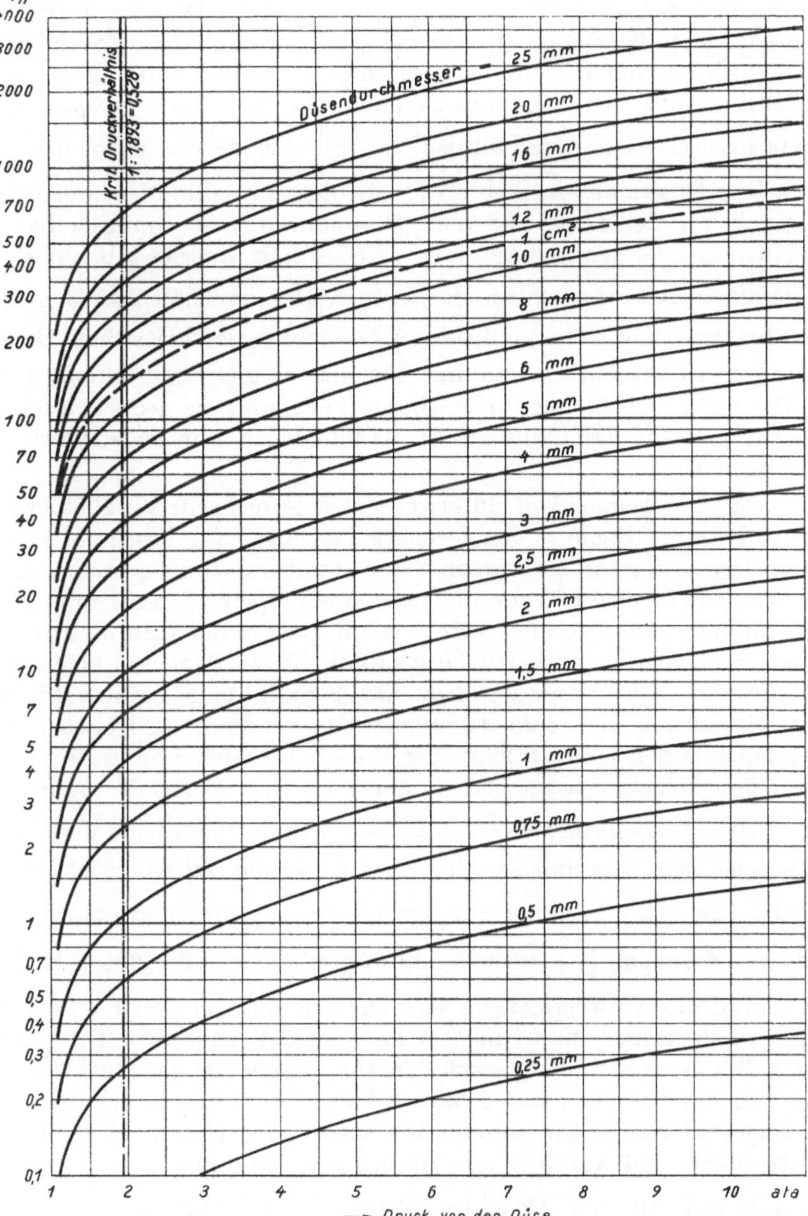

Abb. 27. Diagramm zur Bestimmung der beim Gegendruck von 1 ata ausströmenden, auf den Ansaugezustand 1 ata bezogenen Luftmenge in m³/h in Abhängigkeit vom Düsendurchmesser und Druck p_1 vor der Düse.

Abb. 26 zeigt auf der senkrechten Achse die Düsendurchmesser (von 1 bis 10 mm) und als obersten Wert eine Düse von 1 cm² Austrittsquerschnitt. Für größere oder kleinere Düsendurchmesser erhält man die Ausströmmenge durch Multiplikation mit dem Quadrat des Durchmesserverhältnisses oder mit dem Querschnittsverhältnis. Auf der waagerechten Achse ist die stündliche Ausströmmenge in m³ **Druckluft** vom Druck p_1 vor der Düse aufgetragen. Die Umrechnung auf **angesaugte** Luft von 1 ata geschieht durch Multiplikation mit p_1. Der Gebrauch des Diagramms sei an einigen Beispielen erläutert. Nach dem eingezeichneten Beispiel soll die Durchflußmenge einer Düse von 4 mm Durchmesser bestimmt werden, wenn **vor** der Düse der Druck $p_1 = 5$ ata und **hinter** der Düse der Gegendruck $p_2 = 4$ ata ist. Für das Druckverhältnis $\frac{p_2}{p_1} = \frac{4}{5} = 0{,}8$ findet man $Q_1 = 7\ \text{m}^3_{\text{Dr.L.}}/\text{h}$ oder $Q = p_1 \cdot Q_1 = 5 \cdot 7 = 35\ \text{m}^3_{\text{a.L.}}/\text{h}$. Für Düsen von 20 mm bzw. 1 mm Durchmesser ergeben sich durch Umrechnen mit den quadratischen Durchmesserverhältnissen $\left(\frac{20}{4}\right)^2 = 25$ bzw. $\left(\frac{1}{4}\right)^2 = 0{,}0625$ die Ausströmmengen $35 \cdot 25 = 875\ \mathrm{m^3}_{\mathrm{a.L.}}/\mathrm{h}$ bzw. $35 \cdot 0{,}0625 = 2{,}19\ \mathrm{m^3}_{\mathrm{a.L.}}/\mathrm{h}$. — Aus einer Düse von 2,5 cm² Querschnitt strömt Druckluft von 10 ata in die Atmosphäre aus. Mit $\frac{p_2}{p_1} = \frac{1}{10} < 0{,}528$ ist das kritische Druckverhältnis unterschritten, so daß nur die Menge ausströmt, die dem kritischen Druckverhältnis entspricht. Aus dem Diagramm findet man für 1 cm² Düsenquerschnitt die Menge $Q_1 = 68\ \mathrm{m^3}\ _{\mathrm{Dr.L.}}/\mathrm{h}$ oder $p_1 \cdot 68 = 680\ \mathrm{m^3}_{\mathrm{a.L.}}/\mathrm{h}$. Für den gegebenen Querschnitt von 2,5 cm² wird dann $Q = 2{,}5 \cdot 680 = 1700\ \mathrm{m^3}_{\mathrm{a.L.}}/\mathrm{h}$. Die gleiche Ausströmmenge ergibt sich auch bis zu einem Gegendruck von $p_2 = 5{,}28$ ata, bei dem gerade das kritische Druckverhältnis $\frac{p_2}{p_1} = \frac{5{,}28}{10} = 0{,}528$ erreicht wird.

Das Diagramm in Abb. 27 ist in der Anwendung etwas bequemer, weil es aus dem Druck vor der Düse und dem Düsendurchmesser unmittelbar die angesaugte Luftmenge auf der senkrechten Achse finden läßt, aber es gilt nur für den Gegendruck 1 ata, umfaßt also hauptsächlich die kleinen Druckverhältnisse, bei denen $\frac{p_2}{p_1} < 0{,}528$ (Gebiet rechts von der strichpunktierten Grenzlinie des kritischen Druckverhältnisses).

Die Diagramme gelten nur für glatte, gut abgerundete Düsen. Für scharfkantige Öffnungen, wie Blenden oder Stauränder, sind sie jedoch auch verwertbar, wenn man berücksichtigt, daß dann die Ausströmmengen nur angenähert zwei Drittel der Düsenmengen sind.

Das Diagramm Abb. 26 erweist sich ferner sehr nützlich, wenn in einem Druckluftnetz an einer Stelle hohen Druckes Leitungen für bestimmte Luftmengen von niedrigerem Druck abgezweigt werden sollen. Druck und Menge lassen sich durch in die Abzweigleitungen eingebaute Düsen oder Blenden regeln, deren Durchmesser aus dem Diagramm bestimmt werden können. Hat z. B. die Luft in der Hauptleitung in der Nähe des Schachtes mit Rücksicht auf den Druckabfall bis zu den weit entfernten Revieren den hohen Druck von 6,5 atü, und soll an dieser Stelle eine Leitung für $375\ \mathrm{m^3}\ _{\mathrm{a.L.}}/\mathrm{h}$ mit einem Betriebsdruck von 4,25 atü abgezweigt werden, so findet sich der Durchmesser der einzubauenden Düse in folgender Weise: Die abzuzweigende Druckluftmenge, bezogen auf den Druck $p_1 = 6{,}5$ atü $= 7{,}5$ ata ist $Q_1 = 375 : 7{,}5 = 50\ \mathrm{m^3}\ _{\mathrm{Dr.L.}}/\mathrm{h}$. Für diese Menge und das Druckverhältnis $\frac{p_2}{p_1} = \frac{5{,}25}{7{,}5} = 0{,}7$ findet man nach dem in Abb. 26 eingezeichneten Beispiel den Durchmesser der einzubauenden Düse gleich 10 mm. Soll an Stelle der Düse eine Blende eingebaut werden, so muß ihr Querschnitt $\frac{3}{2}$mal so groß, ihr Durchmesser demnach $\sqrt{\frac{3}{2}} = 1{,}225$ mal so groß, gleich $10 \cdot 1{,}225 = 12{,}25$ mm genommen werden.

Sind die Abzweigmengen so groß, daß sie über den Umfang des Diagrammes hinausgehen, so rechnet man zunächst mit einem Bruchteil, z. B. $^1/_4$ oder $^1/_9$ oder $^1/_{16}$ oder $^1/_{25}$ der Menge, und multipliziert den für diesen Mengenbruchteil gefundenen Düsendurchmesser entsprechend mit 2 bzw. 3 bzw. 4 bzw. 5 und erhält damit den für die Gesamtmenge erforderlichen Düsendurchmesser. Es seien z. B. $800\ \mathrm{m^3}_{\mathrm{Dr.L.}}/\mathrm{h}$ von 7,5 ata abzuzweigen und auf 5,25 ata zu bringen. Rechnet man mit $800 : 16 = 50\ \mathrm{m^3}_{\mathrm{Dr.L.}}/\mathrm{h}$, so ergibt sich für das Druckverhältnis $\frac{p_2}{p_1} = 0{,}7$ ein Düsendurchmesser von 10 mm (vgl. vorhergehendes Zahlenbeispiel). Für $800\ \mathrm{m^3}_{\mathrm{Dr.L.}}/\mathrm{h}$, d. h. für die 16fache Menge wird eine Düse von 16fachem Querschnitt oder $\sqrt{16} = 4$fachem Durchmesser benötigt, also eine Düse von $4 \cdot 10 = 40$ mm Durchmesser. Für eine Blende muß der Durchmesser $40 \cdot 1{,}225 = 49$ mm werden. Mit dieser Umrechnung wird das Diagramm für jede beliebige Menge verwendbar.

II. Die Brennstoffe und ihre Verbrennung.

19. Überblick. Entzündungstemperatur. Verbrennungstemperatur. Es gibt feste, flüssige und gasförmige Brennstoffe. Die Brennstoffe haben einen brennbaren und einen nicht brennbaren Anteil. Die Güte des Brennstoffes hängt wesentlich davon ab, wie groß der brennbare Anteil ist. Das Brennbare der festen und flüssigen Brennstoffe besteht aus Kohlenstoff, daneben aus Wasserstoff und in geringfügigem Maße aus Schwefel. In den Brenngasen sind Kohlenoxyd, Wasserstoff und Kohlenwasserstoffe enthalten. Im nicht brennbaren Anteile finden wir Wasser, Stickstoff, Sauerstoff; die festen Brennstoffe enthalten außerdem Asche. Die Asche schmilzt zu Schlacke, wenn die Verbrennungstemperatur hoch genug ist.

Bei der Verbrennung verbindet sich der brennbare Stoff mit dem Sauerstoff der zugeführten Verbrennungsluft unter Bildung von Flamme und Glut. Die Verbrennung fester Brennstoffe geht so vor sich, daß zunächst das im Brennstoff enthaltene Wasser verdampft, dann der Brennstoff entgast wird. Die entwickelten Kohlenwasserstoffe verbrennen mit Flamme; der restliche, keine flüchtigen Bestandteile enthaltende Brennstoff glüht nur und vergast.

Um die Verbrennung einzuleiten und zu erhalten, ist eine Mindesttemperatur erforderlich, die sogenannte Entzündungstemperatur, die für Wasserstoff etwa 350°, für Kohlenwasserstoffe, Kohlenstoff und Kohlenoxyd über 700° beträgt. Die bei der Verbrennung entstehende Wärme erhitzt die Rauchgase, die aus dem verbrannten Brennstoffe und der Verbrennungsluft bestehen, auf die Verbrennungstemperatur; bei vollkommener Verbrennung von C zu CO_2 ohne Luftüberschuß wird die Temperatur um 2300° gesteigert. In Wirklichkeit sind die Temperatursteigerungen erheblich niedriger, weil die Verbrennung nie vollkommen ist, weil mit Luftüberschuß gefeuert wird, und weil ein Teil der bei der Verbrennung erzeugten Wärme unmittelbar an die umgebenden Heizflächen und das Mauerwerk abstrahlt.

20. Feste Brennstoffe. Obenan stehen Steinkohlen sowohl nach der Verbreitung als nach der Güte. Steinkohlen enthalten wenig Wasser und wenig Asche und haben deshalb große Heizkraft. Je älter geologisch die Steinkohlen sind, um so niedriger ist ihr Gehalt an flüchtigen Bestandteilen und an Sauerstoff. Nach zunehmendem Alter bzw. nach abnehmendem Gasgehalt unterscheidet man im Ruhrgebiet folgende Kohlengattungen: Flammkohle, Gasflammkohle, Gaskohle, Fettkohle, Eßkohle, Magerkohle, Anthrazit. Die Fettkohle ist die eigentliche Kokskohle; sie ist eine backende Kohle, die schmilzt und harten Koks liefert. Wegen des Backens ist die Fettkohle schwieriger zu stochen als Gaskohle und Gasflammkohle einerseits und Eßkohle und Magerkohle anderseits.

Nach der Sortierung unterscheidet man im Ruhrgebiet:

Förderkohle	mit etwa 30% Stücken
Melierte Kohle	„ „ 45% „
Stückkohle I, II, III	abgesiebt über 80, 50 oder 35 mm
Gewaschene Nußkohle I	etwa 50/80 mm Korngröße
„ „ II	„ 30/50 „ „
„ „ III	„ 15/30 „ „
„ „ IV	„ 10/15 „ „
„ „ V	„ 7/10 „ „

Was aus der geförderten Kohle an verlesenen, gesiebten, gewaschenen Kohlen, an Koks und Nebenprodukten usw. auf einer Zeche gewonnen wird, die mit Wäsche und Kokerei ausgerüstet ist, zeigt Abb. 28[1]. Es fallen an „minderwertigen“ Brennstoffen[2]:

	Aschengehalt %	Wassergehalt %	Heizwert kcal/kg
Mittelgut	7—40	6—20	6700—4400
Schlammkohle	10—20	15—30	6500—4500
Waschberge	40—60	15—20	4000—2000
Koksgrus (Koksasche)	20—25	10—20	5500—4500

[1] Nach Schulte: Glückauf 1921, S. 144. [2] Nach Schulte: Z. d. V. d. I. 1921, S. 366.

Mittelgut wird aus mit Kohle durchwachsenen Bergen gewonnen, die gebrochen und nachgewaschen werden. Koksgrus ist der Abrieb, den der Koks beim Verladen erleidet. Schlammkohle gemischt mit Koksgrus brennt gut. Ebenso ist eine Mischung von Mittelgut, Schlammkohle und Koksgrus gut verwendbar. Da die minderwertigen Brennstoffe keine Transportkosten tragen können, werden sie unter den Dampfkesseln der Zeche verbrannt.

Steinkohlenbriketts werden aus magerer Gruskohle unter Zusatz von Steinkohlenteerpech hergestellt. Kohlenstaub, der für Feuerungen verwendet wird, fällt als Abfall oder wird aus Kohle gemahlen.

Koks wird als fester Brennstoff bei der Destillation der Steinkohle unter Luftabschluß gewonnen. Fettkohle liefert dabei als Hauptprodukt den sehr harten und festen Hütten- oder Zechenkoks, der vorzugsweise bei der Eisenverhüttung Verwendung findet, während Gaskohle hauptsächlich Gas und den sogenannten Gaskoks nur als Nebenprodukt ergibt. Die Verwendungsmöglichkeit von Gaskoks ist wegen seiner geringen Festigkeit beschränkt; für Hüttenzwecke ist er unbrauchbar.

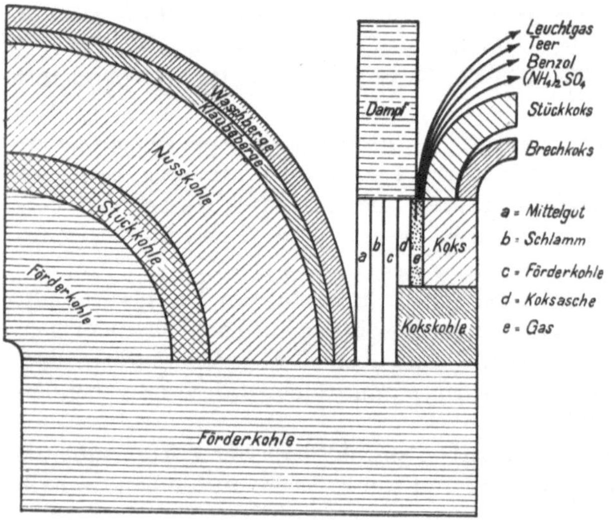

Abb. 28.

Magere Kohlen werden in hoher Schicht verfeuert, haben kurze Flamme und verbrennen rauchschwach. Gaskohlen sind in niedrigerer Schicht zu verfeuern, haben lange Flamme und entwickeln starken Rauch. Dazwischen stehen die Fettkohlen; Fettkohlen backen, so daß das Feuer immer wieder aufgebrochen werden muß. Was über die Rauchentwicklung gesagt ist, gilt für Stochfeuerungen. Wanderrostfeuerungen sind weit günstiger.

Neben den Steinkohlen spielen in Deutschland die Braunkohlen eine wichtige Rolle. Die rohe Braunkohle enthält viel Wasser und ihre Heizkraft ist deshalb gering. Die rohe Braunkohle verträgt aus diesem Grunde keine Transportkosten und wird entweder in der Nähe ihres Gewinnortes verbraucht oder zu Briketts verarbeitet, die mäßige Feuchtigkeit und deshalb mehrfach höhere Heizkraft besitzen als die rohe Braunkohle.

Holz und Torf kommen für die Zechen kaum in Frage. Über Zusammensetzung, Heizwert usw. der festen Brennstoffe siehe Zahlentafel 8 (S. 44).

21. Flüssige Brennstoffe. Erdöl, seine Destillate und Rückstände (Masut), ferner Benzol und Teeröle bestehen fast nur aus Brennbarem (C und H) und haben sehr hohe Heizkraft (ca. 10000 kcal/kg); sie verbrennen fast rauchlos und ohne Rückstände. In Deutschland werden diese Öle sehr selten unter dem Kessel verbrannt, weil sie zu wertvoll sind. In der Überseeschiffahrt wird aber Öl in steigendem Maße zur Kesselfeuerung benutzt. Bekannt ist die Benutzung des Masuts, des hochsiedenden Rückstandes der Raffinerie von Erdöl, für Feuerungen aller Art. Besser als unter dem Kessel werden die Öle in Dieselmaschinen ausgenutzt. Über Zusammensetzung, Heizwert usw. siehe Zahlentafel 8 (S. 44).

22. Gasförmige Brennstoffe. Die gasförmigen Brennstoffe werden nach ihrer Herstellung unterschieden als Produkte der Entgasung (Verkokung) und der Vergasung (Generatorprozeß). Bei der Entgasung werden die flüchtigen Bestandteile von dem festen Brennstoff getrennt. Das entstehende Leuchtgas und Kokereigas besteht fast nur aus brennbaren Gasen, größtenteils aus Methan und anderen schweren Kohlenwasserstoffen, die seinen außerordentlich hohen Heizwert bedingen (4000 bis 5000 kcal/m³). Gegenüber der

Entgasung bezweckt die Vergasung (Generatorprozeß), den gesamten festen Brennstoff in gasförmigen Brennstoff überzuführen, indem man den Kohlenstoff mit Luftsauerstoff (Luftgas) oder mit dem Sauerstoff von Wasserdampf (Wassergas) in brennbares Kohlenoxyd umwandelt. Gleichzeitige Anwendung beider Prozesse liefert das Mischgas. Die brennbaren Bestandteile der Generatorgase sind hauptsächlich Kohlenoxyd und Wasserstoff. Der Heizwert ist um so geringer, je größer der Gehalt an Kohlensäure und Stickstoff ist.

Ein den Generatorgasen ähnliches Gas ist das Gichtgas der Hochöfen, welches im Hüttenwesen von überragender Wichtigkeit ist. Die Hochöfen liefern so viel überschüssige Gase, daß sie bei zweckmäßiger Ausnutzung den ganzen Kraftbedarf des Hochofenwerkes und der angeschlossenen Stahl- und Walzwerkbetriebe decken. Gichtgas hat nur geringen Heizwert; es ist ein „armes" Gas, weil es nur zu einem Drittel aus Brennbarem besteht. Dafür braucht es bei der Verbrennung wenig Luft, so daß das brennbare Gasgemisch annähernd ebensoviel Wärme entwickelt wie ein Gemisch aus einem Gas von hohem Heizwert mit der erforderlichen viel größeren Luftmenge.

Die gasförmigen Brennstoffe oder Brenngase werden sowohl in Feuerungen als auch in Gasmaschinen ausgenutzt.

Unter „Abhitze" versteht man verbrannte Gase, die aus einer Feuerung oder aus einem Ofen mit so hoher Temperatur abziehen, daß sie zweckmäßig noch in einer weiteren Feuerung ausgenutzt werden. Auch die heißen Abgase von Verbrennungsmaschinen nutzt man in Abhitzedampfkesseln aus.

Über Zusammensetzung, Heizwert usw. siehe die Zahlentafel 9 (S. 44).

23. Der Heizwert der Brennstoffe. Der Heizwert eines festen oder flüssigen Brennstoffes ist die Wärmemenge in kcal, die 1 kg Brennstoff bei vollkommener Verbrennung und Abkühlung auf die Anfangstemperatur abgibt. Bei Gasen wird der Heizwert nicht in kcal/kg, sondern in kcal/nm^3 gemessen. Sind die Brennstoffe feucht oder enthalten sie Wasserstoff, so unterscheidet man einen oberen und einen unteren Heizwert. In den heißen Verbrennungsgasen ist nämlich sowohl das im Brennstoffe enthalten gewesene Wasser als das bei der Verbrennung des Wasserstoffes gebildete Wasser in Dampfform vorhanden. Die Verdampfungswärme wird aber nur frei, wenn man die Verbrennungsgase unter die Verflüssigungstemperatur abkühlt; nur dann kann man den „oberen", auf flüssiges Wasser bezogenen Heizwert ausnützen. Technisch lassen wir jedoch sowohl bei den Feuerungen wie bei den Verbrennungsmaschinen die verbrannten Gase so heiß[1] abziehen, daß das Wasser dampfförmig bleibt, und nur der „untere", auf Dampf bezogene Heizwert in Frage kommt. Als Heizwert schlechtweg ist also technisch immer der untere gemeint, während wissenschaftlich nur der obere in Betracht kommt. Der Unterschied zwischen beiden ist bei Braunkohlen wegen des hohen Wassergehaltes besonders groß.

Man bestimmt den Heizwert eines Brennstoffes mit dem Kalorimeter, wobei man den oberen Wert erhält. Den Heizwert von Gasgemischen, deren Zusammensetzung man kennt oder ermitteln kann, kann man errechnen. Es ist aber bequemer, anstatt erst die Zusammensetzung des Gasgemisches zu bestimmen, seinen Heizwert unmittelbar durch das Kalorimeter festzustellen. Bei festen Brennstoffen oder bei Ölen kann man auf Grund der Elementaranalyse den unteren Heizwert nach der sogenannten Verbandsformel rechnen:

$$H_u = 81\,\mathrm{C} + 290\left(\mathrm{H} - \frac{\mathrm{O}}{8}\right) + 25\,\mathrm{S} - 6\,\mathrm{W}.$$

Hierin bedeuten C, H, O, S und W die in Prozenten gerechneten Gewichtsanteile des im Brennstoff enthaltenen Kohlenstoffs, Wasserstoffs, Sauerstoffs, Schwefels und Wassers. Den im Brennstoff nachgewiesenen O hält man an H gebunden, so daß 1 kg O $^1/_8$ kg H unwirksam macht und der verfügbare H-Gehalt $= \mathrm{H} - \frac{\mathrm{O}}{8}$ ist.

[1] Die Verflüssigungstemperatur liegt meist erheblich unter 100°; denn die Verflüssigung kann erst beginnen, wenn die dem Dampfgehalt der Rauchgase entsprechende Sättigungstemperatur unterschritten ist

Für Gaskohle z. B. mit 74% C, 5% H, 10% O, 1% S, 4% Wasser und 6% Asche ergibt sich demgemäß der untere Heizwert.

$$H_u = 81 \cdot 74 + 290 \cdot \left(5 - \frac{10}{8}\right) + 25 \cdot 1 - 6 \cdot 4 = 7080 \text{ kcal/kg}.$$

In den Zahlentafeln 8 (S. 44) und 9 (S. 44) sind Angaben über den Heizwert von Brennstoffen enthalten.

Es war schon früher darauf hingewiesen, daß der Heizwert eines Brennstoffes in der Hauptsache davon abhängt, wie groß sein brennbarer Anteil ist. Deshalb genügt es vielfach, zur laufenden Kontrolle von Kohlenlieferungen den Aschegehalt und den Wassergehalt festzustellen.

24. Der Luftbedarf für die Verbrennung fester, flüssiger und gasförmiger Brennstoffe. Die Luftüberschußzahl. 1 kg C braucht bei der Verbrennung zu CO_2 2,67 kg O, 1 kg H braucht bei der Verbrennung zu H_2O 8 kg O, 1 kg S braucht bei der Verbrennung zu SO_2 1 kg O. In 1 kg Luft sind 0,23 kg O enthalten. Enthält der Brennstoff dem Gewichte nach C% Kohlenstoff, H% Wasserstoff, S% Schwefel und O% Sauerstoff, so braucht man unter Berücksichtigung des im Brennstoff enthaltenen Sauerstoffes, um 1 kg Brennstoff zu verbrennen, theoretisch die Luftmenge

$$L_0 = \frac{2{,}67\,C + 8\,H + S - O}{23} \text{ kg}$$

oder

$$L_0 = \frac{2{,}67\,C + 8\,H + S - O}{28} \text{ nm}^3 \ (10^0 \ 1 \text{ ata}).$$

2 Mol H_2 verbrennen mit 1 Mol O_2 zu 2 Mol H_2O, d. h. 1 nm³ H_2 braucht bei der Verbrennung zu H_2O 0,5 nm³ O. Die gleiche Menge braucht 1 nm³ CO bei der Verbrennung zu CO_2. 1 Mol CH_4 verbrennt mit 2 Mol O_2 zu 1 Mol CO_2 und 2 Mol H_2O, so daß 1 nm³ CH_4 zur Verbrennung 2 nm³ O_2 braucht. In 1 nm³ Luft sind 0,21 nm³ O_2 enthalten. Setzt sich der Brennstoff dem Volumen nach zusammen aus H% Wasserstoff, CO% Kohlenoxyd und CH_4% Methan, so braucht man theoretisch zur vollkommenen Verbrennung von 1 nm³ Brennstoff die Luftmenge

$$L_0 = \frac{0{,}5(H + CO) + 2\,CH_4}{21} \text{ nm}^3.$$

Je heizkräftiger der Brennstoff, um so mehr Luft braucht er für die Verbrennung. Überschläglich rechnet man für je 1000 kcal Heizwert 1,15 nm³ Mindestluftbedarf. Eine Steinkohle z. B., die 79% C, 5% H, 1% S und 6% O besitzt, dabei 7600 kcal/kg Heizwert hat, braucht theoretisch die Luftmenge $\frac{2{,}67 \cdot 79 + 8 \cdot 5 + 1 - 6}{28} = 8{,}78$ nm³/kg. Auf Grund des Heizwertes ist der Luftbedarf auf $7{,}6 \cdot 1{,}15 = 8{,}7$ nm³/kg zu schätzen. — Für ein Mischgas von der Zusammensetzung: 12% H, 28% CO und 3% CH_4 (brennbar), ferner 3% CO_2 und 54% N (nicht brennbar) ist der theoretische Luftbedarf

$$L_0 = \frac{0{,}5(12 + 28) + 2 \cdot 3}{21} = 1{,}24 \text{ nm}^3/\text{nm}^3.$$

Mit dem theoretischen Luftbedarf kommt man in Wirklichkeit nicht aus; in den Abgasen wäre noch Unverbranntes, insbesondere CO. Deshalb muß man mit Luftüberschuß feuern. Das Verhältnis der wirklichen gebrauchten Luftmenge L zur theoretischen Luftmenge L_0, also $\frac{L}{L_0}$ heißt Luftüberschußzahl und wird mit λ bezeichnet. Bei der Verbrennung von Gasen, Ölen, Kohlenstaub genügt $\lambda = 1{,}2$ bis 1,3; bei der Verbrennung fester Brennstoffe muß aber $\lambda = 1{,}5$ bis 2 sein. Für die oben betrachtete Steinkohle ist demnach der praktische Luftbedarf bei $\lambda = 1{,}5$ gleich 13,2 nm³/kg oder 15,9 kg/kg und bei $\lambda = 2$ gleich 17,6 nm³/kg oder 21,2 kg/kg. Selbstverständlich darf der Luftüberschuß auch nicht zu groß sein; je größer er ist, um so niedriger wird die Verbrennungstemperatur, um so schlechter wird die Wärme ausgenutzt. Man kann den Luftüberschuß aus dem CO_2-Gehalt der Rauchgase bestimmen, und es ist eine sehr wichtige Aufgabe, die Feuerung so zu überwachen, daß der Luftüberschuß möglichst klein wird, ohne daß Unverbranntes mit den Rauchgasen abzieht. 1 % CO-Gehalt in den Rauchgasen bedeutet etwa 5 % Brennstoffverlust, einen größeren Verlust, als wenn der CO_2-Gehalt infolge größeren Luftüberschusses 4 bis 5 % kleiner wird. Vgl. Abb. 30.

25. Der Heizwert von Gas-Luft-Gemischen. Wird ein gasförmiger Brennstoff mit so viel Luft gemischt, wie zur vollkommenen Verbrennung theoretisch erforderlich ist, so enthält das größere Volumen des Gemisches nur die gleiche Wärmemenge wie ursprünglich der reine Brennstoff, und der Heizwert des Gas-Luft-Gemisches wird entsprechend dem größeren Volumen kleiner. Je höher der Heizwert des reinen Gases ist, um so größer ist auch der Luftbedarf und damit die Herabsetzung des Gemischheizwertes. Deshalb sind die Unterschiede der Heizwerte von Gas-Luft-Gemischen viel geringer als die der reinen Gase. Aus 1 nm³ Brennstoff vom Heizwert H_u werden $(1 + L_0)$ nm³ Gemisch vom Heizwert

$$H'_u = \frac{H_u}{1 + L_0} \text{ kcal/nm}^3 .$$

Wird überdies noch mit Luftüberschuß gearbeitet, so wird das Volumen $1 + \lambda \cdot L_0$ und der Gemischheizwert

$$H'_u = \frac{H_u}{1 + \lambda \cdot L_0} \text{ kcal/nm}^3 .$$

Für Koksofengas vom Heizwert 4300 kcal/nm³ und dem theoretischen Luftbedarf 4,72 nm³/nm³ (vgl. Zahlentafel 9) wird der Gemischheizwert

$$H'_u = \frac{4300}{1 + 4{,}72} = 750 \text{ kcal/nm}^3$$

und bei einer Luftüberschußzahl $\lambda = 1{,}2$

$$H'_u = \frac{4300}{1 + 1{,}2 \cdot 4{,}72} = 645 \text{ kcal/nm}^3 .$$

Das hochwertigere Methan mit $H_u = 7950$ kcal/nm³ ergibt mit $L_0 = 9{,}53$ nm³/nm³ den fast ebenso großen Gemischheizwert $H'_u = 755$ kcal/nm³.

26. Die Zusammensetzung der Rauchgase. Die Zusammensetzung der Rauchgase ergibt sich aus ihrer Entstehung. Im trockenen Teil der Rauchgase, der für die chemische Analyse allein in Betracht kommt, finden sich die gebildete Kohlensäure, der Stickstoff der Verbrennungsluft (nebst dem im Brennstoff enthalten gewesenen Stickstoff) und der überschüssige Sauerstoff. Der Rest ist Wasserdampf, herrührend von dem im Brennstoff vorhanden gewesenen Wasser und dem durch die Verbrennung des Wasserstoffes gebildeten Wasser.

Für die Beurteilung der Verbrennung ist, wie gesagt, der CO_2-Gehalt der trockenen Rauchgase von besonderer Bedeutung. Am einfachsten ist die Verbrennung reinen Kohlenstoffes zu übersehen. Es verbinden sich 12 kg C mit 24 nm³ O zu 24 nm³ CO_2 oder 1 kg C mit 2 nm³ O zu 2 nm³ CO_2. Die gebildete Kohlensäure, die erheblich schwerer ist als Luft, ersetzt dem Raume nach den verbrannten Sauerstoff. Bei vollkommener Verbrennung mit der theoretischen Luftmenge L_0, d. h. für $\lambda = 1$ enthalten die Rauchgase des verbrannten Kohlenstoffes dem Raume nach 21 % CO_2 und 79 % N. Im folgenden ist der Raumanteil der Kohlensäure, in Prozenten gerechnet, mit k bezeichnet. Bei der Verbrennung von C ist also $k_{max} = 21$. Für $\lambda = 2$ wird k nur 10,5; außerdem findet sich überschüssig ein O-Gehalt von 10,5 %. Für $\lambda = 3$ wird $k = 7$ und der O-Gehalt $= 14$ %. Technisch ist die umgekehrte Rechnung wichtig: nämlich aus dem durch die Analyse festgestellten Werte von k, der den CO_2-Gehalt der Rauchgase in Raumprozenten bedeutet, die Luftüberschußzahl zu bestimmen. Man erhält für die Verbrennung reinen Kohlenstoffes $\lambda = \frac{21}{k}$. Das gilt aber nicht für die technisch angewendeten Brennstoffe, da diese sämtlich Wasserstoff enthalten, für dessen Verbrennung ebenfalls Luft zuzuführen ist. Ist der Wasserstoffgehalt = H, so ist unter Berücksichtigung des im Brennstoff vorhandenen O für den Anteil H — O/8 Verbrennungsluft erforderlich. Deren Stickstoff tritt zu den trockenen Rauchgasen, so daß k_{max} unter 21 sinkt, um so mehr, je größer H — O/8 ist. Die Luftüberschußzahl λ ist jetzt (angenähert) aus der Beziehung zu rechnen: $\lambda = \frac{k_{max}}{k}$.

Man kann k_{max} für jeden Brennstoff aus seiner Zusammensetzung berechnen, indem man die gebildete Kohlensäure mit dem gesamten Volumen der trocknen Rauchgase vergleicht. Unmittelbar ergibt sich k_{max} aus der Siegertschen Formel:

$$k_{max} = \frac{21}{1 + 2{,}4 \cdot \frac{H - O/8}{C}}.$$

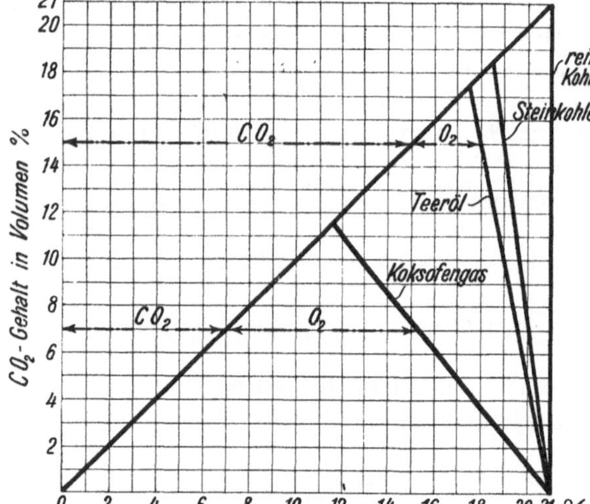

Abb. 29. Diagramm von Bunte.

Für Koks ist k_{max} etwa 20,5; für Steinkohlen und Braunkohlen ist k_{max} im Mittel 18,6; für Teeröl ist k_{max} etwa 17,6. Ferner sei schon hier bemerkt, daß für Koksofengas wegen seines hohen Wasserstoffgehaltes k_{max} nur 11 bis 12 ist. Bei Gichtgas dagegen, das schon einen beträchtlichen CO_2-Gehalt mitbringt, ist $k_{max} = 24$. Vgl. die Zahlentafeln 8 und 9 (S. 44).

Für die Beurteilung der Verbrennung ist auch der bequem feststellbare O-Gehalt der Rauchgase von Bedeutung. Bei vollkommener Verbrennung reinen Kohlenstoffes betragen nämlich CO_2-Gehalt und O-Gehalt zusammen immer 21%. Für Steinkohlen, Teeröl, Koksofengas usw. kann man den O-Gehalt, der jeweilig dem CO_2-Gehalt zugeordnet ist, aus dem Diagramm von Bunte, Abb. 29, entnehmen. Ist der tatsächliche O-Gehalt kleiner, so ist auf unvollkommene Verbrennung zu schließen.

Um die Zusammensetzung der Rauchgase zu bestimmen, verwendet man z. B. den Orsat-Apparat[1], mit dem man den Gehalt an CO_2, O und CO feststellt. Zur laufenden Überwachung der Feuerung hat man selbsttätige, schreibende Rauchgasprüfer, die etwa alle 5 Minuten eine Probe entnehmen und deren CO_2-Gehalt oder außerdem den O-Gehalt bestimmen und verzeichnen.

27. Die Menge der Rauchgase. Der Schornsteinverlust. Sind C, H, W die Gewichtsanteile von Kohlenstoff, Wasserstoff und Wasser im Brennstoffe, wieder in Prozenten gerechnet, und ist k der in Prozenten gerechnete Raumgehalt der Kohlensäure in den Rauchgasen, so liefert 1 kg Brennstoff

$$\frac{2\,C}{k} \text{ nm}^3 \text{ trockene Rauchgase}$$

und

$$\frac{9\,H + W}{75} \text{ nm}^3 \quad \text{oder} \quad \frac{9\,H + W}{100} \text{ kg Wasserdampf}.$$

Bei höheren Temperaturen ist das Volumen der Rauchgase im Verhältnisse der absoluten Temperaturen größer. Bei 273° C z. B., einer Temperatur, wie sie in dem Schornsteine vorkommt, ist das Volumen doppelt so groß als bei 0° C.

Bei der Berechnung des Schornsteinverlustes, d. h. des Wärmeverlustes durch die abziehenden Rauchgase, kann man die trockenen Rauchgase in nm³ rechnen und ihre

[1] Vgl. wegen des Orsat und wegen schreibender Rauchgasprüfer den Abschnitt Meßkunde.

spezifische Wärme = 0,3 kcal/nm³ setzen. Der Wasserdampf der Rauchgase wird aber in kg gerechnet, und seine spezifische Wärme ist 0,5 kcal/kg. Mithin ist der Wärmeverlust für 1 kg Brennstoff, wenn die Verbrennungsluft mit t_1 ⁰C eintritt, und die Rauchgase mit t_2 ⁰C abziehen,

$$\mathfrak{B} = (t_2 - t_1) \cdot \left(\frac{0{,}3 \cdot 2\,C}{k} + 0{,}5 \cdot \frac{9\,H + W}{100}\right) \text{kcal}\ *.$$

Kennt man die Zusammensetzung der Steinkohle nicht, so ist es üblich, den Wärmeverlust nach der Siegertschen Formel zu rechnen (und zwar nicht in kcal, sondern in Prozenten des Heizwertes).

$$\mathfrak{B} = 0{,}65 \frac{t_2 - t_1}{k}\ \%$$

vom Heizwert H_u.

Bei roher Braunkohle ist der Verlust größer, weil die Rauchgase mehr Wasserdampf enthalten: Man mache auf die nach der Siegertschen Formel gerechneten Werte 20% Zuschlag. Aus dem Diagramm Abb. 30 ist der Zusammenhang der drei Größen Schornsteinverlust $\mathfrak{B}$, Übertemperatur $t_2 - t_1$ und Kohlensäuregehalt k nach der Siegertschen Formel bequem abzugreifen. Man sieht, daß man auch unter günstigen Verhältnissen den Schornsteinverlust nur wenig unter 10% herunterdrücken kann.

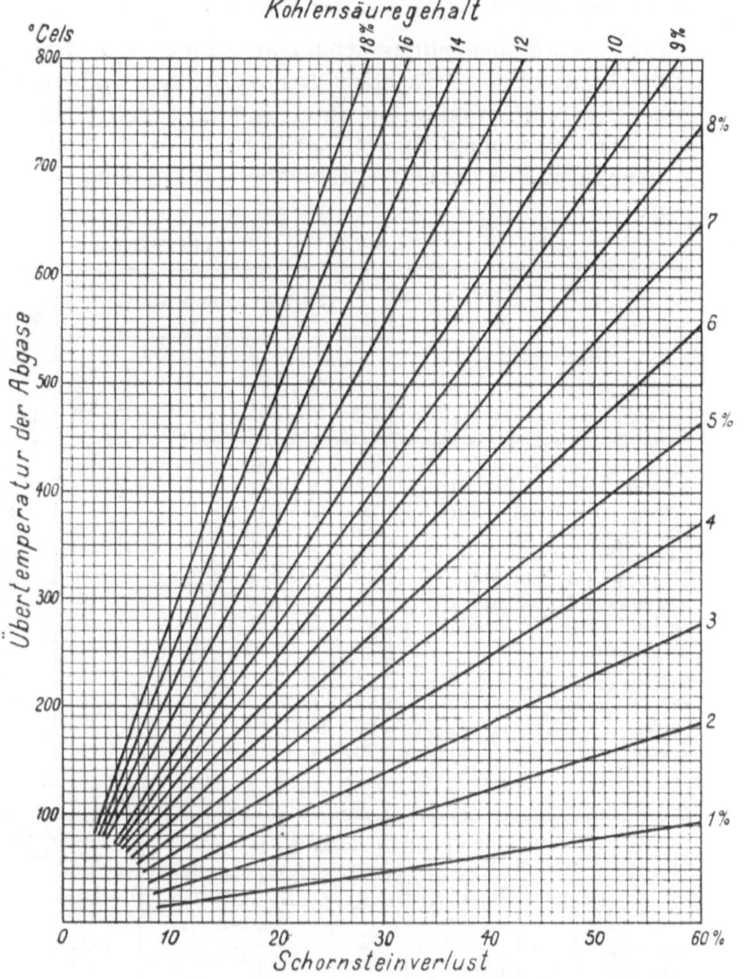

Abb. 30. Schornsteinverlust bei Steinkohle.

Beispiele.

1. Eine Steinkohle enthält 79% C, 5% H und 2% Wasser, ihr Heizwert ist 7600 kcal/kg. $t_2 = 220^0$ C. $t_1 = 20^0$ C. Der CO_2-Gehalt der Rauchgase ist 12%, also $k = 12$. Wie groß ist der Wärmeverlust durch die abziehenden Rauchgase?

$$\mathfrak{B} = (220 - 20) \cdot \left(\frac{0{,}3 \cdot 2 \cdot 79}{12} + 0{,}5 \cdot \frac{9 \cdot 5 + 2}{100}\right) = 837 \text{ kcal/kg}.$$

Das sind $\frac{837}{7600} = 11\%$. Nach der Siegertschen Formel ergibt sich

$$\mathfrak{B} = 0{,}65 \cdot \frac{220 - 20}{12} = 10{,}8\,\%.$$

2. Eine Braunkohle enthält 30% C, 3% H und 50% Wasser. Ihr Heizwert ist 2700 kcal/kg. $t_2 = 320^0$ C. $t_1 = 20^0$ C. Der CO_2-Gehalt der Rauchgase ist 10%, also $k = 10$. Wie groß ist der Wärmeverlust durch die abziehenden Gase?

$$\mathfrak{B} = (320 - 20) \cdot \left(\frac{0{,}3 \cdot 2 \cdot 30}{10} + 0{,}5 \cdot \frac{9 \cdot 3 + 50}{100}\right) = 656 \text{ kcal/kg}.$$

* In dieser Formel bedeuten wie früher C, H, W die Gewichtsanteile von Kohlenstoff, Wasserstoff und Wasser in Prozenten, während k der Raumanteil in Prozenten der Kohlensäure in den Rauchgasen ist.

Das sind $\frac{656}{2700} = 24{,}3\%$. Für Steinkohlen würde man dem Diagrammbild einen Verlust von etwa 20% entnehmen, so daß man mit dem für Braunkohlen etwa zutreffenden Zuschlage von 20% auf ungefähr denselben Wert kommt wie die genauere Rechnung.

28. Zusammenstellung wichtiger Zahlen über feste, flüssige und gasförmige Brennstoffe. Zahlentafel 8 enthält für eine größere Zahl fester und flüssiger Brennstoffe Angaben über die mittlere Zusammensetzung, den Heizwert, den theoretischen Luftbedarf und den höchstmöglichen CO_2-Gehalt.

Zahlentafel 9 enthält entsprechende Angaben über eine Anzahl technisch wichtiger Gase.

Zahlentafel 8.

Brennstoff	Gewichtsanteile in %						Unterer Heizwert	Theoretischer Luftbedarf für 1 kg Brennstoff		Höchstmöglicher CO_2-Gehalt der Rauchgase in %
	C	H	O + N*	S	Wasser	Asche	kcal/kg	kg	nm³	k_{max}
Holz, lufttrocken	40	5	35	—	18	2	3400	4,86	4,03	20
Jüngere deutsche Braunkohle	24	2	10	—	60	4	1850	3,06	2,54	19,5
Ältere deutsche Braunkohle	30	3	10	1	50	6	2700	4,14	3,43	18,4
Braunkohlenbriketts	54	4	19	1	14	8	4800	6,86	5,68	19,0
Gaskohle	73	5	10	1	3	7	7000	9,79	8,11	18,6
Westfälische Fettkohle	79	5	7	1	2	6	7600	10,60	8,78	18,5
Gaskoks, lufttrocken[1]	84	1	2	1	2	10	7030	10,00	8,29	20,5
Zechenkoks, lufttrocken[1]	88	0,5	1,5	1	1	8	7230	10,30	8,54	20,5
Anthrazit	87	3	3	1	1	5	7700	11,00	9,12	19,5
Benzin (rein)	85	15	—	—	—	—	10200	14,95	12,40	14,8
Benzol (rein)	92	8	—	—	—	—	9600	13,35	11,05	17,3
Gasöl	85	13,5	1	0,5	—	—	10000	14,45	11,95	15,2
Teeröl	90	7	2,5	0,5	—	—	9000	12,70	10,50	17,6

Zahlentafel 9.

Gasart	Raumteile in %						Heizwert von 1 nm³		Spezifisches Gewicht		Theoretischer Luftbedarf nm³/nm³
	H_2	CO	CH_4	$C_m H_n$	CO_2	N_2	oberer	unterer	Luft = 1	kg/nm³	
Kohlenoxyd CO	—	100	—	—	—	—	2850	—	0,965	1,165	2,38
Wasserstoff H_2	100	—	—	—	—	—	2870	2400	0,069	0,083	2,38
Methan CH_4	—	—	100	—	—	—	8840	7950	0,555	0,670	9,53
Leuchtgas	51	8	32	4	2	3	5120	4670	0,405	0,490	5,03
Koksofengas	50	8	29	4	2	7	4810	4300	0,410	0,495	4,72
Wassergas	49	42	0,5	—	5	3,5	2635	2430	0,550	0,665	2,21
Mischgas	12	28	3	—	3	54	1440	1355	0,875	1,055	1,24
Luftgas	6	23	3	—	5	63	1120	1075	0,920	1,110	0,98
Gichtgas	4	28	—	—	8	60	905	890	0,965	1,165	0,76

Wird ein brennbares Gas mit soviel Luft gemischt, wie für die Verbrennung mindestens erforderlich ist ($\lambda = 1$), so haben diese Gemische aus Luft und einem der nachgenannten Gase folgenden unteren Heizwert:

Kohlenoxyd CO	845 kcal/nm³	Wassergas	755 kcal/nm³
Wasserstoff H_2	710 „	Mischgas	605 „
Methan CH_4	755 „	Luftgas	545 „
Leuchtgas	775 „	Gichtgas	505 „
Koksofengas	750 „		

* N wird mit 1% angesetzt.

[1] Koks saugt leicht Wasser auf, bis zu 25%, und sein Heizwert sinkt dann entsprechend.

III. Allgemeines über Dampfkesselanlagen.

29. Gesetzliche und behördliche Bestimmungen über Anlage und Betrieb von Landdampfkesseln. Nach der Reichsgewerbeordnung muß die Anlegung von Dampfkesseln von den nach den Landesgesetzen zuständigen Behörden genehmigt werden. Die Behörde hat zu prüfen, ob die Allgemeinen polizeilichen Bestimmungen über die Anlegung von Dampfkesseln vom 17. Dezember 1908 erfüllt sind. Wird eine wesentliche Änderung an der Dampfkesselanlage vorgenommen, so ist eine neue Genehmigung erforderlich. Zu diesen reichsgesetzlichen Bestimmungen sind von den einzelnen Bundesstaaten besondere Ausführungsbestimmungen erlassen, z. B. für Preußen die Anweisung betreffend die Genehmigung und Untersuchung der Dampfkessel (abgekürzt: Kesselanweisung) vom 16. Dezember 1909 *.

Aus den Bestimmungen ist folgendes hervorzuheben: Die Feuerzüge müssen, von Ausnahmen abgesehen, an ihrer höchsten Stelle mindestens 100 mm unter dem festgesetzten niedrigsten Wasserstand liegen. Jeder Dampfkessel oder jede Dampfkesselbatterie muß mit zwei zuverlässigen, voneinander unabhängigen, d. h. nicht von derselben Antriebsvorrichtung abhängigen Speisevorrichtungen versehen sein, von denen jede allein doppelt so viel Wasser in den Kessel zu drücken vermag, wie er normal verdampft. In der Speiseleitung muß möglichst nahe am Kessel ein Speiseventil (Rückschlagventil) angebracht sein, das beim Abstellen der Speisevorrichtungen durch den Druck des Kesselwassers geschlossen wird. Weiterhin muß vermieden werden, daß sich der Kessel bei undichtem Rückschlagventil durch die Speiseleitung entleeren kann.

Für jeden Kessel sind ferner erforderlich: ein Dampfabsperrventil, Ablaßvorrichtungen an den tiefsten Stellen zum Entleeren und Abschlämmen, zwei zuverlässig anzeigende Wasserstandsvorrichtungen, von denen eine ein Wasserstandglas sein muß, mindestens ein Sicherheitsventil, ein Manometer nebst Kontrollflansch und schließlich das Fabrikschild mit Angabe des Höchstdruckes.

Der festgesetzte niedrigste Wasserstand ist an der Kesselwandung zu vermarken (N. W.) und am Wasserstandglas durch einen Zeiger kenntlich zu machen.

Vor der Inbetriebsetzung unterliegt jeder Kessel der Bauprüfung; ferner ist er der Wasserdruckprobe zu unterziehen, die bis zu 10 at Überdruck mit dem 1,5fachen des beabsichtigten Überdruckes, über 10 at mit einem Mehr von 5 at über den beabsichtigten Überdruck vorgenommen wird. Die endgültige Abnahmeprüfung erfolgt unter Dampf mit dem Betriebsdruck. Die Kesselpapiere, d. h. die Genehmigungsurkunde nebst den Bescheinigungen über Bauprüfung, Druckprobe und Abnahme des Kessels sind an der Betriebsstätte des Kessels aufzubewahren. Im Betriebe unterliegt der Kessel regelmäßigen technischen Untersuchungen (§ 31 der Kesselanweisung). Die regelmäßige äußere Untersuchung findet alle 2 Jahre an dem im Betrieb befindlichen Kessel statt, die regelmäßige innere Untersuchung alle 4 Jahre am stillgelegten Kessel, die regelmäßige Wasserdruckprobe mindestens alle 8 Jahre, möglichst im Zusammenhang mit einer inneren Untersuchung.

Eine Dampfkesselexplosion liegt vor (§ 43 der Kesselanweisung), wenn die Wandung eines Kessels durch den Dampfkesselbetrieb eine Trennung in solchem Umfange erleidet, daß durch Ausströmen von Wasser und Dampf ein plötzlicher Ausgleich der Spannungen innerhalb und außerhalb des Kessels stattfindet. Der Kesselbesitzer hat jede Explosion dem zuständigen Staatsbeamten und seinem Dampfkesselüberwachungsverein unverzüglich mitzuteilen.

Die Prüfung und Überwachung der Kesselanlagen liegt hauptsächlich in Händen der Dampfkesselüberwachungsvereine, die ihre Tätigkeit innerhalb eines vom Minister für Handel und Gewerbe festgesetzten Aufsichtsbezirkes ausüben. Die Zechen im Ober-

* Die für Preußen geltenden Bestimmungen sind in Jaeger: Bestimmungen über Anlegung und Betrieb von Dampfkesseln, Berlin: Carl Heymann, zusammengestellt und erläutert.

bergamtsbezirke Dortmund haben einen besonderen Dampfkesselüberwachungsverein mit dem Sitz in Essen („Verein zur Überwachung der Kraftwirtschaft der Ruhrzechen").

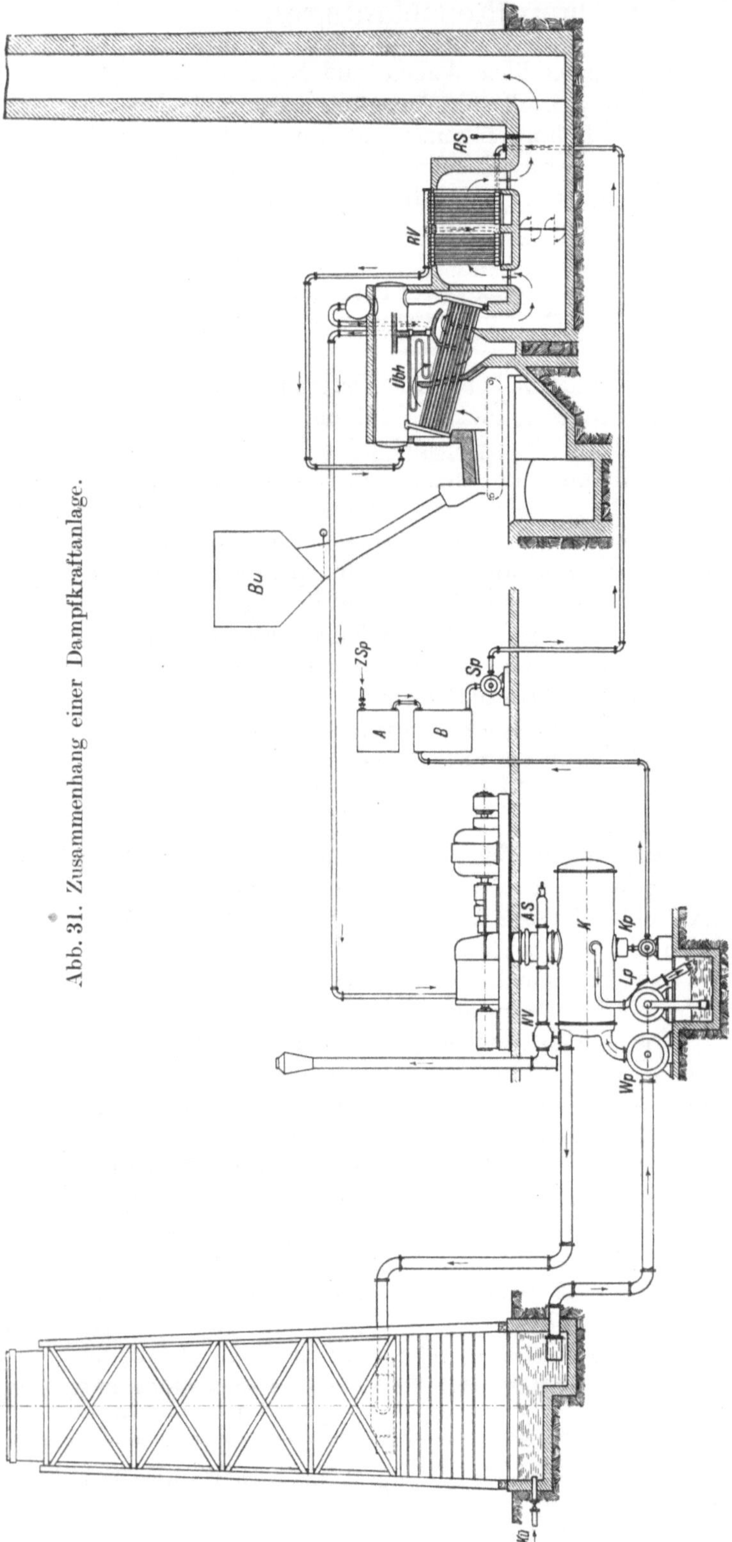

Abb. 31. Zusammenhang einer Dampfkraftanlage.

30. Der Zusammenhang einer Dampfkraftanlage. In Abb. 31 ist schematisch eine Dampfkraftanlage dargestellt. Die Kohle rutscht aus dem Bunker *Bu* zur Feuerung nieder und wird auf dem Rost verbrannt. Die Verbrennungsluft wird durch den Kamin angesaugt. Die Verbrennungsgase bestreichen die Heizfläche des Kessels und des eingebauten Überhitzers und ziehen durch den Rauchgasvorwärmer *RV* zum Schornstein.

Das Speisewasser wird in *A* gereinigt und tritt in den Behälter *B*. Aus diesem holt es die Speisepumpe und drückt es durch den Speisewasservorwärmer in den Kessel. Meist wird das Speisewasser schon vor der Speisepumpe etwas vorgewärmt, damit es mit mindestens 40^0 in den rauchgasbeheizten Speisewasservorwärmer tritt, wo es weiter bis annähernd auf die Sattdampftemperatur vorgewärmt wird. Der im Kessel erzeugte Sattdampf wird im Überhitzer *Übh* überhitzt und strömt zur Dampfturbine, wo seine Energie, allerdings nur zu einem Bruchteile, in Arbeit umgesetzt wird. Der auf sehr geringen Druck entspannte Dampf wird im Oberflächenkondensator *K* niedergeschlagen, und das Kondensat, das das beste Speisewasser darstellt, wird durch die Kondensatpumpe *Kp* in den Speisewasserbehälter *B* zurückgepumpt, wo es seinen Kreislauf von neuem beginnt. Nur was an Speisewasser durch Undichtheiten usw. verloren geht, ist zu ersetzen. Nur dieses Zusatzspeisewasser *ZSp*, dessen Menge 5 bis 10% der gesamten Speisewassermenge beträgt, ist in *A* zu reinigen.

Um den Dampf im Kondensator niederzuschlagen, sind große Kühlwassermengen nötig. Wenn man diese nicht einem Flusse entnehmen kann, muß man das Kühlwasser im Kreislauf verwenden und es zu diesem Zwecke rückkühlen. Die Kühlwasserpumpe *Wp* drückt das Kühlwasser durch den Kondensator auf den Kühlturm, wo es ein Gradierwerk niederrieselnd und dabei zu einem geringen Teile verdunstend rückgekühlt wird. Was an Kühlwasser durch Verdunstung und durch Undichtheiten verloren geht, muß ersetzt werden. Die Zusatzkühlwassermenge *ZKü* ist im Sommer größer als im Winter und ist meist etwas größer als die Speisewassermenge.

Abb. 32 zeigt die Kesselanlage selbst. Es ist eine Wasserröhrenkesselanlage dargestellt, die mit Wanderrostfeuerung, Überhitzern, Speisewasservorwärmern, Kohlenbunkern und Aschenspülung ausgerüstet ist[1]. Zwecks Verbrennung minderwertiger Brennstoffe ist Unterwind vorgesehen. Das Speisewasser tritt bei *WE* in den Speisewasservorwärmer ein und bei *WA* tritt es aus. Soll der Speisewasservorwärmer ausgeschaltet werden, so muß man die abziehenden Rauchgase durch den Umführungskanal leiten.

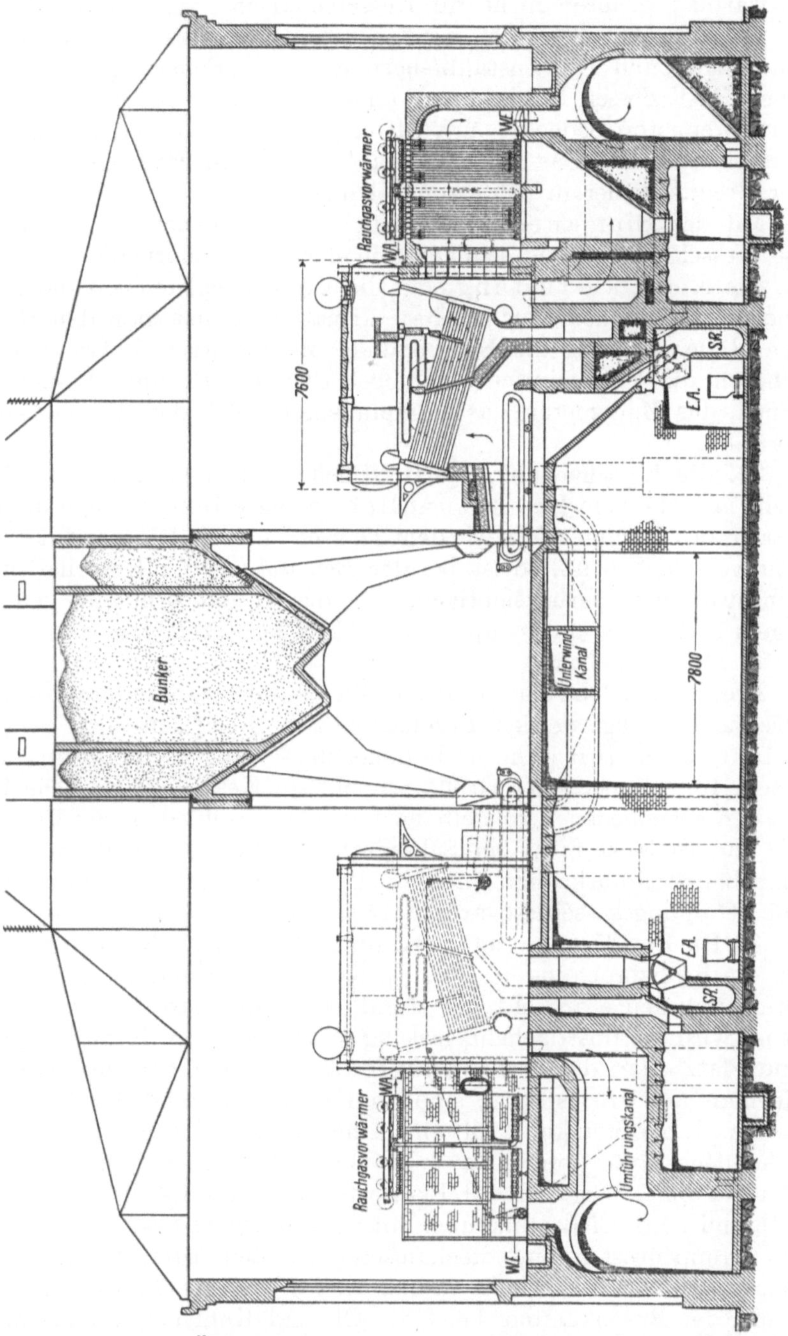

Abb. 32. Wasserröhrenkesselanlage mit Speisewasservorwärmern (Rauchgasvorwärmern).

31. Die Hauptteile der Dampfkessel. Die Dampfkessel bestehen aus dem eigentlichen Kessel, der Feuerung, der Einmauerung und den Armaturen. Bewegliche Kessel, wie Lokomotiv-, Lokomobil- und Schiffskessel haben keine Einmauerung. Meist sind die Kessel mit einem Überhitzer ausgerüstet; häufig sind sie mit Speisewasser- und Luftvorwärmern verbunden.

Am Kessel unterscheidet man den Wasserraum und den Dampfraum, die allerdings, weil der Wasserstand schwankt, nicht scharf voneinander abgegrenzt sind. Der Raum zwischen niedrigstem und höchstem Wasserstand heißt Speiseraum.

[1] Vgl. Krönauer: Die neue Kraftanlage der Gewerkschaft König Ludwig. Glückauf 1920, S. 245.

Kesselheizfläche ist die auf der einen Seite vom Feuer, auf der anderen Seite vom Wasser (nicht vom Dampf) berührte Kesselfläche, die bei Landkesseln auf der Feuerseite gemessen wird. Die Größe der Heizfläche wird in m^2 angegeben; sie bildet zugleich ein Maß für die Kesselgröße. Überhitzerheizfläche und die Heizfläche des Speisewasservorwärmers gehören nicht zur Kesselheizfläche, sondern werden für sich gerechnet.

An Feuerungen gibt es Feuerungen für feste Brennstoffe, Gasfeuerungen, Ölfeuerungen und Kohlenstaubfeuerungen. Die Feuerungen für feste Brennstoffe haben einen Rost, dessen Fläche in m^2 angegeben wird, wobei unter Rostfläche die gesamte vom Brennstoff bedeckte, mit Öffnungen für die Verbrennungsluft versehene Fläche zu verstehen ist. Bei Gas-, Öl- und Staubfeuerungen wird die Größe durch den Rauminhalt der Brennkammer in m^3 gekennzeichnet.

Mit der Einmauerung schließt man die Feuergase ein und bildet Feuerzüge. An die Kesseleinmauerung schließt sich der zum Schornstein führende Fuchs an.

Die Kesselausrüstung oder die Kesselarmatur dient dazu, den Kessel zu bedienen und zu überwachen. Zur groben Armatur rechnet man den Rost, das Feuergeschränk, den Rauchschieber, die Kesselstühle, Mannlochverschlüsse usw. Zur feinen Armatur gehören die Speiseeinrichtung nebst Speiseventil und Absperrventil, das Sicherheitsventil, das Manometer, das Dampfabsperrventil, die Wasserstandzeiger und die Ablaßvorrichtung.

32. Die Kesselleistung. Die Heizflächenbelastung. Unter der Kesselleistung D versteht man die vom Kessel stündlich erzeugte Dampfmenge in kg. Weil die Erzeugungswärme des Dampfes je nach dem Dampfdruck und je nach der Speisewassertemperatur sehr verschieden ist, so ist bei der Beurteilung der Kesselleistung die jeweilige Erzeugungswärme zu berücksichtigen, oder die Kesselleistung ist gemäß den neuen Versuchsregeln in Kilogramm Dampf von 640 kcal/kg Erzeugungswärme (sog. Normaldampf, vgl. Ziffer 11) anzugeben.

Die Heizflächenbelastung gibt an, wieviel kg Dampf stündlich mit 1 m^2 Kesselheizfläche erzeugt werden. Bezeichnet H die Heizfläche in m^2, so wird die Heizflächenbelastung $= D/H$ kg/m^2h. Je höher die Heizflächenbelastung, um so größer ist die von einem Kessel gegebener Größe erreichbare Kesselleistung. Die Heizflächenbelastung ist bei den verschiedenen Kesselbauarten sehr verschieden. Bei Flammrohrkesseln kann man mit 20 bis 35 kg/m^2h, bei Schrägrohrkesseln mit 30 bis 50 kg/m^2h rechnen, während man bei Steilrohrkesseln infolge des günstigeren Wasserumlaufs auf 50 bis 100 kg/m^2h, bei Strahlungskesseln sogar auf 150 kg/m^2h und mehr gelangt.

33. Die Rostflächen- und Feuerraumbelastung. Die Rostflächenbelastung ist ein Maß für die Beanspruchung des Rostes. Sie gibt die stündlich auf 1 m^2 Rostfläche verbrannte Brennstoffmenge an. Mit der stündlichen Brennstoffmenge B kg/h und der Rostfläche R m^2 wird die Rostflächenbelastung $= B/R$ kg/m^2h. Hohe Belastungen verringern Größe und Platzbedarf der Feuerung, vergrößern aber die Instandhaltungskosten. Die üblichen Normal- und Höchstwerte sind vom Brennstoff und der Rostbauart abhängig. So hat man z. B. bei Steinkohle mit einem mittleren Heizwert von rd. 7000 kcal/kg bei gewöhnlicher Zugstärke (von etwa 6 bis 8 mm WS über dem Rost) Rostflächenbelastungen von 100 bis 150 kg/m^2h auf Planrosten und von 130 bis 300 kg/m^2h auf Wanderrosten, während man bei Braunkohlen mit 2000 bis 2500 kcal/kg Werte von 300 bis 500 kg/m^2h auf Treppenrosten und mechanischen Rosten erreicht. Häufig wird die Rostflächenbelastung auch in kcal/m^2h ausgedrückt. Die Feuerraumbelastung gibt die Beanspruchung der Brennkammer bei Gas-, Öl- und Kohlenstaubfeuerungen in kcal/m^3h an. Bei normalen Kohlenstaubfeuerungen geht man auf 200000 bis 300000 kcal/m^3h. Man hat die Belastung aber auch schon auf das Doppelte und mehr gesteigert.

34. Die Verdampfzahl. Die Verdampfzahl gibt an, wieviel kg Dampf mit 1 kg Brennstoff erzeugt werden. In der Verdampfzahl kommt die Güte des Kessels sowohl wie die Güte des Brennstoffs zum Ausdruck. Man unterscheidet zwischen einer „Rohverdampfzahl“, die einfach als Verhältnis der verdampften Wassermenge D kg/h zu der verbrauchten Brennstoffmenge B kg/h ermittelt wird, und der „Normalverdampfzahl", in der die auf die Erzeugungswärme des Normaldampfes (640 kcal/kg für Dampf von 100°, der aus Wasser von 0° gebildet ist) umgerechnete Dampfmenge zu der gleichzeitig gebrauchten Brennstoffmenge ins Verhältnis gesetzt ist. Die Rohverdampfzahl läßt die Speisewassertemperatur und den Wärmeinhalt des Dampfes unberücksichtigt und ist deswegen für Vergleiche nur zu gebrauchen, wenn die verglichenen Kessel unter gleichen Bedingungen arbeiten.

Die Normalverdampfzahl erhält man aus der Dampfmenge D kg/h, der Speisewassertemperatur t_w, dem Wärmeinhalt des Dampfes i und der Brennstoffmenge B kg/h aus der Beziehung:

$$d = \frac{D}{B} \cdot \frac{i - t_w}{640} \text{ kg Normaldampf/kg Brennstoff.}$$

Erzeugt zum Beispiel ein stündlich mit 3800 kg Steinkohle gefeuerter Kessel stündlich 30000 kg Dampf von 21 ata, 300° C mit einem Wärmeinhalt $i = 721$ kcal/kg aus Speisewasser von 40°, so ist seine Normalverdampfzahl

$$d = \frac{30000}{3800} \cdot \frac{721 - 40}{640} = 8{,}4 \text{ kg/kg.}$$

(Die Rohverdampfzahl ist in diesem Falle $\frac{30000}{3800} = 7{,}9$ kg/kg.)

Wird der gleiche Dampf mit einem stündlichen Aufwand von 11000 kg Braunkohle gewonnen, so wird der schlechtere Brennstoff durch die kleinere Verdampfzahl

$$d = \frac{30000}{11000} \cdot \frac{721 - 40}{640} = 2{,}56 \text{ kg/kg}$$

gekennzeichnet. Ist die Umsetzung der Brennstoffwärme in Dampfwärme infolge schlechteren Wirkungsgrades ungünstiger, so wird mehr Brennstoff gebraucht und ebenfalls eine kleinere Verdampfzahl erhalten.

35. Die Bedeutung der Speisewasservorwärmer und Luftvorwärmer. Je höher man die Leistung des Kessels treibt, um so stärker muß man feuern, um so größer muß auch der Rost sein. Die hohen Kesselleistungen der heutigen Wasserröhrenkessel sind erst möglich geworden, nachdem man sie mit Wanderrosten (für Steinkohle) oder Treppenrosten (für Braunkohle) ausgerüstet hat, die mehrmais größer sind als die von Hand bedienten Roste. Wo man keine große Rostfläche anordnen kann, muß man, um stärker zu feuern, den Zug künstlich verstärken, allerdings auf Kosten der Haltbarkeit der Feuerung.

Je stärker man feuert, je mehr man den Kessel anstrengt, um so heißer ziehen die Kesselgase ab. Das bedeutet beträchtlichen Verlust, den man bei Lokomotiven in Kauf nimmt, aber bei ortsfesten Kesseln nicht duldet. Um die zu heiß aus dem Kessel abziehenden Gase auszunützen, ordnet man hinter dem Kessel einen Speisewasservorwärmer (auch Rauchgasvorwärmer genannt) an, mit dem man die Rauchgase bis auf 200° abkühlen kann. Der Speisewasservorwärmer bedeutet eine beträchtliche Entlastung des Kessels. Wärmt er das Speisewasser, das durch ihn hindurch in den Kessel gedrückt wird, z. B. von 50° auf 150° vor, so braucht der Kessel für die Erzeugung des Dampfes etwa $1/6$ weniger Wärme aufzuwenden oder er vermag 20% mehr Dampf zu liefern, als wenn er keinen Speisewasservorwärmer hätte. Deshalb erscheint bei einer Anlage mit Speisewasservorwärmer der Kessel selbst zu günstig, wenn man die tatsächlich erzeugte Dampfmenge zugrunde legt; auf Normaldampf von 640 kcal bezogen, sind aber die Kesselleistungen in beiden Fällen vergleichbar. Da die Heizfläche des Speisewasservorwärmers billiger als die Kesselheizfläche und außerdem wirksamer ist, da der Temperaturunterschied zu dem durchströmenden Speisewasser größer ist als der zum Kesselwasser, findet man meistens diese Verbindung des Kessels mit einem Speisewasservorwärmer.

Bei den modernen Hochdruckkesseln führten allerdings die hohen Drücke zu einer Verteuerung der Vorwärmer, während gleichzeitig die Betriebssicherheit vermindert wurde. Daher wendet man heute vorteilhaft die Speisewasservorwärmung durch Anzapfdampf an und benutzt die Abgaswärme zur Vorwärmung der Verbrennungsluft. Die Abgase werden durch einen Luftvorwärmer geführt, in dem sie ihre Wärme an die Luft abgeben. Die Vorteile der Lufterhitzung sind verschiedener Art. Es werden erhebliche Abwärmemengen zurückgewonnen; die Verbrennung wird verbessert, so daß auch die Schwierigkeiten bei der Verfeuerung minderwertiger Brennstoffe geringer werden; Rost- und Heizflächenleistung können gesteigert werden. Vollkommene Ausnutzung der Abgaswärme führt bei Hochleistungskesseln zu übertrieben hohen, schädlichen Lufttemperaturen. Dann begnügt man sich mit geringerer Lufterhitzung (etwa 150°) und verwertet die noch verfügbare Abgaswärme zur Speisewasservorwärmung in einem vor oder hinter den Lufterhitzer geschalteten Speisewasservorwärmer.

36. Der Wirkungsgrad der Kesselanlage. Der Brennstoff wird im Kessel unvollkommen ausgenutzt. Ein Bruchteil des Brennstoffes gelangt unverbrannt in die Herdrückstände, und die Abgase enthalten unter günstigen Bedingungen immer noch 1 bis 2% Ruß, sowie 1 bis 2% unverbrannte Gase (Kohlenoxyd und Kohlenwasserstoff). Von der gewonnenen Wärme strahlt das Mauerwerk einen geringen Teil ab; am schwersten wiegt aber der Schornsteinverlust. Vergleicht man die nutzbar gewonnene Wärme, d. h. die zur Bildung des Dampfes verwendete Wärme mit der überhaupt aus dem Brennstoff gewinnbaren Wärme, so erhält man den Wirkungsgrad der Kesselanlage. Der Wirkungsgrad gilt für die ganze Anlage, d. h. wenn der Kessel mit Überhitzer und Speisewasservorwärmer ausgerüstet ist, so ist, um die nutzbar gewonnene Wärme festzustellen, die Temperatur des Speisewassers vor dem Eintritt in den Speisewasservorwärmer und die Temperatur des Dampfes hinter dem Überhitzer zu messen.

Der Kesselwirkungsgrad schwankt mit der Belastung des Kessels, weshalb zwischen einem Beharrungswirkungsgrad bei völlig gleichbleibender Belastung und einem Betriebswirkungsgrad unterschieden wird, der den Durchschnittswert der betriebsmäßig schwankenden Wirkungsgrade darstellt. Dem Betriebswirkungsgrad wird eine längere Betriebszeit, z. B. eine Woche, ein Monat oder ein Jahr zugrunde gelegt. Er läßt sich aus dem während der gewählten Betriebszeit laufend aufgezeichneten Gesamtwärmeaufwand $B \cdot H_u$ und der gleichzeitig nutzbar gemachten, gesamten Dampfwärme $D(i - t_w)$ berechnen:

$$\eta = \frac{D(i - t_w)}{B \cdot H_u}.$$

Der Betriebswirkungsgrad ist für den Betriebsmann weit wichtiger als der nur unter günstigsten Bedingungen im Probeversuch gewonnene Beharrungswirkungsgrad.

Das für die Ermittelung des Wirkungsgrades erforderliche Gewicht des erzeugten Dampfes wird bestimmt, indem man das Gewicht des gespeisten Wassers bestimmt (wobei selbstverständlich der Wasserstand zu Beginn und Ende des Versuches gleich sein muß). Man nimmt dann für die Berechnung der nutzbar gewonnenen Wärme an, daß der erzeugte Dampf trocken ist. Hat der Dampf erhebliche Wassermengen mitgerissen, so würde ein zu hoher Wirkungsgrad errechnet, und der Versuch gilt als ungenau, solange nicht das mitgerissene Wasser bestimmt ist. Bei Kesseln, die mit Speisewasservorwärmern ausgerüstet sind, ist darauf zu achten, daß das Speisewasser beim Versuche in den Vorwärmer mit derselben Temperatur eintritt wie im Betriebe, d. h. mit mindestens 40°. Speist man nämlich im Betrieb kaltes Wasser in den Rauchgasvorwärmer, so schlägt sich der in den Rauchgasen enthaltene Wasserdampf an den Röhren nieder, und es bildet sich aus der in den Rauchgasen enthaltenen schwefligen Säure Schwefelsäure, die die Röhren angreift. Ein mit kaltem Speisewasser durchgeführter Versuch ergibt also einen höheren Wirkungsgrad als er im Betriebe durchhaltbar ist.

Der Kesselwirkungsgrad ist von der Kesselbelastung abhängig derart, daß er bei schwacher und bei übermäßiger Belastung niedriger ist als bei normaler Belastung.

Zahlenbeispiele für die Ausrechnung der Leistungszahlen und des Kesselwirkungsgrades: Ein Flammrohrkessel von 100 m² Heizfläche erzeugt aus Speisewasser von 60° stündlich 2100 kg Dampf von 10 at und braucht 280 kg Kohle von 7000 kcal Heizwert. Dann erzeugt die Heizfläche 2100/100 = 21 kg/m²h. Um 1 kg Dampf von 10 at aus Wasser von 60⁰ zu erzeugen, sind 604 kcal nötig. Mithin ergibt sich der Kesselwirkungsgrad $= \frac{2100 \cdot 604}{280 \cdot 7000} \approx 0{,}65$. Bezogen auf Normaldampf erzeugt 1 m² Heizfläche $\frac{21 \cdot 604}{640} = 19{,}8$ kg/h Dampf, und es verdampft 1 kg Kohle $\frac{2100 \cdot 604}{280 \cdot 640} = 7{,}08$ kg Wasser. — Ein Wasserröhrenkessel von 500 m² Kesselheizfläche, 160 m² Überhitzerheizfläche und 400 m² Rauchgasvorwärmerheizfläche erzeugt stündlich aus Speisewasser von 44⁰ 16000 kg Dampf von 15 at 350⁰ und braucht 2000 kg Kohle von 7040 kcal Heizwert. Im Rauchgasvorwärmer wird das Speisewasser von 44⁰ auf 144⁰ vorgewärmt. Dann erzeugt die Kesselheizfläche $\frac{16000}{500} = 32$ kg/m²h, auf Normaldampf bezogen 26 kg/m²h. Um überhitzten Dampf von 15 at 350⁰ aus Wasser von 44⁰ zu erzeugen, sind 707 kcal/kg nötig. Mithin ist der gesamte Kesselwirkungsgrad $= \frac{16000 \cdot 707}{2000 \cdot 7040} = 0{,}804$. Bezogen auf Normaldampf verdampft 1 kg Kohle $= \frac{16000}{2000} \cdot \frac{707}{640} = 8{,}84$ kg.

Wie oben gesagt war, ändert sich der Kesselwirkungsgrad mit der Belastung. Es ist daher zweckmäßig, Versuche mit mehreren Belastungen zu machen und die Versuchsergebnisse in Abhängigkeit von der Kesselbelastung aufzutragen. Abb. 33 zeigt ein Beispiel, das aus Versuchen an einem Steilrohrkessel von 600 m² Heizfläche herrührt. Der Kesselwirkungsgrad ist bei einer stündlichen Dampferzeugung von 24 kg/m² am höchsten. Bei dieser Heizflächenbelastung ist dem Diagramm folgende Wärmeverteilung zu entnehmen:

Im Kessel nutzbar gemachte Wärme	62%	
Im Überhitzer nutzbar gemachte Wärme	11%	
Im Rauchgasvorwärmer nutzbar gemachte Wärme .	10%	
	83%	83%
Schornsteinverlust (Abgasverlust)		12%
Verlust in den Rückständen		3%
Restverlust		2%
		100%

Bei der betrachteten Heizflächenbelastung von 24 kg/m²h ist die Abgastemperatur hinter dem Vorwärmer 202⁰, der CO_2-Gehalt der Abgase ist 12½%, und das Speisewasser wird im Rauchgasvorwärmer um 85⁰ erwärmt.

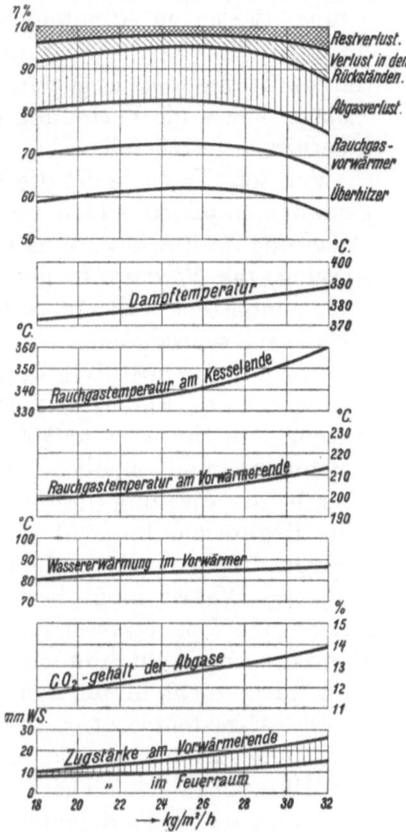

Abb. 33. Kesselwirkungsgrad in Abhängigkeit von der Belastung.

37. Messungen im Kesselbetriebe. Um die Dampfleistung eines Kessels oder einer Kesselbatterie zu verfolgen, mißt man laufend die Menge des gespeisten Wassers. Vor der Speisepumpe kann man offene Messer verwenden, z. B. Kippkastenmesser, hinter der Speisepumpe muß man geschlossene Wassermesser verwenden, z. B. die Scheibenwassermesser von Siemens & Halske, Venturimesser usw. Um Fehlschlüsse zu vermeiden, muß man sich überzeugen, daß die Wassermesser richtig zeigen. Den Kohlenverbrauch fortlaufend zu bestimmen, ist selbstverständlich ebenfalls wichtig, zuweilen aber schwierig durchzuführen. Ferner ist die Abgastemperatur sowie der CO_2-Gehalt der Rauchgase dauernd zu verfolgen. Auf Grund solcher fortlaufenden Messungen wird man immer im Bilde sein, ob der Kesselbetrieb in Ordnung ist oder nicht. Wenn z. B. der Kessel, weil er zu lange im Betriebe gelassen war, im Innern sowohl wie auf der Feuerseite stark verschmutzt ist, läßt seine Leistung erheblich nach[1]. Wie sich der erzeugte Dampf auf die einzelnen Betriebe verteilt, kann man durch eingebaute Dampfmesser bestimmen. Auch hier muß man sich überzeugen, wie weit die Dampfmesser richtig zeigen.

Für Untersuchungen an Dampfkesselanlagen gelten die vom Verein deutscher Ingenieure aufgestellten Regeln für Abnahmeversuche an Dampfanlagen, die sich in Regeln für Abnahmeversuche an Dampferzeugeranlagen, an Kolbendampfmaschinen und an Dampfturbinenanlagen gliedern. Aus diesen ist nachstehend einiges

[1] Über die Bedeutung des CO_2-Gehaltes und die Berechnung des Schornsteinverlustes vgl. die Ziffern 26 und 27.

auf Dampfkessel bezügliche wiedergegeben, während wegen der Dampfmaschinen- und Dampfturbinenanlagen auf die Ziffern 98 und 115 verwiesen sei.

Als Maß der Kesselleistung gilt die stündlich erzeugte Dampfmenge, ausgedrückt in Kilogramm Dampf von 640 kcal Erzeugungswärme. Als Heizwert eines Brennstoffes ist vorläufig auch der untere Heizwert anzugeben und zu berücksichtigen, obwohl wissenschaftlich nur der obere Wert gilt. Der Heizwert gilt bei festen und flüssigen Brennstoffen für 1 kg ohne Abzug von Asche, Wasser usw., bei gasförmigen Brennstoffen für 1 nm^3. Bei einem Abnahmeversuch an einer Kesselanlage sind insbesondere der stündliche Brennstoffverbrauch und sein Wärmewert, die stündliche Dampferzeugung und die dafür nutzbar abgegebene Wärme, die Verdampfzahl und der Wirkungsgrad der Anlage, sowie die Verteilung der nutzbar gemachten Wärme auf Kessel, Vorwärmer und Überhitzer festzustellen.

Vor dem Versuche ist die Kesselanlage innerlich und äußerlich zu reinigen, ordnungsgemäß instand zu setzen und tunlichst mit demselben Brennstoffe und mit derselben Belastung im Betriebe zu halten, wie sie für den Versuch vorgesehen sind. Um die Kesselleistung, die Verdampfungszahl oder den Wirkungsgrad zu bestimmen, muß der Versuch mindestens 6 Stunden dauern; dabei soll die Belastung höchstens $\pm$ 15% um den Mittelwert schwanken.

Um den Brennstoffverbrauch richtig zu ermitteln, sollen alle Feuerungsverhältnisse zu Beginn und Ende des Versuches übereinstimmen. Der verbrauchte Brennstoff ist zu wiegen. Um Heizwert und Zusammensetzung des Brennstoffes richtig zu ermitteln, sind gleichmäßig und reichlich Probemengen zu entnehmen.

Für die Messung des verdampften Wassers sollen Wasserstand und Dampfdruck beim Beginn und beim Abschluß des Versuches gleich groß sein. Sind erhebliche Wassermengen durch den Dampf mitgerissen, so gilt der Versuch als ungenau, wenn das mitgerissene Wasser nicht bestimmt werden kann. Speisewassertemperatur ist diejenige, mit der das Speisewasser in den Kessel eintritt. Temperatur und Druck des überhitzten Dampfes sind dicht hinter dem Überhitzer zu messen. Bei Vorwärmern ist die Wassertemperatur dicht hinter dem Vorwärmer zu messen.

Die Abgastemperatur ist dort zu messen, wo die Heizgase den Kessel verlassen; die Thermometer sind sorgfältig abgedichtet in die Rauchkanäle einzusetzen. Durch ein luftdicht neben dem Thermometer eingesetztes Rohr, dessen Mündung mitten in den Gasstrom reicht, sind laufend Gasproben zu entnehmen, deren Gehalt an CO_2 und an $CO_2 + O$ zu bestimmen ist (vgl. Ziffer 26).

Ist nicht vereinbart, wieviel das Ergebnis von der Zusage abweichen darf, so gelten die Zusagen als erfüllt, wenn die Ausnutzung des Brennstoffes, der Dampfdruck und die Überhitzungstemperatur um nicht mehr als 5% hinter der Zusage zurückbleiben; die Dampfleistung muß voll erreicht werden.

IV. Die Feuerungen der Dampfkessel.[1]

38. Die Feuerungstemperatur. In der Zahlentafel 10 ist angegeben, wie hoch die gerechnete Verbrennungstemperatur bei Verbrennung einer guten Steinkohle je nach der Größe des Luftüberschusses ist. Die tatsächliche Feuerungstemperatur ist immer niedriger als die gerechnete, weil ein Teil der erzeugten Wärme unmittelbar an die umgebenden Heizflächen abstrahlt. Bei Innenfeuerungen, wo die Abstrahlung an die kalten Kesselwände besonders stark ist, ziehe man von der gerechneten Verbrennungstemperatur 25 bis 30% ab, bei Vorfeuerungen, wo das Feuer von heißem Mauerwerk umgeben ist,

[1] Es wird der von den Brennstoffen und ihrer Verbrennung handelnde Abschnitt III vorausgesetzt.

nur 15%. Es kommt auch darauf an, ob stark oder schwach gefeuert wird. Bei stark beanspruchtem Roste strahlt verhältnismäßig weniger Wärme ab, und die Feuerungstemperatur ist höher als bei schwach beanspruchtem Roste. Mit Rücksicht auf die Haltbarkeit des Mauerwerks soll die Feuerungstemperatur 1500° nicht überschreiten.

Zahlentafel 10.

Luftüberschußzahl = $\frac{\text{wirkl. Luftmenge}}{\text{Mindestluftmenge}}$	Gerechnete Verbrennungstemperatur bei 20° ursprüngl. Temp.
1	2185°
1,5	1620°
2	1285°
3	910°

Je größer der Luftüberschuß, um so niedriger die Feuerungstemperatur, um so schlechter der Wirkungsgrad des Kessels. Wird übermäßig viel Luft zugeführt, wenn z. B. die Heiztür geöffnet ist, sinkt die Feuerungstemperatur gegebenenfalls unter die Entzündungstemperatur des Brennstoffes und die Feuerung erlischt. Das Offenhalten der Heiztür oder von Schauöffnungen oberhalb oder seitlich des Rostes ist im Falle der Gefahr ein wirksames Mittel, die Kraft der Feuerung herabzusetzen. Ungewollt wird die Feuerungstemperatur herabgesetzt, wenn der Rost teilweise unbedeckt ist, wie es bei Wanderrostfeuerungen vorkommen kann.

39. Ruß. Rauch. Flugasche. Flugkoks. Flüssige und gasförmige Brennstoffe kann man nahezu rauchfrei verbrennen, ebenso sehr gasarme feste Brennstoffe, wie Koks und Anthrazit. Die eigentlichen Kesselkohlen aber, die ziemlich viel flüchtige Bestandteile enthalten, machen Schwierigkeiten in bezug auf rauchfreie Verbrennung. Bei Stochfeuerungen nämlich, d. h. bei Feuerungen, die von Hand bedient werden, bekommt man, wenn frische Kohlen auf die helle Glut aufgeworfen werden, vorübergehend eine sehr starke Gasentwicklung, und es sind die Bedingungen nicht günstig, die entstehenden Kohlenwasserstoffe zu verbrennen. Denn diese verlangen für die Entzündung verhältnismäßig hohe Temperaturen und für die Verbrennung viel Sauerstoff. Aber gerade beim Aufwerfen wird die Temperatur in der Feuerung herabgedrückt sowohl durch den kalten Brennstoff als durch die kalte Luft, die durch die geöffnete Feuertür eintritt; ferner läßt der Rost, der höher geschüttet ist, weniger Luft durch als vorher. Die Folge ist, daß zunächst, bis das Feuer wieder durchgebrannt ist, die schwerer entzündbaren Kohlenwasserstoffe unverbrannt als Teerdämpfe abziehen, während sich bei den leichter entzündbaren der Wasserstoff entzündet, der Kohlenstoff aber als Ruß ausgeschieden wird. Die kondensierten Teerdämpfe bilden einen graubraunen Qualm; zusammen mit dem Ruß bilden sie den Rauch; je gasreicher die Kohle, um so stärker ist der Rauch. In gewissem Maße gelingt es, durch geschickte Bedienung den Rauch zu verhüten. Der Rost soll gut bedeckt sein. Beim Aufwerfen soll der Rauchschieber geschlossen werden. Die Glut soll nach hinten geschoben und die frische Kohle vorn aufgeworfen werden, damit die entwickelten Gase über die glühenden Kohlen hinwegziehen und gezündet werden. Vielfach sind auch Einrichtungen vorhanden, um der Feuerung nach dem Aufwerfen frischen Brennstoffes Oberluft, möglichst vorgewärmte, zuzuführen, damit es nicht an Sauerstoff mangelt. Trotzdem ist es schwierig oder überhaupt nicht erreichbar, bei Stochfeuerungen den Rauch zu verhüten.

Wanderrostfeuerungen (für Steinkohlen) und Treppenrostfeuerungen (für Braunkohlen) haben günstigere Bedingungen für rauchfreie Verbrennung, weil der Verbrennungsvorgang stetig ist und die Feuerung zum Aufwerfen nicht geöffnet zu werden braucht. Je nach der Art des Brennstoffes muß allerdings auch bei Wanderrosten das Feuer von der Seite geschürt werden. Jedenfalls gelingt es, mit Wanderrost- und Treppenrostfeuerungen beinahe rauchlos zu feuern.

F l u g a s c h e ist vom Zuge mitgerissene Asche. Sie schadet, weil sie die Heizfläche bedeckt und die Feuerzüge verlegt, und muß deshalb entfernt werden. F l u g k o k s sind durch den Zug mitgerissene, nicht ausgebrannte Brennstoffteilchen, bedeuten also unmittelbaren Brennstoffverlust. Je schärfer der Zug, um so mehr Flugkoks wird mitgerissen; man sucht den Verlust möglichst durch Feuerbrücken, Feuerstaue zu vermindern. Staubige Kohle wird angefeuchtet, damit der Zug den Brennstoff nicht mitreißt.

40. Rostfeuerungen. Feste Brennstoffe werden auf Rosten verbrannt, durch deren Spalte die Verbrennungsluft zutritt und die Asche niederfällt. Für von Hand bediente Feuerungen wird hauptsächlich der Planrost verwendet. Die Roststäbe liegen nebeneinander, so daß zwischen ihnen die Rostspalte gebildet werden. Die Spalte müssen um so enger sein, je kleinstückiger der Brennstoff ist. Bei feinkörnigem Brennstoff verwendet man häufig schlangenförmige Roststäbe, die sehr enge Spalte zwischen sich lassen. Je nach der Länge des Rostes ordnet man ein, zwei oder drei Roststabreihen an, die vorn auf der Schürplatte, hinten an der Feuerbrücke und dazwischen auf den Roststabträgern gelagert sind. Der Rost ist nach hinten etwas geneigt. Den Abschluß bildet die Feuerbrücke, die verhindert, daß der Brennstoff über den Rost hinausfällt, und die Feuergase zwecks besserer Verbrennung durcheinander wirbelt. Die Länge des Planrostes soll mit Rücksicht auf die Bedienung von Hand 2 m nicht überschreiten. Abb. 34 zeigt die Schönfeldsche Planrostfeuerung, die für Flammrohr- und für Röhrenkessel anwendbar ist. Das Feuergeschränk ist doppeltürig. Die obere Tür, durch die aufgeworfen und das Feuer bearbeitet wird, liegt so hoch und schräg, daß der Heizer das ganze Feuer bequem übersieht; bei geschlossener Tür kann man durch die mit 15 mm dickem Glase bedeckte Schauöffnung den Zustand des Feuers erkennen. Durch die untere Tür wird die Schlacke abgezogen.

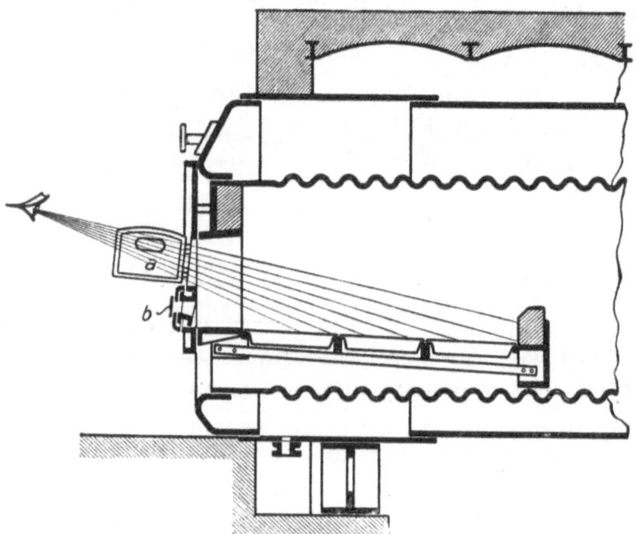

Abb. 34. Planrostfeuerung nach Schönfeld.

Je nachdem wie die Feuerung zum Kessel liegt, unterscheidet man Innenfeuerungen, Unterfeuerungen und Vorfeuerungen:

Innenfeuerungen hat man in den Flammrohren der Flammrohrkessel, sowie in der Feuerbüchse der Lokomotiv- und Lokomobilkessel. Der niedrigste Wasserstand muß mindestens 100 mm über dem Flammrohre oder der Feuerbüchse liegen. Die schärfste Hitze wird beinahe verlustlos von der umgebenden Kesselwandung aufgenommen. Meist werden Innnenfeuerungen von Hand bedient. Wanderroste oder Treppenroste sind bei Innenfeuerungen nicht anwendbar. Dagegen haben selbsttätige Wurffeuerungen eine gewisse Verbreitung, bei denen die Kohlen durch ein Wurfrad oder eine Wurfschaufel aufgeworfen werden. Als Beispiel zeigt Abb. 35 die Leach-Feuerung (Sächsische Maschinenfabrik, Chemnitz). Der Brennstoff wird der Feuerung durch die Zuführungswalze *a* zugemessen, deren Drehzahl einstellbar ist. Die niederfallenden Kohlen werden vom Schleuderrad *b* gegen die Prellplatte *c* geworfen, die sich langsam auf und nieder bewegt, so daß die Kohlen über den Rost verteilt werden[1].

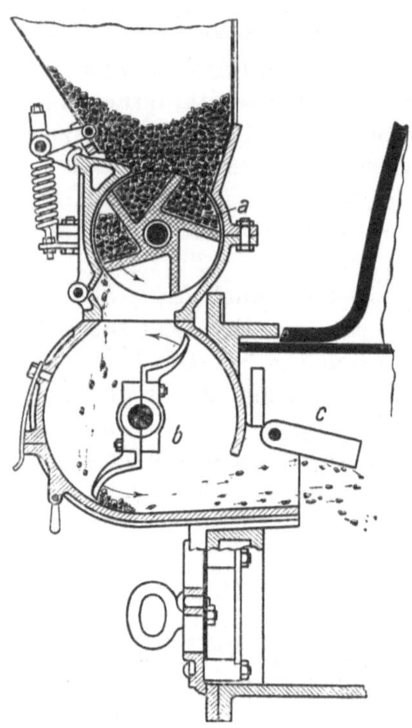

Abb. 35. Wurffeuerung.

[1] Wegen anderer Wurffeuerungen siehe Z. d. V. d. I. 1924, S. 762 und 1185.

Unterfeuerungen hat man bei Wasserröhrenkesseln, vgl. die Abb. 36, 37 und 39. Kleinere Wasserröhrenkessel erhalten Planroste, die von Hand bedient werden. Bei größeren Wasserröhrenkesseln haben sich in zunehmendem Maße Wanderroste eingeführt.

Wanderrostfeuerungen, die hauptsächlich für Steinkohlen gebraucht werden, sind in der Anlage und in der Unterhaltung teuer und beanspruchen gleichmäßig gekörnte Kohlen, am besten Nuß III oder Nuß IV. Ihre Vorteile: daß man an Heizern spart, daß man rauchfrei oder rauchschwach feuert, daß man in der Rostlänge nicht beschränkt ist, sondern sehr große Rostflächen ausführen, deswegen stark feuern und die Kesselleistung hochtreiben kann, überwiegen aber. Auch minderwertige feinkörnige Brennstoffe: Schlammkohle, Koksasche usw. kann man auf Wanderrosten mit Hilfe von Unterwind verfeuern; bei diesen Feuerungen ist die Ausbildung des Zündgewölbes be-

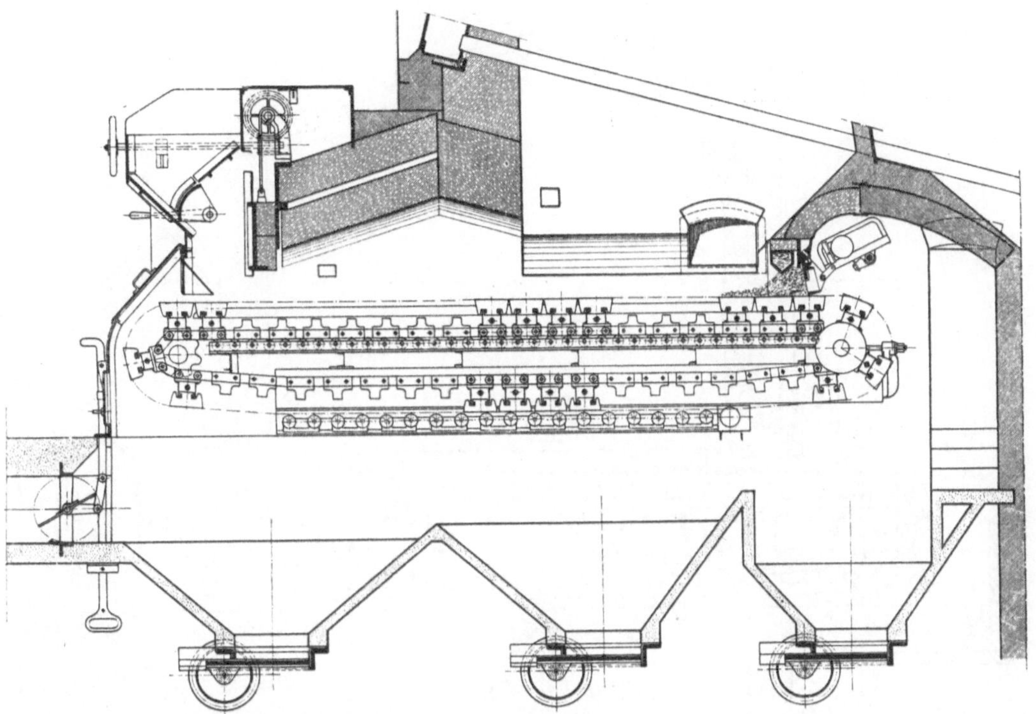

Abb. 36. Wanderrostfeuerung von L. & C. Steinmüller, mit Abschluß durch wassergekühlte Feuerbrücke und ausschwingbarem Pendelrost.

sonders wichtig, damit der Brennstoff sicher gezündet wird. Die Stärke des Feuers wird bei Wanderrosten eingestellt, indem man durch den Schichthöhenregler (der in Abb. 36 und 37 gut erkennbar ist) die Schichthöhe des Brennstoffes ändert, hauptsächlich aber dadurch, daß man die Geschwindigkeit des Wanderrostes ändert, die unter mittleren Verhältnissen etwa 2 mm/s beträgt. Sehr wichtig ist, daß der Wanderrost gut bedeckt ist; denn wo Löcher sind, zieht die Luft hindurch, und in der Folge bekommt man übergroßen Luftüberschuß. Unter Umständen muß man auch den Wanderrost schüren. Gut bewährt hat sich die Wanderrostfeuerung der Kesselfabrik L. & C. Steinmüller, Gummersbach, die Abb. 36 veranschaulicht. Der Rost ist durch eine wassergekühlte Feuerbrücke und einen nach hinten ausschwingbaren Pendelrost abgeschlossen, der die Schlacken anstaut, die Schlackenstücke aber unter den ausschlagenden Pendeln durchgehen läßt. Am Pendelrost, der von hinten zugänglich ist, tritt auch Verbrennungsluft zu, die die Pendel kühlt und sich an den angestauten Schlacken vorwärmt. Dieselbe Feuerung ist ohne weiteres für Unterwind anwendbar, wenn man sie, wie es Abb. 36 zeigt, vorn abdeckt. Der Unterwind wird mittels der gezeichneten Drosselklappe so geregelt, daß über dem Feuer kein Unterdruck herrscht und das Feuer nicht herausschlägt, wenn man die Feuerung öffnet.

Zur Erzielung einer gleichmäßigen, vollkommenen Verbrennung ist die Zufuhr der richtigen Verbrennungsluftmenge von größter Bedeutung. Beim einfachen Wanderrost kann man den einzelnen Brennzonen die jeweils erforderliche Luftmenge nicht richtig zumessen. Um dies zu ermöglichen, teilt man bei Wanderrosten mit Unterwindfeuerung den Rost je nach seiner Länge in 3 bis 5 Zonen oder Windkammern auf, von denen jede nach allen Seiten luftdicht abgeschlossen ist, so daß der gesamte eingeblasene Wind nur durch die Roststäbe und die Brennstoffschicht austreten kann. Abb. 37 zeigt den Zonenwanderrost der Babcockwerke, Oberhausen. Die Windzufuhr ist vom Heizerstand aus durch Einstellung von Drosselklappen (*b*), deren Betätigungshebel am Kohlentrichter angeordnet sind, für jede einzelne Brennzone (*a*) in weiten Grenzen genau regelbar. Bemerkenswert ist noch die Entaschung dieses Zonenrostes, die vom Rostantrieb mitbetrieben wird und aus quer durch den Rost laufenden Schnecken besteht, welche die Asche seitlich herausbefördern. Durchfallkohle und Asche fallen nicht in das untere Rostband, so daß eine Verstopfung der Roststäbe vermieden wird. Die stündliche Brennleistung des Babcock-Zonenrostes beträgt bis zu 330 kg/m².

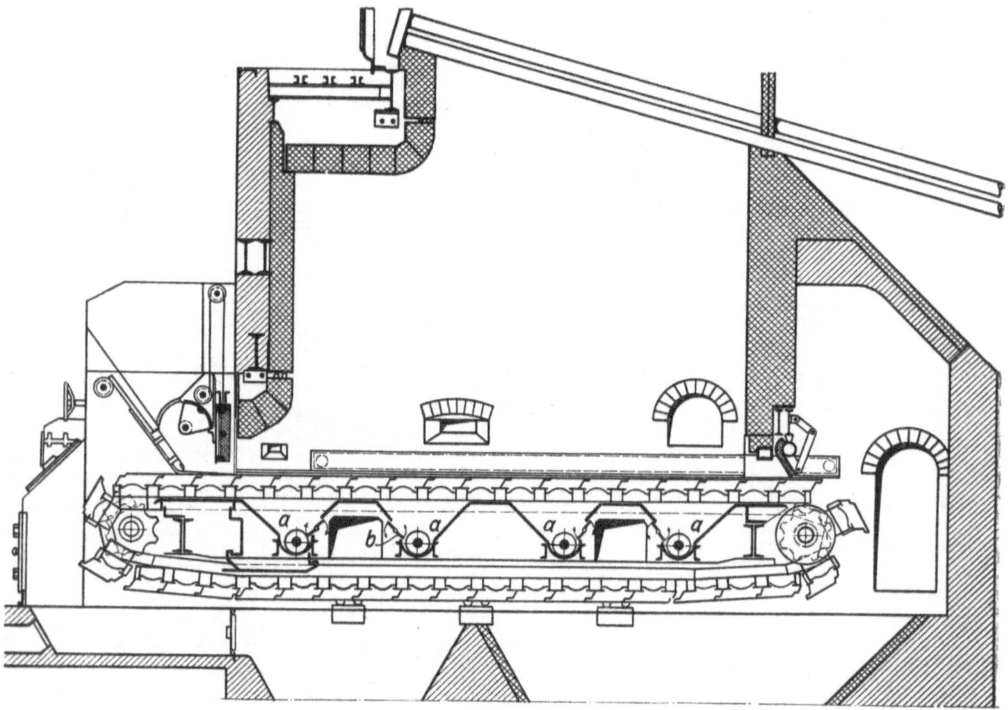

Abb. 37. Zonenrost der Babcockwerke, Oberhausen.

Als Beispiel einer Vorfeuerung zeigt Abb. 38 eine von den Babcockwerken ausgeführte Treppenrostfeuerung, die im wesentlichen mit der weitverbreiteten Bauart von Keilmann & Völcker übereinstimmt. Diese Treppenrostbauart wird für Braunkohlen viel angewendet. Die Feuerung arbeitet als Halbgasfeuerung. Die Braunkohle tritt aus dem Trichter in einstellbarer Schichthöhe auf den Schwelrost. Dort wird sie getrocknet und teilweise entgast. Die abziehenden Schwelgase verbrennen im Misch- und Verbrennungsraum. Vom Schwelrost tritt die Kohle in einer Schichthöhe, die durch das hoch- und niederstellbare Wehr eingestellt wird, auf den Brennrost und den Schürrost, wo sie in der Hauptsache verbrennt. Der Rest gelangt auf den am Fußende angebrachten Planrost, den Aschenrost, und brennt dort aus. Die Rückstände werden, indem man die Schlackenschieber zieht, in den Aschenraum abgeführt.

Günstige Luftverteilung, die beim Wanderrost durch Zoneneinteilung ermöglicht wird, läßt sich beim Treppenrost durch die Anwendung eines Rückschubrostes erreichen. Im vorderen Teil eines gewöhnlichen Treppenrostes herrscht Luftmangel, während am Ende des Rostes meist ungünstig hoher Luftüberschuß vorhanden ist, da die fast ausgebrannte Kohle nur noch geringe Luftmengen benötigt. Der Rückschubrost vermeidet diesen Nachteil dadurch, daß der obere Teil der Brennschicht in entgegengesetzter Richtung wie der untere bewegt wird. Der Schub ist rückwärts nach oben gerichtet, so daß die vorn zugeführte Kohle auf der aufwärts geförderten Unter-

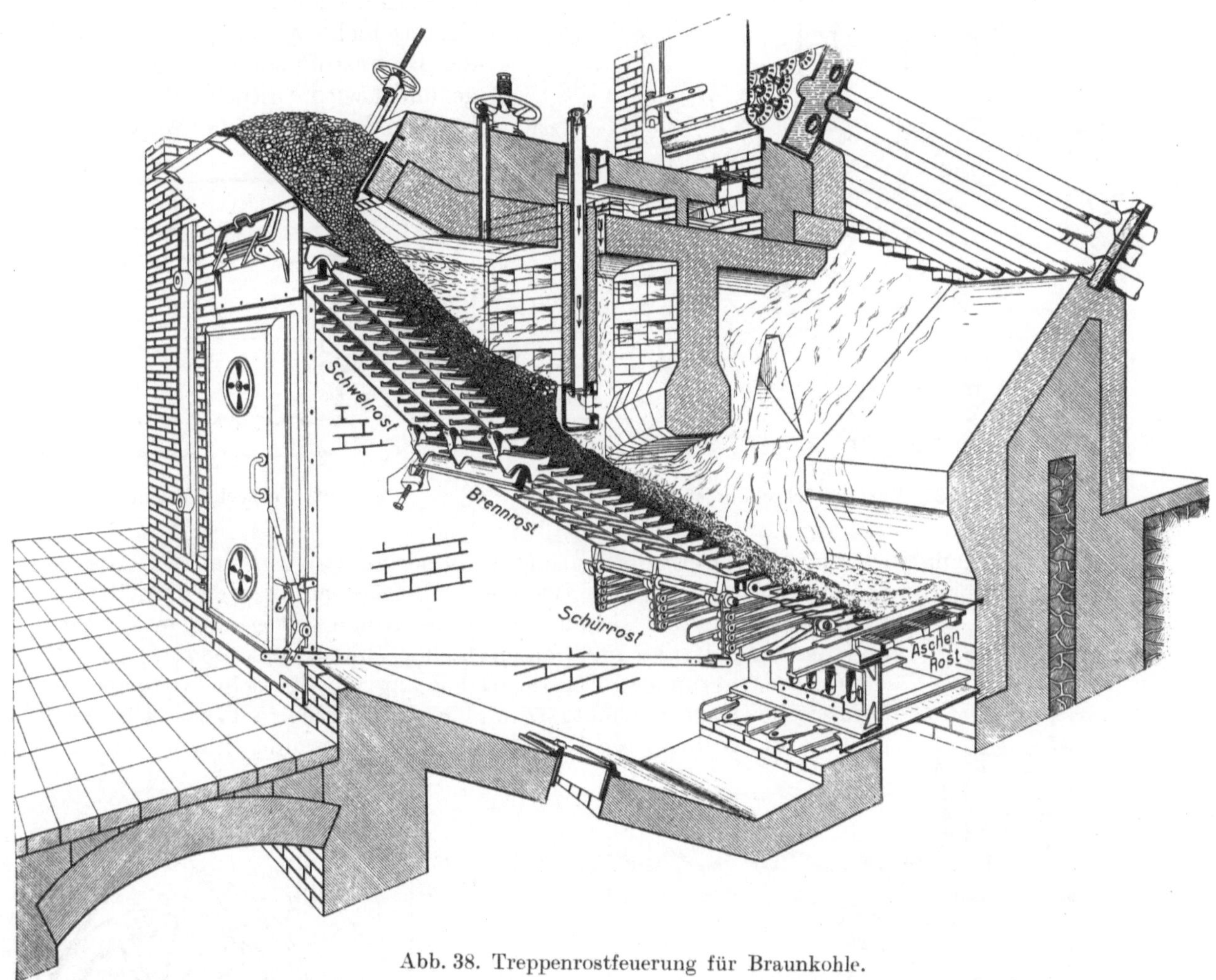

Abb. 38. Treppenrostfeuerung für Braunkohle.

schicht nach unten rutscht. Da sich die Kohle bis zum Ausbrennen in ständigem Umlauf befindet, gelangt der frische Brennstoff stets auf ein kräftiges Unterfeuer und wird sofort gezündet. Rückzündung des Brennstoffes findet also nicht statt. Die Verbrennung ist daher an allen Stellen des Rostes ziemlich gleichmäßig und erfordert gleiche Luftzufuhr. Durch die Beunruhigung der Brennschicht sinken die feinen Teile nach unten, füllen die entstehenden Spalte und drängen die gröberen Teile nach oben, was für die Schlackenausscheidung besonders wichtig ist. Die größeren Schlackenstücke machen nämlich den Kreislauf nicht mehr mit, sie sammeln sich auf dem Schlackenrost und werden dort ausgeschieden. Abb. 39 zeigt den Martin-Rückschubrost[1]. Die Pfeillinie läßt den durch die gegenläufig bewegten Schubkolben *a* erzeugten Umlaufsinn

[1] Martin — Feuerungsbau, München.

erkennen. *b* ist der in schwingender Bewegung gehaltene Schlackenrost. — Rückschubroste eignen sich für jeden Brennstoff und gestatten sehr hohe Rostbeanspruchungen, da die Belastung der gesamten Rostfläche fast gleichmäßig ist. Der Feuerraum kann klein sein; Zündgewölbe sind nicht erforderlich.

Zu erwähnen sind noch die Unterschubroste, bei denen der frische Brennstoff durch Kolben oder Schnecken unter die glühende Brennschicht geschoben wird, wo der Brennstoff sofort entgast und gezündet wird. Unterschubroste haben den Vorteil schneller Anpassung an schwankende Belastung. Die Leistung ist infolge hoher zulässiger Schichthöhe sehr groß. Ihrer breiteren Verwendung gegenüber Wander- und Rückschubrosten steht nachteilig entgegen, daß sie eine gasreiche Kohle mit geringem Wasser- und Aschegehalt und mit hohem Aschenschmelzpunkt verlangen.

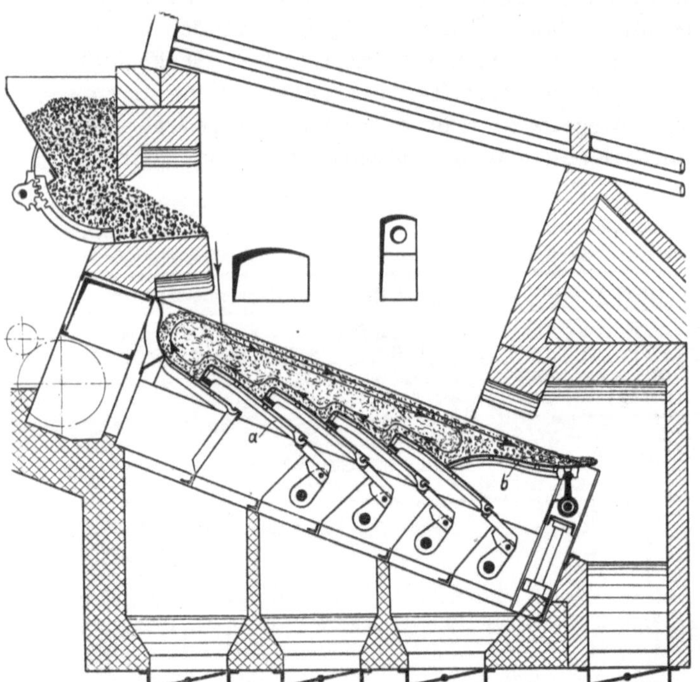

Abb. 39. Martin-Rückschubrost.

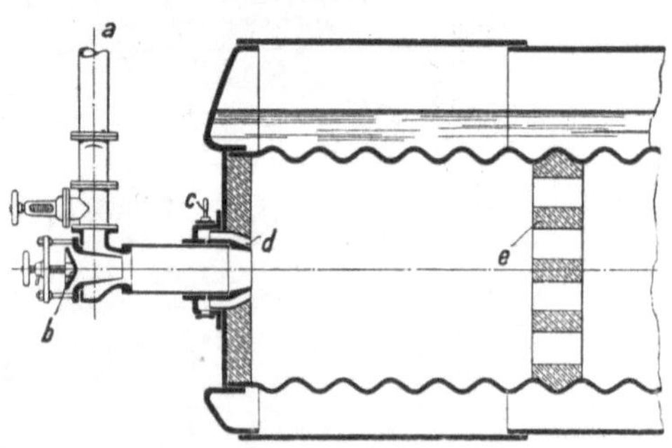

Abb. 40. Terbeck-Gasfeuerung.

41. Gasfeuerungen. Für die Beheizung von Kesseln kommen nur industrielle Abgase: Gichtgase und Koksofengase in Frage. Gasfeuerungen sind bequem regelbar, brennen rauchlos und sind wirtschaftlich. Man kommt bei ihnen mit geringerem Luftüberschuß aus als bei Kohlenfeuerungen. Voraussetzung für die günstige Verbrennung des Gases ist, daß das Gas im Brenner richtig mit Luft gemischt ist. Das Gas soll nicht mit langer leuchtender Flamme ver-

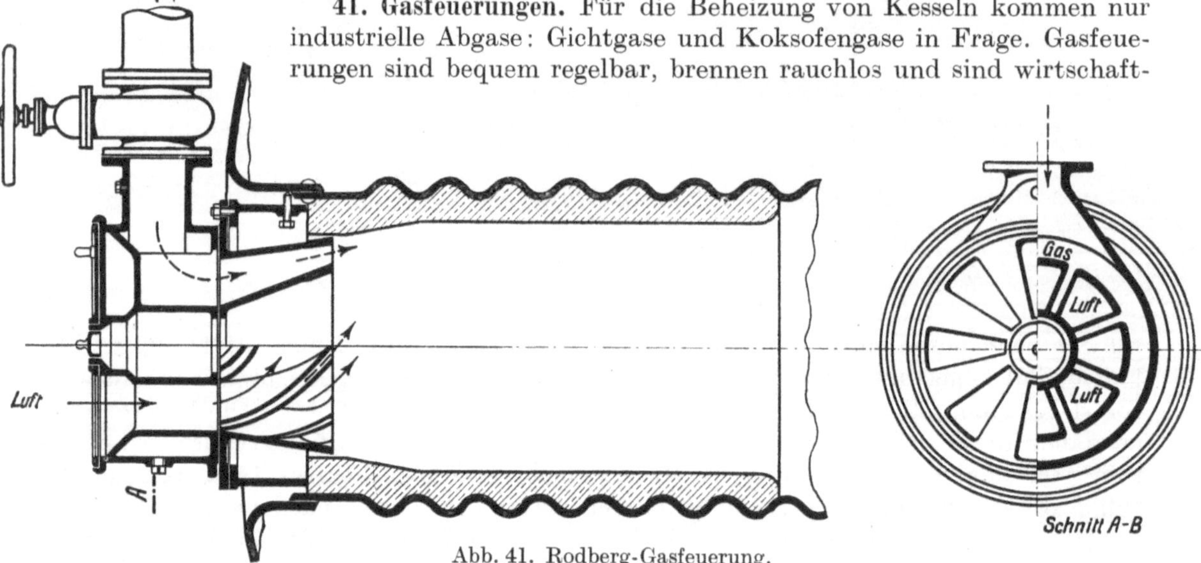

Abb. 41. Rodberg-Gasfeuerung.

brennen, sondern mit kurzer, nichtleuchtender Flamme. Bei der in Abb. 40 dargestellten Feuerung von Terbeck tritt das Gas aus der Leitung a in den Brenner und mischt sich

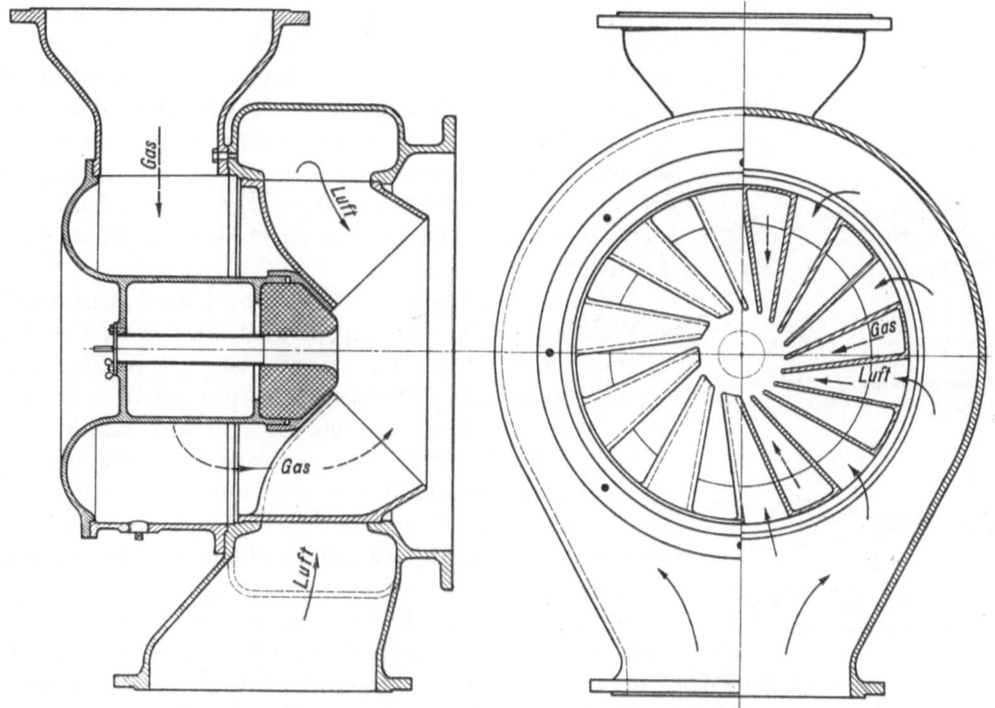

Abb. 42. Gasfeuerung der Maschinenbau A.-G. Balcke.

in einstellbarem Verhältnis mit der bei b zutretenden Luft. Dem Gemisch wird beim Eintritt in die Feuerung (bei d) noch einmal Luft zugesetzt (Sekundärluft), deren Menge

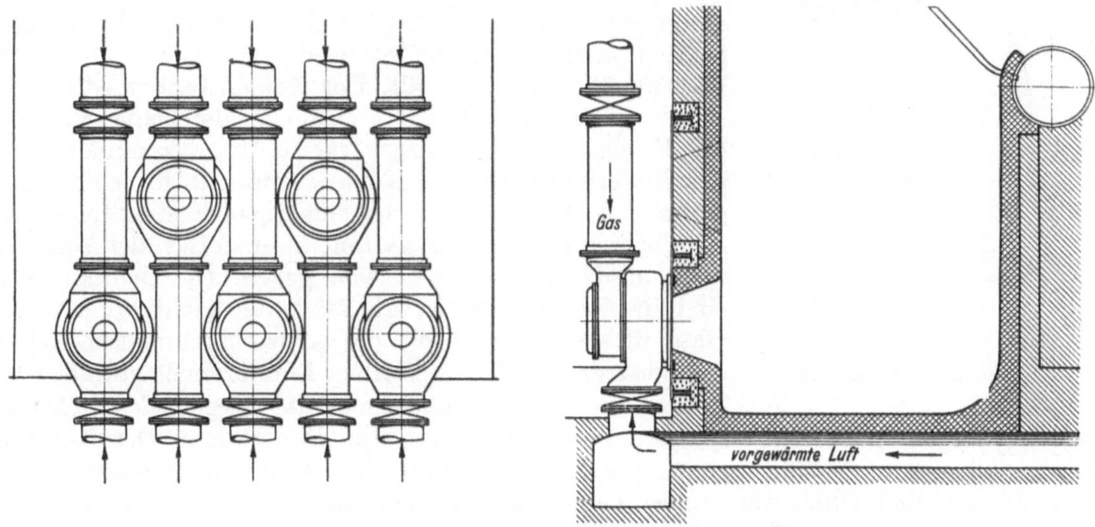

Abb. 43. Einbau der Balcke-Gasfeuerung.

durch den Trommelschieber c eingestellt wird. Bei großen Leistungen wird ein Bündel von Brennern angeordnet. Abb. 41 zeigt die Rodberg-Feuerung, die das Gas und die Luft am Umfange und schräg einbläst, so daß das Feuer gegen die Wandung des Flammrohres gedrängt wird und sie kreisend bestreicht. — Um die Entzündung des

Gemisches zu sichern, wird der erste Teil des Flammrohres feuerfest ausgemauert, außerdem wird feuerfestes Gitterwerk in das Flammrohr gesetzt. Explosionsklappen sind vorzusehen.

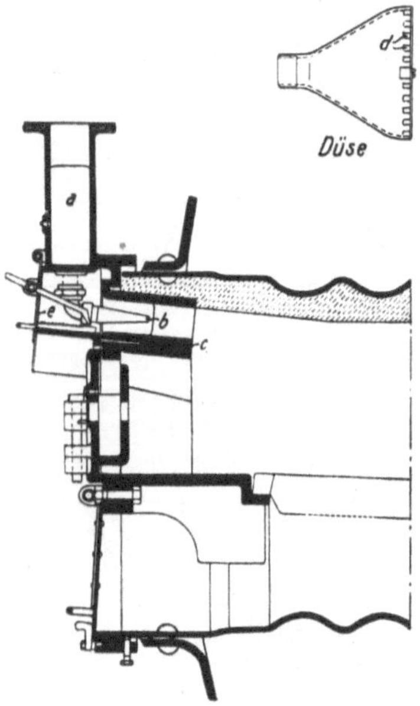

Abb. 42 zeigt eine Ausführung der von der Maschinenbau A.-G. Balcke gebauten Gasfeuerung. Gas und Luft treten in getrennten Ringräumen ein und werden einem Leitgehäuse zugeführt. Der Austritt erfolgt abweichend von der radialen Richtung, wodurch eine gute Durcheinanderwirbelung von Gas und Luft erreicht wird. Der dargestellte Brenner ist für die Verwendung vorgewärmter Luft gebaut. Aus Abb. 43 ist der Einbau einer Gruppe dieser Brenner ersichtlich.

Die Gasfeuerungen werden sowohl bei Flammrohr- als bei Wasserröhrenkesseln angebracht, häufig als Zusatzfeuerungen, um entweder Gas zusammen mit Kohlen zu verbrennen, oder die Feuerungen sowohl allein mit Gas als auch, wenn das Gas ausbleibt, allein mit Kohlen zu betreiben. Abb. 44 zeigt eine Gasfeuerung, die unter Beibehaltung der vorhandenen Rostfeuerung eingebaut ist. Aus der Gaskammer *a* tritt das Gas in 4 Schlitzbrenner *b*, die in den die Verbrennungsluft führenden Düsenkörper *c* münden[1].

Abb. 44. Rostfeuerung mit zusätzlicher Gasfeuerung.

Im Anschluß an die Gasfeuerungen sind die heute seltener verwendeten Abhitzefeuerungen zu erwähnen. Früher, als man noch Koksöfen ohne Nebengewinnung hatte, war es üblich, deren „Abhitze" unter den Kesseln auszunützen; bei Flammrohrkesseln wird der Abhitzekanal *a* mit den Flammrohren durch Hauben *b* verbunden, wie es Abb. 45 zeigt.

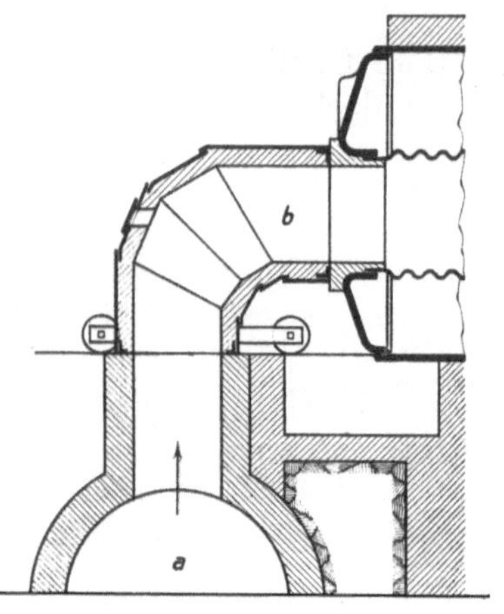

Abb. 45. Abhitzefeuerung.

42. Kohlenstaubfeuerungen[2]. Die zu verfeuernde Kohle wird zu Kohlenstaub aufbereitet, indem sie, wenn nötig, getrocknet, von Eisenteilen befreit und dann sehr fein gemahlen wird, so daß der Staub durch ein Sieb von 5000 bis 6000 Maschen/cm^2 fällt. Der Kohlenstaub wird in die Feuerung eingeblasen und durch die von den heißen Mauern des Feuerungsraumes ausgestrahlte Hitze gezündet. Die ganze Verbrennung des Kohlenstoffes, d. h. seine Entgasung, die Verbrennung der flüchtigen Bestandteile und die Verbrennung des entgasten Brennstoffes, des Kokses, muß in der Flamme vor sich gehen. Die Bedingungen sind insofern ungünstig, als zwar die leicht brennbaren Gase in sauerstoffreicher, die schwer brennbaren Koksteile dagegen in sauerstoffarmer Luft brennen. Staub von Fettkohle und Flammkohle brennt wegen des höheren Gehaltes an flüchtigen Bestandteilen besser als Staub von Magerkohle. Der Kohlenstaub muß bis zur vollständigen Verbrennung im Raume schweben, wodurch ein langer Flammenweg und damit ein großer Feuerraum bedingt wird. Das führt zu teueren Brennkammern und großem Platzbedarf der Feuerung. Ein Mittel zur Erreichung langer Flammenwege bei kleinen Brennkammern besteht in einer Umlenkung der Feuergase. Der Flammenweg kann ferner um so kürzer gehalten werden, je feiner die Kohle gemahlen ist, da ein Kohleteilchen um so langsamer sinkt und um so schneller ver-

[1] Glückauf 1923, S. 515.

[2] Näheres siehe Bleibtreu: Kohlenstaubfeuerungen, und Münzinger: Kohlenstaubfeuerungen für ortsfeste Dampfkessel. Beide Springer, Berlin.

brennt, je kleiner es ist. Die Kosten der Aufbereitung setzen jedoch eine Grenze. Am wirksamsten wird eine gute Verbrennung durch inniges Mischen des Kohlenstaubes mit Luft erreicht, die größtenteils schon vor dem Brenner zugeführt wird (Primärluft), während der restliche Teil in genau geregelter Menge im Brenner oder in der Brennkammer zugesetzt wird (Sekundärluft). Man kommt bei der Kohlenstaubfeuerung, ebenso wie bei der Gasfeuerung, mit geringem Luftüberschuß aus und kann bequem 15% CO_2-Gehalt halten. Mit Rücksicht darauf, daß Verbrennungstemperaturen über 1500° die Einmauerung des Kessels gefährden, darf man bei der Verbrennung hochwertiger Kohle den Luftüberschuß nicht bis zur äußersten Grenze herabsetzen. Bei 25% Luftüberschuß enthält ein Kohlenstaub-Luftgemisch 690 kcal/nm³ gegen 445 kcal/nm³ bei einem Gichtgas-Luftgemisch. Der Gehalt an Asche und Schlacke hat geringeren Einfluß, weil Asche und Schlacke aus der Flamme ausfallen, so daß sich Kohlenstaubfeuerungen auch für minderwertige Brennstoffe eignen.

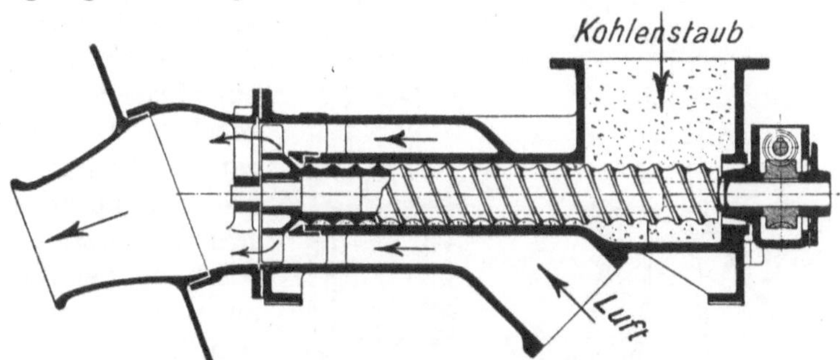

Abb. 46. Kohlenstaubbrenner der AEG.

Man rechnet die Kohlenstaubfeuerung, die man schwankender Belastung gut anpassen und mit der man hohen Kesselwirkungsgrad durchhalten kann, der anderseits die Aufbereitungskosten der Kohle zur Last fallen, wirtschaftlich der Wanderrostfeuerung etwa gleichwertig. Sie erscheint überlegen, wo es sich um die Verbrennung minderwertiger, magerer Kohlen handelt. Bei Flammrohrkesseln, die heute fast ausschließlich von Hand gefeuert werden, ist es gegebenenfalls zweckmäßiger, eine Kohlenstaubfeuerung vorzubauen als eine Wanderrostfeuerung. Auf Steinkohlenbergwerken, deren Kohle gewaschen wird, wird man die Kohle, ehe sie aufbereitet wird, entstauben, damit die Wäsche nicht mit dem Staube belastet wird. Dieser rohe Staub steht für Kohlenstaubfeuerung zur Verfügung.

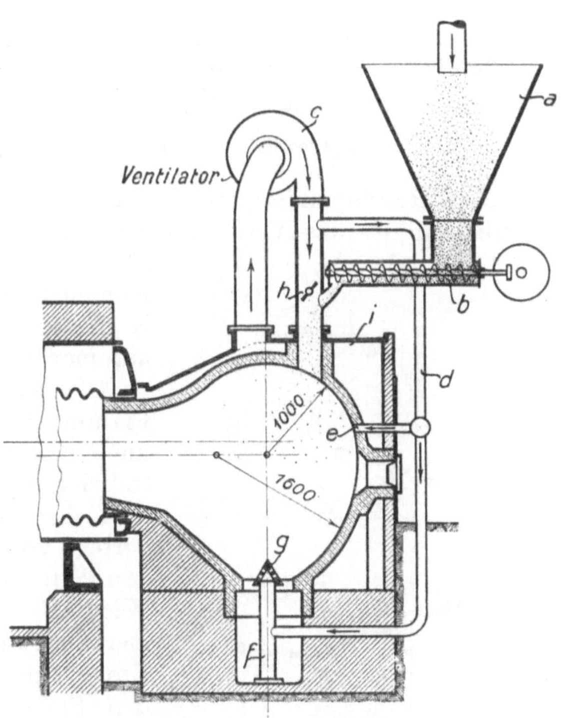

Abb. 47. Verbrennungsraum eines Einflammrohrkessels mit Kohlenstaubfeuerung.

Abb. 46 stellt den Kohlenstaubbrenner der AEG dar. Der Kohlenstaubzuteiler (regelbare Schnecke) ist unmittelbar vor dem Brenner angeordnet. Durch einen Mischkegel am Ende der Zuteilerschnecke wird der Kohlenstaub auf dem ganzen Umfang in die konzentrisch ausströmende Luft gestreut und innig mit ihr vermischt. Der Brenner wird für Stundenleistungen bis zu 1000 kg gebaut. Abb. 47 zeigt eine auf Zeche Friedrich Ernestine bei Essen an Einflammrohrkesseln mit Erfolg betriebene Kohlenstaubvorfeuerung[1]. Es wird der zu waschenden Kohle der Staub abgesaugt und dieser Staub wird, nachdem er, soweit er zu grob ist,

[1] Hold: Glückauf 1924, S. 1175.

auf die erforderliche Feinheit gemahlen ist, verfeuert. Der Staub fällt aus einer an den Kesseln vorbeiführenden Leitung zunächst in den Zwischenbehälter *a* und wird aus diesem mittels der mit veränderlicher Drehzahl antreibbaren Schnecke *b* in einstellbarer Menge der Luftleitung zugeführt; in diese bläst der Ventilator *c* Luft, die sich außen am Feuerraum, diesen kühlend, vorgewärmt hat. Die Menge der zusammen mit dem Kohlenstaube eingeblasenen Luft ist durch die Drosselklappe *h* regelbar. Oberhalb der Drosselklappe wird Zusatzluft abgezweigt, die durch die Öffnungen *e* und *g* in die Feuerung eintritt. Durch die birnenförmige Gestalt des Feuerungsraumes und die Wirkung der Zusatzluft gelingt es, die Flamme zu einer kreisenden Strömung zu zwingen und den Staub trotz des kleinen Feuerungsraumes auszubrennen. Versuche des Dampfkesselvereines ergaben Kesselwirkungsgrade über 80%.

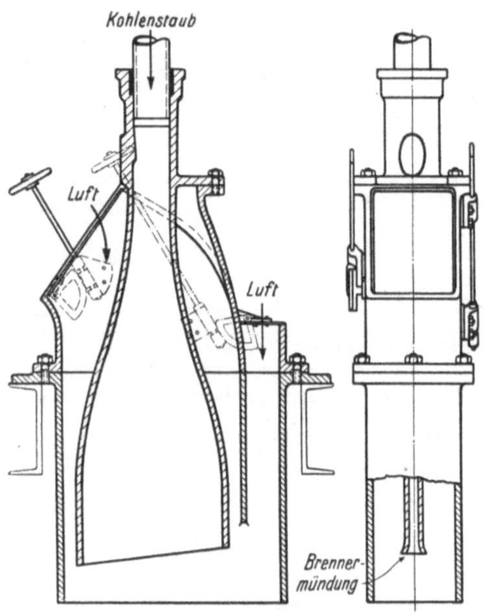

Abb. 48. Lopulco-Staubbrenner.

Weit verbreitet ist die Lopulco-Staubfeuerung der Kohlenscheidungsgesellschaft m. b. H., Berlin (Abb. 48). Bei der Lopulco-Feuerung wird der Kohlenstaub senkrecht nach unten in die Verbrennungskammer eingeblasen und brennt zunächst infolge der Strömungsenergie nach abwärts, bis der natürliche Auftrieb die Flamme nach oben umlenkt (vgl. Abb. 66, 69 und 70). Der Lopulcobrenner ist im Gegensatz zu den sonst üblichen Rundbrennern mit flachem Mundstück ausgebildet. Bei dem flachen Kohlenstaubstrahl ist das Verhältnis der luftberührten Oberfläche zur Staubmasse äußerst günstig. Die Primärluft wird hinter dem Zuteiler dem Kohlenstaub zugemischt, so daß der Brenner schon ein Kohlenstaub-Luftgemisch empfängt, dem in der Brennkammer die Sekundärluft zugesetzt wird.

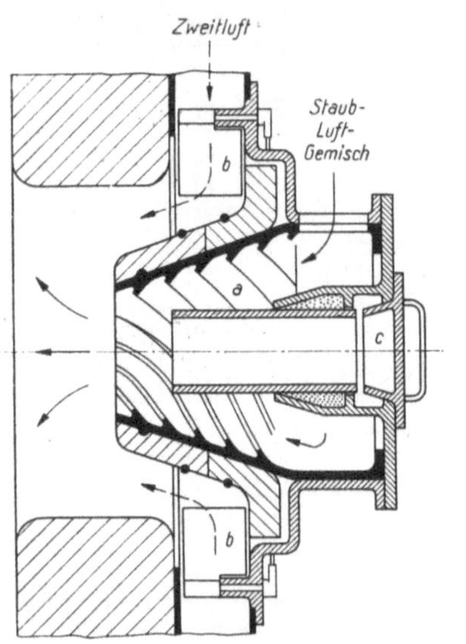

Abb. 49.
Kohlenstaub-Wirbelbrenner.

Die bisher betrachteten Brenner erfordern lange Flammenwege und somit auch große Brennkammern, um einen völligen Ausbrand des Kohlenstaubes zu gewährleisten. Werden jedoch Kohlenstaub und Luft während der Verbrennung noch kräftig durcheinander gewirbelt, so wird die Brenngeschwindigkeit gesteigert und damit Brennzeit und Brennweg verkürzt. Mit solchen Wirbelfeuerungen sind deshalb erhöhte Brennkammerbelastungen zu erreichen, d. h. in einem gegebenen Brennraum können größere Wärmemengen erzeugt werden. Sie sind nur bei großen Leistungen vorteilhaft und besonders für Strahlungskessel geeignet.

Wirbelnde Verbrennung erhält man entweder durch eigens für diesen Zweck gebaute Wirbelbrenner oder durch besondere Anordnung der Brenner, deren Flammenströme sich treffen und durchwirbeln. Die Wirkungsweise eines Wirbelbrenners veranschaulicht Abb. 49. Das Staub-Luftgemisch wird einer Wirbeldüse *a* zugeführt, aus der es mit starkem, sich bis weit in die Brennkammern erstreckendem Drall ausströmt, und hinter der es sich innig mit der durch die regelbaren Drosselklappen *b* eintretenden Zweitluft mischt. Beim Anfahren wird durch die Zündöffnung *c* gezündet.

Die zweite Art der Wirbelbildung durch besondere Brenneranordnung zeigt das

Schema der Feuerung mit Eckenbrennern in Abb. 50. Die Brenner sind unten in den vier Ecken der Brennkammer so angeordnet, daß das Staub-Luft-Gemisch tangential gegen einen um die Brennkammerachse gedachten Kreis geblasen wird. Die Feuerströme mischen sich innig und ergeben eine in der Achse aufwärts wirbelnde Flamme, in der selbst gröbere Staubkörner in kleinem Raum vor Erreichen der Wasserrohre restlos verbrennen. Die Leistung wird erhöht, indem man mehrere Brenner übereinander anordnet.

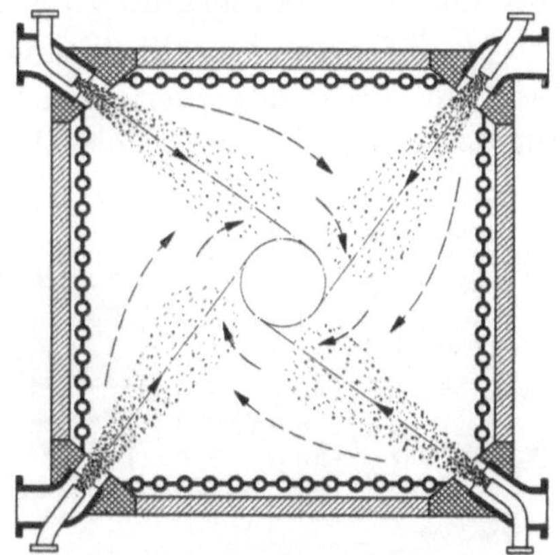

Abb. 50. Schema einer Kohlenstaubfeuerung mit Wirbelbildung durch Eckenbrenner.

Im kalten Zustand zünden Kohlenstaubbrenner nicht ohne weiteres. Man benutzt deshalb beim Anfahren des kalten Kessels Lockfeuer für die Zündung oder besondere Zündbrenner, die mit Gas oder Öl gefeuert werden.

Die im Brenner mit dem Staub eingeblasene Luft darf nicht zu heiß sein, damit die Kohle nicht verkokt und zusammenbackt. Bei hohen Mündungsgeschwindigkeiten darf die Temperatur der Erstluft bis zu 150° betragen. Die Zweitluft kann bis auf 400° vorgewärmt werden.

43. Mühlenfeuerung. Im Gegensatz zur reinen Kohlenstaubfeuerung wird bei der Mühlenfeuerung nach Krämer kein gleichmäßig feiner Staub, sondern ein Gemisch von Feinstaub und grobkörniger Kohle verbrannt. Der Vorteil dieser Feuerung besteht darin, daß die Grobstaubherstellung einfacher ist, eine geringere Mühlenleistung erfordert und demgemäß billiger als die Feinstaubherstellung wird. Die Mühlenfeuerung ist dadurch gekennzeichnet, daß die feinkörnigen Staubanteile des Brennstoffes wie bei der reinen Staubfeuerung in der Flamme schwebend verbrennen, während die für ihre Verbrennung zu schnell fallenden grobkörnigen Bestandteile erst auf einem besonderen Rost vollständig ausbrennen. Bei der in Abbild. 51 dargestellten Mühlenfeuerung fällt der geregelt zugeteilte Brennstoff durch die Mahl- und Sichterkammer in eine Schlägermühle, in der die Kohle getrocknet und zerkleinert wird. Hierbei ist das Trocknen des Mahlgutes durch die Mühlenluft besonders wichtig, weil dadurch viel Energie erspart wird. Durch die Wirbelwirkung der Mühle und den Luftstrom wird das Mahlgut emporgeschleudert, wobei die noch zu groben Stücke wieder in die Mühle zurückfallen, während die genügend ausgemahlene Kohle mit Luft gemischt durch eine breite Öffnung in die Brennkammer gelangt. Hier verbrennt der Feinstaub in der Schwebe. Die zu groben

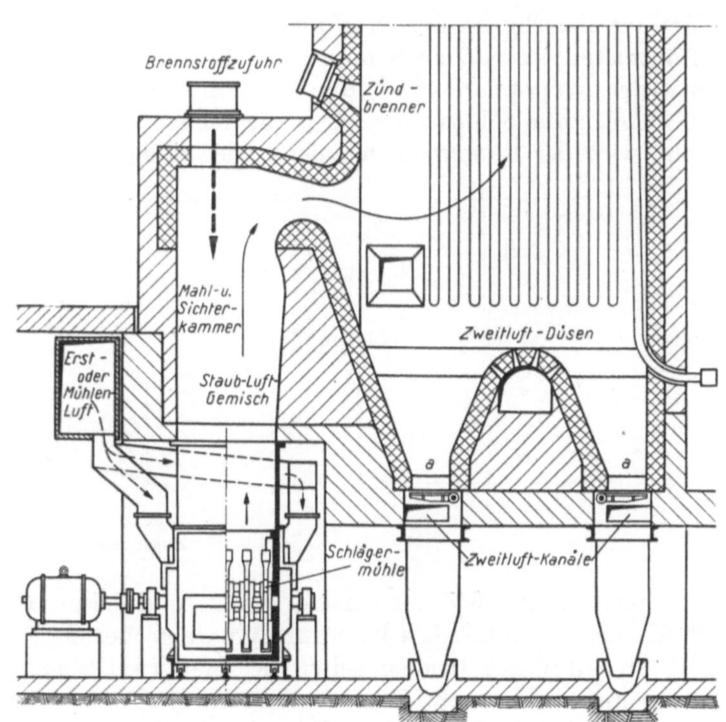

Abb. 51. Mühlenfeuerung nach Krämer.

Körner fallen auf die Roste *a* herunter, auf denen sie unter Zufuhr von Zweitluft ausbrennen. Diese Roste dienen gleichzeitig der Ascheentfernung. Die Mühlenfeuerung arbeitet mit allen Kohlearten und vermag auch noch Schlamm bis zu 50% Aschegehalt mit gutem Wirkungsgrad zu verfeuern.

44. Ölfeuerungen. Ölfeuerungen werden bei ortsfesten Dampfkesseln in Deutschland fast nur als Zusatzfeuerungen angewendet. Das Öl wird entweder durch einen Zentrifugalzerstäuber oder mittels Druckluft oder Dampfes in die Feuerung geblasen. Wegen der Konstruktion und Anwendung der Ölfeuerungen sei auf die Literatur verwiesen[1].

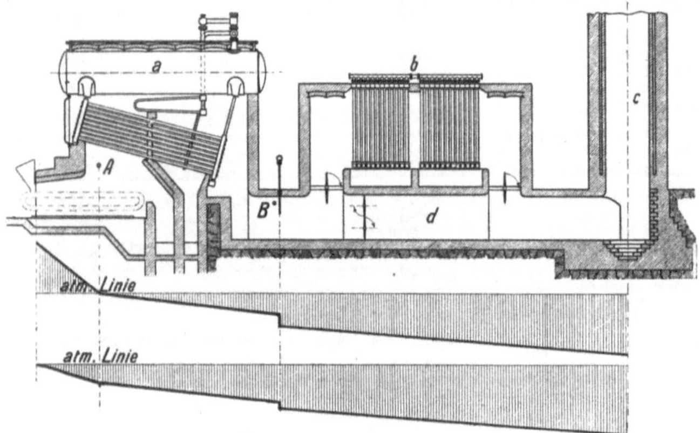

Abb. 52. Zugverhältnisse einer Kesselanlage.

45. Der Schornstein. Der Schornstein, der mit dem Kessel durch den Fuchs verbunden ist, führt die Rauchgase ab und stößt sie hoch über dem Erdboden aus. Weil die heißen Rauchgase im Schornstein leichter sind als die kalte Außenluft, so entsteht im Schornstein ein Unterdruck, der am Schornsteinfuß am größten ist. Dieser Unterdruck, der sogenannte Zug, der in mm WS gemessen wird, ist um so stärker, je heißer die Rauchgase abziehen und je höher der Schornstein ist. Unter gewöhnlichen Verhältnissen erzeugt ein Schornstein für 1 m Höhe 0,4 bis 0,5 mm WS Zug. Der Überdruck der Atmosphäre treibt die Verbrennungsluft durch den Rost, die Feuerzüge und den Fuchs zum Schornstein. Um die Menge der einströmenden Verbrennungsluft zu regeln, wird der Rauchschieber mehr oder weniger geöffnet. Abb. 52 veranschaulicht in

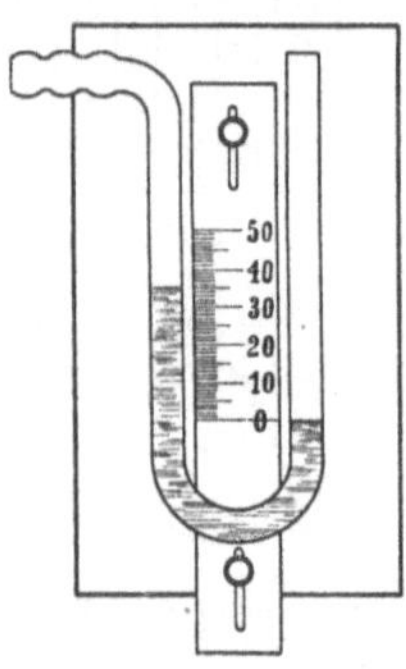

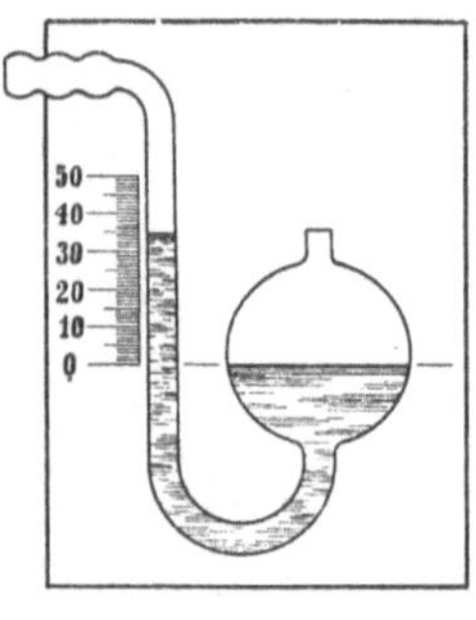

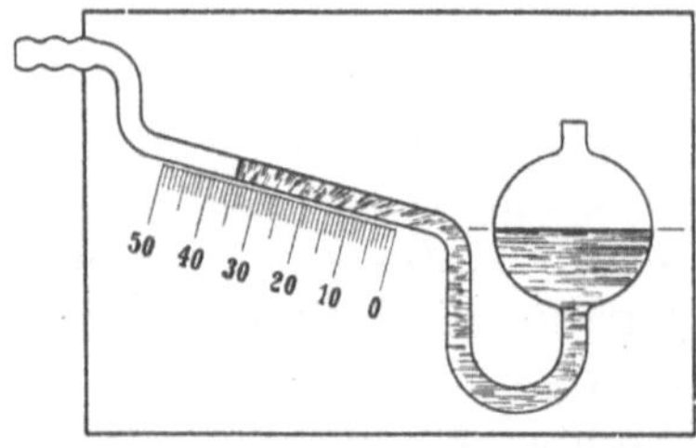

Abb. 53. Zugmesser.

der unteren Linie, wie der Unterdruck verläuft. Für den Rost rechnet man unter gewöhnlichen Verhältnissen 4 bis 8 mm WS. Je größer der Unterdruck, um so mehr „falsche Luft" strömt durch Undichtheiten des Mauerwerks ein, ebenso durch den Schlitz am Rauchschieber. Um den Unterdruck zu messen, verwendet man U-Rohre gemäß Abb. 53, deren einer Schenkel mit dem Unterdruckraum in Verbindung gesetzt wird. Der vom Schornstein erzeugte Zug heißt natürlicher Zug.

Man läßt die Rauchgase an der Schornsteinmündung mit 4 bis 8 m/s austreten. Rechnet man mit der Luftüberschußzahl 2 und daß die Rauchgase mit 225° und 4 m/s austreten, so ergibt sich folgendes: Wenn in einer Sekunde 1000 kcal auf dem Roste erzeugt werden, so muß die Schornsteinmündung eine Weite von 1 m² haben. Zu etwa demselben Ergebnis kommt man, wenn man bei Steinkohlenfeuerung den oberen Schorn-

[1] Essich: Ölfeuerungstechnik. Berlin: Springer.

steinquerschnitt $= {}^1/_6$ der gleichzeitig betriebenen Rostfläche macht. Bei genügender Schornsteinhöhe kommt man mit erheblich kleinerer Schornsteinweite aus.

Die Zugstärke des Schornsteins bedeutet nur die Größe des von ihm erzeugten Unterdruckes. Ob der Schornstein viel oder wenig Luft ansaugt, ist aus der Zugstärke nicht entnehmbar. Wenn man aber den Zug über dem Roste (Punkt A in Abb. 52) und hinter dem Kessel mißt (Punkt B), dann ist die Differenz ein Anhalt für die Menge der die Feuerung durchströmenden Luft. Je größer der Differenzzug, um so mehr Luft wird angesaugt. Man mißt zweckmäßig den Differenzzug unmittelbar mit einem einzigen U-Rohr, dessen einer Schenkel mit A, sein anderer mit B verbunden ist, oder mit einem feinen Manometer.

46. Künstlicher Zug. Bei Lokomotiven gibt es nur künstlichen Zug. Der Auspuffdampf strömt durch die konisch verjüngte Mündung des Auspuffrohres, das sogenannte Blasrohr, mit großer Geschwindigkeit in den Schornstein und reißt die Rauchgase mit sich. In der Abb. 54 ist a das Blasrohr. Um das Blasrohr ist ein durchlöcherter Ring gelegt, dem durch die Leitung b Frischdampf zugeführt werden kann, um das Feuer beim Stillstand der Lokomotive anzublasen. Die spätere Abb. 60 zeigt den ganzen Zusammenhang der Lokomotive. Bei Schiffskesseln wird ebenfalls künstlicher Zug in ausgedehntem Maße angewendet, der aber, da der Abdampf der Schiffsmaschinen kondensiert wird, durch Ventilatoren erzeugt wird. Bei Landkesseln wird künstlicher Zug nur in besonderen Fällen angewendet.

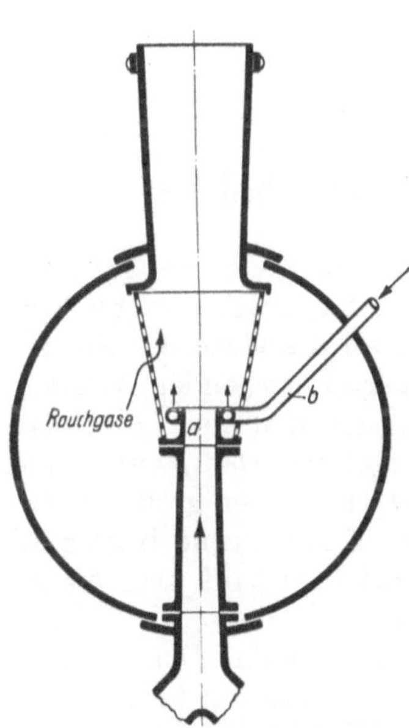

Abb. 54. Lokomotivblasrohr.

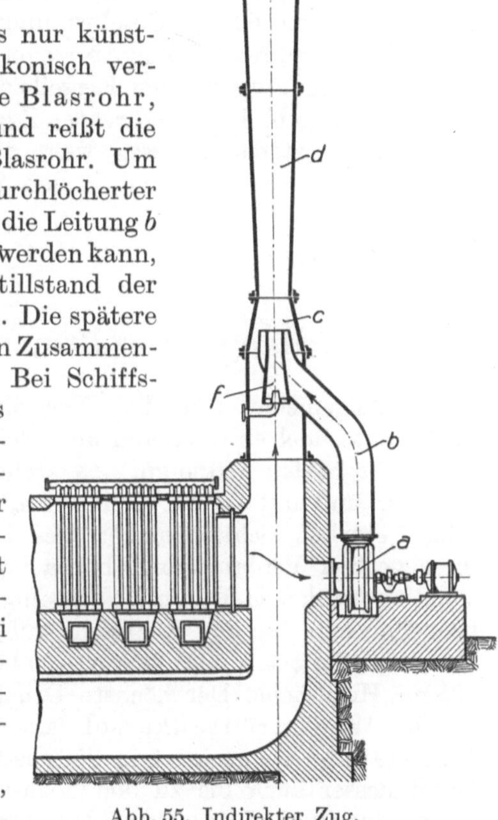

Abb. 55. Indirekter Zug.

Um minderwertigen, feinkörnigen Brennstoff, wie Koksgrus, Schlammkohle usw. in hoher Schicht zu verbrennen, braucht man allein für den Rost 30 bis 50 mm WS Zugstärke und mehr, so daß der Schornstein nicht mehr ausreicht. Dann wendet man Unterwind an. Ein Ventilator bläst die Verbrennungsluft in den geschlossenen Aschenfall. Der Überdruck wird durch Drosseln des Windes so geregelt, daß über dem Rost kein oder nur geringer Überdruck herrscht, damit das Feuer beim Öffnen der Feuertür nicht herausschlägt. Man nennt das ausgeglichenen Zug. Hinter dem Rost wirkt allein der Schornstein. Abb. 52 veranschaulicht in der oberen Linie, wie sich bei einer Unterwindfeuerung an den vom Gebläse erzeugten Überdruck der saugende Zug des Schornsteins anschließt.

Bildet der Brennstoff zähe Schlacke, welche die engen Spalte des Rostes zusetzt, so muß man, um den Rost zu kühlen und die Schlacke zu lockern, Dampf unter den Rost blasen; auch verwendet man wohl in solchen Fällen anstatt eines Ventilators ein Dampfstrahlgebläse. Während man aber für den Antrieb des Ventilators nur etwa 1% des erzeugten Dampfes verbraucht, muß man beim Dampfstrahlgebläse 5% und mehr rechnen, insbesondere wenn die Düsen ausgeschlissen sind. Deshalb ist es meist zweckmäßiger, im Aschenfall Wasser zu halten, aus dem sich genügend Dampf entwickelt, und den Unterwind durch einen Ventilator zu erzeugen.

Beim künstlichen Saugzug, der durch einen Ventilator erzeugt wird, unterscheidet man direkten und indirekten Saugzug. Beim direkten Saugzug saugt der Ventilator aus dem Fuchs und wirft die Rauchgase in den Schornstein. Dabei wird der Ventilator verhältnismäßig groß, hat aber geringe Pressung zu erzeugen und hat deshalb geringen Leistungsverbrauch. Das neben dem heiß werdenden Ventilatorgehäuse liegende Lager muß gekühlt werden. Anordnung und Wirkungsweise des indirekten Zuges werden durch Abb. 55 veranschaulicht. Ausführungen dieser Art findet man insbesondere bei Elektrizitätswerken. Als Ersatz des gemauerten Schornsteins dient ein eiserner, der nach Art eines Ejektors geformt ist, und in den durch einen kleinen, schnellaufenden Ventilator Luft mit 40 bis 50 m/s Geschwindigkeit eingeblasen wird, die die Rauchgase mit sich reißt. Beim indirekten Zuge braucht der Ventilator erheblich mehr Leistung als beim direkten Zuge, etwa 2 % der Kesselleistung, leidet aber nicht unter den Rauchgasen. Der Schornstein muß beim indirekten Zuge sowohl die Rauchgase als die eingeblasene Luft abführen. Letzteres fällt weg, wenn der Ventilator anstatt frischer Luft einen Teilstrom der Rauchgase absaugt und in den Schornstein einbläst.

V. Dampfkesselbauarten und Dampfkesselzubehör.

47. Allgemeiner Überblick über die Dampfkesselbauarten. Flammrohrkessel sind auch heute noch in mittleren und kleinen Anlagen gebräuchlich. Sie nutzen im Flammrohr die schärfste Hitze gut aus, stellen mäßige Anforderungen an die Güte des Speisewassers, sind mit ihrem verhältnismäßig großen, wärmespeichernd wirkenden Wasserinhalt starken Schwankungen des Dampfverbrauches gewachsen und liefern infolge ihrer großen Verdampfungsoberfläche auch bei plötzlich gesteigerter Dampfentnahme ziemlich trockenen Dampf. Nachteilig gegenüber andern Bauarten ist der große Platzbedarf, ferner der mit Rücksicht auf nicht zu große Dicke der Kesselbleche begrenzte Druck und die lange Anheizzeit (10 bis 12 Stunden). Flammrohrkessel baut man bis zu 125 m² Heizfläche. Der höchste Druck beträgt etwa 18 bis 20 at.

Die Wasserröhrenkessel lassen sich für große Leistungen, hohe Drücke und Temperaturen bei geringstem Platzbedarf bauen. Die Wasserröhren erhalten bei kleinem Durchmesser auch bis zu den höchsten Drücken nur geringe Wandstärke mit gutem Wärmedurchgang. Der kleine Durchmesser ergibt weiter große Oberfläche bei kleinem Querschnitt, so daß die Wasserröhrenkessel einen im Verhältnis zur Heizfläche kleinen Wasserinhalt haben. Dadurch ist zwar die Speicherwirkung beeinträchtigt, jedoch hat der Kessel schnelle Betriebsbereitschaft und kann Belastungsschwankungen rasch folgen, sofern die Feuerung genügend schnell nachregelt. An das Speisewasser werden hohe Ansprüche gestellt, weil die Kessel schwer zu reinigen sind und Kesselsteinansatz bei den geringen Rohrwandstärken besonders nachteilig ist. Nach der Neigung der Verdampferrohre unterscheidet man Schrägrohrkessel und Steilrohrkessel. Wasserröhrenkessel werden in allen Größen bis zu 2000 m² Heizfläche in einer Einheit und bis zu den höchsten gebräuchlichen Dampfdrücken gebaut.

Von den Wasserröhrenkesseln sind die Heiz- oder Feuerröhrenkessel zu unterscheiden. Bei den Wasserröhrenkesseln geht das Wasser durch die Röhren, bei den Heiz- oder Feuerröhrenkesseln geht das Feuer durch die Röhren. Auch die Heizröhrenkessel brauchen kleinere Grundfläche als die Flammrohrkessel und haben kleineren Wasserinhalt. Besonders verbreitet sind Feuerbüchskessel mit Heizröhren, z. B. Lokomotiv- und Lokomobilkessel. Ferner verwendet man Heizröhrenkessel in Verbindung mit Flammrohrkesseln.

Die Einführung des Höchstdruckdampfes führte zu einer Reihe von Sonderbauarten, weil zunächst die Ansicht bestand, daß die bisher gebräuchlichen Bauarten ungeeignet und für die Erzeugung des Höchstdruckdampfes besondere Verfahren erforderlich wären. Die Sonderbauarten entstanden aus dem Bestreben, die Speisewasserschwierigkeiten zu umgehen, den Wasserumlauf auch bei höchsten Heizflächenbelastungen unbedingt zu sichern und größte Kesselleistungen auf kleinstem Raum zu erzielen. Die meisten Bauarten erfordern jedoch umfangreiche Regeleinrichtungen und sorgfältige Wartung, weshalb sie nicht für jeden Betrieb geeignet sind. Obgleich die normalen Wasserröhrenkessel auch für die Hochdruckdampferzeugung durchgebildet werden konnten, führen sich die Sonderbauarten doch in zunehmendem Maße ein.

Bei der Herstellung neuzeitlicher Kessel bedient man sich mehr und mehr der Wassergas- oder Schmelzschweißung. Nur Kessel für niedrigen Druck werden noch genietet. Für hohe Drücke haben die Bauteile durchweg runde und zylindrische Form. Größter Wert wird auf Schmiegsamkeit gegen Wärmedehnungen gelegt, z. B. durch gekrümmte Rohre. Die Haltbarkeit des Mauerwerks wird erhöht, indem man den Feuerraum mit Kühlrohren auskleidet, die gleichzeitig die strahlende Wärme für die Dampferzeugung nutzbar machen (Strahlungskessel). Von den bei älteren Bauarten gebräuchlichen vielen Dampf- bzw. Wassertrommeln ist man zwecks Verbilligung auf möglichst wenige und kleine Trommeln heruntergegangen. Bei plötzlich schwankender Dampfentnahme dürfen die Trommeln jedoch nicht zu klein sein, oder es muß eine besondere Speichertrommel hinzugefügt werden.

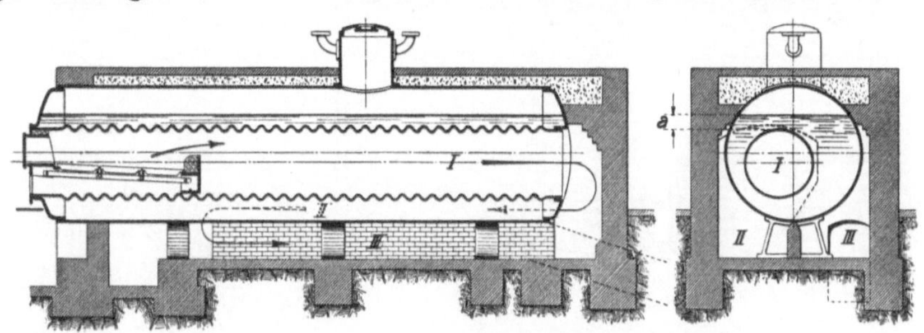

Abb. 56. Einflammrohrkessel.

Der eigentliche Dampfkessel wird durch den Überhitzer, den Speisewasservorwärmer und den Lufterhitzer ergänzt. Diese „Nachschaltheizflächen" sind billiger als die Kesselheizfläche, weshalb sie im Verhältnis zur Kesselheizfläche möglichst groß gemacht werden. Bei Hochdruckkesseln wird sie z. B. mehrfach größer ausgeführt.

48. Großwasserraumkessel. Kleinwasserraumkessel. Flammrohrkessel sind Großwasserraumkessel. Sie enthalten etwa 200 kg Wasser auf 1 m² Heizfläche. Röhrenkessel sind Kleinwasserraumkessel. Feuerbüchskessel mit Heizröhren enthalten etwa 120 kg Wasser für 1 m² Heizfläche. Wasserröhrenkessel mit schrägen Röhren und Wasserkammern enthalten etwa 60 kg und Steilrohrkessel etwa 40 bis 50 kg für 1 m² Heizfläche.

Die ausgleichende Wirkung des Wasserinhaltes bei schwankender Dampfentnahme sei an einem Zahlenbeispiel erläutert. Ein Flammrohrkessel von 100 m² Heizfläche enthalte $100 \cdot 200 = 20000$ kg Wasser und erzeuge stündlich 1900 kg Dampf von 10 at. Das Speisewasser sei auf 34° vorgewärmt, so daß zur Bildung von 1 kg Dampf 630 kcal aufzuwenden sind, stündlich also insgesamt $630 \cdot 1900 = 1200000$ kcal. Nun stocke die Dampfentnahme 6 Minuten, während gleichmäßig weitergefeuert wird; dann gehen die überschüssigen 120000 kcal in das Kesselwasser und dessen Temperatur steigt um $120000 : 20000 = 6^0$, während der Dampfdruck von 10 at auf 11,4 at steigt. Umgekehrt liefert der Kessel, wenn vorübergehend mehr Dampf entnommen wird, als durch die Feuerung erzeugt wird, diesen Mehrbedarf aus der Wärme seines Wasserinhaltes, dessen Temperatur entsprechend fällt. Um aus siedendem Wasser Dampf von 10 at zu erzeugen, braucht man 483 kcal/kg. Läßt man in unserem Kessel 6° Temperaturabfall zu, so werden $6 \cdot 20000 = 120000$ kcal frei, die aus dem siedenden Wasser 248 kg Dampf

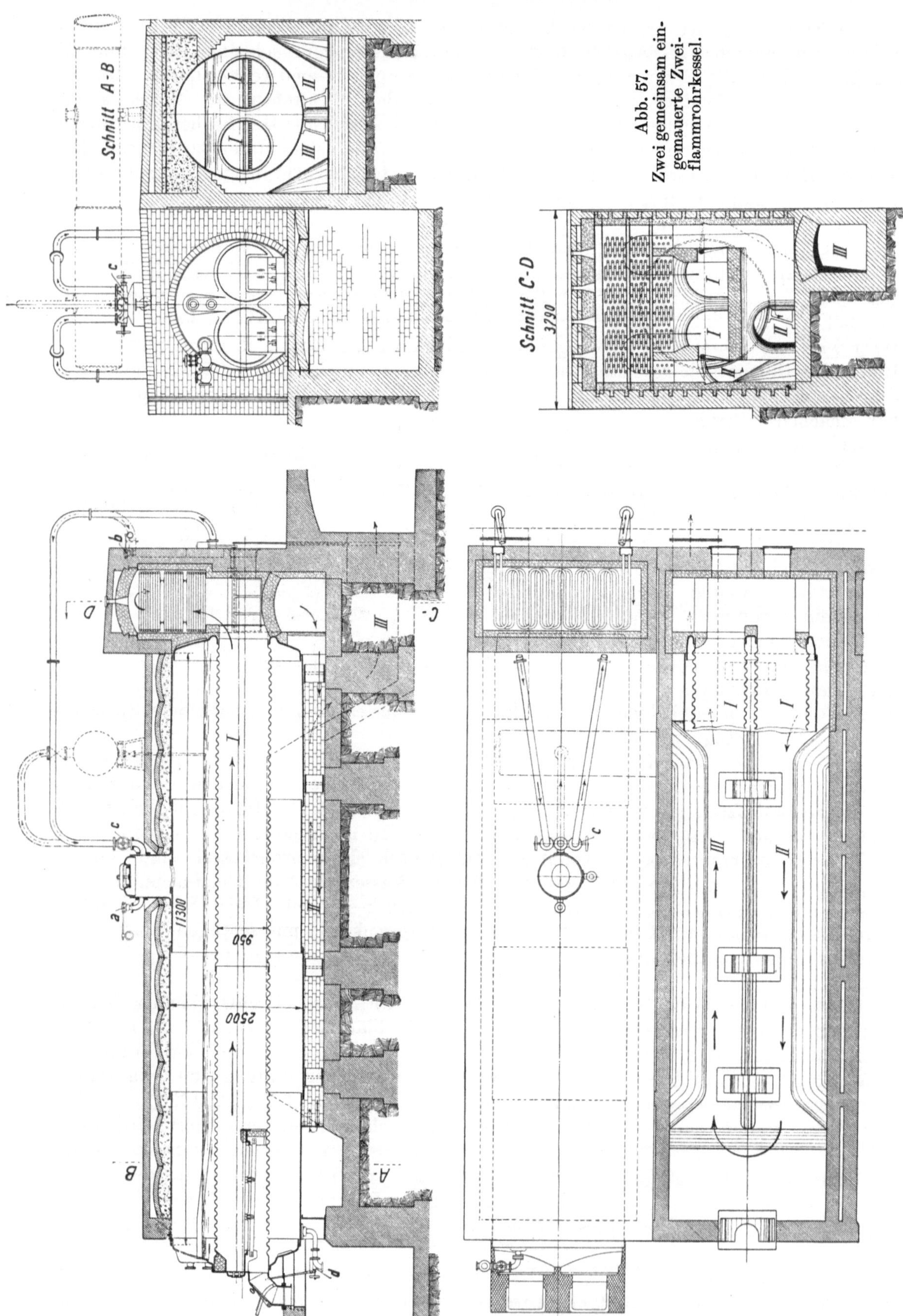

Abb. 57. Zwei gemeinsam eingemauerte Zweiflammrohrkessel.

erzeugen. Der Dampfdruck sinkt dabei von 10 at auf 8,7 at. Man erkennt aus dem Zahlenbeispiel, wie wichtig ein großer Wasserinhalt für den günstigen Ausgleich zwischen Dampferzeugung und Dampfverbrauch ist. Bei Wasserröhrenkesseln erhält man wegen ihres kleineren Wasserinhaltes unter sonst gleichen Verhältnissen mehrfach größere Druckschwankungen, so daß man sie für stark schwankende Dampfentnahme nicht anwendet oder einen besonderen Speicherkessel zuschaltet oder Verbrennungsregler einbaut, die die Dampfspannung gleich halten.

49. Flammrohrkessel. Kleinere Kessel werden mit einem Flammrohre, größere mit zwei Flammrohren ausgeführt. Dreiflammrohrkessel sind selten. Die Flammrohre erleiden den Überdruck des Dampfes von außen und müssen versteift werden. Das geschieht in der Weise, daß man die Flammrohre als Wellrohre ausführt, wodurch zugleich die Heizfläche vergrößert wird.

Die Feuerung ist in der Regel als Innenfeuerung mit Planrost, selten als Vorfeuerung ausgeführt. Die Flammrohre bilden den ersten Zug und nehmen die schärfste Hitze auf. Dann kehren die Gase um und bespülen die eine Hälfte des Kesselmantels (zweiter Zug), gehen wieder nach hinten und bespülen die andere Hälfte des Kesselmantels (dritter Zug), wie es bei dem Einflammrohrkessel in Abb. 56 dargestellt ist.

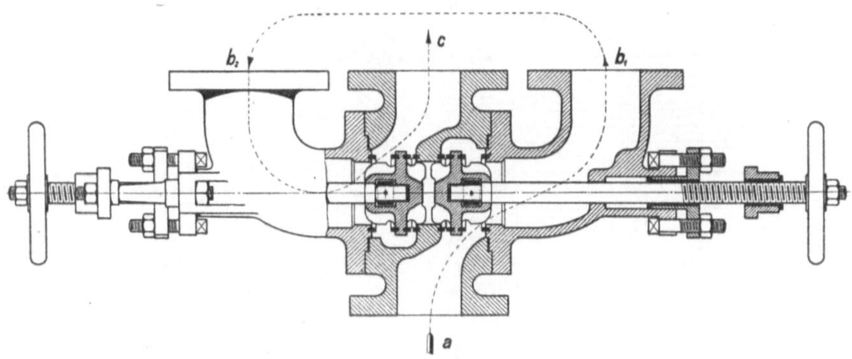

Abb. 58. Triole-Ventil.

Abb. 57 zeigt zwei gemeinsam eingemauerte, mit Überhitzern ausgerüstete Zweiflammrohrkessel größter Abmessungen. Der dem Dampfraum entnommene Kesseldampf wird bei dieser Ausführung mit Hilfe des sogenannten Triole-Ventils (A. Sempell, München-Gladbach) entweder durch den Überhitzer oder geradeswegs in das Hauptdampfrohr geleitet. Wie aus der Abb. 58 erkenntlich ist, tritt der Kesseldampf bei a ein, und der Überhitzer liegt zwischen b_1 und b_2. Wenn die beiden Ventilspindeln die gezeichnete Stellung haben, ist der Überhitzer eingeschaltet; schraubt man beide Ventilspindeln auseinander, erhält der Überhitzer keinen Dampf. Ferner kann man Mischdampf herstellen und den Kessel gegen die Leitung und den Überhitzer absperren, ebenso die Leitung gegen Kessel und Überhitzer.

Um an Grundfläche zu sparen, hat man auch Doppelflammrohrkessel gebaut, indem man zwei kürzere Flammrohrkessel übereinander setzt. Nur die unteren Flammrohre erhalten Feuerungen, weswegen die oberen Rohre Rauchrohre heißen.

Die stündliche Dampfleistung beträgt bei Einflammrohrkesseln 15 bis 25 kg/m² und bei Zweiflammrohrkesseln 20 bis 35 kg/m².

50. Heiz- oder Feuerröhrenkessel. Bei den Heizröhrenkesseln geht das Feuer durch die Röhren und das Wasser umspült sie. Das Wasser ist in einem verhältnismäßig großen Kessel eingeschlossen, der bei hohem Druck dicke Wände erfordert und sehr schwer wird. Reine Heizröhrenkessel werden kaum gebaut. Die in der Abb. 59 dargestellte Verbindung eines Flammrohrkessels mit darüber liegendem Heizröhrenkessel ist dagegen häufig ausgeführt worden. Ältere Bauarten hatten nur im Oberkessel einen Dampfraum. Der gezeichnete Doppelkessel dagegen hat sowohl im Oberkessel wie im Unterkessel einen

Dampfraum, um mit Hilfe der über doppelt so großen Verdampfungsoberfläche möglichst trockenen Dampf zu liefern. Bei diesen Kesseln ist die Rostfläche im Verhältnis zur Heizfläche klein, auch wenn man den Rost länger als 2 m macht. Es heißt also gute Kohle feuern, um die Heizfläche hinreichend auszunutzen.

In Verbindung mit einer Feuerbüchse werden die Heizröhrenkessel für Lokomotiv- und Lokomobilkessel verwendet. Lokomotivkessel haben kubische Feuerbüchsen aus Kupferblech. Die Wände der Feuerbüchse sind, damit sie dem Dampfdruck widerstehen, entweder versteift oder gegen die Kesselwände durch kupferne Stehbolzen verankert. Die Ausführung eines Lokomotivkessels ist aus der Abb. 60 (Hanomag) ersichtlich, die eine normalspurige Tenderlokomotive für Industriezwecke darstellt, welche mit gesättigtem Dampfe betrieben wird. Die Rostfläche ist 2,3 m^2, die Heizfläche 150 m^2, das Dienstgewicht beträgt 64 t. Mit dem Spindelgetriebe *a* wird die Kulissensteuerung (vgl.

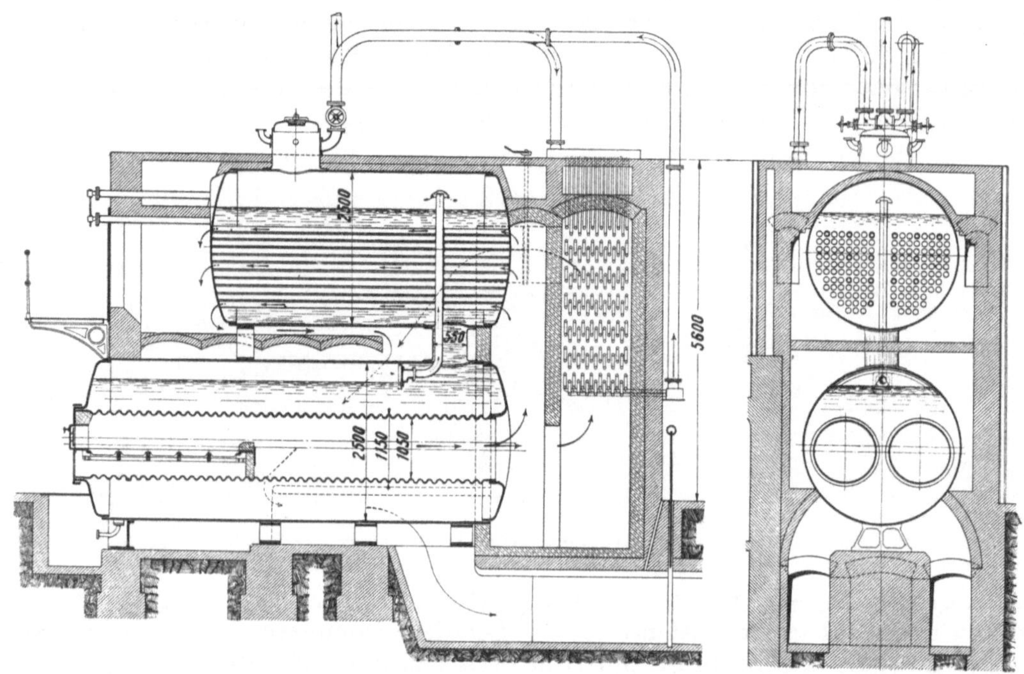

Abb. 59. Flammrohrheizröhrenkessel.

Ziffer 89) verstellt, bei *b* tritt die Verbrennungsluft in regelbarer Menge ein, *c* ist ein Absperrschieber, der sogenannte Regler, *d* ist das Blasrohr (vgl. Ziffer 46).

51. Wasserröhrenkessel. (Schräg- und Steilrohrkessel.) Die Wasserröhrenkessel bilden die in Kraftwerken vorherrschende Bauart. Das Wasser strömt durch die Röhren, die außen von den Heizgasen umspült werden. Die Röhren haben 80 bis 95 mm Durchmesser und 3½ bis 4 mm Wanddicke, die auch für hohe Drücke ausreicht. Mit den Wasserröhren erreicht man auf kleiner Grundfläche eine große Heizfläche, aus der bei Verwendung ausreichender Rostfläche (Wander- oder Treppenrost) große Kesselleistungen herauszuholen sind. Die bei hoher Beanspruchung heiß abziehenden Rauchgase werden in Speisewasser- oder Luftvorwärmern weiter ausgenutzt, so daß hohe Wirkungsgrade erzielt werden. Treibt man die Kesselbeanspruchung zu hoch, so treten örtliche Überanstrengungen, Wärmestauungen, Rohrausbeulungen usw. auf, um so wichtiger ist es, den Kessel so schmiegsam zu gestalten, daß er den Dehnungen durch die Wärme folgt, ferner für bestes Speisewasser und beste Reinigung zu sorgen.

Die Hauptmenge des Dampfes wird in den Wasserröhren entwickelt. Damit der erzeugte Dampf abströmen kann, müssen die Röhren geneigt oder senkrecht angeordnet sein. Da die Röhren selbst nur wenig Wasser enthalten, werden sie mit einem oder

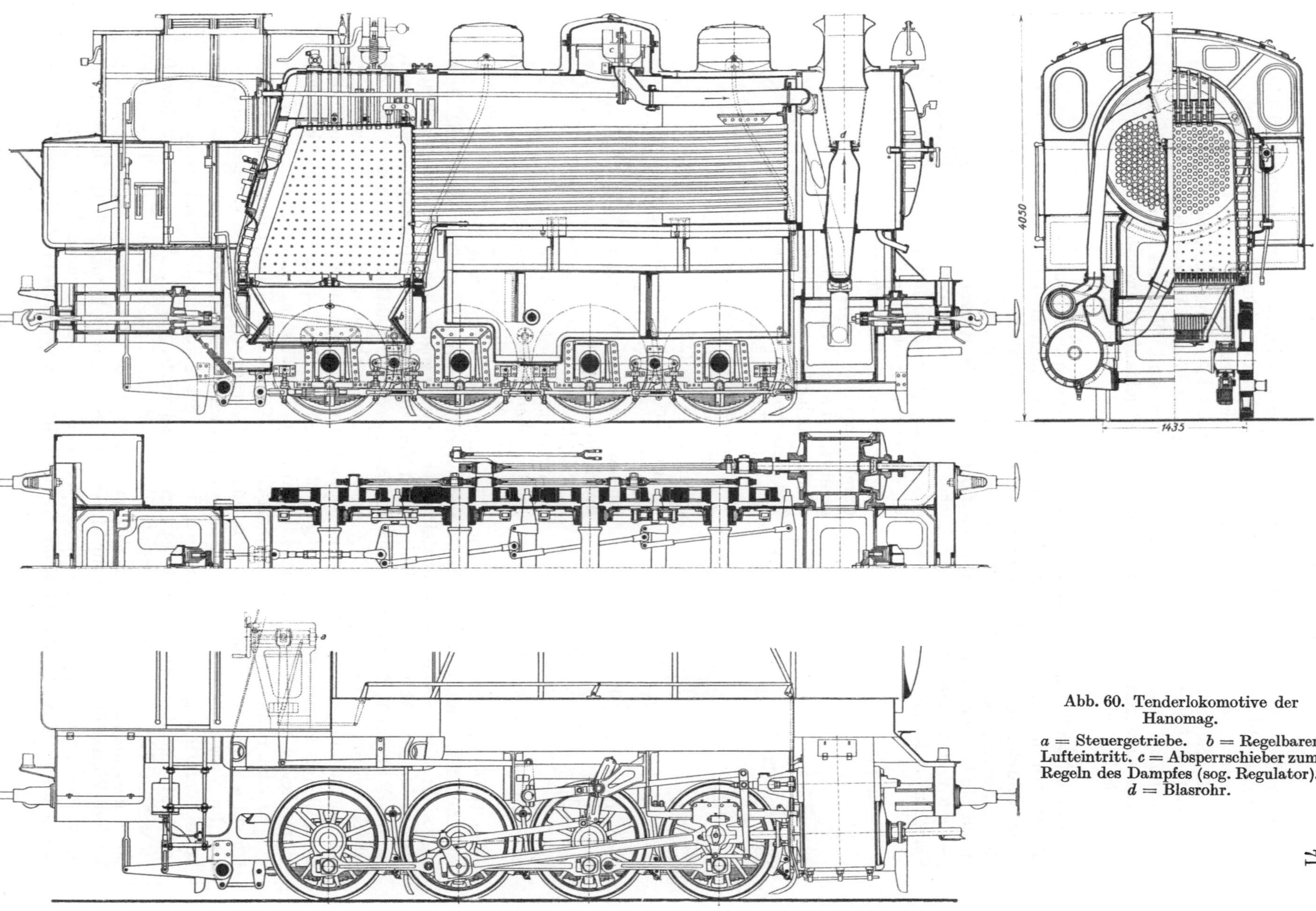

Abb. 60. Tenderlokomotive der Hanomag.

a = Steuergetriebe. b = Regelbarer Lufteintritt. c = Absperrschieber zum Regeln des Dampfes (sog. Regulator). d = Blasrohr.

mehreren Kesseln verbunden; die Verbindung muß so sein, daß man die Röhren reinigen und auswechseln kann. Je nachdem man das Wasserröhrenbündel mit dem Kessel verbindet, unterscheidet man Schrägrohr- oder Steilrohrkessel.

Bei den Schrägrohrkesseln haben die 4 bis 5,5 m langen Röhren eine Neigung 1 : 5 bis 1 : 3. Sie münden in eine vordere und eine hintere Wasserkammer, die mit einer oder zwei Oberkesseltrommeln verbunden sind. Während bei älteren Bauarten die Oberkesseltrommeln mit den Wasserröhren gleichlaufend angeordnet wurden, pflegt man neuzeitliche Kessel mit einer querliegenden Trommel auszurüsten.

Abb. 61 zeigt den unteren Teil einer Wasserkammer im Querschnitte. In die innere Wand, die sogenannte Rohrwand, sind die Wasserröhren eingesetzt. Die Bohrung ist einige Millimeter größer als die Röhren, und die Röhren werden eingewalzt. In der äußeren Wand sind in der Achse der Röhren Löcher, um die Röhren zu reinigen und auszuwechseln. Diese Löcher sind im Betrieb durch Verschlußdeckel geschlossen, die von innen eingesetzt werden, damit sie der Dampfdruck anpreßt. Die Verschlußdeckel werden durch längliche Löcher eingeführt, die zwischen den runden Löchern verteilt sind. Die Verschlußdeckel für die länglichen Löcher können von außen eingeführt werden, indem man den Deckel schmal durch die weite Öffnung des Loches führt. Die vordere und die hintere Wand der Wasserkammern sind gegeneinander durch Stehbolzen versteift.

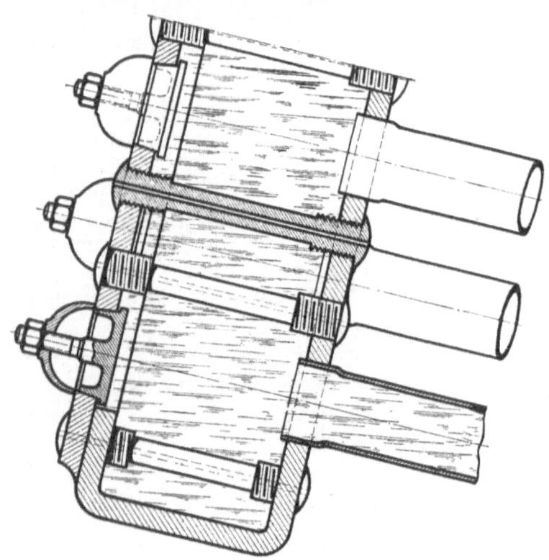

Abb. 61. Unterer Teil einer Wasserkammer.

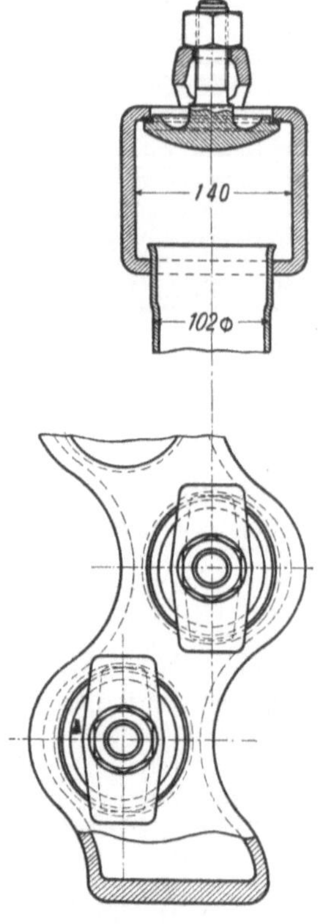

Abb. 62. Unterer Teil einer Teilkammer.

Für höhere Drücke sind die Wasserkammern mit ihren großen ebenen Flächen ungeeignet. Man gliedert sie dann in eine große Zahl schmaler Kammern, die wellenförmig ausgebildet werden, damit die Wasserröhren zur besseren Umspülung durch die Heizgase nicht in senkrechter Reihe übereinander, sondern gegeneinander versetzt angebracht werden können. Abb. 62 zeigt den unteren Teil einer solchen Teilkammer (Sektionalkammer) in ihren Einzelheiten. Die Teilkammern sind nahtlos gezogen und mit der Oberkesseltrommel durch eingewalzte Anschlußrohre verbunden. Kessel mit Teilkammern sind viel schmiegsamer gegen Wärmedehnungen als solche mit Wasserkammern, so daß sie höchsten Beanspruchungen genügen. Je nach der Ausführung der Wasserkammern unterscheidet man Wasserkammerkessel und Teilkammerkessel.

Die Abb. 63 und 64 zeigen schematisch den Aufbau von Schrägrohrkesseln und sollen vor allem den Umlauf des Wassers und die Führung der Feuergase veranschaulichen. Das im Vorwärmer vorgewärmte Speisewasser wird zunächst der querliegenden Oberkesseltrommel zugeführt. Im unteren Teil des Schrägrohrbündels wird es auf Siedetemperatur erhitzt, steigt infolge Erwärmung aufwärts, um im oberen Teil verdampft zu werden. Der leichte Dampf strömt in der vorderen Wasserkammer bzw. Teilkammer nach oben und durch Überstromrohre zum Dampfraum der Obertrommel, aus der das kühlere Wasser durch Fallrohre zur hinteren Wasserkammer heruntersinkt. Dieser durch die verschiedenen spezifischen Gewichte von kaltem Wasser, warmem Wasser und Dampf hervorgerufene Wasserumlauf heißt natürlicher Wasserumlauf. In der Trommel und dem darüber liegenden Sammler trennt sich der Dampf von mitgerissenem Wasser und wird dann im Überhitzer überhitzt. Je nach der Zahl der Züge, in denen die Feuergase die Schrägrohre bestreichen, unterscheidet man Einzug-, Zweizug- und Dreizugkessel. Dreizugkessel haben die geringste Heizflächenleistung und werden für Drücke bis 30 at verwendet. Zweizugkessel arbeiten im mittleren Druckgebiet und Einzugkessel mit höchster Heizflächenleistung (50 bis 100 kg/m²h) im Hochdruckgebiet.

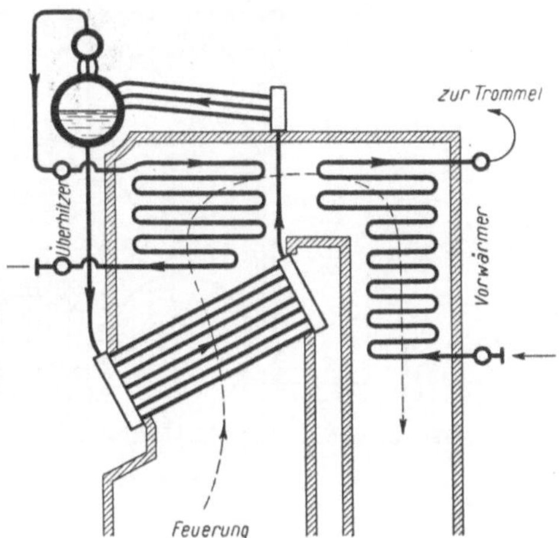

Abb. 63. Schrägrohrkessel als Einzugkessel.

Ausführungsformen von Schrägrohrkesseln sind in den Abb. 65 und 66 dargestellt. Abb. 65 ist ein Dreizugkessel älterer Bauart von 400 m² Heizfläche mit Wanderrostfeuerung, dessen zwei mit den Rohren gleichlaufende, durch einen querliegenden Sammler verbundene Trommeln auch auf der Unterseite als Heizfläche dienen. Bei hochbeanspruchten Kesseln liegen die Trommeln dagegen ganz außerhalb des Feuerraumes (vgl. Abb. 63, 64 und 66). Die Anordnung der Teilkammern ist aus dem Seitenriß erkenntlich.

Ein Hochleistungs-Teilkammerkessel mit Staubfeuerung der Babcockwerke, Oberhausen, ist in Abb. 66 dargestellt. Der Kessel hat 620 m² Heizfläche und erzeugt Dampf von 36 at und 425° C. Die Kesselheizfläche besteht aus 30 Teilkammern mit je 14 Rohren von 100 mm Außendurchmesser. Die Heizgase durchstreichen in einem Zuge zunächst die untere Gruppe der Siederohre, heizen die Überhitzerrohre und umspülen die obere Kesselrohrgruppe in zwei Zügen, da ihr Volumen durch die schnelle Wärmeabgabe stark vermindert wird. An den nahtlos geschweißten Oberkessel von 1200 mm Durchm. und 7700 mm Länge sind außer den Teilkammern auch die Wandstrahlungsrohre und ein Granulierrost (*e*) angeschlossen. Der Dampf wird dem an höchster Stelle angeordneten Dampfsammler entnommen. Der Kessel hat eine eigene Mahlanlage, die aus zwei Ringwalzenmühlen (*b*) mit Windsichter (*c*) besteht. Der Kohlenstaub wird durch 4 Düsen (*d*) mit etwa 30% der Verbrennungsluft eingeblasen. Die Sekundärluft tritt durch Schlitze in der Vorderwand der Brennkammer ein. Die gesamte Verbrennungsluft wird im Luftvorwärmer (*f*) und in den Kühlkanälen der Brennkammer auf etwa 250° C vorgewärmt.

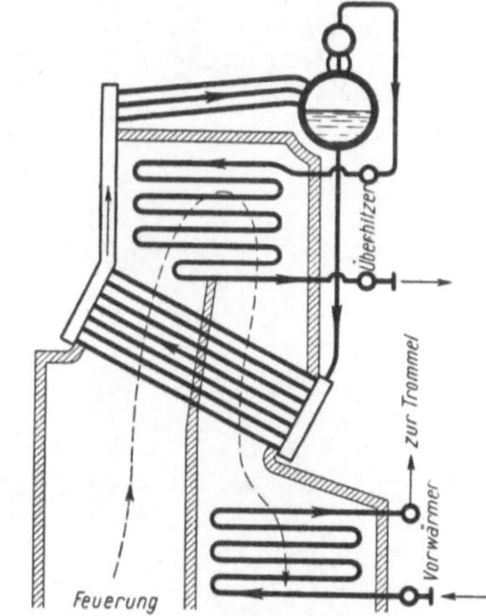

Abb. 64. Schrägrohrkessel als Zweizugkessel.

Bei den Steilrohrkesseln sind die Rohrbündel steil gestellt, um ein schnelleres Abströmen der Dampfblasen und damit einen rascheren Wasserumlauf zu erreichen, wie er für hohe Verdampfungsleistungen notwendig wird. Die schematische Abb. 67 veranschaulicht Aufbau und Wasserumlauf eines Einzug-Steilrohrkessels. Der außerhalb der Feuerung liegende Oberkessel ist im Kesselgerüst gelagert, der Unterkessel hängt frei an den Wasserröhren. Die Kessel müssen so groß sein, daß man in sie hinein kann, um die Röhren zu reinigen und auszuwechseln. Damit die Wasserröhren senkrecht in die Kessel einmünden, müssen sie gebogen sein; das ist unbequem beim Reinigen und Auswechseln, hat aber den weitaus überwiegenden Vorteil, daß der Kessel schmiegsam wird und den Dehnungen durch die Erhitzung folgt.

Der Kessel hat wie der Schrägrohrkessel natürlichen Wasserumlauf. In den steilen Steigrohren über der Feuerung strömt das Wasser aufwärts zur Oberkesseltrommel, wo sich Dampf und Wasser trennen, dann geht es durch die fast senkrechten Fallrohre zur Untertrommel und von dort wieder zu den Steigrohren. Um bei hohen Leistungen einen sicheren Wasserumlauf zu gewährleisten, müssen die Fallrohre kühl gehalten werden. Der Überhitzer wird entweder zwischen oder hinter dem Steigrohrbündel eingebaut. Für mäßige Drücke und Leistungen bis zu 45 kg/m²h verwendet man Dreizugkessel, bis

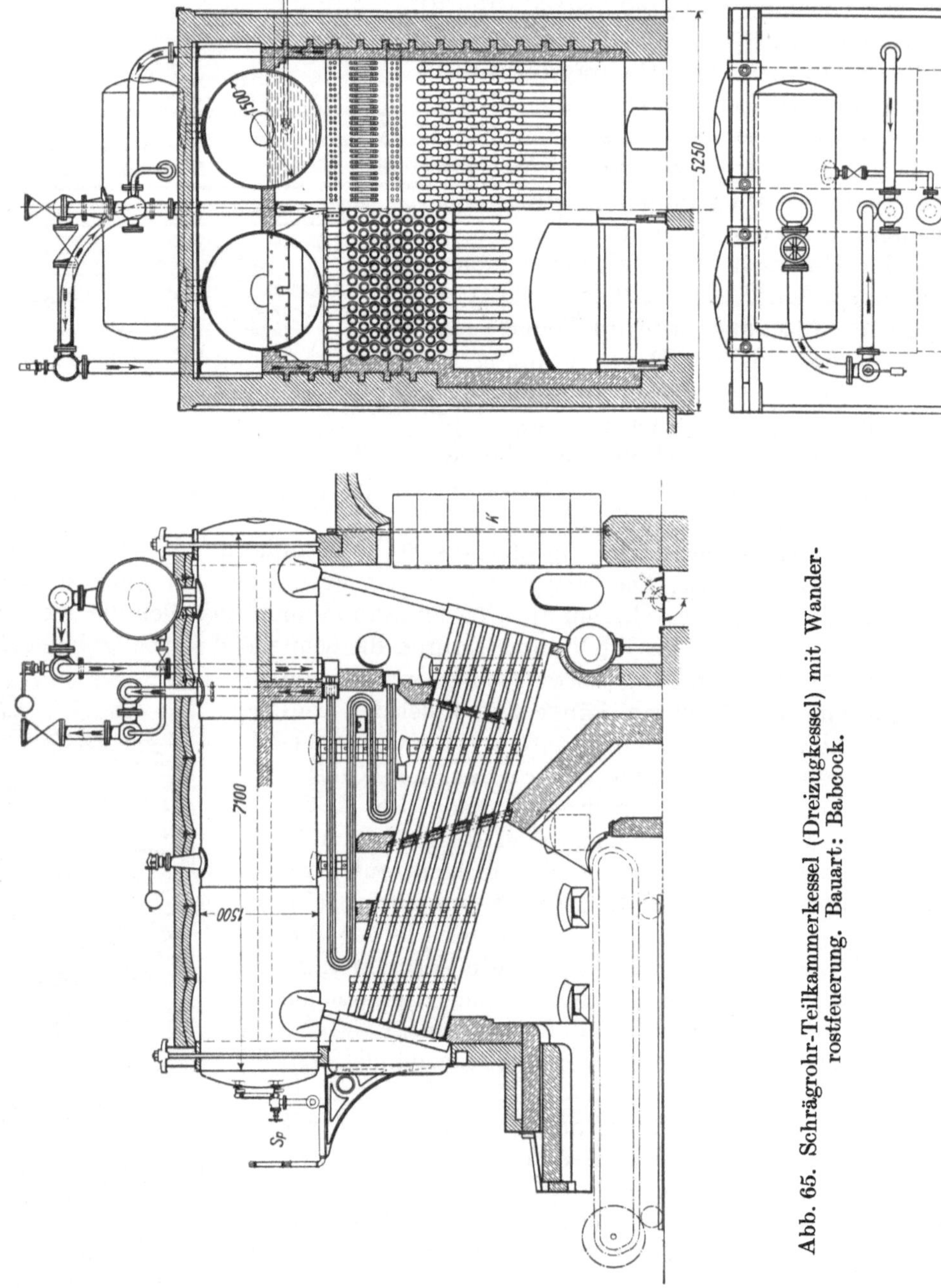

Abb. 65. Schrägrohr-Teilkammerkessel (Dreizugkessel) mit Wanderrostfeuerung. Bauart: Babcock.

60 at Zweizugkessel und über 60 at Einzugkessel bis zu Leistungen von 100 bis 120 kg/m²h. Es können eine oder mehrere Kesseltrommeln verwendet werden, wie aber bereits in Ziffer 47 erwähnt wurde, geht man der billigeren Herstellung halber bei neuzeitlichen Kesseln auf eine möglichst geringe Trommelzahl herunter.

Abb. 68 zeigt eine ältere, zwar neuerdings nicht mehr gebaute, aber noch viel in Betrieb befindliche Bauart eines Vieltrommel-Steilrohrkessels in einer Ausführung der Hanomag. Es wird in den hinteren oberen Kessel gespeist, aus dem das Wasser in den

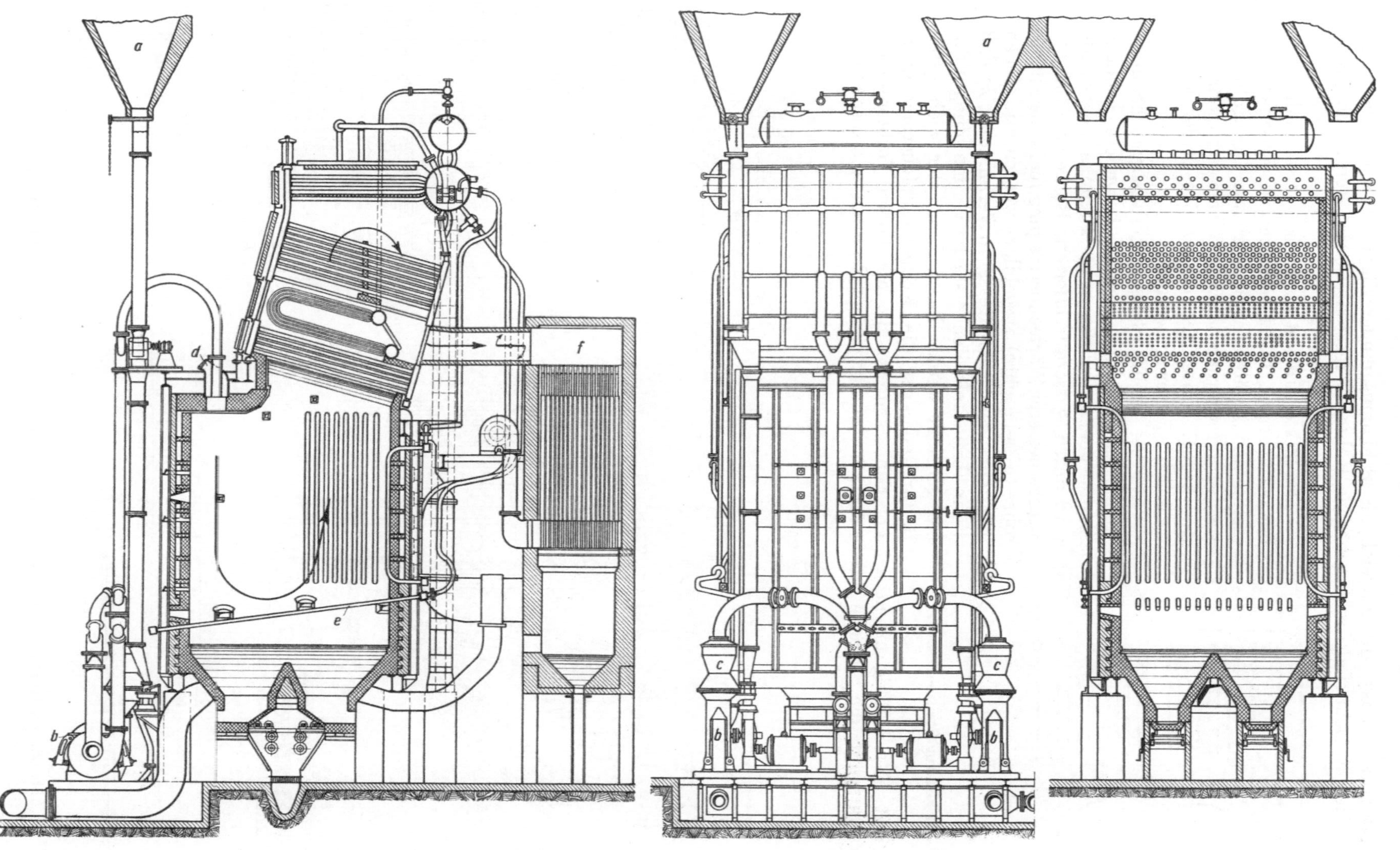

Abb. 66. Teilkammerkessel (Zweizugkessel) mit Kohlenstaubfeuerung der Babcockwerke (Zeche Mont Cenis, Sodingen).

Unterkessel niedersinkt, der zugleich als Schlammsammler dient. Alle Verbindungen zwischen den Kesseln sind durch gebogene Röhren hergestellt, so daß der Kessel große Schmiegsamkeit besitzt.

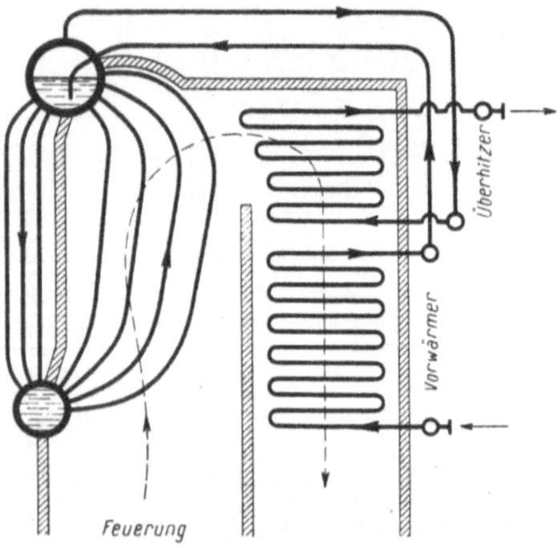

Abb. 67. Einzug-Steilrohrkessel.

Der Kessel arbeitet als Dreizug-Kessel mit Wanderrostfeuerung. Der Überhitzer ist zwischen dem ersten und zweiten Zug eingebaut. Die Fallrohre werden nur schwach beheizt, weil sie erst im dritten Zug liegen. Hinter dem dritten Zug ist der Speisewasservorwärmer angeordnet.

Die bei Steilrohrkesseln weitgehend benutzte Kohlenstaubfeuerung bedingt besondere bauliche Ausführungen. Der Schutz der Brennkammerwände wird durch wasserdurchflossene Rohre erreicht, die zwecks besserer Wärmeübertragung meist als Flügelrohre (Flossenrohre) ausgebildet werden. Sie stehen mit dem eigentlichen Kessel in Verbindung, so daß die in ihnen auftretende starke Verdampfung nutzbar gemacht werden kann. Einer der wichtigsten Bestandteile, der die Kohlenstaubfeuerung überhaupt erst betriebsfähig macht, ist der Schlackenrost. Bei der hohen Verbrennungstemperatur würde die Schlacke flüssig ausfallen und nach dem Erkalten eine zusammen-

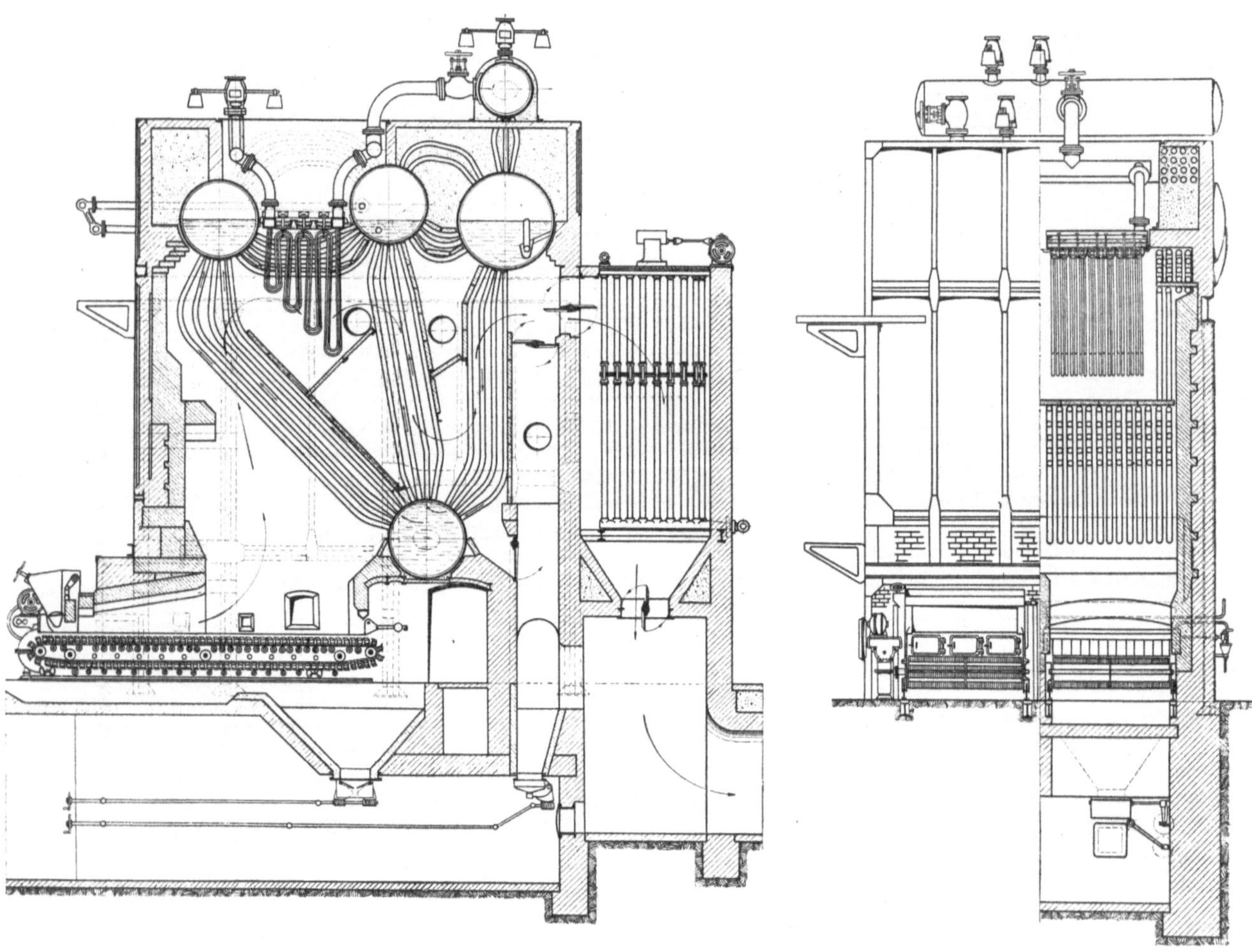

Abb. 68. Vieltrommelkessel (Dreizugkessel) älterer Bauart, Ausführung Hanomag.

hängende, kaum zu entfernende Masse bilden. Man läßt daher die Schlacke auf den sogenannten Granulierrost (von Kühlwasser durchflossene Rohre) fallen, durch den sie plötzlich gekühlt und dadurch gekörnt wird. Der Granulierrost steht ebenso wie die Kühlrohre der Wände mit dem Kessel in Verbindung und stellt gleichfalls eine wirksame Heizfläche dar. Abb. 69 zeigt einen Steilrohrkessel von 1000 m² Heizfläche mit Kohlenstaubfeuerung, der von den Vereinigten Kesselwerken A.-G., Düsseldorf, für die Zeche Matthias Stinnes 1/2 in Karnap bei Essen geliefert worden ist. Flügelrohre und Granulierrost sind mit ihren Verbindungen mit dem Kessel aus Aufriß und Grundriß deutlich zu ersehen. Der Kohlenstaub wird senkrecht nach unten eingeblasen. Die Flamme erfährt eine Umlenkung nach oben, strahlt Wärme an die Flügelrohre ab und umspült die Wasserröhren und den Überhitzer, worauf die Heizgase ihre restliche Wärme an den Luftvorwärmer abgeben und entweichen. Die vorgewärmte Luft streicht durch die Seitenwände der Brennkammer, diese kühlend und sich selbst weiter erhitzend, und wird schließlich der Feuerung von der Vorderwand aus als Sekundärluft zugesetzt. Aus Abb. 70 ist ein Steilrohrkessel mit Lopulco-Kohlenstaubfeuerung der Kohlenschei-

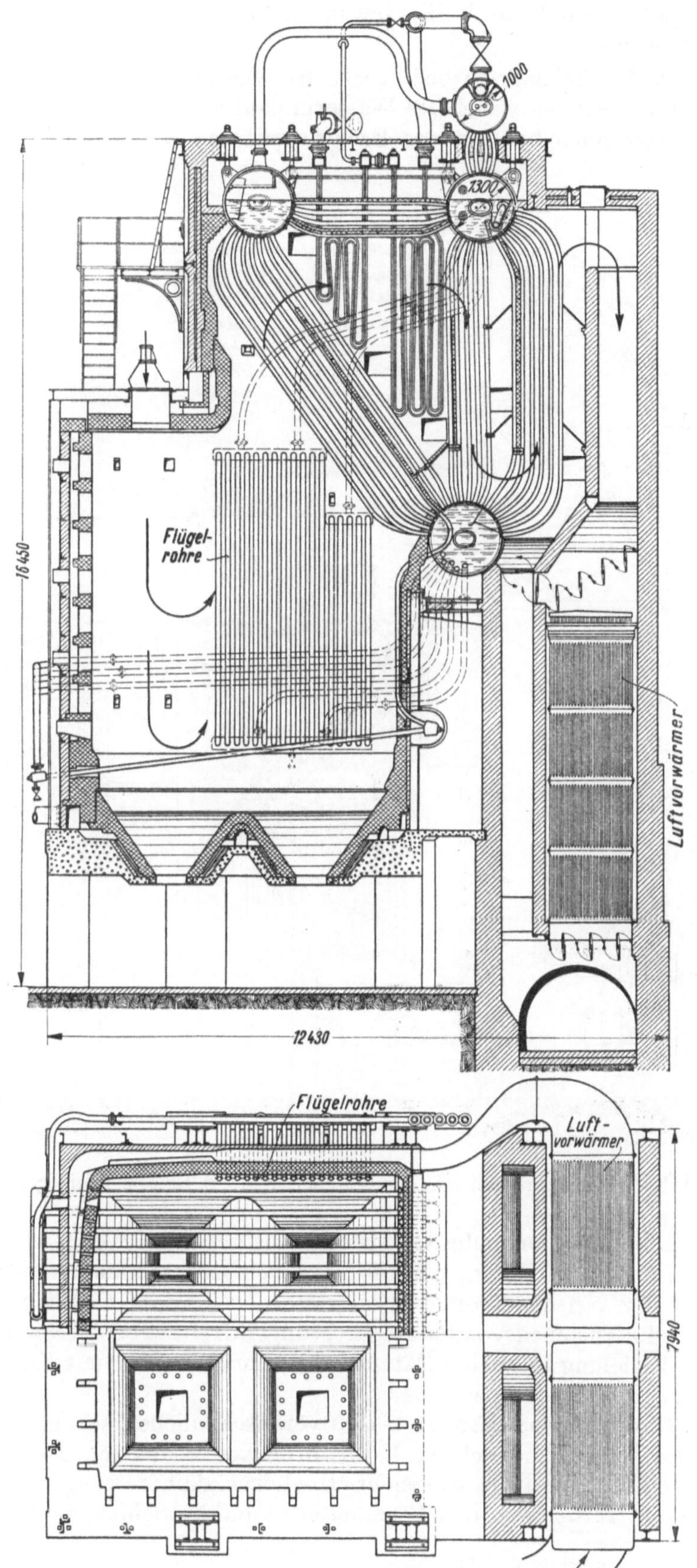

Abb. 69. Steilrohrkessel mit Kohlenstaubfeuerung der Vereinigten Kesselwerke A. G., Düsseldorf.

dungsgesellschaft m. b. H., Berlin, in Verbindung mit der Kohlenstaubaufbereitung[1] zu ersehen.

52. Sonderbauarten von Höchstdruckkesseln. Kennzeichnend für die einzelnen Bauarten ist, wie der gesicherte Wasserumlauf erreicht, und ob der Betriebsdampf unmittelbar oder mittelbar mit der Feuerungswärme erzeugt wird. Nach der Art des Wasserumlaufs unterscheidet man:

a) Kessel mit natürlichem Wasserumlauf (z. B. Schmidt-Kessel),

b) Kessel mit Zwangsumlauf (z. B. La-Mont- und Löffler-Kessel) und

c) Kessel mit Zwangsdurchlauf (z. B. Benson- und Sulzer-Kessel).

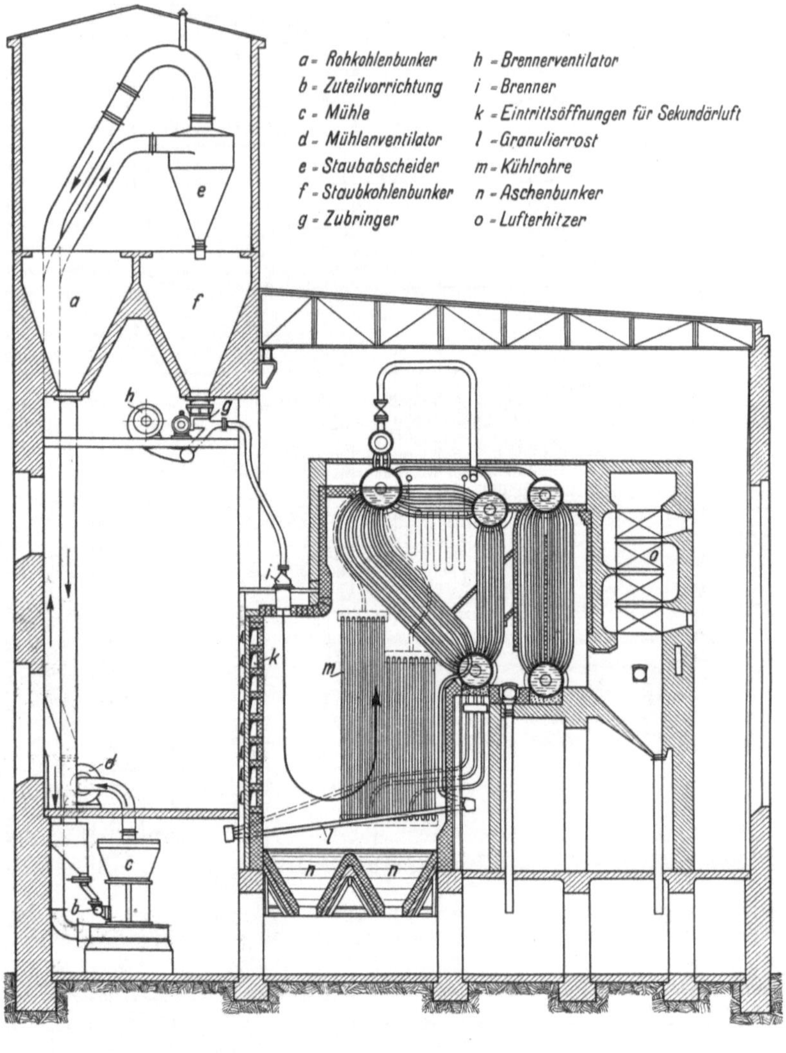

Bei den Zwangsumlaufkesseln wird das Wasser durch eine besondere Pumpe in den Heizrohren umgewälzt, während bei den Zwangsdurchlaufkesseln mit der Speisepumpe gerade so viel Wasser durch die Kesselrohre gedrückt wird, wie der Kessel augenblicklich verdampft. Der Zwangsumlauf und Zwangsdurchlauf gestattet die Verwendung enger Rohre (30 bis 40 mm), die ohne Rücksichtnahme auf natürlichen Wasserumlauf so angeordnet werden können, wie es für die Wärmeübertragung und Rauchgasführung am günstigsten ist.

Abb. 70. Steilrohrkessel mit Lopulco-Feuerung und Einzelmahlanlage.

Die mit Trommeln versehenen Ausführungen können mit chemisch aufbereitetem Speisewasser arbeiten, weil die Trommeln abgeschlämmt oder abgesalzt werden können, und der von den Trommeln abgeschiedene Dampf ziemlich trocken und salzfrei ist, so daß die Turbinen von Salzverkrustungen frei bleiben. Trommellose Bauarten speist man zur Erzielung salzfreien Dampfes zweckmäßiger nur mit Kondensat und in Verdampfern erzeugtem Zusatzspeisewasser.

Die folgenden Abb. 71 bis 73 veranschaulichen schematisch Aufbau und Wirkungsweise der gebräuchlichsten Höchstdruckkesselbauarten. Der Schmidt-Kessel in Abb. 71 ist ein mittelbar wirkender Hochdruckdampferzeuger mit natürlichem Wasserumlauf. In den von den Feuergasen bespülten Schlangenrohren des Heizdampferzeugers

[1] Vgl. Ziffer 42 und 60.

wird Sattdampf erzeugt, dessen Druck über dem Betriebsdampfdruck liegt, damit seine Temperatur höher ist. Über den außerhalb liegenden Zwischenbehälter *a* strömt der Heizdampf durch das in der Betriebsdampftrommel angeordnete Rohrsystem und gibt seine Verdampfungswärme zum Verdampfen des umgebenden Kesselwassers ab, aus dem der Betriebsdampf entwickelt wird. Nach der Abkühlung fließt das Kondensat des Heizdampfes zum Zwischenbehälter zurück und von dort durch Fallrohre zum Sammler *b*,

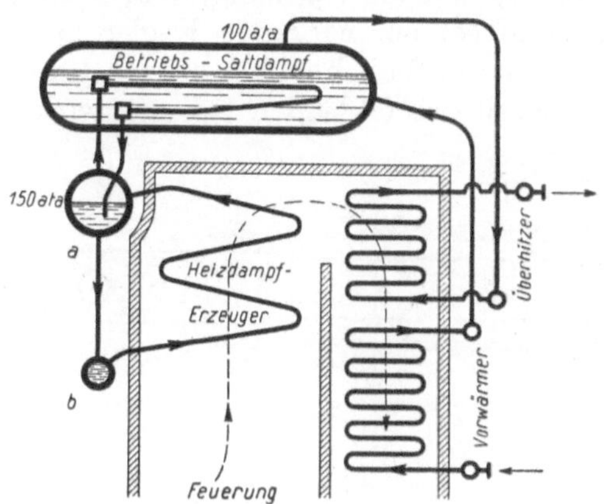

Abb. 71. Dampferzeugung im Schmidt-Hochdruckkessel.

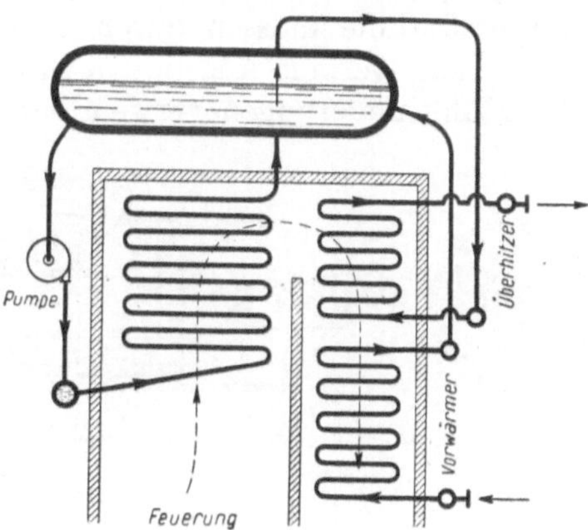

Abb. 72. Dampferzeugung im La-Mont-Hochdruckkessel.

worauf der Kreislauf neu beginnt. Die für den Heizdampf gebrauchte geringe Wassermenge, welche bis auf ganz geringe Undichtheitsverluste im Kreislauf benutzt wird, soll Kondenswasser sein, während das für den Betriebsdampf benötigte Speisewasser chemisch aufbereitet werden kann. Ehe der Betriebsdampf zur Turbine gelangt, wird er im Überhitzer überhitzt.

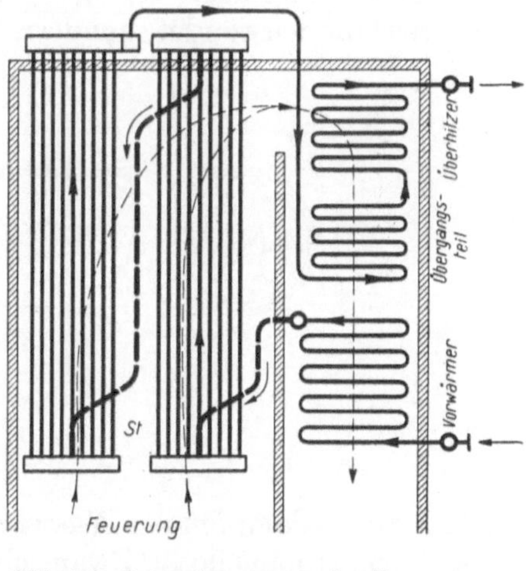

Der La-Mont-Hochdruckkessel nach Abb. 72 ist ein Zwangsumlaufkessel, bei dem die Wasserverteilung zwangsläufig durch eine Umwälzpumpe erfolgt. Die Umwälzpumpe holt das Wasser aus der Kesseltrommel und drückt es über einen kleinen Sammler zunächst in die im Feuerraum angeordneten Siederohre, wo es zum Teil verdampft wird. Die Rohreintritte erhalten Drosselstellen, um jedem Rohr die seiner Wärmeaufnahme entsprechende Wassermenge zuzuteilen. Dampf und Wasser werden weiter zur Obertrommel gedrückt, in der das Dampf-Wasser-Gemisch entmischt wird. Die Dampferzeugung ist also unmittelbar wie in normalen Wasserröhrenkesseln. Der Hauptunterschied liegt in dem erzwungenen Wasserumlauf, der es ermöglicht, das Röhrensystem beliebig anzuordnen, so daß der Aufbau ganz den Feuerungsverhältnissen und der Heizgasströmung zweckentsprechend angepaßt werden kann. Das Siederohrsystem nebst Umwälzpumpe eignet sich auch vorzüglich für den Einbau als Zusatz-Strahlungsheizfläche zur Leistungssteigerung älterer Kessel. Die Obertrommel ermöglicht das Abschlämmen überschüssiger Salze, so daß mit chemisch aufbereitetem Speisewasser gearbeitet werden kann, ohne mit zu großem Salzgehalt des Dampfes rechnen zu müssen.

Abb. 73. Dampferzeugung im Benson-Hochdruckkessel.

Der Benson-Hochdruckkessel in Abb. 73 ist das Beispiel eines trommellosen Zwangsdurchlaufkessels mit unmittelbarer Dampferzeugung. Das Speisewasser wird von der Speisepumpe durch den Vorwärmer dem Strahlungsteil *St* zugeführt. Von dort gelangt es zu dem eigentlichen Verdampfer, Übergangsteil genannt, der zur Schonung der Rohre nur schwach beheizt wird. In dem unmittelbar hinter dem Feuerraum in der heißesten Zone des Rauchgasstromes liegenden Überhitzer wird der Dampf überhitzt. Der Zwangsdurchlauf gestattet die Verwendung kleiner Rohrdurchmesser, so daß die Wirkung etwaiger Rohrreißer nur gering bleibt. Weil nur die engen Rohre mit Wasser gefüllt sind, und die Speisepumpe nur so viel Wasser zuführt, wie gerade verdampft wird, ist die Speicherwirkung des Kessels sehr gering, und die Speisung, Wärmezufuhr und Dampfentnahme müssen durch zuverlässige und schnell wirkende Regler aufeinander abgestimmt werden. Aus diesem Grunde sind auch nur die schnell regelbaren Staub-, Gas- oder Mühlenfeuerungen verwendbar. Der Nachteil der fehlenden Speicherwirkung

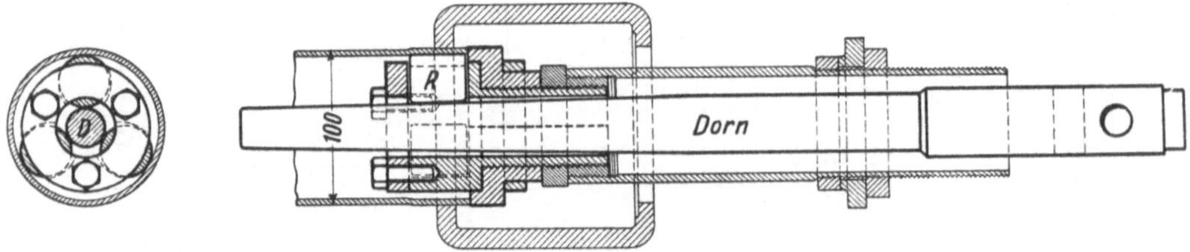

Abb. 74. Rohrwalze.

wird andererseits durch die sehr kurze Anfahrzeit wieder wettgemacht, so daß sich der Kessel auch zur Deckung großer, kurzfristiger Spitzenbelastungen eignet. Die Anfahrzeit des kalten Kessels beträgt etwa eine halbe Stunde. Für die Speisung wird nur Kondenswasser benutzt.

Von anderen Sonderbauarten seien noch der Löffler-Kessel und der Sulzer-Kessel erwähnt. Der Löffler-Kessel ist ein Zwangsumlaufkessel mit mittelbarer Beheizung. Der als Wärmeträger benutzte Heizdampf wird aber nicht wie beim Schmidt-Kessel im Kreislauf verwendet, sondern hochüberhitzt der Verdampfertrommel zugeführt, wo

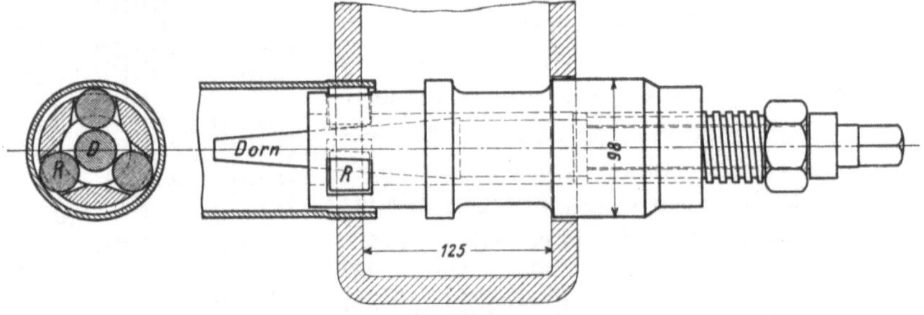

Abb. 75. Rohrwalze.

er dem zu verdampfenden Wasser zugemischt wird. Der Sulzer-Kessel ist wie der Benson-Kessel ein trommelloser Zwangsdurchlaufkessel mit den gleichen Vor- und Nachteilen der fehlenden Speicherwirkung. Er ist dadurch gekennzeichnet, daß der ganze Dampferzeuger als ein einziges Rohr großer Länge (Einrohrkessel) ausgeführt ist, in dem das von der Speisepumpe entsprechend der Dampfentnahme zugedrückte Wasser nacheinander vorgewärmt, verdampft und überhitzt wird.

Bei den Hochdruckkesseln geht man heute auf Betriebsdrücke bis zu 150 at und Überhitzungstemperaturen bis zu 520°. Mit Rücksicht darauf, daß die den Hochdruckdampf verarbeitenden Gegendruckturbinen erst bei großen Leistungen wirtschaftlich sind, kommen nur Kessel mit hohen Stundenleistungen (40 bis 100 t/h) in Betracht.

53. Das Einwalzen der Kesselröhren. Die Abb. 74 bis 76 zeigen sogenannte Rohrwalzen. Drei gehärtete Rollen *R* werden durch einen konischen Dorn *D* von innen gegen das einzuwalzende Rohr gepreßt; indem der Dorn *D* unter wiederholtem Nachpressen gedreht wird, wird das Rohr eingewalzt. Bei der in Abb. 74 dargestellten Rohrwalze wird der Dorn mit einem Hammer nachgetrieben, bei den beiden andern durch Gewinde. Gut eingewalzte Rohre sind durchaus sicher mit dem Kessel verbunden. Auch Flanschen werden auf Röhren durch Einwalzen befestigt, Abb. 76.

54. Dampfüberhitzer. Über Art und Bedeutung des überhitzten Wasserdampfes vgl. die Ziffern 1, 11 und 14. Der Überhitzer soll den Dampf nicht nur überhitzen, sondern auch trocknen. Das ist bei den heutigen hochbeanspruchten Kesseln besonders wichtig. Die grundsätzliche Anordnung des Überhitzers geht aus der Abb. 77 hervor. Auf dem Wege vom Kessel zur Maschine geht die Überhitzung zum Teil verloren. Wieviel, muß

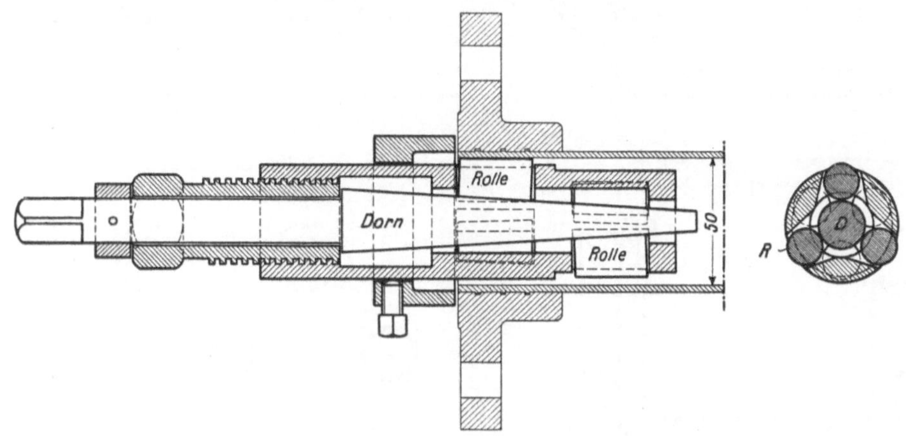

Abb. 76. Einwalzen eines Rohrflansches.

in jedem Falle besonders gerechnet werden. Vgl. Ziffer 61. Der Überhitzer, der heut zu jedem Kessel gehört, wird mit dem Kessel organisch verbunden, wie es die früheren Abbildungen von Flammrohr- und Röhrenkesseln zeigen. Er besteht aus Kammern, die durch stählerne Rohrschlangen miteinander verbunden sind. Bis zu mittleren Drücken führt man die Schlangen meist mit 38 mm äußerem Durchmesser und 3 mm Wandstärke aus.

Die Abb. 78 und 79 zeigen Überhitzerkammern im Schnitt. Wie der Dampf dem Kessel entnommen und durch den Überhitzer geleitet wird, ist aus den früheren Kesselabbildungen gut ersichtlich. Es ist vorgeschrieben, daß der Überhitzer mit einem Sicherheitsventil und einer Entwässerungsvorrichtung ausgerüstet ist. Beim Anheizen muß der Überhitzer mit Wasser gefüllt sein.

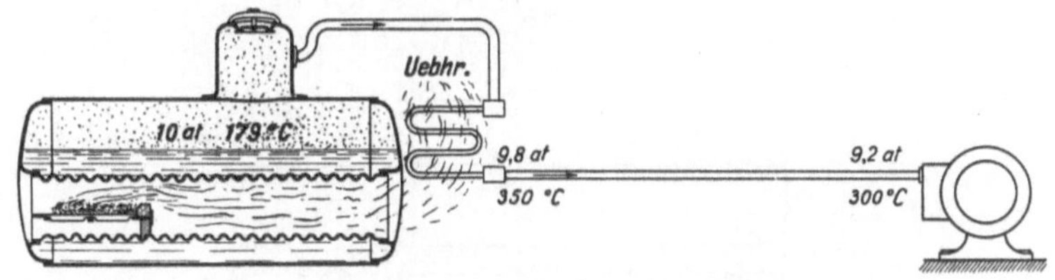

Abb. 77. Anordnung des Überhitzers.

Um die Überhitzungstemperatur zu regeln und gegebenenfalls den Überhitzer ganz auszuschalten, ordnete man früher Klappen an, durch welche die Menge der zum Überhitzer strömenden Rauchgase einstellbar war. Die Klappen und die Stangen werden aber in der Hitze krumm, so daß es vorkommt, daß sie sich nicht mehr verstellen lassen. Innerhalb enger Grenzen kann man die Heißdampftemperaturen dadurch herabsetzen, daß man dem überhitzten Dampf durch eine Mischleitung (vgl. Abb. 65), wie sie häufig an Kesseln angeordnet ist, gesättigten Dampf zuführt. Weil dann aber der Überhitzer von weniger Dampf durchströmt wird als vorher, so treten im Überhitzer selbst höhere Temperaturen auf als vorher, die den Überhitzer gefährden und die kühlende Wirkung des Sattdampfzusatzes zum Teil aufheben. Um die Heißdampftemperatur innerhalb weiterer Grenzen zu regeln, kühlt man entweder den überhitzten Dampfstrom, indem man seine überschüssige Wärme in das Kesselwasser oder in das Speisewasser leitet; oder man führt dem Überhitzer zusätzlich mehr oder weniger Wasser zu, das er verdampfen und überhitzen muß.

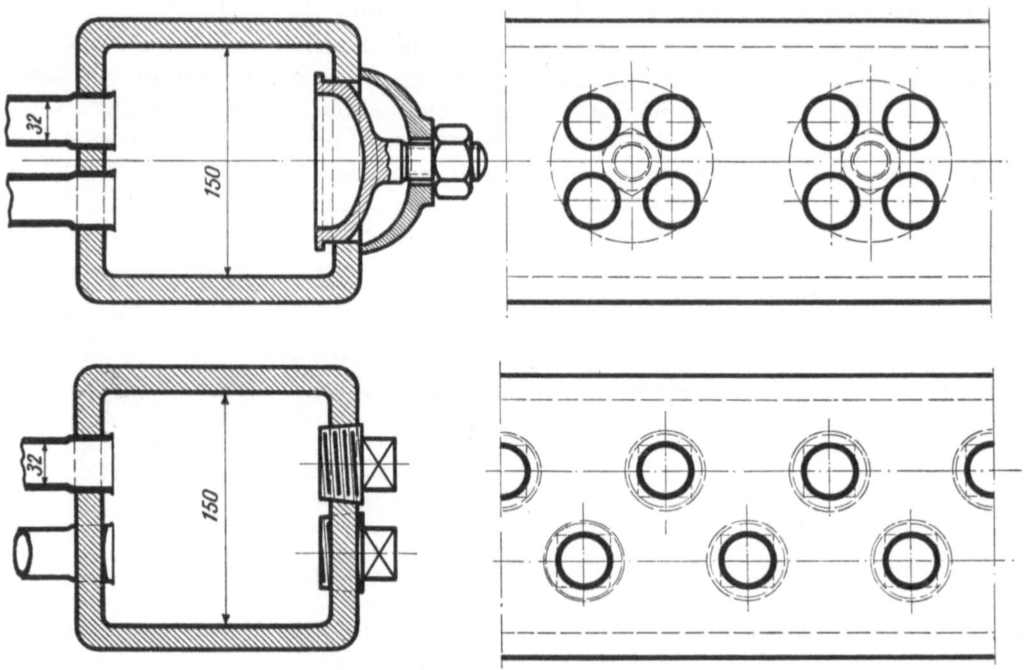

Abb. 78 und 79. Überhitzerkammern.

Aus Abb. 80 ist die Heißdampfregelung der Babcockwerke, Oberhausen, ersichtlich. Der Regler wird aus einem im Wasserraum untergebrachten Kühler A gebildet, der

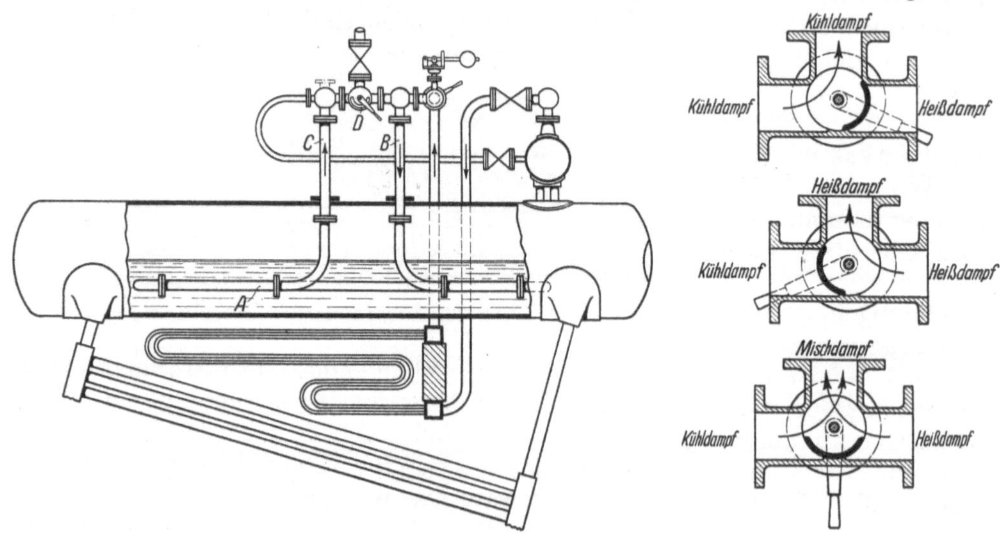

Abb. 80. Heißdampfregelung der Babcockwerke, Oberhausen.

einerseits durch die Leitung B mit dem Überhitzer und andererseits durch die Leitung C mit der Hauptdampfentnahme verbunden ist. Heiß- und Kühldampfleitung stehen durch ein Dreiwegemischventil D (aus den Schnittzeichnungen ersichtlich) in Verbindung. Je nach Einstellung des Mischventils wird Heißdampf niedrigster oder höchster oder einer beliebigen Zwischentemperatur erzielt. Der gesamte im Kessel erzeugte Dampf wird also stets durch den Überhitzer geleitet, so daß ein Ausglühen der Überhitzerrohre nicht eintreten kann. Wärmeverluste entstehen nicht, da die überschüssige Heißdampfwärme immer wieder durch den Kühler *A* an das Kesselwasser abgeführt wird.

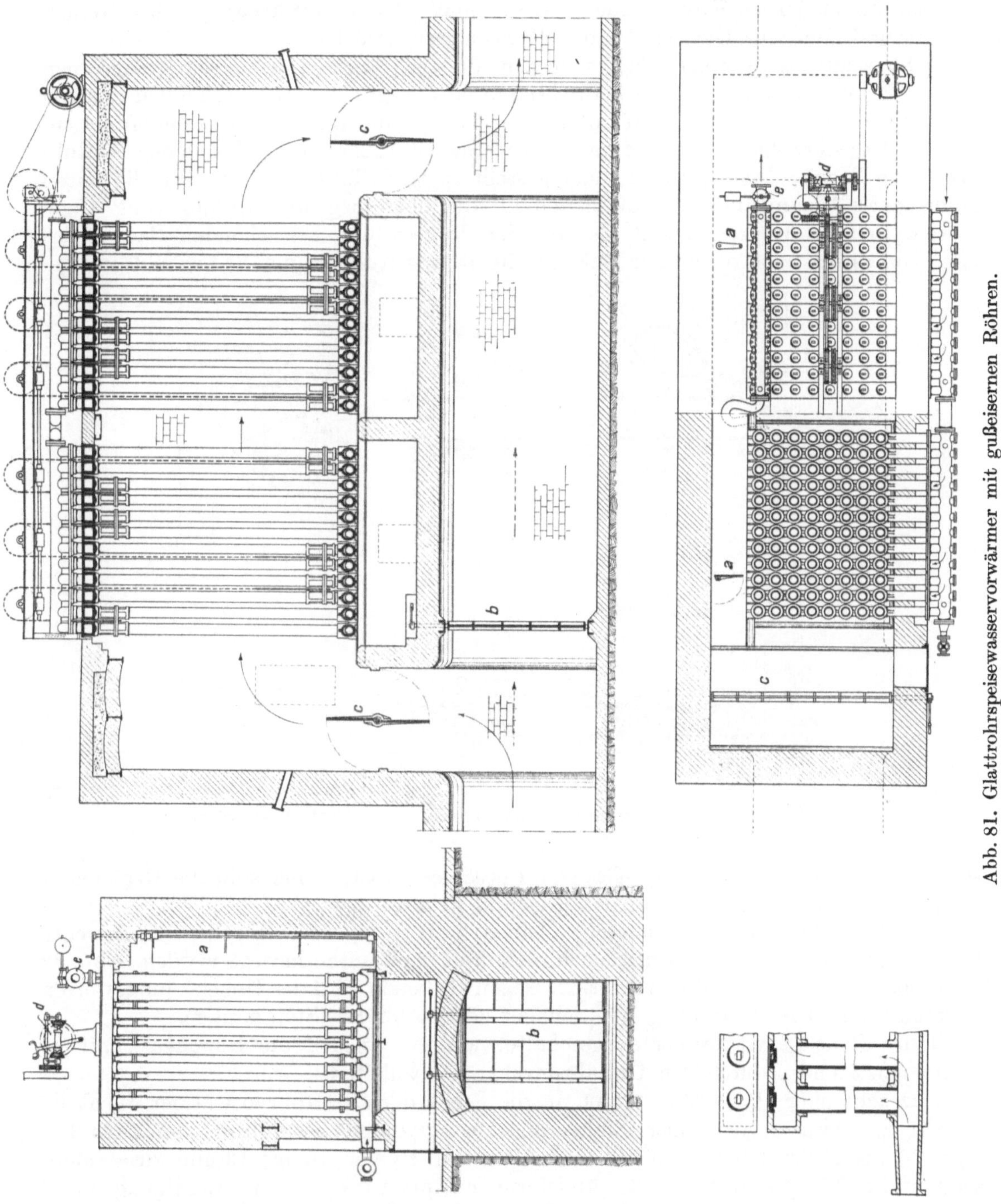

Abb. 81. Glattrohrspeisewasservorwärmer mit gußeisernen Röhren.

55. Speisewasservorwärmer. Der Speisewasservorwärmer (auch Rauchgasvorwärmer oder Ekonomiser genannt) liegt hinter dem Kessel und wird von den aus dem Kessel noch ziemlich heiß austretenden Rauchgasen umspült, während das Speisewasser durch seine Rohre in den Kessel gedrückt wird. Das Speisewasser soll mit mindestens 40^0 eintreten, damit sich an den Rohren des Vorwärmers kein Schwitzwasser bildet, das Korrosionen und Anfressungen veranlaßt. Wegen des größeren Temperaturunterschiedes kann man durch den Rauchgasvorwärmer die Rauchgase bis zu einer tieferen Temperatur herab ausnützen, als unter dem Kessel selbst. Die Heizfläche des Rauchgasvorwärmers ist also wirksamer, außerdem auch erheblich billiger als die Kesselheizfläche. Deshalb findet man bei modernen Kesseln eine verhältnismäßig kleine, hochbeanspruchte Kesselheizfläche und zum Ausgleich eine große Vorwärmerheizfläche.

Abb. 81 zeigt als Beispiel einen von den Babcock-Werken gebauten gußeisernen Glattrohr-Speisewasservorwärmer. Er besteht aus insgesamt 192 stehenden glatten Rohren. Je 8 Rohre sind oben und unten in ein Querrohr eingesetzt und bilden ein sogenanntes Register. Jedes Register hat unten einen Zuflußstutzen, oben einen Abflußstutzen. Die Register sind nebeneinander gestellt; ihre Zuflußstutzen sind an die unten liegende Zuflußleitung, ihre Abflußstutzen an die oben liegende Abflußleitung angeschlossen. In allen Rohren strömt also bei der dargestellten herrschenden Bauart das Wasser von unten nach oben. Der Zugänglichkeit wegen ist an der Seite ein Gang ge-

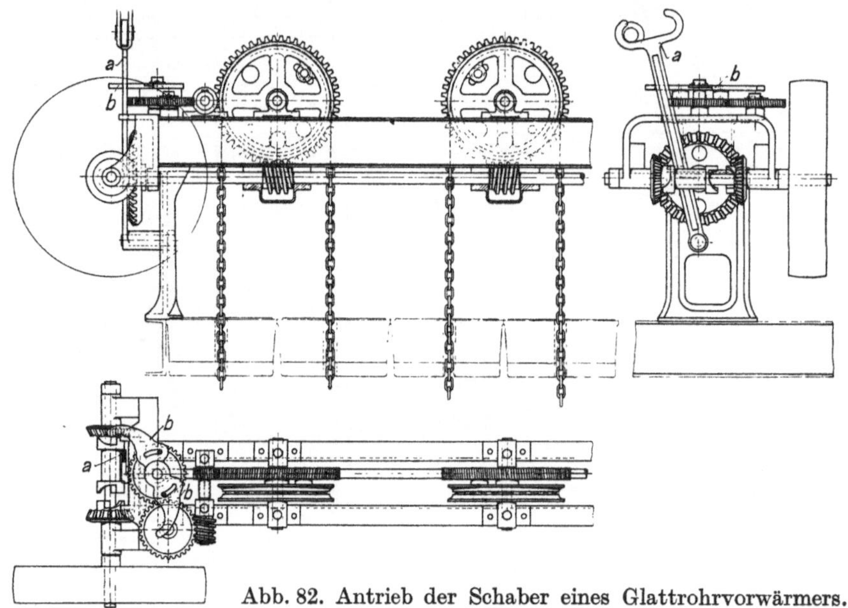

Abb. 82. Antrieb der Schaber eines Glattrohrvorwärmers.

lassen, der im Betriebe durch die Klappen *a* geschlossen ist, ferner sind die Register in 2 Gruppen aufgestellt, zwischen denen Abstand gelassen ist.

Damit die Rohre frei von Flugasche bleiben, werden sie durch mechanisch bewegte Schaber abgekratzt, die umschichtig nach oben und nach unten bewegt werden. Abb. 82 (Steinmüller) veranschaulicht den Antrieb. Gegen Hubende wird der Hebel *a* umgeworfen und steuert um. Die Anordnung der Schaber zeigt Abb. 83 (Steinmüller).

Soll der Rauchgasvorwärmer ausgeschaltet werden, so sind die Rauchgase mittels der Klappen *b* und *c* durch den Umführungskanal abzuleiten.

Für Drücke über 30 bis 35 at treten an die Stelle der Glattrohrvorwärmer die Rippenrohr-Speisewasservorwärmer. Sie werden aus Spezialgußeisenrohren von 1 bis 3 m Länge, 60 bis 100 mm lichter Weite und Wandstärken von 10 bis 13 mm zusammengesetzt, die außen quadratische oder kreisförmige Rippen tragen. Eine Reinigung durch Schaber wie bei Glattrohren ist nicht mehr möglich, weshalb besondere Rußbläser angeordnet werden müssen. Die einzelnen waagerechten Rippenrohre werden durch Rohrkrümmer miteinander verbunden. Bei kleinen Leistungen (bis zu 20 t/h) kann man die ganze Speisewassermenge durch einen so zusammengebauten Strang strömen lassen, während bei höheren Leistungen mehrere Stränge parallel geschaltet werden. Abb. 84 zeigt Einzelrohr und Rohrstrang eines Rippenrohrvorwärmers.

Geringeren Raum beanspruchen die Stahlrohr-Speisewasservorwärmer. Infolge geringerer Wandstärke ist der Wärmeübergang besser als bei gußeisernen Rohren, so daß man etwa nur die halbe Vorwärmheizfläche braucht. Sie lassen sich sehr elastisch aufbauen und eignen sich für höchste Drücke, leiden jedoch stark unter Rost, so daß

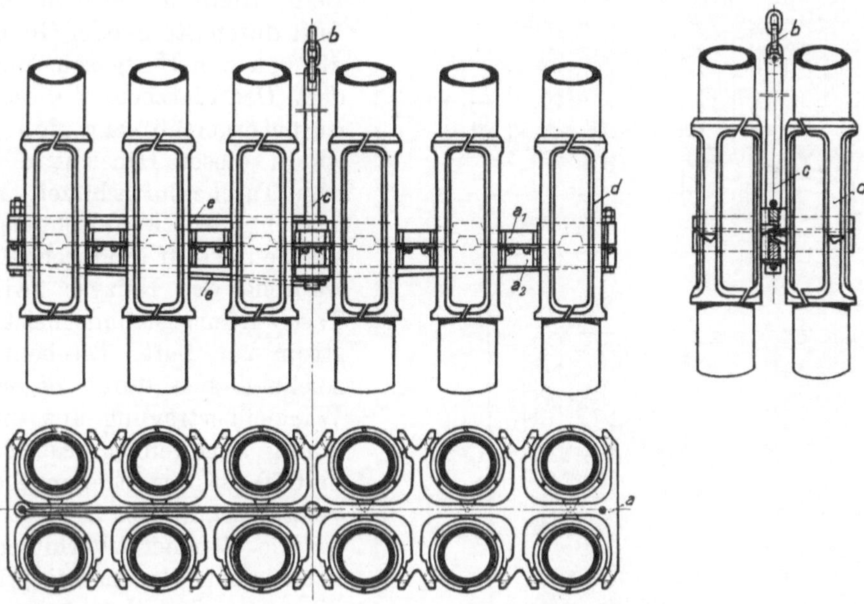

Abb. 83. Die Schaber eines Glattrohrvorwärmers.

häufiger Rohre auszuwechseln sind. Bei Hochdruckkesseln arbeitet man deshalb auch mit zweistufiger Vorwärmung und benutzt in der ersten Stufe einen Gußeisenvorwärmer, in der zweiten einen Flußstahlvorwärmer. Die Kesselspeisepumpe liegt zwischen beiden

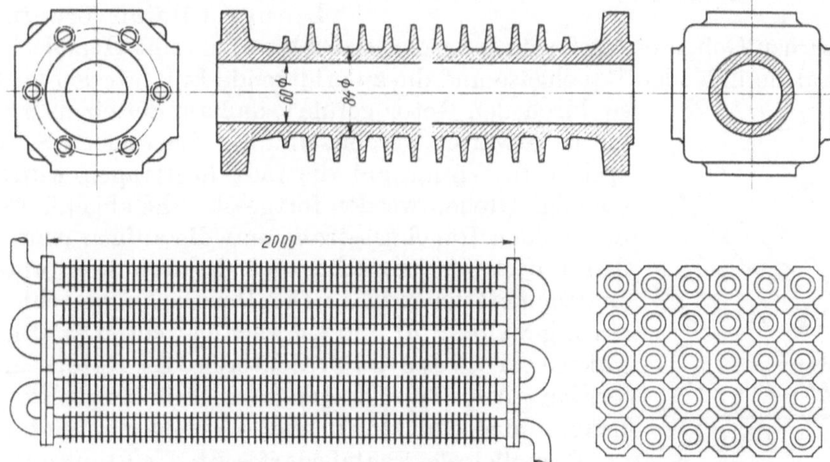

Abb. 84. Einzelrohr und Rohrstrang eines Rippenrohrvorwärmers.

Stufen. Der Vorteil besteht darin, daß nur die zweite Stufe den hohen Druck auszuhalten hat, und daß die Stahlrohre weniger leicht rosten, weil sie bereits hocherwärmtes Wasser aufnehmen, und sich dadurch kein Schwitzwasser auf ihnen bildet.

56. Lufterhitzer. Hohe Dampfdrücke verteuern die Rauchgasvorwärmer und verringern ihre Betriebssicherheit. Man arbeitet dann günstiger mit Speisewasservorwärmung durch Anzapfdampf und nutzt die Abgaswärme zum Erhitzen der Verbrennungsluft aus. Die gebräuchlichen Lufterhitzer lassen sich nach ihrer Wirkungsweise in zwei

Gruppen einteilen: *Rekuperativerhitzer* und *Regenerativerhitzer.* Rekuperativerhitzer arbeiten wie die Speisewasservorwärmer. Heizgas und Luft werden getrennt geführt; der Wärmeaustausch erfolgt durch die Trennungswand hindurch. Beim Röhrenlufterhitzer strömt die Luft durch Stahl- oder Gußeisenrohre, die von den Heizgasen umspült werden. Der Platzbedarf dieser Erhitzer ist naturgemäß sehr groß. Günstiger ist in dieser Hinsicht der Platten- oder Taschenlufterhitzer. Er besteht aus schmalen Eisenblechtaschen, durch welche die Luft hindurchgeführt wird, während das Heizgas zwischen den Taschen durchströmt, meist im Kreuzstrom zur Luft. Taschenlufterhitzer zeichnen sich durch besonders gute Wärmeübertragung aus und werden häufig angewendet. Aus Abb. 66, 69 und 70 ist der Einbau dieser Luftvorwärmer in den Kessel zu ersehen.

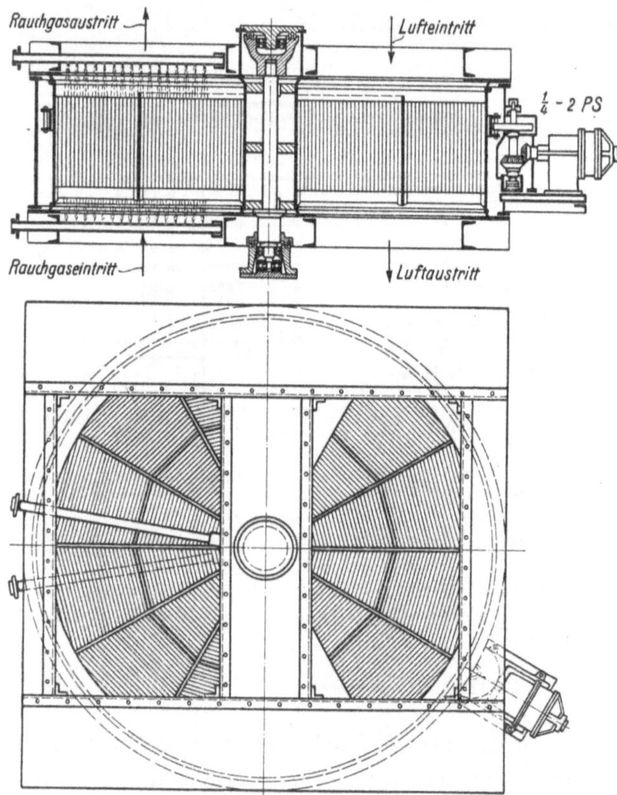

Abb. 85. Ljungströmluftvorwärmer[1].

Die Regenerativerhitzer arbeiten nach dem Regenerativprinzip von Siemens. Ein Heizkörper wird zunächst durch die Rauchgase erwärmt und gibt dann die aufgespeicherte Wärme an die vorübergeführte Luft ab. Der verbreitetste Lufterhitzer dieser Art ist der in Abb. 85 dargestellte *Ljungströmluftvorwärmer.* In einem schmiedeeisernen Gehäuse dreht sich langsam ($n = 2$ bis 4) ein mit Heizblechen besetzter Rotor. Die abzukühlenden Rauchgase und die zu erhitzende Luft werden im Gegenstrom so durch den Rotor geführt, daß auf der einen Seite die Heizbleche erwärmt werden, und auf der andern Seite die aufgespeicherte Wärme auf die Luft übertragen wird. Durch das ständige Drehen werden fortgesetzt die abgekühlten Bleche in den heißen Rauchgasstrom und die aufgewärmten Bleche in den Luftstrom gebracht und dadurch konstante Gas- und Lufttemperatur erzielt. Die Heizfläche besteht aus dünnen stark gewellten (b) und schwach gewellten (a) Blechen, die in Paketform in den zwölf Sektoren des Rotors untergebracht werden (Abb. 86). Durch zwei Rußbläserrohre (in Abb. 85 links) können die Heizflächen bequem gereinigt werden.

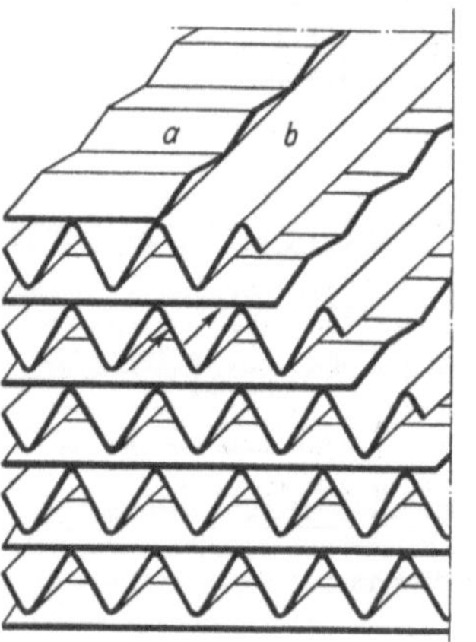

Abb. 86. Heizbleche des Ljungströmvorwärmers.

Bezüglich des Platzbedarfes ist der Ljungströmvorwärmer den Röhren- und Taschenerhitzern noch überlegen, wie ein Vergleich der früheren Abb. 69 und 70 mit der Abb. 87 zeigt, die einen gasgefeuerten Steilrohrkessel von 1000 m² Heizfläche mit Ljungströmvorwärmern, die hinter einen kleinen Speisewasservorwärmer geschaltet sind, darstellt (Vereinigte Kesselwerke A.-G., Düsseldorf). Einbau und Wirkungsweise sind aus der Zeichnung zu erkennen.

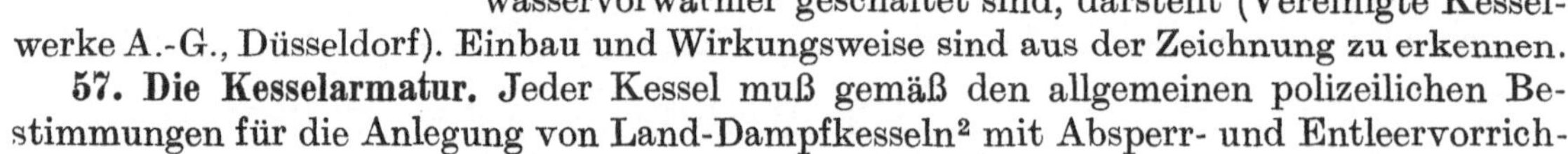

57. Die Kesselarmatur. Jeder Kessel muß gemäß den allgemeinen polizeilichen Bestimmungen für die Anlegung von Land-Dampfkesseln[2] mit Absperr- und Entleervorrich-

[1] Luftvorwärmer G. m. b. H., Berlin. [2] Vgl. Ziffer 29.

tungen, zwei Wasserstandvorrichtungen, Manometer und Sicherheitsventil ausgerüstet sein. Ferner muß nahe am Kessel ein Rückschlagventil, das sogenannte Speiseventil angebracht sein, damit das Wasser nicht aus dem Kessel zurücktreten kann, und zwischen Kessel und Speiseventil muß ein Absperrventil sitzen, damit man das Speiseventil vom Kessel absperren und nachsehen oder nacharbeiten kann. Die vorgenannten Stücke gehören zur feinen Armatur.

Die eine Wasserstandvorrichtung muß ein Wasserstandglas sein, als zweite sind Probierhähne erlaubt, doch wählt man meist ebenfalls ein Wasserstandglas. Abb. 88 ver-

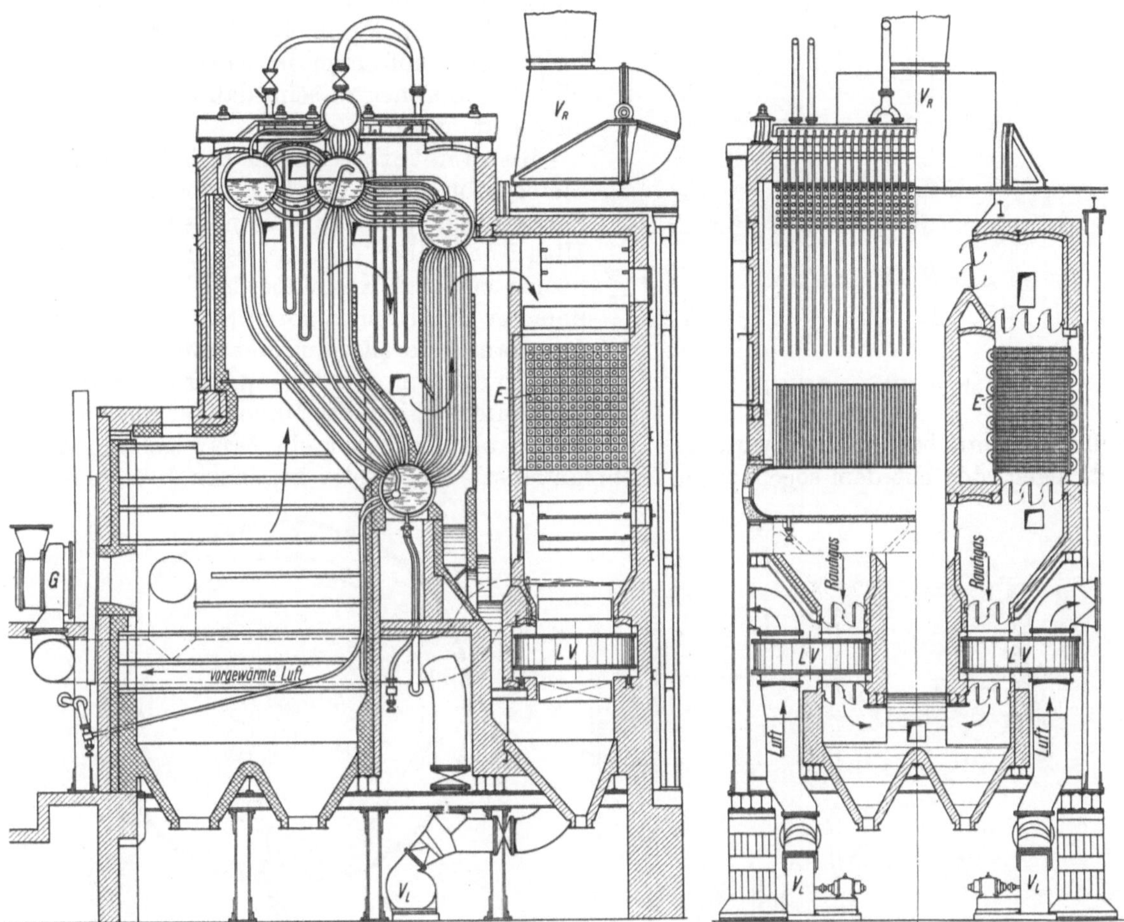

Abb. 87. Steilrohrkessel mit Ljungströmvorwärmern. *LV* Luftvorwärmer. *E* Speisewasservorwärmer (Ekonomiser). *G* Gasbrenner. V_L Luftventilator. V_R Rauchgasventilator.

anschaulicht die Einrichtung der Wasserstandgläser. Das Wasserstandglas ist mit dem Kessel verbunden, so daß das Wasser im Glase ebenso hoch steht wie im Kessel; an dem am Wasserstandglase angebrachten Zeiger kann man erkennen, wie hoch das Wasser im Kessel über dem niedrigsten Wasserstande steht. Bei modernen Kesseln liegt das gewöhnliche Wasserstandglas häufig so hoch und verdeckt, daß es vom Heizerstand aus nicht zu erkennen ist. Dann bedient man sich vorteilhaft der Wasserstandfernanzeiger, die dem Heizer das Ablesen an beliebiger Stelle ermöglichen. Abb. 89 veranschaulicht Aufbau und Wirkungsweise des Igema-Wasserstandfernanzeigers[1]. Die Anzeige wird nur durch das Kesselwasser übertragen, welches in einem U-Rohr auf eine wasserunlösliche Anzeigeflüssigkeit wirkt. Ein Schenkel des U-Rohres steht direkt mit dem Wasserraum in Ver-

[1] J. G. Merckens A.-G., Aachen.

bindung, während sich der andere mit Kondensat füllt. Sinkt der Wasserstand im Kessel, so verschiebt sich die Anzeigeflüssigkeit so lange, bis der Gleichgewichtszustand wieder hergestellt ist. Der Höhenunterschied im Kessel kann also an der Anzeigeflüssigkeit abgelesen werden. — Weil das Kesselwasser wallt, spielt auch der Wasserspiegel im Glase. Bei jedem Wasserstandglase müssen die Hähne und Ventile so eingerichtet sein, daß man während des Betriebes in gerader Richtung hindurchstoßen kann. Die Wasserstandvorrichtungen muß man in jeder Schicht abblasen, um sicher zu sein, daß sie sich nicht zugesetzt haben.

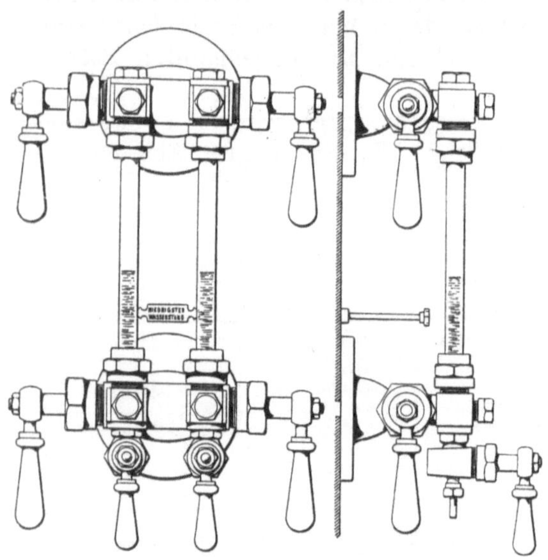

Abb. 88. Wasserstandglas.

Manometer werden als Rohrfedermanometer, Abb. 90, oder als Plattenfedermanometer ausgeführt. Die Manometer zeigen den Überdruck über die Atmosphäre an. Der höchst zulässige Kesselüberdruck ist am Manometer durch einen roten Strich markiert. Das Manometeranschlußrohr muß gekrümmt sein, so daß vor dem Manometer ein Wassersack entsteht, und das Manometer nicht vom heißen Dampf beaufschlagt wird. Im Manometerrohr ist ferner ein Dreiwegehahn anzubringen, der mit dem sogenannten Kontrollflansch ausgerüstet ist, einem 90 × 60 mm großen ovalen Flansche, an dem das Kontrollmanometer des Kesselprüfers angeschraubt wird. Beim Überschreiten des höchst zulässigen Kesseldruckes soll das Sicherheitsventil zu blasen beginnen. Auf dieses Ventil, Abb. 91, drückt von unten der Dampf, von oben das Belastungsgewicht, das mit der Hebelübersetzung b/a wirkt. Das Belastungsgewicht wird vom Kesselüberwachungsbeamten nach dem genehmigten höchsten Druck auf dem Hebel eingestellt, und darf nicht versetzt werden. Das dargestellte Sicherheitsventil ist ein sogenanntes Hochhubventil, das durch den ausströmenden Dampf bei mäßiger Überschreitung des Höchstdruckes bis

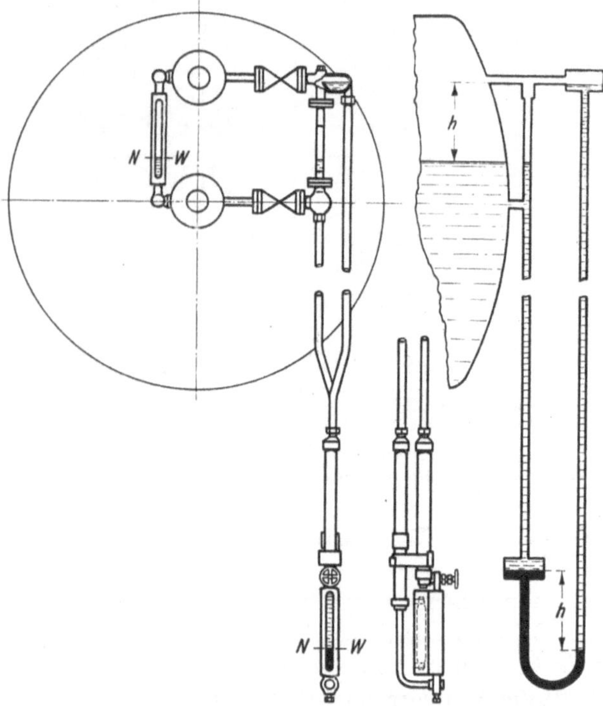

Abb. 89. Wasserstandfernanzeiger (Igema).

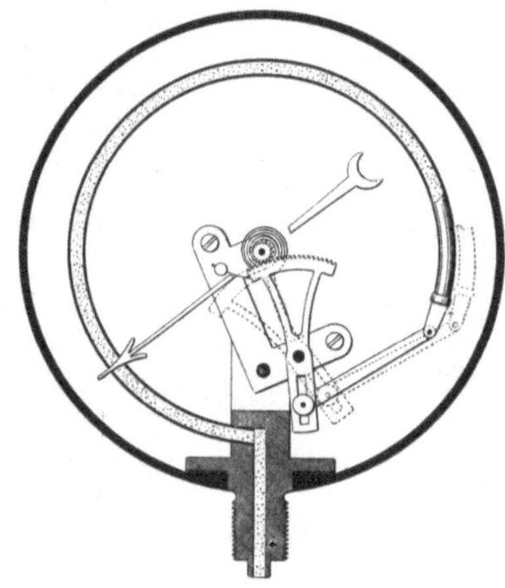

Abb. 90. Rohrfedermanometer.

zur vollen Hubhöhe geöffnet wird, und infolgedessen nur ⅓ des sonst vorgeschriebenen Querschnittes braucht. — In den Abb. 92 und 93 sind Armaturstücke dargestellt, die nicht vorgeschrieben sind. Die Alarmpfeife der Emil Hannemann G. m. b. H., Frohnau, Abb. 92, wirkt beim tiefsten Wasserstande sowohl wie beim höchsten. Sinkt das Wasser zu tief, so bekommt der rechte, am längeren Hebelarm wirkende Schwimmer das Übergewicht und öffnet das zur Dampfpfeife führende Ventil. Steigt das Wasser zu hoch, so bekommt wiederum, da der linke Schwimmer entlastet wird, der rechte das Übergewicht und öffnet wieder das Ventil zur Dampfpfeife. Abb. 93 zeigt den selbsttätig wirkenden Hannemannschen Speiseregler. Durch einen Schwimmer wird das doppelsitzige Ventil *d* mehr oder weniger geöffnet. Der Schwimmer besteht aus gebranntem säurefestem Ton, und sein Gewicht ist zum größten Teil durch die Gegengewichte *e* ausgeglichen. Wichtig ist, wie die Bewegung des Schwimmers nach außen übertragen wird. Der Schwimmer hängt an einem Hebel, dessen Achsen in zwei Gummistulpen gelagert sind, welche die nach außen durchgehende Achse vollkommen abdichten, und ihr reibungsfreie Drehung gewähren. Die Übertragung der Schwimmerbewegung auf das Speiseventil ist aus der Abb. 93 ersichtlich. Der Hebel, mit dem das Speiseventil verbunden ist, ist ebenso gelagert wie der Hebel, an dem der Schwimmer hängt.

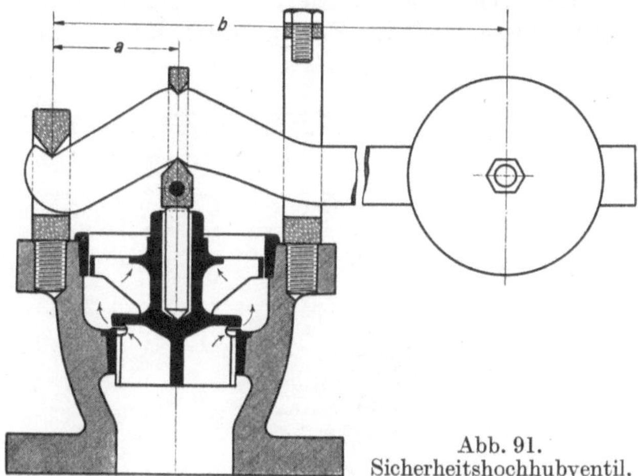

Abb. 91. Sicherheitshochhubventil.

Zur groben Armatur gehören Feuergeschränk nebst Rost (vgl. Abschnitt IV), Kesselstühle, Rauchschieber und Mannlöcher. An Stelle der Rauchschieber, die häufig schwer beweglich sind, wendet man auch Klappen mit senkrechter Achse an, die in einem Kugellager aufgehängt sind. Die Mannlöcher, die zum Befahren der Kessel dienen, sind oval ausgeschnitten und werden durch den Mannlochdeckel von innen geschlossen. Vgl. Abb. 94.

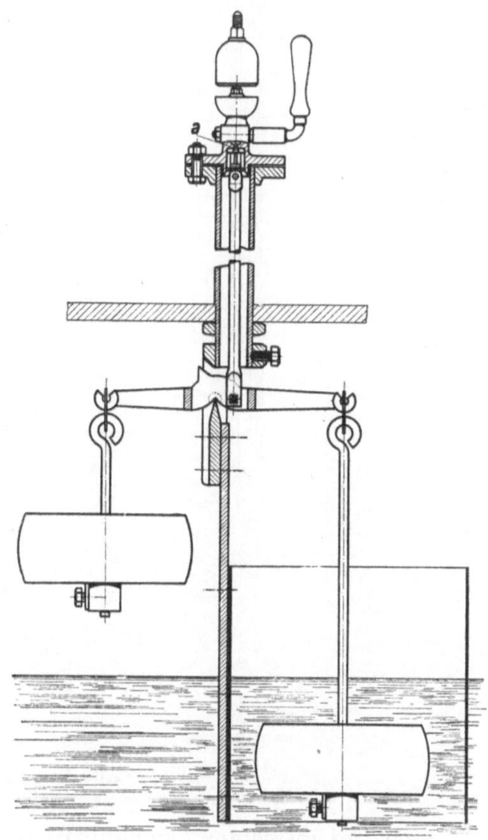

Abb. 92. Alarmpfeife von Hannemann.

58. Die Speisevorrichtungen. Bei ortsfesten Anlagen wird das Wasser in der Regel durch Pumpen, selten durch Injektoren in den Kessel gepreßt. Jeder Kessel oder jede Kesselbatterie muß zwei Pumpen haben, und jede Pumpe soll allein doppelt so viel zu fördern vermögen wie normal verdampft wird[1]. Es werden stehende oder liegende Kolbenpumpen mit Schwungrad sowie schwungradlose Dampfpumpen angewendet[2]. In den letzten Jahrzehnten haben in zunehmendem Maße mehrstufige Kreiselpumpen als Speisepumpen Anwendung gefunden[3], wobei für die Speisung mehrerer parallel arbei-

[1] Vgl. Ziffer 29. [2] Vgl. Ziffer 187. [3] Vgl. Ziffer 194.

tender Kessel oft nur eine entsprechend große Kreiselpumpe verwendet wird, weil eine Pumpe hoher Leistung besseren Wirkungsgrad und geringeren Platzbedarf hat und weniger Wartung erfordert als mehrere Pumpen kleiner Leistung. — Vorgewärmtes Speisewasser soll der Pumpe unter Druck zufließen. Überhaupt ist es zweckmäßig, die

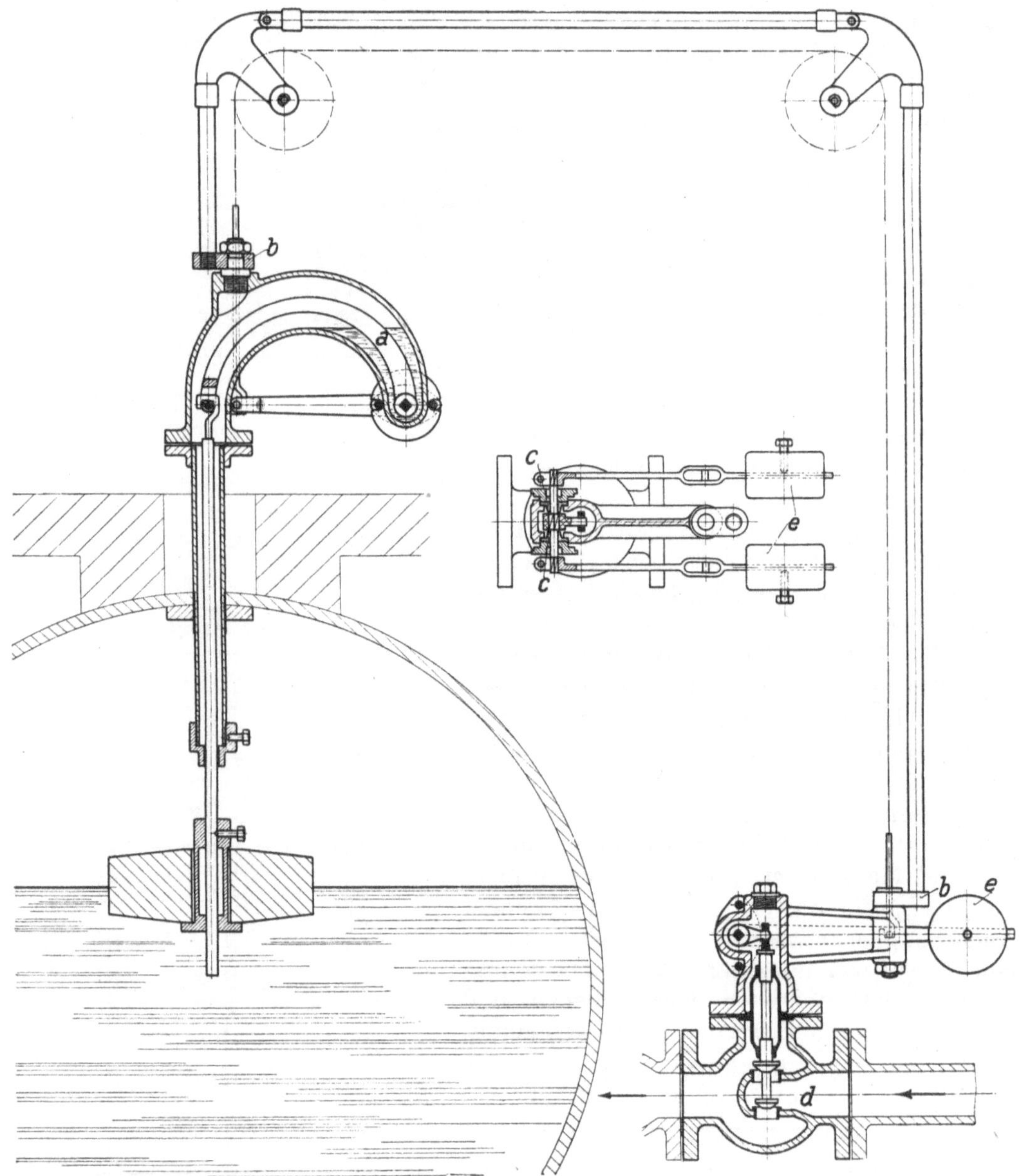

Abb. 93. Hannemannscher Speiseregler.

Pumpe tief zu setzen, wenn man den Zutritt von Luft zum reinen Speisewasser verhüten will. Abb. 95 zeigt die Anordnung einer Dampfstrahlpumpe, eines sogenannten Injektors. Wenn man den Injektor anstellt, strömt aus der Düse *a* Dampf in die sich verjüngende Düse *b*, in der ein Unterdruck entsteht, so daß Wasser angesaugt wird. Der Dampfwasserstrahl vermag zunächst nicht das nach dem Kessel öffnende Ventil *e* zu öffnen, sondern strömt durch das sogenannte Schlabberventil *d* und das Schlabberrohr in den Speisewasserbehälter. Je stärker aber der Injektor angestellt wird, um so stärker wird die Kraft des Dampfwasserstrahles, bis sich das Ventil *e* öffnet und der Injektor zu speisen beginnt.

59. Die Reinigung des Speisewassers. Die natürlich vorkommenden Wasser sind je nach ihrer Herkunft außerordentlich verschieden in ihrer Eignung, so daß es am Platze ist, sie chemisch zu untersuchen[1]. Wasser, die in erheblichem Maße Chlornatrium, Chlorkalzium oder Chlormagnesium enthalten, soll man nicht verwenden. Eisenhaltiges Wasser ist zu enteisenen. Großwasserraumkessel stellen geringere Ansprüche an die Güte des Speisewassers als Röhrenkessel. Für den erfolgreichen Betrieb der modernen hochbeanspruchten Röhrenkessel ist vorzügliches Speisewasser Bedingung. Da das in den Oberflächenkondensationen gewonnene Kondensat für die Kesselspeisung sehr geeignet ist — das von Kolbenmaschinen herrührende Kondensat muß allerdings gut entölt werden —, so handelt es sich häufig nur darum, das Zusatzspeisewasser zu reinigen. Wenn der ganze Abdampf der Maschinen und Turbinen niedergeschlagen wird, kommt man mit einem Zusatz von 5 bis 10% aus, der die Verluste durch Undichtheiten usw. deckt. — Mechanische, unlösliche Beimengungen werden durch Kies- oder Koksfilter abgeschieden. Die im rohen Wasser gelösten Kesselsteinbildner — es sind hauptsächlich Kalziumbikarbonat $Ca(HCO_3)_2$ oder doppeltkohlensaurer Kalk, ferner Magnesiumbikarbonat $Mg(HCO_3)_2$ oder doppeltkohlensaure Magnesia, schließlich schwefelsaurer Kalk $CaSO_4$ oder Gips — zerfallen im Kessel unter dem Einfluß der hohen Temperaturen und bilden unlösliche Salze, die sich als Kesselstein abscheiden. Zweck der Reinigung ist, die Kesselsteinbildner, ehe sie in den Kessel gelangen, zu zerlegen und die unlöslichen Salze auszufällen. Das geschieht durch Zusatz von Chemikalien und Erwärmung des Wassers. Oder man gewinnt reines Speisewasser, indem man Rohwasser destilliert. Da reines Wasser begierig Sauerstoff und Kohlensäure aufnimmt, die im Kessel Korrosionen verursachen, und zwar um so stärker, je reiner die Kesselflächen sind, ist das Wasser vor Gasaufnahme zu schützen oder von dem aufgenommenen Gase wieder zu befreien.

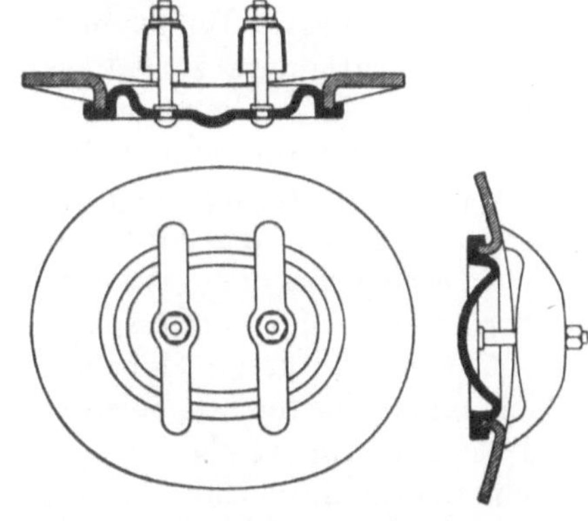

Abb. 94. Mannlochverschluß.

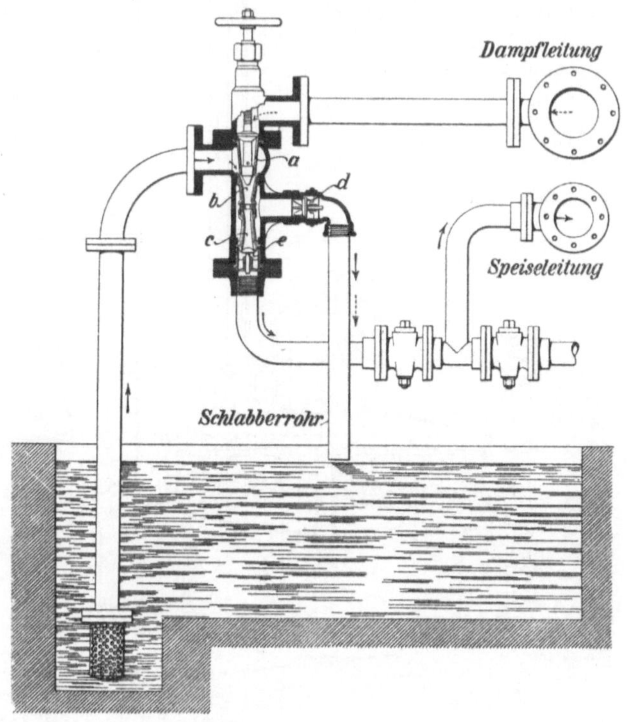

Abb. 95. Anordnung eines Injektors.

Die Menge der im Wasser gelösten Kesselsteinbildner, die sogenannte Härte des Wassers, wird in deutschen oder französischen Härtegraden angegeben. Ein deutscher Härtegrad bedeutet einen Gehalt von 1 Teil Kalziumoxyd CaO auf 100000 Teile Wasser. Ein französischer Härtegrad bedeutet einen Gehalt von 1 Teil kohlensaurem Kalk $CaCO_3$

[1] Granitgebirge liefern weiches, reines Wasser; Kalkgebirge hartes Wasser; Wasser, das Gipsschichten durchsickert hat, ist besonders hart (siehe Spalckhaver, Schneiders, Rüster: Die Dampfkessel. Berlin: Springer 1924).

auf 100000 Teile Wasser. Die anderen Härtebildner werden auf $CaCO_3$ umgerechnet. Ein deutscher Härtegrad = 1,79 französischen Härtegraden.

Der Gehalt an Karbonaten heißt vorübergehende oder auskochbare Härte. Wenn man Wasser kocht, wird nämlich die überschüssige und die halbgebundene Kohlensäure ausgetrieben, und die Bikarbonate werden in Karbonate zurückverwandelt, die als Schlamm ausgefällt werden. Schwefelsaurer Kalk $CaSO_4$ (Gips) dagegen stellt bleibende Härte dar; Gips wird nicht durch Erwärmung des Wassers, sondern erst bei der Verdampfung des Wassers ausgeschieden und bildet einen harten Kesselstein.

Das verbreitetste chemische Reinigungsverfahren ist das Kalk-Soda-Verfahren, bei welchem dem rohen Wasser im Reiniger Ätzkalk in Form von Kalkwasser sowie Soda zugesetzt wird. Der zugesetzte Kalk reißt die im Wasser vorhandene freie und die an die Bikarbonate halb gebundene Kohlensäure an sich, so daß die Karbonathärte als Schlamm gefällt, der Kalk selbst in Karbonat verwandelt und ebenfalls als Schlamm niedergeschlagen wird. Die zugesetzte Soda Na_2CO_3 zerlegt den schwefelsauren Kalk, wobei einfach kohlensaurer Kalk als Schlamm ausgeschieden wird, und schwefelsaures Natron (Glaubersalz) in Lösung geht. Damit sich überschüssige Soda nicht zu stark im Kessel anreichert, muß das Kesselwasser von Zeit zu Zeit abgelassen werden. Die bau-

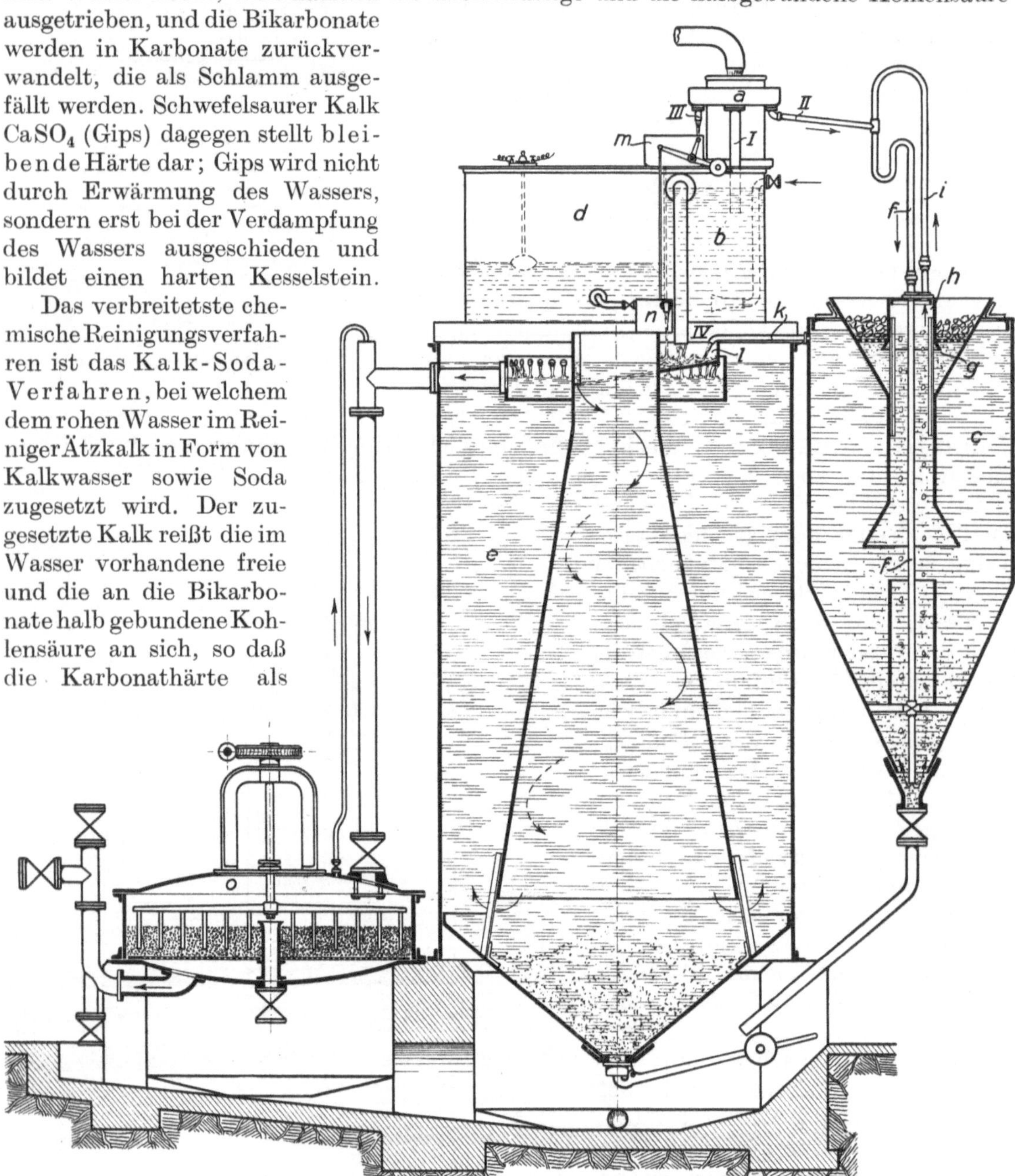

Abb. 96. Wasserreiniger von L. & C. Steinmüller.

liche Ausführung einer Kalk-Soda-Reinigung sei an dem in den Abb. 96 und 97 dargestellten Wasserreiniger von L. & C. Steinmüller veranschaulicht. Der Behälter *d* enthält Sodalösung, *c* ist der Kalksättiger. Der Kalk wird auf das Sieb des Fülltrichters aufgegeben, wird vom Wasser gelöscht und sinkt als Brei nieder. Die Zusätze von Kalk und Soda müssen je nach der Beschaffenheit des Rohwassers einstellbar sein, und das angestellte Mischungsverhältnis muß dauernd erhalten bleiben. Zu dem Zwecke wird das Rohwasser, das an der höchsten Stelle des Reinigers in den Behälter des Wasserverteilers einfließt, durch den Verteilungsüberlauf *a* in einstellbarem Verhältnis in drei Ströme *I*, *II* und *III* zerlegt. Der Hauptstrom *I* wird, damit die chemischen Reaktionen rascher und ergiebiger verlaufen, im Vorwärmer *b* durch Dampf vorgewärmt. Strom *II* wird, nachdem er durch das Rohr *i* kohlensäurefreie, im Kreislauf wirksame Luft empfangen hat, durch das Rohr *f* in den im unteren Trichter lagernden Kalkbrei geführt, der durch die mitgeführte Luft aufgelockert wird. Das mit Kalk gesättigte und wieder geklärte Wasser tritt als Kalkwasser durch das Rohr *k* aus dem Kalksättiger aus. Strom *III* steuert den Zusatz an Sodalösung, indem er über die im Behälter *m* befindliche Kippschale *p* geht (Abb. 97), die den im Behälter *n* befindlichen Meßbecher *q* hebt und senkt. Im Behälter *n*, dem die Sodalösung aus dem Behälter *d* zufließt, wird der Flüssigkeitsspiegel durch den Schwimmer *r* gehalten. Der Meßbecher *q* gießt in die Mischschale *l* aus, in die auch die Ströme *I*, *II* und *III* einmünden. In der Mischschale mischt sich also das Rohwasser mit den zugesetzten Chemikalien, und die Kesselsteinbildner scheiden sich in großen Flocken aus. Zum Klären des Wassers dient der Klärbehälter *e*, in dessen inneren Trichter das Wasser tangential eingeführt wird, worauf es langsam kreisend mit abnehmender Geschwindigkeit erst nach unten, dann nach oben zum Austritt fließt. Auf diesem Wege wird der Schlamm abgesetzt. Enthält das Wasser eine große Menge organischer Substanzen, ist es außerdem durch ein Quarzsandfilter (*o*) zu führen, wie es in Abb. 96 veranschaulicht ist. Das Filter kann, nachdem man einige Hähne umgestellt, in kurzer Zeit ausgewaschen werden, wobei der Filterkies mit einem Rechen durchgerührt wird. Neuerdings führt die Firma die Reiniger auch nach dem Rücklaufverfahren aus, indem von dem Schlammablaßstutzen her dauernd etwas Kesselwasser zum Reinigen rückgeführt wird, wodurch der Kessel praktisch schlammfrei wird und die im Kesselwasser überschüssigen Chemikalien wieder für die Wasserreinigung nutzbar gemacht werden. Auch brauchen die Kessel nunmehr nur in größeren Zeitabständen abgelassen werden.

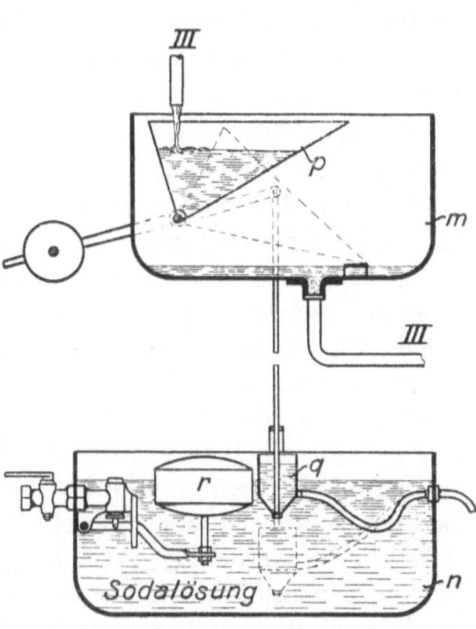

Abb. 97. Zumessung der Sodalösung beim Steinmüllerschen Wasserreiniger.

Beim Neckar-Regenerativverfahren (Carl Müller G. m. b. H., Stuttgart) wird nur Soda zugesetzt, die sowohl die doppeltkohlensauren Salze wie den schwefelsauren Kalk zersetzt. Weil Soda auf die doppeltkohlensauren Salze aber viel schwächer wirkt als Kalk, ist ein großer Überschuß Soda nötig. Es entstehen einfachkohlensaure Salze, die als Schlamm niedergeschlagen werden, und doppeltkohlensaures Natron, das gelöst in den Kessel gelangt, bei der Erhitzung CO_2 abgibt und wieder zu Soda regeneriert wird. Indem man den Kesselschlamm fortlaufend dem Rohwasserbehälter zudrückt, hat man in diesem Soda überschüssig, braucht also nur so viel Soda zuzusetzen, wie für die Fällung des schwefelsauren Kalkes notwendig ist.

Bei dem thermisch-chemischen Reinigungsverfahren der Maschinenbau A.-G. Balcke wird die vorübergehende Härte ausgekocht, indem das Wasser längere Zeit, möglichst unter Ausnutzung von Abwärme, auf etwas über 100^0 erhitzt wird. Zuvor ist, um die bleibende Härte auszufällen, Soda oder Ätznatron zugesetzt worden, und die Reaktion geht in dem kochenden Wasser schnell und durchgreifend vor sich, so daß man mit geringem Sodaüberschuß ein sehr schwach alkalisches Speisewasser erhält. Indem das kochende Wasser an Platten, die im Kocher eingebaut sind, hoch und nieder geführt wird, gelingt es außerdem, alle im Wasser gelösten atmosphärischen Gase und die bei der Zerlegung der Bikarbonate entstandene Kohlensäure auszutreiben.

Auf anderer Grundlage wirkt das Permutitverfahren. Zur Enthärtung des Speisewassers dient Natriumpermutit[1], das aus Feldspat, Kaolin, Sand und Soda zusammengeschmolzen ist und eine körnige, poröse Masse bildet. Das Rohwasser wird durch ein mit Permutit gefülltes Filter geleitet, wobei das Permutit Natrium abgibt und dagegen Kalzium, Magnesium, Chlor aufnimmt, so daß das Speisewasser völlig enthärtet werden kann. Im Kessel werden aber erhebliche Mengen CO_2 frei und das Kesselwasser wird allmählich mit kohlensaurem und schwefelsaurem Natron angereichert, so daß es von Zeit zu Zeit zu erneuern ist. Hat das Permutit seinen Natriumgehalt ausgetauscht, wird es durch übergeleitete Kochsalzlösung regeneriert. Größere Anlagen werden mit 2 Permutitfiltern ausgerüstet, die abwechselnd im Betriebe sind. Nach Bedarf wird der Permutitreinigung ein Enteisener vorgeschaltet.

60. Kohlenstaubaufbereitung. Die Aufbereitung des Kohlenstaubes zerfällt in drei Gruppen: Vorbrechen, Trocknen und Mahlen. Das Vorbrechen ist nur bei grobstückiger Kohle von über 30 mm Kantenlänge erforderlich. Meist ist es überflüssig, wenn man die für andere Feuerungen minderwertige Feinkohle verwendet. — Feuchte Kohle (Steinkohle mit mehr als 3 % und Braunkohle mit mehr als 12 % Feuchtigkeitsgehalt) muß getrocknet werden, da sonst das Vermahlen große Schwierigkeiten bietet. Das Trocknen geschieht in Trommeltrocknern durch Feuerungsabgase oder durch Abdampf, falls dieser in genügender Menge vorhanden ist. Der Trockenprozeß verteuert die Aufbereitung, weshalb sich Kohle mit geringem Wassergehalt besonders gut eignet. Nach der Trocknung kann die Kohle noch durch Magnetabscheider von Eisenteilchen befreit werden. — Für das Mahlen kommen verschiedene Mühlentypen in Betracht. Für große Leistungen bedient man sich der Pendel-, Kugel-, Rohr- oder Ringwalzenmühlen[2]. In der Mühle wird die kleinstückige, oft schon ziemlich feinkörnige Kohle auf die erforderliche Korngröße vermahlen. Je feiner der Kohlenstaub ist, um so besser wird die Verbrennung, jedoch wird übermäßige Feinheit unwirtschaftlich, da die Mahlkosten zu hoch werden. Die Feinheit des Kohlenstaubes wird durch Siebe von bestimmter Maschenweite geprüft. Meist wird das Prüfsieb Nr. 70 mit $70 \cdot 70 = 4900$ Maschen auf 1 cm^2 angewendet. Der Feinheitsgrad wird durch den prozentualen Anteil der auf dem Siebe zurückbleibenden Kohle bestimmt. Die Feinheit des Kornes ist je nach der verwendeten Kohle zu bemessen. Gasarme Kohle wie Magerkohle muß feiner gemahlen werden als Gas- oder Fettkohle, um gleich günstige Verbrennung zu erzielen. Im Mittel soll der Rückstand beim 4900-Maschensieb 10 % nicht übersteigen. Beim Mahlen wendet man einen teilweisen Kreislauf an, indem man den zu groben Staub von dem fertigen Staub trennt und ihn zur Mühle zurückführt, wo er noch einmal gemahlen wird.

Für große Kraftwerke wählt man eine Zentralmahlanlage, welche den Staub für alle Kessel in einen oder mehrere Bunker liefert. Der Staub kann gespeichert werden, um bei etwaigen Betriebsstörungen eine Reserve zu haben. Die Beförderung des Staubes zu den Kesseln geschieht bei großen Entfernungen (bis zu 1000 m) durch Druckluft. Bei kurzen Strecken benutzt man Schnecken oder Elevatoren zur Förderung. — Erhält jeder Kessel seine eigene Mühle, so spricht man von Einzelmahlanlagen. Sie stellen sich billiger als Zentralanlagen, bieten aber — ohne Zwischenschaltung eines Bunkers — keine Reserve bei Mühlenschäden, falls nicht die Möglichkeit besteht, die Mühle eines Reservekessels auf sämtliche anderen Kessel arbeiten zu lassen. In den früheren Abb. 66 und 70 sind Kessel mit Einzelmahlanlagen dargestellt. Die Mühle des Babcockkessels

[1] Durch die Permutit A. G., Berlin, beziehbar.

[2] Vgl. de Huart: Bergbau 1929, S. 248.

zeigt Abb. 98. Sie ist als Ringwalzenmühle mit Windsichter gebaut. Die Trocknung des Mahlgutes erfolgt in der Mahlanlage selbst durch den von einem Exhaustor erzeugten Luftstrom, der vorher im Luftvorwärmer erhitzt wird. Dieser bei *b* eintretende Luftstrom reißt die von der Telleraufgabe *a* zugeführte Kohle mit, die dann vom Windsichter *c*

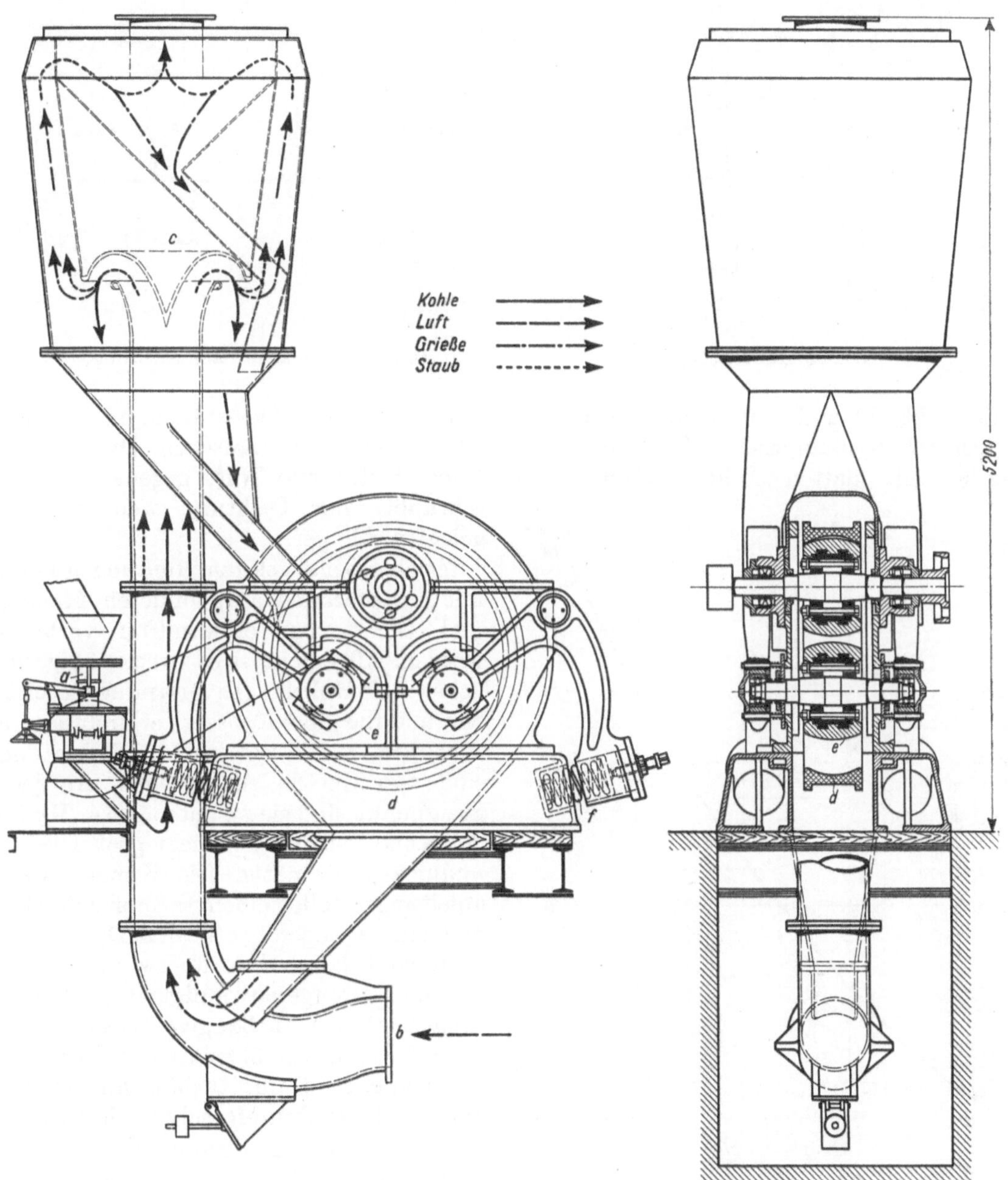

Abb. 98. Ringwalzenmühle mit Windsichter (Babcock).

zur Mühle herabfällt. Die eigentliche Mühle besteht aus drei Walzen *e* und dem Ring *d*, gegen den die Walzen durch Federkraft gepreßt werden. Die zwischen Ring und Walzen zermahlene Kohle wird vom Luftstrom zum Windsichter geführt. Dort wird der fertige Staub von der noch zu groben Grieße getrennt, die wieder zur Mühle zurückfällt. Die Feinheit des Kornes ist durch den Luftstrom regelbar. Diese Sichtung ist durch die eingezeichneten Pfeile erläutert. Die Mühle läuft mit einer Drehzahl $n = 180$ und liefert stündlich 2000 kg brennfertigen Kohlenstaub. Die Aufbereitungskosten für 1000 kg Staub betragen etwa 1,25 RM.

61. Dampfleitungen. Die Leitungen sind so anzuordnen und mit Absperrventilen auszurüsten, daß man sich bei Störungen an der Leitung oder an den Kesseln helfen

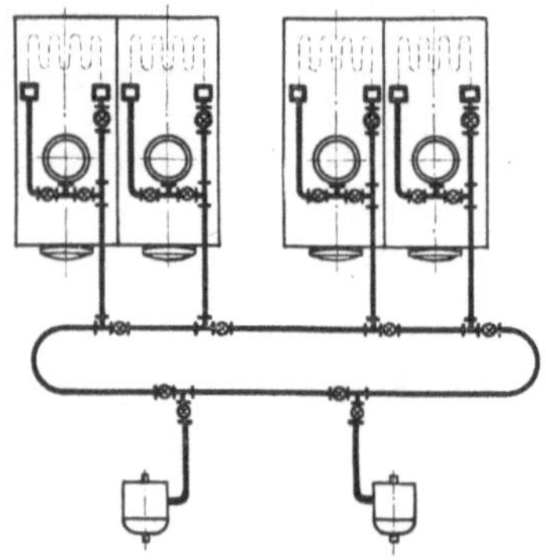

Abb. 99. Ringleitung.

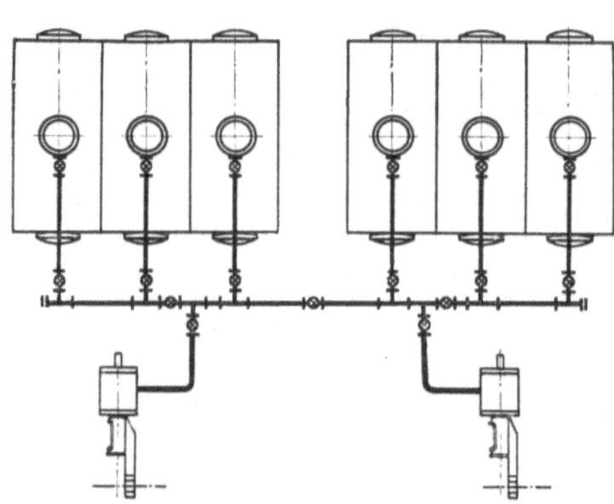

Abb. 100. Einfache Sammelleitung.

kann. Abb. 99 und 100 zeigen Beispiele für einfache Fälle. Die stählernen Dampfleitungen erhalten aufgeschweißte, aufgenietete oder eingewalzte Flanschen. Die Flanschen werden mit glatten Dichtungsflächen, also ohne Feder und Nut, gegeneinander geschraubt. Zur Dichtung dient zwischengelegtes Klingerit.

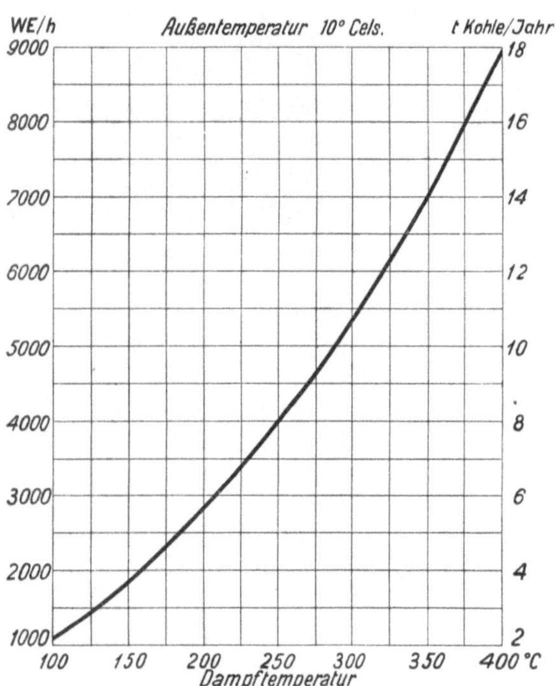

Abb. 101. Abkühlungsverlust für 1 m² nackter Rohroberfläche in kcal/h (WE/h) und in t Steinkohle für 1 Jahr bei 10° Außentemperatur.

Auch Hochdruckdampfleitungen können mit entsprechend ausgebildeten Flanschen und Dichtungen einwandfrei verbunden werden. Allgemein ist es zweckmäßig, möglichst viele Rohrlängen zusammenzuschweißen und nur dort lösbare Verbindungen anzuordnen, wo sie nötig sind. Die Leitungen sind mit Gefälle zu verlegen. An jedem Steigpunkt sind sie zu entwässern. Die Zahl der Kondenstöpfe soll nicht größer sein als unumgänglich nötig. Die Kondenswasserableitungen sollen einem tiefstehenden Sammelbehälter zugeführt werden. Die Kondenstöpfe sind dauernd zu überwachen.

Die Dampfgeschwindigkeit in den Leitungen wähle man bei gesättigtem Dampfe etwa 30 m/s, bei überhitztem Dampfe 40 bis 50 m/s. Bei Dampfturbinenanlagen kann man größere Dampfgeschwindigkeiten zulassen als bei Kolbenmaschinenanlagen, und man hat schon Geschwindigkeiten von 70 m/s und mehr angewendet. Diese Zahlen geben nur den ersten Anhalt. Insbesondere für längere Leitungen ist zu rechnen, welche Weite die wirtschaftlichste ist. Der Druckabfall ist nach Ziffer 65 zu berechnen; die Zahlentafel erleichtert diese Rechnung. Außer dem Druckabfall ist der Abkühlungsverlust[1] von wesentlicher Bedeutung. Aus der Abb. 101 ist zu entnehmen, wieviel der Abkühlungsverlust für 1 m² nackter Rohroberfläche (oder für 1 m Leitung von 300 mm l. W.)

[1] Vgl. Ostermann: Wärmeschutzfragen im Bergbau. Bergbau 1929, S. 405, 421.

beträgt. Der Verlust ist in kcal/h und in t Steinkohle für 1 Jahr angegeben. Bei letzterer Angabe ist angenommen, daß die Rohrleitung ununterbrochen unter Dampf steht. Die Flanschen sind besonders zu rechnen, ebenso die Ventile. Ein Flanschenpaar setzt man einem Meter Rohrlänge gleich. Ein Ventil nebst 2 Flanschenpaaren setzt man 2 bis 3 m Rohrlänge gleich. Durch gute Isolierung der Rohrleitung mit Kieselgur kann man die für die nackte Leitung angegebenen Wärmeverluste auf $^1/_6$ bis $^1/_8$ herunterdrücken. Die Dicke der Isolierung wähle man nach folgenden Angaben:

Rohrdurchmesser . . . . mm	100	200	300	400
Dicke der Isolierung . . . mm	40	50	60	70

VI. Berechnung von Rohrleitungen.

62. Der Zusammenhang zwischen Rohrquerschnitt, Durchflußgeschwindigkeit und Durchflußmenge. Ist F der Rohrquerschnitt, v (oder bei Gasen w) die Durchflußgeschwindigkeit, Q die Durchflußmenge in der Zeiteinheit, so ist

$$Q = F \cdot v, \qquad v = \frac{Q}{F}, \qquad F = \frac{Q}{v}.$$

Wird Q in m^3/s gemessen, so ist v in m/s und F in m^2 zu messen. (Wird Q in l/s gemessen, so ist v in dm/s und F in dm^2 zu messen usw.)

Ändert sich der Querschnitt, so ändert sich auch die Geschwindigkeit. Für Flüssigkeiten gilt: $F_1 \cdot v_1 = F_2 \cdot v_2$. Für Gase, bei denen auch die Änderung des spezifischen Gewichtes γ zu berücksichtigen ist, gilt, indem man die Geschwindigkeit mit w bezeichnet: $F_1 \cdot w_1 \cdot \gamma_1 = F_2 \cdot w_2 \cdot \gamma_2$.

63. Allgemeines über den Druckverlust in Rohrleitungen durch Reibung. Es wird eine runde, gerade, glatte, waagerechte Leitung zugrunde gelegt. Zusätzliche Widerstände durch Rohrkrümmer, Ventile, Hähne, Schieber usw. werden berücksichtigt, indem man zur Leitungslänge entsprechende Zuschläge macht (vgl. Ziffer 66). Wenn die Leitung steigt oder fällt, so ist die entsprechende Abnahme oder Zunahme des Druckes besonders zu rechnen. Ebenso ist die sogenannte Geschwindigkeitshöhe gesondert zu rechnen, die zum Druckverlust durch Reibung hinzutritt. Bei langen Leitungen und mäßigen Geschwindigkeiten ist die Geschwindigkeitshöhe vollkommen zu vernachlässigen. Bei kurzen Leitungen und hohen Geschwindigkeiten ist sie unter Umständen ausschlaggebend.

Der Druckverlust nimmt im selben Verhältnis zu, wie die Leitungslänge und die Dichte des strömenden Stoffes. Ferner wächst der Druckverlust angenähert mit dem Quadrat der Geschwindigkeit. Von besonderer Bedeutung ist das Verhältnis des Umfanges U der Leitung zu ihrem Querschnitte F. Die Reibung findet nämlich an der Wandung der Rohrleitung statt, der treibende Druck wirkt aber auf den Querschnitt. Der Druckverlust ist proportional $\frac{U}{F}$ oder umgekehrt proportional dem Durchmesser D: $\left(\frac{U}{F} = \frac{D \cdot \pi}{D^2 \frac{\pi}{4}} = \frac{4}{D}\right)$. Je kleiner der Durchmesser, um so größer ist bei derselben Geschwindigkeit der Druckabfall. Grundsätzlich sind bei engen Leitungen erheblich niedrigere Geschwindigkeiten zu wählen als bei weiten Leitungen.

Obwohl der Druckverlust nicht genau quadratisch mit v zunimmt, sondern in geringerem Maße, ist es üblich, in die Formeln v^2 einzuführen, und dafür eine Korrektur durch veränderliche Beiwerte anzubringen.

Zahlentafel 11.

Zusammenhang zwischen durch Reibung verursachtem Druckverlust h in m WS, stündlicher Durchflußwassermenge Q in m³ und Wassergeschwindigkeit v in m/s. Die Zahlen für den Druckverlust gelten für 100 m glatter, gerader Rohrlänge.

v m/s	d mm	40	50	60	70	80	90	100	125	150	175	200	250	275	300	350	400	450	500	550	600
0,50	Q =	2,26	3,53	5,08	6,93	9,04	11,43	14,13	22,08	31,80	43,30	56,55	88,35	107,00	127,00	173,00	226,00	286,00	353,00	425,00	507,00
	h =	1,05	0,77	0,61	0,51	0,44	0,39	0,35	0,28	0,24	0,20	0,18	0,14	0,13	0,12	0,093	0,082	0,073	0,065	0,059	0,055
0,60	Q =	2,71	4,24	6,10	8,32	10,86	13,76	16,92	26,50	38,20	51,90	67,80	105,60	128,00	152,00	208,00	272,00	344,00	421,00	510,00	608,00
	h =	1,51	1,11	0,88	0,72	0,61	0,54	0,49	0,39	0,33	0,28	0,24	0,20	0,18	0,16	0,132	0,115	0,103	0,092	0,084	0,077
0,70	Q =	3,17	4,95	7,10	9,66	12,67	16,05	19,72	30,95	44,50	60,60	78,70	123,80	150,00	178,00	242,00	315,00	400,00	494,00	596,00	708,00
	h =	2,06	1,52	1,19	0,98	0,83	0,71	0,64	0,51	0,43	0,37	0,32	0,26	0,23	0,21	0,177	0,155	0,138	0,124	0,113	0,103
0,80	Q =	3,62	5,65	8,10	11,05	14,70	18,33	22,60	35,40	50,90	69,40	90,40	141,00	171,00	204,00	277,00	380,00	457,00	565,00	684,00	813,00
	h =	2,69	1,98	1,56	1,28	1,08	0,91	0,82	0,65	0,54	0,47	0,41	0,33	0,30	0,27	0,228	0,200	0,177	0,160	0,145	0,133
0,85	Q =	3,86	6,00	8,62	11,78	15,40	19,47	24,00	37,50	54,10	73,60	96,10	150,00	182,00	216,00	295,00	393,00	486,00	600,00	725,00	863,00
	h =	3,04	2,24	1,76	1,44	1,22	1,01	0,93	0,73	0,61	0,52	0,45	0,36	0,33	0,30	0,257	0,225	0,200	0,180	0,164	0,150
0,90	Q =	4,07	6,36	9,16	12,43	16,27	20,60	25,45	39,75	57,30	77,80	101,50	159,00	193,00	228,00	312,00	406,00	515,00	635,00	766,00	914,00
	h =	3,41	2,51	1,97	1,61	1,36	1,12	1,04	0,81	0,67	0,58	0,50	0,40	0,34	0,34	0,286	0,250	0,222	0,200	0,182	0,167
0,95	Q =	4,30	6,70	9,67	13,15	17,18	21,75	26,90	41,95	60,00	82,40	107,70	168,00	204,00	242,00	329,00	428,00	544,00	670,00	810,00	964,00
	h =	3,79	2,79	2,19	1,80	1,52	1,23	1,16	0,89	0,74	0,63	0,55	0,44	0,40	0,37	0,318	0,278	0,247	0,222	0,202	0,185
1,00	Q =	4,52	7,03	10,10	13,80	18,60	22,90	28,23	44,20	63,60	86,85	112,90	176,00	214,00	255,00	346,00	450,00	572,00	705,00	853,00	1015,00
	h =	4,20	3,10	2,43	1,99	1,68	1,35	1,28	0,98	0,81	0,70	0,61	0,49	0,44	0,41	0,350	0,306	0,272	0,245	0,222	0,204
1,05	Q =	4,75	7,42	10,70	14,56	19,00	24,05	29,70	46,40	66,80	91,00	118,70	186,00	225,00	267,00	364,00	473,00	600,00	740,00	895,00	1066,00
	h =	4,63	3,41	2,68	2,20	1,86	1,47	1,41	1,08	0,89	0,76	0,66	0,53	0,48	0,44	0,387	0,338	0,301	0,271	0,246	0,226
1,10	Q =	4,98	7,77	11,20	15,23	19,90	25,20	31,10	48,60	70,10	95,40	124,50	194,00	236,00	280,00	383,00	496,00	628,00	775,00	938,00	1117,00
	h =	5,09	3,75	2,94	2,41	2,04	1,60	1,55	1,19	0,96	0,82	0,72	0,58	0,52	0,48	0,424	0,371	0,330	0,297	0,270	0,248
1,15	Q =	5,20	8,14	11,73	15,95	20,80	26,33	32,55	50,80	73,00	99,80	130,00	203,00	246,00	292,00	400,00	519,00	656,00	810,00	980,00	1168,00
	h =	5,55	4,09	3,22	2,64	2,23	1,74	1,69	1,30	1,05	0,89	0,78	0,63	0,57	0,52	0,462	0,404	0,359	0,323	0,294	0,270
1,20	Q =	5,43	8,48	12,22	16,62	21,70	27,52	33,95	53,00	76,40	104,00	136,00	212,00	256,00	306,00	417,00	542,00	684,00	846,00	1023,00	1219,00
	h =	6,05	4,45	3,50	2,87	2,43	1,88	1,84	1,41	1,14	0,96	0,84	0,68	0,61	0,56	0,499	0,437	0,388	0,349	0,318	0,292
1,25	Q =	5,66	8,82	12,75	17,30	22,60	28,65	35,40	55,20	79,25	108,40	142,00	221,00	267,00	318,00	434,00	565,00	712,00	882,00	1065,00	1270,00
	h =	6,57	5,83	3,80	3,11	2,63	2,03	2,00	1,53	1,24	1,04	0,91	0,73	0,66	0,60	0,537	0,470	0,417	0,376	0,341	0,313
1,30	Q =	5,90	9,20	15,50	17,90	24,70	30,00	36,70	57,00	82,70	113,00	148,00	228,00	277,00	330,00	451,00	603,00	740,00	941,00	1137,00	1357,00
	h =	7,10	5,23	4,13	3,36	2,83	2,46	2,18	1,67	1,35	1,14	0,98	0,78	0,69	0,64	0,612	0,535	0,476	0,428	0,389	0,357
1,40	Q =	6,30	9,90	16,70	19,30	26,60	32,00	39,50	61,50	89,00	122,00	158,00	246,00	300,00	354,00	486,00	641,00	800,00	1000,00	1209,00	1444,00
	h =	8,15	6,01	4,74	3,87	3,27	2,84	2,50	1,92	1,55	1,35	1,12	0,89	0,80	0,72	0,657	0,601	0,534	0,481	0,437	0,401
1,50	Q =	6,75	10,30	17,90	20,60	28,50	34,50	42,30	66,00	95,50	130,00	168,00	264,00	320,00	380,00	520,00	680,00	855,00	1060,00	1280,00	1530,00
	h =	9,35	6,90	5,43	4,44	3,76	3,25	2,87	2,20	1,79	1,49	1,29	1,01	0,91	0,83	0,762	0,667	0,593	0,534	0,485	0,445
1,75	Q =	7,90	12,30	20,90	24,20	33,25	40,25	49,25	77,00	110,00	152,00	197,00	307,00	372,00	442,00	605,00	790,00	1000,00	1235,00	1500,00	1780,00
	h =	12,72	9,40	7,39	6,04	5,11	4,42	3,90	2,99	2,42	2,03	1,75	1,37	1,23	1,12	1,027	0,899	0,799	0,719	0,653	0,599
2,00	Q =	9,00	14,05	23,80	27,60	38,00	46,00	56,50	88,00	127,00	173,00	225,00	352,00	428,00	500,00	690,00	905,00	1145,00	1410,00	1710,00	2040,00
	h =	16,62	12,27	9,65	7,89	6,68	5,78	5,10	3,91	3,17	2,66	2,28	1,79	1,61	1,47	1,330	1,164	1,034	0,931	0,846	0,776

64. Druckverluste in Wasserleitungen. Es sei h der durch Reibung verursachte Druckverlust in m WS, D der lichte Rohrdurchmesser in m, l die Leitungslänge in m, v die Durchflußgeschwindigkeit[1] in m/s, Q die Durchflußmenge in m³/s, dann ist ungefähr:

$$h = 0{,}024\frac{l\cdot v^2}{D\cdot 2\,g}\cdot\gamma = 0{,}00123\frac{l\cdot v^2}{D} \qquad (\gamma = 1)$$

oder, da

$$v^2 = \left(\frac{Q}{D^2\frac{\pi}{4}}\right)^2: \qquad h = 0{,}002\frac{l\cdot Q^2}{D^5}, \qquad D = \sqrt[5]{\frac{0{,}002\cdot l\cdot Q^2}{h}}.$$

Der Druckverlust ist also unabhängig vom Wasserdruck. Es sind verschiedene Formeln und verschiedene Tabellen in Anwendung. Gebrauchte Leitungen weisen häufig mehrfach größere Verluste auf, weil die Rohrwände verkrustet sind, die Leitungen also enger und rauher geworden sind. Zahlentafel 11 stammt von der Maschinenbau-A. G. Balcke. Sie gilt für 100 m Rohrlänge. Q ist in m³/h angegeben; der Druckverlust h in m WS.

Beispiele.

Durch eine 100 m lange Leitung von 0,5 m Durchmesser fließt Wasser mit 1,2 m/s. Wie groß ist der Druckverlust h? $h = \frac{0{,}00123\cdot 100\cdot 1{,}2^2}{0{,}5} = 0{,}356$ m WS. Die Tafel gibt 0,349 m Druckverlust an, zugleich ist der Tafel zu entnehmen, daß die stündliche Durchflußmenge = 846 m³ ist. — Durch eine 400 m lange Leitung von 80 mm, d. h. 0,08 m Durchmesser fließen stündlich 38 m³. Wie groß ist der Druckverlust? $Q = 0{,}0105$ m³/s. $h = \frac{0{,}002\cdot 400\cdot 0{,}0105^2}{0{,}08^5} = 26{,}7$ m WS. Nach Zahlentafel 11 ist die Durchflußgeschwindigkeit unter den vorliegenden Verhältnissen $v = 2$ m/s und der Druckverlust für 100 m Leitungslänge $h = 6{,}68$ m WS, also für 400 m Länge $h = 4\cdot 6{,}68 = 26{,}72$ m WS. — Durch eine Leitung von 600 m Länge strömen 6 m³/min. Der Druckverlust soll 12 m WS nicht überschreiten. Welcher Durchmesser ist zu wählen? $Q = 0{,}1$ m³/s.

$$D = \sqrt[5]{\frac{0{,}002\cdot 600\cdot 0{,}1^2}{12}} = 0{,}251 \text{ m}.$$

Ein Durchmesser von 250 mm genügt der Forderung. Die Geschwindigkeit beträgt $v = \frac{Q}{F} = \frac{0{,}1}{0{,}0491} = 2{,}04$ m/s. — Welcher Druckverlust ist bei einer Sole vom spezifischen Gewicht 1,05 zu erwarten, wenn sie mit der Geschwindigkeit 1,5 m/s durch eine 2 km lange Leitung von 150 mm Durchmesser strömt?

$$h = 0{,}024\frac{2000\cdot 1{,}5^2}{0{,}15\cdot 2\cdot 9{,}81}\cdot 1{,}05 = 38{,}5 \text{ mWS}.$$

65. Druckverluste in Luft- und Dampfleitungen. Im folgenden ist l die Länge der glatten Leitung in m, w die Durchflußgeschwindigkeit in m/s, γ das spezifische Gewicht in kg/m³, G das Gewicht der stündlichen Durchflußmenge in kg, d der Leitungsdurchmesser in Millimetern, β ein Beiwert, der nach Fritzsche $= 2{,}86 : G^{0{,}148}$ ist, und im Mittel den Wert 1 hat. β kann der Zahlentafel 12, sowie dem Diagramm Abb. 102 entnommen werden. Für γ ist nicht der Anfangswert, sondern gemäß dem zu erwartenden Druckabfall ein mittlerer Wert einzusetzen. Der Druckverlust ist sowohl in mm WS als auch in at angegeben.

$$\text{Druckverlust } h_{\text{mm WS}} = \frac{\beta\cdot\gamma\cdot l\cdot w^2}{d} \text{ oder}$$

$$\text{Druckverlust } \Delta p_{\text{at}} = \frac{\beta\cdot\gamma\cdot l\cdot w^2}{10000\,d} \text{ oder, da}$$

$$G = 3600\cdot w\cdot F\cdot\gamma = 3600\cdot w\cdot\left(\frac{d}{1000}\right)^2\cdot\frac{\pi}{4}\cdot\gamma \text{ und}$$

$$w = \frac{4\cdot G}{3600\cdot\pi\cdot\gamma}\cdot\left(\frac{1000}{d}\right)^2:$$

$$\text{Druckverlust } \Delta p_{\text{at}} = \frac{12{,}5\cdot\beta\cdot G^2\cdot l}{\gamma\cdot d^5}, \text{ woraus folgt}$$

$$d = \sqrt[5]{\frac{12{,}5\,\beta\cdot G^2\cdot l}{\gamma\cdot\Delta p_{\text{at}}}}.$$

[1] Für Wasser wählt man $v = 1$ bis 2 m/s.

Für glatt ausgemauerte Schächte oder glatte Eisenblechlutten von sehr großem Durchmesser rechnet der Bergmann den Druckverlust der durchströmenden Wetter

$$h_{\text{mm WS}} = \frac{0{,}8 \cdot l \cdot w^2}{d_{\text{mm}}},$$

dem für $\gamma = 1{,}25$ ein Wert $\beta = 0{,}64$ entspricht. — Für Lutten von üblichem Durchmesser setzt man besser den angenäherten Druckverlust

$$h_{\text{mm WS}} = \frac{l \cdot w^2}{d_{\text{mm}}}$$

entsprechend einem Beiwert $\beta = 0{,}8$.

Zahlentafel 12.

G kg/h	β
10	2,03
25	1,78
65	1,54
100	1,45
250	1,26
400	1,18
650	1,10
1000	1,03
2500	0,90
4000	0,84
6500	0,78
10000	0,73
15000	0,69
25000	0,64
40000	0,60
65000	0,56
100000	0,52

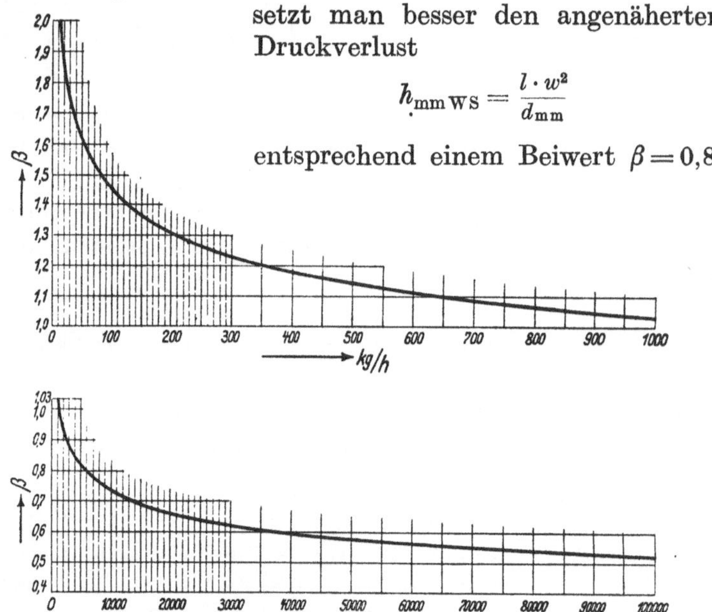

Abb. 102. Beiwert β in Abhängigkeit vom stündlichen Durchflußgewicht.

Bei Dampfleitungen, für welche die Fritzschesche Formel auch gilt, rechnet man häufig auf Grund der früheren Versuche von Eberle mit $\beta = 1{,}05$.

Die Zahlentafeln 13 und 14 gelten für 100 m Leitungslänge. Sie sind unmittelbar anwendbar für Druckluft vom spezifischen Gewicht $\gamma = 7{,}2$, also für Druckluft z. B. von 5 at Überdruck oder 6 at absolutem Druck und etwa 15°. Die Durchflußmenge ist in der Zahlentafel 13 in kg/min, in der Zahlentafel 14 in kg/h angegeben. Außerdem ist auch die angesaugte Luftmenge, bezogen auf 1 at, in m^3/min bzw. in m^3/h angegeben. Sieht man von der Ansaugmenge ab, so gelten die Tafeln auch für Dampf vom spezifischen Gewicht 7,2. Gesättigter Wasserdampf von 14,5 at hat das spezifische Gewicht 7,2.

Zur Ergänzung der Zahlentafeln 13 und 14 dienen die in den Abb. 103 und 104 dargestellten Diagramme, die sich auf ein weiteres Gebiet erstrecken als die Zahlentafeln, und aus denen man ferner Zwischenwerte bequem entnehmen kann. Bei diesen Diagrammen sind logarithmische Koordinaten verwendet. Weil die dargestellten Zusammenhänge durch Exponentialgleichungen verbunden sind, sind die Linien für die Leitungsdurchmesser d und die Durchflußgeschwindigkeiten w Geraden. Um die Anwendung der Diagramme zu erlernen, rechne man ein Zahlenbeispiel gemäß den Formeln und Zahlentafeln und verfolge es dann in den Diagrammen[1].

Weicht das spezifische Gewicht von dem für die Zahlentafeln 13 und 14 und die Diagramme Abb. 103 und 104 gültigen Wert $\gamma = 7{,}2$ kg/m^3 ab, so bleiben die Tafeln und Diagramme auch weiter verwendbar, wenn die aus ihnen gefundenen Werte entsprechend der Änderung des spezifischen Gewichts umgerechnet werden. Ist die Durchflußmenge dem Gewicht nach gegeben, so ändert sich das Durchflußvolumen und damit auch die Geschwindigkeit im umgekehrten Verhältnis wie das spezifische Gewicht, so daß

[1] Vgl. wegen der Diagramme sowohl wie wegen des ganzen behandelten Gebietes die sehr instruktiven Aufsätze von Hinz: Glückauf 1916, S. 997 und Glückauf 1920, S. 85.

Zahlentafel 13[1]. Zusammenhang zwischen Druckverlust Δp, Strömungsgeschwindigkeit w, Rohrweite d, minutlicher Durchflußmenge in kg oder Ansaugmenge in m³ für Druckluft von 5 at mittlerem Überdruck (6 ata mittlerem Druck) und 7,2 kg/m³ mittlerem spezifischem Gewicht. Der Druckverlust Δp gilt für 100 m glatter, gerader Rohrlänge.

Lichte Rohrweite d in mm		25		38		50		65		75		100		125	
Minutliche Durchflußmenge kg	Minutliche Ansaugmenge m³	Δp at	w m/s	Δp at	w m/s	Δp at	w m/s	Δp at	w m/s	Δp at	w m/s	Δp at	w m/s	Δp at	w m/s
1,2	1	0,142	5,66	0,0172	2,44										
2,4	2	0,507	11,32	0,0621	4,87										
6	5	2,76	28,3	0,34	12,22	0,0087	7,08	0,023	4,18						
12	10			1,225	24,42	0,313	14,16	0,084	8,36						
18	15			2,7	36,8	0,663	21,21	0,178	12,55	0,087	9,43	0,021	5,3		
24	20					1,127	28,32	0,303	16,72	0,149	12,58	0,035	7,07		
30	25					1,74	35,5	0,43	21,10	0,225	15,72	0,053	8,84	0,018	5,67
36	30					2,35	42,5	0,63	25,1	0,315	18,86	0,075	10,6	0,025	6,79
48	40							1,08	33,4	0,53	25,2	0,127	14,14	0,042	9,05
60	50							1,69	42,0	0,81	31,4	0,193	17,68	0,063	11,34

Zahlentafel 14[1]. Die Zahlentafel 14 ergibt denselben Zusammenhang wie Zahlentafel 13, nur ist die stündliche Luftmenge angegeben. Die Zahlen für den Druckverlust gelten ebenfalls für 100 m glatter, gerader Rohrlänge.

Lichte Rohrweite d in mm		75		100		125		150		175		200		250		300		350		400	
Stündliche Durchflußmenge kg	Stündliche Ansaugmenge m³	Δp at	w m/s	Δp at	w m/s	Δp at	w m/s	Δp at	w m/s	Δp at	w m/s	Δp at	w m/s	Δp at	w m/s	Δp at	w m/s	Δp at	w m/s	Δp at	w m/s
1200	1000	0,106	10,5	0,025	5,9	0,0082	3,77	0,0032	2,62												
2400	2000	0,383	21	0,091	11,8	0,029	7,54	0,012	5,24												
4800	4000	1,41	42	0,33	23,6	0,107	15,08	0,043	10,48	0,020	7,69	0,0102	5,88	0,0034	3,77						
7200	6000	2,95	63	0,70	35,4	0,227	22,62	0,091	15,72	0,042	11,54	0,022	8,82	0,0071	5,66						
9600	8000			1,18	47,2	0,39	30,2	0,150	20,5	0,072	15,38	0,036	11,76	0,012	7,54	0,0048	5,24				
12000	10000			1,8	59	0,59	38	0,235	26	0,108	19,22	0,055	14,70	0,018	9,43	0,0073	6,56				
18000	15000					1,22	56	0,49	39	0,231	28,9	0,118	22,08	0,038	14,15	0,015	9,83	0,0072	7,22		
24000	20000							0,85	52	0,382	38,4	0,200	29,40	0,066	18,86	0,026	13,12	0,0123	9,62		
30000	25000							1,28	66	0,585	48	0,30	37	0,098	23,6	0,039	16,38	0,0184	12,02	0,0095	9,22
36000	30000									0,82	58	0,42	44	0,138	28,3	0,056	19,66	0,0259	14,44	0,0133	11,06
48000	40000									1,45	77	0,72	59	0,237	38	0,096	26,2	0,0437	19,24	0,0225	14,76
60000	50000											1,1	74	0,36	47	0,146	32,8	0,0665	24,04	0,0343	18,44

[1] Über die Anwendbarkeit der Zahlentafeln 13 und 14 und der Diagramme Abb. 103 und 104 für andere Verhältnisse vgl. das in Ziffer 65 Gesagte.

man die zu einem spezifischen Gewicht γ gehörige Geschwindigkeit erhält, indem man den Tafelwert w mit $\frac{7,2}{\gamma}$ multipliziert. Der Druckverlust $\varDelta p$ ist dem spezifischen Gewicht und dem Quadrat der Geschwindigkeit proportional, ändert sich also im Verhältnis

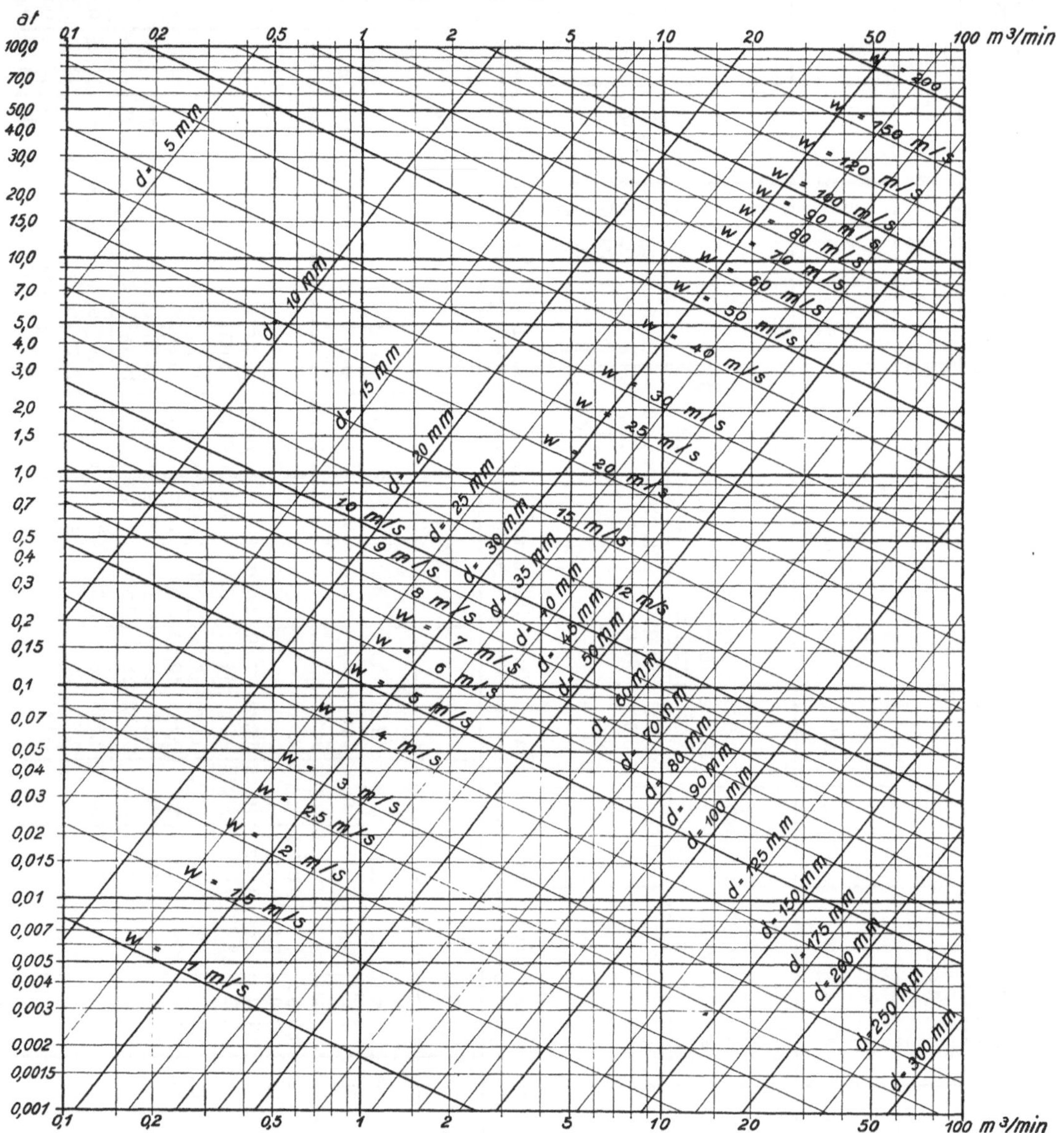

Abb. 103. Zusammenhang zwischen Druckverlust $\varDelta p$ in at, Strömungsgeschwindigkeit w in m/s, Rohrweite d in mm, minutlicher Ansaugmenge in m³ bezogen auf 1 at für Druckluft von 5 at mittlerem Überdruck = 6 ata und 7,2 kg/m³ spez. Gewicht. Die Zahlen für den Druckverlust gelten für 100 m glatter, gerader Rohrlänge.

$\frac{\gamma}{7,2} \cdot \left(\frac{7,2}{\gamma}\right)^2 = \frac{7,2}{\gamma}$. Der zu γ gehörige Druckverlust wird also gleichfalls durch Multiplikation der Tafelwerte $\varDelta p$ mit $\frac{7,2}{\gamma}$ erhalten. Beträgt z. B. bei einer 100 m langen Leitung von 200 mm Durchmesser die Durchflußmenge 30000 kg/h mit einem spezifischen Gewicht $\gamma = 4,8$ kg/m³, so ist (vgl. Zahlentafel 14) der Druckverlust

$$\varDelta p_\gamma = \varDelta p \frac{7,2}{\gamma} = 0,3 \frac{7,2}{4,8} = 0,45 \text{ at}$$

und die Geschwindigkeit

$$w_\gamma = w \frac{7,2}{\gamma} = 37 \frac{7,2}{4,8} = 55,5 \text{ m/s}.$$

Für die bei Druckluft gebräuchliche Angabe der Durchflußmenge als Volumen in m³ stündlicher Ansaugmenge gilt die gleiche Umrechnung. Die spezifischen Gewichte müssen jedoch erst aus den gegebenen Drücken berechnet werden, weshalb es einfacher ist, sofort mit den sich wie die spezifischen Gewichte ändernden absoluten Drücken umzurechnen. Die Tafeln und Diagramme gelten für 6 ata; somit ist der Umrechnungsfaktor $\frac{6}{p}$ (p in ata!). Ist beispielsweise die stündliche Ansaugmenge 60000 m³ bei 6 atü = 7 ata mittlerem Betriebsdruck, so ist der Druckabfall in einer 1500 m langen Leitung von 400 mm Durchmesser

$$\Delta p_p = \Delta p \frac{6}{p} \cdot \frac{l}{100} = 0{,}05 \cdot \frac{6}{7} \cdot 15$$
$$= 0{,}643 \text{ at}$$

und die Geschwindigkeit

$$w_p = w \frac{6}{p} = 22{,}5 \cdot \frac{6}{7} = 19{,}3 \text{ m/s}$$

(vgl. Abb. 104).

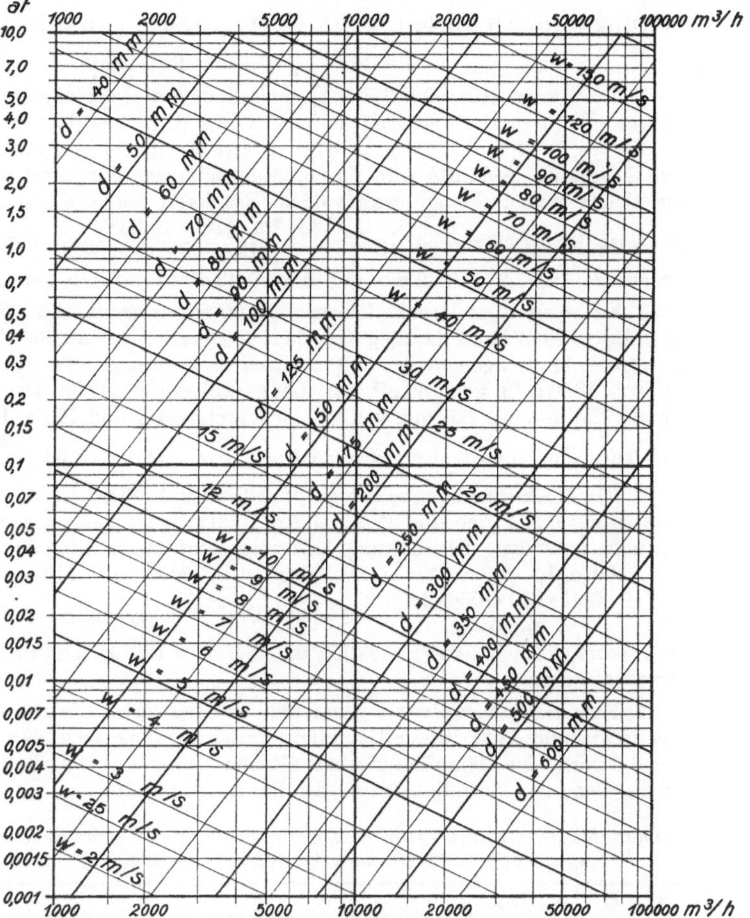

Abb. 104. Zusammenhang wie im Diagramm Abb. 103, jedoch für stündliche Ansaugmenge.

Da die Formeln von Fritzsche und die auf diesen Formeln aufgebauten Zahlentafeln und Diagramme nur für mäßigen Druckabfall gelten, so ist bei der Anwendung der Formeln und Tafeln sinngemäß zu verfahren. Wenn man z. B. aus der Zahlentafel 14 entnimmt, daß in einer Leitung von 75 mm l. W. bei einem Durchgange von 7200 kg/h der Druckabfall für 100 m Leitungslänge = 2,95 at ist, so ist dieser Wert, weil die Formel nur für mäßigen Druckabfall gilt, nicht verwendbar; wohl kann man aber folgern, daß der Druckverlust für 10 m Leitungslänge etwa = 0,295 at ist. Ebenso ist zu verstehen, daß der Druckverlust im Diagramm Abb. 103 bis 100 at und im Diagramm Abb. 104 bis 10 at reicht. Überhaupt darf man nicht annehmen, daß man Strömungsverluste in Wasser- oder Dampf- oder Druckluft-

Zahlentafel 15. Zulässige Luftmenge in m³/min (bezogen auf atmosphärische Spannung) bei 4 at Überdruck = 5 ata und 0,1 at Druckabfall.

Rohrdurchmesser mm	Leitungslänge in m 150	200	300	400	500	600	700	800	900	1000	1250	1500
30	1	0,9	0,6	—	—	—	—	—	—	—	—	—
60	6,5	5,5	4,8	4,2	3,9	3	2,9	—	—	—	—	—
70	10	8,5	6,5	5,5	5	4,5	4	3,9	3,7	3	—	—
100	25	22	18	15	14	13	11	10	9,7	9,2	8,1	7,7
150	75	65	50	45	42	38	34	32	29	27	24	22
200	165	145	115	100	86	78	72	68	63	59	52	48
250	300	260	210	180	160	145	130	120	115	110	95	85
300	480	420	350	290	260	235	215	200	190	175	155	145
350	740	650	520	470	390	365	330	310	290	270	240	220

leitungen, mit der Genauigkeit rechnen kann, mit der man elektrische Leitungen berechnet. Aber die Rechnung gibt uns den ersten Anhalt und schützt uns vor groben Fehlern.

Zahlentafel 15 schließlich gilt für 4 at Überdruck, mit welchem Drucke man in der Grube rechnet. Man kann ihr entnehmen, wieviel Kubikmeter Luft minutlich durch die Leitung strömen dürfen, wenn Leitungslänge und Druckabfall (0,1 at) gegeben sind[1].

Beispiele.

1. Es werden stündlich 30000 kg oder 25000 m³ Luft angesaugt und auf 5,1 atü, d. h. auf 6,1 ata verdichtet. Die Druckleitung hat 300 mm lichte Weite, ist bis zum Füllort 1200 m lang (einschl. der Zuschläge für Ventile, Krümmer usw.) und fällt 600 m ab. Wie groß ist der Leitungsdruck am Füllort? Aus dem Diagramm Abb. 102 wird $\beta = 0{,}62$ entnommen. Der anfängliche Druck ist 6,1 ata; im Mittel werde der Druck wegen der zu erwartenden Druckverluste = 6 ata und $\gamma = 7{,}2$ gesetzt. w wird 16,38 m/s. Dann ist der Druckverlust $\Delta p = \frac{0{,}62 \cdot 7{,}2 \cdot 1200 \cdot 16{,}38^2}{10000 \cdot 300}$ = rd. 0,48 at. In der Schachtleitung nimmt der Druck um $600 \cdot 7{,}2 = 4320$ mm WS oder 0,43 at zu, so daß der Druck am Füllort = 6,05 ata ist.

2. Ein 30pferdiger Druckluftmotor, der 60 m³ angesaugte Luft für die PSh braucht, ist durch eine einschl. Zuschläge 120 m lange Leitung von 65 mm Durchmesser an das Leitungsnetz angeschlossen. Wie groß ist der Druckabfall, wenn in der 120 m langen Zuleitung der Druck im Mittel 5 ata ist? Der Motor braucht $60 \cdot 30 = 1800$ m³/h oder 30 m³/min. Laut Zahlentafel ist für Druckluft von 6 ata mittlerer Spannung der Druckabfall in einer Leitung von 65 mm Durchmesser und 100 m Länge = 0,63 at. Bei 120 m Leitungslänge und 5 ata mittlerem Leitungsdruck ist der Druckabfall $= 0{,}63 \cdot \frac{120}{100} \cdot \frac{6}{5} = 0{,}91$ at.

3. Ein Hochdruckkompressor saugt stündlich 1800 m³ Luft an und preßt sie auf 150 ata. Die gepreßte Luft strömt durch eine einschl. Zuschläge 1000 m lange Leitung von 50 mm Durchmesser bis zur Lokomotivfüllstelle untertage. Die Leitung fällt insgesamt 600 m ab. Wie groß ist der Druck an der Füllstelle? $G = 2160$ kg/h. $\beta = 0{,}91$. $w = 1{,}7$ m/s. $\gamma = 180$ kg/m³. Mithin ist der Druckabfall durch Reibung $\Delta p_{at} = \frac{0{,}91 \cdot 180 \cdot 1000 \cdot 1{,}7^2}{10000 \cdot 50} = 0{,}95$ at. Der Druckgewinn durch das Gewicht der 600 m hohen Preßluftsäule beträgt $1{,}2 \cdot 150 \cdot 600 = 108000$ mm WS oder 10,8 at. Die Preßluft hat also unten ungefähr 10 at mehr Druck als oben.

4. Eine Dampfkesselbatterie von 1000 m² Heizfläche, die stündlich 30 kg/m² verdampft, erzeugt Dampf von 16 ata und 330°. In der Dampfleitung ist mit einer mittleren Temperatur von 300° zu rechnen, so daß $\gamma = 6{,}2$ wird. Die Dampfleitung hat 150 mm Durchmesser und ist einschl. Zuschläge 80 m lang. Wie groß ist die Dampfgeschwindigkeit und der Druckabfall? Für $\gamma = 7{,}2$ und $G = 30000$ kg/h ist die Geschwindigkeit laut Zahlentafel 14 $w = 66$ m/s und der Druckabfall für 100 m = 1,28 at. Für $\gamma = 6{,}2$ wird die Geschwindigkeit $= \frac{66 \cdot 7{,}2}{6{,}2} = 77$ m/s; der Druckabfall für 80 m Leitungslänge wird $1{,}28 \cdot \frac{7{,}2}{6{,}2} \cdot \frac{80}{100} = 1{,}2$ at.

Zahlentafel 16. Rohrlängen in m mit gleichem Druckverlust wie Armaturteile von Druckluftleitungen.

Lichte Rohrweite in mm	Durchgangsventil $\xi = 7$	Eckventil $\xi = 3$	Schieber $\xi = 0{,}3$	Normalkrümmer $\xi = 0{,}2$	T-Stück $\xi = 2$
50	15	7	0,7	0,4	4
75	25	11	1,1	0,7	7
100	35	15	1,5	1	10
150	60	25	2,5	1,7	17
200	85	35	3,5	2,4	24
300	140	60	6	4	40
400	200	85	8,5	6	60

66. Gleichwertige Rohrlängen für Ventile, Krümmer usw.

Die Druckverluste in Ventilen usw. rechnet man als proportional dem Quadrate der Geschwindigkeit. Man setzt bei Wasser den Druckverlust $h = \xi \cdot \frac{v^2}{2g}$ m WS. Bei Luft und Dampf setzt man den Druckverlust $\Delta p_{at} = \frac{1}{10000} \cdot \xi \cdot \frac{w^2}{2g} \cdot \gamma$. Nach Brabbée: Z. d. V. d. I. 1916 ist für Durchgangsventile $\xi = 7$, für Krümmer $\xi = 0{,}2$ usw. (vgl. Zahlentafel 16). Man berücksichtigt den Widerstand solcher Armaturstücke, indem man die gleichwertige Rohrlänge einsetzt. Zahlentafel 16 gibt für Druckluftleitungen die gleichwertigen Rohrlängen der Armaturstücke für verschiedene Rohrdurchmesser an. Bei großen Leitungen erscheinen nach vorstehender Rechnung Ventile ganz besonders ungünstig, ungünstiger als der Wirklichkeit entspricht. Im Druckluftbetriebe hat man heut in den großen Leitungen hauptsächlich Schieber; an den Enden der Leitungen, vor den Motoren usw. verwendet man Ventile.

[1] Vgl. Glückauf 1920, S. 603.

VII. Allgemeines über Kolbenmaschinen.

67. Grundlegende Wirkungsweise der Kolbenmaschinen. Die Kolbenmaschinen dienen als Kraftmaschinen zur Umsetzung der Spannungsenergie von Dampf (Dampfmaschinen), Druckluft (Druckluftmotoren), Verbrennungsgasen (Verbrennungskraftmaschinen) oder Wasser (Wasserdruckmotoren) in mechanische Energie oder als Arbeitsmaschinen zur Umwandlung mechanischer Energie in Spannungsenergie der Druckluft (Kompressoren) oder potentielle Energie des Wassers (Pumpen). Bei den Kraftmaschinen ist die Wirkungsweise immer so, daß die Spannung des Treibmittels unmittelbar auf die Fläche des in einem Zylinder beweglichen, dicht abschließenden Kolbens wirkt, der durch die auf ihn einwirkende Kraft bewegt wird. Die am Kolben abnehmbare Arbeit oder mechanische Energie ist das Produkt aus der Kolbenkraft und dem vom Kolben zurückgelegten Weg oder Kolbenhub. Bei den Arbeitsmaschinen ist der Vorgang umgekehrt, indem der von außen durch Kraft bewegte Kolben den Zylinderraum verkleinert, dadurch den Druck erhöht, seine mechanische Energie an der Kolbenfläche dem neuen Energieträger übermittelt und diesen schließlich aus dem Zylin-

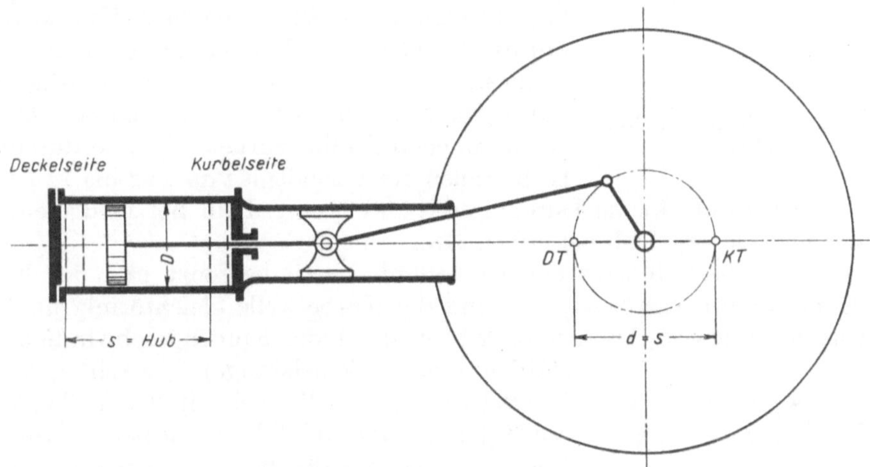

Abb. 105. Kolbenmaschine mit Kurbeltrieb.

der drückt. Diese unmittelbare Energieumwandlung an der Kolbenfläche ist kennzeichnend für alle Kolbenmaschinen und unterscheidet diese eindeutig von den Turbinen, in denen die Spannungsenergie des Treibmittels zunächst in kinetische oder Strömungsenergie und dann erst in mechanische Arbeit umgesetzt wird.

Je nach der Bewegungsrichtung des Kolbens unterscheidet man Kolbenmaschinen mit geradlinig hin- und hergehendem Kolben oder Maschinen mit Drehkolben. Während Kolbenmaschinen mit hin- und hergehendem Kolben für alle Arten von Kraft- und Arbeitsmaschinen gebräuchlich sind, beschränkt sich die Anwendung der Drehkolbenmaschinen, obgleich ihr Ursprung schon in die Entwicklungszeit der Dampfmaschine zurückreicht, erst seit wenigen Jahrzehnten auf Kompressoren, Pumpen (z. B. Zahnrad- und Kapselpumpen) und Druckluftmotoren (z. B. Geradzahn-, Schrägzahn- und Pfeilradmotoren und Lamellenmotoren[1]). In manchen Fällen, zum Beispiel bei Rutschenmotoren, Simplex- und Duplexpumpen und Drucklufthämmern kann die hin- und hergehende Kolbenbewegung unmittelbar ausgenutzt werden; meistens muß jedoch die geradlinige Bewegung durch ein besonderes Getriebe (z. B. Kurbeltrieb) in Drehbewegung umgeformt werden. Normalerweise wird die mechanische Energie des

[1] Zahnrad- und Lamellenmotoren werden im deutschen Bergbau häufig immer noch „Druckluft-Turbinen" genannt; man sollte sich endlich von dieser falschen Benennung freimachen, die anscheinend auf die irreführende englische Bezeichnung „air-turbine" für den Pfeilradmotor zurückzuführen ist.

Kolbens durch die Kolbenstange oder bei Drehkolben durch die Kolbenwelle ab- oder zugeführt. Eine Ausnahme bilden die Drucklufthämmer, bei denen die Kolbenenergie durch Stoß übertragen wird.

68. Der Kurbeltrieb. Um durch den hin- und hergehenden Kolben einer Kraftmaschine eine Welle zu drehen oder umgekehrt von einer z. B. mittels Elektromotors gedrehten Welle den Kolben einer Pumpe oder eines Kompressors zu bewegen, ist der Kurbeltrieb das einfachste und beste Mittel.

Abb. 105 veranschaulicht schematisch den Aufbau einer Kolbenmaschine mit Kurbeltrieb. Die Kolbenkraft wird über die Kolbenstange auf den Kreuzkopf, dann auf die Pleuelstange, von dieser auf den Kurbelzapfen und schließlich über die Kurbel auf die Kurbelwelle übertragen. Die Endstellungen des Kolbens an der Deckelseite und Kurbelseite sind gestrichelt eingezeichnet, desgleichen die zugehörigen Kurbelstellungen. Der Kurbelzapfen bewegt sich auf einer Kreisbahn, Kurbelkreis genannt. Die den Kolbenendstellungen entsprechenden Lagen des Kurbelzapfens auf dem Kurbelkreis heißen Deckelseitentotpunkt *DT* und Kurbelseitentotpunkt *KT*. Der Kurbelkreisdurchmesser d ist gleich dem Hub s, der Kurbelradius demnach gleich dem halben Hub. Die Pleuelstangenlänge ist normal gleich dem fünffachen Kurbelradius, geht aber bei schnellaufenden Maschinen bis auf den dreifachen Radius zurück. Zylinderdurchmesser und Hub stehen im Verhältnis von 1 : 2 bis 1 : 1 zueinander, und zwar geht man auf kleine Durchmesser und langen Hub bei niedrigen, auf große Durchmesser und kleinen Hub bei hohen Drehzahlen.

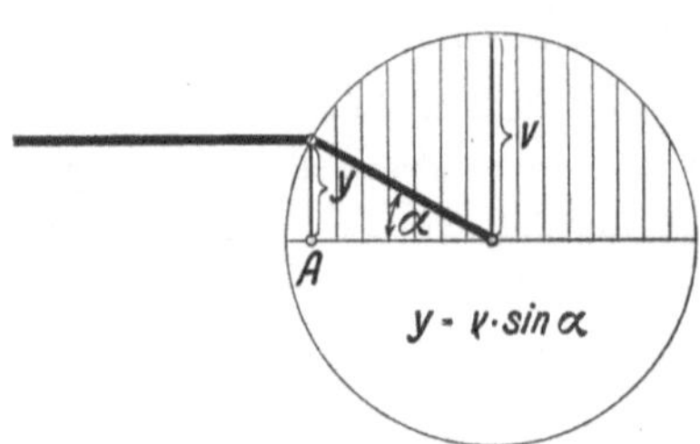

Abb. 106. Zusammenhang zwischen Kurbelzapfengeschwindigkeit und Kolbengeschwindigkeit.

Durch den Kurbeltrieb wird der Kolbenhub genau begrenzt und der Kolben wird erst beschleunigt, dann verzögert, während die Kurbelwelle gleichförmig umläuft. Läuft der Kurbelzapfen mit der Geschwindigkeit v, so ist die Kolbengeschwindigkeit (bei unendlich langer Pleuelstange) $= v \cdot \sin \alpha$, worin α der Winkel ist, den die Kurbel mit der Kolbenbahn bildet. Schlägt man einen Halbkreis dessen Radius gleich der Geschwindigkeit v des Kurbelzapfens ist, Abb. 106, so ist $y = v \cdot \sin \alpha$ die Kolbengeschwindigkeit bei dem jeweiligen Kurbelwinkel α oder der jeweiligen Kolbenstellung A. Die mittlere Kolbengeschwindigkeit c ist $= \frac{v}{1{,}57}$. Das Drehmoment. das der Kolben auf die Kurbel ausübt, ist ungefähr in der Hubmitte am größten, im Hubwechsel, in der „Totlage“ der Kurbel = Null. Eine einkurblige Kraftmaschine kann deshalb aus der Totlage nicht anlaufen und braucht ein Schwungrad, um über den toten Punkt hinwegzukommen.

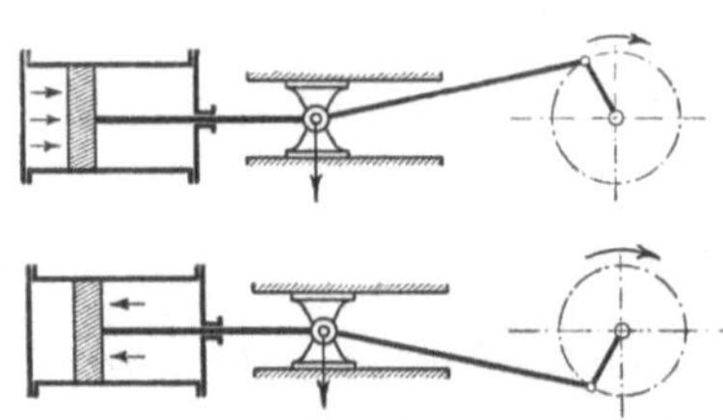
Abb. 107. Rechtslaufende Dampfmaschine.

Für eine Kraftmaschine, die nur in einem Sinne umlaufen soll, wählt man gemäß Abb. 107 den Umlaufsinn so, daß der Kreuzkopfdruck nach unten gerichtet ist, und spricht dann von Rechtslauf. Handelt es sich umgekehrt darum, einen Pumpenkolben von der Kurbelwelle anzutreiben, dann muß die Maschine im entgegengesetzten Sinne umlaufen, damit der Kreuzkopfdruck nach unten gerichtet ist.

69. Einfachwirkende und doppeltwirkende Zylinder. Bei einem einfachwirkenden Zylinder (Abb. 108 links) wirkt das Treibmittel nur auf einer Seite des Kolbens, die andere Seite steht in dem offenen Zylinder nur unter dem Druck der Außenluft. Wird der Zylinder auf beiden Seiten geschlossen und die Kolbenstange durch eine Stopfbüchse dicht herausgeführt, so kann der Zylinder doppeltwirkend arbeiten, indem das Treibmittel abwechselnd auf beiden Kolbenseiten wirkt (Abb. 108 rechts). Die Leistung wird dadurch bei gleichen Abmessungen verdoppelt.

Wenn irgend möglich, wird man also doppeltwirkende Zylinder verwenden. Dampfmaschinen und Großgasmaschinen werden fast immer mit doppeltwirkenden Zylindern ausgeführt, kleine Verbrennungsmaschinen dagegen ausschließlich mit einfachwirkenden Zylindern. Eine Besonderheit bilden Zylinder mit einem Stufenkolben, der auf der einen Seite mit dem vollen Querschnitt, auf der andern nur mit einer Ringfläche von halbem oder noch kleinerem Querschnitte wirkt (Abb. 109).

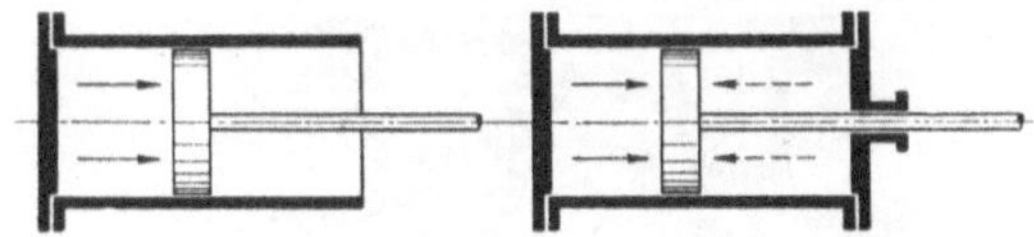

Abb. 108. Einfachwirkender und doppeltwirkender Zylinder.

70. Ein- und mehrzylindrige Maschinen. Zwillings- und Drillingsanordnung. Tandemanordnung. Einzylindrige Kraftmaschinen haben den Nachteil, daß sie nicht in jeder Lage anspringen. Treibt man bei mehrzylindrigen Maschinen die Welle durch 2 Kurbeln an, die um 90° versetzt sind, oder durch 3 Kurbeln, die um 120° versetzt sind usw., so springt die Maschine in jeder Lage an und wird gleichmäßiger gedreht. Treibt man den Kolben von der Kurbelwelle aus an, wie es bei Pumpen geschieht, so versetzt man um des gleichmäßigen Ganges willen ebenfalls die Kurbeln. Sind die nebeneinander liegenden Zylinder gleich, so hat man Zwillingsanordnung (*I* in Abb. 110) oder Drillingsanordnung. Daß man gleiche Zylinder hintereinander setzt, kommt bei Großgasmaschinen häufig vor, die im Viertakt arbeiten. Man spricht dann von Tandem- oder Reihenanordnung. Die Zündungen werden dann so geschaltet, daß bei jedem Hube eine Zündung erfolgt.

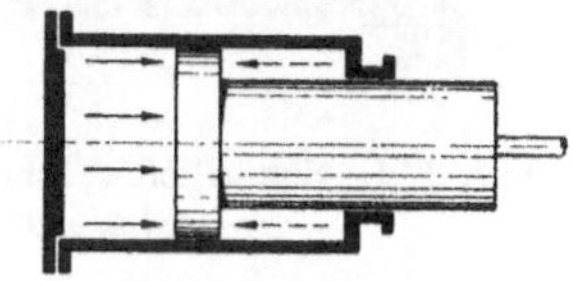

Abb. 109. Zylinder mit Stufenkolben.

71. Einstufige und mehrstufige Wirkung (Verbundwirkung). Bei Dampfmaschinen, Druckluftlokomotiven und Kolbenkompressoren unterscheidet man ein- und mehrstufige Wirkung. Mäßige Dampfdrücke nützt man in einem Zylinder aus. Bei hohen Dampfdrücken würde man sehr lange Zylinder benötigen, um den Dampf vollkommen zu entspannen, weshalb es zweckmäßiger ist, den Dampf erst in einem Hochdruckzylinder von normalem Hub und kleinem Querschnitt auf einen Zwischendruck zu entspannen und dann den aus dem Hochdruckzylinder abströmenden Dampf in einem Niederdruckzylinder von gleichem Hub und entsprechend größerem Querschnitt bis auf den Enddruck auszunützen. Ein weiterer grundsätzlicher Vorteil der mehrstufigen Wirkung ist, daß die großen Kolbenflächen nur niedrigen Druck bekommen, und der hohe Druck nur auf kleine Kolbenflächen wirkt, woraus sich eine geringere Beanspruchung der Kolbenstangen und des Kurbeltriebes ergibt. Hochdruckzylinder und Niederdruckzylinder können nebeneinander liegen (zweikurblige Verbundmaschine, Anordnung *II* in Abb. 110) oder hintereinander liegen (einkurblige oder Tandemverbundmaschine, Anordnung *IV*). Früher, ehe überhitzter Dampf angewendet wurde, wurden vielfach Dreifachexpansionsmaschinen gebaut. Anordnung *III* ist eine dreikurblige, Anordnung *VI* eine zweikurblige Dreifachexpansionsmaschine; letztere hat geteilten Niederdruckzylinder. Anordnung *V* ist eine Zwillingsverbundmaschine (Zwillings-Tandemmaschine).

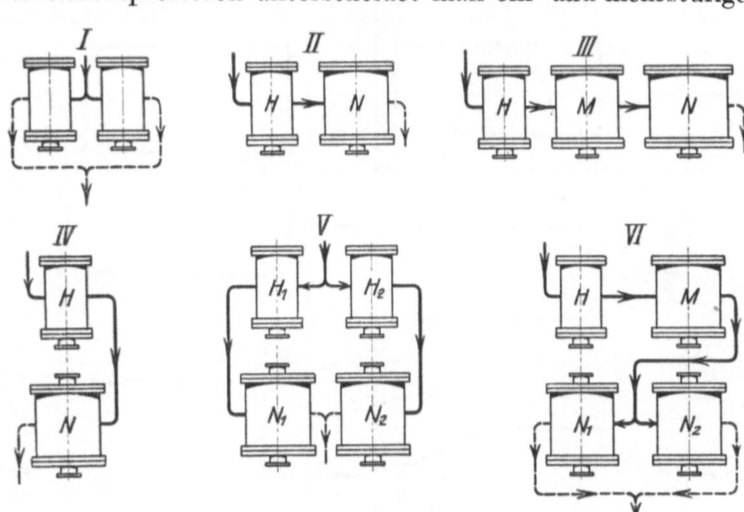

Abb. 110. Zylinderanordnungen von Kolbenmaschinen.

Die Druckluftlokomotiven arbeiten bei Drücken von 15 bis 25 at ebenfalls mit Verbundwirkung, entweder zweikurblig mit Hoch- und Niederdruckzylinder oder auch zweikurblig mit dreifacher Druckstufung, wobei Hoch- und Mitteldruckzylinder in einem Stufenzylinder vereinigt sind. Bei Kolbenkompressoren wird die Luft auf den häufig angewen-

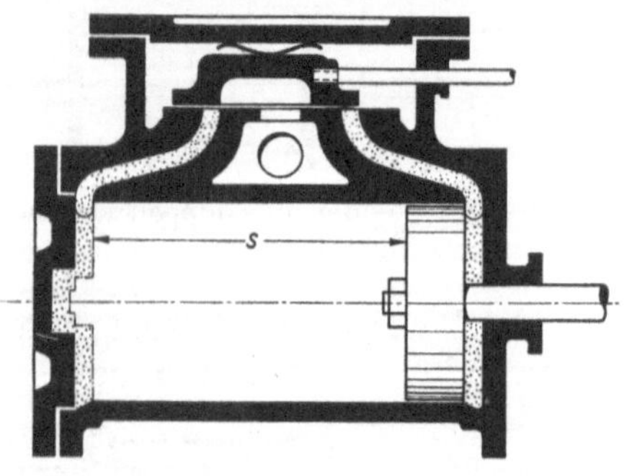

Abb. 111. Schädlicher Raum eines Dampfzylinders.

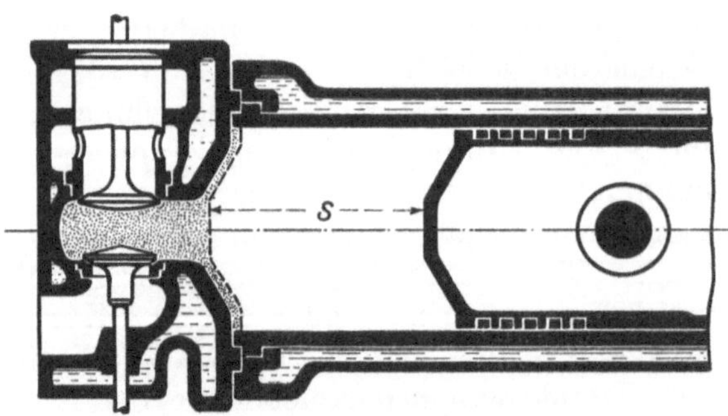

Abb. 112. Verdichtungsraum eines Gasmaschinenzylinders.

deten Enddruck von 6 bis 7 at zweistufig verdichtet, erst im Niederdruck-, dann im Hochdruckzylinder. Bei Drücken von 150 bis 200 at ist fünfstufige Verdichtung üblich.

72. Hubraum. Schädlicher Raum. Verdichtungsraum. Hubraum oder Hubvolumen ist Kolbenfläche × Hub. Wenn der Kolben einer Dampfmaschine oder eines Luftkompressors im Hubwechsel steht, so befindet sich zwischen ihm und dem Zylinderboden noch ein gewisser Raum. Dieser Raum nebst dem Raume bis zum abschließenden Schieber (vgl. Abb. 111) oder bis zu den abschließenden Ventilen heißt schädlicher Raum. Schädlich ist der Raum aber erst, wenn er zu groß ist. Die Größe des schädlichen Raumes wird in Prozenten des Hubraumes angegeben. Je nach der Art der Steuerung, der Größe der Zylinder, der Drehzahl der Maschine schwankt der schädliche Raum zwischen 3 und 15%. Der Inhalt des schädlichen Raumes arbeitet bei der Expansion und Kompression mit. Im Gegensatz zu den Gasen und Dämpfen ist der schädliche Raum bei Flüssigkeiten unschädlich, da Expansion und Kompression fehlen.

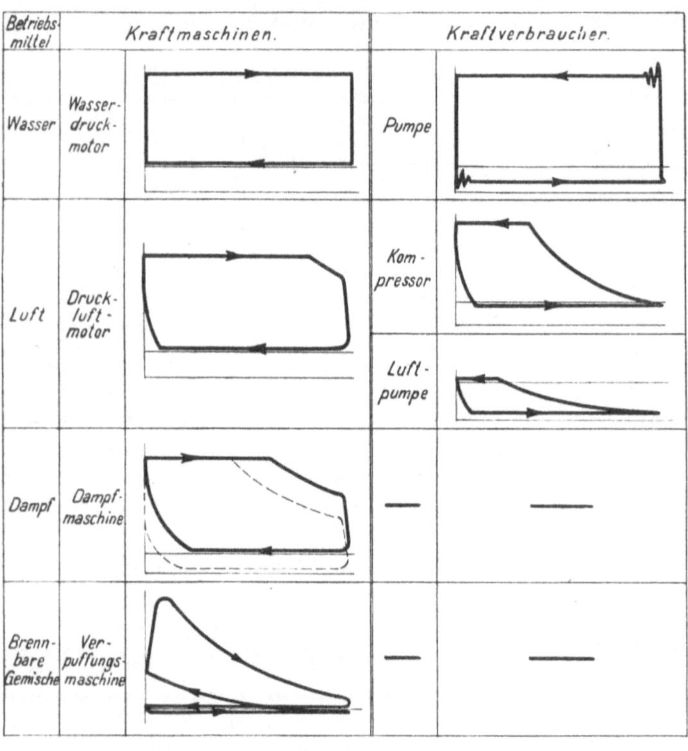

Abb. 113. Diagramme der wichtigsten Kolbenmaschinen.

Bei Verbrennungsmaschinen heißt der Raum hinter dem im Hubwechsel stehenden Kolben Verdichtungsraum (Abb. 112); dessen Größe ist danach zu bemessen, wie hoch man die Verdichtung treiben will.

73. Das Indikatordiagramm. Das Indizieren. Wird während eines Arbeitspieles der Druckverlauf im Zylinder über einer den Kolbenweg darstellenden Linie aufgetragen, so erhält man einen geschlossenen Linienzug, das sogenannte Indikatordiagramm, das grundsätzlich mit dem in Ziffer 8 besprochenen *PV*-Diagramm übereinstimmt. Man entnimmt der arbeitenden Maschine das Diagramm mit Hilfe des Indikators. Aus einem solchen Diagramm kann man sehr anschaulich die Wirkung der Maschine ersehen und erkennen, ob die Steuerung in Ordnung ist; ferner kann man den mittleren Druck im Zylinder bestimmen und auf Grund der Maschinenabmessungen und der Drehzahl die indizierte Leistung der Maschine berechnen. In Abb. 113 ist für die wichtigsten Kolbenmaschinen die kennzeichnende Form ihrer Diagramme dargestellt. Es sind Leistung abgebende und Leistung verbrauchende Maschinen nebeneinandergestellt. So der Druckwassermotor neben die Kolbenpumpe und der Druckluftmotor neben den Luftkompressor und die Luftpumpe. Der Dampfmaschine fehlt der Partner, ebenso der Gasmaschine. Verdichter für Dampf und Gas arbeiten wie der Luftkompressor und ergeben ein gleiches Diagramm.

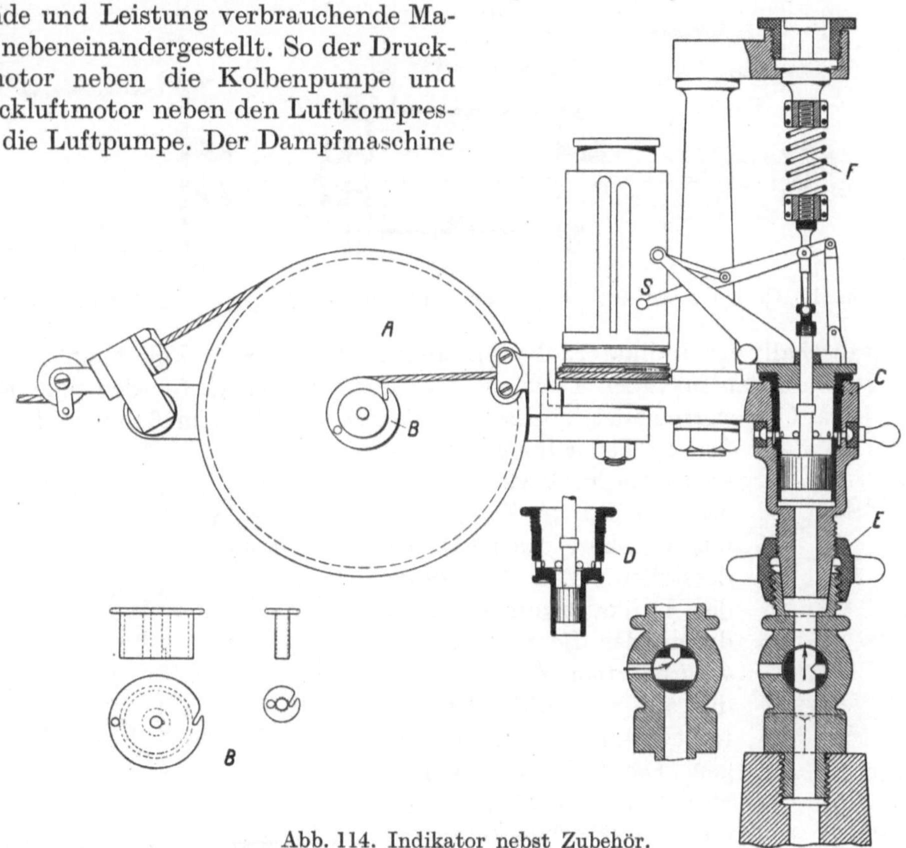

Abb. 114. Indikator nebst Zubehör.

Bei einem Indikatordiagramm kommt es auf die Länge überhaupt nicht an; die Länge stellt eben den Kolbenhub dar. Der Maßstab, in welchem der Druck verzeichnet ist, der sogenannte Federmaßstab, muß aber angegeben sein, z. B. 8 mm = 1 kg/cm². Wichtig ist ferner, die atmosphärische Linie zu verzeichnen, damit man erkennen kann, wie groß z. B. der Gegendruck bei einer auspuffenden Dampfmaschine ist, oder wie groß der Unterdruck beim Saughube einer Pumpe ist. Einen Überblick über die Höhe der auftretenden Drücke hat man sofort, wenn man im Diagramm außer der atmosphörischen Linie die Linie des absoluten Druckes Null verzeichnet.

Die Diagramme des Wasserdruckmotors und der Pumpe haben rechteckige Form, weil das Wasser nicht zusammendrückbar ist. Die übrigen Diagramme enthalten Kurven, die die Expansion und Kompression von Dampf oder Gas darstellen. Ein Kompressordiagramm ähnelt zwar einem Dampfmaschinendiagramm, ist aber deutlich durch die Spitze zu Beginn der Verdichtung von ihm unterschieden. Die Kraftmaschinendiagramme zeigen Rechtsumlauf, die Diagramme der Arbeitsmaschinen oder Kraftverbraucher dagegen Linksumlauf (vgl. Ziffer 16).

Abb. 114 zeigt einen Indikator nebst Zubehör. Der Indikatorzylinder, der 20 mm Durchmesser hat, kann durch den Indikatorhahn, einen Dreiwegehahn, entweder mit der Atmosphäre oder mit dem zu indizierenden Kraftmaschinen-, Pumpen- oder Kompressorzylinder verbunden werden. Die Indikatorfeder (F), die man, wie es gezeichnet

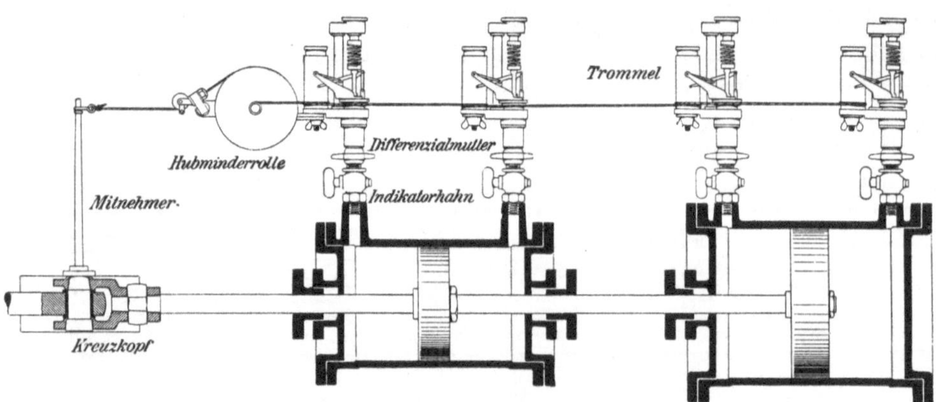

Abb. 115. Gemeinsamer Antrieb von vier hintereinander angeordneten Indikatoren.

ist, meist außerhalb des Indikatorzylinders anordnet, damit sie kalt bleibt, wählt man nach den auftretenden höchsten Drücken. Der höchste Druck, für den eine Feder geeignet ist, ist auf ihr verzeichnet, ebenso der Federmaßstab. 8 kg 6 mm z. B. bedeutet, daß die Feder für 8 at höchsten Überdruck verwendbar ist, und daß im Diagramm 6 mm Höhe 1 kg/cm² Druck darstellen. Die Bewegung des Indikatorkolbens wird durch das Schreibzeug in vergrößertem Maßstabe auf das auf die Indikatortrommel gespannte Blatt übertragen. Die Indikatortrommel wird vom Kreuzkopf angetrieben, so daß sich das Indikatorblatt entsprechend wie der Kolben bewegt. In der Regel ist es nötig, in den Antrieb der Indikatortrommel eine Hubverminderung einzuschalten. Sehr gebräuchlich ist die in Abb. 114 dargestellte Hubminderrolle, deren große Scheibe A vom Kreuzkopfe aus durch eine Schnur bewegt wird, während die mit A gekuppelte kleine Scheibe B die Indikatortrommel treibt. Ist der Maschinenhub klein, so muß die Rolle B groß sein, ist der Maschinenhub groß, so muß die Rolle B klein sein. Im Bilde sind eine große und eine kleine austauschbare Rolle B dargestellt. Bei großen Kolbenhüben und schnellem Maschinengange wird anstatt der Hubminderrolle zweckmäßig eine Hebelübersetzung eingeschaltet.

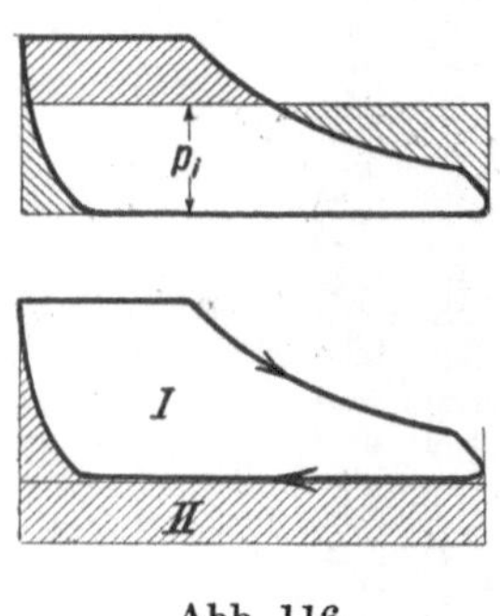

Abb. 116.

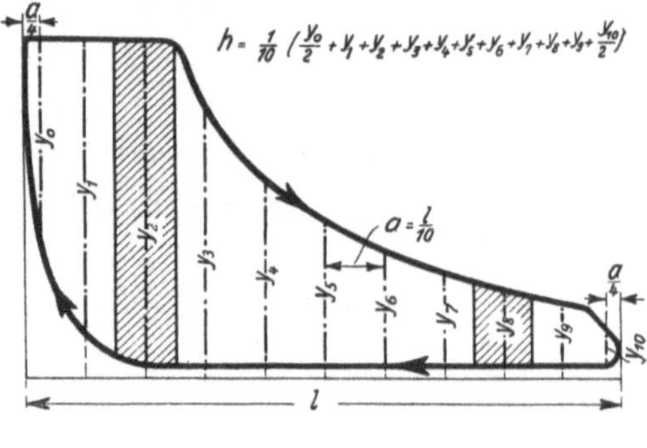

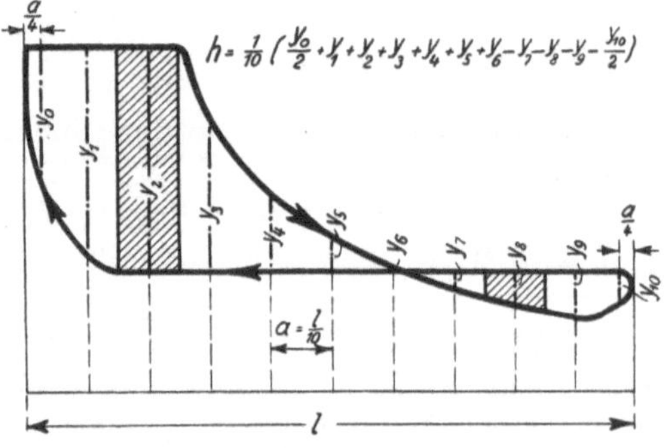

Abb. 117. Trapezregel, um die mittlere Diagrammhöhe h zu bestimmen.

Beim 20 mm-Kolben reicht die stärkste Feder meist nur bis 15 at. Man kann aber mit derselben Feder 4mal höhere Drücke indizieren, indem man in den 20 mm-Zylinder einen kleinen Zylinder (D) von 10 mm Durchmesser einsetzt, oder 10mal höhere Drücke, wenn man einen Zylinder von 6,28 mm Durchmesser einsetzt.

Um die indizierte Leistung einer Kolbenmaschine festzustellen, müssen ihre sämtlichen Zylinderseiten zugleich indiziert werden. Abb. 115 zeigt, wie man mittels 1 Hubminderrolle die Trommeln von 4 hintereinanderliegenden Indikatoren antreibt.

74. Indizierte Leistung. Es sei bei einem Dampfzylinder auf der einen Zylinderseite das Dampfdiagramm, Abb. 116, entnommen, dann ist die vom Dampfe an den Kolben beim Hinhube übertragene absolute Arbeit gleich der Summe der Flächen *I* und *II*. Beim Rückhube muß der Kolben die durch die Fläche *II* dargestellte Gegendruck- und Kompressionsarbeit leisten. Die Diagrammfläche *I* stellt also die bei einem Arbeitspiele der Dampfmaschine auf der einen Zylinderseite geleistete indizierte Arbeit dar. Bei einer Pumpe oder einem Kompressor bedeutet die Diagrammfläche die vom Kolben

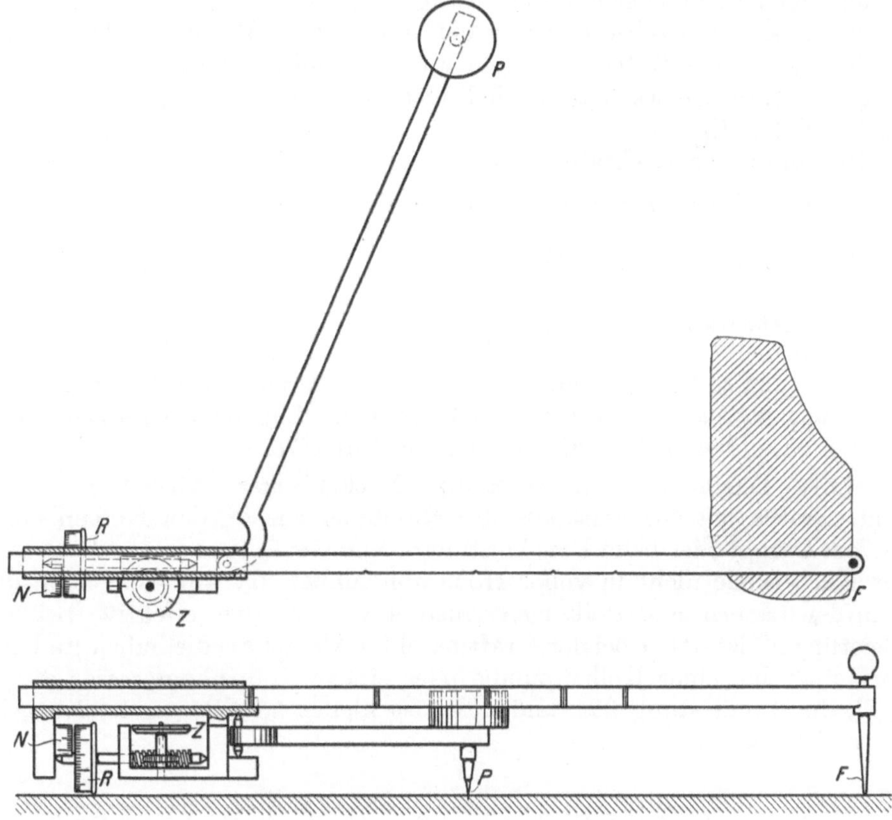

Abb. 118. Polarplanimeter.

an das Wasser oder die Luft abgegebene Arbeit. Schleifen im Diagramm bedeuten negative Arbeit, die von positiver abzuziehen ist. Verwandelt man die Diagrammfläche in ein gleichlanges Rechteck, vgl. Abb. 116, so ist dessen Höhe die mittlere Diagrammhöhe und bedeutet den mittleren indizierten Kolbendruck p_i. Man findet die mittlere Diagrammhöhe entweder nach der Trapezregel oder mit Hilfe des Planimeters. Abb. 117 veranschaulicht die Trapezregel. Um ein Diagramm bequem zu teilen, bedient man sich des dem Indikator beigegebenen verstellbaren Rostes. Abb. 118 zeigt das von Amsler angegebene Polarplanimeter, das folgendermaßen gehandhabt wird: Man legt den Pol *P* fest und setzt den Fahrstift *F* an irgendeinem Punkte der Diagrammlinie kräftig eine, so daß dieser Anfangspunkt genau markiert wird. Nachdem man am Nonius *N* die Anfangsstellung des Meßrades *R* abgelesen hat, umfährt man das Diagramm mit dem Fahrstift, bis man zu dem markierten Ausgangspunkte zurückgekehrt ist, worauf man die Endstellung des Meßrades abliest. Aus dem Unterschiede zwischen Anfang- und Endstellung ist nach dem am Planimeter vermerkten Maßstabe die Diagrammfläche zu berechnen. Das Zählrad Z braucht man nur bei großen Flächen. Die mittlere Diagrammhöhe erhält man aus der Division der Diagrammfläche durch die Diagrammlänge.

Teilt man die mittlere Diagrammhöhe durch den Federmaßstab, so erhält man p_i. Kennt man Hub und Kolbenfläche des Zylinders, sowie die Drehzahl der Maschine, so kann man die „indizierte Leistung" einer Dampfmaschine, Gasmaschine, Pumpe, eines Kompressors usw. errechnen. Bei Kraftmaschinen ist die indizierte Leistung die zugeführte Leistung, bei Arbeitsmaschinen ist sie die abgeführte oder Nutzleistung.

Mit Ausnahme der Viertaktverbrennungsmaschinen arbeiten diese Maschinen im Zweitakt, d. h. das Arbeitspiel auf jeder Zylinderseite vollzieht sich innerhalb zweier Hübe oder einer Umdrehung.

Ist p_i der mittlere indizierte Druck in kg/cm²,
f die wirksame Kolbenfläche in cm² (also nach Abzug des Querschnittes der durchgehenden Kolbenstange, der bei Dampfmaschinen etwa 2%, bei Großgasmaschinen etwa 5% des Zylinderquerschnitts beträgt),
s der Kolbenhub in m,
n die minutliche Drehzahl,

so ist die indizierte Leistung einer Zylinderseite

a) bei Zweitaktwirkung $N_i = \frac{p_i \cdot f \cdot s \cdot n}{60 \cdot 75}$ PS,

b) bei Viertaktwirkung $N_i = \frac{p_i \cdot f \cdot s \cdot n}{120 \cdot 75}$ PS.

Soll die Leistung in kW gerechnet werden, so ist durch 102 statt durch 75 zu teilen. Um die Leistung der ganzen Maschine zu berechnen, sind die Leistungen der einzelnen Zylinderseiten zu addieren. Vgl. die Beispiele in Ziffer 75.

75. Effektive Leistung. Antriebsleistung. Mechanischer Wirkungsgrad. Änderung des Wirkungsgrades mit der Belastung der Maschine. Die an den Kolben einer Kraftmaschine vom Dampf oder beim Druckluftmotor von der Luft usw. übertragene Leistung ist an der Kurbelwelle nicht in voller Höhe abnehmbar, da am Kolben, in den Stopfbüchsen, in den Lagern usw. Reibungsverluste auftreten. Die „effektive Leistung" oder die Nutzleistung N_e ist daher bei der Kraftmaschine kleiner als die indizierte Leistung N_i. Umgekehrt stellt bei einer Kolbenpumpe oder einem Kolbenkompressor die indizierte Leistung N_i die Nutzleistung dar, und diese ist kleiner als die an der Kurbelwelle zugeführte Antriebsleistung N_e.

Es ist

$\frac{N_e}{N_i} = \eta_m$ der mechanische Wirkungsgrad einer Kraftmaschine,

$\frac{N_i}{N_e} = \eta_m$ der mechanische Wirkungsgrad einer Pumpe oder eines Kompressors.

Wird eine Pumpe oder ein Kompressor unmittelbar von der Kolbenstange der Kraftmaschine angetrieben, so versteht man unter dem mechanischen Wirkungsgrade des Maschinensatzes das Verhältnis der indizierten Pumpen- bzw. Kompressorleistung zur indizierten Leistung der Kraftmaschine.

Solange die Arbeit je Kolbenhub dieselbe bleibt, ändert sich der mechanische Wirkungsgrad der Kolbenmaschine nicht. Ob z. B. ein von einer Dampfmaschine angetriebener Luftkompressor mit $n = 40$ oder mit $n = 80$ läuft, beeinflußt den mechanischen Wirkungsgrad nicht. Bei einer Maschine aber, die zwischen Leerlauf und voller Belastung ihre Drehzahl ungefähr beibehält, einer Dampfmaschine z. B., die eine Dynamo antreibt, wird der mechanische Wirkungsgrad um so niedriger, je schwächer die Maschine belastet wird. Beim Leerlauf ist der mechanische Wirkungsgrad = Null. Da erfahrungsgemäß bei voller Belastung die Reibungsverluste in der Maschine nur wenig größer sind als beim Leerlauf, so ist die Leerlaufleistung der maßgebende Anhalt für die Größe der

Maschinenreibung. Bezeichnet N_0 die Leerlaufleistung, so gelten angenähert folgende Beziehungen

a) für Kraftmaschinen

$$N_e = N_i - N_0; \qquad \eta_m = \frac{N_i - N_0}{N_i} = \frac{N_e}{N_e + N_0} \quad \text{und}$$

b) für Arbeitsmaschinen

$$N_i = N_e - N_0; \qquad \eta_m = \frac{N_e - N_0}{N_e} = \frac{N_i}{N_i + N_0}.$$

Demnach nimmt der mechanische Wirkungsgrad mit der Belastung zu, wie es Abb. 119 zeigt. Bei höheren Belastungen ist der wirkliche Wirkungsgrad jedoch niedriger als der theoretisch errechnete.

Beispiele.

1. Eine einzylindrige Dampfmaschine von 600 mm Zyl.-Durchm. und 1,100 m Hub, deren durchgehende Kolbenstange vorn 90 mm, hinten 70 mm Durchm. hat, läuft mit $n = 120$, und es ist p_i vorn $= 2{,}7$ kg/cm², hinten $= 2{,}6$ kg/cm². Wieviel PS_i leistet die Maschine und wieviel PS_e bei $\eta_m = 92\%$? — Der wirksame Kolbenquerschnitt ist vorn 2764 cm², hinten 2789 cm². Die vordere Zylinderseite leistet $\frac{2{,}7 \cdot 2764 \cdot 1{,}1 \cdot 120}{60 \cdot 75} = 219\ PS_i$, die hintere Zylinderseite leistet $\frac{2{,}6 \cdot 2789 \cdot 1{,}1 \cdot 120}{60 \cdot 75} = 212{,}4\ PS_i$. Zusammen werden 431,4 PS_i oder $0{,}92 \cdot 431{,}4 = 397\ PS_e$ geleistet.

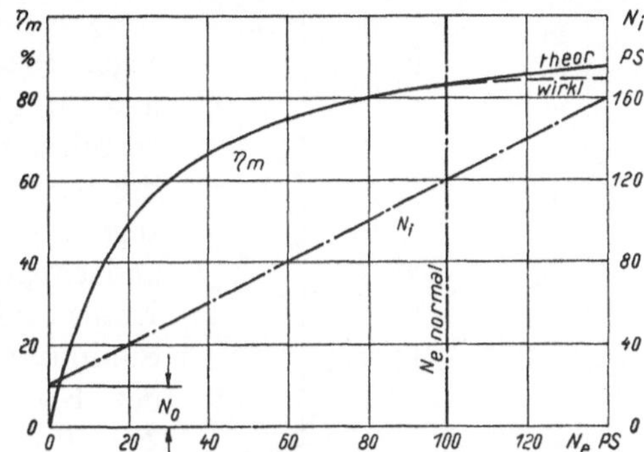

Abb. 119. Mechanischer Wirkungsgrad einer Kolbenkraftmaschine ($N_0 = 20$ PS).

2. Es soll überschlagen werden, wieviel PS_e eine Zwillingsfördermaschine von 950 mm Zyl.-Durchm. und 1600 mm Hub bei $n = 50$ und $\eta_m = 90\%$ leistet, wenn auf allen 4 Zylinderseiten $p_i = 3$ kg/cm² ist. — Indem man 2% für den Querschnitt der durchgehenden Kolbenstangen absetzt, wird der wirksame Kolbenquerschnitt $= 6946$ cm². Dann ist $N_i = 4 \cdot \frac{3 \cdot 6946 \cdot 1{,}6 \cdot 50}{60 \cdot 75} = 1476$ PS und $N_e = 0{,}9 \cdot 1476 = 1328$ PS.

3. Eine Großgasmaschine indiziere bei Leerlauf 400 PS und bei voller Belastung 2600 PS. Wieviel PS_e leistet die Maschine bei voller Belastung, und wie groß ist η_m bei voller, ¾, ½ und ¼ Last, wenn die Reibung in der Maschine dieselbe bleibt wie beim Leerlauf? — Die Gasmaschine leistet $2600 - 400 = 2200\ PS_e$. Bei voller Last ist $\eta_m = \frac{2200}{2600} = 84{,}7\%$, bei ¾ Last ist $\eta_m = \frac{1650}{1650 + 400} = 80{,}5\%$, bei ½ Last ist $\eta_m = \frac{1100}{1100 + 400} = 73{,}3\%$ und bei ¼ Last ist $\eta_m = \frac{550}{550 + 400} = 57{,}9\%$.

4. Eine einfachwirkende Pumpe von 80 mm Plungerdurchmesser und 600 mm Hub erzeugt Preßwasser von 30 at Druck. Wieviel kW Antriebsleistung erfordert die Pumpe, die 92% mechanischen Wirkungsgrad hat, bei $n = 90$, und wieviel kW nimmt der Elektromotor auf, wenn er einschließlich des zwischengeschalteten Rädergetriebes 85% Wirkungsgrad hat? — Die Antriebsleistung der Pumpe ist $= \frac{N_i}{\eta_m} = \frac{30 \cdot 50 \cdot 0{,}6 \cdot 90}{0{,}92 \cdot 60 \cdot 102} = 14{,}4$ kW und der Motor nimmt $\frac{14{,}4}{0{,}85} = 17$ kW auf.

5. Eine Kolbenwasserhaltung hebt minutlich 6 m³ auf 600 m. Die antreibende Dampfmaschine indiziert 890 PS. Wie groß ist der Gesamtwirkungsgrad der Wasserhaltungsanlage, d. h. das Verhältnis der in gehobenem Wasser gemessenen Leistung der Anlage zur indizierten Leistung der Dampfmaschine? — Wenn das Wasser das spezifische Gewicht $\gamma = 1$ hat, sind 6 m³/min $= 100$ kg/s. Die Nutzleistung der Anlage, gemessen in gehobenem Wasser, ist $= \frac{100 \cdot 600}{75} = 800$ PS; mithin ist der Gesamtwirkungsgrad $= \frac{800}{890} = 89{,}9\%$.

76. Das Tangentialkraftdiagramm. Das Schwungrad. Die in einer Kolbenmaschine am Kolben wirkenden Kräfte wechseln ständig ihre Größe. In einer doppeltwirkenden Dampfmaschine z. B. drückt auf die eine Kolbenseite der treibende Dampf während der Füllung mit fast voller Spannung, die während der Expansion ständig abnimmt. Auf die andere Seite drückt der Gegendruck, der gegen Hubende infolge der Kompression ziemlich hohe Werte annimmt und den treibenden Druck weit übersteigt. Wirksam ist der Differenzdruck, so daß sich am Hubende eine der Bewegung des Kolbens entgegengesetzte, verzögernde Kraft ergibt. Abb. 120 zeigt die aus den Dampfdruckdiagrammen der Deckelseite und Kurbelseite einer einzylindrigen Dampfmaschine sich ergebende Kolbenkraft $P_K = f\,(p_1 - p_2)$; (f = Kolbenfläche, p_1 = absoluter Dampfdruck, p_2 = absoluter Gegendruck). Die Bewegung des Kolbens von der Deckelseite zur Kurbelseite ist mit einem Pluszeichen bezeichnet, die zugehörigen Kurven sind ausgezogen. Für die ent-

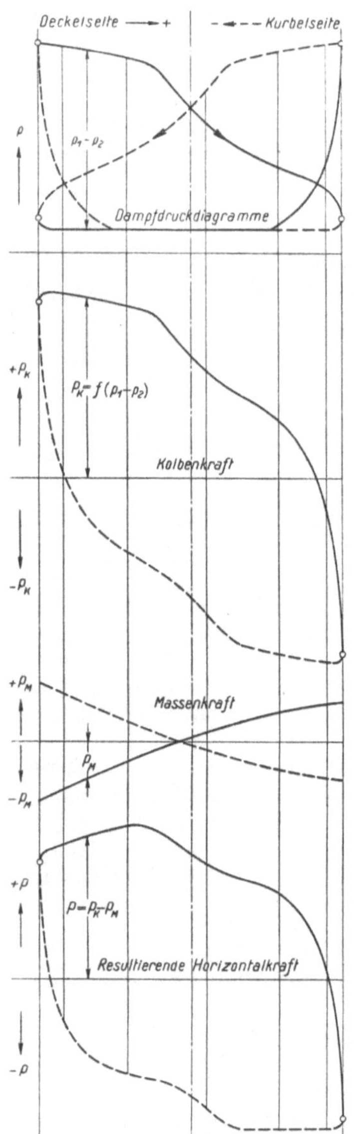

Abb. 120. Dampfdiagramme, Kolbenkraft, Massenkraft und resultierende Horizontalkraft einer doppeltwirkenden Einzylinderdampfmaschine.

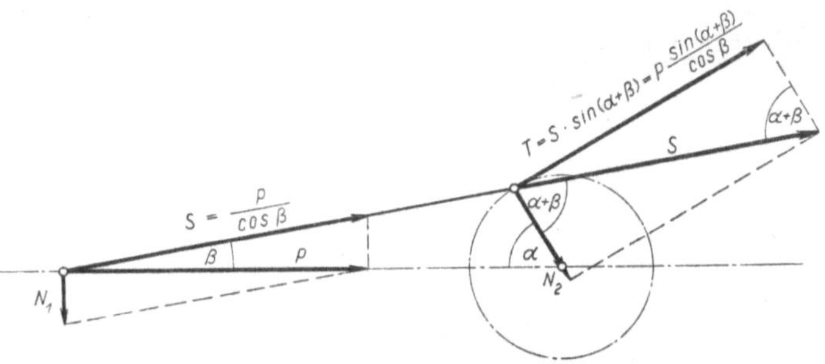

Abb. 121. Kräfte im Kurbeltrieb.

gegengesetzte Bewegungsrichtung gelten das Minuszeichen und die gestrichelten Kurven. Zu den sich aus der Druckverteilung des Dampfes ergebenden veränderlichen Kolbenkräften treten noch die Massenbeschleunigungs- bzw. Verzögerungskräfte P_M hinzu, die durch die Geschwindigkeitsänderungen der Massen des Kolbens, der Kolbenstange, des Kreuzkopfes und der halben Pleuelstange entstehen. Die Summe aus Kolbenkraft und Massenkraft ergibt die an der Kolbenstange wirksame resultierende Horizontalkraft $P = P_K + P_M$. Die Horizontalkraft wird am Kreuzkopf auf die Pleuelstange oder Schubstange übertragen und zerlegt sich in die Schubstangenkraft S und den Kreuzkopfnormaldruck N_1 (vgl. Abb. 121). Die in der Drehrichtung wirksame Kraft ist die in der Tangentenrichtung zum Kurbelkreis verlaufende Komponente T der Schubstangenkraft S, die Tangentialkraft genannt wird. Die Größe der Tangentialkraft ist einerseits von der wechselnden Kraft S bzw. P und andererseits von der dauernd veränderlichen Stellung der Kurbel abhängig.

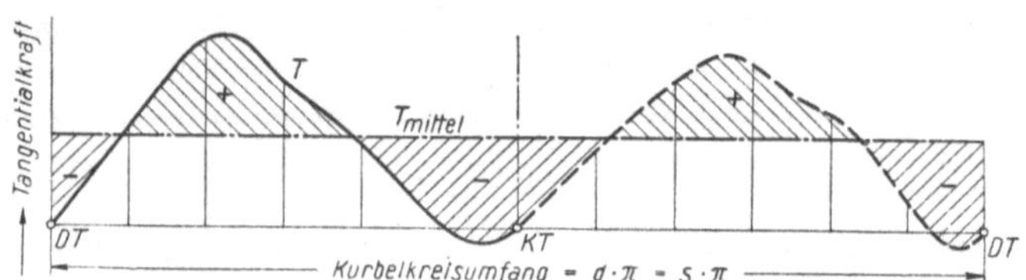

Abb. 122. Tangentialkraftverlauf während einer Kurbelumdrehung.

Nach Abb. 121 ist $T = \frac{P}{\cos\beta} \sin(\alpha + \beta)$ und kann mit der aus Abb. 120 zu entnehmenden Horizontalkraft für verschiedene Kurbelstellungen errechnet oder zeichnerisch ermittelt werden. Der sich während einer Umdrehung ergebende Verlauf der Tangentialkraft ist in Abb. 122 wiedergegeben. Sie ist in den Totpunkten gleich null und erreicht bei ungefähr senkrechter Kurbelstellung ihren Höchstwert, der rund doppelt so groß ist wie der Mittelwert. Im Tangentialkraftdiagramm sind die Kräfte über dem Weg aufgezeichnet, so daß die Gesamtfläche unter der Kurve T die während einer Umdrehung verrichtete Arbeit darstellt. Die der Kurbelwelle gleichmäßig abgenommene Energie ist die durch die mittlere Tangentialkraft T_{mittel} begrenzte Rechteckfläche.

Sie wird zeitweilig überschritten (+ Flächen) oder unterschritten (— Flächen), woraus sich eine Ungleichförmigkeit der Drehbewegung ergibt. Diese Ungleichförmigkeit auf ein zulässiges Maß herabzusetzen ist die Hauptaufgabe des Schwungrades. Solange überschüssige Energie zugeführt wird, solange wird das Schwungrad beschleunigt und speichert die Energie als kinetische Energie auf. Sinkt die Energiezufuhr unter den Mittelwert, so gibt das Schwungrad die gespeicherte Energie unter Geschwindigkeitsverminderung wieder an die Kurbelwelle ab. Die Energiespeicherung des Schwungrades ist bei um so kleinerer Geschwindigkeitsänderung und damit geringerer Ungleichförmigkeit des Ganges der Maschine erreichbar, je schwerer das Schwungrad ist. Bei mehrzylindrigen Maschinen mit versetzten Kurbeln sind die Schwankungen der Tangentialkraft geringer als bei einkurbligen Maschinen, so daß man mit einem leichteren Schwungrad auskommt. Einzylindrige Viertaktverbrennungsmaschinen arbeiten am ungleichförmigsten. Die nur während eines Bruchteiles der Umdrehung auftretende größte Tangentialkraft beträgt das Zehnfache des Mittelwertes und mehr, weshalb man sehr schwere Schwungräder braucht.

VIII. Die Regelung der Kraftmaschinen.

77. Einführung. Sind bei einer Kraftmaschine die zugeführte und die abgegebene Energie im Gleichgewicht, so bleibt die Drehzahl unverändert. Eine Verminderung der Energieabgabe hat bei gleichbleibender Energiezufuhr ein Steigen der Drehzahl zur Folge. Eine Erhöhung der Energieabgabe wirkt umgekehrt. Hauptaufgabe der Regelung ist es, die Drehzahl der Kraftmaschine annähernd gleich zu halten, also die Energieaufnahme der Energieabgabe anzupassen. In diesem Abschnitt ist nur diese Regelung auf gleichbleibende Drehzahl besprochen, während Regelungen besonderer Art, z. B. die Regelung der Luftkompressoren auf gleichbleibenden Druck oder die Regelung von Fördermaschinen, bei den genannten Maschinen behandelt werden. Ferner sind im folgenden nur Fliehkraftregler besprochen, während die weniger angewendete Durchflußregelung nur im Zusammenhang mit besonderen Regelungsaufgaben z. B. bei den Dampfturbinen und bei den Fahrtreglern der Fördermaschinen erläutert wird.

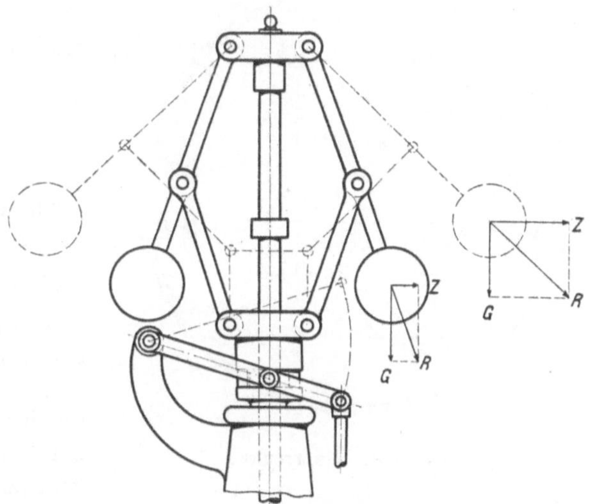

Abb. 123. Gewichtsregler (Watt).

Die Fliehkraftregler beruhen auf der Grundlage, daß die auf ihre Schwungmassen ausgeübten Fliehkräfte und damit auch die von denselben ausgeführten Ausschläge sich mit der Drehzahl ändern, und daß von diesen Bewegungsänderungen die notwendigen Verstellungen der Steuerung betätigt werden können. Fliehkraftregler werden als Muffenregler und als Achsenregler ausgeführt. Hier sind immer Muffenregler zugrunde gelegt, während Achsenregler bei den Dampfmaschinensteuerungen besprochen werden.

Jede Regelung vollzieht sich entweder statisch (stetig) oder astatisch (unstet). Die Geschwindigkeitsregelung wird fast immer statisch ausgeführt, derart, daß bei ansteigender Geschwindigkeit die Energiezufuhr zur Maschine stetig verkleinert wird, so daß zur niedrigsten Muffenlage kleinste Drehzahl und größte Maschinenkraft, zur höchsten Muffenlage größte Drehzahl und kleinste Maschinenkraft gehört.

78. Bauarten der Fliehkraftregler. Abb. 123 zeigt den ältesten, von Watt stammenden Fliehkraftregler. Weil beim Wattschen Gewichtsregler der Unterschied zwischen der höchsten und niedrigsten Drehzahl groß ist, wurde auf die Muffe eine Belastungshülse gesetzt (Porter), ferner wurden die Stangen gekreuzt (Kley) und andere Änderungen vorgenommen. In der neueren Zeit werden an Stelle der reinen Gewichtsregler überwiegend Federregler gebaut. Abb. 124 zeigt als Beispiel einen Regler der Fa. Hartung, Kuhn & Cie., Düsseldorf. Die infolge der Fliehkraft auseinanderstrebenden Schwungmassen beginnen auszuschlagen, wenn die Fliehkraft die Kraft der Belastungsfedern überwiegt. Damit der Regler statisch ist, muß die Kraft der Belastungsfedern so zunehmen, daß die Schwungmassen zu ihrem weiteren Ausschlage immer höhere Drehzahlen brauchen. Mit den Schwungmassen ist die Reglermuffe M so verbunden, daß sie steigt, wenn die Schwungmassen ausschlagen. Die Bewegung der Reglermuffe wird mit Hilfe eines Gleitringes auf den Reglerhebel übertragen, der die Steuerung verstellt, so daß bei zunehmender Drehzahl die Energiezufuhr von Höchst auf Null herabgemindert wird.

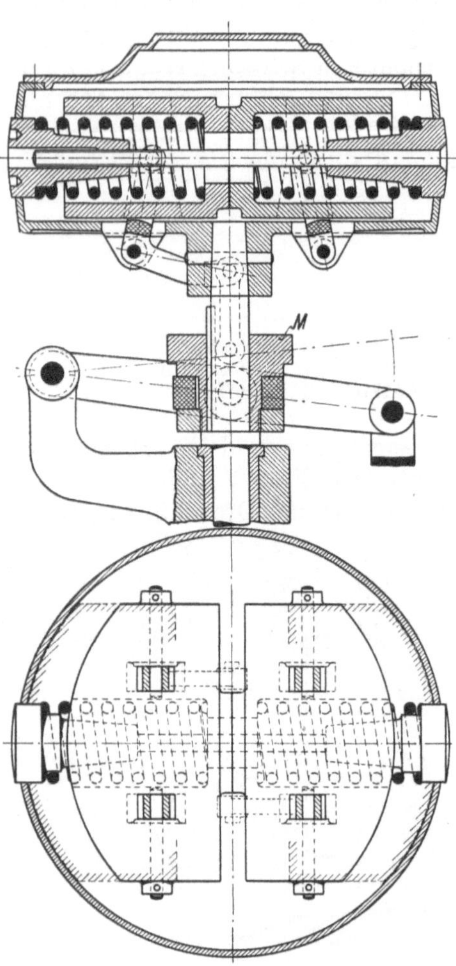

Abb. 124. Federregler.

79. Die Hubdrehzahllinie der Regler. Stabilitätsgrad. Unempfindlichkeit. Ungleichförmigkeit. Der Charakter des Reglers, d. h. wie sich der Muffenhub mit der Drehzahl ändert, ergibt sich aus der Hubdrehzahllinie. Abb. 125 zeigt die Hubdrehzahllinien für drei kennzeichnende Fälle. Die obere Linie gilt für Regelung auf annähernd gleichbleibende Drehzahl, wobei der Regler schwach statisch sein soll. Der Regler spielt zwischen $n = 195$ und $n = 205$, und der Unterschied zwischen $n_{\max}$ und $n_{\min}$ ist $\frac{10}{200}$ oder 5% der mittleren Drehzahl. Die untere Linie gilt für stark statische Regelung, wie man sie bei Fördermaschinen braucht, um von kleinster bis zu größter Geschwindigkeit zu regeln[1]. Die mittlere gebrochene Linie findet man bei Leistungsreglern für Kolbenkompressoren und Pumpen. Im ersten Hubteile ist der Regler stark statisch, um die Drehzahl und damit die Förderleistung des Kompressors innerhalb weiter Grenzen einstellen zu können. Im zweiten Hubteile, dem sogenannten Sicherheitshube, ist der Regler schwach statisch, damit er im Falle der Not, z. B. beim Bruche der Druckleitung, unter geringer Steigerung der Drehzahl die Energiezufuhr ganz abstellt. Für einen astatischen Regler wäre die Hubdrehzahllinie eine Senkrechte; die Muffe würde nicht stetig verstellt werden, sondern aus der einen in die andere Endlage springen. Rein astatische Regler sind unbrauchbar; man kann sich wohl der Astasie stark nähern und spricht dann von pseudo-astatischer Regelung.

Inwieweit ein Regler statisch ist, läßt der Stabilitätsgrad erkennen. In dem in Abb. 126 dargestellten Beispiel stellt die stark ausgezogene Linie den Idealfall dar, in

[1] Vgl. Ziffer 168.

dem die Regelung ohne Reibung verläuft. Der Regler wirkt zwischen $n_u = 180$ und $n_o = 220$. Dafür ist der Stabilitätsgrad

$$\sigma = \frac{n_o - n_u}{n_{mittel}} = \frac{220 - 180}{200} = 20\,\%.$$

Ist der Stabilitätsgrad groß, so ist der Regler stark statisch; für den Stabilitätsgrad Null besteht Astasie, während ein negativer Stabilitätsgrad einen unbrauchbaren, labilen Regler kennzeichnet, dessen Ausschlag mit abnehmender Drehzahl zunimmt.

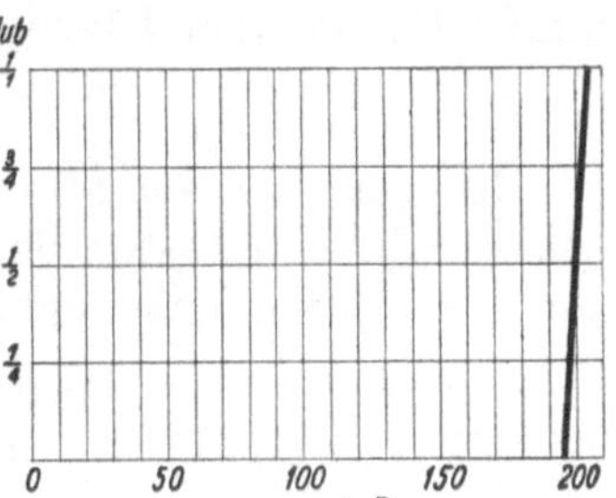

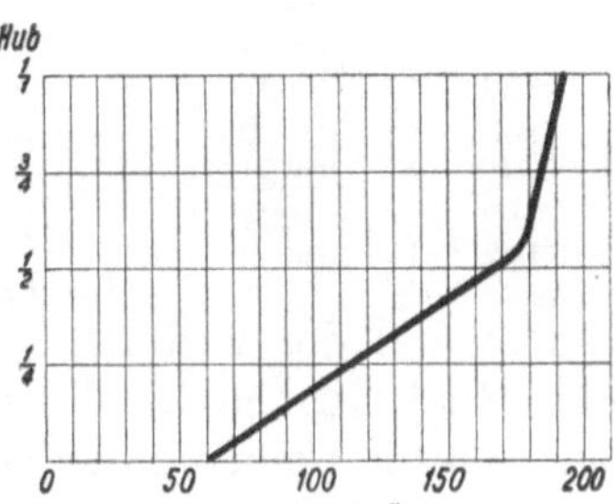

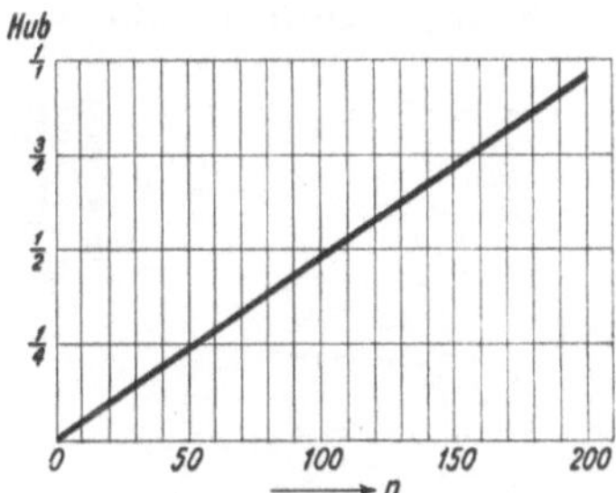

Abb. 125. Hubdrehzahllinien verschiedener Art.

Die tatsächliche Regelung ist von der idealen unterschieden. Sie besitzt eine gewisse Unempfindlichkeit, weil die eigene Reibung des Reglers und die Widerstände bei der Verstellung der Steuerung zu überwinden sind. Infolgedessen wird der Regler, der auf einem Punkte der idealen Hubdrehzahllinie arbeitet, nicht sofort ausschlagen, wenn die Drehzahl steigt oder fällt. In unserem Beispiel ist angenommen, daß die Drehzahl um $\Delta n = 10$ steigen oder fallen, d. h. sich um $\pm 5\,\%$ ändern muß, ehe die Reglermuffe beginnt, sich zu heben oder zu senken. Die Regelung wirkt also nicht auf der idealen Hubdrehzahllinie, sondern in der schraffierten Zone. Es ist der Unempfindlichkeitsgrad

$$\varepsilon = \frac{2\Delta n}{n} = \frac{2 \cdot 10}{200} = 10\,\%.$$

Infolge der Unempfindlichkeit ergibt sich im Zusammenhang mit der Stabilität eine gewisse Ungleichförmigkeit der Regelung. In der schraffierten Zone arbeitet der Regler nicht zwischen $n_u = 180$ und $n_o = 220$, sondern in dem größeren Bereich zwischen $n_{\min} = 170$ und $n_{\max} = 230$. Daher ist der Ungleichförmigkeitsgrad

$$\delta = \frac{n_{\max} - n_{\min}}{n_{mittel}} = \frac{230 - 170}{200} = 30\,\%.$$

Der Ungleichförmigkeitsgrad ist gleich der Summe von Stabilitäts- und Unempfindlichkeitsgrad. Von dem Ungleichförmigkeitsgrad hängt die Reglungsfähigkeit eines Reglers ab.

Die im Beispiel gewählten Zahlen für δ und ε sind verhältnismäßig hoch. Bei Dampfturbinenregelungen wählt man $\delta = 4$ bis $5\,\%$ und sucht ε möglichst klein, unter ½ % zu halten.

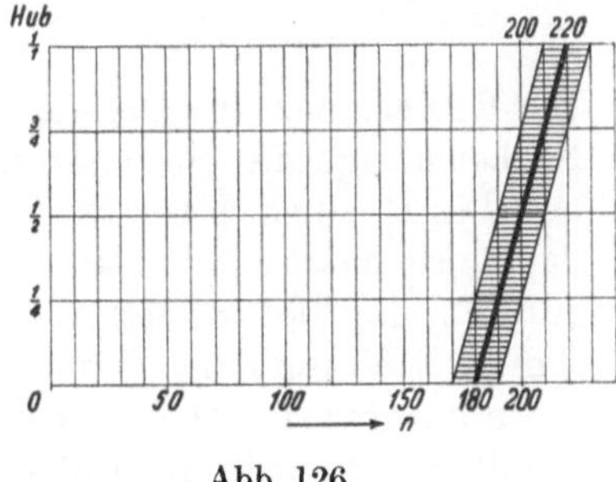

Abb. 126.

80. Muffendruck und Verstellkraft. Arbeitsvermögen und Verstellvermögen. Die Kraft, die nötig ist, beim nicht umlaufenden Regler die Muffe hochzuhalten, heißt Muffendruck des Reglers. Bei den meisten Reglern nimmt der Muffendruck, wenn die Muffe in eine höhere Lage geht, zu; man legt dann den mittleren Muffendruck zugrunde. Wenn der Regler umläuft und die Schwungmassen ausschlagen, hält die Fliehkraft der Schwungmassen dem Muffendruck das Gleichgewicht. Man spürt aber die Verstellkraft des Reglers, wenn man die Muffe festhält und die Drehzahl über die zur Muffenlage gehörige Drehzahl steigert oder sie unter diese herabsetzt. Weil sich die Fliehkraft mit dem Quadrate der Geschwindigkeit ändert, so entsteht für je 1 % Änderung der Drehzahl nach oben oder unten an der festgehaltenen Muffe eine Verstellkraft P, die $\approx 2\,\%$ des Muffendruckes ist. (Vgl. umstehende Zahlentafel 17.) Ein Unempfindlichkeitsgrad $\varepsilon = 2\,\%$ bedeutet aber ebenfalls, daß sich die Drehzahl um $\pm 1\,\%$ ändern muß, damit die Muffe im einen oder anderen Sinne ausschlägt.

Es besteht also folgender Zusammenhang zwischen dem Muffendruck E, der Verstellkraft P und dem Unempfindlichkeitsgrad ε:

$$P = \varepsilon E.$$

Je größere Unempfindlichkeit man zuläßt, um so größere Verstellkraft äußert der Regler. In den Listen der Reglerfirmen wird eine Drehzahländerung von $\pm 2\%$, d. h. ein Unempfindlichkeitsgrad von 4% zugrunde gelegt; die angegebene Verstellkraft ist also $\frac{1}{25}$ des mittleren Muffendruckes.

Zahlentafel 17.

n	n^2
97	9409
98	9604
99	9801
100	10000
101	10201
102	10404
103	10609

Das Arbeitsvermögen und das Verstellvermögen des Reglers stehen im selben Verhältnis wie der Muffendruck und die Verstellkraft.

Arbeitsvermögen = Muffendruck × Hub,
Verstellvermögen = Verstellkraft × Hub.

Das Arbeitsvermögen oder das Verstellvermögen, das in mmkg angegeben wird, ist ein Maß der Stärke des Reglers. Wünscht man, was meist der Fall ist, einen kleineren Unempfindlichkeitsgrad als den in den Listen der Reglerfirmen für die Berechnung des Verstellvermögens zugrunde gelegten von 4%, so muß man einen entsprechend stärkeren Regler wählen.

81. Mittelbare oder indirekte Regelung. Wo es darauf ankommt, sehr große Verstellkräfte auszuüben oder sehr empfindlich zu regeln, läßt man den Regler nicht unmittelbar auf die Steuerung der Kraftmaschine einwirken, sondern man setzt zwischen Regler und Steuerung einen besonderen Stellmotor. Der Regler hat dann nur die leicht bewegliche Steuerung dieses Stellmotors zu verstellen, der seinerseits im gleichen Sinne mit großer Kraft die Steuerung der Maschine verstellt. Als Stellmotor dient vielfach ein in einem Zylinder durch Drucköl bewegter Kolben, dem das Öl über einen vom Regler verstellten Kolbenschieber gesteuert zugeführt wird. Abb. 127 zeigt an einem Beispiel, wie der Regler a auf den Stellmotor b wirkt, dessen Kolben c mit dem Ventil d der Kraftmaschine verbunden ist.

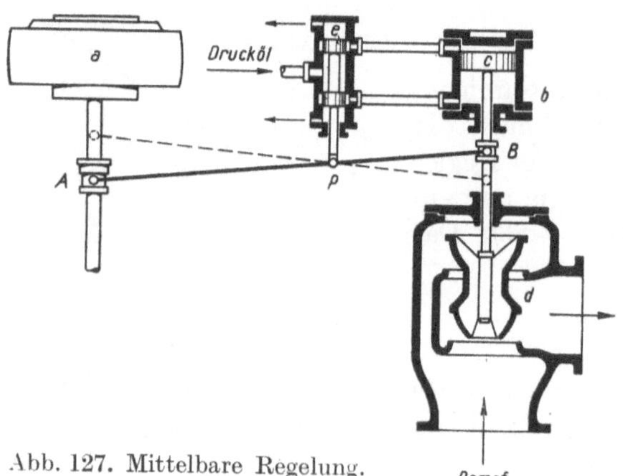

Abb. 127. Mittelbare Regelung.

Der Reglerhebel ist an einem Ende (A) mit der Reglermuffe, am anderen Ende (B) mit der Kolbenstange des Stellmotors verbunden. Bei unmittelbarer Wirkung hätte der Reglerhebel in P seinen festen Drehpunkt und würde bei hochgehender Muffe (Drehzahlzunahme) das Kraftmaschinenventil mehr schließen und den Dampf drosseln (Verringern der Energiezufuhr). Bei der mittelbaren Regelung hat der in A hochgehende Reglerhebel zunächst seinen Drehpunkt in B und bewegt den mit P verbundenen Steuerschieber e des Stellmotors aufwärts. Dadurch tritt Drucköl über den Kolben c und treibt diesen abwärts, damit den Ventilhub in gleicher Weise wie bei der unmittelbaren Regelung verringernd. In diesem Augenblick wird der hochgerückte Punkt A zum Drehpunkt des Reglerhebels, so daß der bei B vom Kraftkolben abwärts bewegte Hebel mit Punkt P in die Anfangsstellung gelangt und den Steuerschieber e wieder in die Mittellage zurückführt, worauf ein neuer Regelvorgang einsetzen kann. Praktisch ist die Bewegung von P sehr klein, so daß P auch bei der mittelbaren Regelung als Drehpunkt des Reglerhebels aufgefaßt werden kann. Man erkennt, daß das vom Stellmotor bewegte Ventil seine Lage genau so in Abhängigkeit von der Muffenstellung ändert wie bei direkter Regelung[1].

[1] Vgl. das in Ziffer 160 über die Dampfsteuerung der Fördermaschine Gesagte. Anstatt daß der Fördermaschinist mit seinem Steuerhebel die Fördermaschinensteuerung unmittelbar verstellt, verstellt er nur den

82. Einstellbarkeit der Regelung auf veränderliche Umlaufzahl. Häufig liegt das Bedürfnis vor, die Drehzahl einer Kraftmaschine höher oder niedriger einzustellen, z. B. bei den Antriebsmaschinen von Pumpen, Kompressoren, Ventilatoren oder von Drehstromdynamos. Für diese Aufgabe hat man zwei Lösungen. Entweder wird die Reglermuffe zusätzlich mehr oder weniger belastet, wobei der ganze Muffenhub für die Verstellung der Steuerung von voller Energiezufuhr auf Null verfügbar ist, oder man trifft die Anordnung so, daß der Regler von vornherein zwischen der gewünschten niedrigsten und höchsten Umlaufzahl, z. B. zwischen $n = 150$ und $n = 200$ spielt, dabei aber die Steuerung von voller Energiezufuhr auf Null mit einem Bruchteil des Muffenhubes verstellt. Indem man das Verbindungsglied zwischen Reglerhebel und Steuerung verlängert oder verkürzt, kann man den Regler im einen oder anderen Teile seines Regelungsbereiches wirken lassen.

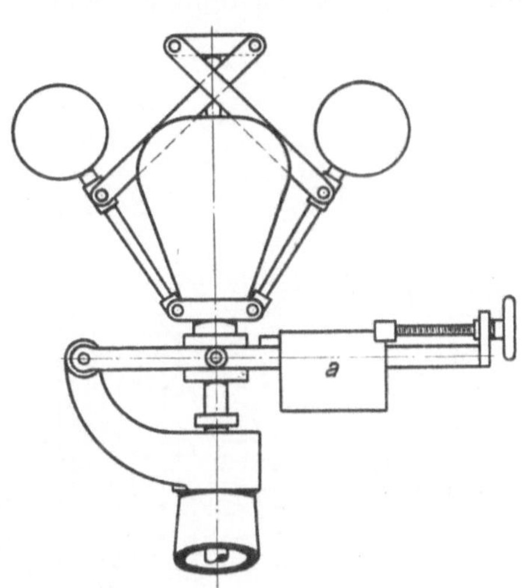

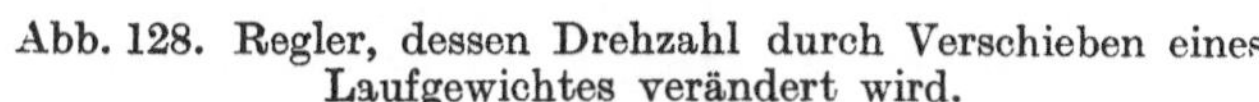

Abb. 128. Regler, dessen Drehzahl durch Verschieben eines Laufgewichtes verändert wird.

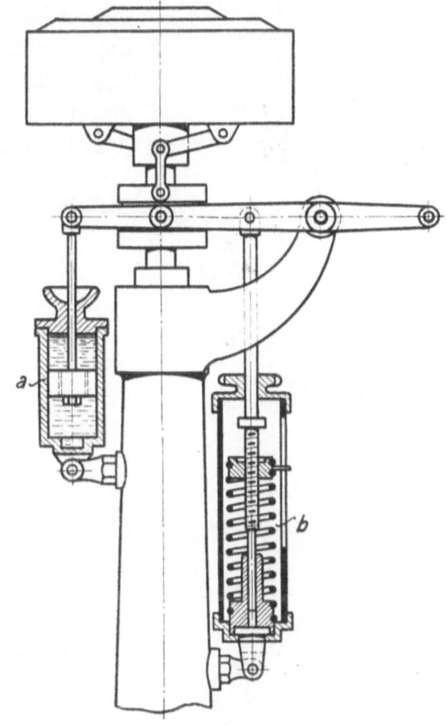

Abb. 129. Regler mit Federwaage und Ölkatarakt.

Die Abb. 128 und 129 veranschaulichen, wie man entweder durch ein auf dem Reglerhebel verschiebbares Laufgewicht *a* oder durch eine Federwaage *b* die Muffe zusätzlich mehr oder weniger belastet. Je stärker man die Muffe belastet, um so höhere Drehzahl stellt man ein; denn um so schneller muß der Regler laufen, damit die Fliehkraft der Schwungmassen dem vergrößerten Muffendruck das Gleichgewicht hält. Schiebt man also das Laufgewicht *a* nach rechts oder spannt man die Feder *b* stärker, steigt die Drehzahl der Kraftmaschine. Dem Vorteil dieser Anordnung, daß der ganze Muffenhub für die Verstellung der Steuerung ausgenützt wird, steht der Nachteil gegenüber, daß an der Reglermuffe, sofern sie nicht auf Kugeln läuft, starke Reibung auftritt und die Empfindlichkeit des Reglers wegen der erhöhten Reibung der Muffe am Laufkeile leidet.

Abb. 130 veranschaulicht an einem Zahlenbeispiele die zu zweit genannte Anordnung, bei der die Regelung ohne zusätzliche Muffenbelastung auf veränderliche Drehzahl einstellbar ist. Zur untersten Muffenlage gehört $n = 370$, zur obersten $n = 430$. Um den mit der Steuerung der Kraftmaschine verbundenen Hebel *a* aus seiner Lage *A* (größte Energiezufuhr) auf kleinste Energiezufuhr umzulegen, werde nur der dritte Teil des Muffenhubes gebraucht. Wenn die Verbindung zwischen Reglerhebel *b* und Steuerungs-

---

Schieber eines Hilfszylinders. Durch die „Rückführung" des Steuerschiebers wird erreicht, daß die Steuerung der Fördermaschine dem Steuerhebel so folgt, als würde sie direkt von ihm bewegt.

hebel a die gezeichnete Länge IA hat, wirkt also der Regler zwischen I und II oder zwischen $n = 370$ und $n = 390$, d. h. mit ungefähr 5% Ungleichförmigkeitsgrad. Verlängert man die Verbindung zwischen a und b durch Drehen am Handrade (rechtes und linkes Gewinde!), daß sie $= IIA$ wird, so wirkt der Regler zwischen $n = 390$ und 410, macht man sie $= IIIA$, so wirkt der Regler zwischen $n = 410$ und $n = 430$. Weil in unserem Beispiel nur der dritte Teil des Hubes für die Verstellung der Steuerung ausgenützt ist, muß der Regler selbstverständlich dreimal stärker sein, als wenn man nach dem zuerst betrachteten Verfahren regeln würde. Ferner ist klar, daß man bei einer Regelung nach Abb. 130 nicht mehr an der Muffenlage erkennen kann, ob die Maschine stark oder schwach belastet ist, wohl aber an der Lage des die Steuerung verstellenden Hebels a.

Anordnungen der beschriebenen Art findet man bei Reglern für die Antriebmaschinen von Drehstrommaschinen.

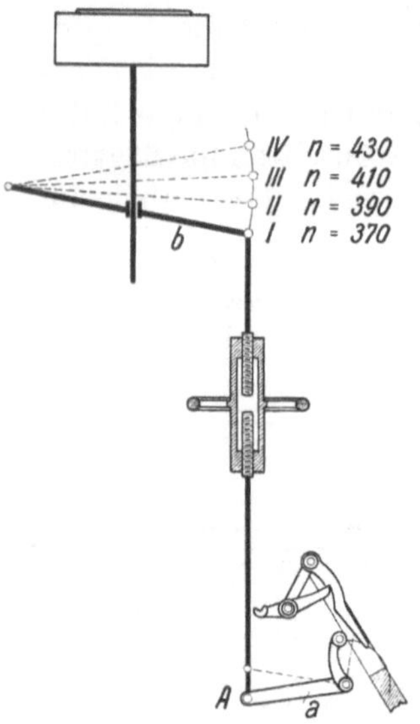

Abb. 130. Regelung mit veränderlicher Drehzahl.

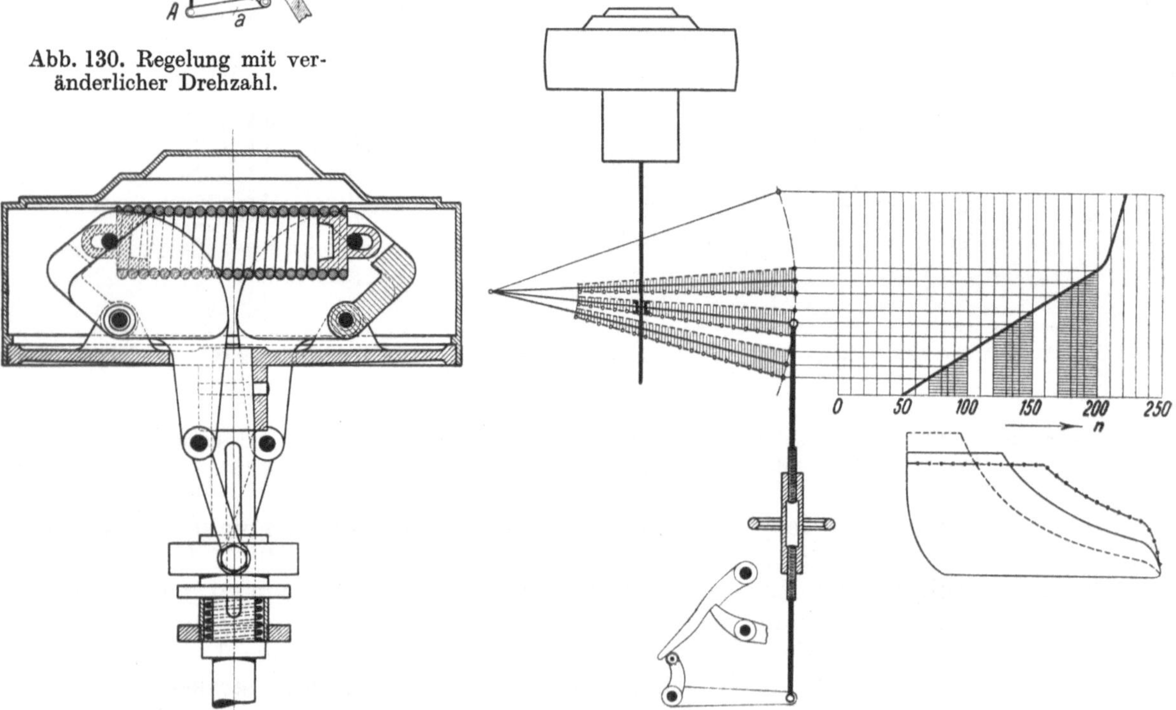

Abb. 131. Leistungsregler von Stumpf.

Abb. 132. Wirkungsweise eines Leistungsreglers.

83. Leistungsregler. Leistungsregler werden bei den Antriebsmaschinen von Kolbenpumpen und -kompressoren sowie von Ventilatoren angewendet, um deren Förderleistung verschieden groß einzustellen, indem man den Regler der Antriebsmaschine auf verschieden große Drehzahl einstellt. Es handelt sich im Grunde um dieselbe Regelungsaufgabe, die im vorigen Abschnitt betrachtet ist.

Weit verbreitet ist der Leistungsregler von Stumpf, Abb. 131, dessen Wirkung durch Abb. 132 veranschaulicht ist. Dadurch, daß man die Verbindung zwischen dem Reglerhebel und dem die Steuerung der Dampfmaschine verstellenden Hebel mittels des Handrades verlängert oder verkürzt, stellt man verschiedene Drehzahlen ein, wie es im vorhergehenden Abschnitte dargelegt war. Die eingestellte Drehzahl wird aber meist nur unter großen Schwankungen gehalten. Zwar, wenn die antreibende Dampfmaschine Dampf von gleichbleibendem Drucke empfängt, und die Pumpe oder der Kompressor gegen gleichbleibenden Druck zu fördern hat, braucht die Dampfmaschine immer dieselbe Füllung. Trifft aber hoher Dampfdruck mit niedrigem Pumpen- oder Kompressordruck zusammen, so muß die Füllung erheblich kleiner sein als normal; treffen umgekehrt niedriger Dampfdruck und hoher Pumpen- oder Kompressordruck zusammen, so muß die Füllung erheblich größer sein als normal. Die in Abb. 132 verzeichneten Dampfdiagramme veranschaulichen, in welchem Maße etwa praktisch die einzustellende Füllung der Dampfmaschine schwankt. Braucht nun der Regler, um diese Füllungsänderung einzustellen, den im Bilde schraffiert angedeuteten Hubteil, so ergibt sich aus der Übertragung auf die Hubdrehzahllinie die entsprechende Schwankung der eingestellten Drehzahl. Damit im Notfalle, z. B. bei einem Bruche der Druckleitung der Pumpe oder des Kompressors, die Dampfzufuhr bei mäßiger Erhöhung der Drehzahl abgestellt wird, schließt sich an den unteren stark statischen Hub der nahezu astatische Sicherheitshub. Der Sicherheitshub kann auch statisch sein, wenn der Leistungsregler so stark ist, daß er mit einem kleinen Bruchteile des Muffenhubes die Steuerung von Voll auf Null verstellt. Zugleich hält ein solcher starker Regler die eingestellte Drehzahl annähernd gleichmäßig.

Anstatt den Leistungsregler von Hand auf verschiedene Drehzahlen einzustellen, kann man dies bei einem Luftkompressor einem Kolben übertragen, der unter dem Druck der erzeugten Druckluft steht. Vgl. Ziffer 211.

IX. Die Dampfmaschinen.

84. Überblick. Unter Dampfmaschinen sind Kolbendampfmaschinen verstanden im Gegensatz zu Dampfturbinen. Durch die Einführung der elektrischen Kraftübertragung und die Verwendung von Dampfturbinen zum Antriebe der großen Stromerzeuger hat die Dampfmaschine viel von ihrer früheren überragenden Bedeutung verloren. Sie herrscht als Lokomotivmaschine, Fördermaschine, Schiffsmaschine. Die konstruktive Entwicklung der Dampfmaschine ist seit Jahrzehnten abgeschlossen. Auf dem Gebiete der Dampfmaschinensteuerungen ist eine außerordentliche Arbeit geleistet worden, die heute zum Teil vergessen ist. Als Neuerung sind lediglich die schnellaufenden Dampfmaschinen zu erwähnen. Kleine Dampfmaschinen sind im Bergwerksbetrieb selten geworden, aber ihre grundlegenden Steuerungen findet man in den Druckluftmotoren wieder, die unter Tage verwendet werden. Für Dynamoantrieb sind Dampfmaschinen bis zu 6000 PS gebaut worden; Kehrwalzenzugmaschinen sind bis zu 20000 PS, Fördermaschinen bis 3000 PS und mehr ausgeführt worden.

85. Das Diagramm der Dampfmaschine. Über die Bedeutung der Diagramme von Kolbendampfmaschinen vgl. Ziffer 73. Abb. 133 zeigt ein Dampfdiagramm. Es folgen aufeinander: Füllung (Einströmung), Expansion, Ausströmung, Kompression. Damit der Dampf schon zu Beginn des Hubes mit vollem Drucke wirkt, öffnet man den Einlaß vor dem Hubwechsel: Voreinströmung (VE). Damit der ausströmende Dampf mit geringem Gegendruck hinausgeschoben wird, öffnet man den Auslaß ebenfalls vor dem Hubwechsel: Vorausströmung (VA). Im betrachteten Diagramm beträgt die Füllung 25%, d. h. nachdem der Kolben 25% des Hubes zurückgelegt hat, wird die Einströmung abgesperrt, worauf die Expansion (Exp) beginnt. 8% vor dem Hubende wird der Auspuff geöffnet, d. h. man hat 8% Vorausströmung. Der rückgehende Kolben treibt den Dampf hinaus; doch wird 20% vor Hubende der Auspuff geschlossen, so daß der eingeschlossene Dampf komprimiert wird. Man hat also 20% Kompression (*Ko*). Etwa 1% vor Hubwechsel wird schließlich der Zylinder wieder für den Frischdampf geöffnet, d. h. man hat 1% Voreinströmung. Die Expansionslinie sowohl wie die Kompressionslinie ist als gleichseitige Hyperbel gezeichnet. Für gesättigten Wasserdampf trifft das ungefähr zu, während diese Linien bei überhitztem Dampf steiler verlaufen (vgl. darüber Ziffer 11). Ein Zusammenhang mit dem Mariotteschen Gesetze, das für Dämpfe nicht anwendbar ist, besteht selbstverständlich nicht.

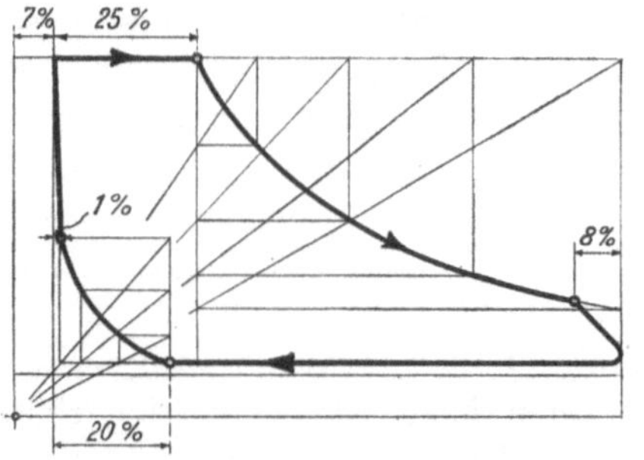

Abb. 133. Auspuffdampfdiagramm.

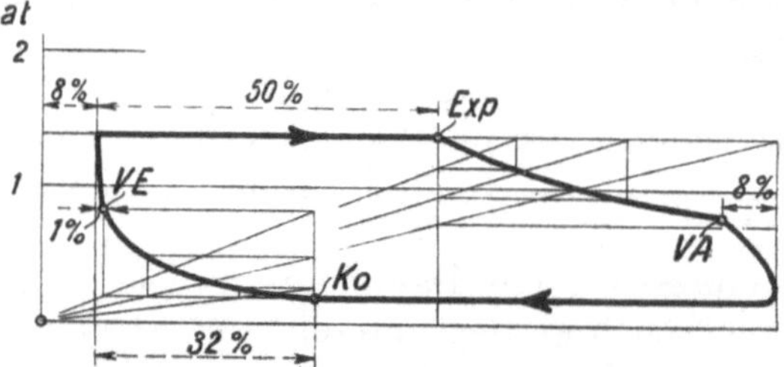

Abb. 134. Kondensationsdampfdiagramm.

Bei der Konstruktion und bei der Prüfung der Expansionslinie und der Kompressionslinie ist der schädliche Raum[1] des Dampfzylinders zu berücksichtigen, dessen Inhalt mitarbeitet. Um die Hyperbeln zu zeichnen, rechnet man am einfachsten einzelne Punkte ein oder wendet die in der Abb. 133 dargestellte Konstruktion an[2]. Während Abb. 133 das Diagramm einer Auspuffmaschine ist, ist Abb. 134 das Diagramm eines Niederdruckzylinders mit Kondensation. Weil bei der Kondensationsmaschine niedrig gespannter Dampf verdichtet wird, so läßt man die Kompression früh beginnen, um ausreichende Kompression zu erhalten. Der Konstrukteur zeichnet das Diagramm, um die Gestaltung und Wirkung der Steuerung sowie die zu erwartende Leistung der Maschine beurteilen zu können. Der im Betriebe befindlichen Dampfmaschine wird das Diagramm mit Hilfe des Indikators (vgl. Ziffer 73) entnommen, um ihre Arbeitsweise zu prüfen und ihre indizierte Leistung zu bestimmen (vgl. Ziffer 74).

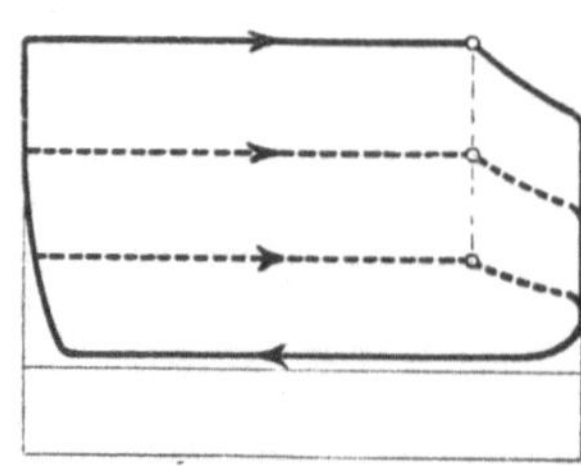

Abb. 135. Drosselregelung.

86. Drosselregelung. Füllungsregelung. Soll die Maschine mehr leisten, braucht sie mehr Dampf; sinkt ihre Belastung, so ist die Dampfzufuhr zu vermindern. Bei der Drosselregelung, Abb. 135, wird in die Steuerung nicht eingegriffen, so daß die Dampfverteilung, insbesondere die Füllung ungeändert bleibt. Bei abnehmender Belastung wird aber der Dampfdruck durch Drosseln herabgesetzt, so daß die Maschine dünneren Dampf empfängt und trotz gleichbleibender Füllung weniger Dampfgewicht aufnimmt. Die Drosselregelung ist einfach, aber unwirtschaftlich, weil die Expansionsfähigkeit des Dampfes nicht ausgenützt wird, und der volle Dampfdruck nur bei höchster Leistung angewendet wird. An Hand des *is*-Diagramms (vgl. Ziffer 14) kann man bequem beurteilen, was im einzelnen Falle das Drosseln wirtschaftlich bedeutet. Ohne weiteres erkennt man, daß Drosseln beim Auspuffbetrieb ungünstiger ist als beim Kondensationsbetrieb.

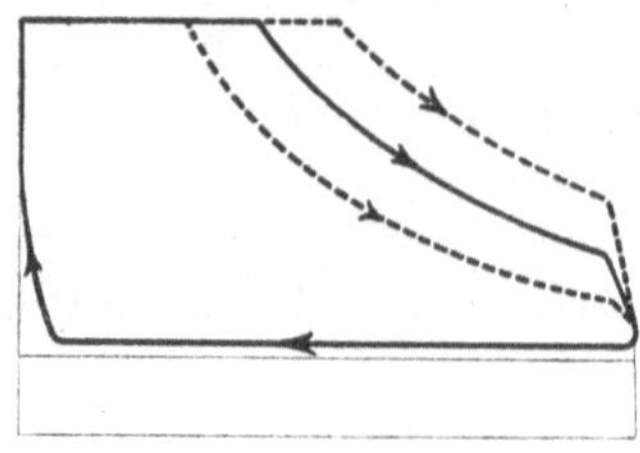

Abb. 136. Füllungsregelung.

Im Gegensatz zur Drosselregelung wird bei der Füllungsregelung in die Steuerung eingegriffen. Je kleiner die Belastung der Dampfmaschine wird, um so kleinere Füllung

[1] Vgl. Ziffer 72.

[2] Bei der von Dipl.-Ing. C. Herbst im „Bohrhammer" 1924, S. 263 angegebenen Hyperbelkonstruktion sind Punkt- und Umhüllungskonstruktion vereinigt, wodurch die Hyperbel bequemer zeichenbar ist.

wird eingestellt, um so besser wird die Expansionsfähigkeit des Dampfes ausgenutzt. Bei der Füllungsregelung ist zwar die Steuerung nicht so einfach wie bei der Drosselregelung, aber die Maschine arbeitet wirtschaftlicher. Man bemißt die Maschine so, daß sie bei normaler Leistung mäßige Füllung hat und den Dampf gut ausnützt. Dann ist sie imstande, eine beträchtliche Überlastung zu ertragen, indem die Füllung vergrößert wird, ohne daß die Kräfte im Triebwerk zunehmen. Denselben Unterschied: Drosselregelung und Füllungsregelung werden wir bei der Dampfturbine und den Druckluftmotoren wiederfinden. Bei den Verbunddampfmaschinen wird im allgemeinen nur die Füllung des Hochdruckzylinders geregelt; nur in besonderen Fällen, wie bei den allerdings seltenen Verbundfördermaschinen, wird sowohl die Hochdruck- wie die Niederdruckfüllung geändert.

87. Die einfache Schiebersteuerung. Das Wesen der Dampfmaschinensteuerungen sei an der einfachsten Steuerung, der Muschelschiebersteuerung, erläutert. Abb. 137

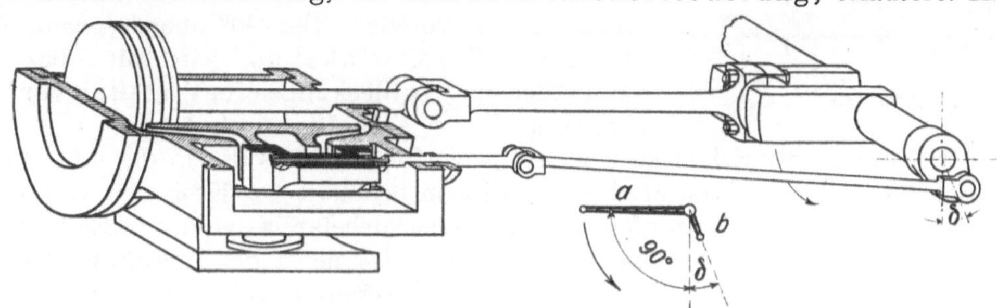

Abb. 137. Muschelschiebersteuerung.

zeigt einen aufgeschnittenen Zylinder mit Muschelschiebersteuerung. Der Frischdampf tritt in den den Schieber umschließenden Schieberkasten; der Abdampf strömt durch die Muschel des Schiebers zum Auspuff. Die beiden äußeren Kanten der Schieberlappen steuern den Eintritt des Dampfes auf der einen und auf der anderen Zylinderseite, die inneren den Austritt. An Stelle der dargestellten „äußeren" Einströmung wird auch „innere" Einströmung angewendet; vorläufig sei aber immer äußere Einströmung zugrunde gelegt. Wenn der Schieber keine „Überdeckungen" hat, d. h. wenn die Schieberlappen ebenso lang sind, wie die Kanäle breit sind, dann muß beim Hubbeginn des Kolbens der Schieber genau in seiner Mittellage stehen; geht dann der Kolben nach rechts, muß der Schieber ebenfalls nach rechts ausschlagen und die Kanäle öffnen, den einen für den Eintritt, den andern für den Auspuff des Dampfes. Wenn dann der Kolben über die Hubmitte hinaus ist, muß der Schieber wieder in seine Mittellage zurückgehen und die Kanäle schließen. Beim Rückgange des Kolbens muß der Schieber in derselben Weise nach links ausschlagen. Man sieht ein, daß bei der Dampfmaschine die den Schieber antreibende Kurbel der Maschinenkurbel voreilen muß, und zwar bei dem Schieber ohne Überdeckungen um 90°.

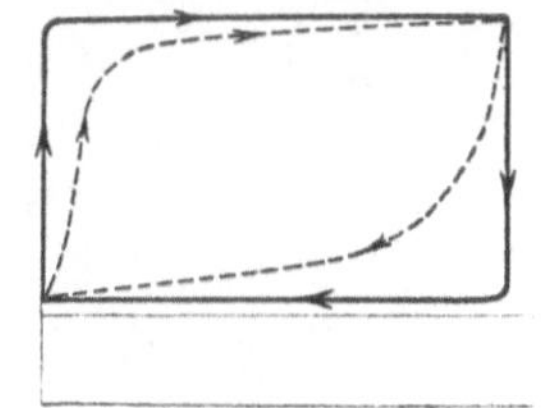

Abb. 138.

Die mit einem Schieber ohne Überdeckungen erzeugte Dampfverteilung ist gekennzeichnet durch volle Füllung sowie durch fehlende Voreinströmung, Vorausströmung und Kompression. Bei sehr langsamem Gange der Maschine hätte das Diagramm die Form eines Rechteckes. Bei der betriebsmäßigen Geschwindigkeit wird aber, wie es Abb. 138 zeigt, das Diagramm verzerrt, weil der Dampf im Hubwechsel nur gedrosselt in den Zylinder hinein und heraus kann. Steuerungen dieser Art sind schlecht. Man hatte sie im Bergbau als Wechselschiebersteuerungen bei Drucklufthaspeln. Um Voreinströmung, Expansion, Vorausströmung und Kompression zu erhalten, muß der Schieber mit Überdeckungen ausgeführt werden. Die Schieberlappen müssen länger sein als die Kanäle breit sind, um so länger, je kleiner die Füllung sein soll. Man unterscheidet Einlaßüberdeckungen (e) und Auslaßüberdeckungen (a). Der Schieber ist, vgl. Abb. 139, aus seiner Mittellage um e zu verschieben, damit er beginnt, den Einlaß zu öffnen, und um a, damit er beginnt, den Auslaß zu öffnen. In Abb. 140 oben ist ein Schieberlappen in der Stellung gezeichnet, die er bei der Mittellage des Schiebers hat. Es ist die Schieberlappenlänge $l =$ Einlaßüberdeckung $e +$ Kanalbreite $k +$ Auslaßüberdeckung a. Darunter ist der Schieberlappen in der Stellung gezeichnet, die er zu Beginn des Kolbenhubes haben muß, nämlich so, daß der Einströmkanal schon etwas geöffnet ist, d. h. daß Voreinströmung vorhanden ist. In der Abb. 140 unten ist schließlich der Schieberlappen in der Stellung gezeichnet, die er am Ende des Kolbenhubes oder zu Beginn des Rückhubes einnehmen muß, nämlich so, daß der Auslaß weit geöffnet ist. Bei einem Schieber mit Überdeckungen muß die Schieberkurbel der Maschinenkurbel um mehr als 90° voreilen. Der 90° übersteigende Winkel heißt kurz Voreilwinkel und wird mit δ bezeichnet. Je größer die Überdeckungen im Verhältnis zur Kanalbreite sind, um so größer muß δ sein.

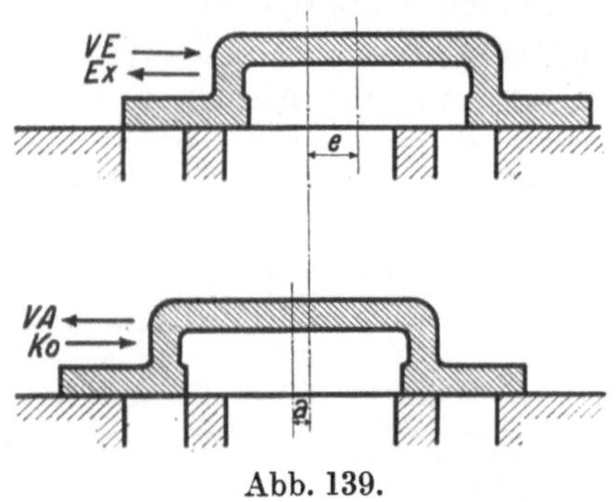

Abb. 139.

Um die Wirkung des Schiebers genauer zu verfolgen, dient das in der Abb. 140 enthaltene Schieberdiagramm von Müller. In diesem bedeutet der Kreis den Weg des den Schieber antreibenden Kurbelzapfens. Im Schieberkurbelkreise sind der Einlaßkanal k nebst der Einlaßüberdeckung e und der Auslaßkanal k nebst der Auslaßüberdeckung a eingezeichnet. Die Maschinenkurbel steht waagerecht; die Schieberkurbel eilt ihr um $90° + \delta$ vor. Das entstehende Dampfdiagramm wird über einer Parallelen zur Schieberkurbel verzeichnet. Die vier kennzeichnenden Punkte der Dampfverteilung: VE, Ex, VA und Ko findet man in der dargestellten Weise durch Projizieren.

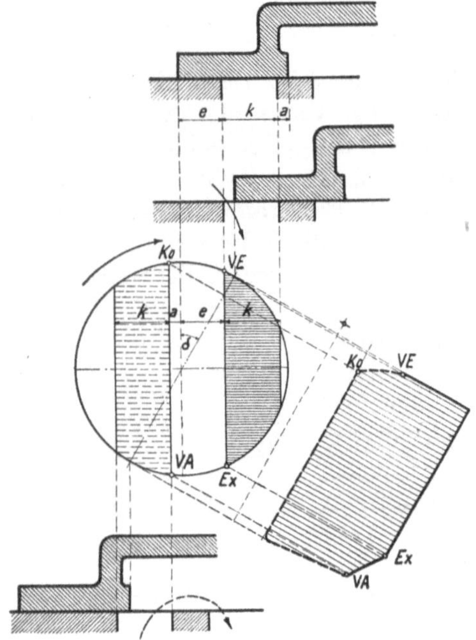

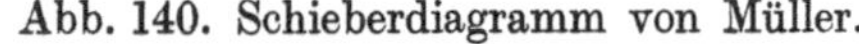

Abb. 140. Schieberdiagramm von Müller.

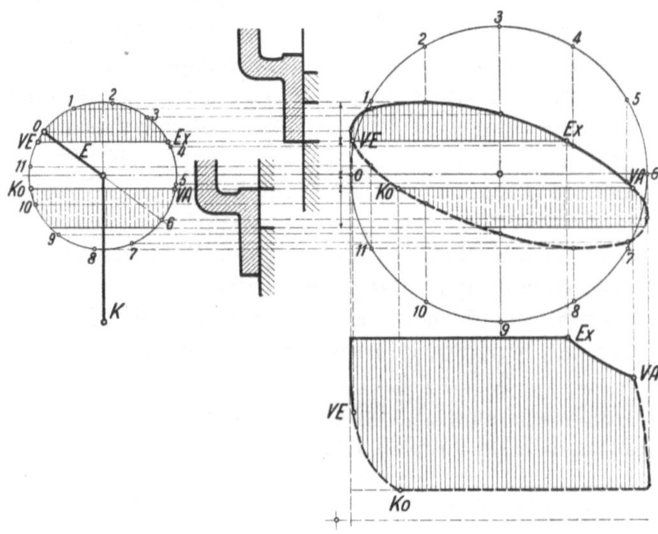

Abb. 141. Schieberellipse.

Bei der Schieberellipse, Abb. 141, sind die dem Müllerschen Schieberdiagramm entnommenen Schieberausschläge über der Kolbenweglinie aufgetragen. Die Schieberüberdeckungen sind als Parallelen zur Kolbenweglinie im entsprechenden Abstande eingetragen. Aus der Schieberellipse ist zu entnehmen, wie der Schieber öffnet und schließt.

Während mittels des in Abb. 140 dargestellten Schieberdiagramms die sich für eine vorhandene Steuerung ergebende Dampfverteilung bestimmt wird, dient umgekehrt das in Abb. 142 dargestellte Schieberdiagramm dazu, für ein gegebenes Dampfdiagramm die entsprechende Steuerung festzulegen. Da man die lineare Voreilung meist 1% macht und der Beginn der Expansion gegeben ist, liegt also die Linie $VE - Ex$ fest und damit der Voreilwinkel δ sowie die Einlaßüberdeckung e. Die Auslaßüberdeckung ist nach der erforderlichen Vorausströmung zu wählen; damit ist zugleich die Kompression festgelegt. (Je größer übrigens die Expansion, um so größer auch der Voreilwinkel, um so größer auch die Kompression.) Um die Abmessungen der Steuerungen festzulegen, hat man aus der anzunehmenden Dampfgeschwindigkeit den Kanalquerschnitt, und nach der anzunehmenden Höhe des Kanals die Kanalbreite k zu bestimmen. Die gezeichnete Kanalbreite verglichen mit der wirklichen bedeutet den Maßstab der Zeichnung, wodurch die übrigen Größen: Schieberhub, Auslaß- und Einlaßüberdeckung bestimmt sind. Je schneller also die Maschine läuft, um so breiter müssen die Kanäle werden, um so größer fällt die Steuerung aus. Die dargestellten Schieberdiagramme gelten übrigens genau nur für unendliche Schieber- und Pleuelstangenlänge. Für endliche Stangenlängen ist eine Korrektur erforderlich.

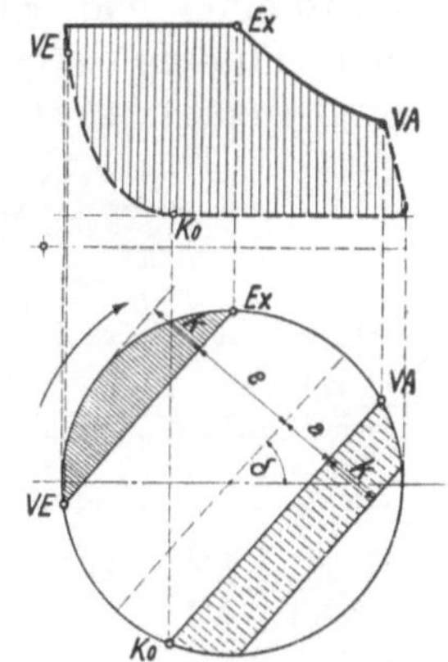

Abb. 142. Schieberdiagramm.

Aus dem dargelegten Zusammenhange erkennt man zweierlei: 1. solange der Antrieb des Schiebers ungeändert bleibt, bleibt auch die Dampfverteilung ungeändert, 2. um mit der dargestellten einfachen Schiebersteuerung kleine Füllungen zu erzielen, braucht man großen Voreilwinkel, sehr große Schieberüberdeckungen und sehr große Schieberhübe. Es gibt aber ein einfaches Mittel, mit der einfachen Schiebersteuerung sowohl von großer Füllung herab auf kleine zu regeln, wie mit kleinen Überdeckungen kleine Füllungen zu erzielen. Abb. 143 veranschaulicht das. Wenn man die ganze Kanalbreite k ausnützt, sind die dargestellten Überdeckungen klein, und man bekommt große Füllung, wobei der Voreilwinkel δ klein sein muß. Wenn man aber den Schieberantrieb ändert, so daß δ vergrößert und der Schieberhub verkleinert wird, derart, daß der Kanal nicht mehr ganz, sondern nur das kleine Stück k_1 geöffnet wird, dann sind dieselben Schieberüberdeckungen im Verhältnis zur geringen Kanaleröffnung k_1 groß und man erhält kleinere Füllungen. Darauf beruhen die im folgenden besprochenen Kulissensteuerungen und die später bei den Ventilsteuerungen besprochenen Steuerungen, bei denen das antreibende Exzenter in seiner Voreilung durch einen Achsenregler verstellt wird.

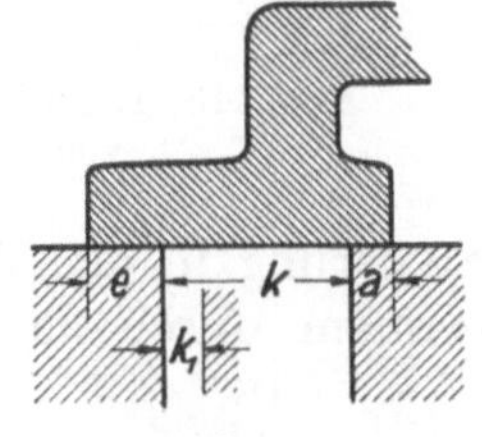

Abb. 143.

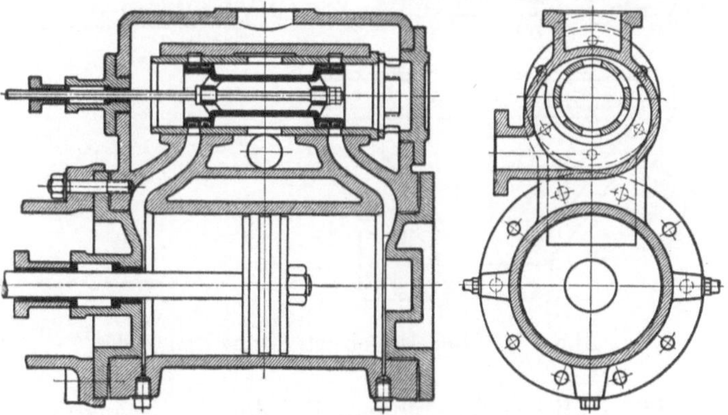
Abb. 144. Kolbenschiebersteuerung.

Die dargestellte Flachschiebersteuerung ist einfach und hält dicht, da der Schieber durch den Dampfdruck gegen den Schieberspiegel gepreßt wird. Aus demselben Grunde ist aber auch die Schieberreibung groß. Die beste Entlastung erhält man, wenn man an Stelle des Flachschiebers einen Kolbenschieber verwendet. Die Abb. 144 zeigt eine Kolbenschiebersteuerung. Der Kolbenschieber läuft in einer durchbrochenen Schieberbüchse, deren Durchbrechungen zu den Kanälen des Dampfzylinders führen. Der Kolbenschieber steuert genau wie der Flachschieber; es ist aber zu berücksichtigen, daß sich beim Kolbenschieber ein erheblich größerer schädlicher Raum ergibt als beim Flachschieber.

88. Doppelschiebersteuerungen. Bei den Doppelschiebersteuerungen hat man einen Grundschieber, der nicht verstellbar ist, und der unveränderlich Voreinströmung, Vorausströmung und Kompression steuert. Außerdem ist durch den Grundschieber die größte Füllung festgelegt, die aber durch einen zweiten, einstellbaren Schieber, den Expansionsschieber, bis auf Null verringert werden kann. Abb. 145 stellt die Doppelschiebersteuerung von Meyer dar[1]. Der Grundschieber, der auf dem Schieberspiegel des Zylinders läuft, wirkt wie ein einfacher Muschelschieber; nur muß der eintretende Dampf erst durch die Kanäle *a* des Grundschiebers hindurch. Diese Kanäle *a* werden nun von dem auf dem Rücken des Grundschiebers laufenden Expansionsschieber, der bei dem Meyerschen Schieber aus zwei durch Rechts- und Linksgewinde auseinander und zueinander stellbaren Schieberplatten besteht, später oder früher geschlossen. Die größte Füllung erhält man, wenn die Expansionsschieberplatten zusammengeschraubt sind, die kleinste Füllung, wenn sie weit auseinandergeschraubt sind. Die Schieberplatten werden in der Regel nur von Hand verstellt. Bei den älteren unterirdischen Dampfwasserhaltungen fand die Meyer-Steuerung vielfach Anwendung.

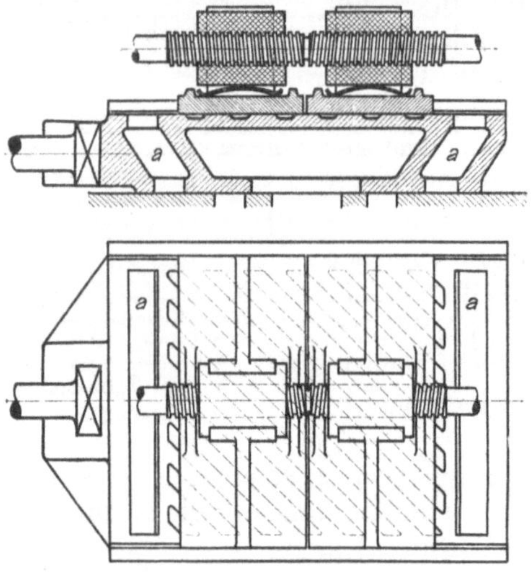

Abb. 145. Doppelschiebersteuerung von Meyer.

Die in Abb. 146[1] dargestellte Doppelschiebersteuerung von Rider stimmt mit der Meyer-Steuerung in der Wirkung überein, hat aber den Vorteil, daß der Expansionsschieber bequem durch den Regler der Dampfmaschine verstellbar ist, weswegen die Rider-Steuerung eine ausgedehnte Anwendung gefunden hat. Bei der Rider-Steuerung ist der Rücken des Grundschiebers hohl und die Kanäle *a* treten schräg aus. Der gewölbte, trapezförmig begrenzte Expansionsschieber läuft in der Höhlung des Grundschiebers und ist drehbar, so daß er mit einer größeren oder kleineren Breite wirkt. In letzterem Falle bleiben die Kanäle *a* am längsten offen, und man hat die größte Füllung.

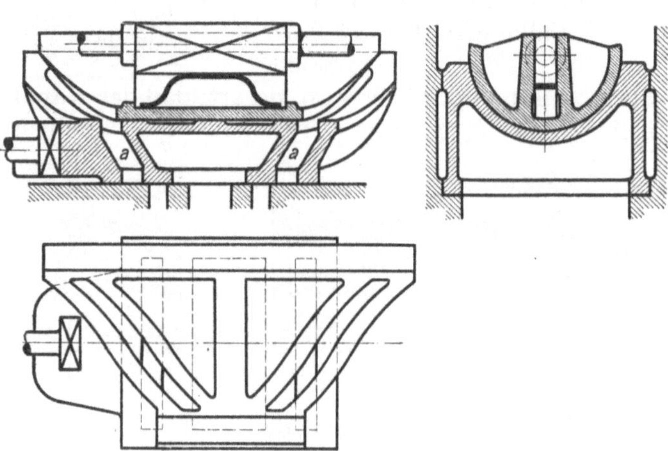

Abb. 146. Doppelschiebersteuerung von Rider.

Beide Steuerungen sind auch häufig als Kolbenschiebersteuerungen ausgeführt worden.

89. Kulissensteuerungen. Bei den Kulissensteuerungen handelt es sich um zwei Aufgaben: Einmal soll mittels einfachen Schiebers die Füllung zwischen Null und nahezu voller Füllung eingestellt werden, und zweitens soll die Maschine umgesteuert werden. Kulissensteuerungen werden angewendet bei Lokomotiven, Kehrwalzenzugmaschinen, Fördermaschinen, Förderhaspeln usw. Die älteste und einfachste Kulissensteuerung ist die in der schematischen Abb. 147 dargestellte Stephensonsche Steuerung, die ursprünglich für Lokomotiven bestimmt war und im Bergbau ausgedehnte Anwendung bei Förderhaspeln und kleineren Fördermaschinen gefunden hat. Auf der Kurbelwelle sind zwei Exzenter

[1] Aus Dubbel: Kolbendampfmaschinen und Dampfturbinen.

aufgekeilt: ein Vorwärtsexzenter V und ein Rückwärtsexzenter R. Die Exzenterstangen sind mit einer Kulisse oder einem Schleifbogen a verbunden. Die Kulisse macht eine hin- und hergehende und zugleich schwingende Bewegung. Von der Kulisse wird der Schieber b mittels Kulissensteines c angetrieben. Hat der Kulissenstein die gezeichnete Lage, so empfängt der Schieber seine Bewegung hauptsächlich vom Rückwärtsexzenter, und man hat Rückwärtsfahrt mit größter Füllung. Hebt der Maschinist, indem er den Steuerhebel aus der Rückwärtslage in die Vorwärtslage legt, die Kulisse in die andere Endlage, so empfängt der Schieber seine Bewegung hauptsächlich vom Vorwärtsexzenter, und man hat Vorwärtsfahrt mit größter Füllung. In den Zwischenlagen hat man verkleinerte Füllung; in der Mittellage ist die Füllung Null. Wenn der Kulissenstein nämlich nicht an einem Ende der Kulisse angreift, sondern nach der Mitte zu verschoben wird, wird der Schieberhub verkleinert, und der Voreilwinkel vergrößert. Indem dann der Schieber den Kanal nicht mehr voll öffnet, erzielt man, wie es in Ziff. 87 und durch Abb. 143 dargelegt war, mit ungeändertem Schieber kleinere Füllung. Wegen der konstruktiven Ausbildung der Stephensonschen Steuerung vgl. die Ziffern 232 und 250.

Der Stephensonschen Steuerung ähnlich ist die ebenfalls in Abb. 147 schematisch dargestellte Kulissensteuerung von Gooch, die bei großen Fördermaschinen angewendet wird. Bei der Goochschen Steuerung braucht nämlich der Fördermaschinist nicht die schwere Kulisse zu heben und zu senken, sondern nur den Kulissenstein nebst Stange, während die Kulisse durch eine Geradführung oder eine Hänge- oder Stützstange in gleicher Höhe geführt wird. Es ist zu beachten, daß bei der Steuerung von Gooch die Kulisse entgegengesetzt gekrümmt ist wie bei der Steuerung von Stephenson.

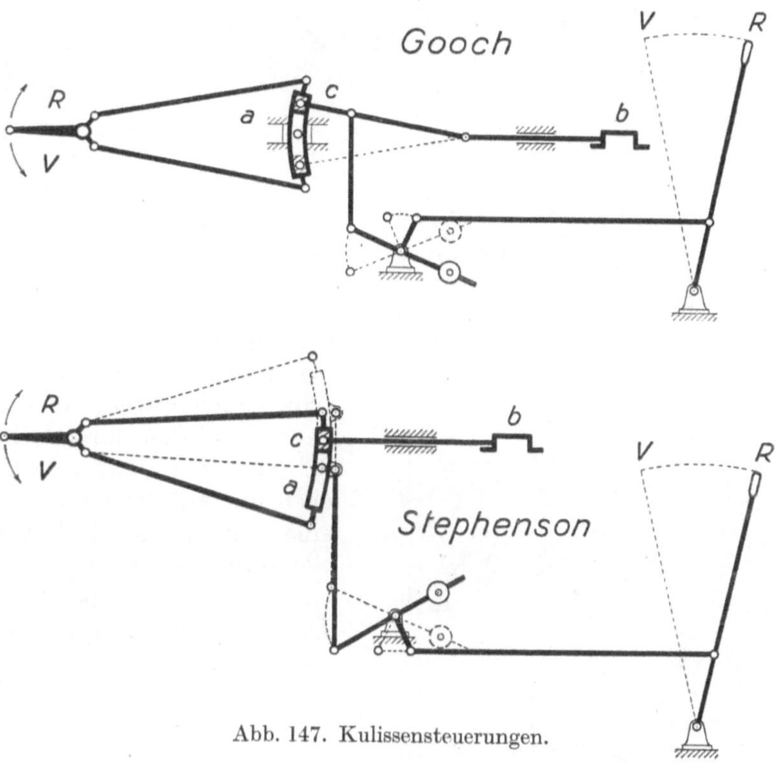

Abb. 147. Kulissensteuerungen.

Bei Lokomotiven ist die Heusinger-Steuerung außerordentlich verbreitet. Die in der Abb. 148 dargestellte Steuerung gehört zu der in Ziffer 255 dargestellten Druckluftlokomotive von Borsig. Bei der Heusinger-Steuerung schwingt die Kulisse (a) um eine feste Drehachse und wird durch eine Gegenkurbel (b) angetrieben, die der Hauptkurbel um 90° nacheilt. Die Bewegung des Kulissensteines wird durch die Stange c auf den Drehpunkt der Schwinge d übertragen, deren langer unterer Arm mittels Lenkers e vom Kreuzkopf angetrieben wird, während der kürzere obere Arm den Schieber g bewegt. Um umzusteuern, ist die Stange c nebst dem Kulissenstein nach der entgegengesetzten Kulissenseite zu legen. Aus der früheren Abb. 60 ist die Anordnung der Heusinger-Steuerung bei einer Dampflokomotive ersichtlich.

Statt einen Schieber anzutreiben, kann man, wie das bei der Fördermaschine ausgeführt wird, durch die Kulissensteuerung vier Ventile bewegen. Die vier Ventile entsprechen den vier steuernden Kanten des Schiebers. Vgl. Abb. 318.

90. Ventilsteuerungen. Die größeren liegenden Dampfmaschinen werden in der Regel mit Ventilsteuerung ausgerüstet. Die Dampfmaschinenventile werden immer als entlastete Doppelsitzventile ausgeführt. Meist werden sogenannte Rohrventile verwendet,

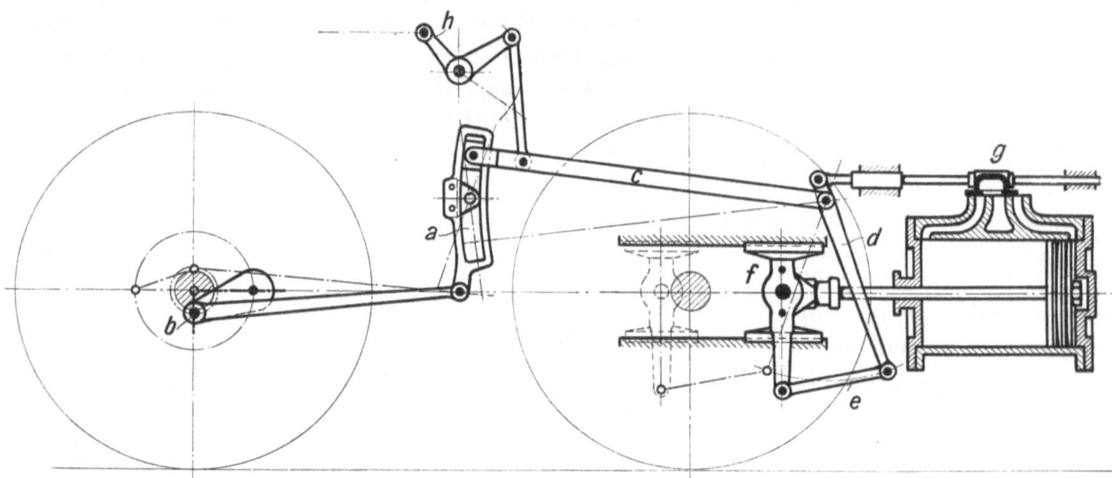

Abb. 148. Heusinger-Steuerung einer Druckluftlokomotive.

Abb. 149; bei älteren Fördermaschinen und Wasserhaltungen findet man Glockenventile, Abb. 150. Der Dampfdruck über dem Ventil ist meist erheblich höher als der Dampfdruck unter dem Ventil, so daß große Kräfte erforderlich wären, ein nicht entlastetes Ventil anzuheben. Bei den dargestellten Doppelsitzventilen wirkt der auf dem Ventile lastende Überdruck unausgeglichen nur auf die beiden schmalen Sitzflächen, so daß eine weitgehende Entlastung erreicht ist, und die Ventile durch verhältnismäßig kleine Kräfte anzuheben sind. Weil die Doppelsitzventile dem durchströmenden Dampfe zwei Durchflußspalte öffnen, brauchen sie nur

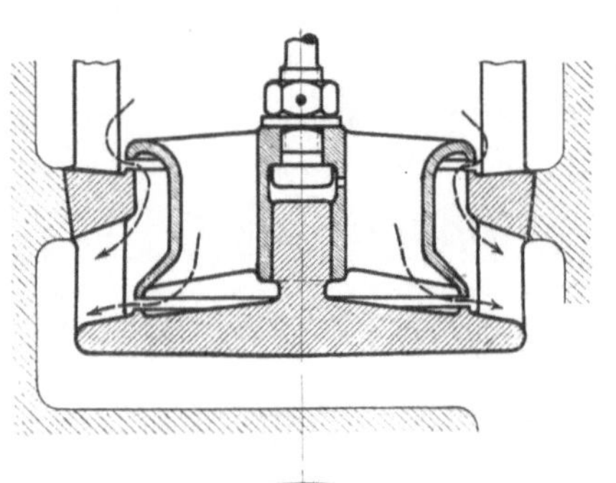

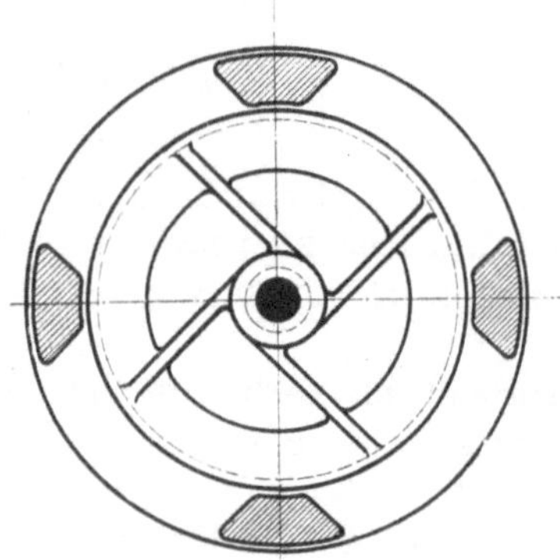

Abb. 149. Rohrventil.

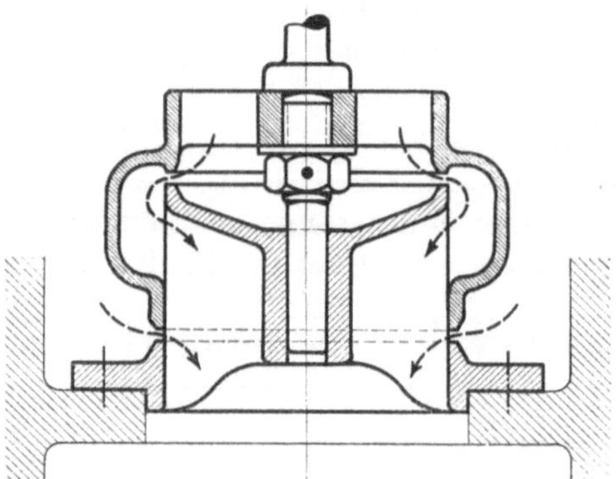

Abb. 150. Glockenventil.

halb so großen Hub wie einsitzige Ventile. In der Regel werden die Einlaßventile oben, die Auslaßventile unten angeordnet. Abb. 151 veranschaulicht einen Heißdampfzylinder mit Ventilsteuerung in der Ausführung der Hannoverschen Maschinenbau A. G. vorm. Egestorff (Hanomag). Im Gegensatz zur Schiebersteuerung haben bei der normalen Ventilsteuerung eintretender und austretender Dampf getrennte Wege. Das ist für die Dampfersparnis wichtig, denn so wird vermieden, daß durch die Kanalwandung der eintretende Dampf gekühlt, der austretende geheizt wird.

Bei liegenden Maschinen werden die Ventile mittels Exzenter oder unrunder Scheiben von einer neben dem Zylinder liegenden Steuerwelle bewegt, die von der Kurbelwelle durch Kegelräder angetrieben wird. Bei Fördermaschinen treten an Stelle der unrunden Scheiben sogenannte Knaggen, die nicht nur in radialer, sondern auch in axialer Richtung profiliert sind. Daß man bei Fördermaschinen die Ventile auch durch eine Kulissensteuerung bewegt und dabei dieselbe Wirkung bekommt, wie bei einer Kulissenschiebersteuerung, war schon in Ziffer 89 erwähnt. Näheres über die Fördermaschinensteuerungen ist den Ziffern 158 und 159 zu entnehmen.

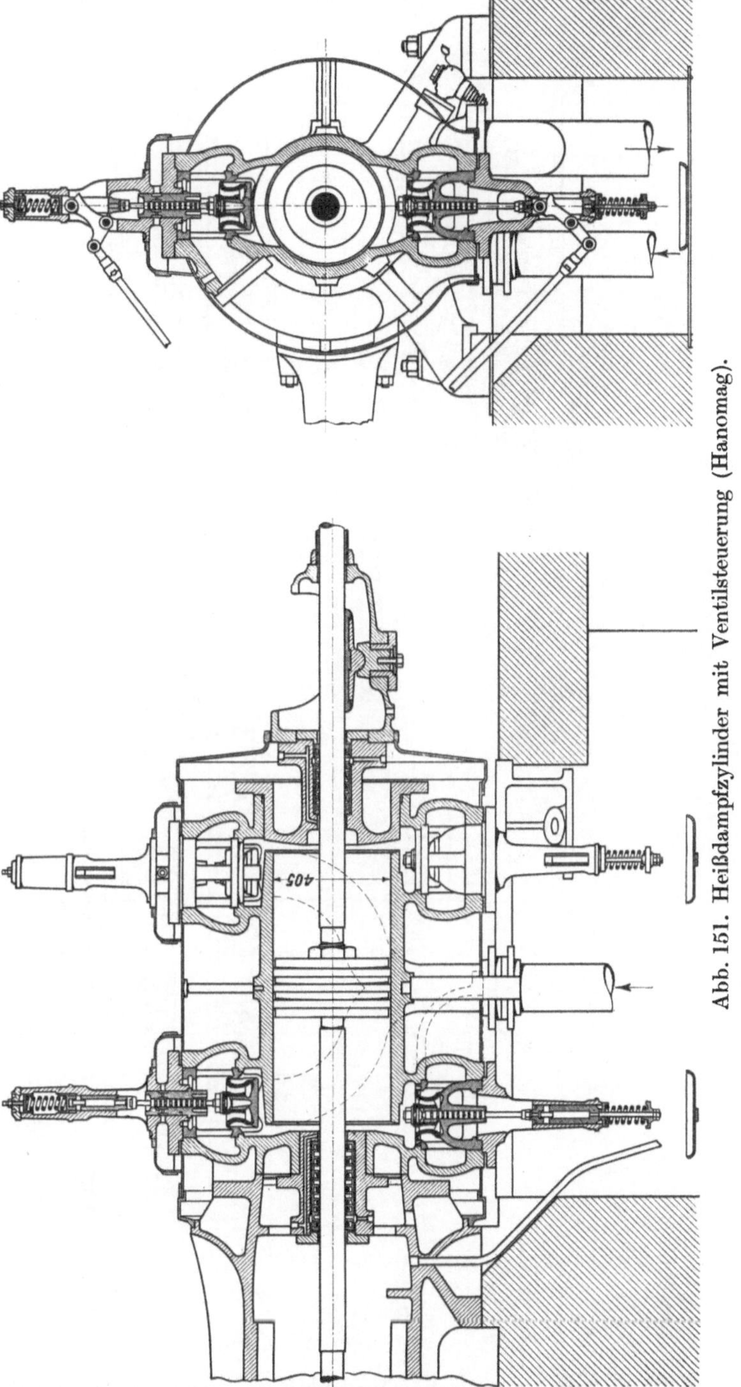

Abb. 151. Heißdampfzylinder mit Ventilsteuerung (Hanomag).

Immer werden die Ventile durch die Steuerung zwangläufig angehoben, aber durch eine Feder geschlossen. Es besteht die Möglichkeit, daß ein Ventil „hängen bleibt“, wenn die Kraft der Ventilbelastungsfeder nicht imstande ist, zufällige Hemmungen zu überwinden, die z. B. infolge übermäßiger Reibung in der Stopfbüchse der Ventilstange auftreten können. Die Auslaßventile bleiben bei der Schließbewegung immer im Zusammenhange mit der Steuerung, so daß sie nicht schneller geschlossen werden können, als der Steuerbewegung entspricht. Dasselbe gilt für die Einlaßventile der sogenannten **zwangläufigen** Ventilsteuerungen. Bei den Einlaßventilen der sogenannten **auslösenden** oder **ausklinkenden** Ventilsteuerungen wird aber, um die Einströmung zu beenden, die Verbindung zwischen Steuerung und Einlaßventil gelöst oder ausgeklinkt, worauf das Einlaßventil durch seine Feder ungehemmt von der Steuerung auf seinen Sitz getrieben wird. Damit das Einlaßventil nicht zu hart aufschlägt, sind **Puffer** nötig (vgl. Abb. 152).

Der Regler der Dampfmaschine wirkt nur auf die Einlaßventile, und zwar bei zwangläufigen Steuerungen, indem er Gelenkpunkte der Steuerung verstellt, und bei auslösenden, indem er das auslösende Glied der Steuerung verstellt. Die im folgenden dargestellten Steuerungen veranschaulichen das.

Bei den Heißdampfzylindern der Hanomag, Abb. 151, ist die Lentz-Steuerung angewendet, die zu den zwangläufigen Ventilsteuerungen gehört. Die Ventile werden durch

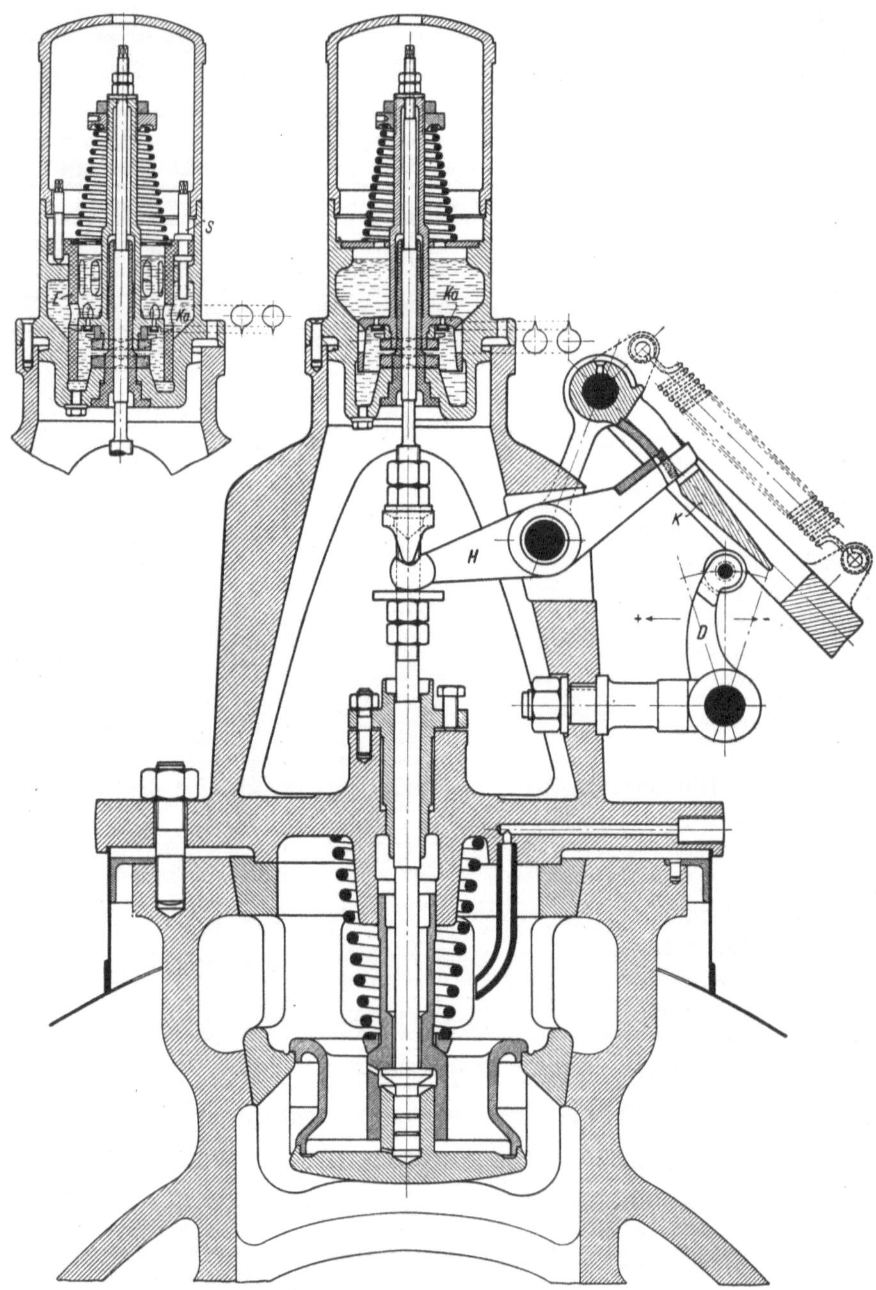

Abb. 152. Auslösende Collmann-Steuerung.

Schwingdaumen angehoben und bleiben während der Schließbewegung bis zum Aufsitzen mit den Schwingdaumen in Verbindung. Die Schwingdaumen der Einlaßventile machen aber nicht immer dieselbe Bewegung, sondern ihr Antrieb wird durch einen auf der Steuerwelle sitzenden Achsenregler beeinflußt, derart, daß bei Entlastung der Dampfmaschine der Ausschlag der Schwingdaumen verkleinert, die Voreilung vergrößert wird[1].

[1] Vgl. Ziffer 87.

Auch die später zu besprechenden Knaggensteuerungen der Fördermaschinen sind in dem Sinne zwangläufig, daß die Schlußbewegung aller Ventile durch die Form der Knagge bestimmt ist. Als Beispiel einer auslösenden Ventilsteuerung ist in Abb. 152 die auslösende Collmann-Steuerung in der Ausführung von Schüchtermann & Kremer, Dortmund, wiedergegeben. Der Ventilhebel *H* wird durch die Klinke *K* mitgenommen und das Einlaßventil wird angehoben so lange, bis die Klinke *K* durch den Daumen *D* abgestreift wird. Das geschieht früher oder später, je nachdem, wie der Regler der Dampfmaschine den Daumen *D* einstellt. Damit das Einlaßventil nicht hängen bleiben kann, faßt der rechte Arm des Ventilhebels *H* in den Schlitz der Klinke *K*, so daß das Ventil von der Steuerung zwangläufig niedergetrieben wird, falls die Belastungsfedern des Ventils nicht ausreichen. Um das Einlaßventil beim Aufsetzen abzufangen, ist ein Ölpuffer angeordnet. Wenn das Einlaßventil angehoben wird, wird es durch den Ölpuffer

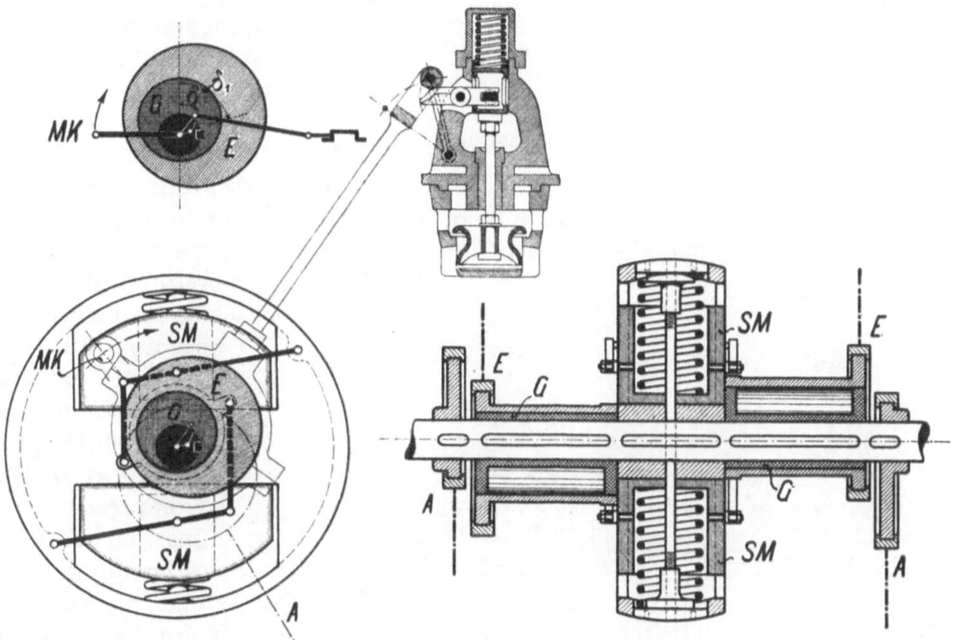

Abb. 153. Ventilsteuerung mit Achsenregler.

nicht gehemmt, da das Öl durch ein sich öffnendes ringförmiges Rückschlagventil und Überströmschlitze überströmt. Wenn das Einlaßventil aber geschlossen wird, schließt sich das Rückschlagventil und das Öl muß durch die sich immer mehr verengenden Überströmschlitze übertreten, so daß der Aufschlag des Ventiles stark gedämpft wird. Die Überströmschlitze sind so geformt, daß immer der Raum über und der Raum unter dem Kataraktkolben miteinander verbunden sind. Der über dem Einlaßventil gezeichnete Ölpuffer ist nicht nachstellbar; bei dem links daneben gezeichneten Puffer dagegen ist der die Überströmöffnungen enthaltende Einsatz *E* mittels der Schrauben *S* verstellbar.

91. Mit einem Achsenregler verbundene Steuerungen. Man verbindet sowohl Schiebersteuerungen wie Ventilsteuerungen mit Achsenreglern. Der Achsenregler wirkt unmittelbar auf den Antrieb des Schiebers oder des Einlaßventils derart, daß, um die Füllung zu verringern, der Schieber- oder Ventilhub verkleinert, der Voreilwinkel vergrößert wird. Es kann hier nicht auf die verschiedenen Anordnungen der Achsenregler eingegangen werden, sondern es kann nur das Wesen der Achsenregler an einem Beispiele veranschaulicht werden. Abb. 153 zeigt den Achsenregler eines von der Maschinenfabrik Moeller, Brackwede, für die Bochumer Bergschule gelieferten Dampfzylinders. Die Auslaßexzenter *A* sind auf der Steuerwelle festgekeilt, so daß die Auslaßventile immer in derselben Weise bewegt werden. Die Einlaßexzenter E dagegen sind auf den auf der Steuerwelle verkeilten Exzentern G drehbar. Wenn die Schwungmassen SM des Achsenreglers ausschlagen, verdrehen sie die Einlaßexzenter E über den festen Exzentern G, so daß, wie die Abbildung lehrt, der Hub der Exzenterstange kleiner wird, der Voreilwinkel aber von δ bis auf δ_1 zunimmt. In der Abbildung ist sowohl die Verbindung des Achsenreglers mit einer Schiebersteuerung wie mit einer Ventilsteuerung angedeutet. Die in Abbild. 151 dargestellte Ventilsteuerung von Lentz ist mit einem Achsenregler, Bauart Lentz, verbunden.

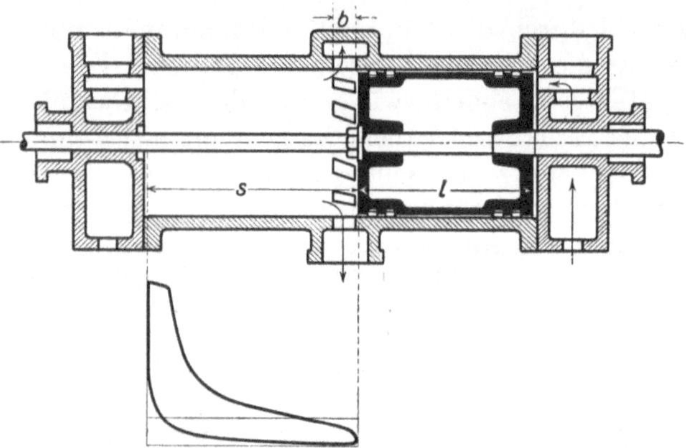

Abb. 154. Steuerung mit Auspuffschlitzen. Gleichstromdampfmaschine.

92. Steuerungen mit Auspuffschlitzen. Gleichstromdampfmaschinen. Man kann gemäß Abb. 154 die Auslaßventile durch Auspuffschlitze in der Zylinderwandung ersetzen, die durch den Kolben gesteuert werden. Dann wird aber der Kolben und mit ihm der Zylinder außergewöhnlich lang; denn es muß die Kolbenlänge l gleich der Hublänge s sein, vermindert um die Schlitzbreite b. Ist die Schlitzbreite = 10 % des Kolbenhubes, so wird die Vorausströmung 10 %, die Ausströmung beträgt ebenfalls 10 %, und die Kompression beträgt 90 %, ist also sehr groß. Damit die Kompressionsendspannung den Anfangsdruck des Dampfes nicht übersteigt, muß die Kompressionsanfangsspannung gering sein; die dargestellte Schlitzsteuerung für den Auslaß kommt also in der Regel nur bei Einzylindermaschinen mit Kondensation in Betracht. Gegen zufällige, gefährlich hohe Kompressionsdrücke muß man sich durch Sicherheitsventile schützen. Bei Auspuffbetrieb sind schädliche Räume von beträchtlicher Größe zuzuschalten. Weil der Dampf den Zylinder in gleichbleibender Richtung durchströmt, nennt man diese Maschinen Gleichstrom-Dampfmaschinen. Im Vergleich hiermit kann man die Maschinen, deren Abdampf beim Auspuffhub den Zylinder in entgegengesetzter Richtung wie beim Arbeitshub durchströmt, als Wechselstromdampfmaschinen bezeichnen. Der Vorteil des Gleichstromverfahrens ist darin zu sehen, daß der abgekühlte Abdampf nicht mehr die Zylinderteile

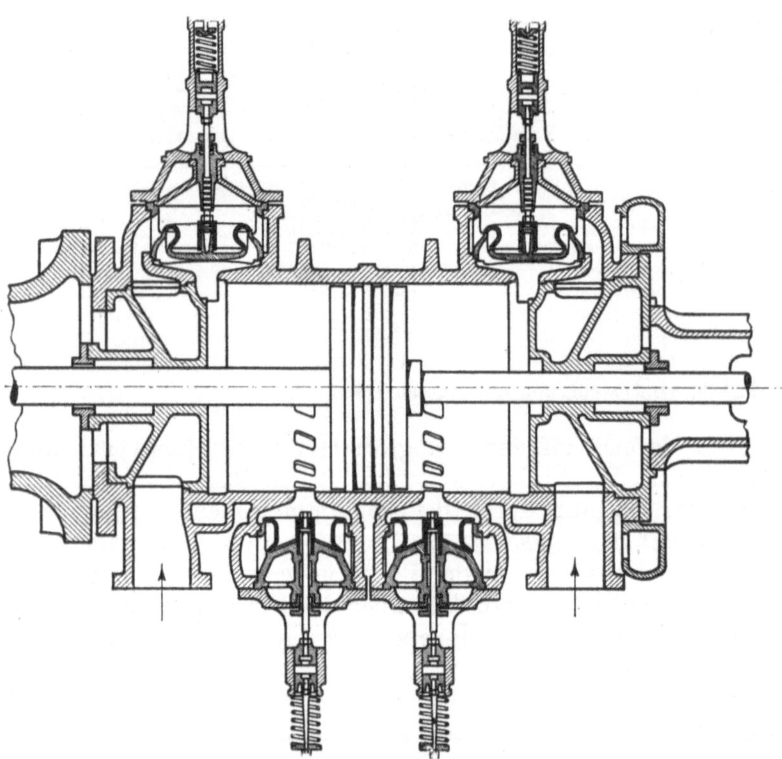

Abb. 155. Gleichstromdampfmaschine mit zwei durch Ventile gesteuerten Auslaßschlitzreihen.

berührt und abkühlt, an denen der eintretende Frischdampf vorbeiströmt. Dadurch wird eine vorzeitige Abkühlung des Frischdampfes vermieden und ein verringerter Dampfverbrauch als beim Wechselstromverfahren erreicht. Z. B. ist die einzylindrige Gleichstromdampfmaschine im Dampfverbrauch der normalen Verbundmaschine als ebenbürtig zu erachten[1].

Um die übermäßig große Kompression zu vermeiden, sowie normale Kolbenbreite und normale Zylinder zu erhalten, steuert man den Auspuffschlitz durch ein Ventil, wobei man etwa 60% Kompression erhält. Die Kompression wird noch weiter durch die in Abb. 155 dargestellte Anordnung vermindert, die von der Deutschen Maschinenfabrik A. G. (Demag) nach dem Patent Hunger für Walzenzugmaschinen ausgeführt wird. Es sind zwei Auslaßschlitze, die durch Ventile gesteuert werden, vorhanden. Jeder der beiden Auslaßschlitze ist nur halb so groß wie sonst der eine. Wenn der Kolben beim Expansionshub die erste Schlitzreihe überschleift, ist das zugehörige Auslaßventil noch geschlossen; es wird erst geöffnet, wenn der Kolben die zweite Schlitzreihe überschleift, deren Auslaßventil noch geöffnet ist.

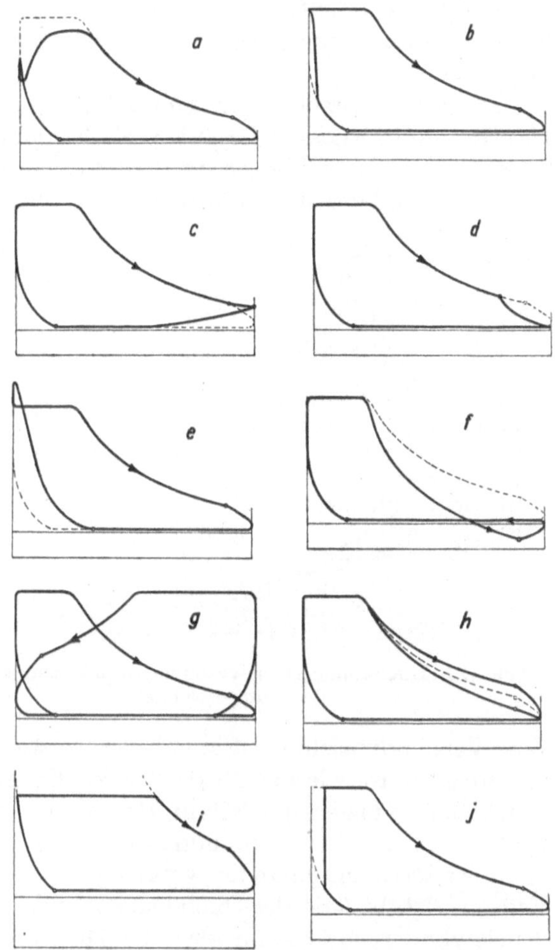

Abb. 156. Fehlerhafte Dampfdiagramme.

93. Fehlerhafte Dampfverteilung. In der Abb. 156 sind Diagramme enthalten, die Beispiele fehlerhafter Dampfverteilung darstellen. Diagramm *a* zeigt, daß das Einlaßventil zu spät geöffnet hat, Diagramm *b*, daß die Voreinströmung zu groß gewesen ist. Diagramm *c* läßt verspäteten Auslaß erkennen, Diagramm *d* zu große Vorausströmung. Diagramm *e* zeigt zu hohe Kompression. Beim Diagramm *f* fällt die Expansionslinie zu steil ab und unterschreitet die atmosphärische Linie; es ist das Auslaßventil, die Stopfbüchse oder der Dampfkolben undicht gewesen. Die Diagramme *g* zeigen ungleiche Füllung auf beiden Zylinderseiten. Im Diagramm *h* deutet die obere Expansionslinie auf Undichtheit des Einlaßventiles, die untere auf Undichtheit des Auslaßventiles. Bei den Diagrammen *i* und *j* handelt es sich um Indizierfehler: beim Diagramme *i* hat der Indikatorkolben oben angestoßen, weil die Feder zu schwach war, beim Diagramm *j* hat die Trommel infolge zu geringer Hubminderung angestoßen.

94. Verbunddampfmaschinen. Wie in Ziffer 69 allgemein besprochen, ist es zweckmäßig, hochgespannten Dampf stufenweise auszunützen, indem man den Dampf erst in einem kleinen Hochdruckzylinder, dann in einem mehrfach größeren Niederdruckzylinder arbeiten läßt. Weil der Hochdruckzylinder nicht jeweilig so viel Dampf ausstößt, wie der Niederdruckzylinder entnimmt, wird zwischen Hochdruck- und Niederdruckzylinder ein sogenannter Aufnehmer geschaltet. Außer den Maschinen mit zweistufiger Expansion, die kurzweg Verbundmaschinen heißen, hat man Dreifach- und Vierfachexpansions-

[1] Vgl. Anmerkung zu Zahlentafel 18, S. 136.

maschinen, die hier aber nicht besprochen werden sollen, weil sie seit der allgemeinen Einführung des überhitzten Dampfes nicht mehr die frühere Bedeutung haben.

Hochdruckzylinder und Niederdruckzylinder haben ihre eigne Steuerung. Bei Verbundmaschinen, die immer im selben Sinne umlaufen, die z. B. Dynamos, Kompressoren, Ventilatoren antreiben, hat der Niederdruckzylinder gleichbleibende Füllung; der Regler verstellt nur die Füllung des Hochdruckzylinders. Bei den umsteuerbaren Verbundförder- oder Walzenzugmaschinen usw. wird sowohl am Hochdruck- wie am Niederdruckzylinder die Füllung verstellt. Hier sollen nur die in einem Sinne umlaufenden Verbunddampfmaschinen zugrunde gelegt werden. Wegen Verbundfördermaschinen sei auf Ziffer 157 verwiesen.

Gegen die Einzylindermaschine hat die Verbundmaschine den Vorteil, daß sich Temperatur- und Druckgefälle auf zwei Zylinder verteilen, so daß die Abkühlungs- und die Lässigkeitsverluste kleiner werden. Ferner ist vorteilhaft, daß der hohe Druck nur im kleinen Zylinder wirkt, während im großen nur der niedrige Druck wirkt, so daß das Triebwerk kleinere Kräfte empfängt. Für den Vergleich mit der Einzylindermaschine ist der Begriff „reduzierte Füllung“ wichtig. Unter „reduzierter Füllung“ versteht man bei einer Verbundmaschine die auf den Niederdruckzylinder bezogene Füllung des Hochdruckzylinders. Beträgt die wirkliche Hochdruckfüllung z. B. 18%, und ist der Hubraum des Niederdruckzylinders 3mal größer als der des Hochdruckzylinders, so ist die reduzierte Füllung = 6%.

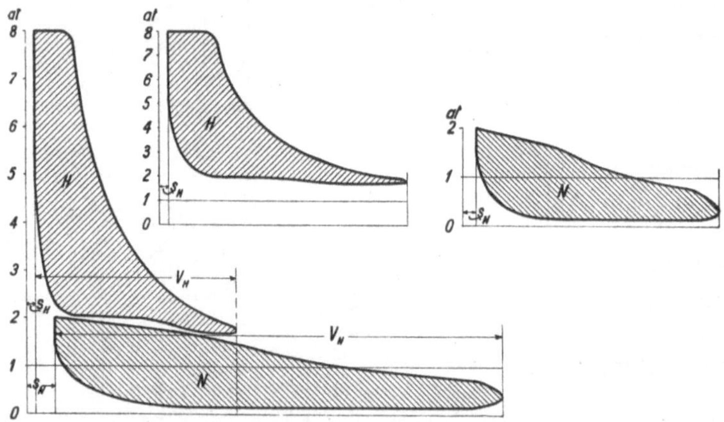

Abb. 157. Diagramme einer Verbunddampfmaschine, vergleichbar umgezeichnet.

Eine Verbundmaschine ist annähernd so stark wie eine Einzylindermaschine, deren Zylinder so groß ist wie der Niederdruckzylinder der Verbundmaschine, und dessen Füllung gleich der reduzierten Füllung der Verbundmaschine ist.

Wenn man eine Verbunddampfmaschine indiziert, kann man die Diagramme nicht ohne weiteres miteinander vergleichen; denn für die Diagramme gelten verschiedene Federmaßstäbe, und der Hochdruckzylinder hat viel kleineren Querschnitt als der Niederdruckzylinder, Man kann aber die Diagramme auf gleichen Federmaßstab umzeichnen, ferner das Niederdruckdiagramm in demselben Verhältnis auseinanderziehen, wie der Niederdruckzylinder größer ist als der Hochdruckzylinder. Dann sind Hochdruck- und Niederdruckdiagramm unmittelbar miteinander vergleichbar, ebenso mit dem Diagramme einer Einzylindermaschine, deren Zylinder gleich dem Niederdruckzylinder der Verbundmaschine ist. Abb. 157 veranschaulicht das.

Die Größe des Aufnehmerdruckes hängt davon ab, wie groß die Füllung im Hochdruckzylinder ist, und wie groß sie im Niederdruckzylinder ist. Sind beide Füllungen gleich, so wird sich der (absolute) Aufnehmerdruck zum (absoluten) Anfangsdruck im Hochdruckzylinder etwa wie das Volumen des Hochdruckzylinders zu dem des Niederdruckzylinders verhalten. Weil der Regler aber nur auf die Einlaßsteuerung des Hochdruckzylinders wirkt, wird die Hochdruckfüllung je nach der Belastung sehr verschieden von der Niederdruckfüllung sein, und der Aufnehmerdruck wird entsprechend schwanken. Abb. 158 veranschaulicht das. Wenn die Hochdruckfüllung abnimmt, fällt der Aufnehmerdruck, wenn die Hochdruckfüllung zunimmt, steigt der Aufnehmerdruck. Die Belastungsschwankungen werden also fast allein vom Niederdruckzylinder getragen. In diesem Zusammenhange ist ferner klar, daß die Verbundmaschine bei weitem nicht so überlastungsfähig ist, wie die Einzylindermaschine. Denn wenn man beim Zylinderverhältnis 1 : 3 dem Hochdruckzylinder volle Füllung gibt, so bedeutet das bei der entsprechenden Einzylindermaschine nur ein Drittel Füllung. Im vorhergehenden war gesagt, daß die Verbundmaschine annähernd so stark ist wie eine Einzylindermaschine, deren Zylinder gleich dem Niederdruckzylinder der Verbundmaschine ist. Das gilt also nur für normale, wirtschaftliche Füllungen, während bei sehr großen Füllungen die Einzylindermaschine etwa doppelt so stark ist wie die Verbundmaschine mit gleich großem Niederdruckzylinder.

95. Betrieb der Dampfmaschine mit überhitztem Dampf. Wegen der wirtschaftlichen Bedeutung des überhitzten Dampfes vgl. Ziffer 14 und Ziffer 97. Weil die Expansionslinie des überhitzten Dampfes steiler als die des gesättigten Dampfes abfällt, ist bei überhitztem Dampf größere Füllung nötig als bei gesättigtem, die aber weniger wiegt. Die Maschine muß für den Betrieb mit überhitztem Dampf gebaut sein, muß den stärkeren Wärmedehnungen folgen können, geeignete Dichtungen haben und vorzüglich geschmiert werden. Es ist zweckmäßig, Thermometer anzuordnen, um die Eintrittstemperatur des Dampfes zu überwachen. Ventilsteuerungen sind bei überhitztem Dampfe bewährt; ebenso Kolbenschiebersteuerungen, wenn sie gut geschmiert werden.

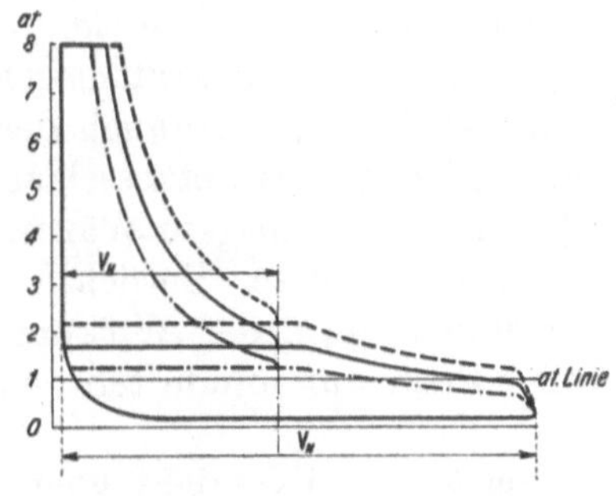

Abb. 158. Verhalten einer Verbunddampfmaschine bei veränderlicher Belastung.

96. Auspuffbetrieb und Betrieb mit Kondensation. Wegen der Dampfersparnis, die theoretisch durch Kondensation des Dampfes erzielbar ist, vgl. Ziffer 14, wegen der praktischen Dampfersparnis vgl. Ziffer 97. Wegen der Ausführung der Kondensationsanlagen siehe Abschnitt X. Abb. 159 zeigt ein Diagramm für Auspuffbetrieb und, gestrichelt, ein gleich großes für Kondensationsbetrieb. Beim letzteren ist die Füllung erheblich kleiner als beim Auspuffdiagramm; die tatsächliche Dampfersparnis entspricht aber bei weitem nicht der Verringerung der Füllung. Denn beim Kondensationsbetrieb sind die Abkühlungsverluste im Zylinder wegen des großen Temperaturgefälles größer; ferner ist wegen der niedrigen Kompressionsendspannung mehr Dampf nötig, den schädlichen Raum aufzufüllen, und schließlich ist die Antriebsleistung der Kondensation zu decken.

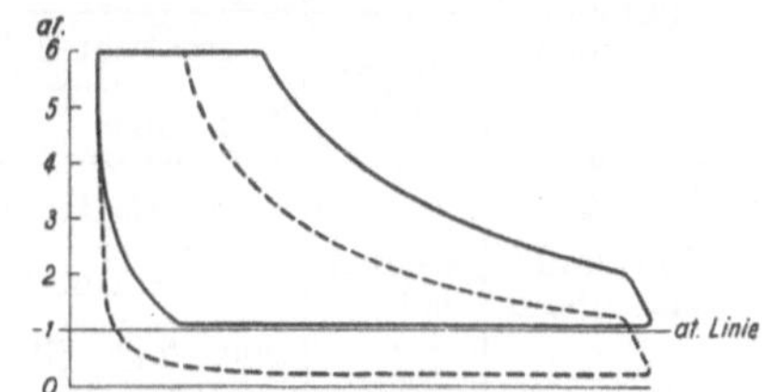

Abb. 159. Auspuff- und Kondensationsdiagramm für gleiche Leistung.

Immerhin ist die tatsächlich erzielbare Dampfersparnis in der Regel so groß, daß sich bei allen größeren Maschinen Kondensation lohnt. Je höheres Vakuum man erzeugt, um so besser wird der Dampf ausgenützt. Die Grenze ist da, wo die Zunahme der Anlage- und Betriebskosten den noch erzielbaren Gewinn übersteigt. Bei Kolbenmaschinen liegt das wirtschaftlich günstigste Vakuum je nach den besonderen Verhältnissen zwischen 80 und 90%. Dampfturbinen nützen hohes Vakuum viel vorteilhafter aus als Kolbenmaschinen; deshalb ist es häufig zweckmäßig, die Kolbenmaschinen, anstatt sie an eine Kondensation anzuschließen, mit einer Dampfturbine zu verbinden, die den Abdampf der Kolbenmaschine verarbeitet. Vgl. Ziffer 118.

Wo Kolbenmaschinen abwechselnd mit Auspuff und mit Kondensation betrieben werden, ist es angebracht, die Auslaßsteuerung so einzurichten, daß sie den Auslaß beim Kondensationsbetrieb viel früher als beim Auspuffbetrieb schließt, um genügend hohe Kompressionsendspannung zu bekommen.

97. Die Ausnützung der Wärme in der Dampfmaschine. Der thermische und der thermodynamische Wirkungsgrad der Dampfmaschine. Der Dampfverbrauch einer Dampfmaschine ist nicht dem Diagramm zu entnehmen, sondern durch Versuch festzustellen. Es ist üblich, bei Dampfmaschinen den Dampfverbrauch, den thermischen und den thermodynamischen Wirkungsgrad auf die indizierte Leistung oder direkt auf die kWh zu beziehen. Bezieht man diese Werte auf die effektive Leistung, so ist es ausdrücklich anzugeben. Bei Dampfturbinen ist es umgekehrt üblich, den Dampfverbrauch, den thermischen und den thermodynamischen Wirkungsgrad auf die effektive Leistung zu beziehen, was bei Vergleichen zu beachten ist. Sind für die Erzeugung des für 1 PS_ih verbrauchten Dampfes Q_i kcal aufzuwenden, so ist, da 1 PSh = 632 kcal, der thermische Wirkungsgrad der Dampfmaschine $\eta_t = \frac{632}{Q_i}$. Die Erzeugungswärme des Dampfes wird berechnet, indem man entweder die Speisewassertemperatur = Null ansetzt, oder die wirkliche Speisewassertemperatur zugrunde legt, deren Höhe anzugeben ist. Wie hoch der thermische Wirkungsgrad einer Dampfmaschine ist, hat unmittelbar nur Bedeutung für den Vergleich mit anderen Dampfkraftmaschinen. Denn für den Vergleich mit anderen Wärmekraftmaschinen, z. B. mit Gasmaschinen oder Diesel-Maschinen, muß man den Wärmeverbrauch der ganzen Dampfkraftanlage, d. h. der Dampfmaschine einschließlich des Dampfkessels und der Dampfleitung zugrunde legen. In der Zahlentafel 18 ist z. B. der niedrigste Wärmeverbrauch einer Dampfmaschine für 1 PS_ih mit 3000 kcal angegeben. Unter Berücksichtigung des mechanischen Wirkungsgrades der Dampfmaschine, sowie der Wirkungsgrade von Dampfkessel und Dampfleitung kommt man für 1 PS_eh auf mindestens 4000 kcal.

Zahlentafel 18[1]. Übersicht über den Dampf- und Wärmeverbrauch bester Dampfmaschinen, sowie deren thermischen und thermodynamischen Wirkungsgrad.

Art der Dampfmaschine			Einströmspannung at	Dampfverbrauch kg/PS_ih	Wärmeverbrauch kcal/PS_ih	Thermischer Wirkungsgrad	Thermodynamischer Wirkungsgrad
Einzylindermaschinen	Auspuff	gesättigter Dampf	10—12	10—8,5	6700—5700	0,095—0,110	0,645—0,716
		300—350° Überhitzung		7,25—6	5300—4500	0,119—0,140	0,768—0,810
	Kondensation	gesättigter Dampf	8—10	7,5—6,5*	5000—4000	0,127—0,158	0,520—0,575
		300—350° Überhitzung	10—12	5,2—4,5*	3800—3400	0,166—0,186	0,636—0,674
Verbundmaschinen	Kondensation	gesättigter Dampf	8—12	7,5—5,5	5000—3700	0,127—0,172	0,520—0,665
		270° Überhitzung		6—4,8	4300—3400	0,147—0,184	0,591—0,695
		300—350° Überhitzung		6—4,2	3660—3200	0,173—0,199	0,682—0,722
Dreifachexpansionsmaschinen	Kondensation	gesättigter Dampf	12—15	6—5,1	4000—3400	0,158—0,185	0,606—0,680
		270° Überhitzung		5—4,5	3600—3200	0,177—0,197	0,667—0,717
		300—350° Überhitzung		4,5—4	3300—3000	0,192—0,209	0,714—0,735

Den thermodynamischen Wirkungsgrad der Dampfmaschine erhält man, indem man den Dampfverbrauch einer verlustlosen Maschine, bei welcher der Dampf vollständig bis auf den Gegendruck expandiert, das Diagramm also eine Spitze bildet, mit dem wirklichen Dampfverbrauch vergleicht. Um den Dampfverbrauch der verlustlosen Maschine zu berechnen, ermittelt man zunächst mit Hilfe des *is*-Diagrammes für Wasserdampf (Abb. 18 oder 19) das adiabatische Wärmegefälle, indem man von dem Punkte, der den Anfangszustand des Dampfes darstellt, senkrecht bis auf die Linie des Enddruckes geht[2]. Ist das Wärmegefälle z. B. 211 kcal/kg, so ist der Dampfverbrauch der verlustlosen Dampfmaschine $= \frac{632}{211} = 3$ kg/PS_ih. Ist der wirkliche Dampfverbrauch = 5 kg/PS_ih, so ist der thermodynamische Wirkungsgrad der Dampfmaschine $= \frac{3}{5} = 66{,}7\,\%$. Der thermo-

[1] Aus der Hütte, 25. Aufl. Bd. 2, S. 412. [2] Vgl. Ziffer 14.

* Die niedrigeren Zahlen sind nur bei Gleichstrom-Dampfmaschinen erreicht worden.

dynamische Wirkungsgrad ist an sich kein Maßstab für die Güte der Dampfmaschine. Denn die Auspuffmaschine hat höheren thermodynamischen Wirkungsgrad als die Kondensationsmaschine. Bei gleichen Dampfverhältnissen nützt aber die Maschine mit höherem thermodynamischem Wirkungsgrade den Dampf besser aus. Die Zahlentafel 18 gibt eine Übersicht über den bei besten Maschinen verschiedener Art unter günstigster Belastung gefundenen Dampf- und Wärmeverbrauch, sowie den thermischen und thermodynamischen Wirkungsgrad. Der Zahlentafel 19 ist zu entnehmen, wie sich der Dampfverbrauch mit der Füllung ändert.

Zahlentafel 19. Dampfverbrauch großer Dampfmaschinen in kg/PS$_i$h.

a) Einzylindermaschine mit Auspuff. Dampfdruck 12 at.

Füllung . . . . %	10	15	20	25	30
Dampf gesättigt . . . . . . kg/PS$_i$h	9,0	8,8	9,1	9,5	9,9
„ auf 260° überhitzt . . „	7,5	7,3	7,4	7,7	8,1
„ „ 300° „ . . „	6,9	6,7	6,8	7,1	7,5

b) Einzylindermaschine mit Kondensation. Dampfdruck 9—10 at.

Füllung . . . . %	7	10	15	20
Dampf gesättigt . . . . . . kg/PS$_i$h	7,4	7,6	7,9	8,3
„ auf 260° überhitzt . . „	6,0	5,9	6,1	6,4
„ „ 300° „ . . „	5,4	5,3	5,5	5,9

c) Verbundmaschine mit Kondensation. Dampfdruck 11—12 at.

Füllung im Hochdruckzylinder . . . %	15	20	25	30	35
Dampf gesättigt . . . . . . kg/PS$_i$h	5,8	5,6	5,8	6,0	6,3
„ auf 260° überhitzt . . „	4,9	4,7	4,8	5,0	5,3
„ „ 300° „ . . „	4,5	4,3	4,4	4,5	4,8

98. Leistungsversuche an Kolbendampfmaschinen. Vom Verein deutscher Ingenieure sind Regeln für Abnahmeversuche an Dampfanlagen aufgestellt worden, aus denen im folgenden einige Angaben für Abnahmeversuche an Kolbendampfmaschinen gemacht seien[1]:

Unter der Leistung einer Dampfmaschine ist, wenn nichts anderes angegeben ist, die Nutzleistung an der Welle zu verstehen. Der für die PSh angegebene Dampfverbrauch bezieht sich aber, wenn nichts anderes angegeben ist, auf die indizierte Leistung. Der für die kWh angegebene Dampfverbrauch von Kolbendampfmaschinen, die Dynamos antreiben, gilt für die elektrische Leistung an den Klemmen. Die Leistung einer direkt angetriebenen Erregermaschine gilt jedoch nicht als Nutzleistung, und bei fremder Erregung ist die Erregerleistung von der Klemmenleistung der Dynamo abzuziehen. Der Dampfverbrauch dampfangetriebener Hilfsmaschinen gehört zu dem auf die Nutzleistung bezogenen Gesamtverbrauch.

In erster Linie ist die Leistung der Dampfmaschine festzustellen, sei es die indizierte, die elektrische oder die Nutzleistung, und der Dampfverbrauch für die PSh oder kWh zu bestimmen. Zu letztgenanntem Zwecke wird entweder das Speisewasser gewogen, oder es wird, wenn der Abdampf in einem Oberflächenkondensator niedergeschlagen wird, das Kondensat gewogen, oder es wird der Dampf durch Dampfmesser oder Düsen gemessen, die unter den Versuchsbedingungen geeicht sind. Bei Kondensatmessungen muß der Kondensator dicht sein, und es darf kein Kondensat von der Wasserstrahlluftpumpe mitgenommen werden; andernfalls sind die Fehler, wenn es möglich ist, zu berücksichtigen (vgl. Ziffer 115). Versuche zur Bestimmung des Dampfverbrauches sollen bei Kondensatmessung mindestens eine Stunde, bei Speisewassermessung 6 Stunden dauern. Ist die Leistung durchaus gleichförmig, kann die Versuchsdauer bei Speisewassermessung auf 4 Stunden beschränkt werden. Die Versuche sollen nicht eher beginnen, bis in der Dampfmaschine und den Meßgeräten Beharrungszustand eingetreten ist. Das Nieder-

[1] Vgl. auch Ziffer 37.

schlagwasser aus Leitungen, das durch Wasserabscheider auszuscheiden ist, ist zu messen und von der gemessenen Speisewassermenge abzuziehen; dagegen gehört das Niederschlagwasser aus Mantel-, Deckel- und Aufnehmerheizungen zum Dampfverbrauch der Maschine.

Wird der Dampfverbrauch durch Messung des Speisewassers bestimmt, so gilt die Zusage noch erfüllt, wenn der durch einen 5- bis 6stündigen Versuch ermittelte Dampfverbrauch um 2,5% vom zugesicherten abweicht. Bei kurzen Versuchen sind größere Abweichungen zulässig, ebenso bei stärkeren Schwankungen des Dampfdruckes und der Dampftemperatur. Wird der Dampfverbrauch durch Kondensatmessung festgestellt, so gilt ein Spiel nur bei stärkeren Schwankungen von Dampfdruck und -temperatur; wird Dampf durch geeichte Dampfmesser oder Düsen gemessen, so gilt ein Spiel von 5%.

X. Die Kondensation des Abdampfes von Dampfmaschinen und Dampfturbinen.[1] Wasserrückkühlanlagen.

99. Zweck und Anordnung der Kondensationsanlagen. Kühlwasserbedarf. Der Hauptzweck einer Kondensationsanlage ist, den Dampf unter niedrigem Druck zu verflüssigen, damit der Dampf nicht gegen den Druck der Atmosphäre, sondern gegen den niedrigen Kondensatordruck ausströmt, und sein Expansionsvermögen weitgehend ausgenützt wird. Wo es allein auf den durch die Kondensation erzielbaren Leistungsgewinn oder die erzielbare Dampfersparnis ankommt, wird die Kondensation als Misch- oder Einspritzkondensation ausgeführt, bei welcher der niederzuschlagende Dampf unmittelbar mit dem Kühlwasser gemischt und von ihm aufgenommen wird. Der zweite ebenfalls wichtige, aber nicht immer geforderte Zweck der Kondensation ist die Wiedergewinnung des Speisewassers. Wenn der niedergeschlagene Dampf, das Kondensat, wieder gespeist werden soll, darf der Dampf nicht mit dem Kühlwasser in Berührung kommen, sondern die Kühlwirkung muß vom Kühlwasser an den Dampf durch trennende Kühlflächen hindurch übertragen werden. Das geschieht in den Oberflächenkondensationen. Oberflächenkondensationen sind außerordentlich verbreitet. Für hochbeanspruchte Kessel ist gutes Speisewasser Vorbedingung, und reines Kondensat ist das beste Speisewasser. Abdampf von Kolbenmaschinen muß erst entölt werden, bevor er niedergeschlagen wird. Abdampf von Dampfturbinen liefert dagegen reines Kondensat. Da das Kondensat bei Berührung mit Luft gierig Sauerstoff aufnimmt, der am Kessel Verrostungen verursacht, ist es wichtig, das Kondensat gasfrei zu erhalten (Gasschutz!). Die frühere Abb. 31 zeigt innerhalb der schematischen Darstellung einer Dampfkraftanlage eine Oberflächenkondensation nebst den zugehörigen Pumpen und dem in der Regel erforderlichen Kühlwerk für die Rückkühlung des Kühlwassers.

Der Druck im Kondensator hängt davon ab, wie tief man den Dampf abkühlt. Nach der Tabelle der gesättigten Wasserdämpfe gehört zu 45° Dampftemperatur der Dampfdruck 0,1 at, zu 36° der Druck 0,06 at, zu 29° der Druck 0,04 at. Die sich aus der Dampftemperatur ergebenden Zahlen für den Kondensatordruck stellen aber nur den bei der jeweiligen Temperatur überhaupt erreichbaren niedrigsten Kondensatordruck dar. Der tatsächliche Kondensatordruck ist höher. Es dringt nämlich immer sowohl durch Undichtheiten wie mit dem Dampf Luft in den Kondensator, und deren Teildruck addiert sich zum Teildruck des Dampfes: Kondensatordruck = Dampfdruck + Luftdruck. Der Teildruck der Luft ist bei guten Kondensatoren gering; er hängt davon ab, wie dicht

[1] Über die Kondensation von Dämpfen in thermodynamischem Zusammenhange siehe die Ziffern 2, 11 und 14. Vgl. ferner Ziffer 96.

die Anlage ist und in welchem Maße die Luftpumpe wirkt. Die Luftpumpe ist ein unentbehrlicher Bestandteil jeder Kondensation; pumpt man die ständig eindringende Luft nicht ab, versagt die Kondensation.

Obgleich für die Ausnützung des Dampfes der absolute Kondensatordruck maßgebend ist, ist es gebräuchlicher, an Stelle des absoluten Kondensatordruckes den Unterdruck im Kondensator gegen die Atmosphäre anzugeben. Man kann nämlich den Unterdruck (oder die Luftleere oder das Vakuum) eines Kondensators bequemer messen als den absoluten Druck, z. B. mit einem Federvakuummeter, das den Unterdruck in cm Quecksilbersäule oder in Prozenten angibt, wobei 100% Vakuum = 76 cm QS Unterdruck. Weil bei gleichbleibendem Kondensatordruck der Unterdruck ebenso schwankt, wie der Barometerstand schwankt, so täuscht die alleinige Messung des Unterdruckes. Das ist bei Kolbenmaschinen weniger bedeutsam, weil man bei ihnen höchstens 85 bis 90% Vakuum braucht, ist aber bei Dampfturbinen wohl zu berücksichtigen, bei denen man 92 bis 96% Vakuum und mehr hat.

Beispiel: Der mit dem Barometer gemessene Luftdruck sei 78 cm. Der mit einem Quecksilbervakuummeter gemessene Unterdruck im Kondensator sei 72 cm. Mithin ist der Kondensatordruck $p = 78 - 72 = 6$ cm Quecksilbersäule oder 0,081 ata, und das tatsächliche Vakuum, bezogen auf 76 cm Barometerstand, beträgt

$$\frac{76 - 6}{76} = 92{,}2\,\%.$$

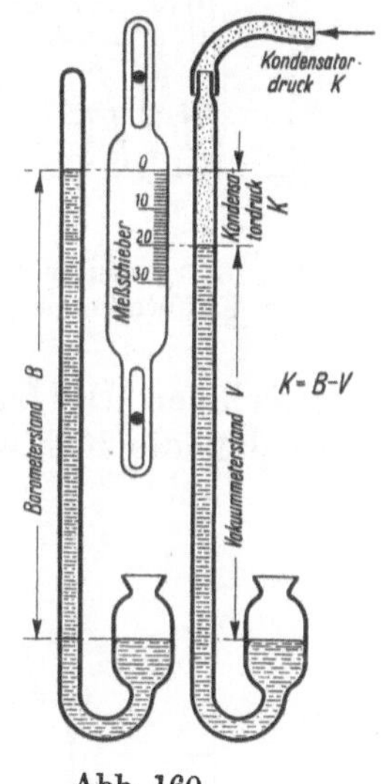

Abb. 160.

Ohne Berücksichtigung des Barometerstandes würde man das Vakuum höher werten, nämlich $= \frac{72}{76} = 94{,}8\,\%$, und dasselbe zu hohe Vakuum würde ein nach Prozenten geteiltes Vakuummeter angeben. Bei niedrigem Barometerstande erscheint umgekehrt das allein mit dem Vakuummeter gemessene Vakuum zu niedrig. Bei der Angabe des Vakuums in Prozenten ist anzugeben, ob man das Vakuum auf 76 cm QS Barometerstand, oder auf den jeweiligen Barometerstand oder auf 1 at = 73,6 cm QS bezieht. Letzteres erscheint am bequemsten, weil dann z. B. 80% Vakuum genau 0,2 ata Kondensatordruck bedeuten. Abb. 160 zeigt ein Quecksilbervakuummeter in Verbindung mit einem Barometer. Der Kondensatordruck läßt sich mit Berücksichtigung des Barometerstandes in einfacher Weise dadurch bestimmen, daß man den Nullpunkt des Meßschiebers auf den Barometerstand einstellt und die Differenz zwischen Barometerstand und Vakuummeterstand abliest.

Der **Kühlwasserbedarf** einer Kondensation ist beträchtlich. Im niederzuschlagenden Dampfe ist ja noch der größte Teil seiner Erzeugungswärme enthalten. Man kann den Wärmeinhalt des Dampfes nach normaler Expansion mit etwa 580 kcal/kg ansetzen (vgl. die *is*-Tafel, Abb. 18 oder 19), so daß das Kühlwasser, wenn der Dampf auf 40^0 abgekühlt wird, 540 kcal/kg aufzunehmen hat. Ist der Dampf nur wenig entspannt, so enthält er weit über 600 kcal/kg. Häufig rechnet man, daß das Kühlwasser, um 1 kg Dampf niederzuschlagen, rd. 600 kcal aufzunehmen hat. Soll nun das Kühlwasser, wie es bei Dampfturbinen üblich ist, nur um 10^0 erwärmt werden, so nimmt 1 kg Kühlwasser 10 kcal auf, und man braucht $\frac{600}{10} = 60$mal so viel Kühlwasser wie Speisewasser. Läßt man 15^0 Erwärmung des Kühlwassers zu, so braucht man 40mal, bei 20^0 Erwärmung 30mal so viel Kühlwasser wie Speisewasser. Mit ein und derselben Kühlwassermenge erzielt man selbstverständlich ein um so höheres Vakuum, je kälter das Kühlwasser ist; bei der Mischkondensation braucht man für dieselbe Kühlwirkung weniger Wasser als bei der Oberflächenkondensation, bei der für den Wärmedurchgang durch die Kühlfläche ein Temperaturgefälle von 5^0 und mehr erforderlich ist. Abb. 161 zeigt auf Grund von Versuchen[1] an einer Dampfturbinenoberflächenkondensation, wie sich die Luftleere

[1] Guilleaume: Die Wärmeausnützung neuerer Dampfkraftwerke. Z. d. V. d. I. 1915, S. 301.

mit der Kühlwassermenge und der Kühlwassereintrittstemperatur ändert. Die günstigsten Verhältnisse hat man, wenn man z. B. aus einem Flusse dauernd frisches Kühlwasser entnehmen kann. Abb. 162 zeigt, wie sich bei einem an einem Kanal gelegenen Dampf-

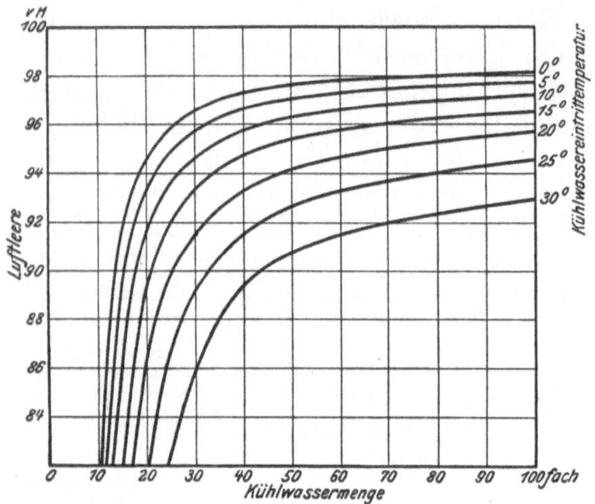

Abb. 161. Erzeugte Luftleere in Abhängigkeit von der Kühlwassermenge und -eintrittstemperatur.

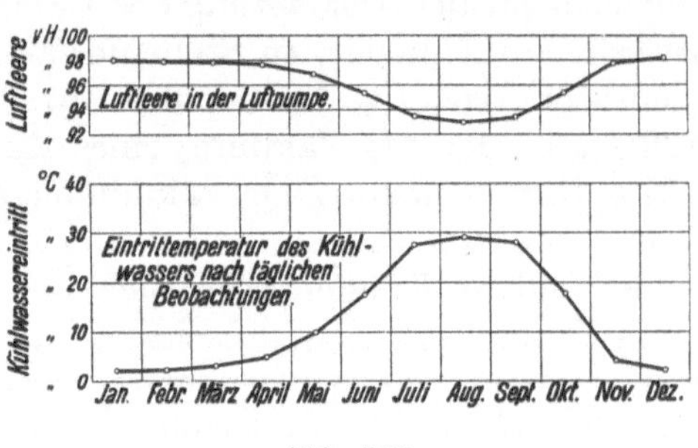

Abb. 162.

turbinenkraftwerke im Laufe eines Jahres Kühlwassereintrittstemperatur und erzeugte Luftleere verhalten haben. Die Luftleere war in den kalten Monaten 98%, in den heißen 93%. Im Jahresdurchschnitt kann man bei frischem Kühlwasser die Eintrittstemperatur mit 13° und die erzeugte Luftleere mit 96% annehmen. Das frische Kühlwasser wird dem Flusse durch eine Heberleitung entnommen, so daß die Kühlwasserpumpe nur die Strömungswiderstände zu überwinden hat. Daß

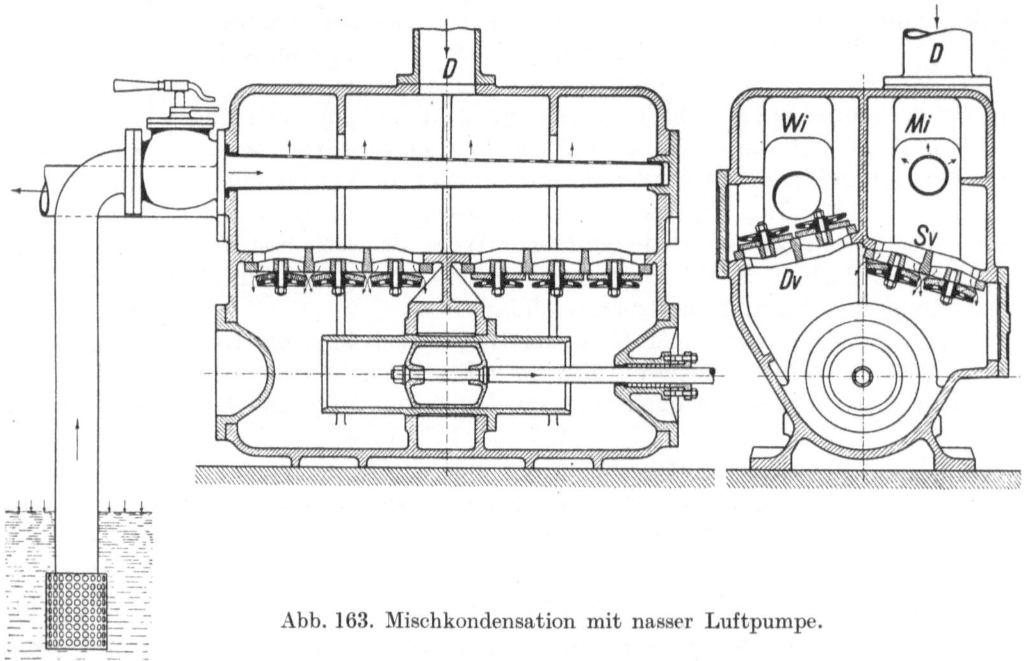

Abb. 163. Mischkondensation mit nasser Luftpumpe.

frisches Kühlwasser zur Verfügung steht, ist aber — abgesehen von Schiffsanlagen, Anlagen an Flüssen — selten; meist muß das Kühlwasser im Kreislauf verwendet und durch ein Kühlwerk rückgekühlt werden.

Dann ist bei uns im Jahresmittel die Eintrittstemperatur des rückgekühlten Wassers 27° und die erzeugte Luftleere etwa 92%. Ferner ist der Leistungsbedarf der Kondensation erheblich höher, weil das Kühlwasser auf den Kühlturm zu heben ist. Dampfturbinenkondensationen mit Rückkühlanlagen haben einen gesamten Leistungsbedarf von etwa 3%

der vollen Turbinenleistung, während Kondensationen, die mit frischem Kühlwasser arbeiten, nur 1½ bis 2% brauchen.

Welchen Einfluß die Höhe des Vakuums auf die Dampfersparnis hat, ist sehr verschieden zu beurteilen, je nachdem, ob es sich um Kolbenmaschinen oder Dampfturbinen handelt. Bei Kolbenmaschinen ergibt sich je nach den besonderen Verhältnissen bald eine zwischen 80 und 90% liegende Grenze für die Höhe des Vakuums, die zu überschreiten unwirtschaftlich ist, weil der Mehraufwand für die Anlage und die Erhöhung der Betriebskosten den Gewinn aufzehren. Bei Dampfturbinen aber, in denen der Dampf beinahe bis zur Kondensatorspannung Arbeit verrichtend expandiert, erstrebt man sehr hohes Vakuum. Man rechnet, daß eine Erhöhung des Vakuums um 1% eine Ersparnis

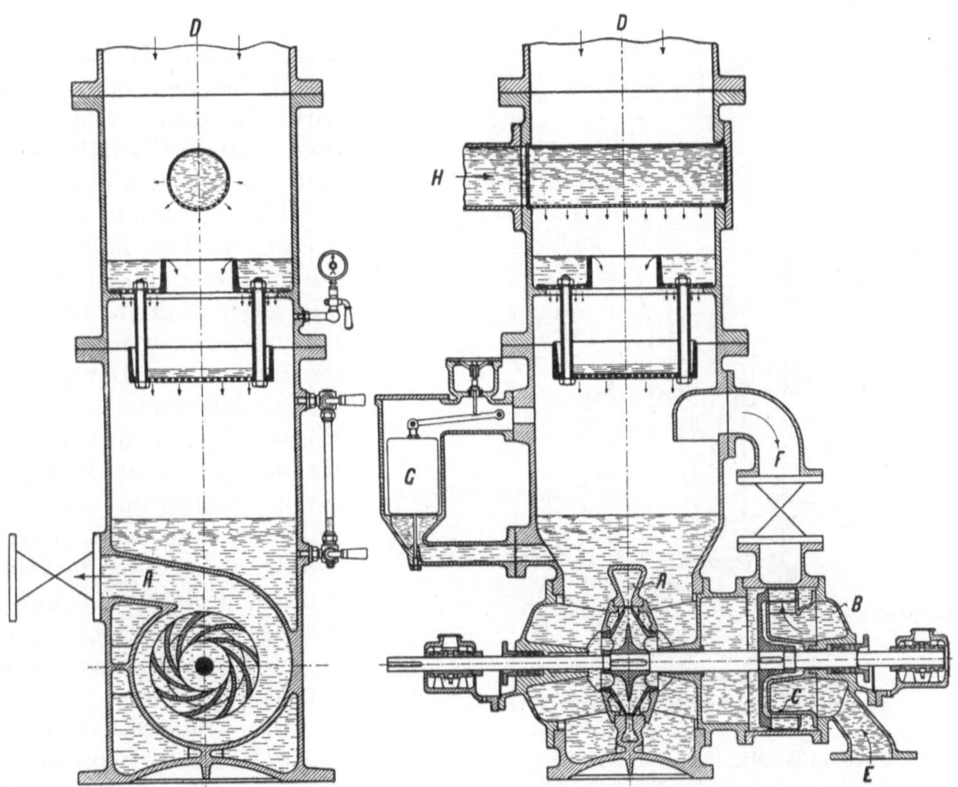

Abb. 164. Mischkondensation mit rotierenden Pumpen.

an Frischdampf von 1,6% bedeutet, sofern die Dampfturbine so gebaut ist, daß sie das höhere Vakuum auszunützen vermag.

Ursprünglich baute man nur Einzelkondensationen. Das waren Einspritzkondensationen, die mit der Dampfmaschine, deren Dampf sie niederschlugen, konstruktiv verbunden waren und unter oder über Flur aufgestellt wurden. Bei großen Anlagen mit vielen Kolbenmaschinen baute man dann Zentralkondensationen, denen man den Dampf der einzelnen Maschinen durch eine gemeinsame Vakuumleitung zuführte. Bei Dampfturbinen dagegen ist man wieder zur Einzelkondensation zurückgekehrt. Um den Dampf auf kürzestem Wege zur Kondensation zu führen, legt man den Kondensator unter die Dampfturbine.

100. Misch- oder Einspritzkondensationen. Abb. 163 (Balcke) zeigt die älteste und einfachste Form einer Mischkondensation. Kondensator, Warmwasserpumpe und Luftpumpe sind konstruktiv vereinigt, und die Pumpe wird unmittelbar von der Dampfmaschine angetrieben, deren Dampf niedergeschlagen werden soll. Der Abdampf tritt durch die Leitung D in den Mischraum Mi, in den das Kühlwasser, der Menge nach durch einen Drosselhahn einstellbar, durch die Atmosphäre hineingedrückt und durch ein oben siebartig durchlöchertes Rohr dem Abdampf entgegengespritzt wird. Das warm gewordene Kühlwasser nebst dem Kondensat sowie die durch Undichtheiten und mit dem Kühlwasser eingedrungene Luft werden mit der im Unterteil des Maschinenkörpers angeordneten nassen Luftpumpe in die Atmosphäre gepumpt. Außer dem Wasser saugt die Pumpe durch die Saugventile *Sv* ein mehrfach größeres Volumen Dampfluftgemisch an und drückt es durch die Druckventile *Dv* über den Windkessel *Wi* in die Atmosphäre.

Abb. 164 (Balcke) zeigt eine mit rotierenden Pumpen ausgerüstete Mischkondensation für Dampfturbinen, Kolbenkompressoren usw. Die Pumpen sind getrennt; das warme Wasser wird durch die Kreiselpumpe *A* abgepumpt, die Luft durch die rotierende Luftpumpe *C* der in Ziffer 103 besprochenen Bauart Westinghouse-Leblanc. Der Abdampf tritt oben ein und mischt sich mit dem Kühlwasser, das durch das Vakuum des Kondensators angesaugt wird und durch eine Brause sowie über mehrere Überfälle niederrieselt. Abb. 165 zeigt den Kondensator einer Mischkondensation neuerer Bauart der MAN. Das Kühlwasser strömt durch eine doppelte Ringdüse ein, fällt gegen konzentrische Leitflächen und rieselt über mehrfache Einbauten nieder. Der Dampf schlägt sich an den entstehenden konzentrischen Wasserschleiern nieder. Neben dem Kondensator sind die zur Kondensation gehörigen Pumpen nebst Zubehör aufgestellt, nämlich eine Warmwasserpumpe und eine zweite Pumpe, die einer die Luft aus dem Kondensator absaugenden Wasserstrahldüse das Betriebswasser zudrückt (vgl. Ziffer 103).

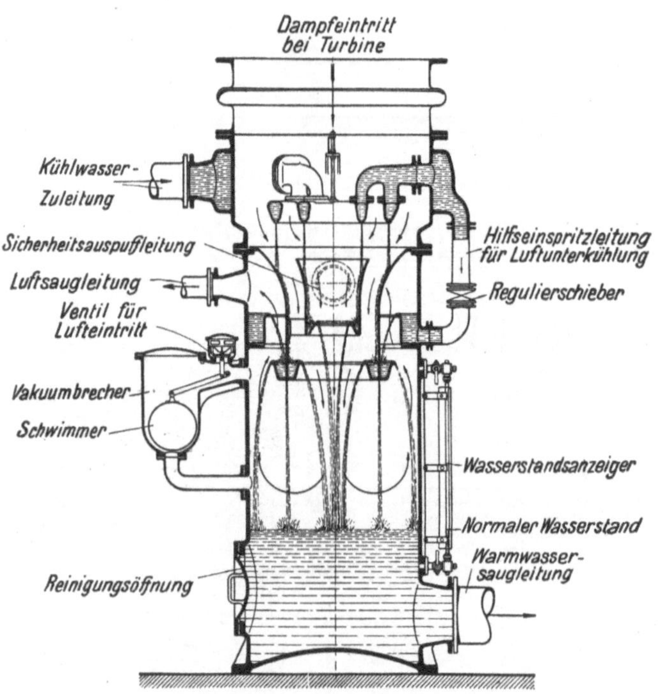

Abb. 165. Mischkondensator (MAN).

Abb. 166 (Balcke) stellt schematisch eine sogenannte Gegenstrommischkondensation mit hochliegendem Kondensator dar. Das Kühlwasser wird in den Kondensator hineingepumpt und fließt dem Dampf entgegen. Der Abdampf wird, ehe er in den Kondensator tritt, entölt. Der Kondensator liegt so hoch, daß das Ölwasser und das warme Kühlwasser nebst dem Kondensat durch den Druck der Flüssigkeitssäule, vermehrt um den Kondensatordruck, in die Atmosphäre austreten. Die Luft wird durch eine rotierende Pumpe an der kältesten Stelle abgesaugt (vgl. Ziffer 103).

101. Oberflächenkondensationen. Wie die Oberflächenkondensation in ein Dampfkraftwerk eingegliedert ist, war in der früheren Abb. 31 dargestellt. Der Oberflächenkondensator (Abb. 167) selbst ist ein Kessel, der von vielen Messingrohren durchzogen ist, die etwa 25 mm lichten Durchmesser und ¾ oder 1 mm Wanddicke haben. Diese Messingröhren, die vom Kühlwasser durchflossen werden, liegen in den starken Stirnwänden des Kessels und sind gegen das Kühlwasser durch Stopfbüchsen oder durch Gummiringe abgedichtet, oder sie sind nur eingewalzt. Meist werden die Kühlrohre noch durch eine Mittelwand abgestützt. Die Rohrleitungen für den Zufluß und den Abfluß des Kühlwassers münden entweder in besondern Wasserkammern, oder sie sind unmittelbar an den Deckeln der Kondensatoren befestigt. In letztgenanntem Falle muß man also die Kühlwasserleitung lösen, wenn man die Deckel entfernt, um die Kühlrohre zu reinigen.

Man führt das Kühlwasser in 2 oder 3 oder 4 Wegen durch den Kondensator, was man durch entsprechende Scheidewände in den Deckeln der Wasserkammern erreicht. Die Kondensatoren werden meist liegend angeordnet; stehende Kondensatoren können oben offen sein, wenn das Wasser mit Gefälle zum Kühlwerk abfließen kann.

Die Abb. 168 zeigt schematisch einen Oberflächenkondensator der MAN besonderer Bauart, die für schmutziges Kühlwasser bestimmt ist. Das Kühlwasser macht 4 Wege. Der Zufluß sowohl wie der Abfluß des Kühlwassers ist gegabelt und jeder Strang ist durch eine Drosselklappe abstellbar. Schließt man die Drosselklappe *a*, so sind die Rohrgruppen *V* und *VI* gegen den Kühlwasserstrom gesperrt; die Rohrgruppen *I* und *II* werden dafür stärker gespült als gewöhnlich. Schließt man Drosselklappe *b*, so werden die Rohrgruppen *V* und *VI* stärker gespült usw. Man will durch diese Anordnung (Patent Hülsmeyer), bei dem man also im Betriebe immer ein Viertel der Rohre stärker spülen kann, den Schmutz im Kondensator fortreißen, damit er sich nicht ansetzt.

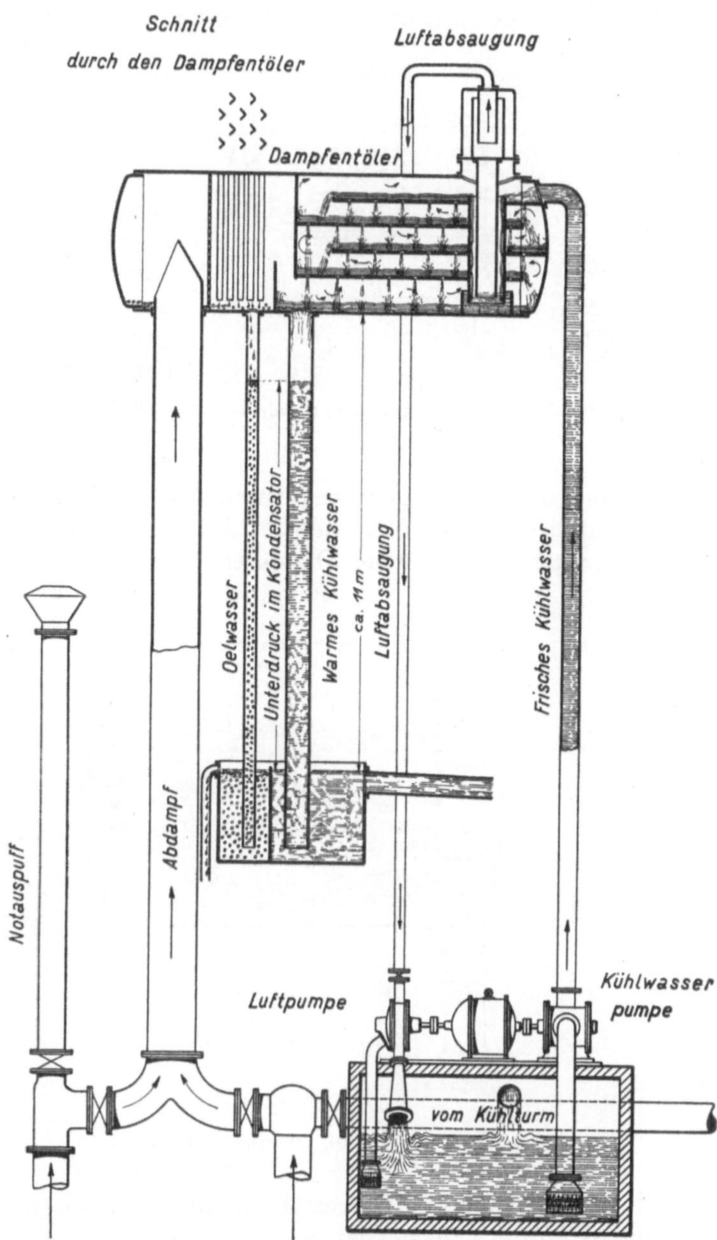

Abb. 166. Gegenstrommischkondensation mit hochliegendem Kondensator.

Die Oberflächenkondensatoren von Brown, Boveri & Co. sind mit Wasserkammern ausgerüstet, entweder nur auf einer Seite, wobei das Kühlwasser auf derselben Seite zu- und abfließt und 4 Wege macht, oder auf beiden Seiten, wie in Abb. 169, wobei das Kühlwasser auf der einen Seite zu-, auf der andern abfließt und 3 Wege macht. Die Kühlrohre sind V-förmig übereinandergesetzt, damit der Dampf bequem zwischen die Rohre tritt. Der Kondensator wird als sogenannter Dauerbetriebskondensator so ausgeführt, daß die Wasserkammern durch eine senkrechte Wand geteilt sind, und der Kondensator in bezug auf den Kühlwasserstrom in zwei parallele Hälften geschieden ist, deren jede ihren eigenen Kühlwasserzufluß und -abfluß hat. Sperrt man auf der einen Hälfte den Kühlwasserstrom ab, so kann man die Halbdeckel dieser Hälfte umklappen und die eine Kühlrohrhälfte chemisch (mit 3 %iger Salzsäure) oder mit Bürsten reinigen, während die andere Kondensatorhälfte im Betriebe bleibt. Alle Kühlrohre werden von Dampf umspült; der Dampf strömt aber hauptsächlich nach den vom Wasser durchströmten Rohren, an denen er sich niederschlägt. Die Kondensatorwirkung ist herabgesetzt, aber weniger als auf die Hälfte; das Vakuum läßt während der Reinigung 2 bis 3% nach.

Es ist üblich, die Kühlrohre der liegenden Kondensatoren in waagerechten, gegeneinander versetzten Reihen anzuordnen. Dabei fällt das an den oberen Rohren gebildete Kondensat senkrecht auf die darunter liegenden Rohre und hüllt sie ein. Infolgedessen ist der Wärmeübergang geringer, als wenn der Dampf unmittelbar die Rohre berührt.

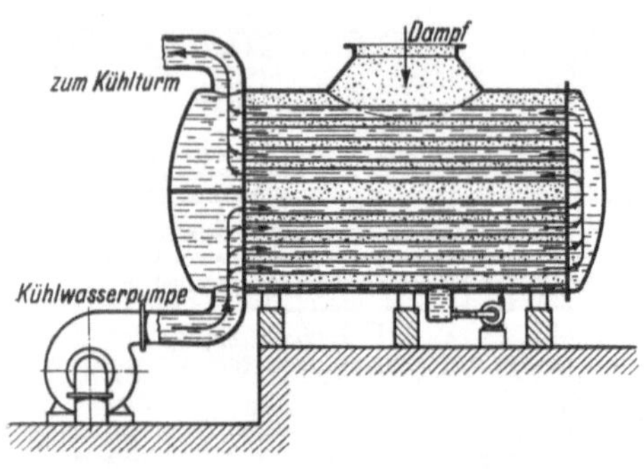

Abb. 167. Schema eines Oberflächenkondensators.

Die Maschinenbau A. G. Balcke verwendet deshalb die Bauart Ginabat[1] (Abb. 170), bei der die Kühlrohre so angeordnet sind, daß sie von dem herabfallenden Kondensat tangential getroffen werden. Das hat zur Folge, daß die Kühlrohre nur zu einem Viertel vom Kondensat eingehüllt werden. Gleichzeitig wird dadurch die Ablaufgeschwindigkeit des Kondensats vergrößert. Durch besondere Ablaufbleche wird das Kondensat so geleitet, daß es mit andern Kühlrohrgruppen gar nicht in Berührung kommt. Der Dampf trifft hauptsächlich die kondensatfreien Rohrflächen, so daß der Wärmeübergang besonders wirkungsvoll ist. Einen weiteren Vorteil bietet die Anordnung der einzelnen Kühlrohrgruppen, die infolge ihrer geringen Dicke in der Strömungsrichtung dem Dampfstrom nur geringen Widerstand bieten.

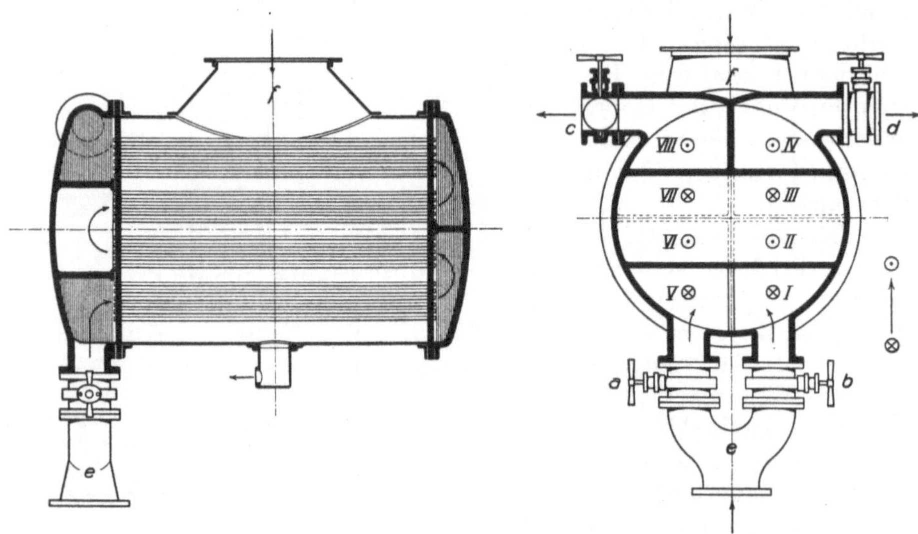

Abb. 168. Oberflächenkondensator Bauart Hülsmeyer (MAN).

Außer den bisher dargestellten Kesselkondensatoren, bei denen das Kühlwasser durch die Kühlrohre fließt, hat man auch Oberflächenkondensatoren, bei denen der niederzuschlagende Dampf durch Kühlrohrschlangen strömt. Die Kühlschlangen werden durch das Kühlwasser berieselt, wobei man wegen der auftretenden kräftigen Verdunstungswirkung verhältnismäßig wenig Kühlwasser braucht. Solche „Berieselungskondensatoren" findet man insbesondere bei Kälteerzeugungsanlagen. Vgl. Abschnitt XXVIII.

102. Die Reinigung der Oberflächenkondensatoren. Im Laufe der Zeit verkrusten die Kühlrohre durch Stein- und Schmutzansatz. Infolge des verschlechterten Wärmeüberganges sinkt die Kühlleistung des Kondensators, das Vakuum geht herab und der Dampfverbrauch steigt erheblich. Es ist dann nötig, den Kondensator zu reinigen, indem man

[1] Vgl. Z. d. V. d. I. 1924, S. 1121.

den Steinansatz aus den Kühlrohren mechanisch (mittels schabender Bürsten oder durch Ausbohren) oder chemisch (mittels stark verdünnter Salzsäure) entfernt. Die Reinigung muß sehr vorsichtig vorgenommen werden, damit die dünnwandigen Messingrohre nicht mehr, als unvermeidbar ist, leiden.

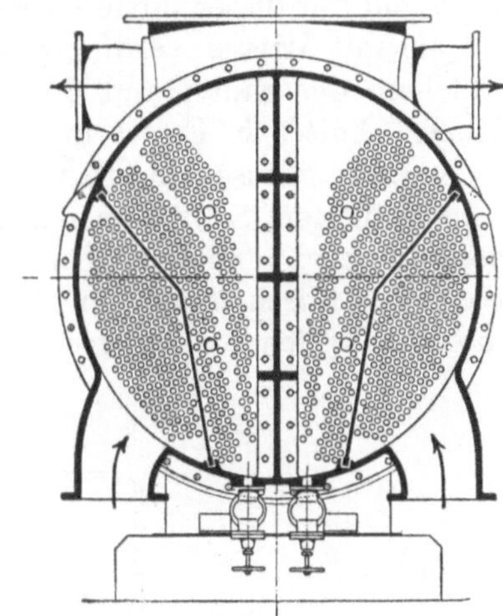

Abb. 169. Dauerbetriebskondensator der BBC.

Um überhaupt den Steinansatz in den Kondensatorrohren zu verhüten, baut die Maschinenbau-A.-G. Balcke „Impfanlagen", die bei Kondensationen, deren Kühlwasser rückgekühlt wird, angewendet werden, und in denen dem Zusatzkühlwasser[1] verdünnte Salzsäure beigemischt wird. Im rohen Wasser sind als Steinbildner hauptsächlich Karbonate und Sulfate von Kalzium und Magnesium enthalten[2]. Die Karbonate sind im Wasser als doppeltkohlensaure Salze gelöst; diese zersetzen sich, wenn das Wasser erwärmt wird, unter Ausscheidung von Kohlensäure, und die kohlensauren Salze fallen aus und bilden Stein, der sich besonders dort ansetzt, wo der Kondensator am heißesten ist. Die Sulfate dagegen, die bei der Verdampfung des Wassers als Kesselstein ausscheiden, bleiben bei den im Kondensator in Frage kommenden Temperaturen im Wasser gelöst und fallen erst aus, wenn das Wasser gesättigt ist. Die beim „Impfen" dem rohen Wasser zugesetzte Salzsäure wirkt nur auf die Karbonate und verwandelt sie in Chlorkalzium und Chlormagnesium, die im Wasser außerordentlich leicht löslich sind und nicht ausfallen, wenn sie im Kondensator erwärmt werden. Damit nicht freie Salzsäure auftritt,

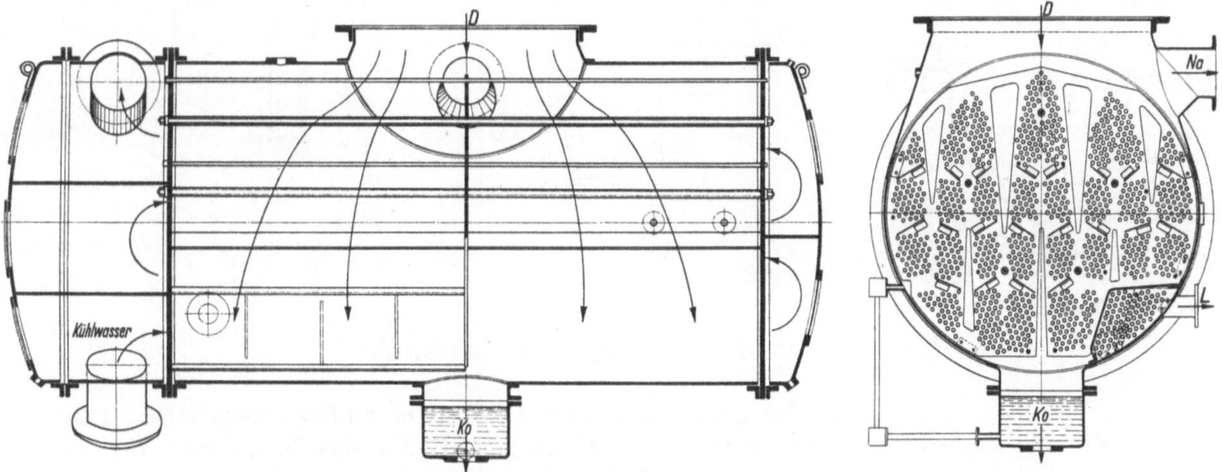

Abb. 170. Liegender Querstromkondensator (Bauart Ginabat).

wird nur so viel Salzsäure beigegeben, daß ein Rest der Karbonate unzersetzt bleibt. Damit sich das umlaufende Kühlwasser mit Sulfaten und Chloriden nur bis zu einem gewissen unschädlichen Grade anreichert, wird dem Kühlwasser mehr Wasser zugesetzt, als verdunstet. Das verdunstende Kühlwasser läßt ja seinen Gehalt an Sulfaten und Chloriden im umlaufenden Kühlwasser zurück, so daß es im Verhältnis zum frisch zufließenden Rohwasser angereichert wird. Indem man aber vom umlaufenden, etwas angereicherten Kühlwasser ein wenig abzapft, hält man die Anreicherung in gewissen Grenzen. Man rechnet als Ersatz für das verdunstende Wasser 1,5% der umlaufenden, das 60fache der Speisewassermenge betragenden Kühlwassermenge, setzt aber 2,5%, d. h. 1% mehr zu, welch überschüssige Menge abzuzapfen ist.

[1] Vgl. Ziffer 105. [2] Vgl. das über die Reinigung des Speisewassers Gesagte, Ziffer 59.

Abb. 171 zeigt die Impfanlage schematisch. Das zuzusetzende Rohwasser fließt aus dem Behälter *a*, dessen Überflutung der Schwimmer *b* verhindert, durch die Düse *c* in die Mischvorrichtung *d*. Die Salzsäure wird aus der Vorratflasche in die Druckbirne *f* gefüllt und aus dieser mittels Druckluft in den hochstehenden Anrichtebehälter *h* gedrückt, wo sie mit Wasser verdünnt wird. Die verdünnte Salzsäure fließt in den Behälter *i*, in welchem der Säurestand durch ein Schwimmerventil gehalten wird, und von hier zum Heberbehälter *k*. Es ist nun die Salzsäure im richtigen Verhältnis zum zuströmenden Rohwasser zuzusetzen. Das wird erreicht, indem das Heberrohr *l*, das die Salzsäure zusetzt, mit dem Schwimmer *m* im Rohwasserbehälter verbunden ist und so gehoben und gesenkt wird, daß das Mischungsverhältnis erhalten bleibt. Rohwasser und verdünnte Salzsäure mischen sich im Mischbehälter *d* und dem darunter liegenden Rieselwerk, das die sich bildende Kohlensäure abscheidet. Die abgeschiedene Kohlensäure wird durch

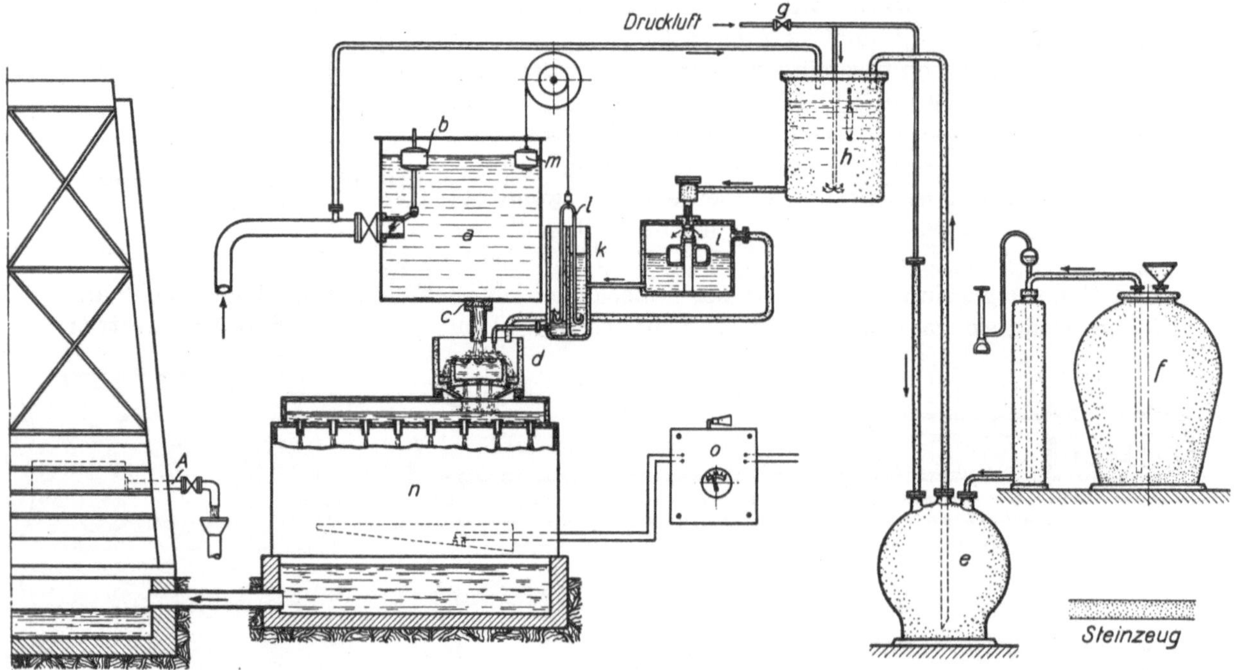

Abb. 171. Kühlwasserimpfanlage (Balcke).

einen Ventilator abgesaugt. Das geimpfte Wasser fließt zum Kühlwasserbehälter. Das überschüssig zugesetzte Wasser wird bei *A* abgezogen. Bleibt das Rohwasser aus, so fällt der Schwimmer *m* und der Säurezufluß wird abgesperrt. Im Strom des geimpften Wassers liegen die Elektroden einer elektrischen Alarmvorrichtung, die wirkt, wenn freie Säure im Wasser auftritt und die Leitfähigkeit des Wassers erhöht.

103. Die Pumpen der Kondensationen. Bei jeder Kondensation ist das warme Kühlwasser abzuführen und kaltes zuzuführen, ferner ist das Kondensat und die in die Kondensation eingedrungene Luft abzupumpen, und schließlich ist bei Kolbenmaschinenanlagen, deren Abdampf entölt werden muß, das Ölwasser abzupumpen. Bei kleinen Mischkondensationen verzichtet man darauf, den Abdampf zu entölen. Bei der in der Abb. 163 dargestellten Mischkondensation einfachster Art mit nasser Luftpumpe pumpt ein und dieselbe Pumpe sowohl das warme Kühlwasser wie das Kondensat und die Luft ab. Bei Oberflächenkondensationen braucht man dafür immer drei Pumpen: die Kühlwasserpumpe, die das Kühlwasser durch den Kondensator pumpt, eine besondere Luftpumpe und eine besondere Kondensatpumpe. Als vierte Pumpe tritt, wenn Abdampf von Kolbenmaschinen niedergeschlagen wird, die Ölwasserpumpe hinzu.

Ursprünglich verwandte man nur Kolbenpumpen. Bei den Luftpumpen, die das Dampfluftgemisch von Kondensatorspannung in die Atmosphäre drücken, handelt es sich um hohe Verdichtungen, 1:10 und mehr, je nach dem Vakuum. Um bei trockenen Kolbenluftpumpen trotzdem hohen volumetrischen Wirkungsgrad[1] zu erhalten, werden die Steuerungen mit Druckausgleich ausgeführt, derart, daß bei Hubbeginn die im schädlichen Raume der einen Zylinderseite befindliche Luft von atmosphärischer Spannung zur andern Seite überströmt, so daß der Anfangsdruck der Kompression erhöht wird. Allerdings wird dadurch auch die Antriebsleistung wesentlich höher. Auch zweistufige Kompression wird angewendet.

Durch die schnelle Einführung der Dampfturbinen erhielt die Entwicklung der Kondensation, die für die Dampfturbine von besonderer Bedeutung ist, einen mächtigen Anstoß. Es hieß, hohes Vakuum und große Pumpenleistungen auf kleinem Raume unterbringen. Die Aufgabe wurde gelöst, indem die Luftpumpe als rotierende oder als Strahlpumpe ausgebildet wurde und Kühlwasser-, Kondensat- und gegebenenfalls Ölwasserpumpe als Kreiselpumpen ausgeführt wurden, die nebst der rotierenden Luftpumpe gemeinsam durch einen Elektromotor oder durch eine Hilfsdampfturbine angetrieben werden.

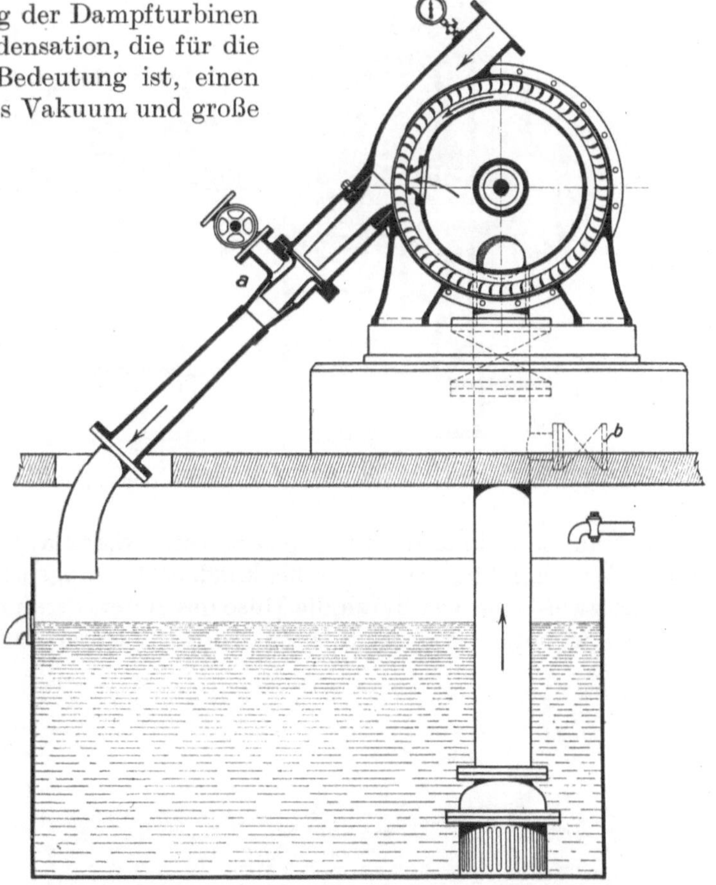

Abb. 172. Schleuderluftpumpe nach Westinghouse-Leblanc.

Die rotierenden Luftpumpen können selbstverständlich das sehr dünne Dampfluftgemisch nicht unmittelbar verdichten, sondern sie wirken mit Hilfe von Wasser, das sie ansaugen und wieder abschleudern. Da sich der Dampf am Wasser niederschlägt, ist nur Luft zu fördern; die im Schleuderwasser niedergeschlagene Dampfmenge geht mit dem Schleuderwasser, sofern es nicht im Kreislauf verwendet wird, verloren. Abb. 172 (Balcke) zeigt die Schleuderluftpumpe nach Westinghouse-Leblanc, welche die erste rotierende Luftpumpe war und ihre Aufgabe mit vorzüglichem Erfolge erfüllt. Das Schleuderrad, das teilweise beaufschlagt ist, saugt das Schleuderwasser aus einem Behälter an und wirft es durch einen ejektorartigen Rohrstrang wieder in diesen zurück. Weil sich das Schleuderwasser erwärmt, läßt man dauernd etwas warmes Wasser ab- und kaltes zufließen. Die Wirkung der Luftpumpe ist teils Ejektorwirkung, teils beruht sie darauf, daß das Wasser scheibenartig abgeworfen wird, und die vor dem Rade stehende Luft zwischen den Scheiben eingeschlossen und mitgenommen wird. Beim Anlassen wird Vakuum durch Dampf (*a*) oder Druckwasser (*b*) erzeugt. Der Saugkorb hat Fußventil.

Aus der Abb. 173, welche die Pumpenanlage einer Kondensation von Brown, Boveri & Co. darstellt, ist die Anordnung einer Wasserstrahlluftpumpe zu ersehen. Das

[1] Vgl. Ziffer 203.

Druckwasser für die Strahlpumpe wird von einer besonderen Pumpe *d* geliefert, die aus der Kühlwasserpumpe *c* vorgepreßtes Wasser entnimmt. *f* ist die Kondensatpumpe. Die MAN, auch die Maschinenfabrik A. G. Balcke verwendet Wasserstrahlpumpen nach P. H. Müller, deren Betriebswasser meist der Kühlwasserpumpe entnommen werden kann. In den letzten Jahren sind in zunehmendem Maße Dampfstrahlluftpumpen eingeführt. Abb. 174 zeigt die Dampfstrahlpumpe der Maschinenbau A. G. Balcke. Sie

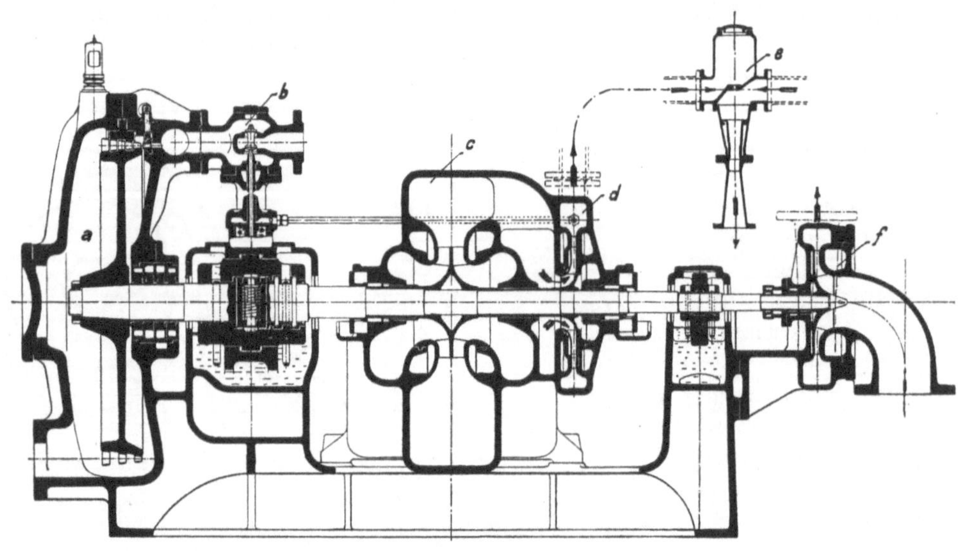

Abb. 173. Kondensationspumpenanlage (BBC).

besteht aus zwei hintereinander geschalteten Strahlapparaten, die auf einem mit einem Vorwärmer kombinierten Zwischenkondensator angeordnet sind. Die Verdichtung der Luft ist zweistufig. Der durch die Düse des ersten Strahlapparates strömende Dampf verdichtet die mitgerissene Luft auf einen noch unter der äußeren Atmosphäre liegenden Druck. Der zweite Strahlapparat verdichtet die vorverdichtete Luft auf den Enddruck. Der Dampf des Dampfluftgemisches der ersten Stufe wird vorher im Zwischenkondensator niedergeschlagen, um der zweiten Stufe nur die Luft zuzuführen und sie dadurch zu entlasten. Das Dampfluftgemisch der zweiten Stufe wird zur Ausnutzung der noch vorhandenen Dampfwärme durch den Vorwärmer geleitet.

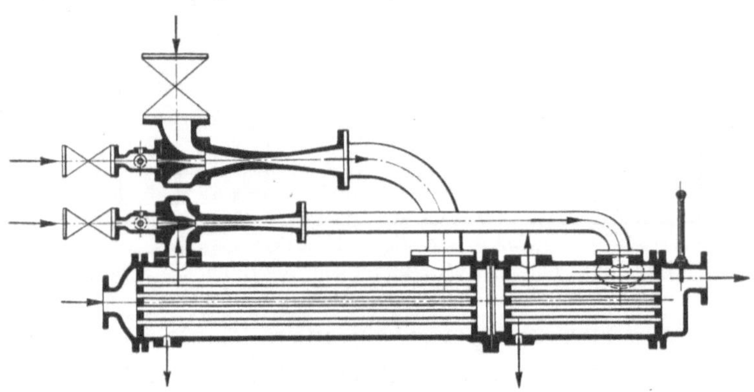

Abb. 174. Dampfstrahlluftpumpe (Balcke).

104. Der Antrieb der rotierenden Kondensationspumpen. Bei Frischdampfturbinen erfordert der Kondensationsantrieb 3% und mehr der vollen Turbinenleistung, bei Abdampfturbinen über doppelt so viel. In Frage kommen elektrischer Antrieb und Antrieb durch eine Hilfsturbine. Der elektrische Antrieb ist an und für sich vorteilhafter, weil er wirtschaftlicher ist, und weil man eine für die Konstruktion der Pumpen günstige Drehzahl wählen kann; aber er versagt, wenn der Strom ausbleibt. Deshalb ist trotz der Unwirtschaftlichkeit der Antrieb durch eine Hilfsturbine häufiger, die ihren Abdampf in den Niederdruckteil der Hauptturbine auspuffen läßt, der entsprechend der nicht unerheblichen zusätzlichen Dampfmenge zu bemessen ist. Da dieser Abdampf die

Hauptturbine, wenn sie schwach belastet ist, zu stark treiben würde, so muß er gegebenenfalls durch eine selbsttätige Umschaltung in die Kondensation oder ins Freie geleitet werden. Brown, Boveri & Co. bauen gemischten Antrieb durch Elektromotor und Hilfsturbine mit selbsttätiger Umschaltung. Weil für die Hilfsturbine eine viel höhere Drehzahl zweckmäßig ist, als für die Pumpen, ist man dazu übergegangen, die Pumpen durch eine sehr schnell laufende Hilfsturbine mittels Räderübersetzung anzutreiben.

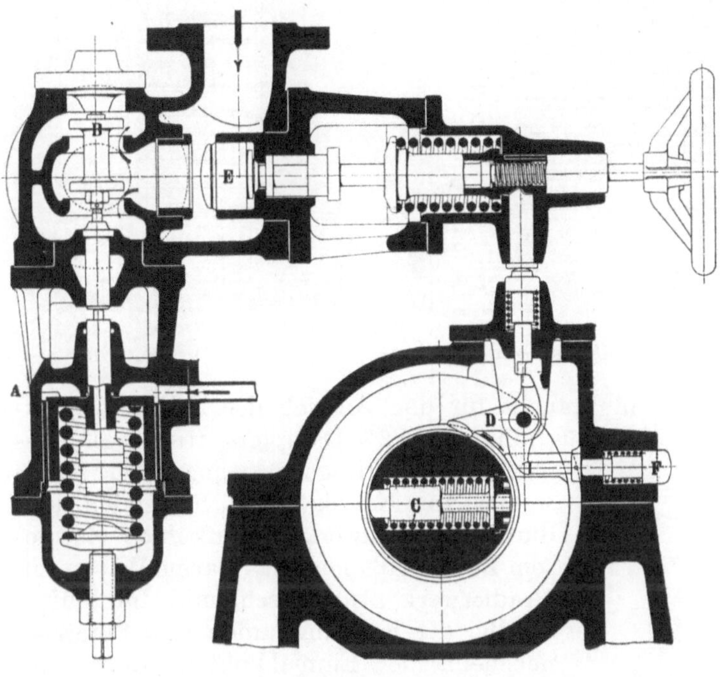

Abb. 175. Regelung der die Kondensationspumpen antreibenden Hilfsturbine (BBC).

Die Hilfsturbine wird im allgemeinen durch einen Fliehkraftregler geregelt. Brown, Boverie & Co. regeln auf gleichbleibenden Druck vor der Wasserdüse. Dieser Druck wird der das Strahlwasser erzeugenden Pumpe d (Abb. 173) entnommen und über einen Kolben oder eine Membran A (Abb. 175) geleitet, die auf der anderen Seite durch eine Feder belastet ist und das Dampfeinlaßventil B verstellt, so daß bei fallendem Wasserdruck das Dampfeinlaßventil mehr Dampf einströmen läßt und die Turbine auf höhere Drehzahl kommt. Wird die Drehzahl zu hoch, so schlägt der Sicherheitsregler[1] C aus und dreht den Hebel D, wodurch die Sperrung des Ventils E ausgeklinkt und die Dampfzufuhr zur Turbine unterbrochen wird. In derselben Weise werden übrigens die Turbokesselspeisepumpen geregelt.

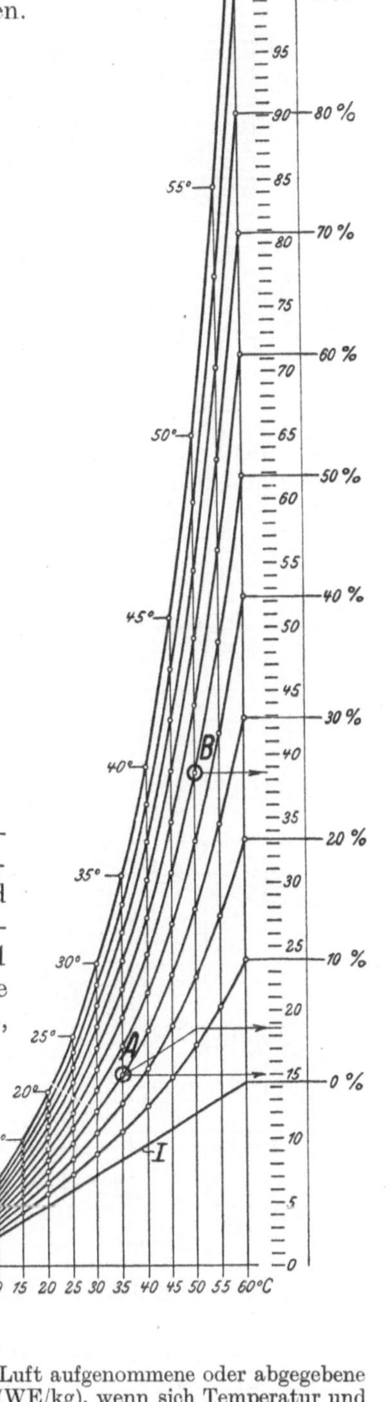

Abb. 176. Von der Luft aufgenommene oder abgegebene Wärme in kcal/kg (WE/kg), wenn sich Temperatur und Sättigungszustand der Luft ändern.

[1] Vgl. Ziffer 111.

105. Die Wasserrückkühlanlagen. Obwohl die Verwendung frischen Wassers für die Kondensationen viel vorteilhafter ist[1] — bei Dampfturbinenoberflächenkondensationen

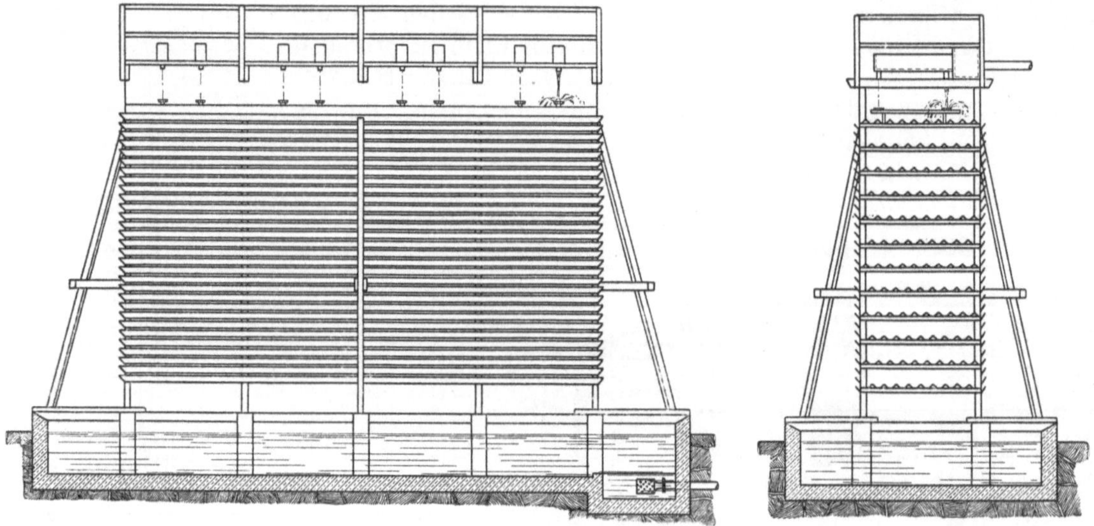

Abb. 177. Offenes Gradierwerk.

erreicht man 4% höheres Vakuum und braucht für den Antrieb der Kondensationspumpen nur die halbe Leistung, was beides zusammen 7 bis 8% Dampfersparnis bedingt — ist man in der Regel gezwungen, das Kühlwasser im Kreislauf zu verwenden und durch ein Kühlwerk rückzukühlen. Zu diesem Zweck läßt man das warme Wasser ein Gradierwerk niederrieseln und durchlüftet es. Bei der Kühlung laufen zwei Vorgänge nebeneinander. Einmal kühlt die Luft, wenn sie kälter als das Wasser ist, unmittelbar, indem sie entsprechend ihrer spezifischen Wärme $c_p = 0{,}24$ kcal/kg und entsprechend ihrer Temperaturzunahme Wärme aufnimmt. Hauptsächlich wirkt aber die Verdunstungskühlung, indem die Verdunstung des Wassers durch den kräftigen Luftzug außerordentlich gesteigert wird. Der entstehende Wasserdampf und die an ihn gebundene Wärme wird von der Luft aufgenommen, so lange bis sie gesättigt ist. Man rechnet, daß die Verdunstung an der Kühlwirkung im Sommer mit durchschnittlich 90%, im Winter mit durchschnittlich 60% beteiligt ist.

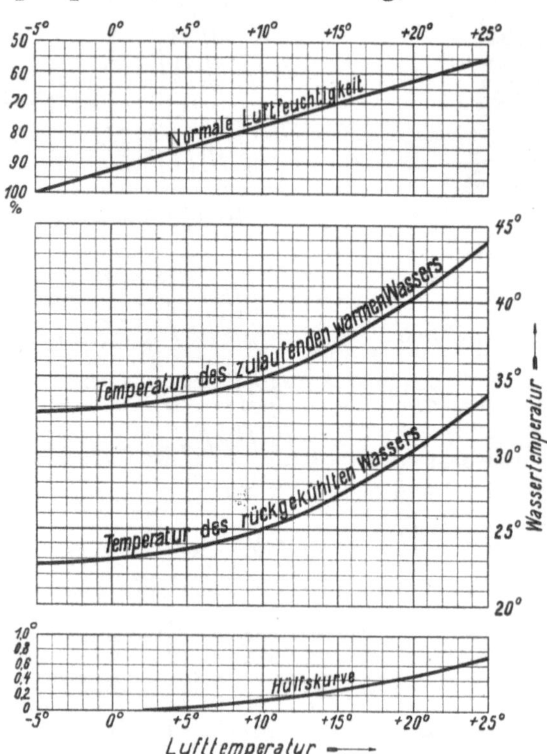

Abb. 178. Kühlkurven (Balcke).

Einen vortrefflichen Einblick in die Verhältnisse gewährt das Diagramm Abb. 176[2]. Man liest aus ihm ab, wieviel kcal/kg von der Luft aufgenommen oder abgegeben werden, wenn sich ihre Temperatur und ihr Sättigungszustand ändern. Wenn 1 kg trockene Luft

[1] Vgl. Ziffer 97.

[2] Mueller: Rückkühlwerke. Z. d. V. d. I. 1905, S. 11. Vgl. ferner Mollier: Diagramme für Dampfluftgemisch. Z. d. V. d. I. 1923, H. 36.

von 0° auf 60° erwärmt wird, dabei trocken bleibt (Sättigung = 0%), so werden dem zu kühlenden Wasser 60·0,24 = 14,4 kcal entzogen; verdunstet aber das Wasser bei der Kühlung ein wenig, so daß die kühlende Luft zu 50% mit Wasserdampf gesättigt ist, so werden dem Wasser 61,8 kcal und bei 100%iger Sättigung der Luft 109,2 kcal entzogen. Oder es seien anfänglich Temperatur und Sättigung der Luft 20° bzw. 100% und die Temperatur nehme auf 40° zu, die Sättigung aber auf 80% ab, dann nimmt

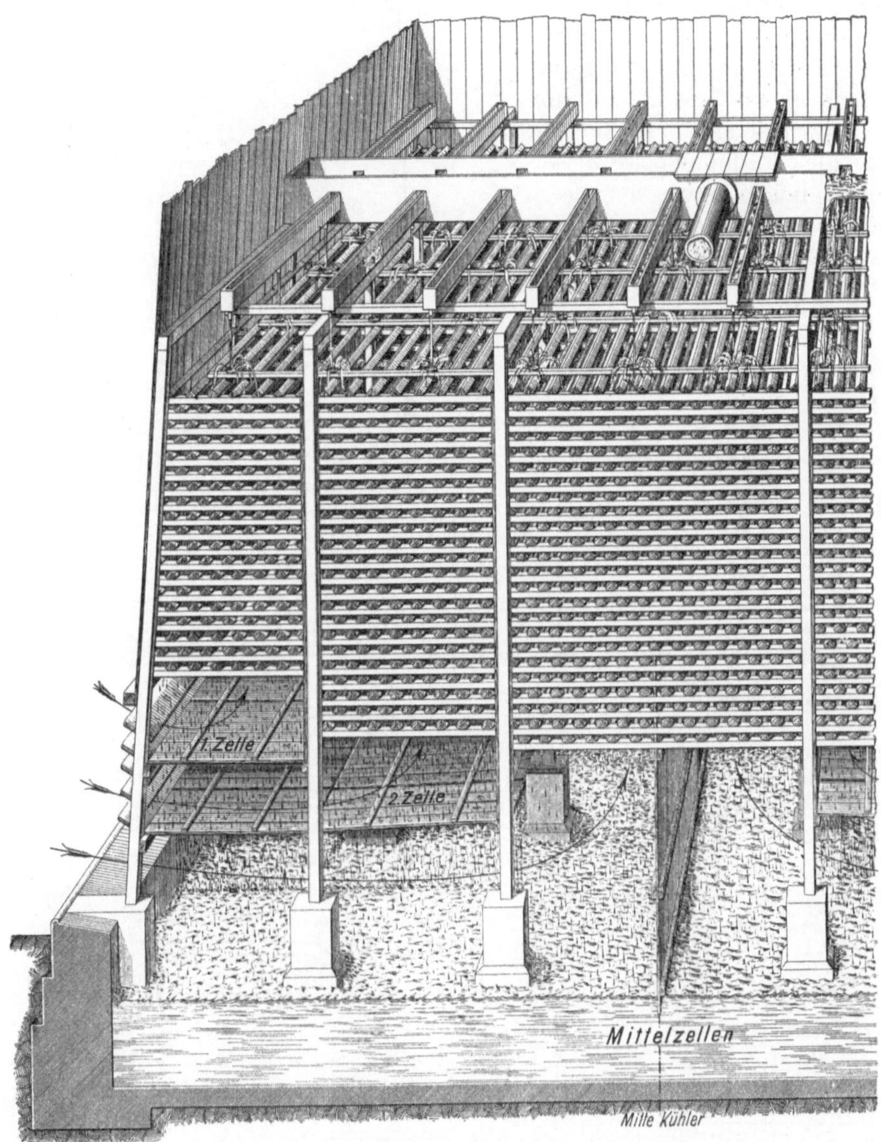

Abb. 179. Inneres eines Zellenkühlers.

die Luft 33,2 — 13,7 — 19,5 kcal/kg auf. Zieht man im Diagramm durch den Punkt, der den Anfangszustand der Luft darstellt, eine Parallele zur Linie *I* bis zur Ordinate des den Endzustand darstellenden Punktes, so scheidet diese Linie die Wärme, die die Luft infolge Aufnahme des durch die Verdunstung gebildeten Wasserdampfes empfängt, von der Wärme, die sie durch ihre eigene Erwärmung aufnimmt. Hat z. B. im Punkte *A* die Luft 35° Temperatur und 30% Sättigung, im Punkte *B* 50° Temperatur und 50% Sättigung, so hat sie insgesamt 38,5 — 14,8 = 23,7 kcal/kg aufgenommen, und zwar 20 kcal/kg durch Aufnahme verdunsteten Wassers und 3,7 kcal/kg durch ihre eigene Erwärmung.

Soviel Kühlwasser verdunstet, muß wieder zugesetzt werden. Wirkt der Kühler nur durch Verdunstung, so ist die Zusatzkühlwassermenge etwa gleich der Speisewassermenge, weil 1 kg Abdampf bei der Verflüssigung etwa ebensoviel Wärme abgibt, wie bei der Verdunstung gebunden wird. Man bezieht die Zusatzkühlwassermenge auch auf die umlaufende Wassermenge. Bei einer Dampfturbinenkondensation, deren umlaufende Wassermenge 60 mal so groß wie die Speisewassermenge ist, ist ein Zusatz gleich 1,67% der umlaufenden Wassermenge dasselbe wie ein Zusatz gleich der Speisewassermenge. Wenn Kühlwasser versickert, weil der Kühlwasserbehälter undicht ist, oder wenn der Kaminkühler „spuckt", braucht man mehr Zusatzwasser. Ein reichlicher Zusatz ist auch deshalb zweckmäßig, damit sich das Kühlwasser nicht in schädlichem Maße mit Sulfaten anreichert. Über die „Impfung" des Zusatzkühlwassers vgl. Ziffer 102.

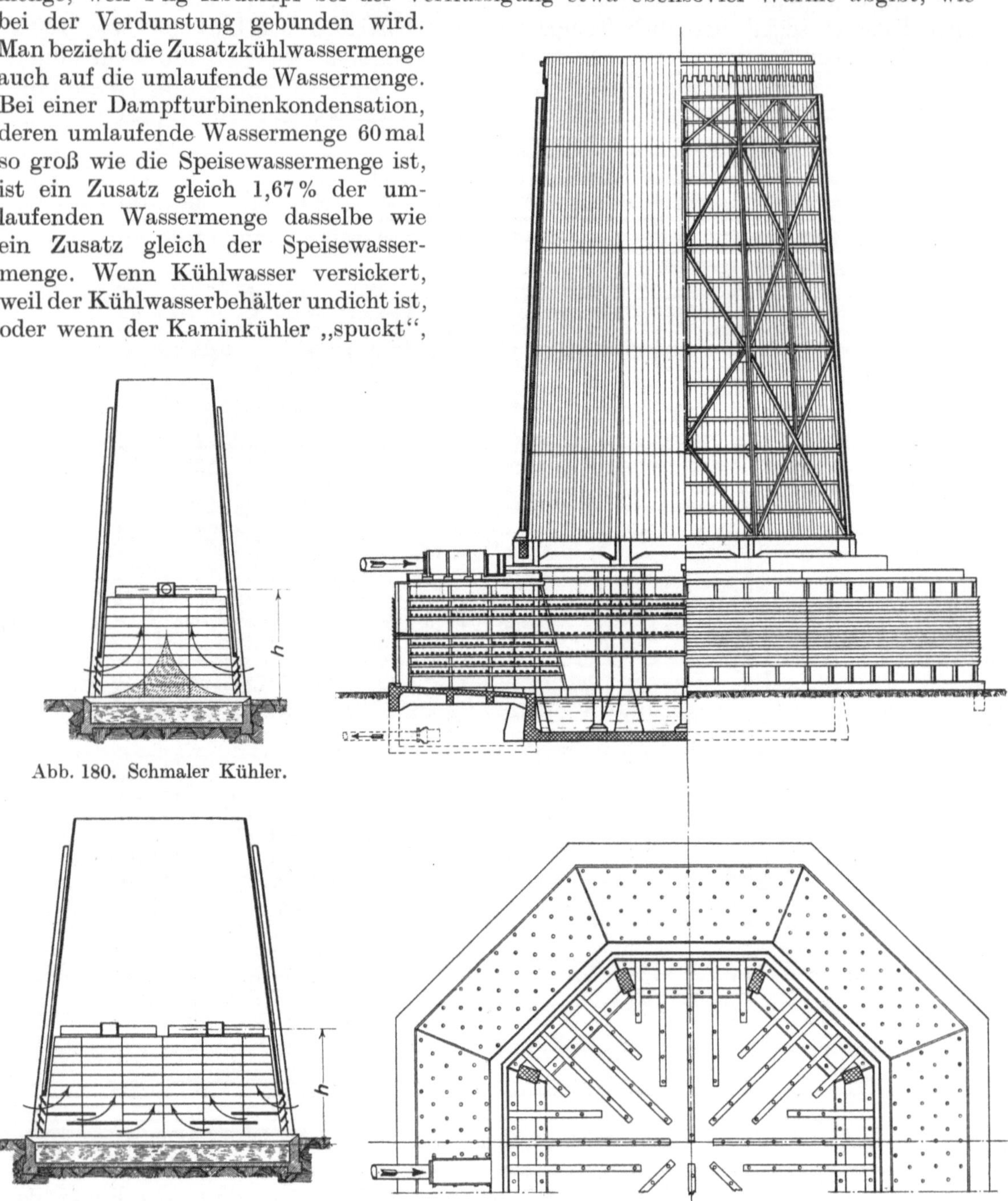

Abb. 180. Schmaler Kühler.

Abb. 181. Zellenkühler.

Abb. 182. Quergegenstromkühler (Balcke).

Man hat offene und geschlossene Gradierwerke. Die offenen Gradierwerke, die durch Abb. 177 veranschaulicht werden, werden nur zur Kühlung kleinerer Wassermengen benutzt; sie sind sehr wirksam, stören aber dadurch, daß sie regnen. Geschlossene Gradierwerke werden in der Regel als selbstlüftende Kühltürme oder sogenannte Kaminkühler ausgeführt; Bewetterung durch Ventilatoren bildet eine Ausnahme. Bei den Kaminkühlern (vgl. die Abb. 180 und 181) tritt die Luft unten seitlich ein, durchstreicht das niederrieselnde Wasser und zieht durch den sich über dem Gradierwerke erhebenden Kamin zusammen mit dem Wasserdunst ab. Die Leistung eines Kaminkühlers ist durch den für die Luft erforderlichen Auftrieb begrenzt. Aus dem Diagramm, Abb. 178, ist ersichtlich, wie ein Balckescher Kaminkühler sich verhält, der das Kühlwasser einer

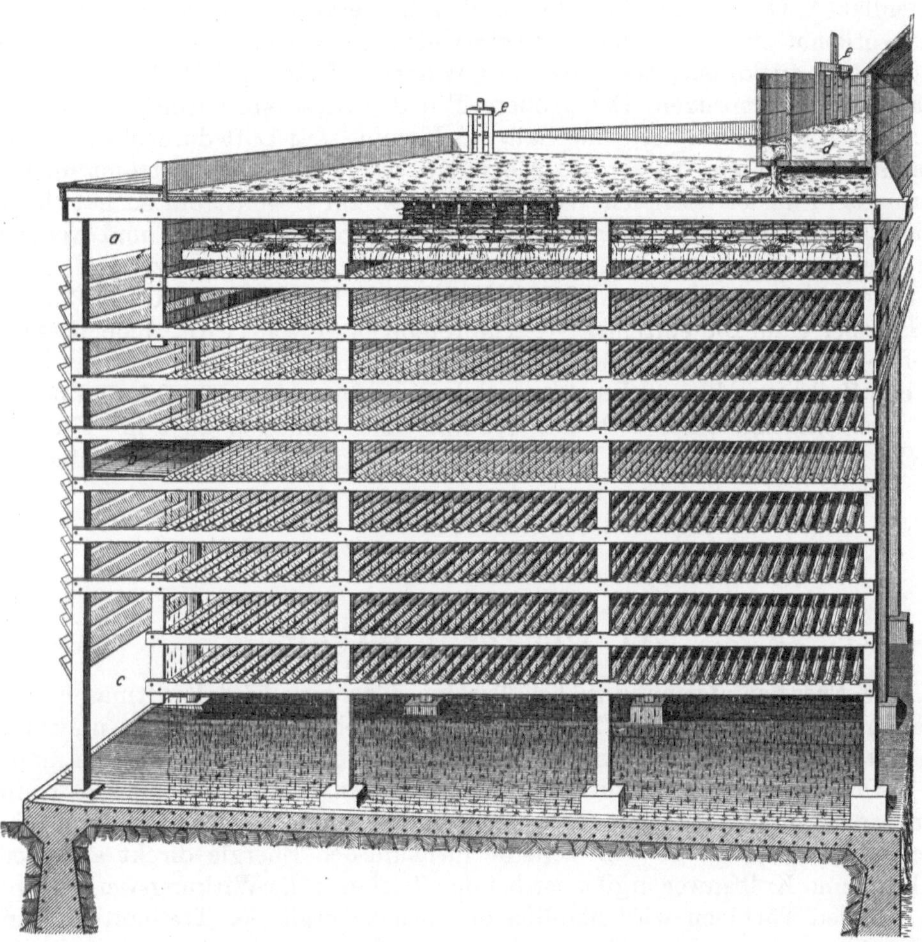

Abb. 183. Querstromteil des Quergegenstromkühlers.

Turbinenkondensation um 10° abkühlt, wenn sich Temperatur und Feuchtigkeit der Atmosphäre ändern. Bei 10° Lufttemperatur und normaler Luftfeuchtigkeit von 78% z. B. kühlt der Kühler von 35° auf 25°; bei 25° Lufttemperatur und normaler Luftfeuchtigkeit von 55% kühlt er von 44° auf 34°. Ändert sich die Luftfeuchtigkeit um 10%, so ändern sich die Wassertemperaturen im selben Sinne, und zwar um so viel Grad, wie die zur Lufttemperatur gehörige Ordinate der Hilfskurve anzeigt. Wäre z. B. bei 25° Lufttemperatur die Luftfeuchtigkeit 75% statt 55%, also 20% mehr, so liegt die „Kühlzone" um $2 \cdot 0{,}7 = 1{,}4°$ höher, der Kühler kühlt also von 45,4° auf 35,4°.

106. Der Aufbau der Kaminkühler. Man rechnet für die Kühlung von 5 m³/h 1 m² Grundfläche. Kühler der einfachen Bauart Abb. 180[1] sollen nur 6 bis 7 m breit sein. Bei größeren Breiten sind Zellen gemäß Abb. 181[1] einzubauen, damit die einströmende Luft

[1] Z. d. V. d. I. 1921, S. 1307.

über die ganze Kühlerbreite verteilt wird. Das Innere eines solchen Kühlers zeigt Abb. 179 (Balcke). Die Warmwasserleitung mündet in einer großen Lutte, von der sich das Wasser in kleine, quer zur großen liegende Lutten verteilt. Aus diesen ergießt es sich durch viele aus Gasrohr bestehende Mündungen auf Spritzteller, die das Wasser über den Rieseleinbau verspritzen. Die Kühlluft zieht dem niederrieselnden Wasser entgegen, so daß man von einem Gegenstromkühler spricht. Zellen- oder Zonenkühler sind außerordentlich verbreitet und werden von vielen Firmen gebaut.

Eine grundsätzlich andere Bauart wird durch den Quergegenstromkühler der Maschinenbau-A. G. Balcke, Abb. 182 und 183, veranschaulicht. Aus dem Grundriß, Abb. 182, erkennt man, wie die Rieseleinrichtungen verteilt sind. Die kleinen Kreise stellen die Rohrstücke dar, aus denen das Wasser auf die Spritzteller fällt, die es über das Gradierwerk verspritzen. Der größere Teil der Rieseleinrichtungen liegt außen um den Kamin herum, der kleinere innerhalb des Kamins. Die Luft durchstreicht im äußeren Teile das niederrieselnde Wasser im Querstrom, wendet dann und strömt im Innern des Kühlturms dem niederrieselnden Wasser entgegen. Im Gegenstromteil hat die Luft, die den Querstromteil in der unteren, kälteren Zone durchstrichen hat und wenig erwärmt ist, den längsten Weg zu machen, so daß sie ebenfalls gut ausgenützt wird. Das zu kühlende Wasser fließt durch einen Meßüberfall in die Ringlutte d (Abb. 183), aus der es durch Schieber e auf die einzelnen Rieselabteilungen verteilt wird. Jede Rieselabteilung kann, ohne Störung des Betriebes, abgestellt werden.

Auf den Zechen sind heute Einheiten üblich, die 2500 bis 3000 m³/h und mehr kühlen; für die Kondensation einer 6000 kW-Turbine sind stündlich 2500 m³ Kühlwasser erforderlich. Auf großen Kraftwerken sind mehrfach größere Einheiten aufgestellt.

XI. Die Dampfturbinen.

107. Die Energieumformung in der Turbine. Turbinen sind Kraftmaschinen, die die Druckenergie des zugeführten Treibmittels in mechanische Energie umwandeln. Als Treibmittel dienen Dampf, Wasser, Druckluft oder Explosionsgase, wonach man Dampf-, Wasser-, Druckluft- und Gasturbinen unterscheidet. Während bei den Kolbenkraftmaschinen diese Treibmittel mit ihrem Druck unmittelbar auf die Kolbenfläche wirken und den Kolben treiben, so daß sich die mechanische Energie direkt als Produkt aus Kolbenkraft und Kolbenweg ergibt, ist bei den Turbinen die Wirkungsweise grundsätzlich anders. Bei den Turbinen wird nämlich die Druckenergie des Treibmittels zunächst in geeigneten Vorrichtungen, wie Düsen oder Schaufelkanälen, in kinetische oder Geschwindigkeitsenergie umgesetzt. An den Schaufeln der Turbinenlaufräder wird die Treibmittelströmung umgelenkt und verzögert. Die Verzögerungskraft an den Schaufeln ergibt das die Laufradwelle treibende Drehmoment, so daß an der Welle die mechanische Energie abgenommen werden kann. Wird die gesamte verfügbare Druckenergie (oder bei Dampf und Druckluft auch als Wärmeenergie, Wärmegefälle auszudrücken) in kinetische Energie umgesetzt, so werden die Geschwindigkeiten sehr hoch. Bei Wasser erhält man z. B. für 20 at oder 200 m Gefälle $v = \sqrt{2\,gh} = 62{,}7$ m/s, für Dampf bei einem Wärmegefälle von 250 kcal/kg $w = 1450$ m/s*, und für Druckluft bei Entspannung von 5 ata auf 1 ata $w = 475$ m/s*. Wie in Ziffer 108 näher erläutert wird, ergibt sich der beste Wirkungsgrad, wenn die Schaufelgeschwindigkeit etwa halb so groß wie die Geschwindigkeit des treibenden Strahles ist, so daß sich nach den angeführten Beispielen für Dampf und Druckluft sehr hohe Schaufelumfangsgeschwindigkeiten ergeben, die entweder aus Festigkeitsrücksichten gar nicht erreichbar sind oder ungewöhnlich hohe Drehzahlen ergeben. Für

* Vgl. Ziffer 17 und Abb. 19 und 21.

die Herabsetzung sind drei Wege möglich: 1. Anwendung eines Zahnradgetriebes, wovon aber nur bei kleinen Leistungen Gebrauch gemacht wird; 2. Ausnutzung der Geschwindigkeit in mehreren Stufen; 3. Aufteilung des Druckgefälles in mehrere Stufen. Die zuletzt genannte mehrstufige Ausnutzung des Druckgefälles erinnert an die Mehrfachexpansions-Kolbendampfmaschine (vgl. Abb. 184). Das mit der Expansion zunehmende Volumen des Dampfes bedingt, daß die Durchgangsquerschnitte bei der Druckstufung von Stufe zu Stufe größer werden müssen.

108. Das Wesen der Turbine, erläutert am Beispiel der Wasserturbine. Die Wasserturbine und die Dampfturbine stimmen grundsätzlich in der Wirkung überein. Obgleich die Wasserturbine im Bergbau kaum angewendet wird, soll sie doch einleitend besprochen werden, weil sie einfacher zu verstehen ist als die Dampfturbine, denn das Wasser expandiert nicht und kann in einer Stufe ausgenutzt werden.

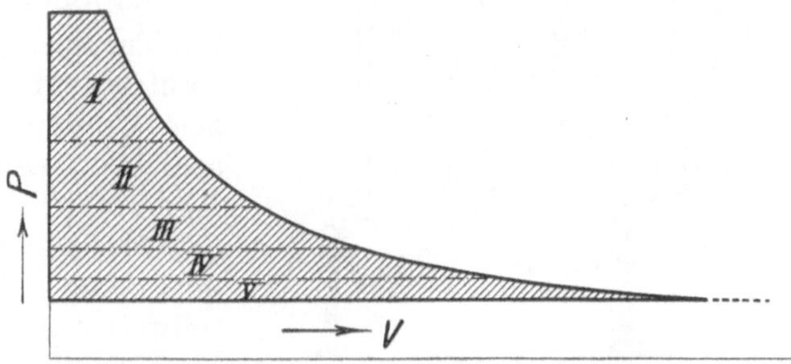

Abb. 184. Mehrstufige Ausnutzung des Dampfes.

Die Wasserturbine besteht im wesentlichen aus einer feststehenden Leitvorrichtung und dem Laufrade. Aufgabe der Leitvorrichtung ist es, die Druckenergie in Geschwindigkeitsenergie umzuwandeln und dem austretenden Strahl die für den Eintritt in das Laufrad geeignete Richtung zu geben. Die Leitvorrichtung ist meist als Leitrad mit Schaufeln ausgebildet, bei den Pelton-Rädern als Düse. Das kennzeichnende Profil der

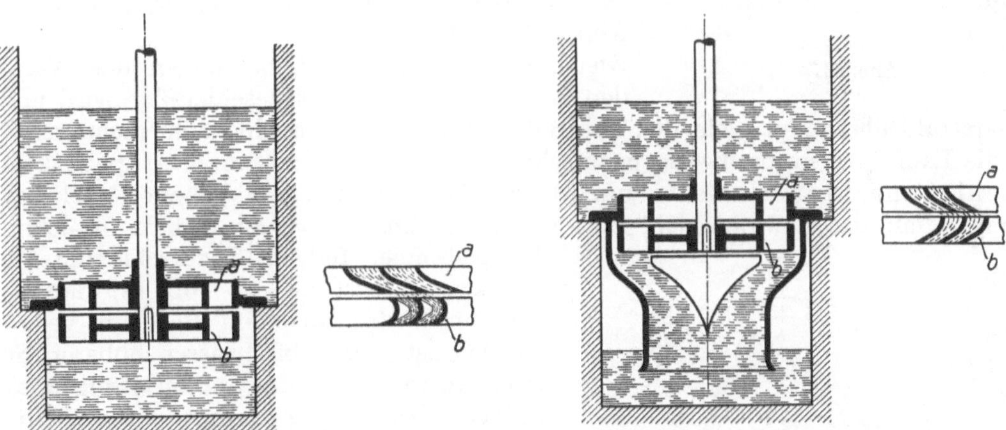

Abb. 185. Axiale Gleichdruckturbine. Abb. 186. Axiale Überdruckturbine.

von den Leitradschaufeln gebildeten Leitradkanäle ist aus den Abb. 185[1] bis 188 ersichtlich. *a* stellt das Leitrad, *b* das Laufrad dar. Erst hat der Leitkanal großen Querschnitt; dann verengt sich der Querschnitt, indem der Kanal umbiegt, und zugleich wird das Wasser schräg auf das Laufrad geleitet. Im Laufrade wird das strömende Wasser abgelenkt und treibt das Laufrad mit gewisser Umfangskraft und Umfangsgeschwindigkeit.

Man unterscheidet zwei Arten von Laufrädern: Gleichdruck- oder Aktionsräder und Überdruck- oder Reaktionsräder. Beim Gleichdruckrade sind die durch die Schaufeln gebildeten Kanäle (Abb. 185 und 187) am Eintritt ebenso weit wie am Austritt, so daß das Wasser im Laufrade nicht beschleunigt wird, und vor und hinter dem Laufrade der gleiche Druck herrscht. Beim Überdruckrade dagegen sind die Kanäle (Abb. 186, 187 und 188) am Austritt enger als am Eintritt, so daß das Wasser nicht nur im Leitrade,

[1] Die Abb. 185, 186 und 188 sind nach Quantz: Wasserkraftmaschinen, gezeichnet.

sondern auch im Laufrade beschleunigt wird, weswegen auf der Eintrittseite des Laufrades Überdruck herrscht. Je nach der Art des Laufrades unterscheidet man Gleichdruckturbinen und Überdruckturbinen.

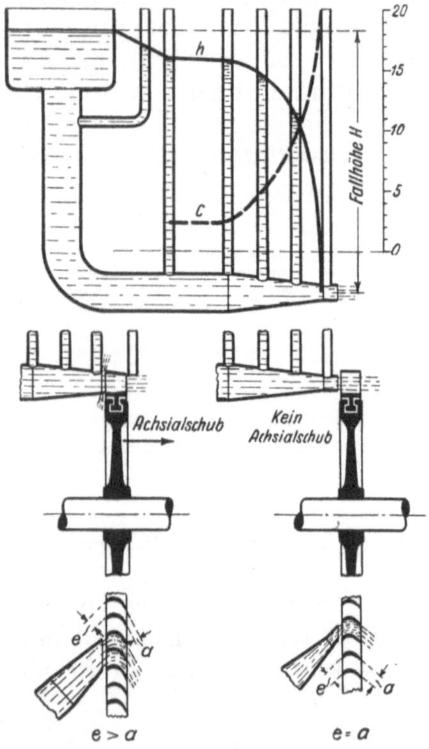

Abb. 187 zeigt die Druck- und Geschwindigkeitsverhältnisse beim Ausfluß von Wasser aus einer Düse in Verbindung mit einer Gleich- bzw. Überdruckturbine.

Abb. 187.

Bei den in den Abb. 185 bis 188 dargestellten Turbinen wird das Laufrad auf dem ganzen Umfange beaufschlagt. Diese volle Beaufschlagung ist bei Überdruckturbinen notwendig; denn bei teilweiser Beaufschlagung würde das Wasser, das sich in den sich verengenden Laufradkanälen staut, seitlich nach den nicht beaufschlagten Laufradkanälen ausweichen (vgl. Abb. 187 links). Bei Gleichdruckturbinen aber, bei denen das Wasser in den Laufradkanälen nicht beschleunigt wird und der Wasserstrahl überhaupt nicht den Laufradkanal zu füllen braucht, steht nichts im Wege, daß die Laufräder nur teilweise beaufschlagt werden. Teilweise oder partiale Beaufschlagung ist zweckmäßig, um kleine Wassermengen von hohem Drucke auszunützen, damit das Laufrad nicht zu kleinen Durchmesser erhält. Ein kennzeichnendes Beispiel einer teilweis beaufschlagten Gleichdruckturbine ist das in Abb. 189 dargestellte Peltonrad, das auch im Bergbau verwendet worden ist, um Abfallwasser höherer Sohlen zum Antrieb von Streckenförderungen auszunützen. Das Wasser strömt aus der Düse b, der Menge nach geregelt durch die Nadel c, etwa tangential gegen die Schaufeln des Rades a. Der Strahl wird auf die Schneide der Schaufeln gerichtet und durchströmt, sich teilend, die beiden Schaufelmulden, wobei die Strahlhälften um fast 90° aus ihrer absoluten Bahn seitlich abgelenkt werden. — Die durch die Abb. 185 und 186 veranschaulichten Turbinen heißen Axialturbinen, weil das Wasser die Turbinen axial durchströmt. Die Axialturbinen werden für Wasser sehr wenig angewendet; es herrscht vielmehr bei den Wasserturbinen die radial beaufschlagte Überdruckturbine von Francis, Abb. 188. Weil aber bei den Dampfturbinen umgekehrt die Axialturbine vorherrscht, sollen im folgenden nur Axialturbinen betrachtet werden.

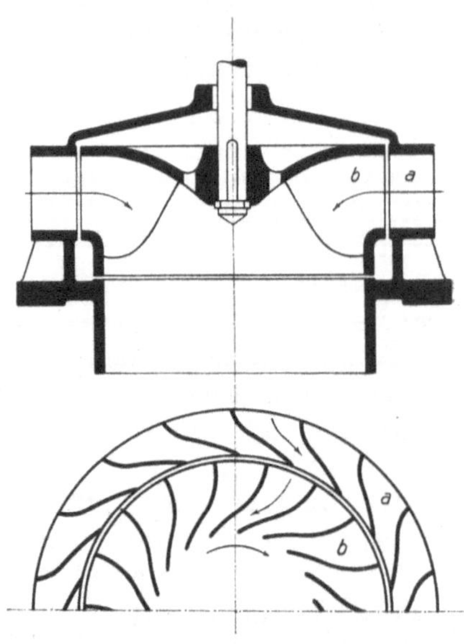

Abb. 188. Radiale Überdruckturbine (Francis-Turbine).

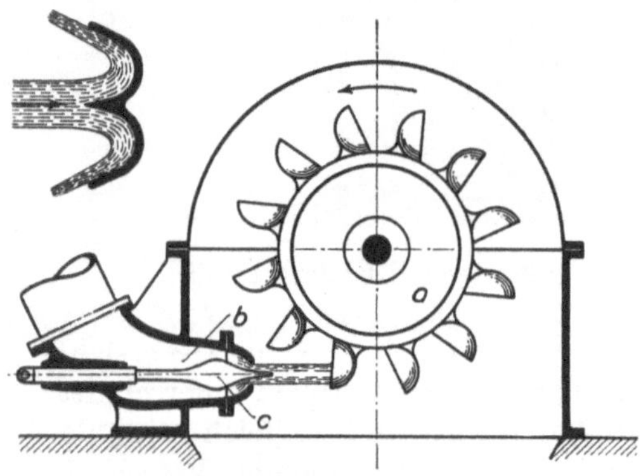

Abb. 189. Peltonrad.

Bei Axialturbinen besteht zwischen Gleichdruckturbinen und Überdruckturbinen noch ein wesentlicher Unterschied: Infolge des Überdruckes vor dem Laufrade erleidet die Welle der Überdruckturbine einen Axialschub in der Richtung des strömenden Wassers, der ausgeglichen oder durch ein Lager aufgenommen werden muß; bei Gleichdruckturbinen fällt dieser Axialschub fort oder äußert sich nur in geringem Maße (Vgl. Abb. 187.)

Die theoretische Leistung der Turbine ist unabhängig von der Bauart. Wird die Turbine sekundlich von der Wassermasse m durchströmt, und ist die Geschwindigkeit c_1 beim Eintritt in das Laufrad, so wird die Leistung $N_1 = \frac{m}{2} \cdot c_1^2$ zugeführt. Diese Leistung ist, auch wenn von Reibungsverlusten zunächst abgesehen werden soll, nicht an der Welle verfügbar, weil das Wasser nicht in der Turbine bleiben kann, sondern mit einer Austrittsgeschwindigkeit c_2 das Laufrad wieder verlassen muß, wobei mit dem Wasser die Leistung $N_2 = \frac{m}{2} \cdot c_2^2$ verloren geht. Als Nutzleistung erhält man also nur die Differenz $N = N_1 - N_2 = \frac{m}{2} \cdot c_1^2 - \frac{m}{2} \cdot c_2^2 = \frac{m}{2} (c_1^2 - c_2^2)$ mkg/s. Der Wirkungsgrad ist somit $\eta = \frac{N_1 - N_2}{N_1} = \frac{c_1^2 - c_2^2}{c_1^2}$. Es treten z. B. sekundlich 100 kg Wasser mit der Geschwindigkeit $c_1 = 20$ m/s ein und mit der Geschwindigkeit $c_2 = 8$ m/s aus. Dann ist die Leistung

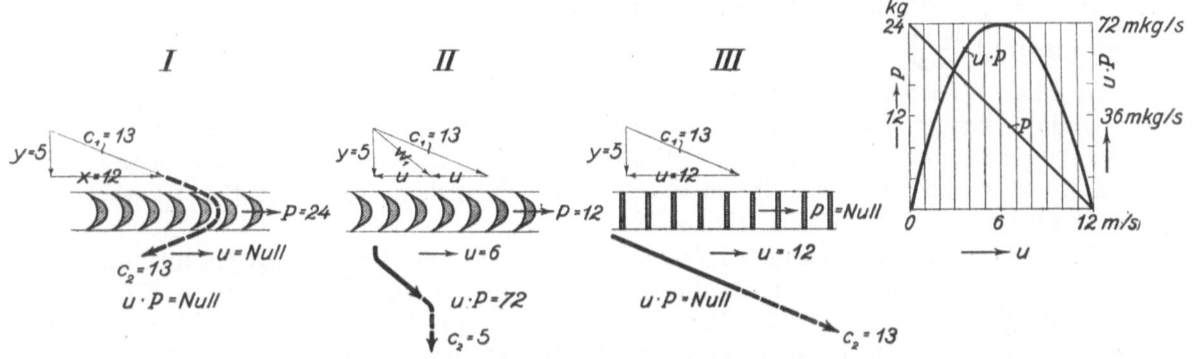

Abb. 190. Wirkung der Gleichdruckturbine.

$= \frac{100}{2 \cdot 9{,}81} \cdot (400 - 64) = 1710$ mkg/s $= 22{,}8$ PS und der Wirkungsgrad $= \frac{400 - 64}{400} = 0{,}84$ $= 84\,\%$. Der Austrittsverlust ist $\frac{c_2^2}{c_1^2} = \frac{8^2}{20^2} = \frac{64}{400} = 0{,}16 = 16\,\%$ der zugeführten Leistung.

Es werde nun die Wirkung der Gleichdruckturbine genauer verfolgt und an Hand der Abb. 190 ein Zahlenbeispiel gerechnet, bei dem aber Reibungs-, Stoß- und Wirbelverluste nicht berücksichtigt werden. Es sind drei Laufradschauflungen dargestellt: *I*, *II* und *III*. Die Schauflungen sind so geformt, daß das Wasser ohne Stoß eintritt; ferner sind sie gleichwinklig, d. h. Eintritt- und Austrittwinkel sind gleich groß. Das Wasser strömt mit der Geschwindigkeit $c_1 = 13$ m/s so ein, daß die Umfangskomponente $x = 12$ m/s und die axiale Komponente $y = 5$ m/s ist. Im Falle *I* steht das Laufrad still, d. h. seine Umfangsgeschwindigkeit u ist Null, und das Wasser, das mit seiner ursprünglichen Geschwindigkeit von 13 m/s austritt, wird nur umgelenkt, ohne daß es Arbeit abgibt. Infolge der Umlenkung übt aber das Wasser eine beträchtliche Umfangskraft P aus. Weil die Umfangskomponente x sich von 12 m/s in der einen Richtung auf 12 m/s in der entgegengesetzten Richtung, insgesamt also um 24 m/s ändert, so übt die sekundlich die Turbine durchströmende Wassermasse m nach dem Grundsatz: Kraft = Masse × Beschleunigung die Umfangskraft $P = m \cdot 24$ aus. Wenn also sekundlich 9,81 kg Wasser, d. h. die Wassermasse $m = 1$, die Turbine durchströmen, so ist $P = 24$ kg. Die an das Laufrad abgegebene Leistung $P \cdot u$ ist, wie gesagt, = Null, da u = Null ist.

Im Falle *II* dreht sich das Laufrad mit $u = 6$ m/s, d. h. die Umfangsgeschwindigkeit u ist halb so groß wie die Umfangskomponente x der Eintrittsgeschwindigkeit c_1 oder $u : x = 0{,}5$. Wir müssen jetzt zwischen der absoluten Eintritts- und Austrittsgeschwindigkeit c_1 bzw. c_2 und der relativen, d. h. auf das Laufrad bezogenen Eintritts- und Austrittsgeschwindigkeit des Wassers w_1 bzw. w_2 unterscheiden. Man erhält gemäß Abb. 190 die relative Eintrittsgeschwindigkeit w_1, indem man die absolute Eintrittsgeschwindigkeit c_1 mit der Umfangsgeschwindigkeit u zusammensetzt, und die absolute Austrittsgeschwindigkeit c_2, indem man die relative Austrittsgeschwindigkeit w_2, die bei der betrachteten Gleichdruckturbine ja $= w_1$ ist, mit der Umfangsgeschwindigkeit u zusammensetzt. Damit das Wasser stoßfrei in die Laufschaufel eintritt, muß die Laufschaufel im Anfang mit w_1 gleichgerichtet sein. Bei der zugrunde gelegten gleichwinkligen Schaufel ergibt sich für den Fall *II*, d. h. für $u:x = 0{,}5$, daß das Wasser senkrecht zum Rade austritt. Daher hat c_2 den kleinsten möglichen Wert und wird gleich der axialen Komponente y von c_1, d. h. $= 5$ m/s. Da x von 12 m/s auf Null abnimmt, so ist die von der sekundlich strömenden Masse m ausgeübte Umfangskraft $P = m \cdot 12$, und für $m = 1$ wird $P = 12$ kg. Da das Laufrad mit $u = 6$ m/s gedreht wird, gibt das Wasser an das Laufrad die Leistung $P \cdot u$ mkg/s ab; für $m = 1$ wird die abgegebene Leistung $P \cdot u = 12 \cdot 6 = 72$ mkg/s. Zu demselben Ergebnis kommt man, wenn man die an das Laufrad abgegebene Leistung $= \frac{m}{2}(c_1^2 - c_2^2)$ setzt; denn für $m = 1$ wird die abgegebene Leistung $= \frac{1}{2}(169 - 25) = 72$ mkg/s. Der Austrittsverlust beträgt $\frac{5^2}{13^2} = 14{,}8\,\%$ und der Wirkungsgrad $\frac{13^2 - 5^2}{13^2} = \frac{169 - 25}{169} = 85{,}2\,\%$.

Im Falle *III* ist $u = 12$ m/s, d. h. die Umfangsgeschwindigkeit u ist ebenso groß wie die Umfangskomponente x der absoluten Eintrittsgeschwindigkeit c_1 oder $u:x = 1$. Wie Abb. 190 zeigt, strömt nunmehr das Wasser durch das Laufrad, ohne daß es abgelenkt wird; P wird also Null, und die an das Laufrad abgegebene Leistung $P \cdot u$ ist auch in dem vorliegenden zweiten Grenzfall = Null.

Damit die Gleichdruckturbine Leistung abgibt, muß also die Umfangsgeschwindigkeit u größer als Null und kleiner als die Umfangskomponente x der absoluten Eintrittsgeschwindigkeit c_1 sein, oder das Verhältnis $u:x$ muß größer als Null und kleiner als 1 sein. Bei einer weiteren Untersuchung ergibt sich für unser Zahlenbeispiel, daß die Umfangskraft P von 24 kg auf Null kg gleichmäßig abnimmt. Multipliziert man die zusammengehörigen Werte von P und u und verzeichnet man diese Werte über u oder $u:x$, so erhält man die Leistungsparabel der Gleichdruckturbine, Abb. 190 rechts. Den Höchstwert der Leistung, der für $m = 1$ gleich 72 mkg/s ist, erhält man bei $u:x = 0{,}5$. Bei diesem Verhältnis ist auch der Wirkungsgrad mit 85,2 % am höchsten und der Austrittsverlust mit 14,8 % am kleinsten. Das gilt aber nur unter der gemachten Voraussetzung, daß die Turbine ohne Reibungs- und sonstige Verluste wirkt. Praktisch kann man rechnen, daß man etwa bei $u:x = 0{,}4$ die tatsächliche Höchstleistung der Gleichdruckturbine erhält. Ebenso erzielt das in Abb. 189 dargestellte Peltonrad seine höchste Leistung, wenn seine Umfangsgeschwindigkeit nahezu halb so groß ist wie die Geschwindigkeit, mit der der Wasserstrahl aus der Düse strömt.

Die Wirkung der Überdruckturbine ist nicht so einfach zu übersehen. Für den meist üblichen Fall, daß das Gefälle im Leitrade und im Laufrade je zur Hälfte ausgenützt wird, und daß das Wasser senkrecht in das Laufrad eintritt, ist die Umfangsgeschwindigkeit u des Laufrades gleich der Umfangskomponente des aus dem Leitrade ausströmenden Wassers. Diese wird, wenn man dasselbe Gesamtgefälle zugrunde legt wie bei der Gleichdruckturbine, von dem die Hälfte im Leitrade ausgenutzt wird, $= 12\sqrt{0{,}5} = 8{,}5$ m/s. Unter den angegebenen Voraussetzungen läuft also die Überdruckturbine $\sqrt{2} = 1{,}41$mal so schnell wie die entsprechende Gleichdruckturbine bei ihrer günstigsten Drehzahl (vgl. Abb. 191).

Selbstverständlich ändern sich sowohl bei der Gleichdruck- wie bei der Überdruckturbine die Strömungsverhältnisse, wenn sich die Belastung der Turbine ändert.

Betrachten wir nun auf Grund der vorstehenden, für die Wasserturbine geltenden Darlegungen die Dampfturbine. Ungeachtet der grundsätzlichen Übereinstimmung zwischen der Wasser- und der Dampfturbine ergeben sich daraus, daß das Dampfvolumen zunimmt, außerordentliche Unterschiede in der Berechnung. Die Berechnung wird mit Hilfe des *is*-Diagrammes vorgenommen. Es ist jedoch unmöglich, im Rahmen dieses Buches auf Einzelheiten der Berechnung einzugehen[1].

Daß die Dampfturbine im Gegensatz zur Wasserturbine in der Regel mehrstufig gebaut wird, um die Energie des Dampfes mit den praktisch erreichbaren Umfangsgeschwindigkeiten günstig auszunützen, war schon in Ziffer 107 gesagt. In dem Maße, wie mit abnehmendem Drucke das Dampfvolumen zunimmt, müssen die Abmessungen der Leitradkanäle und der Laufradschaufeln von Stufe zu Stufe zunehmen. Wegen der Gleichdruck- und Überdruckdampfturbinen merke man sich folgende kennzeichnenden Unterschiede:

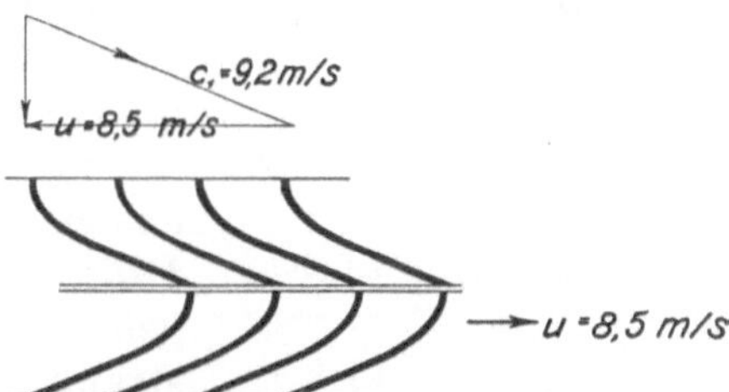

Abb. 191. Geschwindigkeitsverhältnisse bei der Überdruckschaufelung.

Bei Gleichdruckdampfturbinen expandiert der Dampf im Laufrade nicht, vor und hinter dem Laufrade ist derselbe Druck, es tritt kein Axialschub auf, es ist teilweise Beaufschlagung durch besondere Anordnung von Düsen möglich, und es wird zwecks Regelung entweder der Dampf gedrosselt oder die Beaufschlagung, d. h. die Füllung vergrößert oder verkleinert. Bei Überdruckdampfturbinen expandiert der Dampf auch im Laufrade, vor dem Laufrade herrscht Überdruck und dieser erzeugt Axialschub, es ist nur volle Beaufschlagung und nur Drosselregelung möglich; wegen der vollen Beaufschlagung erhalten die ersten Schaufelkränze kleine Durchmesser und sehr kurze Schaufeln.

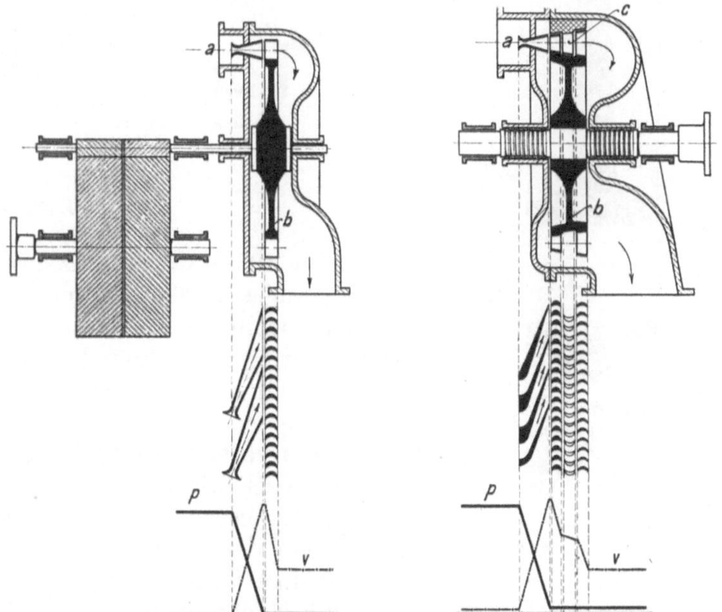

Abb. 192. Dampfturbine von de Laval (links) und Curtis (rechts).

109. Grundsätzliches über die Dampfturbinenbauarten, dargestellt nach ihrer Entwicklung. Die Entwicklung der Dampfturbinen sieht auf mehr als 5 Jahrzehnte zurück. Die ersten Führer waren der Schwede de Laval und der Engländer Parsons, die dem Ziele auf grundsätzlich verschiedenen Wegen zustrebten.

Die Turbine von de Laval ist schematisch in der Abb. 192 dargestellt, in der ebenso wie in den folgenden schematischen Abbildungen die p-Linie den Druckverlauf, die v-Linie den Geschwindigkeitsverlauf des Dampfes bedeutet. Wir haben eine einstufige Gleichdruckturbine, deren Laufrad durch eine oder mehrere Düsen beaufschlagt wird. Da der in einer Stufe entspannte Dampf mit außerordentlich großer Geschwindigkeit ausströmt, hat de Laval auch sehr hohe Umfangsgeschwindigkeiten des ohne zentrale Bohrung ausgeführten Laufrades angewendet, 200 bis 400 m/s, indem er zwar kleine Laufräder anordnete, sie aber mit außerordentlich hoher Drehzahl ($n = 12000$ bis 30000) laufen ließ. Weil derartige Drehzahlen unmittelbar nicht verwend-

[1] Es sei auf Stodola: Die Dampfturbinen, Dubbel: Kolbendampfmaschinen und Dampfturbinen, Seuffert: Bau und Berechnung der Dampfturbinen, sämtlich bei Springer, Berlin, verwiesen. Ferner sei Pohlhausen: Die Dampfturbinen, empfohlen.

bar waren, wurde die Lavalturbine mit einem Übersetzungsgetriebe ausgerüstet. Trotz ihrer vorbildlichen Ausführung, die von de Laval grundlegend geschaffen war, ist die Lavalturbine in ihrer ursprünglichen Form durch die neueren Bauarten verdrängt worden. Ihre Grundgedanken aber: Entspannung des Dampfes in einer Düse, damit das Turbinengehäuse nur Dampf von niedriger Spannung und Temperatur empfängt, und die sich als Füllungsregelung kennzeichnende Anordnung mehrerer Düsen, die je nach der Belastung zu- oder abzuschalten sind, sind vom modernen Dampfturbinenbau übernommen, indem der Hochdruckteil sehr vieler Dampfturbinen nach diesen Grundsätzen ausgebildet ist. Vielfach wird anstatt des einkränzigen Laufrades ein zwei- oder dreikränziges Laufrad verwendet, wie es von dem Amerikaner Curtis angegeben worden ist, um die zu hohe Geschwindigkeit des Dampfstrahles in mehrere Stufen unterteilen und mit mäßigen Umfangsgeschwindigkeiten wirtschaftlich ausnutzen zu können. Diese Geschwindigkeitsstufung wird durch die Abb. 192 (rechts) und 193 veranschaulicht. Abb. 192 zeigt ein zweikränziges, Abb. 193 ein dreikränziges Curtisrad. Zwischen den Laufkränzen sind Umkehrschaufeln, die den Dampfstrahl umlenken und dem nächsten Laufkranz zuführen. Eine Umsetzung von Druckenergie in Geschwindigkeitsenergie findet in den Umkehrschaufelkanälen nicht statt, wie die Geschwindigkeitsdiagramme erkennen lassen. Die Geschwindigkeit wird vielmehr durch Reibung etwas vermindert (vgl. Abb. 193). Dadurch hat ein mehrkränziges Gleichdruckrad an und für sich zwar einen schlechteren Wirkungsgrad als ein einkränziges; es vereinfacht aber den Aufbau der Dampfturbine.

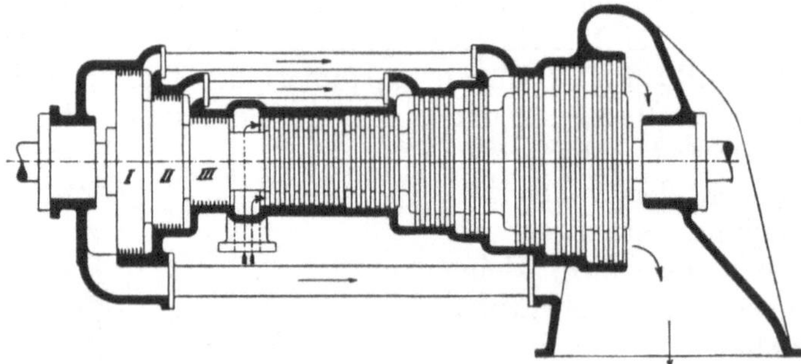

Abb. 194. Parsonsturbine.

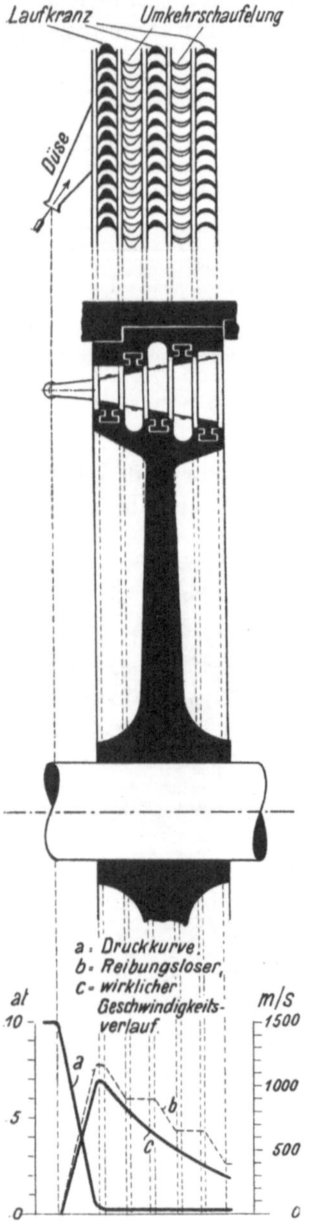

Abb. 193. Dreikränziges Geschwindigkeitsrad nach Curtis.

Einstufige Gleichdruckturbinen mit Lavalschen Düsen und Curtisrad gemäß Abb. 192 werden ferner als Gegendruckturbinen angewendet, bei denen der Dampf nicht in einen Kondensator ausströmt, sondern in eine Heizung z. B. oder in den Niederdruckteil einer andern, größeren Dampfturbine.

Die Parsonsturbine stellt in ihrer Wirkungsweise den völligen Gegensatz zur Lavalturbine dar. Die Parsonsturbine ist eine mit Druckstufung arbeitende Überdruckturbine. Die Unterteilung des Druckes in zahlreiche Stufen (ursprünglich etwa vierzig) von kleinem Druckgefälle ermöglicht die Einhaltung genügend kleiner Dampfgeschwindigkeiten, so daß die Turbine auf normale Drehzahlen kommt und kein Übersetzungsgetriebe wie bei der Lavalturbine erforderlich ist. Die weitgehende Unterteilung des Druckgefälles ist auch noch deshalb notwendig, damit nicht zuviel Dampf infolge der Überdruckwirkung durch die Spalte zwischen Leitschaufeln und Laufschaufeln und zwischen Laufschaufeln und Gehäuse ungenützt entweicht (Spaltverlust). — Wegen der Druckstufung sei hervorgehoben, daß nicht etwa der Wirkungsgrad durch die Zahl der Stufen herabgesetzt wird, wie es bei der beim Curtisrade angewendeten Geschwindigkeitsstufung der Fall ist. Sondern jede Stufe ist für sich zu betrachten, und der Gesamtwirkungsgrad ist sogar höher als der Einzelwirkungsgrad, weil bei vollbeaufschlagten Laufrädern die Austrittsgeschwindigkeit einer Stufe in der ihr folgenden ausgenutzt wird, und die durch Reibung und Wirbelung erzeugte Wärme dem zur nächsten Stufe strömenden Dampfe zugute kommt.

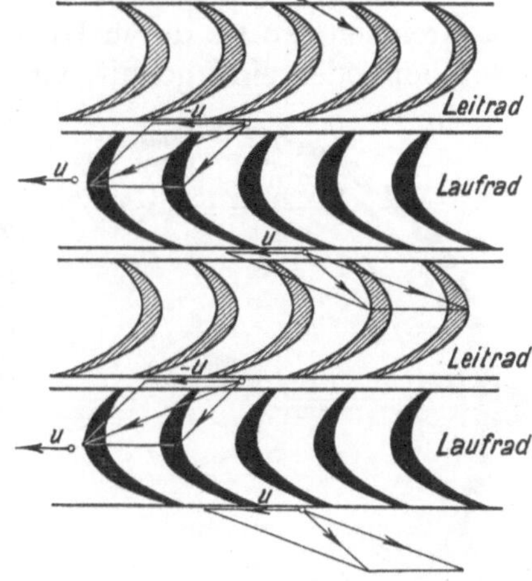

Abb. 195. Mehrstufige Überdruckschaufelung der Parsonsturbine.

Bei der Parsonsturbine sind die Leitkränze durch Schaufeln gebildet, die ins Gehäuse eingesetzt sind, die Laufkränze durch Schaufeln, die auf einer mit der Turbinenachse verbundenen Trommel befestigt sind. Abb. 194 zeigt den schematischen Aufbau, Abb. 195 einen Ausschnitt der Schaufelung der Parsonsturbine. Da die Turbine als Überdruckturbine voll zu beaufschlagen ist, erhält man in den ersten Stufen verhältnismäßig kleine Räder mit kurzen Schaufeln und dementsprechend kleinem Durchgangsquerschnitt. Durch die erforderliche volle Beaufschlagung ist auch die Art der Regelung gegeben. Füllungsregelung, wie sie bei der Lavalschen Turbine angewendet ist, ist ausgeschlossen; nur die reine Drosselregelung ist anwendbar. Mit der Überdruckwirkung ist schließlich verbunden, daß ein erheblicher Axialschub entsteht. Dieser wird, wie es in der Abb. 194 angedeutet ist, durch „Entlastungskolben" aufgenommen, die Dampf von verschieden hohem Druck empfangen. Infolge der großen Stufenzahl und wegen der Entlastungskolben baut sich die Parsonsturbine sehr lang und ist empfindlich gegen Wärmedehnungen, insbesondere weil sie ja den Dampf mit vollem Druck und hoher Temperatur ins Gehäuse bekommt. Es ist aber Parsons durch die angewendete Druckstufung als erstem gelungen, Großturbinen mit mäßiger Drehzahl zu bauen. Die Entwicklung der Parsonsturbinen in Deutschland wurde hauptsächlich dadurch gefördert, daß Brown, Boveri & Co. A. G. in Mannheim, auch die Gutehoffnungshütte, Oberhausen, und andere Firmen den Bau der Parsonsturbine übernahmen.

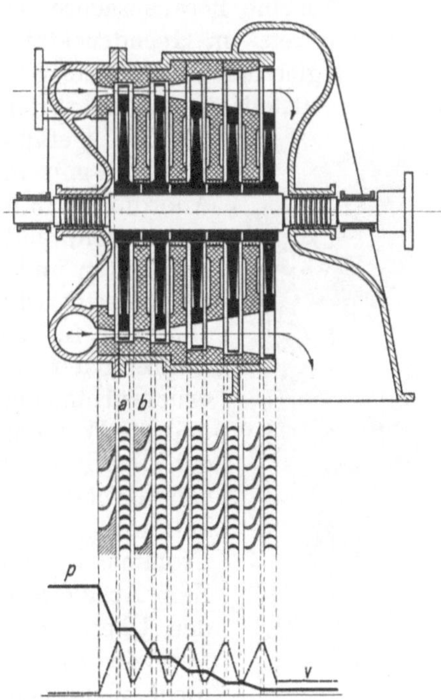

Abb. 196. 5stufige Gleichdruckturbine (Zoelly).

Eine neue Entwicklung bahnte sich an, als in Frankreich die Turbine von Rateau, in der Schweiz (1903) die Turbine von Zoelly entstand. Die Druckstufung, mit der es Parsons gelungen war, die Drehzahl der Turbinen herabzusetzen und den Dampf gut auszunutzen, wurde auch bei den Gleichdruckdampfturbinen eingeführt. Man kann aber, indem man die Leiteinrichtung in Zwischenböden einbaut, mit der Gleichdruckturbine viel höhere Druckgefälle in einer Stufe ausnutzen, als bei der Überdruckturbine, was insbesondere im Hochdruckteil zur Geltung kommt. Durch die kleinere Stufenzahl, und weil außerdem die Entlastungskolben fortfallen, baut sich die Gleichdruckturbine viel kürzer als die Überdruckturbine. Bei der Rateauturbine begann man mit verhältnismäßig vielen Stufen, die in 2 Gehäusen untergebracht waren; bei der Zoellyturbine dagegen begann man mit 10 Stufen. Abb. 196 zeigt schematisch eine Gleichdruckturbine mit 5facher Druckstufung. Bei der Zoellyturbine werden die Leiträder gebildet, indem die aus Stahlblech gebogenen Leitschaufeln in die gußeisernen Zwischenböden eingegossen werden, die mit ihrer Nabe bis auf die Nabe der Laufräder herabreichen, wo sie durch Labyrinth- oder Kohledichtungen abgedichtet werden. Diese Zwischenböden sind geteilt, vgl. Abb. 197, so daß man, wenn man das obere Gehäuse abnimmt, auch die obere Leitradhälfte herausnimmt. Die Räder haben in allen Stufen etwa gleichen Durchmesser, aber die Schaufellänge nimmt von Stufe zu Stufe stark zu, ferner sind die ersten Räder nur teilweise beaufschlagt.

Abb. 197. Zwischenboden mit Leitschaufeln.

Die Laufschaufeln werden, wie Abb. 198 (MAN) zeigt, in Nuten der Laufradscheibe eingesetzt und oben durch ein Stahlband abgedeckt, das an die Schaufeln angenietet wird. Die Stufenzahl ist allmählich herabgesetzt worden; daß der „Schrägabschnitt" der Leitkanäle als Erweiterung wirkt, ist mit großem Erfolge ausgenützt. Die Regelung der Zoellyturbine war wie bei der Überdruckturbine Drosselregelung.

In der Weiterentwicklung geschah ein bedeutsamer Schritt, als die AEG eine neue Dampfturbine herausbrachte, in der Geschwindigkeitsstufung und Druckstufung vereinigt waren. Im Hochdruckteil wurde der Dampf erst in einer Anzahl Lavaldüsen, die vom Regler nach Bedarf zu- oder abgeschaltet werden können, auf 2 bis 3 at entspannt und beaufschlagte ein mehrkränziges Curtisrad mit Geschwindigkeitsstufung. Der Rest des Druckgefälles wurde in dem als Gleichdruckturbine gebauten Niederdruckteil mit mehrfacher Druckstufung ausgenutzt. Die Vorteile dieser Anordnung: daß nur die Düsen den hochgespannten, überhitzten Dampf empfangen, und daß die „Füllungsregelung", welche man durch das Zuschalten und Abschalten der einzelnen Düsen erhält, wirtschaftlicher als die reine Drosselregelung ist, führte dazu, daß die Curtis-Bauart fast allgemein für den Hochdruckteil der Dampfturbinen angeordnet wurde, während der Niederdruckteil als mehrstufige Gleichdruck- oder Überdruckturbine ausgeführt wurde. Abb. 199 zeigt schematisch den Aufbau und die Wirkungsweise einer aus zweikränzigem Curtisrad und vielstufiger Überdruckturbine zusammengesetzten Dampfturbine. Die Schaufeln der Gleichdruckstufe sind auf dem Umfang eines Rades von großem Durchmesser, die Schaufeln des Überdruckteils dagegen auf einer Trommel von kleinerem Durchmesser (vgl. Parsonsturbine) angebracht. Zum Ausgleich des Axialschubes des nur unter geringem Druck stehenden Überdruckteils ist nur noch ein Ausgleichkolben erforderlich.

Abb. 198. Schaufelung eines Gleichdrucklaufrades.

Reine axiale Überdruckturbinen werden für Frischdampf überhaupt nicht mehr gebaut, während die ursprüngliche Zoellyturbine noch in gewissem Umfange sowohl als selbständige Dampfturbine wie als Hochdruckstufe für Überdruckturbinen ausgeführt wird.

In der Bevorzugung des Curtisrades ist dann wegen seines schlechten Wirkungsgrades ein Wandel eingetreten. Überhaupt war der Hochdruckteil der Dampfturbine verbesserungsbedürftig, da er der Kolbenmaschine unterlegen war. Bei der sogenannten Brünner Bauart (vgl. Abb. 225) ist der Hochdruckteil als vielstufige Gleichdruckturbine ausgeführt, bei der mäßige Dampfgeschwindigkeiten angewendet sind, und der Dampf erheblich besser ausgenützt wird als bisher. Um den Niederdruckteil von hohen Temperaturen und Drücken freizuhalten, werden Hochdruck- und Niederdruckteil in getrennten Gehäusen untergebracht. Selbstverständlich sind diese neuen Mehrgehäuseturbinen teurer als die bisherigen Eingehäuseturbinen.

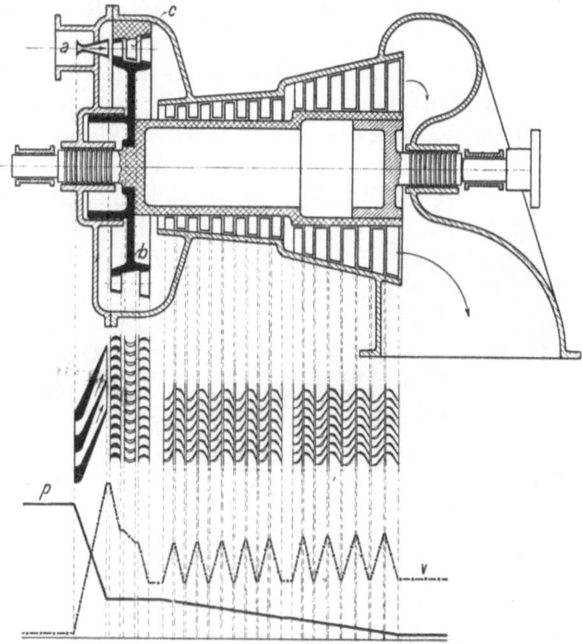

Abb. 199. Überdruckturbine mit vorgeschaltetem Curtisrade.

Die jüngste Entwicklung im letzten Jahrzehnt brachte auch die **Radialdampfturbine**, die dadurch gekennzeichnet ist, daß der Dampf an der Welle eintritt und radial nach außen expandiert. Die Leit- und Laufschaufeln sind dementsprechend in mehreren konzentrischen Ringen angeordnet und stehen parallel zur Achse der Turbine. Durch den kleinen Durchmesser der ersten Stufe lassen sich selbst bei kleinem Dampfdurchsatz noch genügend lange Schaufeln erreichen, so daß sich die sonst notwendige Vorschaltung einer Gleichdruckstufe mit teilweiser Beaufschlagung erübrigt und die Turbine als reine Überdruckturbine gebaut werden kann. Weiterhin erhalten die Schaufeln der letzten Stufen infolge des großen Durchmessers, auf dem sie angeordnet sind, auch keine übermäßig große Länge. Die Wärmedehnungsunterschiede zwischen Leit- und Laufschaufeln sind viel geringer als bei Axialturbinen, so daß mit kleineren Spaltweiten und demgemäß auch geringeren Spaltverlusten gearbeitet werden kann. Auch dadurch eignet sich die Radialturbine besonders als Überdruckturbine. Infolge der radialen Stufenanordnung baut sich die Turbine sehr kurz und beansprucht weniger Platz als eine Axialturbine gleicher Leistung.

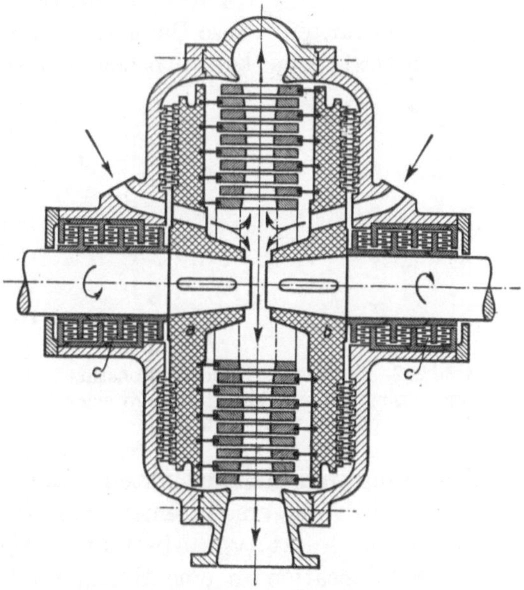

Es sind grundsätzlich zwei Bauarten der Radialdampfturbinen zu unterscheiden: die **gegenläufige** Radialturbine und die **einläufige** Radialturbine. Abb. 200 zeigt schematisch die gegenläufige Radialturbine des Schweden **Ljungström**, die in Deutschland von der MAN als Lizenznehmerin gebaut wird. Die Leit- und Laufschaufeln sind auf den sich in entgegengesetztem Sinne drehenden Rädern *a* und *b* befestigt. Es rotieren also nicht nur die Laufräder, sondern auch die Leiträder, weshalb die Leistung von beiden Wellen abzunehmen ist. Die Turbine wird verteuert dadurch, daß zwei Hochdruckstopfbüchsen *c* und zwei Generatoren erforderlich werden.

Abb. 200. Gegenläufige Radialturbine.

Im Gegensatz hierzu steht die von den SSW einige Jahre später entwickelte, in Abbild. 201 schematisch wiedergegebene einläufige Radialturbine. Bei dieser Turbine dreht sich nur das Laufrad *a* mit den in konzentrischen Ringen angeordneten Laufschaufeln, während das Leitrad *b* mit seinen Leitschaufeln stillsteht. Zur Erhöhung der Stufenzahl werden mehrere Laufradscheiben axial nebeneinander angeordnet. Der Vorteil dieser

Bauart besteht in der Einsparung von Stopfbüchsen und der Anwendung nur eines Generators. Sie bietet ebenso wie die Ljungströmturbine den Vorteil ausreichender Schaufellängen in der ersten Stufe. Beiden Turbinenbauarten ist gemeinsam, daß die Laufräder fliegend auf der Welle befestigt sind, und daß deshalb zum Ein- und Ausbau keine Axialteilung des Gehäuses erforderlich ist.

Zusammenfassend ist zu sagen, daß man, um die äußerste Leistung aus den Dampfturbinen herauszuholen, hohe Drehzahlen und Umfangsgeschwindigkeiten anwendet. Es sind Dampfturbinen bis zu 30000 kW mit $n = 3000$ ausgeführt worden, wobei sich die Umfangsgeschwindigkeit der Laufräder 300 m/s nähert. Die größten bisher gebauten Dampfturbinen leisten 85000 kW und mehr bei $n = 1500$. Wo die für die Dampfturbine günstigste Drehzahl nicht unmittelbar verwendbar ist, ordnet man wie bei der Lavalschen Turbine Zahnradübersetzungen an, z. B. daß man eine Wasserwerkkreiselpumpe mit $n = 1000$ durch eine Dampfturbine mit $n = 4000$ antreibt. Die Zahnradgetriebe werden durch Drucköl geschmiert. Kleinere Turbinen läßt man in solchen Fällen mit $n = 6000$ bis 8000 laufen.

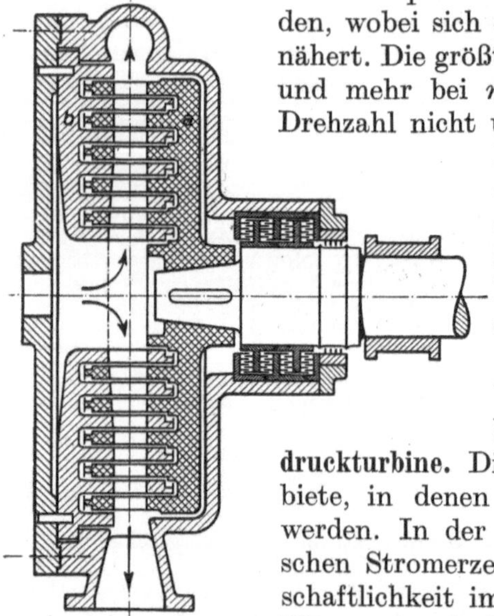

Abb. 201. Einläufige Radialturbine.

110. Unterscheidung der Dampfturbinen nach ihrer Verwendung: Kondensationsturbine, Gegendruckturbine, Entnahmeturbine, Abdampfturbine und Zweidruckturbine. Die Verwendung der Dampfturbinen umfaßt alle Gebiete, in denen hohe Drehzahlen und große Leistungen erfordert werden. In der Hauptsache dienen die Dampfturbinen der elektrischen Stromerzeugung in Kraftwerken. Die aus Gründen der Wirtschaftlichkeit immer mehr zunehmende Kuppelung von Kraft- und Wärmewirtschaft in den verschiedensten Industriezweigen hat jedoch den Turbinen immer mehr zunehmende neue Verwendungsmöglichkeiten erschlossen, denen sie sich in Bauart und Wirkungsweise anzupassen hatten. Diese Bauarten können im Gegensatz zur reinen Kraftwerksturbine als Industrieturbinen bezeichnet werden. — Als Kraftwerksturbine findet ausschließlich die Kondensationsturbine Verwendung. Sie ist dadurch gekennzeichnet, daß der gesamte ihr zugeführte Dampf mit dem ganzen Druck- bzw. Wärmegefälle vom Frischdampfdruck bis zum Kondensatordruck restlos in elektrische Energie umgewandelt wird. Vom Hochdruck- bis zum Niederdruckteil wird die Turbine von der gleichen Dampfmenge durchströmt. Abb. 202* veranschaulicht in der durch Schaltzeichen vereinfachten Darstellung die Wirkungsweise der Kondensationsturbine.

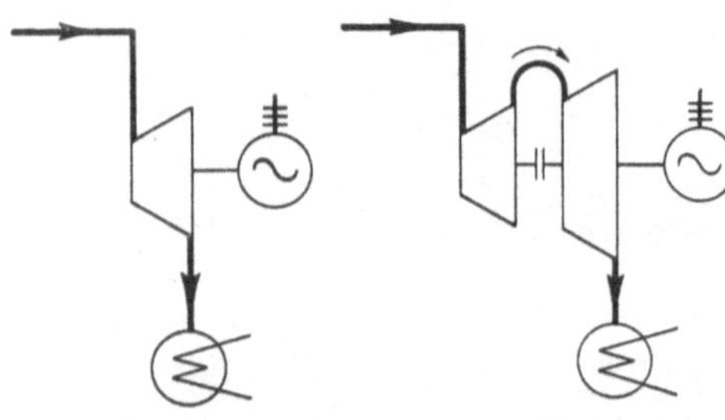
Abb. 202. Kraftwerks-Kondensationsturbine. (Eingehäuseturbine links, Zweigehäuseturbine rechts.)

Besteht neben dem Kraftbedarf ein großer Wärmebedarf für Heizzwecke, dann ist es vorteilhaft, Krafterzeugung und Heizung miteinander zu kuppeln, derart, daß hochgespannter Dampf erzeugt wird, der erst in einer Dampfturbine arbeitet und dann, auf niedrigeren Druck entspannt, heizt (vgl. Abschnitt XII). Eine Turbine, deren ganzer Abdampf statt in die Kondensation in eine Heizung oder sonstwie gegen höheren Druck ausströmt, heißt Gegendruckturbine. Die Gegendruckturbine entspricht dem Hochdruckteil einer Kondensationsturbine. Abb. 203 zeigt das Schaltbild der Gegendruckturbine.

Der Gegendruck beträgt je nach der geforderten Heiztemperatur bis 5 at und mehr. Die Regelung der Gegendruckturbine hat besonderen Bedingungen zu genügen; denn

* Zum Verständnis der in den Abb. 202 bis 207 benutzten Schaltzeichen vgl. Abb. 244.

es werden sich der Dampfbedarf für Kraftzwecke und der Dampfbedarf für Heizzwecke nicht gerade decken. Deshalb ist neben der Geschwindigkeitsregelung der Turbine eine Druckregelung anzuordnen, die den Druck vor der Heizung gleich hält. Arbeitet die Gegendruckturbine allein, so öffnet die Druckregelung überschüssigem, sich vor der Heizung anstauendem Dampf einen Ausweg, und setzt umgekehrt der Heizung gedrosselten Frischdampf zu, wenn es an Abdampf mangelt. Dient aber die Gegendruckturbine zum Antrieb einer Dynamo, die mit andern sonstwie angetriebenen Dynamos parallel arbeitet, so sucht man die Belastungsschwankungen des Netzes den andern Dynamos aufzubürden. Dann wählt man den Geschwindigkeitsregler der Gegendruckturbine so, daß er erst einsetzt, wenn die andern Turbinen ihre Leerlaufdrehzahl erreicht haben und läßt bis dahin die Füllung der Gegendruckturbine allein durch die Druckregelung beeinflussen, so daß bei zunehmendem Drucke vor der Heizung die Füllung verkleinert, bei abnehmendem Drucke die Füllung vergrößert wird. Dadurch erreicht man, daß die Gegendruckturbine ebensoviel Dampf aufnimmt wie die Heizung verbraucht. Der Dampfverbrauch für die kWh ist bei der Gegendruckturbine zwar mehrmals größer als bei der Kondensationsturbine, um so größer, je höher der Gegendruck ist. Die hohe Wirtschaftlichkeit zeigt sich jedoch darin, daß die kWh in Gegendruckturbinen mit etwa 1100 kcal erzeugt werden kann, wogegen Kondensationsturbinen, bei denen die nicht ausgenutzte Dampfwärme im Kondensator vom Kühlwasser aufgenommen wird, mindestens 2800 bis 2900 kcal für die kWh brauchen. Aus der früheren Abb. 20, die das *is*-Diagramm für Wasserdampf bis 100 at darstellt, geht hervor, daß die Gegendruckturbine erheblich günstiger wirkt, wenn man sie mit sehr hohem Anfangsdruck betreibt[1]. Die Leistungen der Gegendruckturbinen liegen innerhalb weiter Grenzen.

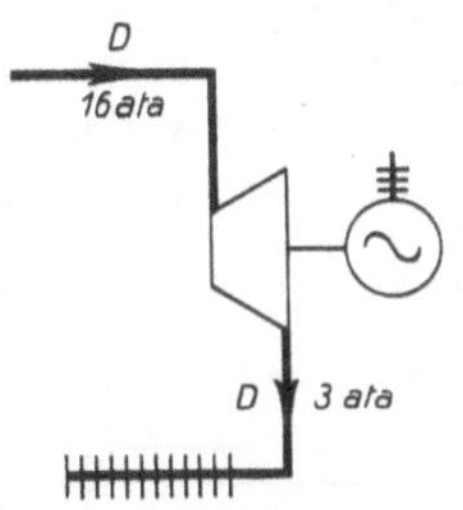

Abb. 203. Gegendruckturbine in Verbindung mit einem Heizdampfverbraucher.

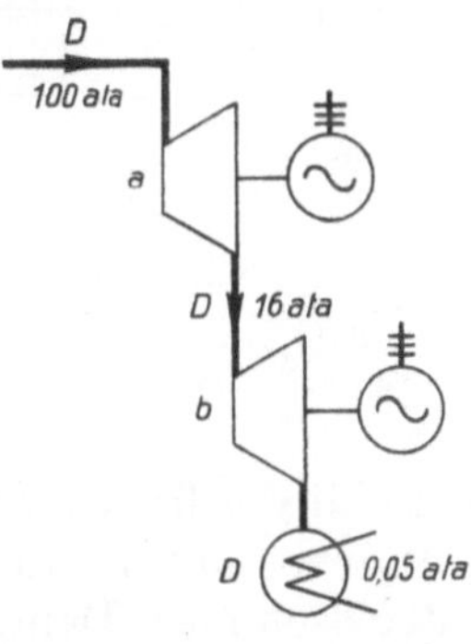

Abb. 204. Hochdruck-Vorschaltturbine (*a*) mit nachgeschalteter Kondensationsturbine (*b*).

Die Einführung des Hochdruckdampfes führte in Betrieben mit Niederdruckkraftmaschinen dazu, den hochgespannten Dampf erst in Turbinen bis auf den niedrigeren Betriebsdruck zu entspannen. Im Zechenbetrieb erzeugt man neuerdings für Dampfturbinen Dampf von 20 bis 40 at und mehr, während man für die Fördermaschinen nur Dampf von 10 bis 16 at braucht; dann wird man den sehr hoch gespannten Dampf erst in der Turbine, darauf in der Fördermaschine ausnützen.

Diese Turbinen werden dann nicht als Gegendruckturbinen, sondern als Hochdruck-Vorschaltturbinen bezeichnet, wenn der gesamte von ihnen abgegebene Abdampf in nachgeschalteten Kondensationsturbinen verarbeitet und darauf im Kondensator niedergeschlagen wird (vgl. Abb. 204).

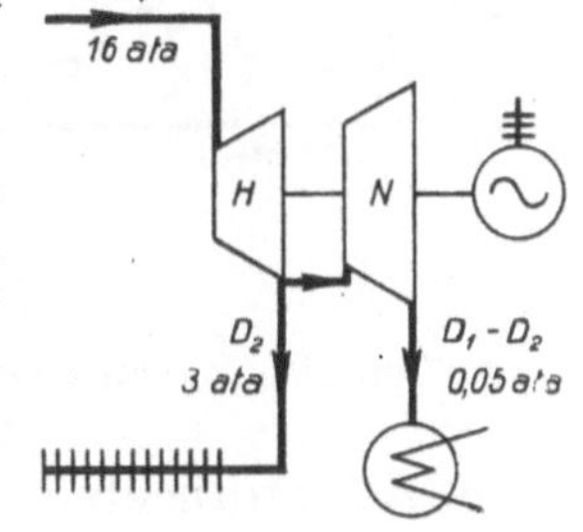

Abb. 205. Entnahmeturbine.

Ist in einem Betriebe der Leistungsbedarf im Verhältnis zum Wärmebedarf zu groß, so daß bei Verwendung einer Gegendruckturbine zu große Abdampfmengen anfallen würden, so geht man zur Entnahmeturbine über. Nach Abb. 205 strömt die gesamte Frischdampfmenge D_1 durch den Hochdruckteil der Turbine, in dem die Entspannung bis auf den gewünschten Entnahmedruck erfolgt. Zwischen Hochdruck- und Niederdruckteil wird die für Heizzwecke benötigte Dampfmenge D_2 entnommen, so daß durch den Niederdruckteil nur die Differenzmenge $D_1 - D_2$ zum Kondensator strömt. Je mehr Dampf man entnimmt, um so weniger wird der Niederdruckteil

[1] Vgl. Zerkowitz: Das Gegendruckverfahren und seine Anwendung bei den Dampfturbinen. Z. d. V. d. I. 1924, S. 147 u. 1026. Ferner Jaroschek: Industriedampfturbinen. Z. d. V. d. I. 1938, S. 993.

der Entnahmeturbine ausgenutzt, und um so wichtiger ist es, daß der Hochdruckteil der Turbine günstig arbeitet. Die Entnahmeturbine stimmt in der Dampfverteilung grundsätzlich mit einer Verbunddampfmaschine überein, der man einen Teil des aus dem Hochdruckzylinder abströmenden Dampfes für Heizzwecke entnimmt (vgl. Ziffer 117 und Abb. 233).

Abb. 206 veranschaulicht die Regelung einer Entnahmeturbine. Der Heizdampf strömt vor der Niederdrucksteuerung ab. Hochdruckteil und Niederdruckteil, die voneinander durch eine Zwischenwand getrennt sind, werden besonders gesteuert, und beide Steuerungen werden sowohl von einem Geschwindigkeitsregler *a* wie von einem Druckregler *b* beherrscht. Und zwar verstellt der Geschwindigkeitsregler beide Steuerungen im selben Sinne, indem er z. B., wenn die Belastung der Turbine zunimmt, beide Steuerungen auf größere Füllung einstellt; der Druckregler aber, der den Entnahmedruck gleich hält, wirkt auf die Steuerungen in verschiedenem Sinne, indem er, z. B. wenn sich vor der Heizung Dampf anstaut, die Hochdruckfüllung verkleinert, die Niederdruckfüllung vergrößert.

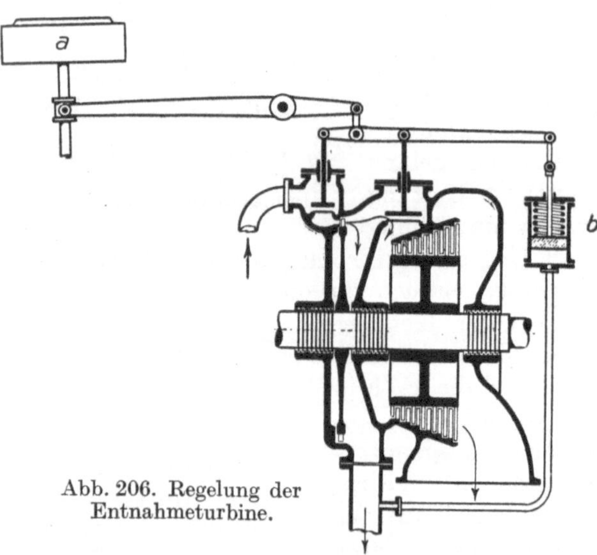

Abb. 206. Regelung der Entnahmeturbine.

Weil die Dampfturbine im Niederdruckteile wegen ihrer Fähigkeit, hohe Luftleere vorteilhaft auszunutzen, den Kolbenmaschinen überlegen ist, wird der Dampf besser ausgenutzt, wenn die Kolbenmaschine in eine Niederdruckturbine auspufft, als wenn sie mit Kondensation betrieben wird. Das gilt insbesondere für aussetzend arbeitende Maschinen, wie Fördermaschinen, Walzenzugmaschinen, Dampfhämmer usw. und hat zur Aufstellung von **Abdampfturbinen** geführt. Abdampfturbinen sind also mit geringem Anfangsdruck arbeitende Kondensationsturbinen. Es war aber bei den Abdampfturbinen nötig, wenn Abdampf mangelte, der Abdampfturbine gedrosselten Frischdampf zuzusetzen, und überschüssigen Abdampf mußte man ungenutzt entweichen lassen. Das minderte den durch die Abdampfturbine erzielbaren Gewinn beträchtlich, und man gab den Bau reiner Abdampfturbinen auf, als die Zweidruckturbine aufkam, durch die man den Abdampf vorteilhaft verwerten kann, ohne die gegenseitige Verstrickung der Abdampfturbine, der von ihr getriebenen Dynamo und der den Abdampf liefernden Kolbenmaschine in Kauf nehmen zu müssen.

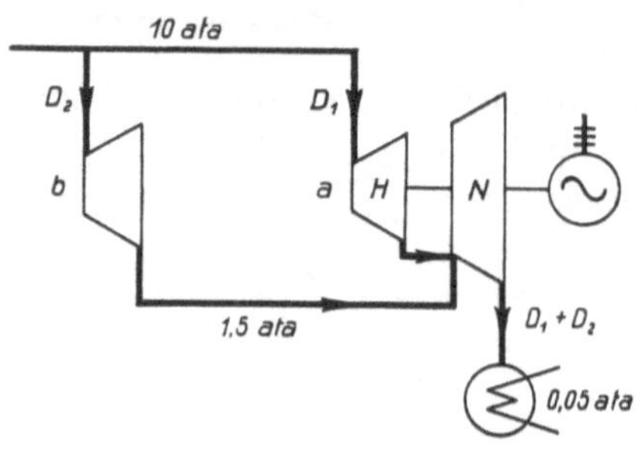

Abb. 207. Zweidruckturbine.

Die **Zweidruckturbine** ist eine Kondensationsturbine mit reichlich bemessenem, besonders gesteuertem Niederdruckteil, die sowohl Frischdampf empfängt, der erst im Hochdruckteil, dann im Niederdruckteil arbeitet, als auch Abdampf, der vor der Niederdrucksteuerung zutritt.

Wie Abb. 207 erkennen läßt, ist die Zweidruckturbine (auch Frischdampf-Abdampf-Turbine genannt) das Gegenstück zur Entnahmeturbine. Der Hochdruckteil der Zweidruckturbine *a* empfängt nämlich nur die Frischdampfmenge D_1, während durch den Niederdruckteil der Abdampf D_1 des Hochdruckteils **und** die Abdampfmenge D_2 einer Kolbenmaschine *b*, also insgesamt die Dampfmenge $D_1 + D_2$ strömt. Man bemißt den Niederdruckteil so groß, daß er im allgemeinen den zuströmenden Abdampf bewältigt. Mangelt anderseits Abdampf, so wird dem Hochdruckteil mehr Frischdampf zugeführt.

Die Regelung der Zweidruckturbine soll so wirken, daß in erster Linie der zur Verfügung stehende Abdampf verarbeitet und erst dann Frischdampf herangezogen wird. Ferner soll die Umstellung von überwiegendem Abdampfbetrieb auf überwiegenden Frischdampfbetrieb und die umgekehrte Umstellung möglichst ohne Änderung der Drehzahl vor sich gehen. Die Lösung ist zuerst von Rateau angegeben. Abb. 208 stellt sie schematisch dar. Es ist ein Geschwindigkeitsregler g und ein Druckregler c vorhanden. Der Geschwindigkeitsregler wirkt auf das Frischdampfventil a und das Abdampfventil b im selben Sinne. Steigt z. B. die Belastung der Turbine, so sucht der niedergehende Regler beide Ventile zu heben. Doch ist das Frischdampfventil a zusätzlich durch eine Feder belastet, so daß zunächst das Abdampfventil angehoben wird und das Frischdampfventil erst dann, wenn das Abdampfventil b ganz geöffnet ist. Sinkt umgekehrt die Belastung, so sucht der steigende Geschwindigkeitsregler beide Ventile zu schließen; doch schließt sich unter dem zusätzlichen Federdruck zuerst das Frischdampfventil. So ist also die Aufgabe gelöst, daß vor allem der Abdampf von der Turbine aufgenommen wird. Der Druckregler c besteht aus einem Kolben, der auf der einen Seite den Abdampfdruck empfängt, während die andere durch eine Feder belastet ist. Der Druckregler wirkt auf Frischdampfventil und Abdampfventil im entgegengesetzten Sinne. Sinkt z. B. der Abdampfdruck, weil zu wenig Abdampf zuströmt, so wird der Kolben des Druckreglers c durch die Belastungsfeder nach unten gedrückt; infolgedessen wird das Frischdampfventil angehoben, das Abdampfventil aber gesenkt. Steigt jedoch der Abdampfdruck, weil sich der Abdampf wieder anstaut, so wird der Kolben des Druckreglers wieder nach oben gedrückt, und das Frischdampfventil wird durch seine Feder geschlossen, wodurch das Abdampfventil gehoben wird. Der Druckregler kann, weil er bei d nur drücken, aber nicht ziehen kann, das Abdampfventil nur schließen, aber nicht öffnen. Andernfalls würde nämlich der Druckregler, wenn der Abdampfdruck steigt und zugleich die Belastung der Turbine abnimmt, das Abdampfventil entgegen dem Geschwindigkeitsregler wieder anheben, so daß die Turbine zu viel Abdampf erhält und durchgeht. An Stelle der in der schematischen Darstellung angedeuteten direkt wirkenden Regler sind in Wirklichkeit indirekt[1] wirkende Regler angeordnet.

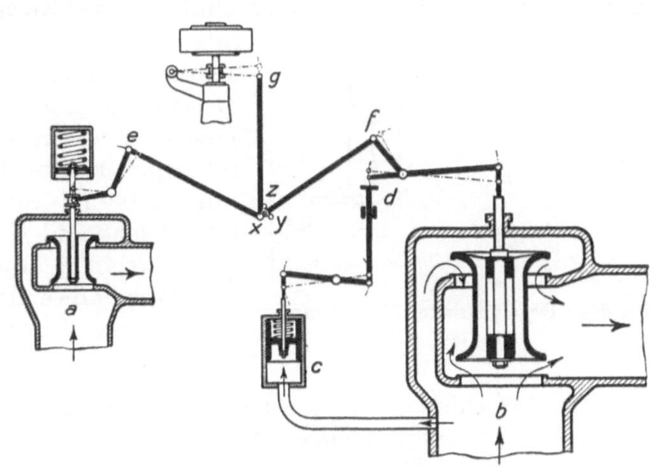

Abb. 208. Schema der Zweidrucksteuerung.

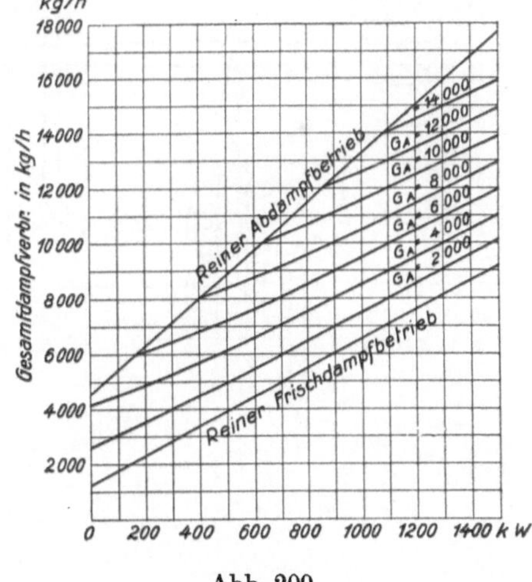

Abb. 209.

Wie sich der gesamte Dampfverbrauch einer Zweidruckturbine ändert, die zwischen reinem Frischdampfbetrieb und reinem Abdampfbetrieb arbeitet, und deren Belastung zwischen Null und Voll (1500 kW) liegt, zeigt Abb. 209, die sich auf eine Bergmann-Turbine bezieht (nach Stodola). G_A ist das Gewicht des stündlich zuströmenden Abdampfes.

[1] Vgl. Ziffer 81.

111. Die Regelung der Dampfturbinen. Die Regelung der Dampfturbinen, d. h. die Anpassung der Energiezufuhr an die Belastung erfolgt entweder in der Weise, daß man die zugeführte Dampfmenge ohne Änderung des Druckgefälles vergrößert oder verkleinert: Füllungsregelung, oder indem man durch Drosselung des Frischdampfes gleichzeitig Menge und Druckgefälle verringert: Drosselregelung. Drosselregelung gestattet also keine Leistungssteigerung, oder die Turbine muß schon bei Normallast ständig mit etwas Drosselung fahren. Die Drosselregelung ist einfacher, aber unwirtschaftlicher als die Füllungsregelung. Sie ist für Gleich- und Überdruckturbinen in gleicher Weise anwendbar. — Eine reine Füllungsregelung wie bei Kolbendampfmaschinen gibt es bei Dampfturbinen nicht. Für Überdruckturbinen käme sie wegen der notwendigen vollen Beaufschlagung schon gar nicht in Betracht, wogegen sie sich bei Gleichdruckturbinen angenähert erreichen läßt, indem man je nach dem Belastungsgrad mehr oder weniger Düsen in der ersten Stufe zu- oder abschaltet und dadurch die Beaufschlagung ändert. Zur Vereinfachung faßt man immer mehrere benachbarte Düsen (oder Kanäle des ersten Leitrades) zu einer Gruppe zusammen, so daß man vier bis fünf Düsengruppen bekommt, von denen jede ein Drosselventil erhält. Bei vier Düsengruppen ist dann z. B. eine sprungweise reine Füllungsregelung in Abschnitten von 25% möglich. Die Feinabstufung wird dadurch erreicht, daß die letzte notwendige Düsengruppe mehr oder weniger stark gedrosselten Dampf erhält. Diese, die Drossel- und Füllungsregelung vereinigende Anordnung heißt Düsenregelung und ist vorteilhafter als die reine Drosselregelung, weil jeweils nur ein Bruchteil des Dampfes die Nachteile des Drosselns erleidet. Abb. 210 zeigt schematisch die Gegenüberstellung beider Regelungsarten. Bei der Drosselregelung ist außer dem Hauptabsperrventil nur ein vom Geschwindigkeitsregler beeinflußtes Drosselventil erforderlich. Die Düsenregelung muß dagegen mit vier bis fünf Drosselventilen ausgerüstet werden, die vom Fliehkraftregler so zu betätigen sind, daß das Öffnen eines Ventiles erst beginnt, wenn die vorhergehenden Ventile ganz offen sind.

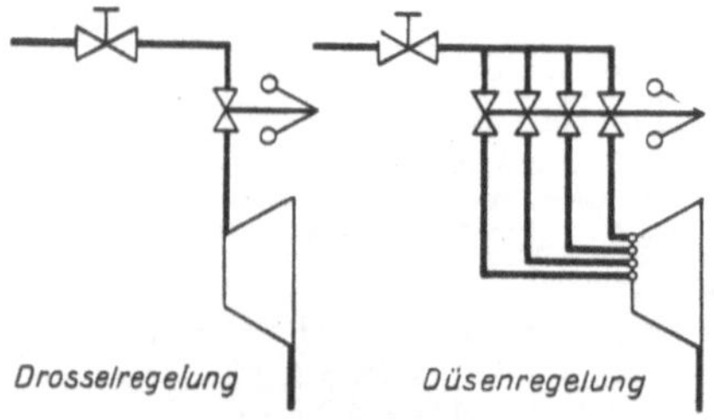

Geht die Belastung der Turbine herunter, so steigt der Dampfverbrauch für die kWh, und zwar bei Drosselregelung stärker als bei Düsenregelung. Das Diagramm in Abb. 211

Drosselregelung Düsenregelung

Abb. 210. Regelungsarten der Dampfturbinen.

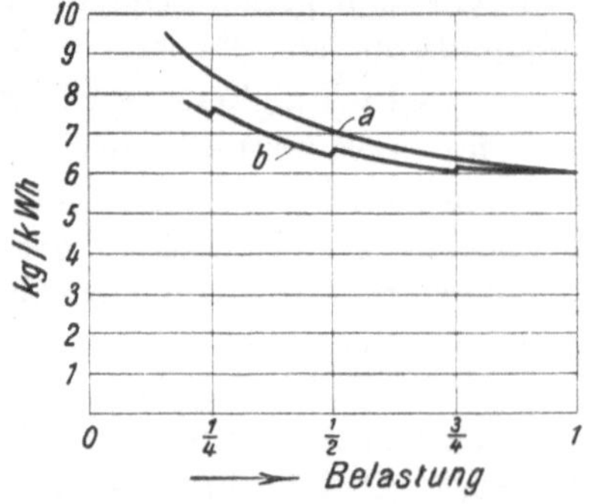

Abb. 211. Vergleich zwischen Drossel- und Düsenregelung.

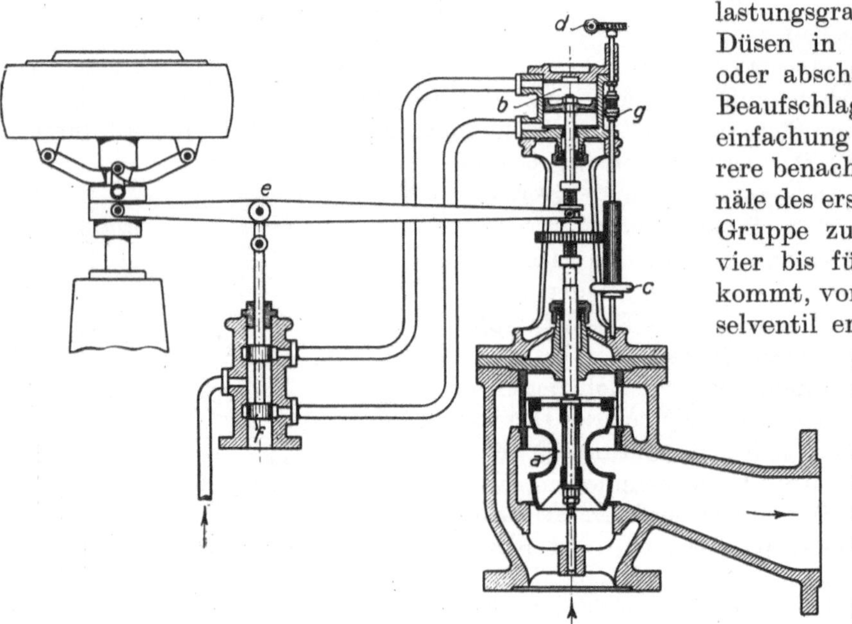

Abb. 212. Drosselregelung mit Stellmotor.

veranschaulicht den Unterschied bei Änderung der Belastung von 1 auf ¼, wobei der Vollastverbrauch mit 6 kg/kWh angenommen ist. Linie *a* gilt für Drosselregelung, Linie *b* für Düsenregelung.

Daß mit reiner Drosselregelung bei kleinen Teilleistungen überhaupt brauchbare Ergebnisse erzielbar sind, liegt daran, daß bei geringerer Dampfgeschwindigkeit der Wirkungsgrad der Turbine steigt, und daß die Drosselung bei dem für Dampfturbinen üblichen hohen Vakuum weniger schadet als bei höherem Gegendruck. Welche Einbuße die ausnutzbare Energie des Dampfes durch das Drosseln erleidet, ist bequem der *is*-Tafel zu entnehmen[1].

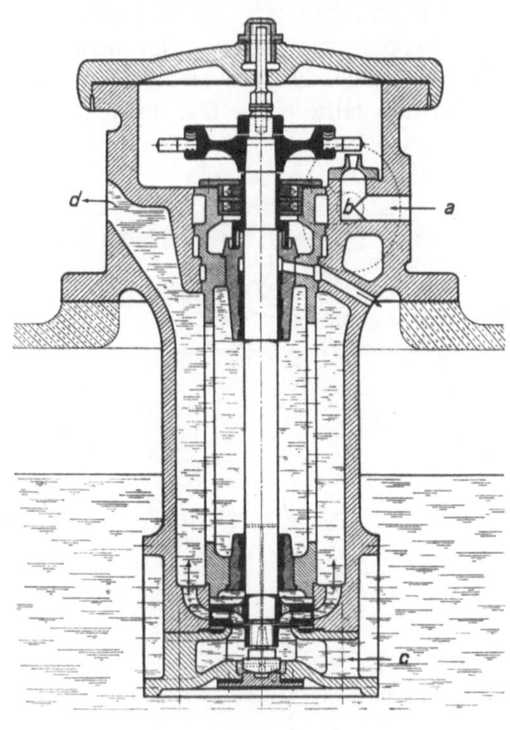

Abb. 213. Hilfsölpumpe für Dampfturbinen (Thyssen).

Mit Ausnahme ganz kleiner Turbinen ist die Regelung immer mittelbar[2], d. h. es wird dem Regler ein mit Drucköl betriebener Stellmotor (Zylinder- oder Drehkolbenmotor) vorgespannt, der die Ventile betätigt, und der Fliehkraftregler hat nur die Steuerung dieses Stellmotors zu verstellen, so daß die Regelung sehr empfindlich ist. Für die eigentliche Regelung wählt man 4 bis 5% Ungleichförmigkeitsgrad[3]. Damit aber eine Drehstromturbodynamo auf ein Drehstromnetz geschaltet und von ihm abgeschaltet werden kann, dessen Frequenz selbst um einige Prozente schwankt, muß man die Drehzahl der Turbodynamo um etwa 12% verstellen können[4]. Um beim Parallelschalten einer Drehstromdynamo die Drehzahl der antreibenden Dampfturbine genau der Frequenz des Netzes anzupassen, oder um die Netzbelastung unter die parallelen Drehstromdynamos zu verteilen, muß man den Regler fein verstellen können.

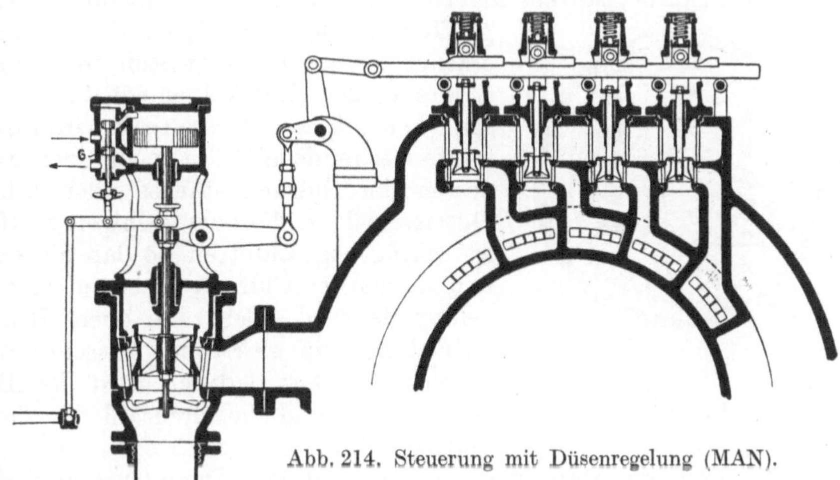
Abb. 214. Steuerung mit Düsenregelung (MAN).

Abb. 212 zeigt eine Drosselregelung mit Stellmotor. Das Drosselventil *a* wird von dem Stellmotorkolben *b* gehoben oder gesenkt, je nachdem der Regler durch Verstellen des Steuerschiebers *f* die Druckölzufuhr steuert. Mit dem Handrade *c* oder dem vom Schaltbrett her zu bedienenden Motor *d* kann der rechte Drehpunkt des Reglerhebels verstellt werden, wodurch sich die gewünschte Turbinendrehzahl einstellen läßt. Das Drucköl für den Stellmotor wird durch eine von der Dampfturbine angetriebene Zahnradpumpe erzeugt, die auch das Öl durch die Lager drückt. Beim Anfahren muß eine unabhängig angetriebene Pumpe den Öldruck erzeugen. Meist ordnet man gemäß Abb. 213 eine Kreiselpumpe

[1] Vgl. die Ausführungen in Ziffer 14. [2] Vgl. Ziffer 81. [3] Vgl. Ziffer 79. [4] Vgl. Ziffer 82.

an, die durch eine kleine Hilfsturbine angetrieben wird. Auch Duplexpumpen werden als Hilfspumpen verwendet.

In Abb. 214 ist eine Steuerung mit Düsenregelung dargestellt. Die Düsen sind in 5 Gruppen angeordnet. Der hochgehende Kolben des Stellmotors öffnet erst das den Düsen vorgeschaltete Drosselventil, wodurch die erste Düsengruppe Dampf bekommt, dann mit Hilfe eines Kurvenschiebers nacheinander die 4 Düsenventile, die als Doppelsitzventile ausgeführt sind; neben der Füllungsregelung durch die Düsenventile geht eine Drosselregelung durch das vorgeschaltete Drosselventil einher.

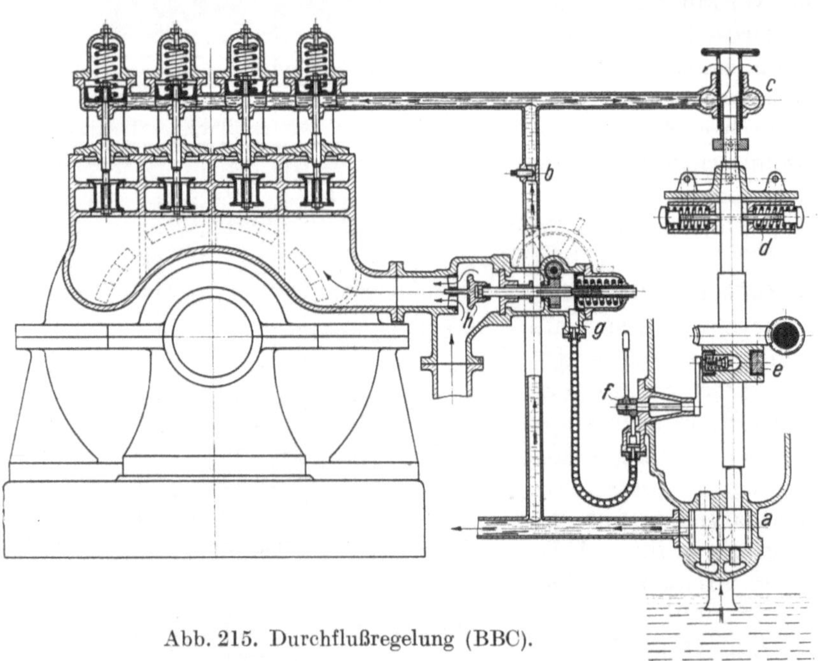

Abb. 215. Durchflußregelung (BBC).

Von dieser mit Stellmotor, festem Gestänge und Rückführung ausgestatteten Regelung ist die in Abb. 215 gezeigte Düsenregelung grundsätzlich verschieden. Es handelt sich hier um eine Durchflußregelung, bei welcher der Drosselspalt c durch den Regler verkleinert wird, wenn die Drehzahl fällt, infolgedessen der Öldruck steigt. Der Öldruck wirkt auf Kraftkolben, die die Düsenventile gegen ihre Belastungsfedern anheben. Die Belastungsfedern haben abgestufte Stärke, so daß die Düsenventile mit zunehmendem Öldrucke nacheinander geöffnet werden. Der Ölstrom, der von der Zahnradpumpe a erzeugt wird, verzweigt sich und entweicht durch schmale Spalte an den Kraftkolben wie durch den eigentlichen Drosselspalt bei c. Dieser Drosselspalt wird durch eine mit der Reglermuffe verbundene Hülse mehr oder weniger verengt, infolgedessen der Öldruck stärker oder schwächer wird und die Düsenventile mehr oder weniger geöffnet werden. Die Hülse ist schräg abgeschnitten, so daß die Größe des Drosselspaltes und damit der Öldruck in einem fort schwankt und die Regelung dauernd spielt. Die obere Hülse läßt sich von Hand oder durch ein elektromagnetisches Klinkwerk heraus- oder hineinschrauben; dadurch wird der Drosselspalt höher oder tiefer gelegt und die Drehzahl der Turbine entsprechend geändert.

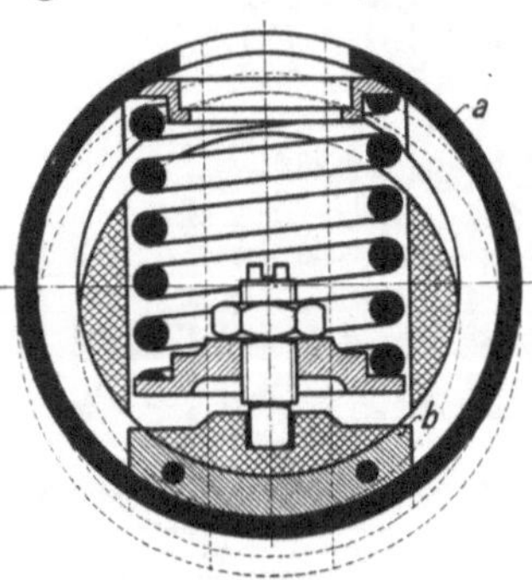

Abb. 216. Sicherheitsregler (Thyssen).

Im Falle der Hauptregler versagt, ist jede Dampfturbine mit einem zweiten Regler ausgerüstet, dem sogenannten Sicherheitsregler, der erst ausschlägt, wenn die normale Drehzahl um etwa 10% überschritten wird. In Abb. 216 (Thyssen) ist die Konstruktion eines Sicherheitsreglers dargestellt. Der Ring a wird durch die Fliehkraft des nicht ausgeglichenen Einsatzstückes b nach der einen, durch die Feder nach der andern Seite getrieben. Wird die Drehzahl zu hoch, so überwiegt die Fliehkraft und der Ring schlägt aus. Der ausschlagende Sicherheitsregler bewirkt den „Schnellschluß" der Dampfzufuhr zur Turbine; bei der in der Abb. 175 dargestellten Anordnung von Brown, Boveri

& Co. wird z. B. vom Sicherheitsregler C der Hebel D gedreht und die Sperrung der Feder ausgeklinkt, die das Absperrventil E auf den Sitz treibt. Auch von Hand kann der Schnellschluß ausgelöst werden, indem man auf den Knopf F schlägt. Mit Hilfe des gezeichneten Handrades und Gewindes kann man das Absperrventil E wieder anheben und seine Feder wieder sperren. In Abb. 215 ist e der auf der Reglerwelle sitzende Sicherheitsregler, der den Schnellschluß des Hauptabsperrventils h auslöst, wenn die Drehzahl um etwa 10% höher wird als die normale. Abb. 217 zeigt den vollständigen Zusammenhang einer Drosselregelung mit der Sicherheitsregelung. Der Fliehkraftregler R verstellt mit Hilfe des durch Öldruck getriebenen Stellmotors Z das Drosselventil D. Der Drehpunkt T des Reglerhebels ist verstellbar, um die Drehzahleinstellung zu verändern. Der Schnellschluß des Absperrventiles A wird normal durch eine Klinke gesperrt. Wird die Klinke von Hand gedreht oder beim Überschreiten der zulässigen Turbinendrehzahl vom Sicherheitsregler S ausgeklinkt, so wird die Schnellschlußbetätigung des Absperrventiles A ausgelöst. Mit Hilfe des Handrades H wird das Ventil A wieder geöffnet. Die zuverlässige Arbeitsweise der Schnellschlußregler ist im Betriebe ständig zu überwachen.

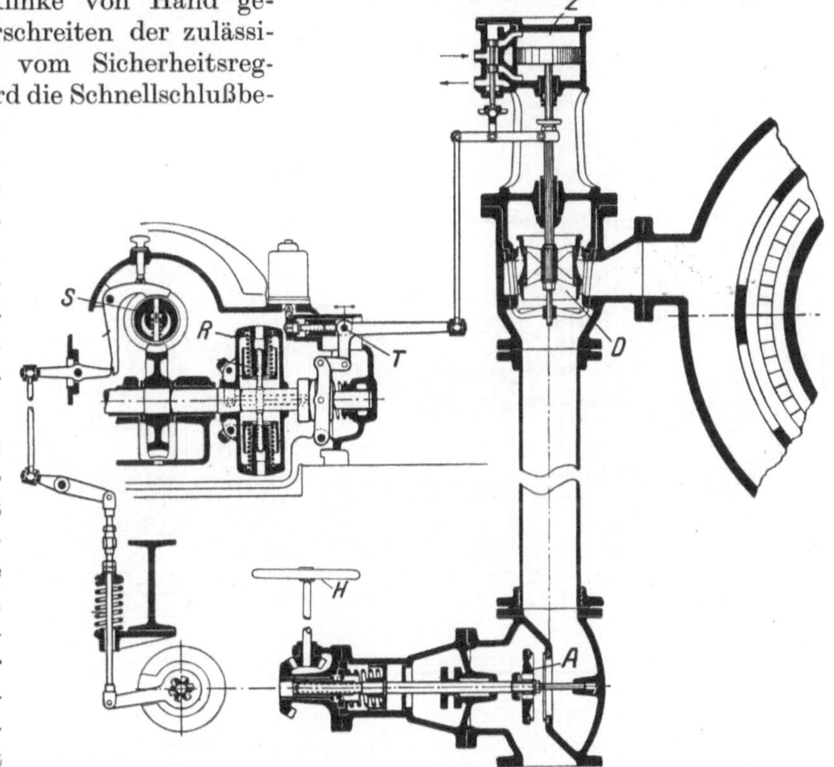

Abb. 217. Zusammenhang von Drosselregelung und Sicherheitsregelung.

112. Beispiele ausgeführter Dampfturbinen. Abb. 218 zeigt eine Kondensationsturbine der AEG. Sie ist eingehäusig gebaut. Das zweistufige Geschwindigkeits- oder Curtisrad ist mit kleinem Durchmesser gebaut und verarbeitet nur ein geringes Gefälle, um den bei Vollast etwas ungünstigeren Wirkungsgrad des Curtisrades nicht zu sehr in Erscheinung treten zu lassen. Diese Stufe soll hauptsächlich als Regelstufe für die Düsenregelung dienen. Im mittleren Druckgebiet hat die Turbine weitere mit Druckstufung arbeitende Gleichdruckstufen, auf die im Niederdruckgebiet Überdruckstufen folgen, von denen die letzten Schaufeln auf einer Trommel befestigt sind. Abb. 219 veranschaulicht die Steuerung dieser Turbine. Der im Gehäuse K eingeschlossene Fliehkraftregler verstellt den im Schiebergehäuse G laufenden Kolbenschieber des mit Drucköl betriebenen Drehkolbenmotors A, der durch Leitungen a und b mit dem Schiebergehäuse verbunden ist. Je nach der Stellung des steuernden Schiebers empfängt der Drehkolben B auf der einen oder der anderen Seite Drucköl und dreht die mit ihm verbundene Steuerwelle, auf der 5 unrunde Scheiben c befestigt sind. Diese Scheiben haben, wie Abb. 220 veranschaulicht, im Umfange abnehmendes Profil, so daß die 5 Düsenventile, die als Tellerventile ausgeführt sind, nacheinander geöffnet werden. Zur Rückführung dient die Kurvenscheibe J*.

* Über die Notwendigkeit der „Rückführung" vgl. Ziffer 81.

In der Abb. 221 ist die von der Maschinenfabrik Thyssen & Co. gebaute, für große Leistungen bestimmte Dampfturbine dargestellt. Der Hochdruckteil besteht aus einem zweikränzigen Curtisrade *a*, das von 4 gesteuerten Düsengruppen beaufschlagt wird. Der Niederdruckteil hat Überdruckschauflung; um hohe Umfangsgeschwindigkeiten zu ermöglichen, sind die letzten Laufkränze nicht auf der Trommel, sondern auf besonderen Scheibenrädern *c* befestigt. Diese Räder *c* auf der einen Seite, das Rad *a* und der Ausgleichkolben *d* auf der andern Seite sind mit der Trommel *b* axial durch Schrauben verspannt; die Räder haben keine Mittelbohrung. Weil der Entlastungskolben *d* auf der äußeren Seite unter niedrigem Drucke steht, sind Hochdruck- und Niederdruckstopfbüchse in derselben Bauart ausgeführt. Um die Düsenventile zu steuern, verstellt der Fliehkraftregler *g* den Schieber *h*, welcher Drucköl auf die eine oder die andere Seite des doppelflügligen Drehkolbens *e*, Abb. 222, lenkt, der im Drehkolbenmotor *d* schwingt und die Nockenwelle *b* dreht. Dabei werden durch die Nocken *c* nacheinander die 4 Düsenventile *a* geöffnet, die zu zweien rechts und links vom Drehkolbenmotor angeordnet sind. Beim umgekehrten Regelungsvorgange werden die Ventile nacheinander durch Federkraft geschlossen, in dem Maße, wie es das Profil der Nokken *c* vorschreibt. Versagt die Federkraft, so werden die Ventile durch die Nocken zwangläufig geschlossen. Zur „Rückführung" dient die Kurvenscheibe *l* (Abb. 221), an der das Reglergestänge *f* (Abb. 222) angreift. Wenn der Sicherheitsregler ausschlägt, bewegt er einen Ölschieber, der das Drucköl so steuert, daß die Düsenventile geschlossen werden, und zugleich das Hauptabsperrventil zuschlägt, das durch einen kleinen, durch Drucköl beaufschlagten Kolben gegen die Kraft einer Feder offen gehalten war.

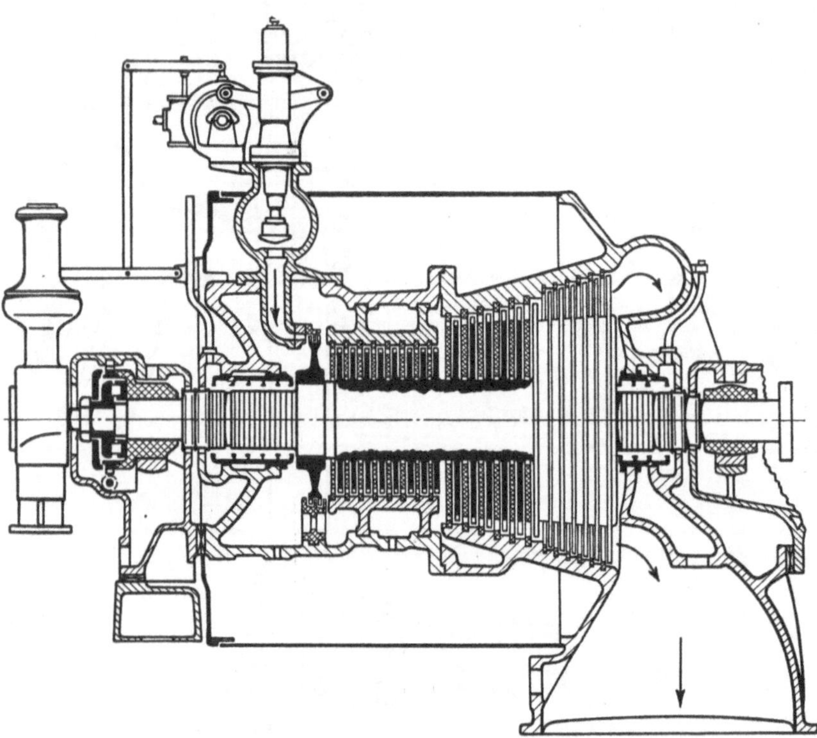

Abb. 218. Kondensationsturbine der AEG.

Die A. G. Brown, Boveri & Co., die früher eine Überdruckturbine nach Parsons gebaut hatte, hat für den Hochdruckteil ebenfalls das Geschwindigkeitsrad nach Curtis nebst Düsensteuerung übernommen, während der Niederdruckteil als Überdruckturbine ausgeführt ist. Abb. 223 zeigt eine Turbine, die für Leistungen von 8000 bis 12500 kW bei 3000 Umdr./min bestimmt ist. Die letzten Laufkränze sind nicht mit der Trommel verbunden, sondern es sind wegen der angewendeten hohen Umfangsgeschwindigkeit von über 250 m/s Scheibenräder angeordnet. Der Entlastungskolben *a* ist mit der Achse verschraubt; der durch seine Labyrinthdichtungen hindurchtretende Dampf geht durch die Bohrungen der Achse zum Niederdruckteil der Turbine. Der Stopfbüchsen-Sperrdampf strömt durch die Rohre *d* ab. Der Axialdruck, soweit er nicht durch den Entlastungskolben *a* ausgeglichen ist, wird von dem durch Kugeln abgestützten Blocklager *b*

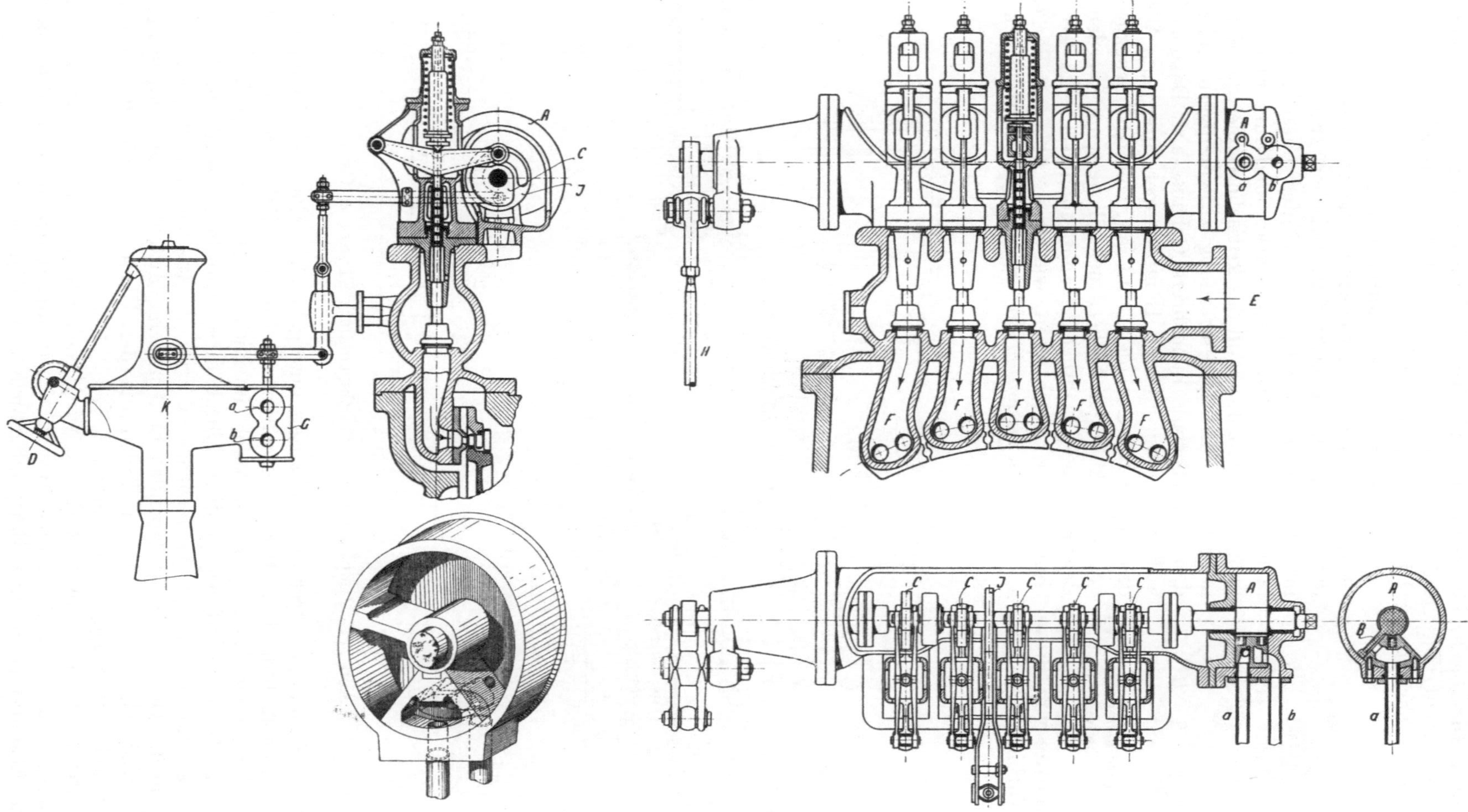

Abb. 219. Steuerung der AEG-Dampfturbine.

aufgenommen. Die Düsen, die das zweikränzige Geschwindigkeitsrad beaufschlagen, sind in 4 Gruppen geteilt. Die bei dieser Turbine verwendete Durchflußregelung war bereits in Ziffer 111 beschrieben und ist in Abb. 215 dargestellt.

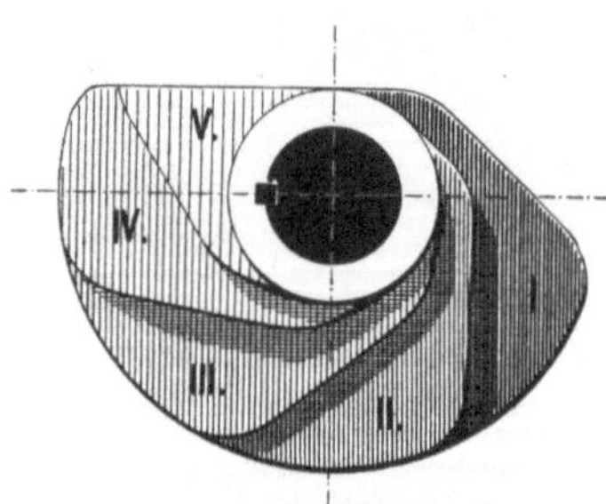

Abb. 220. Die Profile der unrunden Steuerscheiben.

Das Bestreben des heutigen Turbinenbaues, in einer Stufe ein möglichst geringes Gefälle zu verarbeiten, führt naturgemäß zu vielen Stufen. Zwischen zwei Lagern kann man aber nicht beliebig viele Stufen unterbringen; denn längere Wellen biegen sich stärker und ihre Eigenschwingungszahl kann leicht in das kritische Gebiet der Resonanz fallen. Um die Lagerentfernung zu verringern, teilt man daher die Turbine in mehrere Gehäuse auf. Dazu zwingen auch schon die höheren Dampftemperaturen; um Wärmedehnungen zu vermeiden, muß das heiße Hochdruckgehäuse von dem kälteren Niederdruckteil getrennt werden. Als Beispiel einer Mehrgehäuseanordnung sei eine **Dreigehäuseturbine** von Brown, Boveri & Co. beschrieben, wie sie in Abb. 224 dargestellt ist. Die Turbine leistet bei $n = 1500$ bis zu 50000 kW. Hochdruck-, Mitteldruck- und

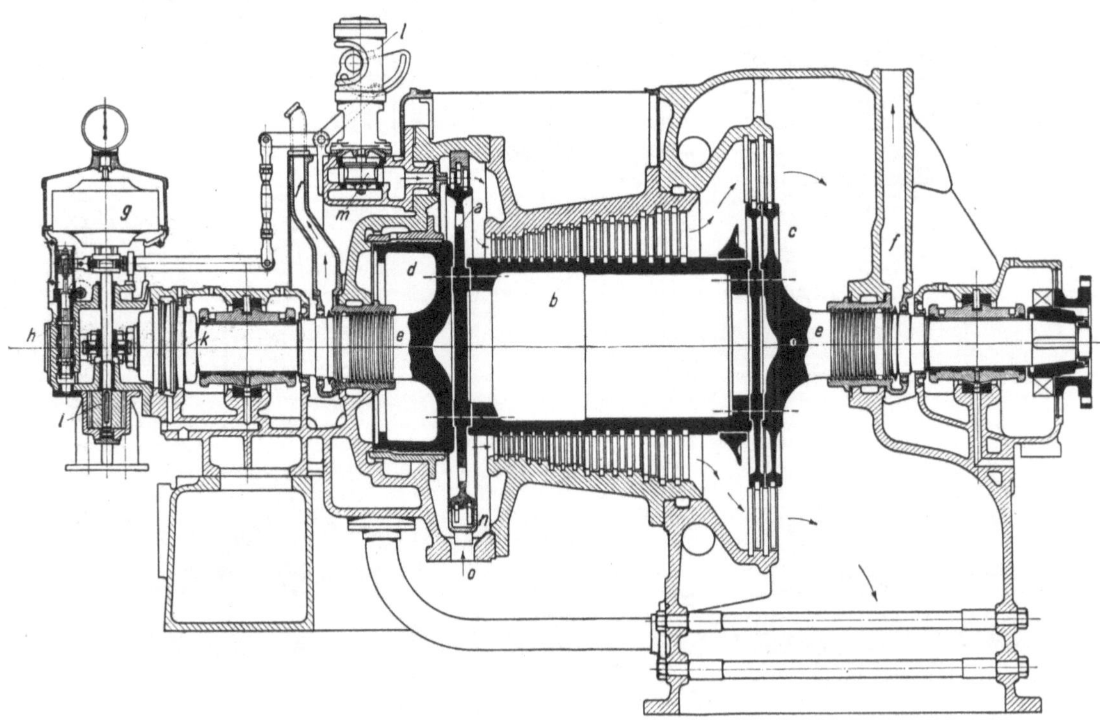

Abb. 221. Dampfturbine der Maschinenfabrik Thyssen & Co.

Niederdruckteil sind in getrennten Gehäusen untergebracht. Alle drei Stufen besitzen Überdruckbeschaufelung. Dem Hochdruckteil ist ein Geschwindigkeitsrad vorgeschaltet. Damit bei der großen Leistung die Schaufeln im Niederdruckteil nicht zu lang werden, wird hier der Dampf zweiflutig geführt. Durch diese Anordnung wird gleichzeitig ein Ausgleich des Axialschubes im Niederdruckteil erreicht. Aus der Abb. 224 ist weiter zu ersehen, wie die Dampfwege im Hochdruckteil und im Mitteldruckteil entgegengesetzt verlaufen, wodurch auch in diesen Teilen die der Überdruckbeschaufelung eigenen axialen Schubkräfte ausgeglichen werden.

Die Unterteilung in mehrere Gehäuse wird auch bei kleineren Leistungen durchgeführt, wenn Druck und Temperatur des zur Verfügung stehenden Dampfes eine wirtschaftliche Ausnützung in einer Einzylinderturbine nicht gestatten.

Die vorstehend geschilderten Bauarten waren durchweg Kondensationsturbinen. Als erstes Beispiel der Sonderbauarten ist in Abb. 225 eine Hochdruckturbine der MAN, Brünner Bauart, dargestellt, die als Vorschalt- und Gegendruckturbine Verwendung findet. Sie ist als vielstufige Gleichdruckturbine gebaut, die in jeder Stufe nur ein kleines Gefälle verarbeitet und demnach niedrige Dampf- und Umfangsgeschwindigkeiten hat. Die Laufräder (a) haben kleinen Durchmesser und werden nebst der Welle aus einem Stück geschmiedet und aus dem Vollen gedreht. Die Leiträder (b) sind gruppenweise in geteilte Einsatzbüchsen (c) eingepaßt, die radiales Spiel im Gehäuse (d) haben.

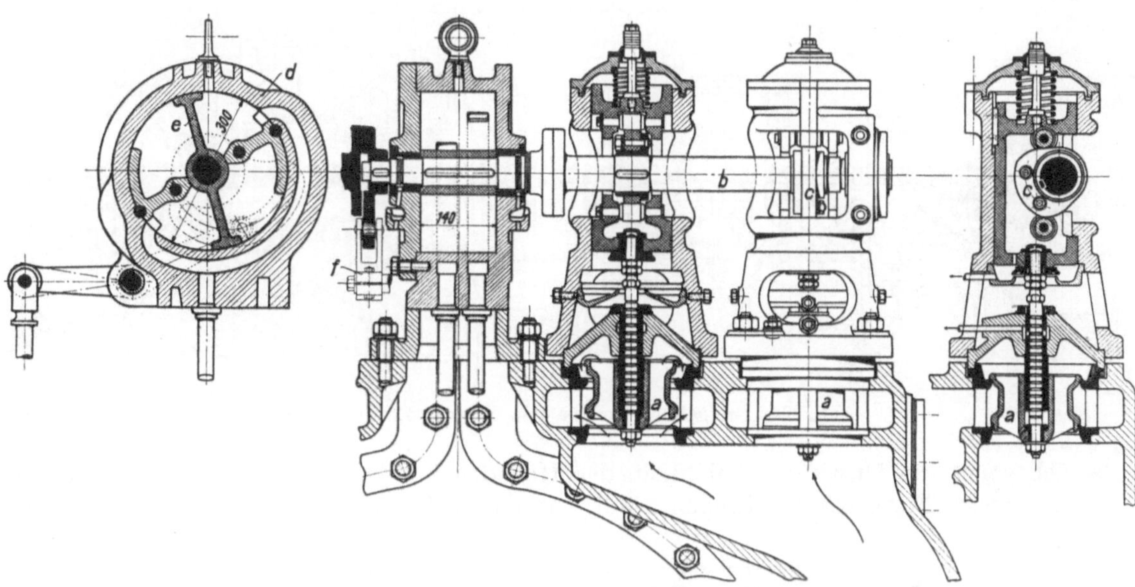

Abb. 222. Steuerung der Dampfturbine von Thyssen.

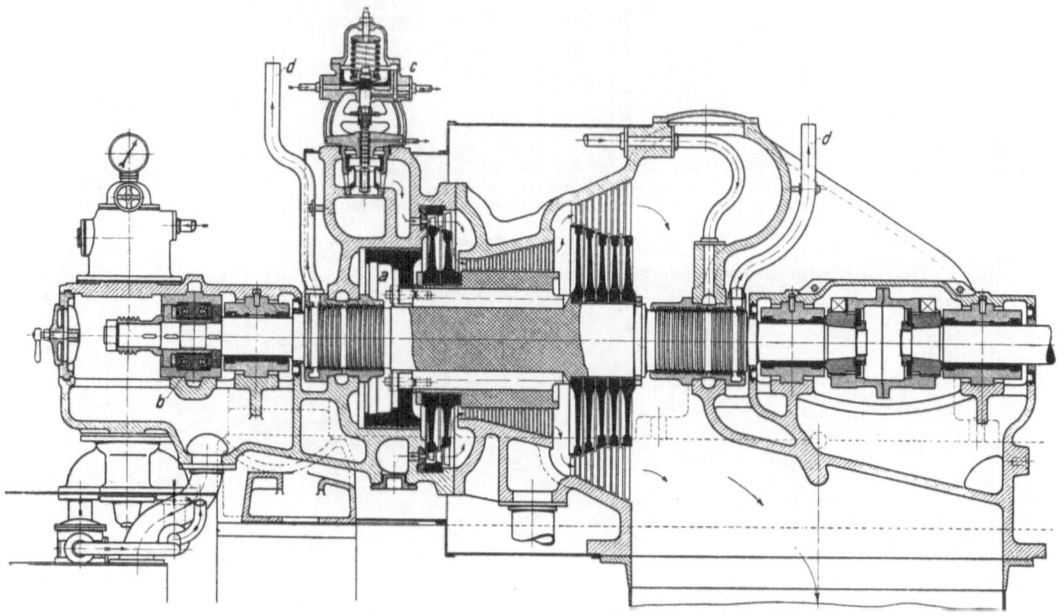

Abb. 223. Dampfturbine von Brown, Boveri & Co.

Abb. 226 zeigt die konstruktive Ausführung einer Entnahmeturbine (BBC). Der Frischdampf tritt durch das Einlaßventil a ein und arbeitet in der aus einem Geschwindigkeitsrad bestehenden Hochdruckstufe. Hinter der Hochdruckstufe wird der Entnahmedampf abgeführt, während der restliche Dampf durch das Überströmventil *b* zum Niederdruckteil gelangt. Die dargestellte Turbine ist nur für kleine Leistungen bestimmt,

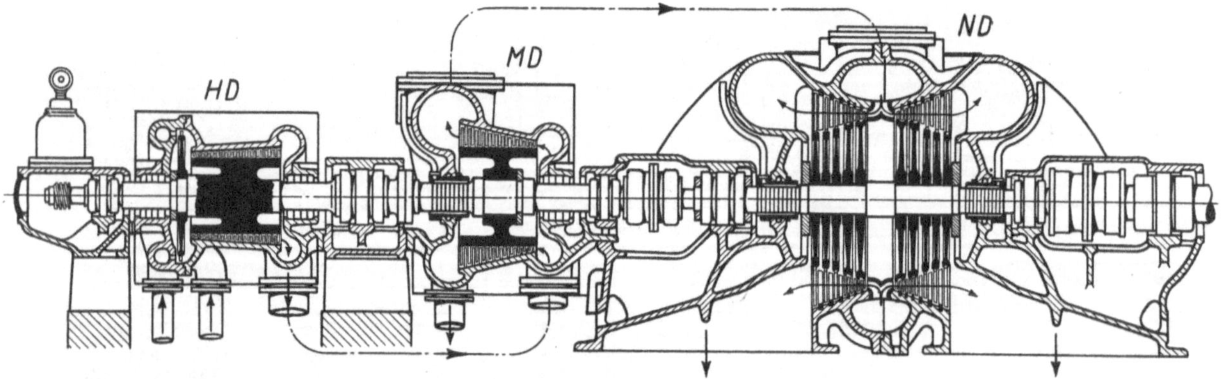

Abb. 224. Dreigehäuseturbine von Brown, Boveri & Co.

da sich sonst die Unwirtschaftlichkeit der Hochdruckstufe (Curtis-Gleichdruckrad) zu sehr auswirkt. Für große Leistungen wählt man daher Zweigehäuseturbinen, deren Hochdruckteil als normale Hochdruckturbine (vgl. Abb. 225) ausgeführt wird. Wegen der Wirkungsweise der Entnahmesteuerung vgl. Abb. 206 und 215.

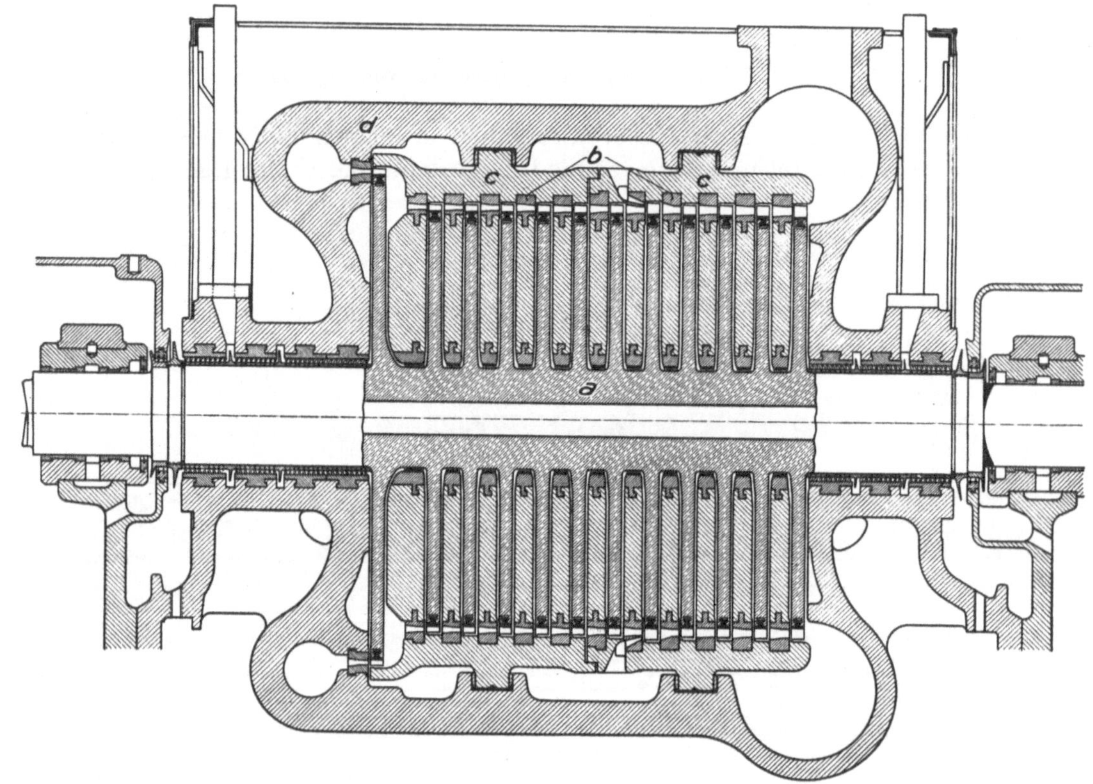

Abb. 225. Hochdruckturbine der MAN, Brünner Bauart.

Abb. 227 zeigt eine Zweidruckturbine der AEG von 3700 kW für 20000 kg/h Abdampfaufnahme. Der Hochdruckteil empfängt den Frischdampf über das Ventil *a*. Der Abdampf tritt aus der seitlich an die Turbine herangeführten Abdampfleitung, die durch ein Ventil absperrbar ist, in die Turbine ein und wird von der Niederdrucksteuerung *b* gesteuert. Der Frischdampf umgeht hinter dem Hochdruckteil die erste Abdampfstufe. — Schematisch war die Steuerung der Zweidruckturbine bereits in Abb. 208 ge-

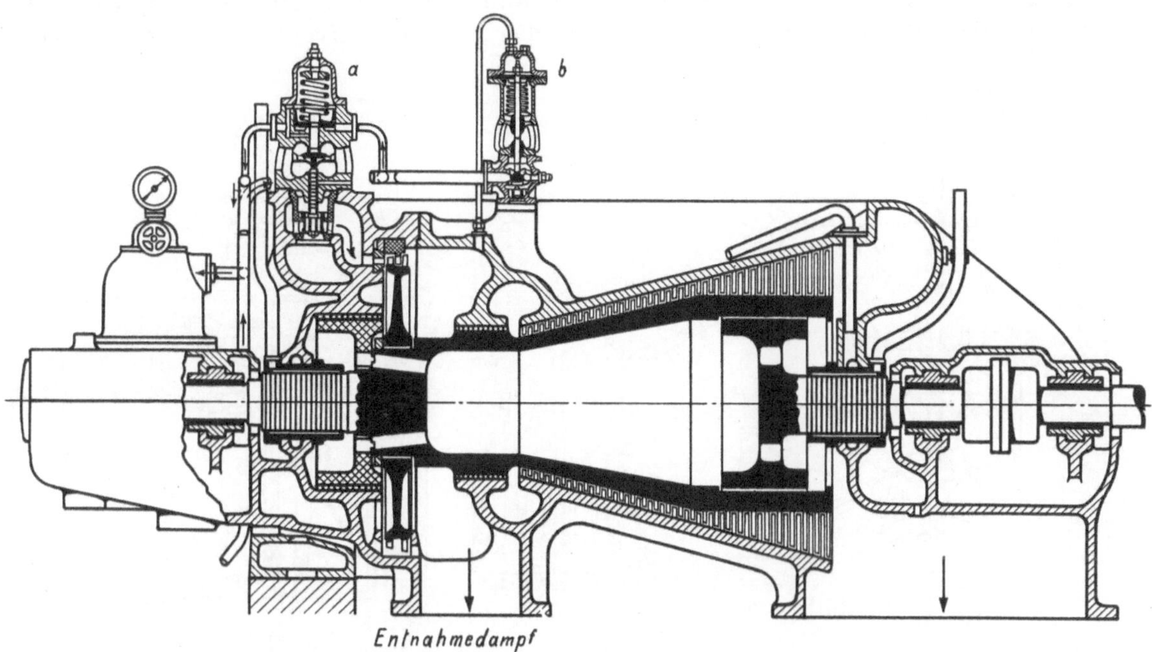

Abb. 226. Entnahmeturbine von Brown, Boveri & Co.

zeigt worden. Ihre konstruktive Durchbildung nach der Ausführung der MAN ist aus Abb. 228 zu ersehen. *a* ist das Frischdampfventil, *b* das Abdampfventil, *e* der Stellmotor des Geschwindigkeitsreglers. *f* ist der Stellmotor des Druckreglers *c*.

Bei den Zweidruckturbinen der AEG wird anstatt der oben dargestellten Drosselregelung sowohl für den Hochdruckteil wie für den Niederdruckteil die in Ziffer 111 besprochene Füllungsregelung mit gesteuerten Düsengruppen angewendet. Die Regelung der AEG-Zweidruckturbine stimmt grundsätzlich mit der Rateauschen Anordnung überein, ist aber von ihr konstruktiv unterschieden und ähnelt der in Abb. 206 dargestellten Regelung der Entnahmeturbine. Der Geschwindigkeitsregler wirkt im selben Sinne auf die Frischdampf- und die Abdampfsteuerung, der Druckregler im entgegengesetzten Sinne. — In Abb. 229 ist die Zweidrucksteuerung von Brown, Boveri & Co. veranschaulicht, die auf dem Grundsatz der früher in Ziffer 111 beschriebenen Durchflußregelung beruht. *a* ist das Frischdampfventil, *b* das Abdampfventil, *c* ist der Geschwindigkeitsregler, der den Drosselspalt *d* verengt oder erweitert,

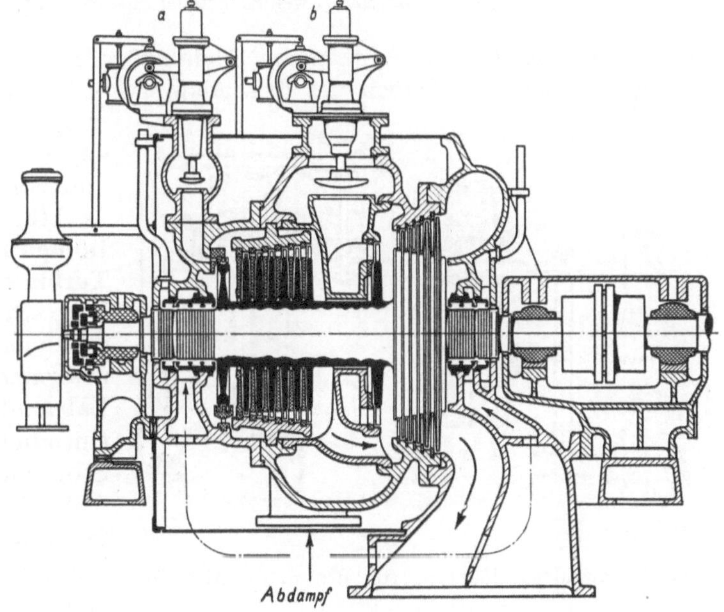

Abb. 227. Zweidruckturbine der AEG.

e ist der Druckregler, der mittels des Ventils *f* die Hochdruck- und die Niederdrucksteuerung scheidet. Bei hohem Abdampfdruck ist *f* voll geöffnet, und der Öldruck tritt in gleicher Stärke unter den Kolben des Frischdampf- und des Abdampfventils; doch wird zunächst das Abdampfventil geöffnet, weil das Frischdampfventil durch seine Feder

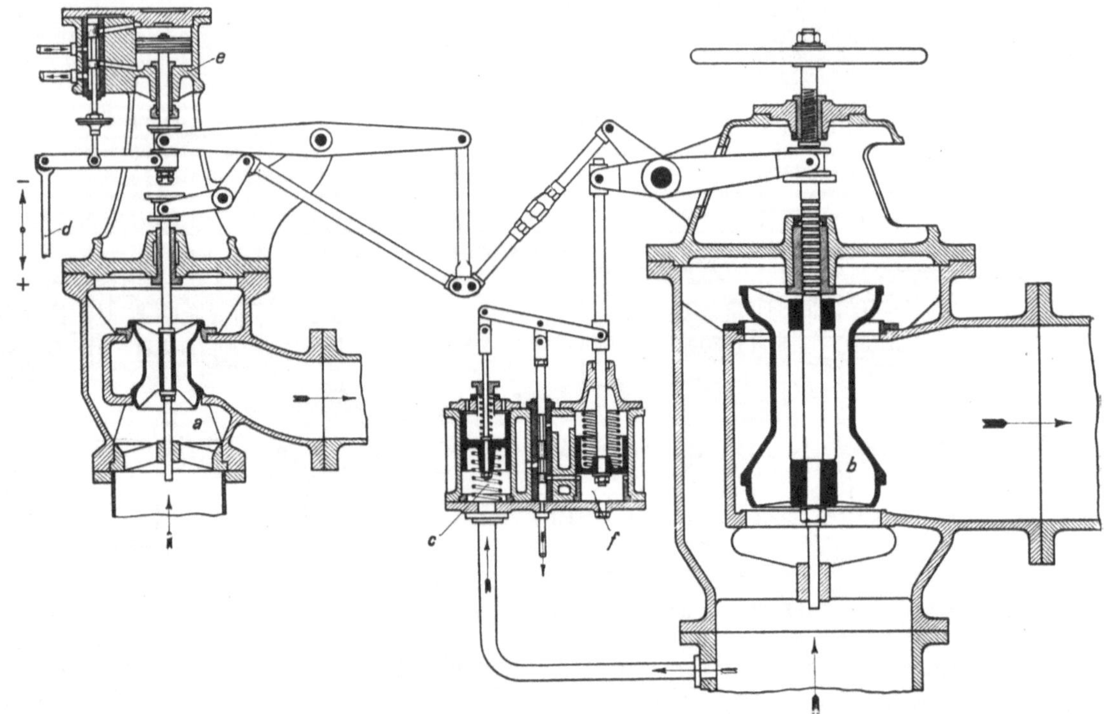

Abb. 228. Zweidrucksteuerung von Rateau (MAN).

stärker belastet ist. Bei sinkendem Abdampfdruck wird der Ölstrom im Ventil *f* gedrosselt, so daß der Kolben des Frischdampfventils *a* stärkeren Druck empfängt und steigt, der Kolben des Abdampfventils dagegen schwächeren Druck empfängt und sinkt.

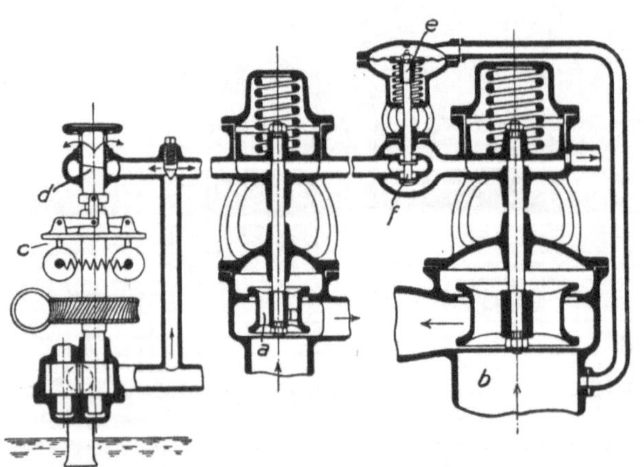

Abb. 229. Zweidrucksteuerung von Brown, Boveri & Co.

113. Die Stopfbüchsen und Lager der Dampfturbinen. Zur Abdichtung der Turbinenwelle verwendet man entweder feste Stopfbüchsen aus mehrteiligen, durch eine herumgelegte Schraubenfeder zusammengehaltenen Kohleringen oder Labyrinthdichtungen. Bei den Labyrinthdichtungen berühren sich Welle und Stopfbüchse nicht. Indem man gemäß Abb. 230 für den Durchgang des Dampfes abwechselnd Verengungen und Erweiterungen schafft, verliert der durch einen engen Spalt ausströmende Dampf seine Energie durch Wirbelung und Stöße, und das Druckgefälle wird allmählich verzehrt, so daß nur wenig Dampf verloren geht. Die dargestellte Labyrinthdichtung ist axial frei und hat radial kleinstes Spiel. Soll die Labyrinthstopfbüchse gegen Vakuum dichten, so wird ihr Sperrdampf zugeführt, den man nach außen sichtbar austreten läßt. Der Verlust durch Sperrdampf wiegt weniger schwer als die Störung durch etwa eindringende Luft. Die Lager der Dampfturbinenwelle sind Gleitlager, die durch Drucköl geschmiert werden. Das Öl wird im Kreislauf verwendet; nachdem es die Lager verlassen hat, durchfließt es einen Röhrenkühler.

114. Dampf- und Wärmeverbrauch der Dampfturbine. Thermodynamischer Wirkungsgrad der Dampfturbine. Es ist üblich, den Dampf- oder den Wärmeverbrauch von Dampfturbinen auf die effektive Leistung zu beziehen, bei Turbodynamos auf die abgegebene elektrische Energie. Es ist zweckmäßig festzulegen, ob die Antriebsleistung der Kondensation zur Turbinenleistung gehört oder nicht. Der thermodynamische Wirkungsgrad der Dampfturbine, d. h. das Verhältnis ihres idealen zu ihrem wirklichen Dampfverbrauche wird in der Regel auf die effektive Leistung bezogen, wobei der Leistungsverbrauch der Kondensation nicht berücksichtigt wird. Bei Turbodynamos bezieht man ihn auch auf die elektrische Leistung. Für die verlustlos arbeitende Dampfturbine kann man den Dampfverbrauch aus dem *is*-Diagramm entnehmen, indem man von dem Punkte, der den durch den Anfangsdruck und die Anfangstemperatur gegebenen Anfangszustand des Dampfes darstellt, senkrecht bis zur Linie des Enddruckes geht und zunächst das adiabatische Wärmegefälle ermittelt. Ist dieses z. B. 211 kcal/kg, so verbraucht die verlustlose Dampfturbine, da 1 PSh = 632 kcal ist, 632 : 211 = 3 kg Dampf/PSh. Ist der tatsächliche Dampfverbrauch 4,2 kg/PS$_e$h, so ist der thermodynamische Wirkungsgrad = 3 : 4,2 = 71,4 %. Kennt man umgekehrt den thermodynamischen Wirkungsgrad, so kann man aus dem idealen den wirklichen Dampfverbrauch feststellen. Der thermodynamische Wirkungsgrad hängt vom Dampfdruck, vom Vakuum, von der Überhitzung, von der Belastung und ferner in erheblichem Maße davon ab, ob es sich um eine große oder kleine Maschine handelt. Abb. 231 zeigt, wie sich etwa bei normalen Frischdampfkondensationsturbinen der thermodynamische Wirkungsgrad mit der Maschinengröße ändert. Die Linie gilt für die üblichen Eingehäuseturbinen; bei den neuen Mehrgehäuseturbinen mit verbessertem Hochdruckteil sind höhere Werte für η_{th} anzunehmen.

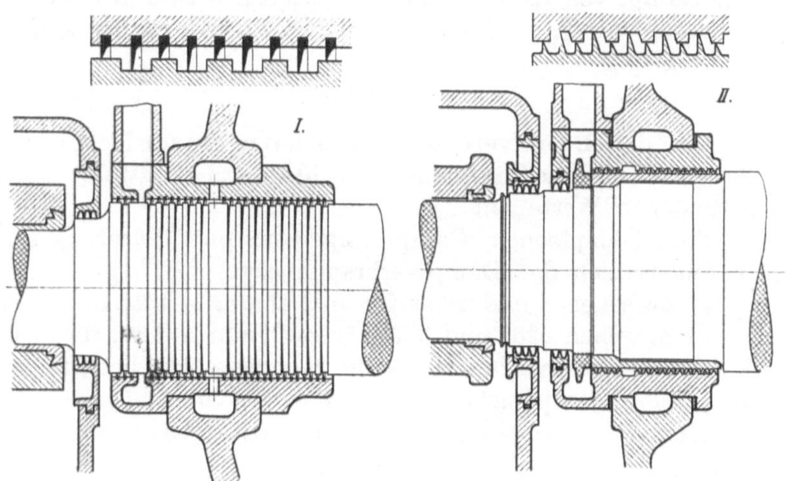

Abb. 230. Stopfbüchsen mit Labyrinthdichtung.

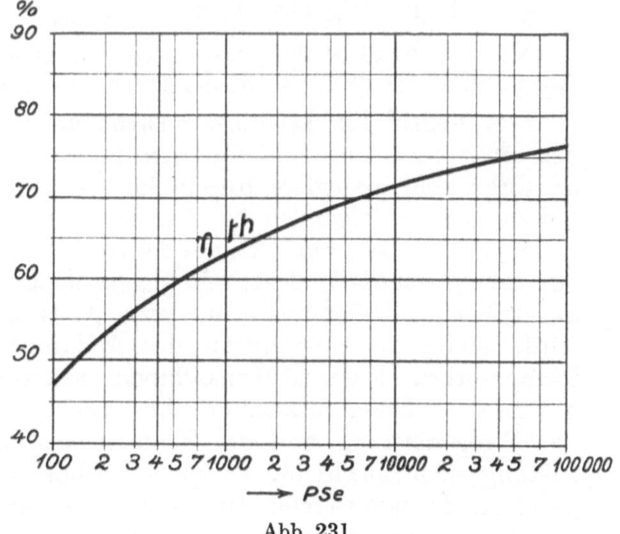

Abb. 231.

Der Dampfverbrauch großer Eingehäuse-Turbodynamos, die mit hochgespanntem, hochüberhitztem Dampf und 90 bis 92 % Vakuum arbeiten, beträgt bei voller Belastung einschließlich des Aufwandes für Kondensation und Erregung 6 bis 7 kg/kWh. Um den Dampf zu erzeugen, braucht ein Turbinenkraftwerk im Jahresmittel etwa 1 kg Steinkohle für die Kilowattstunde. Im einzelnen hängt der Dampfverbrauch vom Dampfzustande, vom Vakuum, von der Turbinengröße, der Drehzahl usw. ab. Wo es darauf ankommt, darf man nur die verbürgten oder durch Versuch festgestellten Dampfverbrauchzahlen zugrunde legen. Als erster Anhalt sind die im folgenden gegebenen Beziehungen anwendbar. Es verbraucht eine vollbelastete, den Dampfverhältnissen entsprechend gebaute Kondensations-Dampfturbine von N_e PS, die mit $n = 3000$ läuft, mit Dampf von 15 ata und 325° betrieben wird und mindestens 500 PS leistet, bei einem Vakuum von $\mathfrak{B} = 90$ bis 98% ausschließlich des Aufwandes für die Kondensation, überschlägig

$$D = 8{,}3 - 0{,}05\,\mathfrak{B} + \frac{1500}{N_e}\ \text{kg/PS}_e\text{h}\,.$$

Um den Dampfverbrauch für 1 kWh einschließlich des Aufwandes für die Kondensation und die Erregung überschlägig zu ermitteln, multipliziere man die für 1 PS_eh gefundenen Werte mit 1,5.

Sind Dampfdruck, Dampftemperatur und Belastung anders wie oben angenommen, so ändert sich der Dampfverbrauch etwa wie folgt:

a) Zwischen 8 und 20 at für + 1 at um − 1%, für − 1 at um + 1%.

b) Zwischen 225° und 350° für + 7° um − 1%, für − 6° um + 1%.

Der Leistungsaufwand für die Kondensation beträgt bei Frischdampfturbinen etwa 3%, bei Abdampfturbinen etwa 7% der vollen Turbinenleistung.

Beispiel. Eine vollbelastete Dampfturbine von 10000 PS_e braucht bei 15 ata, 325°, 90% Vakuum

$$D = 8{,}3 - 0{,}05 \cdot 90 + \frac{1500}{10000} = 3{,}95\ \text{kg/PS}_e\text{h}$$

(ohne Kondensationsaufwand) und 5,93 kg/kWh einschließlich Kondensationsaufwand usw.

Würde der Dampfdruck auf 10 ata, d. h. um 5 ata, die Dampftemperatur auf 265°, d. h. um 60° zurückgehen, so würde D auf

$$3{,}95 \cdot 1{,}05 \cdot 1{,}10 = 4{,}57\ \text{kg/PS}_e\text{h}$$

steigen.

Zahlentafel 20. Dampfverbrauch von Abdampfturbinen in kg/PS_eh.

Kondensatordruck	Eintrittsdruck in ata		
	2,0	1,0	0,5
0,08	9,3	12	15,6
0,13	10,7	14,4	21,5
0,18	12	16,5	28

Nach Dubbel ist der gesamte Dampfverbrauch von Abdampfturbinen in kg/PS_eh der Zahlentafel 20 zu entnehmen; andere Quellen geben niedrigere Zahlen.

115. Regeln für Leistungsversuche an Dampfturbinen[1]. In den durch den Verein deutscher Ingenieure aufgestellten Regeln für Abnahmeversuche an Dampfanlagen sind besondere Regeln für Abnahmeversuche an Dampfturbinenanlagen enthalten, die im folgenden im Auszuge wiedergegeben sind.

Nutzleistung einer Turbodynamo ist die Leistung an den Klemmen; jedoch ist der Leistungsbedarf elektrisch angetriebener Hilfsmaschinen abzuziehen. Bei dampfangetriebenen Hilfsmaschinen, deren Abdampf in der Hauptturbine weiter ausgenutzt wird, gehört die Nutzleistung des Abdampfes zur Nutzleistung der Turbine und der Dampfverbrauch der Hilfsmaschinen zum Gesamtverbrauch. Die Leistung der direktgekuppelten Erregermaschine gehört nicht zur Nutzleistung; bei fremder Erregung ist die Erregerleistung von der Klemmenleistung der Turbodynamo abzuziehen. Nutzleistung einer Turbine, die einen Turbokompressor usw. oder eine von anderer Seite gelieferte Dynamo treibt, ist die Leistung an der Kuppelung.

In erster Linie sind die Nutzleistung und der Dampfverbrauch für die Arbeitseinheit zu messen. Die Versuchsverhältnisse sollen möglichst gleich gehalten werden, erforderlichenfalls durch künstliche Belastung. Druck und Temperatur des Dampfes sind unmittelbar vor dem Hauptabsperrventil, das Vakuum ist am Flansch des Kondensatorstutzens zu messen. Der Dampfverbrauch ist zu ermitteln

a) durch Messung des im Oberflächenkondensator niedergeschlagenen Dampfes oder

b) durch Messung des Dampfes mittels Düsen oder

c) durch Wiegen des Speisewassers.

[1] Vgl. auch die Ziffern 37 und 98, die Auszüge aus den durch den Verein deutscher Ingenieure aufgestellten Regeln für Abnahmeversuche an Dampferzeugern und Kolbendampfmaschinen enthalten.

Bei der Kondensatmessung ist folgendes zu berücksichtigen: Der Kondensator soll dicht sein; die durch etwaige Undichtheiten in den Dampfraum eindringende Kühlwassermenge ist festzustellen. Bei Wasserstrahlluftpumpen kondensiert etwas Dampf und wird mit dem Arbeitswasser, sofern es nicht im Kreislauf verwendet wird, mitgeführt[1], so daß der durch die Kondensatmessung ermittelte Dampfverbrauch kleiner als der tatsächliche ist. Die mitgerissene Kondensatmenge ist nach Möglichkeit zu bestimmen. Schließlich ist der Dampf, der nicht in den Kondensator gelangt, besonders zu messen, wie Stopfbüchsendampf, Dampf von Dampfstrahlluftpumpen usw. Versuche, bei denen das Speisewasser gewogen wird, sollen 5 bis 6 Stunden dauern, und gelten mit 2,5% Spiel. Bei Kondensatmessung genügt eine ½- bis 1stündige Versuchsdauer; die Messung gilt, wenn die Belastung gleichmäßig gewesen, ohne Spiel. Für Messungen des Dampfverbrauches mittels geeichter Düsen genügt einstündige Versuchsdauer und die Messung gilt mit 5% Spiel.

XII. Verwertung des Abdampfes von Dampfkraftmaschinen.[2]

116. Allgemeines. Es sind zwei grundsätzlich verschiedene Arten von Abdampfverwertungsanlagen zu unterscheiden: einmal handelt es sich darum, den Abdampf von Dampfmaschinen und Dampfturbinen für Heizzwecke zu verwenden, also den Kraft- und den Heizungsbetrieb miteinander zu kuppeln, welche Aufgabe in chemischen Fabriken, Papierfabriken usw. in erster Reihe steht; dann gilt es, den Abdampf ungünstig arbeitender Kolbenmaschinen in günstig arbeitenden Niederdruckturbinen mit Kondensation auszunutzen, welche Aufgabe im Zechenbetriebe von Bedeutung ist.

117. Die Verwendung des Abdampfes zu Heizzwecken. Da der Abdampf noch sehr viel Wärme enthält, die bei der Verflüssigung des Dampfes frei wird, so ist die Verbindung von Kraft- und Heizbetrieb von außerordentlichem Vorteil. Wird ihr ganzer Abdampf zur Heizung verwendet, so ist die Dampfkraftmaschine die denkbar wirtschaftlichste Kraftmaschine. Für die so außerordentlich günstige und deshalb so viel angestrebte Kuppelung des Kraft- und Heizbetriebes ist aber Vorbedingung, daß sich der Dampfbedarf für Kraftzwecke und der Dampfbedarf für Heizzwecke decken, wie es bei chemischen Fabriken, Papier- und Zellstoffabriken, Brauereien usw. im Zusammenhange der Fabrikation etwa der Fall ist. Bei Bergwerken, Hüttenwerken, Maschinenfabriken usw. besteht im Zusammenhange des Betriebes nur ein verhältnismäßig kleines Bedürfnis für Heizdampf. Das Speisewasser vermag nicht viel Wärme aufzunehmen, und, je höher das Speisewasser vorgewärmt wird, um so weniger wirkt der Rauchgasvorwärmer. Für Raumheizung ist nur in der kalten Jahreszeit zu sorgen. Dagegen brauchen die Waschkauen der Zechen das ganze Jahr Wärme. Die Verbindung eines Kraftwerkes mit einem Fernheizwerk hat die Schwierigkeit, daß die Kraftmaschinen, die im Winter gegen den Druck der Heizung arbeiten, im Sommer mit Kondensation zu betreiben sind. Eine Badeanstalt oder eine Warmwasserbereitung an ein Kraftwerk anzuschließen, ist wegen der gleichmäßigeren Wärmeentnahme günstiger.

Wo der Heizbetrieb die Grundlage bildet, handelt es sich eigentlich nicht um eine Heizung durch Abdampf, sondern es ist dem Heizbetrieb ein Kraftbetrieb vorgeschaltet. Indem man mit geringem Mehraufwand an Wärme anstatt des für die Heizung gebrauch-

[1] Vgl. Ziffer 98.

[2] Die Verwendung der Abwärme von Gasmaschinen ist in Ziffer 134 besprochen. Aus der Literatur ist hervorzuheben: Schneider, L.: Die Abwärmeverwertung im Kraftmaschinenbetrieb. Berlin: Springer 1923. Auf die Aufsätze von Dipl.-Ing. Lüth über die Abwärmeverwertung auf Kohlenzechen, Glückauf 1920, S. 668 und 1037, sei hingewiesen.

ten Niederdruckdampfes hochgespannten Dampf erzeugt, befähigt man den Dampf, bevor er heizt, in einer Dampfkraftmaschine gegen den Druck der Heizung zu arbeiten. Je nach der erforderten Temperatur wird Heizdampf von 1 bis 5 at absolutem Druck verwendet. Unter Umständen verwendet man auch Dampf zur Heizung, der unter atmosphärischen Druck entspannt ist; Dampf von $^1/_2$ ata z. B. hat noch 80^0 Temperatur. Man spricht dann von Vakuumdampfheizung.

Den Überdruck des Dampfes über den Heizungsdruck nutzt man in Gegendruckkolbenmaschinen oder Gegendruckturbinen aus. Die Gegendruckkolbenmaschine braucht weniger Dampf als die Gegendruckturbine, oder — mit anderen Worten — die in die Heizung auspuffende Kolbenmaschine leistet mit gegebener Dampfmenge mehr als die Turbine[1]. Der Abdampf der Kolbenmaschine ist aber zu entölen, während die Turbine ölfreien Dampf liefert und auch besser für überhitzten Dampf geeignet ist. Aus Abb. 232[2] ist zu entnehmen, wieviel Kilogramm Dampf für 1 PS_ih die Einzylinder-Sattdampfmaschine bei Gegendrücken von 0,5 ata bis 4 ata und bei verschieden großen Anfangsdrücken im Zylinder braucht. Die umgekehrten Werte ergeben, wieviel PS_ih mit 1 kg Dampf unter den angegebenen Druckverhältnissen geleistet werden[3]. Wegen der Regelung der Gegendruckdampfmaschinen und -turbinen vgl. Ziffer 110.

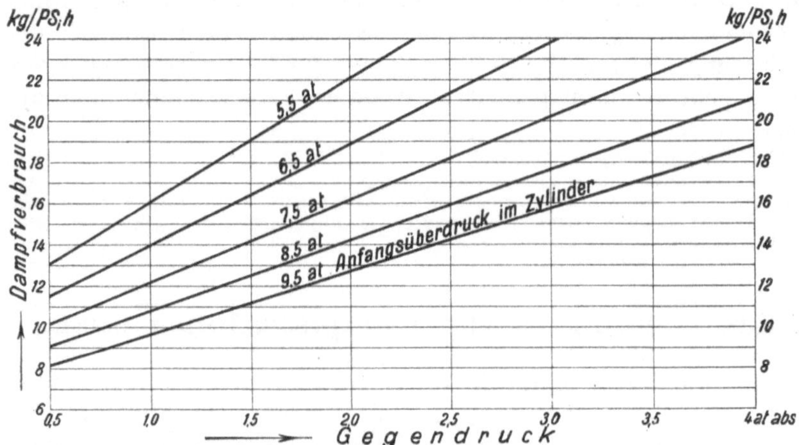

Abb. 232. Dampfverbrauch von Gegendruckkolbenmaschinen.

Wird nicht der ganze Abdampf der Dampfkraftmaschine für Heizzwecke benötigt, so entnimmt man Heizdampf von erforderlichem Druck, sogenannten Zwischendampf, entweder dem Aufnehmer einer Verbundmaschine oder dem Niederdruckteil einer Dampfturbine. Abb. 233 (nach Dubbel) veranschaulicht, wie sich bei einer Entnahmemaschine Hochdruck- und Niederdruckfüllung ändern, wenn der Maschine, während ihre Belastung gleich bleibt, einmal wenig, einmal viel Heizdampf entnommen wird. Wird kein Heizdampf entnommen, so wirkt die Maschine als normale Verbundmaschine. Wird viel Heizdampf entnommen, so erhält der Hochdruckzylinder große, der Niederdruckzylinder kleine Füllung. Über Aufbau und Regelung der Entnahmeturbinen vgl. Ziffer 110 und 112. Vielfach läßt man durch den Druckregler nur die Niedersteuerung verstellen, so daß z. B. bei steigendem Entnahmedruck die Niederdruckfüllung vergrößert wird. Die entsprechende Verkleinerung der Hochdruckfüllung muß dann der Geschwindigkeitsregler einstellen, der zur Wirkung kommt, wenn die Maschine infolge der zu groß gewordenen Dampfzufuhr schneller zu laufen beginnt. Allerdings schwankt dadurch die Drehzahl stärker. Ist die Drehzahl gebunden, weil die Maschine

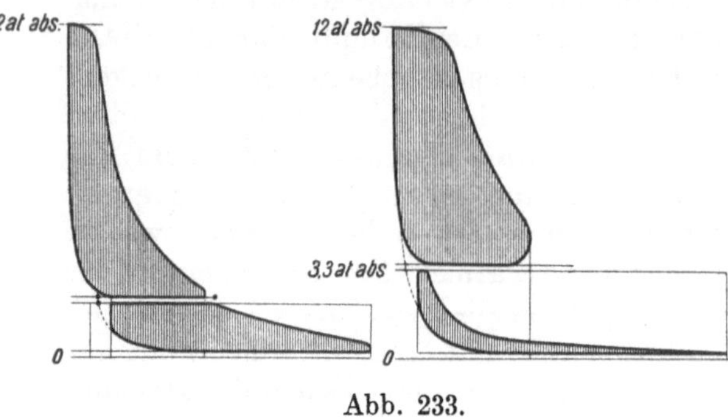

Abb. 233.

[1] Wegen der neuen verbesserten Hochdruckturbinen siehe die Ziffern 110 und 112.
[2] Dem S. 181 unter Anm. 2 angebenen Werke von Schneider entnommen.
[3] Je höher der Anfangsdruck, um so günstiger ist es.

auf ein Drehstromnetz arbeitet, so schwankt die Belastung der Entnahmemaschine entsprechend. Gehen die Änderungen der Heizdampfentnahme allmählich vor sich, kann man die Drehzahl bzw. die Größe der Belastung von Hand nachregeln. Abb. 234 (MAN) zeigt den Querschnitt einer Entnahme- oder Anzapfturbine, bei welcher der Druckregler nur die Niederdruckfüllung ändert. Steigt der Entnahmedruck p, so wird

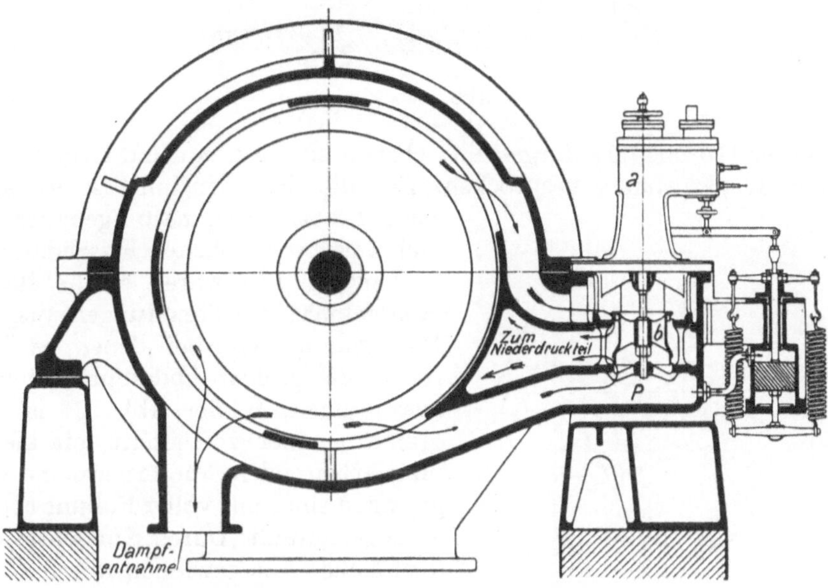

Abb. 234. Entnahmeturbine der MAN.

mittels des Öldruckmotors a das Ventil b gehoben, und es strömt mehr Dampf zum Niederdruckteil der Turbine.

Je mehr Zwischendampf man entnimmt, um so höheren Dampfverbrauch für die PSh hat die Entnahmedampfmaschine. Besonders leidet die Entnahmeturbine, deren Stärke ja im Niederdruckteil liegt, je weniger Dampf im Niederdruckteil ausgenützt wird. Für die Bemessung der Kesselanlage gilt[1] als erster Anhalt folgendes: Bei den Kolbenmaschinen steigt für je 10% Dampfentnahme (bezogen auf die bei reinem Kraftbetriebe mit Kondensation verbrauchte Dampfmenge) der Frischdampfverbrauch um 5%; bei Dampfturbinen ist aber der entsprechende Mehrverbauch an Frischdampf = 8%. Abb. 235[1] veranschaulicht die Verhältnisse.

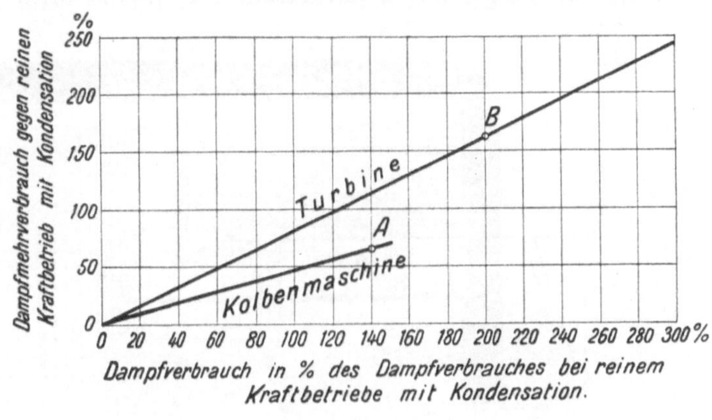

Abb. 235.

Daß die Verbindung des Heiz- und des Kraftbetriebes von größtem Vorteil ist, ist längst erkannt und auch durchgeführt, wo günstige Bedingungen gegeben sind. Im Zechenbetrieb selbst sind Heiz- und Kraftbetrieb nur in geringem Umfange kuppelbar; deshalb ist man dazu übergegangen, den Zechenkraftbetrieb mit anderen Fabrikbetrieben zu verbinden, die viel Wärme brauchen oder Fernheizwerke an Zechenkraftwerke anzuschließen.

[1] Siehe Schneider: Abwärmeverwertung, S. 119 bzw. 113.

118. Verwendung des Abdampfes von Kolbenmaschinen in Niederdruckdampfturbinen. Die Grundlage, auf der die Abdampfverwertung in Abdampf- oder Zweidruckturbinen

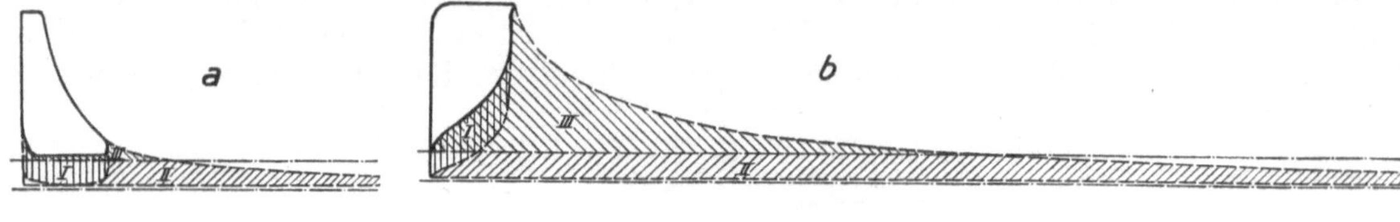

Abb. 236.

beruht, ist in Ziffer 110 und 112 dargestellt; ebenda sind Aufbau und Regelung der Abdampf- und Zweidruckturbinen besprochen. Für die Dampfturbine ist Abdampf von etwa 1,2 ata etwa halb (genauer 45%) so viel wert, wie üblicher Frischdampf.

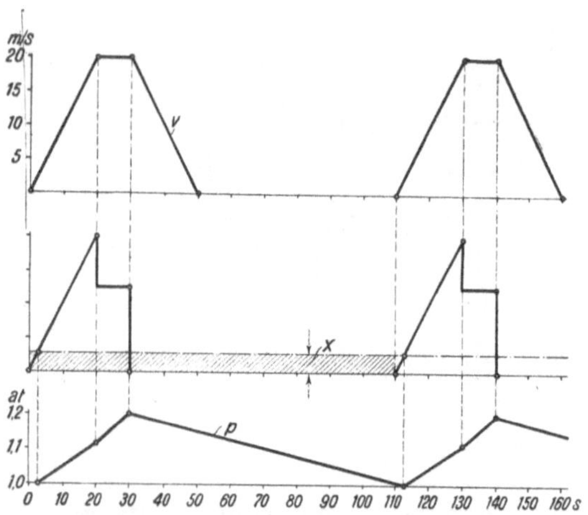

Abb. 237.

Ursprünglich waren es die älteren, mit unzweckmäßigen Steuerungen ausgerüsteten Fördermaschinen, bei denen es besonders reizte, die großen Abdampfmengen günstig auszunützen. In der Abb. 236 ist das Diagramm *a* einer vorteilhaft mit kleiner Füllung arbeitenden Fördermaschine dem Diagramm *b* einer mit voller Füllung arbeitenden entgegengestellt. Durch Kondensation wären die Flächen *I* zu gewinnen, durch Verwertung des Auspuffdampfes in einer Abdampfturbine die Flächen *I*+*II*, verloren gehen die Flächen *III*. Durch die Verwertung des Abdampfes in einer Turbine kann man die schlechte Fördermaschine erheblich verbessern; trotzdem bleibt die Ausnutzung des Dampfes unvollkommen. Die günstige Dampfverteilung, wie sie im Diagramm *a* dargestellt ist, bleibt unter allen Umständen zu erstreben.

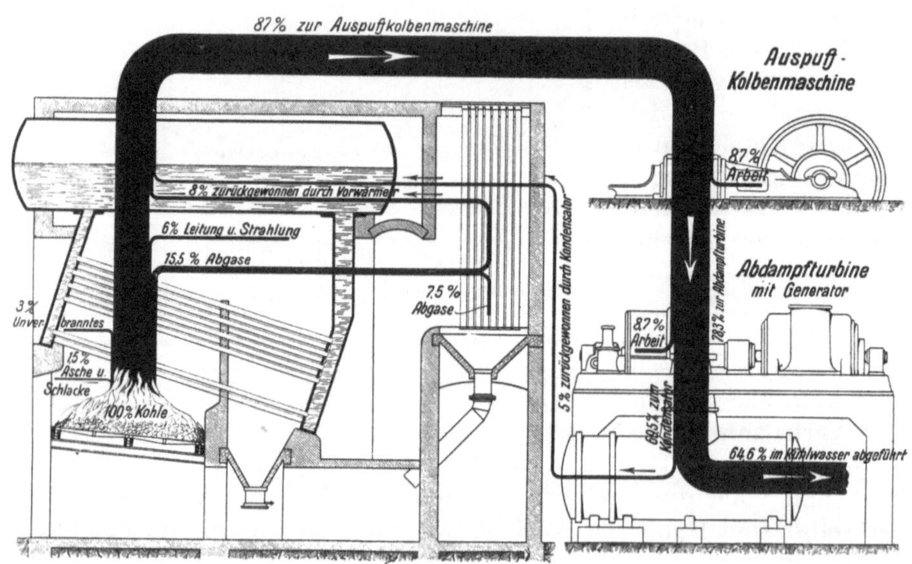

Abb. 238. Wärmestromdiagramm einer Dampfkraftanlage mit Abdampfturbine (Sankey-Diagramm).

Die Abdampfmenge einer Fördermaschine schwankt zeitlich sehr stark, was bei der den Abdampf verbrauchenden Turbine zu berücksichtigen ist. Abb. 237 zeigt oben die

Geschwindigkeitsdiagramme, in der Mitte den Dampfverbrauch einer Fördermaschine. Der Förderzug dauert 50 s, die Förderpause 60 s, das Förderspiel also 110 s. Der Dampfverbrauch und damit in gleicher Weise die Abdampfmenge steigt während der Anfahrt, die 20 s dauert, auf den Höchstwert, sinkt während der 10 s dauernden Beharrung auf etwa zwei Drittel des Höchstwertes und hört dann 80 s lang auf. Die den Abdampf aufnehmende Zweidruckturbine muß entweder sehr schnell regelbar sein, um den zeitweiligen Mangel an Abdampf durch sofortige Erhöhung der Frischdampfzufuhr auszugleichen, oder es muß zwischen Fördermaschine und Turbine ein Speicher eingeschaltet werden, der während der Laufzeit der Fördermaschine einen Teil des Abdampfes speichert, um ihn während der Pause gleichmäßig an die Turbine abgeben zu können. Nach dem Beispiel in Abb. 237 ist die durchschnittliche Abdampfmenge x nur etwa $^1/_7$ der höchsten. Die Gesamtmenge eines Förderspieles beträgt $x \cdot 110$ kg. Bei vollkommener Speicherung müßten $x \cdot 80$ kg in den ersten 30 s aufgespeichert werden, um von der 30. bis zur 110. Sekunde an die Turbine abgegeben werden zu können. Die Linie p veranschaulicht, wie in einem durch Änderung des Dampfdrucks wirkenden Speicher[1] der Druck erst steigt, wenn die Fördermaschine mehr Dampf ausstößt, als die Abdampfturbine, welcher der Dampf gleichmäßig zuströme, aufnimmt, und dann wieder auf den ursprünglichen Wert zurückgeht.

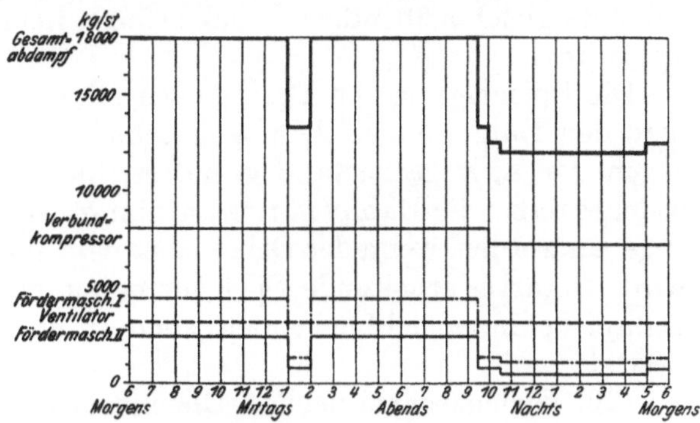

Abb. 239. Abdampfmengen einer Zeche.

An und für sich ist es vorteilhaft, auch den Abdampf von Kolbenkompressoren und den Kolbenantriebsmaschinen der Ventilatoren in Turbinen auszunützen, wie es das Wärmestromdiagramm Abb. 238 (MAN) zeigt. Bedingung ist aber, daß man die mittels des Abdampfes erzeugte Energie verbrauchen kann. Dabei ist zu bedenken, daß die auspuffenden Dampfmaschinen selbstverständlich viel mehr Dampf brauchen, als wenn sie mit Kondensation betrieben würden. Abb. 239 zeigt an einem Beispiel, welche Abdampfmengen auf einer Zeche etwa in Frage kommen. In dem Maße, wie bei dem steigenden Druckluftbedarfe der Turbokompressor Boden gewinnt, tritt übrigens der Kolbenkompressor als etwaiger Lieferer von Abdampf zurück. Der durch eine Zweidruckturbine angetriebene Turbokompressor eignet sich umgekehrt ausgezeichnet zur Verwertung von Abdampf.

XIII. Wärmespeicher.[2]

119. Allgemeines über Wärmespeicher. Wärmespeicher stellen ein Ausgleichmittel in Dampfkraftanlagen dar. Einmal dienen sie dazu, die gleichmäßige Dampferzeugung einer Kesselanlage dem schwankenden Dampfbedarf anzupassen, während sie anderseits im Abdampfbetriebe schwankende Abdampfmengen einem gleichmäßig arbeitenden Dampfverbraucher angleichen sollen. Die verschiedenen Speicherungsmöglichkeiten ergeben sich bei der Verfolgung der einzelnen Arbeitsstufen des Kreisprozesses einer Dampfkraftanlage: 1. Vorwärmung des Wassers, 2. Erhitzung auf Siedetemperatur, 3. Verdampfung, 4. Expansion und 5. Kondensation des Dampfes. Praktische Speicherungsmöglichkeiten bieten die 2. und 3. Stufe. Arbeitet der Kessel, einer mittleren Belastung

[1] Vgl. Ziffer 122.
[2] Es sei verwiesen auf Pauer: Energiespeicherung. Dresden: Th. Steinkopff 1928.

entsprechend, unverändert mit gleicher Wärmezufuhr, so ergibt sich bei Unterbelastung Wärmeüberschuß. Diese Überschußwärme speichert man in der 2. Stufe als Wasserwärme oder in der 3. Stufe als Dampfwärme. Bei Überbelastung des Kessels kann dann die Energiezufuhr der Feuerung dieselbe bleiben, wie bei mittlerer Belastung, wenn die vorher gespeicherte Wärme zur Deckung der Belastungsdifferenz wieder in das Arbeitssystem zurückgeführt wird. Beim Abdampfbetriebe fehlt der oben dargelegte Kreisprozeß; hier handelt es sich lediglich um die Speicherung der Dampfwärme.

Speicherung der Wasserwärme besteht einfach in der Ansammlung heißen Wassers von gleicher Temperatur und gleichem Druck wie das Kesselwasser. Da die Speicherung bei stets gleichbleibendem Druck erfolgt, nennt man Speicher dieser Art Gleichdruckspeicher.

Die Speicherung der Dampfwärme bietet dagegen mehrere Möglichkeiten. Speichert man den Dampf als solchen, so geschieht dieses in reinen Dampfspeichern. Wird dagegen der Aggregatzustand geändert, indem man den Dampf in Wasser niederschlägt, welches dabei die Dampfwärme aufnimmt, so kann die Wärme in Dampfform nur zurückgegeben werden, wenn der Druck über dem Wasser ständig unter dem Siededruck gehalten wird. Derartig arbeitende Speicher nennt man Gefällespeicher, da der entnommene Dampf keinen gleichbleibenden, sondern einen mit der Entspeicherung fallenden Druck besitzt.

120. Gleichdruckspeicher. Gleichdruckspeicherung, also Speicherung von Heißwasser, hat man mehr oder weniger bei fast allen Kesseln. Sie erfolgt im Speiseraum des Kessels und wird dann als Speiseraumspeicherung bezeichnet. Die größte Speichermenge ist gleich der Speisewassermenge, die zwischen niedrigstem und höchstem Wasserstand zugeführt werden kann. Bei Unterbelastung wird der Kessel stärker gespeist als im normalen Betriebe, bis der höchste Wasserstand erreicht ist. Tritt dann Überbelastung ein, so wird die Speisung vermindert oder ganz abgestellt. Dann hat der Kessel bei gleicher Wärmezufuhr in der Feuerung nur noch die Verdampfungswärme aufzubringen, da das Wasser bereits auf den Siedepunkt erwärmt ist; die Dampferzeugung kann also bei gleicher Energiezufuhr durch die Feuerung beträchtlich gesteigert werden. Der Arbeitsbereich erstreckt sich vom höchsten bis zum niedrigsten Wasserstand. Die Speicherfähigkeit (Kapazität) ist demnach bei Flammrohrkesseln am größten, da sie gegenüber anderen Kesselsystemen den größten Speiseraum besitzen. Bei den modernen Röhrenkesseln kann der Speiseraum und damit die Speicherfähigkeit durch Zuschalten eines besonderen Gleichdruckspeichers beliebig vergrößert werden.

Als Beispiel sei die Anordnung und Wirkungsweise des Gleichdruckspeichers von Dr. Kiesselbach erläutert (vgl. Abb. 240). Der Speicher ist ein zylindrischer Behälter, welcher mit dem Kessel durch die Wälzleitung und die Überlaufleitung verbunden ist. Eine Pumpe in der Wälzleitung sorgt für ständigen Wasserumlauf zwischen Kessel und Speicher. Um im Kessel und Speicher denselben Druck herzustellen, werden die Dampfräume beider durch die Druckausgleichleitung miteinander verbunden. Die Speisepumpe fördert entweder direkt in den Kessel, oder, wenn bei der Erwärmung des Wassers starke Schlammabscheidung zu erwarten ist, zunächst in den Speicher, aus welchem der Schlamm leicht entfernt werden kann.

Der Ausgleich der Belastungsschwankungen erfolgt in der Weise, daß bei geringer Belastung mehr Wasser in den Kessel gespeist wird als für die Dampferzeugung erforderlich ist. Der Überschuß an Speisewasser wird im Kessel durch den Wärmeüberschuß der Feuerung auf Siedetemperatur gebracht und läuft mit dem Wälzwasser zusammen durch die Überlaufleitung nach dem Speicher ab. Der Speicher wird aufgeladen, sein Wasserinhalt vergrößert sich. Steigt die Belastung des Kessels über die mittlere Belastung, so wird die Speisung abgestellt. Der normale Wasserstand wird dadurch aufrecht erhalten, daß das verdampfende Wasser durch das gespeicherte Wasser ersetzt wird, für dessen Verdampfung dann die Gesamtwärme der Feuergase zur Verfügung steht. Der Speicher wird entladen, sein Wasserinhalt nimmt ab.

Die Verbindung von Röhrenkesseln mit Gleichdruckspeichern macht diese Kessel zu Großwasserraumkesseln, wodurch aber die Vorteile der Kleinwasserraumkessel nicht beeinträchtigt werden.

121. Gefällespeicher. Bei den Gefällespeichern ist der Speicherbehälter bis auf einen kleinen Dampfraum mit Wasser gefüllt. Der überschüssige Dampf wird, indem er sich verflüssigt, vom Wasser aufgenommen, dessen Temperatur und Druck entsprechend steigen; strömt umgekehrt nicht genügend Dampf zu, so wird aus dem heißen Wasser Dampf entwickelt, wobei Temperatur und Druck im Speicher entsprechend sinken. Wird der Speicherdruck zu groß, so bläst der Dampf durch ein Sicherheitsventil ab, wird er zu klein, so wird gedrosselter Frischdampf zugesetzt. Je größer der Speicher ist, um so kleiner werden die Druckschwankungen. Da Wasser einen viel geringeren Raumbedarf hat als Dampf, so werden auch die Gefällespeicher bei gleicher Speicherfähigkeit einen viel geringeren Raumbedarf haben als reine Dampfspeicher. Je größer das ausnutzbare Druckgefälle und je tiefer der Entladedruck ist, um so kleiner können die Speicherabmessungen für eine gegebene Dampfmenge werden. Ein Gefällespeicher braucht für 1000 kg bei einem Druckgefälle von 8 auf 3 ata etwa 15,4 m^3 Rauminhalt, da 1 m^3 Wasser für dieses Druckgefälle 65 kg Dampf aufnehmen kann. Für 10 bis 3 ata Druckgefälle würde der Rauminhalt nur 12,5 m^3, für 15 bis 3 ata Gefälle sogar nur 9,1 m^3 betragen.

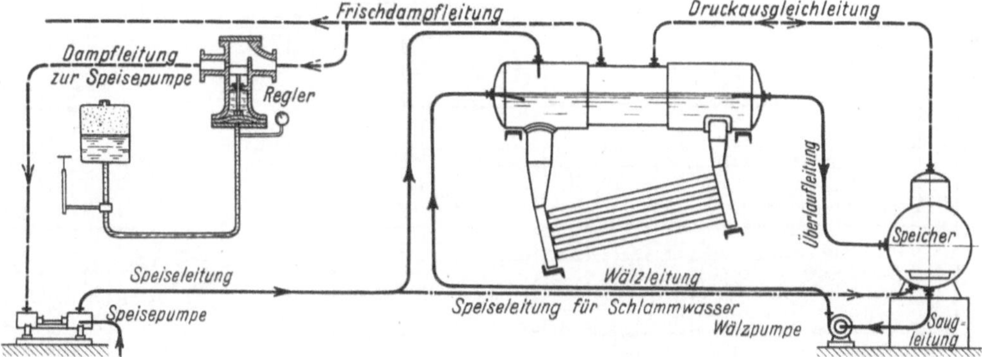

Abb. 240. Anordnung des Kiesselbach-Speichers.

Für die Gefällespeicher besteht die Schwierigkeit, den Dampf möglichst schnell im Wasser niederzuschlagen, was durch innige Mischung und guten Wasserumlauf erreicht wird. Lediglich in der Lösung dieser Aufgabe besteht ein Unterschied zwischen den bekanntesten Bauarten, dem Rateau-Speicher und dem Ruths-Speicher[1]. Thermodynamisch ist ihre Wirkungsweise dieselbe. Abb. 241 zeigt einen Rateau-Speicher in der Ausführung von Balcke-Moll. Der Kessel hat zwei Wasser- und Dampfräume; vom unteren Dampfraum zum oberen Dampfraum führen Verbindungsrohre. Der Abdampf strömt unterhalb des Sicherheitsventils *b* zu, verteilt sich auf je sechs flache Rohre im oberen und unteren Wasserraum und tritt durch die Löcher in den Rohrwänden derart in das Wasser, daß Wasserumlauf entsteht. Überschüssiger Dampf entweicht durch das Sicherheitsventil. Ist der Dampfdruck im Speicher größer als der in der Leitung, so strömt Dampf durch das Rückschlagventil *a* in die Leitung zurück. Durch die mit *c* bezeichnete Einrichtung wird bei zu niedrigem Speicherdruck gedrosselter Frischdampf zugesetzt. Mittels Schwimmers *d* wird der untere Wasserstand gleich gehalten, *e* ist ein Überlauf vom oberen zum unteren Wasserraume, *f* sind Ölabschäumer.

Der Rateau-Speicher wird in den meisten Fällen in Verbindung mit Fördermaschinen gebraucht. Der gesamte Abdampf geht durch den Speicher hindurch und wird zweckmäßig in einer Zweidruckturbine ausgenutzt.

[1] Vgl. Gleichmann: Der Wärmespeicher von Ruths. Glückauf 1922, S. 1309. — Lüth: Die Bedeutung des Dampfspeichers für den Zechenbetrieb. Glückauf 1922, S. 1341. — Ruths: Dampfspeicher. Z. d. V. d. I. 1922, S. 509, 537 und 597.

Der Aufbau eines Ruths-Speichers wird durch Abb. 242 veranschaulicht. Er besteht aus einem bis zu 95% seines Inhalts mit Wasser gefüllten Kessel, dem der Ladedampf durch das Verteilungsrohr *V* und die senkrecht daran angeschlossenen Mundstücke *M* zugeführt wird. Die Mundstücke sind von den sogenannten Steigrohren *St* umgeben, durch die der eintretende Dampf das Wasser, in dem er kondensiert, fortwährend vom Boden ansaugt. Durch den so hervorgerufenen Wasserumlauf wird die Kondensationswärme gleichmäßig auf den ganzen Speicherinhalt verteilt. Während der Ladung muß der Schieber *S* geöffnet sein. Das Rückschlagventil *R* hebt sich infolge des Druckunterschiedes selbsttätig. Das Sicherheitsventil *SV* am Dampfdom schützt den Speicher vor zu hohen Drücken. Bei der Entladung entsteht zunächst am Wasserspiegel Dampf, sobald infolge Dampfentnahme der Druck im Dampfraum sinkt. Die Dampfbildung schreitet allmählich nach unten fort, da sich das oben befindliche Wasser durch Abgabe der Verdampfungswärme abkühlt. Infolge der zylindrischen Speicherform entsteht auch hierdurch ein Wasserumlauf, der das heiße Wasser wieder nach oben bringt, so daß die Verdampfung hauptsächlich an der Oberfläche stattfindet und nur wenig Wasser vom

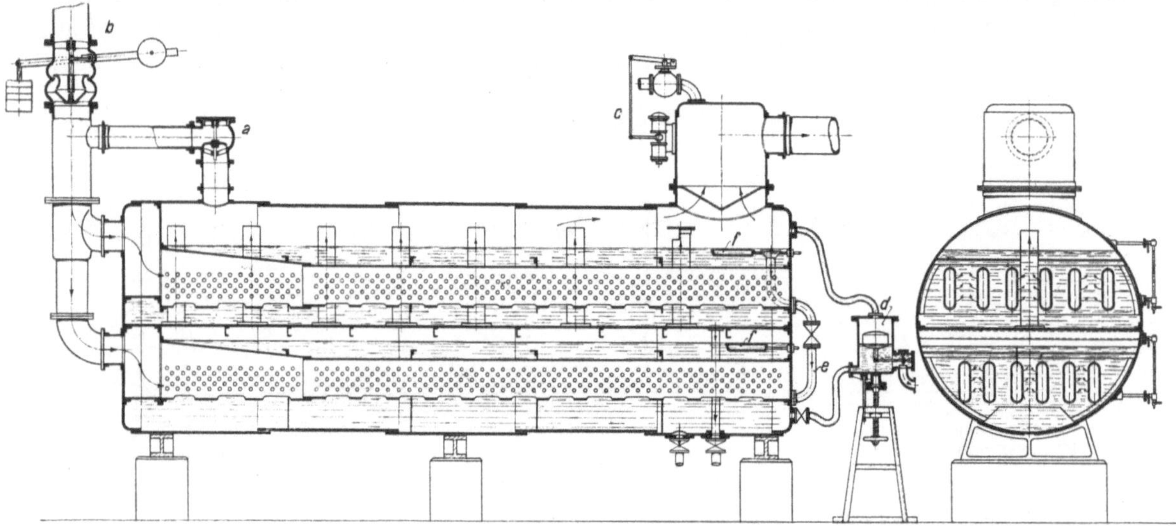

Abb. 241. Rateau-Speicher (Balcke-Moll).

Dampf mitgerissen wird. Dieses wird im Dampfdom noch abgeschieden, so daß der Entladedampf vollkommen trocken gesättigt ist. Zur Vermeidung zu hoher Oberflächenbelastung ist in die Entladeleitung eine Düse *D* als Begrenzungsvorrichtung eingebaut. Die größte Entlademenge ist durch die kritische Geschwindigkeit in der Düse bestimmt, die auch nicht überschritten werden kann, wenn bei einem Leitungsbruch der Druck hinter der Düse auf atmosphärischen Druck absinkt.

Für alle Speicher, die eine Umwandlung des Aggregatzustandes bedingen, ist es charakteristisch, daß sie bei der Entladung nie überhitzten, sondern höchstens nur trokken gesättigten Dampf abgeben können, auch wenn zur Ladung überhitzter Dampf gedient hat. Es findet nur Verdampfung statt; der Überhitzungsprozeß fehlt.

Die Gefällespeicher haben fast überall die reinen Dampfspeicher verdrängt, seit es durch die Bauarten von Rateau und Ruths gelungen ist, das Laden und Entladen trotz Änderung des Aggregatzustandes in kürzester Zeit durchzuführen.

Eine besondere Anwendung hat der Gefällespeicher bei den feuerlosen Dampflokomotiven (Abb. 243) gefunden, die sich in gewisser Beziehung mit den Druckluftlokomotiven vergleichen lassen, die ihren Betriebstoff gespeichert mitführen. Genau wie bei den Gefällespeichern wird der Kessel zunächst mit Warmwasser gefüllt (bis G_2). Dann wird von einer ortsfesten Kesselanlage möglichst der während einer Betriebspause überschüssige

Dampf zur Ladung benutzt, wobei der Kesselinhalt bis G_1 zunimmt. Die mögliche Entladedampfmenge beträgt $G_1 - G_2 = x$. Die dargestellte Lokomotive arbeitet in den Druckgrenzen zwischen 13 und 4 ata, vermag 1260 kg zu speichern und verbraucht etwa 24 kg Dampf für 1 PSh. Bei einer Leistung von 72,5 PS und einer Geschwindigkeit von 25 km/h reicht eine Füllung also für etwa 40 Minuten oder 17 km.

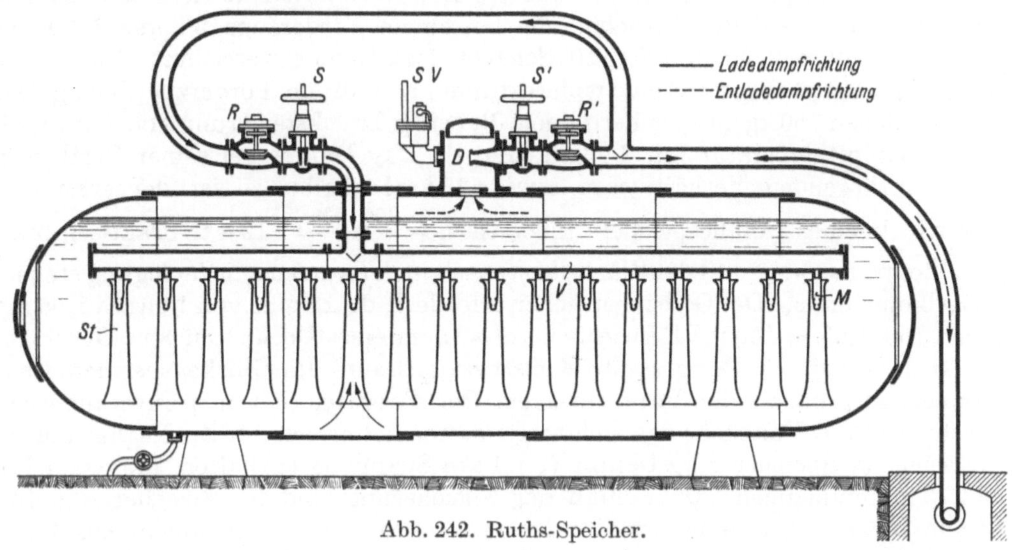

Abb. 242. Ruths-Speicher.

122. Reine Dampfspeicher. Die Speicherfähigkeit der reinen Dampfspeicher ist naturgemäß klein, da das spezifische Volumen des Dampfes groß ist, und der Speicher kann für höhere Drücke aus Festigkeitsrücksichten nur kleinen Inhalt erhalten. Sie kommen in Verbindung mit aussetzenden Maschinen zur Anwendung, z. B. mit Fördermaschinen. Dampfspeicher mit unveränderlichem Rauminhalt wirken als Gefällespeicher (Raumspeicher); ist der Rauminhalt entsprechend der Entnahme veränderlich, so hat man Gleichdruckspeicherung (Glockenspeicher).

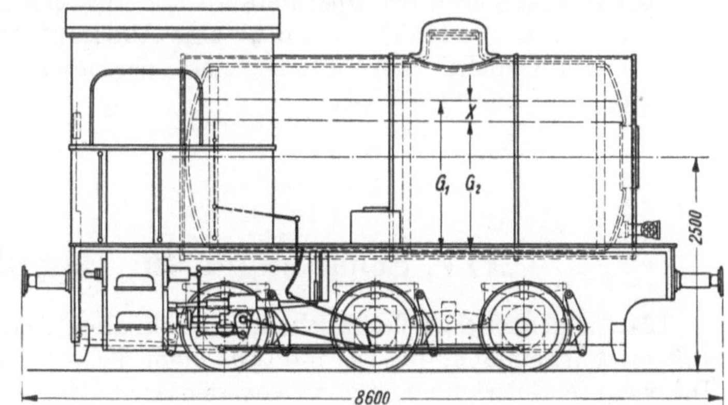

Abb. 243. Feuerlose Dampflokomotive (AEG).

Bei den Abdampfspeichern für Fördermaschinen handelt es sich nicht um die Aufspeicherung großer Dampfmengen, sondern nur um den Ausgleich von einem Förderzug zum andern. Verwendet man, wie es heute fast ausnahmslos der Fall ist, an Stelle der reinen Abdampfturbine die Zweidruckturbine, so bedarf es wegen der Elastizität der Zweidruckturbine nicht einer so ausgeglichenen Speicherung wie bei der Abdampfturbine. Man kommt bei der Zweidruckturbine mit kleinerem Speicher aus und kann ihn unter Umständen entbehren. Während man bei der Bemessung der reinen Abdampfturbine an die zur Verfügung stehende Abdampfmenge gebunden ist, ist die Zweidruckturbine dadurch in ihrer Größe nicht beschränkt, und je größer sie überhaupt ist, um so eher vermag die Zweidruckturbine eine gewisse Abdampfmenge ohne zwischengeschalteten Speicher zu bewältigen. Fehlt der Speicher, so schwankt übrigens die Kesselbelastung weniger; denn je mehr Dampf die Fördermaschine am Ende der Anfahrt in die Zweidruckturbine ausstößt, um so weniger Frischdampf braucht dann die Zweidruckturbine.

123. Beispiel für eine Fördermaschine mit Abdampfspeicher. Welche Abmessungen die besprochenen Abdampfspeicher in Verbindung mit einer Fördermaschine für eine gegebene Speicherleistung erfordern, sei an einem Zahlenbeispiel veranschaulicht. Dabei sei sowohl für den mit heißem Wasser gefüllten Gefällespeicher, wie für den Raumspeicher mit unveränderlichem Inhalt eine Druckschwankung von 1 ata auf 1,25 ata zugrunde gelegt, während im Glockenspeicher gleichbleibend ein Druck von 1,05 ata herrsche. Es arbeite eine Fördermaschine auf den Speicher, die bei einem Förderzuge 5 t aus 540 m hebt, also eine Arbeit von 2700 mt oder 10 Schachtpferdstunden verrichtet. Die Maschine brauche 20 kg Dampf für die Schachtpferdstunde, so daß ein Förderzug 200 kg Dampf braucht, von denen 150 kg zu speichern seien. Bei einer Drucksteigerung von 1 auf 1,25 ata nimmt die Dampftemperatur um 6,5^0 zu, und da 1 kg Dampf bei seiner Verflüssigung unter den vorliegenden Verhältnissen etwa 538 kcal abgibt, so ist der erforderliche Wasserinhalt eines Gefällespeichers theoretisch $= \frac{150 \cdot 538}{6,5} = 12,4$ t. Praktisch braucht man etwa doppelt so viel, weil der Wärmeaustausch in der kurzen zur Verfügung stehenden Zeit unvollkommen ist. Der Glockenspeicher erfordert, da Dampf von 1,05 ata 1,65 m^3/kg einnimmt, $150 \cdot 1,65 = 250$ m^3 Raumzuwachs, dem eine Glocke von 8 m Durchmesser und 5 m Hub entspricht. Der gesamte Konstruktionsraum des Glockenspeichers ist aber über doppelt so groß als der Raumzuwachs. Der Raumspeicher mit unveränderlichem Inhalt erfordert ein Volumen, das sich folgendermaßen errechnet. Zu Beginn der Speicherung seien im Speicher x kg Dampf von 1 ata Spannung enthalten, die einen Raum von $x \cdot 1,73$ m^3 einnehmen. Am Schluß der Speicherung sind im Speicher $x + 150$ kg Dampf von 1,25 ata Spannung enthalten, die $(x + 150) \cdot 1,4$ m^3 einnehmen. Aus der Gleichung $x \cdot 1,73 = (x + 150)\ 1,4$ rechnet sich $x = 635$ kg. Mithin ist der Rauminhalt des Speichers $635 \cdot 1,73 = 1100$ m^3. Je nachdem man die Druckschwankung größer oder kleiner wählt, ergeben sich kleinere oder größere Abmessungen. Der Estner-Ladewig-Raumspeicher wird meist für eine Druckschwankung von 1 auf 1,3 at bemessen.

Ist ein Speicher zu klein bemessen, so bläst er im normalen Betriebe ab. Umgekehrt ist aber das Abblasen des Speichers an und für sich noch kein Zeichen dafür, daß der Speicher ungenügend wirkt; denn ist eine Abdampfturbine so schwach belastet, daß sie den Abdampf nicht bewältigt, so bläst der überschüssige Dampf auch ab, ob der Speicher groß oder klein ist.

XIV. Schaltungen im Dampfkraftbetrieb.

124. Allgemeines. Schaltzeichen. Ursprünglich war der Aufbau einer Dampfkraftanlage sehr einfach, da sie nur aus dem Kessel und der Dampfmaschine bestand. Die weitere Entwicklung führte von der Auspuffmaschine zur Kondensationsmaschine, zur Speisewasservorwärmung und zur Dampfüberhitzung. Die Schaltung einer solchen Anlage war noch einfach und übersichtlich, da der Arbeitsprozeß ein einfacher Kreisprozeß war. Die neuzeitliche Entwicklung der Dampfkraftanlagen mit hohen Kesseldrücken, Speisewasservorwärmung durch Anzapfdampf, Verdampfern, Speichern, Zweidruckturbinen, Zwischenüberhitzung usw. hatte ziemlich verwickelte Anlagen zur Folge, deren Aufbau und Wirkungsweise nur mit Hilfe zeichnerischer Darstellung zu verfolgen und zu beschreiben ist. Die anfänglich gewählte bildliche, mehr oder weniger schematische Darstellung war zu zeitraubend und unübersichtlich, so daß man wie in der Elektrotechnik für alle Einzelteile der Schaltung bestimmte, einfache Zeichen (Schaltsymbole) gewählt hat, die der gewünschten Schaltung entsprechend zusammengefügt werden[1].

[1] Diese einfachen Schaltzeichen wurden von Dr. Ruths zuerst bei den Ruths-Speicherschaltungen gewählt.

Abb. 244 zeigt eine Anzahl der gebräuchlichsten Schaltzeichen[1], deren Anwendung in den folgenden Beispielen gezeigt wird. Die die einzelnen Teile der Schaltung verbindenden Rohrleitungen werden zur weiteren Vereinfachung je nach dem Stoff (Dampf,

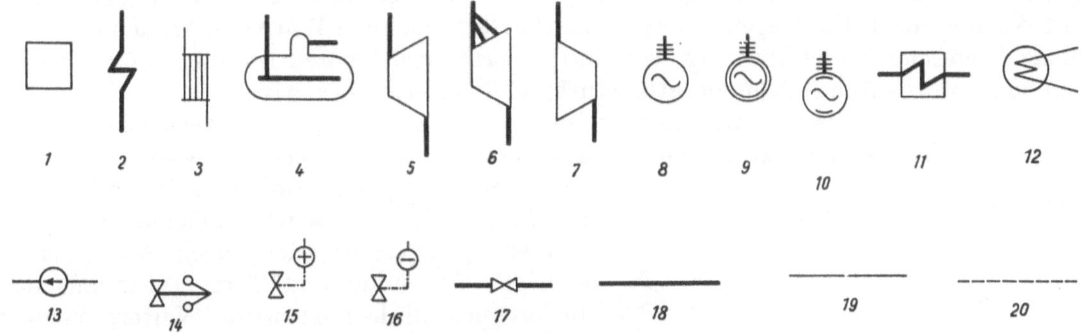

Abb. 244. Schaltzeichen.

1 Kessel, *2* Überhitzer, *3* Vorwärmer, *4* Gefällespeicher, *5* Kraftmaschine (Turbine), *6* Speicherturbine, *7* Arbeitsmaschine (Kompressor), *8* Generator, *9* Motor, *10* Generator oder Motor, *11* Zwischenüberhitzer, *12* Kondensator, *13* Speisepumpe, *14* Geschwindigkeitsregler, *15* Regelventil (öffnet bei steigendem Druck), *16* Regelventil (öffnet bei fallendem Druck), *17* Ventil, *18* Dampfleitung, *19* Wasserleitung (Speisewasser), *20* Kondensatleitung.

Wasser, Kondensat), den sie führen, verschieden dargestellt. Durchflußmengen, Temperatur und Druck können an die Leitungen angeschrieben werden.

125. Schaltungsbeispiele. Die Darstellung einer nach dem einfachen Kreisprozeß arbeitenden Dampfkraftanlage ist aus Abb. 245 ersichtlich. Das Speisewasser wird im Vorwärmer vorgewärmt und dem Kessel zugeführt, wo die Verdampfung vor sich geht. Hinter dem Kessel liegt der Überhitzer, in dem der Sattdampf auf die gewünschte Überhitzungstemperatur gebracht wird. Der überhitzte Dampf arbeitet in einer Turbine, die einen Generator antreibt, wird im Kondensator niedergeschlagen und als Kondensat von der Speisepumpe in den Vorwärmer zurückgeführt, worauf der Kreislauf wieder beginnt. Ein Vergleich mit der früheren, den Zusammenhang einer Kondensations-Dampfkraftanlage darstellenden Abb. 31 zeigt die große Vereinfachung, die in Abb. 245 durch Verwendung der Schaltzeichen erreicht worden ist.

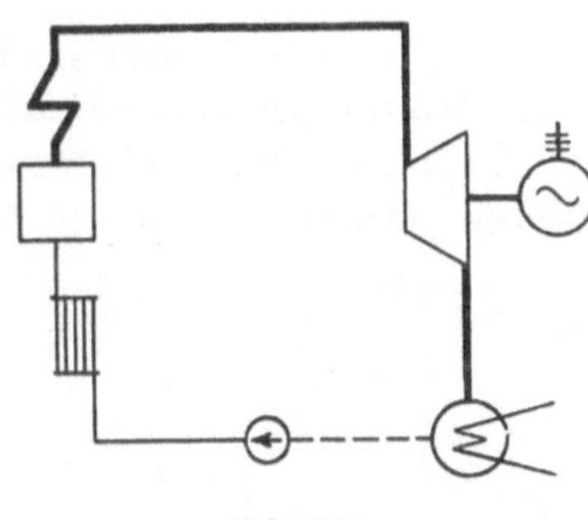

Abb. 245.

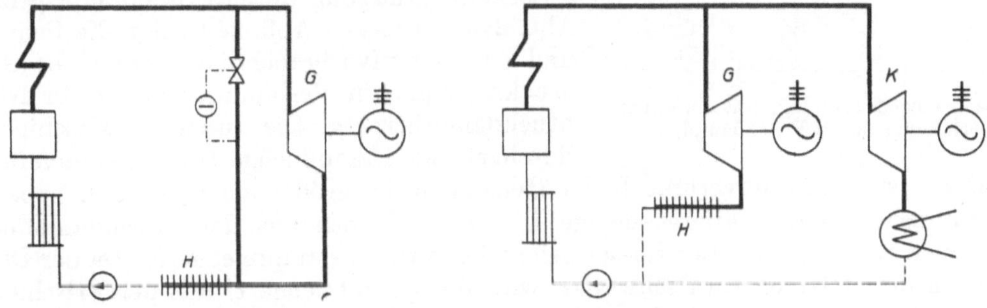

Abb. 246. Leistungsausgleich in Gegendruckanlagen.

Die Abb. 246 veranschaulicht den Leistungsausgleich in zwei verschieden gearteten Gegendruckanlagen. Links ist ein Beispiel einer Gegendruckanlage dargestellt, bei der der Wärmebedarf der mit dem Abdampf der Gegendruckturbine *G* betriebenen Heizanlage *H*

[1] Vgl. auch Pauer: Energiespeicherung. Dresden: Th. Steinkopff 1928.

im allgemeinen den Leistungsbedarf der Turbine übersteigt. Bei Abdampfmangel wird der Heizung zusätzlich gedrosselter Frischdampf zugeführt. Die Verwendung gedrosselten Frischdampfes ist allerdings unwirtschaftlich. Bei der rechts wiedergegebenen Anlage sind die Verhältnisse bedeutend günstiger. Hier überwiegt der Leistungsbedarf gegenüber dem Wärmebedarf. Die Gegendruckturbine G liefert eine dem Wärmeverbrauch der Heizanlage H entsprechende Leistung, während die erforderliche Mehrleistung durch eine mit Frischdampf arbeitende Kondensationsturbine K ausgeglichen wird.

Abb. 247 zeigt das Schema einer Speisewasservorwärmung durch Anzapfdampf, welcher der Turbine zwischen Hoch- und Niederdruckteil und im Niederdruckteil entnommen wird. Das Kondensat sammelt sich im Kondensatbehälter V_k und wird zunächst dem Vorwärmer a_2 zugeführt, der durch Anzapfdampf niedriger Spannung und Temperatur aus dem Niederdruckteil beheizt wird. Weitere Vorwärmung folgt in a_1, da dieser Vorwärmer mit höherer Spannung und Temperatur arbeitet. Der bei der Vorwärmung kondensierende Anzapfdampf wird als Kondensat in die Kondensatleitung geführt und gleichfalls vorgewärmt, so daß der gesamte vom Kessel erzeugte Dampf als Speisewasser wieder in den Kessel gelangt. Das in a_2 und a_1 vorgewärmte Wasser fließt dem Speisewassersammler V zu und wird vor dem Eintritt in den Kessel noch in einem kleinen Rauchgasvorwärmer auf die endgültige Vorwärmtemperatur gebracht.

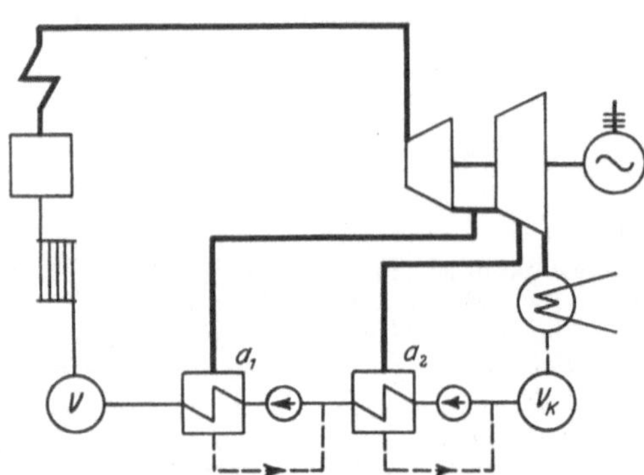

Abb. 247. Vorwärmung durch Anzapfdampf.

Läßt man bei Höchstdruckmaschinen den Dampf bis zum Kondensatordruck expandieren, so geht der Dampf sehr schnell in das Sättigungsgebiet über und wird schon bei solchen Drücken naß, bei denen man sonst hohe Überhitzungen anzuwenden pflegt. Dieser Übelstand wird dadurch umgangen, daß man den Dampf in mehreren Druckstufen arbeiten läßt und nach Erreichen der Sättigungsgrenze vor dem Eintritt in die nächste Stufe neu überhitzt, indem man ihn durch einen entweder mit Feuergasen oder Frischdampf beheizten Zwischenüberhitzer schickt. Eine solche zweistufige Ausnutzung mit Zwischenüberhitzung durch Frischdampf geht aus Abb. 248 hervor. — Abb. 249 zeigt die Schaltung und das Dampfverbrauchdiagramm einer Gegendruckmaschine in Verbindung mit einer Niederdruckdampfheizung. Die durch die Maschine hindurchgehende Dampfmenge D ist fast unveränderlich. Der mittlere Dampfverbrauch der Heizung K ist größer als D, so daß neben der Abdampfmenge D die Differenzmenge $K - D = \ddot{U}$ noch aus der Frischdampfleitung entnommen werden muß. Der Kessel liefert die mittlere Dampfmenge K. Da der Dampfverbrauch der Heizung stark schwankt, wird die Dampfmenge $\ddot{U}$ aus der Frischdampfleitung zunächst einem Ausgleichspeicher zugeführt. Bei hohem Dampfbedarf entlädt sich der Speicher und liefert die über die Dampferzeugung des Kessels hinausgehende Menge (Fläche über der strichpunktierten Linie); bei geringem Dampfverbrauch wird der Speicher geladen und nimmt den Überschußdampf auf (Fläche unter der strichpunktierten Linie). Durch das Reduzierventil R strömt die stets schwankende Dampfmenge R, die im Mittel gleich der Überströmmenge $\ddot{U}$ ist. Das Kondensat des gesamten erzeugten Dampfes wird hinter der Heizung durch die Speisepumpe wieder zum Kessel zurückgefördert.

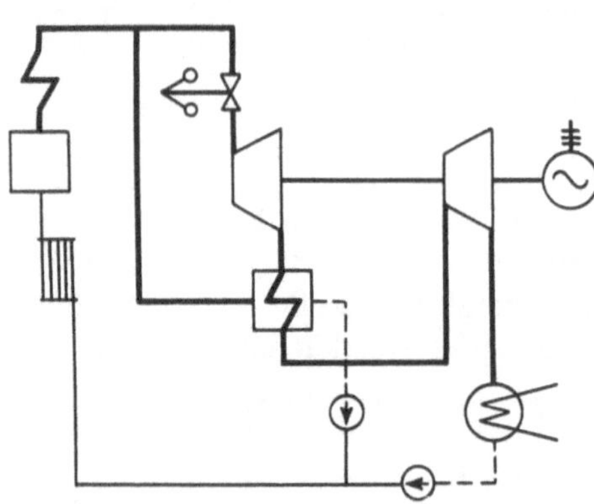
Abb. 248. Hochdruckanlage mit Zwischenüberhitzung durch Frischdampf.

Ist der Dampfverbrauch einer Turbine starken Schwankungen ausgesetzt, so kann man einen Speicher parallel zum Kessel schalten, wie es Abb. 250 veranschaulicht. Bei geringem Dampfverbrauch wird der Speicher durch das Ventil (+) geladen; bei großem Dampfverbrauch wird er über das Entladeventil (—) entladen, welches bei sinkendem Druck in der Frischdampfleitung öffnet und den gespeicherten Dampf als Zusatz zu der gleichbleibenden Dampferzeugung in die Frischdampfleitung zurückgibt. Ein Nachteil dieser Schaltung ist der bei starker Dampfentnahme sinkende Druck des Speichers und damit auch vor der Turbine, die dadurch ungünstig arbeitet.

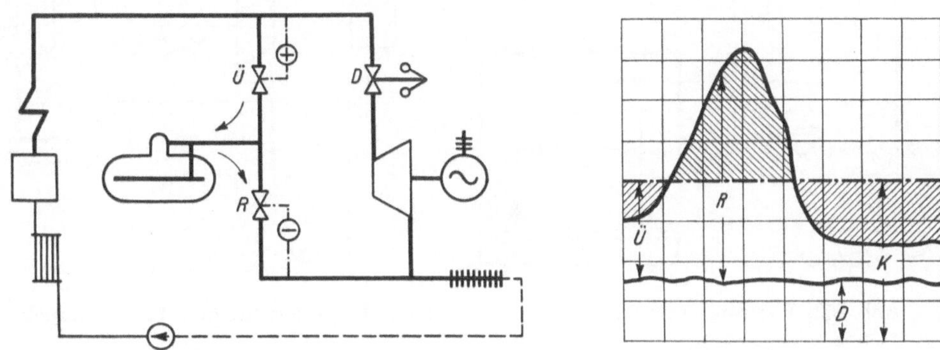

Abb. 249. Dampfkraftanlage für Gegendruckbetrieb mit Speicherausgleich.

Abb. 251 zeigt eine Schaltung, bei der eine Turbine lediglich eine konstante Grundlast zu decken hat, während alle Überbelastungen von einer parallel geschalteten Speicherturbine übernommen werden, die ihren Dampf von dem mit Überschußdampf aus der Frischdampfleitung geladenen Gefällespeicher empfängt. Der Speicherdampf wird also nicht wie in der vorhergehenden Schaltung (Abb. 250) in die Frischdampfleitung zurückgeführt, sondern arbeitet in einer besonderen Speicherturbine, die auch bei den wechselnden Drücken des Speicherdampfes wirtschaftlich arbeitet.

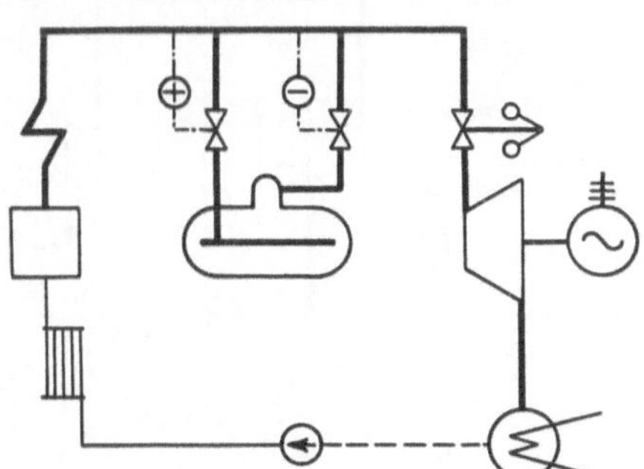

Abb. 250. Gefällespeicher parallel zum Kessel.

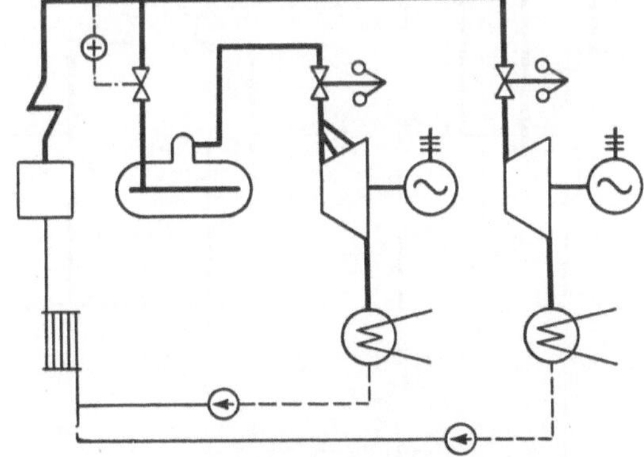

Abb. 251. Parallelschaltung von Grundlast- und Speicherturbine.

Ein weiteres Schaltungsbeispiel zeigt Abb. 252, welche die schematische Darstellung der in neuerer Zeit mehrfach ausgeführten Pumpspeicherwerke veranschaulicht. Links ist die Dampfkraftanlage, rechts das Speicherwerk dargestellt, die elektrisch miteinander gekuppelt sind. Liefert der Turbogenerator *a* mehr Strom ins Netz als verbraucht wird, so läßt man mit dem Überschuß durch die Pumpe *c* Wasser in ein hochgelegenes Speicherbecken fördern. Dabei arbeitet die elektrische Maschine des Speicherwerks als Motor und ist mit der Pumpe gekuppelt. Übersteigt die Belastung des Netzes die Liefermenge der Dampfkraftanlage, so läßt man das gespeicherte Wasser herabfallen und in der Turbine *b* arbeiten, die dann die elektrische Maschine als Generator treibt und so den erforderlichen Stromzuschuß zu liefern vermag.

Abb. 253 zeigt eine Fördermaschine, deren Abdampf einer Zweidruckturbine zugeführt wird. Das Zweidruckaggregat ist durch die Turbinen *b* und *c* gekennzeichnet. Die Stufe *b* empfängt nur Frischdampf, während Stufe *c* den Abdampf der Stufe *b* und den der Fördermaschine *a* verarbeitet. Der Speicher zwischen *a* und *c* soll die stark schwankenden Abdampfmengen der Fördermaschine ausgleichen und gleichmäßig der Zweidruckturbine zuführen.

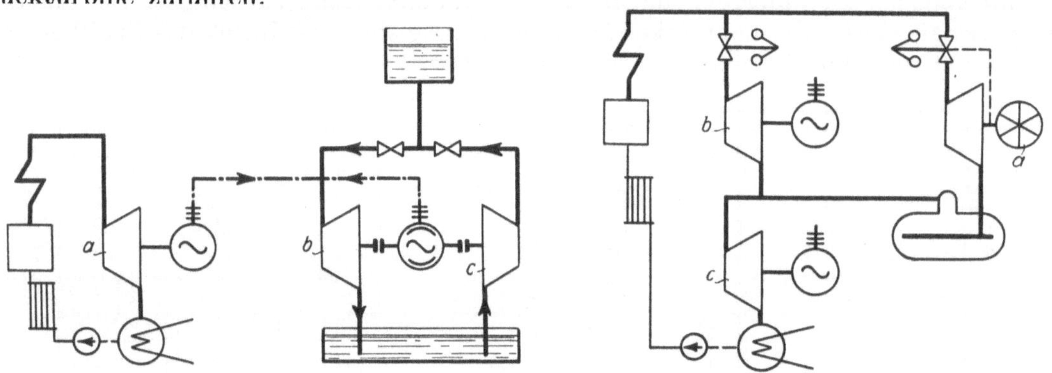

Abb. 252. Pumpspeicherwerk. Abb. 253. Fördermaschine mit Zweidruckturbine.

Wie einfach mit Hilfe der Schaltzeichen auch recht verwickelte Dampfkraftanlagen dargestellt werden können, geht aus Abb. 254 hervor, welche die gesamte Kraftanlage einer Zeche darstellt[1]. Der mit 25 at arbeitenden Dampfturbine wird Dampf von 10 at

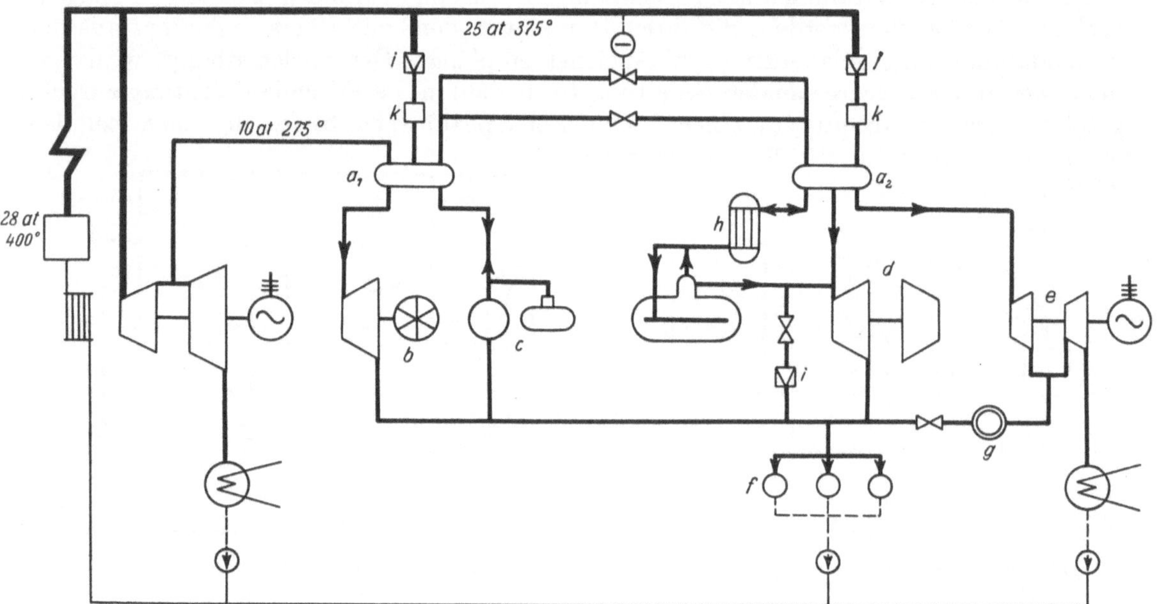

Abb. 254. Schema der Kraftanlage einer Zeche. a_1, a_2 Verteiler, *b* Fördermaschine, *c* Kokerei mit Trockenkokskühlung, *d* Kompressor, *e* Zweidruckturbine, *f* Warmwasser, Heizung, Verdampfer, *g* Abdampfspeicher (Glockenspeicher), *h* Überhitzungsspeicher, *i* Druckminderventile, *k* Enthitzer.

entnommen, da alle andern Dampfverbraucher mit diesem geringen Druck arbeiten. Der mit Anzapfdampf versorgte Verteiler a_1 liefert den Dampf für alle Betriebe, die gleichmäßigen Druck erfordern (Fördermaschine *b*, Kokerei *c*). Der in der Trockenkokskühlung erzeugte Dampf wird in der Kokerei selbst verbraucht. Ist der Verbrauch größer als die Erzeugung, so wird die fehlende Menge dem Verteiler a_1 entnommen,

[1] Vgl. Dettenborn: Kraftwerk der Bergbau-A.-G. Lothringen auf Schacht IV. Z. d. V. d. I. 1928, S. 97.

während umgekehrt überschüssiger Dampf der Kokerei zum Verteiler geführt wird. Der nicht verbrauchte Dampf der an a_1 angeschlossenen Betriebe strömt bei Überschreitung des vorgeschriebenen Druckes von 10 at durch ein Überströmventil und den Verteiler a_2 zu den übrigen Verbrauchern, die gegen Druckschwankungen weniger empfindlich sind (Dampfkolbenkompressor *d* und Zweidruckturbine *e*). Der Verteiler a_1 empfängt auch direkt Dampf aus der Frischdampfleitung durch das Druckminderventil *i*, so daß die Verteiler a_1 und a_2 auch dann unter Druck stehen, wenn die Entnahme aus der Turbine versagt. Zum Ausgleich der Schwankungen in der Dampferzeugung und im Dampfverbrauch ist an den Verteiler a_2 ein Gefällespeicher angeschlossen. Wird genügend Dampf erzeugt, so ist das Regelventil zwischen a_1 und a_2 geöffnet; der Druck in a_2 beträgt auch 10 at, der Speicher wird geladen. Sinkt der Druck in der Hauptdampfleitung, so schließt das Regelventil zwischen a_1 und a_2. Der Verteiler a_2 wird vom Speicher beliefert, der bis auf 7 at entladen werden kann. Steigt der Druck in der Hauptdampfleitung während der Entladezeit nicht wieder, so wird der Druck in a_2 auch nach der Entladung des Speichers immer noch auf 7 at gehalten, da bei Unterschreitung dieses Druckes der Dampf direkt aus der Hauptdampfleitung über das Druckminderventil *i* in den Verteiler a_2 strömt. Steigt der Druck in der Hauptdampfleitung wieder, so schließt dieses Ventil, und das Regelventil zwischen a_1 und a_2 öffnet wieder. Der aus dem Gefällespeicher entnommene, trocken gesättigte Dampf wird vor dem Verteiler a_2 in dem Überhitzungsspeicher *h* neu überhitzt.

Der Verteiler a_2 liefert den Dampf für den Kolbenkompressor *d* und für die Frischdampfstufe der Zweidruckturbine *e*. Die Fördermaschine *b*, die Kokerei *c* und der Kolbenkompressor *d* arbeiten mit Gegendruck und geben ihren Abdampf an eine gemeinsame Niederdruckleitung ab. Diese Niederdruckleitung versorgt die Warmwassererzeugung, die Heizung und den zur Speisewassergewinnung dienenden Verdampfer mit Abdampf; ferner ist noch die Abdampfstufe der Zweidruckturbine *e* angeschlossen, welcher zum Ausgleichen der Schwankungen ein kleiner Glockenspeicher *g* vorgeschaltet ist. Reichen die Abdampfmengen nicht für die Niederdruckbetriebe aus, so kann der Niederdruckleitung Dampf aus dem Gefällespeicher zugesetzt werden, der zuvor in dem Druckminderventil *i* auf die richtige Spannung gebracht wird.

Das Kondensat sämtlicher Betriebe gelangt in eine gemeinsame Sammelleitung und wird als Speisewasser zum Kessel zurückgeführt, womit der vollständige Kreislauf seinen Abschluß findet.

XV. Die Verbrennungskraftmaschinen.

126. Überblick. Verbrennungskraftmaschinen nutzen die Energie von Brennstoffen unmittelbar durch Verbrennen der Brennstoffe im Zylinder der Maschine aus und unterscheiden sich dadurch grundsätzlich von den Dampfkraftmaschinen. Als Brennstoffe werden verwendet Gase, wie Leuchtgas, Generatorgas, Gichtgas usw., leicht vergasbare flüssige Brennstoffe, wie Benzin, Benzol, Spiritus usw., nicht oder schwer vergasbare flüssige Brennstoffe oder Öle, wie Petroleum, Erdöl, Teeröl usw., und neuerdings auch feste Brennstoffe in staubförmigem Zustand, wie Steinkohlenstaub, Braunkohlenstaub. Nach der benutzten Brennstoffart kann man unterscheiden zwischen Gasmotoren, Vergasermotoren, Ölmotoren und Kohlenstaubmotoren. Nach dem Verlauf der Verbrennung unterscheidet man Verpuffungsmaschinen und Gleichdruckmaschinen. Gasmaschinen und Vergasermaschinen arbeiten nach dem Verpuffungsverfahren, bei dem das Brennstoffluftgemisch gezündet wird und schnell verbrennt (explodiert). Beim Gleichdruckverfahren, das man nur für die Verbrennung schwerflüchtiger Öle: der Rohöle und Teeröle verwendet, wird das Öl in hochverdichtete, hocherhitzte Luft eingespritzt und verbrennt unter annähernd gleichbleibendem Druck. Außer dem Gleichdruckverfahren gibt es noch eine Reihe anderer Verfahren, um mit Schwerölen Maschinen zu treiben. In der Arbeitsweise besteht insofern noch ein Unterschied, als bei der einen Gruppe ein Arbeitshub auf vier, bei der andern auf zwei Hübe oder Takte kommt, wonach man in Viertakt- und Zweitaktmaschinen einteilt.

127. Die Entwicklung der Verbrennungskraftmaschinen. Die ersten Anfänge der Verbrennungskraftmaschinenentwicklung reichen heute über 250 Jahre zurück, jedoch stammt die erste in größerer Anzahl ausgeführte Gasmaschine von Lenoir erst aus dem Jahre 1860. Sie war eine doppeltwirkende Maschine, die mit Leuchtgas betrieben wurde und nach dem Diagramme Abb. 255 arbeitete. Beim Krafthube wurde erst das Gemisch angesaugt und gezündet, wobei der Druck auf 4 bis 5 at stieg, dann expandierte es bis zum Hubwechsel, worauf es beim Rückhube hinausgeschoben wurde. Das Arbeitsspiel vollzog sich wie bei der Dampfmaschine innerhalb zweier Hübe. Da die Lenoirsche Maschine viel Gas — 3 bis 4 m³/PSh — und viel Öl verbrauchte, auch der Schlag im Triebwerke störte, der davon herrührte, daß sich der Druckwechsel bei hoher Kolbengeschwindigkeit vollzog, so hatte sie keinen dauernden Erfolg. — Der Lenoirschen Maschine folgte (1867) die ihr wirtschaftlich weit überlegene „atmosphärische“ Maschine von Otto und Langen, die ebenfalls mit Leuchtgas betrieben wurde und nach dem Diagramm Abb. 256 arbeitete. Es handelt sich um eine stehende, einfachwirkende Maschine ohne Kurbeltrieb. Deren „Flugkolben“ wird beim Krafthube, nachdem das Gemisch angesaugt und gezündet ist, mit großer Geschwindigkeit emporgeschleudert, wobei das Gemisch weit unter die Atmosphäre expandiert. Beim Niedergange wird der Kolben durch einen Zahnstangenantrieb mit der Welle verbunden und dreht diese, getrieben vom Überdruck der Atmosphäre und seinem eigenen Gewicht. Weil bei dem verhältnismäßig langsamen Niedergange des Kolbens die Zylinderkühlung kräftig wirkt, wird das Gemisch weniger steil komprimiert als es expandiert war, so daß in diesem eigenartigen Zusammenhange die schraffierte Arbeitsfläche gewonnen wird. Diese nur für kleine Leistungen gebaute Flugkolbenmaschine brauchte nur 0,8 bis 1 m³ Leuchtgas je PSh und fand trotz des störenden Getriebegeräusches weite Verbreitung in Deutschland.

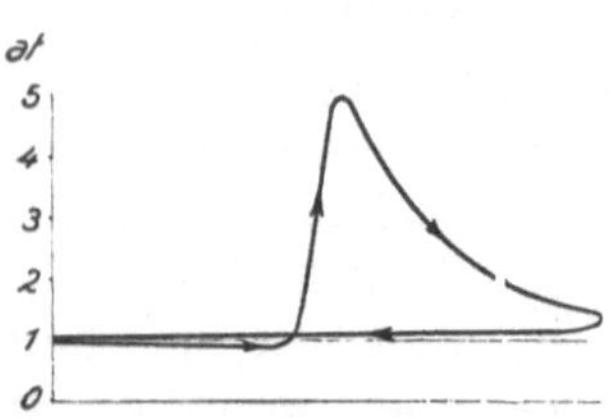

Abb. 255. Diagramm der Gasmaschine von Lenoir.

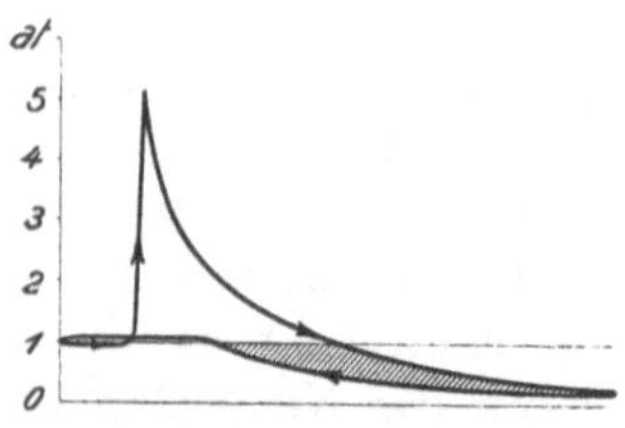

Abb. 256. Diagramm der atmosphärischen Gasmaschine von Otto und Langen.

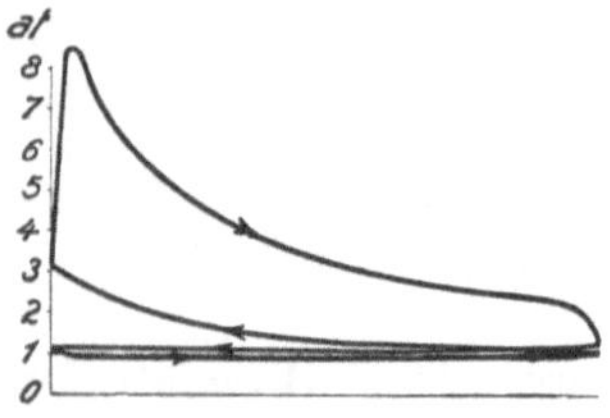

Abb. 257. Diagramm des Viertaktmotors von Otto.

Die moderne Gasmaschine wurde (1878) durch den Viertaktgasmotor[1] von Otto geschaffen, dessen Arbeitsweise durch das Diagramm Abb. 257 veranschaulicht wird. Das Arbeitsspiel vollzieht sich innerhalb 4 Hüben oder 2 Umdrehungen. Beim ersten Hub wird das Gemisch angesaugt, beim zweiten Hub wird es verdichtet, und zwar wegen der angewendeten Schiebersteuerung nur auf etwa 3 ata, dann folgt, nachdem das Gemisch kurz vor dem Hubwechsel gezündet ist, der Kraft- oder Arbeitshub, bei dem der Druck auf etwa 9 ata steigt, und beim vierten Hub wird das verbrannte, entspannte Gemisch hinausgeschoben. Der neue Motor war wie die Maschine von Lenoir mit Kurbeltrieb ausgerüstet, arbeitete geräuschlos und war betriebssicher. Da der Leuchtgasverbrauch nur 1 m³/PSh war, setzte sich der neue Otto-Motor überall schnell durch und verdrängte alle anderen Bauarten.

[1] Man spricht von einem Gasmotor und einer Gasmaschine, von einem Dieselmotor und einer Dieselmaschine; es hat sich eingebürgert, ohne daß es eine Regel darstellt, die großen Verbrennungsmaschinen als Maschinen, die kleinen als Motoren zu bezeichnen.

In den ersten Jahrzehnten ihrer Entwicklung diente die Gasmaschine als kleinere oder mittlere Kraftmaschine. Anstatt mit teuerem Leuchtgas betrieb man sie häufig mit billigerem, in besonderen Generatoren erzeugtem Kraftgas; trotzdem blieben die großen Einheiten der Dampfkraft vorbehalten. Die Großgasmaschine entstand erst, als man um die Jahrhundertwende daran ging, die Abgase der Hochöfen in der Gasmaschine auszunutzen, statt sie unter dem Kessel zu verbrennen. Es ist nötig, durch sorgfältige Reinigung die Hochofengase vom Staub, die Koksofengase von den Schwefelverbindungen zu befreien. Die Hochofengasmaschinen haben sich ausgezeichnet bewährt und herrschen auf den Eisenhütten zum Antrieb der Gebläse und der Dynamos. Im Gegensatz dazu sind die Koksofengasmaschinen auf den Zechen nicht in dem Maße eingebürgert, wie es möglich wäre; Gasmaschinenkompressoren z. B. sind nur vereinzelt ausgeführt, obwohl sie dieselben günstigen Bedingungen haben wie die Gasmaschinengebläse der Hütten. Das hängt hauptsächlich damit zusammen, daß den Zechen viele minderwertige, nicht verkäufliche, aber unter den Kesseln gut verwertbare Brennstoffe zur Verfügung stehen.

Ebenso wie die Gasmaschine hat sich auch die Vergasermaschine vom Kleinmotor zur Großmaschine entwickelt. Statt Gas benutzt sie die leichtflüchtigen, flüssigen Brennstoffe, die vor dem Eintritt in den Zylinder in einem besonderen Vergaser fein zerstäubt, vergast und mit der Verbrennungsluft gemischt werden. Der Zylinder empfängt also ein dem Gas-Luftgemisch der Gasmaschinen ähnliches Brennstoff-Luftgemisch, das in gleicher Weise explosionsartig verbrennt. Vergasermaschinen arbeiten daher ebenso wie die Gasmaschinen. Sie haben für kleinste Leistungen mit einem Zylinder, für größere Leistungen mit vier, sechs und mehr Zylindern außerordentlich ausgedehnte Anwendung als Fahrzeugmotoren gefunden. Schweröle, d. h. schwerflüchtige Öle in vollkommenster Weise zu verbrennen, gelang in der Dieselmaschine, in der das Gleichdruckverfahren verkörpert ist. Beim Dieselverfahren wird das Öl in die hochverdichtete, hocherhitzte Luft mittels Druckluft von noch höherem Druck eingespritzt und verbrennt infolge Selbstentzündung. Der für die Einspritzung erforderliche Kompressor macht die Maschine verwickelt und verschlechtert ihren Wirkungsgrad, was besonders bei kleinen Leistungen empfunden wurde und zum Bau kompressorloser Dieselmaschinen geführt hat, die in schnell zu nehmendem Umfange angewendet werden. Als Schwerölmotor hat ferner der Glühkopfmotor ausgedehnte Verbreitung gefunden, der mit niedrigeren Drücken als der Dieselmotor, aber ebenfalls mit Selbstzündung wirkt.

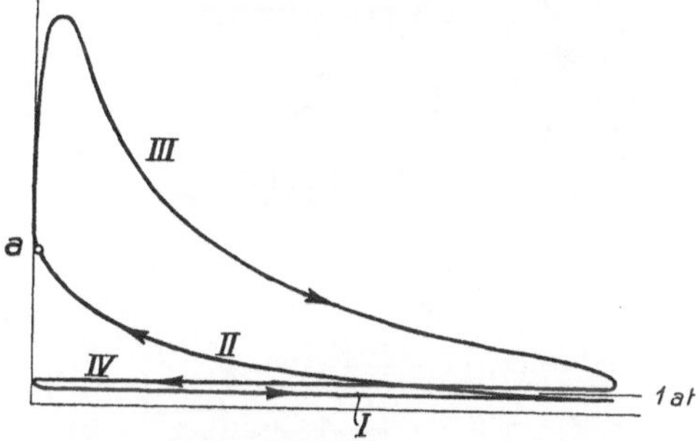

Abb. 258. Diagramm einer Viertakt-Verpuffungsmaschine.

Anstatt im Viertakt können sowohl die Verpuffungsmaschinen, wie die Gleichdruckmaschinen im Zweitakt arbeiten, ohne daß ihre Wirkung thermodynamisch geändert wird. Indem man auf den Krafthub den Kompressionshub folgen läßt, und beim Übergange vom Krafthube zum Kompressionshub den Zylinder durch besondere Pumpen spült und lädt, braucht man den Saughub und den Auspuffhub nicht mehr. Der Zweitaktzylinder wird in der Regel mit Auslaßschlitzen ausgeführt, die vom Kolben gesteuert werden. Zweitaktgasmaschinen werden durch die erforderlichen Ladepumpen für Gas und Luft verwickelt. Bei der Dieselmaschine und bei den Schwerölmaschinen überhaupt sind die Bedingungen für den Zweitakt viel günstiger als bei der Gasmaschine, weil der Brennstoff erst nach der Verdichtung der Luft eingeführt wird.

128. Viertakt- und Zweitaktverfahren. Das zuerst im Otto-Motor praktisch verwirklichte Viertaktverfahren für Verpuffungsmaschinen (auch Otto-Verfahren genannt) ist durch folgende Arbeitsweise des Motors gekennzeichnet: I. Takt: Ansaugen des Brennstoff-Luftgemisches; II. Takt: Verdichten des Brennstoff-Luftgemisches; III. Takt: Entzündung (Punkt *a* in Abb. 258), Verpuffung und Expansion des Brennstoff-Luftgemisches (Arbeitstakt); IV. Takt: Ausschieben der Verbrennungsgase. Auf 4 Takte oder Hübe gleich 2 Umdrehungen kommt also 1 Arbeitstakt. Das Indikatordiagramm des Viertaktverfahrens zeigt Abb. 258, während Abb. 259 das Verfahren an einer schematisch dargestellten Gasmaschine ausführlicher veranschaulicht. Das die Gas- und Luftzufuhr steuernde Einlaßventil sitzt oben, das Auslaßventil unten. Beim I. Takt ist das Einlaßventil, beim IV. Takt das Auslaßventil geöffnet. Beim II. und III. Takt sind beide Ventile geschlossen. Die Tellerventile werden von einer neben dem Zylinder liegenden, halb so schnell wie die Kurbelwelle umlaufenden Steuerwelle mittels Nocken oder Exzenter angetrieben. Der Raum zwischen den Ventilen und dem in der inneren Endstellung stehenden Kolben ist der Verdichtungsraum[1]. Von dem Verhältnis des Verdichtungsraumes zum Hubraum hängt die Höhe des

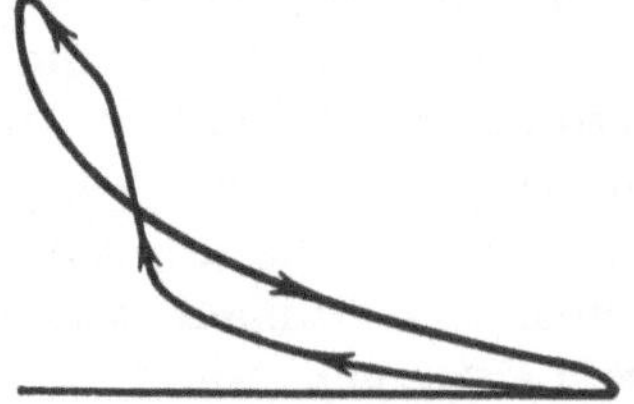

Abb. 260. Diagramm einer Gasmaschine, deren Gemisch infolge Selbstzündung weit vor dem Hubwechsel verbrennt.

im II. Takt erreichten Verdichtungsdruckes ab.

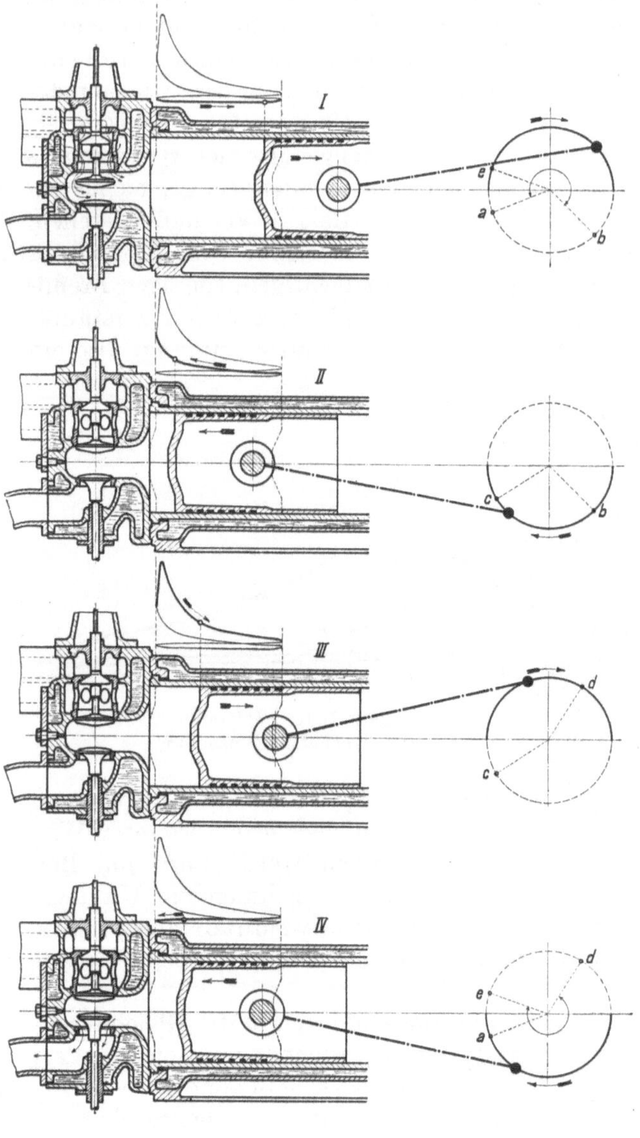

Die Höhe der Verdichtung ist von wesentlichem Einfluß. Dem Verdichtungsverhältnis entspricht das Expansionsverhältnis. Je höher man verdichtet, um so höher werden die Verbrennungstemperaturen, und um so besser wird der thermische Wirkungsgrad; andererseits werden die auftretenden Explosionsdrücke, welche die Maschine auszuhalten hat, ebenfalls höher. Bei Verpuffungsmaschinen, die mit wasserstoffreichen Brennstoffen von niedriger Zündtemperatur, wie Leuchtgas, Benzin, Spiritus arbeiten, verdichtet man nur auf etwa 6 at, weil sich sonst das Gemisch infolge der Temperaturerhöhung[2] bei der Verdichtung schon weit vor dem Hubwechsel selbst entzünden kann, woraus sich übermäßig hohe Drücke, Schläge im Triebwerk und geringere Leistung ergeben (vgl. Abb. 260). Bei wasserstoffarmen Brennstoffen mit höheren Zündtemperaturen (z. B. Gichtgas) kann man auf 10 bis 12 at verdichten.

Abb. 259. Veranschaulichung des Viertaktverfahrens.

Das Viertaktverfahren der Dieselmotoren unterscheidet sich von dem der Verpuffungsmaschinen dadurch, daß bei dem I. Takt an Stelle des Brennstoff-Luftgemisches

---

[1] Vgl. Ziffer 72. [2] Wegen der auftretenden Temperaturen vgl. das frühere Diagramm Abb. 2.

reine Luft angesaugt und bei dem II. Takt nur Luft verdichtet wird. Die Luft kann beliebig hoch verdichtet werden, ohne daß wie bei Brennstoff-Luftgemischen eine obere Grenze durch die Zündtemperatur gesetzt ist. Dadurch lassen sich höhere thermische Wirkungsgrade erreichen. Außerdem muß die Verdichtung sehr hoch getrieben werden (etwa 32 bis 35 at), damit die Lufttemperatur ausreicht, um den zu Beginn des III. Taktes eingespritzten Brennstoff sicher zu zünden. Abb. 261 zeigt das Diagramm einer Viertakt-Dieselmaschine. *I* ist wieder der Saugtakt, *II* der Verdichtungstakt. Bei *a* beginnt das Einspritzen und Zünden des Brennstoffes. Die Verbrennung erfolgt nicht explosionsartig mit plötzlichem Druckanstieg, der Brennstoff wird vielmehr allmählich eingespritzt und verbrennt stetig während eines Teiles des Hubes, so daß der Druck ziemlich gleich bleibt (Gleichdruckverfahren). Verbrennung bei gleichbleibendem Druck mit anschließender Expansion bilden den III. Takt, den Arbeitstakt, an den sich der Ausschubtakt *IV* anschließt. In Abb. 262 ist das Viertakt-Dieselverfahren schematisch dargestellt. Beim I. Takt ist das Lufteinlaßventil (rechts) geöffnet, beim III. Takt wird von *c* bis *d* der Brennstoff eingespritzt (Brennstoffventil in der Mitte geöffnet), und beim IV. Takt ist das Auslaßventil (links) geöffnet.

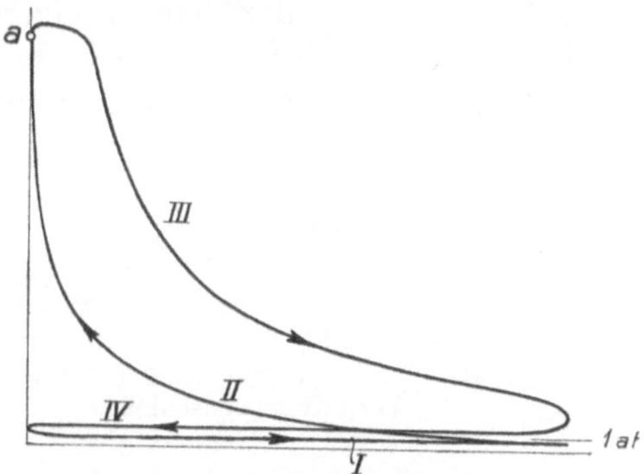

Abb. 261. Diagramm einer Viertakt-Dieselmaschine.

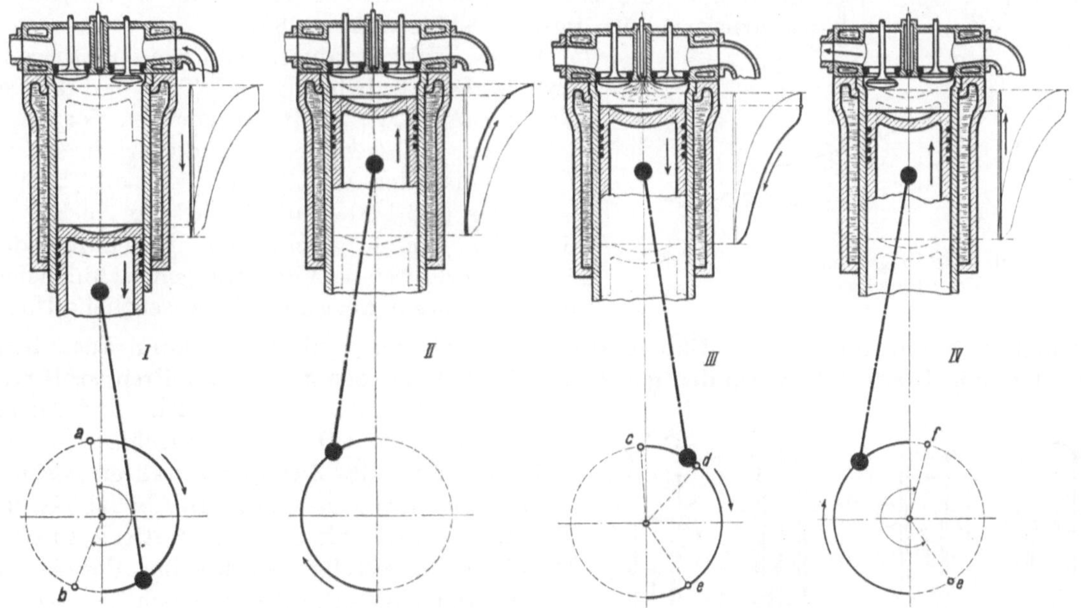

Abb. 262. Darstellung des Viertakt-Dieselverfahrens.

Bei **Zweitaktwirkung** kommt ein Arbeitstakt auf 2 Hübe bzw. eine Kurbelwellenumdrehung. Nach Abb. 263 hat das Zweitaktverfahren der Verpuffungsmaschinen nur den Verdichtungstakt *I* und den Arbeitstakt *II* (Verbrennung und Expansion). Ansauge- und Ausschubtakt sind fortgefallen. Dafür wird am Ende des II. Taktes und Anfang des I. Taktes ein neuer Vorgang eingeschaltet. In Punkt *1* wird der Auslaß geöffnet und ein Teil der Verbrennungsgase pufft aus. In Punkt *2* wird der Einlaß geöffnet, durch welchen mittels besonderer Pumpen zunächst reine Luft, dann das Brennstoff-Luftgemisch in den Zylinder gedrückt wird. Luft- und Brennstoff-Luftgemisch schieben geschichtet die Verbrennungsgase durch den immer noch offenen Auslaß heraus und Spülen den Zylinder, während gleichzeitig die Ladung des Zylinders mit Brennstoff-Luftgemisch vonstatten geht. Bei *3* schließt der Auslaß. Die Ladung wird noch mit schon beginnender Verdichtung fortgesetzt, bis in Punkt *4* auch der Einlaß geschlossen wird.

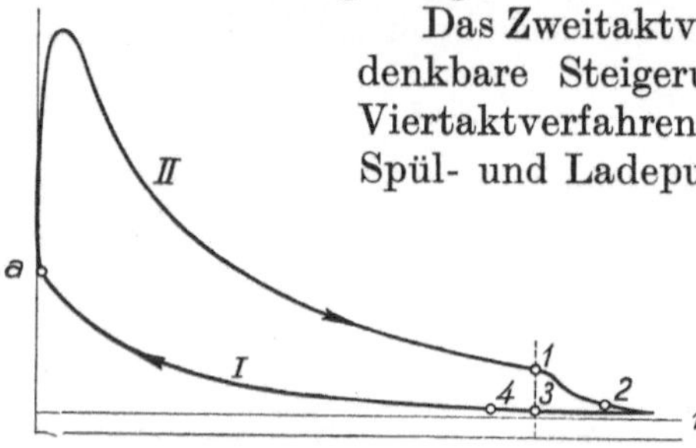

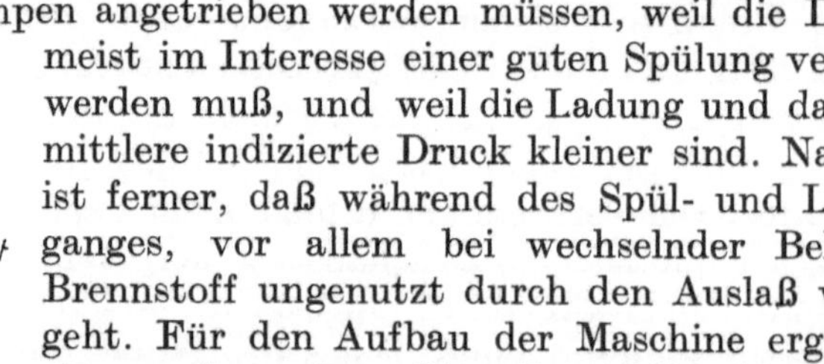

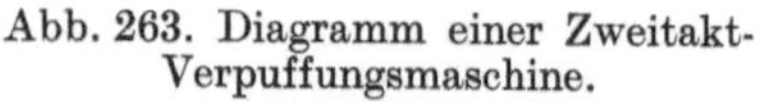

Abb. 263. Diagramm einer Zweitakt-Verpuffungsmaschine.

Das Zweitaktverfahren hat seine Vor- und Nachteile. Die theoretisch denkbare Steigerung der Leistung auf das Doppelte gegenüber dem Viertaktverfahren wird bei weitem nicht erreicht, weil zusätzlich die Spül- und Ladepumpen angetrieben werden müssen, weil die Drehzahl meist im Interesse einer guten Spülung verringert werden muß, und weil die Ladung und damit der mittlere indizierte Druck kleiner sind. Nachteilig ist ferner, daß während des Spül- und Ladevorganges, vor allem bei wechselnder Belastung, Brennstoff ungenutzt durch den Auslaß verloren geht. Für den Aufbau der Maschine ergibt sich ein ganz besonderer Vorteil, weil der Auslaß durch vom Kolben gesteuerte Schlitze im Zylinder erfolgen kann und kein Auslaßventil mit allen seinen Nachteilen benötigt wird; bei kleinen Maschinen kann auch das Einlaßventil gespart und durch Steuerschlitze im Zylinder ersetzt werden. Auch die gesonderten Spül- und Ladepumpen können bei kleinen Ausführungen fortfallen, indem man beim einfachwirkenden Kolben die andere Seite als Pumpenkolben in dem allseitig geschlossenen Kurbelgehäuse arbeiten läßt (vgl. die spätere Abb. 286).

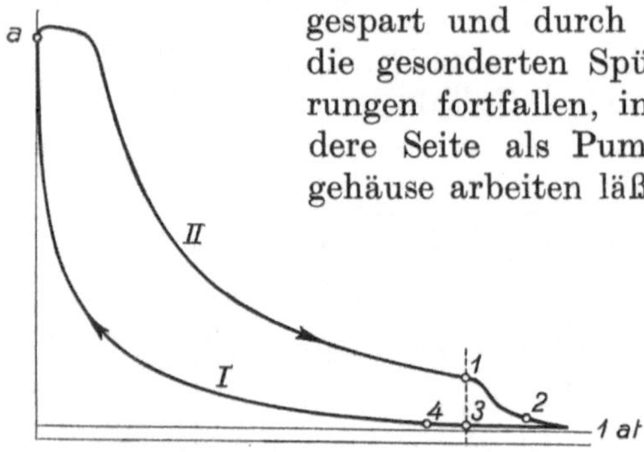

Abb. 264. Diagramm einer Zweitakt-Dieselmaschine.

Das Zweitaktverfahren beim Dieselmotor zeigt Abb. 264. Die Verdichtung im I. Takt und die Verbrennung im II. Takt entsprechen den Vorgängen im II. bzw. III. Takt des Viertaktverfahrens. Bei Punkt *1* wird der Auslaß geöffnet, bei *2* beginnt das Spülen und Laden, bei *3* wird der Auslaß und bei *4* der Einlaß geschlossen. Gegenüber dem Zweitaktverfahren bei Verpuffungsmaschinen nach Abb. 263 besteht aber der sehr wesentliche Unterschied, daß nur mit reiner Luft gespült und geladen wird. Somit kann auch beim Spülen kein Brennstoff durch den geöffneten Auslaß verloren gehen. Der Brennstoff tritt erst in den Zylinder ein, wenn Ein- und Auslaß geschlossen sind. Die Dieselmaschine ist also weit besser für das Zweitaktverfahren geeignet als die Verpuffungsmaschine. In Abb. 265 ist das Zweitakt-Dieselverfahren schematisch an einer Maschine dargestellt, bei welcher der Auslaß durch vom Kolben gesteuerte Schlitze erfolgt.

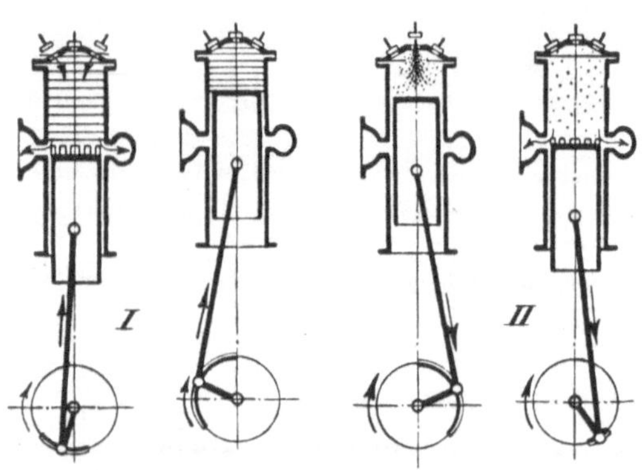

Abb. 265. Veranschaulichung des Zweitakt-Dieselverfahrens.

129. Mechanischer, thermischer, wirtschaftlicher Wirkungsgrad und Wärmeverbrauch der Verbrennungskraftmaschinen. In den Verbrennungskraftmaschinen treten große Reibungsverluste auf, weil Triebwerk, Kolbendichtungen und Stopfbüchsen für die auftretenden Höchstdrücke zu bemessen sind, bei 4 Hüben aber nur ein Arbeitshub ist oder — beim Zweitakt — Spül- und Ladearbeit zu leisten ist. Die Leerlaufleistung ist nicht erheblich kleiner als die Verlustleistung bei voller Leistung. Eine größere, vollbelastete Gasmaschine hat etwa 0,85, eine Dieselmaschine etwa 0,75 bis 0,8 mechanischen Wirkungsgrad. — Der thermische Wirkungsgrad[1] gibt an, ein wie großer Bruchteil der zugeführten

[1] Vgl. Ziffer 16.

Wärme in Arbeit umgewandelt wird. Verbraucht eine Gasmaschine, die mit Gichtgas von 890 kcal/nm³ Heizwert betrieben wird, 2,2 nm³/PS$_i$h oder 1960 kcal/PS$_i$h, so ist, da 1 PSh = 632 kcal ist, der thermische Wirkungsgrad = 632 : 1960 = 0,323. Der wirtschaftliche, sich auf die effektive Ausnutzung der Wärme beziehende Wirkungsgrad ist bei 0,85 mechanischem Wirkungsgrad = 0,323 · 0,85 = 0,275.

Bei voller Belastung verbrauchen größere Gasmaschinen 2200 bis 2400 kcal/PS$_e$h, Dieselmaschinen mit Preßlufteinspritzung 2000 bis 2200 kcal/PS$_e$h, kompressorlose Dieselmaschinen etwas weniger, etwa 1800 bis 2000 kcal/PS$_e$h; bei Teillast sind die Zahlen erheblich höher. Indem man die Abhitze der Verbrennungskraftmaschinen gemäß Ziffer 134 zur Erzeugung von Dampf verwendet, läßt sich der Wärmeverbrauch noch weiter herabsetzen.

130. Bemessung und Regelung der Verbrennungskraftmaschinen. Verbrennungskraftmaschinen werden so bemessen, daß sie bei ihrer Nennleistung mit verhältnismäßig gutem Gemisch arbeiten, so daß sie nur eine geringe Vermehrung der Brennstoffzufuhr verwerten können, d. h. nur in geringem Maße überlastbar sind. Bei stark schwankender Belastung wird also die Verbrennungskraftmaschine schlecht ausgenutzt. Um diesem Nachteil zu begegnen, um die Verbrennungskraftmaschine elastischer zu machen, ist man bei großen Einheiten dazu übergegangen, die Leistung mittels besonderer Mittel zu steigern[1]. Bei gegebenem indiziertem Druck p_i sind die Abmessungen gemäß Ziffer 74 für Zweitakt- und Viertaktmaschinen berechenbar. Für die Nennleistung ist p_i bei Gasmaschinen etwa 4,5 bis 4,8 at, bei Benzinmotoren etwa 5 at und mehr, bei Dieselmaschinen 6 at. Ob das Gas selbst größeren oder kleineren Heizwert hat, ist nicht maßgebend, sondern es kommt auf das Gemisch an. Z. B. bemißt man Koksofengasmaschinen und Hochofengasmaschinen etwa gleichgroß, obwohl Koksofengas 5mal größeren Heizwert als Hochofengas hat, weil Hochofengas auch viel weniger Luft braucht und die angewendeten Gemische in beiden Fällen etwa 450 kcal/nm³ Heizwert haben.

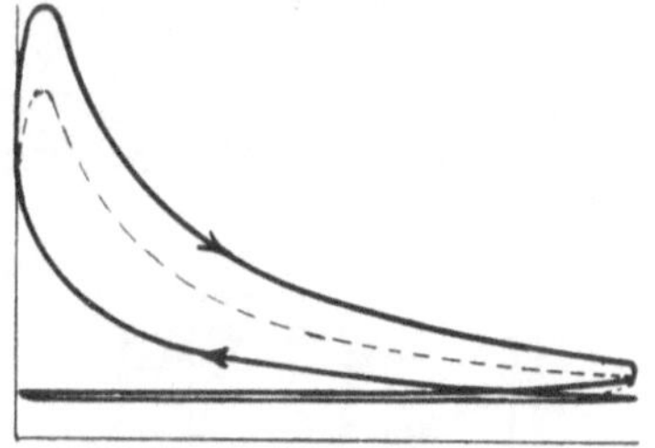
Abb. 266. Gemischregelung.

Wenn die Belastung der Verbrennungskraftmaschine größer oder kleiner wird, muß die Regelung eingreifen und die Brennstoffzufuhr vergrößern oder verkleinern. Das geschieht in sehr verschiedener Weise. Bei den kleinen Verpuffungsmaschinen spielt von alters her die Aussetzerregelung eine Rolle: Läuft die Maschine zu schnell, wird die Brennstoffzufuhr überhaupt abgestellt, worauf die Drehzahl zurückgeht, bis wieder volle Brennstoffzufuhr angestellt wird. Für bessere Maschinen werden nur stetig wirkende Regelungen verwendet. Bei den Dieselmaschinen wird mehr oder weniger Öl eingespritzt, bei den Zweitaktgasmaschinen mehr oder weniger Gas zugemessen. Bei den Viertaktverpuffungsmaschinen unterscheidet man qualitative und quantitative Regelung. Bei der qualitativen oder Gemischregelung, Abb. 266, wird nur der Gasgehalt des Gemisches geändert, das immer auf denselben Druck verdichtet wird, da seine Menge dieselbe bleibt. Bei der quantitativen oder Füllungsregelung, Abb. 267, wird die Ladungsmenge oder die Größe der Füllung geändert, in welchem Zusammenhange sich auch der Verdichtungsdruck ändert, während das Gemisch in unveränderter Zusammensetzung angesaugt wird[2]. Der Unterschied beider Regelungen tritt bei abnehmender Belastung, insbesondere beim Leerlauf hervor. Bei der qualitativen Regelung werden bei

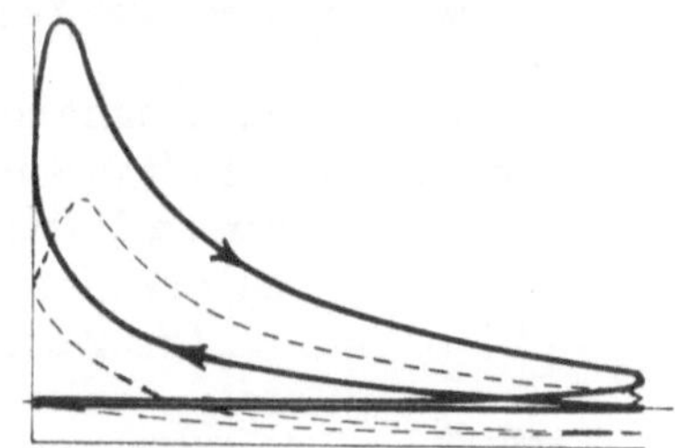
Abb. 267. Füllungsregelung.

[1] Vgl. Ziffer 133.

[2] Trotzdem wird das im Zylinder wirksame Gemisch mit abnehmender Belastung schlechter, weil zum angesaugten Gemisch die im Verdichtungsraum zurückgebliebenen Verbrennungsgase treten, wodurch das angesaugte Gemisch bei kleinerer Füllung mehr verschlechtert wird als bei großer.

gleichbleibendem Verdichtungsdruck die Explosionsdrücke in dem Maße niedriger, wie das Gemisch ärmer wird, und man kann bei niedriger Belastung und beim Leerlauf die Bildung und Verbrennung des Gemisches nicht mehr beherrschen, so daß die Diagramme streuen, auch Fehlzündungen auftreten. Bei der quantitativen Regelung muß man beim Leerlauf, um den Zylinder nur wenig zu füllen, das in unverminderter Zusammensetzung angesaugte Gemisch stark drosseln oder gemäß Abb. 268 weit unter die Atmosphäre expandieren lassen, infolgedessen das Gemisch beim Leerlauf nur auf etwa 2,5 at verdichtet wird, aber trotzdem sicher zündet. Was über das Verhalten der beiden Regelungsarten gesagt ist, gilt für unveränderliche Drehzahl; handelt es sich um Gebläse- oder Kompressorantriebsmaschinen, die mit sehr veränderlicher Drehzahl laufen, sind die Bedingungen anders. Häufig vereinigt man beide Regelungsarten zu einer sogenannten kombinierten Regelung, mit der man in allen Fällen gute Erfahrungen gemacht hat.

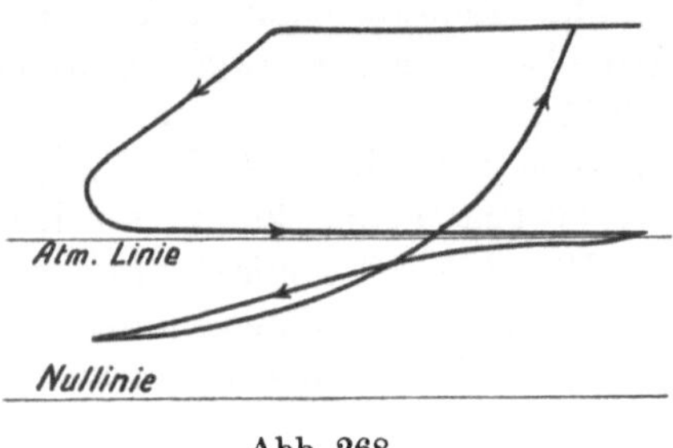

Abb. 268.

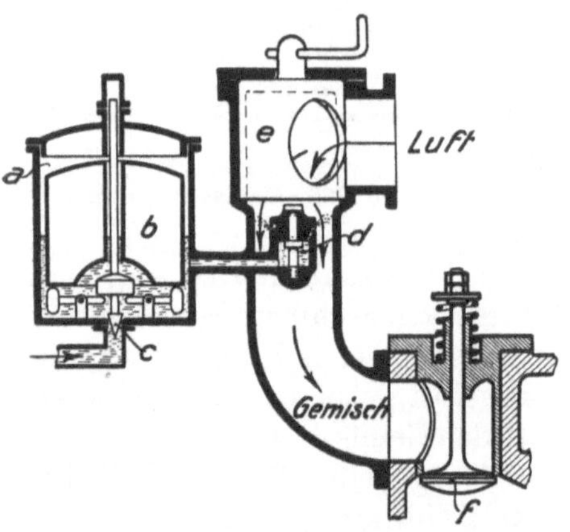

Abb. 269. Anordnung eines Vergasers.

131. Vergaser. Zündung. Kühlung. Schmierung. Vergaser haben die Aufgabe, die leichtflüchtigen, flüssigen Brennstoffe fein zu vernebeln und im richtigen Mengenverhältnis gleichmäßig mit der Verbrennungsluft zu vermischen. Abb. 269 zeigt einen Spritzvergaser, welcher der Verbrennungsluft den Brennstoff in fein verteiltem Zustande beimischt. Im Gehäuse *a* wird die Brennflüssigkeit durch einen Schwimmer *b* gleichhoch gehalten, der bei sinkendem Flüssigkeitsstand durch das Nadelventil *c* neuen Brennstoff zutreten läßt. Vom Gehäuse *a* führt ein gebogenes, in einer Brause *d* endendes Rohr zum Mischraum. Beim Saughube wird aus der Brause in die vorbeiströmende, unter geringem Drucke stehende Luft Brennstoff eingespritzt; damit beim Anfahren, also während langsamen Maschinenganges, genügender Unterdruck im Mischraum entsteht, ist der Lufthahn *e* eng einzustellen.

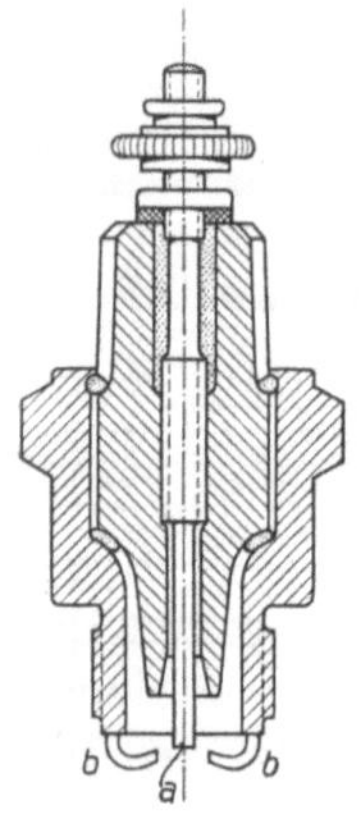

Abb. 270. Zündkerze (Bosch).

Die Zündung ist je nach der Art der Maschine verschieden. Vergaser- und Gasmaschinen erhalten elektrische Zündung; in den nach dem Dieselverfahren arbeitenden Maschinen wird der Brennstoff durch Einspritzen in die hochverdichtete und dadurch hocherhitzte Luft gezündet; in Glühkopfmaschinen erfolgt die Zündung, indem der Brennstoff gegen den glühenden Zylinderkopf gespritzt wird.

Bei der elektrischen Zündung ist zwischen Abreißzündung und Kerzenzündung zu unterscheiden. Die Abreißzündung arbeitet mit einer feststehenden und einer beweglichen Elektrode (vgl. Abb. 271). Im Zündzeitpunkt wird die bewegliche Elektrode von der feststehenden abgerissen, wobei durch Unterbrechung des die Elektroden durchfließenden Stromes ein das Gemisch zündender Öffnungsfunke entsteht. Bei der Kerzenzündung wird der Zündfunke erzeugt, indem man einen Hochspannungsstrom zwischen zwei feststehenden Elektroden *a* und *b*, die in einer sogenannten Zündkerze (Abb. 270) angeordnet sind, überspringen läßt. Der Zündstrom wird entweder in magnetelektrischen Zündapparaten als hochgespannter Wechselstrom erzeugt, oder man verwendet Batteriegleichstrom, der durch einen Unterbrecher unterbrochen und dann in der Zündspule (Transformator) auf hohe Spannung gebracht wird.

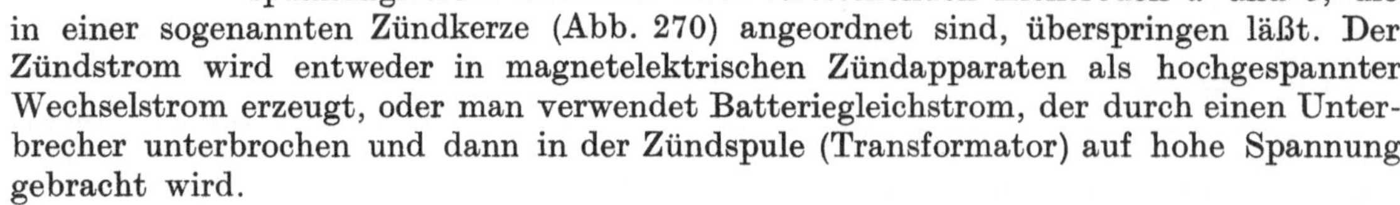

Eine magnetelektrische Abreiß-Zündeinrichtung zeigt Abb. 271. Innerhalb des Hufeisenmagneten *a* ist ein Anker drehbar, der erst von der Steuerwelle *c* in der aus der Zeichnung ersichtlichen Weise gedreht wird, bis Hebel *e* abschnappt und der Anker von den Federn getrieben zurückschnellt. Der entstehende Strom geht durch die Zündleitung zum isolierten Zündstift *b* und durch das Gehäuse zum Anker zurück. Wenn der Strom am stärksten ist, wird er bei *b* unterbrochen, indem die Stange *f* gegen einen außen auf der Unterbrecherwelle sitzenden Anschlag stößt und den Unterbrecherhebel vom Zündstift abreißt; infolgedessen tritt am Zündstift ein kräftiger Funke auf, der das Gemisch zündet.

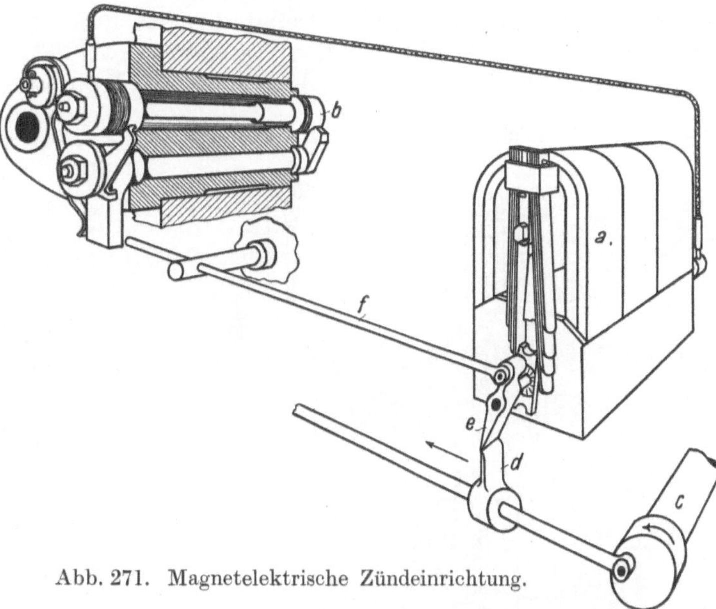

Abb. 271. Magnetelektrische Zündeinrichtung.

Abb. 272 (MAN) veranschaulicht schematisch die Zündeinrichtung für die Zylinderseiten *I*, *II*, *III* und *IV* einer doppeltwirkenden Tandemmaschine, die nacheinander wirken. *a* ist eine Zündstelle, *b* der Unterbrecherhebel, der am Ende des Verdichtungshubes durch den elektromagnetischen Hammer *c* von seinem Kontakte abgerissen wird, so daß ein Funke entsteht. In diesem Augenblick wird nämlich durch den Stromverteiler *d* ein Stromkreis geschlossen, so daß die Wicklung des Hammers *c* aus der Akkumulatorenbatterie einen kräftigen, über die Zündstelle *a* fließenden Strom empfängt, der unmittelbar nach dem Entstehen bei *a* unterbrochen wird, indem der elektromagnetische Hammer *c* ausschlägt und den Unterbrecherhebel *b* abreißt. Das Schema zeigt den Stromlauf für eine Zündstelle der Zylinderseite *IV*. Indem man die am Stromverteiler anliegenden Kontakte nach der einen oder anderen Seite verstellt, kann man je nach Drehzahl und Gasart auf frühere oder spätere Zündung einstellen.

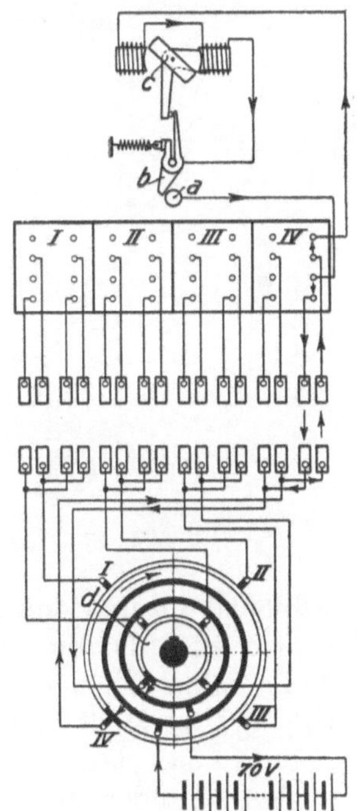

Abb. 272. Elektrische Zündanordnung der MAN.

Die **Kühlung** ist für Verbrennungskraftmaschinen unbedingt notwendig, weil die hohen Temperaturen sonst Frühzündungen ergeben, zum Verziehen des Zylinders und Festklemmen der Ventile führen und die Schmierung durch Verdampfen des Schmieröles beeinträchtigen. Bei kleinen Zylinderleistungen genügt **Luftkühlung**. Da Luft nur geringe spezifische Wärme hat, muß durch Kühlrippen am Zylinder, Zylinderkopf und Ventilgehäuse für eine ausreichende Oberfläche zur Wärmeableitung gesorgt werden.

In überwiegendem Maße wird **Wasserkühlung** angewendet, die viel intensiver und gleichmäßiger wirkt, für die höchsten Zylinderleistungen ausreicht und wegen der geringeren Wandtemperaturen höhere Verdichtung und Leistung ermöglicht. Die vom Kühlwasser abzuführende Wärme beträgt etwa 30% der Brennstoffwärme, bei Teillast mehr. Die Kühlung, für die reines Wasser verwendet werden soll, wird als **selbsttätige Umlaufkühlung** ausgeführt, bei der der Wasserumlauf lediglich durch den Auftrieb des erwärmten und dadurch spezifisch leichter gewordenen Wassers hervorgerufen wird (Thermosyphonkühlung), oder als Umwälzkühlung, die den Wasserdurchlauf durch eine Schleuderpumpe bewirkt. Das in der Maschine erwärmte Wasser wird in besonderen Kühlern zurückgekühlt und im Kreislauf verwendet. In geringer Zahl hat man auch Verdampfungskühlungen, bei denen das Kühlwasser dauernd Siedetemperatur hat und dem Motor durch Verdampfen Wärme entzieht.

Zur Schmierung verwendet man bei geringen Ansprüchen die Tauchschmierung. Das im Ölsumpf des Kurbelgehäuses befindliche Schmieröl wird von den Pleuelstangenköpfen verspritzt, von Schalen aufgefangen und von diesen den Schmierstellen zugeführt. Bei hohen Beanspruchungen wendet man Druck-Umlaufschmierung an, bei der das Schmieröl durch eine Pumpe (meist Zahnradpumpe) unter Druck den Schmierstellen zugeleitet wird. Bei der Gemischschmierung, wie man sie oft bei einfachen Zweitaktmotoren hat, wird das Schmieröl (8 bis 10%) unmittelbar dem Brennstoff beigemischt.

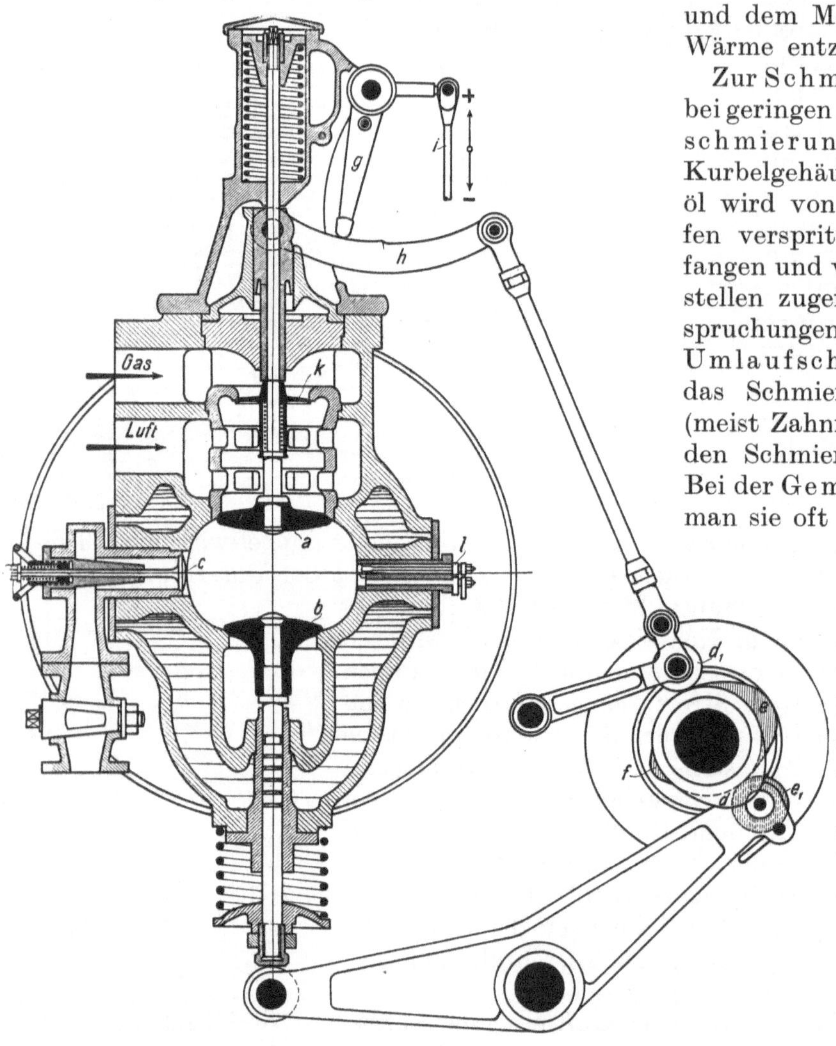

Abb. 273. Querschnitt eines Deutzer Gasmotors.

132. Die einfachwirkenden Viertakt-Verpuffungsmaschinen. Ventilanordnung, Steuerung, Regelung und Zündung einer einfachwirkenden Viertakt-Verpuffungsmaschine zeigt Abb. 273, die den Querschnitt eines Deutzer Gasmotors darstellt. Das Einlaßventil *a* wird durch den Nocken *d* bewegt, auf dem die Rolle d_1 läuft, das Auslaßventil *b* durch den Nocken *e*, auf dem die Rolle e_1 läuft. Auf der Stange des Einlaßventils sitzt das die Luft und das Gas trennende Ventil *k*. Die Regelung ist quantitativ. Je nachdem wie der Regler mit der Stange *i* den Hebel *g* und damit den Drehpunkt des Hebels *h* verstellt, macht das Einlaßventil *a* nebst dem Ventil *k* größeren oder kleineren Hub, so daß das eintretende Gemisch weniger oder mehr gedrosselt wird. Bei *l* ist die in den Zylinder eingesetzte Zündbüchse erkennbar, die den isolierten Zündstift und den Unterbrecherhebel nebst Welle enthält. Das Ventil *c* dient dazu, die Maschine mit Druckluft anzulassen; bei einzylindrigen Maschinen kann man es von Hand bedienen, bei mehrzylindrigen wird es gesteuert. Während des Anlassens muß die Rolle e_1 des Auslaßventils *b* außer auf dem Auslaßnocken *e* auf einem Hilfsnocken *f* laufen, der beim Kompressionshub das Auslaßventil anhebt. Die Druckluft wird durch einen kleinen Kompressor erzeugt, oder man richtet die Gasmaschine so ein, daß sie beim Auslaufe mit Hilfe eines Ladeventils verdichtete Luft in einen Druckluftsammelbehälter drückt.

133. Großgasmaschinen. Die Großgasmaschinen werden immer doppeltwirkend als Zweitakt- oder Viertaktmaschinen ausgeführt; der Viertakt überwiegt weitaus. Weil bei den doppeltwirkenden Maschinen die Zylinder auf beiden Seiten geschlossen sind, ist es nötig, auch die Kolben und Kolbenstangen durch Wasser zu kühlen. Beim doppeltwirkenden Zweitaktzylinder ist jeder Hub ein Arbeitshub, während beim doppeltwirkenden Viertaktzylinder auf 2 Arbeitshübe 2 Leerhübe folgen; deshalb ist beim doppeltwirkenden Viertakt Tandemanordnung üblich, bei der man ebenfalls, indem man die Zündungen entsprechend auf die beiden Zylinder verteilt, bei jedem Hube einen Arbeitshub erhält. Durch Zwillingsanordnung ist die Leistung weiter erhöhbar. Die größten ausgeführten Viertaktzylinder (1500 mm Durchm. und 1500 mm Hub) leisten bis 3000 PS, so daß eine Zwillingstandemmaschine bis 12000 PS hergeben würde.

In der Abb. 274 ist die Viertaktgroßgasmaschine der MAN dargestellt, die mit einer kombinierten, auf quantitativer Grundlage beruhenden Regelung ausgerüstet ist, die in

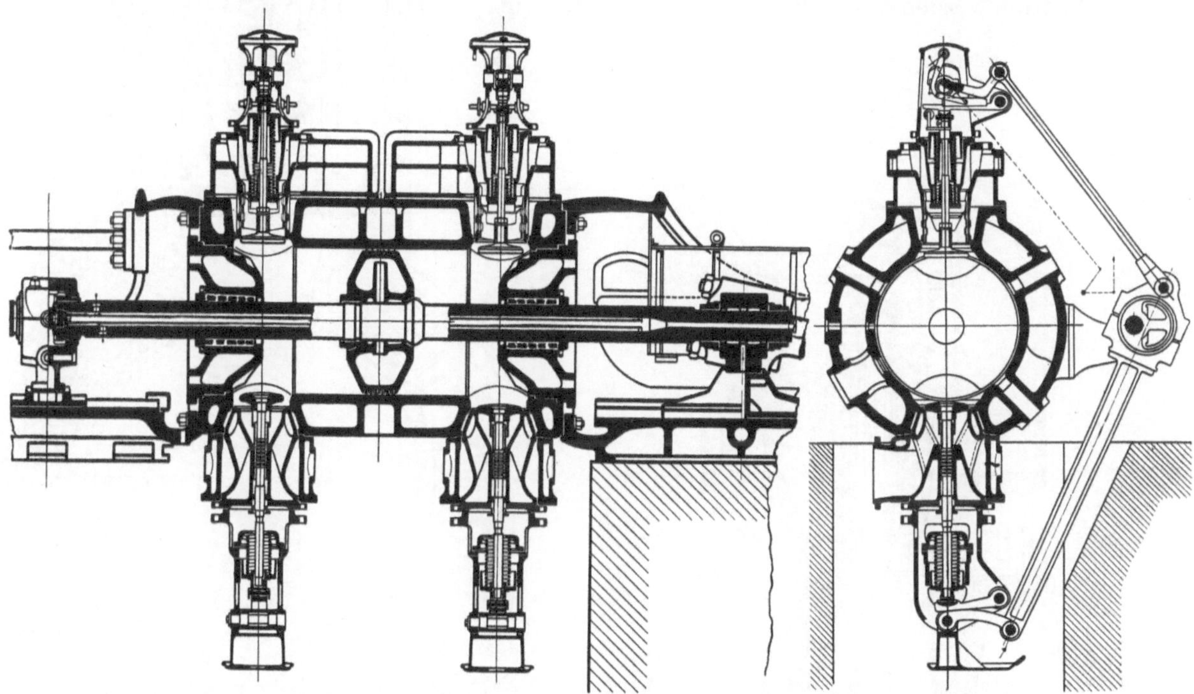

Abb. 274. Zylinder der Viertaktgroßgasmaschine der MAN.

Abb. 275 veranschaulicht ist. *a* ist das Einlaßventil; auf seiner Spindel sitzen der den Lufteintritt steuernde Schieber *b* und das Gasventil *c*, das den Gaseinlaß steuert und den Gasraum vom Luftraum abschließt. Den qualitativen Einschlag erhält die Steuerung dadurch, daß der Luftschieber noch nicht schließt, wenn das Gasventil aufsitzt, so daß bei kleiner Leistung und entsprechend kleinem Hube des Einlaßventils der Luftspalt im Verhältnis zum Gasspalt größer als bei großem Hube ist. Infolge dieses qualitativen Einschlages paßt sich die Steuerung dem Heizwert des Gases in gewissen Grenzen an und ist bequem auf ihn einstellbar. Die äußere Anordnung der Steuerung ist dadurch sehr einfach, daß die Steuerwelle für jeden Zylinder nur 2 Exzenter trägt, indem die Treibstange des Einlaßventils am Exzenter des Auslaßventils angreift. Der Regler verschiebt den Sattel, auf dem sich der Ventilhebel abwälzt, so daß der Hub des Einlaßventils nebst Luftschieber und Gasventil größer oder kleiner wird. Zur elektrischen Zündung des Gemisches sind 3 Zündeinsätze angeordnet, mittels derer Abreißfunken erzeugt werden. Zum Anlassen dient Druckluft von anfänglich etwa 25 at Spannung, die in einem Kessel gespeichert ist. Man läßt bei einer Tandemmaschine zwei von den vier Zylinderseiten an und bewerkstelligt in den beiden anderen die Zündung, worauf die Druckluft abgesperrt und den ersten beiden Zylinderseiten ebenfalls Gas gegeben wird.

Abb. 276 zeigt den Querschnitt der von der Maschinenfabrik Thyssen & Co., Mülheim, gebauten Viertaktgroßgasmaschine. Diese wird entweder normal ausgeführt oder so eingerichtet, daß sie zwecks Leistungssteigerung[1] gespült und mit Luft von 0,25 atü nachgeladen wird. Die Abbildung veranschaulicht letztere Bauart. *a* ist das Einlaßventil, auf dessen Stange der das Gas, die Mischluft und die Spülluft steuernde Schieber *b* sitzt. *c* sind die Zündeinsätze, *d* ist das Druckluftventil, das beim Anlassen zu öffnen ist. Der Gas-, der Mischluft- und der Spülluftstrom werden durch Drosselklappen beherrscht,

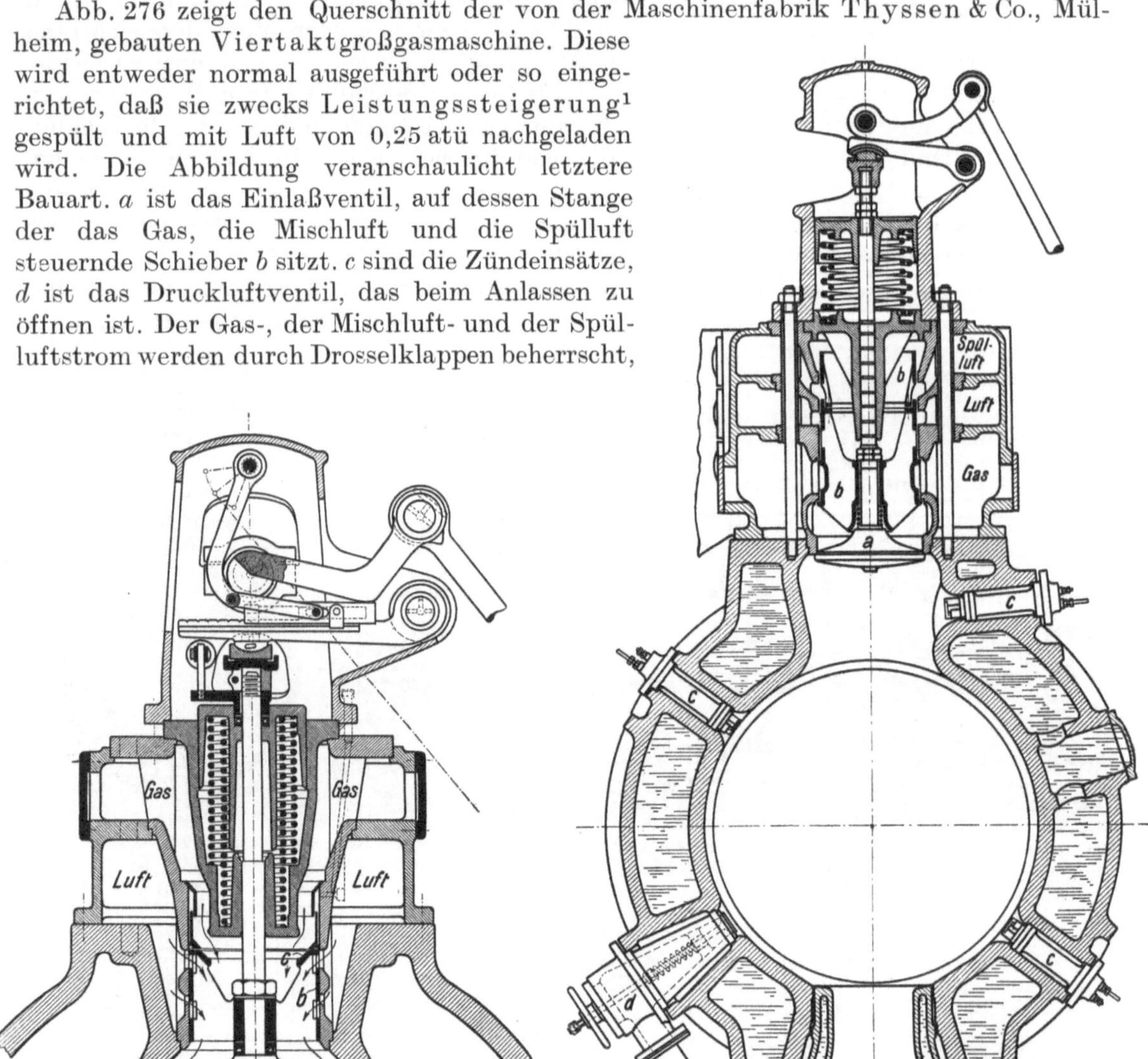

Abb. 275. Einlaßsteuerung der MAN für Großgasmaschinen.

Abb. 276. Zylinderquerschnitt der Thyssenschen Großgasmaschine mit Leistungssteigerung.

die der Regler einstellt. Das Einlaßventil, aber nicht der Gas- und Mischluftschieber, öffnet schon im letzten Teil des Ausschubhubes und bleibt bis in den Kompressionshub hinein geöffnet, so daß der Zylinder bei größerer Leistung vor dem Ansaughube gespült wird, ein Gemisch mit Gasüberschuß ansaugt und nach beendetem Saughube mit Druckluft nachgeladen wird. Durch die zunehmend verstärkte Ladung ist die Maschinenleistung, wie ein Vergleich der Diagramme *I* und *II* in Abb. 277 lehrt, um etwa ein Viertel steigerbar, so daß die Maschine innerhalb weiter Grenzen mit günstigem Wärmeverbrauche wirkt. Bemerkenswert ist, daß die Leistungssteigerung nicht durch

[1] Wegen Näherem über Großgasmaschinen mit Leistungssteigerung sei auf Langer, Z. d. V. d. I. 1925, S. 1025 hingewiesen.

eine entsprechende Drucksteigerung erkauft wird. Es ist dafür gesorgt, daß das Spülgebläse nicht etwa explosibles Gemisch empfängt, wenn es zum Stillstand kommt, während die Gasmaschine weiterläuft, und daß, wenn umgekehrt die Gasmaschine zum Stillstand kommt, das weiterlaufende Gebläse nicht in die Gasleitung Druckluft pumpt.

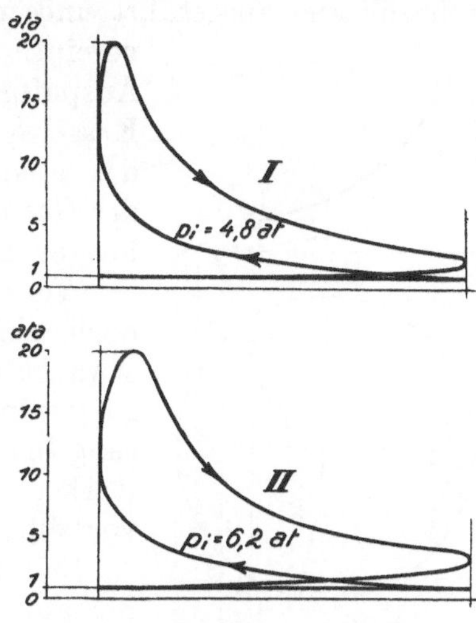

Abb. 277. Diagramme der Thyssenschen Großgasmaschine mit Leistungssteigerung.

Abb. 278 zeigt schematisch die von Gebr. Klein, Dahlbruch, ausgeführte Zweitaktgroßgasmaschine der Körtingschen doppeltwirkenden Bauart. *a* ist der Zylinder der Gasmaschine mit den Einlaßventilen *d* und den von dem langen Kolben gesteuerten Auslaßschlitzen *e*, *b* die Gaspumpe, *c* die Luftpumpe. Die Pumpenkurbel eilt der Maschinenkurbel um 110° vor. Die Spül- und Ladevorgänge gehen aus den in der Abb. 278 enthaltenen Pumpendiagrammen und dem in der Abb. 279 dargestellten Gasmaschinendiagramm hervor. Am Ende des Krafthubes im Zeitpunkt *1* beginnt der Kolben die Auslaßschlitze freizugeben, im Zeitpunkt *2* öffnet das Einlaßventil und es beginnt das Spülen, dem sich das Laden anschließt, im Zeitpunkt *3* schließt der rückkehrende Kolben die Auspuffschlitze, vom Zeitpunkt *3* ab verdichten der Gasmaschinen- und die Pumpenkolben gemeinsam das in den Zylinder geladene Gemisch, bis im Zeitpunkt *4* das Einlaßventil schließt und die eigentliche Verdichtung beginnt. Im Indikatordiagramm erscheint die Zeit für die Spülung und Ladung kurz; tatsächlich ist sie, am Kurbelkreis gemessen, nicht unerheblich. Der Regler wirkt auf die Drosselklappen der Gaspumpe, so daß das gepumpte Gas mehr oder weniger zurückströmt. Die Ladung mit Gas ist vorsichtig zu bemessen, sonst tritt auch Gas durch die Auspuffschlitze.

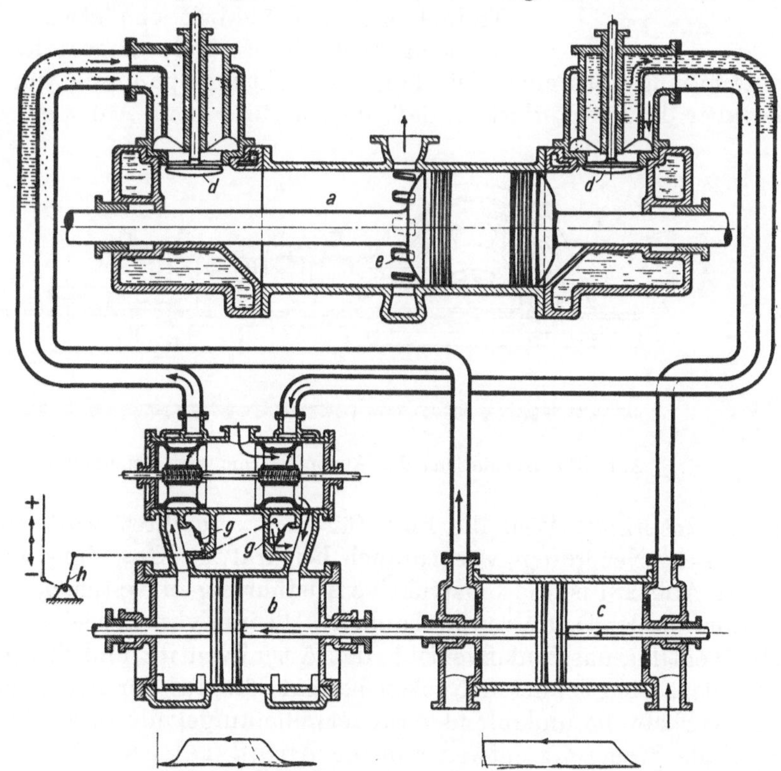

Abb. 278. Zweitaktgroßgasmaschine der Gebr. Klein, Dahlbruch.

Man läßt die Zweitaktmaschinen etwas langsamer laufen als die Viertaktmaschinen, ferner kann man aus dem eben angegebenen Grunde den Zylinder nicht voll ausnutzen, so daß der Zweitaktzylinder nicht doppelt so viel leistet wie der Viertaktzylinder. Bei langsamem Gange, wie er beim Gebläseantrieb vorkommt, erweist sich die sichere Zumessung des Gases und der Luft als vorteilhaft. Der Zahl nach sind die Zweitaktgasmaschinen den Viertaktgasmaschinen weit unterlegen.

134. Die Abwärmeverwertung bei Großgasmaschinen. In der Gasmaschine wird noch nicht ein Drittel der im Gase enthaltenen Energie in Arbeit umgesetzt; der Rest geht mit den 300 bis 600° heißen Auspuffgasen und dem Kühlwasser verloren. Es ist üblich geworden, die Auspuffwärme in Abwärmekesseln auszunützen. Diese werden als Rauchröhrenkessel ausgeführt und mit einem Überhitzer und einem Speisewasservorwärmer vereint. Abb. 280 (MAN) zeigt die allgemeine Anordnung: die Auspuffgase durchziehen nacheinander den Überhitzer *a*, den Kessel *b* und den Vorwärmer *c*. Durch diese Verwertung der in den Auspuffgasen enthaltenen Abwärme gewinnt man für 1 von der Gasmaschine erzeugte kWh 1 bis 1,2 kg hochgespannten, überhitzten Dampf, mit dem man bis zu 0,2 kWh erzeugen kann.

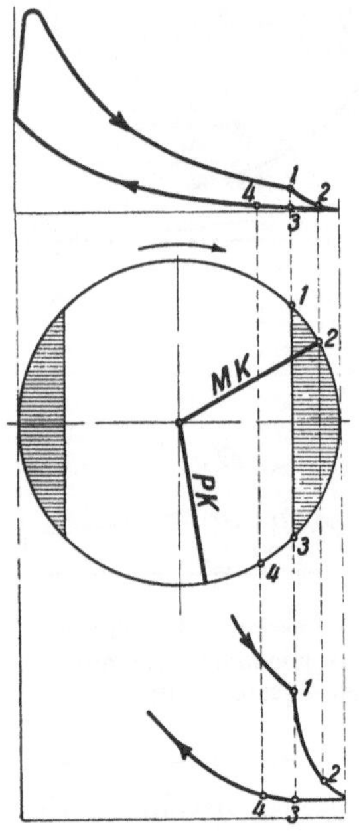

Abb. 279.

Wenn Verdampfungskühlung angewendet wird, kann auch noch ein Teil der Kühlwasserwärme verwertet werden, wobei etwa halb so viel Wärme wie durch Ausnützen der Auspuffwärme zu gewinnen ist. Insgesamt sind also durch die Abwärmeverwertung bis 30% der Gasmaschinenleistung zusätzlich gewinnbar. Je stärker und gleichmäßiger die Gasmaschine belastet ist, um so vorteilhafter ist es für die Abwärmeverwertung.

135. Die Dieselmaschinen. Die Dieselmaschine, deren Verfahren auf dem Patente 67207 von Diesel beruht und deren konstruktive Durchbildung bei der Maschinenfabrik Augsburg in mehrjähriger Arbeit (1893 bis 1897) entwickelt worden ist, ist nicht die erste, aber die vollkommenste Schwerölmaschine. In ihrer eigentlichen Gestalt ist sie dadurch gekennzeichnet, daß die Verbrennungsluft auf 32 bis 35 at verdichtet wird, und daß das Treiböl mittels Druckluft von etwa 70 at in die durch die Verdichtung hocherhitzte Luft eingespritzt wird und infolge Selbstentzündung verbrennt. Die hohe Verdichtungsspannung wäre im Betriebe nicht nötig, ist aber dafür erforderlich, daß die Maschine beim Anlassen, ohne daß man vorwärmen muß, anspringt. Weil die Luft für sich verdichtet wird, sind Frühzündungen ausgeschlossen. Neuerdings werden auch heizkräftige Gase im Dieselverfahren verwertet.

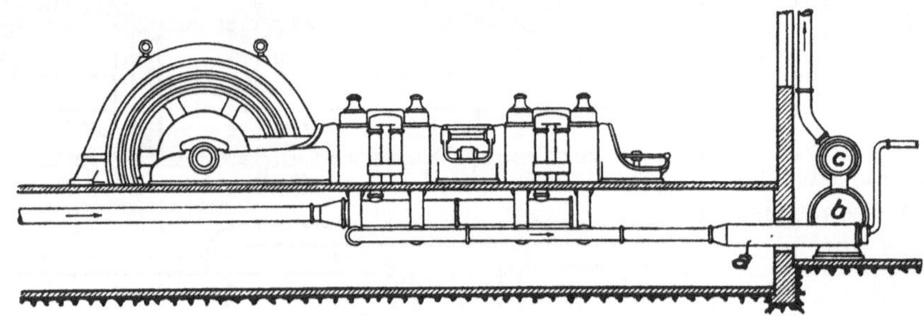

Abb. 280. Ausnützung der Auspuffwärme von Gasmaschinen in Abwärmekesseln.

In Abb. 281 ist die konstruktive Ausführung eines stehenden Viertakt-Dieselmotors der Motorenfabrik Deutz veranschaulicht. Die im Zylinderdeckel sitzenden Ventile: das Brennstoffventil *a*, das Einlaßventil *b*, das Auslaßventil *c* und das Anlaßventil *d* werden durch die ebenso bezeichneten Nocken bewegt, die auf der hochliegenden, halb so schnell wie die Kurbelwelle umlaufenden Steuerwelle aufgekeilt sind. Mit dem Einschalthebel *h* legt man die Steuerung entweder in die Anlaßstellung, bei welcher Hebel *d* anliegt und Nocken *d* das Druckluftventil *d* antreibt, oder in die Betriebsstellung, bei welcher Hebel *a* anliegt und Nocken *a* das Brennstoffventil *a* betätigt. Wird der Einschalthebel *h* schräg gestellt, sind sowohl das Anlaß- wie das Brennstoffventil in Ruhe. Der Brennstoff wird durch die Brennstoffpumpe gegen den hohen Druck der Einblaseluft zum Brennstoffventil Abb. 282 gepreßt, wo er sich auf den mit versetzten Bohrungen versehenen Zerstäuberplättchen *b* absetzt, bis die Brennstoffnadel *a* durch die Steuerung angehoben wird und der Brennstoff durch die Bohrungen in den Plättchen *b*, durch die Längsnuten des dahinter sitzenden Konus und durch die Mündung des Düsenplättchens *c* in den Zylinder

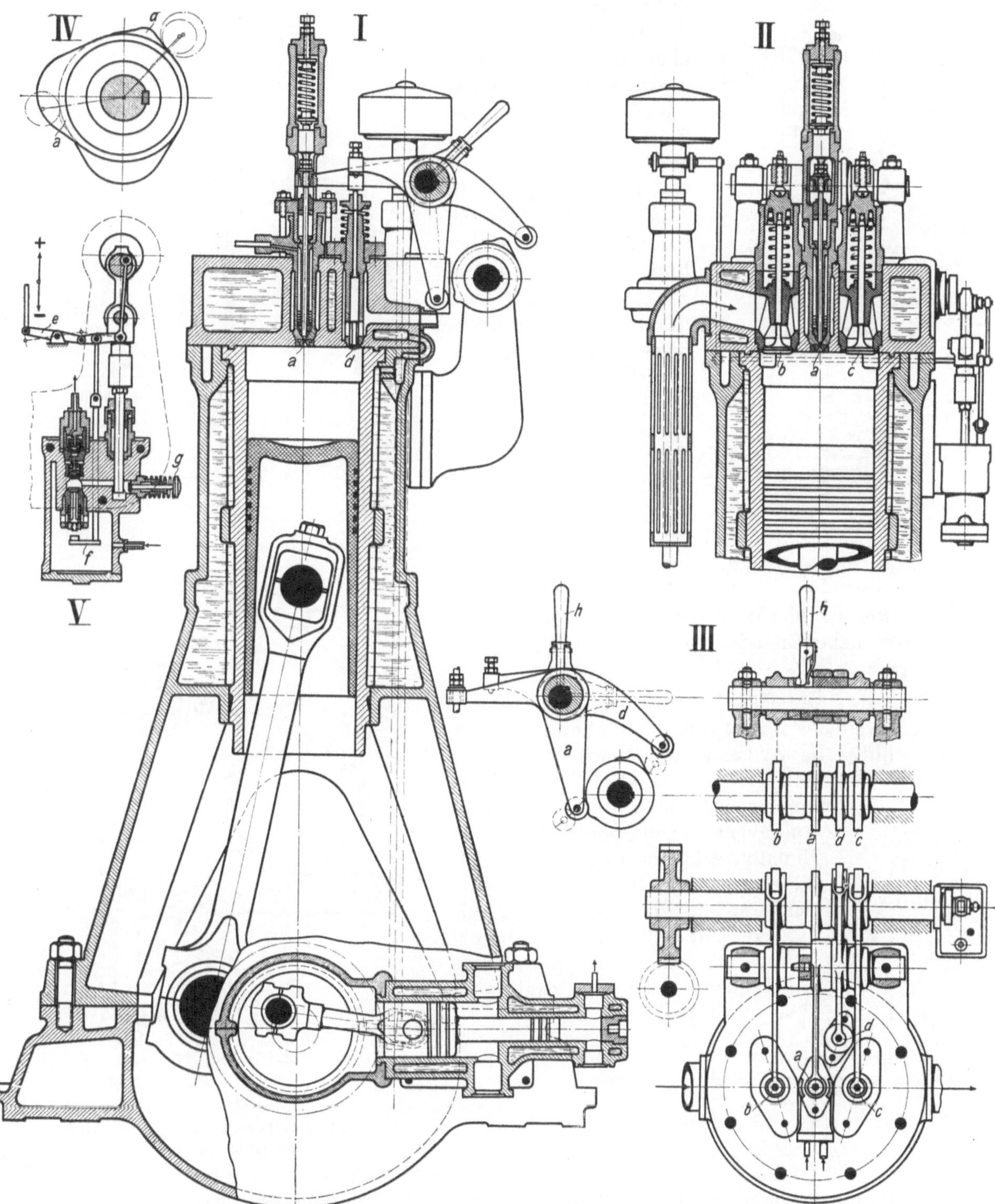

Abb. 281. Stehender Viertakt-Dieselmotor der Motorenfabrik Deutz.

eingeblasen wird. In Abb. 281 ist die Brennstoffpumpe unter *V* in vergrößertem Maßstabe dargestellt. Die geförderte Brennstoffmenge wird durch den Geschwindigkeitsregler bestimmt, unter dessen Einwirkung ein kleinerer oder größerer Teil der angesaugten Brennstoffmenge beim Druckhube zurückläuft. Es wird nämlich das Saugventil der Brennstoffpumpe durch die auf und nieder bewegte Stange *f* längere oder kürzere Zeit offen gehalten, je nach der Höhenlage, in welcher die Stange wirkt, und diese Höhenstellung hängt in der aus der Zeichnung ersichtlichen Weise von der Muffenstellung des Reglers ab. Das Diagramm Abb. 283 veranschaulicht die Wirkung der Regelung. Die Einblasdruckluft wird durch einen besonderen, liegend angeordneten, zweistufigen Kompressor (Abb. 281) erzeugt, der sie in eine Einblasflasche drückt; derselbe Kompressor erzeugt auch die für das Anlassen erforderliche Druckluft, die in Anlaßgefäßen gespeichert wird. Setzt man, wie es häufig geschieht, mehrere Kraftzylinder nebeneinander, so genügt für alle ein Kompressor.

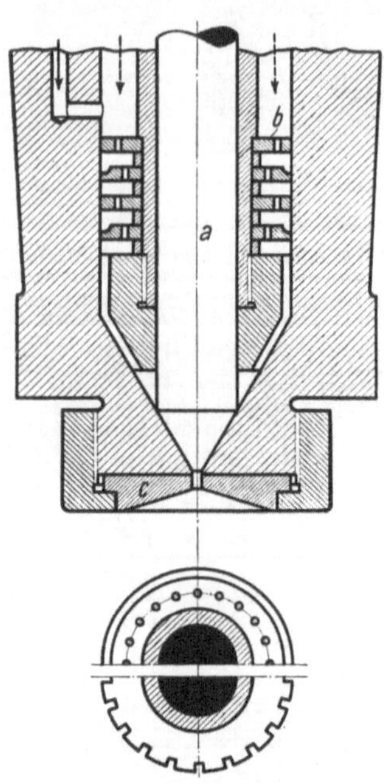

Abb. 282. Brennstoffventil.

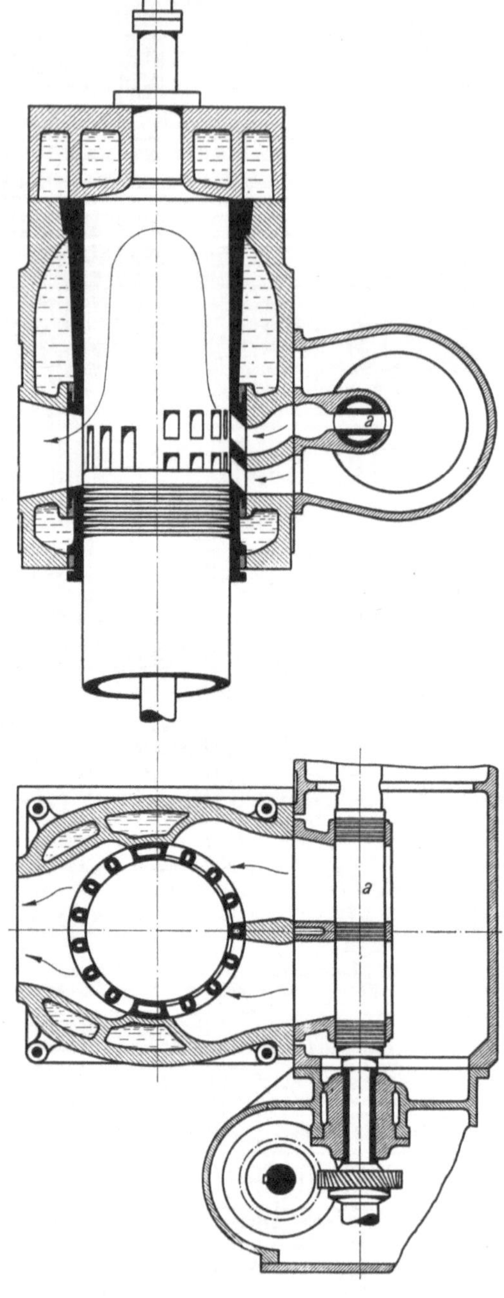

Abb. 284. Zweitakt-Schlitzspülmaschine von Gebr. Sulzer.

Die Zweitakt-Dieselmaschine baut sich einfacher, weil das Auslaßventil fortfällt und durch Spülschlitze im Zylinder ersetzt wird, die vom Kolben gesteuert werden. Im Deckel sind dann nur noch Einlaß-, Brennstoff- und Anlaßventil anzuordnen. Auch das Einlaßventil kann gemäß Abb. 284, die eine einfachwirkende Zweitakt-Schlitzspülmaschine von Gebr. Sulzer darstellt, fortfallen, indem man auch dafür Spülschlitze anordnet. Es sind zwei Spülschlitzreihen vorhanden. Die obere wird durch einen Drehschieber *a* gesteuert, der sie erst öffnet, wenn der Kolben die untere freigegeben hat, und sie schließt, nachdem sie der rückgehende Kolben überdeckt hat. Von der MAN werden gleichfalls Zweitakt-Dieselmaschinen mit Schlitzspülung gebaut, und zwar in einfach- und doppeltwirkender Anordnung.

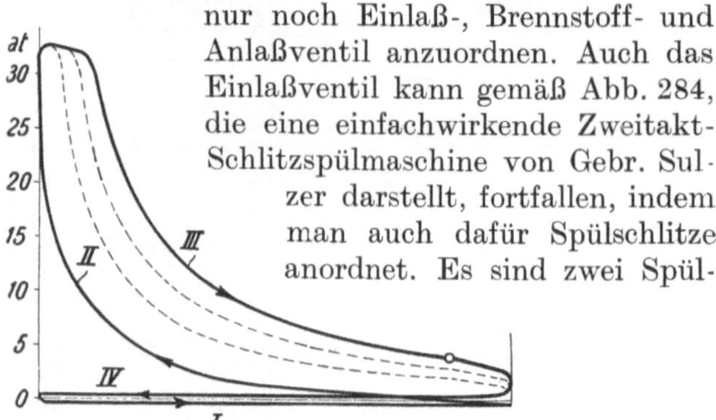

Abb. 283. Regeldiagramm der Viertakt-Dieselmaschine.

Große Dieselmaschinen werden mit Kreuzkopf ausgeführt. Außer der stehenden Anordnung mit 2 oder 3 oder 4 oder mehr Zylindern nebeneinander werden auch liegende Dieselmaschinen in ein- oder zweikurbliger Anordnung gebaut. Sowohl der Viertakt wie der Zweitakt werden einfach- oder doppeltwirkend ausgeführt. Als Brennstoff sind bei uns Gasöl und Paraffinöl sehr geschätzt; für Teeröl muß die Dieselmaschine besonders eingerichtet sein. Als größte bisher erreichte Leistung gelten 2000 PS in einem Zylinder.

136. Der kompressorlose Dieselmotor. Als Beispiel der kompressorlosen Bauarten, die um der Einfachheit willen ursprünglich für kleine und mittlere Leistungen geschaffen worden waren, sei in Abb. 285 der mit Verdrängerkolben ausgerüstete Motor der Deutzer Motorenfabrik dargestellt. Der Brennstoff wird für sich unter einem Druck von etwa 100 at in die hochverdichtete Luft eingespritzt. Die vom Kolben in den Verbrennungsraum hineingeschobene Luft muß gegen Ende des Verdichtungshubes wegen der eigenartigen Form des Kolbens durch einen sich immer mehr verengenden Ringspalt überströmen, so daß die Luft im Verbrennungsraum auf das schärfste durcheinander gewirbelt und mit dem eingespritzten Brennstoff auf das innigste gemischt wird und sichere Zündung und gute Verbrennung erzielt werden.

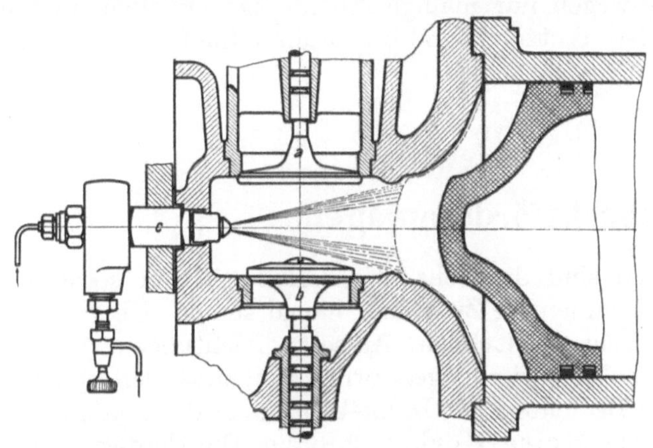

Abb. 285. Deutzer kompressorloser Dieselmotor mit Verdrängerkolben.

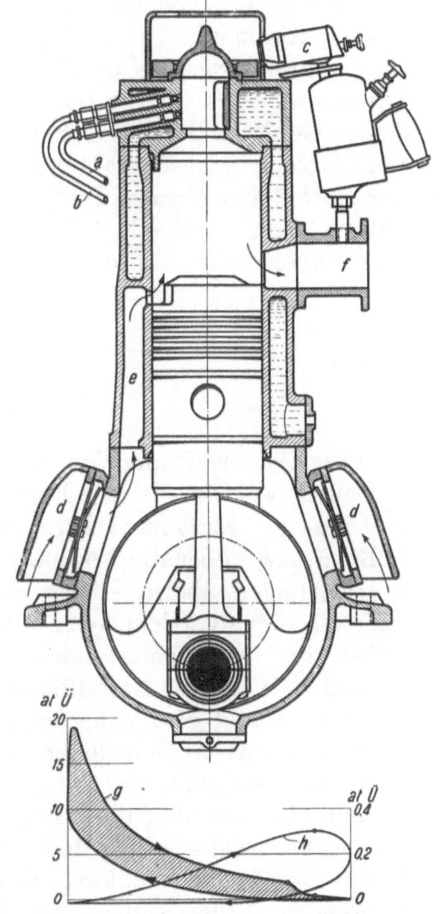

Abb. 286. Zweitakt-Glühkopfmotor.

Bei anderen kompressorlosen Dieselmotoren wird das Treiböl in eine Vorkammer eingespritzt, in der es zum Teil verbrennt, dabei das weitere Öl durch eine Düse fein zerstäubt in den Zylinder treibend. Guten Erfolg haben ferner Bauarten ohne Vorkammer gehabt, bei denen das Treiböl luftlos unter dem Drucke von mehreren 100 at eingespritzt wird. Die kompressorlosen Dieselmotoren haben geringeren Wärmeverbrauch als die Dieselmotoren mit Drucklufteinspritzung und verhalten sich bei Teillasten günstiger. Man rechne etwa 1800 kcal oder 180 g Öl von 10000 kcal/kg Heizwert für 1 PS_eh[1].

Das günstige Verhalten und die Einfachheit der kompressorlosen Dieselmotoren hatte eine Weiterentwicklung zu immer größeren Leistungen zur Folge, so daß heute der kompressorlose Dieselmotor den Dieselmotor mit Lufteinspritzung bis zu Leistungen von 1000 PS fast überall verdrängt hat.

---

[1] Vgl. Schultz: Der kompressorlose Betrieb von Dieselmotoren und Kux: Kompressorlose Ölmaschinen, beide Z. d. V. d. I. 1925, Nr. 41.

137. Der Glühkopfmotor. Der Glühkopfmotor, der älter ist als der Dieselmotor, ist ein sehr einfacher, mit verhältnismäßig niedrigen Drücken wirkender Schwerölmotor. Die Verbrennungsluft wird für sich auf etwa 9 bis 10 at verdichtet. Das Öl wird kurz vor Ende des Verdichtungshubes gegen die heiße Wand des Glühkopfes gespritzt, an der es verdampft und sich entzündet. Vor der Inbetriebsetzung wird der Glühkopf durch eine Lötlampe erhitzt, im Betriebe bleibt er infolge der auftretenden Verbrennungswärme heiß genug. Der Glühkopfmotor wird fast nur als Zweitaktmotor gemäß Abb. 286 mit Schlitzauslaß und Schlitzspülung ausgeführt. Die Spül- und Ladeluft erzeugt der Motor selbst, indem der Kurbelkasten luftdicht abgeschlossen und mit Saugventilen versehen ist, so daß der hochgehende Kolben Luft ansaugt, die er beim Niedergange auf etwa 0,3 atü verdichtet. Die Spülluft tritt durch die Spülschlitze *e* in den Zylinder, nachdem die Verbrennungsgase durch die Auspuffschlitze verpufft sind. Die Wirkungsweise des Glühkopfmotors wird durch die in der Abb. 286 enthaltenen Diagramme des Motors und seines Gebläseteils veranschaulicht. Wegen des konstruktiven Zusammenhanges ist die vom Kolben angesaugte Spül- und Ladeluftmenge zu klein, so daß das Gemisch bald zur Hälfte aus Abgasen besteht, weswegen nur mäßige Treibdrücke erzielbar sind und höherer Brennstoffbedarf die Folge ist. Trotzdem sind die Glühkopfmotoren wegen ihrer Einfachheit sehr verbreitet.

XVI. Schachtförderanlagen.

138. Vorbemerkung. Im folgenden sind die Schachtförderanlagen nur so weit besprochen, wie sie mit den Fördermaschinen im Zusammenhange stehen. Über die Ausrüstung des Förderschachtes: Die Schachtleitungen, Aufsetzvorrichtungen, Schwenkbühnen usw., über die Förderkörbe nebst Zwischengeschirren, Seileinbänden und Fangvorrichtungen, über die mechanische Bedienung der Hängebank, über die Fördergerüste, über die Signalvorrichtungen usw. siehe Heise-Herbst, 2. Band. Die Fördermaschinen selbst sind im anschließenden Abschnitte dieses Buches besprochen.

139. Gefäß- und Gestellförderung[1]**.** Bei der Gefäß- oder Skipförderung, die sich in Deutschland erst neuerdings mehr einführt, werden die Förderwagen unter Tage in Bunker entleert, aus denen man das Fördergut über einen Meßbehälter in das Fördergefäß rutschen läßt, das entsprechend tief unter der Fördersohle hängt. Dann wird das Fördergefäß bis über die Hängebank gezogen und in die Tagesbunker entladen, indem man es kippt oder seinen Boden aufklappt. Die Art der Entladung wird durch die Gefäßform bestimmt. Breite, kurze Gefäße, die allerdings nur bei großen Schachtquerschnitten verwendet werden können, werden vorteilhaft als Kippgefäße ausgebildet, wie es bei amerikanischen Anlagen meist der Fall ist. Kleine Schachtquerschnitte bedingen schmale und daher lange Gefäße, die dann besser als Bodenentleerer ausgeführt werden. Beide Arten der Gefäßförderung sind in den Abb. 287 und 288 dargestellt. Die Gefäße besitzen Leitrollen, die über Tage in Führungsschienen einlaufen und das Gefäß kippen bzw. den Bodenverschluß öffnen. Abb. 289 zeigt ein Bodenentleergefäß mit der Wirkungsweise der Verschlußeinrichtung. Die Entladung stellt naturgemäß hohe Anforderungen an die Steuerfähigkeit der Fördermaschine, die am besten von der Gleichstromfördermaschine mit Leonardschaltung erfüllt werden.

---

[1] Vgl. Hansen: Über Gefäßförderung unter besonderer Berücksichtigung der Fördergefäße. Fördertechnik und Frachtverkehr 1928, Nr. 12, 13, 17, 23, 24 und 26. — Herbst: Die Gefäßschachtförderung (Skipförderung) und der deutsche Bergbau. Glückauf 1913, Nr. 31—32. — Die Aussichten der Gefäßschachtförderung für den deutschen Bergbau. Glückauf 1920, S. 75. — Die Schachtförderung mit Seil im deutschen Bergbau und ihre Zukunft. Z. Berg-, Hütten- u. Sal.-Wes. Bd. 63, S. 285. 1915. — Gärtner: Gefäßförderung oder Kübelförderung. Glückauf 1923, S. 133 u. 157. — Walter, P.: Vor- und Nachteile der Kübelförderung. Kohle Erz 1925, S. 1481 u. 1521.

Weil bei der Gefäßförderung die Förderwagen nicht zutage gehoben werden, ist die tote Last im Verhältnis zur Nutzlast (etwa 1,2 : 1) kleiner als bei der Gestellförderung (etwa 2 : 1). An die Fördermaschine werden daher geringere Anforderungen gestellt. Das Förderseil kann bei gleicher Nutzlast schwächer und damit leichter werden, was

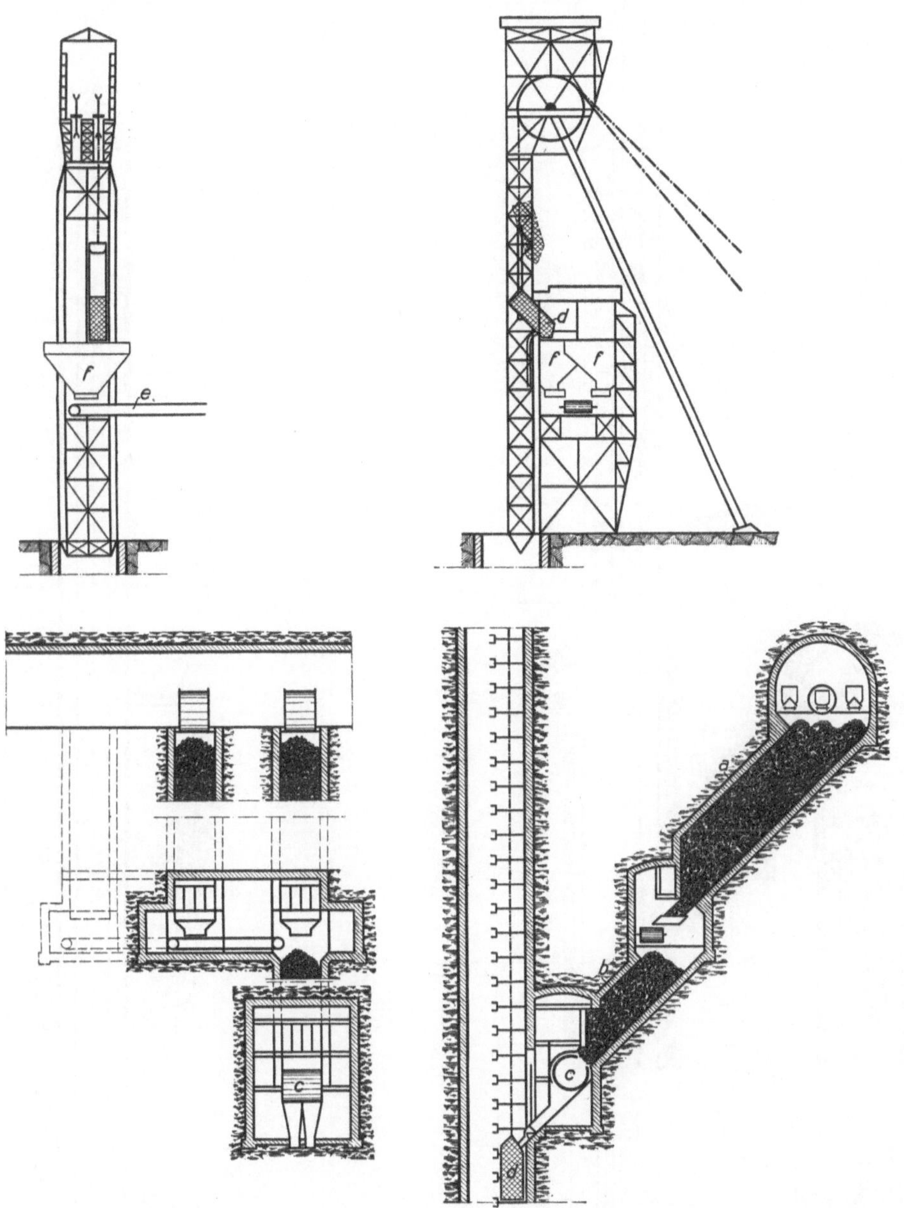

Abb. 287. Gefäßförderung mit Kippgefäß der Königin-Luise-Grube (Walter, Gleiwitz).

insbesondere bei tiefen Schächten zur Geltung kommt, bei denen unter Umständen nur durch Gefäße eine wirtschaftliche Förderung erreicht werden kann. Ein weiterer Vorteil, der sich auch auf den Antrieb ausdehnt, sind die sehr kurzen Förderpausen, da man bei großen Nutzlasten mit nur etwa 1 Sekunde je Tonne für das Laden und Entladen zu rechnen braucht. Das bedeutet bei gleicher Fördergeschwindigkeit, also bei gleicher Maschinenstärke, eine Erhöhung der stündlichen Förderleistung. Durch die kurzen Pausen werden ferner bei elektrischem Antrieb die Leerlaufverluste der Umformer verringert. Nachteilig ist die begrenzte Anwendungsmöglichkeit der Treibscheibenförderung infolge des kleinen Verhältnisses zwischen Totlast und Nutzlast. Kippgefäße scheiden hier wegen der starken Seilentlastung während des Kippens ganz aus, während die Koepeförderung mit Bodenentleerern bei großen Teufen sehr wohl möglich ist, wenn Unter-

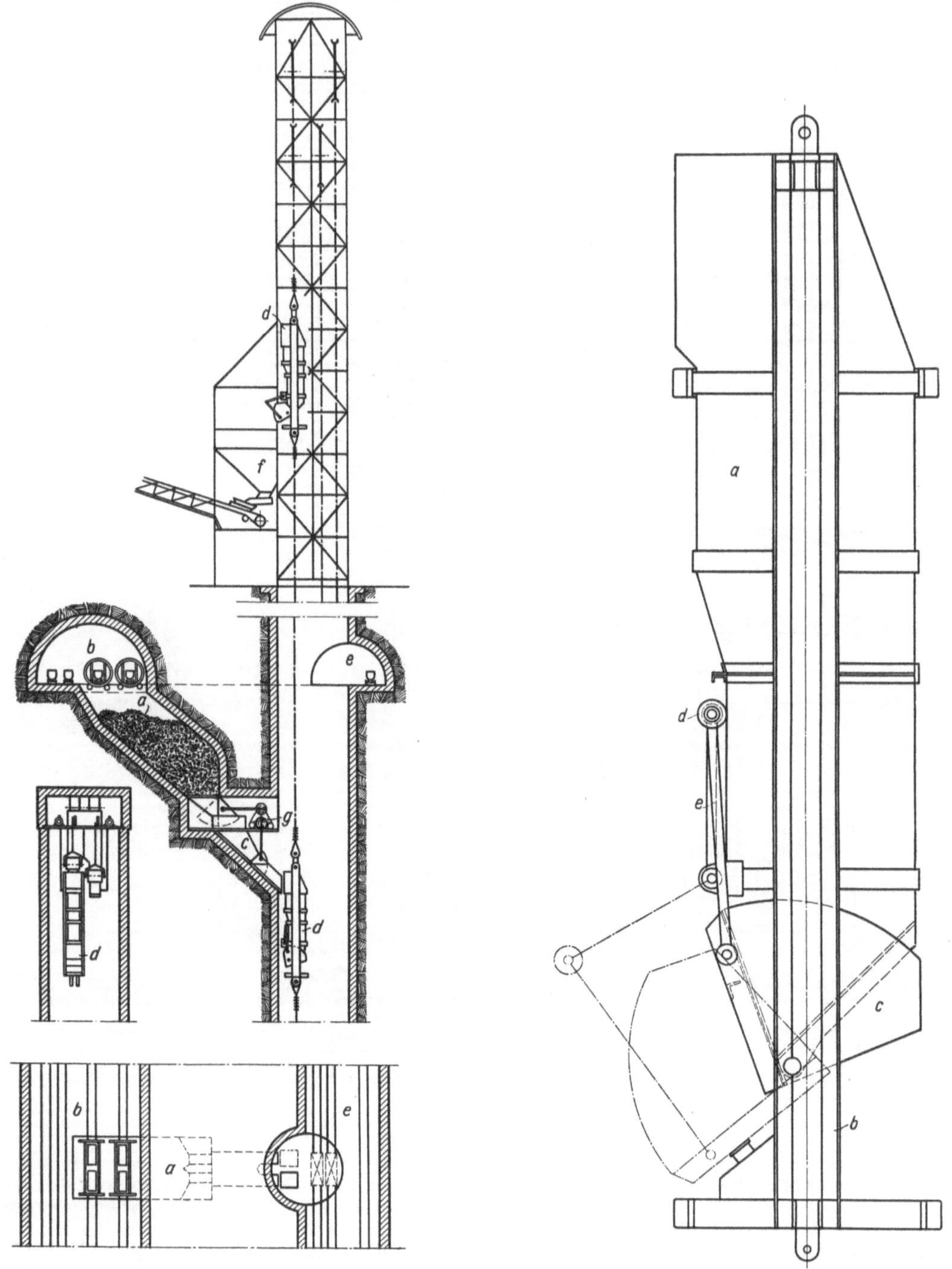

Abb. 288. Gefäßförderung mit Bodenentleergefäß. Abb. 289. Fördergefäß mit Bodenverschluß.

seilausgleich angewendet wird. Die Gefäße sind für die Förderung von Menschen, Holz, Material, Maschinen usw. schlecht geeignet, weshalb neben der Gefäßförderung immer eine Gestellförderung anzuordnen ist.

Bei der Gestellförderung werden die Förderwagen mit zutage gehoben und wieder eingehängt. Dadurch wird die tote Last größer, was insbesondere bei tiefen Schächten zur Geltung kommt. An die Fördermaschinen und die Förderseile werden größere Anforderungen gestellt. Dafür ist die Gestellförderung einfacher; insbesondere braucht man nur eine Art von Förderung. Ferner wird die Kohle geschont, so daß man weniger Staubkohle erhält; man prüft den Inhalt der Förderwagen über Tage und setzt die Förderwagen über Tage instand. In Deutschland herrscht die Gestellförderung vor.

140. Überblick über Anordnung und Betrieb der Schachtförderungen. Es handelt sich fast immer um zweitrümige Gestellförderungen in seigeren Schächten. Die Fördermaschine liegt in der Regel neben dem Schachte (Flurfördermaschinen) und ist mit den Förderkörben durch Seile verbunden, die über die hoch im Fördergerüste angeordneten Seilscheiben laufen. In besonderen Fällen hat man die Fördermaschine selbst oben im Schachtgerüste (Turmfördermaschinen) aufgestellt; dann fallen die Seilscheiben weg, und es ist nur eine Ablenkrolle erforderlich. Bei der Trommelförderung ist für jeden Förderkorb eine Trommel und ein Förderseil vorhanden, das um die Trommel gewunden ist. Bei der Treibscheiben- oder Koepeförderung[1] dagegen hängt der eine Förderkorb am einen, der andre am andern Ende ein und desselben Förderseiles, das von der Treibscheibe durch Reibung mitgenommen wird. Die Förderkörbe sind zwei- oder dreioder häufig vierbödig. Bei der Förderung wird der Förderkorb so hoch gezogen, daß sein unterster Boden mit der Hängebank abschneidet. „Freie Höhe" ist die Strecke, die der Förderkorb über seine höchste Lage bei der Förderung emporgezogen werden kann, bis entweder der Seileinband auf die Seilscheibe aufläuft, oder der Förderkorb gegen einen im Schachtgerüst eingebauten „Prellträger" stößt. Die freie Höhe soll bei größeren Schachtförderanlagen mindestens 10 m sein, wird aber häufig größer ausgeführt. Um die Förderkörbe festzubremsen, noch ehe es zum Seilbruche kommt, werden die Spurlatten sowohl oberhalb der Hängebank als unterhalb des Füllortes verdickt oder zusammengezogen. Diese Vorkehrung hat sich in vielen Fällen bewährt, insbesondere, wenn die Maschine in verkehrter Richtung angefahren ist, reicht aber nicht aus, den schnell einfahrenden Förderkorb zu halten. Dagegen vermag der von der Westfalia-Dinnendahl A.-G. gebaute, nach Art der Schönfeldschen Fangvorrichtung wirkende Hobelprellschlitten beträchtliche Bremskräfte von einstellbarer Größe auszuüben.

Man unterscheidet Produktenförderung (oder Lastförderung oder Güterförderung) und Seilfahrt. Bei der Seilfahrt fährt der Bergmann am Seile; Seilfahrt ist also Personenbeförderung mittels Förderkorbes. Die Seilfahrt muß von der Bergbehörde genehmigt werden und unterliegt besonderen Bestimmungen.

Trägt der eine Förderkorb beladene, der andere Förderkorb ebensoviel leere Förderwagen, so stellt der Inhalt der Förderwagen an Kohlen, Erzen usw. die Nutzlast dar. Förderkorb nebst Zubehör und Förderwagen bilden die am Seile hängende tote Last, die bis doppelt so groß wie die Nutzlast ist. Im weiteren Sinne versteht man unter Nutzlast überhaupt den Unterschied der Belastungen der beiden Förderkörbe. Ist das Gewicht des überhängenden Seiles ausgeglichen, so ist nur die Nutzlast anzuheben. Andernfalls hat die Fördermaschine nicht nur die Nutzlast, sondern auch das überhängende Seil anzuheben. Das Förderseil wird durch die an ihm hängende Last und durch sein eignes Gewicht beansprucht; das oberste Seilstück hat also am meisten zu tragen. Zu den ruhenden Belastungen treten die für die Beschleunigung und die Überwindung der Reibung erforderlichen Kräfte; außerdem entstehen durch Seilschwingungen Zusatzkräfte[2]. Der Seilberechnung wird die ruhende Meistbelastung zugrunde gelegt, vgl. Ziffer 149.

141. Lage der Fördermaschine zum Schachte. Anordnung der Seilscheiben. Meistens legt man die Fördermaschine entweder in die Durchschubrichtung der Förderwagen oder quer zu ihr. An und für sich ist aber jede Lage der Fördermaschine möglich, auch unter

---

[1] Die Treibscheibenförderung ist zuerst (1878) vom Bergwerksdirektor Koepe angewendet worden, und zwar bei einer im Schachtturm aufgestellten Fördermaschine auf Zeche Hannover, Bochum.

[2] Vgl. Glückauf 1921, S. 981.

schiefem Winkel zur Durchschubrichtung. Davon macht man Gebrauch, wenn man zwei Fördermaschinen nebeneinander aufstellt, Abb. 290. Sonst stellt man bei Schächten mit Doppelförderung die beiden Maschinen einander gegenüber oder hintereinander oder im rechten Winkel zueinander auf.

Die Lage der Seilscheiben hängt von der Lage der Förderkörbe, sowie von der Lage und der Art der Fördermaschine ab. Das Seil muß vom Seilscheibenkranz senkrecht zur Mitte des zugehörigen Förderkorbes gehen. Ferner muß jede Seilscheibe nach der Mitte der Treibscheibe oder zugehörigen Trommel gerichtet sein, wie es die Abb. 290 bis 292 zeigen. Schließlich erkennt man aus den Abb. 291 und 292, daß man die Seilscheiben schräg übereinander setzen muß, wenn die Fördermaschine quer zur Durchschubrichtung der Förderwagen liegt, sie aber nebeneinander in gleicher Höhe anordnet, wenn die Fördermaschine in der Durchschubrichtung liegt. Ob die Seilscheiben nebeneinander oder schräg übereinander gesetzt werden, hängt also ganz und gar nicht davon ab, ob es sich um eine Trommel- oder um eine Treibscheibenförderung handelt; es kommt nur darauf an, ob die Maschine in der Durchschubrichtung oder quer zu ihr liegt.

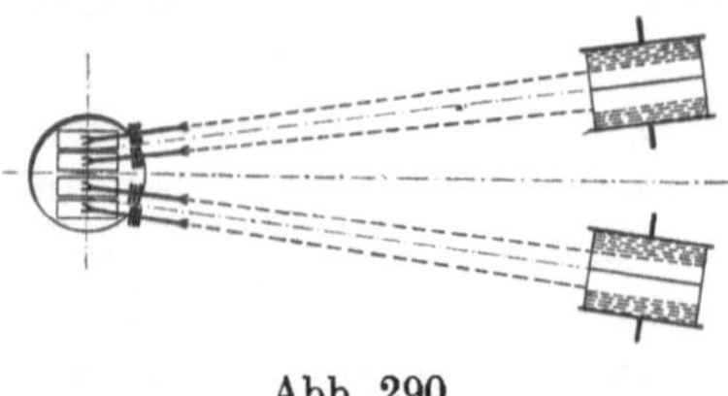

Abb. 290.

Es ist noch zu betrachten, welche seitliche Ablenkung das Seil an der Trommel oder der Treibscheibe sowie an den Seilscheiben erleidet.

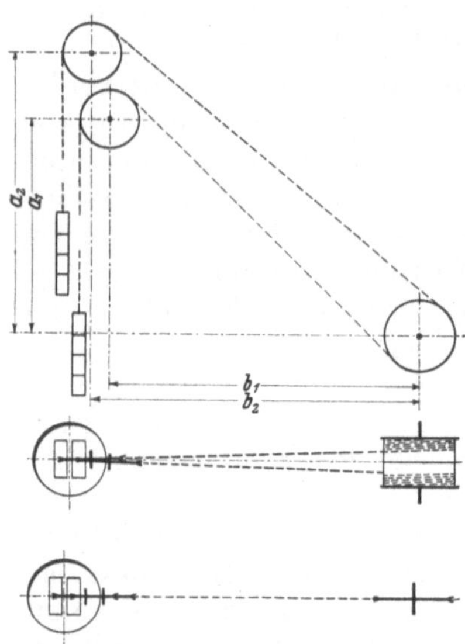

Abb. 291. Fördermaschine liegt quer zur Durchschubrichtung der Förderwagen.

Bei der Treibscheibenförderung wird das Seil an den Seilscheiben überhaupt nicht abgelenkt, wenn diese, wie es sein soll, nach der Mitte der Treibscheibe ausgerichtet sind[1]. Auch an der Treibscheibe wird das Seil nicht abgelenkt, wenn die Fördermaschine quer zur Durchschubrichtung liegt, wobei Seilscheiben und Treibscheibe in eine gerade Linie fallen. Diese durch die übereinander liegenden Seilscheiben gekennzeichnete Lage der Fördermaschine ist also bei Treibscheibenförderung die günstigere. Es hat aber, wie die Erfahrung lehrt, auch keine Bedenken, die Treibscheibenmaschine gemäß Abb. 292 in die Durchschubrichtung zu stellen; zwar wird dann das Seil dauernd an der Treibscheibe abgelenkt, doch leidet darunter nicht das Seil, sondern nur das hölzerne oder lederne Futter der Treibscheibe, das breit ausgearbeitet wird.

Bei der Trommelförderung wird das Seil sowohl an der Trommel wie an der Seilscheibe abgelenkt. Weil das Seil auf der Trommel wandert, ändert sich der Ablenkungswinkel α von Null bis zu einem Höchstwert, mit dem man auf Grund der Erfahrung im allgemeinen nicht über $1^\circ 30'$ hinausgehen soll. Sind die Seilscheiben, wie es sein soll, jede nach der Mitte ihrer Seiltrommel gerichtet, so ist die Seilablenkung an den Seilscheiben dieselbe, ob sie gemäß Abb. 292 nebeneinander oder gemäß Abb. 291 übereinander liegen. Die Seilablenkung an der Trommel wird aber bei einer Förderanlage mit nebeneinander liegenden Seilscheiben kleiner, so daß diese Anordnung für Trommelfördermaschinen günstiger ist als die Anordnung mit übereinander liegenden Seilscheiben. In dem in Abb. 292 dargestellten Sonderfalle, daß die Seilscheiben einen Abstand voneinander haben, wie von Mitte zu Mitte Trommel, ist die Seilablenkung an den Seilscheiben ebenso groß wie an der

[1] Ersetzt man, wie es öfter vorkommt, bei einer nach Abb. 292 in der Durchschubrichtung aufgestellten Fördermaschine die Trommel durch eine Treibscheibe, ohne die Seilscheiben neu nach der Treibscheibenmitte einzurichten, so hat man an den Seilscheiben dauernd Seilablenkung, infolge der das Seil leidet und die Seilscheibenkränze einseitig abgenutzt werden.

Trommel, sonst ist sie kleiner, herab bis zur Hälfte, wenn die Seilscheiben übereinander liegen.

Ist bei der in Abb. 292 dargestellten Förderanlage mit nebeneinander liegenden Seilscheiben $a = 28$ m, $b = 42$ m, so ist der Abstand von der Trommel zur Seilscheibe rd. 50 m. Die Seilscheiben sollen voneinander 1 m, d. h. von Mitte Förderung 0,5 m Abstand haben. Die Trommeln, die in der Mitte aneinander stoßen, sollen 1,8 m breit sein. Dann ist $\operatorname{tg} \alpha_{max} = \frac{1,8 - 0,5}{50} = 0,026$, entsprechend einem größten Ablenkungswinkel von $1^0 30'$. Soll dieselbe Fördermaschine gemäß Abb. 291 quer zur Durchschubrichtung aufgestellt werden, so muß sie, damit $\alpha < 1^0 30'$ bleibt, erheblich weiter vom Schachte abgerückt werden.

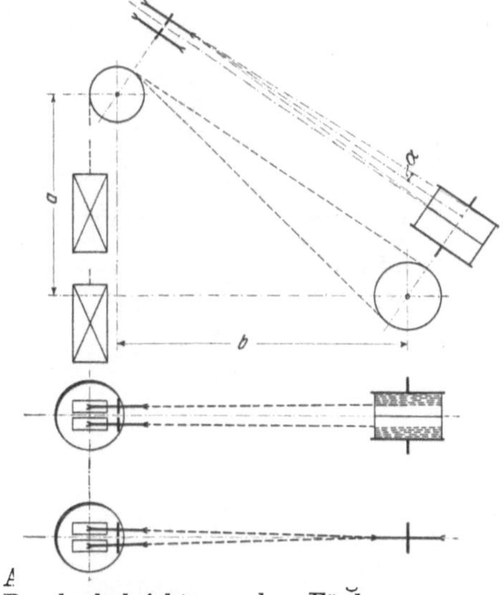

Durchschubrichtung der Förderwagen.

142. Der Seilausgleich. Es ist für die Kraftverhältnisse und die Führung der Fördermaschine, sofern die Teufe einigermaßen beträchtlich ist, von größter Bedeutung, ob das Gewicht des überhängenden Seiles ausgeglichen ist oder nicht. Bis zur Mitte des Förderzuges hängt das hochgehende Seil über, wobei die überhängende Seillänge, die anfänglich gleich der Teufe ist, bis auf Null abnimmt, dann hängt das niedergehende Seil über, wobei die größte überhängende Seillänge wieder gleich der Teufe wird.

Schon bei 500 m Teufe wiegt das zu Beginn oder Ende des Förderzuges 500 m überhängende Seil etwa ebensoviel wie die normale Nutzlast. Das überhängende Seil wirkt außerordentlich ungünstig; denn es hemmt bei der Anfahrt und treibt beim Auslauf, so daß die Förderung verlangsamt und gefährdet wird. Das tritt um so schärfer hervor, je größer die Teufe ist. Die Geschwindigkeitsdiagramme (Abb. 293) veranschaulichen den Einfluß des überhängenden Seiles. Es handelt sich um eine Förderung aus 600 m Teufe. Ist das überhängende Förderseil durch ein Unterseil ausgeglichen, fährt die Fördermaschine nach Linie *I* und vollendet den Förderzug in 50 s. Ohne Seilausgleich wird die Maschine etwa nach Linie *II* fahren, d. h. erst kommt die Maschine nicht auf Fahrt und dann nicht zur Ruhe, so daß gegen Ende des Förderzuges Gegendampf gegeben werden muß; der Förderzug wird etwa 70 s dauern. Linie *III* schließlich stellt den Geschwindigkeitsverlauf bei übermäßigem Seilausgleich dar, der durch ein Unterseil erreicht wird, das schwerer als das Förderseil ist; es wird schärfer angefahren und schärfer gestoppt als bei rechtem Seilausgleich, so daß der Förderzug nur etwa 45 s dauert. Bei schwachen Fördermaschinen ist ein Unterseil, das schwerer als das Förderseil ist, geeignet, die Förderleistung zu erhöhen.

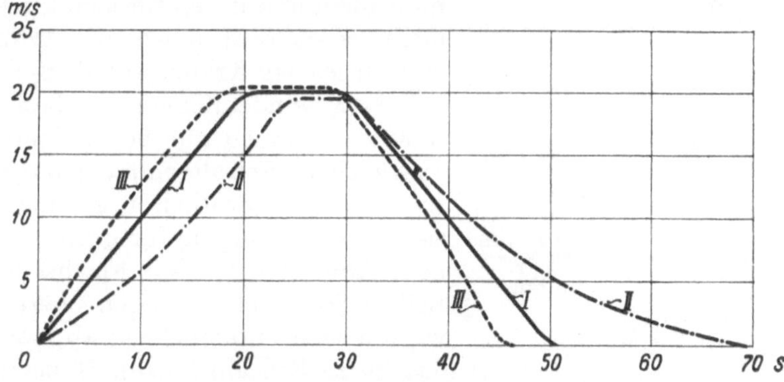

Abb. 293. Geschwindigkeitsdiagramme von Förderungen ohne und mit Seilausgleich.

Seilausgleich durch Unterseil ist sehr verbreitet. Bei Hauptschacht-Koepeförderungen ist das Unterseil immer anzuwenden, damit das Förderseil nicht wegen des sonst zu großen Unterschiedes der Seilspannungen rutscht. Als Unterseil werden meist Flachseile, hin und wieder auch abgelegte Förderseile verwendet[1]. Die Schlinge des Unterseiles wird um hölzerne Einstriche im Schachte oder um eine Rolle geführt, die in einem gleitenden Rahmen befestigt ist. Weil die Unterseilschlinge im Schachttiefsten bleiben muß, kann man bei Seilausgleich durch Unterseil mit beiden Förderkörben nur von der tiefsten Sohle fördern; von höheren Sohlen kann man nur mit einem Korbe fördern. Bei Trommelfördermaschinen mit Unterseil kann man also die Möglichkeit, eine Trommel umzustecken, um von einer höheren Sohle mit beiden Körben zu fördern, nicht ausnützen. Im Kohlenbergbau spielt das meist keine Rolle, weil man die verschiedenen Fördersohlen mit verschiedenen Fördermaschinen bedient. Im Erzbergbau ist es aber sehr häufig, daß in ein und derselben Schicht von mehreren Sohlen gefördert wird, indem man eine Trommel umsteckt.

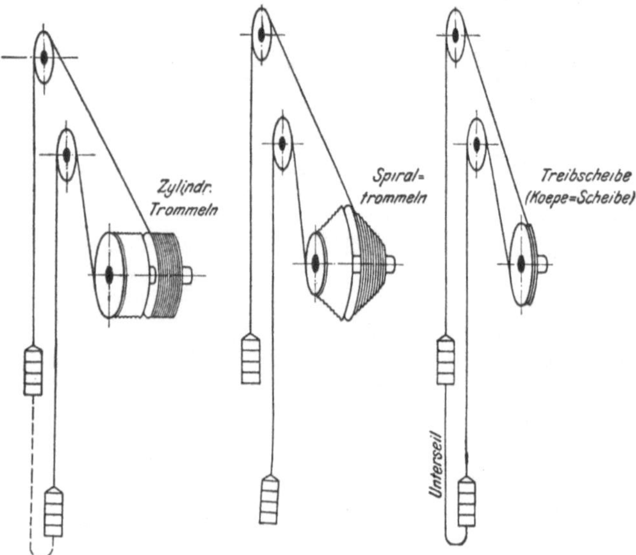

Abb. 294.

Um bei Trommelförderungen das überhängende Seil ohne Unterseil auszugleichen, führt man die Trommeln als konische oder Spiraltrommeln oder als Bobinen aus[2], Abb. 294 und 295. Der Seilausgleich wird erreicht, indem das kurze Seil am langen, das lange Seil am kurzen Hebelarm wirkt. Aus demselben Grunde bewegt sich aber auch der untere, am langen Seile hängende Korb langsamer als der obere, am kurzen Seile hängende, und wenn umgesetzt werden muß, so muß oben und unten für sich umgesetzt werden. Konische Trommeln haben ebenso wie die zylindrischen Trommeln einen mit Holz belegten Kranz, auf dem sich das Seil in Lagen nebeneinander aufwindet; konische Trommeln dürfen daher nicht steil sein und können nur bei kleinen Teufen das überhängende Seil ausgleichen. Spiraltrommeln dagegen, bei denen das Seil in besonderen, aus Profileisen gebildeten Nuten geführt wird, können steil sein, so daß sie für große Teufen ausreichen. Bei den Bobinen, Abb. 295, werden Flachseile verwendet. Das hochgehende Seil wickelt sich in Lagen übereinander auf, das niedergehende wickelt sich entsprechend ab, so daß das lange Seil am kurzen, das kurze Seil am langen Hebelarm angreift.

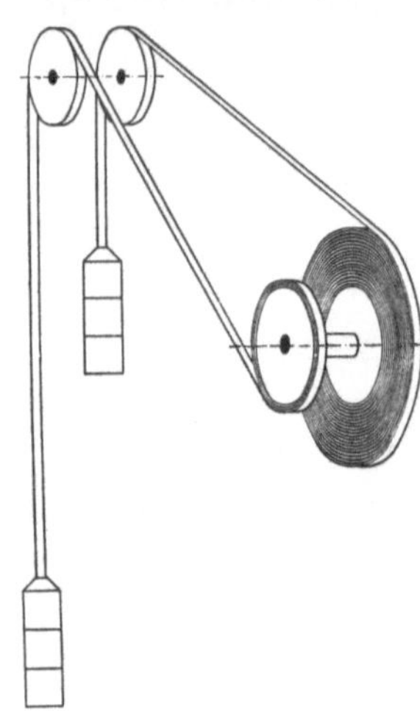
Abb. 295. Bobinenförderung.

Spiraltrommeln, die bei großen Teufen sehr große Durchmesser erhalten und sehr schwer ausfallen, werden in Deutschland selten verwendet, um so mehr in England und Amerika, wo anderseits die Treibscheibe weniger verbreitet ist. Bobinen werden in Deutschland nur beim Abteufen verwendet; hier entscheidet, da mit Kübeln gefördert wird, die nicht geführt werden, daß das flache Seil keinen Drall hat. In Belgien und Frankreich dagegen werden die Bobinenmaschinen auch für die Schachtförderung benutzt; diese Maschinen haben aber nicht stählerne Flachseile, die bei uns üblich sind, sondern Aloeflachseile.

Beim Seilausgleich durch Unterseil kann man also, um es zusammenzufassen, nur von der tiefsten Sohle mit beiden Körben fördern. Beim Seilausgleich mit Spiraltrommeln

[1] Vgl. Glückauf 1920, S. 665.

[2] Wegen der genauen Berechnung der Spiraltrommeln usw. vgl. „Schachtfördermaschinen". Von Teiwes u. Förster. Berlin: Springer.

usw. kann man, indem man eine Trommel umsteckt, auch von höheren Sohlen mit beiden Körben fördern; aber es muß bei Spiraltrommeln usw. oben und unten für sich um-

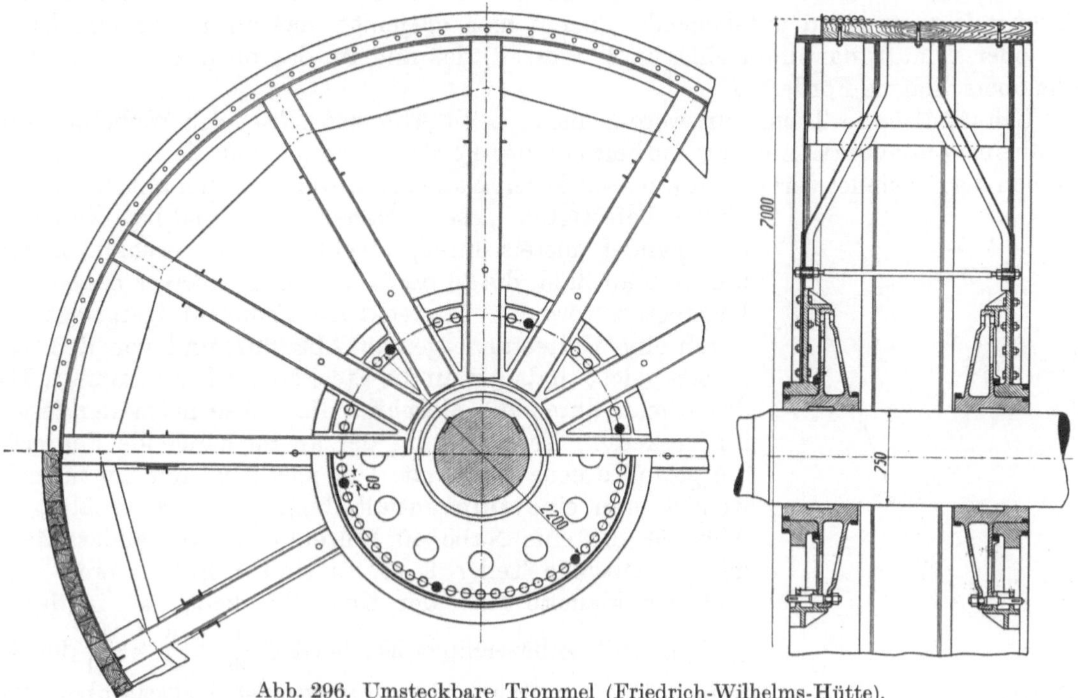

Abb. 296. Umsteckbare Trommel (Friedrich-Wilhelms-Hütte).

gesetzt werden, und die Körbe haben verschieden große Geschwindigkeit, der obere größere, der untere kleinere.

143. Die Ausführung der Trommeln und Treibscheiben. Die Trommeln haben gußeiserne Naben, mit denen der aus Blech bestehende Kranz durch Arme aus Walzeisen verbunden ist. Der Bremskranz ist auf der äußeren Trommelseite angeordnet. Eine der beiden Trommeln muß umsteckbar sein, weil gemäß der bergpolizeilichen Vorschrift Trommelseile alle 3 bis 6 Monate 3 m über dem Einband abgehauen werden müssen, um das Seil zu prüfen. Man findet auch, daß beide Trommeln umsteckbar sind, was im Betriebe gewisse Vorteile bietet[1]. Bei gegebenem Durchmesser ist die Trommelbreite danach zu bemessen, wie dick das Seil und wie viele Seilwindungen die Trommel aufnehmen soll. Die Trommelgröße wächst also mit der Teufe sehr schnell, weil das Seil nicht nur länger, sondern auch dicker wird. Das Seil wird mit der Trommel verbunden, indem man es durch ein Loch im Kranz steckt und an einem Trommelarme befestigt, wie es Abb. 299 veranschaulicht. Es sind 3 bis 4 Reservewindungen nötig.

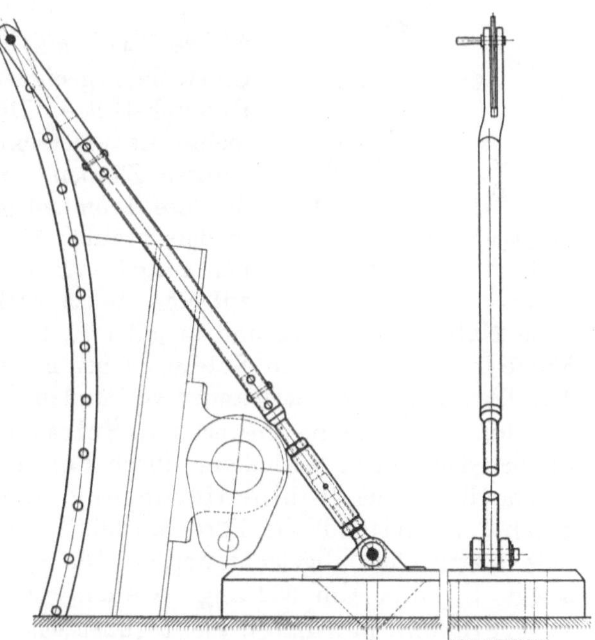
Abb. 297. Haltestange zum Festlegen der umsteckbaren Trommel.

[1] Vgl. die das Seilauflegen bei Trommelfördermaschinen behandelnde Ziffer 154.

Denn beim vorgeschriebenen Abhauen des Seiles gehen je nach der Art des Seileinbandes jedesmal 5 bis 8 m verloren; ferner soll sich das Seil nie ganz abwickeln, weil sonst die Befestigung des Seiles an der Trommel gefährdet ist. Um die beiden Förderseile einer Trommelförderung zu unterscheiden, nennt man dasjenige, das an der Trommel unten zu- oder abläuft, das unterschlägige Förderseil, das andere, das oben zu- oder abläuft, das oberschlägige Förderseil.

Umsteckbare Trommeln werden meist nach Abb. 296 (Friedrich-Wilhelms-Hütte, Mülheim) ausgeführt. Auf der Kurbelwelle der Fördermaschine sind die beiden „festen" Naben der Trommel verkeilt. Auf diesen festen Naben ruht die Trommel mit den an ihren Armen befestigten „losen" Naben. Feste und lose Naben sind miteinander mittels durchgesteckter Bolzen verbunden, meist 6 oder 8 an Zahl, die 60 bis 70 mm Durchmesser haben. Beim Umstecken wird die umsteckbare Trommel festgelegt, z. B. durch eine Haltestange gemäß Abb. 297, und von den festen Naben gelöst, indem man die Steckbolzen herausnimmt. Dann dreht man durch die Maschine die Achse nebst der fest auf ihr verkeilten Trommel, bis der an ihr hängende Förderkorb die gewollte neue Lage hat. Um möglichst fein umzustecken, wendet man eine Differentialteilung an. Z. B. erhält gemäß Abb. 298 die eine Nabe 40 Bolzenlöcher, die andere 48. Da der gemeinsame Teiler 8 ist, so sind 8 Bolzen einsteckbar, und das kleinste Maß der Umstellbarkeit, das in der Abbildung mit x bezeichnet ist, beträgt $\frac{1}{40} - \frac{1}{48} = \frac{1}{240}$ des Umfanges. Bei 8 m Trommeldurchmesser ist x etwas über 10 cm. Bei 36 und 42 Löchern sind 6 Bolzen einsteckbar, und es wird $x = \frac{1}{36} - \frac{1}{42} = \frac{1}{252}$ des Umfanges. Eine andere, für schnelles Umstecken geeignete Bauart ist in der Abb. 299 (Prinz-Rudolph-Hütte, Dülmen) dargestellt. Links ist die feste, rechts die umsteckbare Trommel. Auf der Achse ist das mit starken Zähnen versehene Rad a verkeilt. Mit diesem wird die lose Trommel gekuppelt, indem man die Zahnsegmente b niederschraubt. Abb. 300 zeigt eine bei kleinen Fördermaschinen ausgeführte umsteckbare Trommel. Die Naben aa sind auf der Achse verkeilt. Auf diesen festen Naben sind die losen Naben cc drehbar und in jeder Stellung durch die Schrauben d festlegbar, deren Köpfe in einer konischen Nute der einen Nabe a sitzen. Die beiden Naben cc sind durch den Trommelkranz miteinander verbunden.

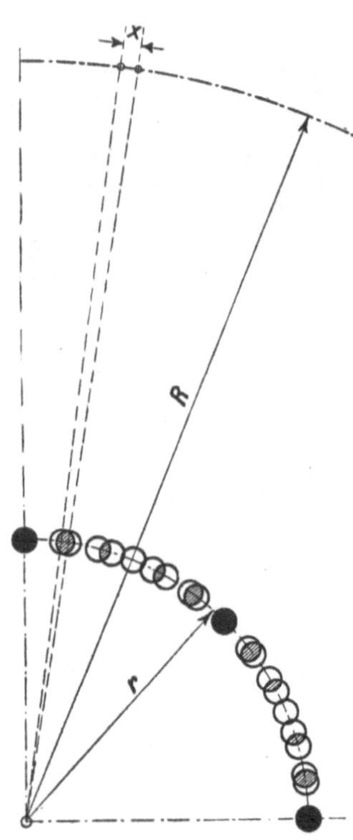

Abb. 298. Differentialteilung der Schraubenlöcher.

Abb. 301 zeigt eine umsteckbare Spiraltrommel (Maschinenbauanstalt Humboldt), bei der das Seil in besonderen durch Profileisen gebildeten Nuten läuft. Abb. 302 veranschaulicht eine Bobinenförderung. Die Trommeln haben einen Abstand y, der gleich dem Abstand von Förderkorbmitte zu Förderkorbmitte sein muß; denn Flachseile dürfen nicht abgelenkt werden. Die Speichen der Bobinentrommeln sind mit Holz belegt. Fig. c in Abb. 302 zeigt, wie das Flachseil auf der Trommel festgeklemmt wird.

Treibscheiben haben meist gußeiserne Naben, während Kranz und Speichen aus Schmiedeeisen bestehen. Besser, aber erheblich teurer, sind Treibscheiben aus Stahlguß. Wenn man auf die Treibscheibe das Förderseil aufwinden will, das aufgelegt oder abgelegt werden soll, so führt man sie gemäß Abb. 303 mit breitem Kranz aus. Das Seil darf nicht in einer eisernen Nut laufen, weil durch den Seilrutsch Scheibe und Seil zu sehr litten, sondern die Treibscheibe muß gefüttert sein, entweder mit einem Futter aus Holzklötzen oder mit einem Futter aus Lederscheiben, wie es die Abb. 303 und 304 veranschaulichen. Das Seil gräbt sich in das Futter ein, und es muß die hölzerne Beklotzung bei flottem Betriebe in etwa 8 Monaten erneuert werden, während das allerdings erheblich teurere lederne Futter mehrere Jahre aushält. Wenn sich das Seil eingräbt, wird der

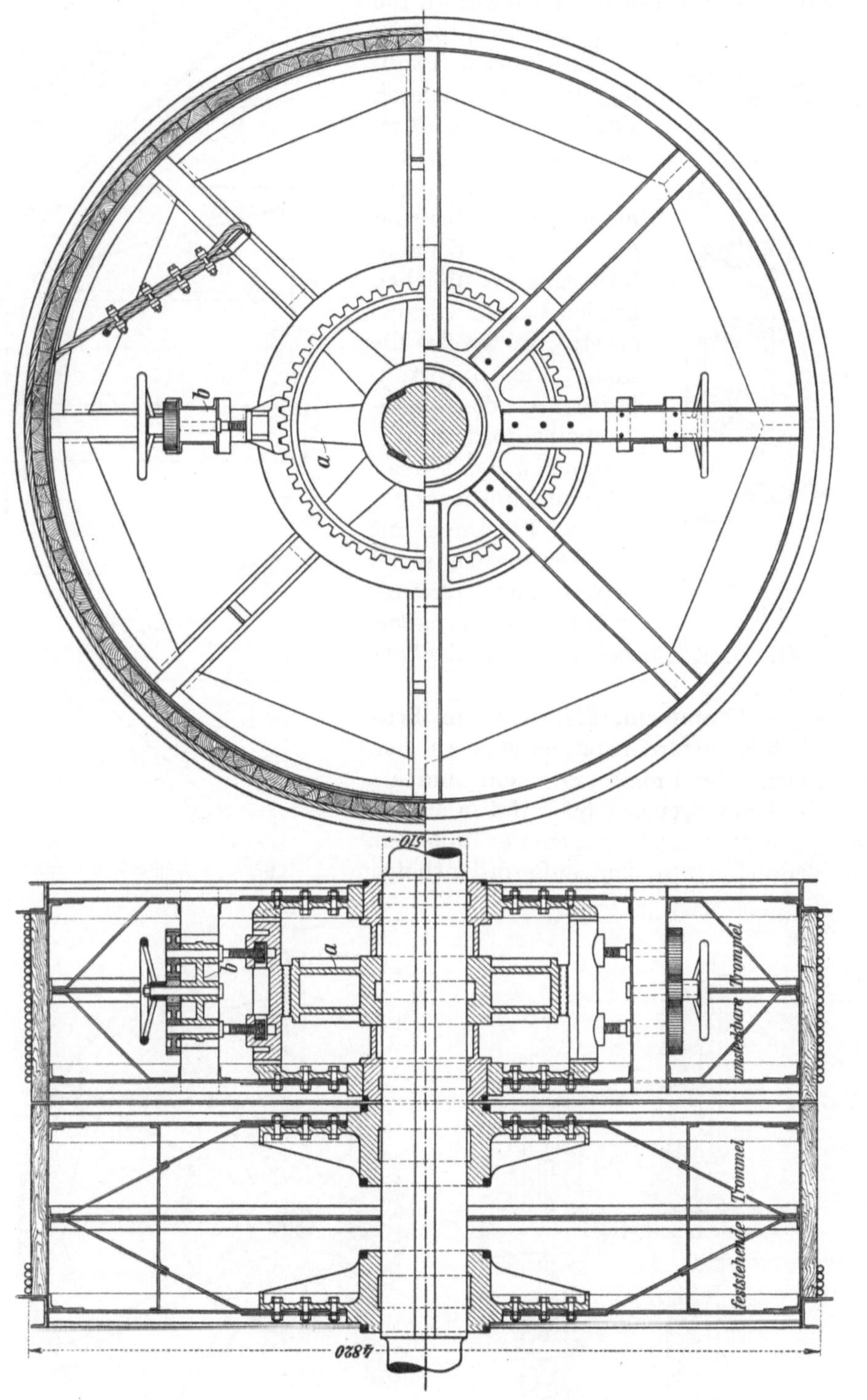

Abb. 299. Feste und umsteckbare Trommel (Prinz-Rudolph-Hütte).

Durchmesser der Treibscheibe kleiner, und die Treibscheibe muß mehr Umläufe machen, um den Förderzug zu vollenden. Gräbt sich das Seil um 10 cm ein, so geht der Durchmesser von z. B. 7 m auf 6,8 m und der Umfang von 22 m auf 21,4 m zurück. Für 660 m Teufe wären also anfänglich 30, schließlich 31 Umläufe der Treibscheibe nötig. Wird das

Futter ersetzt, so sind wieder, wie ursprünglich, nur 30 Umläufe erforderlich. Wie das auf die Endauslösung und den Fahrtregler zurückwirkt, ist in den Ziffern 166 und 167 besprochen.

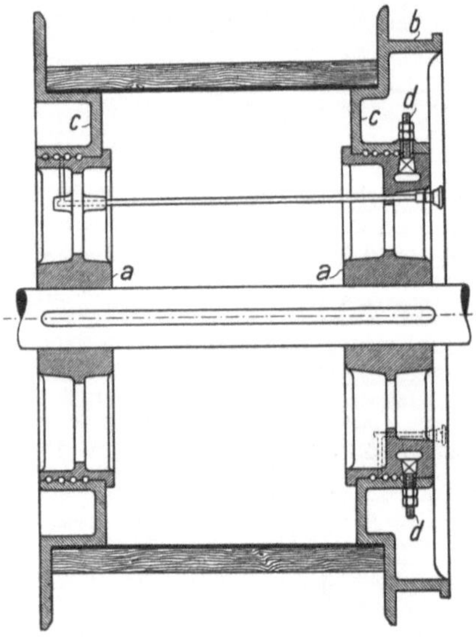

Man führt die Treibscheibe bei mittleren Teufen mit 6 bis 7 m, bei größeren Teufen mit 7 bis 8 m Durchmesser aus. Dabei sind die bei der Kohlenförderung üblichen großen Lasten vorausgesetzt. Je größer die Teufe, um so vorteilhafter ist die Treibscheibenförderung, verglichen mit der Trommelförderung, weil die Trommeln mit der Teufe zunehmend größer und schwerer werden. Bricht allerdings das Förderseil, so stürzen bei der Treibscheibenförderung beide Körbe ab.

Abb. 300. Umsteckbare Trommel von A. Beien, Herne.

144. Gewichte von Trommeln, Treibscheiben, Seilscheiben. Bei der Schachtförderung handelt es sich um Beschleunigungen von 1 m/s² und mehr und um Verzögerungen, die beim Bremsen bis auf 4 m/s² und mehr ansteigen. Die Massenwirkungen der mit dem Seile bewegten Teile sind also von außerordentlicher

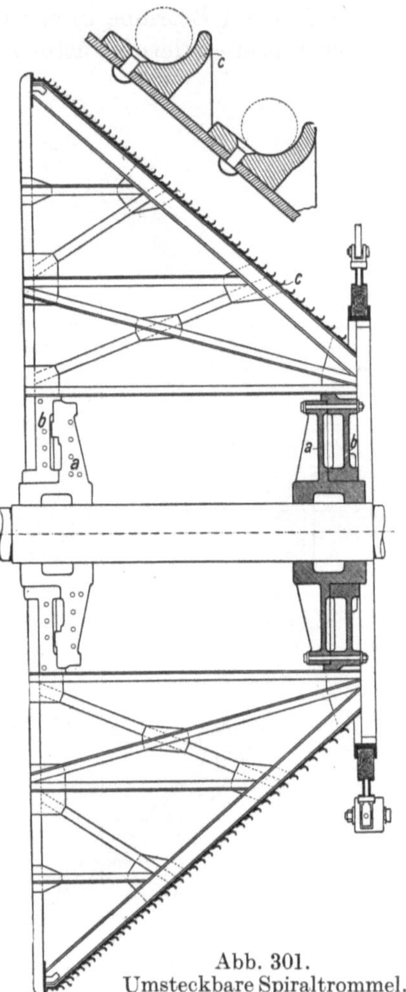

Abb. 301. Umsteckbare Spiraltrommel.

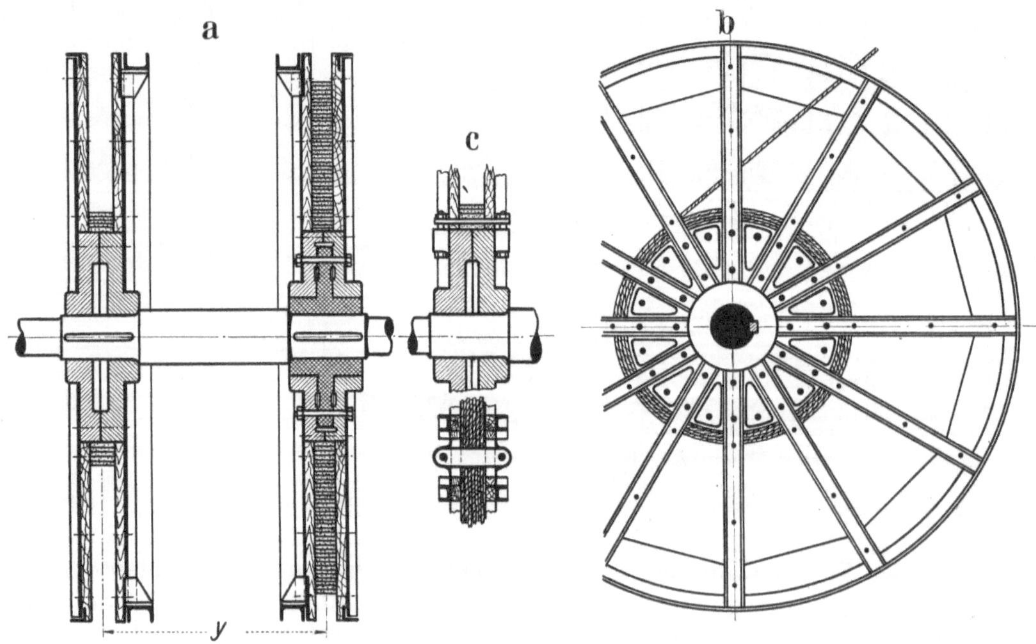

Abb. 302. Bobinentrommeln.

Bedeutung. Außer den Seilen selbst und den an ihnen hängenden Lasten sind es die Trommeln oder die Treibscheiben und die Seilscheiben, deren Massen wirken. Mit der Geschwindigkeit des Seiles bewegen sich aber nur die Kränze der Trommeln und Scheiben. Die nach innen liegenden Teile, wie die Speichen und Naben haben kleinere Geschwindigkeit und wirken an kleinerem Hebelarme, so daß ihr Gewicht quadratisch vermindert auf das Seil umzurechnen ist. In der Zahlentafel 21 sind die wirklichen und die quadratisch auf das Seil umgerechneten Gewichte

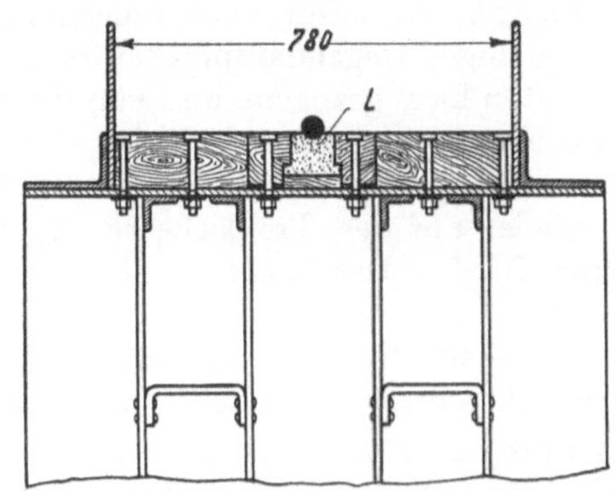

Abb. 303. Treibscheibe mit breitem Kranz und Lederfütterung (L).

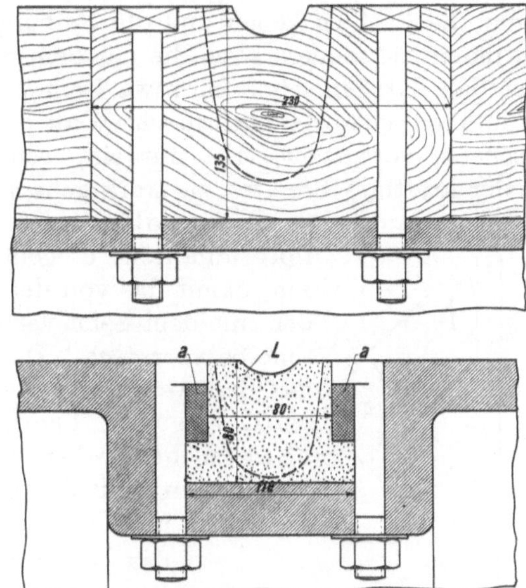

Abb. 304. Hölzernes und ledernes Futter von Treibscheiben.

einiger Trommeln, Treibscheiben und Seilscheiben zusammengestellt, die als erster Anhalt dienen können.

Zahlentafel 21.

Art und Zahl	Durchmesser m	Trommelbreite m	Wirkliches Gewicht kg	Quadratisch auf das Seil umgerechnetes Gewicht kg
2 Seilscheiben	6	—	15000	7500
1 Treibscheibe mit breitem Kranz	7	—	32000	18000
	8	—	40000	24000
2 Trommeln	7	1,8	74000	30000
	8	2	96000	40000

145. Die bei der Treibscheibenförderung von der Treibscheibe an das Seil und umgekehrt übertragbare Umfangskraft. Der Seilrutsch. Wegen der bei der Schachtförderung auftretenden Massenwirkungen schwankt die von der Treibscheibe an das Seil zu übertragende Umfangskraft P bei ein und demselben Förderzuge innerhalb weiter Grenzen und kehrt ihr Vorzeichen um, wenn die Treibscheibe, anstatt das Seil zu treiben, vom Seile getrieben wird. Die durch die Reibung zwischen Seil und Treibscheibe übertragbare Kraft ist begrenzt. Das Seil rutscht, wenn die Grenze überschritten wird. Das Seil rutscht auf der Treibscheibe zurück, wenn die Treibscheibe durch die Maschine zu stark getrieben wird, und das Seil rutscht auf der Treibscheibe vor, wenn es selbst durch die eingehängte Last oder durch die Wucht der mit ihm verbundenen Massen zu stark getrieben wird. Daß das Seil auf der Treibscheibe zurückrutscht, ist an und für sich nicht gefährlich, sondern hat nur zur Folge, daß der mit der Treibscheibe verbundene Teufenzeiger eher am Ziele ist als der mit dem Seile verbundene Förderkorb, und die Bremse aufgeworfen wird, ehe noch der Förderkorb die Hängebank erreicht hat. Der

Seilrutsch wird gefährlich, wenn das Seil vorrutscht; denn nun eilt der Förderkorb dem Teufenzeiger vor und überfährt die Hängebank, ohne daß die Bremse ausgelöst wird.

Wird volle Last gehoben, so wird P bei der Anfahrt am größten, bei der nicht nur die Last zu heben und die Reibung im Schachte und an der Seilscheibe zu überwinden ist, sondern auch die mit dem Seile verbundenen Massen zu beschleunigen sind, so daß das Seil schon bei etwa 1,5 m/s² Anfahrbeschleunigung rutscht, und zwar gegen die Treibscheibe zurückrutscht. Daß beim Heben voller Last das Seil gegen die Treibscheibe vorrutscht, tritt nur ein, wenn die Maschine durch reichlichen Gegendampf oder kräftiges Bremsen zu stark gehemmt wird.

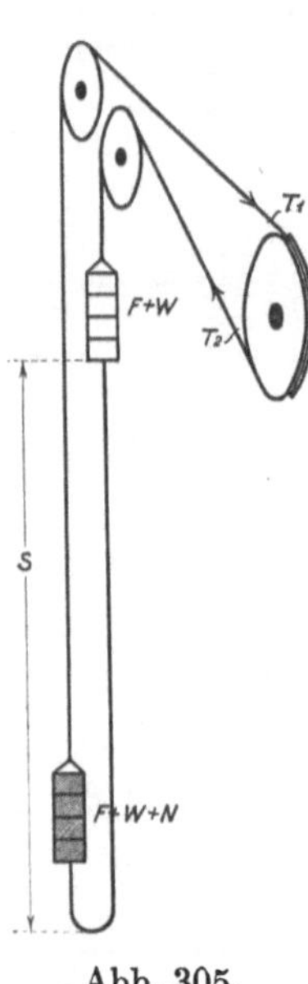

Abb. 305.

Wird volle Last eingehängt, so kann man umgekehrt sehr flott anfahren; es genügt aber mäßiges Gegendampfgeben oder Bremsen, damit das von der eingehängten Last gezogene und von der Wucht der mit dem Seile verbundenen Masse getriebene Seil über die Treibscheibe vorrutscht. Das ist beim Einhängen besonders gefährlich, weil das Seil weit rutscht, ehe es wieder auf der Treibscheibe abgefangen wird. Bei der Treibscheibenförderung erfordert das Einhängen besondere Vorsicht.

Es seien die Bedingungen, daß Seilrutsch eintritt, rechnerisch verfolgt. Förderseil und Unterseil seien gleich schwer. Es bedeute, vgl. Abb. 305:

S das Gewicht eines teils aus Förderseil, teils aus Unterseil bestehenden Seilendes etwa von der Hängebank bis zur Seilbucht,

F das Gewicht eines Förderkorbes nebst Zubehör und Zwischengeschirr,

W das Gewicht der leeren Wagen auf einem Förderkorb,

N das Gewicht der Nutzlast,

Σ die Summe von $F + W + S$,

Ω das auf das Seil bezogene Gewicht einer Seilscheibe nebst zugehörigem Seilstück zwischen Hängebank und Treibscheibe,

T_1 die Spannung des auf die Treibscheibe auflaufenden Seiltrums,

T_2 die Spannung des von der Treibscheibe ablaufenden Seiltrums,

T_{max}, T_{min} die größere bzw. kleinere der beiden Spannungen T_1 und T_2, bei deren Berechnung die Reibungs- und Massenwiderstände zu berücksichtigen sind.

$P = T_{max} - T_{min}$ die von der Treibscheibe an das Seil oder umgekehrt übertragene Umfangskraft,

$e = 2{,}718$ die Grundzahl des natürlichen Logarithmensystems,

$\mu = 0{,}2$* die Reibungszahl für die Reibung zwischen Seil und Treibscheibe,

α den vom Seil umschlungenen, im Bogenmaß[1] gemessenen Bogen der Treibscheibe. Der Umschlingungswinkel ist meist etwas größer als 180°, bei Turmfördermaschinen etwa 210°,

$g = 9{,}81$ m/s² die Fallbeschleunigung.

Nach den Lehren der Mechanik besteht die Beziehung $T_{max} \leqq e^{\mu\alpha} \cdot T_{min}$. Die durch Reibung übertragbare Umfangskraft ist also unabhängig vom Durchmesser[2] der Treibscheibe und nur abhängig vom Verhältnis $\frac{T_{max}}{T_{min}}$. Das Seil rutscht nicht, solange $\frac{T_{max}}{T_{min}} \leqq e^{\mu\alpha}$ ist. Zur bequemeren Berechnung können die in Zahlentafel 22 angegebenen Werte von $e^{\mu\alpha}$ dienen.

* Nach der Bergpolizeiverordnung vom 1. 5. 1935.

[1] $360^0 = 2\pi$; $\hat{\alpha} = \frac{\pi}{180} \cdot \alpha^0$.

[2] Das gilt genau nur für das vollkommen elastische Seil, trifft aber angenähert auch für das wirkliche Seil zu. Daß man trotzdem verhältnismäßig große Treibscheiben anwendet, geschieht, damit das Seil geschont wird und die Beklotzung länger vorhält.

Bei dem angegebenen Grenzverhältnis braucht man bei trockenem Schacht und trokkenem Seil nicht mit gefährlichem Seilrutsch zu rechnen; doch gehe man beim Einhängen nicht an die Grenze heran.

Im folgenden ist für das Heben und Einhängen von Lasten, d. h. für positive und negative Nutzlast berechnet, wie hoch die Anfahrbeschleunigung b_1 und die Bremsverzögerung b_2 werden darf, bis die Rutschgrenze $T_{max} = e^{\mu\alpha} \cdot T_{min}$ erreicht ist[1]. Dabei ist immer derselbe in Abb. 305 angegebene Fahrtsinn vorausgesetzt.

Zahlentafel 22.

α (Gradmaß)	α (Bogenmaß)	$e^{\mu\alpha}$
180	3,142	1,875
182	3,176	1,886
184	3,210	1,901
186	3,246	1,913
188	3,281	1,926
190	3,316	1,941
192	3,351	1,953
194	3,386	1,967
196	3,421	1,981
200	3,491	2,010
205	3,578	2,044
210	3,665	2,080
215	3,753	2,117

A. Positive Nutzlast (Heben).

I. Beschleunigte Fahrt. Das Seil beginnt zu rutschen, wenn $T_1 = e^{\mu\alpha} \cdot T_2$ wird, d. h. wenn

$$\Sigma + N + b_1 \cdot \frac{\Sigma + N + \Omega}{g} = e^{\mu\alpha}\left(\Sigma - b_1 \cdot \frac{\Sigma + \Omega}{g}\right),$$

woraus folgt

$$b_1 = g \cdot \frac{(e^{\mu\alpha} - 1) \cdot \Sigma - N}{(e^{\mu\alpha} + 1) \cdot (\Sigma + \Omega) + N}.$$

II. Verzögerte Fahrt. Das Seil rutscht, wenn $T_2 = e^{\mu\alpha} \cdot T_1$ wird, d. h. wenn

$$\Sigma + b_2 \cdot \frac{\Sigma + \Omega}{g} = e^{\mu\alpha}\left(\Sigma + N - b_2 \cdot \frac{\Sigma + N + \Omega}{g}\right),$$

woraus folgt

$$b_2 = g \cdot \frac{(e^{\mu\alpha} - 1) \cdot \Sigma + e^{\mu\alpha} \cdot N}{(e^{\mu\alpha} + 1) \cdot (\Sigma + \Omega) + e^{\mu\alpha} \cdot N}.$$

Beispiel.

Es sei

$$\left.\begin{array}{l} N = 5000 \text{ kg} \\ F = 7000 \text{ ,,} \\ W = 3000 \text{ ,,} \\ S = 6000 \text{ ,,} \end{array}\right\} \Sigma = 16000 \text{ kg} \qquad \begin{array}{r} \Omega = 4000 \text{ kg} \\ \alpha = 184^0 \\ e^{\mu\alpha} = 1{,}90. \end{array}$$

Dann ergibt sich die größte zulässige Beschleunigung

$$b_1 = 9{,}81 \cdot \frac{0{,}9 \cdot 16000 - 5000}{2{,}9 \cdot (16000 + 4000) + 5000} = 1{,}47 \text{ m/s}^2,$$

die größte zulässige Verzögerung

$$b_2 = 9{,}81 \cdot \frac{0{,}9 \cdot 16000 + 1{,}9 \cdot 5000}{2{,}9\,(16000 + 4000) + 1{,}9 \cdot 5000} = 3{,}48 \text{ m/s}^2.$$

B. Negative Nutzlast (Einhängen).

I. Beschleunigte Fahrt. Das Seil rutscht, wenn $T_1 = e^{\mu\alpha} \cdot T_2$ wird, d. h. wenn

$$\Sigma + b_1 \cdot \frac{\Sigma + \Omega}{g} = e^{\mu\alpha} \cdot \left(\Sigma + N - b_1 \cdot \frac{\Sigma + \Omega + N}{g}\right),$$

woraus folgt

$$b_1 = g \cdot \frac{(e^{\mu\alpha} - 1) \cdot \Sigma + e^{\mu\alpha} \cdot N}{(e^{\mu\alpha} + 1) \cdot (\Sigma + \Omega) + e^{\mu\alpha} \cdot N}.$$

II. Verzögerte Fahrt. Das Seil rutscht, wenn $T_2 = e^{\mu\alpha} \cdot T_1$ wird, d. h. wenn

$$\Sigma + N + b_2 \cdot \frac{\Sigma + \Omega + N}{g} = e^{\mu\alpha} \cdot \left(\Sigma - b_2 \cdot \frac{\Sigma + \Omega}{g}\right),$$

[1] Über die zeichnerische Behandlung der Aufgabe vgl. Weih: Seilrutsch bei der Treibscheibenförderung. Glückauf 1925, S. 853 u. 1115.

woraus folgt

$$b_2 = g \cdot \frac{(e^{\mu\alpha} - 1) \cdot \Sigma - N}{(e^{\mu\alpha} + 1)(\Sigma + \Omega) + N}.$$

Beispiel.

Es sei die negative Nutzlast $N = 5000$ kg, die übrigen Verhältnisse seien dieselben wie im vorigen Beispiele. Dann ergibt sich

die größte zulässige Beschleunigung

$$b_1 = 3{,}48 \text{ m/s}^2,$$

die größte zulässige Verzögerung

$$b_2 = 1{,}47 \text{ m/s}^2.$$

Es ergeben sich dieselben Zahlenwerte wie im vorhergehenden Beispiele, nur mit entgegengesetzter Bedeutung, da nach der Bergpolizeiverordnung die Schachtreibung nicht in Rechnung gezogen ist.

146. Das Wandern des Seiles auf der Treibscheibe und auf den Seilscheiben. Mit dem Seilrutsch ist das Seilwandern nicht zu verwechseln. Das Seil wandert bei jedem Förderzuge auf der Treibscheibe, weil das den hochgehenden, schwerer beladenen Förderkorb tragende Trum länger gestreckt ist als das niedergehende. Dieses Wandern gleicht sich in der Regel aus, weil das eine und das andre Seiltrum umschichtig den schweren beladenen Förderkorb tragen. Nur wenn aus zufälligen Gründen der eine Förderkorb mehr als der andere hebt oder überhaupt schwerer als der andere ist, macht sich das Wandern des Seiles auf der Treibscheibe bemerkbar. Bei den Seilscheiben hat man eine ähnliche Erscheinung, nur daß der Ausgleich fehlt. Die Seilscheiben wandern unter dem Seile, weil sie bei dem einen Drehsinn durch das straffer gespannte, im anderen Drehsinn durch das weniger straff gespannte Seil mitgenommen werden; das Wandern beträgt bei jedem Förderspiele einige 100 mm, immer in derselben Richtung. Dieses Wandern erschwert es auch, Seilrutschanzeiger zu bauen, bei denen die Bewegung der Treibscheibe mit der Bewegung einer anderen Rolle verglichen wird, die vom Seile angetrieben wird.

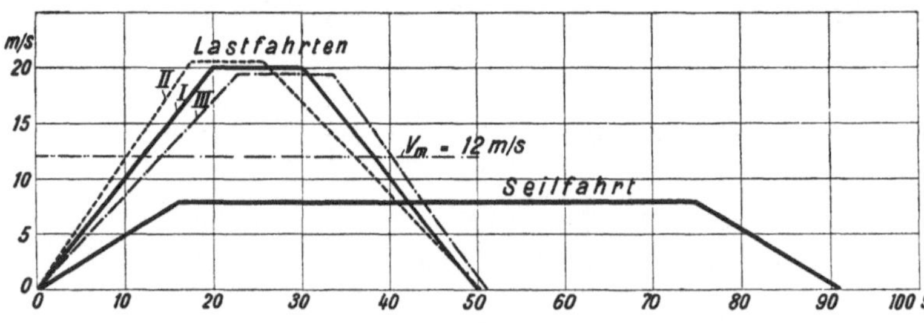

Abb. 306. Geschwindigkeitsdiagramm über der Zeit.

147. Kraft-, Geschwindigkeits- und Leistungsverhältnisse der Schachtförderungen. Wegen der hohen bei der Schachtförderung angewendeten Geschwindigkeiten besteht der Förderzug bei mäßigen Teufen nur aus der Anfahrt und dem Auslauf, während sich bei den größeren Teufen eine Fahrt mit gleichbleibender Geschwindigkeit, die Beharrung, dazwischenschiebt. Die Beschleunigung bei der Anfahrt und die Verzögerung beim Auslauf sind so groß, und die mit dem Seile bewegten Massen sind so schwer, daß die Massenwirkungen den Fördervorgang beherrschen. Z. B. wiegt bei einer aus 500 m Teufe fördernden Koepe-Gestellförderung alles, was sich mit dem Seile bewegt, auf das Seil bezogen[1], über 10mal so viel wie die normale Nutzlast, bei einer Trommelförderung über 15mal so viel. Bei 1 m/s² Anfahrbeschleunigung ist also die erforderliche Beschleunigungskraft über 1 bzw. 1,5mal so groß wie die Nutzlast.

Ein Zahlenbeispiel, das mittlere Verhältnisse widerspiegelt, veranschauliche die Kraft- und Geschwindigkeitsverhältnisse näher: Es handle sich um eine Koepeförderung für normal 5 t Nutzlast aus 600 m Teufe. Die Treibscheibe (18000 kg), die Seilscheiben (8000 kg), die Förderkörbe (14000 kg), die Förderwagen (6000 kg), das Seil nebst Unterseil (14000 kg) und die Nutzlast (5000 kg) wiegen zusammen, auf das Seil bezogen, 65000 kg, entsprechend einer Masse von rd. 6600. Die gesamte Reibung im Schacht,

[1] Vgl. Ziffer 144.

an den Seilscheiben und in der Fördermaschine selbst betrage, auf das Seil bezogen, 1400 kg*. Es werde normal mit 1 m/s² Beschleunigung angefahren, wofür die Fördermaschine im Mittel eine indizierte Kraft von $5000 + 1400 + 6600 \cdot 1 = 13000$ kg, auf das Seil bezogen, ausüben muß. Sind auch Berge zu heben, so steige die Nutzlast auf 6000 kg, sinke anderseits bei nicht vollbeladenem Korbe oder, wenn auch einige beladene Wagen eingehängt werden, auf 4000 kg. Diese verschieden großen Lasten, innerhalb deren sich die normale Produktenförderung etwa bewegt, hebe die Maschine immer mit derselben indizierten Kraft an, nämlich mit 13000 kg, wobei die Anfahrbeschleunigung für 6000 kg Nutzlast = 0,85 m/s², für 4000 kg Nutzlast = 1,15 m/s² wird. In der Beharrung werde im Mittel mit 20 m/s gefahren; weil die Beschleunigung aufgehört hat, ist die von der Maschine auszuübende Kraft nunmehr im Mittel um 6600 kg kleiner. Beim Auslauf sei der Dampf abgesperrt, und die Förderung komme allein infolge der Reibung und durch die hemmende Wirkung der Nutzlast zum Stillstand, wobei sich für 6000, 5000 oder 4000 kg Nutzlast Verzögerungen = 1,12 bzw. 0,98 bzw. 0,82 m/s² ergeben.

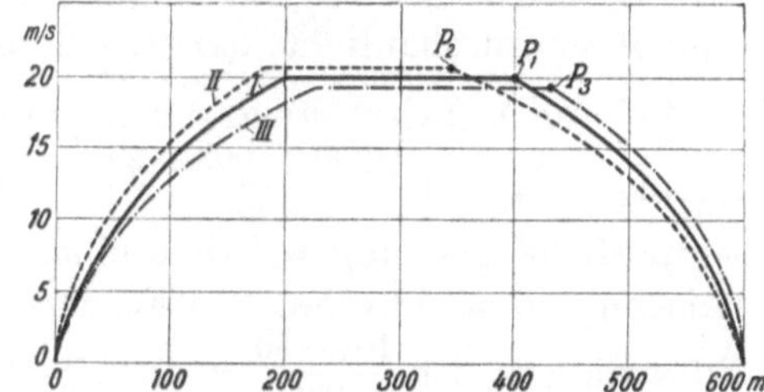

Abb. 307. Geschwindigkeitsdiagramm über dem Weg.

Den so festgelegten Geschwindigkeitsverlauf der Fahrten zeigt Abb. 306 in Abhängigkeit von der Zeit, Abb. 307 in Abhängigkeit vom Wege. Im Geschwindigkeit-Zeit-Diagramme, Abb. 306, stellen die Flächen unter der Geschwindigkeitslinie das Produkt Geschwindigkeit × Zeit, d. h. die Förderteufe, dar, im vorliegenden Falle 600 m. Bei 50 s Fahrtdauer ist die mittlere Fördergeschwindigkeit $v_m = 600 : 50 = 12$ m/s. Das Geschwindigkeit-Wegdiagramm, Abb. 307, braucht man, um die Kurven am Fahrtregler für die Regelung der Anfahrt und insbesondere des Auslaufes zu bestimmen. Wenn man mit gleichbleibender Verzögerung genau in die Hängebank einfährt, so hat man, wie die Abbildung lehrt, kurz vor der Hängebank noch erhebliche Geschwindigkeiten. Es ist besser, wenn man nicht zu scharf einfährt, lieber zum Schluß ein wenig Frischdampf gibt. Bemerkenswert ist, wie weit die Punkte P, Abb. 307, auseinanderliegen,

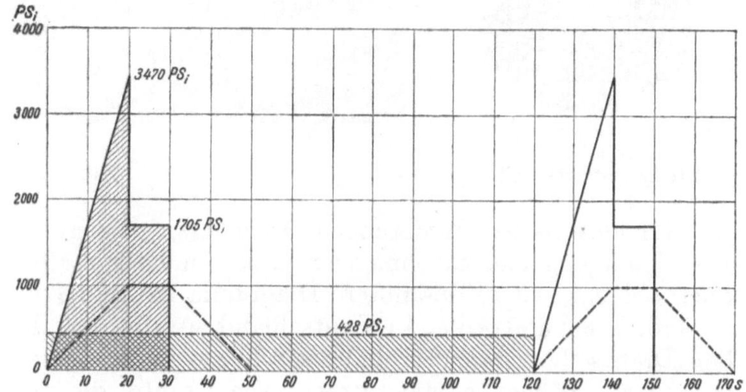

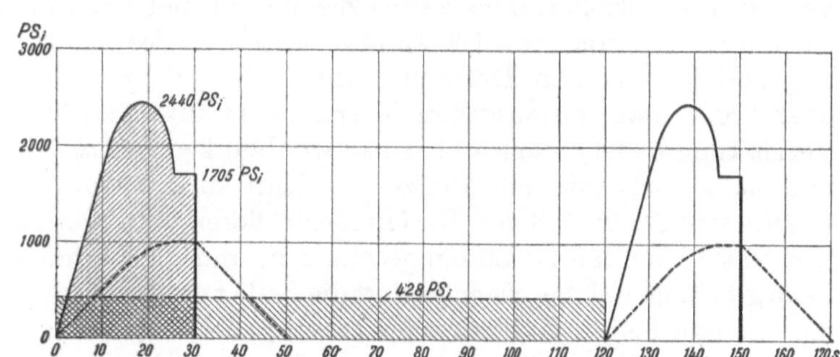

Abb. 308. Geschwindigkeits- und Leistungsverhältnisse einer Förderanlage.

* Die gesamte Reibung einer Schachtförderanlage mit Dampffördermaschine ist, aufs Seil bezogen, etwa 30% der normalen Nutzlast; daraus rechnet sich der mechanische Wirkungsgrad der gesamten Förderanlage = 1 : 1,3 = 77%. Ausführliche Behandlung s. Weih: Die Nebenwiderstände der Hauptschachtförderung. Glückauf 1926, S. 1541 und 1573.

wo der Maschinist den Steuerhebel in die Mittellage legen muß, um den freien Auslauf einzuleiten. Wie Abb. 307 lehrt, hat das bei 4000 kg Nutzlast 85 m früher zu geschehen als bei 6000 kg Nutzlast. Der Maschinist hat ein sehr feines Gefühl dafür, und es gelingt ihm, den Zug mit sehr geringer Nachhilfe am Schlusse zu vollenden. Bei der Seilfahrt wird langsamer gefahren. In der Abb. 306 ist ein Seilfahrtzug mit 8 m/s Höchstgeschwindigkeit veranschaulicht, der 91 s dauert.

Bei der Anfahrt steigt die Leistung von Null auf $\frac{13000 \cdot 20}{75} \approx 3470$ PS$_i$, sinkt in der Beharrung auf $\frac{(5000 + 1400) \cdot 20}{75} = 1705$ PS$_i$ und ist beim Auslauf Null. Die durchschnittliche Leistung während eines Förderzuges ist 1030 PS$_i$, und die durchschnittliche Leistung während eines aus Förderzug und Förderpause bestehenden Förderspieles, das 120 s dauere, ist $\frac{1030 \cdot 50}{120} = 428$ PS$_i$ (vgl. Abb. 308). Die mittlere Nutzleistung während eines Förderspieles ist $\frac{5000 \cdot 600}{120 \cdot 75} = 333$ PS. Der mechanische Wirkungsgrad der Förderung ist 333 : 428 = 78%. Um die übermäßig hohe Spitzenleistung herunterzudrücken,

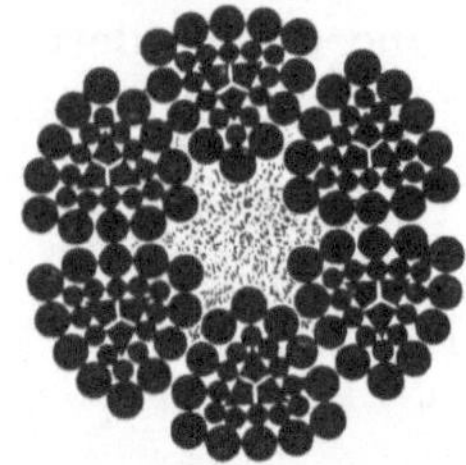
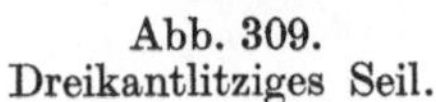

Abb. 309.
Dreikantlitziges Seil.

Abb. 310. Längsschlagseil.

was für elektrische Förderungen besonders wichtig ist, vermindert man die Anfahrbeschleunigung mit zunehmender Geschwindigkeit allmählich, so daß die Anfahrlinie oben abbiegt, wie es das untere Diagramm in Abb. 308 veranschaulicht.

148. Die Förderseile. In Deutschland werden bei der Schachtförderung ausschließlich Drahtseile verwendet, und zwar überwiegend Rundseile, während Bandseile nur in besonderen Fällen benutzt werden. Die Drähte, die aus Siemensmartinstahl bestehen, werden durch wiederholtes kaltes Ziehen auf mehrfach höhere Festigkeit vergütet. Meist werden Drähte von etwa 160 kg/mm² mittlerer Festigkeit verwendet; die mittlere Festigkeit soll bei blanken Drähten nicht über 180 kg/mm², bei verzinkten Drähten nicht über 170 kg/mm² hinausgehen. Verzinkte Drähte sind, weil das Material bei der warmen Verzinkung leidet, nicht so haltbar wie blanke Drähte; sie sind für schwache Förderung und nasse Schächte am Platze. — Man nimmt für runde Schachtförderseile meist Drähte von 2,2 bis 2,8 mm Durchmesser, deren einzelne Längen zusammengelötet werden. Die Drähte werden zu Litzen geschlagen, und die Litzen werden um eine Hanfseele zum Seile geschlagen. Überwiegend sind die Seile rundlitzig; dreikantlitzige Seile, Abb. 309, die von den Felten-Guilleaume-Werken geliefert werden, sind mit etwa 6% an den Förderseilen beteiligt. Seile mit flachen Litzen sind sehr selten. Dreikantlitzige Seile haben, weil die Hanfseele kleiner ist, kleineren Durchmesser und geringeres Gewicht als rundlitzige, und ihre Drähte liegen in der Seilnut besser an.

Beim Längsschlage werden die Drähte in den Litzen und die Litzen im Seile im selben Sinne gewunden, beim Kreuzschlage in entgegengesetztem Sinne; deshalb sieht man die einzelnen Drähte beim Längsschlagseile schräg zur Seilachse verlaufen, beim Kreuzschlagseile etwa in Richtung der Seilachse. Aus den Abb. 310 und 311 ist dieser kennzeichnende Unterschied der beiden Flechtarten ersichtlich. Mit der Flechtart hängt zusammen, daß beim Längsschlagseile weniger Drahtbrüche auftreten als beim Kreuzschlagseile, bei dem die äußeren Drähte überanstrengt werden. Von der Flechtart rührt ferner her, daß das Längsschlagseil starken, das Kreuzschlagseil schwachen Drall hat.

Wegen seines starken Dralles ist das Längsschlagseil nahezu unverwendbar, wo der Förderkorb beim Umsetzen auf Keps gesetzt wird, weil es, wenn sich Hängeseil bildet, Klanken wirft[1]. Aus demselben Grunde ist das Längsschlagseil als Unterseil schwierig[2]. Bei Koepeförderungen überwiegen Längsschlagseile, bei Trommelförderungen Kreuzschlagseile. Dreikantlitzige Seile werden immer mehr als Längsschlagseile ausgeführt. Der Drall darf bei den Förderseilen nicht herausgelassen werden, weil sonst Festigkeit und Haltbarkeit des Seiles leiden. Runde Unterseile dagegen werden an den Förderkörben in Wirbeln aufgehängt, die auf Kugeln gelagert sind, damit sich der Drall auslaufen kann; andernfalls würde das nur schwach gespannte Seil infolge des Dralles Klanken schlagen.

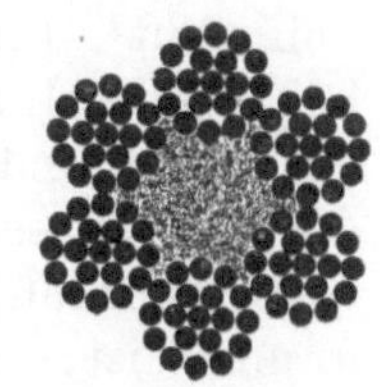

Abb. 311. Kreuzschlagseil.

Bandseile bestehen aus nebeneinanderliegenden Schenkeln, die aus je 4 Litzen geschlagen sind und mittels Nählitzen entweder einfach oder doppelt genäht sind. Häufig haben die Bandseile 8 Schenkel, so daß insgesamt 32 Traglitzen vorhanden sind. Die Abb. 312 zeigt ein doppelt genähtes, sechsschenkliges Bandseil. Es kommt darauf an, daß die Schenkel möglichst gleich geschlagen sind, damit alle Schenkel möglichst gleichmäßig tragen. Stählerne Bandseile werden, da ihre Haltbarkeit erheblich geringer ist als die der runden Seile, als

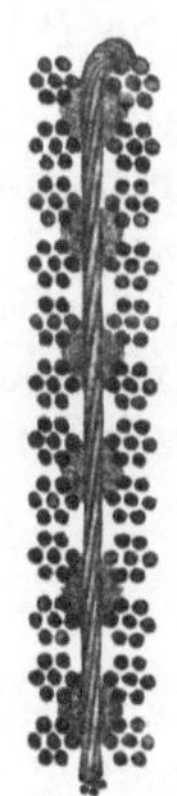

Abb. 312. Stählernes Bandseil.

Förderseile nur beim Abteufen benutzt, wo ihr Vorteil, daß sie keinen Drall haben, zur Geltung kommt. Bei den Unterseilen, die wenig beansprucht sind, weil sie nur ihr eigenes Gewicht tragen, überwiegen die Bandseile, weil sie drallfrei und sehr biegsam sind.

149. Berechnung der Förderseile. Das Seil hat außer der an ihm hängenden Last Q sein eigenes Gewicht zu tragen; der Anteil des Seilgewichts an der gesamten Seilbelastung nimmt mit der Teufe in sich schnell steigerndem Maße zu. Ein stählerner Draht von 1 mm² Querschnitt und 1 m Länge wiegt 7,85 g. Weil aber im Seile die Drähte gewunden liegen, ferner das Gewicht der Hanfseele hinzutritt, wiegt 1 m Seil für 1 mm² Drahtquerschnitt[3] mehr als 7,85 g, nämlich bei rundlitzigen Seilen etwa 9,5 g, bei drei-

[1] Glückauf 1922, S. 867. — Herbst, H.: Praktische Winke für die Auswahl zweckmäßiger Förderseilmacharten.

[2] Glückauf 1920, S. 665. Herbst, H.: Die Verwendung abgelegter Förderseile als Unterseile.

[3] Schneidet man das Seil senkrecht zur Seilachse, so weisen die Drähte elliptischen Querschnitt auf; hier ist als Drahtquerschnitt der runde, senkrecht zur Drahtachse stehende Querschnitt gemeint.

kantlitzigen Seilen etwa 9 g. Ein Seil von 1 mm² Drahtquerschnitt wiegt also für 1 km Länge 9,5 bzw. 9 kg.

Da man die tatsächliche Seilbelastung, die aus der ruhenden Belastung, den Reibungswiderständen, den Beschleunigungskräften und den infolge Seilschwingungen auftretenden Kräften besteht, nicht genau bestimmen kann, wird der Seilquerschnitt auf Grund der ruhenden Höchstbelastung gerechnet; dafür wird die Sicherheit reichlich gewählt. Die ruhende oder statische Höchstbelastung besteht aus dem Förderkorbe nebst Zubehör, den Förderwagen, der größten Nutzlast, dem Förderseil von der Seilscheibe bis zur tiefsten Korbstellung und dem etwa vorhandenen Unterseile vom Förderkorbe bis zur Seilbucht[1]. Im Verhältnis zur ruhenden Höchstbelastung sollen die Förderseile sowohl bei Trommel- als auch bei Koepeförderung mindestens 6fache Sicherheit bei Produktenförderung und mindestens 8fache Sicherheit bei Seilfahrt dauernd gewähren. Damit die Seile diese vorgeschriebenen Mindestsicherheiten auch noch nach längerer Betriebszeit gewähren, nachdem die Festigkeit durch Verschleiß und Drahtbrüche schon vermindert ist, wird man die anfängliche Sicherheit beim Auflegen noch größer wählen. Für Koepeförderseile, die man im Betrieb nicht mehr auf Festigkeit nachprüfen kann, ist diese Anfangssicherheit in der Bergpolizeiverordnung vorgeschrieben, und zwar sollen sie beim Auflegen im Verhältnis zur statischen Höchstbelastung 7fache Sicherheit bei Produktenförderung und 9½fache Sicherheit bei Seilfahrt haben. Praktisch wird man Koepeseile meist mit noch höherer anfänglicher Sicherheit auflegen, mit etwa 7½- bis 8facher Sicherheit bei Produktenförderung. Weil man auch bei Trommelförderseilen auf etwa 8fache Anfangssicherheit geht, sind Koepe- und Trommelförderseile etwa gleich zu bemessen.

Wie ist ein Förderseil zu bemessen, das außer seinem eigenen Gewicht unten am Seil eine Last von P kg tragen soll? Es sei:

f der gesamte Querschnitt der tragenden Seildrähte in mm²,
γ das Seilgewicht für 1 km Länge und 1 mm² Querschnitt in kg (bei rundlitzigen Seilen ist γ etwa 9,5 und bei dreikantlitzigen Seilen etwa 9 kg/km mm²),
$\mathfrak{T}$ die Teufe in km,
σ die Zugfestigkeit der Drähte in kg/mm² und
$\mathfrak{S}$ die vorgeschriebene Seilsicherheit, so ist

$$\frac{f\cdot\sigma}{\mathfrak{S}} = P + f\cdot\gamma\cdot\mathfrak{T}, \qquad \text{woraus folgt: } f = \frac{P}{\frac{\sigma}{\mathfrak{S}} - \gamma\cdot\mathfrak{T}} \text{ mm}^2.$$

Hängt am Seil die Last $P = 18000$ kg und ist die Zugfestigkeit $\sigma = 180$ kg/mm², die Sicherheit $\mathfrak{S} = 8$, die Teufe $\mathfrak{T} = 0{,}6$ km, so muß der Tragquerschnitt eines rundlitzigen Seiles werden

$$f = \frac{18000}{\frac{180}{8} - 9{,}5\cdot 0{,}6} = 1070 \text{ mm}^2.$$

Beim Dreikantlitzenseil wird $f = 1050$ mm².

Der Durchmesser wird bei rundlitzigen Seilen etwa $1{,}75\cdot\sqrt{f}$, also $1{,}75\cdot\sqrt{1070} = 57$ mm, und bei dreikantlitzigen Seilen etwa $1{,}5\cdot\sqrt{f}$, also $1{,}5\cdot\sqrt{1050} = 49$ mm.

Das Seil trägt $180 : 8 = 22{,}5$ kg/mm². Davon werden $9{,}5\cdot 0{,}6 = 5{,}7$ kg/mm² für das Eigengewicht des rundlitzigen Seiles verbraucht, das $1070\cdot 5{,}7 = 6100$ kg wiegt. Das dreikantlitzige Seil ist etwas leichter und wiegt 5700 kg.

150. Prüfung und Überwachung der Förderseile[2]. Mit einem Förderkorbe werden bis zu 70 Mann befördert. Bei der Koepeförderung hängen in beiden Förderkörben zusammen bis 140 Mann an ein und demselben Seile, so daß ein Seilbruch zu schwersten Unglücken

[1] Ist das Unterseil schwerer als das Förderseil, so ist die Meistbelastung so zu rechnen, daß der beladene Förderkorb oben steht.

[2] Vgl. Herbst, H.: Ansprüche an Förderseile und ihre Prüfung. Z. d. V. D. I. 1928, S. 345.

führen kann. Auch der unmittelbare und mittelbare Schaden, den ein Seilbruch hervorruft, ist außerordentlich groß. Schärfste Prüfung und Überwachung der Förderseile ist geboten. Jedes neue Förderseil ist, ehe es aufgelegt wird, zu prüfen, ob seine Festigkeit genügt. Die einzelnen Drähte werden der Zerreißprobe, der Hinundherbiegeprobe und der Verwindeprobe gemäß den in der Seilfahrtgenehmigung enthaltenen Vorschriften unterzogen. Die Drähte neuer Seile, die bei der Zerreißprobe 10% mehr oder weniger halten, als das Mittel beträgt, oder die Drähte abgehauener Seilstücke, die 20% weniger als im Mittel tragen, ebenso die Drähte, die die Biegeprobe nicht bestanden haben, werden ausgeschieden. Die Bruchlasten der übrigen Drähte werden addiert, und diese Summe, geteilt durch die vorgeschriebene Sicherheitszahl, muß größer sein als die ruhende Höchstbelastung des Seiles. Vielfach wird ferner Zerreißen eines Seilstückes im ganzen Strange verlangt[1]. Bei Trommelförderseilen wird in Zwischenräumen von 3 bis 6 Monaten ein Stück Seil 3 m über dem Einband abgehauen und untersucht.

Im Betriebe sind die Seile täglich nachzusehen, vor allem um plötzlich eingetretene Veränderungen am Seile zu erkennen. Dann ist jede Woche das Seil bei guter Beleuchtung und 0,5 m/s Seilgeschwindigkeit zu prüfen; alle Drahtbrüche sind festzustellen und einzutragen. Schließlich ist eine sechswöchentliche Prüfung durch den für die Seilfahrt verantwortlichen Betriebsbeamten vorgeschrieben, bei der das ganze Seil von der anhaftenden Schmutzkruste befreit sein muß. Die näheren Bestimmungen für diese Seilprüfungen sind in den Bergpolizeiverordnungen enthalten.

151. Behandlung der Förderseile. Seilschäden[2]. Der gefährlichste Feind der Seile ist Rost[3]. In nassen Schächten sind Seile mit verzinkten Drähten am Platz, sofern sie nicht übermäßig angestrengt werden. Seile aus blanken Drähten müssen sorgfältig geschmiert werden. Trommelseile sind mindestens alle vier Wochen mit einer steifen, säurefreien Schmiere zu schmieren, die gut in die Rillen zwischen den Litzen zu streichen ist. Koepeseile werden mit einer harzhaltigen Schmiere geschmiert. Sehr wichtig ist sorgsame Ausführung des Seileinbandes. Die Klemmbänder seien doppelt so breit, wie das Seil dick ist; besonders bei harten Drähten ist es empfehlenswert, die Klemmbänder zu beledern. Es ist darauf zu achten, vor allem beim Seilauflegen, daß sich die Förderseile nicht aufdrehen, weil dann die Drähte nicht mehr gleichmäßig tragen. Auch die Unterseile sind sorgfältig zu überwachen; sie dürfen nicht durch Wasser laufen.

Als Seilschäden kommen am meisten Drahtbrüche vor, deren Gefährlichkeit aber vielfach überschätzt wird. Bedenklich sind sie in der Nähe der Einbände, oder wenn sie sich an einer Stelle häufen, oder wenn ihre Zahl schnell zunimmt, z. B. bei einem 50 mm dicken, 600 m langen Seil wöchentlich 10 übersteigt. Ein heimtückischer, vom Auslassen des Dralles herrührender Schaden ist es, wenn sich die Außendrähte lockern; weil dann die inneren Drähte die Last tragen, bleiben die äußeren von Drahtbrüchen frei, so daß das Aussehen des Seiles täuscht. Die Lockerung der Außendrähte steigert sich, insbesondere bei Koepeseilen, in der Nähe der Einbände bis zu einem korbartigen Abheben der äußeren Drähte. Schraubenartige Formänderungen (Korkzieher) und Knotenbildungen (letztere infolge Seilschwingungen) entstehen infolge mangelhafter Hanfseele. Festgezogene Klanken schwächen das Seil erheblich.

152. Verbindung des Förderseiles mit der Trommel und dem Förderkorbe. Die Verbindung des Förderseiles mit der Trommel ist in Ziffer 143 besprochen. Mit dem Förderkorbe wird das Seil nicht unmittelbar verbunden. Meist wird ein sogenannter Seileinband gemacht, indem das Seilende um eine sogenannte Kausche gelegt und am Seile durch eine große Zahl Klemmen festgeklemmt wird. Die Kausche wird mit dem Förderkorbe durch Laschen verbunden, so daß man den Abstand verändern kann, indem man Laschen wegläßt oder die Bolzen in andere Löcher umsteckt.

---

[1] Die Seilprüfstelle der Westfälischen Berggewerkschaftskasse besitzt 2 hydraulische Seilzerreißmaschinen, eine von 250 t Zerreißkraft und 3 m Reißlänge und eine von 450 t Zerreißkraft und 7 m Reißlänge.

[2] Nach dem Merkblatt der Seilprüfstelle der Westfälischen Berggewerkschaftskasse, Bochum.

[3] Vgl. Herbst, H.: Rostgefahr und ihre Bekämpfung bei Förderseilen. Bergbau 1937, Nr. 10.

Das in Abb. 313 dargestellte Stellschraubenzwischengeschirr der Demag (Gesamtlast 17750 kg, Nutzlast 4200 kg) sieht noch eine weitere Einstellmöglichkeit durch Stellschrauben vor. Ohne besondern Seileinband kann man das Seil mit dem Förderkorbe durch eine „Seilklemme" verbinden[1]. Wenn man bei Trommelseilen das Seil zwecks Prüfung des Seilendes 3 m über dem Einband oder über der Klemme abhaut, gehen beim Seileinbande mit Kausche im ganzen etwa 8 m, bei der Seilklemme etwa 5 m verloren.

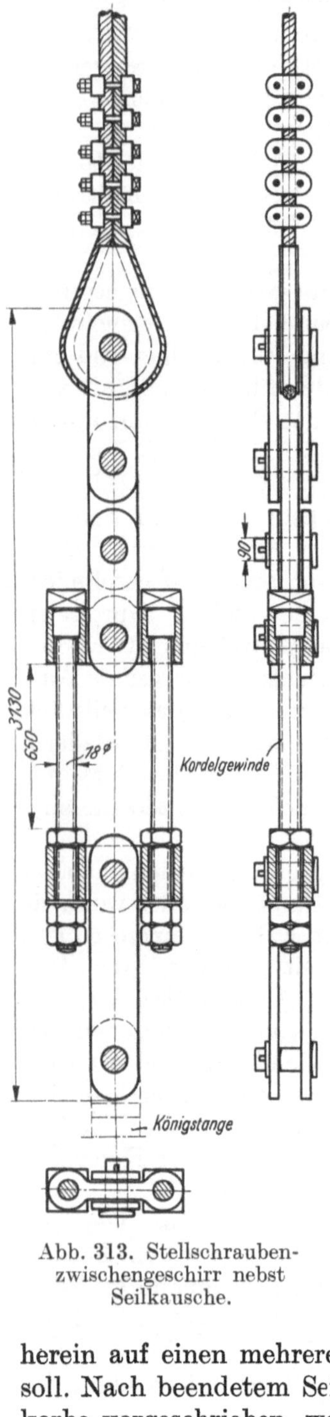

Vorteilhaft ist die Anwendung von Stoßdämpfern, die als federndes Zwischenglied zwischen Förderkorb und Seilgeschirr eingeschaltet werden. Sie dämpfen die im Förderbetriebe auftretenden Stöße und Schwingungen und tragen dadurch wesentlich zur Schonung des Seiles bei.

Abb. 313. Stellschraubenzwischengeschirr nebst Seilkausche.

153. Allgemeines über das Auflegen und Auswechseln der Förderseile. Seilauflegen ist eine Arbeit, die sorgfältig vorbereitet sein muß und mit großer Vorsicht und Überlegung durchzuführen ist. Man geht verschieden vor, je nachdem es sich um eine Trommelförderung, um eine Koepeförderung mit breitkränziger Treibscheibe oder um eine Koepeförderung mit schmalkränziger Treibscheibe handelt. Ferner ist zu unterscheiden, ob das erste Förderseil aufgelegt oder ob ein Förderseil ausgewechselt wird, d. h. erst das alte Förderseil abgelegt und dann das neue Förderseil aufgelegt wird. Ein Koepeseil ist umständlicher aufzulegen als ein Trommelseil. Längsschlagseile bedürfen wegen ihres stärkeren Dralles besonderer Vorsicht, damit sie nicht Klanken schlagen oder den Drall verlieren.

Den verschiedenen Arten des Seilauflegens ist folgendes gemeinsam: Der Teufenzeiger der Fördermaschine ist auszurücken und hernach neu einzustellen. Die Holztrommel, auf der das Seil angeliefert ist, ist aufzubocken und gut zu lagern. Wenn man das Seil von dieser Holztrommel ab- und auf die Maschinentrommel oder die Treibscheibe aufwickelt, ist entweder die Holztrommel oder das Seil selbst abzubremsen, damit sich das Seil scharf auf die Trommel oder die Treibscheibe der Fördermaschine legt. Um Seile hochzuwinden oder über die Seilscheibe zu ziehen usw., verwendet man Hilfsseile, die man mit Handkabeln bewegt und die nach Bedarf angeschlagen oder gelöst werden; im folgenden ist nur kurz vom Hilfsseil die Rede. Selbstverständliche Maßnahmen, z. B. daß man, wenn man einen Förderkorb, der festgelegt ist, einhängen will, den Förderkorb erst anheben und die Unterlagen fortnehmen muß, sind nicht besonders angegeben. Beim Anschlagen des neuen Förderseiles an den Förderkorb ist die zu erwartende Seillängung in der Weise zu berücksichtigen, daß der Förderkorb von vornherein auf einen mehrere Meter größeren Abstand eingestellt wird, als er nachher sein soll. Nach beendetem Seilauflegen ist dreistündiges Probefahren mit belastetem Förderkorbe vorgeschrieben, worauf die Förderkörbe auf Maß zu setzen sind.

Nachstehend werden die drei oben gekennzeichneten Hauptarten des Seilauflegens veranschaulicht. Die dargelegten Verfahren dürfen nur als Beispiele aufgefaßt werden;

[1] Vgl. Heise-Herbst: 2. Band: Schachtförderung.

tatsächlich bestehen erhebliche Unterschiede, wie man je nach den örtlichen Verhältnissen und den vorhandenen Hilfsmitteln vorgeht.

154. Das Seilauflegen bei Trommelförderungen. Bei Trommelfördermaschinen muß eine Seiltrommel umsteckbar sein; häufig sind beide umsteckbar[1]. Es sei zunächst vorausgesetzt, daß beide Trommeln umsteckbar sind. Dann hat man beim Auswechseln eines Förderseiles in grundsätzlich gleicher Weise vorzugehen, ob es sich um das Seil der einen oder der anderen Trommel handelt. Zur Veranschaulichung diene Abb. 314.

Um zum ersten Male die beiden Förderseile aufzulegen, sind beide Förderkörbe an der Rasenhängebank festzulegen. Zunächst sei Seil I aufzulegen[2]. Es wird von der Holztrommel, auf der es angeliefert ist, mittels Hilfsseiles über die Seilscheibe I in das Maschinenhaus zur Trommel I gezogen, eingebunden und aufgewickelt, bis das freie Seilende am Förderkorb I ist, an den es angeschlagen wird. Dann wird Förderkorb I eingehängt und Seil I an der Hängebank durch Klemmen abgefangen. Um Seil II aufzulegen, ist Trommel I festzulegen[3] und von der Kurbelwelle der Fördermaschine zu lösen, indem die Bolzen, welche die Trommelnabe mit der auf der Achse fest verkeilten Nabe verbinden, herausgenommen werden. Da beim Aufwickeln des Seiles II die feste Nabe in der Trommelnabe läuft, sind die Laufflächen gut zu schmieren. Seil II wird dann in derselben Weise aufgelegt wie Seil I, worauf die Trommel I wieder mit der Achse verbunden wird, indem die Verbindungsbolzen durch die feste und die lose Nabe gesteckt werden.

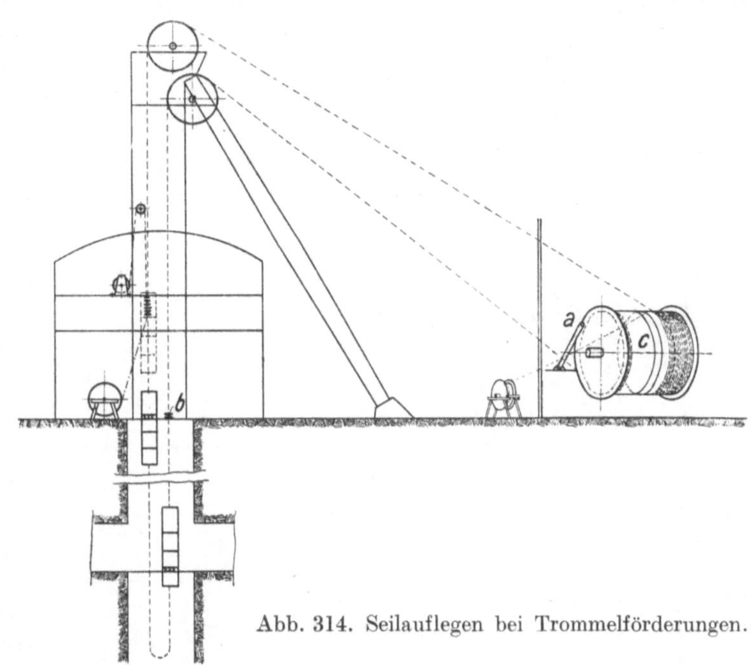

Abb. 314. Seilauflegen bei Trommelförderungen.

Um ein Förderseil auszuwechseln, z. B. Seil I, legt man den Förderkorb II unten an der Sohle fest und fängt Seil II an der Hängebank mittels Klemmen ab, legt darauf Trommel II fest und entkuppelt sie von der Kurbelwelle. Dann läßt man mit der Maschine den Förderkorb I zur Rasenhängebank nieder, gibt auf den Förderkorb I Hängeseil, löst das alte Seil I vom Förderkorb I, verbindet es mit dem neuen Seile, das man durch ein Hilfsseil herangezogen hat, und läßt das alte Seil durch die Maschine auf Trommel I aufwickeln, bis das neue Seil im Maschinenhause liegt. Das neue Seil wird im Maschinenhause festgelegt, und das alte Seil wird, nachdem es vom neuen gelöst ist, abgewickelt und auf den Platz gezogen oder auf eine Holztrommel aufgewickelt. Nun wird das neue Seil an der Trommel I eingebunden und aufgewickelt, so lange, bis das freie Seilende am Förderkorb I ist, an den es angeschlagen wird. Schließlich ist Förderkorb I hochzuziehen, und zwar mit Rücksicht auf die Seillängung einige Meter höher, als er nachher sein soll, worauf die Trommel II wieder mit der Achse zu kuppeln ist. Das Förderseil II wird in entsprechender Weise ausgewechselt; dabei ist Trommel I festzulegen und von der Achse zu entkuppeln.

[1] Vgl. Ziffer 143.

[2] Seil I, Förderkorb I, Trommel I, Seilscheibe I sollen zusammen gehören, ebenso Seil II, Förderkorb II. Trommel II und Seilscheibe II.

[3] Vgl. Ziffer 143.

Ist nur eine Trommel umsteckbar, so ist das Seil der festen Trommel ebenso aufzulegen oder auszuwechseln, wie es vorstehend beschrieben ist. Soll das Seil der umsteckbaren Trommel ausgewechselt werden, so muß das Seil der festen Trommel abgenommen werden, nachdem der zugehörige Förderkorb auf der Sohle festgelegt und das Seil selbst an der Hängebank durch Klemmen abgefangen ist.

Wegen Einbaues oder Auswechslung eines Unterseiles vergleiche das, was in Ziffer 155 über Einbau und Auswechslung des Unterseiles von Koepeförderungen gesagt ist.

155. Seilauflegen bei einer Treibscheibe mit breitem Kranz. Bei einer Treibscheibe mit breitem Kranz sind, ebenso wie bei der Trommelförderung, abgesehen von kleinen Hilfskabeln besondere Vorkehrungen nicht nötig, indem man die Treibscheibe zum Auftrommeln der Seile ausnutzt. Selbstverständlich kann man auch bei breiten Treibscheiben, indem man darauf verzichtet, den breiten Kranz auszunutzen, das Seil ebenso auflegen und auswechseln, wie es bei Treibscheiben mit schmalem Kranz (Ziffer 156) geschieht; unter Umständen ist es sogar zweckmäßiger. Dem Folgenden liegt Abb. 315 zugrunde.

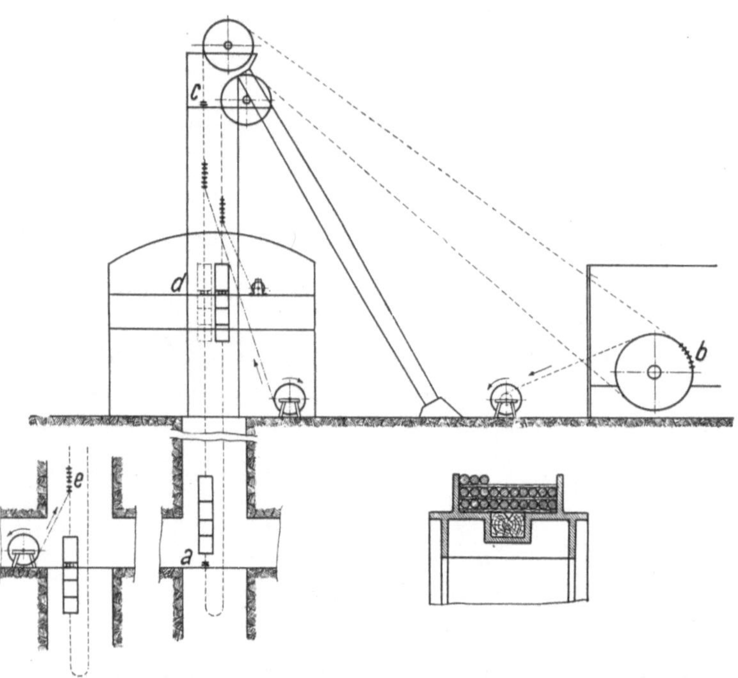

Abb. 315. Seilauflegen bei einer Treibscheibe mit breitem Kranz.

Um das erste Förderseil aufzulegen, sind die Förderkörbe über dem Schachte festzulegen. Die Holztrommel, auf der das Förderseil angeliefert ist, wird vor dem Maschinenhause aufgestellt. Das Förderseil wird durch den Mauerschlitz zur Treibscheibe geführt, durch deren Kranz gesteckt und an einer Speiche befestigt, worauf es in mehreren Lagen übereinander, durch zwischengelegte Bretter geschützt, aufgetrommelt wird. Das freie Ende des Förderseiles, das auf dem Platze geblieben ist, wird mittels Hilfsseiles über die eine Seilscheibe gezogen, wobei die Fördermaschine langsam mitläuft. Anstatt das Seil durch den Mauerschlitz zur Treibscheibe zu führen, kann man es von vornherein mittels Hilfsseiles über eine Seilscheibe zur Treibscheibe ziehen. Das Seil wird an dem zugehörigen Förderkorbe angeschlagen, worauf der Förderkorb eingehängt wird. Dann wird das Förderseil oben durch Seilklemmen abgefangen, und die Seilwindungen, die noch auf der Treibscheibe liegen, werden abgetrommelt, wobei das Seil in großem Bogen auf den Zechenplatz gezogen wird. (Vorsicht, damit das Seil keine Klanken schlägt!) Das freigewordene Förderseilende wird mittels Hilfsseiles über die Treibscheibe und die andere Seilscheibe zum zweiten Förderkorb gezogen und an ihn angeschlagen. Nun ist noch das Unterseil anzuschlagen. Die Holztrommel mit dem Unterseil ist vorher zum Füllort gebracht. Dort wird das Unterseil mit dem einen Ende am unteren Förderkorb angeschlagen, worauf dieser hochgezogen wird, damit das Unterseil mit seinem anderen Ende an den eingehängten anderen Förderkorb angeschlagen werden kann.

Um ein Koepeseil auszuwechseln, geht man folgendermaßen vor: Es wird der obere Korb festgelegt und am unteren Korb das Unterseil gelöst (bei a). Dann wird das Förderseil an der Treibscheibe (bei b) festgeklemmt, worauf man den unteren Korb anhebt und auf den oberen Förderkorb Hängeseil erhält. Das im Schachte hängende Seiltrum wird oben abgefangen (bei *c*), und das andere Trum wird vom oberen Förderkorbe, nachdem man es mit einem Hilfsseile verbunden hat, abgeschlagen und in das Maschinenhaus gezogen, wobei sich die Treibscheibe, an der die Klemmen (bei *b*) wieder fortgenommen sind, langsam mitdreht und das nach der anderen Seilscheibe führende Seiltrum durchhängt. Das Förderseilende wird mit der Treibscheibe verbunden, und dann wird das alte Förderseil auf der Treibscheibe, die von der Maschine gedreht wird, aufgetrommelt, erst so viel, daß das Hängeseil fort ist, darauf, nachdem die Klemmen bei *c* gelöst sind, so weit, bis der untere Förderkorb bis *d* hochgezogen ist, wo er festgelegt wird. Dann verbindet man das neue Seil durch Klemmen mit dem alten, schlägt das alte Seil vom Förderkorbe ab und trommelt es weiter auf, bis das neue Seil an der Maschine liegt. Nun wird das alte Seil von neuem gelöst, abgetrommelt und auf den Platz gezogen oder auf eine Holztrommel aufgerollt. Das neue Seil wird an der Treibscheibe befestigt und aufgetrommelt, bis das andere Ende bei *d* ist, wo es an den Förderkorb angeschlagen wird. Die weiteren Vorgänge sind dieselben, wie beim Auflegen des ersten Förderseiles.

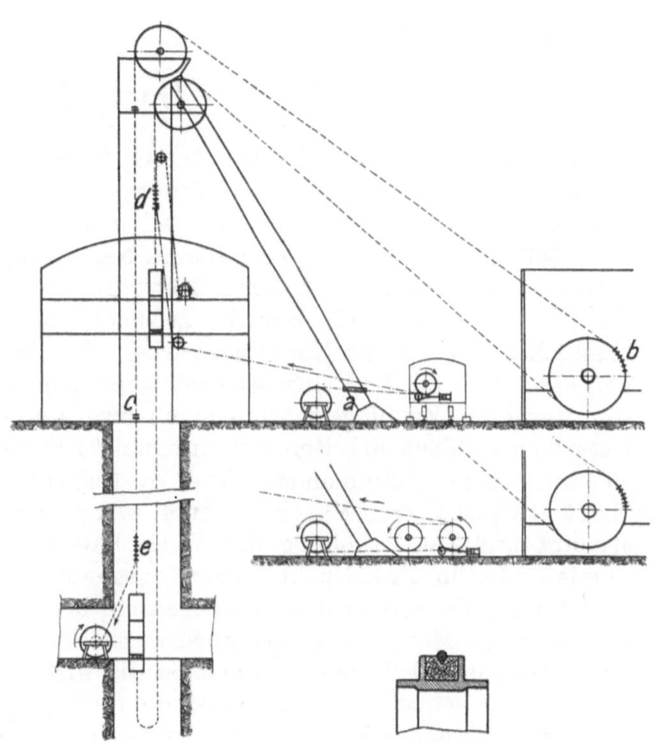

Abb. 316. Seilauflegen bei Treibscheiben mit schmalem Kranz.

Anstatt den unteren Förderkorb hochzuziehen, wird häufig nur das alte Seil mit Hilfe eines in den Spurlatten geführten Schlittens hochgezogen, worauf in derselben Weise, wie oben beschrieben, vorgegangen und schließlich das neue Seil ebenfalls mit Hilfe des Schlittens eingehängt wird.

Um das Unterseil auszuwechseln, wird der untere Förderkorb festgelegt. Das alte Unterseil wird abgeschlagen, und das neue Unterseil, das sich, auf einer schmalen Trommel aufgerollt, am Füllort befindet, wird angeschlagen. Dann wird der Förderkorb langsam hochgezogen, wobei sich das neue Unterseil abwickelt, während das alte in die Strecke gezogen oder aufgewickelt wird.

156. Auflegen des Förderseiles bei einer Treibscheibe mit schmalem Kranz. Hierbei ist eine starke Trommelwinde mit Kraftantrieb erforderlich, auf deren Trommel zunächst das neue Seil aufgerollt wird, wobei es, damit es stramm aufgewickelt wird, durch die bei *a* (Abb. 316) befindlichen Holzklemmen hindurchgezogen wird.

Beim ersten Auflegen des Förderseiles werden beide Förderkörbe oben festgelegt. Das Förderseil wird mittels Hilfsseiles über die eine Seilscheibe, die Treibscheibe und die andere Seilscheibe zu dem einen Förderkorb gezogen und an ihn angeschlagen. Darauf wird der Korb bis zum Füllort eingehängt und festgelegt, während das Seil an der Hängebank abgefangen wird. Dann ist das andere Seilende am zweiten Förderkorbe anzuschlagen.

Um das Förderseil auszuwechseln, wird der eine Förderkorb unten, der andere oben festgelegt. Das alte Förderseil wird am unteren Korbe abgeschlagen, auf der Treibscheibe (bei *b*) festgeklemmt, und dann, nachdem auf den oberen Förderkorb Hängeseil gegeben ist, überm Schachte (bei *c*) abgefangen. Nun wird das alte Seil vom oberen Förderkorbe abgeschlagen, und das neue Seil, das mittels Hilfsseils hochgezogen worden ist, wird bei d ans Ende des alten Seiles angeklemmt. Nachdem die Seilklemmen an der Treibscheibe (bei b) und an der Hängebank (bei c) abgenommen sind, hängt man das alte Seil mit der Winde ein und holt es durch ein Hilfsseil (bei e) in die Strecke, wo es entweder auf eine Trommel aufgewickelt oder durch Lokomotiven fortgezogen wird. Das neue Seil folgt nach, bis es am Füllort angelangt ist. Dann wird das neue Seil an den oberen und den unteren Förderkorb angeschlagen.

An Stelle der Trommelwinde kann man, wie es in der Abb. 316 angedeutet ist, eine Friktionswinde verwenden (Beien), wobei das neue Seil von seiner Trommel abgewickelt wird, während die Friktionswinde zugleich das alte und daran anschließend das neue Seil einhängt.

XVII. Die Dampffördermaschinen.[1]

157. Allgemeines über die Anordnung, Bemessung, Führung, Sicherung und Steuerung der Fördermaschinen. Die Dampffördermaschinen sind normalerweise langsam laufende Dampfmaschinen ($n = 40$ bis 50), bei denen die Seiltrommeln oder die Treibscheibe unmittelbar auf der Kurbelwelle sitzen. Neuerdings kommen auch schnellaufende Dampfmaschinen zur Anwendung, deren Drehzahl ($n = 260$ bis 300) zum unmittelbaren Antrieb der Trommeln oder Treibscheibe zu hoch ist, weshalb zwischen Trommelwelle bzw. Treibscheibenwelle und Maschinenkurbelwelle ein Zahnradgetriebe mit einem Verhältnis von etwa 1 : 6 bis 1 : 8 eingeschaltet werden muß. Die Fördermaschinen ohne Getriebe sind durchweg Zwillingsmaschinen mit zwei um 90° gegeneinander versetzten Kurbeln. Getriebemaschinen arbeiten mit drei um 120° versetzten Kurbeln und haben dadurch gleichmäßigeres Drehmoment. Die Zwillingsmaschinen arbeiten mit Dampf von 12 bis 16 atü (bei älteren Maschinen auch weniger), der in der Fördermaschine nur einstufig arbeitet und zur Erhöhung der Wirtschaftlichkeit anschließend für Heizzwecke verwendet oder in Zweidruckturbinen ausgenützt werden kann. Verbundmaschinen mit zweistufiger Expansion und Kondensation arbeiten für sich allein zwar wirtschaftlicher als einstufige Maschinen, aber unwirtschaftlicher als einstufige Maschinen mit nachgeschalteter Turbine. Zudem ist die einstufig wirkende Zwillingsmaschine einfacher im Aufbau und demgemäß billiger. Ihre Manövrierfähigkeit ist besser, weil beim Anfahren und Umsetzen die ganze Kolbenfläche wirksam ist, wogegen bei Verbundmaschinen im allgemeinen nur mit der kleinen Hochdruckkolbenfläche, also mit kleinerem Drehmoment angefahren werden kann. Aus den genannten Gründen werden heute durchweg die einfachwirkenden Zwillingsmaschinen bevorzugt. Das Verhältnis des Hubes zum Durchmesser der Kolben liegt zwischen 2,3 : 1 bis 1,4 : 1, und zwar weisen ältere Maschinen größere Hub-Durchmesser-Verhältnisse auf als neue Bauarten. Kurzhubige Maschinen ließen sich erst bauen, als durch verbesserte Steuerungen, Ventile und Bremsen eine einwandfreie Manövrierfähigkeit gesichert wurde.

Abb. 317 zeigt eine moderne Fördermaschinenanlage der Gutehoffnungshütte A.-G., Oberhausen, die für die Harpener Bergbau A.-G. (Schacht Robert Müser, Werne) geliefert worden ist. Die Zwillingsfördermaschine ist für 9000 kg Nutzlast und 20 m/s Seilgeschwindigkeit bei Güterförderung aus 700 m Teufe gebaut[2].

Die Maschinenstärke ist nach den Erfordernissen bei der Anfahrt zu bemessen; dann ist zu prüfen, ob die Maschine in der ungünstigsten Stellung, d. h. mit einer Kurbel allein die beim Anheben, Verstecken, Überheben zu leistenden Drehmomente ausübt.

[1] Über die Lage der Fördermaschine zum Schacht, den Seilausgleich, die Ausführung der Trommeln und Treibscheiben, den Seilrutsch bei Koepeförderung sowie über die Kraft-, Geschwindigkeits- und Leistungsverhältnisse vgl. den vorhergehenden Abschnitt. Wegen elektrischer Fördermaschinen vgl. Abschnitt XVIII.

[2] Über Leistung und Dampfverbrauch vgl. Ziffer 162.

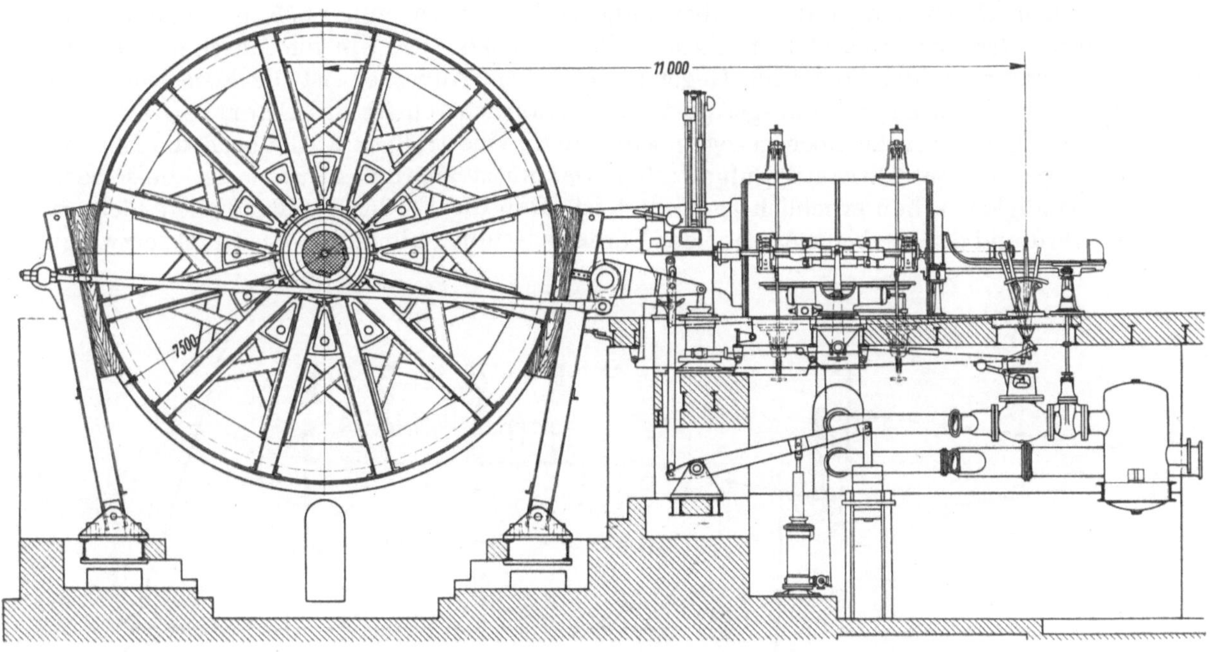

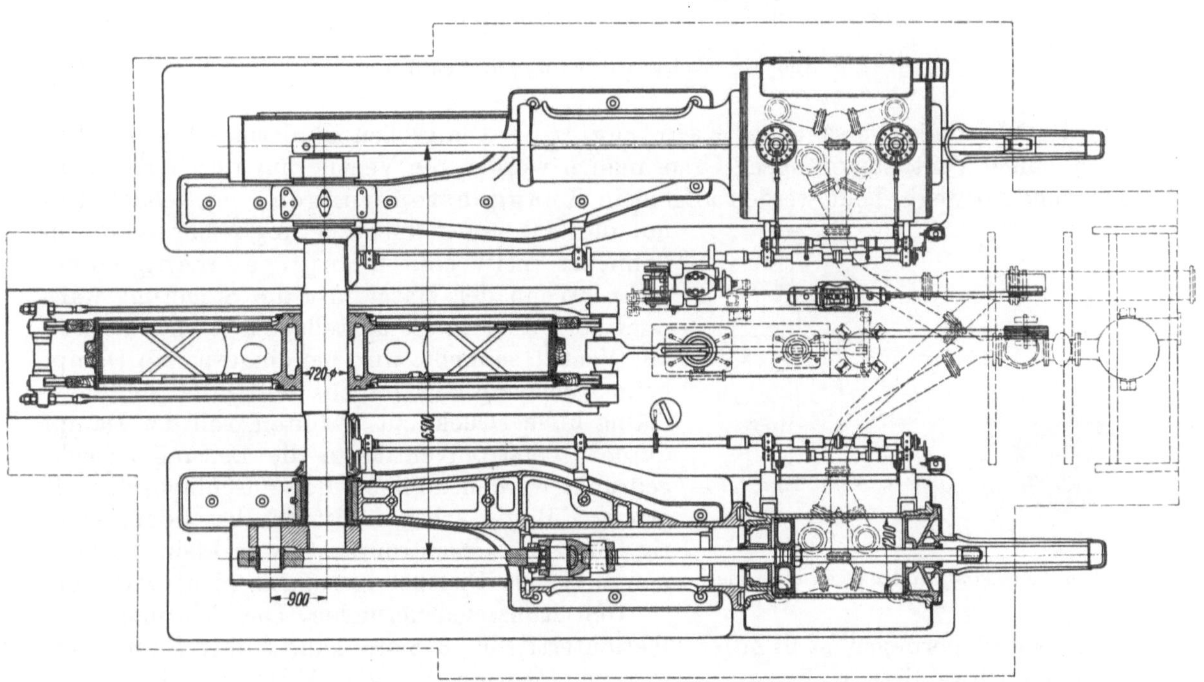

Abb. 317. Anordnung einer Zwillingsdampffördermaschine mit Treibscheibe.

Die Fördermaschinen werden von Hand gesteuert. Es ist nicht nur die Fahrt zu steuern, sondern es ist auch zu manövrieren. Die Förderkörbe sind vorzusetzen und umzusetzen usw. Bei der Vorwärtsfahrt, d. h. wenn der obere Teil der Trommel dem Maschinisten fortläuft, ist der Steuerhebel nach vorn auszulegen, bei der Rückwärtsfahrt nach hinten. Damit die hohen Fördergeschwindigkeiten im Zusammenhange mit den großen Massen nicht zur Gefahr werden, muß der Fördermaschinist die Maschine sicher beherrschen. Der Teufenzeiger weist ihm, wie sich die Förderkörbe im Schachte bewegen. An einem Geschwindigkeitsmesser liest er die Geschwindigkeit ab, die auch von einem Geschwindigkeitsschreiber aufgezeichnet wird, um noch nachträglich die Fahrweise des Fördermaschinisten kontrollieren zu können. Um die Maschine zu hemmen, kann er mit der Steuerung Gegendampf geben. Außerdem ist die Fördermaschine mit einer starken Bremse ausgerüstet. Am gefährlichsten ist das Übertreiben, d. h. daß der Förderkorb zu hoch gezogen wird. Beim Übertreiben wird durch die Endauslösung die Bremse selbsttätig aufgeworfen. Das nützt allerdings nur, wenn die Fördergeschwindigkeit schon erheblich gemindert ist. Daß die Fördergeschwindigkeit nicht zu hoch wird und daß sie beim Auslauf der Fördermaschinen allmählich abnimmt, erzwingt,

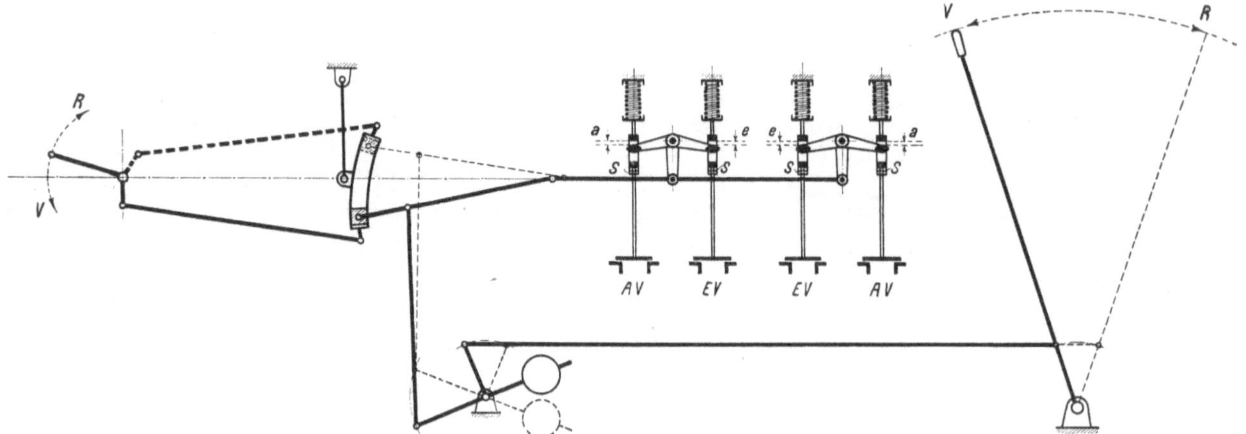

Abb. 318. Kulissensteuerung mit Ventilen.

wenn der Maschinist versagt, der Fahrtregler. — Die großen Fördermaschinen haben ausschließlich Ventilsteuerungen. Ursprünglich wurden die Ventile nur durch Kulissensteuerungen bewegt; heut werden allgemein Knaggensteuerungen angewendet. Damit der Maschinist die Steuerung leicht verstellen kann, ist meist eine Dampfsteuerung vorgesehen. Wenn der Maschinist die Steuerung während der Fahrt in die Mittellage legt und dadurch alle Ventile schließt, wird der eingesperrte Dampf beim Rückgang des Kolbens verdichtet; um übermäßig hohe Drücke zu verhüten, soll der Dampf durch Überströmventile in die Leitung zurückgedrängt werden können. Bei Maschinen, die mit großer Füllung arbeiten, ist das besonders wichtig. Sind die Überströmventile zu klein, so können sie große Drucksteigerungen nicht verhüten.

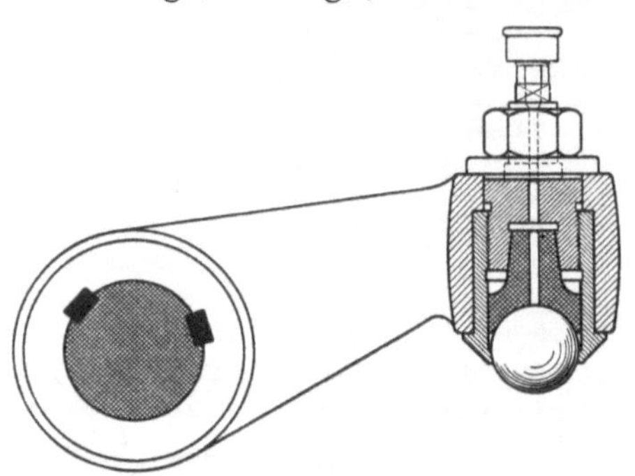

Abb. 319. Kugelkopf für Knaggensteuerung.

158. Kulissensteuerungen. Die Wirkungsweise der Kulissensteuerungen ist in Ziffer 89 erläutert. Abb. 318 stellt die früher für Fördermaschinen verwendete Kulissensteuerung von Gooch mit vier Ventilen schematisch dar. *E V* sind die Einlaßventile, *A V* die Auslaßventile. Wenn die antreibenden Hebel in der Mittellage sind, so besteht an der Einlaßsteuerung das Spiel e, an der Auslaßsteuerung das Spiel a. Das Spiel e entspricht der Einlaßüberdeckung, das Spiel a der Auslaßüberdeckung des einfachen Muschelschiebers[1]. Mit Hilfe der Verschraubungen S kann man die Größe von a und e einstellen und die Dampfverteilung beeinflussen.

159. Knaggensteuerungen. Bei den Knaggensteuerungen werden die Ventile der Fördermaschine durch unrunde Körper, sogenannte Knaggen oder Nocken, angetrieben, die auf der neben dem Zylinder liegenden Steuerwelle sitzen. Nockensteuerungen hat

[1] Vgl. Ziffer 87.

man auch bei gewöhnlichen Dampfmaschinen und bei Gasmaschinen. Das Besondere der bei den Fördermaschinen verwendeten Knaggensteuerungen ist, daß sich das Knaggen-

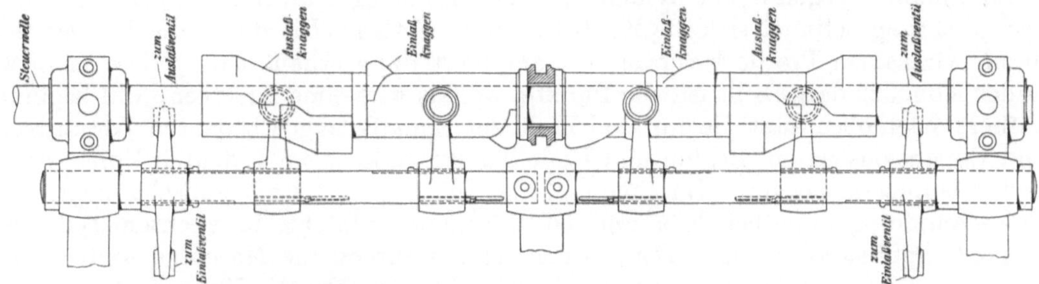

Abb. 320. Steuerwelle mit 8 Knaggen.

profil nicht nur in radialer, sondern auch in axialer Richtung ändert, weswegen die von den Knaggen betätigten Antriebshebel der Ventile Kugelköpfe gemäß Abb. 319 haben. Der Maschinist verschiebt die Knaggen axial und ändert dadurch die Dampfverteilung je nach dem wirksamen Knaggenprofil.

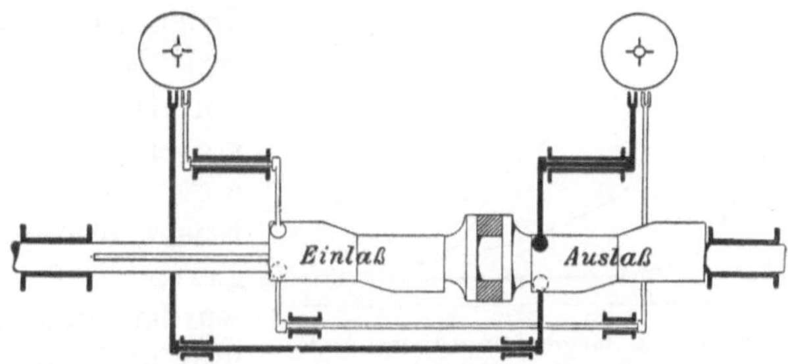

Abb. 321. Steuerwelle mit 4 Knaggen.

Bei Knaggensteuerungen ordnet man, wie bei der normalen Dampfmaschine, die Einlaßventile oben, die Auslaßventile unten am Zylinder an. Jedes Ventil braucht zwei Knaggen: eine Vorwärts- und eine Rückwärtsknagge, so daß zu einem Zylinder 8 Knaggen gehören. Abb. 320 (Isselburger Hütte) zeigt eine Steuerwelle mit 8 Knaggen. Man kommt aber mit 4 Knaggen aus, wenn man jede Knagge nach der schematischen

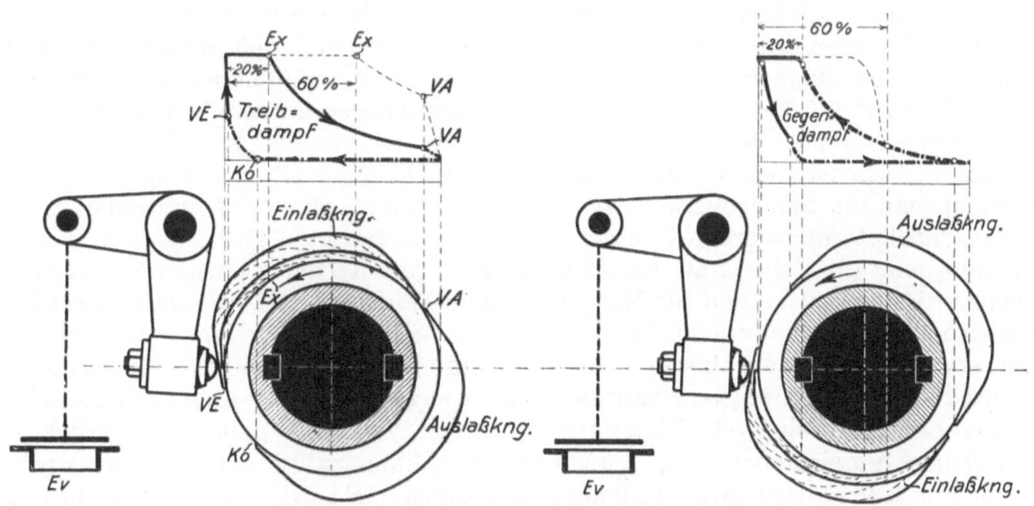

Abb. 322. Wirkungsweise der Knaggensteuerung.

Abb. 321 doppelt ausnutzt, indem dieselbe Knagge erst ein Ventil auf der einen Zylinderseite, dann, eine halbe Umdrehung später, das entsprechende Ventil auf der anderen Zylinderseite betätigt.

Vorwärts- und Rückwärtsknaggen liegen, im Querschnitt betrachtet, symmetrisch zueinander. Im linken Teile der Abb. 322 sind für eine Zylinderseite die Einlaß- und die Auslaßknagge für die Vorwärtsfahrt und im rechten Teile die Einlaß- und die Auslaßknagge für die Rückwärtsfahrt gezeichnet. Die Ventilhebel — es ist nur der Hebel des Einlaßventiles gezeichnet, während man sich den Hebel des Auslaßventils dahinter denken muß — liegen in der Symmetrielinie den Knaggen an. Bei der gezeichneten Lage der Steuerung befindet sich die Kurbel in einer Totlage. Die durch die Knagge je nach ihrem wirksamen Profile verursachte Dampfverteilung erhält man, indem man, wie es in der Abb. 322 dargestellt ist, die Punkte, wo das wirksame Knaggenprofil beginnt und aufhört, nach oben lotet. Beginn und Ende der Einlaßknaggen bedeuten Voreinströmung und Expansionsbeginn, Beginn und Ende der Auslaßknaggen bedeuten Vorausströmung und Kompressionsbeginn. Im linken Teile der Abb. 322 ist veranschaulicht, welches Treibdampfdiagramm bei 20% und 60% Füllung entsteht, im rechten Teil, welches Gegendampfdiagramm man erhält, wenn man, während die Maschine weiter vorwärts läuft, die Rückwärtsknaggen vor die Ventilhebel schiebt. Mit Knaggensteuerungen erzielte günstige Gegendampfdiagramme, bei denen Dampf aus einem Dampfspeicher angesaugt, verdichtet und in die Leitung zurückgedrückt wird, zeigt Abb. 323.

Während bei den Kulissensteuerungen die einzelnen Abschnitte der Dampfverteilung in gewisser Abhängigkeit voneinander sind, kann man bei den Knaggensteuerungen, bei denen jedes Ventil durch eine besondere Knagge angetrieben wird, die Dampfverteilung beliebig gestalten. Die ursprünglichen Knaggen waren aber so unvorteilhaft geformt, daß die gewollte Dampfersparnis nicht erreicht wurde; ferner waren die mit diesen Knaggen ausgerüsteten Fördermaschinen schwer zu regieren. Erst durch die Knaggen umgekehrter Form[1] wurden mit einem Schlage vorzügliche Dampfverteilung und bequeme Handhabung erreicht. In Verbindung mit Fahrtreglern wird eine Knaggenform gebraucht, die für das Manövrieren besondere Vorknaggen hat, auf welche die Fahrtknaggen folgen. Die drei Knaggenarten, die sich hauptsächlich in der Form der Einlaßknaggen unterscheiden, sind in der Abb. 324 in der Ansicht und im Querschnitt dargestellt. E sind Einlaß-, A sind Auslaßknaggen, V sind Vorwärts-, R sind Rückwärtsknaggen.

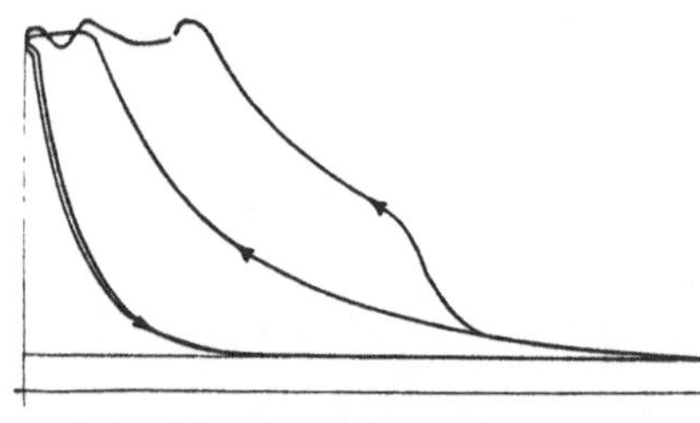
Abb. 323. Gegendampfdiagramme (Isselburger Hütte).

Die alte Knaggenform ist unter *III* dargestellt. Wenn man den Steuerhebel auslegt, hat man erst kleine, dann große Füllung; um zu manövrieren, muß man also weit auslegen. Mit Rücksicht auf das Manövrieren geben die Einlaßknaggen nur wenig Voreinströmung, die Auslaßknaggen nur wenig Vorausströmung und Kompression, so daß die Dampfverteilung schlecht ist. Bei der umgekehrten, unter *II* dargestellten Knaggenform erhält man, wenn man die Steuerung auslegt, erst volle Füllung ohne VE und ohne VA mit kleinem Ventilhub, dann große Füllung mit großem Ventilhub, aber mit VE, VA und Ko, dann nimmt die Füllung ab, bis sie bei größter Auslage den kleinsten Wert erreicht. Für mäßige Dampfdrücke und für Maschinen ohne Fahrtregler ist die umgekehrte Form sehr geeignet; beim Manövrieren braucht man die Steuerung nur wenig auslegen, und bei ganzer Auslage fährt die Maschine vorteilhaft mit Expansion. Die unter *I* dargestellte, in Verbindung mit Fahrtreglern gebräuchliche Knaggenform hat innen für das Manövrieren Vorknaggen, die volle Füllung mit kleinem Ventilhub geben und weder VE, noch VA und Ko einstellen. Legt man weiter aus, kommen die Fahrtknaggen zur Wirkung, die erst kleine, dann große Füllung geben, dabei VE sowie VA und Ko einstellen. Abb. 325 zeigt diese Knaggenform in der Abwicklung; m sind die zum Manövrieren dienenden Vorknaggen.

160. Die Dampfsteuerung. Bei großen Fördermaschinen wird in der Regel eine Dampfsteuerung angeordnet, so daß der Maschinist nicht die Fördermaschinensteuerung, sondern nur den leicht beweglichen Kolbenschieber eines Dampfzylinders zu verstellen hat, dessen Kolben die Fördermaschinensteuerung verstellt. Abb. 326 (Prinz-Rudolph-Hütte)

[1] R.R.P. 10237 vom Jahre 1879 (Buschmann).

zeigt die Dampfsteuerung in Verbindung mit einer Knaggensteuerung. Der Schieber des Hilfszylinders greift an dem ein wenig verschiebbaren Drehpunkt eines doppelarmigen Hebels an, der an seinem unteren Ende mit dem Steuerhebel, am oberen mit der Kolben-

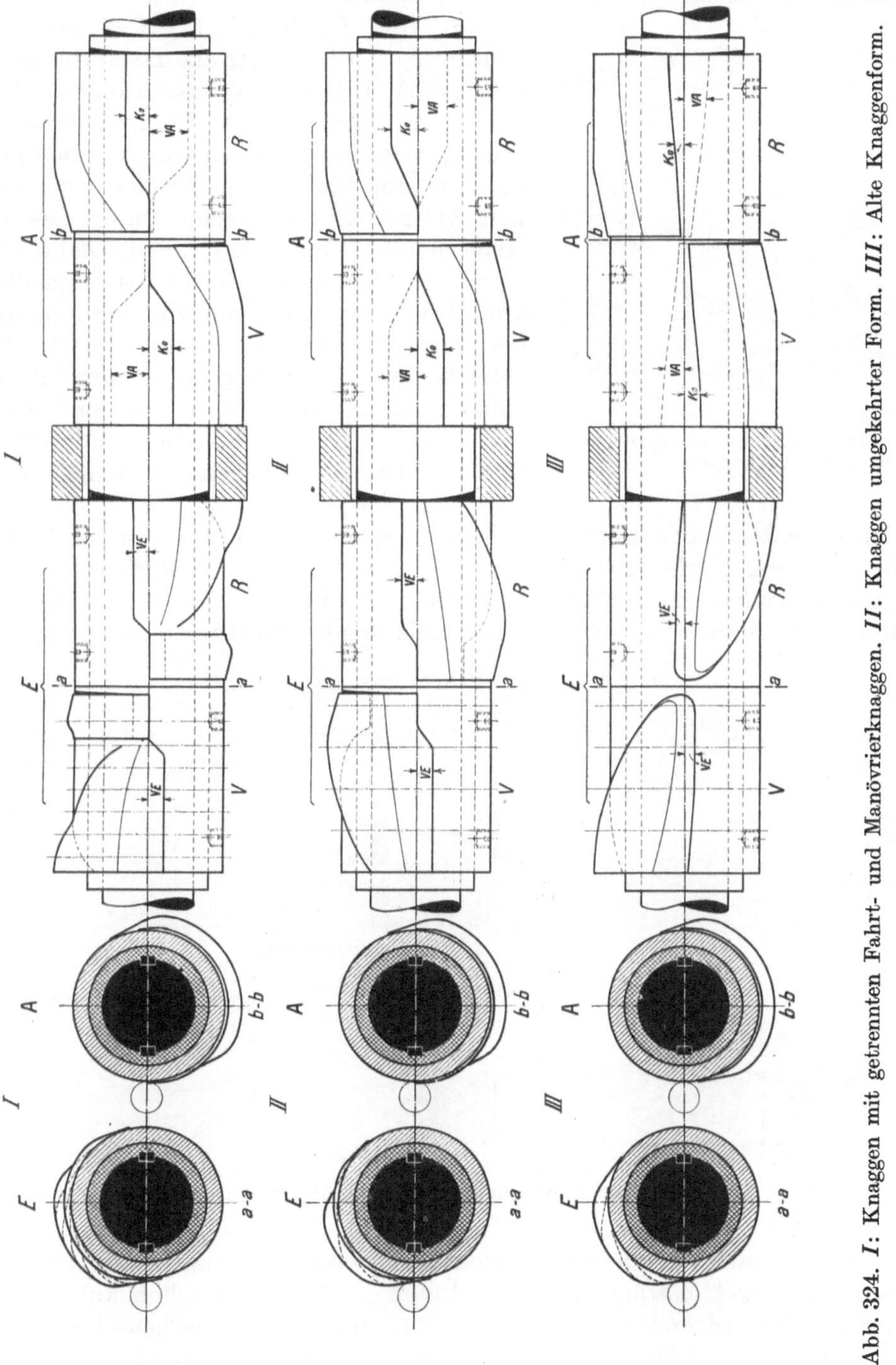

Abb. 324. *I*: Knaggen mit getrennten Fahrt- und Manövrierknaggen. *II*: Knaggen umgekehrter Form. *III*: Alte Knaggenform.

stange des Hilfszylinders verbunden ist. Bewegt man den Steuerhebel, so folgt der Kolben des Dampfzylinders dank der „Rückführung", die durch die Verbindung mit der Kolbenstange des Dampfzylinders geschaffen ist, in derselben Weise, wie es bei den indirekten Reglern, vgl. Ziffer 81, dargelegt war. Abb. 327 veranschaulicht den Verstellvorgang im einzelnen. Wird der Hilfszylinder, wie es bei den Dampffördermaschinen immer der Fall ist, mit Dampf betrieben, so muß er, damit die Steuerung ruhig arbeitet, mit einem Dämpfungszylinder verbunden werden, in dem durch eine einstellbare Überströmöffnung Öl von einer zur anderen Zylinderseite gepreßt wird.

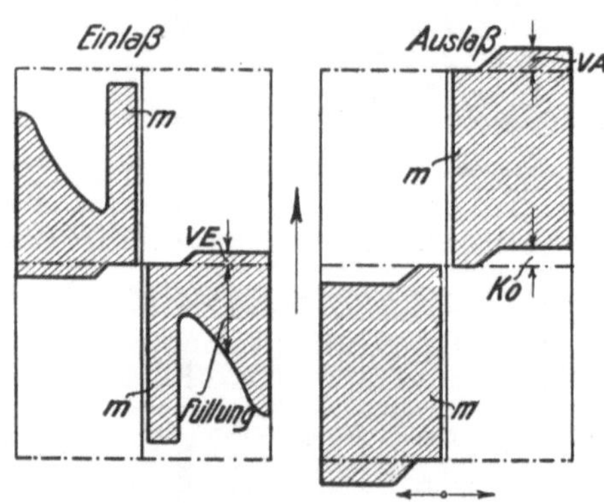

Abb. 325. Abwicklung der Knaggensteuerung mit Vorknaggen.

161. Die Getriebe-Dampffördermaschine. Die Anordnung einer Getriebe-Dampffördermaschine wird durch Abb. 328 veranschaulicht. Als Antrieb dient eine schnellaufende Dampfmaschine, die als Drillingsmaschine mit einstufiger Dampfdehnung und mit um 120° gegeneinander versetzten Kurbeln gebaut ist. Zwischen Dampfmaschine und Treibscheibe ist ein in Öl laufendes Zahnradgetriebe geschaltet, das die Drehzahl der schnelllaufenden Kurbelwelle auf die Drehzahl der langsamlaufenden Treibscheibenwelle herabmindert. Derartige Getriebe haben sich bereits in mehrjährigem Betriebe einwandfrei bewährt und sind auch schon seit langer Zeit für elektrische Fördermaschinen in Gebrauch, so daß keine Bedenken gegen ihre Anwendung bestehen.

Bei den schnellaufenden Dampfmaschinen wird mit Dampfdrücken von 30 bis 40 ata und kleiner Füllung gearbeitet und dadurch eine weit bessere Dampfausnutzung als bei den langsamlaufenden, mit niedrigen Drücken arbeitenden Fördermaschinen mit unmittelbarem Antrieb erreicht. Bei den langsamlaufenden Maschinen geht man mit Rück-

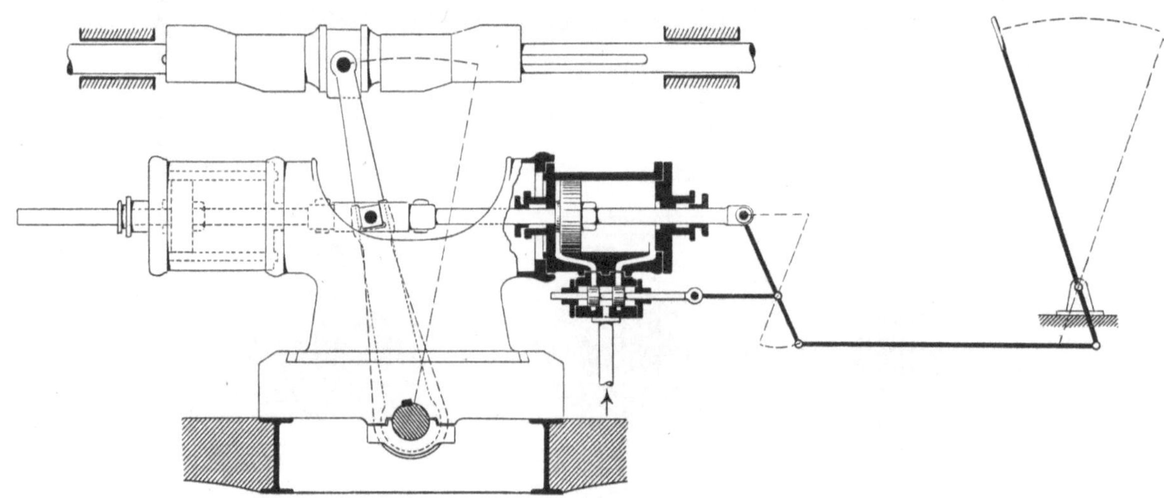

Abb. 326. Dampfsteuerung der Fördermaschine.

sicht auf den Ungleichförmigkeitsgrad nicht auf kleinere Füllungen als etwa 15%. Der günstigste Dampfdruck beträgt bei dieser Füllung 12 ata. Die schnellaufende Maschine hat infolge der Kurbelversetzung um 120° und durch die Zwischenschaltung des Getriebes einen so geringen Ungleichförmigkeitsgrad an der Treibscheibe, daß die kleinste Füllung unbedenklich bis auf 5% herabgesetzt werden kann. Je nach dem Gegendruck ergibt sich dann der günstigste Betriebsdruck zwischen 30 und 40 ata. Abb. 329 zeigt den Unterschied der Dampfdiagramme beider Maschinenarten für die kleinsten Füllungen. Durch die günstigere Ausnutzung läßt sich der Dampfverbrauch von 12 bis 14 kg/Schacht-PSh (Dampf von 10 bis 12 ata) bei der langsamlaufenden auf 8 bis 9 kg/Schacht-PSh (Dampf von 30 bis 40 ata) bei der schnellaufenden Fördermaschine herunterdrücken.

Die hohe Drehzahl und die kleine Füllung der Dampfmaschine bedingen ein sehr schnelles Arbeiten der Ventile. Die normale Knaggensteuerung mit rein mechanischer Betätigung der Ventile genügt den hohen Anforderungen nicht, weil infolge der kurzen Zeiten für das Öffnen und Schließen der Ventile zu hohe Beschleunigungs- und Verzögerungskräfte entstehen. Die Getriebe-Dampffördermaschinen werden deshalb mit eigens den hohen Beanspruchungen angepaßten Öldrucksteuerungen ausgerüstet.

Der besondere Vorteil der Getriebe-Fördermaschine ist neben der größeren Wirtschaftlichkeit im Dampfverbrauch die bereits erwähnte geringe Ungleichförmigkeit im Gange der Treibscheibe. In dieser Hinsicht ist sie der elektrischen Fördermaschine gleichwertig, der sie auch in der Bergpolizeiverordnung sicherheitlich gleichgestellt ist. Die Treibscheiben benötigen ein geringeres Schwungmoment, d. h. sie können leichter gebaut werden, ohne daß der ruhige Gang der Maschine leidet. Die große Gleichförmigkeit vermindert weiterhin die Seilschwingungen und verlängert dadurch die Lebensdauer des Förderseiles. Der ruhige und sicher beherrschte Gang macht die Getriebe-Dampffördermaschine besonders für Gefäßförderungen geeignet, weil sie ein sehr genaues und gleichmäßiges Einfahren in die Hängebank ermöglicht, was für die Betätigung der Gefäßbedienungsvorrichtung besonders wichtig ist. Steuerungsfehler machen sich wegen der Übersetzung weniger bemerkbar als bei Fördermaschinen ohne Getriebe.

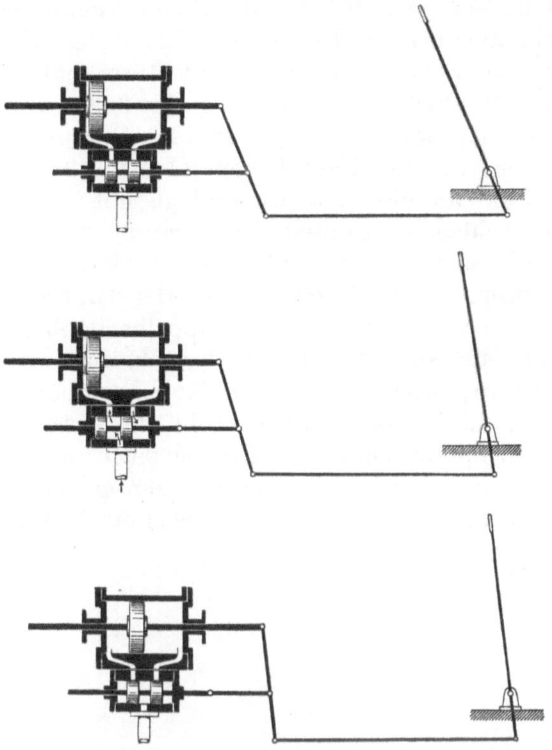

Abb. 327.

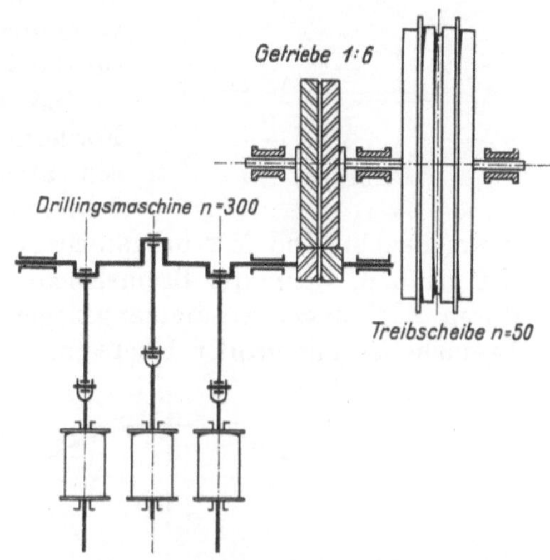

Abb. 328. Anordnung einer Getriebefördermaschine mit Antrieb durch schnellaufende Drillingsmaschine.

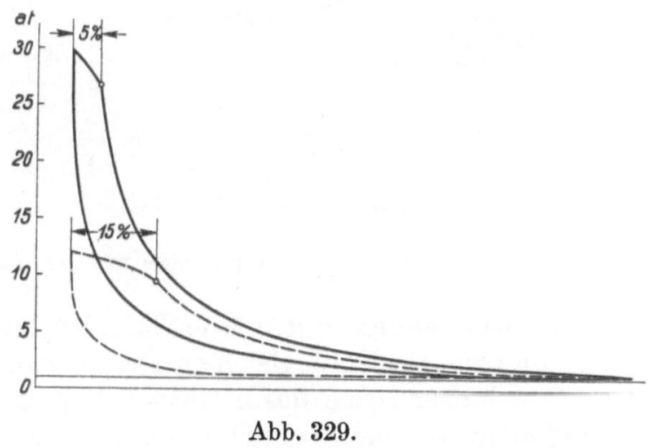

Abb. 329.

162. Der Dampfverbrauch der Fördermaschinen. Alte Fördermaschinen mit unzweckmäßigen Steuerungen waren Dampffresser, die bis 50 kg Dampf für die Schachtpferdestunde[1] brauchten. Durch die Steuerungen mit Knaggen umgekehrter Form, die günstige

[1] Die Schachtpferdestunde wird auf die gehobene Nutzlast bezogen.

Dampfverteilung ermöglichen, wurde der Dampfverbrauch auf die Hälfte herabgedrückt. Bei modernen, gemäß Abb. 330 gut geregelten Zwillingsauspuffmaschinen, die mit hochgespanntem, überhitztem Dampf betrieben werden, sind bei flotter Förderung 11 bis 14 kg, bei Zwillingsverbundmaschinen mit Kondensation noch weniger Dampfverbrauch für die Schachtpferdestunde erreichbar. Der Auspuffdampf der Zwillingsmaschine ist in Abdampfturbinen oder für Heizzwecke ausnutzbar. Die in Abb. 317 dargestellte Fördermaschine der Schachtanlage Robert Müser hat bei 700 m Teufe eine stündliche Förderleistung von 319 t. Beim Auspuff ins Freie ist der Verbrauch 12,5 kg Dampf von 9 atü, 250° C oder 10,5 kg Dampf von 11 atü, 350° C. Wird die Maschine an eine Abdampfanlage mit 1,3 ata Gegendruck angeschlossen, so steigt der Dampfverbrauch für die Schachtpferdestunde auf 13,0 bzw. 11,0 kg.

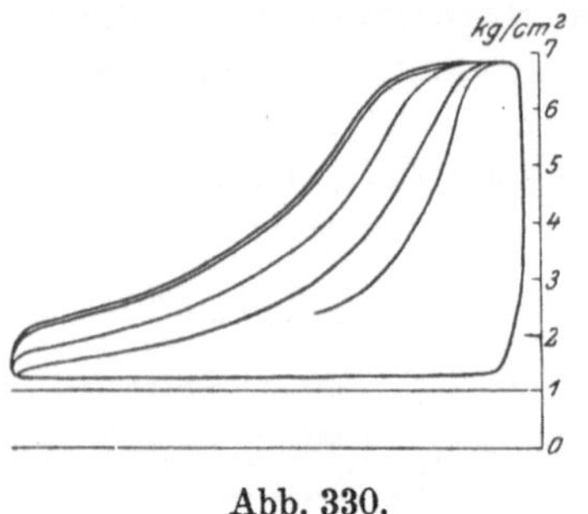

Abb. 330.

163. Die Bremsen der Fördermaschinen. Bei den großen Fördermaschinen werden ausschließlich Doppelbackenbremsen angewendet. Es sind immer 2 Bremskränze, also 2 Bremsbackenpaare vorhanden. Die aus Holz bestehenden Bremsbacken sind in schrägstehenden Stützen aus Profileisen angebracht, die auseinander streben, wenn die Bremsbacken nicht angepreßt sind. Die Bremsbacken werden durch Zugstangen zusammengezogen, welche durch den in den Bremsstützen gelagerten Bremshebel mit großer Übersetzung gespannt werden. Ist der Bremshebel ein Winkelhebel, wie bei den in den Abb. 331, 334 und 339 dargestellten Anordnungen, so werden die Bremsbacken mit gleichem Drucke angepreßt.

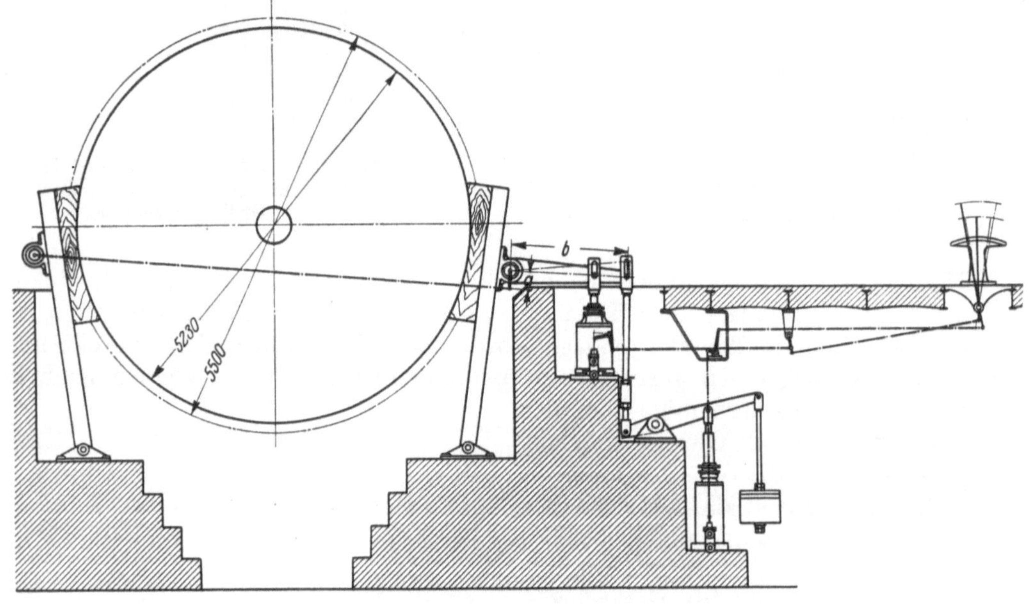

Abb. 331. Dampfbremse mit besonderem Fallgewicht (Isselburger Hütte).

Am langen Arme des Bremshebels greifen der Dampfzylinder der Fahrbremse und das Fallgewicht der Sicherheitsbremse an, vgl. auch die späteren Abb. 339 und 341. Beim Manövrieren arbeitet der Maschinist mit der Dampfbremse, deren Steuerung er durch den Bremshebel betätigt. Das Fallgewicht wird von einem Haltezylinder hochgehalten, solange unter dessen Kolben Dampf steht. Wird der Dampf durch die vom Führerstande aus zu betätigende Steuerung abgelassen, so geht der Kolben des Haltezylinders nebst dem Fallgewicht nieder, wodurch die Bremse aufgelegt wird. Wenn die Dampfbremse versagt oder wenn sie instand gesetzt wird, ist die Fallgewichtbremse aufzulegen.

Es kommt auch vor, z. B. beim Übertreiben, daß der Bremszylinder und das Fallgewicht mit vereinten Kräften die Bremsbacken anpressen. Um das Fallgewicht zu heben, läßt man in den Hubzylinder wieder Dampf einströmen. Sinkt der Dampfdruck zu weit oder verschwindet er infolge Rohrbruches, so geht das Fallgewicht selbsttätig nieder.

Die Dampfbremse wird als Einlaß- oder als Auslaßbremse ausgeführt. In den Abb. 331, 332 und 341 sind Einlaßbremsen dargestellt. Abb. 333 zeigt eine Auslaßbremse. Bei der gezeichneten Auslaßbremse wird die Bremse aufgelegt, wenn der unter dem Drucke des Frischdampfes stehende Kolben des Bremszylinders nach rechts getrieben wird, indem auf der entgegengesetzten Zylinderseite durch die vom Bremshebel bewegte Steuerung der Dampf abgelassen wird.

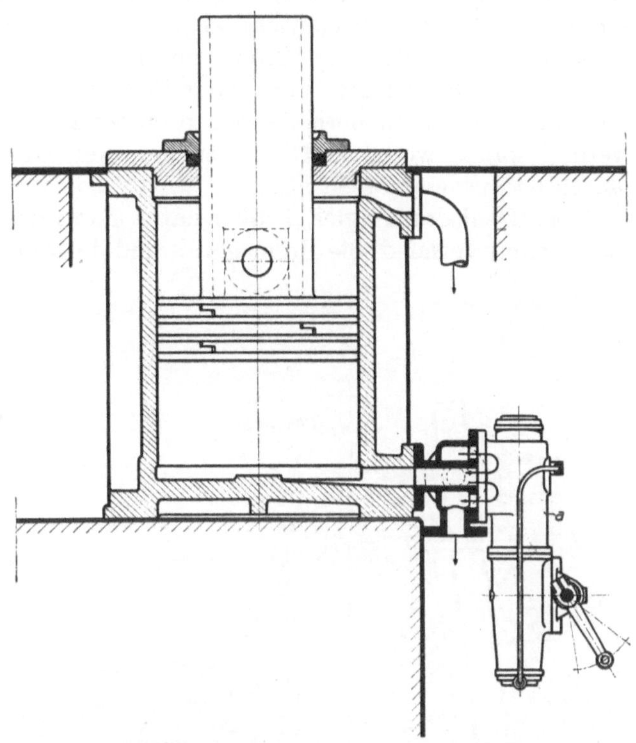

Abb. 332. Einlaßbremse mit Bremsdruckregler.

Abb. 334 zeigt die Anordnung der schnellschließenden Fahr- und Sicherheitsbremse der Siemens-Schuckert-Werke, die ursprünglich für Drehstromfördermaschinen bestimmt war, aber heute auch als Dampffördermaschinenbremse gebraucht wird. Sie besteht im wesentlichen aus dem Fahr- und Sicherheitsbremszylinder, dessen Kolben sowohl beim Arbeiten der Bremse als Fahr- wie als Sicherheitsbremse in Tätigkeit tritt. Die Steuerung dieses Kolbens erfolgt über den Bremsdruckregler (vgl. Ziffer 164). Auf dem Kolben ist der Drehpunkt des Hebels a gelagert, an dessen einem Ende das Fallgewicht der Sicherheitsbremse angreift, das durch den Haltezylinder in der Schwebe gehalten wird. Am anderen Ende greift die Verbindung zum Hauptbremshebel b an. Soll die Bremse als Fahrbremse arbeiten, so wird entsprechend der Auslage des Fahrbremshebels ein bestimmter Druck im Arbeitszylinder eingestellt, der den Kolben hebt, wobei sich der Hebel a um den rechten Endpunkt dreht, der vom Haltezylinder festgelegt ist. Durch den Hebel b wird dabei die Bremse angezogen. Arbeitet die Bremse als Sicherheitsbremse, so wird der Druck aus dem Haltezylinder abgelassen, während gleichzeitig durch den Druckregler Druck unter den Ar-

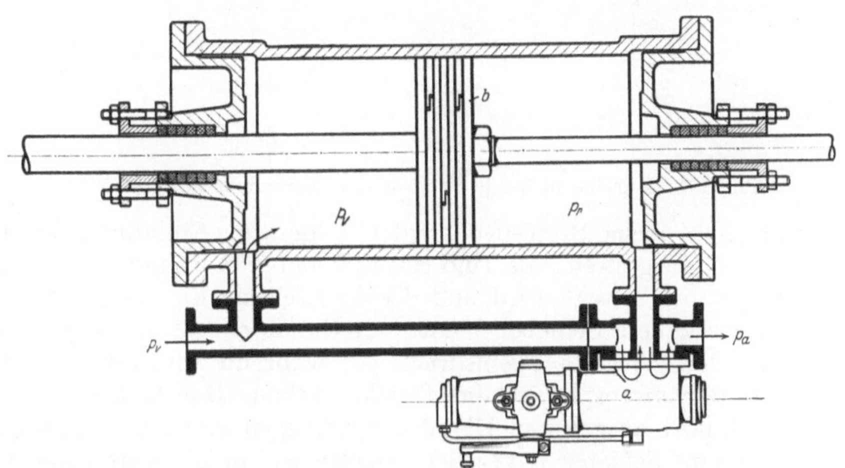

Abb. 333. Auslaßbremse mit Bremsdruckregler.

beitskolben gegeben wird. Damit wird gewissermaßen der Drehpunkt des Hebels a am Arbeitskolben zum Festpunkt, und die Bremskraft wird nur durch das Bremsgewicht bestimmt. Infolge der kurzen Schließzeit der Bremsbacken durch den Kolben des Arbeitszylinders und der geringen bewegten Massen wird die Bremse bereits geschlossen, ehe das Fallgewicht absinken kann. Da das Bremsgewicht keinen Weg zurücklegt, sind schädliche Stöße durch Massenwirkungen vermieden, trotz kürzester Schließzeit. Ein weiterer Vorteil der Bremse liegt darin, daß beim gleichzeitigen Arbeiten als Fahr- und als Sicherheitsbremse immer nur der Bremsdruck einer Bremse wirksam werden kann, wodurch Überlastungen der Gestänge und zu scharfes Bremsen der Maschine ausgeschlossen sind.

164. Bremsdruckregler. Früher hatte man nur Volldruckbremsen, so daß man es nach Möglichkeit vermied, die Bremse während der Fahrt aufzuwerfen. Mit einem Bremsdruckregler aber, der nach Art eines Druckminderventils wirkt, ist der Bremsdruck einstellbar derart, daß er erst gering ist, dann um so größer wird, je weiter man den Bremshebel auslegt. Man kann also, indem man den Bremshebel nur ein wenig auslegt, die Bremse sanft auflegen, so daß kein Bedenken besteht, sie während der Fahrt anzuwenden. Nach den bergpolizeilichen Vorschriften müssen alle Fördermaschinen, bei denen die Seilfahrtgeschwindigkeit 4 m/s übersteigt, regelbare Bremsen (Schleifbremsen) haben.

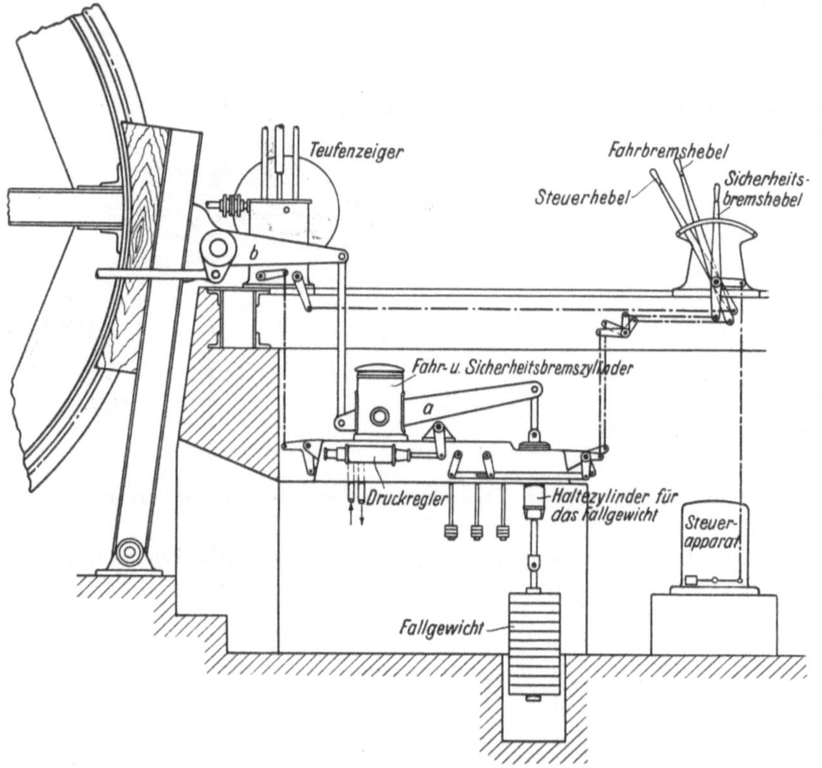

Abb. 334. Schnellschließende Fahr- und Sicherheitsbremse der SSW.

In Abb. 335 ist der Schönfeldsche Bremsdruckregler in der für Einlaßbremsen bestimmten Form schematisch dargestellt. Es sind zwei Schieber vorhanden: der innere a, der durch den Bremshebel bewegt wird und dessen Stellung die Größe des Bremsdruckes bestimmt, und der äußere Schieber b mit dem Bunde c. Auf die innere Stirnfläche des Bundes c wirkt der geregelte Bremsdruck p_r, während die äußeren Stirnflächen beider Schieber unter atmosphärischem Drucke stehen. Die Feder d wirkt dem von innen auf den Bund c ausgeübten Überdruck entgegen und bringt den äußeren Schieber b, wenn der innere Schieber a verstellt worden ist, in die durch die Abb. 335 gekennzeichnete Lage, bei welcher der Bund II des inneren Schiebers die zum Bremszylinder führenden Öffnungen des äußeren Schiebers überdeckt und bei der sich im Bremszylinder ein Druck einstellt, welcher der Spannung der Feder d entspricht und der gehalten wird, auch wenn der Frischdampfdruck schwankt. Verstellt man Schieber a z. B. nach links, so strömt aus dem Bremszylinder Dampf ab, und Schieber b wird nach links getrieben, bis er den Auslaß absperrt, wobei p_r in dem Maße zurückgeht, wie sich die Feder d entspannt.

Abb. 336 zeigt den Iversenschen Bremsregler in der für Auslaßbremsen bestimmten Form. Wie der Bremsregler am Bremszylinder angebracht ist, veranschaulicht Abb. 333. Der Frischdampfdruck p_v treibt, um die Bremse anzuziehen, den Bremskolben nach rechts. Auf der entgegengesetzten Kolbenseite wirkt der geregelte Druck p_r. Je größer der Druckunterschied $p_v - p_r$, um so stärker wird gebremst. Dieser Druckunterschied wird durch den Bremsregler eingestellt und gehalten, auch wenn sich der Frischdampfdruck ändert. Auf die äußeren Stirnflächen des Schiebers A und des Hilfskolbens B wirkt der Frischdampfdruck p_v, auf die inneren wirken der geminderte Druck p_r und die Kraft der Feder F, die der Maschinist durch den mit dem Bremshebel verbundenen Hebel H mehr oder weniger zusammendrückt. Ist f der der Federspannung entsprechende Dampfdruck, so ist Gleichgewicht, wenn $p_v = p_r + f$ oder $p_v - p_r = f$ ist. Wird die Feder des Bremsreglers stärker gespannt, indem man den Kolben B nach links schiebt, so öffnet der Schieber A den Auslaß D so lange, bis p_r um ebensoviel kleiner geworden ist, wie f größer. Steigt der Frischdampfdruck, so schiebt er den Schieber A nach rechts, so daß frischer Dampf in den Raum mit dem geregelten Druck eintritt, so lange, bis wieder $p_v - p_r = f$ ist. Der wirksame Bremsdruck ist also, auch wenn der Frischdampfdruck schwankt, durch die Spannung der Feder f bestimmt. Die Anwendung bei der Einlaßbremse zeigt Abb. 332.

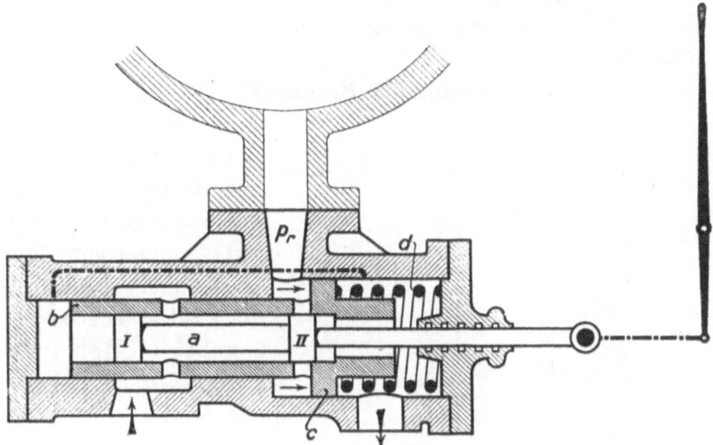

Abb. 335. Bremsdruckregler von Schönfeld.

Im Gegensatz zu diesen einachsigen Anordnungen ist der Bremsdruckregler der Prinz-Rudolph-Hütte nach Abb. 337 zweiachsig ausgeführt, so daß der Steuerschieber a parallel zum Regelzylinder b liegt. Wird der Punkt c des sich um den zunächst festliegenden Punkt d drehenden Hebels e abwärts bewegt, so öffnet der Schieber a den Dampfeintritt zum Bremszylinder. Dieser steht über den durchbohrten Kolben f mit dem Innenraum des von einer Feder g belasteten Regelzylinders b in Verbindung. Mit steigendem Dampfdruck wird der Zylinder b gehoben, wobei die Federspannung zunimmt. Mit dem Zylinder hebt sich auch der in d angelenkte Hebel e, der sich um den jetzt festliegenden Punkt c

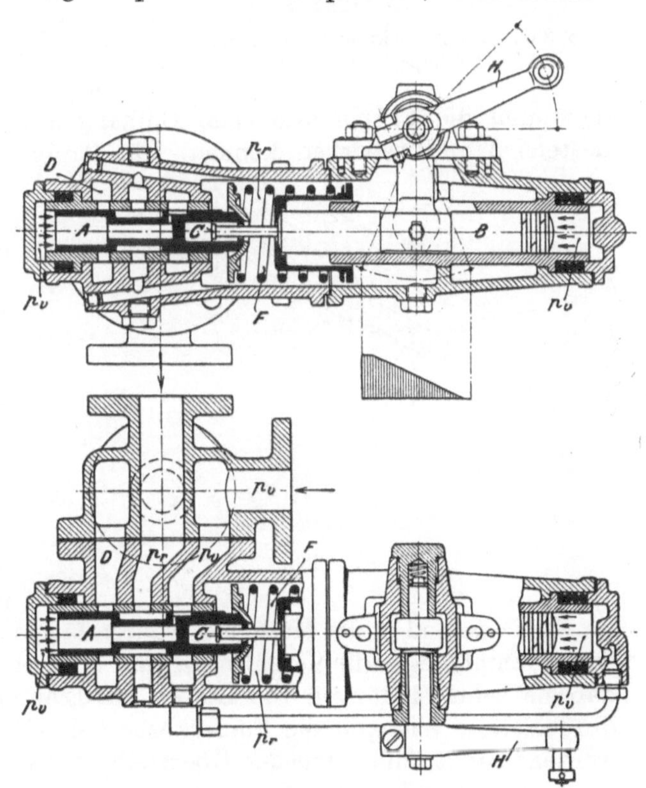

Abb. 336. Bremsdruckregler von Iversen.

dreht und den Schieber a wieder in die Abschlußstellung zurückführt, worauf die Bremse weiter betätigt werden kann. Der Hub des Zylinders b und die Federspannung sind einerseits dem Bremsdruck, andererseits aber auch dem Weg des Punktes c proportional. Damit ist also auch der Bremsdruck lediglich von der Verstellung des Punktes c durch den Fahrbremshebel abhängig und völlig unabhängig von der Eintrittsspannung des Dampfes.

165. Die Berechnung der Bremsen[1]. Aus dem Drucke, mit dem die Bremsbacken gegen den Bremskranz gepreßt werden, rechnet sich die Bremskraft, indem man den Anpressungsdruck mit der Reibungszahl multipliziert. Meist ist der Bremskranz ein wenig kleiner als der von Seilmitte zu Seilmitte gemessene Durchmesser der Trommel oder der Treibscheibe. Dann ist die Bremskraft auf den Trommel- oder Treibscheibendurchmesser nach dem umgekehrten Hebelverhältnis umzurechnen. Die Reibungszahl ist bei glatt geschlichteten Bremskränzen mit $\mu = 0{,}4$ und bei nicht abgedrehten Bremskränzen mit $\mu = 0{,}3$ in Anrechnung zu bringen.

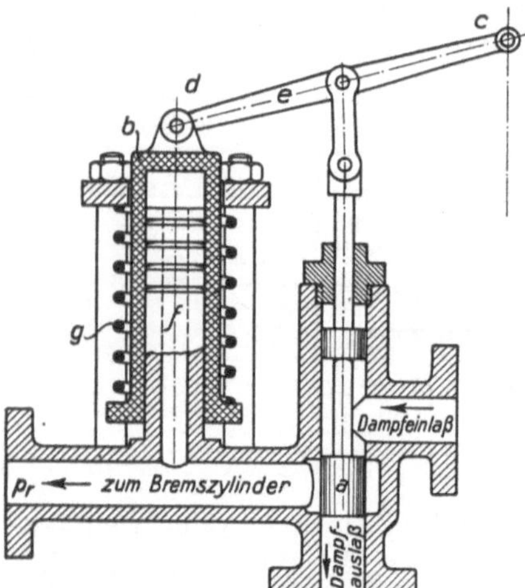

Abb. 337. Bremsdruckregler der Prinz-Rudolph-Hütte.

Es war üblich, die Fahrbremse so zu berechnen, daß sie die normale Nutzlast mit 4- bis 5facher Sicherheit hält, während die Fallgewichtsbremse schwächer bemessen wurde. Heute gilt, daß sowohl die Fahrbremse wie die Sicherheitsbremse die **größte** vorkommende **Überlast** mit wenigstens 3facher statischer Sicherheit halten müssen; außerdem muß die Fahrbremse beim Einhängen größter Last eine Verzögerung von mindestens $2\,m/s^2$ bewirken können. Für Treibscheibenförderung besteht bezüglich der Sicherheit der Sicherheitsbremse die Einschränkung, daß die Seilrutschgrenze nicht überschritten werden darf[2].

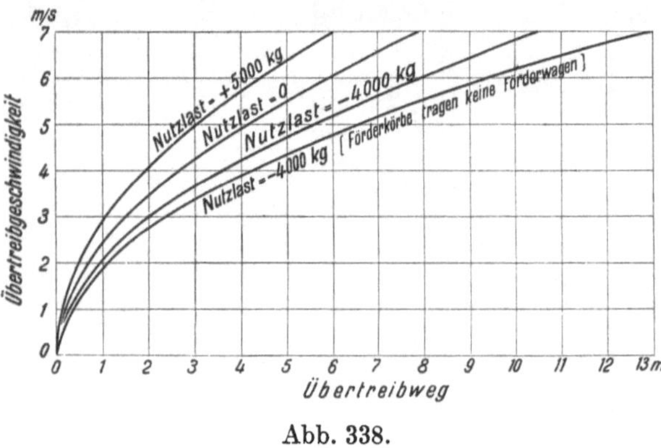

Abb. 338.

Die durch Bremsung erzwungene **Verzögerung** ist aus der auf das Seil bezogenen Bremskraft P und aus der Größe m der auf das Seil bezogenen bewegten Massen zu rechnen. Ist z. B. $P = 18000$ kg und $m = 6000\,kg\,s^2/m$, so ist die Bremsverzögerung $b = 18000 : 6000 = 3\,m/s^2$. Fällt die Bremse bei v m/s Geschwindigkeit auf, so ist der Bremsweg $= v^2 : 2b$ m. Außer der Bremse hemmen positive Nutzlast und die Reibung im Schachte und in der Maschine, während negative Nutzlast treibt. Erhält die Maschine noch Dampf, liegen die Verhältnisse ganz anders. Meist sind die Fördermaschinen so stark, daß sie beim Einhängen von Lasten die Trommel oder Treibscheibe unter der Bremse durchziehen. Wie weit die Förderkörbe beim Überfahren der Hängebank übergetrieben werden, hängt außer von der Übertreibgeschwindigkeit davon ab, wie die Förderkörbe belastet sind und ob die Maschine noch vom Dampf getrieben wird oder nicht. Bei einer dampflos übergetriebenen Koepeförderung ergaben sich etwa die in Abb. 338 dargestellten Verhältnisse.

Für die Berechnung der Bremsen nach Abb. 339 mögen folgende Bezeichnungen gelten:

[1] Vgl. Herbst, H.: Berechnungen auf Anträge auf Seilfahrtgenehmigung. Fördermaschinenbremsen. Bergbau 1928, S. 609.

[2] Vgl. Ziffer 145.

K Kolbenkraft des Bremszylinders,
A Fallgewicht der Sicherheitsbremse,
D_B Durchmesser des Bremskranzes,
D_T Durchmesser der Treibscheibe (auf Seilmitte bezogen),
μ Reibungszahl für Bremskränze,
N größte Nutzlast (Überlast) eines Korbes,
m auf Seilmitte bezogene Summe aller bewegten Massen,
I bis XI Hebellängen lt. Schema.

Für die Fahrbremse ergibt sich dann die auf Seilmitte bezogene Bremskraft

$$B_F = \mu \cdot K \cdot \frac{I}{II} \cdot \left(\frac{IV}{V} + \frac{VI}{VII}\right) \cdot \frac{D_B}{D_T}.$$

Bei 3facher Sicherheit gegen die größte Überlast muß sein

$$B_F \geqq 3 \cdot N.$$

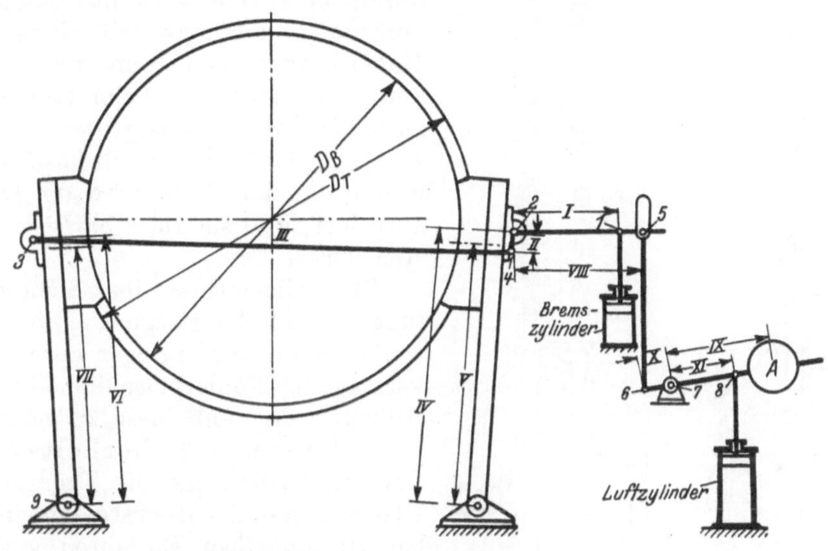

Abb. 339. Schema zur Bremsberechnung.

Die Bremskraft B_F bewirkt die Bremsverzögerung $b_F = \frac{B_F - N}{m}$, wenn die Nutzlast der Bremskraft entgegen gerichtet ist.

Die Bremskraft der Sicherheitsbremse (Fallgewichtsbremse) wird entsprechend

$$B_S = \mu \cdot A \cdot \frac{IX}{X} \cdot \frac{VIII}{II} \cdot \left(\frac{IV}{V} + \frac{VI}{VII}\right) \cdot \frac{D_B}{D_T}.$$

Für Trommelmaschinen besteht wieder die Beziehung

$$B_S \geqq 3 \cdot N,$$

während bei Treibscheibenmaschinen B_S so gewählt werden muß, daß die hervorgerufene Verzögerung nicht die Grenzverzögerung überschreitet, bei der Seilrutsch eintritt[1]. Die Bremsverzögerung muß werden

$$b_S = \frac{B_S - N}{m} \leqq b_2.$$

Die Bremskraft wird durch Zapfenreibung im Gestänge und weiterhin dadurch verringert, daß einzelne Hebel durch ihr Eigengewicht der Bremskraft entgegenwirken, was bei der Rechnung zu berücksichtigen ist.

[1] Vgl. Ziffer 145.

166. Teufenzeiger und Endauslösung der Bremse. Die Teufenzeiger sind in der Regel, wie es Abb. 340 veranschaulicht, zweispindlig. Die Spindeln, die von der Fördermaschine her angetrieben werden, bewegen Wandermuttern, von denen die eine Stellung und Bewegung des einen Förderkorbes, die andere Stellung und Bewegung des andern Förderkorbes anzeigt. Die hochgehende Wandermutter schlägt, wenn die Fördermaschine noch mindestens 2 Umgänge bis zur Beendigung des Treibens zu machen hat, eine Schelle an, indem der federnde Klöppel *e* gespannt und wieder freigegeben wird; die niedergehende Wandermutter dreht, wenn die Hängebank überfahren wird, die Klinke *c*, so daß das gezeichnete Gewicht niedergeht und durch die Stange *d* die Fördermaschinenbremse auslöst. Jede Spindel ist mit ihrem Antriebe durch eine fein gezahnte Klauenkupplung verbunden, die man mit einem der beiden Hebel *a* ausrücken kann, um die Spindel zu verstellen oder, wie beim Seilauflegen, auszurücken. Abb. 341 zeigt den Zusammenhang zwischen Teufenzeiger, Bremse und Endauslösung. In der Regel wird die Dampfbremse ausgelöst, weil sie am schärfsten und schnellsten wirkt.

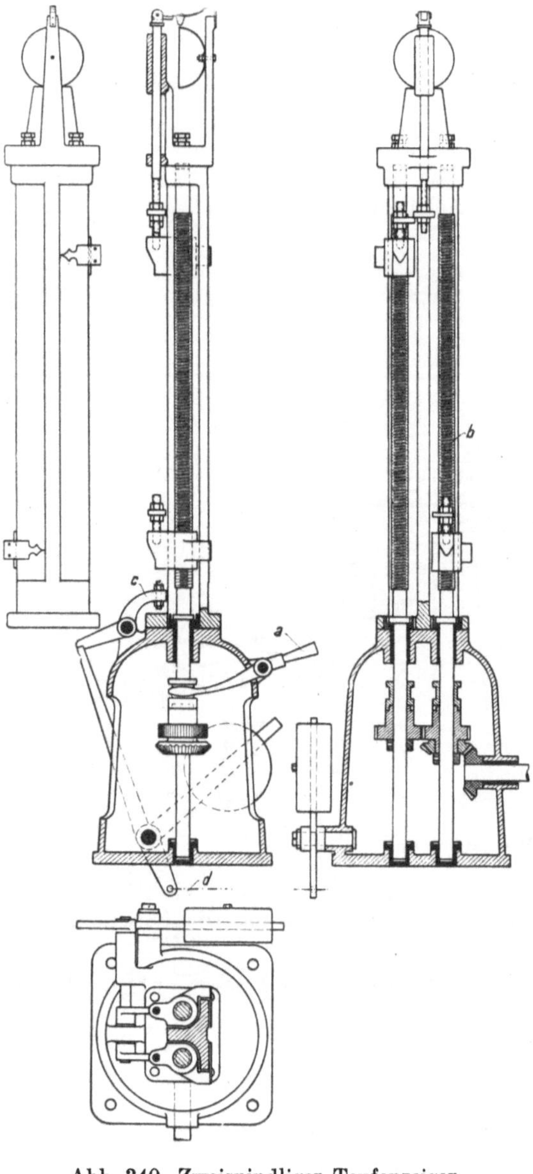

Abb. 340. Zweispindliger Teufenzeiger.

167. Allgemeines über Sicherheitsvorrichtungen und Fahrtregler. Die beim Übertreiben vom Teufenzeiger ausgelöste Bremse vermag die Fördermaschine nicht rechtzeitig stillzusetzen, wenn diese zu schnell einfährt. Deshalb hat man Sicherheitsvorrichtungen geschaffen, die die Bremse auch beim Überschreiten der Höchstgeschwindigkeit und bei zu schnellem Einfahren auslösen. Eine große Verbreitung hat der Baumannsche Sicherheitsapparat gefunden, bei dem ein stark statischer Fliehkraftregler mit der niedergehenden Wandermutter des Teufenzeigers zusammenwirkt[1]. Eine andere Ursache für das Übertreiben ist, daß verkehrt angefahren wird. Es ist Aufgabe des Anfahrreglers, verkehrtes Anfahren zu verhüten. Der Steuerhebel wird durch die Nocken *a*, Abb. 342, etwa 20 bis 30 m vor dem Ende des Förderzuges in die Mittellage gedrängt, so daß man im Fahrtsinne Frischdampf nur geben kann, indem man die vorgespannte Feder *b* zusammenpreßt. Der Maschinist behält also, wie es sein muß, die Möglichkeit, über die Hängebank hinauszufahren, ist aber gewarnt, daß er zu hoch fährt oder verkehrt anfährt.

Wenn eine Sicherheitsvorrichtung während der Fahrt die Bremse mit voller Kraft aufwirft, so ist das ein Gewaltmittel, das unter Umständen einen Seilbruch hervorrufen kann. Daher muß jede Fördermaschine mit mehr als 6 m/s Seilfahrtgeschwindigkeit mit einem Fahrtregler ausgerüstet sein, der erst die Steuerung zurücklegt, bevor als letztes

[1] Vgl. Heise-Herbst: 2. Bd.

Mittel die Bremse herangezogen wird. In einem solchen Fahrtregler sind die einzelnen Sicherungen: die Endauslösung, der Anfahrregler und die während der Fahrt erfolgende Einwirkung auf Steuerung und Bremse vereinigt. Außerdem soll der Fahrtregler nicht nur sichern, sondern auch wirtschaftliche Führung erwirken. Während ursprünglich

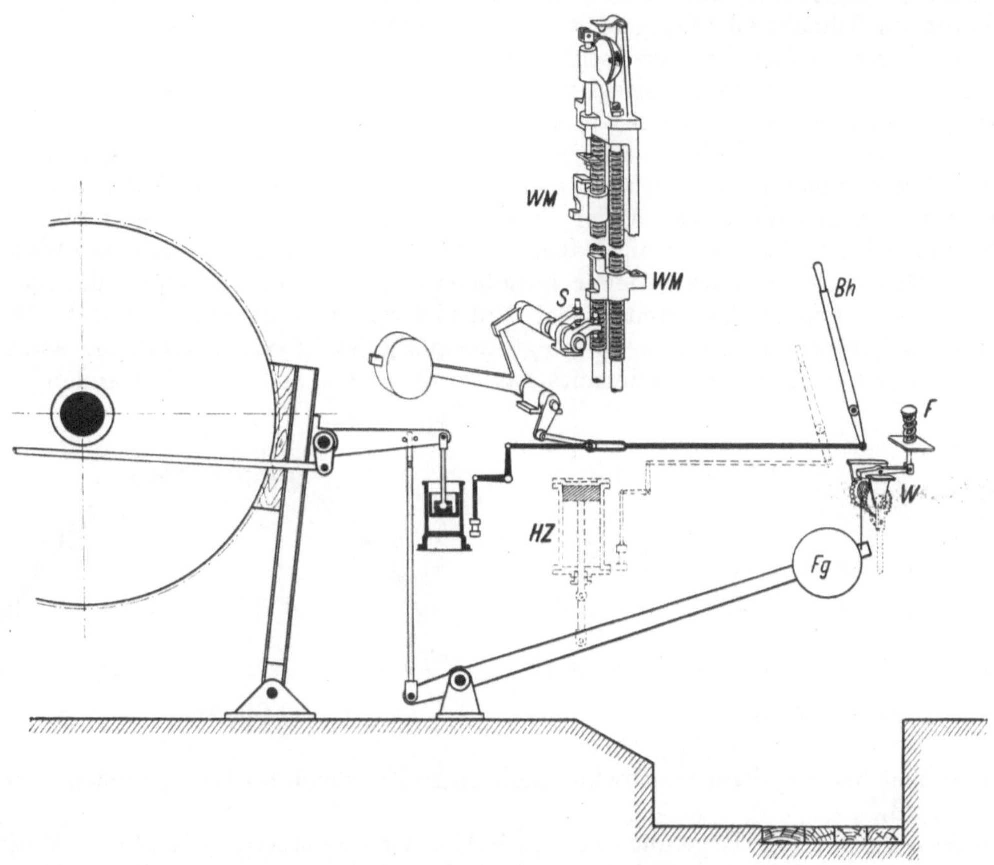

Abb. 341. Bremse, Teufenzeiger, Endauslösung.

große Freiheit bestand, wie man die Fahrtregler baute und ausgestaltete, sind jetzt die Anforderungen, denen ein Fahrtregler zu genügen hat, genau festgelegt.

Der Steuerhebel darf bei der Anfahrt verkehrt nur gegen eine vorgespannte Feder und nur so weit ausgelegt werden können, wie es für das Manövrieren erforderlich ist. Beim Übertreiben ist eine unmittelbar auf die Trommel oder Treibscheibe wirkende Bremse voll auszulösen. Durch stetige Einwirkung auf die Energiezufuhr und nötigenfalls auf die Schleifbremse ist zu verhindern, daß beim Einhängen größter Seilfahrtlast die vorgeschriebene höchste Seilfahrtgeschwindigkeit um mehr als 2 m/s überschritten und die Hängebank (nicht nur bei Seilfahrt, sondern auch bei Lastförderung) mit mehr als 4 m/s durchfahren wird. Die Anfahrt zu regeln, ist nicht vorgeschrieben; doch ist es bei den modernen starken Fördermaschinen um der Wirtschaftlichkeit willen nötig, bei der Anfahrt die Füllung zu verkleinern. Der Maschinist muß nach dem Anfahren während der ganzen Fahrt ausreichend Gegendampf geben können. Teufenzeiger und Regelmechanismus müssen derart zusammenhängen, daß, wenn man einen verstellt, der andere mitverstellt wird. Die Einstellung auf Seilfahrt muß sichtbar sein. Der Fahrtregler muß sowohl bei der Seilfahrt als bei der Lastförde-

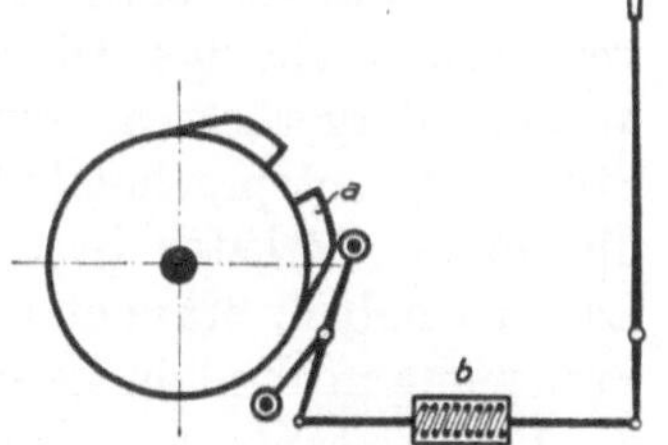

Abb. 342. Anfahrregler.

rung eingeschaltet sein; ist er nicht gebrauchsfähig, so ist bei der Seilfahrt die Höchstgeschwindigkeit auf 6 m/s herabzusetzen. Die Bremse muß regelbar sein. Halbjährlich ist der Fahrtregler durch einen Sachverständigen zu prüfen.

Weil der Fahrtregler verspätet wirkt, wenn das Seil einer Koepeförderung auf der Treibscheibe vorgerutscht ist, wird empfohlen, auch bei Dampffördermaschinen Endausschalter im Schacht anzubringen, wie sie bei elektrischen Fördermaschinen allgemein üblich sind. Wegen des Hobelprellschlittens siehe Ziffer 140.

168. Wirkungsweise der Fahrtregler[1]. Eine grundlegende Unterscheidung ist, ob der Fahrtregler statisch oder astatisch wirkt. Bei den astatischen[2] (unsteten) Fahrtreglern wird, wenn die Fördermaschine schneller fährt als nach Linie *a*, Abb. 343, zulässig ist, eine Hilfskraft eingeschaltet, die erst den Steuerhebel zurücklegt und dann, wenn die Geschwindigkeit trotzdem bis zu der durch Linie *b* gegebenen Grenze weiter steigt, die Bremse aufwirft. Es liegt in der Natur der astatischen Regelung, daß sie überregelt; denn die Hilfskraft wird erst wieder ausgeschaltet, wenn die Geschwindigkeit unter die Linie *a* gesunken ist. Der Steuerhebel wird viel weiter zurückgelegt, und die Bremse wird mit viel stärkerem Drucke aufgelegt als nötig ist. Deshalb stört die astatische Regelung, wenn sie eingreift. Anderseits hat sie den nicht zu unterschätzenden Vorteil,

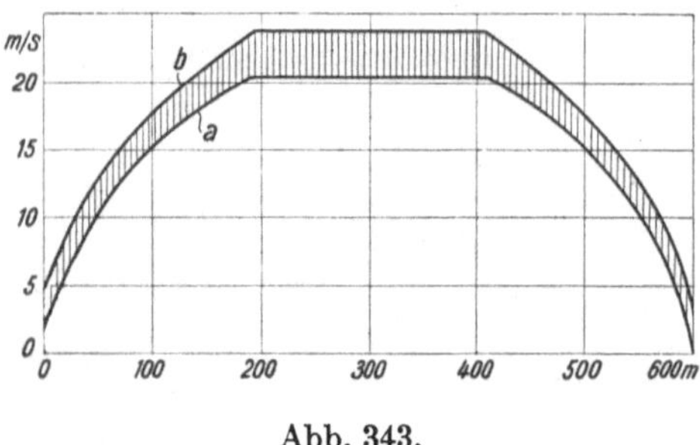

Abb. 343.

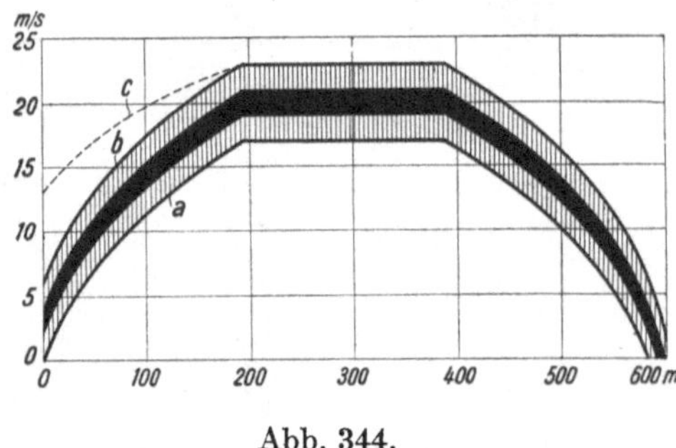

Abb. 344.

daß sie immer bei derselben Geschwindigkeit eingreift, gleich ob Last gehoben oder eingehängt wird.

Bei der statischen[2] Regelung dagegen haben wir eine stetige, allmähliche Wirkung. Der Steuerhebel wird nur so weit zurückgelegt, daß die Fördermaschine bei verkleinerter Füllung und höherer Geschwindigkeit wieder ins Gleichgewicht kommt, und die Bremse wird ebenfalls nur so stark aufgelegt, wie es nötig ist. Die statische Regelung stört nicht, wenn sie eingreift, und man läßt sie bei jedem Förderzuge derart wirken, daß sie um der Dampfersparnis willen die Füllung regelt. Anderseits hat die statische Reglung den Nachteil, daß sie bei kleinen Lasten schnellere Fahrt einregelt als bei großen. Abb. 344 veranschaulicht das. Die untere Grenzlinie *a* und die obere Grenzlinie *b* sind viel weiter auseinandergerückt als bei der astatischen Regelung. Aber die untere, größter Auslage der Steuerung entsprechende Linie *a* wird bei jedem normalen Förderzuge überschritten, und die obere, stärkster Bremsung entsprechende Linie *b* wird fast nie erreicht. Um größte Last zu heben, braucht man in der Beharrung bei den modernen starken Maschinen die Steuerung noch nicht halb auszulegen, und um die schwerste Last einzuhängen, genügt es, die Bremse sanft schleifen zu lassen. Zwischen normaler positiver Nutzlast und negativer Nutzlast von 1000 kg arbeitet die Regelung etwa in der schwarzen Zone. Für die Anfahrt darf man übrigens die obere Grenzlinie erheblich höher rücken (Linie *c*). Die neueren Fahrtregler wirken fast ausnahmslos statisch.

Abb. 345 veranschaulicht die Wirkungsweise eines statischen Fahrtreglers. Es sind schematisch vier verschiedene Steuerstellungen angegeben, in denen der Übersichtlichkeit halber die Endauslösung und Anfahrregelung fortgelassen sind. Weil die Geschwin-

[1] Vgl. Herbst, H.: Zur Kenntnis der Fahrtregler für Dampffördermaschinen. Bergbau 1930, S. 259.
[2] Vgl. Ziffer 77 und 79.

digkeit während eines Treibens sehr verschieden groß eingehalten werden muß (vgl. Abb. 344), kann ein nur auf konstante Drehzahl regelnder Geschwindigkeitsregler nicht allein den Regelvorgang des ganzen Förderzuges leiten. Der Fahrtregler bedarf vielmehr zweier Regelorgane, nämlich eines stark statischen Geschwindigkeitsreglers G, dessen Muffe schon bei sehr geringer Geschwindigkeit anspringt, und einer Kurvenscheibe K, die vom Teufenzeiger entsprechend der Korbstellung im Schacht so gedreht wird, daß die höchsten Kurvenerhebungen bei der Anfahrt bzw. beim Auslaufen unter die Rolle a kommen (Abb. 345, Stellungen *II* und *III*). Die Wirkungen beider Regelorgane vereinigen sich in dem Gestängepunkt P, der einerseits gehoben wird, wenn die Muffe des Geschwindigkeitsreglers G bei zu hoher Drehzahl steigt (Stellung *IV*), andererseits aber auch, wenn die Rolle a am Anfang oder Ende der Fahrt durch die Kurvenerhebungen hochgedrückt wird. Von der Bewegung des Punktes P werden die Bewegungen des Steuerhebels St und des Fahrbremshebels B über den Winkelhebel b so abgeleitet, daß bei steigendem Punkt P erst die Füllung verkleinert und schließlich die Bremse mehr und mehr angezogen wird, bis in der höchsten Stellung Gegendampf gegeben und die Bremse mit voller Kraft aufgelegt wird. Der Geschwindigkeitsregler allein könnte nur ein Überschreiten der Höchstgeschwindigkeit während der Beharrung verhindern. Bei den geringeren Geschwindigkeiten während des Anfahrens und Auslaufens wird der Regler durch die Kurvenscheibe ähnlich wie ein Leistungsregler (vgl. Ziffer 83) stetig auf niedrigere Geschwindigkeiten eingestellt.

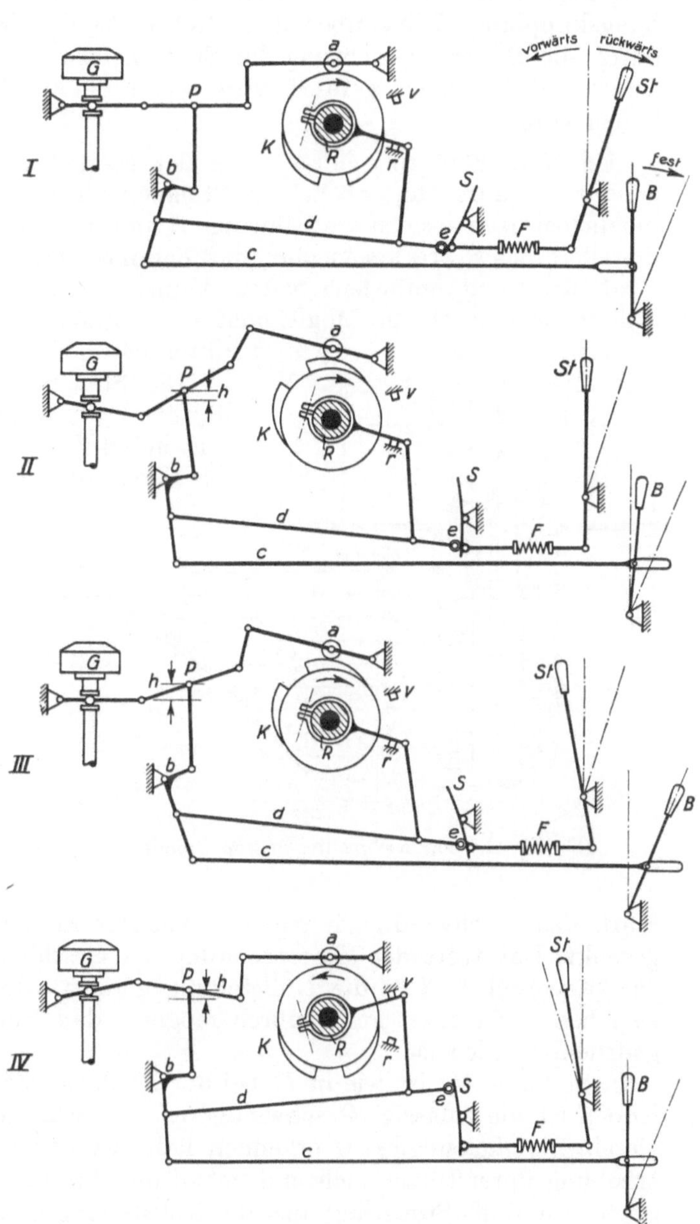

Abb. 345. Schematische Darstellung der Wirkungsweise eines statischen Fahrtreglers.

Kehrt die Fördermaschine um, so wirken Regler G und Kurvenscheibe K immer noch im gleichen Sinne auf den Gestängepunkt P. Der Bremshebel B wird auch jetzt noch durch die Stange c im richtigen Sinne bewegt, jedoch muß der von der Stange d über die Druckrolle e und die Schwinge S angetriebene Steuerhebel St auf die entgegengesetzte Auslage umgeschaltet werden. Als Umschaltvorrichtung dient eine Reibungskuppelung (Schleifring) R, die beim Umkehren bis zu den Anschlägen v für Vorwärtsfahrt bzw. r für Rückwärtsfahrt mitgenommen wird. Die Kuppelungsscheibe muß schnell umlaufen, damit die Steuerung bei der Umkehr der Drehrichtung rechtzeitig umgeschaltet wird. Die in der Abb. 345 nur der Deutlichkeit halber mit der Kurvenscheibe gleichachsig gezeichnete Kuppelungsscheibe ist also nicht auf der langsamlaufenden Kurvenscheibe befestigt. Bei Rückwärtsfahrt liegt die Rolle *e* unterhalb des Drehpunktes der Schwinge *S* an. Beim Umschalten auf Vorwärtsfahrt wird die Rolle *e* von der Reibungskupplung *R* bis über den Drehpunkt der Schwinge *S* gehoben und kehrt dadurch die Bewegungsrichtung des Steuerhebels *St* um, der somit auch bei jedem Drehsinn in die Mittellage geführt wird, wenn Punkt *P* bei zu hoher Geschwindigkeit gehoben wird.

Um dem Fördermaschinisten in der Hängebankstellung noch eine kleine, für das genaue Einfahren unentbehrliche Steuereinwirkung auch gegen den Fahrtregler zu ermöglichen, ist zwischen die Schwinge *S* und den Steuerhebel *St* eine Feder *F* geschaltet, die allerdings so stark sein muß, daß der Maschinist dem Fahrtregler nur mit besonderer Kraftentfaltung entgegenarbeiten kann; andernfalls würde die Wirkungsweise des Fahrtreglers durch die Möglichkeit einer ständig willkürlichen, leichten Beeinflussung durch den Maschinisten in Frage gestellt.

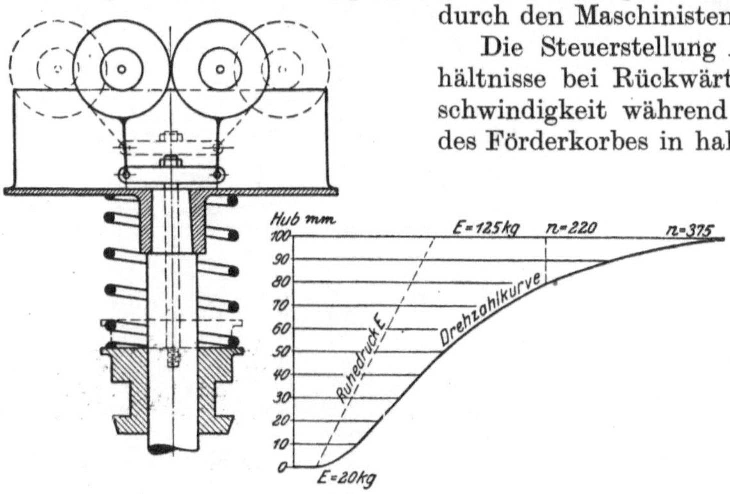

Abb. 346. Fördermaschinenregler von Steinle & Hartung.

Die Steuerstellung *I* in Abb. 345 zeigt die Verhältnisse bei Rückwärtsfahrt für normale Höchstgeschwindigkeit während der gleichförmigen Bewegung des Förderkorbes in halber Teufe. Der Steuerhebel ist für die Rückwärtsfahrt nach rechts ausgelegt, die Bremse ist vollkommen gelöst. Die Reibungskuppelung liegt am unteren Anschlag *r* für Rückwärtsfahrt an und drückt Rolle *e* unterhalb des Schwingendrehpunktes gegen die Schwinge *S*.

Stellung *II* veranschaulicht Rückwärtsfahrt am Ende des Treibens. Die Kuppelung arbeitet wie in Stellung *I*. Die Muffe des Geschwindigkeitsreglers *G* hat sich infolge der schon verminderten Drehzahl gesenkt. Daß trotz der Muffensenkung der Gestängepunkt *P* um das Stück *h* gehoben, der Steuerhebel *St* in die Nullstellung geführt wird, und die Bremse schon leicht anzuziehen beginnt, ist nur dadurch möglich, daß Rolle *a* von der Kurvenerhebung hochgedrückt worden ist.

In Stellung *III* ist wie in *II* bei der Rückwärtsfahrt das Ende des Treibens erreicht, jedoch ist die zulässige Geschwindigkeit überschritten, wie die hochstehende Muffe des Geschwindigkeitsreglers *G* erkennen läßt. Geschwindigkeitsregler und Kurvenscheibenerhebung unterstützen sich und heben den Punkt *P* so hoch, daß die Bremse fest angezogen und die Steuerung über die Nullstellung hinaus auf Gegendampf ausgelegt wird, um so in stärkerem Maße als in Stellung *II* die Herabsetzung der Geschwindigkeit auf den zulässigen Wert zu erzwingen.

Stellung *IV* schließlich zeigt Vorwärtsfahrt in halber Teufe mit zu hoher Geschwindigkeit. Die Reibungskuppelung liegt am oberen Anschlag *v* für Vorwärtsfahrt an und hat die Umkehrung der Steuerhebelauslage bewirkt. Die Reglermuffe ist infolge der zu hohen Geschwindigkeit gestiegen, hat Punkt *P* etwas gehoben und dadurch den Steuerhebel teilweise zurückgedrückt, um durch Verkleinern der Füllung auf die vorgeschriebene Geschwindigkeit herunterzukommen. Die Fahrbremse ist noch nicht betätigt worden.

Das Schema in Abb. 345 stellt nur eine der vielen Baumöglichkeiten dar. Sind der Geschwindigkeitsregler und die Reibungskuppelung zu schwach, um unmittelbar wirken zu können, so werden, wie bei der mittelbaren Regelung[1], Stellmotoren oder Vorspannzylinder eingeschaltet, deren Steuerung mit geringen Kräften zu verstellen ist. Kennzeichnend für die neuen Bauarten ist, wie auch aus Abb. 345 ersichtlich, daß der Fahrtregler sowohl selbst Gegendampf einstellen kann, als auch den Maschinisten nicht behindert, ausreichend Gegendampf zu geben.

169. Fahrtregler mit Fliehkraftreglern[2]. Die Geschwindigkeitsregler der Fahrtregler sind Fliehkraftregler oder Durchflußregler. Die Fliehkraftregler haben im allgemeinen bei kleinen Drehzahlen nur ein ge-

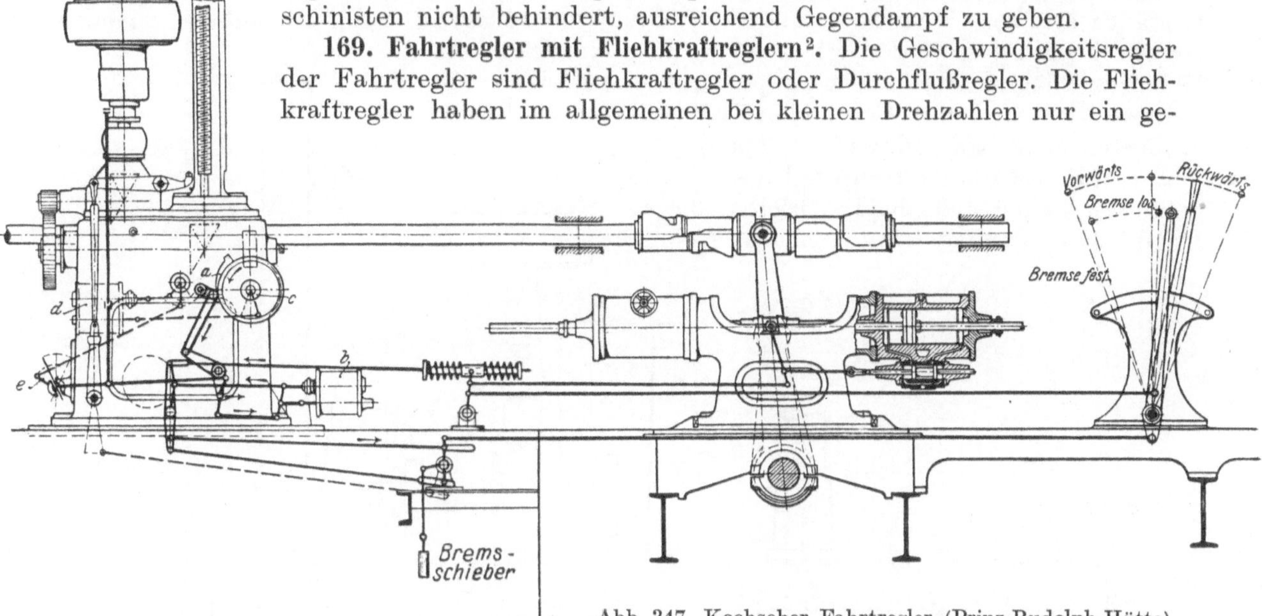

Abb. 347. Kochscher Fahrtregler (Prinz-Rudolph-Hütte).

ringes Arbeitsvermögen, was sich gerade an der Hängebank auswirkt, wo empfindlich geregelt werden muß, die Geschwindigkeit aber klein ist. Bei der an und für sich geringen Seilfahrtgeschwindigkeit wird das Arbeitsvermögen des Reglers erhöht, indem man ihn durch Einschalten einer größeren Übersetzung schneller laufen läßt, als es der Fahrgeschwindigkeit entspricht. Durch besondere Bauart erreicht man, daß die Regler auch schon bei kleinen Geschwindigkeiten ausschlagen und kräftig wirken und daß ihre Hubdrehzahllinie (vgl. Ziffer 79) günstig verläuft. In Abb. 346 sind Aufbau und Hubdrehzahllinie der herrschenden von Steinle & Hartung, Quedlinburg, ausgeführten Bauart dargestellt. Um ausreichende Verstellkräfte zu erzielen, müssen die Regler fast durchweg indirekt in Verbindung mit Vorspannzylindern arbeiten.

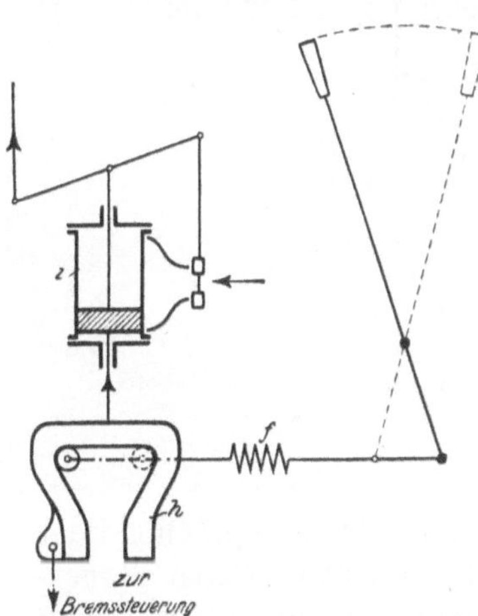

Abb. 348. Älterer Fahrtregler der Friedrich-Wilhelms-Hütte.

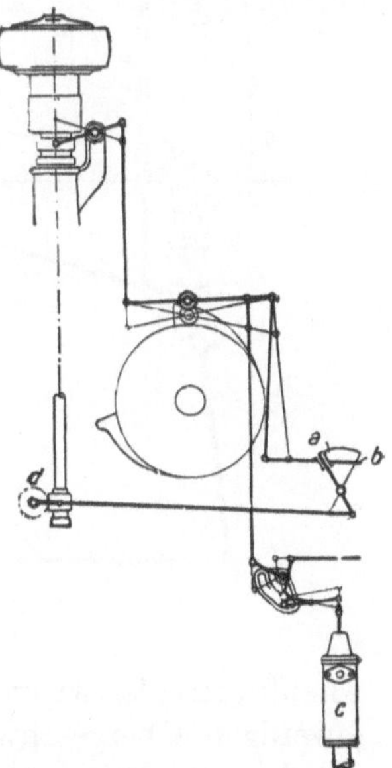

Abb. 349. Schema des neuen Fahrtreglers der Friedrich-Wilhelms-Hütte.

Ein Beispiel eines mit einem Fliehkraftregler ausgerüsteten Fahrtreglers zeigt Abb. 347, die den von der Prinz-Rudolph-Hütte gebauten Kochschen Fahrtregler darstellt. Der Fliehkraftregler arbeitet mit den vom

[1] Vgl. Ziffer 81.

[2] Vgl. Hoffmann, H.: Die Fahrtregler und Bremsen der Fördermaschinen. Glückauf 1925, Nr. 33 und 34.

Teufenzeiger angetriebenen Kurven *a* zusammen (eine sitzt vorn, eine hinten) und verstellt indirekt mit Hilfe des Dampf-Vorspannzylinders *b* den Steuerhebel und den Bremshebel. Kehrt die Fördermaschine um, so wird durch die Reibungskuppelung *c* die Steuerung des Umschaltzylinders *d* umgestellt, der den Kulissenarm *e* durch ein Gestänge aus der einen in die andere Richtung umschlägt. Die auf Steuerhebel und Bremse ausgeübten Wirkungen sind an den eingezeichneten Hebelausschlägen und Richtungspfeilen zu verfolgen. Der Fahrtregler stellt selbst Gegendampf an und hindert den Maschinisten nicht, Gegendampf zu geben.

In Abb. 348 ist der Hauptteil des viel ausgeführten Fahrtreglers der Friedrich-Wilhelms-Hütte wiedergegeben. Der nicht gezeichnete

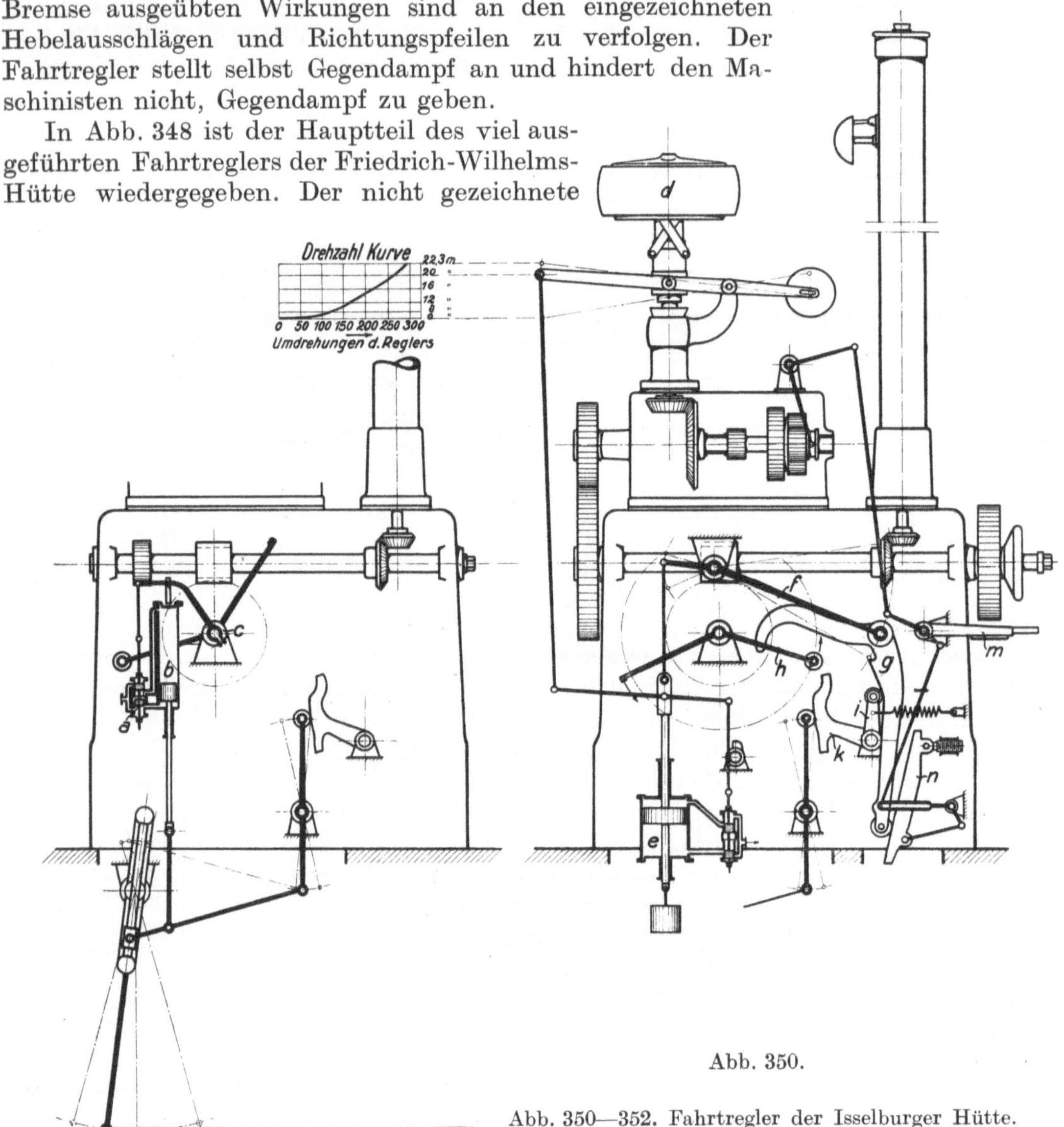

Abb. 350.

Abb. 350—352. Fahrtregler der Isselburger Hütte.

Fliehkraftregler wirkt mittelbar durch den Dampfzylinder *z* und hebt, entsprechend der jeweiligen Übergeschwindigkeit, das Herzstück *h* empor. Dieses legt erst den Steuerhebel in die Mittellage; darauf wird die Bremse mit allmählich zunehmendem Druck aufgelegt. Solange der Steuerhebel im Sinne der Fahrt ausgelegt ist, wirkt der eingreifende Fahrtregler richtig auf die Steuerung; er wirkt aber verkehrt, wenn der Maschinist Gegendampf geben will. Entweder legt das Herzstück *h*, wenn es trotz des auf Gegendampf ausgelegten Steuerhebels hochgeht, diesen wieder in die Mittellage zurück, oder das hochstehende Herzstück *h* hindert den Maschinisten, den Steuerhebel beliebig auf Gegendampf auszulegen. Doch kann der Maschinist den Steuerhebel immer gegen die Feder *f* auslegen und mit den Manövrierknaggen Gegendampf geben, und die Bremse wirkt immer im richtigen Sinne. Neuerdings baut die Friedrich-Wilhelms-Hütte den durch das Schema Abb. 349 dargestellten Fahrtregler. Kehrt die Fördermaschine um, so legt sie mit Hilfe der Reibungskuppelung *d* den Hebel *a* aus der einen in die andere Endstellung, wodurch der Fahrtregler umgeschaltet wird. Es wird der ganze Zug, auch die Anfahrt geregelt. *b* führt zum Steuerhebel, *c* ist der Bremsdruckregler. Der neue Fahrtregler stellt selbst Gegendampf an und hindert den Maschinisten nicht, Gegendampf zu geben.

Die Abb. 350 bis 352 veranschaulichen den von der Isselburger Hütte ausgeführten Fahrtregler Bauart Drolshammer, der Steuerhebel und Bremshebel verstellt. Bei der Umkehr der Fördermaschine wird der Fahrtregler umgeschaltet, indem der Schieber *a* des Umsteuerzylinders *b* mit Hilfe der Reibungskuppelung *c* umgestellt wird. Der Fahrtregler regelt Anfahrt, Beharrung und Auslauf, indem die Füllung verkleinert, wenn nötig Gegendampf eingestellt und die Bremse aufgelegt wird. Anfahrt und Auslauf sind voneinander abhängig. Der Geschwindigkeitsregler *d* bewegt mittels des Stellmotors *e* und der Schwinge *f* einen doppelarmigen Hebel *g* auf und nieder, unter dessen waagerechten gekrümmten Arm bei der Anfahrt und dem Auslaufe der Fördermaschine der rotierende Arm *h* greift. Es ist nur ein Arm *h* gezeichnet, in Wirklichkeit sind zwei vorhanden, die sich entgegengesetzt drehen. Der eine wirkt beim Vorwärtsauslauf und der Rückwärtsanfahrt, der andere beim Rückwärtsauslauf und der Vorwärtsanfahrt, wodurch die erwähnte Abhängigkeit zwischen Anfahrt und Auslauf bedingt wird. Der jeweils wirksame rotierende Arm *h* dreht beim Auslauf den Hebel *g* so, daß sein senkrechter Arm den Hebel *i* und die auf derselben Welle sitzenden Kurvenhebel *k* und *l* nach links dreht. Der Hebel *k* wirkt durch weitere Übertragung auf den Steuerhebel, *l* auf den Bremshebel. Um den Fahrtregler auf Seilfahrt einzustellen, wird der Hebel *m* aus der waagerechten in die senkrechte Lage umgelegt, infolgedes der Flichkraftregler *c* schneller angetrieben wird. Zugleich wird die Wälzbahn *n*, auf der der senkrechte Arm des doppelarmigen Hebels *g* während der Beharrung rollt, entsprechend verstellt.

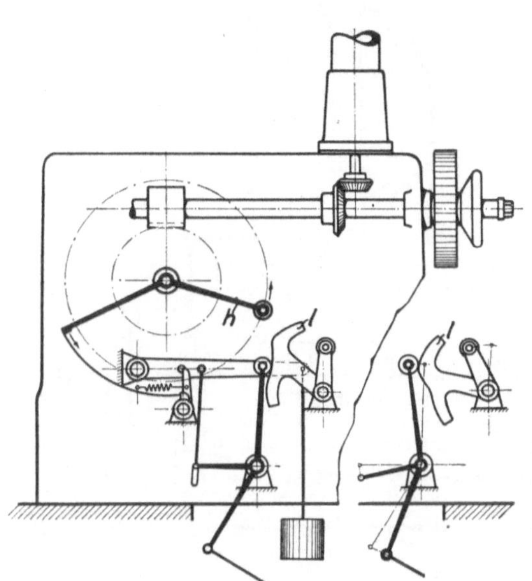

Abb. 351. Einwirkung auf die Bremse.

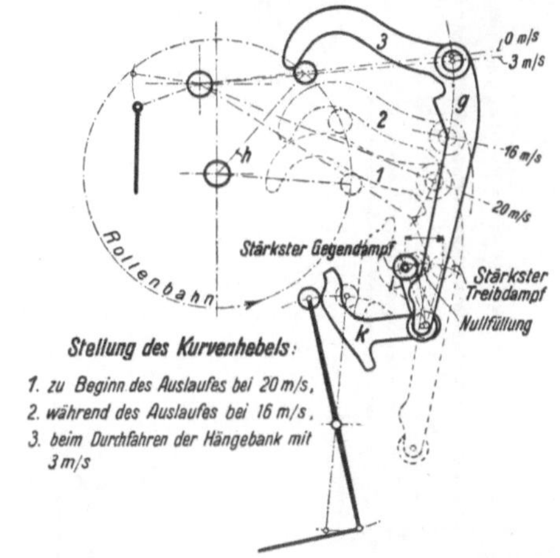

Abb. 352. Einwirkung auf die Steuerung.

170. Fahrtregler mit Durchflußregelung (hydraulische Fahrtregler)[1]. Bei der Durchflußregelung wird durch eine von der Fördermaschine angetriebene Pumpe ein Ölstrom erzeugt, dessen Stärke sich ebenso ändert wie die Geschwindigkeit der Fördermaschine. Der Ölstrom wird durch einen Drosselspalt gedrückt, dessen Weite vom Teufenzeiger

[1] Vgl. Hoffmann, H.: Die Fahrtregler der Dampffördermaschinen. Z. d. V. d. I. 1924, Nr. 47.

oder einer Kurvenscheibe her je nach der einzuhaltenden Fördergeschwindigkeit geändert wird. Läuft die Fördermaschine schneller als sie soll, so steigt der Öldruck vor dem Drosselspalt, und es schlägt ein vom Öl beaufschlagter feder- oder gewichtsbelasteter Reglerkolben aus. Dieser Reglerkolben verstellt entweder die Steuerung und den Bremsschieber unmittelbar, oder die Durchflußregelung wirkt mittelbar, indem der Reglerkolben nur den Schieber eines Vorspannzylinders verstellt. Damit die Durchflußregelung immer gleich wirkt, muß das Öl immer dieselbe Zähigkeit haben, d. h. man muß gleichartiges Öl nachfüllen, und die Temperaturschwankungen dürfen nicht groß sein.

Am einfachsten ist die Wirkungsweise eines Durchflußreglers nach Abb. 353 zu verstehen, die den Durchflußregler von Schönfeld darstellt. In einem mit Öl gefüllten

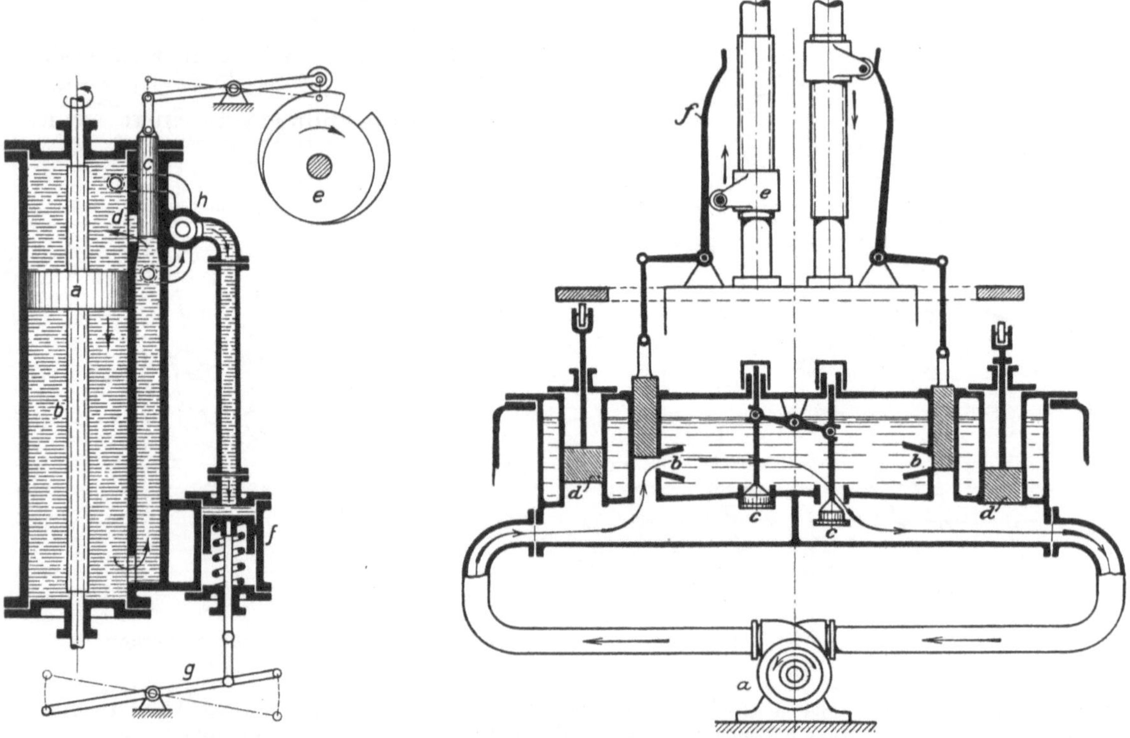

Abb. 353. Durchflußregler von Schönfeld.

Abb. 354. Durchflußregelung des Fahrtreglers von Iversen.

Zylinder wird der Kolben a je nach der Fahrtrichtung von der vom Teufenzeiger angetriebenen Spindel b entsprechend der Geschwindigkeit des Förderkorbes auf- oder abwärts bewegt und treibt dabei das Öl durch eine vom Schieber c gesteuerte Drosselöffnung d von der einen zur anderen Zylinderseite. Der Drosselschieber c wird von der mit dem Teufenzeiger verbundenen Kurvenscheibe e so verstellt, daß der Drosselquerschnitt am Anfang und Ende des Treibens am kleinsten ist. Läuft die Fördermaschine zu schnell, und bewegt sich dadurch der Kolben a schneller als es der Drosselöffnung d entspricht, so wird der federbelastete Kolben f durch den infolge der Drosselung entstehenden Ölüberdruck bewegt und verstellt dabei über das Gestänge g unmittelbar die Steuerung und Bremse in der Weise, daß in der ersten Hälfte des Ausschlages die Füllung verringert, in der zweiten die regelbare Bremse allmählich aufgelegt und schließlich noch Gegendampf gegeben wird. Durch einen selbsttätigen Umschaltschieber h wird der Öldruck so gesteuert, daß der Reglerkolben f bei jeder Fahrtrichtung Überdruck erhält und immer nach derselben Seite ausschlägt.

Die Abb. 354 und 355 veranschaulichen den Iversenschen Fahrtregler. Der Ölstrom wird durch die Rundlaufpumpe a erzeugt. Damit die Regelung bei jeder Fahrtrichtung nur mit Überdruck arbeitet, sind 2 Drosselspalte *bb* angeordnet, von denen aber nur der im Ölstrom vorn liegende wirksam ist, während das Öl vor dem hinteren Drosselspalt durch einen selbsttätig geöffneten Auslaß bequem abfließt. Das Ventilpaar *cc* wird nämlich durch den Ölstrom selbsttätig so umgeschaltet, daß immer das im Ölstrom vorn liegende Ventil geschlossen, das hintere dagegen geöffnet ist und dem Öl einen so großen Auslaß bietet, daß es unter seinem hydrostatischen Druck abfließt. Zu jedem Drosselspalt gehört ein regelnder Kolben *d*, der vor dem Drosselspalt liegt, also nur Überdruck empfängt, und zwar bis zu 5 at. Nur der Kolben vor dem wirksamen Drosselspalt schlägt aus, während der andere in der tiefsten Lage verharrt. Für die Wirkung ist es aber gleich, welcher der beiden regelnden Kolben ausschlägt, da beide dieselbe Belastungsfeder spannen und dieselbe Welle drehen.

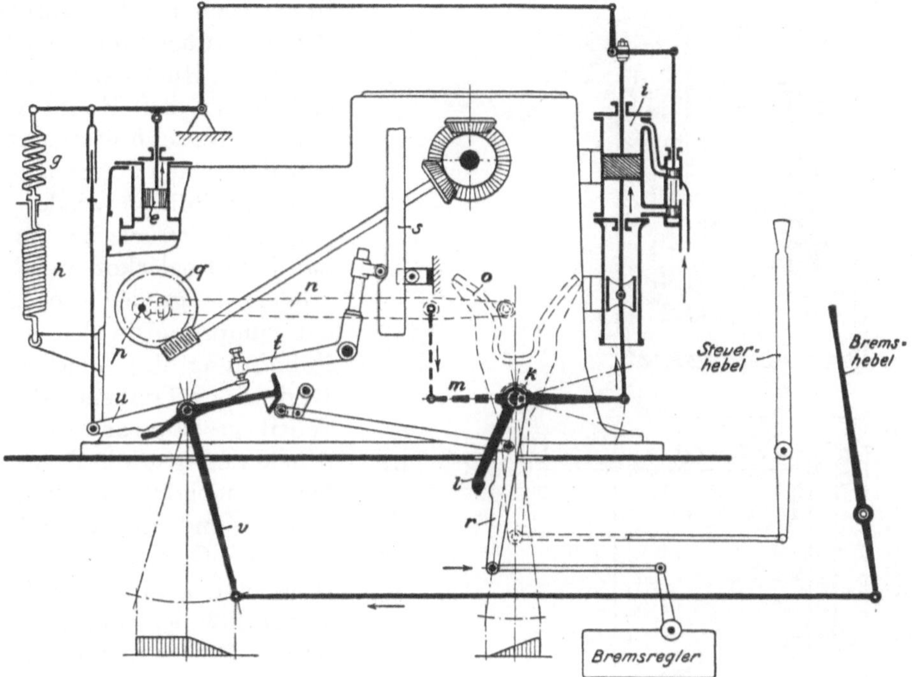

Abb. 355. Fahrtregler von Iversen.

Der Drosselspalt wird nur beim Auslaufe der Fördermaschine gesteuert, indem der Drosselschieber vom Teufenzeiger mittels Wandermutter *e* und Kurvenhebel *f* nach unten geschoben wird und den Drosselspalt verengt. Die Anfahrt wird aber, obgleich die Weite des Drosselspaltes nicht geändert wird, dennoch geregelt. Der regelnde Kolben ist nämlich durch zwei hintereinander gelegte Federn belastet, eine harte, nicht vorgespannte Feder *g* und eine weiche, vorgespannte Feder *h* (Abb. 355). Die harte Feder *g* dehnt sich nun mit zunehmender Fördergeschwindigkeit etwas, so daß der regelnde Kolben etwas ausschlägt und die Füllung verkleinert, wobei kleine Lasten schneller gehoben werden als große.

Wie der ausschlagende Reglerkolben auf die Steuerung und die Bremse wirkt, ist aus der Abb. 355 ersichtlich. Es wird zunächst der Schieber des kleinen Dampfzylinders *i* verstellt, dessen Kolben hochgeht und die Welle *k* mittels Kurbeltriebes dreht. Auf der Welle *k* sind die Hebel *l* und *m* aufgekeilt. Der Hebel *m* zieht die Stange *n* nieder, die mit der an ihrem Kopf befindlichen Rolle den oben gegabelten Hebel *o* und den mit ihm verbundenen Steuerhebel zurücklegt, und zwar, wenn nötig, bis in die halbe Gegendampflage. Der Hebel *l* legt, indem er den losen Hebel *r* mitnimmt, den Bremsregler aus, wobei der Bremshebel des Maschinisten stehen bleibt. Daß der Fahrtregler selbst Gegendampf gibt und den Maschinisten nicht hindert, voll Gegendampf zu geben, wird erreicht, indem der Kurbelzapfen *p*, wenn die Fördermaschine umkehrt, durch die Reibkuppelung *q* aus der einen in die andere Totlage gedreht wird, so daß der Rollenkopf der Stange *n* auf die andere Flanke der Gabel *o* wirkt.

Der Durchflußregler der Gutehoffnungshütte in Abb. 356 arbeitet mit zwei von der Fördermaschinengeschwindigkeit abhängigen Druckölpumpen. Jede Pumpe liefert nur für eine Fahrtrichtung der Fördermaschine einen Ölstrom, der den die Steuerung und Bremse betätigenden zugehörigen Reglerkolben *R* bei Rückwärtsfahrt bzw. *V* bei Vorwärtsfahrt hochdrückt. In Abb. 356 ist nur der Schnitt durch den die Rückwärtsfahrt regelnden Teil dargestellt. Der Regler befindet sich in der Anfangsstellung für Rückwärtsfahrt. Die nicht gezeichnete Rückwärtspumpe fördert das Öl aus dem Raum *a* durch das von der Nadel *b* gesteuerte Drosselventil *c* in den Raum *d*, aus dem es von der Pumpe wieder angesaugt wird. Der Druck im Raum *a* und auf den Reglerkolben *R* ist um so größer, je größer die Liefermenge der Pumpe und je kleiner die Durchflußöffnung des Ventils *c* ist. Zu Beginn des Treibens ist das Nadelventil geschlossen, so daß der Öldruck den gewichtsbelasteten Kolben *R* hochdrückt, wobei durch die Rolle *e* und die Hebelübersetzung die vom Gewicht *f* belastete Ventilnadel *b* gehoben und damit der Durchflußquerschnitt vergrößert wird. Mit zunehmender Fördergeschwindigkeit und damit verstärktem Ölstrom wird also der Kolben *R* zunächst allmählich ansteigen. Gleichzeitig senkt sich die auf die Steuerung und Bremse wirkende, am Hebel *q* angelenkte Stange *St*. Gegen Ende des Treibens wird der Hebel *g* von einer vom Teufenzeiger mitgenommenen Kurvenschiene links herum gedreht, so daß er die Rolle *e* nach links zieht, wodurch das Nadelventil geschlossen wird. Durch den nunmehr auch schon bei kleiner Geschwindigkeit weiter ansteigenden Öldruck wird der Kolben *R* sehr kräftig hochgedrückt und die Stange *St* so tief gesenkt, daß die Steuerung erst auf Nullfüllung und schließlich auf Gegendampf kommt und die Bremse aufgelegt wird.

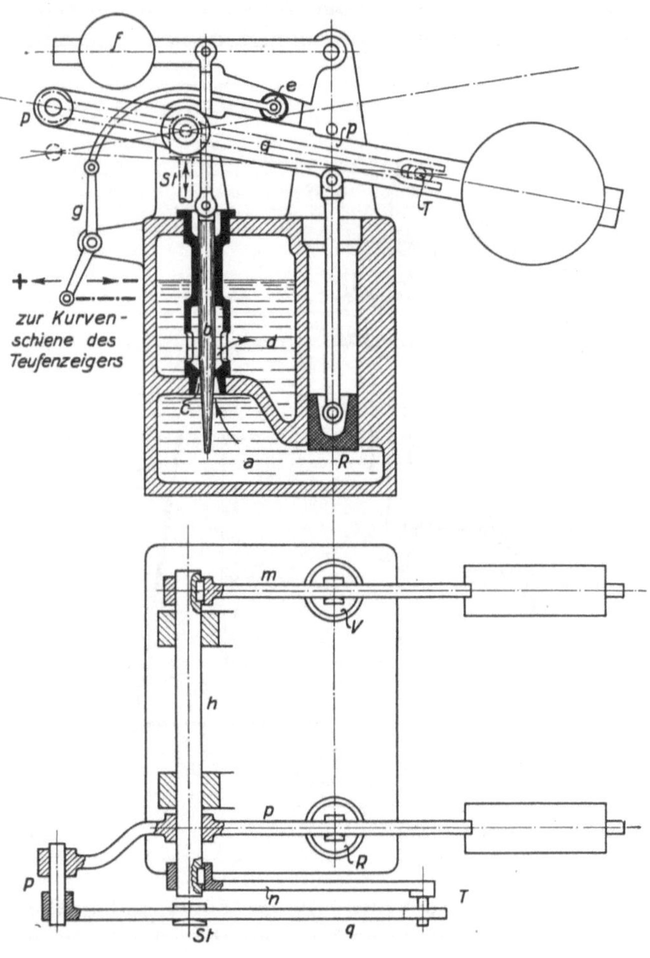

Abb. 356. Schema des Durchflußreglers der Gutehoffnungshütte.

Der Regler erfordert keine besondere Umschaltvorrichtung, weil für jede Fahrtrichtung je eine Pumpe, ein Öldruckkolben und ein Drosselventil vorhanden sind. Beide Steuersätze sind so miteinander gekuppelt, daß die die Steuerung und Bremse über eine Hilfsmaschine verstellende, für beide Kolben *R* und *V* gemeinsame Stange *St* gesenkt wird, wenn der Rückwärtskolben *R* steigt, und gehoben wird, wenn der Vorwärtskolben *V* steigt. Die Wirkungsweise ist aus dem Grundriß ersichtlich. Auf der Welle *h* sind der

Hebel *m* des Kolbens *V* und der Hebel *n* fest aufgekeilt, während der doppelarmige Hebel *p* des Kolbens *R* auf der Welle *h* drehbar ist. Bei Beginn sind beide Kolben in der untersten Stellung. Geht Kolben *R* hoch, so wird Punkt *P* gesenkt und die Stange *q* um den jetzt festen Drehpunkt *T* links herum gedreht, wodurch sich *St* in erforderlicher Weise senkt. Geht dagegen Kolben *V* hoch, so wird der Hebel *q* bei *T* von dem Hebel *n* mitgenommen und um den diesmal festliegenden Punkt *P* so gedreht, daß die Stange *St* gehoben wird.

171. Geschwindigkeitszeiger und -schreiber. Im Fördermaschinenbetrieb haben sich die von der Fördermaschine angetriebenen „Tachographen" vorzüglich bewährt, welche die jeweilige Fördergeschwindigkeit dem Maschinisten auf einer großen Skala anzeigen und sie außerdem in kleinem Maßstab auf einer durch ein Uhrwerk gedrehten Trommel registrieren, die mit einem 24 Stunden ausreichenden Diagrammblatt belegt ist. Neuerdings werden solche schreibenden Geschwindigkeitsmesser für alle Fördermaschinen vorgeschrieben, bei denen die Seilfahrtgeschwindigkeit 4 m/s übersteigt. Abb. 357 zeigt den Hornschen Tachographen, der durch einen mechanischen Fliehkraftregler wirkt. Abb. 358 zeigt den Karlikschen Tachographen, bei dem in den besonders geformten Röhren *a* Quecksilber um so höher steigt, je schneller die Fördermaschine läuft, während der Quecksilberspiegel *b*, der einen mit dem Schreibzeug verbundenen Schwimmer trägt, entsprechend fällt. Form und Abmessungen der Röhren *a* sind so gewählt — das ist ein Vorzug des Karlik — daß der Ausschlag des Schreibstiftes der Fördergeschwindigkeit proportional ist. Dadurch, daß jede Fahrt, jedes Umsetzen, jedes Manöver registriert wird, daß man die Förderpausen dem Diagramm entnehmen kann, kann man den Betrieb der Fördermaschine genau verfolgen.

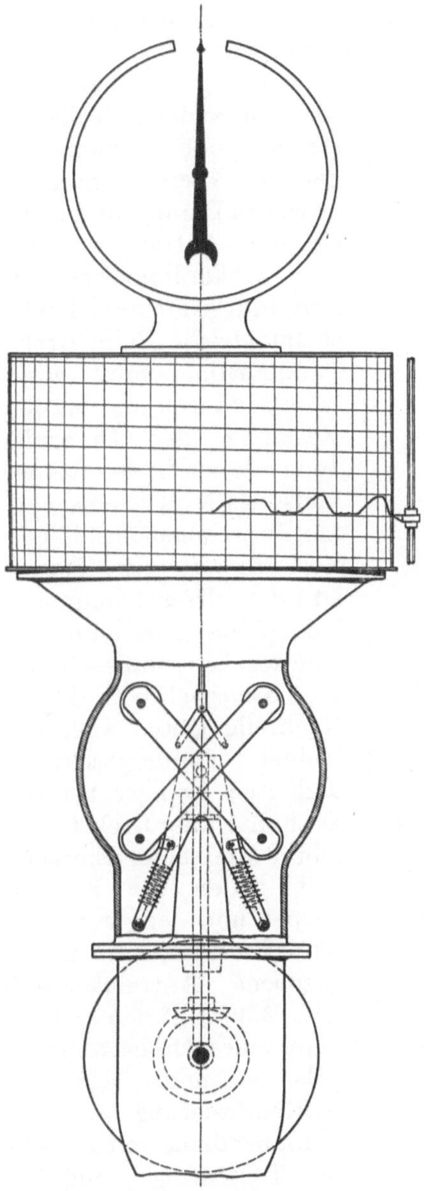

Abb. 357. Hornscher Tachograph.

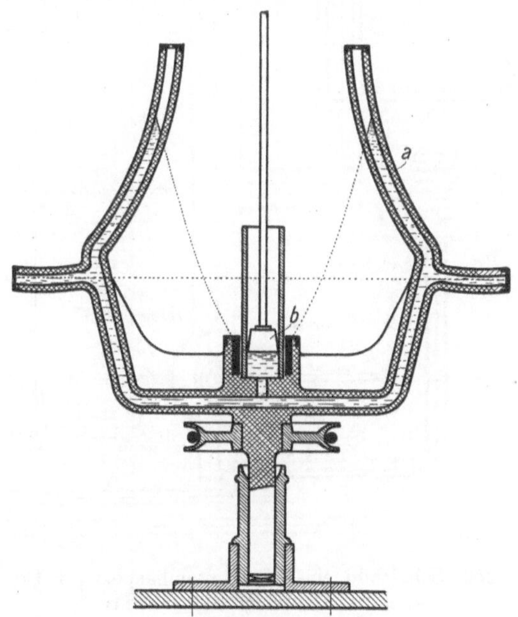

Abb. 358. Karlikscher Tachograph.

XVIII. Förderhaspel und Fördermaschinen mit elektrischem Antrieb.

172. Allgemeines. In bezug auf die Trommeln und Treibscheiben, die Anordnung der Seilscheiben, der Bremsen usw. stimmen die elektrisch angetriebenen Fördermaschinen mit der Dampffördermaschine überein. Die Regelung der Gleichstromfördermaschine mit Leonard-Schaltung ist aber grundsätzlich verschieden von derjenigen der Dampffördermaschinen. Bei Drehstromantrieb hat man eine gewisse Übereinstimmung zwischen Dampf- und elektrischem Antrieb.

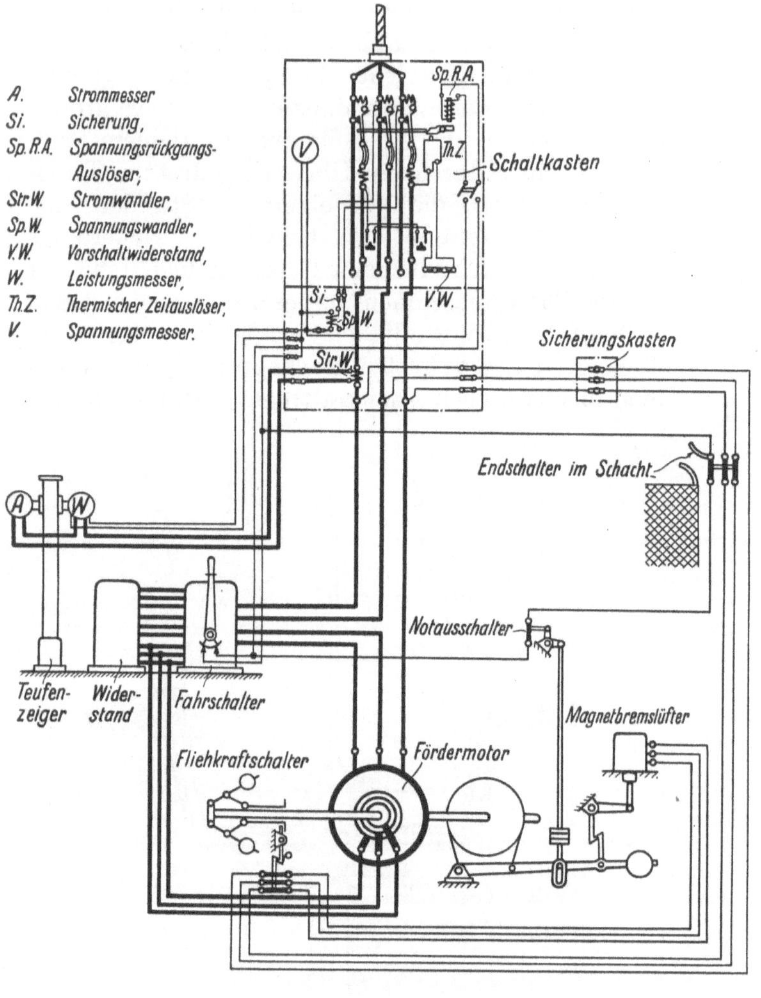

Abb. 359. Schaltbild eines Drehstromhaspels für Produktenförderung und Seilfahrt (SSW).

173. Förderhaspel und Fördermaschinen mit Drehstromantrieb. Beim Drehstromantrieb muß man beim Anfahren und bei der Regelung der Drehzahl Widerstände in den Rotorkreis des Motors einschalten, in welchem erhebliche Verluste auftreten. Ferner ist der Drehstrommotor beim Einhängen von Lasten gegebenenfalls schwierig beherrschbar. Diese Nachteile treten aber bei kleinen Fördergeschwindigkeiten weniger hervor. Deshalb ist der Drehstrommotor um seiner Einfachheit willen für Förderhaspel und langsam fahrende Fördermaschinen der gegebene Antriebsmotor. Abb. 359 zeigt den Schaltplan eines Drehstromhaspels, der neben der Produktenförderung auch der Seilfahrt dient und deshalb mit Teufenzeiger und Sicherheitsbremse ausgerüstet ist. Der Strom wird vom Netz zunächst dem im Schaltkasten untergebrachten Selbstschalter zugeführt, der bei Spannungsrückgang durch den Spannungsrückgangsauslöser sofort und bei Überstrom durch den thermischen Zeitauslöser verzögert abschaltet. Die Verzögerung der Überstromauslösung ist durch den Vorschaltwiderstand *VW* regelbar. Mit dem Fahrschalter wird der primäre Strom des Fördermotors umgeschaltet und der Anlaßwiderstand im Rotorkreise zu- und abgeschaltet. Der Leistungsmesser am Teufenzeiger ist über einen Stromwandler an eine Phase und über einen Spannungswandler an die beiden andern Phasen angeschlossen. Strommesser und Spannungsmesser erhalten denselben Strom bzw. dieselbe Spannung wie der Leistungsmesser. Wichtig ist der den Spannungsrückgangsauslöser und den Magnetbremslüfter beim Stromloswerden betätigende Sicherheitsstromkreis. Beim Übertreiben wird dieser Sicherheitsstromkreis durch einen Endschalter im Schacht abgeschaltet. Der dadurch stromlos gewordene

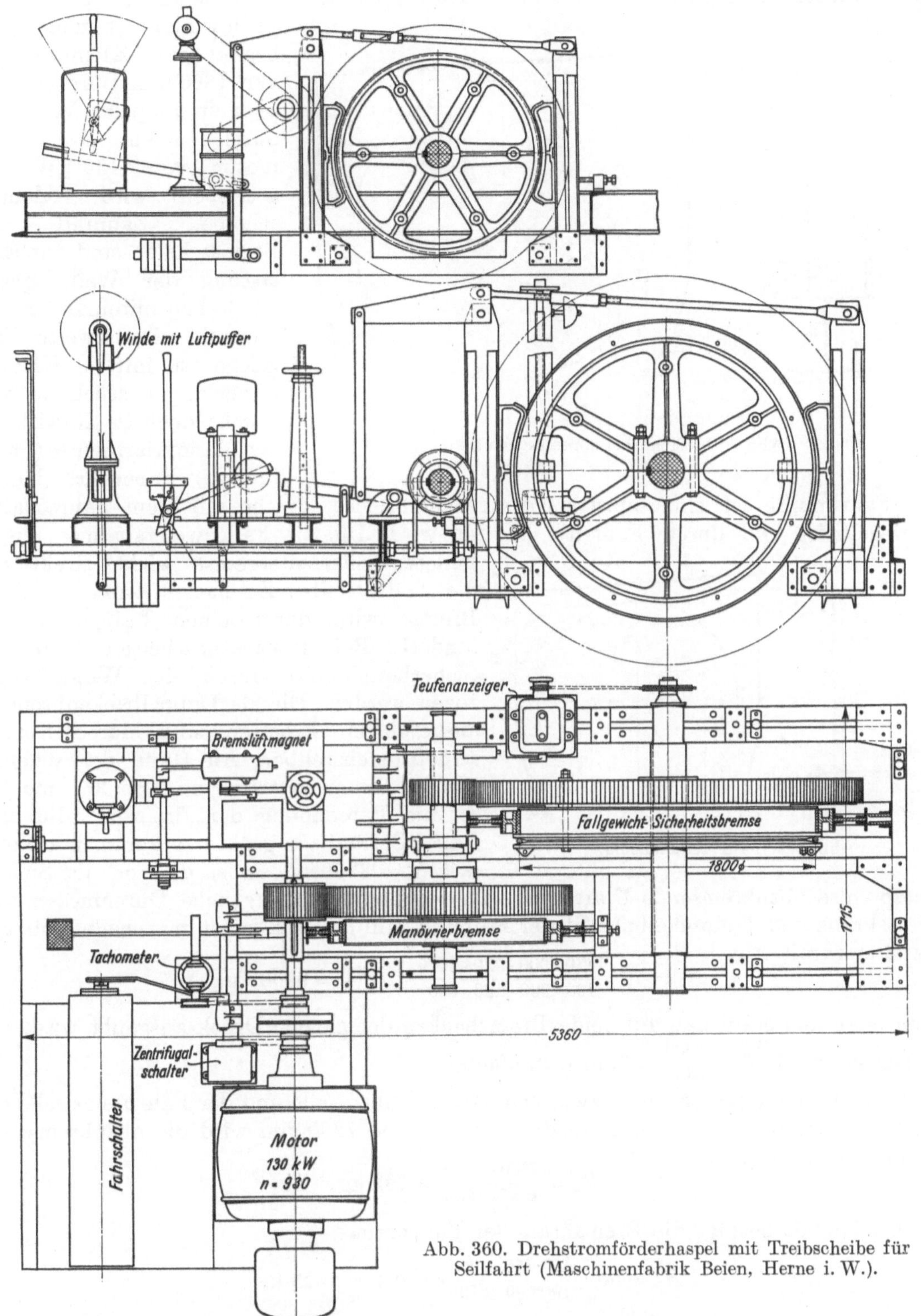

Abb. 360. Drehstromförderhaspel mit Treibscheibe für Seilfahrt (Maschinenfabrik Beien, Herne i. W.).

Magnetbremslüfter läßt die Sicherheitsbremse auffallen, die wiederum den Notausschalter und damit auch den Spannungsrückgangsauslöser betätigt. In derselben Weise wirkt die Unterbrechung des Sicherheitsstromkreises durch den Fliehkraftschalter, wenn der Fliehkraftregler beim Überschreiten der zulässigen Geschwindigkeit ausschlägt.

Der mechanische Aufbau eines Drehstromförderhaspels wird durch Abb. 360 veranschaulicht. Der Haspel ist für eine normale Nutzlast von 2500 kg und 3 m/s Seilgeschwindigkeit gebaut. Er besitzt eine Klemmscheibe von 1800 mm Durchm., die über ein doppeltes Vorgelege durch einen Drehstrommotor von 130 kW angetrieben wird. Klemmscheibe, Zahnrad und Bremsscheibe sind zur Entlastung der Welle gegen Verdrehen miteinander verschraubt. Das zweite Vorgelege ist mittels Klauenkuppelung ausrückbar, wodurch jedoch die Einwirkung der Manövrierbremse (Fahrbremse) unberührt bleibt.

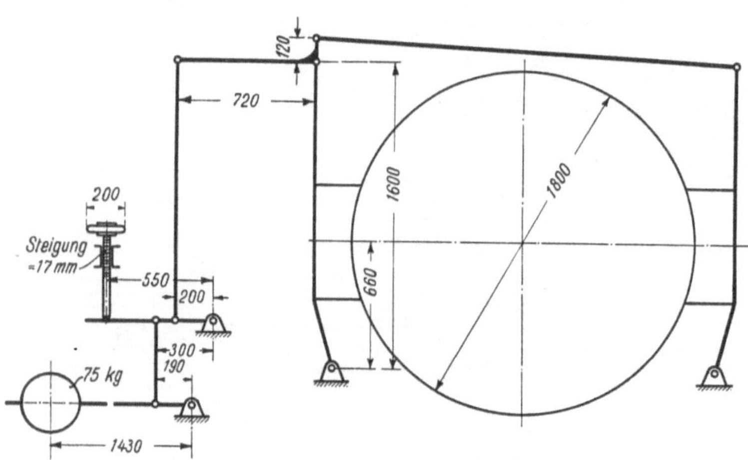

Abb. 361. Sicherheitsbremsschema.

Die Fahrbremse ist eine selbsttätige Gewichtsbremse, welche mit dem Fahrschalter verriegelt ist und durch Fußtritt gelüftet wird. Die als Fallgewichtsbremse ausgebildete Sicherheitsbremse wirkt direkt auf die Treibscheibe. Zu hartes Einfallen dieser Bremse wird durch einen Luftpuffer verhindert. Bei Reparaturarbeiten kann die Sicherheitsbremse durch eine Winde angezogen werden. Die als Doppelbackenbremsen ausgeführten Bremsen sind durch Spannschloß nachstellbar. An Hand der schematischen Bremsdarstellungen Abb. 361 und 362 sei die Berechnung der Bremsen[1] durchgeführt. Beträgt die größte vorkommende Nutzlast $N = 3300$ kg, so ist die von der Sicherheitsbremse abzubremsende Umfangskraft ebenfalls 3300 kg (gleiche Durchmesser von Bremskranz und Treibscheibe). Mit der Reibungszahl $\mu = 0{,}4$ erhält man nach Abb. 361 die Bremskraft

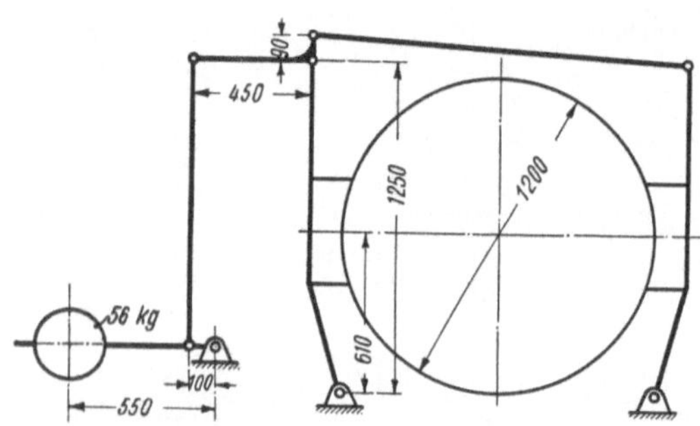

Abb. 362. Fahrbremsschema.

$$B_S = 75 \cdot \frac{1430 \cdot 300 \cdot 720 \cdot 1600}{190 \cdot 200 \cdot 120 \cdot 660} \cdot 2 \cdot 0{,}4 = 9900 \text{ kg},$$

wenn man annimmt, daß auf beide Bremsbacken der gleiche Druck ausgeübt wird. Die Sicherheit wird $\frac{B_S}{N} = \frac{9900}{3300} = 3$, also dreifach.

Das Übersetzungsverhältnis zwischen Treibscheibenwelle und der Fahrbremswelle beträgt 1 : 6,25. Bei dem Bremskranzdurchmesser von 1200 mm wird die abzubremsende Umfangskraft

$$P_u = \frac{3300 \cdot 1800}{6{,}25 \cdot 1200} = 792 \text{ kg}.$$

Nach Abb. 362 beträgt die Bremskraft der Fahrbremse

$$B_F = 56 \cdot \frac{550 \cdot 450 \cdot 1250}{100 \cdot 90 \cdot 610} \cdot 2 \cdot 0{,}4 = 2525 \text{ kg}.$$

Die Sicherheit wird $\frac{B_F}{P_u} = \frac{2520}{792} = 3{,}2$fach.

[1] Vgl. Ziffer 165.

Bei schnellfahrenden Drehstromfördermaschinen treten bei der Anfahrt und auch beim Umsetzen starke Belastungsstöße und erhebliche Verluste auf, weil der Drehstrommotor nur durch Vorschaltung von Widerständen regelbar ist. Abb. 363[1] veranschaulicht das. *a* sind die Verluste im Anlaßwiderstande, *b* die Verluste im Motor, während die weißen Flächen *c* die Motorleistung bedeuten. Wird Last eingehängt, so vermag der Asynchronmotor, wenn der Steuerhebel ganz ausgelegt und der Anker des Motors kurzgeschlossen ist, sehr günstig zu wirken, indem er, die synchrone Drehzahl ein wenig überschreitend, Strom erzeugt und ins Netz schickt. Ist aber der Steuerhebel nicht ganz ausgelegt oder wird er beim Auslauf zurückgenommen, so geht die Fördermaschine beim Einhängen von Last durch, und man kann sie nur durch die Bremse oder, indem man den Steuerhebel über die Mittellage zurücklegt, durch Gegenstrom halten, was aber sehr unwirtschaftlich ist. Je größer die Fördergeschwindigkeit, um so schwieriger ist in diesem Falle der Drehstrommotor elektrisch beherrschbar. Dadurch, daß man die mechanische Bremse der Drehstromfördermaschine verbessert und eine Einrichtung getroffen hat, den Anker des Drehstrommotors bei Erreichung der synchronen Drehzahl mit Hilfe eines Fliehkraftreglers so lange kurzzuschließen, bis die Drehzahl wieder sehr klein geworden ist, hat man die Führung und Sicherung der Drehstromfördermaschine erheblich günstiger gestaltet. Trotzdem sind schnellfahrende Drehstromfördermaschinen bei uns selten geblieben.

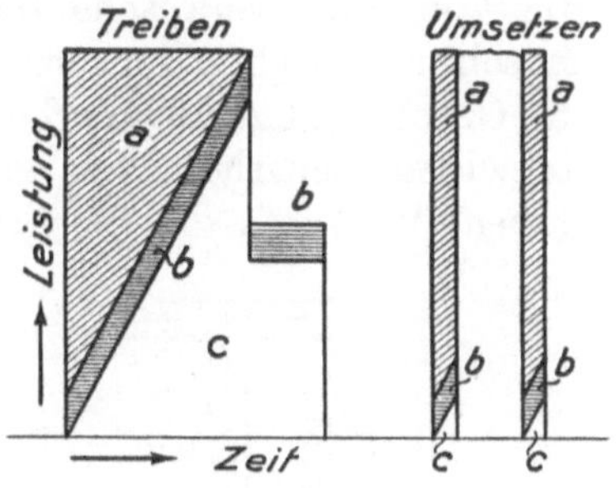

Abb. 363.

174. Gleichstromfördermaschinen mit Leonardscher Schaltung. Bei einem Gleichstrommotor mit unveränderlichem Magnetfelde ist die Drehzahl proportional der zugeführten Spannung, und die ausgeübte Kraft ist proportional der aufgenommenen Stromstärke. Es gilt also: Geschwindigkeit × Kraft = Spannung × Stromstärke. Indem man nach Leonard dem Gleichstrommotor Gleichstrom von veränderlicher Spannung zuführt, kann man seine Geschwindigkeit ebenso verändern, wie man die Spannung des Gleichstroms verändert. Diese Art, einen Gleichstrommotor zu regeln, wird nur in besonderen Fällen angewendet, insbesondere bei Fördermaschinen; denn sie setzt voraus, daß man den Gleichstrom in einer besonderen, mit dem Motor zusammenwirkenden Dynamo erzeugt. Im Schema Abb. 364 ist *b* eine fremderregte Gleichstromdynamo, die sogenannte Steuerdynamo, die den Strom für den konstant erregten[2] Gleichstromfördermotor *c* erzeugt. Richtung und Spannung dieses Stromes und damit Drehsinn und Geschwindigkeit des Fördermotors werden geändert,

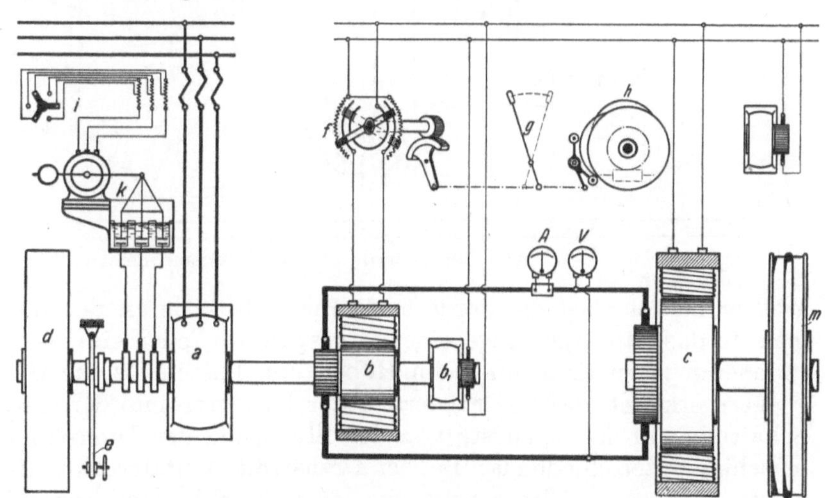

Abb. 364. Schaltplan einer Gleichstromfördermaschine mit Leonardscher Schaltung und Schwungradausgleich nach Ilgner.

[1] Nach Philippi: Elektrizität im Bergbau.

[2] In den Förderpausen wird das Magnetfeld des Fördermotors, um Energie zu sparen, geschwächt, indem in den Magnetisierungskreis ein Widerstand gelegt wird.

indem der Fördermaschinist durch den Steuerhebel *g* den umschaltbaren Regulierwiderstand *f* betätigt und dadurch Richtung und Stärke des Magnetisierungsstroms der Steuerdynamo *b* einstellt. Je weiter der Steuerhebel ausgelegt wird, desto größere Spannung wird erzeugt, desto größer wird die Fördergeschwindigkeit. Jeder Stellung des Steuerhebels entspricht also eine gewisse Fahrtrichtung und eine gewisse Fördergeschwindigkeit. Die Geschwindigkeit ist unabhängig von der Last, sie wird also stets gleich sein, gleichgültig ob man Last hebt oder einhängt. Die Last beeinflußt nur die Stromstärke. Indem man, wie es die Abbildung veranschaulicht, die Auslage des Steuerhebels durch eine von der Fördermaschine gedrehte Kurvenscheibe *h* begrenzt, erzwingt man für den ganzen Förderzug, daß die Geschwindigkeit innerhalb der gegebenen Grenzen bleibt. Allerdings wird bei ein und derselben Steuerhebellage ein und dieselbe Last ein wenig schneller eingehängt als gehoben. Weil nun die Sicherheitskurven so eingestellt werden, daß sie beim Einhängen

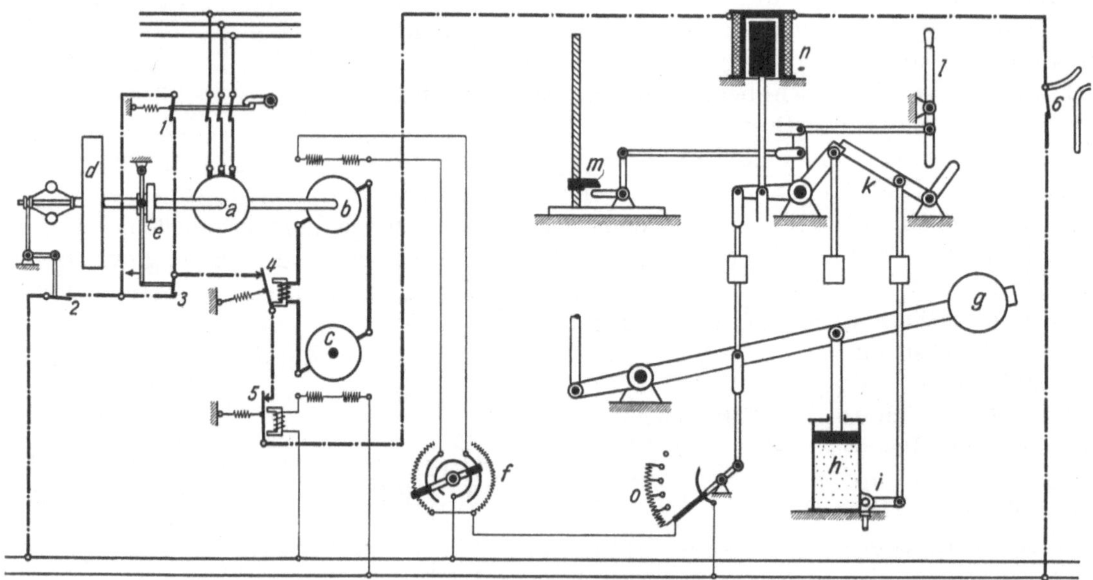

Abb. 365. Anordnung des Bremsmagnetstromkreises.

größter Seilfahrtlast die Fördermaschine rechtzeitig an der Hängebank stillsetzen, muß man in das Steuergestänge eine vorgespannte Feder einfügen, die man schließlich zusammendrücken muß, um beim Heben von Lasten bis zur Hängebank zu fahren.

Man erkennt, daß die Steuerung der Gleichstromfördermaschine mit Leonardscher Schaltung auf das schärfste von der Steuerung der Drehstrom- und der Dampffördermaschine unterschieden ist. Bei der Drehstrom- und der Dampffördermaschine steht z. B. nichts im Wege, den Steuerhebel aus der größten Auslage schnell in die Mittellage zu legen. Hat man aber bei der Fördermaschine mit Leonardschaltung ganz ausgelegt und fährt man z. B. mit 1000 V Spannung und 20 m/s Fördergeschwindigkeit, so bedeutet die schnelle Zurücknahme des Steuerhebels in die Mittellage, daß der nun als Dynamo wirkende, etwa 1000 V erzeugende Fördermotor durch die spannungslose Steuerdynamo kurzgeschlossen wird, infolgedes ein sehr hoher, von den stärksten mechanischen Wirkungen begleiteter Bremsstrom auftritt. Deshalb darf man bei den Gleichstromfördermaschinen den Steuerhebel nur langsam vor- und zurücklegen. Fährt man aus der Hängebankstellung an, kann man wegen der Sicherheitskurven nicht schnell auslegen; fährt man von einer Zwischensohle an, könnte man schnell auslegen, darf es aber nicht[1].

Obwohl die Gleichstromfördermaschine vorzüglich elektrisch beherrschbar ist, braucht sie ebenso wie die Dampffördermaschine eine Manövrier- und eine als Sicherheitsbremse dienende Fallgewichtsbremse[2]. Die Manövrierbremse wird nur vom Maschinisten ge-

[1] Es gibt Einrichtungen, die auch beim Anfahren von einer Zwischensohle den Maschinisten hindern, den Steuerhebel schnell auszulegen.

[2] Vgl. Ziffer 163.

handhabt, während bei allen sichernden Wirkungen die Fallgewichtbremse ausgelöst wird. In Abb. 365, in der *a* wieder den antreibenden Drehstrommotor, *b* die Steuerdynamo, *c* den Fördermotor und *d* das Schwungrad bedeutet, ist *g* das Fallgewicht der Sicherheitsbremse, das durch einen Druckluftzylinder *h* hochgehalten wird. Das Fallgewicht geht nieder, wenn man die Druckluft aus dem Zylinder *h* durch den Hahn *i* abläßt. Das geschieht entweder von Hand mittels Hebels *l* oder selbsttätig, wenn das Gewicht des Bremsmagneten *n* niederfällt oder die Wandermutter *m* des Teufenzeigers aufstößt; in allen Fällen wird der Hebel *k* ausgeklinkt, der niederfällt und den Hahn *i* öffnet. Das nunmehr niedergehende Fallgewicht legt die Bremse auf; dadurch wird zugleich der Notausschalter *o* in Tätigkeit gesetzt, der den Magnetisierungsstrom der Steuerdynamo stufenweise ausschaltet, so daß auch eine starke elektrische Bremsung auftritt. Damit die Fallgewichtbremse während der Fahrt nicht zu scharf auffällt, wird die ausströmende Luft je nach der Größe der Fahrtgeschwindigkeit mehr oder weniger gedrosselt.

Das Gewicht des Bremsmagneten wird durch den normalerweise die Magnetwicklung durchfließenden Strom hochgehalten, fällt aber nieder, wenn der Magnetisierungsstrom unterbrochen wird, infolgedes in der beschriebenen Weise das Fallgewicht ausgelöst wird. Der Stromkreis des Bremsmagneten stellt einen Sicherheitskreis dar, der je nach der Art der Gefährdung an verschiedenen Punkten selbsttätig unterbrochen wird. Der Sicherheitsstromkreis wird bei *1* unterbrochen, wenn der Höchststromschalter vor dem Drehstrommotor *a* ausgelöst wird. Die Unterbrechung bei *1* wirkt aber nicht, solange der Schalter *3* geschlossen ist, d. h. solange das Schwungrad *d* durch die Kuppelung *e* mit dem Umformer gekuppelt ist; denn dann treibt ja das Schwungrad den Umformer weiter, so daß der Förderzug vollendet werden kann. Wird der Umformer, was vorkommen kann, durch eingehängte Last auf zu hohe Drehzahl getrieben, so unterbricht der auf der Umformerwelle sitzende Fliehkraftregler den Bremsmagnetstrom bei *2*. Die Unterbrechung bei *4* erfolgt, wenn der Fördermotor zu großen Strom nimmt, die bei *5*, wenn der Erregerstrom ausbleibt, und die bei *6*, wenn der Förderkorb zu hoch fährt und den aus der Abbildung ersichtlichen Schachtausschalter umlegt.

Wie wird die Steuerdynamo angetrieben? Bei dem in Abb. 364 dargestellten Schema wird die Steuerdynamo *b* durch einen Drehstrommotor *a* angetrieben, der seinen Strom aus dem Drehstromnetz der Zeche erhält. Damit der Drehstrommotor und das Kraftwerk nicht die starken Belastungsschwankungen der Steuerdynamo *b* mitmachen, deren Leistung ja ebenso schwankt wie die der Fördermaschine, wird der Antrieb in der von Ilgner angegebenen Art durch das Schwungrad *d* abgepuffert. Um das Schwungrad kräftig zu laden und zu entladen und dem Netze einen innerhalb enger Grenzen schwankenden Strom zu entnehmen, wird der Drehstrommotor *a* zu kleinerem oder größerem (12 bis 15% erreichenden) Schlupf gezwungen, indem durch den Hilfsmotor *k* weniger oder mehr Widerstand in seinen Ankerkreis gelegt wird. Der Hilfsmotor wird nämlich von dem Strom beeinflußt, den der Motor *a* dem Netze entnimmt, indem er einen proportionalen Strom durch den Stromwandler *i* empfängt. Es sind viele Gleichstromfördermaschinen mit Schwungradumformer ausgeführt worden. Der erstrebte Belastungsausgleich wird durch das Schwungrad vollkommen erreicht; aber das Schwungrad ist teuer, verursacht Reibung und drückt wegen des erforderten Schlupfes den Wirkungsgrad des antreibenden Drehstrommotors herab. Wo der Belastungsausgleich nicht entscheidend ist, baut man deshalb schwungradlose Umformer. Dabei sorgt man, wie es das in Abb. 366 enthaltene Diagramm veranschaulicht, daß mit abnehmender Beschleunigung angefahren wird, um die Belastungsspitze zu erniedrigen (vgl. Ziffer 147). Abb. 366[1] zeigt den Schaltplan einer von den SSW für die Zeche Sachsen bei Hamm ausgeführten Leonardfördermaschine mit schwungradlosem Umformer, die mit einer 7 m großen Treibscheibe normal 6 t aus 950 m mit 20 m/s Höchstgeschwindigkeit fördert. Der mit $n = 600$ laufende Umformer, der wenig Platz braucht, weil Schwungrad und

[1] Nach Philippi: Elektrizität im Bergbau.

Schlupfwiderstand fehlen, ist im Keller aufgestellt. Über die in der Schaltung enthaltenen Maschinen und Einrichtungen unterrichtet die dem Schaltplan beigegebene Legende.

Um bei schwachbelasteten Fördermaschinen die Arbeit des leerlaufenden Umformers

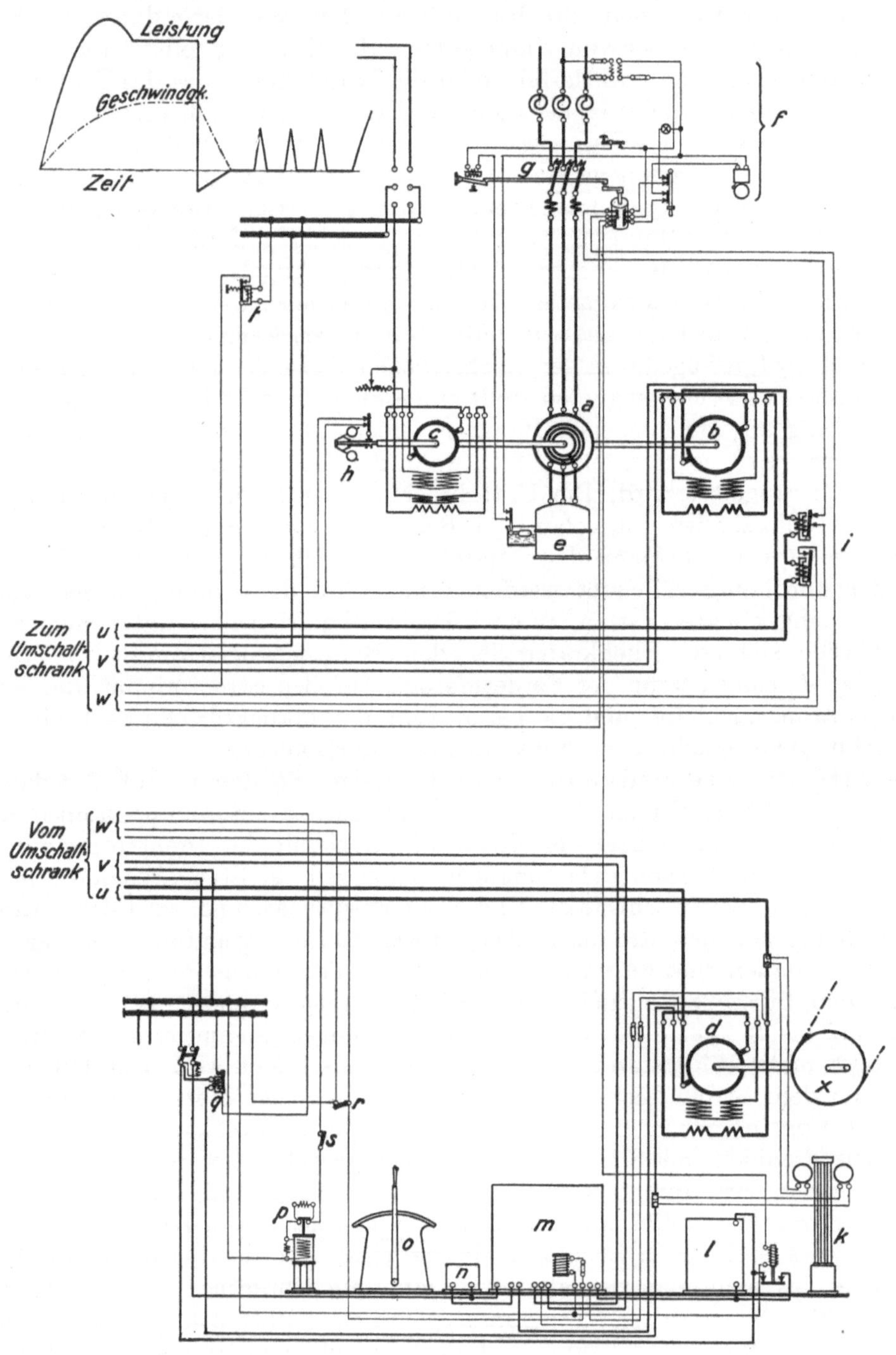

Abb. 366. Gleichstromfördermaschine mit Leonardschaltung und schwungradlosem Umformer. (Zeche Sachsen bei Hamm.)

a Drehstrommotor
b Steuerdynamo
c Erregermaschine
d Fördermotor
e Flüssigkeitsanlasser
f Betätigung der Sicherheitsbremse beim Ausbleiben der Drehstromspannung
g Schutzschalter
h Fliehkraftschalter
i Höchststromrelais
k Teufenzeiger
l Notausschalter
m Steuereinrichtung
n Feldschwächschalter
o Steuerbock
p Sperrmagnet der Sicherheitsbremse
q Minimalausschalter
r Seilfahrtschalter
s Endausschalter im Schacht
t Spannungsauslöser
x Treibscheibe

zu sparen, schaltet man ihn bei längeren Förderpausen aus; die SSW haben eine Schaltung durchgebildet, mittels welcher der Fördermaschinist den schwungradlosen Umformer von seinem Platze aus ab- und zuzuschalten vermag.

Schließlich kann man überhaupt davon absehen, die Leonardfördermaschine auf dem Wege über den Umformer an das Drehstromnetz der Zeche zu hängen. Es sind Anlagen ausgeführt worden, bei denen die Steuerdynamo durch eine Dampfturbine angetrieben wird, die außerdem eine den Drehstrom für den Zechenbetrieb erzeugende Dynamo treibt.

Die Wirtschaftlichkeit der elektrischen Fördermaschine im Vergleich zur Dampffördermaschine muß im einzelnen Falle erwogen werden. Im Ruhrgebiet haben 12% der Schachtfördermaschinen elektrischen Antrieb. Der Vorzug, den ruhigsten Gang zu haben, gebührt heute den elektrischen Fördermaschinen nicht mehr allein; die schnellaufenden Getriebedampffördermaschinen sind ihnen in dieser Hinsicht und in der Schonung der Förderseile gegen Seilschwingungen gleichwertig (vgl. Ziffer 161).

XIX. Die Kolbenpumpen.

175. Überblick. Es ist zwischen Pumpen mit hin- und hergehendem Kolben und solchen mit Drehkolben zu unterscheiden; ferner hat man noch sogenannte Membranpumpen, bei denen der das Hubvolumen verdrängende Kolben durch eine Membran ersetzt ist. Die Pumpen mit hin- und hergehendem Kolben können einfach- oder doppeltwirkend sein; ferner hat man Differentialpumpen mit Stufenkolben. Die Zylinder werden stehend oder liegend angeordnet. Nach dem zu überwindenden Druck teilt man ein in Niederdruck- und Hochdruckpumpen. Bei den Niederdruckpumpen hat man Scheibenkolben, in Sonderfällen auch Ventilkolben, während die Hochdruckpumpen durchweg mit Tauch- oder Plungerkolben ausgerüstet werden. Elektrisch angetriebene Pumpen erhalten einen Kurbeltrieb und werden entweder unmittelbar oder über ein Riemen- oder Zahnradvorgelege angetrieben. Dampf- oder druckluftangetriebene Kolbenpumpen arbeiten teils mit, teils ohne Kurbeltrieb (schwungradlose Pumpen). Die Pumpen dienen entweder der Förderung von Flüssigkeiten oder der Erzeugung von Druckwasser oder Drucköl (Preßpumpen, Schmierpumpen); auch die Förderpumpen haben häufig hohe Drücke zu erzeugen, z. B. als Wasserhaltungs- oder Kesselspeisepumpen.

176. Saughöhe, Druckhöhe, Förderhöhe. Geometrische, statische und manometrische Förderhöhe. Saughöhe + Druckhöhe = Förderhöhe. Geometrische oder geodätische Förderhöhe ist der in m gemessene Höhenabstand vom Saugwasserspiegel bis zum Ausguß. Statische Förderhöhe ist der Druck der ruhenden Fördersäule, gemessen in mWS oder in at. Die manometrische Förderhöhe ergibt sich aus der statischen Förderhöhe, indem man zu ihr die Widerstandshöhen beim Saugen und beim Drücken addiert. Die Druckverluste in den Leitungen sind nach den in Ziffer 64 mitgeteilten Formeln und Zahlentafeln zu bestimmen. Die in Abb. 367 schematisch dargestellte Pumpe, die 4 m hoch saugt und 22 m hoch drückt, hat 26 m geometrische Förderhöhe. Hat die geförderte Flüssigkeit das spezifische Gewicht $\gamma = 1$, so ist die statische Förderhöhe = 26 mWS oder 2,6 at; ist γ größer oder kleiner als 1, so ist die statische Förderhöhe im selben Verhältnis größer oder kleiner. Ist die Widerstandshöhe beim Saugen = 2 mWS und beim Drücken = 4 mWS, so ist die manometrische Förderhöhe, wenn $\gamma = 1$ ist, = 26 + 6 = 32 mWS oder 3,2 at. Betrachtet man die Saughöhe für sich und die Druckhöhe für sich, so unterscheidet man ebenfalls geometrische, statische und manometrische Saug- bzw. Druckhöhe.

Wird Sole von $\gamma = 1{,}05$ aus 4 m gesaugt und 596 m hochgedrückt, ist ferner die Widerstandshöhe beim Saugen 2 mWS und beim Drücken 20 mWS, so erhält man die in Zahlentafel 23 zusammengestellten Werte.

177. Das Pumpendiagramm. Abb. 368 zeigt das Diagramm der in Abb. 367 dargestellten, Wasser von $\gamma = 1$ fördernden Pumpe. Die Widerstandshöhe beim Saugen ist, wie dem Diagramm entnehmbar, 2 mWS = 0,2 at, und die Widerstandshöhe beim Drücken ist 4 mWS = 0,4 at, so daß beim Saugen ein Unterdruck von 6 mWS oder 0,6 at entsteht und beim Drücken ein Überdruck von 26 mWS oder 2,6 at. Weil das Wasser fast unelastisch ist, so steigt zu Beginn des Druckhubes der Druck fast plötzlich an und sinkt ebenso schnell zu Beginn des Saughubes, so daß das Pumpendiagramm annähernd rechteckig wird. Wegen des schnellen Druckanstieges und Druckabfalles entstehen die aus dem Diagramm ersichtlichen Schwingungen des Indikatorkolbens. Je langsamer die Pumpe läuft, je genauer die Ventile im Hubwechsel öffnen und schließen, um so mehr stimmt das Pumpendiagramm mit dem Rechteck überein.

Zahlentafel 23.

	Geometrische Werte m	Statische Werte mWS	Manometrische Werte mWS
Saughöhe . .	4	4,2	6,2
Druckhöhe. .	596	625,8	645,8
Förderhöhe .	600	630,0	652,0

Beim Betrieb mit Abfallwasser, Abb. 369, wird das Wasser einer höheren Sohle mit Druck einer Pumpe auf einer tieferen Sohle zugeführt. Wenn die Pumpe von der tieferen Sohle fördert, hat sie die Saughöhe h_s und die Druckhöhe h_d. Soll die Pumpe von der höheren Sohle fördern, wird ihre Saugleitung abgesperrt und das Abfallrohr geöffnet. Das den Betrieb mit Abfallwasser kennzeichnende Diagramm ist ebenfalls aus Abb. 369 ersichtlich. Die Pumpenleistung ist, vom Leitungswiderstand abgesehen, dieselbe, als wenn die Pumpe auf der höheren Sohle stände. Auch bei Speisepumpen, die sehr reines Wasser fördern, läßt man häufig das Wasser unter Druck zufließen, damit die Pumpe keine Luft saugt, die begierig vom Wasser aufgenommen würde.

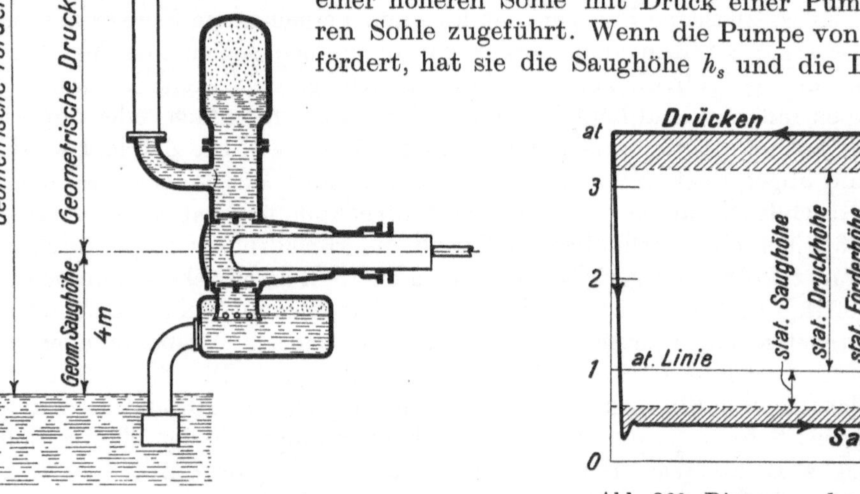

Abb. 367.

Abb. 368. Diagramm der in Abb. 367 dargestellten Pumpe.

178. Erreichbare Saughöhe. Beim Saughube wird das Wasser dem Kolben durch den Überdruck der Atmosphäre nachgedrückt, so daß bei 760 mm QS Barometerstand die bei $\gamma = 1$ theoretisch erreichbare Saughöhe 10,33 m beträgt. Hierbei gilt aber als Saughöhe nicht der Abstand von Saugwasserspiegel bis Mitte Pumpe, wie es in Abb. 367 angedeutet ist, sondern bis zum höchsten Punkte des Pumpenraumes, in unserem Beispiel also bis zum Druckventil. Außer vom Barometerstande hängt die theoretisch erreichbare Saughöhe von der Temperatur des Wassers ab. Der zur Wassertemperatur gehörige Dampfdruck, gemessen in mWS, ist abzuziehen. Heißes Wasser soll man überhaupt nicht ansaugen, sondern der Pumpe mit Gefälle zufließen lassen.

Die tatsächliche Saughöhe muß man erheblich kleiner als die theoretische wählen, weil man einen Teil der verfügbaren Druckhöhe braucht, um die Strömungs- und Beschleunigungswiderstände in der Saugleitung und im Saugventil zu überwinden. Meist hat man bei Kolbenpumpen Saughöhen von 5 bis 6 m.

179[1]. Nutzleistung, Wirkungsgrad und Antriebsleistung einer Pumpe. Eine Pumpe, die Q l/s Wasser ($\gamma = 1$) fördert und den Druck des Wassers um h m WS oder um p at steigert, hat eine Nutzleistung

$$N = Q h \text{ mkg/s} = \frac{Qh}{75} \text{ PS} = \frac{Qh}{102} \text{ kW}$$

oder

$$N = 10\,Q p \text{ mkg/s} = \frac{Qp}{7{,}5} \text{ PS} = \frac{Qp}{10{,}2} \text{ kW}.$$

Antriebsleistung $= \frac{\text{Nutzleistung}}{\text{Wirkungsgrad}}$. Eine Preßpumpe z. B., die 2 l/s fördert und von atmosphärischem Druck auf 300 at Überdruck preßt, und deren Wirkungsgrad $\eta = 0{,}85$ ist, hat $\frac{2 \cdot 300}{10{,}2} = 58{,}8$ kW Nutzleistung und $\frac{58{,}8}{0{,}85} = 69{,}2$ kW Antriebsleistung. Der Wirkungsgrad ist bei großen Pumpen größer als bei kleineren. Am günstigsten ist er bei Dampfpumpen, bei denen die Kräfte zum großen Teil unmittelbar vom Dampfkolben auf den Pumpenkolben übertragen werden. In solchem Falle kann man den Wirkungsgrad der Pumpe und der antreibenden Dampfmaschine aber nicht trennen und bestimmt η für den ganzen Maschinensatz. Bei großen Dampfpumpen wird das Verhältnis zwischen Nutzleistung der Pumpe und indizierter Dampfmaschinenleistung etwa 0,86, so daß η für die Pumpe selbst $= 0{,}93$ zu schätzen ist. Große Pumpen mit Kurbeltrieb haben etwa 90% Wirkungsgrad. Die indizierte Leistung einer Kolbenpumpe ist wegen der hydraulischen Verluste in der Pumpe größer als ihre Nutzleistung. Aus dem Pumpendiagramm ergibt sich die indizierte Leistung unmittelbar; das spezifische Gewicht des Wassers oder der volumetrische Wirkungsgrad der Pumpe sind nicht mehr besonders zu berücksichtigen.

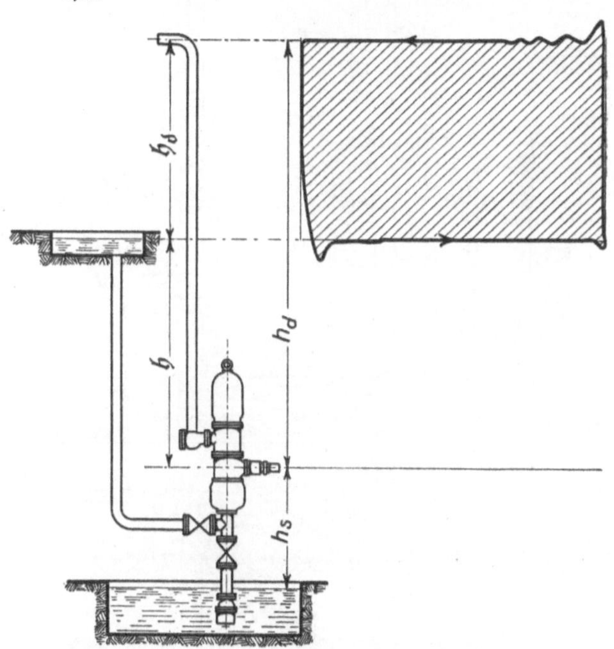

Abb. 369. Betrieb einer Kolbenpumpe mit Abfallwasser einer höheren Sohle.

180. Nutzleistung, Gesamtwirkungsgrad und Antriebsleistung einer Wasserhaltungsanlage. Sind Q l/s oder Q m³/min Wasser vom spezifischen Gewichte γ kg/l h Meter hochzuheben, so ist die Nutzleistung der Wasserhaltung oder ihre auf gehobenes Wasser bezogene Leistung

$$N = \gamma \cdot Q h \text{ mkg/s} = \gamma \cdot \frac{Qh}{75} \text{ PS} = \gamma \cdot \frac{Qh}{102} \text{ kW} \quad (Q \text{ in l/s!})$$

oder

$$N = \gamma \cdot \frac{1000\,Q h}{60} \text{ mkg/s} = \gamma \cdot 0{,}222\,Q h \text{ PS} = \gamma \cdot 0{,}163\,Q h \text{ kW} \quad (Q \text{ in m}^3/\text{min!}).$$

Meistens darf man $\gamma = 1$ setzen, wodurch sich die Ausdrücke entsprechend vereinfachen. Um die Antriebsleistung zu bestimmen, sind die Verluste in der Pumpe, in der

[1] Die allgemeinen Formeln in den Ziffern 179 und 180 gelten für Pumpen jeder Art, insbesondere auch für Kreiselpumpen.

Pumpenleitung und im Antrieb zu berücksichtigen. Es habe die Pumpe 90 %, der antreibende Elektromotor 93 % und die Pumpenleitung 95 % Wirkungsgrad, dann ist der Gesamtwirkungsgrad $= 0{,}90 \cdot 0{,}93 \cdot 0{,}95 = 0{,}796 \approx 80\,\%$.

$$\text{Antriebsleistung} = \frac{\text{Nutzleistung}}{\text{Gesamtwirkungsgrad}}\,.$$

Sind z. B. 6 m³/min 700 m hochzuheben, so ist die Nutzleistung $= 0{,}163 \cdot 6 \cdot 700 = 685$ kW. Bei 80 % Gesamtwirkungsgrad ist die Antriebsleistung $= \frac{685}{0{,}8} = 855$ kW. Überschlägig kann man die Antriebsleistung einer elektrisch angetriebenen Kolbenwasserhaltungsanlage $= 0{,}2 \cdot Q \cdot h$ kW setzen (Q in m³/min, h in m).

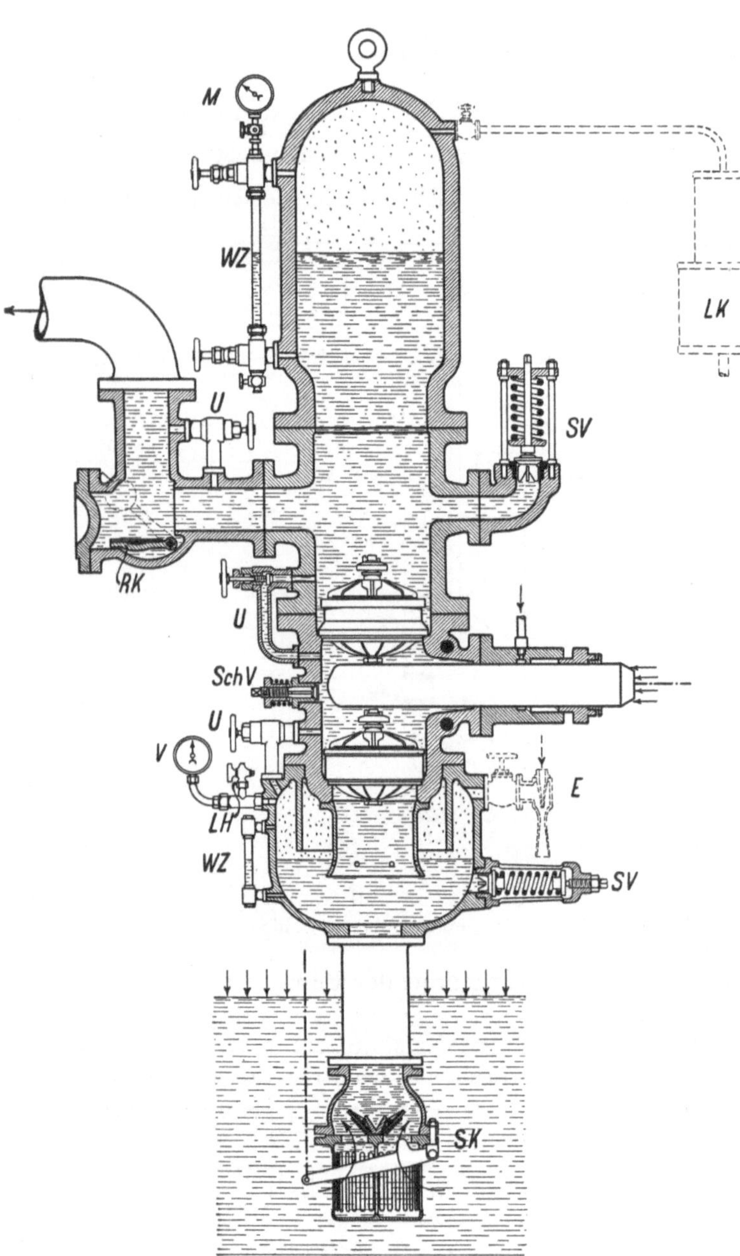

Abb. 370. Plungerpumpe nebst Ausrüstung.

181. Volumetrischer Wirkungsgrad von Kolbenpumpen. In der Regel ist die von der Pumpe geförderte Wassermenge kleiner als der Größe des Hubraumes entspricht, d. h. der volumetrische Wirkungsgrad η_v ist kleiner als 1. Das rührt daher. daß die Ventile verspätet schließen, die Pumpe nicht dicht ist usw. Man setze überschlägig $\eta_v = 0{,}96$. In besonderen Fällen sinkt η_v beträchtlich, z. B. wenn beim Saughube absichtlich durch ein Schnüffelventil[1] oder ungewollt durch eine undichte Stopfbüchse oder durch einen undichten Flansch Luft angesaugt wird.

182. Wirkung und Ausrüstung der Kolbenpumpen. Dem Folgenden liegt die schematische Abb. 370 zugrunde, die eine einfachwirkende Plungerpumpe darstellt.

Daß eine Pumpe beim Anfahren trocken ansaugt, ist nur möglich, wenn Saughöhe und Druckhöhe klein sind, die Pumpe kleinen schädlichen Raum hat und dicht ist. Dann wirkt die Pumpe zunächst als Luftpumpe, solange bis das Wasser in den Pumpenraum eintritt. In der Regel wird die Pumpe erst mit Wasser gefüllt, ehe sie

[1] Vgl. Ziffer 182.

in Betrieb gesetzt wird. Abb. 370 veranschaulicht, wie man die Pumpe aus der Druckleitung füllen kann, indem man die Umläufe U öffnet, welche die Rückschlagklappe RK, das Druckventil und das Saugventil überbrücken. Damit die Saugleitung das Wasser hält, ist am Saugkorb SK ein Fußventil nötig. Fußventil und der das Saugventil überbrückende Umlauf fallen fort, wenn man die Luft aus Saugwindkessel und Saugleitung mittels Ejektors absaugt. Bei der gefüllten Pumpe spielt die Größe des schädlichen Raumes keine Rolle. Beim Saughub wird das Wasser von der Atmosphäre durch das selbsttätig öffnende Saugventil dem Pumpenkolben nachgedrückt. Im Hubwechsel schließt das Saugventil, und der rückkehrende Kolben drückt beim Druckhub das Wasser durch das selbsttätig öffnende Druckventil hindurch in die Druckleitung.

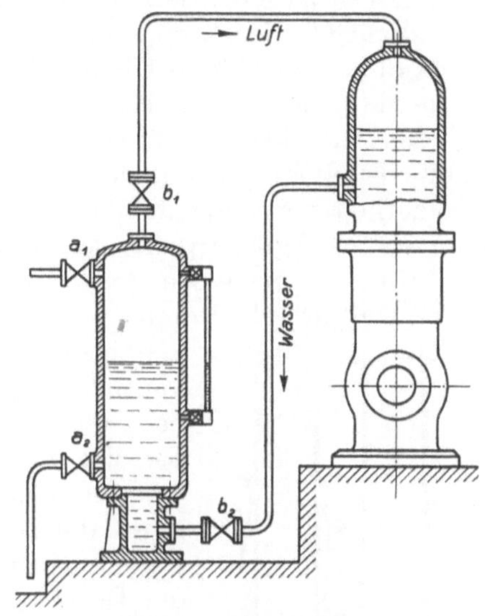

Abb. 371. Luftschleuse.

Der Kolben bewegt das Wasser ungleichförmig, ferner wird bei den in Abb. 367 und 370 dargestellten Pumpen, die einfach wirken, nur bei jedem zweiten Hube Wasser gefördert; die Wasserlieferung ist also sehr ungleichförmig, wie es Linie a in der späteren Abb. 375 veranschaulicht. Bei einer doppeltwirkenden Pumpe ist die Wasserlieferung gleichmäßiger (Linie b), und bei der doppeltwirkenden Zwillingspumpe (Linie c) sowie bei der Drillingspumpe (Linie d) liegen die Verhältnisse noch günstiger. Immerhin ist es aber nur bei sehr langsamem Pumpengange möglich, daß sich die Saugwassersäule und die häufig sehr lange Druckwassersäule ebenso ungleichförmig bewegen, wie die Pumpe das Wasser aufnimmt und abgibt. Um schnelleren Pumpengang zu ermöglichen, ist es unumgänglich, daß das Wasser in der Saugleitung und in der Druckleitung annähernd gleichförmig strömt. Zu diesem Zwecke werden Windkessel als Ausgleicher angeordnet. Der Saugwindkessel liegt unter dem Saugventil und der Druckwindkessel über dem Druckventil. Der Druckwindkessel ist zum Teil mit Luft gefüllt und nimmt beim Druckhub Wasser auf, indem die Luft zusammengedrückt wird, wobei im Windkessel Wasserstand und Druck steigen, und gibt Wasser ab, wobei Wasserstand und Druck fallen, wenn die Wassergeschwindigkeit bei der Verzögerung des Kolbens geringer wird bzw. nach dem Hubwechsel ganz aufhört; der Saugwindkessel wirkt umgekehrt. Je ungleichförmiger die Pumpe wirkt, um so größer müssen die Windkessel sein. Bei längeren Druckleitungen genügen die Windkessel der Pumpe allein nicht mehr, sondern die Druckleitung selbst ist ebenfalls mit Windkesseln auszurüsten, insbesondere an Wendepunkten der Leitung.

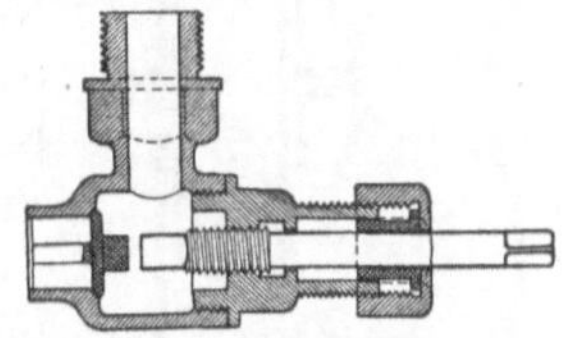
Abb. 372. Schnüffelventil.

Die Windkessel wirken nur, wenn sie genügend Luft enthalten. Man überwacht sie mit Hilfe der Wasserstandzeiger WZ. Im Saugwindkessel hält sich die Luft, weil das entspannte Wasser Luft abscheidet; überschüssige Luft tritt durch die in der Abbildung angedeuteten Löcher in den Saugstutzen der Pumpe und wird abgepumpt. Der Druckwindkessel dagegen verliert Luft; denn das gepreßte Wasser nimmt Luft auf. Der Druckwindkessel muß also immer wieder aufgefüllt werden. Bei Wasserhaltungspumpen ordnet man dafür kleine mehrstufige Luftkompressoren an, oder man verwendet Luftschleusen gemäß Abb. 371. Die Schleuse wirkt in der Weise, daß zunächst bei geöffneten Ventilen a_1 und a_2 und geschlossenen Ventilen b_1 und b_2 das Wasser durch Ventil a_2 aus der Schleuse austritt, während gleichzeitig atmosphärische oder dem Druckluftnetz entnommene Luft durch Ventil a_1 eintritt. Werden dann die Ventile a_1 und a_2 geschlossen und die Ventile b_1 und b_2 geöffnet, so strömt das Druckwasser aus dem Pumpenraum durch b_2 infolge des Gefälles in den tiefer gelegenen Schleusenraum, preßt hier die Luft zusammen und schleust sie durch das Ventil b_1 in den Pumpenwindkessel. Bei Pumpen für mäßige Druckhöhen benutzt man Schnüffelventile (Abb. 372 oder *Sch V* in Abb. 370), die sich beim Saughube öffnen, so daß neben dem Wasser auch Luft angesaugt wird, die beim Druckhube verdichtet wird und dann, zum Teile wenigstens, in den Druckwindkessel tritt. Je mehr Luft die Pumpe einschnüffelt, um so weniger Wasser fördert sie selbstverständlich. Ist der Druckwindkessel wieder aufgefüllt, wird das Schnüffelventil geschlossen; zuweilen läßt man es auch dauernd schnüffeln.

Den Unterdruck im Saugwindkessel mißt man mit dem Vakuummeter *V*, den Überdruck im Druckwindkessel mit dem Manometer *M*. Erhält der Saugwindkessel z. B. beim Füllen mit Wasser zu hohen Druck, so bläst das Sicherheitsventil *SV* ab. Auch über dem Druckventil ist ein Sicherheitsventil angebracht. Würde z. B. die Druckleitung versehentlich abgesperrt, so würde die Pumpe, durch ihr Schwungrad getrieben, weiter laufen und so hohen Druck erzeugen, daß die Pumpe gesprengt würde. Gegen derartige Gefährdung schützt das Sicherheitsventil. Um die Pumpe öffnen und nachsehen zu können, ohne das Wasser aus der Steigleitung ablassen zu müssen, sperrt man sie mit der Rückschlagklappe *RK* gegen die Druckleitung ab.

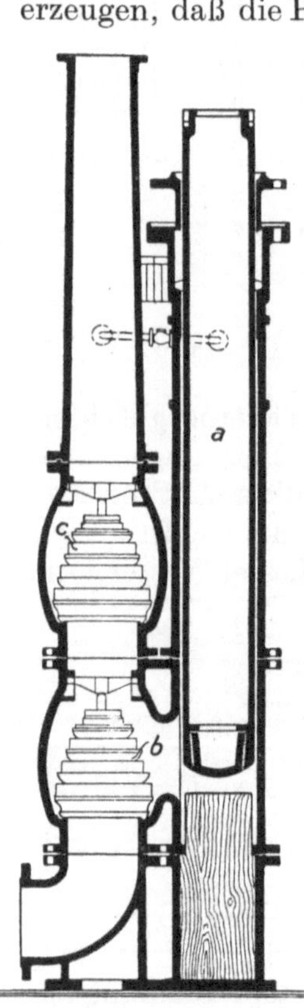

Abb. 373. Druckpumpe einer Gestängewasserhaltung.

183. Druckpumpen. Hubpumpen. Bei der Druckpumpe wird das mittels eines Plunger- oder Scheibenkolbens beim Saughube angesaugte Wasser beim Druckhube durch das Druckventil herausgedrückt. Die normale Pumpe ist eine Druckpumpe, z. B. die in den früheren Abb. 367 und 370 dargestellten Pumpen. Abb. 373[1] zeigt die Druckpumpe einer Gestängewasserhaltung. Neben den Druckpumpen hat man Hubpumpen, die einen durchbrochenen, mit Klappen oder mit einem Ventil ausgerüsteten Kolben haben. Hubpumpen verwendet man hauptsächlich als Brunnenpumpen (Abb. 374). Beim Hochgange hebt der durchbrochene, mittels Lederstulpes abgedichtete, durch Ventil *c* geschlossene Kolben *b* das über ihm stehende Wasser, während frisches Wasser durch die lederne, eisenbewehrte Saugklappe *a* nachgesaugt wird. Beim Niedergange geht der Kolben leer durch das über der Saugklappe stehende Wasser, wobei sich das Ventil *c* hebt.

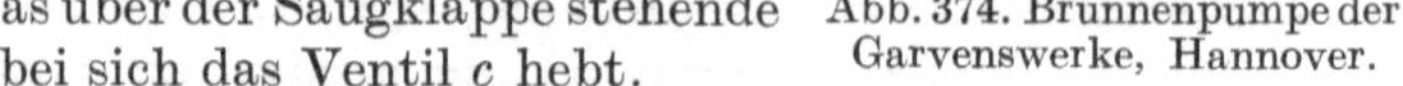

Abb. 374. Brunnenpumpe der Garvenswerke, Hannover.

184. Einfach- und mehrfachwirkende Pumpen. Differentialpumpen. Liegende und stehende Pumpen. Die in Abb. 367 dargestellte Pumpe wirkt einfach; nur bei jedem zweiten Hube wird Wasser gefördert. In der Abb. 375, die für Pumpen mit Kurbelantrieb gilt, veranschaulicht Linie *a* die Wasserlieferung der einfachwirkenden Pumpe innerhalb einer Umdrehung. Vereinigt man zwei

[1] „Sammelwerk", Bd. IV.

einfachwirkende Plungerpumpen zu einer doppeltwirkenden, indem man entweder gemäß Abb. 395 die Plunger durch ein Umführungsgestänge verbindet, oder gemäß Abb. 376 einen durchgehenden Plunger anordnet, so erhält man die durch Linie *b* in Abb. 375 dargestellte Wasserlieferung. Dasselbe erreicht man durch eine doppeltwirkende Pumpe mit Scheibenkolben. Durch eine doppeltwirkende Zwillingspumpe mit um 90° versetzten Kurbeln erhält man die durch Linie *c* gekennzeichnete Wasserlieferung. Noch gleichmäßiger wird, wie es Linie *d* zeigt, die Wasserlieferung einer einfachwirkenden Drillingspumpe, deren drei Plunger durch Kurbeln angetrieben werden, die um 120° versetzt sind.

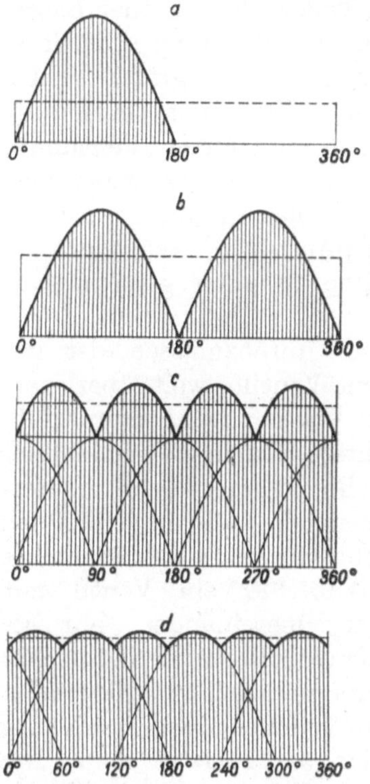

Abb. 375. Linien der Wasserförderung von Kurbelpumpen.

Bei einer Differentialpumpe, Abb. 377, ist der Plunger abgestuft. Den Querschnitt der kleinen Stufe macht man halb so groß wie den Querschnitt der großen Stufe. Die Differentialpumpe hat einfache Saugwirkung, aber verteilte Druckwirkung. Denn beim Druckhube tritt nur die Hälfte des durch das Druckventil gedrückten Wassers in die Druckleitung, während die andere Hälfte in den durch die Kolbenabstufung gebildeten Ringraum strömt und erst beim nächsten Saughube in die Druckleitung gedrückt wird. Für größere Druckhöhen ist also die Differentialpumpe in bezug auf die Kraftverteilung der doppeltwirkenden Pumpe beinahe ebenbürtig; sie erreicht das mit nur zwei Ventilen, von denen aber jedes doppelt so viel Wasser durchlassen muß, wie jedes der vier Ventile der gleichgroßen doppeltwirkenden Pumpe. Abb. 377[1] zeigt eine Sonderbauart, die Riedler-Expreßpumpe, die den ersten Schnelläufer darstellt. Der Saugwindkessel w_1 ist hochgelegt; das Saugventil *s* umgibt den Kolben konzentrisch, öffnet sich bis zum Anschlage *h* und wird vom rückkehrenden Kolben durch den Kopf *k* geschlossen.

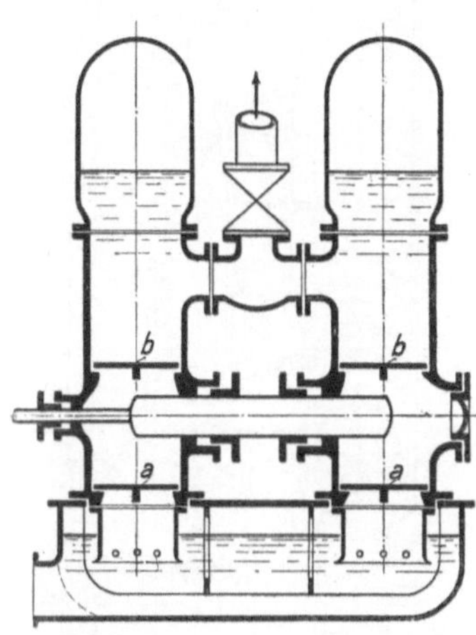

Abb. 376. Doppeltwirkende Pumpe mit durchgehendem Plunger.

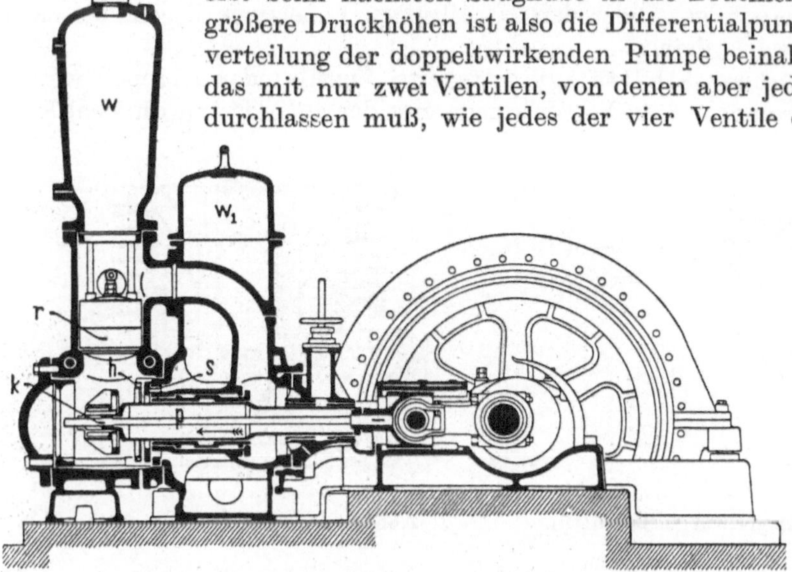

Abb. 377. Riedler-Expreßpumpe (Differentialpumpe).

Was die Aufstellung betrifft, überwiegen liegende Pumpen; bei Kesselspeisepumpen findet man auch häufig die stehende Bauart, wie sie Abb. 378 veranschaulicht.

[1] „Sammelwerk", Bd. IV.

185. Die Pumpenventile. Für kleinere Durchflußmengen verwendet man einsitzige Ventile, Abb. 379, bei denen das Wasser nur durch einen Ringspalt abströmt. Je nachdem der Sitz eben, kegelig oder kugelig ist, spricht man von Teller-, Kegel- oder Kugelventilen. Soll die Geschwindigkeit im Ventilspalt bei voller Ventilöffnung doppelt so groß sein, wie im Ventilrohr, so ist der größte Ventilhub = $^1/_8$ des Ventildurchmessers. Weil man bei den üblichen Drehzahlen der Pumpen nur kleine Ventilhübe anwendet — etwa 5 bis 10 mm —, so verwendet man nur kleine einsitzige Ventile, die man für größere Durchflußmengen zu einem Gruppenventil vereinigt, bei dem mehrere kleine Ventilsitze in einer gemeinsamen Platte untergebracht sind.

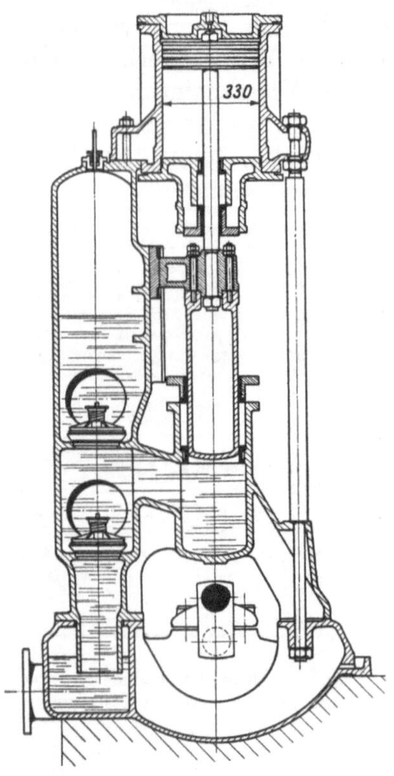

Abb. 378. Stehende Plungerpumpe.

Im Vermögen, das Wasser durchzulassen, ist das Ringventil dem einsitzigen Ventile weit überlegen. Denn der Ring öffnet dem Wasser zwei Durchflußspalte, und man kann mehrere Ringe nebeneinander oder übereinander anordnen. Bei höheren Drücken werden für größere Durchflußmengen fast ausschließlich Ringventile angewendet. Abb. 380 zeigt ein einfaches federbelastetes Ringventil, Abb. 381 ein Ventil mit drei gewichtbelasteten Ringen übereinander, ein sogenanntes Etagen- oder Stufenventil; in den Abb. 382 und 383 sind Ventile mit drei nebeneinanderliegenden Ringen (b) dargestellt, die durch eine gemeinsame, aus Gummi bestehende Rohrfeder (a) belastet sind. Die Ringe sind aus Rotguß, die Ventilsitze aus Rotguß oder Gußeisen hergestellt. Bei reinem Wasser dichtet Metall auf Metall; bei sandigem Wasser ist die Fernis-Dichtung üblich, bei der, wie es die Abb. 381 bis 383 zeigen, über den Metallringen Lederringe liegen, die nachdichten.

Die Pumpenventile wirken selbsttätig; gesteuerte Ventile oder Klappen werden nur ausnahmsweise angewendet. Für die Wirkungsweise der selbsttätigen Ventile ist

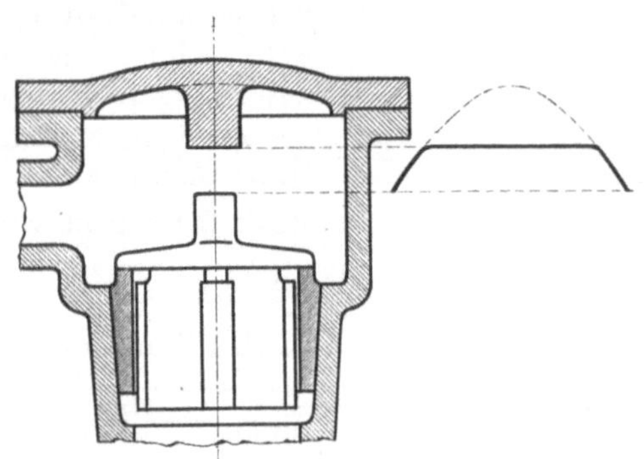

Abb. 379. Einsitziges Pumpenventil (Tellerventil).

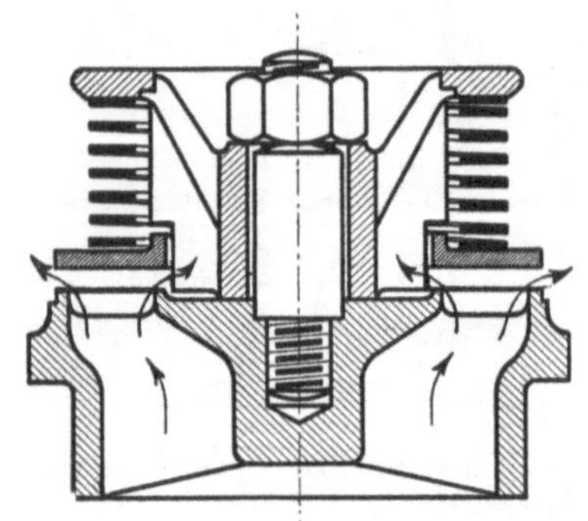

Abb. 380. Einfaches Ringventil.

grundlegend, daß die Geschwindigkeit im Ventilspalt nur von der Ventilbelastung abhängt, nicht von der Durchflußmenge. Ist die Ventilbelastung h Meter Wassersäule, so ist die Spaltgeschwindigkeit v theoretisch $= \sqrt{2gh}$, in Wirklichkeit etwas kleiner. Ist ein Ventil durch sein Gewicht und durch eine weiche Feder annähernd gleichmäßig belastet, so bleibt die Spaltgeschwindigkeit annähernd gleich, d. h. der Ventilhub stellt sich proportional der Durchflußmenge ein. Bei langsamem Pumpengange öffnen die Ventile weniger, bei schnellem Gange mehr. Bei Pumpen mit Kurbelantrieb heben und senken sich die Ventile ebenso wie die Kolbengeschwindigkeit zu- und abnimmt; die theore-

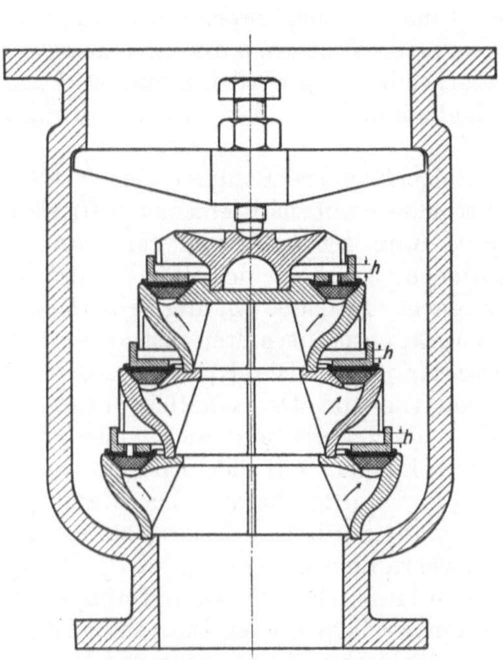

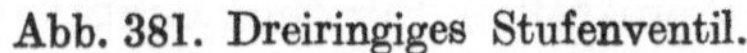

Abb. 381. Dreiringiges Stufenventil.

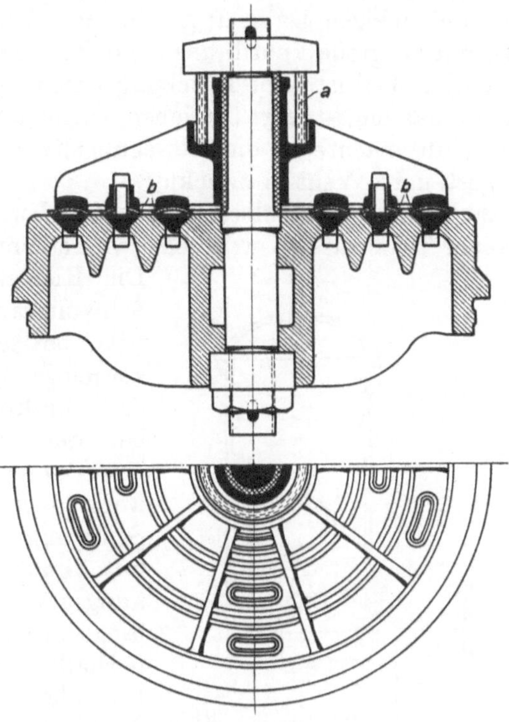

Abb. 382. Dreifaches Ringventil.

tische Ventilerhebungslinie ist auf die Zeit bezogen eine Sinuslinie, auf den Kolbenweg bezogen eine Ellipse. In Wirklichkeit hinken die Ventile ihrer theoretischen Erhebungslinie nach. Dies rührt hauptsächlich davon her, daß das eine Ventil infolge seines Massenwiderstandes verzögert schließt, worauf das andere verspätet öffnet. Das Nachhinken hat zur Folge, daß die Ventile nach dem Hubwechsel mit Gewalt auf den Sitz getrieben werden. Geringer Ventilschlag schadet nichts, starker Ventilschlag gefährdet die Ventile. Dadurch, daß man den Ventilhub durch einen Anschlag begrenzt, kann man den Ventilschlag nicht vermindern; man muß die Pumpe langsamer laufen lassen oder stärkere Ventilfedern einsetzen oder den Ventilhub verkleinern. Leichte Ventile mit kräftigen Federn und kleinem Hube sind auch bei verhältnismäßig hohen Drehzahlen brauchbar. In der Abb. 384[1] sind für $n = 110$, $n = 130$ und $n = 150$ die theoretische und die wirkliche Erhebungslinie eines Ringventils ge-

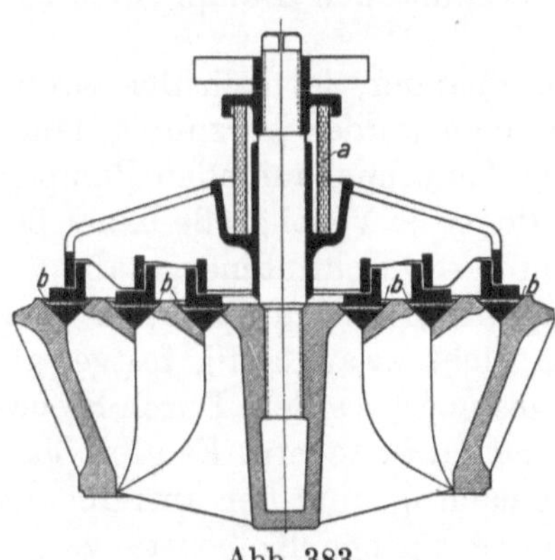

Abb. 383.

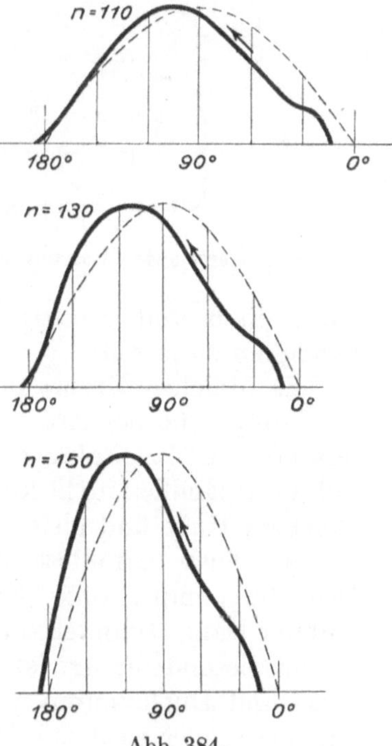

Abb. 384.

[1] Nach Berg: Die Kolbenpumpen.

zeichnet; je höher die Drehzahl, um so höher hebt sich das Ventil, um so mehr hinkt es nach.

Bei gesteuerten Ventilen, Abb. 385[1], öffnet das Ventil selbsttätig und wird durch einen nachgiebigen Daumen geschlossen. Diese Steuerung hat nur Zweck, wenn es sich um besonders große Ventilhübe handelt, wie sie bei Kanalisationspumpen notwendig sind. In der Abb. 386[1] ist *a* die Erhebungslinie eines gesteuerten Ventiles, *b* die Linie desselben Ventiles, das ungesteuert betrieben wurde, dabei stärker belastet werden mußte und kleineren Hub machte, *c* die Bewegungslinie des Schließdaumens. Für Wasserhaltungen sind gesteuerte Ventile zwecklos.

186. Antrieb der Kolbenpumpen mit Kurbelgetriebe. Kleinere Pumpen werden meist von einer Transmissionswelle oder von einem Elektromotor mittels Riemens angetrieben. Die Riemenscheibe muß schwer genug sein, um als Schwungrad zu dienen. An Stelle des Riemenantriebes tritt bei elektrischem Antriebe häufig ein Rädervorgelege. Wasserwerkpumpen erhalten fast ausschließlich direkten Dampfantrieb. Die Kräfte werden dabei zum erheblichen Teil vom Dampfkolben direkt auf den Pumpenkolben übertragen, und durch das Triebwerk geht nur ein kleiner Teil der Energie in das Schwungrad hinein und wieder heraus. Diese Pumpen mit direktem Dampfantrieb haben deshalb hohen Wirkungsgrad, der annähernd derselbe bleibt, ob die Pumpe langsam oder schnell läuft. Daß die Dampfpumpen innerhalb weiter Grenzen bequem regelbar sind, ist ein besonderer Vorteil. Die Drehzahl kann man mit Hilfe eines Leistungsreglers[2] einstellen. Für den Dampfverbrauch

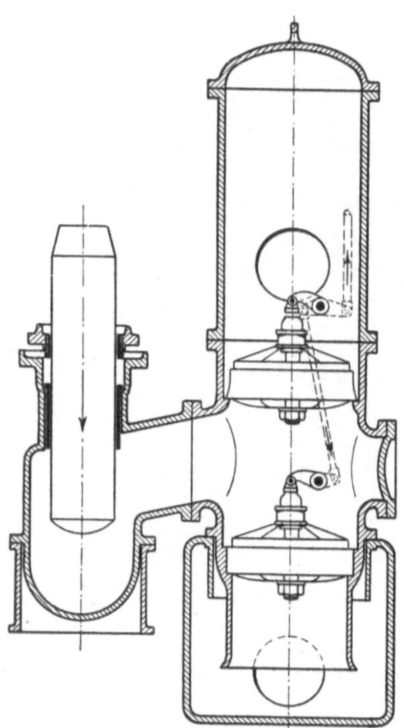

Abb. 385. Gesteuerte Pumpenventile.

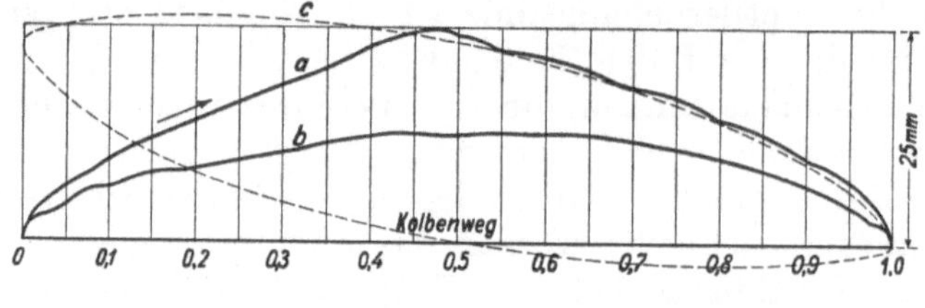

Abb. 386.

erhält man sehr günstige Zahlen, da das Schwungrad erlaubt, den Dampf weit expandieren zu lassen.

Die üblichen Drehzahlen der Pumpen liegen weit auseinander, je nach der Größe der Pumpe und der Art des Antriebes. Schnellaufende Pumpen werden kurzhubig, langsam laufende langhubig gebaut. Die Pumpenventile werden bei schnellaufenden Pumpen selbstverständlich nicht kleiner als bei langsamlaufenden; denn die Ventilgröße hängt bei gleichem Hube und gleicher Spaltgeschwindigkeit nur von der Durchflußmenge ab.

187. Schwungradlose Pumpen. Schwungradlose Pumpen sind Dampfpumpen oder Druckluftpumpen ohne Kurbeltrieb. Der Kolbenhub ist nicht zwangläufig festgelegt, und der Dampfzylinder kann nicht von einer Kurbelwelle gesteuert werden. Durch Steuerungen besonderer Art ist der Kolbenlauf zu begrenzen und umzusteuern. Es gibt Simplex- und Duplexpumpen. Die Simplexpumpen sind einachsig, und der antreibende Dampfzylinder wird mit Hilfe einer Vorsteuerung von seiner eigenen Kolbenstange gesteuert. Bei den zweiachsigen Duplexpumpen, welche die ursprüngliche und verbreitetere Bauart schwungradloser Pumpen darstellen, liegen zwei Pumpen nebeneinander, deren Dampfzylinder sich gegenseitig steuern.

[1] Nach Berg: Die Kolbenpumpen. [2] Vgl. Ziffer 83.

Abb. 387 zeigt eine von Klein, Schanzlin & Becker ausgeführte Simplexpumpe. Der doppeltwirkende Plunger hat eine innenliegende, von außen nachstellbare Stopfbüchse. Von der den Dampfkolben und den Plunger verbindenden Kolbenstange wird die Schwinge *a* mitgenommen und stellt, indem sie mit *b* gegen die Stange *c* des Hilfsschiebers *d* stößt, diese Vorsteuerung um, wenn sich der Kolben dem einen oder andern Hubende nähert. Indem die Vorsteuerung die auf die Stirnflächen des Hilfskolbens *e* wirkenden Dampfdrücke — Frischdampfdruck und Auspuffdruck — vertauscht, wird auch der Hilfskolben und der von ihm mitgenommene eigentliche Verteilungsschieber *f* umgesteuert, und der Dampfkolben erhält, nachdem er den Hauptkanal *g* überlaufen und den eingeschlossenen Dampf verdichtet hat, durch den Hilfskanal *h* Frischdampf, der ihn umkehren läßt.

In der Abb. 388 ist eine von der Firma Weise & Monski, Halle a. S., ausgeführte Duplexpumpe dargestellt. Die Dampfzylinder haben 300 mm, die Plunger 160 mm Durchmesser und der Hub ist 250 mm. Die dargestellte Pumpe entspricht der ältesten Duplexpumpe, der Worthingtonpumpe. Abb. 389 zeigt schematisch die Wirkung der Worthingtonsteuerung. Die Dampfzylinder haben an jedem Ende einen außenliegenden Einströmkanal *e* und einen innenliegenden Ausströmkanal *a*. Wenn der Kolben gegen Hubende den Ausströmkanal überlaufen hat, wird der eingeschlossene Dampf verdichtet und der Kolben stillgesetzt. Die Kolben bewegen wechselseitig ihre Schieber, und zwar bewegt Kolben *I* den Schieber *II* durch einen doppelarmigen, Kolben *II* den Schieber *I* durch einen einarmigen Hebel. Im Schieberantrieb ist toter Gang. In der in Abb. 389 oben dargestellten Lage wird gerade Kolben *I* umgesteuert, weil Schieber *I*, bewegt vom Kolben *II*, gerade den unteren Einströmkanal öffnet. In der unten dargestellten Lage wird gerade Kolben *II* umgesteuert, weil Schieber *II*, bewegt vom Kolben *I*, gerade den unteren Einströmkanal öffnet. Jeder Kolben setzt also den anderen in Gang, ehe er selbst seine Endstellung erreicht, so daß die Pumpe nicht zum Stillstand kommt. Abb. 390 veranschaulicht den Zusammenhang der Bewegungen beider Kolben. Der eine Kolben läuft dem anderen nach, und wenn ein Kolben umkehrt, ist der andere noch in Bewegung. Auf dem größten Teile des Hubes bewegen sich die Kolben annähernd gleichförmig.

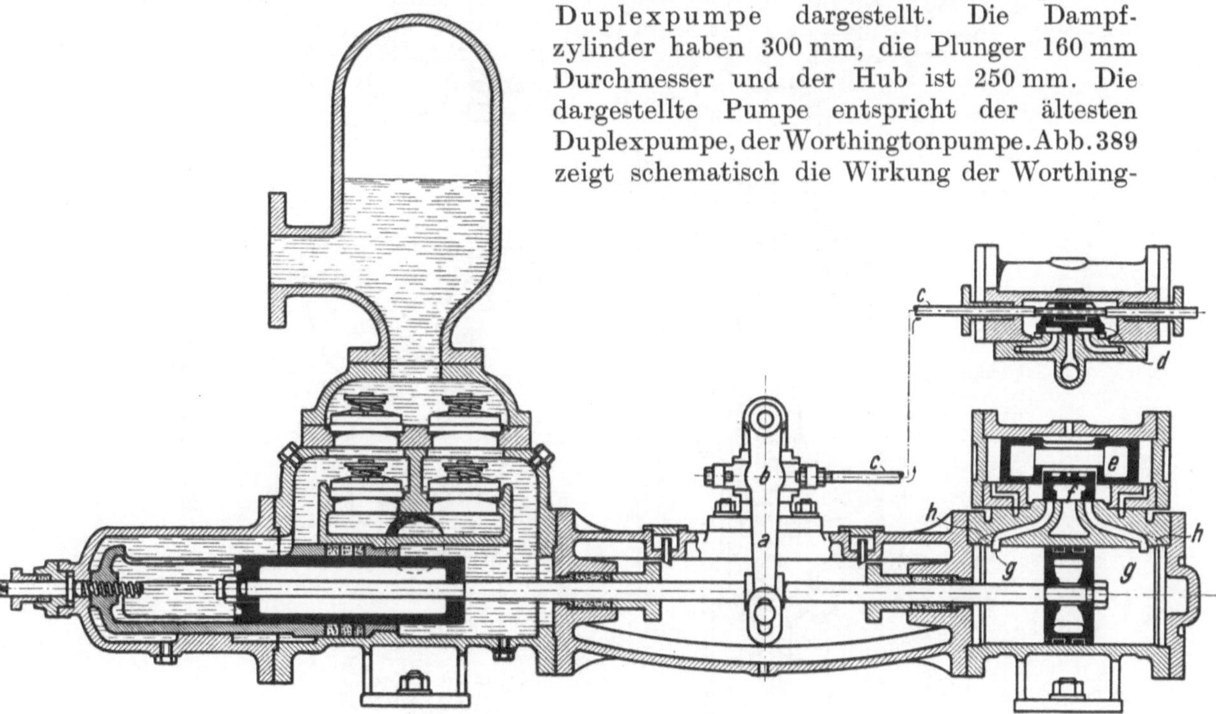

Abb. 387. Simplexpumpe.

Weil die Dampfzylinder volle Füllung bekommen, brauchen diese schwungradlosen

Pumpen viel Dampf. Bei höheren Dampfdrücken ordnet man deshalb auch bei mäßigen Pumpenleistungen zwecks besserer Ausnutzung des Dampfes Hochdruck- und Nieder-

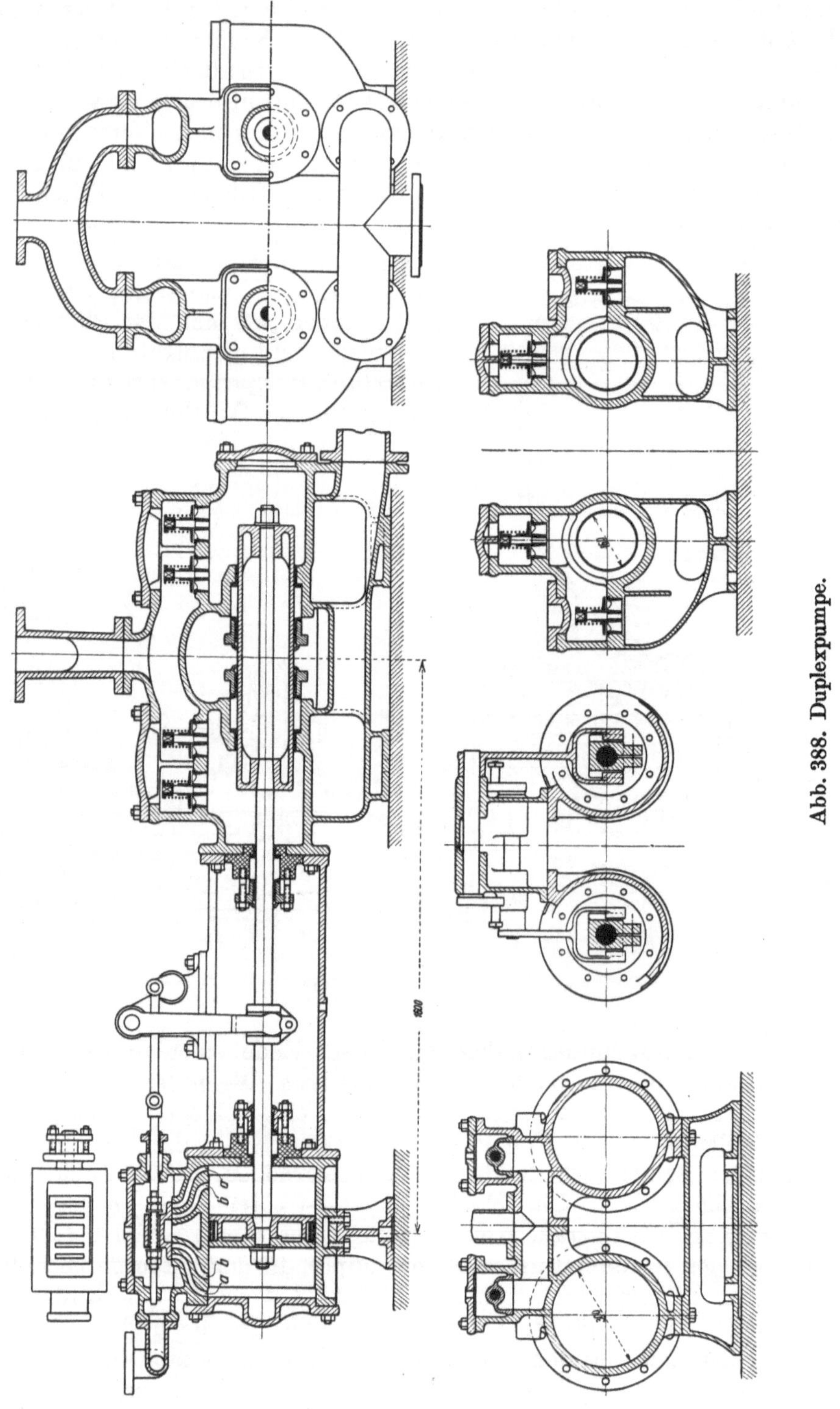

Abb. 388. Duplexpumpe.

druckzylinder an. An und für sich entspricht, weil die Kolben erst zu beschleunigen, dann zu verzögern sind, ein während des Hubes abnehmender Dampfdruck, d. h. eine gewisse Expansion, den gegebenen Bedingungen; zugleich ist so der Dampfverbrauch herabminderbar. Die Duplexpumpen der Maschinenfabrik Oddesse werden deshalb, abgesehen von kleinen Ausführungen, mit einer Expansionsschiebersteuerung ausgerüstet, die nach Art der Meyersteuerung wirkt. Der Verteilungsschieber wird von der Kolbenstange der Nebenpumpe, der Expansionsschieber von der Kolbenstange der eigenen Pumpe angetrieben.

Schwungradlose Pumpen werden vielfach als Kesselspeisepumpen und für andere Zwecke angewendet. Im unterirdischen Grubenbetriebe sind viele kleinere Duplexpumpen im Gebrauch, die mit Druckluft betrieben werden. Die Vorzüge der schwungradlosen Pumpen sind niedrige

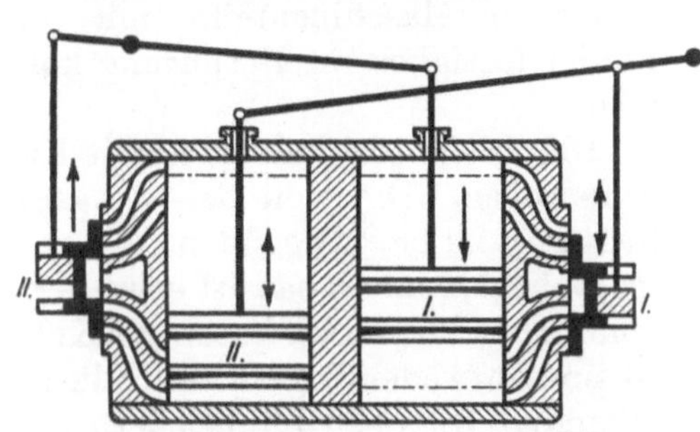

Abb. 389. Schema der Duplexpumpe.

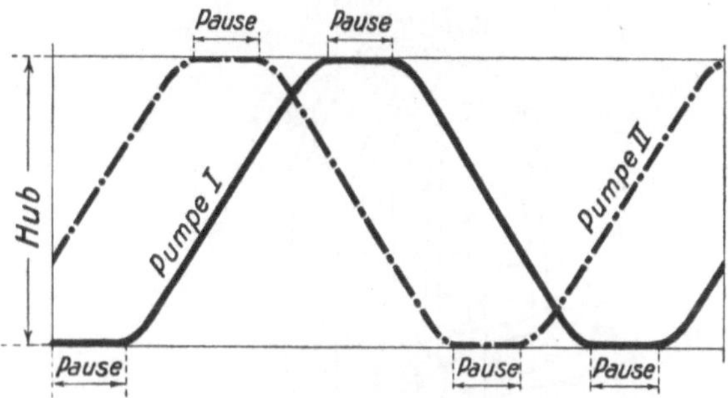

Abb. 390. Zusammenhang der Kolbenbewegungen bei Duplexpumpen.

Anschaffungskosten, geringer Raumbedarf, Anspruchslosigkeit in bezug auf Wartung, denen als Nachteil der höhere Dampfverbrauch gegenübersteht Die erreichbare Zahl der Doppelhübe ist bei kleineren Pumpen größer als bei großen. Im Mittel rechne man,

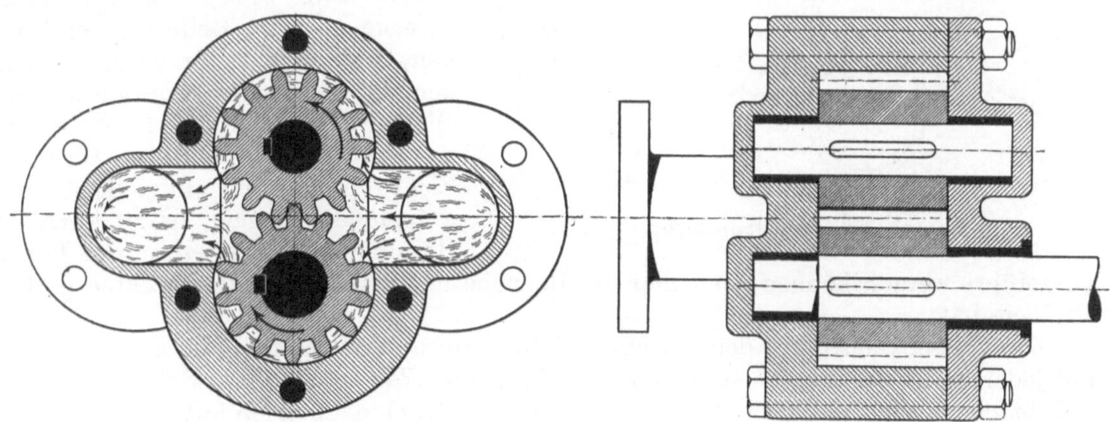

Abb. 391. Zahnradpumpe.

daß die Pumpen minutlich bis 60 Doppelhübe machen. Die Hubzahl wird geregelt, indem man den treibenden Dampf mehr oder weniger drosselt.

188. Zahnradpumpen. Kapselpumpen. Membranpumpen. Zahnradpumpen sind ebenso wie die Kolbenpumpen Verdrängerpumpen. Sie werden bei Dampfturbinen angewendet, um das Drucköl für die Schmierung der Lager und die Betätigung der Druckölsteuerung zu erzeugen. Bei Eisenbearbeitungsmaschinen werden kleinere Zahnradpumpen angewendet, um dem schneidenden Werkzeuge Seifenwasser zuzupumpen. *Abb. 391 zeigt eine Zahnradpumpe*, deren Wirkung durch die eingezeichneten Pfeile verständlich gemacht ist. Kapselpumpen werden einachsig, meist zweiachsig, auch dreiachsig ausgeführt[1].

Die Membranpumpen (Diaphragmapumpen) besitzen an Stelle des Kolbens eine am äußeren Umfange mit dem Pumpengehäuse dicht verbundene Membran *a* (Abb. 392), die durch eine Kolbenstange *c* auf und nieder bewegt werden kann und die gleiche Wirkung wie ein Kolben ausübt. Die aus Gummi oder Leder hergestellte Membran ist entweder geschlossen oder durchbrochen und mit einem Ventil versehen. Abb. 392 zeigt einen Schnitt durch eine Membranpumpe (Weise Söhne, Halle), die als Saug- und Druckpumpe mit geschlossener Membran gebaut ist. Die Kugeln der Ventile *d* und *e* sind aus Eisen mit Gummiüberzug. Membranpumpen eignen sich bei geringen Druckhöhen (bis 15 m) vorteilhaft für die Förderung von sand- und schlammhaltigem Wasser, da keine reibenden Maschinenteile mit der Förderflüssigkeit in Berührung kommen.

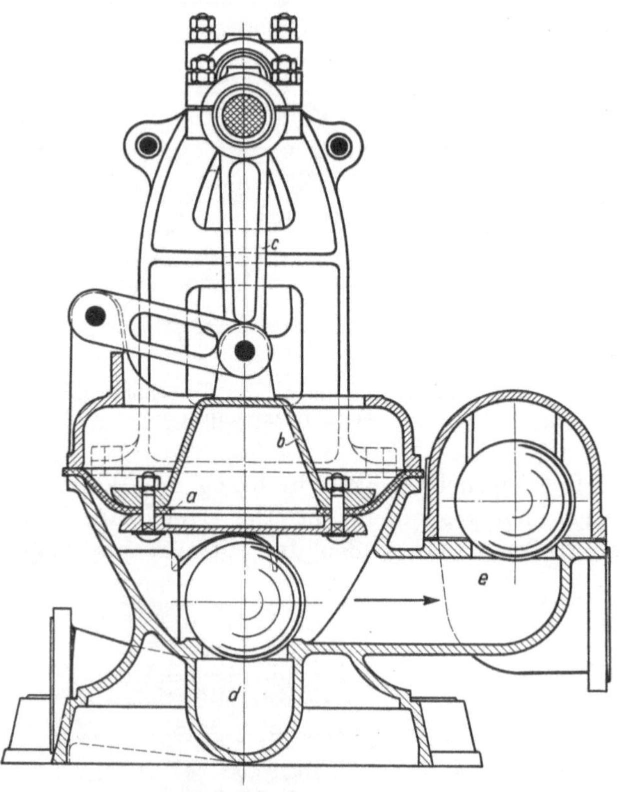

Abb. 392. Membranpumpe.

189. Die Wasserhaltungen mit Kolbenpumpen. Die von der Wasserhaltung zu bewältigenden Wasser — im Ruhrkohlenbergbau ist etwa 2- bis 3mal mehr Wasser zu heben als Kohle — sind entweder Tageswasser, die unmittelbar von oben durchsickern, oder Grundwasser, die häufig von weit auf uns unbekannten Wegen herkommen. Das Wasser fließt in den Wasserseigen der Strecken und Querschläge nach dem Schacht in den sogenannten Sumpf. Der Sumpf ist eine lange Strecke oder eine Reihe solcher Strecken, die einige Meter unter der Fördersohle liegen. Im Sumpfe soll das Wasser den Schlamm absetzen, und der Sumpf soll die Zuflüsse für einige Zeit — mindestens einige Stunden — aufnehmen können, damit kurze Instandhaltungsarbeiten an der Pumpe ausgeführt werden können, und man im Betriebe der Wasserhaltungsmaschine größere Freiheit hat.

Die Wasser fließen auf den einzelnen Sohlen zu, und es entsteht die Frage, ob man auf jeder Sohle Pumpen aufstellt, ob man dabei die Wasser von einer Sohle der andern zuhebt oder gleich zutage hebt, oder ob man den Maschinenbetrieb auf einer oder zwei Sohlen, auf die das Wasser der oberen Sohlen herabfällt, zusammendrängt. Regeln lassen sich nicht geben, da die Verhältnisse sehr verschieden liegen. Den Maschinenbetrieb auf einer Sohle zusammenzudrängen, hat große Vorteile; es ist aber damit, wenn man das Gefälle von den oberen Sohlen, wie es vielfach geschieht, nicht ausnutzt, eine beträchtliche Energievergeudung verbunden. Dieser Übelstand fällt fort, wenn man das Wasser von der oberen Sohle mit Druck in die Pumpe auf der unteren Sohle eintreten läßt. Über diesen Betrieb mit Abfallwasser, der sowohl mit Kolbenpumpen als mit Kreiselpumpen durchführbar ist, vgl. Ziffer 176 und Abb. 369.

[1] Wegen Kapselpumpen, Flügelpumpen vgl. Berg: Kolbenpumpen. Wegen Strahlpumpen, Pulsometer, Mammutpumpen siehe Heise-Herbst, 2. Band.

Bei den Wasserhaltungsmaschinen ist die älteste, die **Gestängewasserhaltung** — zu ihrer Zeit ein Meisterwerk des Maschinenbaues —, aus dem Wettbewerb ausgeschieden. Sie war teuer, schwer und nicht leistungsfähig genug. Wegen der Pumpen selbst vgl. die frühere Abb. 373. Etwa 1870 wurden bei uns die unterirdischen **Dampfwasserhaltungen** eingeführt, die im Laufe der Jahre große Verbreitung fanden. Mit dem Wasser, das sie heben, ist der Dampf, den sie brauchen, niederzuschlagen; deshalb ist die Teufe, für die sie anwendbar sind, begrenzt. Braucht nämlich eine Wasserhaltung,

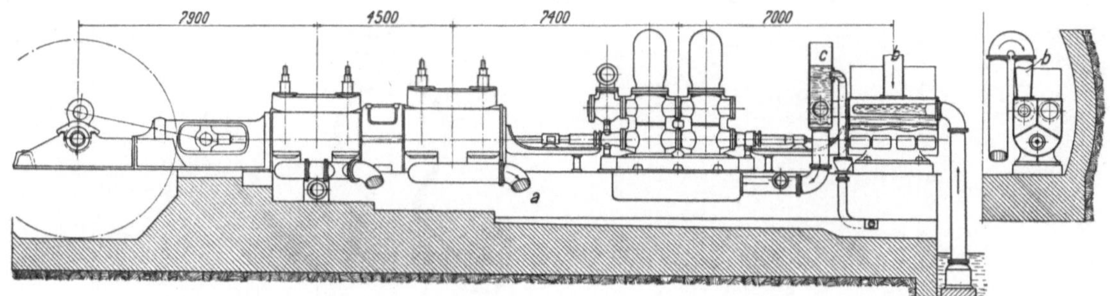

Abb. 393. Wasserhaltung mit Dampfkolbenpumpe für 25 m³/min aus 500 m Teufe.

bezogen auf gehobenes Wasser, 9 kg Dampf/PSh und rechnet man für das Niederschlagen des Dampfes die 30fache Wassermenge, so sind für 1 PSh $30 \cdot 9 + 9 = 279$ kg Wasser aus der Teufe $\frac{270000}{279} =$ rd. 1000 m hebbar (1 PSh = 270000 mkg).

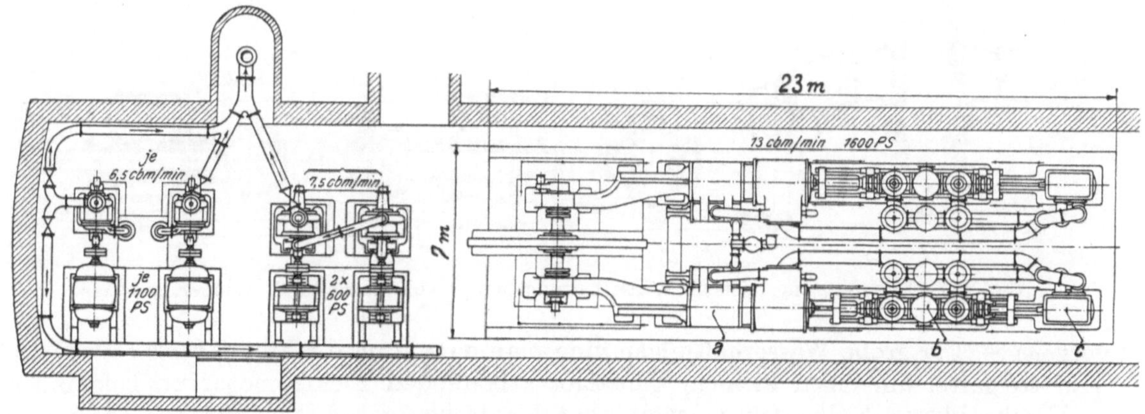

Abb. 394. Dampfkolbenwasserhaltungspumpe für 13 m³/min im Vergleich mit elektrischer Turbowasserhaltung für 20,5 m³/min.

Ein schwerwiegender Nachteil der Dampfwasserhaltungen ist, daß die Dampfleitung dauernd unter Dampf stehen muß. Dieser Nachteil macht sich besonders bemerkbar, wenn die Wasserhaltung wenig zu tun hat. Ist sie aber angestrengt tätig, verwendet man hohe Dampfdrücke und hohe Dampfgeschwindigkeiten, so fallen die Nachteile der Schachtleitung weniger ins Gewicht und die Dampfwasserhaltung arbeitet wirtschaftlich.

Abb. 393 (Haniel & Lueg) veranschaulicht die größte je gebaute Dampfwasserhaltung (Zeche Gneisenau). Sie hebt minutlich 25 m³ aus 500 m Teufe bei $n = 60$ Umdr./min. Die Pumpe ist eine Zwillingsdoppelplungerpumpe mit Antrieb durch eine Dreifachexpansionsdampfmaschine mit geteiltem Niederdruckzylinder in Verbindung mit einem Mischkondensator.

Eine Dampfkolbenwasserhaltung beansprucht große Grundfläche, d. h. große und teure Pumpenkammern. Abb. 394 (Zeche Viktor I) läßt deutlich die Überlegenheit der elektrisch angetriebenen Turbowasserhaltung hinsichtlich des Platzbedarfes erkennen.

Die Kolbenpumpe fördert 13 m^3/min, die Turbowasserhaltung insgesamt 20,5 m^3/min. Auf gleiche Fördermenge bezogen braucht die Kolbenpumpe etwa den dreifachen Platz. Die Antriebsleistung der elektrisch angetriebenen Turbopumpen ist allerdings rd. ⅓ größer.

Elektrisch, und zwar durch Drehstrom angetriebene Kolbenwasserhaltungen wurden schon vor mehreren Jahrzehnten eingeführt und verdrängten trotz ihres Nachteiles, daß ihre Drehzahl nicht wirtschaftlich regelbar ist, den Dampfantrieb. Ursprünglich trieb man nur kleine Wasserhaltungskolbenpumpen elektrisch an, und zwar mittels Räder-

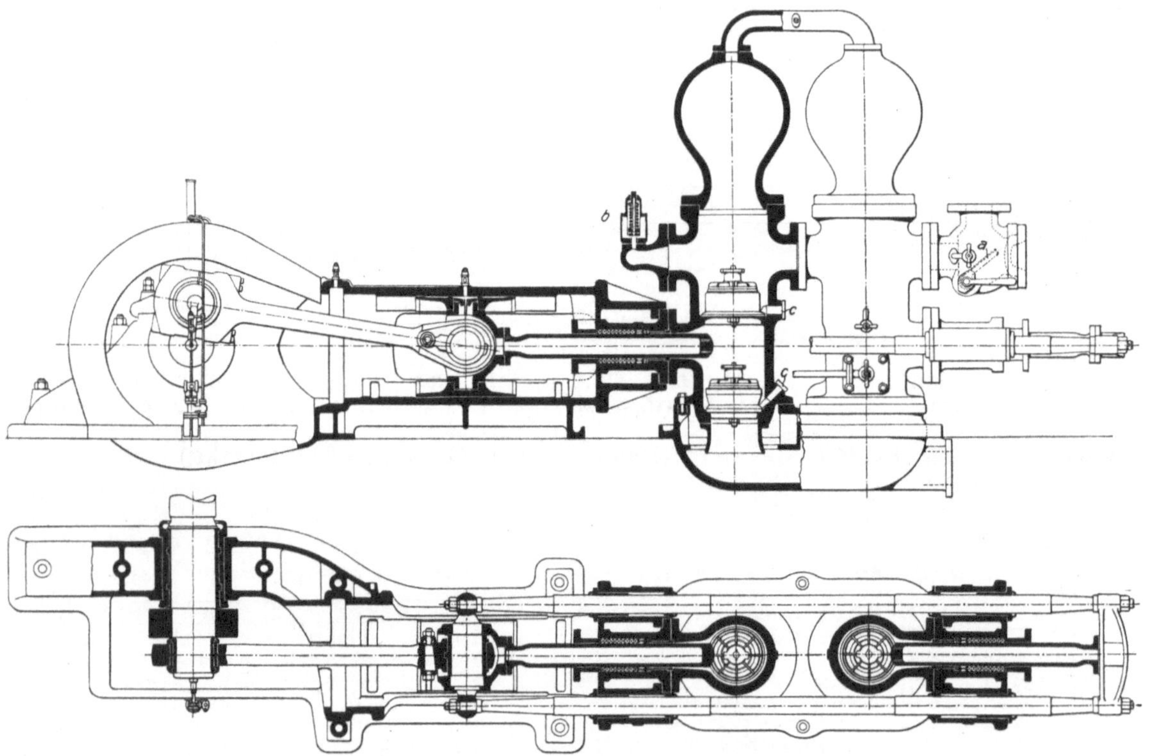

Abb. 395. Elektrisch angetriebene Wasserhaltungspumpe von Ehrhardt & Sehmer. $n = 145$.

vorgeleges. Für große Wasserhaltungen ging man dann zum direkten Antrieb über, und man steigerte, um einen kleinen, günstiger arbeitenden Elektromotor zu bekommen, die Drehzahl der Kolbenpumpe weit über die bisher gewohnten Drehzahlen hinaus. Abb. 395 veranschaulicht eine von Ehrhardt & Sehmer gebaute, mit $n = 145$ betriebene Doppelplungerpumpe, die zwar mit Rücksicht auf die hohe Drehzahl konstruiert, aber sonst normal ausgeführt ist. Elektrisch angetriebene Kolbenwasserhaltungen arbeiten durchaus wirtschaftlich; sie sind zwar teurer als Wasserhaltungen mit Turbopumpen, verbrauchen aber erheblich weniger elektrische Energie und ihr Wirkungsgrad hält sich besser als derjenige der Turbopumpen, die mehr unter Verschleiß leiden.

190. Die Pumpenleitungen. Wegen der Berechnung der Druckverluste in Wasserleitungen vgl. Abschnitt VI. In den Saugleitungen wählt man die Wassergeschwindigkeit etwa 0,8 bis 1 m/s. Für Druckleitungen geht man mit der Wassergeschwindigkeit höher, bis 2 m/s. Im Einzelfalle ist die Höhe des zu erwartenden Druckverlustes zu berechnen. Die Steigleitungen der Wasserhaltungen erhalten Flanschen mit Nut und Feder.

XX. Kreiselpumpen, Turbopumpen.

191. Überblick, Art und Wirkung der Kreiselpumpen. Bei einer Kreiselpumpe (auch Schleuder- oder Zentrifugalpumpe genannt) wird das Wasser von einem Schaufelrad gefördert, das sich in einem Gehäuse schnell dreht und dem Wasser durch Fliehkraftwirkung Druck- und Geschwindigkeitssteigerung erteilt. Je nach dem erzeugten Druck unterscheidet man Niederdruckkreiselpumpen (bis etwa 15 mWS) Mitteldruckkreiselpumpen (bis etwa 50 mWS) und Hochdruckkreiselpumpen (über 50 mWS). Nieder- und Mitteldruckpumpen werden mit einem, Hochdruckpumpen immer mit mehreren, hintereinander geschalteten Schaufel- oder Laufrädern gebaut. Kreiselpumpen eignen sich nur für große Förderleistungen; bei kleinen Förderleistungen sind ihnen die Kolbenpumpen überlegen. Als Maschine mit reiner Drehbewegung bei hoher Drehzahl ist die Kreiselpumpe besonders für den unmittelbaren Antrieb durch Elektromotoren und Dampfturbinen geeignet. Die Kreiselpumpen wurden ursprünglich nur für große Fördermengen bei niedrigen Druckhöhen angewendet, insbesondere zur Förderung unreinen, sandigen, schlammigen Wassers. Wegen ihrer Leistungsfähigkeit, Billigkeit, Unempfindlichkeit ist die Kreiselpumpe, die keine Kolben, keine Ventile hat, für die genannten Aufgaben der Kolbenpumpe weit überlegen. Nachdem man die Kreiselpumpe durch Einbau von Leiträdern und mehrstufige Anordnung für die Erzeugung höherer Drücke befähigt hat, wird sie weitgehend als Kesselspeise-, Wasserwerks-, Wasserhaltungs- und Preßpumpe verwendet.

Das Wasser tritt axial in das Schaufelrad der Pumpe ein, läuft in den Schaufelkanälen infolge der Fliehkraft etwa radial zum Umfang des Schaufelrades und wird von dort etwa tangential abgeschleudert. Die an der Welle zugeführte mechanische Energie empfängt das Wasser im Laufrad zum Teil in der gewünschten Druckenergie, zum Teil als kinetische oder Geschwindigkeitsenergie; indem das vom Rade mit großer Geschwindigkeit abgeschleuderte Wasser in einer geeigneten Vorrichtung, wie in einem im Querschnitt sich vergrößernden Spiralgehäuse oder zwischen besonderen Leitschaufeln, verzögert wird, erfährt das Wasser eine weitere Drucksteigerung durch Umsetzen eines Teiles seiner Geschwindigkeitsenergie in Druckenergie. Ein mehr oder weniger großer Geschwindigkeitsanteil muß dem Wasser jedoch verbleiben, um die Strömung durch Pumpe und Leitung zu bewirken.

Wird das Wasser aus dem Laufrad in ein Leitrad (feststehendes Rad mit Leitschaufeln) ausgeworfen, so nennt man eine solche Kreiselpumpe auch Turbopumpe. Leiträder ordnet man bei Kreiselpumpen für höhere Drücke und insbesondere bei mehrstufigen Pumpen an; das Wesen der Pumpe wird aber nicht dadurch bestimmt, ob ein Leitrad vorhanden ist oder nicht, so daß grundsätzlich Kreiselpumpen mit und ohne Leitrad übereinstimmen. Man kann eine Turbopumpe als Umkehrung einer Radialturbine, z. B. nach Abb. 188, auffassen. Ein bedeutsamer Unterschied besteht darin, daß die Wirkung der Turbine nicht auf der Wirkung der Fliehkraft beruht, während bei der Turbopumpe oder allgemein bei der Kreiselpumpe die Fliehkraftwirkung entscheidend ist.

Die Saugwirkung der Kreiselpumpe ist dieselbe wie bei der Kolbenpumpe. Die erreichbare Saughöhe kommt zwar infolge der Strömungswiderstände in der Saugleitung auch nicht auf den theoretischen Wert von 10,33 m, ist aber mit etwa 7 bis 8 m größer als bei der Kolbenpumpe. Das rührt daher, daß wegen der gleichmäßigen Wasserströmung keine Beschleunigungswiderstände zu überwinden sind, und daß infolge Fehlens des Saugventiles auch der Saugventilwiderstand fortfällt.

Abb. 396 zeigt schematisch eine Kreiselpumpe einfachster Bauart, deren Laufrad in ein sogenanntes Spiralgehäuse mit Diffusor auswirft. Am Laufrade sind drei verschiedene Schaufelformen angedeutet: *I* ist die radiale, *II* die rückwärtsgekrümmte, *III* die vorwärtsgekrümmte Form. Diese Unterscheidung bezieht sich nur darauf, wie die Schaufeln außen enden. Denn am inneren Ende sind alle Schaufeln gleich gekrümmt, nämlich so, daß sie bei der Drehung in das zuströmende Wasser einschneiden. Der

Drehsinn des Schaufelrades ist also dadurch festgelegt, wie die Schaufeln am inneren Ende geformt sind. Beim dargestellten Schaufelrade ist nur der eingezeichnete Umlaufsinn möglich. Würde man das Rad verkehrt auf die Welle stecken, so würden die Schaufelenden mit ihrem Rücken auf das zuströmende Wasser schlagen, und die Pumpe würde weniger Wasser und weniger hoch fördern.

Wie hoch eine Kreiselpumpe eine Flüssigkeit zu fördern vermag, hängt nicht davon ab, ob die Flüssigkeit schwer oder leicht ist. Wenn nämlich eine Pumpe auf dem Versuchstande reines Wasser 600 m hoch fördert, so fördert sie als Wasserhaltungspumpe mit derselben Drehzahl Sole, die schwerer als Wasser ist, ebenfalls 600 m hoch. Der von der Pumpe erzeugte, in at gemessene Druck und die Antriebsleistung der Pumpe ändern sich selbstverständlich proportional dem spezifischen Gewicht der geförderten Flüssigkeit.

Theoretisch erzeugt ein Schaufelrad mit radial endenden Schaufeln, dessen Umfangsgeschwindigkeit v m/s ist, einen Druck $= \frac{v^2}{g}$ m Flüssigkeitssäule. In den Schaufelkanälen wird durch die Fliehkraft der Anteil $\frac{v^2}{2g}$ erzeugt, und durch Umsetzen der Geschwindigkeit in Druck erhält man im Gehäuse oder im Leitrade ebenfalls den Anteil $\frac{v^2}{2g}$. Bei vorwärtsgekrümmten Schaufeln ist der gesamte erzeugte Druck größer als $\frac{v^2}{g}$, weil das Wasser mit größerer Geschwindigkeit als bei radialen Schaufeln abgeschleudert wird, und bei rückwärtsgekrümmten Schaufeln ist der gesamte erzeugte Druck kleiner als $\frac{v^2}{g}$, weil das Wasser mit geringerer Geschwindigkeit abgeschleudert wird (vgl. Abb. 396). Die rückwärtsgekrümmte Schaufelform ist jedoch vorzuziehen, weil bei ihr das Wasser durch die Fliehkraft eine geringere Beschleunigung, dafür aber eine um so größere direkte Drucksteigerung im Schaufelkanal erfährt, welche günstiger ist als die mit größeren Verlusten wirkende Umsetzung von Geschwindigkeit in Druck im Leitkanal. Dazu kommt, daß sich bei vorwärtsgekrümmten Schaufeln der erzeugte Druck viel stärker mit der Fördermenge ändert, als bei rückwärtsgekrümmten Schaufeln, so daß für Pumpen, die hauptsächlich statischen Druck zu überwinden haben, vorwärtsgekrümmte Schaufeln überhaupt nicht in Frage kommen. Aus diesem Grunde werden Kreiselpumpen fast ausschließlich mit rückwärtsgekrümmten Schaufeln ausgeführt.

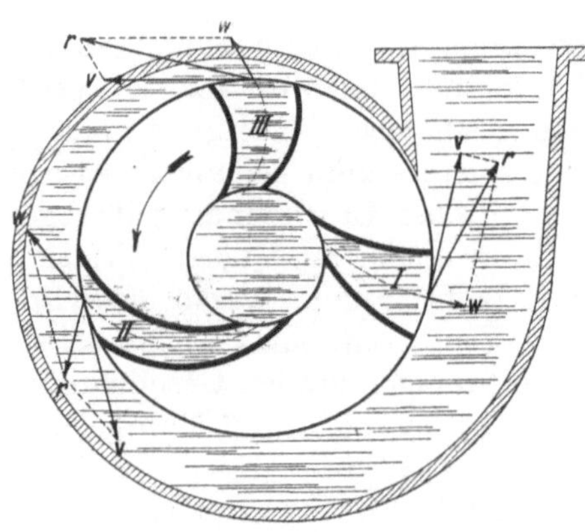

Abb. 396. Schema der Kreiselpumpe.

Eine Pumpe mit rückwärtsgekrümmten Schaufeln üblicher Form erzeugt theoretisch einen Druck von etwa $\frac{v^2}{13}$ m Flüssigkeitssäule. (Je stärker die Schaufeln nach rückwärts gekrümmt sind, um so kleiner ist der erzeugte Druck.) Die tatsächlich erreichbare Förderhöhe ist wegen der Verluste erheblich kleiner. Man rechnet, daß Wasserhaltungspumpen etwa $\frac{v^2}{18}$, gute Niederdruckpumpen etwa $\frac{v^2}{22}$ m hoch fördern, wobei kleine Druckverluste in den Leitungen vorausgesetzt sind.

Mit der Umfangsgeschwindigkeit der Schaufelräder geht man nur auf 35 bis 39 m/s, weil sonst die Räder zu sehr verschleißen. Bei großen Wassermengen (über 10 m³/min) läßt man bei Verwendung von Spezialwerkstoffen auch 45 bis 50 m/s zu. Mit einem Rade sind also bei Wasserhaltungen Förderhöhen von $\frac{35^2}{18}$ bis $\frac{39^2}{18}$, d. h. von höchstens rd. 68 bis 84 m überwindbar, so daß man nicht mit einem Rade auskommt, sondern mehrere Räder hintereinander schalten muß. Dem stehen aber keine Bedenken entgegen, weil der Wirkungsgrad der mehrstufigen Pumpe nicht schlechter, sondern sogar besser als der der einstufigen ist. In einem Gehäuse vereinigt man bis zu 6, höchstens 10 Räder; reichen die nicht aus, muß man zwei Pumpensätze hintereinander schalten. Über die konstruktive Ausbildung der mehrstufigen Pumpen siehe Ziffer 194.

192. Leistungen und Wirkungsgrade von Kreiselpumpenanlagen. Die Nutzleistung einer zum Heben von Wasser dienenden Kreiselpumpenanlage und der Gesamtwirkungsgrad der Anlage sind gemäß Ziffer 180, die Nutzleistung einer Kreiselpumpe, die p_{at} Druck erzeugt, und ihr Wirkungsgrad gemäß Ziffer 179 zu berechnen. Die Antriebsleistung muß beträchtlich größer als die auf gehobenes Wasser bezogene Nutzleistung sein. Neben der Erzeugung der Druckhöhe müssen große Reibungswiderstände des in den Schaufelkanälen schnell strömenden Wassers überwunden werden; ein Teil der zugeführten Energie geht bei der Umsetzung der Strömenergie in Druckenergie verloren, ein anderer Teil wird zur Erhaltung der Leitungsströmung verbraucht. Die durch Undichtheiten entstehenden Spaltverluste sowie die mechanischen Verluste durch Stopfbüchsen- und Lagerreibung sind zu decken. Insgesamt sind die Verluste bedeutend größer als bei Kolbenpumpen, so daß sich bei besten Hochdruckpumpen nur Wirkungsgrade von etwa 75 bis 78% ergeben. Kleinere, einstufige Pumpen haben mit Leitrad etwa 65 bis 70%, solche mit Spiralgehäuse etwa 55 bis 65% Wirkungsgrad. Verschleiß und Verschmutzung setzen den Wirkungsgrad weiter herab. Überschläglich kann man die Antriebsleistung einer Wasserhaltung mit Kreiselpumpen $= 0{,}25 \cdot Q \cdot h$ kW setzen, wenn Q m³/min auf h m Höhe zu fördern sind. Wegen des erheblich schlechteren Wirkungsgrades der Kreiselpumpen wird also die Antriebsleistung der Wasserhaltung mindestens 20% größer als bei einer Kolbenpumpenanlage (vgl. Ziffer 180).

193. Verhalten der Kreiselpumpen bei Änderung der Fördermenge, der Drehzahl und der Druckhöhe. Die Kennlinien der Kreiselpumpen. Die sehr verwickelten Verhältnisse lassen sich rechnerisch schwer verfolgen, aber zeichnerisch bequem übersehen. Die Grundlage bildet das Qh-Diagramm, das zeigt, wie sich der von der Pumpe bei unveränderter Drehzahl erzeugte Druck ändert, wenn sich die Fördermenge ändert. Bei der Fördermenge Null, d. h. wenn die Pumpe gegen den geschlossenen Absperrschieber wirkt, wird der Druck hauptsächlich durch die Fliehkraft und nur zu einem geringen Teile durch Umsetzung von Geschwindigkeit in Druck erzeugt, indem das Laufrad, weil die Pumpe nicht völlig dicht ist, ein wenig Wasser abschleudert und wieder ansaugt. Je mehr man den Absperrschieber öffnet, je mehr Wasser vom Schaufelrad abgeschleudert wird, um so mehr Druck wird durch Umsetzung von Geschwindigkeit in Druck erzeugt, so daß die Linie des erzeugten Druckes ansteigt. Das geht aber nur bis zu einer gewissen Fördermenge, weil die Strömungsverluste in der Pumpe mit der Fördermenge quadratisch zunehmen. Dann hat die Linie des erzeugten Druckes den Scheitelpunkt erreicht, und fällt wieder ab. Bei den meisten Kreiselpumpen und auch bei den Kreiselgebläsen hat die Linie des erzeugten Druckes den gekennzeichneten Verlauf, daß mit zunehmender Fördermenge der Druck erst ansteigt, dann abfällt.

Für eine bestimmte Pumpe oder eine bestimmte Pumpenart wird die Linie des erzeugten Druckes auf dem Versuchstande aufgenommen. Abb. 397 zeigt die im Maschinenlaboratorium der Bochumer Bergschule vorhandene Versuchsanordnung. Die mehrstufige Turbopumpe a wird von dem Verbundgleichstrommotor b mit $n = 1500$ getrieben. Die Fördermenge wird mit dem hinter der Pumpe sitzenden Absperrschieber geregelt, der mehr und mehr geöffnet wird. Der erzeugte Druck wird mittels Vakuummeters und Manometers gemessen. Die geförderte Wassermenge, die in den Behälter c ausgegossen wird, wird mittels einer Düse gemessen, indem man die Höhe des Wasserstandes über der Düsenmündung an einem Wasserstandglase abliest[1]. Als zweite Meßeinrichtung ist ein Überfallwehr d von der Breite $B = 200$ mm vorhanden[2]. Ist bei der Messung die Drehzahl nicht genau gehalten, oder will man den Druckverlauf für eine andere, nicht sehr abweichende Drehzahl berechnen, so muß man quadratisch umrechnen. 1% Drehzahländerung verursacht also 2% Druckänderung.

[1] Über Behältermessung mit Düsen vgl. Ziffer 276. [2] Vgl. Ziffer 277.

In Abb. 398 bedeuten die Linien *I* den von einer Kreiselpumpe der Firma C. H. Jäger & Co. bei verschiedenen Drehzahlen erzeugten Druck in Abhängigkeit von der Förder-

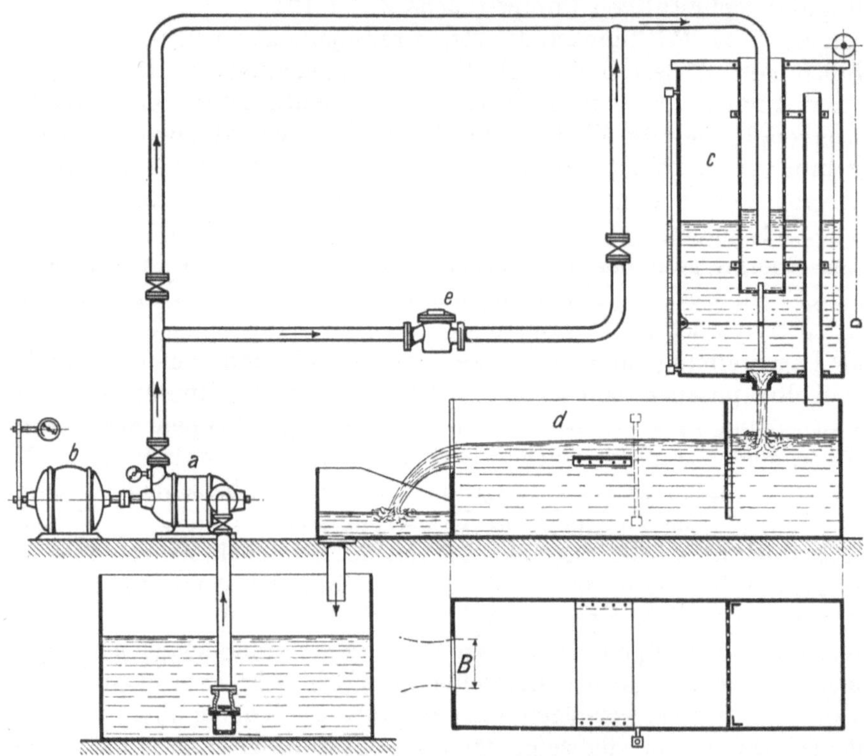

Abb. 397. Meßstand für Kreiselpumpen.

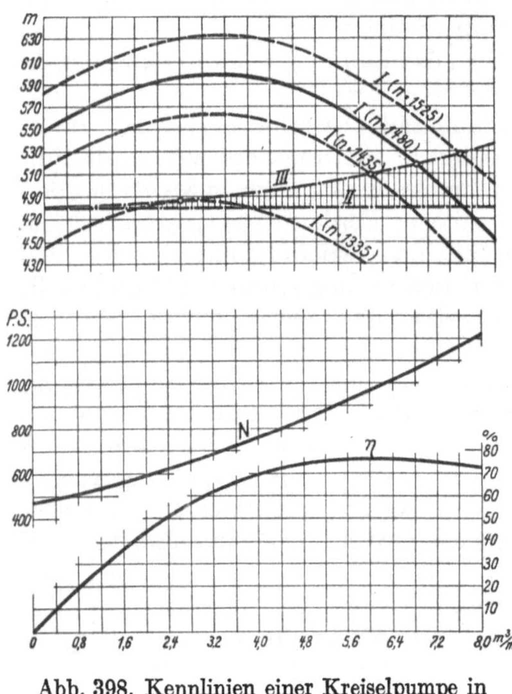

Abb. 398. Kennlinien einer Kreiselpumpe in Abhängigkeit von der Fördermenge.

menge, die normal 6,6 m^3/min ist. Linie *II* bedeutet den zu überwindenden statischen Druck, bei Wasserhaltungen die Förderhöhe, die hier 480 m beträgt. Linie *III* ist der gesamte zu überwindende Druck, bei Wasserhaltungen die manometrische Förderhöhe, d. h. die Summe des statischen Druckes und der Widerstandshöhe, die quadratisch mit der Fördermenge zunimmt[1]. Wo die Linie (*I*) des erzeugten Druckes die Linie (*III*) des zu überwindenden Druckes schneidet, auf dem Punkte arbeitet die Pumpe. Bei der normalen Drehzahl $n = 1480$ fördert die Pumpe 6,6 m^3/min gegen 520 m Druck. Bei der höchsten Drehzahl $n = 1525$ fördert die Pumpe 7,4 m^3/min, bei der niedrigsten Drehzahl $n = 1435$ 5,8 m^3/min. 1% Änderung der Drehzahl verursacht 4% Änderung der Fördermenge. Bei $n = 1335$ fällt die Pumpe ab, d. h. der Druck in der Leitung überwiegt den Pumpendruck, und das Rückschlagventil hinter der Pumpe geht nieder, worauf die Pumpe im toten Wasser weiter arbeitet. Die Pumpe ist dann stillzusetzen und von neuem anzulassen. Unterhalb der Linie für den

[1] Wegen der Berechnung der Druckverluste in der Leitung siehe Abschnitt VI.

Druckverlauf ist aufgetragen, wie sich die Antriebsleistung (N) und der Wirkungsgrad (η) der Pumpe mit der Fördermenge ändern. Bei der Fördermenge Null, wenn die Pumpe im toten Wasser arbeitet, braucht sie 480 PS, bei normaler Förderleistung 1040 PS, so daß die Pumpe, wenn sie gegen den abgesperrten Schieber arbeitet, 46% der vollen Leistung verbraucht. Der Wirkungsgrad η hält sich innerhalb der Förderleistungen, die praktisch in Frage kommen, auf ungefähr gleicher Höhe (75%), sinkt aber bei ab-

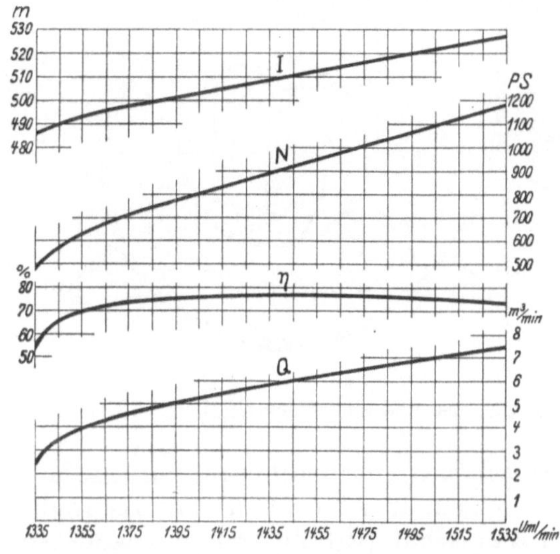

Abb. 399. Kennlinien einer Kreiselpumpe in Abhängigkeit von der Drehzahl.

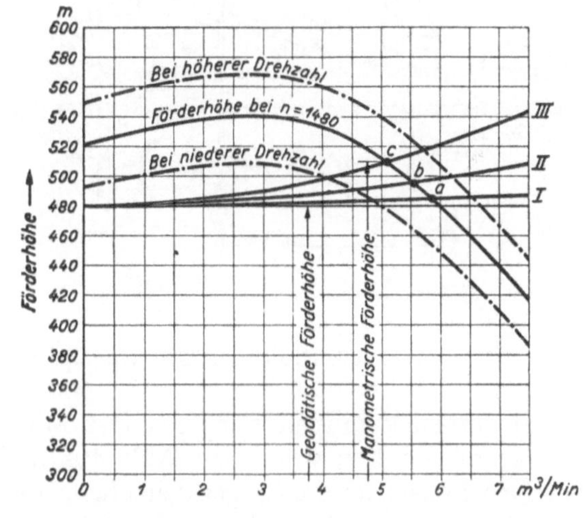

Abb. 400. Änderung der Fördermenge bei Änderung der zu überwindenden Druckhöhe.

nehmender Leistung schnell. In Abb. 399 sind für dieselbe Pumpenanlage der zu überwindende Druck (I), die Antriebsleistung (N), der Wirkungsgrad (η) und die minutliche Fördermenge (Q) in Abhängigkeit von der Drehzahl aufgetragen.

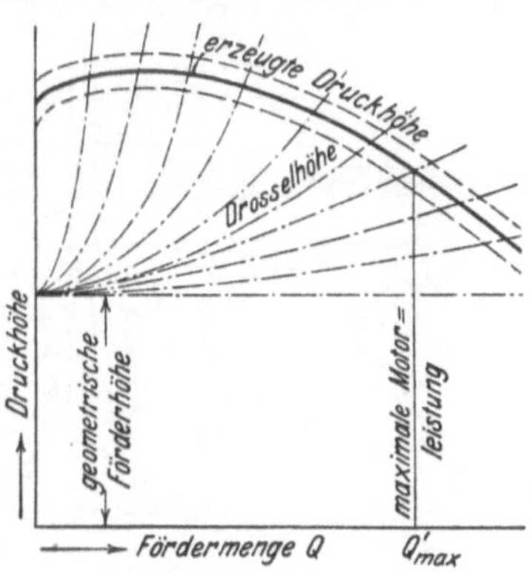

Wie sich die Pumpe verhält, wenn sich die zu überwindende Druckhöhe ändert, ergibt sich, wenn man in das Qh-Diagramm die neue Drucklinie einzeichnet. Abb. 400 (AEG) veranschaulicht den praktisch wichtigen Fall, daß mehrere, hier 3 Pumpen gleicher Art und Größe in eine gemeinsame Steigleitung fördern. Die manometrische Förderhöhe verläuft nach Linie I, wenn nur 1 Pumpe fördert, und nach den Linien II und III, wenn 2 bzw. 3 Pumpen fördern, weil der Leitungswiderstand mit der Durchflußmenge etwa quadratisch zunimmt. Im ersten Fall arbeitet die Pumpe auf Punkt a und fördert 5,8 m³/min; sind 2 Pumpen in Betrieb, so arbeiten sie auf Punkt b und fördern je 5,6 m³/min, sind alle 3 Pumpen im Betrieb, so arbeiten sie auf Punkt c und fördern je 5,2 m³/min.

Abb. 401.

Abb. 401 veranschaulicht schließlich den Fall, daß die Pumpe erheblich höhere Drücke erzeugt, als nötig ist. Dann ist der überschüssige Druck abzudrosseln, wobei die Fördermenge bis auf Null regelbar wird. Die größte zulässige Fördermenge (Q'_{max}) ergibt sich, wenn der Strommesser des antreibenden Elektromotors die höchst zulässige Stromstärke anzeigt.

194. Der Aufbau der Kreiselpumpen. Bei gegebener Drehzahl ist der Durchmesser des Laufrades durch die Förderhöhe bestimmt; bei kleinen Drehzahlen erhält man große, bei hohen Drehzahlen kleine Durchmesser. Die Breite des Laufrades ist durch die Fördermenge bestimmt. Bei kleinen Fördermengen werden die Räder schmal; damit die Räder im Verhältnis zum Durchmesser nicht zu schmal werden, ist gegebenenfalls der Durchmesser zu verringern und die Drehzahl zu erhöhen. Umgekehrt erhalten mit hoher Drehzahl laufende Räder für kleine Förderhöhen so kleine Durchmesser, daß man sie nicht so breit ausführen kann, wie es die Fördermenge erheischt; dann hilft man sich, indem man Doppelräder mit zweiseitigem Einlauf verwendet oder mehrere Räder parallel schaltet.

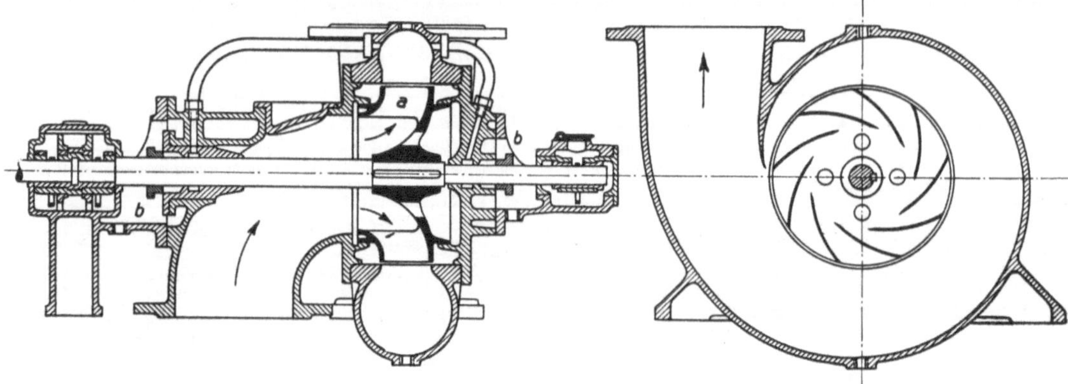

Abb. 402. Niederdruckkreiselpumpe mit Spiralgehäuse und einseitigem Einlauf.

Niederdruckpumpen werden meist mit Spiralgehäuse und anschließendem Auslaufstutzen ausgeführt, wie es die Abb. 402 und 403 zeigen. In Abb. 402 ist das Laufrad *a* mit Druckausgleichbohrungen versehen, um den Axialschub (vgl. Ziffer 195) aufzuheben. Den Stopfbüchsen *b* wird zur Abdichtung gegen das Eindringen von Luft Druckwasser

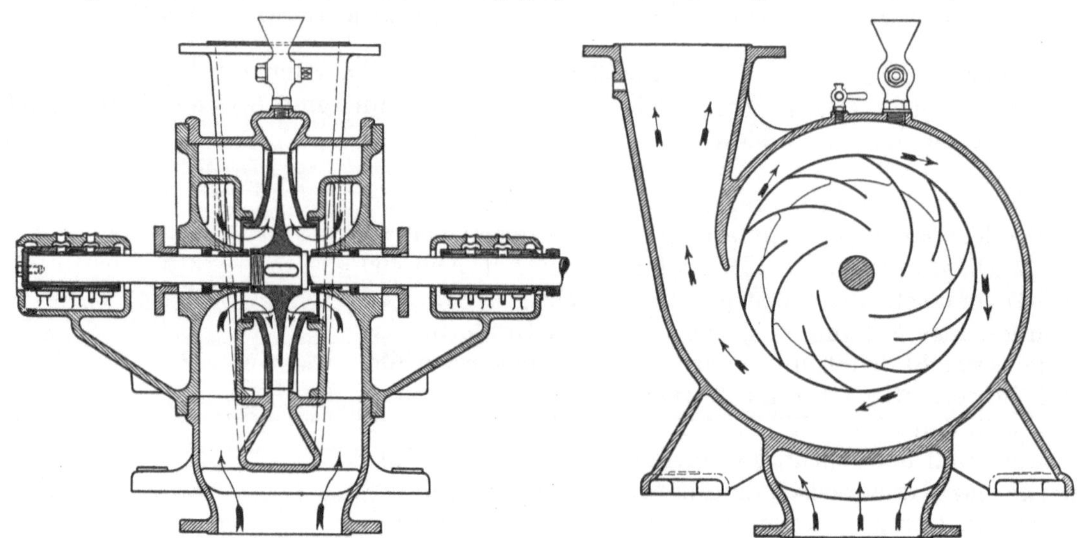

Abb. 403. Niederdruckkreiselpumpe mit zweiseitigem Einlauf (Jaeger).

aus dem Spiralgehäuse zugeführt. Bei Schmutzwasserförderung nimmt man Frischwasser zur Stopfbüchsendichtung, das gleichzeitig die Stopfbüchse reinigt und vor zu schnellem Verschleiß schützt. Die im Wasserstrom liegende Welle ist gleichfalls starker Verschleißwirkung ausgesetzt, weshalb sie häufig mit einer leicht auswechselbaren Schutzhülse umgeben wird. Besonders stark schleißen Wäschepumpen, worauf man bei der Konstruktion dadurch Rücksicht nimmt, daß man die gefährdetsten Teile besonders kräftig bzw. leicht auswechselbar ausführt.

Eine Niederdruckkreiselpumpe mit Spiralgehäuse und z w e i s e i t i g e m Einlauf veranschaulicht Abb. 403. Infolge der symmetrischen Wirkungsweise wird jeglicher Axialschub vermieden.

Die Mitteldruckpumpe in Abb. 404 (Balcke) ist mit einem Leitrad versehen, in dem die Geschwindigkeit mit geringeren Verlusten als im Spiralgehäuse in Druck umgesetzt wird. Kreiselpumpen mit Leitrad haben dadurch bessere Wirkungsgrade. Auch Mitteldruck-Leitradpumpen werden mit einseitigem (Abb. 404) und doppelseitigem Einlauf gebaut.

Bei Hochdruckkreiselpumpen, z. B. Kesselspeisepumpen und Wasserhaltungspumpen, mit mehreren Stufen (bis zu 10) werden immer Leiträder verwendet. Abb. 405 (Jaeger) stellt eine 6stufige Hochdruckkreiselpumpe für Wasserhaltungen dar. Die 400 mm großen Laufräder der Pumpe haben bei $n = 1480$ 31 m/s Umfangsgeschwindigkeit und fördern nach unsrer Überschlagformel je $\frac{v^2}{18} = \frac{31^2}{18} = \text{rd.}\ 54\,\text{m}$, zusammen 324 m hoch. Die Pumpe besteht aus den beiden Deckeln (linker Deckel mit Saugstutzen und 1. Laufrad, rechter Deckel mit Druckstutzen und Axialschub-Entlastungsscheibe E) und fünf völlig gleichen Ringen mit je einem Lauf- und Leitrad. Diese Ringausführung stellt heute die normale Bauart dar. Sie bietet den Vorteil einfachsten Zusammenbaues und die Möglichkeit der Erhöhung der

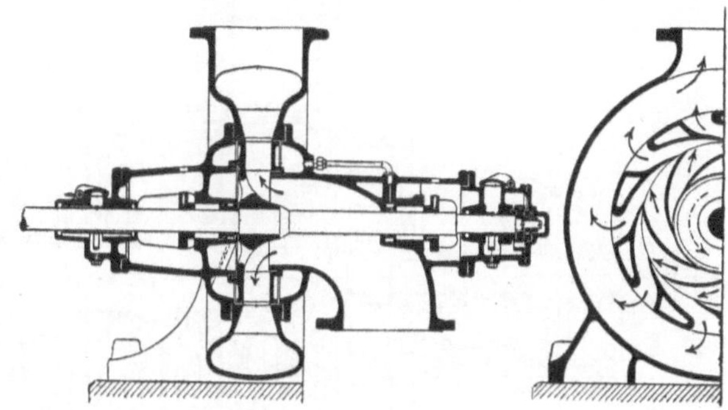

Abb. 404. Mitteldruckkreiselpumpe mit Leitrad.

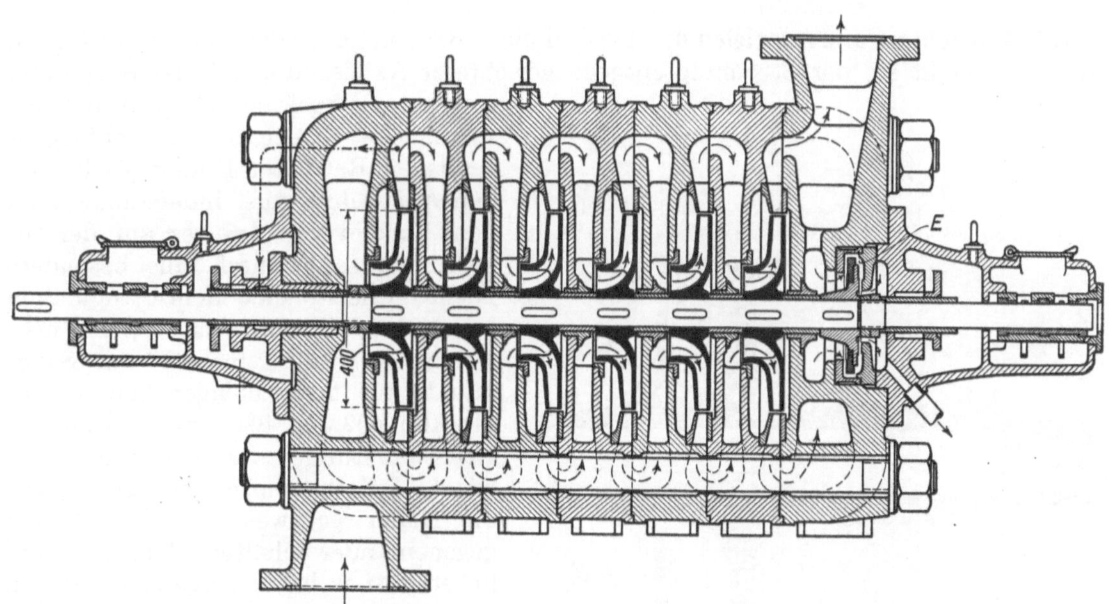

Abb. 405. 6stufige Hochdruckkreiselpumpe (Jaeger) für Wasserhaltungen.

Förderhöhe[1] durch Anbau weiterer Ringstufen. Weil alle Teile der einzelnen Stufen gleich ausgeführt sind, ist nur eine geringe Stückzahl von Ersatzteilen notwendig.

Abb. 406 zeigt eine 4stufige Hochdruckkreiselpumpe (Weise Söhne), die als Kesselspeisepumpe für Heißwasserförderung gebaut ist. Die Pumpe hat Laufräder von 265 mm Durchm., die bei $n = 2900$ eine Umfangsgeschwindigkeit von 40 m/s haben, womit bei 4 Stufen ein Enddruck am Druckstutzen von 36 at erreicht wird. Der Enddruck bei Kesselspeisepumpen muß entsprechend den Leitungswiderständen und der geodätischen Förderhöhe größer sein als der Höchstdruck des Kessels. Bei Kesseldrücken von 10 bis 25 at rechne man einen Zuschlag von 3 at, von 30 bis 50 at einen Zuschlag von 4 bis 5 at.

[1] Z. B. bei Wasserhaltungspumpen, die auf größere Teufe gebracht werden sollen.

Den Förderleistungen der Kreiselpumpen als Kesselspeisepumpen sind praktisch kaum Grenzen gesetzt. Die stärksten Pumpen hat man bisher für Fördermengen von 400 t/h und 160 atü Kesseldruck mit 3200 PS Antriebsleistung und $n = 3000$ gebaut; das entspricht einem Wirkungsgrad von 74%.

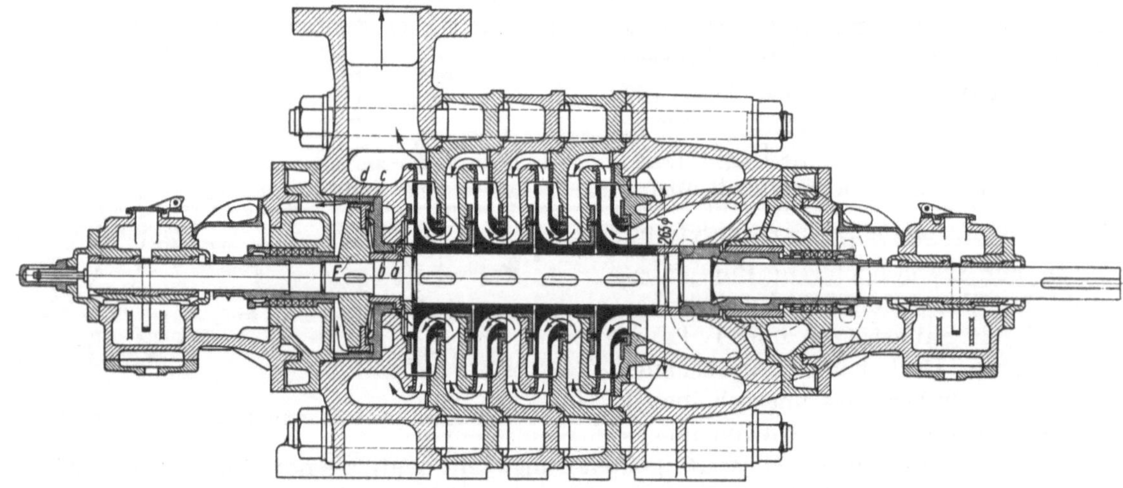

Abb. 406. 4stufige Kesselspeisepumpe (Weise-Söhne).

195. Entstehung und Ausgleich des Axialschubes. Bei den Laufrädern mit einseitigem Einlauf entsteht ein der Strömung entgegengerichteter Axialschub, weil der Saugmund geringeren Druck empfängt als die entsprechende Fläche auf der entgegengesetzten Radseite. Früher glich man den Axialschub aus, indem man nach dem Vorbild von Jaeger auf der anderen Radseite durch eine besondere Dichtungsleiste eine dem Saugmunde gleichgroße Fläche schaffte, die man durch Verbindungslöcher vom Saugmunde aus beaufschlagen ließ, wie es die Abb. 402 und 404 veranschaulichen. Bei mehrstufigen Pumpen kann man, wie es Sulzer ursprünglich getan hat, die Räder paarweis gemäß Abb. 411 gegeneinander schalten. Am gebräuchlichsten ist es, bei mehrstufigen Pumpen alle Räder zusammen durch einen gemeinsamen Entlastungskolben oder eine gemeinsame Entlastungsscheibe auszugleichen. Letztgenannte Anordnung wird durch Abb. 407 (R. Wolf) veranschaulicht. Die Welle muß axiales Spiel haben. Die Entlastungsscheibe a wird durch Druckwasser der letzten Stufe beaufschlagt, das durch einen inneren (b) und einen äußeren (c) Spalt abströmt. Der Axialschub drängt die Welle nach rechts, so daß der innere Spalt an der Entlastungsscheibe eng, der äußere weit wird. Die Entlastungsscheibe empfängt also innen den vollen Druck der letzten Stufe, während auf der äußeren Seite ein viel kleinerer Druck herrscht, weil das Wasser außen bequemer

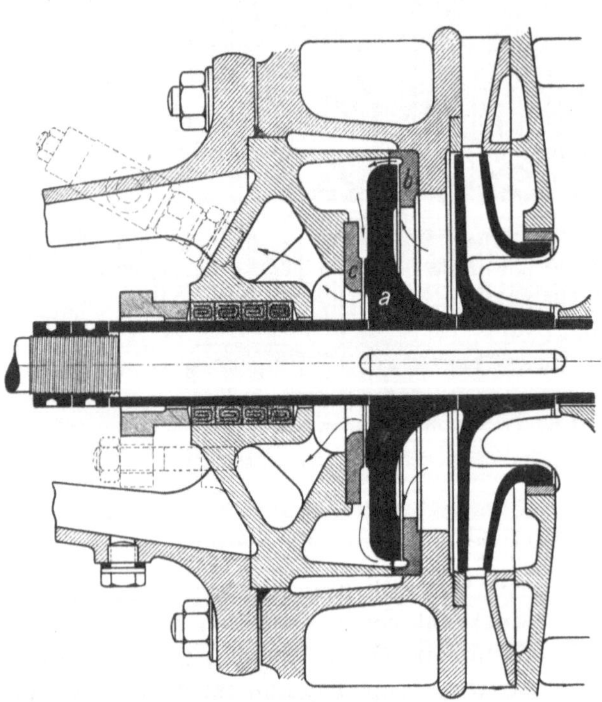

Abb. 407. Ausgleich des Axialschubes mittels Entlastungsscheibe (R. Wolf, Magdeburg).

abströmt; infolgedes drängt die Entlastungsscheibe die Welle nach links. In die genaue, für den richtigen Ausgleich erforderliche Lage stellt sich die Welle selbsttätig ein. Diese Art des Ausgleiches wird viel angewendet, vgl. auch Abb. 405, hat aber den Nachteil, daß hochgepreßtes Wasser verloren geht, zuweilen infolge Verschleißes der Spaltflächen mehr, als man denkt. Vorteilhafter ist in dieser Hinsicht der Ausgleich bei der Pumpe von Weise Söhne (Abb. 406). Es kommt dasselbe Prinzip der Entlastung zur Anwendung, doch sind zur Verringerung der Druckwasserverluste insgesamt 4 Drosselspalte angeordnet, zwei axiale (*a* und *c*) und zwei radiale (*b* und *d*).

196. Ausrüstung und Inbetriebsetzung der Kreiselpumpen. Kreiselpumpen vermögen nicht trocken anzusaugen, sondern müssen gefüllt werden. Die Entlüftungshähne (siehe Abb. 408) sind zu öffnen und so lange offen zu halten, bis Wasser herausfließt. Das zum Füllen dienende Wasser läßt man entweder aus der Druckleitung überströmen oder füllt es durch einen Trichter ein. Die Saugleitung braucht ein Fußventil. Hinter der Pumpe ist ein Absperrschieber anzuordnen, der beim Ansetzen und der Regelung der Pumpe verwendet wird. Dahinter ist eine Rückschlagklappe einzubauen, damit beim Stillsetzen der Pumpe die Druckwassersäule nicht zurückfällt. Die Rückschlagklappe ist mit einem absperrbaren Umlauf zu versehen, damit man die Pumpe beim Ansetzen aus der Druckleitung füllen kann. Ferner gehören zur Ausrüstung: Entwässerungshähne, Vakuummeter und Manometer, Leitungen für die Kühlung der Lager und die Abdichtung der Saugstopfbüchse mittels der Pumpe entnommenen Druckwassers. Windkessel wie bei den Kolbenpumpen fallen selbstverständlich bei Kreiselpumpen weg.

Abb. 408. Kreiselpumpe nebst Ausrüstung (Jaeger).

Beim Anlassen der Pumpe ist der Absperrschieber langsam zu öffnen, wobei die Druckwassersäule allmählich beschleunigt wird. Falls die Pumpe abgefallen ist, ist der Absperrschieber zu schließen, und man läßt die Pumpe von neuem an, indem man den Absperrschieber wieder allmählich öffnet.

197. Antrieb und Regelung der Kreiselpumpen. Werden die Kreiselpumpen mit nicht veränderlicher Drehzahl durch Riemen oder elektrisch angetrieben, so kann man die Fördermenge nur regeln, wenn die Pumpe überschüssigen Druck erzeugt, den man mit dem Absperrschieber mehr oder weniger abdrosselt, wie es Abb. 401 veranschaulicht. Ist kein überschüssiger Druck vorhanden, kann man die Fördermenge nicht beeinflussen und muß auch die Schwankungen der Fördermenge in Kauf nehmen, die entstehen, wenn die Drehzahl schwankt[1]. Stärkere Schwankungen treten auf, und die Gefahr des Abfallens besteht, wenn, wie bei Wasserhaltungen, hoher statischer Druck und kleine Strömungswiderstände zu überwinden sind. Bei den meisten Niederdruckpumpenanlagen sind aber recht erhebliche Strömungswiderstände vorhanden, dank denen die Kreiselpumpe weniger empfindlich gegen Schwankungen der Drehzahl wird.

Wird eine Kreiselpumpe oder Turbopumpe durch eine Dampfturbine angetrieben, wie man es bei Kesselspeisepumpen und Wasserwerkpumpen hat, kann man bequem

[1] Vgl. das Diagramm Abb. 399.

durch Ändern der Drehzahl in weiteren Grenzen regeln. Bei Kesselspeisepumpen wird die antreibende Dampfturbine selbsttätig so geregelt, daß die Pumpe einen den Kesseldruck um einige Atmosphären übersteigenden Druck erzeugt. Bei Wasserwerkpumpen regelt man die antreibende Dampfturbine so, daß eine gewisse, einstellbare Fördermenge gehalten wird, unabhängig davon, wie hoch der Druck in der Wasserleitung wird.

198. Vergleich zwischen Kolbenpumpen und Kreiselpumpen. In der Wirkung, in den Betriebsbedingungen, der Regelung usw. sind Kreiselpumpe und Kolbenpumpe in schärfster Weise unterschieden. Bei der Kolbenpumpe verdrängt der Kolben bei jedem Hub immer dieselbe Wassermenge, gleich, ob die Pumpe schnell oder langsam läuft, ob sie gegen hohen Druck fördert, oder gegen niedrigen; die Fördermenge der Kolbenpumpe ist der Drehzahl proportional und ihr Wirkungsgrad ändert sich nicht wesentlich, ob sie viel oder wenig fördert. Die Kreiselpumpe muß aber, um gegen einen gewissen Druck zu fördern, mit einer gewissen Drehzahl umlaufen. Ist diese Drehzahl, wie beim Antriebe durch einen Drehstrommotor, unveränderlich, so kann die Kreiselpumpe gegen höheren Druck als normal überhaupt nicht, gegen niedrigeren nur ungünstig fördern. Eine Turbopumpe also, die durch einen 4poligen Drehstrommotor mit $n = 1480$ angetrieben, von der 600-m-Sohle fördert, würde mit dieser Drehzahl von der 700-m-Sohle überhaupt nicht, von der 500-m-Sohle nur in der Weise fördern, daß ein Teil des erzeugten Druckes abgedrosselt wird. Die Eigenart der Kreiselpumpe tritt ferner hervor, wenn sich ihre Drehzahl ändert. Bei Turbopumpen, die hauptsächlich statischen Druck und verhältnismäßig geringe Strömungswiderstände zu überwinden haben, wie es bei Wasserhaltungspumpen und Preßpumpen der Fall ist, bedingt eine Änderung der Drehzahl um 1%, eine Änderung der Fördermenge um etwa 4 bis 5%. Unterschreitet die Drehzahl eine gewisse Grenze oder nimmt der zu überwindende statische Druck um ein gewisses Maß zu, so hört die Turbopumpe überhaupt auf zu fördern; sie „fällt ab" und arbeitet im toten Wasser weiter, wobei sie, obwohl sie kein Wasser mehr fördert, noch etwa ein Drittel der Antriebsleistung wie bei voller Leistung benötigt. Überwiegen die Strömungswiderstände, so werden die Verhältnisse für die Kreiselpumpe viel günstiger. In bezug auf den Umlaufsinn besteht der kennzeichnende Unterschied zwischen Kolben- und Kreiselpumpe, daß die Kolbenpumpe in derselben Weise wirkt, ob sie rechts oder links herum läuft, während die Kreiselpumpe nur in einem, durch die Schaufelform gegebenen Sinne umlaufen darf.

Im Betriebe ergibt sich schließlich noch ein Unterschied in bezug auf die Messung der geförderten Wassermenge. Die Kolbenpumpe wirkt selbst als zuverlässiger Wassermesser, so daß es genügt, ihre Umdrehungen zu zählen. Bei Kreiselpumpen fällt das weg. Bei elektrisch angetriebenen Wasserhaltungskreiselpumpen kann man zwar aus ihrem Strombedarf auf die Fördermenge schließen; doch ist es richtiger, die Fördermenge mittels Überfallwehres[1] zu messen und aufzuzeichnen.

Auf den Unterschied hinsichtlich des Platzbedarfes war bereits in Ziffer 189 (Abb. 394) hingewiesen worden. Infolge des schlechteren Wirkungsgrades erfordern Kreiselpumpen je nach Größe und Bauart eine 20 bis 30% höhere Antriebsleistung als Kolbenpumpen. Die dadurch erhöhten Betriebskosten werden einesteils durch die höheren Wartungs- und Instandhaltungskosten, andernteils durch die höheren Kapitalkosten der Kolbenpumpen ausgeglichen. Die Anlagekosten einer großen Kreiselpumpenanlage verhalten sich zu den Anlagekosten einer entsprechenden Kolbenpumpenanlage etwa wie 3 : 4. Im Dauerbetrieb kann die Kolbenpumpe wirtschaftlicher sein, bei kurzzeitigem Betrieb ist die Kreiselpumpe wirtschaftlich stets überlegen.

199. Wasserhaltungen mit Turbopumpen. Man bemißt die Größe der Wasserhaltung so, daß ihre Fördermenge etwa 3mal so groß ist wie die Zuflüsse. Es herrscht elektrischer Antrieb mittels Drehstrommotors vor. In der Regel ist der Motor vierpolig und n ist 1480. Dabei erhalten die Laufräder der Pumpe 400 bis 500 mm Durchm. Für kleinere

[1] Vgl. Ziffer 277 und Abb. 397.

Wassermengen und große Teufen werden auch zweipolige Motoren angewendet, wobei die Drehzahl doppelt so groß wird. Hat die Pumpe 70% und die Pumpenleitung 95% Wirkungsgrad, so muß der Motor etwa 0,25 Qh kW leisten[1], worin Q die Fördermenge in m^3/min und h die geodätische Förderhöhe in m ist. Es ist aber nötig, den Motor von vornherein 5 bis 10% größer zu wählen, damit er Überlastung verträgt.

Ursprünglich wurde die Turbopumpe bei Wasserhaltungen nur für Aushilfzwecke benutzt; im Laufe der Jahre gewann sie aber auch als ständige Wasserhaltung immer größere

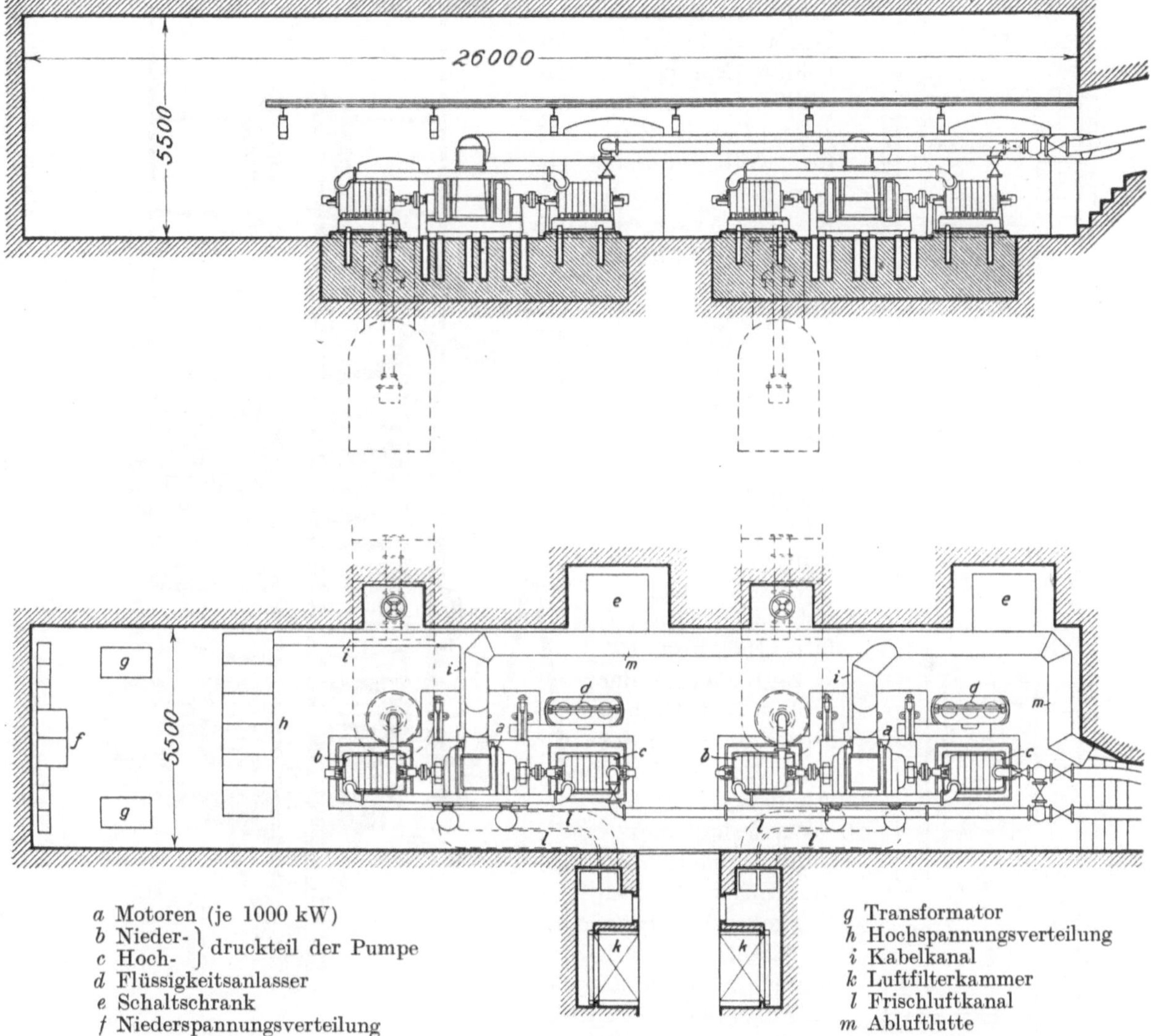

Abb. 409. Wasserhaltung mit 2 Pumpensätzen der Zeche Bismarck (Gesamtförderleistung 10 m^3/min aus 801 m Teufe).

Verbreitung, obgleich sie erheblich mehr Energie verbraucht als die Kolbenpumpe. Dieser Nachteil kommt weniger zur Geltung als ihre Vorteile: Wohlfeilheit, geringer Raumbedarf, anspruchslose Wartung. Da man die Wasserhaltung hauptsächlich dann betreibt, wenn der Strombedarf der anderen Maschinen zurückgegangen ist, braucht man den höheren Strombedarf auch nicht so einzuschätzen, als wenn seinetwegen die elektrische Kraftanlage vergrößert werden müßte. Im Ruhrgebiet arbeiten etwa 85% der Wasserhaltungen mit Kreiselpumpen. — Die Kreiselpumpenwasserhaltung ist allerdings

[1] Vgl. Ziffer 180 und 192.

im Betriebe häufig nicht so gut, wie man denkt, sei es, daß die Pumpe von vornherein für zu hohen Druck gebaut ist, sei es, daß ihr Wirkungsgrad durch Verschleiß sehr gelitten hat. Es ist zweckmäßig, die Förderleistung dauernd mittels Überfallwehres zu messen und mit der elektrischen zu vergleichen.

Mittlere Förderhöhen sind noch mit einer Pumpe zu überwinden, größere erfordern zwei Pumpen, von denen die eine der anderen das Wasser zudrückt. Der antreibende Motor wird zwischen den beiden Pumpen[1] aufgestellt, wie es Abb. 409 zeigt. Der in Ziffer 177 für Kolbenpumpen besprochene Betrieb mit **Abfallwasser** ist auch bei Turbopumpen durchführbar; man überspringt entsprechend dem Drucke, mit dem das Wasser in die Pumpe tritt, die ersten Stufen.

Über die Ausrüstung, die Inbetriebsetzung und die Regelung der Turbowasserhaltungen vgl. das in den Ziffern 196 und 197 Gesagte. Wegen der großen statischen Druckhöhe und der geringen Widerstandshöhe ist die Wasserhaltungspumpe gemäß Ziffer 193 und Ziffer 197 empfindlich gegen Änderungen der Drehzahl; sie „fällt ab", wenn die Frequenz des antreibenden Drehstromes zu klein wird, ist aber nicht imstande, wenn die Frequenz wieder gestiegen ist, gegen die auf der Rückschlagklappe lastende Wassersäule allein anzufahren. Man merkt diesen Zustand am Strommesser, der entsprechend weniger Strom zeigt. Weil die im toten Wasser arbeitende, viel Energie verbrauchende Pumpe hoch erhitzt wird, ist der antreibende Motor schnellstens abzustellen und der Absperrschieber zu schließen. Dann ist die Pumpe neu anzusetzen, indem man den Absperrschieber allmählich öffnet.

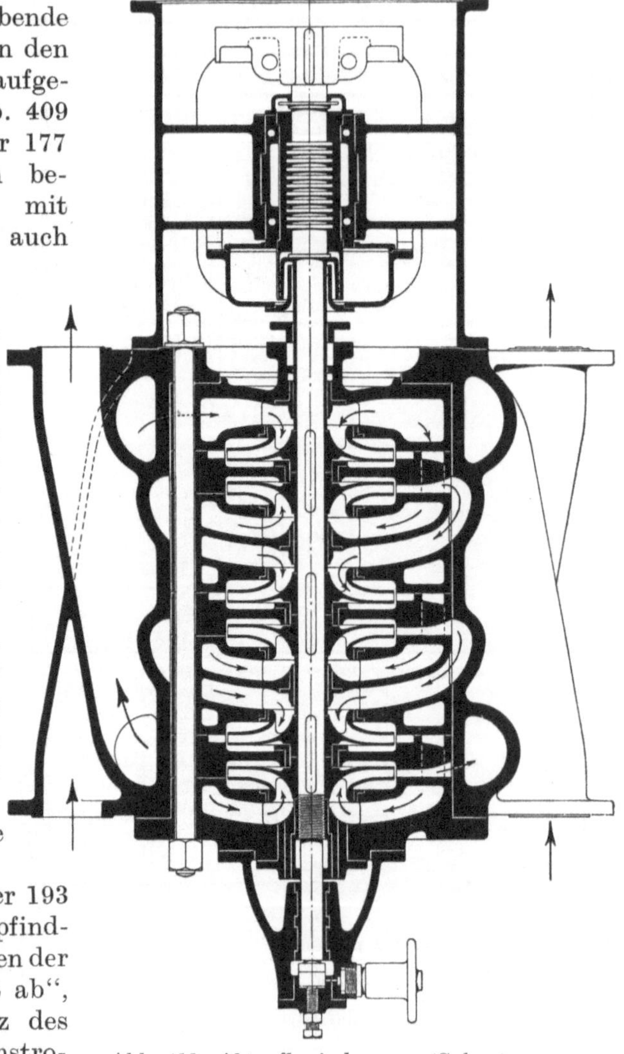

Abb. 411. Abteufkreiselpumpe (Sulzer).

Abb. 410. Abteufkreiselpumpe (Jaeger).

[1] Jede Pumpe in Abb. 409 ist 7stufig, so daß auf 801 m Förderhöhe 14 Stufen kommen mit einer Drucksteigerung von rd. 57 m je Stufe.

Die Antriebsmotoren sind „spritzsicher“ auszuführen, d. h. so, daß das Eindringen von Wasserstrahlen aus beliebiger Richtung verhindert wird. Zwecks Kühlung der Wicklung und des Eisens wird durch einen auf der Rotorwelle angebrachten Lüfter Luft angesaugt und durch den Motor gedrückt. Bei großen Motoren führt man, um die Pumpenkammer kühl zu halten, die erwärmte Luft ab. Abb. 409 veranschaulicht eine größere Pumpenanlage auf der Zeche Graf Bismarck. Die Pumpen fördern je 5 m³/min aus 801 m Teufe. Jeder Pumpensatz besteht aus 2 hintereinandergeschalteten, 7stufigen Jaeger-Pumpen, die durch einen AEG-Motor von 1000 kW mit $n = 1480$ getrieben werden (Glückauf 1920, Nr. 44).

Um im Falle der Not schnellstens einen Ersatzmotor beschaffen zu können, sind die Motoren genormt. Die Leistungen sind in kW angegeben und steigen immer um 25% der vorhergehenden. Die Leistungsreihe ist 200, 250, 320, 400, 500, 640, 800, 1000, 1250, 1600 kW. n ist bis 250 kW = 1475, bis 500 kW = 1480, darüber hinaus = 1485. Im Mittel ist der Motorwirkungsgrad 94% und $\cos \varphi = 0{,}87$.

200. Abteufkreiselpumpen. Von allen Abteufpumpen ist die elektrisch angetriebene Kreiselpumpe bei kleinstem Raumbedarf die leistungsfähigste. Abb. 410 (Jaeger) zeigt die übliche Anordnung. Die Pumpe *a* nebst gegabelter Saug- und Druckleitung, der antreibende Drehstrommotor *b*, der Absperrschieber *c* und die Rückschlagklappe sind in einem Rahmen untergebracht, der auch die Steigleitung trägt. Dieser Rahmen hängt an den beiden Trummen eines Halteseiles, das um die aus der Abb. 410 ersichtliche Rolle geschlungen ist, und kann mittels einer schweren Winde gehoben und gesenkt werden. Die Steigleitung wird an den Trummen des Halteseiles mittels Schellen geführt, an denen auch das elektrische Kabel befestigt ist. Das elektrische Kabel ist über Tage um eine von Hand drehbare Kabelwinde geschlungen und empfängt den Strom durch Schleifringe. Der Drehstrommotor hat Kurzschlußanker und wird über Tage mittels Anlaßtransformators angelassen. Der Maschinist hat den neben dem Absperrschieber befindlichen Amperemesser zu beobachten und den Wasserstrom mit dem Absperrschieber so zu drosseln, daß der Motor nicht überlastet wird.

Abb. 411 zeigt eine Abteufzwecken dienende Kreiselpumpe Sulzerscher Bauart, bei der die Räder, um den Axialschub auszugleichen, paarweise gegeneinander geschaltet sind.

XXI. Die Kolbenkompressoren.

201. Gebläse und Kompressoren. Hochofengebläse, die den Wind in die Hochöfen pressen, erzeugen 0,5 bis 1,5 at Überdruck. Stahlwerkgebläse, die den Wind durch die Bessemer- oder Thomasbirnen treiben, erzeugen 2 bis 5,5 at Überdruck. Von derartigen Gebläsen ist der Luftkompressor dadurch unterschieden, daß er viel höheren Überdruck erzeugt, etwa 5 bis 6 atü, bei Hochdruckanlagen 200 atü und mehr, und daß die erzeugte Druckluft hauptsächlich zur Energieübertragung dient. Bei Kolbenkompressoren mit 6 atü Enddruck liegt die größte, noch wirtschaftliche Saugleistung bei etwa 20000 bis 25000 m³/h. Hochdruckkompressoren sind bis zu Saugleistungen von 18000 m³/h entwickelt worden.

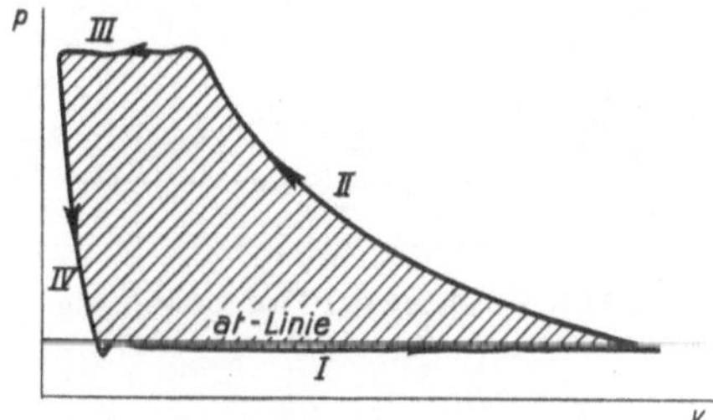

Abb. 412. Kompressordiagramm.

202. Das Diagramm des Kolbenkompressors. Das Kompressordiagramm, Abb. 412, ähnelt dem Dampfmaschinendiagramm, entspricht ihm aber nicht, da die Dampfmaschine umgekehrt wie der Kompressor wirkt. Rein äußerlich zeigt sich der Unterschied darin, daß Linie *I* etwas unterhalb der at-Linie verläuft und mit Linie *II* eine Spitze bildet, die das Dampfdiagramm infolge der Vorausströmung nicht aufweist. Das Kompressordiagramm zeigt als Diagramm einer Arbeitsmaschine Linksumlauf (vgl. Ziffer 16 und 73); es ist mit dem Pumpendiagramm verwandt, nur daß an Stelle des steilen Druckanstieges und Druckabfalles in den Hubwechseln die allmählich ansteigende Kompression und allmählich abfallende Expansion tritt. *I* ist das Ansaugen, *II* die Verdichtung, *III* das Ausschieben der Luft in die Leitung. Ehe dann das Saugen von neuem beginnen kann, muß erst (*IV*) die im schädlichen Raum eingeschlossene Luft auf den atmosphärischen Druck rückexpandieren.

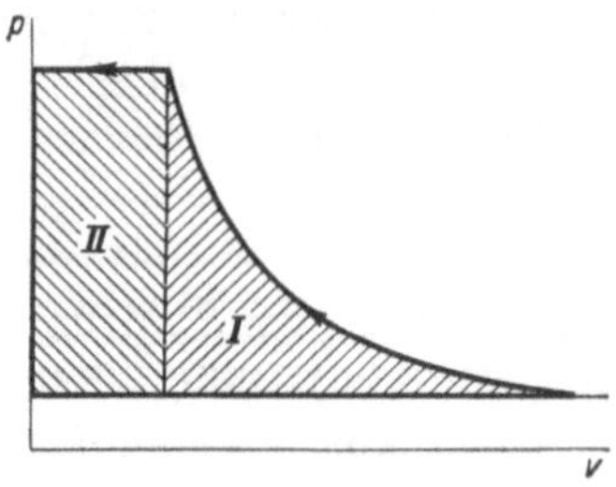

Abb. 413.

Die Diagrammfläche stellt die Arbeit am Kolben dar; sie läßt sich nach Abb. 413 in die unter der Verdichtungslinie liegende Verdichtungsarbeit (Fläche *I*) und in die unter der Ausschublinie liegende Ausschubarbeit (Fläche *II*) unterteilen. Die Summe beider Teilarbeiten ist die Kompressorarbeit (Fläche $I + II$) *.

203. Volumetrischer Wirkungsgrad und Liefergrad der Kolbenkompressoren. Unter volumetrischem Wirkungsgrad η_v versteht man das Verhältnis der angesaugten, auf Druck und Temperatur der Außenluft bezogenen Luftmenge zu der dem Hubraume entsprechenden Luftmenge. Der Liefergrad λ ist das Verhältnis der fortgedrückten, auf Druck- und Temperatur der Außenluft bezogenen Luftmenge zu der dem Hubraume entsprechenden Luftmenge.

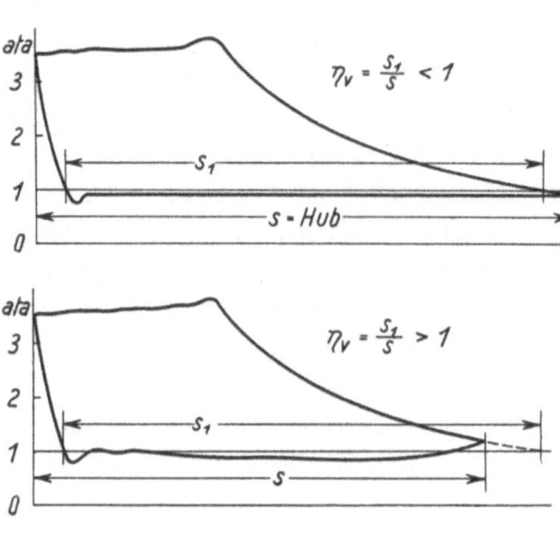

Abb. 414. Bestimmung des volumetrischen Wirkungsgrades.

Der volumetrische Wirkungsgrad η_v ist in der Regel kleiner als 1. Je größer das Drucksteigerungsverhältnis und je größer der schädliche Raum, um so kleiner wird η_v. Abb. 414 zeigt, wie man η_v dem Diagramme entnehmen kann. Bei langen Saugleitungen kann η_v auch größer als 1 werden, wenn sich nämlich die Saugsäule im zweiten Teile des Hubes staut und mit Überdruck in den Zylinder tritt; das untere Diagramm in Abb. 144 veranschaulicht das. Der aus dem Diagramme ermittelte volumetrische Wirkungsgrad ist nur richtig, wenn der Kompressor dicht ist und die angesaugte Luftmenge sich im Kompressor noch nicht erwärmt hat. Bei großen Kompressoren kann man $\eta_v = 0{,}92$ bis $0{,}94$ rechnen, während η_v bei kleinen Kompressoren auf 0,85 sinkt.

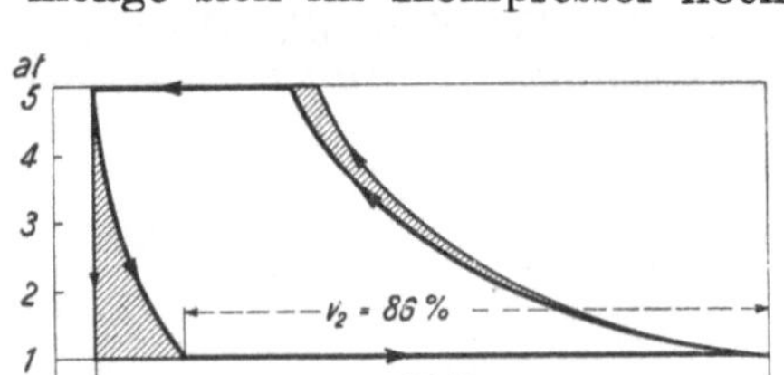

Abb. 415. Vergleich der Kompressorarbeit bei $\eta_v = 100\%$ und $\eta_v = 86\%$.

Auf die Güte des Kompressors hat der volumetrische Wirkungsgrad wenig Einfluß. Zwar sinkt bei kleinerem η_v die Ansaugmenge, aber im selben Maße geht die Kompressorarbeit zurück. In Abb. 415 ist bei $\eta_v = 86\%$ die Kompressorarbeit um die schraffierten Flächen kleiner als bei $\eta_v = 100\%$.

Um den Liefergrad λ zu bestimmen, mißt man, wieviel Luft fortgedrückt ist, bezogen auf Spannung und Temperatur der Außenluft. Man kann die fortgedrückte Luftmenge auch aus dem Kompressordiagramm ermitteln, wenn man außerdem die Temperatur der fortgedrückten Luft mißt; doch ist das Verfahren ungenau. λ ist immer kleiner als η_v.

204. Isothermische und adiabatische Verdichtung[1]. Bei der isothermischen Verdichtung bleibt die Temperatur gleich, und die Verdichtung verläuft nach dem Mariotteschen

* Vgl. Ziffer 10. [1] Vgl. die Ziffern 9 und 10.

Gesetz: $p \cdot v =$ konst; die Verdichtungslinie, die sogenannte Isotherme, ist eine gleichseitige Hyperbel. Weil die Luft die Verdichtungsarbeit als Wärme empfängt, ist isothermische Verdichtung nur möglich, wenn diese Wärme der Luft im Augenblick des Entstehens durch Kühlen vollkommen entzogen wird, was praktisch jedoch nicht erreichbar ist. Die isothermische Verdichtung ist also ein praktisch nicht durchführbarer Idealprozeß, der aber für Vergleiche große Bedeutung hat.

Bei der adiabatischen Verdichtung wird die Luft von außen weder gewärmt noch gekühlt. Die Verdichtungswärme bleibt in der Luft, und die Lufttemperatur wächst schnell zunehmend, je höher die Verdichtung getrieben wird. Die Luft dehnt sich infolge der Temperaturerhöhung aus, so daß das Volumen größer wird als bei isothermischer Verdichtung auf den gleichen Druck. Die adiabatische Verdichtungslinie, die sogenannte Adiabate, steigt deshalb steiler an als die Isotherme. Die Adiabate befolgt das Poissonsche Gesetz: $p \cdot v^{1,4} =$ konst ($k = 1,4$ ist der Adiabatenexponent für Luft und zweiatomige Gase).

Die adiabatische Verdichtungsarbeit ist größer als die isothermische. Weil bei adiabatischer Verdichtung das Endvolumen größer ist, wird auch die Ausschubarbeit größer als bei isothermischer Verdichtung. Insgesamt wird also die adiabatische Kompressorarbeit größer als die isothermische Kompressorarbeit. Abb. 416 veranschaulicht, wie sich isothermische und adiabatische Kompressorarbeit bei verschiedenen Enddrücken zueinander verhalten. Für die Drucksteigerung von 1 ata auf 10 ata stellt Fläche I die isothermische, Fläche $I + II$ die adiabatische Kompressorarbeit dar. Fläche II bedeutet die bei adiabatischer Verdichtung erforderliche Mehrarbeit.

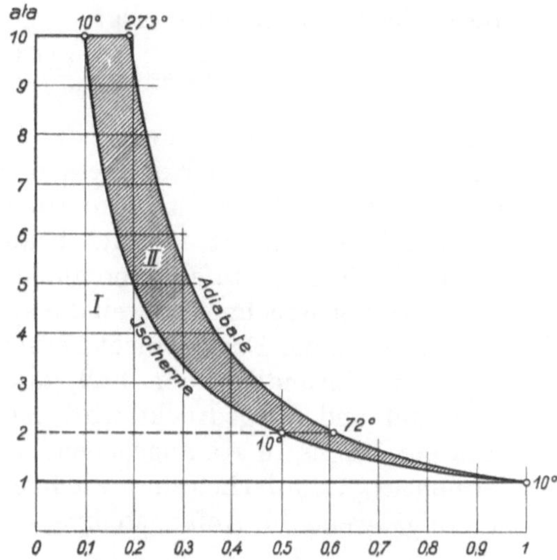

Abb. 416. Vergleich zwischen isothermischer und adiabatischer Kompressorarbeit.

Die gestrichelte Ausschublinie begrenzt die Flächen entsprechend für eine Verdichtung von 1 ata auf 2 ata. Man erkennt, daß die Mehrarbeit der adiabatischen Verdichtung bei geringem Enddruck verhältnismäßig bedeutend kleiner als bei hohem Enddruck wird (bei 10 ata Enddruck beträgt die Mehrarbeit 41,5%, bei 2 ata Enddruck nur 10,6% der isothermischen Kompressorarbeit). Um bei der praktisch annähernd adiabatisch verlaufenden Verdichtung mit möglichst geringem Aufwand auszukommen, beschränkt man sich deshalb auf kleine Verdichtungsverhältnisse (nicht über 1:3) und erreicht die erforderlichen höheren Betriebsdrücke in zwei oder mehr Verdichtungsstufen (vgl. Ziffer 206 und 207).

Um 1 m³ Luft vom Druck p_1 auf den Druck p_2 ata zu verdichten und fortzudrücken, sind gemäß den in Ziffer 10 für die Kompressorarbeit angegebenen Formeln erforderlich:

a) bei isothermischer Verdichtung:

$$L_{is} = 10000\, p_1 \ln \frac{p_2}{p_1} = 2{,}303 \cdot 10000 \cdot p_1 \lg \frac{p_2}{p_1} \text{ mkg/m}^3;$$

b) bei adiabatischer Verdichtung:

$$L_{ad} = 10000 \cdot 3{,}5\, p_1 \left[\left(\frac{p_2}{p_1}\right)^{0,286} - 1\right] \text{ mkg/m}^3.$$

Ist die Luftmenge auf den Ansaugezustand von 1 ata bezogen, so braucht man:

a) bei isothermischer Verdichtung:

$$L_{is} = 10000 \ln \frac{p_2}{p_1} = 2{,}303 \cdot 10000 \lg \frac{p_2}{p_1} \text{ mkg/m}^3_{\text{a. L.}};$$

b) bei adiabatischer Verdichtung:

$$L_{ad} = 10000 \cdot 3{,}5\left[\left(\frac{p_2}{p_1}\right)^{0{,}286} - 1\right] \text{mkg/m}^3_{\text{a. L.}}.$$

Die Kompressorarbeit ist nach den letzten Formeln also lediglich vom Drucksteigerungsverhältnis, nicht von den absoluten Enddrücken abhängig, d. h. die Verdichtung von 1 m³ angesaugter Luft von 1 auf 3 ata erfordert die gleiche Kompressorarbeit wie die Verdichtung der gleichen Menge von 3 auf 9 ata oder von 9 auf 27 ata.

Für den Zusammenhang zwischen absoluter Temperatur und Volumen, sowie zwischen absoluter Temperatur und Druck gelten bei adiabatischer Verdichtung die in Ziffer 9 mitgeteilten Beziehungen:

$$\frac{T_1}{T_2} = \left(\frac{v_2}{v_1}\right)^{0{,}4} \quad \text{und} \quad \frac{T_1}{T_2} = \left(\frac{p_1}{p_2}\right)^{0{,}286},$$

woraus die Endtemperatur folgt

$$T_2 = T_1 \cdot \left(\frac{v_1}{v_2}\right)^{0{,}4} \quad \text{und} \quad T_2 = T_1 \cdot \left(\frac{p_2}{p_1}\right)^{0{,}286}.$$

Rechnungen werden durch die Zahlentafel 5 (S. 12) erleichtert. Die Temperatursteigerung hängt wie die Kompressorarbeit gleichfalls nur vom Drucksteigerungsverhältnis, nicht von der Höhe der Drücke ab. Wie bei adiabatischer Verdichtung die Temperatur mit dem Drucke steigt, ist auch bequem der Luftentropietafel, Abb. 21, zu entnehmen. Die aus der Entropietafel entnommenen Temperaturen sind ein wenig kleiner als die nach obiger Formel gerechneten, weil die spezifische Wärme bei den höheren Temperaturen zunimmt, was in der Formel nicht berücksicht ist.

Für den grundlegenden Fall, daß 1 Kubikmeter Luft von 1 ata Anfangsdruck verdichtet und fortgedrückt wird, ist in der Zahlentafel 24 für Drucksteigerungen von 1 ata auf 1,5 bis 10 ata angegeben, wieviel mkg bei isothermischer und bei adiabatischer Verdichtung erforderlich sind, wie hoch ferner bei adiabatischer Verdichtung die Temperatur steigt, wenn die Anfangstemperatur 10° oder 20° ist.

Zahlentafel 24. Kompressorarbeit und Verdichtungsendtemperatur.

Verdichtung von 1 ata auf	1,5	2	3	4	5	6	7	8	9	10	ata
Isotherm. Kompressorarbeit	4055	6932	10986	13863	16094	17918	19469	20794	21972	23026	mkg/m³
Adiabat. Kompressorarbeit.	4299	7665	12906	17010	20433	23398	26027	28401	30571	32575	mkg/m³
Adiabat. Endtemperatur bei 10°C Anfangstemperatur.	45	72	114	148	175	199	220	240	257	273	°C
Adiabat. Endtemperatur bei 20°C Anfangstemperatur.	56	84	128	162	191	216	238	258	276	293	°C

Zahlentafel 25. Motorarbeit und Entspannungsendtemperatur.

Entspannung auf 1 ata von	1,5	2	3	4	5	6	7	8	9	10	ata
Isotherm. Motorarbeit . . .	4055	6932	10986	13863	16094	17918	19469	20794	21972	23026	mkg/m³
Adiabat. Motorarbeit . . .	3829	6288	9429	11447	12902	14023	14927	15679	16318	16872	mkg/m³
Adiabat. Endtemperatur bei 20°C Anfangstemperatur.	−12	−33	−59	−76	−88	−97	−105	−111	−117	−122	°C
Entspannung auf 1,033 ata von	1,5	2	3	4	5	6	7	8	9	10	ata
Adiabat. Motorarbeit . . .	3537	6027	9190	11226	12682	13827	14740	15497	16143	16744	mkg/m³ v. 1 ata

In Zahlentafel 25 sind die entsprechenden Werte für Expansion, d. h. für die Ausnutzung der Druckluft im Motor zum Vergleich gegenübergestellt, worüber in Ziffer 255

Näheres ausgeführt ist. Sollen die Tafeln für Druckluft vom Drucke p_1 verwendet werden, so sind für gleiche Druckverhältnisse $p_1 : p_2$ die Tafelwerte mit p_1 zu multiplizieren.

Dem Diagramme Abb. 417, das im Grunde mit den Zahlentafeln 24 und 25 übereinstimmt, ist zu entnehmen, wieviel mkg theoretisch bei isothermischer oder bei adiabatischer Verdichtung erforderlich sind, um 1 m³ von 1 ata auf höheren Druck (bis zu 10 ata) zu verdichten und fortzudrücken, bzw. welche Motorarbeiten je m³ angesaugte Luft theoretisch gewonnen werden können. Ferner sind in Abb. 417 die sich bei 20° C Anfangstemperatur ergebenden Endtemperaturen für adiabatische Verdichtung und Entspannung wiedergegeben. Das Diagramm bietet gegenüber den Zahlentafeln den Vorteil, daß auch Zwischenwerte abgelesen werden können, allerdings mit geringerer Genauigkeit.

Die Zahlentafeln und das Diagramm gelten nicht nur für Luft, sondern für alle 2atomigen Gase. Auch erfordert es dieselbe Arbeit, 1 m³ warme Luft zu verdichten, wie 1 m³ kalte Luft von gleichem Druck. Im Druckluftnetz unter Tage ist die Temperatur ziemlich gleichbleibend, so daß kälter angesaugte Luft ein größeres, heißere ein kleineres Volumen annimmt, weshalb der Grubendruckluftbetrieb im Winter günstiger als im Sommer ist.

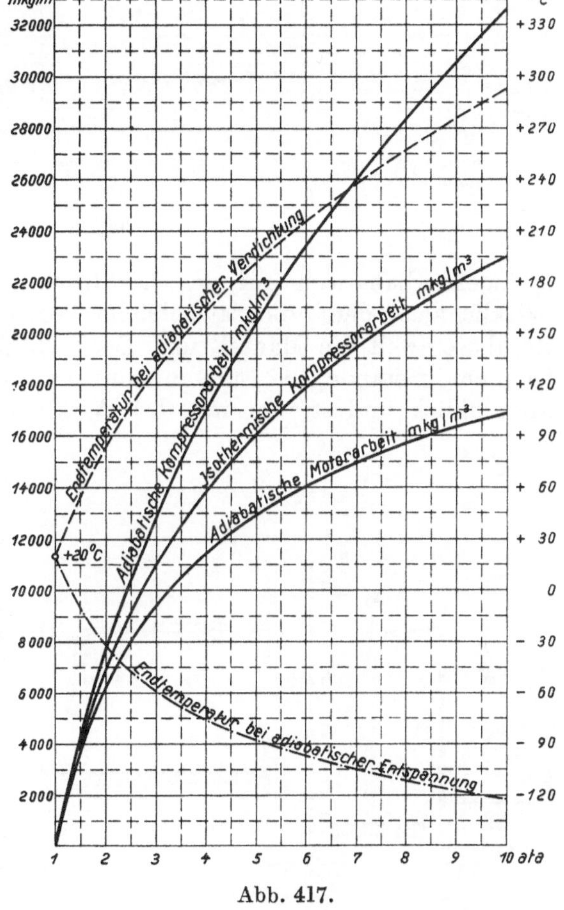

Abb. 417.

205. Zweck und Art der Kühlung von Kompressoren. Um Arbeit zu sparen, ist isothermische Verdichtung anzustreben, d. h. man muß die Luft im Kompressor kühlen. Dazu zwingt auch die bergpolizeiliche Vorschrift, nach der die Temperatur im Kompressor nirgends 140° übersteigen soll. Durch diese und die weitere Vorschrift, daß das Kompressoröl einen Flammpunkt von mindestens 200° haben soll, will man verhüten, daß sich, indem das Schmieröl im Zylinder zersetzt wird und Rückstände ablagert, explosible oder giftige Gemische bilden.

Ursprünglich kühlte man die Luft unmittelbar. Bei den nassen oder Wassersäulenkompressoren war zwischen Kolben und Luft eine Wassersäule geschaltet, bei den halbnassen Kompressoren wurde fein zerstäubtes Wasser eingespritzt. Beide Bauarten sind seit Jahrzehnten aufgegeben, weil Zylinder und Kolben stark schlissen, und die Druckluft sehr feucht wurde. Man wendet seitdem ausschließlich trockne Kompressoren an, bei denen sich die Luft nicht mit dem Kühlwasser berührt. Bis 4 ata Verdichtungsenddruck genügen Mantel- und Deckelkühlung. Von 5 ata Enddruck an baut man die Kompressoren meist zweistufig und ordnet zwecks ausgiebiger Kühlung der Luft zwischen Niederdruck- und Hochdruckzylinder einen Zwischenkühler an. Diesen Zwischenkühler, in welchem die Luft, vgl. Abb. 418, ein von Kühlwasser durchflossenes Röhrenbündel entlang geführt wird, kann man so reichlich bemessen, daß er die Luft auf annähernd die ursprüngliche Temperatur zurückkühlt. Für 1000 m³/h angesaugte Luft braucht man 12 bis 15 m² Kühlfläche im Zwischenkühler und etwa 3 m³/h Kühlwasser einschl. des Bedarfs der Mantel- und Deckelkühlung. Bei höheren Enddrücken baut man 3, 4 oder 5stufige Kompressoren, die mit 2, 3 oder 4 Zwischenkühlern ausgerüstet sind. —

Abb. 419 zeigt schematisch die übliche Anordnung eines zweistufigen, durch eine Verbunddampfmaschine angetriebenen Kompressors. Die Luftzylinder sitzen vorn, die Dampfzylinder, die sich stärker dehnen, hinten. *a* ist das Luftfilter, *b* der Zwischenkühler des Kompressors, *e* der Aufnehmer der Dampfmaschine. Die Druck-, Temperatur- und Arbeitsverhältnisse sind in der Abbildung angedeutet.

206. Der zweistufige Kompressor mit Zwischenkühlung. In Abb. 420 ist das theoretische Diagramm eines zweistufigen Kompressors dargestellt. Der schädliche Raum ist = Null gesetzt, was gemäß dem früheren die Verteilung der Arbeit nicht ändert. Ferner ist angenommen, daß die Luft im Niederdruckzylinder adiabatisch auf den Zwischendruck verdichtet, im Zwischenkühler auf die ursprüngliche Temperatur zurückgekühlt und im Hochdruckzylinder adiabatisch auf den Enddruck verdichtet wird. Das entspricht nicht der Wirklichkeit; denn die tatsächliche Verdichtungslinie steigt weniger steil an als die Adiabate, weil die Mantel- und Deckelkühlung etwas wirkt, und der Zwischenkühler ist nicht imstande, die Luft auf ihre ursprüngliche Temperatur zurückzukühlen. Es ist aber üblich und stimmt mit der Wirklichkeit im Endergebnis überein, diese vereinfachenden Annahmen zu machen; im besonderen Falle kann man die Temperatur- und Arbeitsverhältnisse genauer mit Hilfe der Luftentropietafel Abb. 21 verfolgen.

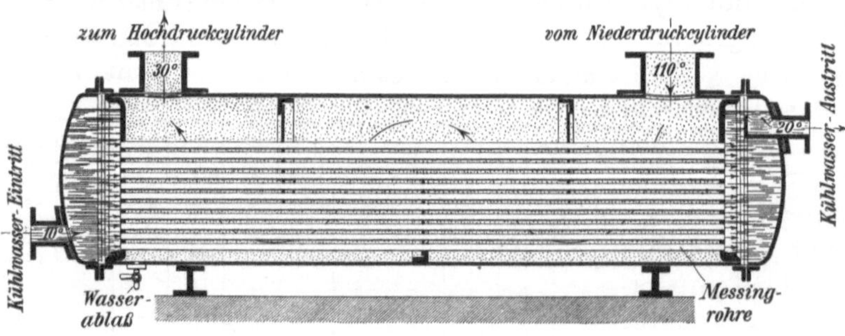

Abb. 418. Zwischenkühler.

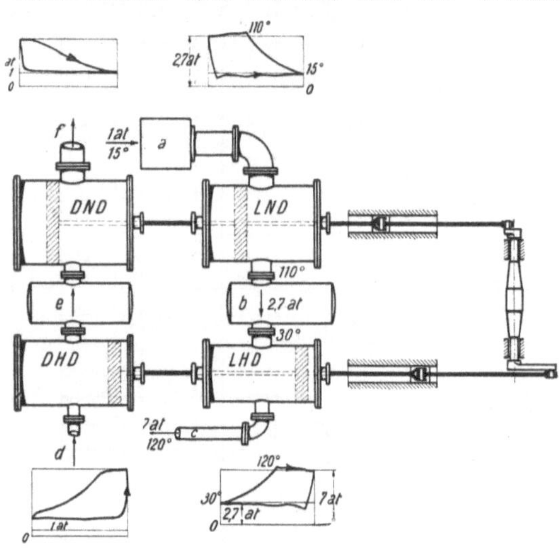

Abb. 419. Gesamtanordnung eines zweistufigen Luftkompressors mit Dampfantrieb.

Wird Luft vom Anfangsdrucke p_1 auf den absoluten Enddruck p_2 verdichtet, und wählt man den Zwischendruck $p_z = \sqrt{p_1 p_2}$, indem man das Volumenverhältnis des Niederdruckzylinders zum Hochdruckzylinder $= \sqrt{p_1 p_2} : 1$ macht, dann hat man — wenn die Luft ohne Druckverlust bewegt und im Zwischenkühler auf die Anfangstemperatur rückgekühlt wird — im Niederdruck- und im Hochdruckzylinder dasselbe Verdichtungsverhältnis, denselben Temperaturanstieg und denselben Arbeitsaufwand. Hat man, wie in Abb. 420, $p_1 = 1$ ata Anfangsdruck und $p_2 = 7$ ata Enddruck, und wählt man das Zylinderverhältnis $= \sqrt{1 \cdot 7} : 1 = 2{,}65 : 1$, so wird der Zwischendruck $p_z = 2{,}65$ ata, wobei das Manometer am Zwischenkühler 1,65 atü anzeigt. Das Drucksteigerungsverhältnis im Niederdruckzylinder 2,65 : 1 ist dasselbe wie 7 : 2,65 im Hochdruckzylinder.

Betreibt man den gleichen Kompressor statt mit 7 nur mit 5 ata Enddruck, so wird trotzdem der Zwischendruck, der hauptsächlich durch die Zylinderverhältnisse gegeben ist, ungefähr 2,65 ata bleiben, und der Hochdruckzylinder wird weniger leisten und weniger heiß werden als der Niederdruckzylinder. Aus dem Luftentropiediagramm, Abb. 21 ergibt sich für diesen Fall: Wird Luft von 1 ata und 20° adiabatisch auf 2,65 ata verdichtet, so steigt die Temperatur auf 112° und der Arbeitsaufwand beträgt 22,2 kcal/kg. Im Zwischenkühler werde die Luft auf 20° rückgekühlt und dann im Hochdruckzylinder auf 5 ata verdichtet. Die Endtemperatur beträgt nur 79° und der Arbeitsaufwand ist auf 14,2 kcal/kg zurückgegangen.

Bei dem in Abb. 420 für den schädlichen Raum Null gezeichneten zweistufigen Kompressordiagramm ist der Enddruck, wie es bei Bergwerkskompressoren üblich ist, 6 atü oder 7 ata; der Zwischendruck ist $\sqrt{7} = 2{,}65$ ata $= 1{,}65$ atü. Die Flächen $I + II + III$ zusammen bedeuten die Mehrarbeit, die bei einstufiger adiabatischer gegen isothermische Verdichtung zu leisten ist. Die Flächen $I + II$ bedeuten die Mehrarbeit bei zweistufiger gegen isothermische Verdichtung. Fläche III schließlich ist die Ersparnis durch zweistufige gegen einstufige adiabatische Verdichtung. Zeichnet man das Diagramm unter Berücksichtigung der schädlichen Räume, so ergibt sich, daß sich in den Druck-, Temperatur- und Arbeitsverhältnissen grundsätzlich nichts ändert. Man erkennt ferner, daß die Ansaugleistung durch die Rückexpansion aus dem schädlichen Raum bei zweistufiger Verdichtung bei weitem nicht in dem Maße vermindert wird, wie bei einstufiger.

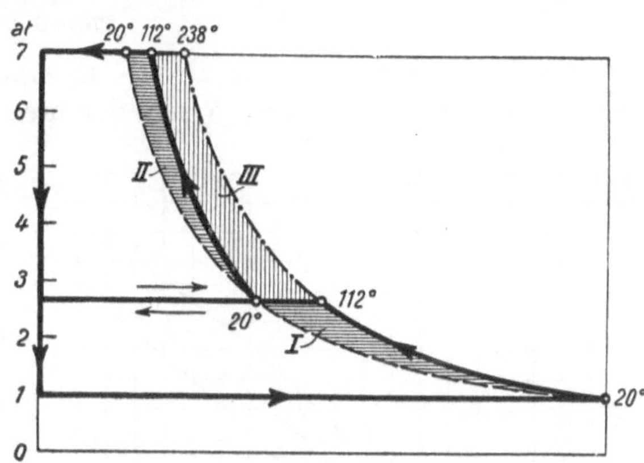

Abb. 420. Diagramm des zweistufigen Kompressors.

Bei einem zweistufigen gemäß Abb. 420 wirkenden Kompressor ist die Arbeit auf beide Zylinder gleich verteilt, und es ist die gesamte Arbeit des Kompressors doppelt so groß wie die Arbeit des Niederdruckzylinders. Um 1 m³ Luft von 1 auf 9 ata zweistufig adiabatisch zu verdichten und fortzudrücken, sind also, da $p_z = \sqrt{1 \cdot 9} = 3$ ist, gemäß Zahlentafel 24 (S. 300) $2 \cdot 12906 = 25812$ mkg nötig gegen 30571 mkg bei einstufig adiabatischer Verdichtung; die Ersparnis (Fläche III in Abb. 420) beträgt 4759 mkg oder 15,6%.

In der Zahlentafel 26 ist angegeben, wieviel mkg theoretisch erforderlich sind, um 1 m³ Luft von 1 ata zweistufig auf 5, 6, 7, 8 und 9 ata zu verdichten und fortzudrücken. Für andere Drücke und andere Verhältnisse kann man die Größe der Verdichtungsarbeit der Luftentropietafel entnehmen, allerdings nicht für 1 m³, sondern für 1 kg Luft.

Zahlentafel 26.

Enddruck	5	6	7	8	9 ata
Arbeit des zweistufigen Kompressors	18096	20419	22435	24231	25812 mkg/m³

207. Drei- und mehrstufige Kompressoren[1]. Bei Kompressoren für ununterbrochenen Betrieb bleibt man im allgemeinen mit dem Verdichtungsverhältnis unter 1:3, so daß man für hohe Enddrücke 3- und mehrstufige Kompressoren braucht. Beim Übergange von einer zur anderen Stufe wird die Luft möglichst auf die Anfangstemperatur zurückgekühlt. Bei höheren Drücken baut man die Zwischenkühler als Schlangen, durch welche die Luft strömt, und die in einem vom Kühlwasser durchströmten Behälter liegen.

Soll Luft von 1 auf p ata gleichmäßig abgestuft verdichtet werden, so ist in jedem Zylinder das Verhältnis zwischen Enddruck und Anfangsdruck bei dreistufiger Verdichtung $= \sqrt[3]{p}$, bei vierstufiger Verdichtung $= \sqrt[4]{p}$, bei fünfstufiger Verdichtung $= \sqrt[5]{p}$. Die gesamte Kompressorarbeit ist 3, 4 oder 5mal so groß wie die adiabatische Kompressorarbeit der ersten Stufe. Soll Luft z. B. 5stufig von 1 ata auf 180 ata verdichtet werden, muß in jedem Zylinder der Druck im Verhältnis $1 : \sqrt[5]{180} = 1 : 2{,}83$ gesteigert werden. Die Verdichtung von 1 m³ Luft von 1 ata auf 2,83 ata erfordert 12106 mkg, so daß für die 5stufige Verdichtung von 1 ata auf 180 ata Enddruck $5 \cdot 12106 = 60530$ mkg/m³$_{\text{a.L.}}$ benötigt werden.

[1] Über Hochdruckkompressoren vgl. Ziffer 214.

208. Theoretische Kompressorleistung. Mechanischer, isothermischer und Gesamtwirkungsgrad. Antriebsleistung der Kolbenkompressoren. Um stündlich 1 m³ Luft vom Ansaugezustand 1 ata von p_1 auf p_2 ata zu verdichten, sind theoretisch erforderlich:

a) bei isothermischer Verdichtung:

$$N_{is} = \frac{2{,}303 \cdot 10000 \cdot \lg \frac{p_2}{p_1}}{270000} = \frac{L_{is}}{270000} \text{ PS}\,*;$$

b) bei adiabatischer Verdichtung:

$$N_{ad} = \frac{10000 \cdot 3{,}5 \left[\left(\frac{p_2}{p_1}\right)^{0{,}286} - 1\right]}{270000} = \frac{L_{ad}}{270000} \text{ PS}\,*.$$

Vergleicht man die indizierte Kompressorleistung N_i mit der effektiven Antriebsleistung N_e, so ist $N_i : N_e$ der mechanische Wirkungsgrad η_m. Bei Kompressoren mit unmittelbarem Dampfantrieb ist η_m das Verhältnis der indizierten Kompressorleistung zur indizierten Dampfmaschinenleistung. Bei großen dampfangetriebenen Kompressoren ist η_m etwa 90%. Muß die ganze Energie durch das Triebwerk hindurch, wie es beim elektrischen Antrieb der Fall ist, ist η_m für den Kompressor allein etwa 92%, bei kleinen Leistungen weniger.

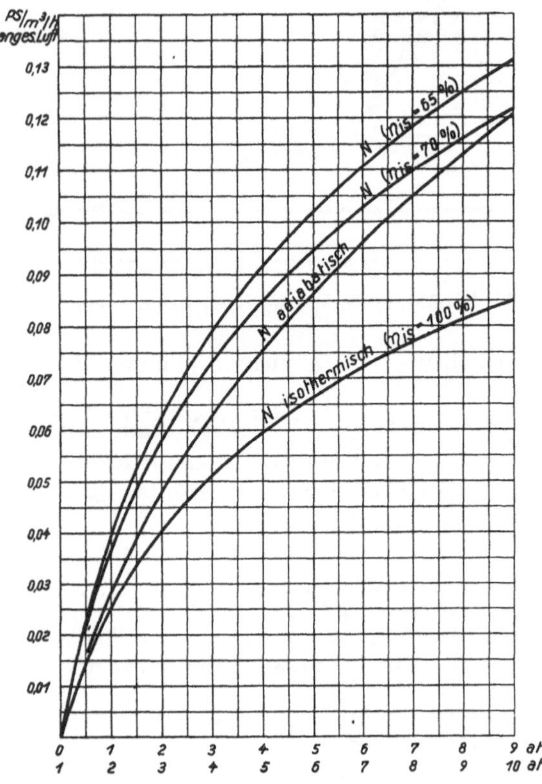

Abb. 421. Theoretische und wirkliche Kompressorantriebsleistungen.

Ist N_{is} die theoretische isothermische Kompressorleistung und N die tatsächliche Antriebsleistung, so ist der isothermische Wirkungsgrad $\eta_{is} = N_{is} : N$. Bei Kompressoren mit unmittelbarem Dampfantrieb oder Gasmaschinenantrieb kann man den Kompressor nicht von seinem Antrieb trennen und gibt η_{is} für die ganze Maschine an. Bei Gasmaschinenantrieb ist η_{is} wegen des schlechteren mechanischen Wirkungsgrades der Gasmaschine niedriger als bei Dampfantrieb, mit dem sich isothermische Wirkungsgrade bis zu 72% erreichen lassen. Wird der Kompressor elektrisch angetrieben, so ist η_{is} sowohl für die ganze Anlage als auch für den Kompressor allein bestimmbar; ist $\eta_{is} = 65\%$ für die ganze Anlage, und hat der Elektromotor 93% Wirkungsgrad, so ist für den Kompressor allein $\eta_{is} = 0{,}65 : 0{,}93 = 0{,}7 = 70\%$. Aus der isothermischen Kompressorleistung und dem isothermischen Wirkungsgrad errechnet sich die Antriebsleistung $N = N_{is} : \eta_{is}$.

Zur Vermeidung der umständlichen Leistungsberechnungen sind in Abb. 421 Leistungskurven in Abhängigkeit vom Enddruck wiedergegeben, denen zu entnehmen ist, wieviel PS erforderlich sind, um stündlich 1 m³ angesaugte Luft isothermisch, adiabatisch, oder mit isothermischen Wirkungsgraden von $\eta_{is} = 70\%$ und 65% auf Enddrücke von 1 bis 10 ata zu verdichten. Die Kurve mit $\eta_{is} = 65\%$ ist auch zur Bestimmung der Antriebsleistung der in Abschnitt XXII behandelten Turbokompressoren verwendbar. Bei besten großen, zweistufigen Kolbenkompressoren braucht man rund 0,1 PS, um

* Vgl. die Kompressorarbeitsformeln in Ziffer 204; die Werte für L_{is} bzw. L_{ad} sind den Zahlentafeln 24 und 26 (S. 300) sowie der Abb. 417 zu entnehmen.

stündlich 1 m³ Luft von 1 ata auf den im Zechenbetriebe üblichen Druck von 6 atü oder 7 ata zu verdichten. Bei einem Kompressor mit unmittelbarem Dampfantrieb ist das die indizierte Leistung der Dampfmaschine, bei elektrischem Antriebe ist es die vom Motor abzugebende Leistung. Ein Dampfkompressor, der 20000 m³/h ansaugt, und auf 6 atü verdichtet und fortdrückt, erfordert also 2000 PS_i. Ein elektrisch angetriebener Kompressor, der 30 m³/min = 1800 m³/h ansaugt, braucht einen Elektromotor, der 180 PS leistet.

Unter Gesamtwirkungsgrad versteht man bei Kompressoren mit Dampfantrieb das Verhältnis der im Wärmemaße gemessenen isothermischen Kompressorarbeit zu dem verfügbaren Wärmegefälle des verbrauchten Dampfes. Um 1 m³ Luft von 1 ata isothermisch auf 7 ata zu verdichten, sind 19469 mkg oder 45,6 kcal nötig; braucht dafür der Kompressor 0,6 kg Dampf von 10 ata und 260°, der auf 0,2 ata entspannt wird, wobei das verfügbare, der Dampfentropietafel entnehmbare Wärmegefälle 160 kcal/kg beträgt, so ist der Gesamtwirkungsgrad $= \frac{45,6}{0,6 \cdot 160} = 0,475$. Der Gesamtwirkungsgrad ist für den Vergleich dampfangetriebener Kompressoren, sowie für die Umrechnung von Abnahmeversuchen brauchbar, wenn die Dampf- und Luftverhältnisse voneinander oder von den ausbedungenen etwas abweichen.

Für den Energieverbrauch seien folgende Zahlen genannt, die als erster Anhalt dienen mögen: Um 1 m³ Luft auf 7 ata zu verdichten, braucht bei großen Einheiten ein dampfangetriebener Kolbenkompressor etwa 0,6 kg Dampf oder 0,08 kg Steinkohle, ein Gasmaschinenkompressor etwa 280 kcal, ein elektrisch angetriebener Kompressor etwa 0,08 kWh. Die Gesamtkosten für 1000 m³ angesaugte, auf 7 ata verdichtete Luft betragen mit Einschluß der Rohrleitungskosten etwa RM 2.50 bis 3.—. Hochdruckluft von 200 ata kostet je 1000 m³ angesaugte Luft etwa RM 10.—.

Beispiele.

1. Welche Antriebsleistung ist erforderlich, um stündlich 12000 m³ angesaugte Luft von 1 ata auf 6,5 ata zu verdichten und fortzudrücken, wenn der isothermische Wirkungsgrad des Kompressors 72% beträgt? Nach Abb. 421 beträgt die isothermische Kompressorleistung für die Verdichtung von 1 m³/h 0,069 PS. Daraus ergibt sich: $N = 12000 \frac{0,069}{0,72} = 1150$ PS.

2. 1 m³ Luft von 1 ata soll auf 7,5 ata zweistufig verdichtet werden. Wie groß ist der Zwischendruck? $p_z = \sqrt{1 \cdot 7,5} = 2,74$ ata. — Wie groß sind die isothermische, die einstufige und die zweistufige adiabatische Kompressorarbeit? Wieviel % beträgt die Mehrarbeit der einstufigen bzw. der zweistufigen adiabatischen Verdichtung gegenüber der isothermischen Verdichtung? Nach Abb. 417 wird: $L_{is} = 20100$ mkg/m³, $L_{ad\ \text{einstufig}} = 27200$ mkg/m³ und $L_{ad\ \text{zweistufig}} = 2 \cdot L_{ad\ \text{einstufig 1 bis 2,74 ata}} = 2 \cdot 11600 = 23200$ mkg/m³. Die Mehrarbeit ist bei einstufig adiabatischer Verdichtung $= \frac{27200 - 20100}{20100} = 0,353 = 35,3\%$ bzw. bei zweistufig adiabatischer Verdichtung $= \frac{23200 - 20100}{20100} = 0,154 = 15,4\%$ der isothermischen Kompressorarbeit. — Bei 20° Anfangstemperatur werden nach Abb. 417 die Endtemperaturen 248° C bzw. 106° C.

3. Wie groß sind die theoretische adiabatische Kompressorleistung und die Antriebsleistung eines fünfstufigen Hochdruckkompressors mit 66% isothermischem Wirkungsgrad, der stündlich 1000 m³ Luft von 1 ata auf 180 ata zu verdichten und fortzudrücken hat? Verdichtungsverhältnis $= 1 : \sqrt[5]{180} = 1 : 2,83$. Hierfür findet man mit Hilfe der Abb. 421 die theoretische Leistung für 5stufige adiabatische Verdichtung $= 1000 \cdot 5 \cdot 0,045 = 225$ PS und die Antriebsleistung $= 1000 \cdot 5 \cdot \frac{0,0385}{0,66} = 292$ PS.

4. Der Niederdruckzylinder eines doppeltwirkenden Kompressors hat 1215 mm Durchmesser und 1200 mm Hub[1]. Wie groß ist die stündlich angesaugte Luftmenge bei $n = 78$ Umdr./min, wenn der volumetrische Wirkungsgrad zu 92% geschätzt wird?

$$Q = \eta_v \cdot 2 \frac{d^2 \pi}{4} \cdot s \cdot n \cdot 60 = 0,92 \cdot 2 \cdot 1,16 \cdot 1,2 \cdot 78 \cdot 60 = 12000 \text{ m}^3/\text{h}.$$

209. Aufbau und Antrieb der Kolbenkompressoren. Kolbenkompressoren für normalen Enddruck von 6 atü werden immer zweistufig ausgeführt. Bei großen Kolbenkompressoren herrscht der unmittelbare Dampfantrieb wegen seiner Wirtschaftlichkeit und seiner

[1] Vgl. Abb. 422.

bequemen Regelbarkeit fast unumschränkt. Zweiachsige Anordnung gemäß Abb. 419 oder Abb. 422 ist am gebräuchlichsten. Gasmaschinenantrieb wird zwar selten an-

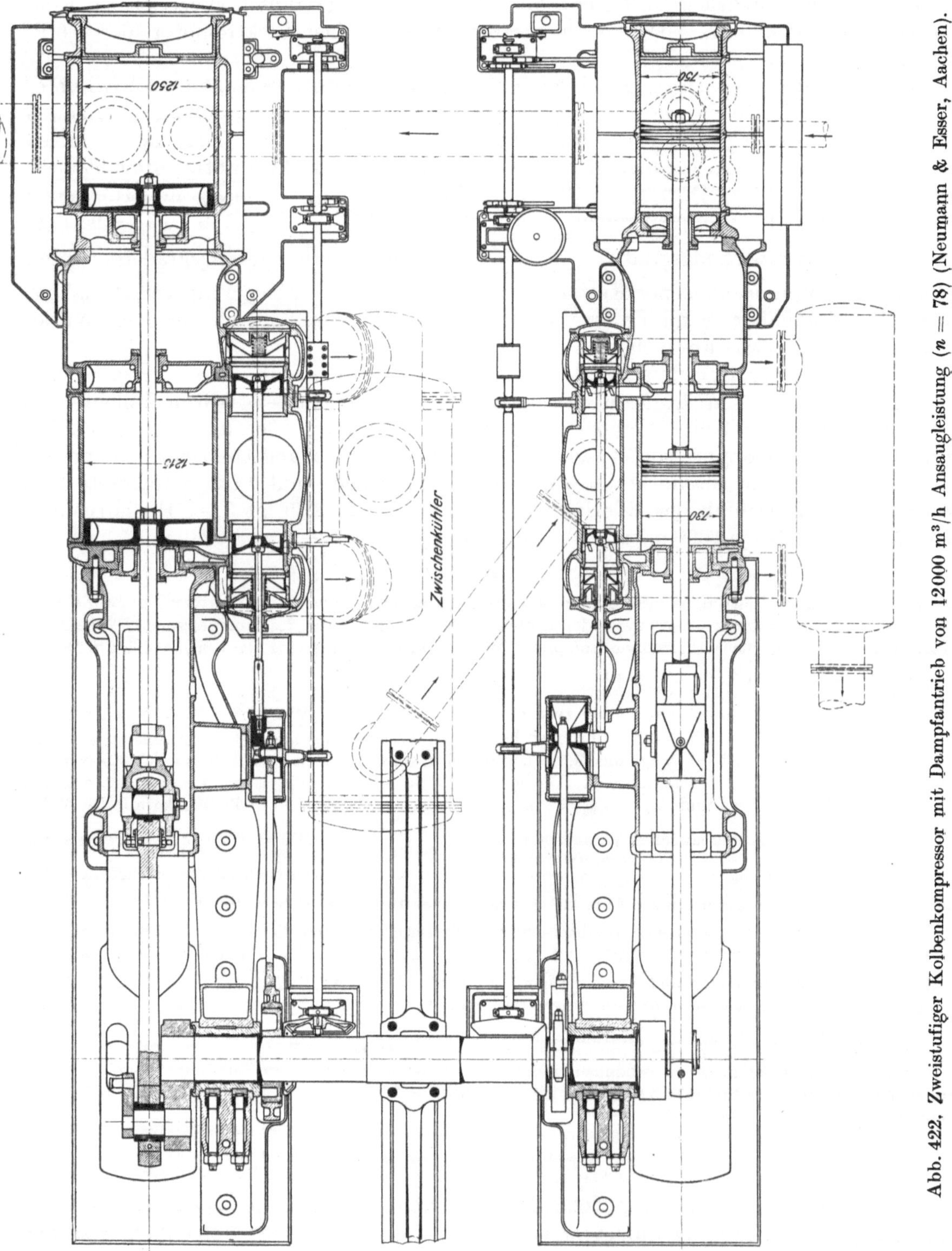

Abb. 422. Zweistufiger Kolbenkompressor mit Dampfantrieb von 12000 m^3/h Ansaugleistung ($n = 78$) (Neumann & Esser, Aachen).

gewendet, ist aber zweckmäßig und wirtschaftlich; der durch eine Koksofengasmaschine angetriebene Kompressor auf der Zeche entspricht dem durch eine Gichtgasmaschine angetriebenen Gebläse auf der Hütte. Unmittelbarer Drehstromantrieb ist bei großen Kompressoren selten; der Kompressor braucht dann eine Hilfssteuerung, damit man seine Leistung, ohne die Drehzahl zu ändern, herabsetzen kann[1]. Bei kleineren Kompressoren hat man ebenfalls Dampfantrieb; doch ist der Antrieb durch einen Drehstrommotor mit Riemenübertragung häufiger. Diese kleinen Kompressoren werden meist einachsig mit Stufenkolben gebaut. Abbild. 423 zeigt als Beispiel einen einzylindrigen Stufenkompressor für Dampfantrieb; beide Stufen wirken einfach. Dasselbe ist der Fall bei dem in der späteren Abb. 431 dargestellten, für elektrischen Antrieb bestimmten Kompressor.

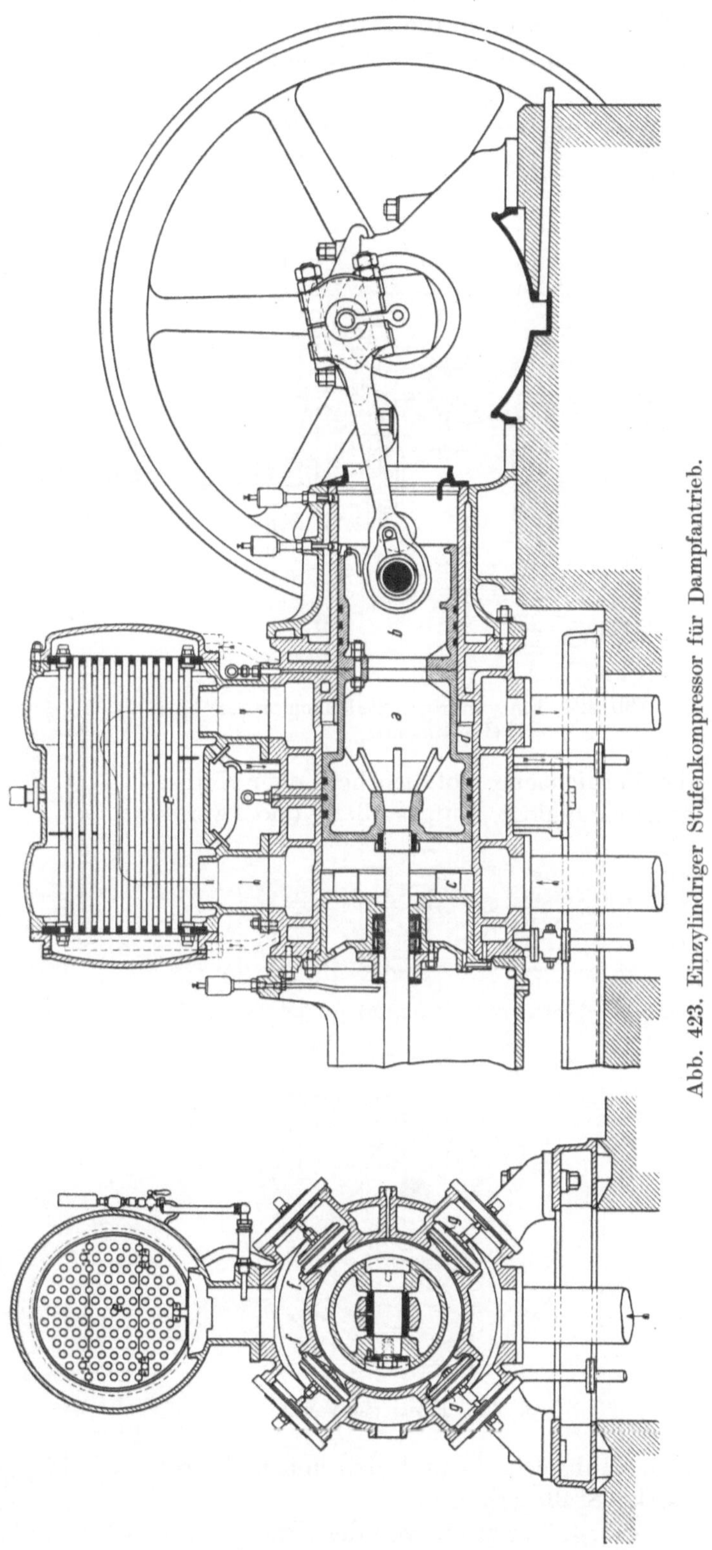

Abb. 423. Einzylindriger Stufenkompressor für Dampfantrieb.

Abb. 424 zeigt den im Maschinenlaboratorium der Bochumer Bergschule aufgestellten, von der Firma Flottmann A.-G. ausgeführten Stufenkompressor im Schnitt ($n = 220$, $Q = 600\ m^3/h$). Der Niederdruckzylinder (*I* und *II*) wirkt doppelt, der Hochdruckzylinder (*III*) einfach. Kompressoren dieser Bauart werden auch Dreidruckraumkompressoren genannt; gegenüber der Ausführung nach Abb. 423 haben sie den Vorteil, daß der Hochdruckraum (*III*) durch eine normale Stopfbüchse und nicht durch schwer dicht zu haltende Kolbenringe von großem Durchmesser nach außen abgedichtet wird.

210. Die Steuerungen der Kolbenkompressoren. Es werden je zur Hälfte etwa Ventilsteuerungen und Schiebersteuerungen angewendet. Als Ventile verwendet man allgemein leichte Stahlplattenventile, die sich selbsttätig durch geringen Unterdruck beim Saugen oder durch geringen Über-

[1] Vgl. Ziffer 211.

druck beim Fortdrücken der Luft öffnen. Der Ventilhub wird möglichst klein gehalten (bis zu 4 mm), um die Massenkräfte zu verringern. Um bei dem kleinen Hub die Luftgeschwindigkeit in den zulässigen Grenzen von 20 bis 30 m/s einhalten zu können,

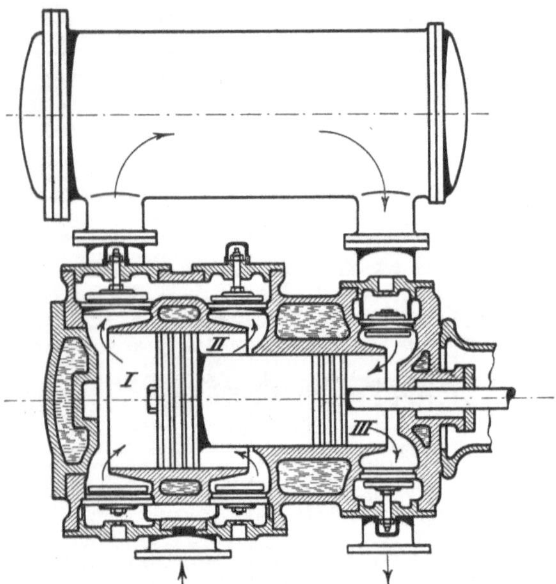

Abb. 424. Einzylindriger Stufenkompressor (Flottmann).

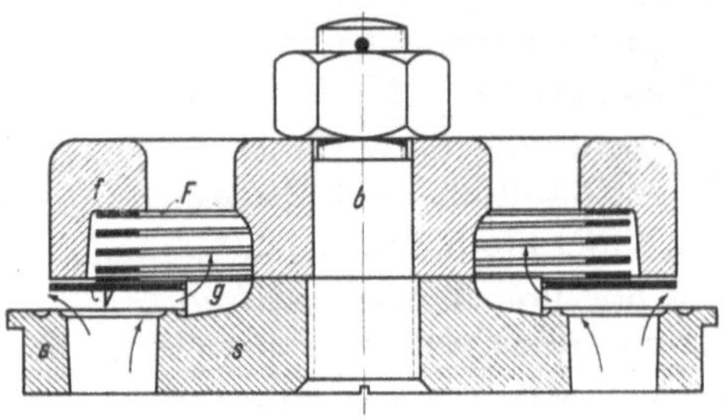

Abb. 425.

werden die Ventile zur Vergrößerung des Durchflußquerschnitts als Ringventile ausgeführt. Die Saugventile sind während des ganzen Saughubes geöffnet; ihre Öffnungs- und Schließgeschwindigkeiten sind klein. Die Druckventile werden dagegen am Ende der Verdichtung plötzlich bei hoher Kolbengeschwindigkeit aufgestoßen und werden

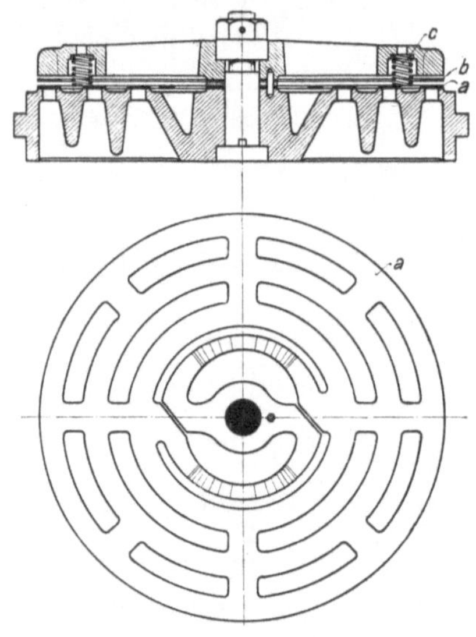

Abb. 426. Hoerbiger-Ventil.

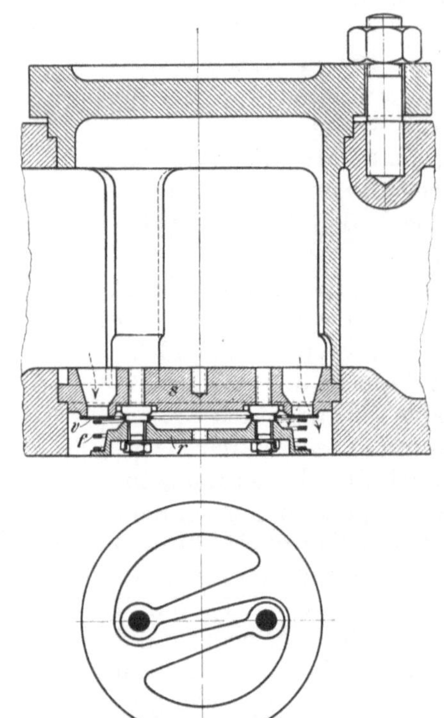

Abb. 427. Lindemann-Ventil.

beim Hubwechsel durch den hohen Überdruck heftig geschlossen, so daß die Ventilsitze starke Stöße erhalten.

Abb. 425 zeigt ein von der Zwickauer Maschinenfabrik ausgeführtes Ventil. Sehr verbreitet sind Lenkerventile, die durch die Lenker reibungslos geführt werden. Abb. 426 veranschaulicht das viel angewendete Hoerbigerventil auf einem dreispaltigen Sitz, Abb. 427, das von Borsig ausgeführte Lindemannventil auf einem einspaltigen Sitz. Die Ventile werden im Deckel oder im Zylinder eingebaut.

Die Schiebersteuerungen haben in der Regel Kolbenschieber. Während bei den Dampfmaschinen und beim Druckluftmotor das den Schieber antreibende Exzenter der Maschinenkurbel um $90^0 + \delta$ voreilt[1], muß es beim Kompressor um $90^0 + \delta$ nacheilen. Die Schiebersteuerung eines Kompressors wirkt ebenso wie diejenige eines Druckluft-haspelmotors, wenn man sie auf Gegenkraft auslegt. Abb. 428 zeigt, wie das Müllersche Schieberdiagramm[1] auf die Schiebersteuerung eines Kompressors angewendet wird. Die Schieberkurbel s eilt der Maschinenkurbel m um $90^0 + \delta$ nach. Der Schieber vermag nur den Beginn des Ansaugens (*1*), das Ende des Ansaugens oder den Beginn der Verdichtung (*2*), sowie das Ende des Fortdrückens oder den Beginn der Rückexpansion aus dem schädlichen Raume (*4*) richtig zu steuern, während er das Ende der Verdichtung oder den Beginn des Fortdrückens zu früh steuert (*3'*). Dabei würde zwar der Kompressor ebensoviel Luft ansaugen und fortdrücken als wenn der Schieber erst im Punkte *3* den Zylinder nach der Druckleitung öffnete, aber er würde die durch die schraffierte Fläche dargestellte Arbeit mehr brauchen, weil die unter höherem Druck stehende Luft aus der Leitung in den Kompressor zurückströmt und wieder mit auszuschieben ist. Deshalb ist es nötig, auf jeder Zylinderseite hinter dem Schieber ein selbsttätiges Druck- oder Rückschlagventil anzuordnen, das sich erst öffnet, wenn der Verdichtungsdruck im Zylinder höher als der Leitungsdruck geworden ist.

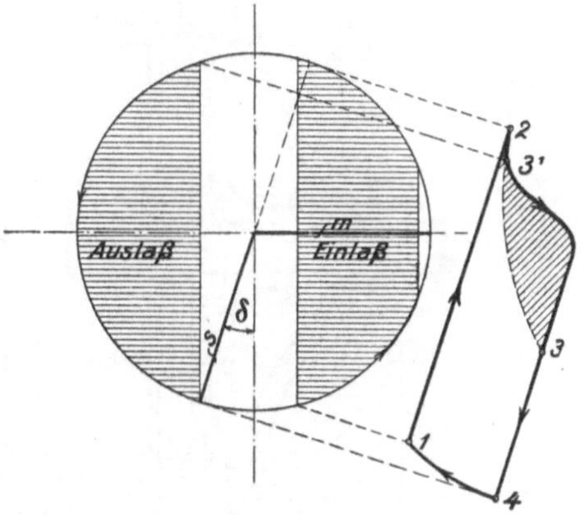

Abb. 428. Schieberdiagramm einer Kompressorsteuerung.

Dieses Rückschlagventil hat im Gegensatz zu dem eigentlichen Druck-Steuerventil nur das Öffnen nach der Leitung, nicht auch das Abschließen zu bewirken, so daß sein Hub voll ausgenützt und auch bei hoher Drehzahl ein geräuschloser Gang erzielt werden kann. Hängt sich, wie es wohl vorkommt, ein solches Rückschlagventil auf, so hat man denselben Zustand, als wenn es fehlte. Der vom Schieber gesteuerte Beginn des Ansaugens ist nur für einen bestimmten Verdichtungsdruck richtig.

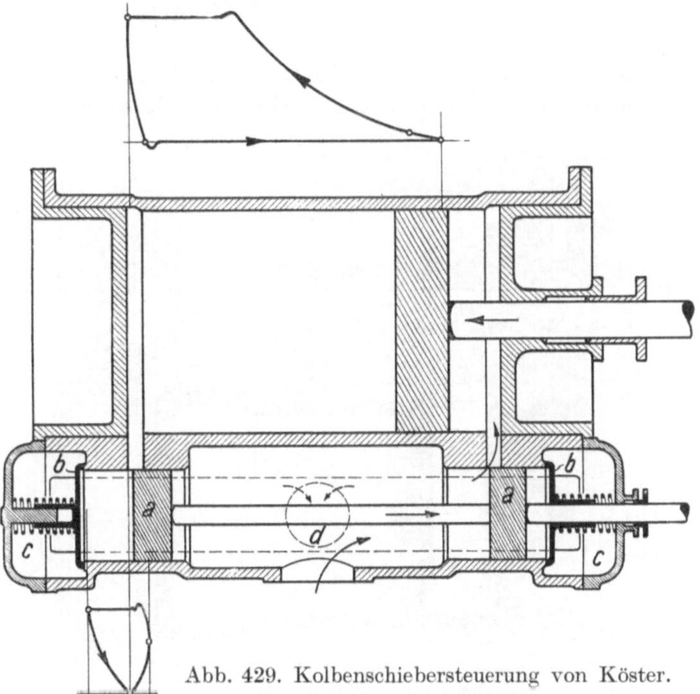

Abb. 429. Kolbenschiebersteuerung von Köster.

In Abb. 429 ist die von der Frankfurter Maschinenbau-A.-G. ausgeführte Kolbenschiebersteuerung von Köster schematisch dargestellt: *aa* sind die steuernden Kolben, *bb* die Rückschlagventile, *cc* die miteinander verbundenen, in *d* mündenden Druckräume. Bei der Köstersteuerung ist der Kolbenschieber an der Kompressorleistung mit einigen Prozenten beteiligt, wie es das eingezeichnete, zwischen Rückschlagventil und Steuer-

[1] Vgl. Ziffer 87.

kolben zu entnehmende Diagramm zeigt. Bei anderen Kolbenschiebersteuerungen (MAN und Gute-Hoffnungs-Hütte) sind die Rückschlagventile mit dem Kolbenschieber verbunden, so daß der Kolbenschieber keine Verdichtungsarbeit leistet. Die Abb. 430 und 431 zeigen die konstruktive Ausführung der Köstersteuerung. In der Abb. 422 ist ein von Neumann & Esser, Aachen, ausgeführter, durch Dampf angetriebener Bergwerkskompressor mit Köstersteuerung dargestellt, der 12000 m³/h ansaugt.

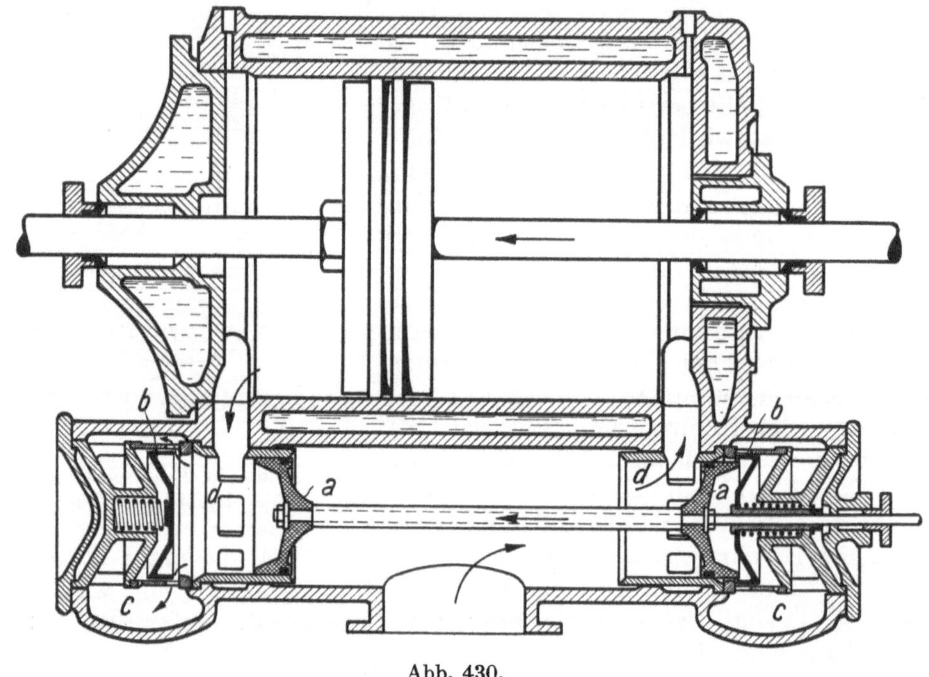

Abb. 430.

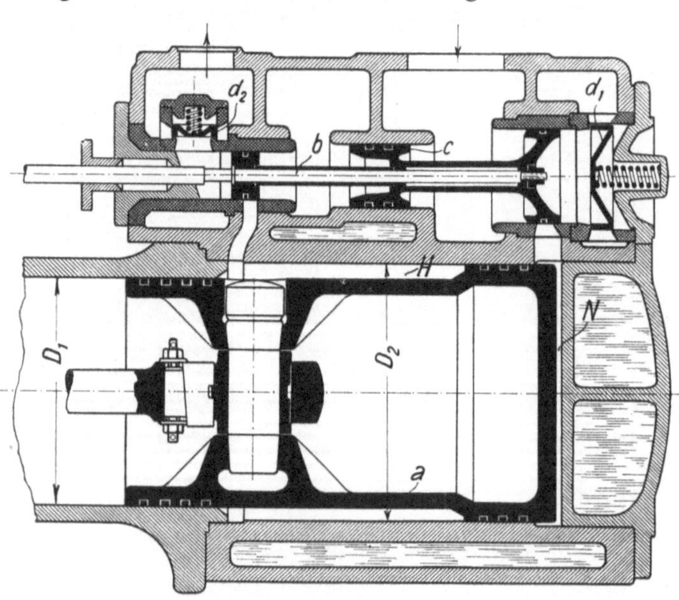

Abb. 431.

211. Regelung der Kolbenkompressoren. Die Förderleistung des Kompressors wird beim Dampf- und Gasmaschinenantrieb sehr einfach und wirtschaftlich geregelt, indem man die Drehzahl entsprechend einstellt. Man kann das von Hand tun oder überträgt dem schwankenden Luftdruck selbst die Aufgabe, die Förderleistung des Kompressors dem Luftverbrauche anzupassen. Bei steigendem Luftdruck, d. h. wenn mehr Druckluft erzeugt als verbraucht wird, ist die Drehzahl zu vermindern, und bei fallendem Luftdruck ist sie zu erhöhen. Bei der in den Abb. 432 und 433 dargestellten Anordnung (Neumann & Esser, Aachen) beeinflußt ein Kolben, der den Druck der erzeugten Preßluft empfängt, mit Hilfe eines Leistungsreglers[1] die

[1] Vgl. Ziffer 83.

Füllung der antreibenden Dampfmaschine. Je höher der Luftdruck steigt, um so tiefer wird der zur Regelung dienende, federbelastete Kolben getrieben, der, umgekehrt wie üblich, außen angeordnet ist und das Drehlager des Reglerhebels trägt. Dadurch wird, weil die Reglermuffe zunächst ihren Stand beibehält, die Füllung verkleinert; infolgedessen sinkt die Drehzahl, bis schließlich der Kompressor bei höherem Drucke und niedrigerer Drehzahl wieder ins Gleichgewicht kommt. Sinkt umgekehrt der Druck, so wird der regelnde Kolben durch seine Feder hochgetrieben und stellt höhere Drehzahl ein. Daß niedrigerer Druck und höhere Drehzahl und umgekehrt höherer Druck und niedrigere Drehzahl zusammengehören, ist notwendig, damit die Regelung stabil ist. Eigentlich braucht man aber bei höherer Drehzahl, also höherer Förderleistung auch höheren Druck, weil die Druckverluste in den Leitungen infolge der höheren Durchflußgeschwindigkeiten größer werden; dann muß man von Hand nachregeln (Verstellung bei *c*, Abb. 433).

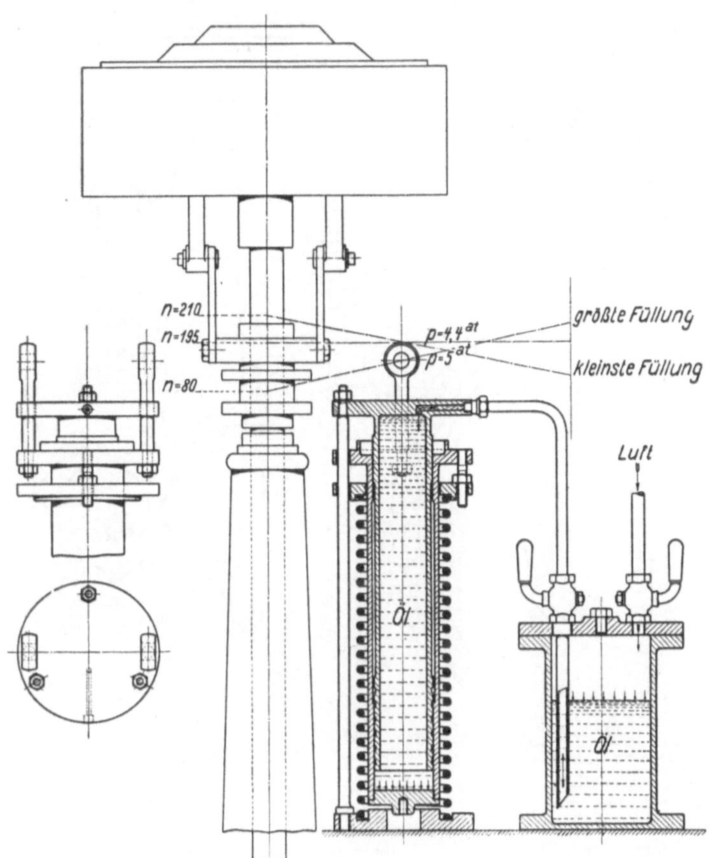

Abb. 432. Regelung auf gleichbleibenden Luftdruck.

Abb. 434 zeigt eine Regelung auf gleichbleibenden Luftdruck, bei welcher der erzeugte Druck eine Quecksilbersäule hochdrückt und einen auf dem Quecksilber schwimmenden eisernen Schwimmer *a* bewegt, der seinerseits den Regler verstellt. Statt über einen Leistungsregler kann man die Kompressorsteuerung auch unmittelbar verstellen; dann braucht man nur einen Sicherheitsregler, der z. B. bei einem Bruche der Druckleitung verhütet, daß der Kompressor durchgeht.

Bei Drehstromantrieb besteht die Aufgabe, die Förderleistung des Kompressors zu regeln, ohne daß die Drehzahl geändert wird. Man kann die angesaugte Luft drosseln; das ist aber unwirtschaftlich und wird nur ausnahmsweise angewendet. Bei kleineren Kompressoren ist allgemein die sogenannte Aussetzerregelung üblich, d. h. es werden, wenn der erzeugte Druck zu hoch wird, bei Kompressoren mit Ventilsteuerungen die Saugventile angehoben, so daß die angesaugte Luft wieder zurückgeschoben wird, oder es wird bei Kompressoren mit Schiebersteuerung die Saugleitung abgesperrt, worauf der Kompressor im Vakuum arbeitet. In Abb. 435 (Flottmann) ist veranschaulicht, wie bei einem einzylindrigen zweistufigen Kompressor ein Niederdruck- und ein Hochdrucksaugventil angehoben werden, wenn der erzeugte Druck zu hoch wird. Dann wird nämlich der kleine, durch das Gewicht *b* belastete Kolben *a* durch den Überdruck der erzeugten Druckluft hochgetrieben und öffnet der Druckluft den Weg zu den Kolben c_1, c_2, die ausschlagen und mit den Greifern d_1, d_2 die Ventile offenhalten.

Bei großen Kompressoren mit Drehstromantrieb kann man die Aussetzerregelung nicht anwenden, sondern braucht eine stetige Regelung. Entweder läßt man die angesaugte Luft durch eine Hilfssteuerung während eines mehr oder minder großen Teiles des Druckhubes zurückströmen, wobei sich die durch Abb. 436 dargestellte Wirkungsweise ergibt, oder man hebt während des ersten Teiles des Saughubes ein in Abb. 437 (Schüchtermann & Kremer) mit d bezeichnetes zum Druckraum öffnendes Rückströmventil an, so daß frische Luft erst angesaugt wird, nachdem die rückgeströmte

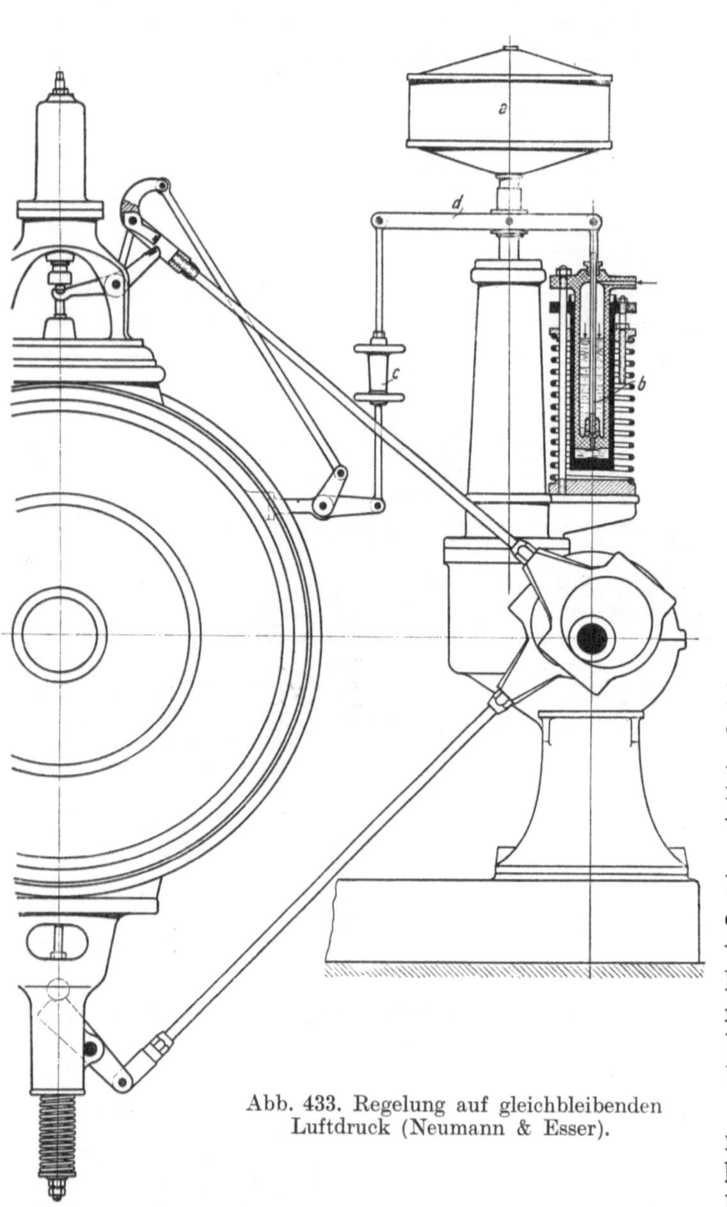

Abb. 433. Regelung auf gleichbleibenden Luftdruck (Neumann & Esser).

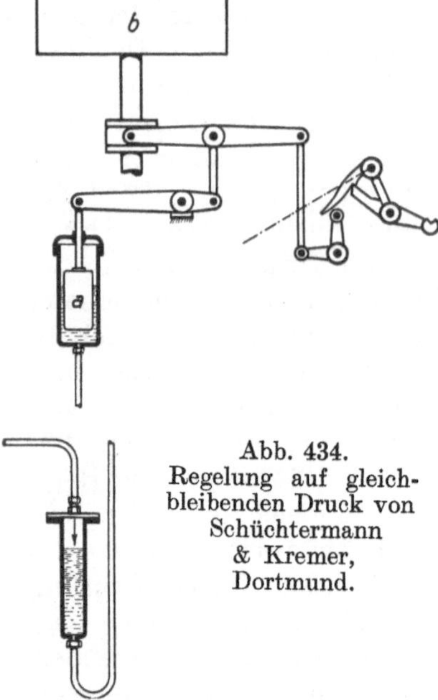

Abb. 434. Regelung auf gleichbleibenden Druck von Schüchtermann & Kremer, Dortmund.

Druckluft unter die Atmosphäre expandiert ist. In dem in der Abb. 437 enthaltenen Diagramm ist s_1 die verkleinerte, s_2 die volle Ansaugmenge.

Von dem bei Hochofengebläsen gebräuchlichen Mittel, die angesaugte Luftmenge zu vermindern, indem die schädlichen Räume durch Zusatzräume vergrößert werden, wird bei Kompressoren kein Gebrauch gemacht.

212. Versuchskompressor, der rückwärts als Druckluftmotor läuft. Die Bochumer Bergschule hat für Lehrzwecke den in der Abb. 438 dargestellten einzylindrigen, zweistufigen, mit Kolbenschiebersteuerung ausgerüsteten Kompressor, der so eingerichtet ist, daß er durch die von ihm erzeugte, in einem Behälter aufgespeicherte Druckluft rückwärts als Druckluftmotor getrieben werden kann. Der Kompressor, der 80 mm Hub und 100/75 mm Durchmesser hat, wird mittels Handkurbel gedreht. a ist der Stufenkolben, b der die Nieder- und die Hochdrucksteuerung trennende Zwischenkolben, c_1 und c_2 sind die nach außen durchgeführten Rückschlagventile. Mit Hilfe der Indikatoren dd, die ohne Hubverminderer von der Kurbelwelle angetrieben werden, wird der Druckverlauf im Kompressor aufgezeichnet. Der Zwischenkühler steht über dem Kompressor, wird aber nicht durch Wasser gekühlt, weil es bei diesem kleinen Kompressor nicht nötig ist.

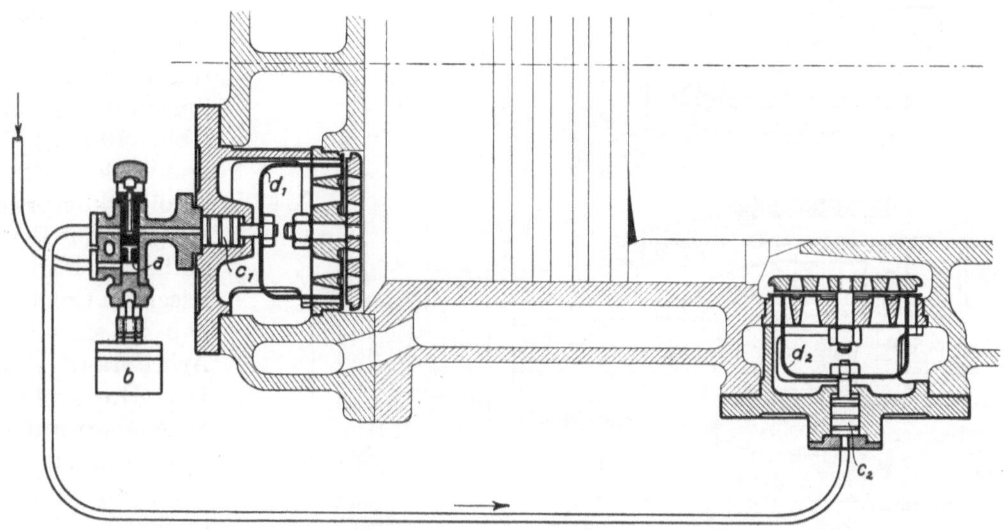

Abb. 435. Aussetzerregelung für Ventilkompressoren (Flottmann).

Erst wird der Kompressor im Umlaufsinne *I* gedreht und wirkt als Kompressor, wobei Druckluft von allmählich bis 6 at zunehmendem Druck erzeugt wird. Um die Bedeutung der Rückschlagventile darzutun, kann man die Rückschlagventile anheben. Die Folge ist, daß man für den Antrieb des Kompressors erheblich mehr Kraft bedarf. Ist in dem dem Kompressor beigegebenen Behälter genügend Luft aufgespeichert, läßt man den Kompressor im Umlaufsinne *II* als Motor laufen, aber nicht als Verbundmotor, sondern so, daß die Druckluft nur im Hochdruckteil des Kompressors wirkt. Dabei muß man selbstverständlich die Rückschlagventile anheben, außerdem muß man den Niederdruckteil mit der Atmosphäre verbinden. Abb. 439 zeigt die Diagramme, die man an der Versuchsmaschine erhält, oben das Niederdruck- und Hochdruckkompressordiagramm ohne und mit angehobenen Rückschlagventilen, unten das Motordiagramm, und zwar bei schnellem und bei langsamem Motorgange.

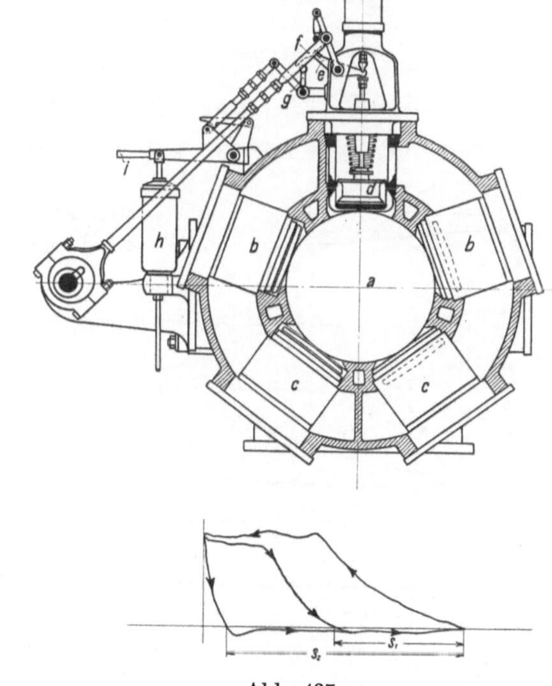

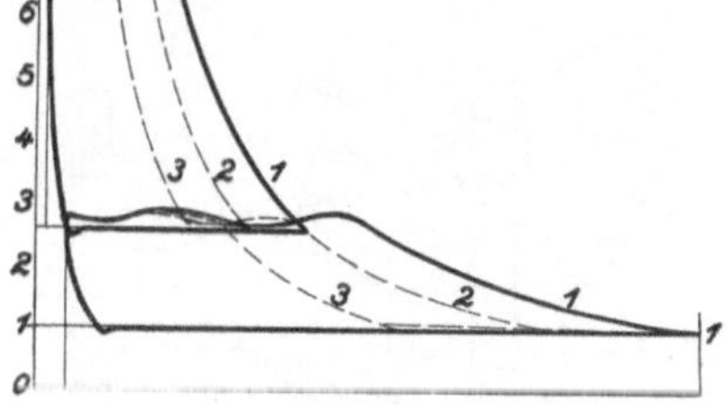

Abb. 436.

Abb. 437.

213. Kompressoren mit Drehkolben. (Rotationskompressoren.) Die Drehkolben-

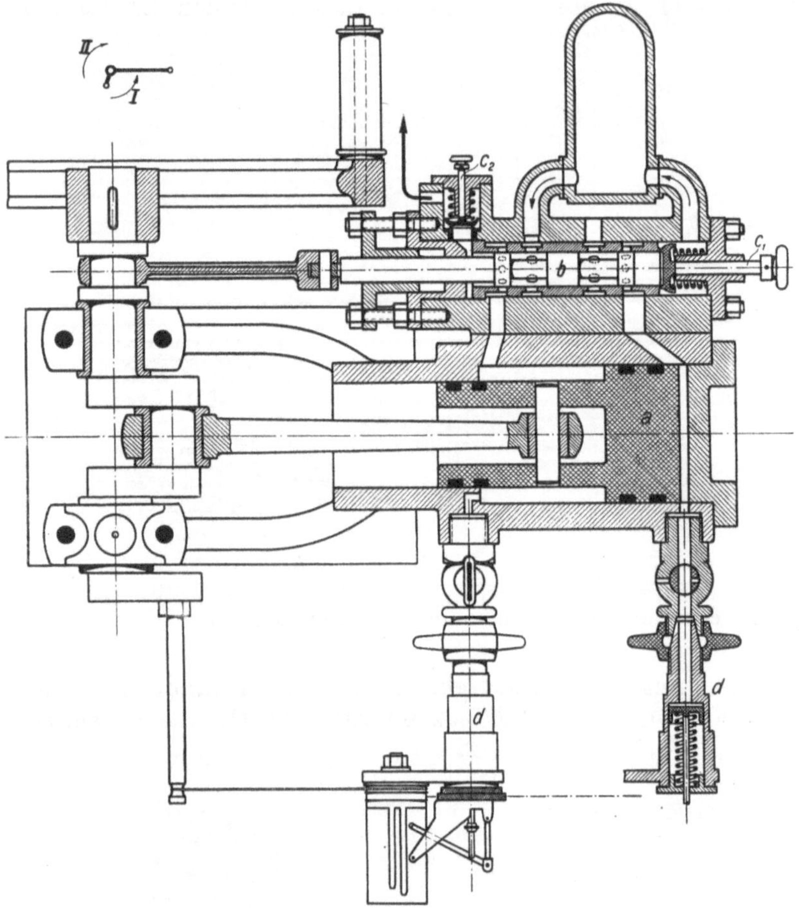

Abb. 438. Versuchskompressor.

kompressoren wirken umgekehrt wie die später zu besprechenden Drehkolbenmotoren, die im Aufbau mit ihnen übereinstimmen. Abb. 440 zeigt Aufbau und Wirkung des Drehkolbenkompressors schematisch. Der Drehkolben *a* liegt exzentrisch im Gehäuse *b*, so daß ein sichelförmiger Arbeitsraum entsteht. Der Drehkolben hat angenähert radiale, im Bewegungssinn etwas vorgeneigte Schlitze, in denen dünne stählerne Flügel *c* (oder Lamellen oder Schieber) gleiten. Diese Flügel werden, wenn der Drehkolben kreist, durch die Fliehkraft gegen die Gehäusewandung getrieben, die sie nur in einer Linie, nicht in einer Fläche, berühren. Soviel Flügel vorhanden sind, soviel Zellen oder Kammern werden gebildet. Die Zelle *I* wird gerade vom Saugraume abgesperrt. Ihr Inhalt

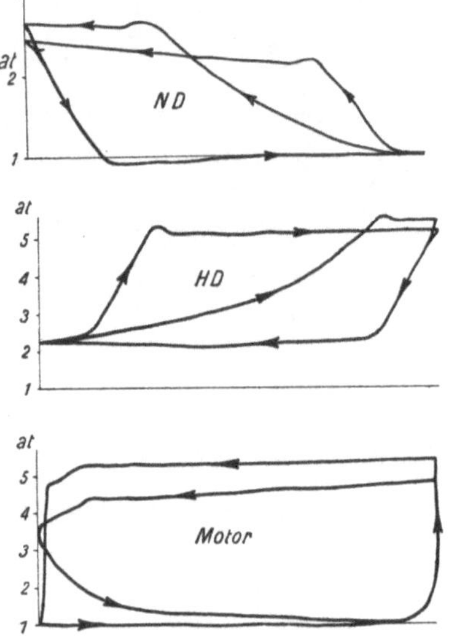

Abb. 439. Diagramme der Versuchsmaschine.

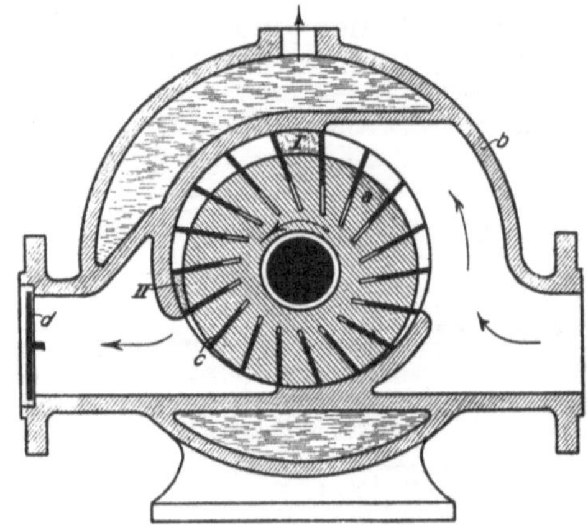

Abb. 440. Schema des Drehkolbenkompressors[1].

multipliziert mit der Zellenzahl ist das bei einer Kolbenumdrehung angesaugte Luft-

[1] Vgl. Abb. 475.

volumen. Die Verdichtung der angesaugten Luft geht in denkbar einfachster Weise vor sich; wenn sich die Zelle *I* weiterdreht, wird ihr Volumen verkleinert, weil die Flügel des Drehkolbens in den Kolben hineingeschoben werden. Erreicht die Zelle die Lage *II*, ist die Verdichtung beendet, und es beginnt das Fortdrücken der verdichteten Luft. Die Drucksteigerung ist gleich dem umgekehrten Verhältnis der Volumen *I* und *II*. Hinter dem Drehkolbenkompressor ist ein Rückschlagventil *d* anzuordnen, weil sonst der Kompressor, wenn er nicht Luft in die Leitung

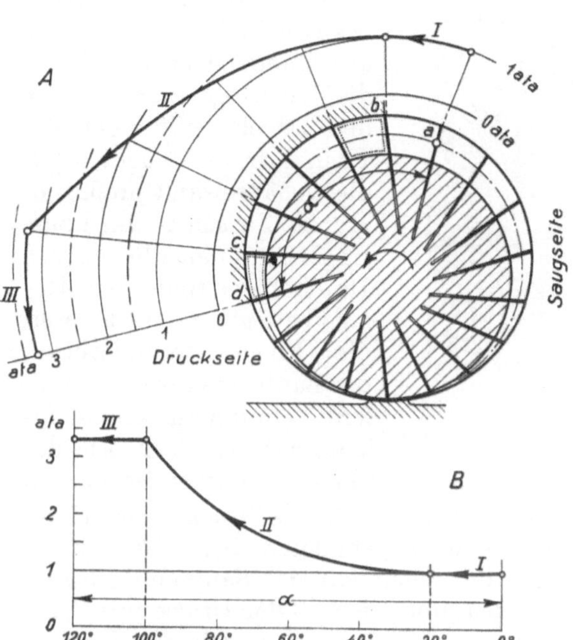

Abb. 441. Darstellung der Druckerzeugung im Drehkolbenkompressor.

preßt, von der aus der Leitung rückströmenden Luft rückwärts getrieben würde.

In Abb. 441 ist der Druckverlauf diagrammatisch dargestellt. In der oberen Darstellung *A* ist die Drucklinie *I*—*II*—*III* konzentrisch über dem Weg der jeweils wirksamen Flügelmitte *a* aufgetragen. *I* ist das Ansaugen (Flügelweg von *a* bis *b*), *II* das Verdichten (*b* bis *c*) und *III* das Ausschieben (*c* bis *d*). In der Darstellung *B* ist der gleiche Druckverlauf über dem zugehörigen Drehwinkel α des Drehkolbens aufgetragen. In dieser Form ähnelt das Diagramm dem Diagramm des Kompressors mit hin- und hergehendem Kolben, jedoch besteht nicht die gleiche Proportionalität zwischen Druck und Drehwinkel wie zwischen Druck und Kolbenhub.

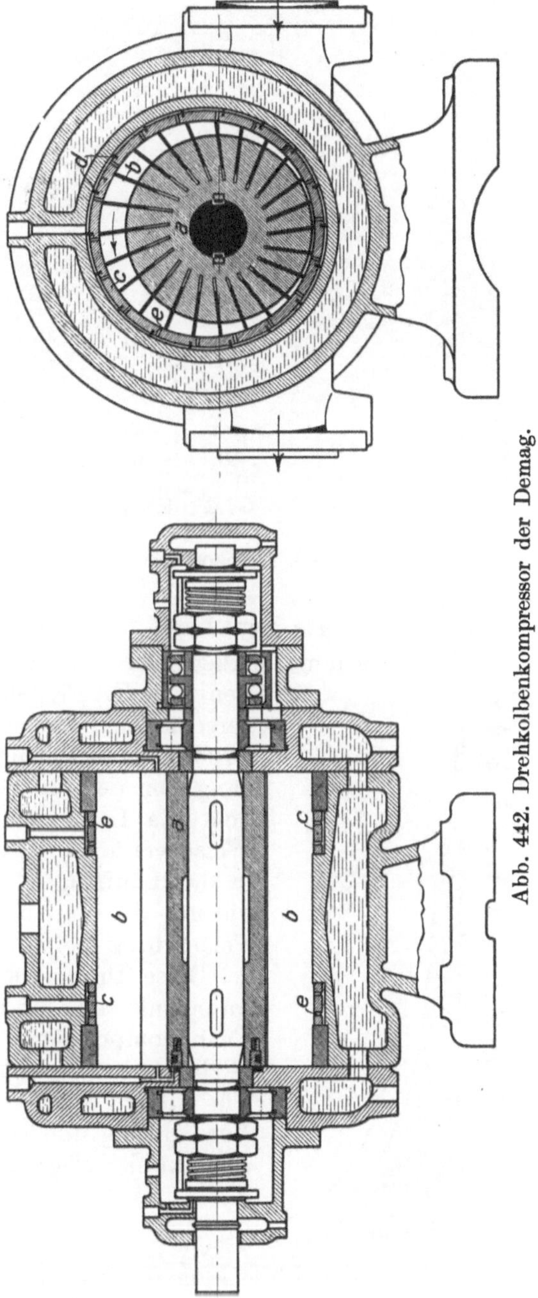

Abb. 442. Drehkolbenkompressor der Demag.

So einfach der Grundgedanke der Drehkolbenmaschine ist, so schwierig ist seine Durchführung. Damit die Drehkolbenmaschine ausreichende Leistung hergibt und kleine Undichtheitsverluste hat, muß sie schnell laufen. Bei hohen Drehzahlen werden aber die Flügel des Drehkolbens durch die Fliehkraft so stark gegen die Gehäusewandung gepreßt, daß sie starken Verschleiß erleiden. Infolgedessen haben nur Drehkolbenkompressoren besonderer Bauart Erfolg gehabt, bei denen die Fliehkraft der Flügel abgefangen wird. Bei den Rotationskompressoren der Demag, deren Ausführung durch die Abb. 442 und 443 veranschaulicht ist, sind die Wittigschen Laufringe angewendet. Diese Ringe *c*, die radiales Spiel im Gehäuse haben, werden von den Flügeln *b* des Drehkolbens *a* getragen, die ihrerseits gegen die Gehäusewandung anlaufen. Indem die Flügel des Drehkolbens nur so weit auseinanderstreben, wie es die Laufringe zulassen, ist der Druck, mit dem die Fliehkraft die Flügel gegen die Gehäusewand preßt, begrenzt. Zwischen den Laufringen und den Flügeln des Drehkolbens findet eine Relativbewegung statt, weil die Flügel veränderliche, die Laufringe aber die mittlere Umfangsgeschwindigkeit haben; doch ist der dadurch bedingte Verschleiß gering. An den Laufringen darf kein einseitiger Druck von außen oder innen wirken. Der von innen auf die Laufringe wirkende Druck in den einzelnen von den Flügeln des Drehkolbens gebildeten Zellen ist nun sehr verschieden, je nachdem, ob die Zellen mit der Saugseite oder der Druckseite in Verbindung stehen, und wie sich der Druck beim Übergang von der einen zur anderen Seite ändert. Damit der Druck in dem die Laufringe umgebenden Ringraum in ungefähr derselben Weise verläuft, ist dieser auch in Zellen unterteilt, die durch kleine, in den Laufringen radial spielende Schieber *d* gebildet werden, und die mit den Innenräumen durch Bohrungen *e* in den Laufringen in Verbindung stehen, wie es aus Abb. 442 ersichtlich ist.

Abb. 443. Drehkolbenkompressor der Demag.

Diese Drehkolbenkompressoren, die grundsätzlich den Kompressoren mit hin- und hergehenden Kolben entsprechen und mit den Turbokompressoren nichts zu tun haben, werden für mäßige Drucke — bis 3 atü — mit einem Gehäuse und Mantelkühlung ausgeführt. Für höhere Drücke — bis 6 oder 7 atü — wendet man zweistufige Verdichtung und zwei getrennte Gehäuse an, zwischen denen ein Zwischenkühler angeordnet ist.

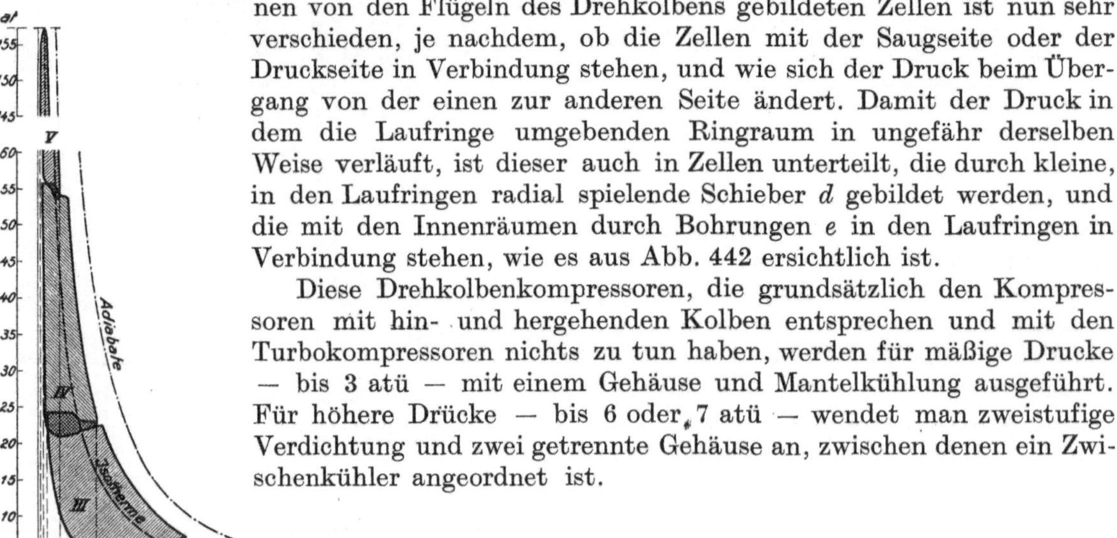

Abb. 444. Rankinisiertes Diagramm eines 5stufigen Kompressors.

Die Ansaugleistung der Drehkolbenkompressoren geht bei Verdichtungen von 1 ata auf 7 ata bis 6000 m³/h. Die Drehzahlen liegen zwischen $n = 1450$ bei kleinen und $n = 485$ bei großen Saugleistungen. Der Antrieb ist vielfach elektrisch. Es kann mit einem isothermischen Wirkungsgrad von etwa 60% gerechnet werden, so daß 1000 m³/h eine Antriebsleistung von 120 PS erfordern. Durch Drehzahlregelung kann die Saugleistung bis auf ⅔ der Normalleistung herabgemindert werden. Um bei Antrieb mit unveränderlicher Drehzahl zu regeln, wendet man Aussetzerregelung mit Selbstanlasser oder die Leerlaufregelung an. Bei der Leerlaufregelung wird entweder die Saugleitung (Saugdrosselregelung) oder die Druckleitung (Entlastungsregelung) abgesperrt, wodurch die Fördermenge auf Null sinkt[1].

214. Hochdruckkompressoren. Außer den normalen, Druckluft von etwa 7 ata erzeugenden Bergwerkskompressoren hat man Kompressoren für viel höhere Pressungen

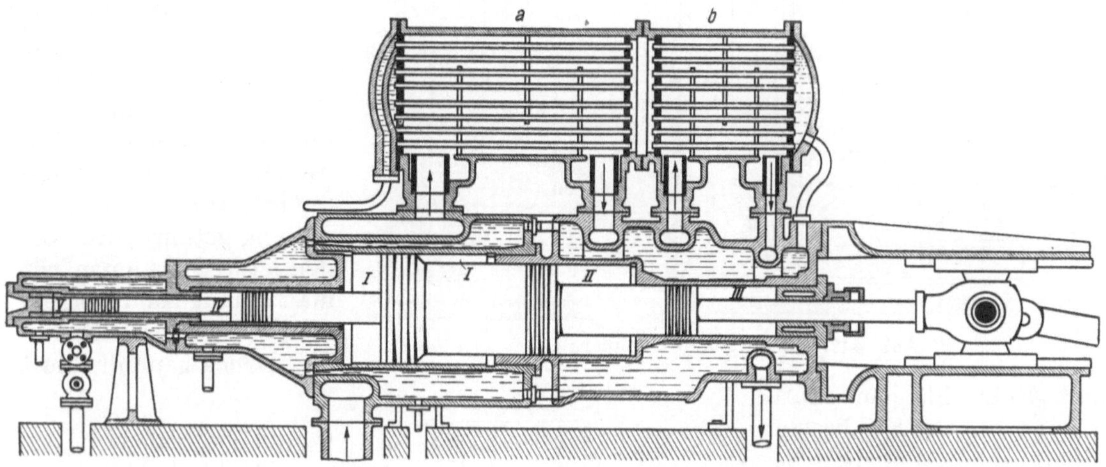

Abb. 445. Einachsiger, fünfstufiger Hochdruckkompressor (Schwartzkopff).

z. B. um Luft in die Druckwindkessel der Wasserhaltungspumpen zu drücken, wobei sich der erzeugende Druck nach der Teufe richtet, oder um bei Dieselmaschinen das zu verbrennende Öl in den Zylinder mittels Druckluft einzublasen, wofür 60 bis 70 ata erforderlich sind. Für chemische Zwecke verdichtet man Luft auf 200 bis 1000 ata; für den Betrieb von Grubenbahnen erzeugt man Preßluft von 160 bis 250 ata.

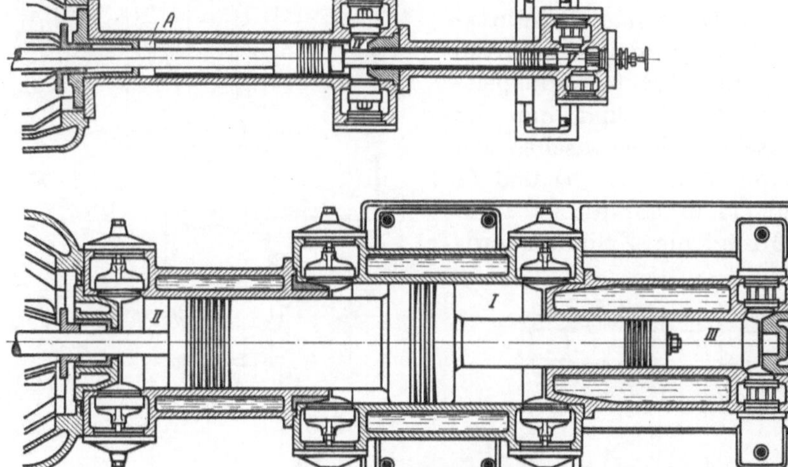

Abb. 446. Zweiachsiger, fünfstufiger Hochdruckkompressor (Demag).

Für die hohen Pressungen und verhältnismäßig kleinen Luftmengen kommen nur Kolbenkompressoren in Frage. Je nach der Höhe des zu erzeugenden Enddruckes verwendet man 3- oder 4- oder 5stufige Kompressoren. Die Hochdruckkompressoren, die Preßluft für Grubenlokomotiven erzeugen, führt man meist 5stufig aus. Stimmen die Stufen im Druckverhältnis überein, so ist das gleichbleibende Druckverhältnis bei z. B. 200 ata Enddruck $1:\sqrt[5]{200} = 1:2{,}88$, d. h. die Luft wird von 1 ata auf 2,88 auf 8,3 auf 24 auf 69 auf 200 ata verdichtet, und die Leistung dieses Hochdruckkompressors ist 5 mal

[1] Vgl. Lachmann: Die Regelung von Drehkolbenverdichtern der Vielzellenbauart. Z. d. V. d. I. 1940, S. 413.

so groß wie die eines Kompressors, der die angesaugte Luft von 1 ata auf 2,88 ata verdichtet[1]. Abb. 444 (Demag) zeigt das rankinisierte Diagramm eines 5stufigen Hochdruckkompressors.

Von Stufe zu Stufe sind Zwischenkühler anzuordnen. Die ersten Zwischenkühler baut man, wie Abb. 445 veranschaulicht, ebenso wie die Zwischenkühler der Niederdruckkompressoren derart, daß das Kühlwasser Röhren durchströmt, an denen die Luft entlang geführt wird. Bei den letzten Stufen macht man es umgekehrt, indem man die auf ziemlich hohen Druck gepreßte Luft durch Rohrschlangen führt, die in einem vom Kühlwasser durchflossenen Behälter liegen.

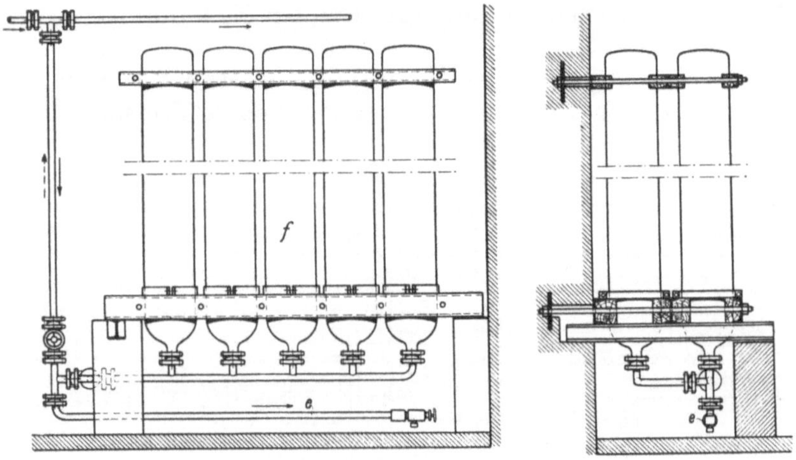

Abb. 447. Hochdruckluftsammler.

In Abb. 445 ist ein einachsiger, die Luft in 5 Stufen verdichtender Hochdruckkompressor dargestellt, der von der Berliner Maschinenbau-A.-G. vorm. L. Schwartzkopff ausgeführt ist; nur die Niederdruckstufe ist doppeltwirkend. Es sind nur die Zwischenkühler zwischen den Stufen *I* und *II* (*a*) und *II* und *III* (*b*) dargestellt. Abb. 446 zeigt die Zylinderanordnung eines von der Demag gebauten Hochdruckkompressors, der 3000 m³/h ansaugt und auf 175 ata preßt. Die erzeugte Preßluft dient zum Betriebe von Gruben-

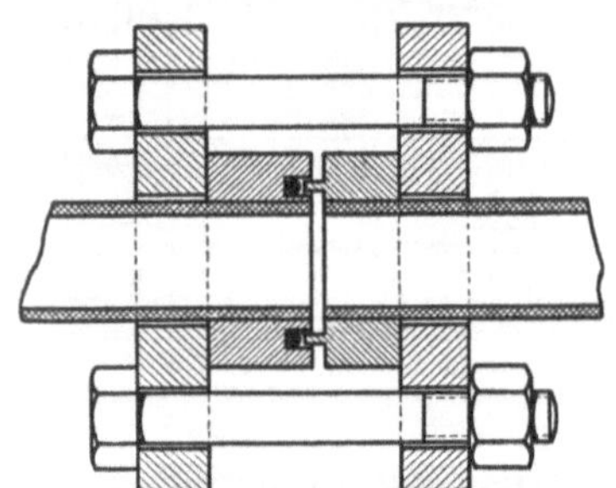

Abb. 448. Flanschverbindung einer Hochdruckluftleitung.

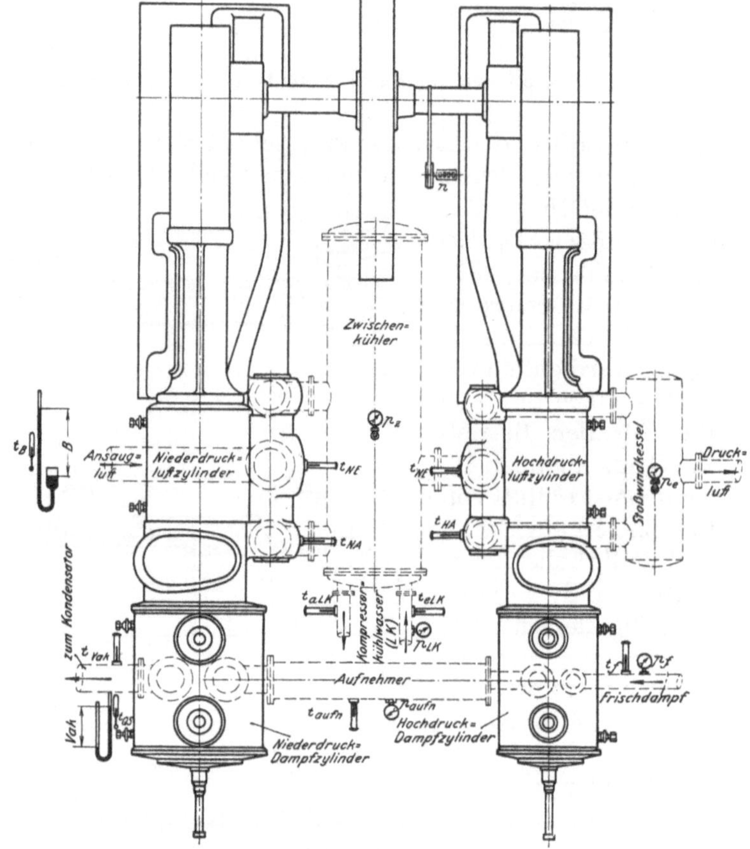

Abb. 449. Meßanordnung für Kolbenkompressoren.

[1] Vgl. Ziffer 207.

bahnen. Der Hub ist 1000 mm, die minutliche Drehzahl ist 81. Die Niederdruckstufe ist wieder doppeltwirkend; der Niederdruckkolben hat 815 mm Durchmesser. Auf der Hochdruckseite ist der Ausgleichraum A angeordnet, damit die Antriebkräfte beim Hin- und Rückgange gleichgroß sind. Bei 3000 m³/h Saugleistung leistet die antreibende Dampfmaschine etwa 880 PS_i, so daß 3,4 m³/PSh_i angesaugt werden[1]. Die dargestellten Hochdruckkompressoren haben selbsttätige Ventile. Neumann & Esser, Aachen, verwenden bei den ersten 4 Stufen ihrer Hochdruckkompressoren die Köstersche Kolbenschiebersteuerung. Führt man dem Hochdruckkompressor aus dem Niederdrucknetz vorgepreßte Luft von 7 ata zu, so spart man die ersten beiden Stufen und braucht für die weitere Verdichtung nur 3 Stufen.

Weil Hochdruckluftnetze nur ein geringes Fassungsvermögen besitzen, das Laden der Druckluftlokomotiven aber sehr stoßweise erfolgt, verwendet man zur Erhöhung der Speicherfähigkeit besondere Sammler, die gleichzeitig der Entwässerung dienen. Abb. 447 zeigt einen Sammler für Hochdruckluft, der aus 10 Stahlflaschen f besteht, die untereinander verbunden sind. e ist die Entwässerungsleitung. In Abb. 448 ist die Flanschverbindung einer Leitung für Hochdruckluft dargestellt, die mit Nut und Feder ausgeführt und durch den eingelegten Kupferring abgedichtet wird.

215. Leistungsversuche an Kolbenkompressoren. Für Untersuchungen an Kolbenkompressoren sind die vom Vereine deutscher Ingenieure aufgestellten Regeln für Leistungsversuche an Ventilatoren und Kompressoren maßgebend. Es handelt sich darum, die Kompressorleistung: wieviel m³/h Luft von 1 ata angesaugt und auf den vereinbarten Enddruck verdichtet werden, die Dampfmaschinenleistung sowie den Dampfverbrauch zu bestimmen, d. h. letzten Endes, wieviel m³/h je PS_i angesaugt und verdichtet werden und wieviel Dampf je PS_i und je m³ angesaugte Luft verbraucht werden. Außerdem ist das Kühlwasser zu messen. Mechanischer, isothermischer und Gesamtwirkungsgrad sind auf Grund der Messungen berechenbar. In der den Regeln entnommenen Abb. 449 ist ein zweiachsiger, durch eine Verbunddampfmaschine angetriebener zweistufiger Kompressor dargestellt und angedeutet, welche Messungen vorzunehmen und wie die Meßinstrumente anzuordnen sind. Der atmosphärische Druck wird mit dem Barometer gemessen. Thermometer sind mit t, Druckmesser mit p und Drehzahlmesser mit n bezeichnet. Der Index e bedeutet Eintritt, der Index a Austritt. LK bedeutet Kompressorkühlwasser; es ist nicht nur das den Zwischenkühler durchströmende Kühlwasser, sondern auch das zur Mantel- und Deckelkühlung dienende Wasser zu messen.

Die angesaugte Luftmenge wird aus der Drehzahl, dem Hubvolumen und dem dem Indikatordiagramm zu entnehmenden volumetrischen Wirkungsgrade bestimmt. Die fortgedrückte, auf die Ansaugverhältnisse umgerechnete Luftmenge ist kleiner als die angesaugte, um so kleiner, je undichter der Kompressor ist. Man wird also bei derartigen Messungen dafür sorgen müssen, daß der Kompressor möglichst dicht ist. Die fortgedrückte Luftmenge aus dem Diagramm zu bestimmen, ist ungenau; über die Möglichkeit, sie auch bei Kolbenkompressoren durch Düsen zu messen, vergleiche die Regeln. Beim Vergleich zwischen Kolben- und Turbokompressor ist die tatsächlich fortgedrückte Luftmenge zugrunde zu legen.

XXII. Turbokompressoren.

216. Turbogebläse. Turbokompressoren. Turbogebläse und Turbokompressoren sind Verdichter für Luft oder Gas, die wie die Kreiselpumpen nach dem Kreiselradmaschinenprinzip arbeiten. Turbogebläse dienen hauptsächlich zur Förderung großer Mengen; sie arbeiten im Niederdruckgebiet, erzeugen Drücke von 1 oder mehreren Metern Wasser-

[1] Vgl. Glückauf 1923, S. 140.

säule und sind mit ein bis drei schnellaufenden Schaufelrädern ausgerüstet. Besonders hohe Leistungen haben Turbohochofengebläse und Turbostahlwerkgebläse, die 1 bis 2 Atmosphären Überdruck und mehr erzeugen. Es sind Turbogebläse bis zu Fördermengen von 200000 m^3/h und mehr gebaut worden. Zu den Gebläsen kann man auch die Schleuderventilatoren[1] rechnen, die mit einem Laufrad arbeiten und Drücke bis zu einigen Hundert Millimetern Wassersäule erzeugen. Turbokompressoren dienen hauptsächlich zur Erzeugung von Druckluft für Energieübertragungszwecke. Sie haben eine große Zahl sehr schnellaufender Schaufelräder und verdichten die Luft auf 6 bis 9 ata. Bei Gaskompressoren für Sonderzwecke ist man bereits auf Drücke von 20 bis 30 ata gegangen. Turbokompressoren sind ausgesprochene Großmaschinen; für kleine Leistungen sind sie nicht geeignet. Normalerweise geht man nicht unter Förderleistungen von etwa 15000 bis 20000 m^3/h; die obere Grenze liegt für eingehäusige Turbokompressoren heute bei 110000 m^3/h; auf den Zechen sind Einheiten von 20000 bis 70000 m^3 stündlicher Saugleistung mit 7 ata Enddruck üblich.

217. Die Wirkungsweise der Kreiselverdichter. Die Wirkung der Kreiselverdichter beruht wie die der Kreiselpumpen[2] auf der Fliehkraft, nur besteht insofern ein grundlegender Unterschied, als mit dem Turbokompressor Luft zu verdichten ist, deren spezifisches Gewicht erstens bedeutend geringer als das des Wassers und zweitens mit zunehmender Verdichtung auch noch veränderlich ist. Die an der Kompressorwelle zugeführte mechanische Energie wird im Laufrad durch die Fliehkraft teils in Druckenergie, teils in Geschwindigkeitsenergie umgesetzt; letztere muß in einer Leitvorrichtung durch Verzögerung noch in Druckenergie umgewandelt werden. Diese doppelte Energieumwandlung bedingt allerdings höhere Verluste als die unmittelbare Druckerzeugung in den nach dem Verdrängerprinzip arbeitenden Kolbenkompressoren, weshalb höhere Antriebsleistungen erforderlich sind.

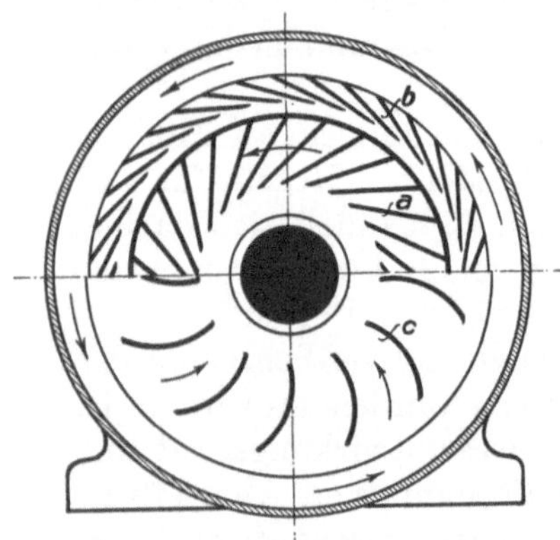

Abb. 450. Schema des Turbokompressors.

Abb. 450 zeigt schematisch einen Querschnitt durch einen Turbokompressor, aus dem man das Laufrad mit den Laufschaufeln a und den als Leitrad ausgebildeten Diffusor mit den Leitschaufeln b erkennt. Ferner sieht man, wie die aus dem Leitrade austretende Luft durch Umkehrschaufeln c, die im Gehäuse eingegossen sind, zum Saugmund des nächsten Laufrades geführt wird. Am innern Ende müssen gemäß früherer Abb. 396 die Laufradschaufeln so gekrümmt sein, daß sie in die ins Rad strömende Luft einschneiden. Damit ist der Umlaufsinn des Rades gegeben. Am äußeren Ende sind die Schaufeln der Turbogebläse und Turbokompressoren immer rückwärts gekrümmt, und zwar aus denselben Gründen, wie bei den Kreiselpumpen. Zwar braucht man bei rückwärts gekrümmten Schaufeln höhere Umfangsgeschwindigkeiten als bei vorwärts gekrümmten; dafür wird bei rückwärts gekrümmten Schaufeln der Druck zu etwa zwei Dritteln im Laufrade durch die günstig wirkende Fliehkraft und nur zu einem Drittel hinter dem Laufrade durch die ungünstiger wirkende Umsetzung von Geschwindigkeitsenergie in Druckenergie erzeugt. Im Zusammenhang damit hat die Linie des erzeugten, über der Fördermenge aufgetragenen Druckes einen flacheren, günstigeren Verlauf[3].

Die Drucksteigerung ist von der Umfangsgeschwindigkeit v des Laufrades abhängig. Theoretisch wird mit radial endenden Schaufeln im Laufrade und Leitrade zusammen ein Druck von $\frac{v^2}{g} \approx \frac{v^2}{10}$ m Fördersäule, mit rückwärts gekrümmten Schaufeln üblicher Bauart ein Druck von etwa $\frac{v^2}{13}$ m Fördersäule erzeugt[2]. Der wirkliche, bei normaler

[1] Näheres über Ventilatoren siehe Abschnitt XXIX. [2] Vgl. Ziffer 191.
[3] Vgl. das Kennlinienbild (Qh-Diagramm) Abb. 457.

Fördermenge erzeugte Druck ist kleiner als der berechnete und beträgt bei rückwärts gekrümmten Schaufeln etwa $\frac{v^2}{18}$ m Fördersäule für ein Laufrad. Das gilt unabhängig davon, ob das geförderte Gas schwerer oder leichter ist. In Atmosphären gerechnet, ist selbstverständlich der erzeugte Druck um so höher, je größer das spezifische Gewicht des Gases ist. Z. B. bedeutet bei Luft vom spezifischen Gewicht 1,2 kg/m³ eine Fördersäule von 1 m Höhe einen Druck von 1,2 kg/m² oder 0,00012 at. Weil das Gas bei der Verdichtung spezifisch schwerer wird, ist das mittlere spezifische Gewicht vor und nach der Verdichtung einzusetzen, wenn man den in m Fördersäule gegebenen Druck in at umrechnet.

Um Luft von 1 ata auf 1,1 ata zu verdichten, braucht man rund $v = 120$ m/s Umfangsgeschwindigkeit, für die Verdichtung von 1 ata auf rund 1,2 ata rund 170 m/s. Man geht mit v auf möglichst hohe Werte, denen jedoch mit etwa 250 bis 300 m/s aus Festigkeitsrücksichten eine Grenze gesetzt ist. Man ist deshalb schon bei mäßigen Drucksteigerungen gezwungen, das Gas oder die Luft mehrstufig zu verdichten. Zunächst scheint es, als brauchte man eine sehr große Zahl von Rädern, um Enddrücke von 6 oder 7 ata zu erzielen. Aber da unterscheidet sich der Turbokompressor grundsätzlich von der Turbopumpe. Bei der mehrstufigen Pumpe ergeben alle Räder mit gleicher Umfangsgeschwindigkeit die gleiche Fördersäulenhöhe und infolge des unveränderten spezifischen Gewichtes auch gleiche Drucksteigerungen in at; beim Turbokompressor sind bei gleichgroßen Laufrädern zwar auch die Fördersäulenhöhen alle gleich, jedoch nimmt das spezifische Gewicht des Fördermittels und damit die in at gerechnete Drucksteigerung von Stufe zu Stufe in steigendem Maße zu. Ist p_1 der Anfangs- und p_2 der Enddruck der ersten Stufe, so wird mit n Stufen der Kompressorenddruck $\left(\frac{p_2}{p_1}\right)^n$ erreicht. Je geringer das spezifische Gewicht im Ansaugezustand ist, um so kleiner wird das mit der Höchstgeschwindigkeit erreichbare Verhältnis $\frac{p_2}{p_1}$, und um so größer muß die Stufenzahl werden. Kalte, schwere Luft ist z. B. vorteilhafter als warme. Ist die Drucksteigerung bei Luftverdichtung z. B. 20% in jeder Stufe, so steigt der Druck der Reihe nach von 1 ata auf 1,20 auf 1,44 auf 1,73 auf 2,07 auf 2,49 auf 2,99 auf 3,58 auf 4,30 auf 5,16 auf 6,19 auf 7,43 ata. Es sind also insgesamt 11 Stufen nötig, um einen Enddruck von rund 7,5 ata zu erzeugen.

Die Luft erwärmt sich beim Verdichten einmal in Abhängigkeit vom Drucksteigerungsverhältnis[1]; sie empfängt aber nicht nur die eigentliche Verdichtungsarbeit als Wärme, sondern es tritt noch die beträchtliche durch Luft- und Radreibung entstehende Wärmemenge hinzu, so daß es in höherem Maße als bei Kolbenkompressoren nötig ist, die Luft zu kühlen, um die Verdichtung möglichst der isothermischen zu nähern. Im allgemeinen wird immer nach je drei Druckstufen bis annähernd auf die Anfangstemperatur zurückgekühlt. Weil eine größere Wärmemenge abzuführen ist, brauchen Turbokompressoren mehr Kühlwasser als Kolbenkompressoren; für 1000 m³ angesaugte Luft kann man bei Verdichtung auf 7 ata etwa 10 m³ Kühlwasser rechnen. Trotz des größeren Kühlwasseraufwandes wird die Luft beim Turbokompressor häufig nicht so tief gekühlt wie beim Kolbenkompressor und scheidet weniger Wasser aus; dann liefert der Turbokompressor feuchtere Luft als der Kolbenkompressor.

Bei mäßigen Drucksteigerungen in Turbogebläsen bis zu drei Stufen (Enddruck bis etwa 2 ata) braucht man noch nicht zu kühlen.

218. Mechanischer, isothermischer und Gesamtwirkungsgrad. Antriebsleistung und Energieverbrauch der Turbokompressoren. Die mechanischen Reibungsverluste der Turbokompressoren sind klein, weil nur Lagerreibung auftritt. Hin- und hergehende, aufeinander gleitende Teile wie beim Kolbenkompressor fehlen. Man kann deshalb mit einem hohen mechanischen Wirkungsgrad von 97 bis 98% rechnen.

Ist N_{is} die isothermische Kompressorleistung und N die tatsächliche Antriebsleistung

[1] Vgl. Ziffer 9 und 204.

des Turbokompressors, so ist der isothermische Wirkungsgrad $\eta_{is} = N_{is}:N$. Turbokompressoren haben schlechteren isothermischen Wirkungsgrad als Kolbenkompressoren. Während bei Kolbenkompressoren mit Dampfantrieb der isothermische Wirkungsgrad des Kompressors einschließlich Antriebes = 0,7 bis 0,72 ist, ist für den Turbokompressor allein $\eta_{is} = 0{,}64$ bis 0,67 bei großen Ausführungen. Kleine Turbokompressoren arbeiten noch bedeutend ungünstiger; bei Förderleistungen von 5000 m³/h sinkt der isothermische Wirkungsgrad auf $\eta_{is} = 0{,}5$.

Infolge des schlechteren isothermischen Wirkungsgrades braucht der Turbokompressor eine höhere Antriebsleistung als der Kolbenkompressor. Bei großen Kompressoren mit 7 ata Enddruck, wie sie im Zechenbetriebe üblich sind, braucht man für die stündliche Verdichtung von 1 m³ Luft eine Antriebsleistung von 0,11 bis 0,12 PS_e. Um eine Überlastungsreserve zu haben, rechne man überschlägig mit 1,3 PS_e je 10 m³/h der normalen Fördermenge. Bei elektrischem Antrieb, der allerdings seltener als Dampfturbinenantrieb ist, kann man mit rund 0,9 bis 1 kW je 10 m³/h rechnen.

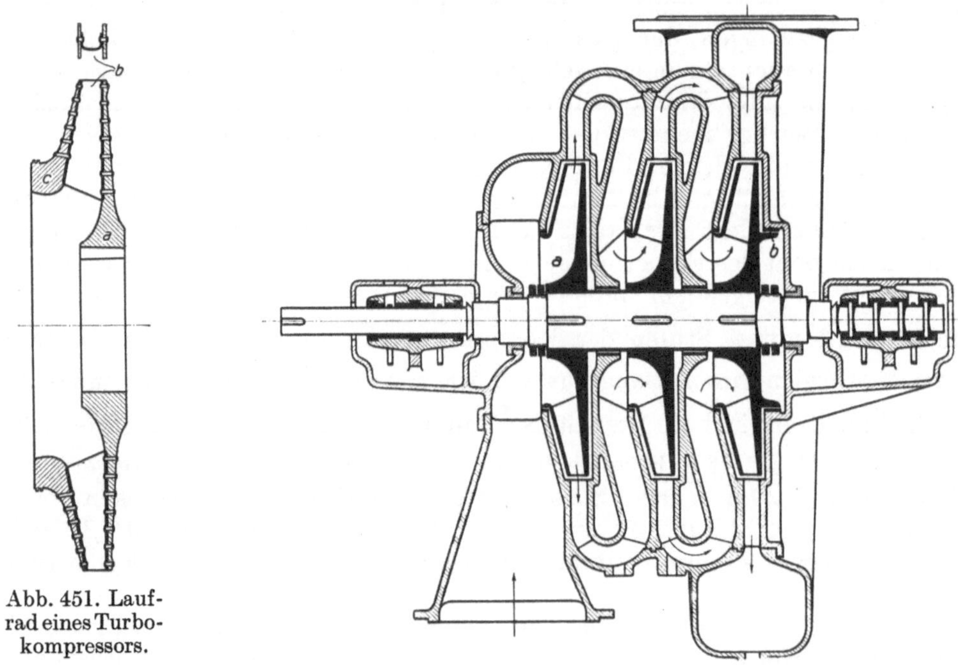

Abb. 451. Laufrad eines Turbokompressors.

Abb. 452. Dreistufiges Gebläse (Jäger).

Unter dem Gesamtwirkungsgrad eines durch eine Dampfturbine angetriebenen Kompressors versteht man ebenso wie beim Kolbenkompressor das Verhältnis der in kcal gemessenen isothermischen Kompressorarbeit zu dem für die Dampfturbine verfügbaren Wärmegefälle des verbrauchten Dampfes.

Die für Turbokompressoren angegebenen Wirkungsgrade gelten für die normale Förderleistung, bei der sie ihren günstigsten Wert haben; bei größerer und insbesondere bei kleinerer Förderleistung als normal werden die Wirkungsgrade schlechter. Bei Kolbenkompressoren mit Dampfantrieb ändern sich dagegen die Wirkungsgrade nur geringfügig, wenn sich die Förderleistung ändert, d. h. wenn der Kompressor schneller oder langsamer läuft.

Als Dampfverbrauch der durch eine Dampfturbine angetriebenen Turbokompressoren rechne man überschlägig 0,5 bis 0,7 kg Frischdampf oder 1,2 bis 1,4 kg Abdampf für 1 m³ angesaugte und auf 7 ata verdichtete Luft.

219. Aufbau und Antrieb der Turbokompressoren. Die Laufräder werden aus Stahl hergestellt, bei hohen Beanspruchungen aus chrom-, molybdänlegiertem Stahl. Abb. 451

(AEG) zeigt ein Laufrad im Schnitt, das aus der Radscheibe *a*, den angenieteten Schaufeln *b* und der an die Schaufeln genieteten Deckscheibe *c* besteht. Die Schaufeln sind entweder U-förmig oder Z-förmig oder direkt mit angefrästen Befestigungszapfen ausgeführt. Man setzt bis zu 12 Räder auf eine Welle, so daß Bergwerkskompressoren, die 9 bis 11 Räder brauchen, durchweg eingehäusig ausgeführt werden. Turbokompressoren für höhere Drücke, insbesondere Kompressoren für leichte Gase, die mehr als 12 Druckstufen benötigen, werden mehrgehäusig gebaut. Zur Abdichtung von Rad zu Rad dienen Labyrinthstopfbüchsen.

Man verwendet fast ausschließlich Räder mit einseitigem Einlauf, so daß der der Strömung entgegengerichtete Axialschub[1] ausgeglichen oder aufgenommen werden muß. In der Regel ordnet man einen Ausgleichkolben an, der auf der Innenseite den Druck der

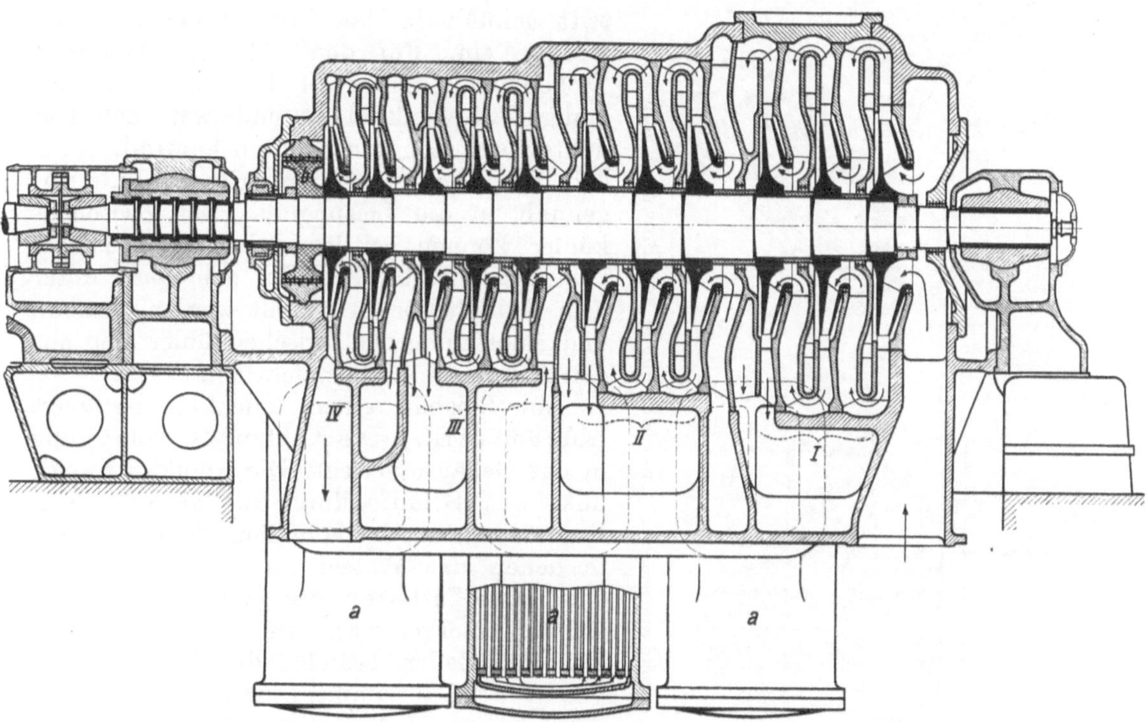

Abb. 453. Turbokompressor mit außenliegenden Zwischenkühlern von C. H. Jäger & Co.

letzten Stufe, auf der Außenseite den Druck der Atmosphäre empfängt. In den Abb. 453 (*b*) und 454 ist dieser Ausgleichkolben zu erkennen. Etwa noch bestehender Axialschub wird durch ein Kammlager aufgenommen (aus Abb. 452 und 453 zu ersehen). Bei Turbokompressoren kann man annehmen, daß durch die Labyrinthdichtung des Ausgleichkolbens etwa 1 bis 3% der erzeugten Druckluft abströmen. Die AEG baut Turbokompressoren mit teilweisem Ausgleich des Axialschubes, bei denen der restliche Axialschub durch ein Klotzlager aufgenommen wird. Kleinere Turbokompressoren bis zu einer stündlichen Saugleistung von 20000 m³ können bei Verwendung von Drucklagern mit Flüssigkeitsreibung (Michell-Lager) ganz auf den Axialschubausgleich verzichten, so daß die Labyrinthverluste fortfallen. Brown, Boveri & Cie. benutzen auch bei einem 9stufigen Kompressor die Gegeneinanderschaltung der Laufräder in zwei Gruppen, deren Axialschubkräfte sich ausgleichen.

Man steigert den Druck nicht in allen Stufen im selben Verhältnis, sondern wendet erst Räder von größerem, dann von kleinerem Durchmesser an. Weil die Luft zunehmend dichter wird, macht man ferner die Räder von Stufe zu Stufe schmaler. Für die letzten

[1] Vgl. Ziffer 108 und 195.

in der stark verdichteten Luft laufenden Räder ist es zweckmäßig, daß sie kleineren Durchmesser haben, damit die Radreibung nicht zu groß und die Radbreite im Verhältnis zum Durchmesser nicht zu klein wird. Diese Verringerung der Raddurchmesser und Radbreiten ist aus den Abb. 453 und 454 ersichtlich.

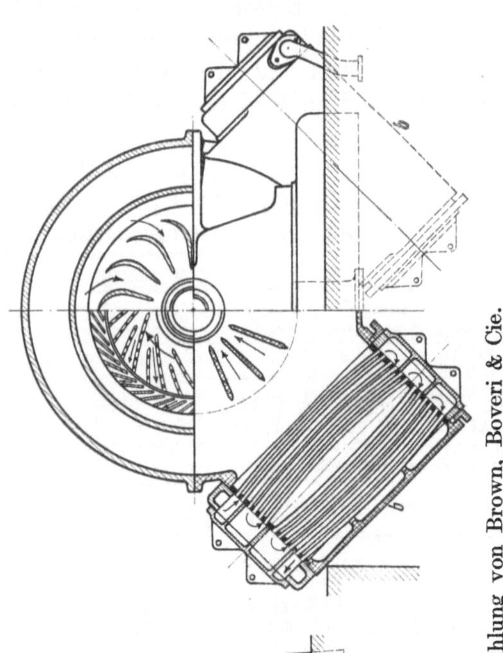

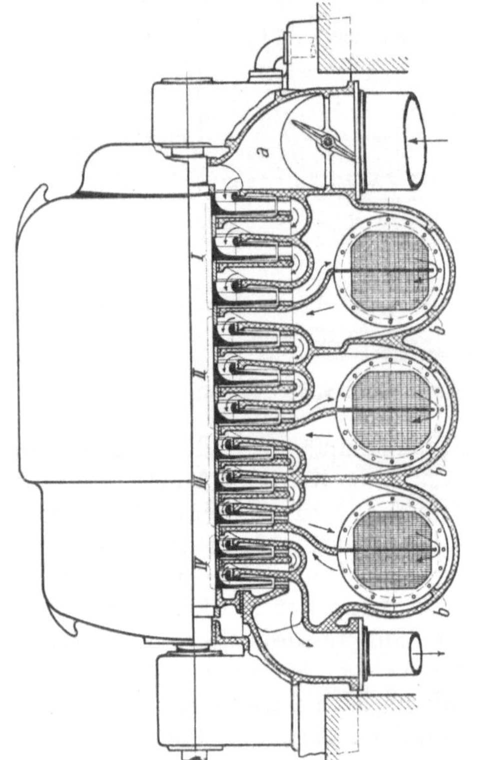

Abb. 454. Turbokompressor mit Zwischenkühlung von Brown, Boveri & Cie.

Die Kühlung erfolgt entweder in besonderen, außenliegenden Kühlern (Außenkühlung) oder im Innern des Turbokompressors selbst (Innenkühlung). Bei der überwiegend gebrauchten Außenkühlung werden meist 3 Verdichtungsstufen zu einer Gruppe zusammengefaßt; nach jeder Gruppe durchströmt die Luft einen Zwischenkühler und tritt gekühlt in das Laufrad der nächsten Gruppe ein. Für den üblichen 11stufigen Zechenkompressor ergibt sich somit eine dreimalige Zwischenkühlung, und zwar nach dem dritten, sechsten und neunten Laufrad. Nach den beiden letzten Stufen tritt die Luft ungekühlt in die Leitung ein. Die Zwischenkühler können seitlich neben dem Turbokompressor halb über Flur oder ganz unter dem Kompressor aufgestellt werden. Aufbau und Anordnung der Zwischenkühler sind aus den Abb. 453 bis 455 ersichtlich.

Ein Beispiel einer Innenkühlung zeigt Abb. 456 (AEG). Die Kühlung ist vollständig in das Gehäuse verlegt. Die Abbildung zeigt links den Schnitt durch die Leitschaufeln, rechts einen durch die hohlen Wassertaschen, in denen das Wasser mehrfach umgelenkt wird. Der Turbokompressor der AEG ist insofern bemerkenswert, als das Gehäuse aus einzelnen Zellen besteht, die durch Ankerbolzen axial zusammengehalten werden. Die AEG verwendet die Innen- oder Gehäusekühlung bis zu Förderleistungen von 30000 m^3/h. Die Gutehoffnungshütte gelangt mit einer ähnlichen, sehr günstig wirkenden Innenkühlung bis zu Förderleistungen von 75000 m^3/h. Sonst wird für hohe Förderleistungen durchweg die Außenkühlung bevorzugt, die zwar teurer ist und mehr Raum beansprucht, aber einen günstigeren isothermischen Wirkungsgrad ergibt.

Für den Antrieb der Turbokompressoren kommen in erster Linie Dampfturbinen, ferner auch Elektromotoren in Frage. Die bei Turbokompressoren angewendeten Drehzahlen liegen sehr hoch, zwischen 3000 bis 8500 Umdrehungen in der Minute, um ausreichende Drucksteigerungen und kleine Maschinen zu erhalten. Mit Dampfturbinenantrieb sind alle Drehzahlen erreichbar, während man bei Drehstromantrieb an die untere Grenze ($n = 3000$) gebunden ist oder Zahnradübersetzungen verwenden muß. Dampfturbinenantrieb ist wirtschaftlicher, sofern bereits eine Dampfkraftanlage vorhanden ist; er bietet ferner den Vorteil einfacher Drehzahlregelung. Im Ruhrgebiet überwiegt der Dampfantrieb, wogegen in Schlesien und im Saargebiet vielfach elektrischer Antrieb verwendet wird, der hinsichtlich der Betriebssicherheit und schnellen Bereitschaft vorteilhaft ist.

220. Die Kennlinien des Turbokompressors. Das „Pumpen“[1]**.** Die Kennlinien des Turbokompressors, d. h. die Linien, die zeigen, wie sich der erzeugte Druck, die Antriebsleistung

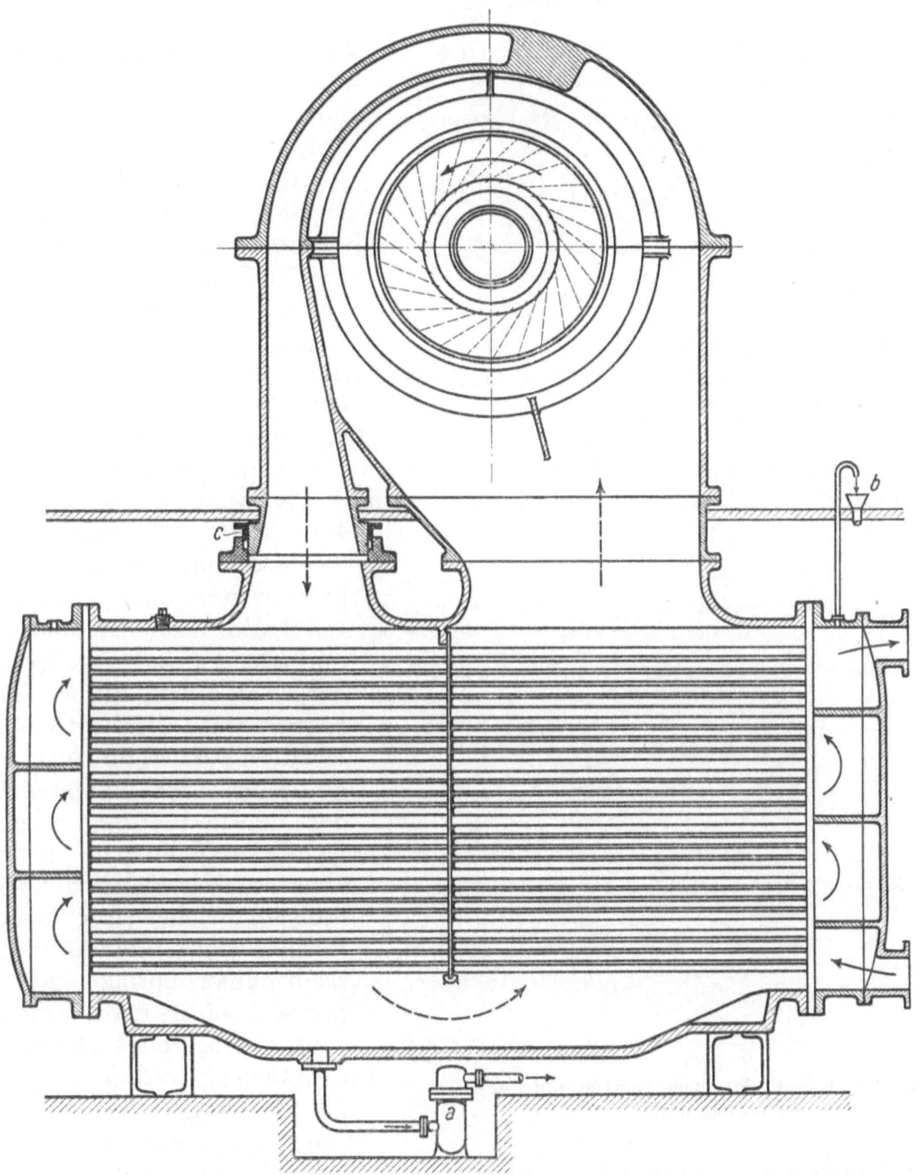

Abb. 455. Querschnitt durch einen Turbokompressor mit außenliegendem Zwischenkühler (AEG).

und der Wirkungsgrad in Abhängigkeit von der angesaugten Luftmenge ändern, verlaufen ähnlich wie bei der Kreiselpumpe.

In dem Qh-Diagramm, Abb. 457, ist nur angedeutet, wie sich der erzeugte Druck und η_{is} mit der Fördermenge ändern; ferner sind Drucklinien für verschiedene Drehzahlen eingetragen. Es ist hervorzuheben, daß sich beim Turbokompressor der erzeugte Druck nicht mit dem Quadrate der Drehzahl ändert, wie bei der Kreiselpumpe, sondern, weil

[1] Vgl. F. Kluge: Regelung von Kreiselverdichtern. Z. d. V. d. I. 1940, S. 837.

sich auch die Dichte der Luft ändert, in viel stärkerem Maße, etwa mit der vierten Potenz der Drehzahl, so daß bei einer Erhöhung der Drehzahl um 1 % der erzeugte Druck um etwa 4 % höher wird. Stabiler Betrieb ist nur h i n t e r dem Scheitel der Drucklinie möglich, d. h. nur dann, wenn bei steigender Fördermenge der erzeugte Druck abnimmt.

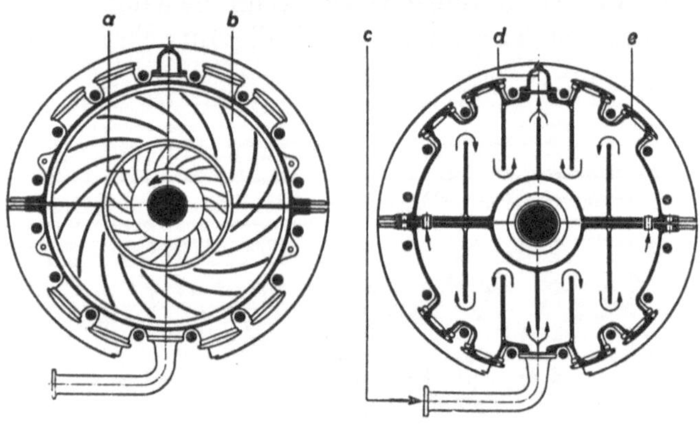

Abb. 456. Gehäusezelle eines Turbokompressors mit Innenkühlung (AEG)[1].
a Laufrad, *b* Leitrad, *c* Kühlwasserzufluß, *d* Kühlwasserabfluß, *e* Reinigungsdeckel.

Dann kommt nämlich der Turbokompressor, wenn mehr Luft verbraucht als erzeugt wird, bei niedrigerem Drucke, aber höherer Förderleistung in neues Gleichgewicht. Ebenso kommt er, wenn umgekehrt weniger Luft verbraucht als erzeugt wird, bei höherem Drucke und niedrigerer Förderleistung wieder ins Gleichgewicht. Geht aber die Förderleistung so weit zurück, daß der Turbokompressor vor dem Scheitel der Drucklinie arbeiten müßte, dann hört der stabile Betrieb auf. Der Druck im Leitungsnetz übersteigt den vom Turbokompressor erzeugten Druck, so daß die Luft aus dem Netz in den Kompressor zurückströmt und gefährliche Stöße verursacht, bis die Rückschlagklappe in der Druckleitung den Kompressor vom Netz trennt.

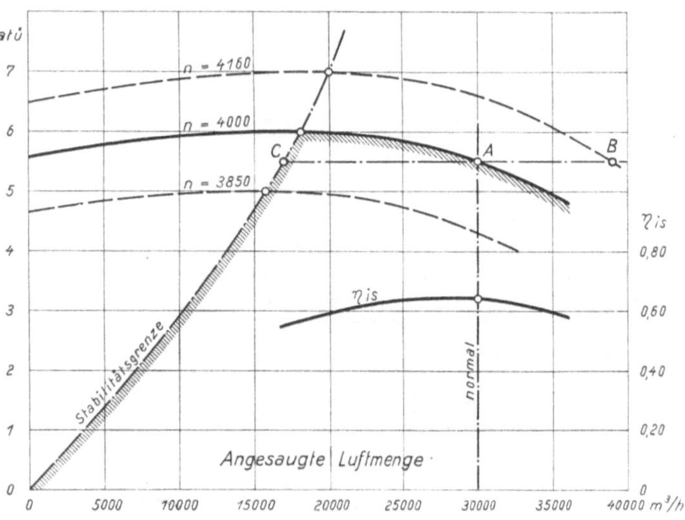

Abb. 457. Kennlinien eines Turbokompressors (Qh-Diagramm).

Damit hört die Förderung des Turbokompressors auf; er läuft aber weiter und erzeugt einen Leerlaufdruck, der unter dem normalen Förderdruck liegt. Sinkt der Netzdruck durch Luftverbrauch oder Undichtheiten unter diesen Leerlaufdruck, so beginnt der Turbokompressor wieder in die Leitung zu fördern. Dem Leerlaufdruck entspricht aber auf der gleichen Drehzahllinie ein gleicher Druck bei großer Fördermenge, und auf diesen Betriebspunkt springt der Kompressor sofort über. Die Förderung überschreitet damit wieder den Bedarf, so daß der Betriebspunkt infolge der Drucksteigerung von neuem nach links über den Scheitelpunkt hinauswandert und der ganze Vorgang sich wiederholt. Dieses periodische Spiel nennt man das P u m p e n der Turbokompressoren, welches unbedingt vermieden werden muß. Im Kennliniendiagramm (Abb. 457) ergibt das Arbeitsgebiet rechts von den Scheitelpunkten der Drehzahllinien immer neue Gleichgewichtszustände, es ist also stabil. Dagegen ist das Gebiet links von den Scheitelpunkten labil, dort setzt das Pumpen ein. Die durch die Scheitelpunkte gezogene, beide Gebiete trennende Linie wird daher als S t a b i l i t ä t s - oder P u m p g r e n z e bezeichnet. Das Pumpen ist durch die Betriebsbedingungen des Turbokompressors gegeben, die anders sind als bei einer Turbo-

[1] Aus AEG-Mitteilungen 1927, Heft 8.

wasserhaltungspumpe. Ist bei dieser, wenn die Drehzahl zu tief gesunken ist, das Rückschlagventil hinter der Pumpe zugeschlagen, so ist die Turbopumpe im allgemeinen nicht imstande, bei geöffnetem Drosselschieber gegen den Druck der Steigleitung, der, solange sie dicht ist, unverändert hoch bleibt, von neuem zu fördern. Der Druck im Druckluftnetz dagegen nimmt, wenn der Turbokompressor aussetzt, schnell ab, weil immer Luft verbraucht wird oder durch Undichtigkeiten entweicht, so daß der Turbokompressor bald wieder ins Netz fördern kann.

Die Pumpgrenze soll nicht unterschritten werden; mithin stellt die Pumpgrenze auch die untere Grenze des normalen Regelbereiches dar. Bei dem nach Abb. 457 arbeitenden Turbokompressor beträgt die normale Fördermenge 30000 m³/h bei der normalen Drehzahl $n = 4000$ und beim günstigsten Wirkungsgrad $\eta_{is} = 0{,}65$; die Pumpgrenze liegt bei 18000 m³/h, so daß der Kompressor bis auf 60% seiner normalen Förderleistung heruntergeregelt werden kann. Dieser Regelbereich ist sehr eng und für den praktischen Betrieb oft unzureichend, zumal dann, wenn der Kompressor, den Betriebsverhältnissen nicht entsprechend, zu groß gewählt worden ist. Durch konstruktive Verbesserungen ist es bei den neuesten Kompressoren gelungen, die Pumpgrenze weiter nach links zu verlegen und dadurch den Regelbereich zu vergrößern. Ohne Hilfe zusätzlicher Einrichtungen gelangen die AEG auf 48%, die Demag und GHH auf etwa 40% der normalen Fördermenge.

Das Pumpen des Turbokompressors tritt in einem Gebiet auf, in dem ohnehin der Wirkungsgrad schlecht ist. Auch aus diesem Grunde soll der Kompressor nur so groß gewählt werden, daß er im Dauerbetrieb immer möglichst weit rechts von der Pumpgrenze auf dem absteigenden Aste der Drucklinie arbeitet. Fällt der Druckluftverbrauch vorübergehend so weit, daß die Pumpgrenze doch unterschritten wird, so kann das Pumpen durch verschiedene Maßnahmen verhindert werden. Am einfachsten ist es, den Luftverbrauch dadurch wieder auf die Pumpgrenzfördermenge zu erhöhen, daß man die zuviel erzeugte Druckluft durch ein Abblasventil ins Freie schickt. Es genügt im allgemeinen, das Abblasventil von Hand zu öffnen; man kann aber auch die Abblaseinrichtung selbsttätig gestalten, indem man den dynamischen Druck der durch die Leitung strömenden Luft zur Steuerung des Abblasventiles ausnutzt. Das Verfahren ist einfach, aber unwirtschaftlich, da die überschüssige Luft verlorengeht. Es eignet sich nur dann, wenn die Pumpgrenze an sich tief liegt, und wenn der Luftverbrauch nur kurzzeitig unter die Pumpgrenze sinkt.

Das Abblasverfahren kann dadurch erheblich wirtschaftlicher gestaltet werden, daß man die Abblasluft in einer Turbine arbeiten läßt und dadurch einen Teil der Druckluftenergie zurückgewinnt. Werden die Turbinenlaufräder unmittelbar auf der Turbokompressorwelle befestigt, wie das z. B. bei der aus einem zweikränzigen Gleichdruckrad bestehenden BBC-Rückströmturbine geschieht, so wird die wiedergewonnene Energie an den Kompressor abgegeben und dadurch sein Antrieb entlastet. Mit der selbsttätig gesteuerten BBC-Rückströmturbine kann bis fast zur Nullförderung pumpfrei gefahren werden, jedoch sind oberhalb der Pumpgrenze dauernd die Turbinenleerlaufverluste in Kauf zu nehmen.

Für Turbokompressoren, die oft unterhalb der Pumpgrenze arbeiten, wird vorteilhafter die Leerlauf- oder Aussetzerregelung angewendet, bei der die Förderung zeitweilig abgestellt wird, wenn der Verbrauch unter die Liefermenge des Kompressors an der Pumpgrenze sinkt. Grundbedingung für die Aussetzerregelung ist ein genügend großes Leitungsnetz, welches während des Aussetzens der Förderung als Speicher dienen muß. Die Aussetzerregelung ist mit Druckschwankungen verknüpft, die sich aber in zuträglichen Grenzen halten lassen und um so geringer sind, je flacher die Drucklinie im Qh-Diagramm verläuft (vgl. Abb. 457). Die Förderung des Kompressors wird ausgesetzt, indem man die Saugleitung durch eine Klappe abschließt, nachdem vorher die Druckleitung durch eine Rückschlagklappe abgesperrt worden ist. Bei vollkommenem Leerlauf erhitzt sich der Kompressor zu stark, weshalb man eine geringe Menge Luft ansaugen, verdichten und dann abblasen oder auch rückströmen läßt. Die Antriebsleistung sinkt dabei auf etwa 15% der Pumpgrenzleistung, so daß die Aussetzerregelung von allen Verfahren am wirtschaftlichsten arbeitet.

Ein Vergleich der drei genannten Verfahren hinsichtlich der erforderlichen Antriebsleistungen und der spezifischen Leistungen je m³/h ist für die Verdichtung von 1 ata auf 7 ata und bei einer normalen Fördermenge von 40000 m³/h in Abb. 458[1] wiedergegeben. Es gelten die Linien *a* für Abblasregelung, *b* für Regelung mit Rückströmturbine und *c* für Aussetzerregelung. Die Pumpgrenze liegt bei 20000 m³/h, d. h. bei 50% der normalen Förderleistung.

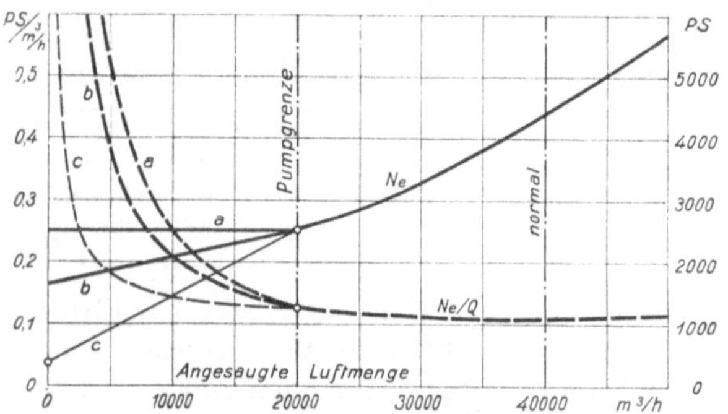

Abb. 458. Vergleich der Regelungsarten im Gebiet unterhalb der Pumpgrenze.

Bei elektrischem Antrieb des Turbokompressors kann die Aussetzerregelung auch einfach dadurch erzielt werden, daß der Kompressor in Abhängigkeit vom Luftverbrauch selbsttätig zu- und abgeschaltet wird.

221. Regelung des Druckes bei Turbokompressoren[2]. Im Zechenbetriebe wird Regelung auf gleichbleibenden Druck unabhängig von der Fördermenge verlangt, weil zum Betrieb der Druckluftwerkzeuge und -motoren möglichst gleichbleibender Luftdruck benötigt wird, während der Verbrauch stark schwankt. Am einfachsten kann der Druck bei veränderlicher Fördermenge durch Regelung der Drehzahl konstant gehalten werden, wie es das Kennliniendiagramm Abb. 457 erkennen läßt. Der verlangte Druck sei 5,5 atü. Die normale Förderleistung von 30000 m³/h wird bei diesem Druck mit der Drehzahl $n = 4000$ erreicht (Punkt A). Den gleichen Druck erhält man bei der Förderleistung 39000 m³/h, wenn die Drehzahl auf $n = 4160$ gesteigert wird (Punkt B), oder bei der Mindestförderung von 17000 m³/h im stabilen Gebiet, wenn die Drehzahl auf $n = 3925$ gesenkt wird (Punkt C). Innerhalb der Drehzahlen $n = 3925$ bis 4160 wird also im stabilen Gebiet ein Regelbereich von 17000 m³/h bis 39000 m³/h beherrscht. Soll der Druck an den Verbrauchsstellen gleich gehalten werden, so ist zu berücksichtigen, daß mit zunehmender Fördermenge die Luftgeschwindigkeit wächst und daß quadratisch mit der Geschwindigkeit der Leitungswiderstand zunimmt. Demgemäß muß der Kompressor einen mit zunehmender Fördermenge steigenden Druck liefern, was ebenfalls durch Drehzahlerhöhung erreicht wird, jedoch unter Verringerung des Regelbereiches. Die Drehzahlregelung ist einfach und wirtschaftlich durchzuführen, wenn der Turbokompressor durch eine Dampfturbine angetrieben wird, indem die Dampfzufuhr zur Turbine in Abhängigkeit vom Luftdruck so geregelt wird, daß sich die jeweils erforderliche Drehzahl einstellt.

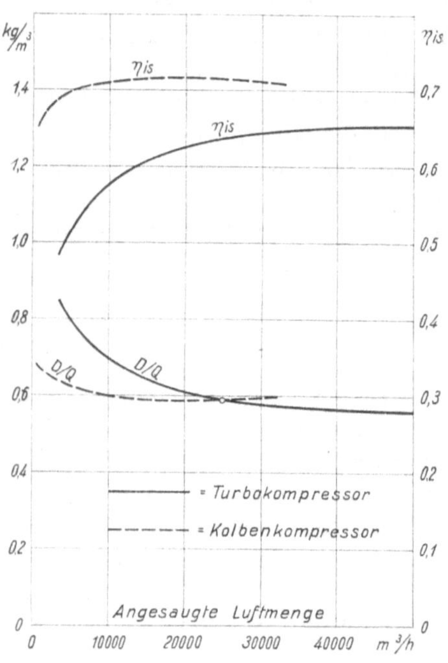

Abb. 459. Vergleich des spezifischen Dampfverbrauches bei Kolben- und Turbokompressoren.

Ist Drehzahlregelung nicht möglich, so macht man Gebrauch von der Drosselrege-

[1] Nach Werten von Kluge, vgl. Anm. S. 325.

[2] Hier ist nur die Regelung im stabilen Gebiet behandelt. Über Regelung im Gebiet unterhalb der Pumpgrenze vgl. Ziffer 220.

lung. Entweder wird die Saug- oder die Druckleitung gedrosselt. Die Drosselung ist stets mit Energieverlust verbunden, der bei Drosselung der Druckleitung größer als bei Drosselung der Saugleitung ist. Drosselregelung ist stets unwirtschaftlicher als Drehzahlregelung. Läßt sie sich nicht umgehen, wie das beim Antrieb des Kompressors durch einen nicht in der Drehzahl regelbaren Drehstrommotor der Fall ist, so ist möglichst die etwas günstigere Saugdrosselung anzuwenden. Ist die unveränderliche Drehzahl nach dem Beispiel in Abb. 457 $n = 4000$, so kann mit Drosselregelung nach der Linie AC gefahren werden. Die Fördermenge in A kann nicht überschritten werden, wenn ein Druck von 5,5 atü einzuhalten ist; der Regelbereich im stabilen Gebiet erstreckt sich somit nur von 17000 bis 30000 m³/h. Es wird entweder von Hand oder selbsttätig in Abhängigkeit vom Luftdruck geregelt.

Bei Drehstromantrieb kann ferner auch Aussetzerregelung angewendet werden, indem der Kompressor bei steigendem Druck selbsttätig abgeschaltet und dann bei gesunkenem Druck wieder eingeschaltet wird. Je nach der Speicherfähigkeit des Netzes und der Größe der wechselnden Entnahme müssen dabei mehr oder weniger große Druckschwankungen in Kauf genommen werden.

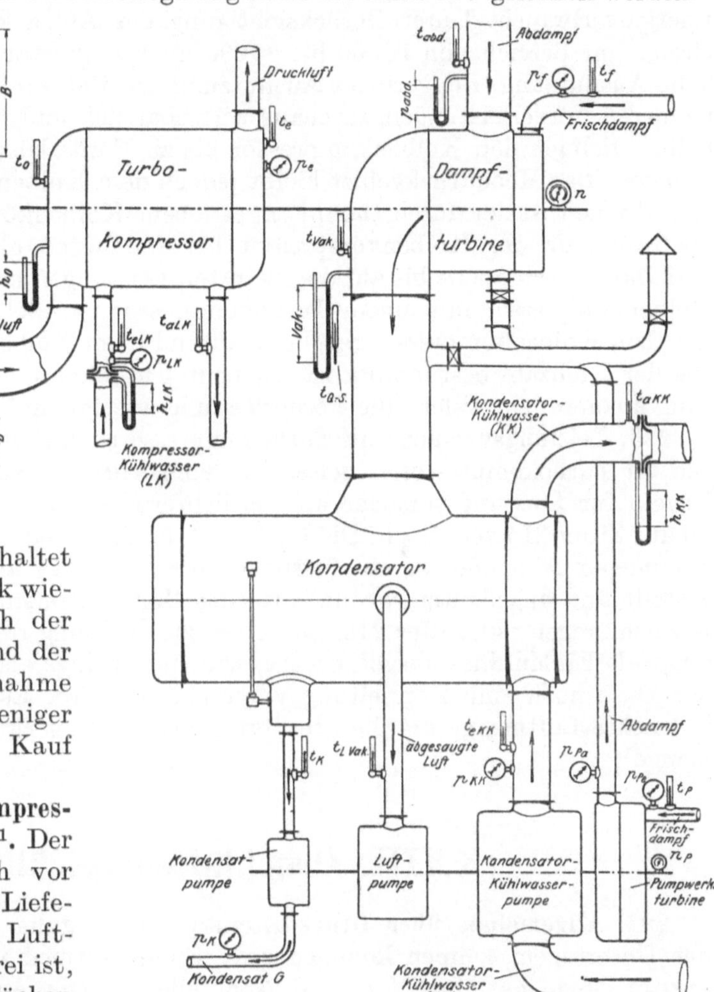

Abb. 460. Meßanordnung für Turbokompressoren.

222. Vergleich des Turbokompressors mit dem Kolbenkompressor[1]. Der Turbokompressor zeichnet sich vor dem Kolbenkompressor durch Lieferung eines völlig gleichmäßigen Luftstromes aus, wobei die Luft ölfrei ist, weil sie nicht mit geschmierten Flächen in Berührung kommt. Als schnelllaufende Maschine bleibt der Turbokompressor auch bei hohen Leistungen klein und beansprucht etwa nur $^1/_5$ des Platzes einer gleich leistungsfähigen Kolbenkompressoranlage. Dem Turbokompressor fehlen die hin- und hergehenden Massen des Kolbenkompressors, so daß kleine, leichte Fundamente ausreichend sind. Der Turbokompressor arbeitet ohne Steuerventile und vermeidet die damit verbundenen betrieblichen Schwierigkeiten. Der Ölverbrauch ist geringer als bei Kolbenkompressoren. Die Anlagekosten sind, gleichgültig ob mit elektrischem oder mit Dampfantrieb gearbeitet wird, bei Turbokompressoren immer geringer als bei Kolbenkompressoren. Der Kostenunterschied wächst mit der Förderleistung; überschlägig kann man bei 7 ata Enddruck das Kostenverhältnis rechnen mit 0,8:1 bei 10000 m³/h, 0,7:1 bei 20000 m³/h und 0,65:1 bei 30000 m³/h. Auch die Wartungskosten sind beim Turbokompressor bedeutend

[1] Vgl. hierzu auch die wirtschaftlichen Ausführungen von Hinz: Vergleich zwischen Kolben- und Kreiselverdichtern. Z. d. V. d. I. 1937, S. 687.

geringer. Anders liegen die Verhältnisse bei den Energiekosten; hier wirkt sich der insbesondere bei kleinen Förderleistungen bedeutend schlechtere isothermische Wirkungsgrad ungünstig für den Turbokompressor aus. Erst bei höheren Leistungen wird der Turbokompressor dem Kolbenkompressor hinsichtlich des spezifischen Dampfverbrauches D/Q kg/m^3 gleichwertig, weil die antreibende Dampfturbine der Kolbendampfmaschine überlegen ist. Das gilt allerdings nur unter der Voraussetzung, daß der Turbokompressor mit voller Leistung bei günstigstem Wirkungsgrad arbeitet. Abb. 459 veranschaulicht die Verhältnisse. Bei einer Förderleistung von rd. 25000 m^3/h kommen beide Kompressorarten auf den gleichen Energieverbrauch. Unter Berücksichtigung der Anlagekosten kann die wirtschaftliche Grenze im Bereich von 15000 bis 20000 m^3/h angesetzt werden; das gilt für hohe zeitliche Ausnutzung. Bei geringer Ausnutzung arbeitet der Turbokompressor auch bei noch kleineren Förderleistungen durchaus wirtschaftlich und vermag seiner sonstigen Vorteile halber vielfach den Kolbenkompressor bis zu Förderleistungen von 10000 m^3/h zu verdrängen. Das Hochdruckgebiet bleibt jedoch dem Kolbenkompressor vorbehalten. In der Regelbarkeit ist der durch Dampf angetriebene Kolbenkompressor dem Turbokompressor überlegen, da der Kolbenkompressor bei annähernd gleichbleibendem Wirkungsgrade und Dampfverbrauche bis auf die kleinsten Leistungen herunter regelbar ist. Arbeitet ein Kolbenkompressor mit einem Turbokompressor parallel, wird man also in erster Linie mit dem Kolbenkompressor regeln. Während beim Kolbenkompressor die Förderleistung aus der Drehzahl bestimmbar ist, ist beim Turbokompressor eine besondere Meßeinrichtung anzuordnen, welche die Förderleistung anzeigt und registriert.

223. Leistungsversuche an Turbokompressoren mit Dampfantrieb. Für Untersuchungen an Turbokompressoren gelten die vom Vereine deutscher Ingenieure aufgestellten Regeln für Leistungsversuche an Verdichtern. Wegen der vorzunehmenden Messungen sei auf Ziffer 215 verwiesen. Die Luft wird durch Düsen gemessen. In der den Regeln entnommenen Abb. 460 ist ein Turbokompressor nebst antreibender Dampfturbine dargestellt und angedeutet, wo und wie die Meßinstrumente anzuordnen sind. Wegen der Bezeichnungen vgl. Ziffer 215. Die Düse zur Messung der Ansaugluft, die in der Abbildung als Einlaufdüse ausgeführt ist, wird neuerdings als Durchflußdüse benutzt, indem der Düse noch eine Rohrleitung vorgeschaltet wird. Es ist zu beachten, daß die fortgedrückte Luftmenge um die Stopfbüchsenverluste geringer ist als die angesaugte Luftmenge[1].

XXIII. Druckluftenergieübertragung.

224. Allgemeines über Druckluftenergieübertragung im Bergbau. Für den Antrieb der Untertagemaschinen kommen zwei Energieformen in Frage: Druckluft und Elektrizität. Jede hat ihre Vor- und Nachteile je nach Art der Verwendung, und es ist im Rahmen des Gesamtbetriebes stets zu prüfen, welcher Energie für einen bestimmten Antrieb der Vorzug zu geben ist. Die Vielgestaltigkeit des untertägigen Maschinenbetriebes wird normalerweise einen rein elektrischen Betrieb oder reinen Druckluftbetrieb nicht zulassen. Der Gemischtbetrieb ist gewöhnlich am vorteilhaftesten; es sind dann zwar zwei Leitungsnetze für die Energieübertragung erforderlich, was jedoch bei den von jeder Art gebrauchten großen Energiemengen durchaus tragbar ist.

Die Druckluft dient in der Grube hauptsächlich zum Antriebe von Bohr- und Abbauhämmern, Schrämmaschinen, Schüttelrutschen, Förderbändern, Haspeln aller Art, Simplex- und Duplexpumpen, Luttenventilatoren, Lademaschinen und Aufschiebevorrichtungen. Ferner wird sie für die Sonderbewetterung mit Düsen verwendet. Weiterhin erfordert der Blasversatz große Druckluftmengen. Besonders vorteilhaft, wenn nicht gar unersetzlich ist die Druckluft überall dort, wo hin- und hergehende Bewegungen zu

---

[1] Vgl. Rollwagen: Abnahmeversuche an Turbokompressoren. Z. d. V. d. I. 1927, S. 196.

erzeugen sind, z. B. bei den schwungradlosen Pumpen, Schüttelrutschen und Schlagwerkzeugen. Nach dem heutigen Stand der Mechanisierung im Bergbau kann man je Tonne geförderte Kohle einen mittleren Luftverbrauch von 200 m³ rechnen. Höherer Luftverbrauch kann stärkere Mechanisierung oder aber auch größere Unwirtschaftlichkeit in der Druckluftausnutzung kennzeichnen. Wird viel mit Blasversatz gearbeitet, der außerordentlich große Luftmengen benötigt, so kommt man auf einen Luftverbrauch von etwa 300 m³ je Tonne Kohle. Bei einem mittleren Luftpreis von 0,25 Rpf./m³ ergibt sich eine Luftkostenbelastung von 50 bis 75 Rpf. je Tonne Kohle.

Der Wirkungsgrad der Druckluftenergieübertragung ist im Verhältnis zur Elektrizität gering, so daß sich ziemlich hohe Energiekosten ergeben. Andererseits sind die Anlagekosten und damit die Kapitalkosten niedrig, wodurch der Druckluftbetrieb sich genügend wirtschaftlich gestalten läßt. Weiterhin steht dem geringen Wirkungsgrad als Ausgleich der Vorteil der Sicherheit gegenüber. Alle Gefahren der Elektrizität, insbesondere die nie ganz zu bannende Gefahr der Schlagwetterzündung, fallen bei der Druckluft fort.

Die Verteilung der Druckluft an die Untertagebetriebe verlangt ein ausgedehntes Rohrnetz, in dem man das Hauptnetz und die Reviernetze unterscheidet. Im Hauptnetz hat man Rohrweiten von 500 bis 100 mm, in den Reviernetzen von 100 bis 25 mm. Die Gesamtlänge der Leitungen erstreckt sich über viele Kilometer. Ortsbewegliche Maschinen werden durch Schlauchleitungen an das Rohrnetz angeschlossen. — Das Rohrnetz bietet einen von keinem Kabelnetz erreichbaren Vorteil, der zwar mit der Energieübertragung nichts zu tun hat, aber trotzdem nicht zu unterschätzen ist: Das Rohrnetz wirkt gefahrvermindernd, indem es Verschütteten zur Nachrichtenvermittelung und zur Luft- und Nahrungszufuhr dienen kann, wodurch schon vielen Bergleuten das Leben gerettet werden konnte.

Die langen Rohrleitungen haben naturgemäß einen beträchtlichen Druckabfall zur Folge. Der Energieverlust ist jedoch nicht dem Druckabfall proportional, wie vielfach im Vergleich mit dem elektrischen Spannungsabfall angenommen wird, sondern bedeutend geringer[1]. Will man in der Grube an den Motoren 4 atü Betriebsdruck haben, so muß man über Tage im Kompressor die Luft auf 5 bis 6 atü verdichten. Ferner ist mehr Luft zu verdichten, als die Motoren unmittelbar brauchen, um die Undichtheitsverluste des Rohrnetzes zu decken.

Die Druckluftmotoren haben durchschnittlich einen Luftverbrauch von 40 bis 50 m³/PSh. Die Leistungen liegen zwischen 0,5 bis 150 PS, in Sonderfällen noch darüber hinaus; die größte Wirtschaftlichkeit liegt bei Motoren in den Grenzen von 10 bis 30 PS. Für höhere Leistungen ist vielfach der elektrische Antrieb wirtschaftlicher. Die Motoren arbeiten oft mit Vollfüllung; der Nachteil der Nichtausnutzung des Expansionsvermögens der Luft wird dann durch einfachste und kleinste Bauart der Motoren ziemlich ausgeglichen. Vollkommene Expansion ist schon wegen der Vereisungsgefahr infolge Abkühlung unter den Gefrierpunkt und Wasserabscheidung aus der Luft unmöglich[2].

Als Vorteil der Druckluft als Energieträger ist noch die Abkühlung und Vermehrung der Wetter zu erwähnen. Soweit nicht Hubarbeit verrichtet wird, wird zwar die umgesetzte Energie in Wärme verwandelt (z. B. bei Schrämmaschinen, Hämmern, Rutschen, Bändern usw.). Die Luft wird aber nur zu einem Teil (im Durchschnitt 70%) in die gewünschte Energie umgesetzt, so daß der Rest immer zur Kühlung beiträgt, was für manche Betriebspunkte auschlaggebend sein kann[3]. Elektrische Energie dagegen wird immer vollständig, ob ausgenutzt oder nicht, in Wärme umgewandelt, die die Temperatur der Wetter erhöht.

---

[1] Vgl. Ziffer 227. [2] Vgl. Ziffer 228.

[3] So sind z. B. von der Demag Druckluft-Pfeilradmotoren von der ungewöhnlichen Leistung von 400 PS als Wasserhaltungsantriebe für große Teufen südafrikanischer Gruben geliefert worden, wo Elektromotoren infolge der hohen Temperaturen ungeeignet waren.

225. Theoretischer und wirklicher Luftverbrauch der Druckluftmotoren bei verschieden hohem Druck und verschieden großer Füllung. Luftausnutzungsgrad. Bei der Berechnung des theoretischen Luftverbrauchs ist volle Füllung bzw. adiabatische Expansion zugrunde gelegt; tatsächlich verläuft die Expansion vorteilhafter, weil die expandierende Luft immer Wärme vom Motor aufnimmt. Volle Füllung ist der ungünstigste Fall, kleine Füllung, gerade so groß, daß die Druckluft bis auf den Gegendruck expandiert, der günstigste.

Denkt man sich in einem Zylinder von 1 m^2 Querschnitt einen Kolben, der einen Hub von 1 m macht, so ist das Hubvolumen 1 m^3. Bei voller Füllung wird 1 m^3 Druckluft vom Druck p_1 ata, der auf 1 m^2 = 10000 cm^2 Kolbenfläche und gegen p_2 ata Gegendruck wirkt, eine wirksame Kolbenkraft von $F \cdot (p_1 - p_2) = 10000\,(p_1 - p_2)$ kg ergeben und bei $s = 1$ m die Arbeit $L = F \cdot (p_1 - p_2) \cdot s = 10000\,(p_1 - p_2) \cdot 1$ mkg verrichten. 1 m^3 Luft von 1 ata, die auf p_1 ata verdichtet wurde, liefert demnach $L = 10000 \frac{p_1 - p_2}{p_1}$ mkg. Für 1 PSh = 270000 mkg werden folglich benötigt

$$q = \frac{270000}{10000 \frac{p_1 - p_2}{p_1}} = 27 \frac{p_1}{p_1 - p_2} \text{ m}^3 \text{ a. L./PSh.}$$

Dieser auf den Ansaugezustand von 1 ata bezogene Luftverbrauch für 1 PSh heißt spezifischer Luftverbrauch. Man kann ihn auch als den stündlichen Luftverbrauch auffassen, der für die Erzeugung der Leistung von 1 PS erforderlich ist.

Bezeichnet man mit Q den stündlichen Luftverbrauch eines Motors und mit N seine Leistung in PS, so gelten die Beziehungen:

$$q = \frac{Q}{N} \text{ m}^3/\text{PSh}; \quad Q = q \cdot N \text{ m}^3/\text{h}; \quad N = \frac{Q}{q} \text{ PS}.$$

1 m^3 Druckluft von $p_1 = 4$ atü oder 5 ata verrichtet bei voller Füllung und $p_2 = 1$ ata Gegendruck die Arbeit $L = 10000\,(5 - 1) = 40000$ mkg. 1 m^3 angesaugte, auf $p_1 = 5$ ata verdichtete Luft liefert bei Vollfüllung und gleichem Gegendruck $L = 10000 \frac{5 - 1}{5} = 8000$ mkg. Für 1 PSh braucht man theoretisch bei $p_1 = 4$ atü oder 5 ata und $p_2 = 1{,}033$ ata Gegendruck bei Vollfüllung $q = 27 \frac{5 - 1{,}033}{5} = 34$ m^3/PSh. Diese Zahl für den theoretischen spezifischen Luftverbrauch bei Vollfüllung ist als Vergleichszahl besonders wichtig, weil sie dem normalen Betriebs- und Gegendruck der Motoren im Untertagebetriebe entspricht. Im Vergleich mit dem wirklichen spezifischen Luftverbrauch gibt sie ein Gütemaß für den Motor.

Bei kleinster Füllung, d. h. bei vollkommener adiabatischer Expansion der Druckluft vom Druck p_1 bis auf den Gegendruck p_2 erhält man gemäß Ziffer 10 die Arbeit

$$L = 10000 \cdot 3{,}5\, p_1 \left[1 - \left(\frac{p_2}{p_1}\right)^{0{,}286}\right] \text{ mkg/m}^3 \text{ Druckluft,}$$

woraus der theoretische Luftverbrauch für 1 PSh errechenbar ist. Bei mittleren Füllungen kann die Arbeit zum Teil als Vollfüllungsarbeit, der Rest nach vorstehender Formel berechnet werden. Das Ergebnis der umständlichen Rechnungen ist in dem Diagramm Abb. 461 enthalten, an Hand dessen man vorzüglich beurteilen kann, was beim Druckluftmotor erstrebbar und erreichbar ist.

Dem Diagramme Abb. 461 ist für Drücke von 2 atü bis 10 atü und für volle bis herab zur kleinsten Füllung entnehmbar, wieviel Druckluft, gemessen in m^3 angesaugter Luft von 1 ata für 1 PSh theoretisch erforderlich ist. Der in atü angegebene Überdruck bedeutet nicht den tatsächlichen Überdruck über den jeweiligen Barometerstand, sondern es sind z. B. 4 atü = 5 ata. Als Gegendruck, gegen den der Druckluftmotor arbeitet, ist nicht 1 ata, sondern 1,033 ata zugrunde gelegt, d. h. der normale Gegendruck über Tage. In der Grube ist der Gegendruck bei 500 m Tiefe etwa 1,1 ata. Daß die Druckluft tatsächlich nicht adiabatisch, sondern weniger steil expandiert, ist nur bei so kleinen

Füllungen von Bedeutung, wie sie praktisch nicht mehr verwendbar sind. Die im Diagramm eingezeichnete Grenzlinie gibt die theoretisch kleinsten Füllungen an, mit denen eine Expansion bis gerade auf den Gegendruck von 1,033 ata erreichbar ist. Aus der früheren Abb. 417 und der Zahlentafel 25 (S. 300) sind die mit 1 m³ Luft bei vollkommener Entspannung auf 1 ata erreichbaren adiabatischen Motorarbeiten entnehmbar; infolge des kleineren Gegendrucks sind die daraus berechneten spezifischen Luftverbrauchszahlen etwas geringer als die Grenzwerte nach Abb. 461. Zahlentafel 25 und Abb. 417 geben auch die Endtemperaturen an, die sich bei völliger Entspannung und $+20^0$ C Anfangstemperatur ergeben. Diese Endtemperaturen liegen auch schon bei geringen Anfangsdrücken weit unter dem Gefrierpunkt, so daß das aus der Druckluft abgeschiedene Wasser gefriert und der Motor vereist[1]. Aus diesem Grunde kann die Expansionsfähigkeit der Luft nur unvollkommen ausgenutzt werden; die Folge ist ein höherer Luftverbrauch für die PSh. Nach Abb. 461 braucht ein Motor bei 4 atü Betriebsdruck und kleinster Füllung $q = 21{,}3$ m³/PSh; die Entspannungsendtemperatur ist mit -88^0 C (Z. T. 25) zu niedrig. Geht

[1] Näheres über Wasserabscheidung und Eisbildung im Druckluftmotor siehe Ziffer 228.

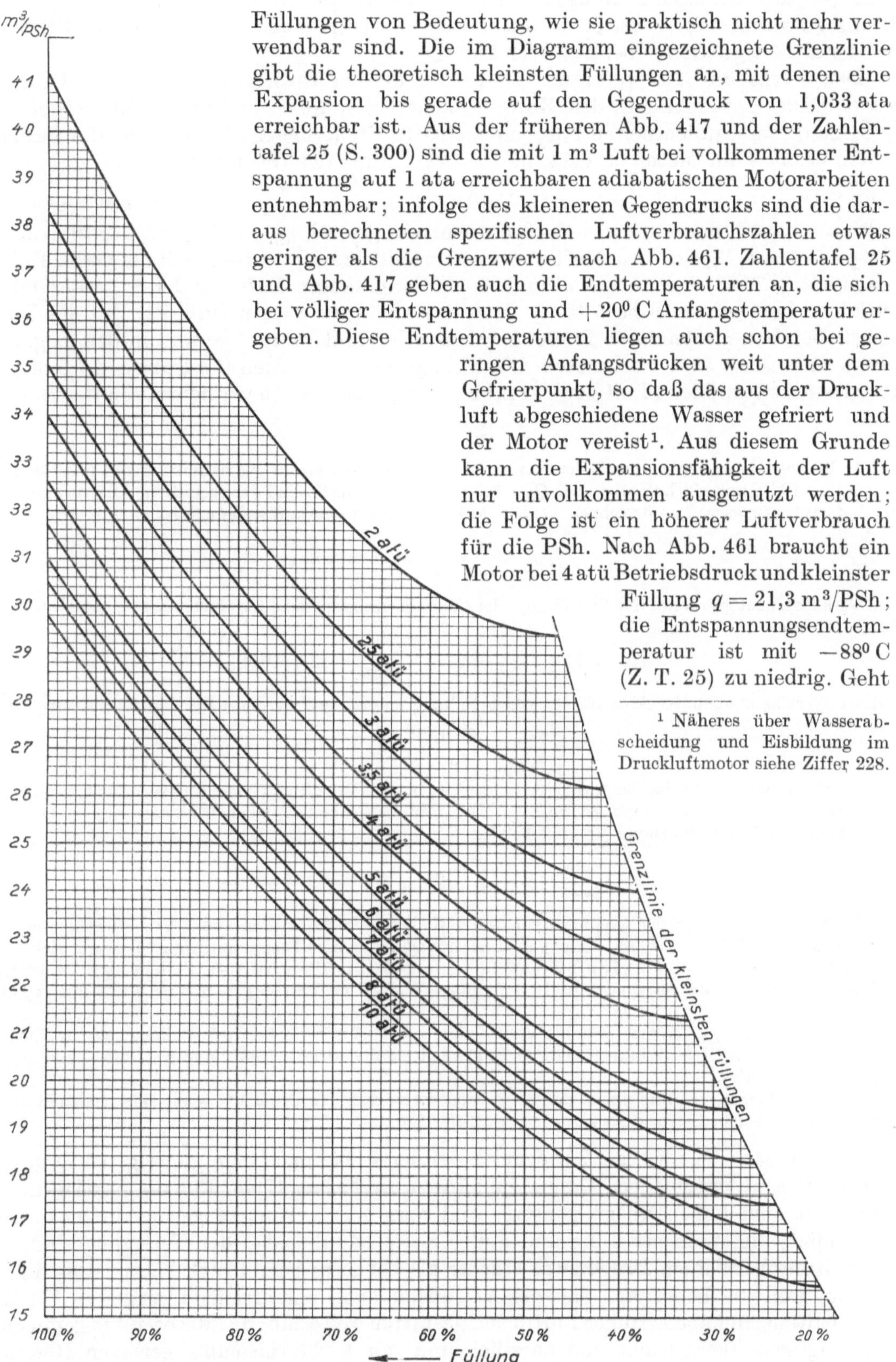

Abb. 461. Theoretischer Luftverbrauch für 1 PSh (spezifischer Luftverbrauch), gemessen in m³ angesaugter Luft von 1 ata, bei adiabatischer Expansion und 1,033 ata (760 mm QS) Gegendruck.

man von der kleinsten Füllung von 32,5% auf mindestens 70% Füllung, um die Vereisung zu vermeiden, so steigt der spezifische Luftverbrauch auf $q = 26{,}0$ m³/PSh, d. h. er ist um 22% größer als bei kleinster Füllung.

Der wirkliche Luftverbrauch ist größer als der theoretische, denn die Druckluft wirkt infolge Drosselung in den Motoren nicht vollkommen und entweicht teilweise ungenutzt durch Undichtheiten oder mangelhafte Steuerungen; ferner sind die mechanischen Verluste im Motor zu decken. Das Verhältnis des theoretischen Luftverbrauches zum wirklichen ist der Luftausnutzungsgrad: $\eta_L = \frac{q_{theor.}}{q_{wirkl.}}$. Unter günstigen Verhältnissen darf man mit einem Luftausnutzungsgrad $\eta_L = 0{,}7 = 70\%$ rechnen. Ein Haspelmotor z. B., der Druckluft von 4 atü erhält, braucht theoretisch bei voller Füllung stündlich 34,0 m³, bei 55% Füllung 23,4 m³ angesaugte Luft für 1 PS_e, während der wirkliche Luftverbrauch bei 70% Ausnützung 48,6 bzw. 33,4 m³/PSh ist. Hat der Haspel selbst, bei dem mechanische Reibungsverluste im Rädervorgelege und in den Lagern zu überwinden sind, 80% mechanischen Wirkungsgrad, so werden für 1 am Seile gemessene Pferdestärke stündlich rd. 61 bzw. 42 m³ angesaugte, auf 4 atü verdichtete Luft gebraucht.

Beispiele.

1. Bei der Untersuchung eines Geradzahnmotors wurden bei einem Betriebsdruck von 5 atü eine Leistung $N = 12$ PS und ein Luftverbrauch $Q = 540$ m³/h gemessen. Es sind der spezifische Luftverbrauch und der Luftausnutzungsgrad zu berechnen. — Der wirkliche spezifische Luftverbrauch ist

$$q_{wirkl.} = \frac{Q}{N} = \frac{540}{12} = 45 \text{ m}^3/\text{PSh}.$$

Der Geradzahnmotor arbeitet mit Vollfüllung; der theoretische spezifische Luftverbrauch bei 1,033 ata Gegendruck ist somit

$$q_{theor.} = 27 \frac{p_1}{p_1 - p_2} = 27 \frac{6}{6 - 1{,}033} = 32{,}6 \text{ m}^3/\text{PSh}.$$

(Dieser Wert kann auch der Abb. 461 für 100% Füllung entnommen werden.) Der Luftausnutzungsgrad ist

$$\eta_L = \frac{q_{theor.}}{q_{wirkl.}} = \frac{32{,}6}{45} = 0{,}725 = 72{,}5\%.$$

2. Ein Abbauhammer hat bei 4 atü eine Schlagleistung von 0,7 PS und einen Luftverbrauch von 49 m³/h. Wie groß ist sein Luftausnutzungsgrad? — Der Hammer arbeitet mit Vollfüllung: $q_{theor.} = 34$ m³/PSh nach Abb. 461. Der Luftausnutzungsgrad beträgt

$$\eta_L = \frac{q_{theor.}}{q_{wirkl.}} = q_{theor.} \frac{N}{Q} = 34 \frac{0{,}7}{49} = 0{,}486 = 48{,}6\%.$$

3. Wieviel % beträgt der Mehrverbrauch an Luft bei Betriebsdrücken von 3 bzw. 10 atü, wenn statt mit kleinster mit 70% oder 100% Füllung gearbeitet wird? Aus dem Diagramm Abb. 461 ergibt sich:

a) für 3 atü: $q = 36{,}4$ m³/PSh bei Vollfüllung; $q = 28{,}1$ m³/PSh bei 70% Füllung; $q = 24{,}0$ m³/PSh bei kleinster Füllung. Mehrverbrauch bei 70% Füllung gleich 4,1 m³/PSh = 17% und bei 100% Füllung gleich 12,4 m³/PSh = 52%.

b) für 10 atü: $q = 29{,}8$ m³/PSh bei Vollfüllung; $q = 22{,}5$ m³/PSh bei 70% Füllung; $q = 15{,}7$ m³/PSh bei kleinster Füllung. Mehrverbrauch bei 70% Füllung gleich 6,8 m³/PSh = 43% und bei 100% Füllung gleich 14,1 m³/PSh = 90%.

Die unvollkommene Ausnutzung des Expansionsvermögens der Druckluft wirkt sich demnach am ungünstigsten bei hohen Betriebsdrücken aus (vgl. Ziffer 226).

226. Hoher oder niedriger Luftdruck? Bei der Frage nach dem günstigsten Druck der Druckluft sind verschiedene Gesichtspunkte zu berücksichtigen. Für die Fortleitung der Druckluft sind hohe Drücke günstig, weil man mit Leitungen geringen Querschnitts auskommt, die einerseits billig und andererseits handlich bei der Verlegung sind. Daß die Leitung bei hohem Druck zwar stärker als bei niedrigem Druck bläst, ist wenig von Belang, weil die benötigten engeren Leitungen auch entsprechend geringere Undichtheitsspaltlängen haben. Hoher Luftdruck gestattet weiterhin, die Motoren bei genügender Leistung sehr klein, leicht und handlich und mit verhältnismäßig geringen Reibungsverlusten zu bauen. Vorteilhaft ist ferner der geringere Wassergehalt der hochverdichteten Luft.

Für die Energieumsetzung ist hoher Luftdruck jedoch ungünstig. Es liegen hier andere Verhältnisse vor als im Dampfkraftbetrieb. Wie aus Abb. 462 hervorgeht, wird die höher gespannte Druckluft im Motor schlechter ausgenutzt als niedriger gespannte. Es sind 2 atü Enddruck mit 6 atü Enddruck verglichen. Die Flächen $I + II + III$ zusammen stellen die aufgewandte isothermische Kompressorarbeit dar. Bei adiabatischer Entspannung auf 1 ata erstattet der verlustlose Motor die durch die Flächen $I + II$ dargestellte Arbeit zurück, bei voller Füllung nur die durch die Fläche I dargestellte Arbeit. Im Verhältnis zur aufgewandten Kompressorarbeit leistet der Motor bei 6 atü weniger als bei 2 atü. Der Unterschied ist bei voller Füllung beträchtlich, bei kleinster Füllung geringer. Die Diagramme Abb. 421 und 461 geben zusammen zahlenmäßigen Aufschluß über diese Verhältnisse. Aus der Abb. 421 ist nämlich zu entnehmen, wieviel PS Antriebsleistung am Kompressor z. B. unter Zugrundelegung eines isothermischen Wirkungsgrades von 70% aufzuwenden sind, um stündlich 1 m³ Luft von 1 ata auf 2 atü bzw. 6 atü zu verdichten. Abb. 461 gibt an, wieviel m³ Luft je nach dem Füllungsgrad stündlich erforderlich sind, damit der vollkommene Druckluftmotor 1 PS leistet. Die Leitung sei dicht, und es trete in ihr kein Druckabfall auf. Wird der Motor mit 2 atü betrieben, so braucht er für 1 PS bei voller Füllung stündlich 41,2 m³ angesaugte Luft, wofür der Kompressor $41{,}2 \cdot 0{,}058 = 2{,}39$ PS aufzuwenden hat ($\eta = 0{,}418$), und bei kleinster Füllung 29,4 m³, für die $29{,}4 \cdot 0{,}058 = 1{,}71$ PS aufzuwenden sind ($\eta = 0{,}585$). Bei 6 atü braucht man bei voller Füllung 31,7 m³/PSh, wofür der Kompressor $31{,}7 \cdot 0{,}103 = 3{,}26$ PS benötigt ($\eta = 0{,}307$), und bei kleinster Füllung 18,3 m³/PSh mit einer Kompressorleistung von $18{,}3 \cdot 0{,}103 = 1{,}89$ PS ($\eta = 0{,}53$). Bei 6 atü muß also der Kompressor bei voller Füllung 36% und bei kleinster Füllung 11% mehr leisten als bei 2 atü, damit der Druckluftmotor theoretisch 1 PS leistet. Bei den großen Füllungen, mit denen praktisch gearbeitet werden muß, sind niedrige Drücke also erheblich günstiger als hohe. In Wirklichkeit sind die niedrigen Drücke allerdings doch nicht ganz so günstig, wie es theoretisch erscheint. Denn bei niedrigen Drücken braucht man große, schwere Motoren, die größere Reibung haben.

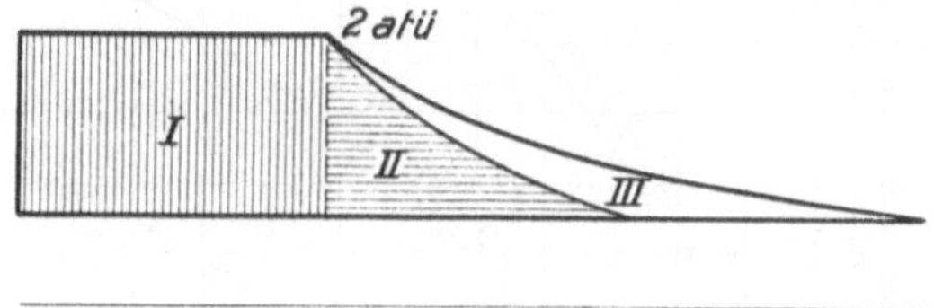

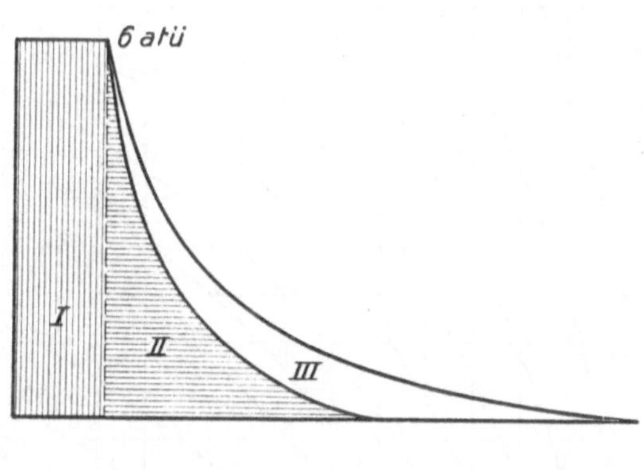

Abb. 462. Vergleich der Luftausnutzung bei hoher und niedriger Druckluftspannung.

Die Erfahrung lehrt, daß man mit 5 bis 6 atü Kompressordruck und 4 bis 5 atü Betriebsdruck am Motor die günstigsten Ergebnisse erzielt. Bei Druckluftgrubenlokomotiven sind die vorstehenden Betrachtungen über den günstigsten Druck ziemlich unwesentlich. Hier ist allein ausschlaggebend, daß in kleinem Raum große Luftmengen mitzuführen sind, um möglichst große Fahrbereiche mit einer Füllung zu erzielen. Man verwendet hochverdichtete Luft von 160 bis 200 at, die in den Stahlflaschen der Lokomotiven aufgespeichert und vor dem Eintritt in den Motor auf 15 bis 20 at Druck herabgemindert wird.

227. Energieverluste durch Drosselung. Unter Drosselung versteht man eine Druckminderung der Druckluft durch Strömungswiderstände, z. B. durch ein Drosselventil. Drosselung ist ein nicht umkehrbarer Vorgang, bei dem keine äußere Arbeit verrichtet wird. Die bei der Widerstandsüberwindung im Innern des Gases verrichtete Arbeit wird durch Reibung in Wärme umgesetzt, die im Gase verbleibt. Der Wärmeinhalt bleibt unverändert, die Entropie nimmt zu (waagerechter Verlauf im *is*-Diagramm Abb. 21). Die Arbeitsfähigkeit, bezogen auf die gleiche Luftmenge vom Ansaugezustand 1 ata nimmt naturgemäß ab. Z. B. liefert 1 m³ Saugluft nach Ziffer 225 bei 7 ata Anfangsdruck und 1,033 ata Gegendruck die Arbeit $L = 10000 \frac{7 - 1{,}033}{7} = 8530$ mkg bei Vollfüllung. Bei 5 ata Anfangsdruck erhält man aus 1 m³ Saugluft dagegen nur $L = 10000 \frac{5 - 1{,}033}{5}$ $= 7935$ mkg Vollfüllungsarbeit. Die Herabsetzung des Druckes von 7 auf 5 ata durch Drosselung ergibt eine Energieverminderung um 595 mkg oder 7%.

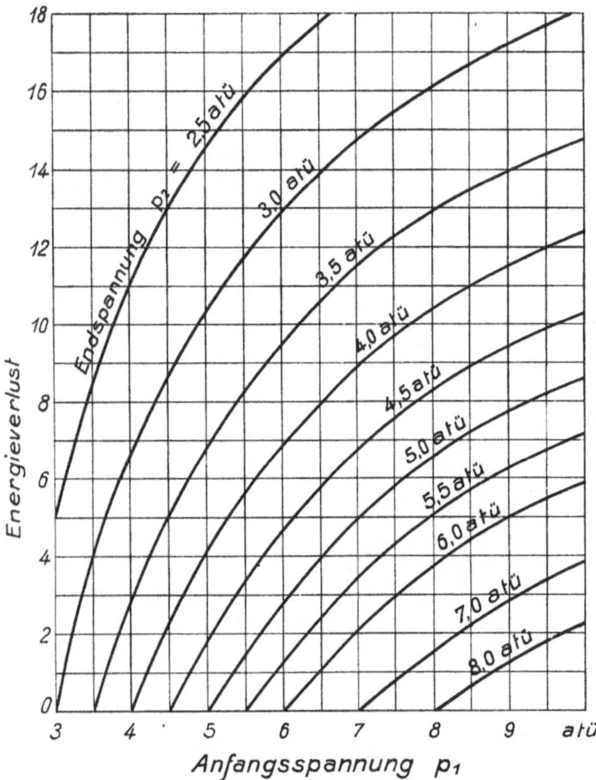

Abb. 463. Energieverluste der Druckluft durch Drosselung von der Anfangsspannung p_1 auf die Endspannung p_2 bei Betrieb mit Vollfüllung und 1,033 ata Gegendruck.

Drosselung wird zur Regelung der Motoren verwendet, man muß sie aber auch unfreiwillig in Form des Druckabfalles in den langen Leitungen[1] in Kauf nehmen. Hier wird die Schädlichkeit des Druckabfalles im allgemeinen weit überschätzt, weil die Energieänderung der Luft irrtümlich der Druckänderung verhältnisgleich gesetzt wird, wobei der Fehler noch besonders kraß wird, wenn die Drücke in atü gerechnet werden. Es ist falsch, den Drosselverlust von 6 auf 4 atü gleich $^2/_6$ oder 33% bzw. $^2/_7 = 28{,}5$% zu setzen. Es muß berücksichtigt werden, daß das Volumen der Druckluft bei der Drosselung im umgekehrten Verhältnis der absoluten Drücke zunimmt. Drosseln schadet am wenigsten bei voller Füllung, am meisten bei kleinster Füllung. Bei voller Füllung ist z. B. der Energieverlust 2,8% bei Druckabfall von 6 auf 5 atü, bzw. 7% bei Druckabfall von 6 auf 4 atü. Für den Verlust bei kleinster Füllung findet man durch Vergleich der dem Diagramm Abb. 461 entnehmbaren Luftbedarfszahlen die Werte 5,5% für Drosselung von 6 auf 5 atü, bzw. 13,1% für Drosselung von 6 auf 4 atü. Die höheren Verluste bei kleinsten Füllungen werden praktisch nicht erreicht, weil im Mittel mit etwa 85% Füllung gerechnet werden muß. Bei diesen großen Füllungen ist der Energieverlust durch Drosselung nur wenig größer als bei Vollfüllung, so daß überschläglich stets mit den der Abb. 463 zu entnehmenden Verlustwerten gerechnet werden kann. Bei mittleren Verhältnissen mit 5,5 atü Kompressordruck und 4 atü Betriebsdruck am Motor entnimmt man dem Diagramm einen Verlust von 5,6%, d. h. der Druckverlust von 1,5 at in der Leitung verursacht einen Energieverlust von nur rd. 6%.

228. Wasserabscheidung aus der Druckluft. Eisbildung im Druckluftmotor. Luft enthält immer Wasser in Dampfform. Der höchstmögliche Wasserdampfgehalt ist nur von der Temperatur abhängig. Auf den Druck kommt es dabei nicht an; hochverdichtete Luft kann im gleichen Raum und bei gleicher Temperatur nicht mehr Wasser in Dampfform halten als niedriggespannte. Enthält die Luft weniger Wasserdampf, als sie ihrer Temperatur entsprechend halten könnte, so ist sie nicht mit Feuchtigkeit gesättigt. Das Verhältnis des tatsächlichen Wasserdampfgehaltes zum höchstmöglichen Gehalt wird

[1] Berechnung des Druckabfalles nach Ziffer 65.

als **Feuchtigkeitsgrad** bezeichnet und in Prozenten angegeben. Je höher die Temperatur ist, um so mehr Wasser kann die Luft dampfförmig aufnehmen. 1 m³ Luft von der Temperatur t enthält maximal soviel Wasserdampf, wie 1 m³ Wasserdampf bei dieser Temperatur wiegt. Dem Diagramm Abb. 464 kann der maximale dampfförmige Wassergehalt der Luft in Abhängigkeit von der Temperatur in dem für den Druckluftbetrieb in Frage kommenden Temperaturbereich von -60^0 bis $+110^0$ C entnommen werden. Z. B. enthält gesättigte Luft 0,04 g/m³ bei -50^0 C, 17,3 g/m³ bei $+20^0$ C und 500 g/m³ bei $+ 95^0$ C. Bei einem Feuchtigkeitsgrad von $\varphi = 60\%$ enthält Luft von 20⁰ C nur $\varphi \cdot 17{,}3 = 0{,}6 \cdot 17{,}3 = 10{,}4$ g Wasserdampf je m³. Kühlt man diese ungesättigte Luft ab, so nimmt der Feuchtigkeitsgrad zunächst zu. Nach Erreichen der 100%-Grenze wird bei

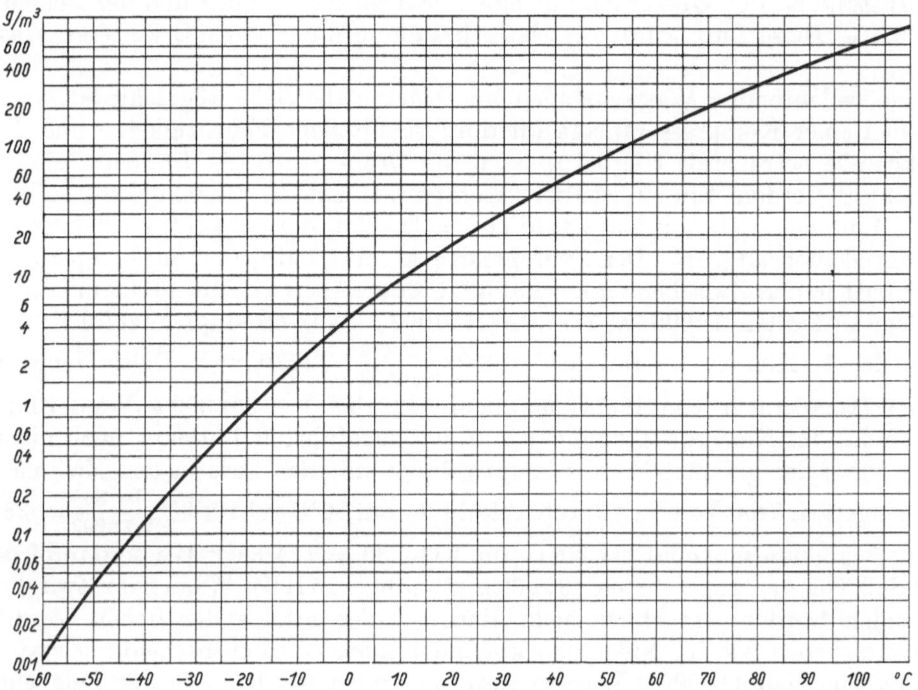

Abb. 464. Maximaler Wasserdampfgehalt der Luft in Abhängigkeit von der Temperatur.

weiterer Abkühlung der überschüssige Wasserdampf kondensiert und nebel- oder tropfenförmig ausgeschieden. Es werde das obige Beispiel der Luft von $\varphi = 60\%$ und 20⁰ C mit 10,4 g/m³ weiter verfolgt: Bei Abkühlung auf $+15^0$ C beträgt der maximale Wasserdampfgehalt 12,8 g/m³; der Gehalt von 10,4 g/m³ entspricht somit einem Feuchtigkeitsgrad von $\varphi = \frac{10{,}4}{12{,}8} = 0{,}81 = 81\%$. Für den Gehalt von 10,4 g/m³ findet man aus dem Diagramm $+12^0$ C als zugehörige Sättigungstemperatur, d. h. bei Abkühlung auf $+12^0$ C wird der Feuchtigkeitsgrad 100%. Bei weiterer Abkühlung wird Wasser flüssig abgeschieden, z. B. kann die Luft bei $+5^0$ C nur noch 6,8 g Wasserdampf je m³ halten, so daß $10{,}4 - 6{,}8 = 3{,}6$ g/m³ flüssig ausfallen. Bei den geringen Temperaturunterschieden des vorstehenden Beispieles konnte die Volumenverminderung der Luft durch Temperaturabnahme noch vernachlässigt werden; bei größeren Temperaturschwankungen, insbesondere in Verbindung mit Druckänderungen muß das Luftvolumen für jeden Zustand nach dem vereinigten Gesetz von **Mariotte** und **Gay-Lussac**: $v_2 = v_1 \cdot \frac{p_1}{p_2} \cdot \frac{T_2}{T_1}$ berechnet werden (vgl. Ziffer 3). Es sei zunächst der Einfluß der Druckänderung allein an zwei Beispielen betrachtet: Werden 5 m³ Luft von 1 ata, 20⁰ C und 100% Feuchtigkeitsgrad mit $5 \cdot 17{,}3 = 86{,}5$ g Wasserdampf auf 5 ata verdichtet und auf die Anfangstemperatur zurückgekühlt, so erhält man ein Endvolumen von 1 m³, das nur 17,3 g Wasserdampf enthalten kann. 86,5 — 17,3 = 69,2 g Wasser werden flüssig abgeschieden. Nach Entspannung auf 1 ata durch Drosselung unter Einhaltung der Anfangstemperatur wird das Anfangsvolumen von 5 m^3 zurückerhalten, das jetzt aber nur 17,3 g Wasserdampf, d. h. 17,3 : 5 = 3,46 g/m^3 enthält, entsprechend einem Feuchtigkeitsgrad von 20%. Die Luft ist durch die Wasserabscheidung infolge der Verdichtung bedeutend trockener geworden. Diese Trocknung spielt besonders bei Hochdruckluft eine Rolle, wie es das zweite Beispiel zeigt. Unter gleichen Temperatur- und Feuchtigkeitsverhältnissen wie im ersten Beispiel sollen 200 m^3 Luft von 1 ata auf 1 m^3 von 200 ata verdichtet werden. Bei 20° C enthalten 200 m^3 Luft 3460 g Wasserdampf. Infolge der Volumenverringerung auf 1 m^3 müssen 3460 — 17,3 = rd. 3443 g Wasser abgeschieden werden. Nach Entspannung auf den Anfangszustand ist der Wasserdampfgehalt nur noch 0,0865 g/m^3 und der Feuchtigkeitsgrad = 0,5%. Diese Luft würde erst bei Abkühlung unter —43° C weiteres Wasser abscheiden.

Welche bedeutenden Wassermengen im Druckluftbetriebe abgeschieden werden, sei am Beispiel einer Kompressoranlage für durchschnittliche Feuchtigkeits- und Temperaturverhältnisse betrachtet. Hierbei müssen die Druck- und die Temperaturänderungen berücksichtigt werden. Ein zweistufiger Kompressor mit Zwischenkühlung soll stündlich 10000 m^3 Luft von 1 ata auf 7 ata verdichten. Die Ansaugtemperatur der Luft sei 20° C, ihr Feuchtigkeitsgrad 75%. Der Zwischendruck sei 2,7 ata, die Lufttemperatur 100° C beim Eintritt in den Zwischenkühler und 30° C beim Austritt. Mit 10000 m^3 Luft werden der Anlage stündlich 10000·0,75·17,3 = 130000 g Wasserdampf zugeführt. Das Endvolumen der 1. Kompressorstufe ist $10000 \cdot \frac{1}{2,7} \cdot \frac{373}{293} = 4720$ m^3/h. Diese Menge kann bei der hohen Temperatur von 100° C maximal 4720·600 = 2832000 g Wasserdampf enthalten, so daß im Niederdruckzylinder von den zugeführten 130000 g noch nichts abgeschieden wird; der gesamte Wasserdampf gelangt mit der Luft in den Zwischenkühler. Hier verringert sich das Volumen durch Abkühlung auf 30°C auf $10000 \cdot \frac{1}{2,7} \cdot \frac{303}{293} = 3830$ m^3/h. In 3830 m^3 können maximal bei 30° C nur 3830·30 = 114900 g Wasserdampf enthalten sein, so daß von den zugeführten 130000 g stündlich 15100 g Wasser im Zwischenkühler abgeschieden werden. Im Hochdruckzylinder findet infolge der hohen Verdichtungstemperatur ebenso wie im Niederdruckzylinder keine Wasserabscheidung statt, so daß dem Netz stündlich 114900 g Wasserdampf zugeführt werden. Bei der Betrachtung der Wasserabscheidung im Rohrleitungsnetz sollen die Luftundichtheitsverluste der Einfachheit halber vernachlässigt werden. Der Leitungsdruck soll durch Widerstände um 1,5 at auf 5,5 ata sinken; die Endtemperatur der Luft in der Leitung sei 25° C. Das stündiche Luftvolumen in der Leitung wird $10000 \cdot \frac{1}{5,5} \cdot \frac{298}{293} = 1850$ m^3/h. Bei 25° C enthält die Luft maximal 23 g Wasserdampf je m^3. 1850 m^3 können also 1850·23 = 42500 g Wasserdampf halten. Von den vom Kompressor zugeführten 114900 g/h müssen demnach 114900 — 42500 = 72400 g Wasser stündlich ausgeschieden werden. Die Gesamtwasserabscheidung im Zwischenkühler und in der Leitung beträgt 87,5 kg/h.

Die abgeschiedenen Wassermengen sind also recht beträchtlich. Während das vorstehende, für mittlere Verhältnisse gerechnete Beispiel rd. 9 kg Wasserabscheidung für 1000 m^3 angesaugte Luft ergab, kann man unter ungünstigen Verhältnissen z. B. im Sommer bei hohen Lufttemperaturen und großem Feuchtigkeitsgehalt bis etwa 15 kg je 1000 m^3 Saugluft rechnen, wenn auch die warme Luft gefühlsmäßig recht trocken erscheinen mag. Bei tiefen Temperaturen im Winter wird dagegen nur sehr wenig oder gar kein Wasser abgeschieden. Die Abb. 465 und 466 veranschaulichen diagrammatisch den Verlauf der Ansaugmenge, des Druckes, der Lufttemperatur, der Druckluftmenge, der mitgeführten Wasserdampfmenge und der flüssig ausgeschiedenen Wassermenge in Abhängigkeit vom Leitungsverlauf (einschließlich Turbokompressor mit dreifacher Zwischenkühlung). In beiden Diagrammen handelt es sich um die gleiche Anlage mit einer Kompressorleistung von 70000 m^3/h. Es ist nur ein Leitungsstrang betrachtet; die Wasserabscheidung aus den abgezweigten Luftmengen von 30000, 9000 und 6000 m³/h ist nach der Abzweigung unberücksichtigt geblieben und muß für jede Abzweigmenge gesondert behandelt werden. Bei den günstigen Verhältnissen der Abb. 465 findet bis zum Ende der Schachtleitung überhaupt keine Wasserabscheidung statt; die Gesamtabscheidung beträgt 400 kg/h. Bei den infolge der höheren Außentemperatur und größeren Luftfeuchtigkeit ungünstigeren Verhältnissen nach Abb. 466 werden in den Zwischenkühlern des Kompressors bereits 470 kg/h abgeschieden; die gesamte Wasserabscheidung beträgt hier 780 kg/h, so daß auf die Leitung nur 310 kg/h entfallen, was auf die etwas höheren Lufttemperaturen in der Leitung zurückzuführen ist.

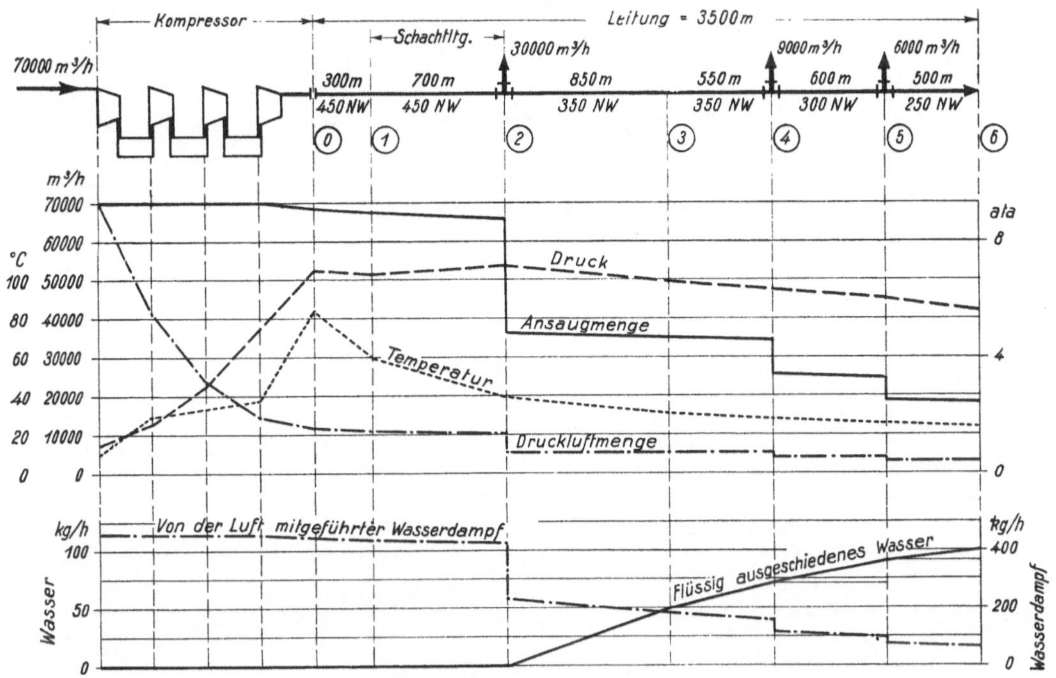

Abb. 465. Wasserabscheidung in einer Druckluftanlage bei günstigen, mittleren Temperatur- und Feuchtigkeitsverhältnissen (Außentemperatur 10° C, Feuchtigkeitsgrad 70%).

Die Wasserabscheidung ist ein nicht zu vernachlässigender Nachteil jedes Druckluftbetriebes. Die Rohrleitungen rosten trotz Rostschutz sehr bald. Durch den Rost wird die Rohrrauhigkeit und damit der Druckverlust erhöht. Der Rost blättert ab, verschmutzt Ventile und Schieber und muß vor den Motoren durch Filter aufgefangen werden. Das abgeschiedene Wasser sammelt sich in tiefgelegenen Leitungsteilen, wirkt durch Querschnittsverminderung drosselnd und kann schlagartig mitgerissen werden und die Motoren beschädigen. Durch starke Kühlung hinter dem Kompressor könnte man die Luft trocknen, doch ist das Verfahren zu unwirtschaftlich. Es ist am zweckmäßigsten, die abgeschiedenen Wassermengen durch Entwässerungseinrichtungen zu entfernen. Jeder Zwischenkühler, jeder Sammler, alle tiefliegenden Leitungsteile sind mit Wasserablässen (z. B. nach Abb. 467) zu versehen, die planmäßig zu bedienen sind, oder es sind zuverlässige, selbsttätige Ablaßvorrichtungen anzuordnen. Außerdem sind an geeigneten Stellen der Leitung besondere Wasserabscheider einzubauen, in denen die Luft mehrfach umgelenkt wird, so daß sich die feinen Wassernebeltröpfchen an den Prallflächen niederschlagen und einem Sammler zufließen, aus dem das angesammelte Wasser von Zeit zu Zeit abzulassen ist. Die Bauart eines solchen Wasserabscheiders für Hauptleitungen zeigt Abb. 468. *a* ist der Abscheideraum, in dem die Luft mehrfach umgelenkt und vom Wasser getrennt wird; *b* ist der Sammelraum, der durch ein Schwimmerventil selbsttätig entleert wird. Einen aus Rohr- und Formstücken zusammengebauten Wasserabscheider, wie er für Nebenleitungen zu brauchen ist, veranschaulicht Abb. 469.

In engem Zusammenhang mit der Wasserabscheidung steht die **Eisbildung** im Druckluftmotor. Obgleich die Luft durch die Wasserabscheidung in der Leitung nur noch

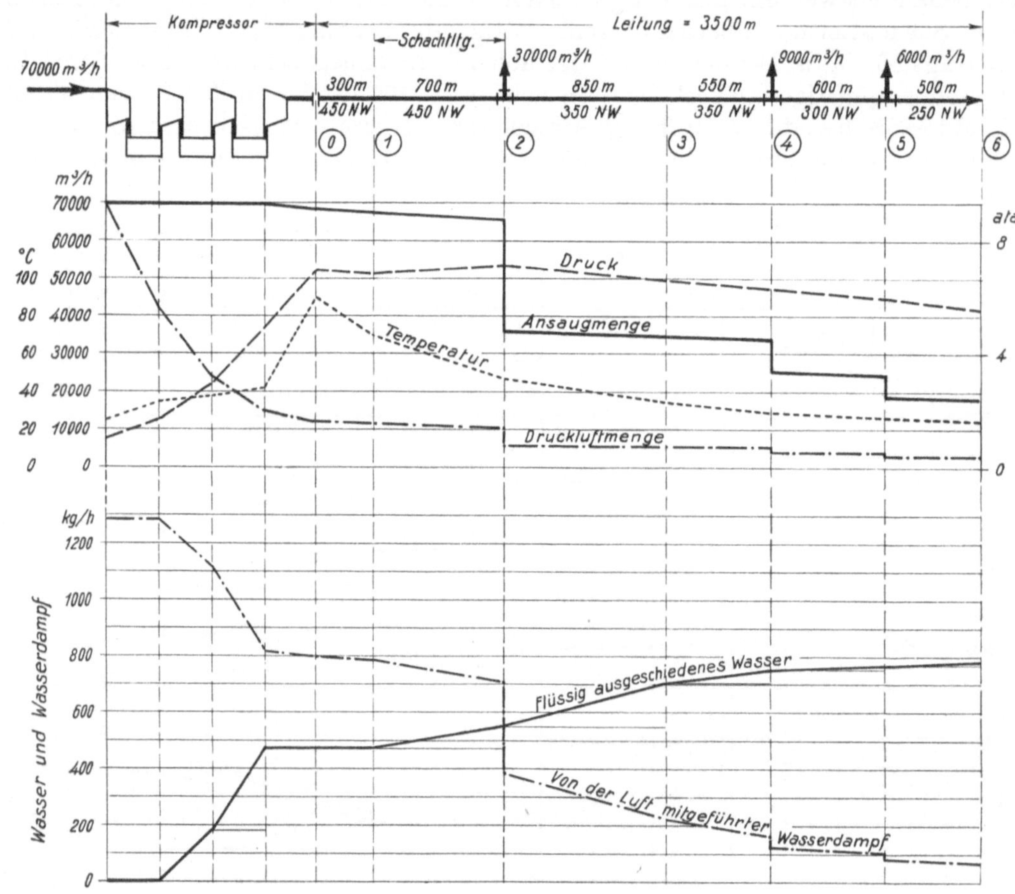

Abb. 466. Wasserabscheidung in einer Druckluftanlage bei ungünstigen Verhältnissen (Außentemperatur 25°, Feuchtigkeitsgrad 80%).

wenig Wasser, bezogen auf den Ansaugezustand, besitzt, kann sich doch noch ein weiterer Wasseranteil abscheiden, wenn sich die Luft infolge adiabatischer Expansion unter Arbeitsabgabe nach außen weiter abkühlt. Die Volumenvergrößerung bei der Expansion wirkt zwar der Abscheidung entgegen, doch überwiegt der Einfluß der Temperaturerniedrigung. Die Expansionsendtemperatur kann nach Ziffer 9 aus der Beziehung $T_2 = T_1 \cdot \left(\frac{p_2}{p_1}\right)^{0,286}$ berechnet oder dem Luftentropiediagramm Abb. 21 entnommen werden. Für 20° C Anfangstemperatur kann man die Endtemperaturen auch der Zahlentafel 25 (S. 300) oder dem Diagramm Abb. 417 entnehmen. Ein Zahlenbeispiel soll die Menge der im Motor möglichen Wasserabscheidung veranschaulichen. Die Betriebsdruckluft habe 5 ata und 20° C, so daß sie 17,3 g Wasserdampf je m³ Druckluft enthält. Im Motor werde die Luft adiabatisch auf 2,5 ata entspannt. Die Endtemperatur wird $T_2 = 293 \cdot \left(\frac{5}{2,5}\right)^{0,286} = 240^0$ abs. $= -33^0$ C und das Endvolumen $V_2 = 1 \cdot \frac{5}{2,5} \cdot \frac{240}{293}$

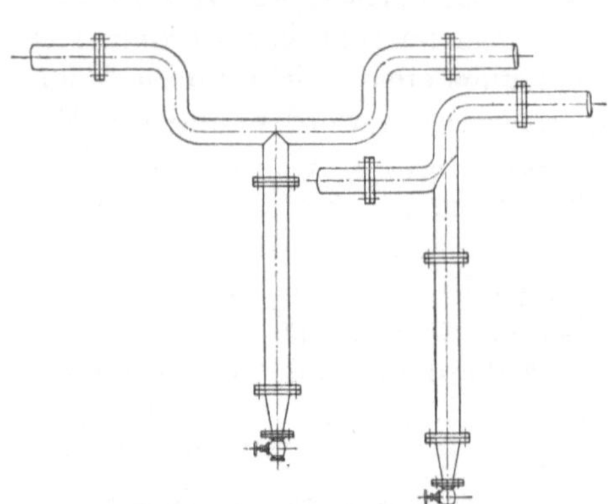

Abb. 467. Entwässerung von Druckluftleitungen.

= 1,64 m³. Das entspricht einer Füllung von 61%. Bei -33^0 C ist der höchstmögliche Wasserdampfgehalt nach Abb. 464 gleich 0,25 g/m³. Das Endvolumen 1,64 m³ kann also halten 1,64 · 0,25 = 0,41 g, so daß 17,3 − 0,41 = rd. 16,9 g je m³ Druckluft oder 3,38 g Wasser je m³ Saugluft ausfallen müssen. In einem 30 PS-Motor mit einem Luftverbrauch von 1200 m³/h würden rechnerisch z. B. 1200 · 3,38 = 4056 g oder rd. 4 kg Wasser stündlich abgeschieden werden. Die tatsächliche Abscheidung ist geringer, weil die Expansion der Luft durch Wärmeaufnahme aus der Umgebung nicht rein adiabatisch verläuft. Ferner wird auch nicht die gesamte abgeschiedene Wassermenge im Motor niedergeschlagen, sondern ein großer Teil entweicht nebelförmig mit der Auspuffluft. Gefährlich ist, daß die Temperaturen im Motor weit unter dem Gefrierpunkt liegen. Das abgeschiedene Wasser gefriert und kann den Motor durch Vereisung außer Betrieb setzen oder gar zerstören.

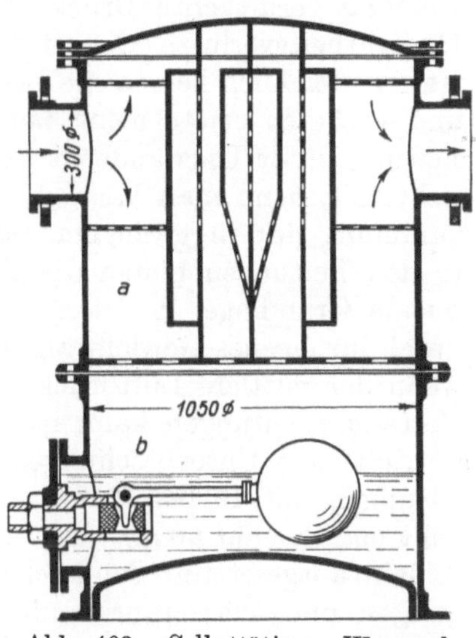

Abb. 468. Selbsttätiger Wasserabscheider für Drucklufthauptleitungen (Seiwert, Dortmund).

Ob und in welchem Maße die Eisbildung stört, hängt erheblich von der Form der Auspuffkanäle ab. Überlegung und Erfahrung lehren, daß enge, lange, gewundene Kanäle, die mit der auspuffenden, eisbehafteten Luft in längerer, inniger Berührung sind, viel eher durch Eis zugesetzt werden, als gerade, kurze, große Auspufföffnungen. Von günstigem Einfluß ist, wenn Lufteinlaß und Luftauslaß voneinander getrennt sind (Gleichstromverfahren). Bei längerer Betriebszeit ist die Eisbildung stärker als bei kürzerer. Die Eisbildung wird verringert, wenn die Motoren durch große Oberflächen viel Wärme aus der Umgebungsluft aufnehmen können. Je besser die Maßnahmen gegen die Vereisung sind, um so stärker kann man die Luft expandieren lassen und sie dadurch wirtschaftlicher ausnutzen. Bei Hochdruckmotoren, wie sie für Lokomotiven gebraucht werden, wendet man auch zwei- und dreistufige Expansion mit Zwischenwärmung an, um nicht auf zu tiefe Temperaturen zu kommen. Oder man verdichtet zum Schluß des Auspuffens sehr stark, um die Anfangstemperatur durch Mischen der Frischluft mit der stark erhitzten Kompressionsluft zu erhöhen und dadurch höhere Expansionsendtemperaturen zu erzielen. Sehr hoch gepreßte Luft, oder Luft, die sehr hoch gepreßt gewesen war, ist an sich schon zu viel weiterer Expansion befähigt als Druckluft von normalem Enddruck, weil aus ihr beinah die ganze Feuchtigkeit in der Leitung ausscheidbar ist.

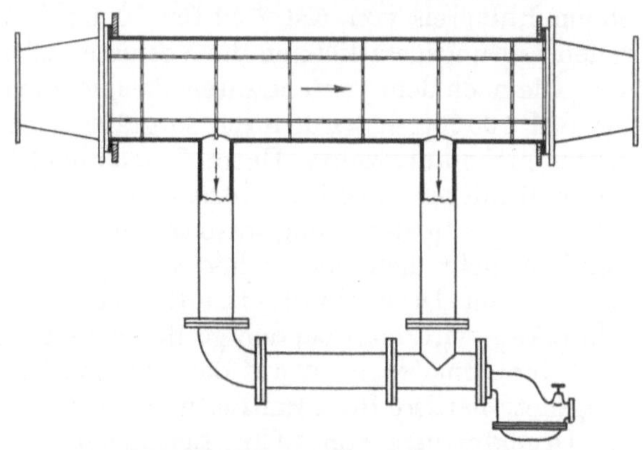

Abb. 469. Wasserabscheider aus Rohr- und Formstücken.

229. Fortleitung der Druckluft. Zur Fortleitung der Druckluft benutzt man Flußstahlrohre. Die üblichen Nennweiten sind 25, 50, 80, 100, 150, 200, 300, 400 und 500 mm bei normalen Längen von 5, 6 und 8 m. Außerdem sind die Nennweiten 40, 125, 250, 350 und 450 mm in Gebrauch. Die Verbindung erfolgt durch Schweißen (soweit möglich) oder durch lose oder feste Flanschen. In Leitungen, die häufig Verwerfungen durch Gebirgsbewegungen erleiden, bewähren sich Kugelgelenkverbindungen. Die Flanschverbindungen erhalten Flachdichtungen aus Gummi, aus Gummi mit Einlage oder aus getränkter Rohpappe. Auf beste Dichtungen ist größter Wert zu legen, um die durch Undichtheitsverluste entstehenden Unkosten klein zu halten. Ortsfeste Motoren sollen durch feste Rohrleitungen mit dem Rohrnetz verbunden werden, nicht durch Schläuche, die teuer sind und leicht zu Betriebsstörungen Anlaß geben. Schläuche sind nur für die ortsbeweglichen Maschinen wie Drucklufthämmer, Schrämmaschinen zu benutzen.

In den Leitungen treten Verluste durch Reibung und Undichtheit auf. Der durch Reibung verursachte Druckabfall[1] fällt zwar mehr ins Auge, schlimmer sind aber die Undichtheitsverluste, die an den Flanschverbindungen und an den Armaturteilen auftreten. Reichlich bemessene Leitungen bedingen geringeren Druckabfall, sind aber teurer und verlieren etwas mehr Luft durch Undichtheiten, so daß eine sparsam bemessene Leitung unter Umständen vorteilhafter ist. Die zukünftige Entwicklung ist zu berücksichtigen; denn man kann die vollbelastete Leitung, weil der Druckabfall quadratisch zunimmt, nur in geringem Maße überlasten. Für die Berechnung des Druckabfalles in den Leitungen bieten die Zahlentafeln und Diagramme im Abschnitte VI eine bequeme Grundlage. Es ist nicht zu vergessen, daß die Druckluft in der Schachtleitung durch ihr eigenes Gewicht an Druck gewinnt; bei 600 m Teufe beträgt der Druckgewinn, wenn der mittlere Luftdruck 7 ata beträgt, $600 \cdot 7 \cdot 1{,}2 = 5000$ mm WS oder 0,5 at. Die Verteilungsleitungen kann man nur überschlägig rechnen, weil die meisten Druckluftantriebe mit Unterbrechungen arbeiten. Die Luftgeschwindigkeit wählt man in Rohrleitungen mit 10 bis 15 m/s; in den immer verhältnismäßig kurzen Schlauchleitungen geht man bis auf 20 m/s, um mit möglichst kleinen Weiten der teuren und starkem Verschleiß ausgesetzten Schläuche auszukommen. Querschnittsverluste durch Verunreinigungen und Wasseransammlungen in den Leitungen, durch ungünstige Ventile und Formstücke, durch zu große Dichtungen und exzentrische Flanschverbindungen sind unbedingt zu vermeiden.

Am schädlichsten sind die Undichtheitsverluste, die unabhängig von der Netzbelastung dauernd auftreten. Gehen in einer schlecht gehaltenen Druckluftanlage, die durchschnittlich mit einer Kompressorleistung von 50000 m³/h arbeitet, 25% der Luft durch Undichtheiten verloren, so belaufen sich die jährlich entstehenden Unkosten bei einem Luftpreis von RM 2.50 für 1000 m³ auf rd. RM 275000.—. In einem gut gehaltenen Leitungsnetz können die Verluste auf 10 bis 15% der Ansaugmenge gehalten werden. Die nach dem vorgenannten Beispiel gemachte Ersparnis von jährlich RM 110000.— bis RM 165000.— wird durch sorgfältige Instandhaltung und Überwachung des Rohrnetzes nicht aufgezehrt. Unter Luftmangel leidende Anlagen können unter Umständen durch Minderung der Undichtheitsverluste auf erträgliche Luftverhältnisse kommen und eine Erhöhung der Kompressorleistung sparen, für die häufig auch die Leitungsquerschnitte nicht mehr ausreichen, so daß die Vermehrung der Luftmenge nur mit einem zusätzlichen Druckabfall erkauft werden kann. Um die Undichtheitsverluste einzuschränken, wird man bei den größeren Leitungen möglichst große Längen schweißen. Die Zahl der Armaturen ist auf das notwendigste einzuschränken. Ein gut gehaltenes Leitungsnetz verliert für 1 km Leitungslänge stündlich etwa 70 m³ angesaugte Luft, was für ein Druckluftnetz von 40 km Leitungslänge einen stündlichen Verlust von 2800 m³ angesaugter Luft bedeutet.

In der Umgebung des Schachtes herrscht stets ein höherer Druck (5 bis 6 atü) als an weiter entfernten Punkten des Rohrnetzes, an denen ein Druck von 4 atü nicht zu unterschreiten ist. Die Motoren sind durchweg für 4 atü gebaut und arbeiten bei diesem Druck am wirtschaftlichsten; insbesondere dürfen Abbauhämmer nicht mit höherem Druck betrieben werden, weil ihr Rückschlag schon bei wenig höherem Druck gefährlich zunimmt und dann die bekannten Rückschlagerkrankungen zur Folge hat. Es ist deshalb nötig, in die von der Hauptleitung mit zu hohem Druck abgezweigten Nebenleitungen Drosselstellen einzubauen, die einmal den Druck in gewünschter Weise herabsetzen und dann die Entnahme zu großer Luftmengen, die entferntere Reviere benachteiligen würde,

[1] Über den Energieverlust durch Druckabfall vgl. Ziffer 227.

zu verhindern. Hierzu können Drosselscheiben verwendet werden, deren erforderliche Öffnung bei bekannter Durchlaßmenge aus dem Diagramm Abb. 26 zu finden ist. Für die Druckregelung bei wechselndem Luftbedarf ist eine Regeldüse nach Abb. 470 zweckmäßiger. Der Drosselquerschnitt kann durch Verschieben des Kopfstückes *a* in der Achsrichtung verändert werden. Der Antrieb geschieht von Hand oder selbsttätig über das Kegelradgetriebe *b*, welches die axiale Schraubspindel *c* dreht. Die Regeldüse kann gleichzeitig auch als Absperrventil dienen.

230. Wirkungsgrad und Wirtschaftlichkeit der Druckluftenergieübertragung. Bei der Verdichtung der Luft im Kompressor und bei der Entspannung der Druckluft im Druckluftmotor handelt es sich nicht um rein mechanische, sondern um thermodynamische Vorgänge. Die Luft wird nämlich bei der Verdichtung heiß, weil sie die Verdichtungsarbeit als Wärme empfängt. Würde die Druckluft heiß bleiben, bis sie im Druckluftmotor wirkt, so würde sie die vorher aufgenommene Wärme bei der Entspannung auf den ursprünglichen Druck wieder als Arbeit abgeben, und die Druckluftenergieübertragung wäre, abgesehen von Reibungs- und Undichtheitsverlusten, vollkommen. Tatsächlich verliert aber die Druckluft die aufgenommene Wärme, und die Arbeit, die die kalte Druckluft im Motor zu verrichten vermag, ist auch theoretisch — d. h. abgesehen von Reibungs- und Undichtheitsverlusten — viel kleiner als die Kompressorarbeit. Dazu kommt, daß die Druckluft in ihrem Expansionsvermögen je nach der Art des Motors mehr oder weniger beschränkt ist, weil die in der Druckluft enthaltene Feuchtigkeit bei den auftretenden tiefen Temperaturen Eis bildet.

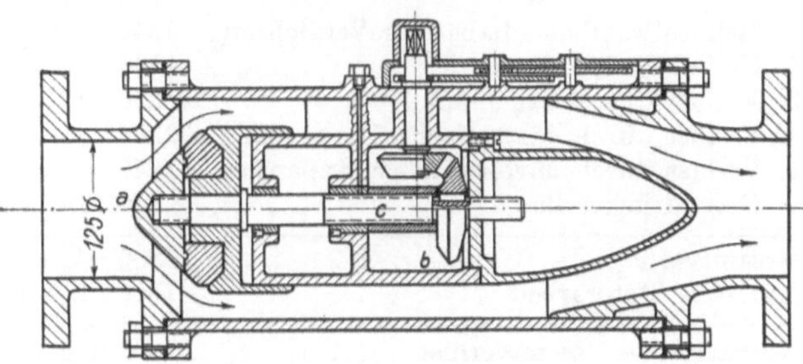

Abb. 470. Regeldüse (Seiwert, Dortmund).

Abb. 471 gibt ein anschauliches Bild der Energieverluste der thermodynamischen Vorgänge bei der Druckluftenergieübertragung in der Darstellung des PV-Diagrammes, dessen Flächen vergleichbare Arbeitswerte darstellen. Das Diagramm bezieht sich auf die mit 1 m³ Luft von 1 ata, die im Kompressor auf 7 ata verdichtet wird, übertragbare Energie. Die Arbeitswerte der einzelnen Flächen sind in mkg eingetragen. Infolge der Saugwiderstände beträgt der Ansaugedruck 0,9 ata, so daß 1,11 m³ Luft von 0,9 ata auf 7 ata zu verdichten sind. Die hierfür erforderliche, durch die gesamte Diagrammfläche dargestellte Kompressorarbeit beträgt $A_K = 23\,860$ mkg bei zweistufiger, adiabatischer Verdichtung. Gegenüber isothermischer Verdichtung ergibt der durch die Flächen *a* und *b* dargestellte, nicht rückgewinnbare Mehraufwand von zusammen 3340 mkg den ersten Verlust. In der Leitung kühlt sich die Luft auf die Anfangstemperatur ab, so daß nur das von der gestrichelten Isothermen (rechts) bei 7 ata begrenzte Druckluftvolumen von $^1/_7$ m³ zur Verfügung steht. Von diesem Volumen sollen 20% durch Undichtheiten der Leitung verlorengehen, so daß die Isotherme bis zum Volumen $^{0,8}/_7$ nach links verschoben wird. Als zweiter Verlust ergibt sich der Undichtheitsverlust zu 4100 mkg, dargestellt durch die zwischen den beiden Isothermen liegende Fläche *c*. Der dritte Verlust in Höhe von 2680 mkg (Fläche *d*) entsteht durch den Druckabfall von 7 ata auf 5 ata in der Leitung, wobei das Volumen bis zu der von der linken Isothermen

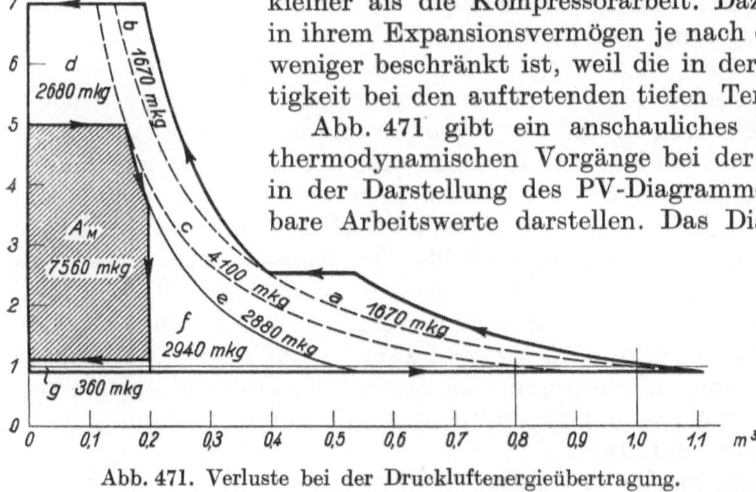

Abb. 471. Verluste bei der Druckluftenergieübertragung.

festgelegten Grenze zunimmt. Die Luft expandiert im Motor nicht isothermisch, sondern adiabatisch (nach der dünn ausgezogenen, steiler als die Isotherme verlaufenden Adiabaten), woraus sich als vierter Verlust die durch Fläche *e* gekennzeichnete Arbeit von 2880 mkg ergibt. Der Vereisungsgefahr wegen kann nicht mit vollkommener Expansion gearbeitet werden; im Diagramm sind 80% Füllung zugrunde gelegt, so daß die Luft nur von 5 ata auf 3,7 ata expandiert. Als fünfter Verlust durch unvollständige Expansion ergibt sich somit die Fläche *f*, die einer Arbeit von 2940 mkg entspricht. Der Auspuffgegendruck beträgt 1,08 ata, ist also um 0,18 at höher als der Ansaugedruck, woraus sich als sechster Verlust die Gegendruckarbeit von 360 mkg (Fläche *g*) ergibt. Als Nutzarbeit im Motor bleibt die schraffierte Fläche A_M mit 7560 mkg. Es läßt sich die nebenstehende Bilanz für die Energieübertragung aufstellen.

Aufgewendete Kompressorarbeit	23860 mkg	= 100,0%
1. Mehraufwand für adiabatische Verdichtung	3340 mkg	= 14,0%
2. Undichtheitsverluste	4100 „	= 17,2%
3. Verlust durch Druckabfall	2680 „	= 11,2%
4. Verlust durch adiabatische Expansion .	2880 „	= 12,1%
5. Verlust durch unvollständige Expansion	2940 „	= 12,3%
6. Gegendruckverlust	360	= 1,5%
Gesamtverlust.	16300 mkg	= 68,3%
Nutzbare Motorarbeit	7560 „	= 31,7%
Nutzarbeit + Gesamtverlust	23860 mkg	= 100,0%

Der Wirkungsgrad der thermodynamischen Umsetzungen beträgt einschließlich der Undichtheitsverluste 31,7%. Berücksichtigt man noch die Reibungsverluste im Kompressor mit einem mechanischen Wirkungsgrad von 90% und im Motor mit 85%, so wird der Gesamtwirkungsgrad der Druckluftenergieübertragung $0{,}317 \cdot 0{,}9 \cdot 0{,}85 = 0{,}242 = 24{,}2\%$, d. h. von der am Kompressor aufgewendeten Energie ist nur rd. ein Viertel am Motor nutzbar.

Der Gesamtwirkungsgrad allein ergibt sich auch aus dem durchschnittlichen spezifischen Luftverbrauch der Motoren und der am Kompressor für die Verdichtung dieser Luftmenge aufzubringenden Leistung. Der Motor braucht bei 4 atü, 80% Füllung und 75% Luftausnutzungsgrad 37,5 m³/PSh. Der Undichtheitsverlust des Motors ist im Luftausnutzungsgrad bereits berücksichtigt, so daß im Vergleich mit der vorhergehenden Rechnung ein Leitungsverlust von 15% der Kompressoransaugmenge gerechnet werde. Um eine Leistung von 1 PS am Motor zu erhalten, muß der Kompressor stündlich $37{,}5 : 0{,}85 = 44$ m³ Luft ansaugen und auf 6 atü verdichten, wenn mit dem gleichen Druckabfall von 2 at wie im vorigen Beispiel gerechnet wird. Hierfür braucht der Kompressor bei $\eta_{is} = 0{,}72$ eine Antriebsleistung von 4,4 PS. Der Gesamtwirkungsgrad beträgt $1 : 4{,}4 = 0{,}227$ oder rd. 23%. Dieser Wirkungsgrad ist verhältnismäßig günstig. Bei Betrieb mit Vollfüllung, geringerem Luftausnutzungsgrad, größerem Undichtheitsverlust und schlechterem, isothermischem Wirkungsgrad kann er auf etwa 15% sinken; noch geringere Wirkungsgrade sind auf ausgesprochene Mängel der Druckluftanlage, wie schlecht gehaltenes Rohrnetz und Verwendung veralteter, verschlissener Motoren, die als „Luftfresser“ bekannt sind, zurückzuführen.

Am Kompressor sind irgendwelche erheblichen Verbesserungen nicht zu erwarten; isothermische Wirkungsgrade von 70 bis 72% sind die bei Kolbenkompressoren mit Dampfantrieb erreichte Grenze, während elektrisch angetriebene Kolbenkompressoren und Turbokompressoren geringeren Wirkungsgrad haben.

Bei den Druckluftmotoren bestehen noch große Unterschiede im Luftverbrauch. An der Vervollkommnung der Motoren ist mit gutem Erfolg weitergearbeitet worden. In erster Linie ist man bestrebt gewesen, die Undichtheitsverluste der Motoren selbst herabzudrücken und durch erhöhte Verschleißfestigkeit auch im Dauerbetrieb gering zu halten. Die Motoren durch stärkere Ausnutzung der Expansion wirtschaftlicher zu gestalten, war der Vereisungsgefahr wegen nicht möglich.

Rechnet man mit einem Verbrauch von 40 m³/PSh, so betragen die Energiekosten 10 Rpf./PSh oder 13,6 Rpf./kWh bei einem Luftpreis von RM 2.50 für 1000 m³. Im Vergleich zu elektrischen Stromkosten erscheinen diese Zahlen hoch, jedoch ergibt sich in vielen Fällen ein Ausgleich durch die geringen Kapitalkosten des Druckluftbetriebes.

XXIV. Druckluftantriebe.

231. Überblick über die Bauarten. Die Druckluftmotoren sind den Dampfmaschinen verwandt und haben sich alle in den Grundformen aus ihnen entwickelt. Die zum Antriebe von Haspeln dienenden Zwillingskolbendruckluftmotoren entsprechen in ihrem Aufbau genau kleinen Dampfmaschinen. Bei ihnen findet man noch die einfachen Schiebersteuerungen, die im Dampfmaschinenbau fast verschwunden sind, weil die kleinen Dampfmaschinen durch Verbrennungsmaschinen und Elektromotoren verdrängt sind und die großen andere Steuerungen haben. Die kleinen schwungradlosen Pumpen, die über Tage mit Dampf betrieben werden, laufen unter Tage mit Druckluft. Die Zahnradmotoren haben ihren Vorläufer in einer 1799 patentierten Dampfmaschine von Murdock, die die gleiche Anordnung mit zwei Geradzahnrädern wie die heutigen Druckluftmotoren hatte, jedoch mangels genügender Präzision der Zahnradherstellung noch nicht betriebsreif war.

Es ist zu unterscheiden zwischen Druckluftkolbenmotoren und Druckluftturbinen. Die Kolbenmotoren arbeiten entweder mit hinundhergehendem Kolben oder mit Drehkolben. Bei Kolbenmotoren mit hinundhergehendem Kolben wird entweder eine Drehbewegung durch Kurbeltrieb erzeugt oder die geradlinige Kolbenbewegung unmittelbar für den Antrieb benutzt, wobei zu unterscheiden ist, ob die Energie direkt von einer Kolbenstange übertragen wird, wie bei Rutschenmotoren, schwungradlosen Pumpen, Stoßbohrmaschinen, oder ob die Energieübertragung durch einen Schlag des Kolbens erfolgt, wie bei den Druckluftschlagwerkzeugen, z. B. Abbauhämmern, Bohrhämmern, Hammerbohrmaschinen.

Die Drehkolbenmotoren arbeiten mit Kolbenflächen, die sich auf einer Kreisbahn bewegen. Sie haben eine reine Flächendruckwirkung und dürfen keinesfalls mit Turbinen verwechselt werden. Die große Gruppe der Drehkolbenmotoren läßt sich unterteilen in Lamellenmotoren und Zahnradmotoren. Von letzteren lassen sich nach der Art der verwendeten Zahnräder unterscheiden: Geradzahnmotoren, Schrägzahnmotoren und Pfeilradmotoren[1]. Drehkolbenmotoren sind leistungsfähig, klein, leicht, billig und wirtschaftlich, so daß sie häufig den Elektromotoren überlegen sind.

Die Drehkolbenmotoren werden entweder nur für einen Drehsinn gebaut, um Ventilatoren, Kreiselpumpen, Drehbohrmaschinen, Sägen usw. zu treiben, oder sie sind umsteuerbar, insbesondere für den Antrieb von Haspeln, Bändern, Schrämmaschinen. Die Umsteuerung wird entweder als Luftumsteuerung oder als Getriebeumsteuerung gebaut. Bei Luftumsteuerung wird der Wechsel des Drehsinns durch Umkehr der Lufteinströmung erzielt, bei Getriebeumsteuerung durch Umschalten eines Zahnradgetriebes. Luftumsteuerung ist insofern vorteilhafter, als sie bei voller Drehzahl betätigt werden kann, was bei der Getriebeumsteuerung zu Zahnbrüchen führen würde. Am einfachsten gestaltet sich die Luftumsteuerung bei Gerad- und Schrägzahnmotoren, während sich bei Lamellen- und Pfeilradmotoren bauliche Schwierigkeiten ergaben, die aber als überwunden gelten können.

Die Druckluftturbinen haben bisher nur in Sonderfällen Anwendung gefunden, wie z. B. zum Antrieb von Luttenventilatoren und Turbinenlampen. Sie haben gegenüber den Drehkolbenmotoren keine weitere Verbreitung gefunden, weil sie empfindlicher und größer sind, und weil die Turbinenwirkung infolge der nur unvollkommen möglichen Expansion der Luft nicht genügend zur Geltung kommt. Die Turbinen werden deshalb auch nur im Zusammenhang mit Ventilatoren (Abschnitt XXIX) behandelt.

In besonderen Abschnitten werden weiterhin auch alle die Antriebe behandelt, bei denen Kraft- und Arbeitsmaschine untrennbar verbunden sind und ein Ganzes bilden, wie bei Bohr- und Abbauhämmern, ferner solche Antriebe, die nur einer ganz bestimmten

---

[1] Die Unterscheidung von Stirnradmotoren und Pfeilradmotoren ist unzutreffend, denn auch Pfeilzahnräder sind Stirnräder.

Verwendung dienen und in ihrer Bauart und Wirkungsweise nur diesem einen Verwendungszweck angepaßt sind, wie z. B. Rutschenmotoren.

232. Druckluftmotoren mit hinundhergehendem Kolben. Es war in der vorstehenden Ziffer bereits gesagt worden, daß die Druckluftmotoren mit hinundhergehendem Kolben kleinen Dampfmaschinen gleichen; für sie gelten deshalb auch die allgemeinen Ausführungen über Kolbenmaschinen im Abschnitt VII und die Grundlagen der Kolbendampfmaschinen, insbesondere die Wirkungsweise der Schiebersteuerungen in Abschnitt IX. Kondensationswirkung hat man selbstverständlich nur bei Dampfbetrieb.

Für den Antrieb großer Förderhaspel verwendet man noch viel die Zwillingsanordnung mit doppeltwirkenden Zylindern (vgl. Abb. 511 und 512). Um mit kleinen Abmessungen auszukommen, läßt man die Maschinen schnell laufen ($n = 100$ bis 200) und treibt die Trommel oder Treibscheibe über ein einfaches Vorgelege an. Umgesteuert wird durch eine Kulissensteuerung, die in der Stephensonschen Ausführung nach Abb. 472 gebräuchlich ist, weil sie die wenigsten Gelenke hat und sich kurz baut. Wegen ihrer Wirkungsweise vgl. Ziffer 89. Um zu steuern, hebt oder senkt man die Kulisse, deren Gewicht auszugleichen ist. Legt man den Steuerhebel vorwärts, so wirkt hauptsächlich das Vorwärtsexzenter und steuert, wenn man den Steuerhebel ganz auslegt, Vorwärtsfahrt mit größter Füllung (etwa 80%); legt man den Steuerhebel rückwärts, so wirkt hauptsächlich das Rückwärtsexzenter und steuert Rückwärtsfahrt. Die Mittellage ist die Nullage. Die Möglichkeit, mit kleinen Füllungen (bis zu 50%) zu fahren, indem man die Steuerung nur wenig auslegt, ist vorhanden, wird jedoch nur wenig ausgenutzt, indem hauptsächlich gedrosselt wird. Zwillingskolbenmotoren werden bis 300 PS gebaut. Das Drehmoment ist bei normalen Drehzahlen fast unverändert und nimmt erst bei sehr hohen Drehzahlen infolge Luftdrosselung in den Schieberkanälen ab. Das Anzugsmoment ist von der Kurbelstellung abhängig; in günstigster Stellung ist das Anzugsmoment gleich dem normalen Betriebsdrehmoment. Für den Luftverbrauch rechne man bei 4 atü 35 bis 40 m^3/PSh.

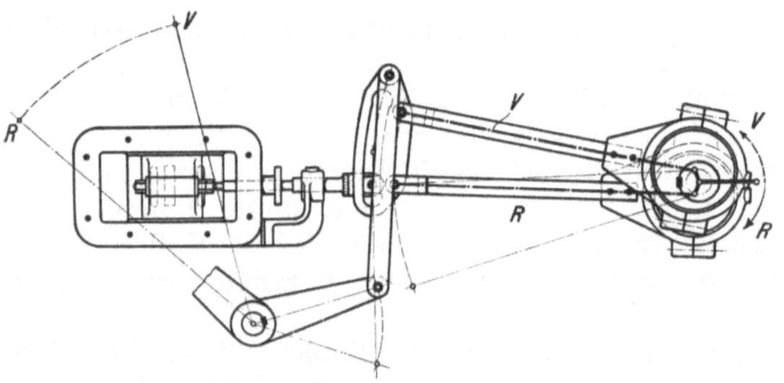

Abb. 472. Stephensonsche Kulissensteuerung mit offenen Stangen.

Die früher für kleinere Motoren gebaute Wechselschiebersteuerung, die zwar einfacher war, ließ den Motor nur mit voller Füllung und unwirtschaftlichem Luftverbrauch arbeiten. Sie ist heute nicht mehr in Gebrauch, zumal auch die kleinen Zwillingsmotoren durch Drehkolbenmotoren verdrängt worden sind.

Einen grundsätzlich anderen Aufbau als die Zwillingsmotoren zeigen die Blockmotoren nach Abb. 473. Drei oder vier stehende, unten offene Zylinder sind zu einem Blocke vereinigt. Die Pleuelstangen greifen an dem lang geführten Kolben an und treiben die gekröpfte Kurbelwelle. Weil die Zylinder nur einfach wirken, werden hohe Drehzahlen angewendet; bei kleinen Motoren ist $n = 1000$, bei größeren ist n niedriger bis herab auf 600. Der Auslaß wird wie bei den Gleichstromdampfmaschinen (vgl. Ziffer 92) durch den Kolben gesteuert; doch strömt beim Rückhube, nachdem der Kolben die Auslaßöffnungen geschlossen, die Luft weiter durch die Schiebersteuerung aus, bis die auf den Eintrittsdruck steigende Verdichtung beginnt. Es ist günstig, daß der Hauptteil der infolge der Expansion kalt gewordenen Luft durch die Auslaßöffnungen im Zylinder auspufft und die Einlaßsteuerung nicht kühlt. Die Motoren werden in der Regel umsteuerbar gebaut, da sie hauptsächlich zum Antrieb von Haspeln verwendet werden. Der Motor in Abb. 473 hat einen umlaufenden Rohrschieber, in dessen Mantel die zur Steuerung dienenden Kanäle und Durchbrechungen in mehrfacher Wiederholung angebracht sind, und der über ein Rädervorgelege mit der halben Drehzahl der Kurbelwelle angetrieben wird. Die Druckluft tritt in das Innere des Schiebers und wird durch Schlitze auf die einzelnen Zylinder verteilt. Durch Verschieben dieses Steuerorgans mittels des Handhebels werden Stillstand, Rechts- und Linkslauf eingestellt. Abb. 474 zeigt das Indikatordiagramm. Der Motor arbeitet dank der Gleichstromwirkung mit etwa 50% Fül-

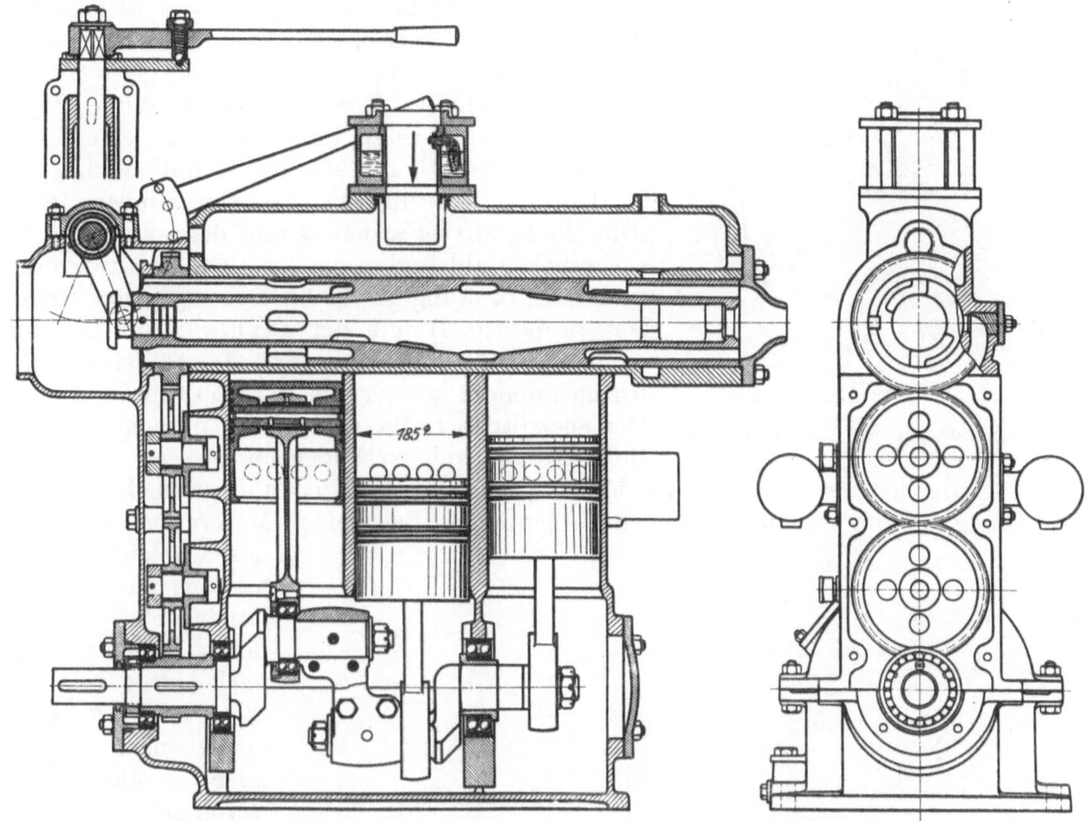

Abb. 473. Umsteuerbarer Blockmotor von 50 PS und $n = 600$ (FMA).

lung und nutzt die Expansion ziemlich weitgehend aus. Bei 4 atü ist der Luftverbrauch 33 m^3/PSh.

Seiner eigenartigen Kolbenbewegung wegen sei noch der Schleuderkolbenmotor (Westfalia, Lünen) erwähnt. Er hat sechs Zylinder, von denen je drei zu einem Stern zusammengebaut sind, die sich um eine hohle, der Luftzufuhr und Steuerung dienende Welle drehen. Die Kolben laufen auf einer elliptischen Führungsbahn des feststehenden Gehäuses. Heute ist der Motor, der mit Leistungen von 5 bis 13 PS bei $n = 450$ bis 700 gebaut wurde, von den Drehkolbenmotoren verdrängt worden.

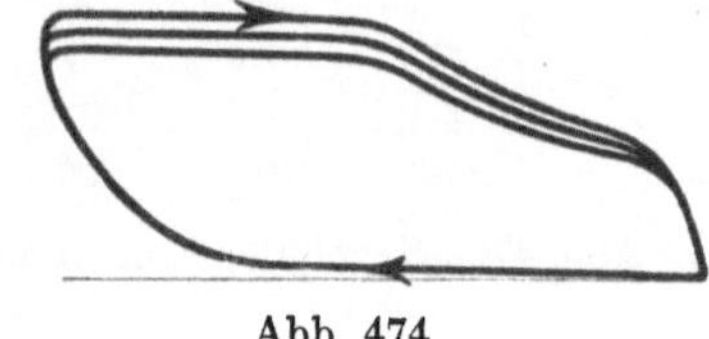

Abb. 474.

233. Lamellenmotoren. Der Lamellenmotor wirkt umgekehrt wie der in Ziffer 213 behandelte Drehkolbenkompressor. Im Aufbau (vgl. Abb. 440) stimmt er mit ihm überein, jedoch hat er entgegengesetzten Drehsinn. Abb. 475 zeigt einen Lamellenmotor schematisch. In den Schlitzen des exzentrisch im Gehäuse gelagerten, drehbaren Kolbens a gleiten Lamellen (oder Schiebeflügel) b, die von der Fliehkraft gegen die Gehäusewand getrieben werden, so daß zwischen den Lamellen Kammern entstehen. Die Kammern haben, nachdem sie mit Druckluft gefüllt sind, das Volumen I, das sich, bis der Auspuff beginnt, auf II vergrößert. Das Verhältnis der Volumen I und II ist das Expansionsverhältnis der Druckluft. Dadurch ist die Füllung festgelegt; man kann sie verändern, indem man den Einlaß durch einen Schieber mehr nach rechts oder links verlegt. Im allgemeinen wird jedoch durch Drosseln geregelt.

Lamellenmotoren sind bis 150 PS gebaut worden. Große Motoren hat man luftumsteuerbar ausgeführt dadurch, daß die an der Stirnfläche angeordneten Ein- und Auslaßöffnungen vertauscht werden. Die Drehzahlen betragen $n = 2000$ bis 1000, wobei die kleinen Drehzahlen für große Leistungen gelten. Der Luftverbrauch ist infolge Ausnutzung der Expansion gering und beträgt bei normaler Drehzahl 33 bis 40 m³/PSh bei 4 atü. Abb. 476 zeigt das Verhalten eines 50 PS-Lamellenmotors bei 4 atü im Kennliniendiagramm, in dem die Leistung N_e, das Drehmoment M, der stündliche Luftverbrauch Q und der spezifische Luftverbrauch q abhängig von der Drehzahl n dargestellt sind. Die Leistung steigt bis zur normalen Drehzahl fast proportional mit der Drehzahl an. Das Drehmoment ist ziemlich konstant. Im Stillstand ist das Anzugsmoment größer als das Betriebsdrehmoment. Der spezifische Luftverbrauch ist in ziemlich großem Bereich nur wenig veränderlich.

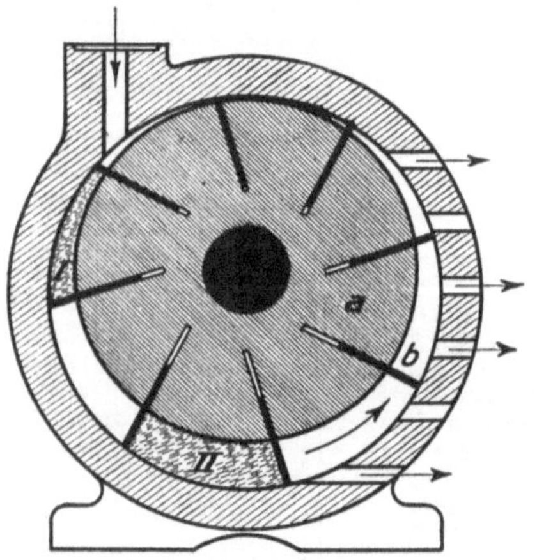

Abb. 475. Schema des Lamellenmotors.

Die Lamellen werden durch Fliehkraft gegen die Zylinderwand gedrückt, verzehren viel Energie durch Reibung und verschleißen stark. Bei kleinen Motoren verwendet man deshalb leichte Lamellen aus Preßstoff oder Leichtmetall. Bei größeren Motoren werden nach Abb. 477 die durch die Fliehkraft herausgetriebenen Lamellen oder Kolbenflügel d durch gehärtete Ringe e abgefangen, die auf Kugeln in den im Gehäuse sitzenden, ebenfalls gehärteten Ringen f laufen. Weil die Kolbenflügel während einer halben Umdrehung größere, während der andern halben Umdrehung kleinere Umfangsgeschwindigkeit als die Stützringe haben, so schleifen die Kolbenflügel in den Stützringen ein wenig hin und her; trotzdem werden Reibung und Verschleiß außerordentlich vermindert. Die Herstellung erfordert sehr genaue Arbeit. Damit der Motor unter voller Last anläuft, werden die Lamellen durch Nasen, die in einer zur Zylinderwand konzentrischen Ausdrehung der Stirnböden g laufen, geführt, so daß sie auch bei stillstehendem Motor bis zur Zylinderwand ausgezogen sind.

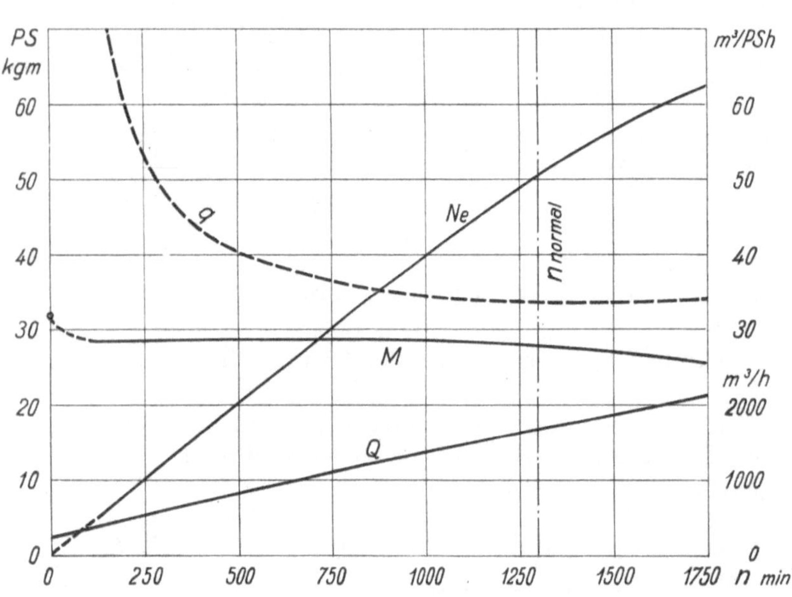

Abb. 476. Kennlinien eines Lamellenmotors von 50 PS und $n = 1300$ bei 4 atü.

234. Pfeilradmotoren. Der Pfeilradmotor ist ein mit Expansion arbeitender Drehkolbenmotor. Als Drehkolben benutzt man ein Zahnradpaar mit Pfeilverzahnung; die Flanken der Pfeilzähne wirken als Kolbenflächen.

Zur Erläuterung des Aufbaues und der Wirkungsweise diene das in Abb. 478 dargestellte Schema. Zwei spielfrei ineinandergreifende Räder mit Pfeilverzahnung werden von einem Gehäusemantel dicht umgeben. Die Luft tritt bei E ein und wird den Rädern

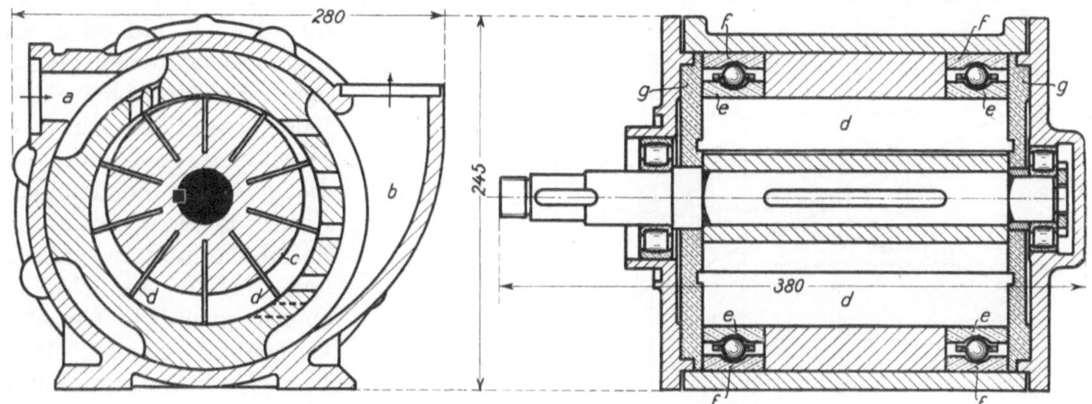

Abb. 477. Lamellenmotor von 11 PS und $n = 1650$ bei 4 atü.

in der Mitte, also im Scheitelpunkt der Pfeilzähne zugeführt. Die Einlaßöffnungen sind im Grundriß (Ansicht von unten!) des Schemas gestrichelt eingezeichnet (vgl. Öffnung E_1 in Abb. 479). Die beide Pfeilräder beaufschlagende Druckluft füllt die V-förmigen Zahnlücken nicht in ihrer ganzen Ausdehnung, sondern nur bis zum Verzahnungseingriff. Bei der weiteren Drehung wird der mit Druckluft gefüllte Bogen der Zahnlücken größer und größer, so daß die Druckluft mehr und mehr expandiert. In der Abbildung beaufschlagt die rechte Einlaßöffnung das rechte, die linke das linke Pfeilrad. Beim linken Pfeilrad ist die über den Lufteinlaß hinweggegangene Zahnlücke gerade gefüllt worden, und die Expansion beginnt. Je kleiner der Pfeilwinkel ist, um so größer wird die Expansion. Hat man genügende Expansion

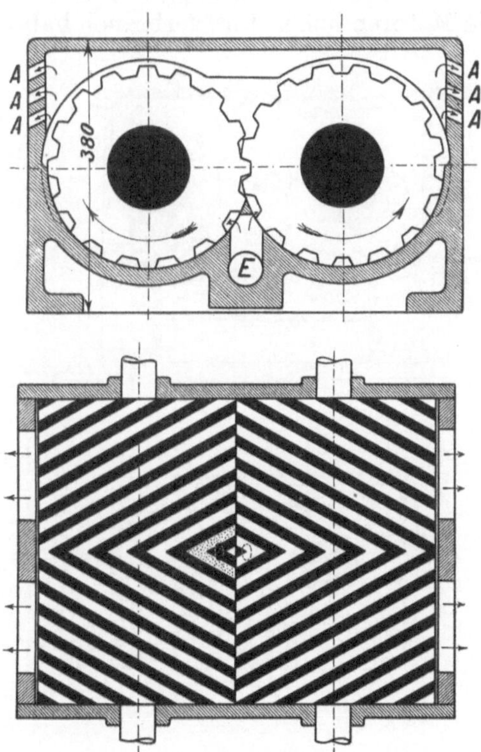

Abb. 478. Schema eines Pfeilradmotors.

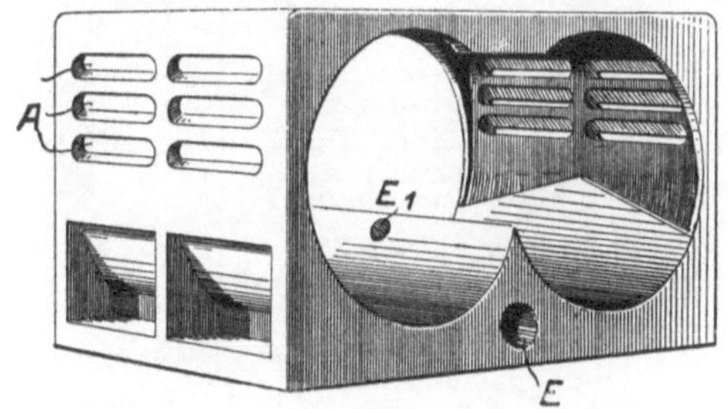

Abb. 479. Gehäuse eines Pfeilradmotors.

erreicht, ehe sich die Zahnlücke nach der Stirnfläche hin öffnet, so ist eine Abdichtung der Stirnwand überflüssig. Zu große Entspannung der Luft ergibt sehr niedrige Temperaturen und führt leicht zur Vereisung der Maschine. Um die Vereisungsgefahr möglichst zu vermeiden, ist man gezwungen, mit mäßiger Expansion zu arbeiten. Dies erfordert größeren Pfeilwinkel und kürzere Zahnlücken, die nun auch eine Stirnwandabdichtung haben müssen.

Wie treibt die Druckluft die Pfeilräder? Im Verzahnungseingriff ist keinerlei Wirkung, weil Luft weder nach außen noch nach innen hindurchtreten kann. In den Druckluft führenden Zahnlücken wirkt aber die Druckluft, wie es Abb. 478 erkennen läßt, in der einen Richtung auf eine größere Fläche als in der anderen. Infolgedessen werden die Räder einander entgegengesetzt in dem gezeichneten Drehsinn gedreht. In jeder Zahnlücke wirkt die Druckluft, so daß man die gesamte beaufschlagte Fläche als Produkt aus der Zahnhöhe und der Läuferlänge erhält; sie wird also ebenso groß wie bei einem Geradzahn gleicher Höhe. Das Drehmoment könnte man aber nur erhalten, wenn der mittlere Druck auf diese Fläche bekannt wäre.

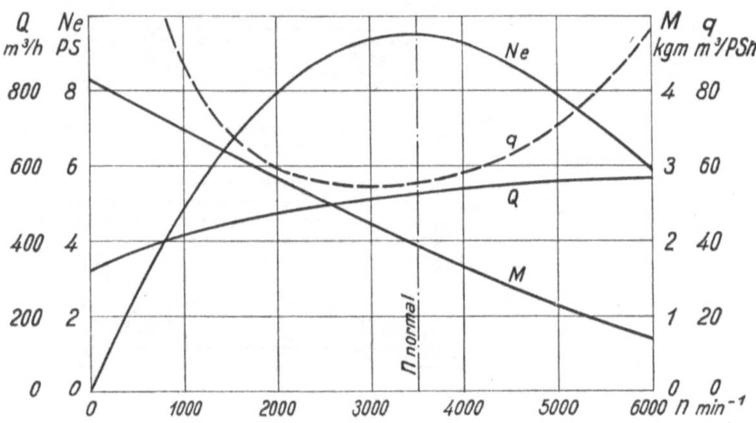

Abb. 480. Kennlinien eines Pfeilradmotors von 10 PS und $n = 3500$ bei 4 atü.

Kleine Motoren lassen sich infolge der Eigenart der Pfeilverzahnung nur mit verhältnismäßig großer Undichtheit bauen, so daß die Motoren hohen Luftverbrauch haben;

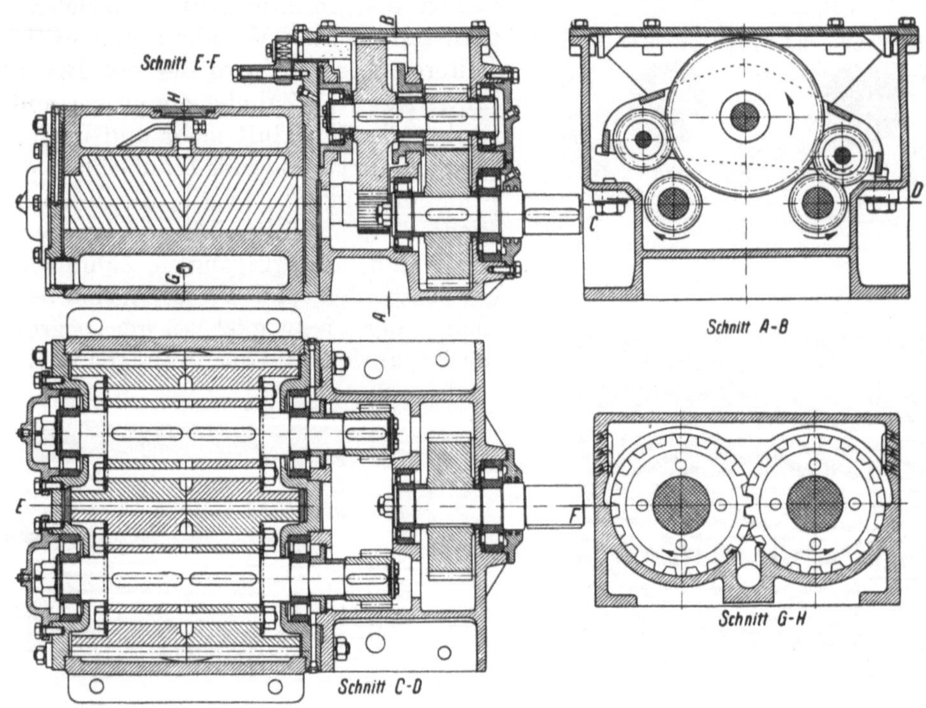

Abb. 481. Getriebeumsteuerbarer Pfeilradmotor (Flottmann).

der Undichtheitsverlust überwiegt den Expansionsgewinn, so daß der spezifische Luftverbrauch größer als bei Vollfüllungsmotoren wird. Bei größeren Leistungen ist die Dichtheit besser. Als untere Leistungsgrenze, mit der noch wirtschaftlich gearbeitet werden kann, können 15 PS gelten. Am gebräuchlichsten sind Pfeilradmotoren von 30 bis 50 PS; sie sind bis 400 PS gebaut worden. Die Drehzahlen sind hoch, $n = 1500$ bis 5000 und mehr. Abb. 480 zeigt das Kennliniendiagramm eines Pfeilradmotors von 10 PS und $n = 3500$ bei 4 atü. Es handelt sich also um einen Motor geringer Leistung mit hohem Luftverbrauch. Besonders auffallend zeigt sich die Motorundichtheit in dem Stillstandsluftverbrauch von 320 m³/h gegenüber dem Normalverbrauch von 530 m³/h. Das Drehmoment M fällt mit der Drehzahl stark ab, so daß sich eine erst steil, dann flacher ansteigende Leistungskurve N_e ergibt, die nach Überschreiten der Normaldrehzahl wieder abfällt. Der spezifische Luftverbrauch zeigt nur in engem Bereich um die Normaldrehzahl niedrige Werte (Bestwert $q = 55$ m³/PSh). Bei großen Motoren ist ein Luftverbrauch von 35 bis 40 m³/PSh erreichbar.

Die konstruktive Ausführung eines Pfeilradmotors ist in Abb. 481 dargestellt. Der Motor besitzt weder Einlaß- noch Auslaßventil. Die Läufer sind der Herstellung wegen zweiteilig und durch vier durchgehende Bolzen miteinander verschraubt, die gleichzeitig den Läufer auf der abgesetzten Welle axial befestigen. Die sehr starken Wellen sind in kräftigen Rollenlagern verlagert, die eine Bewegung der Achsen in der Längsrichtung verhindern.

Beim Pfeilradmotor ist die Getriebeumsteuerung besonders leicht durchzuführen, weil bereits in den beiden Läuferwellen zwei Wellen von entgegengesetztem Drehsinn gegeben sind. Die einfachste Getriebeumsteuerung, die meist bei Schrämmaschinen angewendet wird, besteht darin, daß man die getriebene Welle durch verschiebbare Ritzel auf den Läuferwellen wechselweise mit dem einen oder dem andern der Pfeilräder kuppelt. Umsteuerung im Betriebe ist nicht möglich; auch führt gleichzeitiges Einkuppeln beider Ritzel zu Zahnbrüchen. Aus dem Schnitt A—B der Abb. 481 ist eine Umsteuerung mit Hilfe einer Pendelbrücke ersichtlich, die falsches Kuppeln ausschließt. Bei Getriebeumsteuerung wird der Motor beim Kuppeln immer von der Last getrennt!

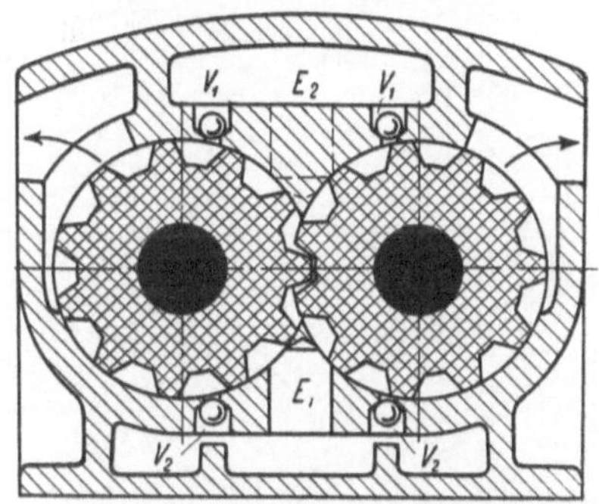

Abb. 482. Luftumsteuerbarer Pfeilradmotor (Demag):

Luftumsteuerung[1] könnte man theoretisch einfach dadurch erhalten, daß man die Druckluft aus der entgegengesetzten Richtung an den Seiten in die Läufer eintreten läßt. Die Einströmöffnung der Gegenseite müßte mit der Außenluft verbunden werden, und das Gehäuse müßte die Läufer bis auf die Ausströmöffnungen vollständig umschließen. Die Folge davon wäre, daß die eingetretene Luft in einer sich bis zum Einlaß der Gegenseite ständig verkleinernden Zahnlücke eingeschlossen würde. Die dabei auftretende Verdichtung wirkt aber der Drehrichtung entgegen und muß bei einem praktisch brauchbaren Motor vermieden werden. Das kann durch Büchsen erreicht werden, welche die Läufer umschließen und so gedreht werden, daß man für jede Drehrichtung dem einfachen Pfeilradmotor ähnliche Ein- und Auslaßöffnungen erhält. Eine grundsätzlich andere Ausführung, die in Abb. 482 schematisch dargestellt ist, wird von der Demag gebaut. Die untere Einströmöffnung E_1 liegt wie beim einfachen Pfeilradmotor in der Mitte. Der die Räder oben umschließende Mantelteil enthält seitlich die Einströmöffnungen E_2 für den entgegengesetzten Umlaufsinn. Der Auslaß liegt wie normal seitlich. Die Umsteuerung der Luft auf E_1 oder E_2 geschieht durch einen Steuerschieber. Tritt die Luft bei E_1 ein, so wird die Einströmkammer E_2 selbsttätig mit der Außenluft verbunden. Die Kugeln

[1] Vgl. Ewalds: Druckluft-Zahnradmotoren mit Pfeilverzahnung. Z. d. V. d. I. 1928, S. 1927.

der Ventile V_2 werden durch den Luftdruck auf ihren Sitz gepreßt. Drehen sich die Läufer, so werden die Kugeln der Ventile V_1 durch den in den Zahnlücken entstehenden Verdichtungsdruck gehoben, so daß die verdichtete Luft in die mit der Außenluft verbundene Kammer E_2 abströmen kann. Bei Umkehrung der Drehrichtung spielt sich der Vorgang umgekehrt ab; die Luft tritt bei E_2 ein, E_1 wird mit der Außenluft verbunden und die Verdichtungsluft kann durch die Ventile V_2 austreten.

Hervorzuheben ist, daß luftumsteuerbare Pfeilradmotoren immer Stirnwandabdichtung erfordern, da bei Rückwärtslauf die Luft nicht in der Mitte, sondern an den Seiten eintritt. Die Demag führt diese Dichtung als Labyrinthdichtung aus.

235. Geradzahn- und Schrägzahnmotoren. Geradzahn- und Schrägzahnmotoren sind wie die Pfeilradmotoren Drehkolbenmotoren, jedoch fehlt ihnen die Ausnutzung der Druckluft mit Expansion, weil Geradzahnräder und Schrägzahnräder nicht die sich mit der Drehung der Räder vergrößernden Zahnlücken der Pfeilzahnräder haben. Der Geradzahnmotor ist am einfachsten als Umkehrung der in Abb. 391 dargestellten Zahnradpumpe aufzufassen. Würde man Druckluft in der gezeichneten Strömrichtung einführen, so würden die Zahnräder im selben Sinne gedreht werden. Die am Umfange und seitlich an den Stirnwänden abgedichteten Räder würden je auf einer Zahnflanke den vollen Druck erhalten, der auf beide Räder entgegengesetzte Momente ausübt, die ihnen die erforderliche verschiedene Drehrichtung gibt. Gleichzeitig lastet der Druck auf den miteinander kämmenden Zahnflanken und übt ein dem Drehsinn beider Räder entgegenwirkendes Drehmoment aus, welches jedoch nur halb so groß wie das treibende Moment ist, da die sich überdeckenden Zahnflanken zusammen nur die Fläche einer Flanke bilden (vgl. Abb. 483). Unter Berücksichtigung des Gegendrucks im Auspuff wirken am linken Rad (Abb. 483) treibend die Kräfte P_1 und P_2, hemmend die Kraft P_2. Am rechten Rad treibt die Kraft P_1, es hemmen die Kräfte P_1 und P_2. Die Kräfte greifen an beiden Rädern an einem Hebelarm gleich dem Teilkreishalbmesser r an, so daß sich das Drehmoment $M = [P_1 + P_2 - P_2 + P_1 - (P_1 + P_2)]\cdot r = [P_1 - P_2]\cdot r$ ergibt. Die Kräfte P sind gleich dem Produkt aus der Spannung p und der als Kolbenfläche wirkenden Zahnflankenfläche f. Das wirksame Drehmoment ist also gleich dem Produkt aus dem Druckgefälle $p_1 - p_2$ zwischen Einlaß und Auslaß, der Flankenfläche f eines Zahnes und dem Teilkreishalbmesser: $M = (p_1 - p_2)\cdot f\cdot r$. Jeder Zahn wirkt nur auf einem Wege gleich der Teilung, die Summe der Zähne jedoch auf einem Wege s gleich dem Teilkreisumfang, der dem Hub einer Laufkolbenmaschine entspricht. Mit Einführung der Drehzahl n wird die Leistung des Motors $N = \frac{(p_1 - p_2)\cdot f\cdot s\cdot n}{60\cdot 75}$ PS*. Man findet also dieselbe Formel wie für Kolbenmaschinen mit hinundhergehendem Kolben, ein Beweis, daß der Zahnradmotor eine Kolbenmaschine und keine Turbine ist.

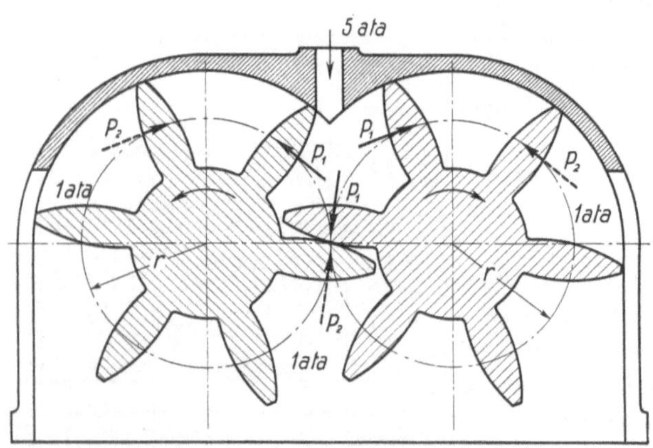

Abb. 483. Entstehung des Drehmomentes im Geradzahnmotor.

Geradzahnmotoren zeichnen sich durch hohe Dichtheit aus, auch bei kleinen Leistungen, und können mit weit geringeren Drehzahlen ($n = 2000$) als Pfeilradmotoren laufen. Hierdurch wird die Gefahr vermieden, daß die Radkörper durch zu hohe Flieh-

* Durch Anordnung von drei Geradzahnrädern kann bei geringer Vergrößerung des Motors theoretisch die doppelte Leistung wie mit zwei Läufern erreicht werden. Näheres über Aufbau und Versuchsergebnisse eines solchen von den Westdeutschen Getriebewerken, Bochum, für Bandtrommeln gebauten Dreiläufermotors siehe Maercks: Neuere Bandantriebe. Der Bergbau 1940, Nr. 22.

kräfte gesprengt werden. Die geringen Undichtheitsverluste gleichen den Mehrverbrauch durch Vollfüllungsbetrieb gegenüber dem mit Expansion arbeitenden Pfeilradmotor bei kleinen Leistungen vollkommen aus, so daß der Geradzahnmotor bis zu Leistungen von 15 PS dem Pfeilradmotor im Luftverbrauch überlegen, von 15 bis 20 PS ihm gleichwertig ist. Für große Leistungen im Dauerbetrieb ist der Geradzahnmotor zu unwirtschaftlich. Das Betriebsverhalten eines Geradzahnmotors von 7,5 PS und $n = 2100$ bei 4 atü zeigt das Kennliniendiagramm Abb. 484. Die Leistungskurve N_e verläuft flacher, d. h. günstiger als beim Pfeilradmotor (vgl. Abb. 480). Der Stillstandsluftverbrauch von nur 30 m³/h gegenüber dem Verbrauch von 370 m³/h bei der Nennleistung zeugt

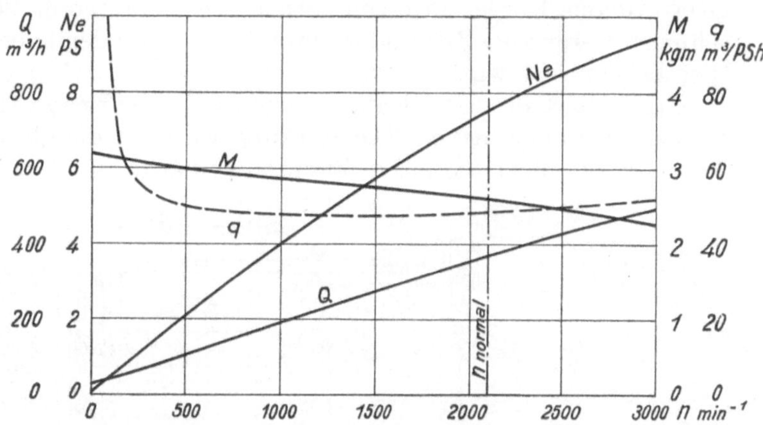

Abb. 484. Kennlinien eines Geradzahnmotors von 7,5 PS und $n = 2100$ bei 4 atü.

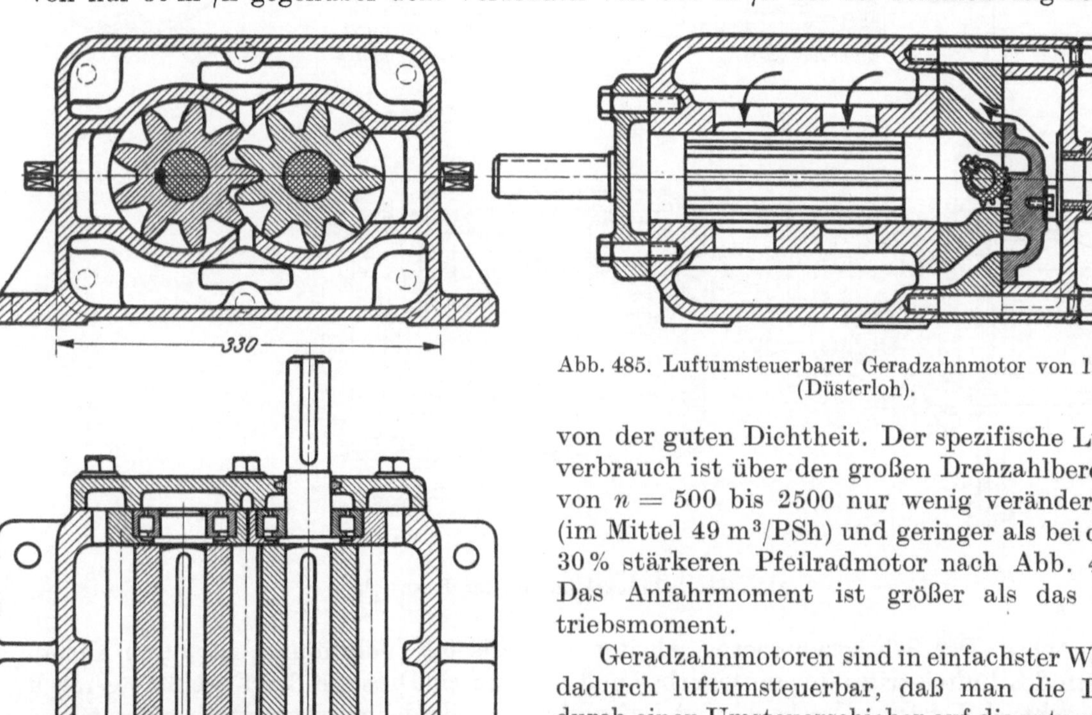

Abb. 485. Luftumsteuerbarer Geradzahnmotor von 15 PS (Düsterloh).

von der guten Dichtheit. Der spezifische Luftverbrauch ist über den großen Drehzahlbereich von $n = 500$ bis 2500 nur wenig veränderlich (im Mittel 49 m³/PSh) und geringer als bei dem 30% stärkeren Pfeilradmotor nach Abb. 480. Das Anfahrmoment ist größer als das Betriebsmoment.

Geradzahnmotoren sind in einfachster Weise dadurch luftumsteuerbar, daß man die Luft durch einen Umsteuerschieber auf die entgegengesetzte Seite der Zahnräder leitet und den Einlaß der Gegenseite mit der Atmosphäre verbindet. Der seitlich angeordnete Auslaß ist für beide Drehrichtungen brauchbar. Die Regelung der Leistung erfolgt nur durch Drosseln der Frischluft.

Die einfache Bauweise eines luftumsteuerbaren Geradzahnmotors von 15 PS (Düsterloh, Sprockhövel i. W.) veranschaulicht Abb. 485. Von der Umsteuerung abgesehen, besteht der Motor nur aus dem Gehäuse und den beiden Zahnrädern mit ihrer Lagerung.

Eine Läuferwelle ist als Antriebswelle nach außen herausgeführt. Größter Wert ist auf sichere Axial- und Radialverlagerung sowie auf genauesten Zahnschliff der Zahnräder gelegt, deren Körper in einem Stück aus vergütetem Stahl geschmiedet werden. Geschmiert werden die Zahnräder durch Öl, welches der Druckluft in einem vorgeschalteten Öler beigemischt wird.

Eine Abart des Geradzahnmotors ist der Schrägzahnmotor, dessen Läufer eine Schrägverzahnung haben. Die Wirkungsweise ist die gleiche wie beim Geradzahnmotor, jedoch wirkt nicht die ganze Zahnflankenlänge, sondern nur ihre Projektion senkrecht

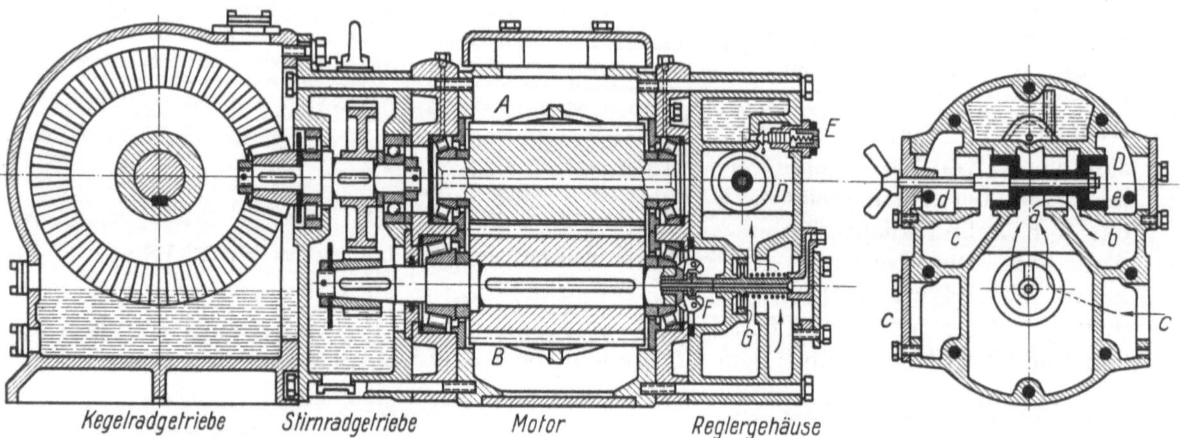

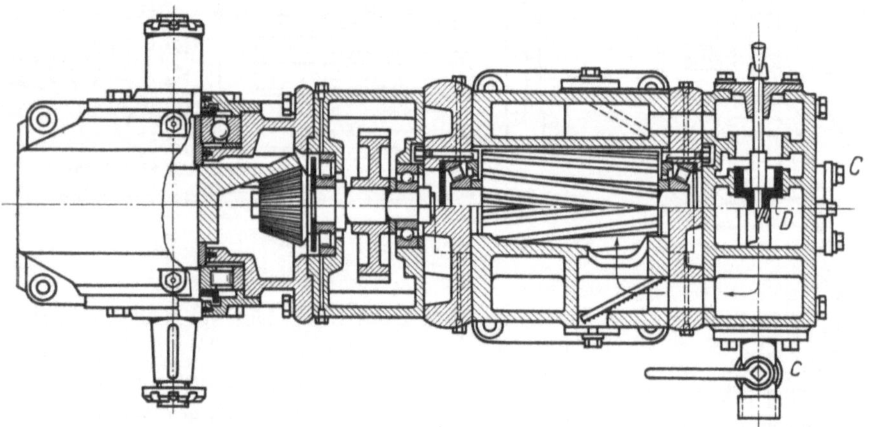

Abb. 486. Schrägzahnmotor der Demag[1].

zur Achse. Der Schrägzahnmotor arbeitet ebenfalls mit Vollfüllung, ist durch Vertauschen des Lufteintritts luftumsteuerbar und wird durch Drosseln der Frischluft geregelt. Hinsichtlich Leistung, Drehzahl und Luftverbrauch gilt das vorstehend über den Geradzahnmotor Gesagte.

Die Ausführung eines Schrägzahnmotors mit Luftumsteuerung, Regelung, Schmierung und Drehzahlminderungsgetriebe ist aus Abb. 486 ersichtlich. An den eigentlichen Motor, dessen Läufer *A* und *B* in kräftigen Kegelrollenlagern gehalten werden, ist rechts ein Gehäuse mit dem Luftanschluß *C*, dem Umsteuerschieber *D*, dem selbsttätigen Öler *E* und dem vom Fliehkraftregler *F* betätigten Drosselschieber *G* angeschlossen. Der Luftanschluß kann je nach der Aufstellung des Motors vorn, hinten oder stirnseitig angebracht werden. Das Ventil des Ölers wird bei Stillstand des Motors durch Federdruck geschlossen gehalten. Bei Inbetriebsetzung drückt die Druckluft auf den Kolben des

[1] Nach Demag-Nachrichten, Mai 1938.

Ventiles, wodurch die Federkraft überwunden und das Ventil geöffnet wird. Das Öl wird tropfenweise der Druckluft beigemischt und mit ihr dem Motor zugeführt. Der Weg der Druckluft ist durch Pfeile gekennzeichnet. Der Fliehkraftregler ist auf die Drehzahl $n = 1500$ eingestellt. Beim Überschreiten dieser Drehzahl wird der Drosselschieber G geschlossen und dadurch die Frischluft gedrosselt, wodurch ein Durchgehen des Motors unmöglich gemacht wird. Vom Drosselschieber gelangt die Luft durch Kanal a zum Umsteuerschieber. In der Mittellage sperrt der Umsteuerschieber den Durchgang der Luft zum Motor; der Schieber ist in Haltstellung. In der gezeichneten Rechtslage des Schiebers D strömt die Frischluft durch den Kanal b zur Vorderseite der Läufer, während die von der Läuferrückseite abströmende Verdichtungsluft durch die Kanäle c und d zum Auspuff gelangt. In der entgegengesetzten Stellung des Umsteuerschiebers werden alle Strömungsrichtungen vertauscht und der Drehsinn der Läufer umgekehrt.

Die normale Drehzahl der Läufer ist $n = 1500$. Wird eine niedrigere Drehzahl benötigt, so kann links an den Motor ein Gehäuse mit Stirnradgetriebe angeschlossen werden, das für Enddrehzahlen $n = 1000$, 750 oder 500 gebaut wird. Um noch niedrigere Drehzahlen zu erzielen, wird an das Stirnradgetriebe noch ein Kegelradgetriebe angeschlossen, mit dem eine Mindestdrehzahl $n = 125$ erreichbar ist. Die Schmierung der Getriebe ist aus der Abbildung ersichtlich.

Gegenüber dem Geradzahnmotor hat der Schrägzahnmotor den Vorteil eines ruhigeren Laufes, da die Eingriffe der einzelnen Zähne sich überschneiden und hierdurch Schwingungen und Hämmern auch bei kleiner Zähnezahl vermieden werden. Durch die Zahnschräge ergibt sich allerdings auch ein Axialschub, der etwas Energie verzehrt und besonders sorgfältige Lagerung in der Achsrichtung verlangt.

236. Der Zahnradmotor als Bremsmotor[1]. Bei der Abwärtsförderung in Blindschächten, bei abwärts fördernden Bändern und bei Seigerförderern sind große Energien im Dauerbetriebe abzubremsen. Mit Reibungsbremsen sind diese Energien oft nicht zu bewältigen, weil die entwickelte Wärme nicht genügend abgeführt werden kann, sei es aus Mangel an Kühlwasser oder bei Luftkühlung auch dadurch, daß sich in der Nähe der Bremse zu hohe Wettertemperaturen ergeben. Hier schafft der Zahnradmotor Abhilfe, indem man ihn von der abzubremsenden Last antreiben und als Kompressor laufen läßt. Die Bremsenergie wird zum Verdichten von Luft ausgenutzt, wobei zwar auch ein Teil in Wärme umgesetzt wird und die Temperatur steigt. Die folgende Überlegung zeigt, wie unzulässig hohe Temperaturen vermieden werden können. Würde der Motor Luft von 1 ata ansaugen und auf 5 ata adiabatisch verdichten, so ergäbe sich bei 20^0 C Anfangstemperatur die unzulässige Endtemperatur von 191^0 C (aus Zahlentafel 24, S. 300 zu entnehmen). Die abzubremsende Energie ist in diesem Falle, von mechanischer Reibung abgesehen, gleich der adiabatischen Kompressorarbeit von 20433 $\text{mkg/m}^3_{\text{a.L.}}$. Statt dessen kann man den Motor aber auch das gleiche Volumen in Form von Druckluft ansaugen lassen, z. B. Luft von 5 ata, wie sie der Druckluftleitung entnommen werden kann. Wird Druckluft von 5 ata im Verhältnis 1 : 1,5, d. h. auf 7,5 ata vom Motor adiabatisch verdichtet, so kann nach Zahlentafel 24 die Bremsenergie $5 \cdot 4299 = 21495$ $\text{mkg/m}^3_{\text{Dr.L.}}$, also noch etwas mehr als bei der Verdichtung von 1 auf 5 ata, aufgenommen werden, wobei die Endtemperatur aber nur auf 56^0 C steigt. Auch bei dem Verdichtungsverhältnis 1 : 2 würde man mit 84^0 C noch keine unzulässig hohe Endtemperatur erhalten und nach Zahlentafel 24 sogar die Energie $5 \cdot 7665 = 38325$ $\text{mkg/m}^3_{\text{Dr.L.}}$ abbremsen können, d. h. 88% mehr als im ersten Falle. Der gleiche Nachweis läßt sich mit Hilfe des *is*-Diagrammes für Luft (Abb. 21) führen.

Von dem Verfahren der Druckluftverdichtung wird beim Demag-Bremsmotor Gebrauch gemacht. Dem normalen Zahnradmotor wird eine Einrichtung angebaut, die den zunächst normal treibenden Motor beim Eintreten des Bremsfalles durch einen bei der

[1] Vgl. hierzu Ewalds: Demag-Verfahren zum Abbremsen mit Druckluftmotoren. Demag-Bremsmotor. Demag-Nachrichten, Oktober 1937; ferner: Maercks: Der Zahnradmotor als Bremsmotor. Glückauf 1939, Nr. 26 und Demag-Nachrichten, September 1939.

zunehmenden Drehzahl wirksam werdenden Regler selbsttätig so umschaltet, daß er weiter Druckluft aus dem Netz aufnimmt, diese Luft aber nicht verarbeitet und zum Auspuff ausstößt, sondern sie verdichtet und durch ein Überströmventil dem Netz wieder zuführt. Ein Luftverlust tritt demnach nicht ein, wohl aber ein Gewinn, wenn die erwärmte Druckluft anderweitig verwendet werden kann, ehe sie sich in den Rohrleitungen wieder auf die Anfangstemperatur abgekühlt hat.

XXV. Gewinnungsmaschinen mit Druckluftantrieb.

237. Überblick. Für Gewinnungsarbeiten sind dem Bergmann verschiedenste Maschinen geboten worden. Die Mechanisierung begann mit der Verdrängung von Schlägel und Eisen durch die Bohrmaschinen zum Herstellen der für die Sprengarbeit erforderlichen Bohrlöcher. Die Bohrmaschine wiederum wurde mehr und mehr durch den Bohrhammer und die Hammerbohrmaschine ersetzt, die mit dem Rückgang der Schießarbeit in der Kohle in starkem Maße auf Gesteinbohren beschränkt wurden. Im maschinellen Abbau wurde vor anderthalb Jahrzehnten die Schrämmaschine zahlreich eingesetzt, die sich von der für deutsche Verhältnisse weniger geeigneten Radschrämmaschine zunächst zur Stangen- und schließlich zur Ketten- und Großschrämmaschine entwickelt hatte. Sie vermochte aber zunächst nicht die in sie gesetzten Hoffnungen zu erfüllen und mußte dem Abbauhammer den Hauptanteil am Abbau überlassen. Auch die Einführung des Abbauhammers stieß auf Widerstand infolge der kurzsichtigen Abneigung des Bergmanns gegen die Maschinen; erst auf dem Umweg über die in Keilhauenform ausgebildete Preßlufthacke, die erst nach den ersten Abbauhämmern gebaut wurde und trotz geringerer Leistung eher Anklang fand, vermochte sich der Abbauhammer Eingang im deutschen Bergbau zu verschaffen und zur Hauptgewinnungsmaschine zu werden; so entfallen z. B. im Ruhrgebiet etwa 85% Abbauleistung auf den Abbauhammer. Wesentliche Erleichterung der Abbauhammerarbeit, besonders in fester Kohle, brachte die Einführung kleiner Schrämmaschinen, die als Schlitz- oder Kerbmaschinen den ersten Einbruch in senkrechter oder schräger Richtung herstellen, aber auch für Schrämarbeit und Vortrieb verwendbar sind. Ein Vorläufer war die Kohlensäge, die aber schon kurz nach der Einführung das Feld wieder räumen mußte.

Die Mechanisierung des Abbaus zwingt auch zur Mechanisierung der Ladearbeit. Der Abbauhammer ermöglicht auch noch keinen vollmechanischen Abbau und erfordert viel Menschenkraft. Die Vollmechanisierung des gleichzeitigen Abbauens und Ladens wird mit Schrämlademaschinen angestrebt; ihre Entwicklung ist aber noch in vollem Fluß, weshalb im Rahmen dieses Buches vorläufig nur auf die Fachliteratur hingewiesen werden kann[1].

Die Gewinnungsmaschinen haben überwiegend Druckluftantrieb. Für Hämmer ist die Druckluft die einzig mögliche Antriebsenergie; hier ist ein Ersatz der Druckluft durch Elektrizität nicht durchführbar, und alle Versuche scheiterten, weil die elektrischen Hämmer trotz eines mehrfach höheren Gewichtes und Preises nicht die Leistung der Drucklufthämmer erreichen konnten.

238. Die Wirkungsweise der Abbauhämmer. Der Abbauhammer ist eine Kolbenmaschine, die im wesentlichen aus dem Zylinder mit dem Schlagkolben, der Steuerung, dem Handgriff mit der Anlaßvorrichtung und aus dem axial beweglich vorn im Zylinder eingesetzten Spitzeisen mit seiner Haltevorrichtung besteht. Der Kolben wird von der

[1] Schunke: Mechanisierung des Abbaubetriebes durch Einsatz einer Gewinnungs- und Lademaschine. Glückauf 1939, S. 731. — H. Fritzsche: Stand der Entwicklung von Gewinnungs- und Lademaschinen und bisherige Erfahrungen bei ihrem Einsatz. Glückauf 1941, S. 11. — Mügel: Erfahrungen bei dem Einsatz des Kohlenpfluges der Gewerkschaft Eisenhütte Westfalia-Lünen auf der Zeche Hugo. Glückauf 1941, S. 57.

Deckelseite aus mit großer Wucht durch die Druckluft gegen das Spitzeisen geschleudert (Schlaghub) und dann teils durch Rückprall, teils durch Druckluft zur Deckelseite zurückgeführt (Rückhub), wo er durch Luftverdichtung abgebremst wird, um ihn nicht gegen den Deckel schlagen zu lassen, worauf sich das Arbeitsspiel wiederholt. Beim Schlag gegen das Einsteckende des Spitzeisens wird der größte Teil der Kolbenenergie durch Stoß auf das Spitzeisen übertragen und zum Eintreiben des Spitzeisens in die Kohle benutzt; ein geringer Teil verbleibt dem Kolben als Rückprallenergie und unterstützt den Rückhub, der Rest geht als Stoßverlust verloren.

Die Steuerung hat die Aufgabe, die Zufuhr der Frischluft und Abfuhr der verbrauchten Luft in der zur Erzeugung der Kolbenbewegung erforderlichen Weise zu regeln. Bei den einfachsten Steuerungen wird der Einlaß von einem besonderen Steuerorgan, der Auslaß vom Kolben allein gesteuert. Diese als Kompressionssteuerungen bekannten Steuerungen ergeben sowohl beim Rückhub als auch beim Schlaghub eine die Kolbenbewegung hemmende Verdichtung vor dem Kolben, wodurch der Schlag geschwächt und die Schlagzahl (Zahl der Arbeitsspiele in der Minute) erhöht wird. Diese Steuerungen sind nur für kurzhubige, schnellschlagende Hämmer verwendbar. Besser sind die Entlüftungssteuerungen, die beim Schlaghub den vorderen Zylinderraum vollständig entlüften, so daß der Kolben mit ungeschwächter Wucht auf das Spitzeisen schlagen kann. Beim Rückhub wird der hintere Zylinderraum entweder gar nicht oder bei langhubigen Hämmern nur teilweise entlüftet, um die für das Abbremsen des Kolbens notwendige Verdichtung zu behalten; diese Verdichtung ist so zu bemessen, daß der Kolben erst kurz vor dem Deckel zum Stillstand kommt, weil andernfalls der Schlaghub nicht voll ausgenutzt wird. Bei Entlüftungssteuerungen wird der Auslaß nicht mehr vom Kolben allein, sondern gemeinsam mit dem Steuerorgan gesteuert.

Die Schlagwirkung macht es unmöglich, das Steuerorgan durch eine mechanisch-formschlüssige Verbindung mit dem Kolben zu betätigen, wie es z. B. bei einer Maschine mit Kurbeltrieb über Exzenter, Exzenterstange und Schieberstange geschieht. Man verwendet daher nur freigängige, kraftschlüssig bewegte Steuerungen, bei denen das Steuerorgan von der Luft entweder durch Entlastung oder durch Überdruck bewegt wird. Der Bauart nach unterscheidet man Ventil- und Schiebersteuerungen. Bei den einfachen Ventilsteuerungen, die auch Flattersteuerungen heißen, ist nur ein kugel-, klappen- oder scheibenförmiges Ventil vorhanden, das zwischen zwei Sitzen hinundhergeworfen wird und umschichtig die eine und die andere Zylinderseite der Druckluft öffnet, die entgegengesetzte absperrt. Sie ergeben einen unruhigen Lauf des Hammers und sind nur für kurzhubige Hämmer mit hohen Schlagzahlen geeignet. Seit der Einführung langhubiger Abbauhämmer mit niedrigen Schlagzahlen sind sie von den Schiebersteuerungen verdrängt worden und werden nur noch für die schneller schlagenden Bohrhämmer benutzt.

Die Schiebersteuerungen bieten vielseitigere Steuermöglichkeiten als Ventilsteuerungen, arbeiten sehr regelmäßig (Präzisionssteuerungen) und ergeben einen ruhigen Lauf des Hammers. Im allgemeinen wird volle Füllung gesteuert; teilweise ist aber auch Expansion erreichbar. Die Steuerschieber werden als Kolbenschieber oder als Rohrschieber ausgebildet; sie müssen leicht sein und genügend große Druckflächen haben, weil sie in sehr kurzer Zeit umgesteuert werden müssen. Neuzeitliche Abbauhämmer arbeiten überwiegend mit Rohrschiebersteuerungen.

Die Arbeitsweise einer entlüftenden Rohrschiebersteuerung sei der Einfachheit halber zunächst an einer in Abb. 487 dargestellten älteren Ausführung erläutert; neuere Ausführungen werden in Ziffer 242 besprochen. Das Anlaßventil am Handgriff ist durch Niederdrücken des Ballendrückers geöffnet zu denken. Der Kolben *a*, der gerade geschlagen hat, wird von der durch die Löcher *d*, über die Einschnürung des Rohrschiebers und durch den Kanal *e* zuströmenden Druckluft zurückgetrieben, bis er mit seiner Vorderkante die Auspufflöcher *c* überfliegt. Dann wird der Rohrschieber *b*, dessen Raum *i* innen mit dem Freien verbunden ist, durch den vom Kolben erzeugten Verdichtungsdruck, der hinten auf eine größere Fläche wirkt als vorn, in die in der Nebenabbildung gezeichnete linke

Endlage geworfen. Jetzt ist der Hammer umgesteuert, und die Frischluft strömt durch die Löcher *f* auf den Kolben und treibt ihn wieder vor, wobei die Luft vor dem Kolben durch den Kanal *e* und über die Einschnürung des Rohrschiebers hinweg durch den Kanal *g* ins Freie entweicht. Überfliegt dann der Schlagkolben mit seiner rechten Kante die Auspufflöcher *c*, so verpufft der Druck im Zylinder, so daß die durch die Löcher *d* zutretende Druckluft den Schieber wieder nach rechts wirft.

Der Abbauhammerbetrieb bringt es mit sich, daß das Spitzeisen häufig nicht auf Widerstand stößt und beim Schlage so weit herausgetrieben wird, daß der Kolben es nicht mehr erreicht und gegen das vordere Zylinderende schlägt. Solche Leerschläge führen zu Zylinder- und Griffbrüchen[1] und müssen unbedingt vermieden werden. Der Hauer kann den Hammer bei Leerschlägen nicht schnell genug stillsetzen, weshalb bei Abbauhämmern ganz allgemein selbsttätige Stillsetzvorrichtungen benutzt werden, die immer von der Spitzeisenbewegung abgeleitet werden. Während bei älteren Ausführungen der Hammer bei zu weit vorgetriebenem Spitzeisen durch Absperren oder Abblasenlassen der Rückhubluft völlig stillgesetzt wurde, läßt man bei den neueren Aus-

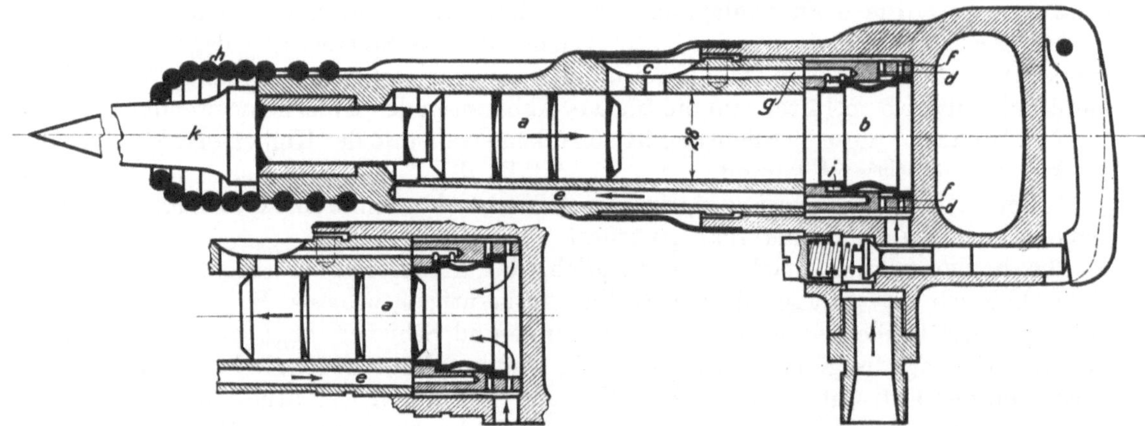

Abb. 487. Abbauhammer mit entlüftender Rohrschiebersteuerung älterer Bauart.

führungen den Kolben zwar weiter laufen, bremst ihn aber durch ein Kompressionskissen so ab, daß den Zylinder keine Schläge treffen können. Zu diesem Zweck erhält der Kolben auf der Schlagseite einen längeren Zapfen vom Durchmesser des Einsteckendes und verlängert den Zylinder etwas über den Auslaßkanal nach vorn (vgl. Abb. 496). Beim normalen Schlag gelangt der Kolben nur bis zum Auslaßkanal; beim Leerschlag überfliegt er ihn und sperrt ihn ab. Gleichzeitig tritt der Kolbenzapfen in die vom herausgeschlagenen Spitzeisen frei gemachte Spitzeisenführung, wodurch der vordere Zylinderraum auch nach dieser Seite abgedichtet ist. In dem nun allseitig abgeschlossenen Raum wird die Luft verdichtet und der Kolben vor dem Aufprall auf den Zylinder abgebremst. Beim normalen Schlag auf das Spitzeisen findet noch keinerlei Verdichtung statt, und der Hammer kann mit vollkommener Entlüftung arbeiten.

239. Rückdruck und Rückschlag. Einwirkungen auf den Abbauhammer und den Hauer[2]. Zwischen Kolben und Hammer bestehen Wechselwirkungen, die sich einerseits aus der Druckwirkung der Luft, andererseits aus der Schlagwirkung ergeben. Während sonst bei Kolbenmaschinen die Drücke auf den Zylinder vom Maschinenrahmen und Fundament aufgenommen werden, übertragen sie sich beim Drucklufthammer auf den

[1] Die Griffbrüche entstehen mittelbar durch Massenbeschleunigungskräfte.

[2] Vgl. hierzu C. Hoffmann: Wie lassen sich Rückstoßerschütterungen bei Bohr- und Abbauhämmern vermeiden? Grubensicherheit Jg. 6 (1931), S. 76; ferner: Prüfergebnisse von Drucklufthämmern. Der Bergbau 1936, S. 53; Über das Prüfen von Abbau- und Bohrhämmern. Zeitschrift für komprimierte und flüssige Gase sowie für die Preßluftindustrie. XXXIII. Jg. (1937/38), S. 125 und 141.

Arm des Hauers, der seinerseits auch wieder eine Kraft auf den Hammer ausübt und dadurch die Arbeitsweise des Hammers beeinflußt. Die Rückwirkungen auf den Hauer bezeichnet man zusammenfassend als Rückschlag, obgleich es sich dabei nur teilweise um wirkliche Schläge oder Stöße im Sinne der Mechanik handelt.

Es seien zunächst die am Hammer auftretenden Druckwirkungen betrachtet. Abb. 488 zeigt in Indikatordiagrammen den Druckverlauf im vorderen und hinteren Zylinderraum in Abhängigkeit vom Hub. Der Druck hinter dem Kolben treibt mit gleicher Kraft den Kolben vorwärts und den Zylinder rückwärts. Die günstigsten Verhältnisse werden erreicht, wenn der Verdichtungsenddruck dem Einströmdruck der Frischluft gleich ist oder ihn nur wenig übersteigt. Die gestrichelte Linie gibt starke Überverdichtung an, die ungünstig ist, weil der Rückdruck des Abbauhammers zu groß wird. Der Druck vor dem Kolben treibt den Kolben zurück und den Hammer vor, jedoch ist die auf den Zylinder wirkende Kraft kleiner als die Kolbenkraft, weil der Druck im Zylinder nur auf eine Ringfläche gleich der Differenz aus Kolbenquerschnitt und Spitzeisen-Einsteckendenquerschnitt wirkt. Abb. 489 veranschaulicht den zeitlichen Verlauf der am Hammerzylinder wirksamen Kräfte, wie sie sich nach Abb. 488 für übliche Durchmesser von Kolben und Einsteckende ergeben. Kurve P' gibt die rückwärts wirkende Kraft im hinteren Zylinderraum, Kurve P'' die vorwärts wirkende Kraft im vorderen Zylinderraum an. Die ausgezogene Kurve stellt die resultierende Kraft aus P' und P'' dar; im negativen Bereich drückt sie den Hammer vor, im positiven Bereich ist sie der auf den Hauer wirkende Rückdruck. Der vom Hauer auszuübende Andruck ist kleiner als der Rückdruck, so daß der Hammer im zweiten Teil des Rückhubes und ersten Teil des Schlaghubes durch den überwiegenden Rückdruck rückwärts und in der übrigen Zeit durch den Andruck wieder vorwärts getrieben wird. Der Andruck muß so groß sein, daß der Hammer nach dem Rücklauf immer wieder bis auf den Bund des Spitzeisens vorgetrieben wird. Dem Aufprall des Hammers auf den Spitzeisenbund folgt ein Rückprall, der sich der durch den Rückdruck hervorgerufenen Rücklaufbewegung überlagert. Bei mittleren Verhältnissen ergibt sich der in Abb. 490 dargestellte zeitliche Zusammenhang zwischen Kolbenweg und Hammerweg eines Abbauhammers. Der größte Rücklaufweg $s_{r_{max}}$ kann als ein Maß für die Bewertung des Rückschlages dienen, genügt für sich allein aber noch nicht zur vollkommenen Beurteilung der Rückschlagwirkung auf den Hauer. Je größer der Rücklaufweg eines Hammers bei bestimmtem Andruck ist, um so größer ist auch die den Hammer zurückdrückende und vom Hauer aufzunehmende Kraft. Das Produkt aus Kraft und Weg ist Arbeit, die vom Hauer beim Rücklauf aufzunehmen und beim Vortreiben abzugeben ist. Je kleiner sie ist, um so weniger wird der Hauer ermüdet. In Abb. 491 werden verschiedenartige Rücklaufdiagramme miteinander verglichen, die zeigen, daß der Rücklaufweg allein nicht zur ausreichenden Kennzeichnung des Rückschlages genügt. Der Rückdruck ist veränderlich und kann je nach der Bauart des Hammers und insbesondere der Steuerung schneller oder langsamer zunehmen. Diese veränderlichen Kräfte werden vom Hauer um so unangenehmer empfunden und sind auch um so schädlicher,

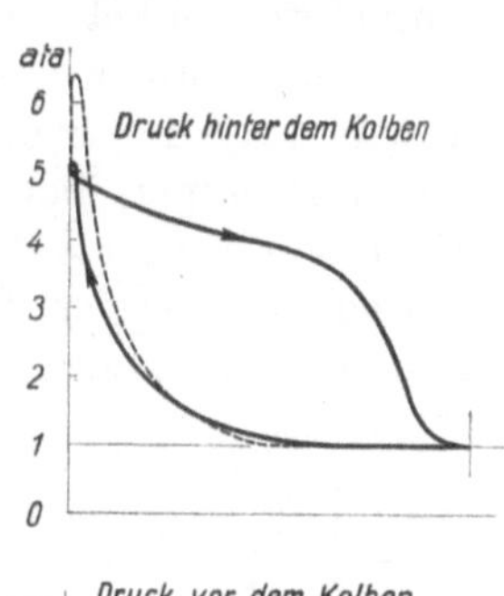

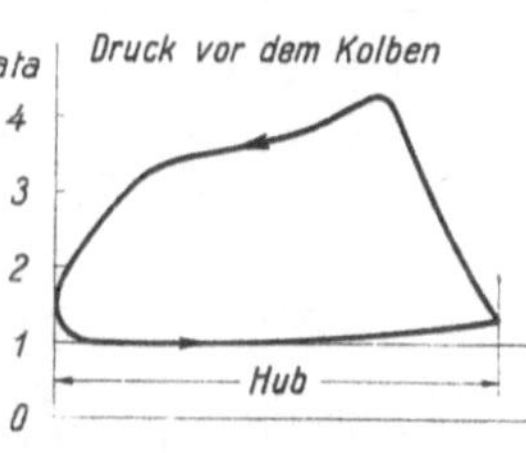

Abb. 488. Indikatordiagramme eines Abbauhammers.

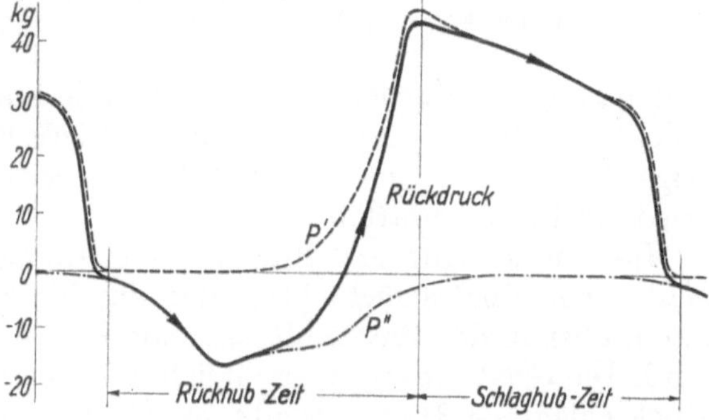

Abb. 489. Zeitlicher Verlauf der am Hammerzylinder wirksamen Kräfte.

je größer die Kraftzunahme in der Zeiteinheit ist. Die zeitliche Kraftänderung wird als Ruck mit der Maßeinheit kg/s bezeichnet und ist eine für die Bewertung der Rückschlaggröße wichtige Kennzahl. Die verschiedene Größe des Ruckes bewirkt einen mehr oder weniger schnellen Rücklauf des Hammers, der in der Steilheit der Rücklaufzeitkurve zum Ausdruck kommt. In Abb. 491 zeigen die Diagramme *a* und *b* zwar gleichen Rücklaufweg s_r, jedoch ist der Rückschlag in *b* unangenehmer, härter, weil durch den steileren Tangentenwinkel α ein größerer Ruck und schnellerer Rücklauf gekennzeichnet ist. In den Diagrammen *c* und *d* sind die Tangentenwinkel zwar gleich, aber *d* gibt stärkeren Rückschlag durch den größeren Rücklaufweg s_r an. Diagramm *e* ist kennzeichnend für einen Hammer, bei dem der größte Ruck infolge günstiger Steuerung nicht auf den Druckverlauf im Zylinder, sondern auf den Rückprall des Hammers vom Spitzeisenbund zurückzuführen ist. Dieses Diagramm hat den günstigsten Verlauf und wird von neuzeitlichen, guten Hämmern erreicht. Im Diagramm *f* liegt dagegen der umgekehrte Fall vor,

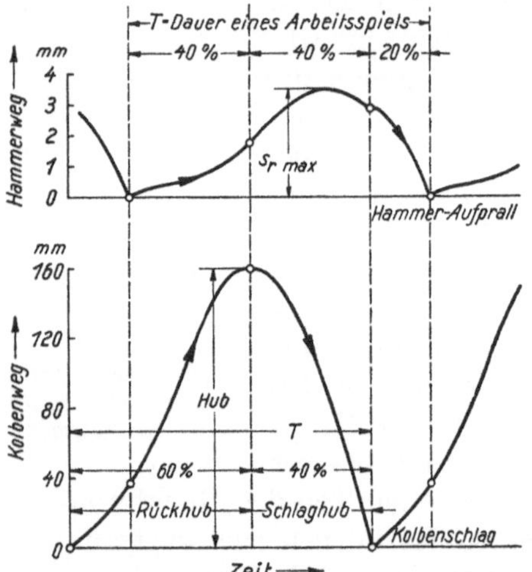

Abb. 490. Zeitlicher Zusammenhang zwischen Kolbenweg und Abbauhammerweg.

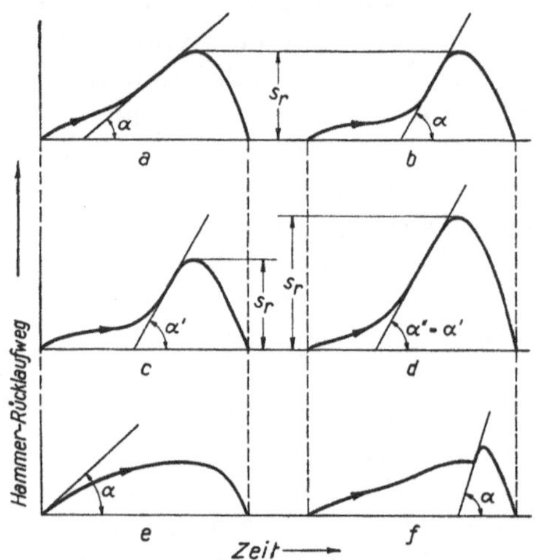

Abb. 491. Vergleich verschiedenartiger Abbauhammer-Rücklaufdiagramme.

daß nämlich der größte Ruck durch einen sofort nach dem Kolbenschlag erfolgenden Rücksprung des Gezähes gegen den zurückgelaufenen Hammer oder auch durch ungünstige Umsteuerung erzeugt wird. Beim Arbeiten in Kohle ist dieser Rücksprung des Spitzeisens nicht zu erwarten.

Hammerleistung und Rückschlag sind eng miteinander verknüpft. Zu jeder Leistung gehört ein Mindestrückschlag, der durch keinerlei Maßnahmen unterschritten werden kann, aber in der Praxis oft, besonders bei älteren Hammerbauarten, weit überschritten wird. Die Größe des noch erträglichen Rückschlages begrenzt die Leistung des Hammers. Rückschlagfreie Hämmer gibt es nicht. Kleine Kolbendurchmesser ergeben geringen Rückdruck und kleine Schlagzahlen kleine Ruckwerte; beide Maßnahmen führen aber auch zu kleinen Leistungen. Der Mindestrückschlag läßt sich nur mit Schiebersteuerungen erreichen, mit denen der ganze Druckverlauf im Zylinder sicher beherrschbar ist; Hämmer mit Ventilsteuerungen haben immer stärkeren Rückschlag. Zusätzliche Rückschlagmindereinrichtungen wie Federn und Polstergriffe haben sich nicht bewährt. Die Abbauhämmer werden für einen Betriebsdruck von 4 atü gebaut; ein bei 4 atü noch erträglicher Rückschlag kann bei höheren Drücken gefährlich werden, weshalb ein Überschreiten des normalen Betriebsdruckes unbedingt zu vermeiden ist[1].

240. Der Stoßwirkungsgrad der Abbauhämmer[2]. Die Übertragung der Kolbenenergie auf das Spitzeisen erfolgt wie sonst nur in wenigen technischen Fällen durch Stoß. Wie

[1] Maßnahmen für Druckregelung siehe Ziffer 229.

[2] Vgl. C. Hoffmann: Die Stoßenergieübertragung bei Abbauhämmern. Glückauf 1938, S. 213.

bei jeder technischen Energieübertragung gelingt es auch beim Stoß nicht, die gesamte Energie des Kolbens in die gewünschte Stoßenergie oder Schlagarbeit des Spitzeisens umzuwandeln. Außer der dem Kolben verbleibenden Rückprallenergie treten noch Verluste in Form von Wärme, Massenschwingungen und Formänderungen auf, so daß die Spitzeisenschlagarbeit immer kleiner als die Kolbenwucht ist. Das Verhältnis der Spitzenschlagarbeit A_{Sp} zur Kolbenwucht oder Kolbenschlagarbeit A_K ist der Stoßwirkungsgrad: $\eta_{St} = \frac{A_{Sp}}{A_K}$. Nach den Gesetzen der Mechanik kann der Stoßwirkungsgrad für den Stoß zwischen zwei frei beweglichen Körpern aus dem Massenverhältnis der Körper, ihren Geschwindigkeiten und einer Stoßzahl berechnet werden, die von der Elastizität der Körper, ihrer Geschwindigkeit und ihrer Form abhängt. Diese Rechnung führt aber zu keinem praktischen Ergebnis, weil die Stoßzahl für die vorliegenden Verhältnisse unbekannt ist, und weil das in der Kohle auf Widerstand stoßende Spitzeisen kein frei beweglicher Körper ist. Mit praktisch hinreichender Genauigkeit kann aber der Stoßwirkungsgrad dem empirisch ermittelten Diagramm in Abb. 492 entnommen werden. Weil das Spitzeisengewicht mit 1,35 kg festgelegt ist, ist der Stoßwirkungsgrad nur noch vom Kolbengewicht G_K und von der Kolbenschlagarbeit abhängig. Nach dem eingezeichneten Beispiel wird bei einer Kolbenschlagarbeit von 3,5 mkg mit einem Kolben von 0,65 kg ein Stoßwirkungsgrad von 82% erreicht, d. h. von den 3,5 mkg der Kolbenwucht werden 0,82·3,5 = 2,87 mkg nutzbar auf das Spitzeisen übertragen, während 18% oder 0,63 mkg Stoßverlust entstehen. Wie das Diagramm erkennen läßt, wird der Stoßwirkungsgrad um so besser, je größer die Kolbenschlagarbeit und das Kolbengewicht sind.

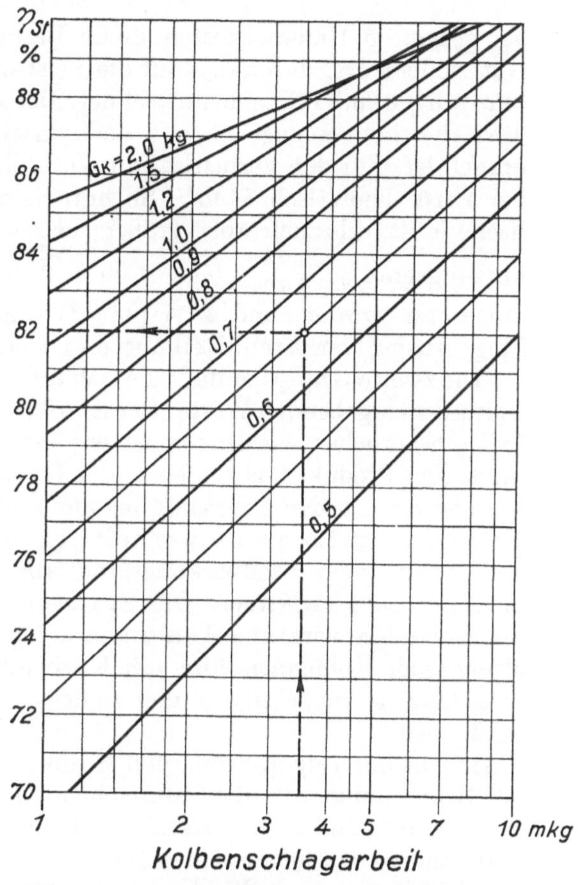

Abb. 492. Stoßwirkungsgrad der Abbauhämmer für ein Spitzeisengewicht von 1,35 kg.

241. Die Kennwerte des Abbauhammers[1]. Die Eigenschaften eines Abbauhammers werden durch bestimmte Kennwerte oder Kennzahlen charakterisiert, die sich zum Teil aus dem Bau des Hammers ergeben, zum Teil auf Grund von Prüfungen ermitteln lassen. Bei diesen Kennzahlen sind drei Gruppen zu unterscheiden: Die ersten kennzeichnen den Hammer als Maschine, die zweiten geben Aufschluß über die Arbeitsübertragung auf das Gezähe, und die dritten betrachten den Hammer als Handwerkszeug und zeigen die Wechselwirkungen zwischen Hammer und Hauer an.

Die Kenngrößen sind mehr oder weniger von dem Andruck abhängig, mit dem der Hammer vorgedrückt wird, so daß die Kennzahlen stets in Verbindung mit dem zugehörigen Andruck angegeben werden müssen. Dasselbe gilt für den Betriebsdruck, der normal 4 atü beträgt. Als günstigster Andruck wird der Andruck bezeichnet, bei dem gute Leistungen mit verhältnismäßig geringster Beanspruchung des Hauers erreicht werden. Der wichtigste Maschinenkennwert ist die Kolbenschlagarbeit A_K, die in mkg gemessen wird. Sie ist an sich kein Gütemaß, bestimmt aber in erster Linie den Ver-

[1] Vgl. C. Hoffmann: Was der Betriebsmann von seinen Abbauhämmern wissen muß. Der Bergbau *1940*, Nr. *17*.

wendungszweck des Hammers, worauf später noch näher einzugehen ist. Die Schlagzahl z min^{-1} gibt die in der Minute vom Kolben auf das Spitzeisen ausgeführten Schläge an. Die Kolbenschlagleistung N_K in PS ist als reine Maschinenleistung anzusehen. Sie errechnet sich aus der Kolbenschlagarbeit A_K und der minutlichen Schlagzahl z nach der Formel

$$N_K = \frac{A_K \cdot z}{60 \cdot 75} = \frac{A_K \cdot z}{4500} \text{PS}.$$

Der Luftverbrauch Q, gemessen in m^3/h, ist für die Wirtschaftlichkeit des Hammerbetriebes ausschlaggebend, beträgt doch der Luftkostenanteil im Mittel etwa 40 bis 50% der gesamten Hammerkosten. Beim Vergleich verschiedener Hammerbauarten wird die Güte jedoch erst durch den auf die Leistungseinheit bezogenen spezifischen Luftverbrauch q in m^3/PSh gekennzeichnet. Der Luftausnutzungsgrad η_L ist ein Verhältniswert, der, in % angegeben, eine noch anschaulichere Gütezahl als der spezifische Luftverbrauch ist. Für den verlustlos mit Vollfüllung arbeitenden Drucklufthammer würde man bei 4 atü theoretisch 34 m^3/PSh brauchen. Infolge der Verluste ist der wirkliche spezifische Luftverbrauch aber größer; er sei z. B. $q = 62\ m^3/\text{PSh}$, dann ist der Luftausnutzungsgrad $\eta_L = \frac{34}{62} = 0{,}55 = 55\%$, d. h. 55% (34 m^3) der Luft sind nutzbar in Arbeit umgesetzt worden, und 45% (28 m^3) sind für Rückhubarbeit und infolge von Drosselung, Auspuffverlusten, Reibung und Undichtheiten verlorengegangen.

Die zweite Gruppe umfaßt die sich aus der Übertragung der Kolbenschlagarbeit auf das Spitzeisen ergebenden Werte. Der Stoßwirkungsgrad η_{St} ist bereits in der vorstehenden Ziffer besprochen worden; er ist wie der Luftausnutzungsgrad eine Gütezahl des Hammers. Das Produkt aus beiden ist der Gesamtwirkungsgrad, der die gesamte Energieumsetzung von der Druckluft bis zur Spitze des Spitzeisens zusammenfaßt: $\eta = \eta_L \cdot \eta_{St}$. Unter der Spitzenschlagarbeit A_{Sp} ist die am Spitzeisen verfügbare Arbeit zu verstehen, die vom Stoßwirkungsgrad abhängig ist und sich aus der Beziehung $A_{Sp} = \eta_{St} \cdot A_K$ in mkg errechnet. Die Spitzenschlagleistung $N_{Sp} = \eta_{St} \cdot N_K$ in PS gibt die am Spitzeisen wirksame Leistung an. N_K ist der indizierten und N_{Sp} der effektiven Leistung einer Kolbenmaschine mit Kurbeltrieb vergleichbar. Spitzenschlagarbeit und Spitzenschlagleistung sind für den richtigen Einsatz des Hammers und die Abbauleistung maßgebend.

Die bisher aufgeführten, den Hammer nur als Maschine kennzeichnenden Werte sind zur Beurteilung noch nicht hinreichend, denn diese Maschine arbeitet ohne jegliche andere Stützpunkte frei in der Hand des Hauers, und der Hauer arbeitet wiederum mit dem Hammer, so daß neben seinen Maschineneigenschaften auch die bewertet werden müssen, die den Hammer als Werkzeug charakterisieren. Hauer und Hammer beeinflussen sich gegenseitig, und es wurde schon darauf hingewiesen, daß der Andruck die einzelnen Kennwerte mehr oder weniger ändert. Es kommt also darauf an, welchen Andruck der Hauer aufzubringen vermag. Man kann höchstens mit 25 bis 30 kg rechnen. Je niedriger der für die Maschinenleistung günstigste Andruck ist, um so weniger wird der Hauer beansprucht. Weiterhin ist die äußere Form des Hammers von Wichtigkeit, ob der Hammer gut griffig ist, ob das Anlassen leicht, bequem und störungsfrei erfolgt.

Der wichtigste Punkt bei der Beurteilung des Hammers als Handwerkszeug ist der Rückschlag, dessen Entstehung bereits in Ziffer 239 erklärt wurde. Die Größe des Rückschlages ergibt sich aus den Teilgrößen: Hammerrücklaufweg s_r in mm, Rückdruckzunahme ΔP_r in kg und Ruck R in kg/s. Übermäßig großer Rückschlag ermüdet, setzt die Abbauleistung herab und kann bei unsachgemäßer Handhabung des Hammers auch zu den unter „Rückschlagerkrankung" bekannten Muskel-, Nerven- und Gelenkschädigungen führen.

Als letzter Kennwert ist noch das Leistungsgewicht G/N_{Sp} zu nennen, das ist das auf die Leistungseinheit bezogene Hammergewicht. Es ist insofern als Handwerkszeugkennzahl von Bedeutung, als der Hauer ja nicht nur den Hammer anzudrücken, sondern dazu auch noch sein Gewicht zu tragen und mit ihm zu hantieren hat. Das Gewicht entscheidet noch nicht allein für die Bewertung, denn es kommt letzten Endes ja auch auf die Leistung an, die mit diesem Gewicht erzielt wird. Der Hauer wird um so weniger angestrengt und kann länger mit gleicher Leistungsfähigkeit arbeiten, wenn er einen Hammer von kleinem Leistungsgewicht benutzt, dessen Gewicht also im Verhältnis zur Leistung möglichst gering ist.

Zahlentafel 27. Durchschnitts-Kennwerte der Abbauhämmer bei 4 atü.

Günstigster Andruck	$P =$	25	bis	30 kg
Kolbenschlagleistung	$N_K =$	0,60	„	0,80 PS
Spitzenschlagleistung	$N_{Sp} =$	0,50	„	0,65 PS
Spezifischer Luftverbrauch	$q =$	62	„	75 m³/PSh
Luftausnutzungsgrad	$\eta_L =$	45	„	55 %
Stoßwirkung grad	$\eta_{St} =$	75	„	90 %
Hammerrücklaufweg	$s_r =$	3	„	4 mm
Rückdruckzunahme	$\Delta P_r =$	10	„	15 kg
Ruck	$R =$	200	„	300 kg/s

In Zahlentafel 27 sind Durchschnittskennwerte der heute üblichen Abbauhämmer wiedergegeben. In dieser Zusammenstellung fehlen die Kennwerte für Schlagarbeit, Schlagzahl und Gewicht. Diese Werte sind für die Auswahl des Hammers von besonderer Bedeutung und je nach dem Verwendungszweck ganz verschieden groß. Die Schlagarbeiten liegen zwischen 1 bis 7 mkg, die Schlagzahlen zwischen 500 bis 1600 min^{-1} und die Gewichte zwischen 6 bis 14 kg.

Zur Ergänzung der Zahlentafel 27 diene Abb. 493, die das durchschnittliche Verhältnis der Schlagarbeiten, Schlagzahlen, Schlagleistungen und Leistungsgewichte zum Hammergewicht wiedergibt.

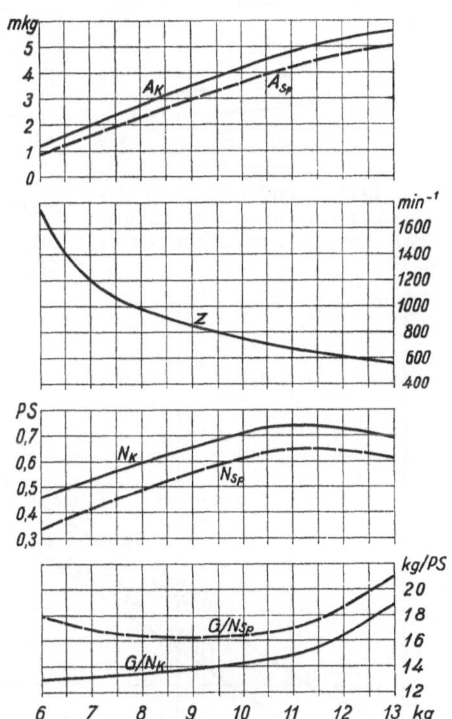

Abb. 493. Abhängigkeit der Schlagarbeiten, Schlagleistungen, Schlagzahlen und Leistungsgewichte vom Abbauhammergewicht (bei 4 atü).

Die Kennwerte eines Abbauhammers sind je nach der Bauart mehr oder weniger mit dem Andruck veränderlich. Am stärksten werden die Rückschlagwerte vom Andruck beeinflußt. Mit zunehmendem Andruck wird der Einfluß des Rückdruckes vermindert, und der Rücklaufweg wird kleiner. Diese Verringerung des Rücklaufweges wirkt sich auch auf die übrige Arbeitsweise des Hammers aus, so daß sich auch Schlagarbeit, Schlagzahl und Luftverbrauch ändern, wie es z. B. das Kennliniendiagramm eines schweren Abbauhammers von 11,5 kg in Abb. 494 veranschaulicht. Bei diesem Hammer nimmt die Schlagzahl etwas ab, während andere Bauarten auch eine Zunahme der Schlagzahl und damit ein noch stärkeres Ansteigen der Leistung aufweisen können.

Für eine gute Abbauleistung ist die richtige Anpassung der Hammereigenschaften an die Betriebsverhältnisse von besonderer Bedeutung. Die Spitzenschlagleistung, die man zunächst wohl als Verhältnismaß für die Abbauleistung einzusetzen geneigt sein wird, spielt hierbei jedoch erst in zweiter Linie eine Rolle. In erster Linie maßgebend ist die Spitzenschlagarbeit, die wiederum durch die Festigkeit und Härte der Kohle bedingt wird. Setzt man in sehr fester Kohle zwei Hämmer ein, von denen der eine 5 mkg bei 500 Schlägen je Minute, der andere 2 mkg bei 1250 Schlägen je Minute hat, so sind ihre Schlagleistungen zwar gleich, doch wird die Abbauleistung des 2 mkg-Hammers erheblich geringer sein, weil seine Spitzenschlagarbeit kaum hinreicht, um das Spitzeisen überhaupt in die Kohle hineinzutreiben. In einer weichen, leichtgehenden Kohle liegen die Verhältnisse gerade umgekehrt. Hier sind die Schläge des 5 mkg-Hammers viel zu stark und dafür die Schlagzahl wieder zu klein, um eine gute Abbauleistung erzielen zu können.

Die demnach notwendige Anpassung der Schlagarbeit an die Kohlebeschaffenheit stößt nun insofern auf Schwierigkeiten, als sich der Begriff „Kohlebeschaffenheit“ nicht scharf umreißen läßt. Die Kohlenhärte, die sowieso meßtechnisch nur als Oberflächenhärte ermittelt werden kann, ist schließlich nicht allein ausschlaggebend. Neben ihr ist außerdem auch noch die ganze Struktur und Lagerung der Kohle von entscheidendem Einfluß, und nicht zuletzt auch die Art, wie der Hauer sie auszunutzen und mit seinem Hammer umzugehen versteht.

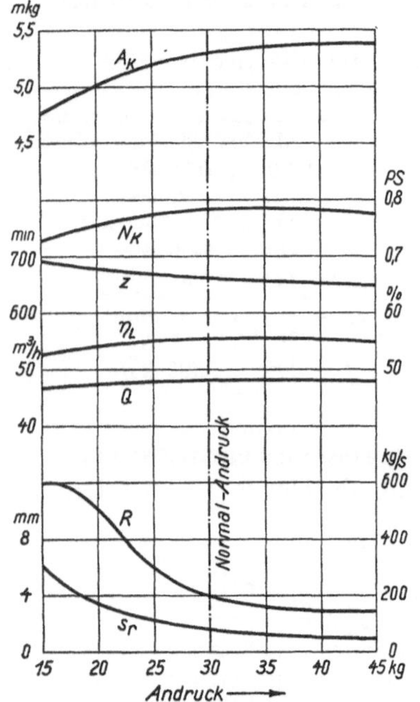

Abb. 494*. Kennlinien eines Abbauhammers von 11,5 kg mit großer Kolbenschlagarbeit (bei 4 atü).

Als erster Anhaltspunkt für die Auswahl der für eine bestimmte Kohle geeigneten Schlagarbeit mag das Diagramm in Abb. 495 dienen, welches die erforderliche Schlagarbeit in Abhängigkeit von der Kohlebeschaffenheit darstellt. Für eine weiche bis mittelfeste Kohle ergibt sich aus dem Diagramm beispielsweise ein Spitzenschlagarbeitsbereich von 1,5 bis 2,5 mkg, wogegen für eine harte und feste Kohle Spitzenschlagarbeiten von 3,5 bis 4,5 mkg erforderlich wären. Die Kolbenschlagarbeiten müssen natürlich noch größer sein, weil bei der Stoßübertragung ein Teil der Schlagarbeit verlorengeht.

242. Bauarten der Abbauhämmer. Der neuzeitliche Abbauhammer ist durch seine schlanke, glatte Form, die sich in der Haltekappe fast bis auf den Durchmesser des Spitzeisenschaftes verjüngt, gekennzeichnet. Die früher zur Sicherung des Spitzeisens allgemein gebräuchliche Haltefeder (vgl. Abb. 487) ist bei den meisten Bauarten durch die konische Haltekappe ersetzt worden, die ein Eindringen des Hammerkörpers in die Kohle ermöglicht und dem Spitzeisen eine bessere Führung gewährt. Die Ausführung einer der gebräuchlichsten Abbauhammerbauarten zeigt Abb. 496. Es handelt sich um einen mittelschweren Hammer von 9,4 kg, 160 mm Hub und 34 mm Kolbendurchmesser, der bei mittlerer Schlagarbeit für mittelfeste Kohle geeignet ist. Seine Hauptkennwerte bei 4 atü und 25 kg Andruck sind: $A_K = 3{,}1$ mkg, $z = 915\ \text{min}^{-1}$, $N_K = 0{,}63$ PS, $Q = 37\ \text{m}^3/\text{h}$, $\eta_L = 58\,\%$, $s_r = 2{,}6$ mm, $R = 350$ kg/s. Der Hammer besteht in den Hauptteilen aus dem Zylinder *a*, dem Handgriff *b* und der Haltekappe *c*. Im oberen Teil ist der Zylinder zur Aufnahme des Steuerschiebers *Sch* als Steuergehäuse ausgebildet, so daß sich ein besonderes Steuergehäuse erübrigt. Die Bohrung des Rohrschiebers ist so groß, daß der Kolben den Schieber durchlaufen kann, wodurch ein großer Hub bei geringer Baulänge erreicht wird. Der Kolben *K* ist lang gebaut, um ein großes Kolbengewicht

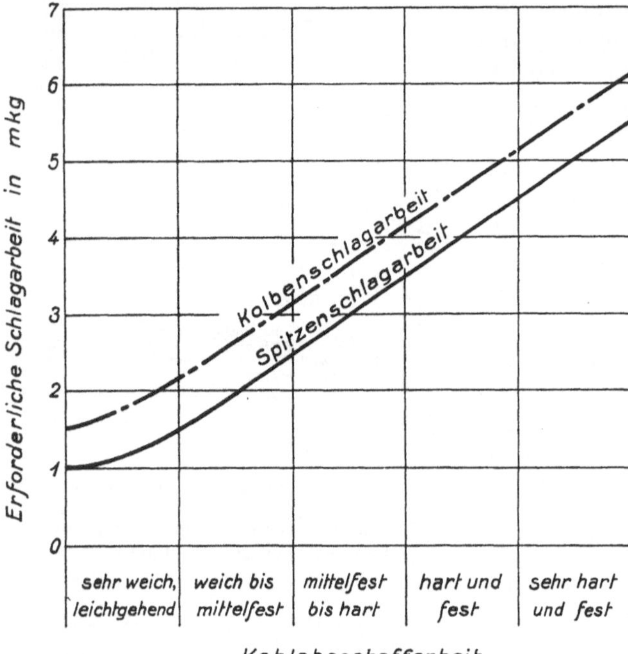

Abb. 495. Abhängigkeit der erforderlichen Abbauhammerschlagarbeit von der Kohlebeschaffenheit.

* Die Dimension der Schlagzahl z muß heißen min^{-1} statt min.

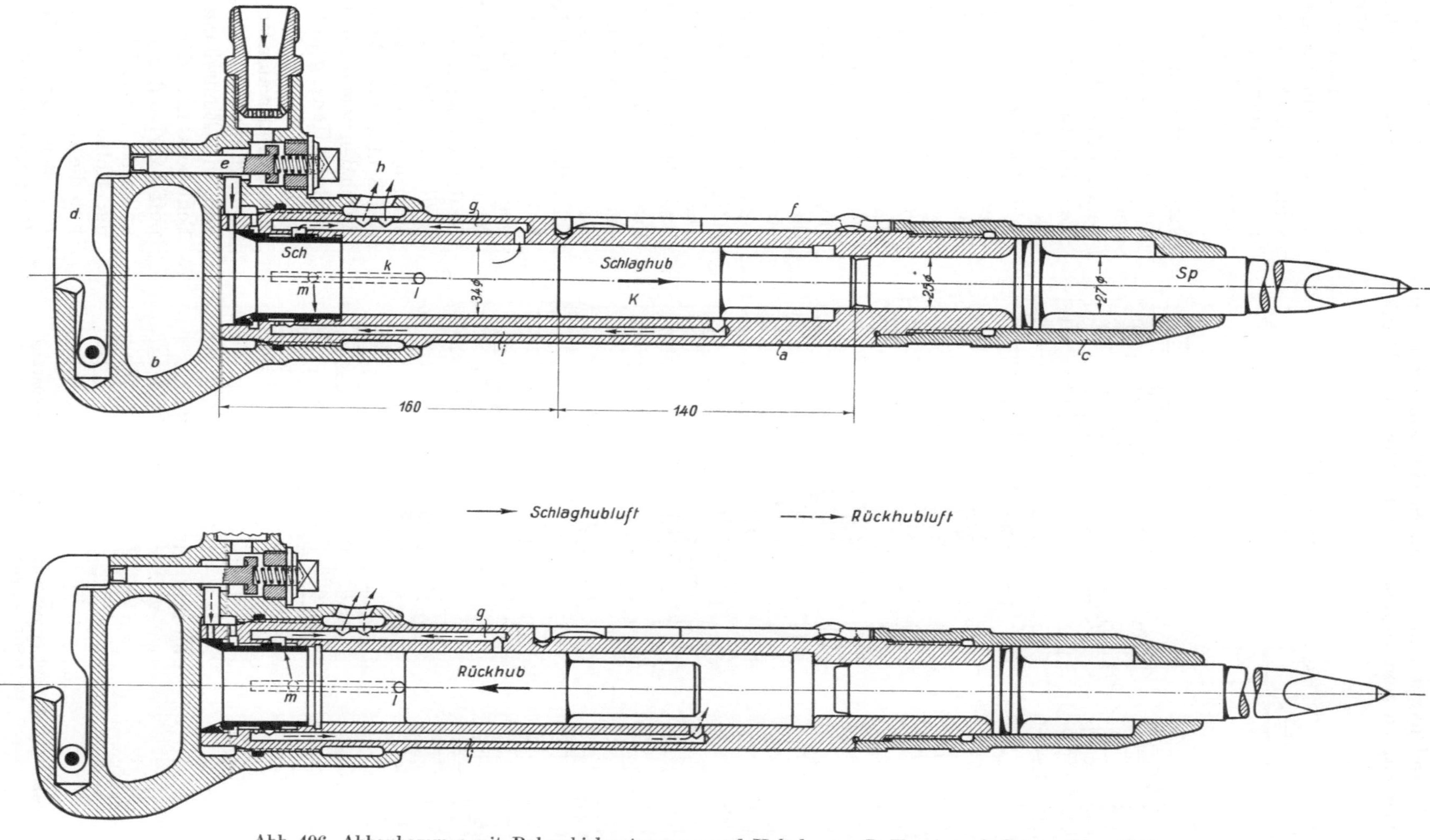

Abb. 496. Abbauhammer mit Rohrschiebersteuerung und Haltekappe (R. Hausherr & Söhne, Type H 9).

(0,8 kg) und damit einen hohen Stoßwirkungsgrad zu erhalten. Vorn ist der Kolben zu einem Zapfen vom Durchmesser der Einstecköffnung verlängert, der bei Leerschlägen den vorderen Zylinderraum nach der Spitzeisenseite als Verdichtungsraum abschließt. Das Spitzeisen *Sp* ist in der Haltekappe lang geführt; das Einsteckende wird dadurch entlastet und verschleißt nicht so leicht. Im Griff ist der Drücker *d* verlagert, der das Anlaßventil *e* öffnet. Drücker und Ventil sind in Anlaßstellung dargestellt. In der Abschlußstellung wird das Ventil durch seine Feder geschlossen und der Drücker aus dem Griff herausgedrückt. Der auf den Zylinder aufgeschraubte Griff wird durch einen Fiberring, die Haltekappe durch die in eine Rast der Kappe einschnappende Sicherungsfeder *f* gegen selbsttätiges Lösen gesichert. Zur Darstellung der Wirkungsweise ist der Hammer mit zwei verschiedenen Schieber- und Kolbenstellungen und den Strömungspfeilen für Schlaghub- und Rückhubluft gezeichnet. In der oben gezeigten Schlagstellung steht der Schieber noch in der vorderen Stellung, in der er die Schlaghubluft einströmen ließ. Am Ende des Schlaghubes kann sie durch den vom Kolben freigelegten Kanal *g* zum Auspuff *h* abströmen. Der vordere Zylinderraum ist beim Schlaghub über den Kanal *i* und die Eindrehung des Schiebers mit dem Auspuff *h* verbunden und wird völlig entlüftet. Überfliegt der Kolben beim Schlaghub die Bohrung *l*, so wird über den Kanal *k* und die Bohrung *m* auch die bis da-

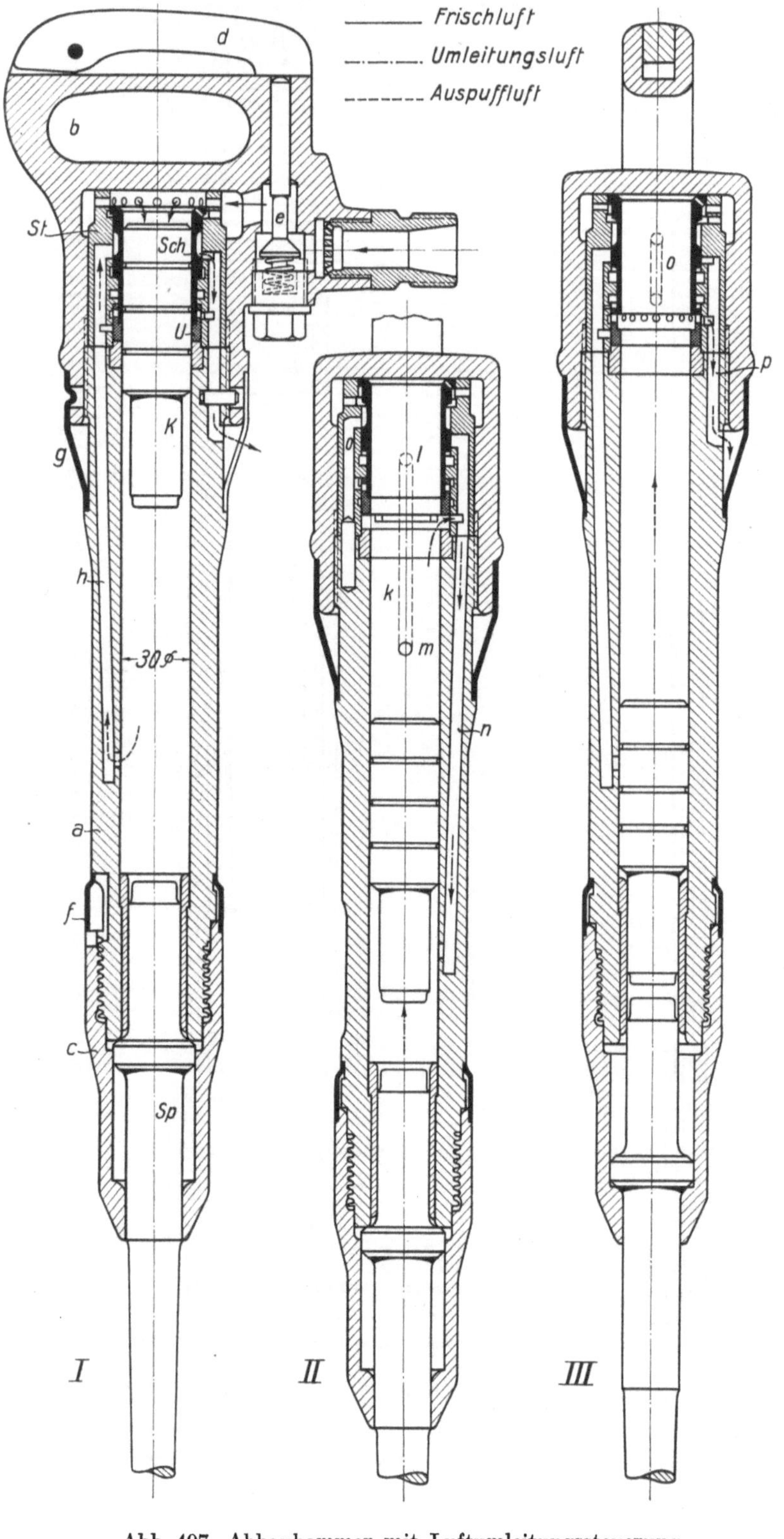

Abb. 497. Abbauhammer mit Luftumleitungssteuerung (Düsterloh, Type AL 30/180).

hin unbelastete Stufe des Steuerschiebers unter Druck gesetzt. Dieser Druck treibt den Steuerschieber im gleichen Augenblick in die hintere Endlage, in dem der Zylinderraum durch Öffnen des Auspuffs entlastet wird. Nach der Umsteuerung (siehe untere Darstellung) strömt die Frischluft vom Ventil *e* durch die Eindrehung des Schiebers und den Kanal *i* als Rückhubluft gegen die Vorderseite des Kolbens und treibt ihn zum Griff, bis der Kanal *g* freigegeben wird, durch den die verbrauchte Rückhubluft zum Auspuff *h* gelangt. Der obere Zylinderraum wird beim Rückhub so lange durch die Bohrung *l*, den Kanal *k* und die Bohrung *m* über den Schieber hinweg mit dem Auspuff verbunden und entlüftet, bis der Kolben die Bohrung *l* überfliegt und die nun im hinteren Zylinderraum eingeschlossene Luft verdichtet. Der Verdichtungsdruck bremst den Kolben ab und drückt den Steuerschieber wieder in die Schlaghubstellung nach vorn, worauf das neue Arbeitsspiel beginnt.

In Abb. 497 ist ein Hammer dargestellt, der sich durch seine Steuerung grundsätzlich von dem vorstehend besprochenen Hammer unterscheidet. Er wiegt 9,2 kg und hat einen Kolben von 0,55 kg mit 30 mm Durchmesser und 180 mm Hub. Bei 4 atü und 25 kg Andruck sind seine Hauptkennwerte: $A_K = 3{,}5$ mkg, $z = 750\,\text{min}^{-1}$, $N_K = 0{,}58$ PS, $Q = 32\,\text{m}^3/\text{h}$ und $\eta_L = 62\,\%$. Abgesehen von der Steuerung zeigt der Hammer noch einige Unterschiede in der Ausführung gegenüber dem Hammer in Abb. 496. Der Hammer ist mit einer besonderen Auspuffschelle *g* versehen. Der Griff *b* wird durch einen Arretierstift, die Haltekappe *c* durch eine um den Zylinder *a* gelegte Federschelle *f* gegen Losdrehen gesichert. Das Steuergehäuse *St* ist vom Zylinder *a* getrennt und wird durch den übergeschraubten Griff angedrückt. Der Zylinder ist mit einer besonderen Einsteckbüchse ausgerüstet, die bei Verschleiß ausgewechselt werden kann.

Zur Steuerung dienen der Hauptschieber *Sch* und der Umleitungsschieber *U*. Der Zweck dieser Doppelschiebersteuerung ist, die beim Schlaghub gebrauchte Luft nach teilweiser Entspannung zum vorderen Zylinderraum umzuleiten und noch für den Rückhub auszunutzen, um einen möglichst sparsamen Luftverbrauch zu erzielen. Darstellung *I* zeigt den Beginn des Schlaghubes, bei dem beide Schieber vorn stehen. Die Frischluft treibt den Kolben, und der vordere Zylinderraum ist zur Entlüftung über den Kanal *h* mit dem Auspuff verbunden. Nachdem der Kolben die Bohrung *m* überlaufen hat, wird der Hauptschieber durch die über den Kanal *k* und die Bohrung *l* zugeführte Luft in die die Frischluftzufuhr sperrende hintere Endstellung gedrückt, wobei ihm der Umleitungsschieber folgt (Darstellung *II*). Während der Umsteuerung legt der Kolben den restlichen Schlaghub zurück und empfängt nun auf der Schlagseite die Arbeitsluft des hinteren Zylinderraumes, die ihm durch den vom Umleitungsschieber freigegebenen Kanal *n* zuströmt. Infolge des hierdurch entstehenden Druckabfalles kann der Schieber *U* von der durch den Kanal *o* zuströmenden Frischluft wieder in die Anfangsstellung gedrückt werden. Dadurch wird der hintere Zylinderraum über den Kanal *p* mit dem Auspuff verbunden (Darstellung *III*), so daß der Kolben in die Anfangsstellung zurückkehren kann. Kurz vor Ende des Hubes schließt der Kolben den Auspuff ab. Die Restluft wird verdichtet, wodurch der Kolben gebremst und der Hauptschieber umgesteuert wird, worauf der neue Schlaghub beginnt. Die Kolben- und Spitzeisenstellung in Darstellung III veranschaulicht außerdem die Sicherung gegen Leerschläge durch Bildung von Luftpolstern im vorderen Zylinderraum und in der Einsteckbüchse.

Mit einer neuzeitlichen Kolbenschiebersteuerung ist der Hammer in Abb. 498 ausgerüstet. Das Schiebergehäuse ist quer in den Griff *b* eingesetzt, so daß sich der Schieber *Sch* (Schnitt *A—B*) senkrecht zur Hammerachse bewegt und in seiner Arbeitsweise von der axialen Hammereigenbewegung unbeeinflußt bleibt. Die Steuerung zeichnet sich durch exakte Arbeitsweise aus und läßt den Hammer regelmäßig, mit geringem Luftverbrauch und kleinem Rückschlag arbeiten. Der Griff *b* ist durch Axialschrauben mit dem Zylinder *a* verbunden. Mit der drehbaren Auspuffschelle *f* kann die Auspuffluft in beliebiger Richtung abgeleitet werden. Die aufgeschraubte Kappe *c* wird durch einen Nockenfederring *g* gesichert.

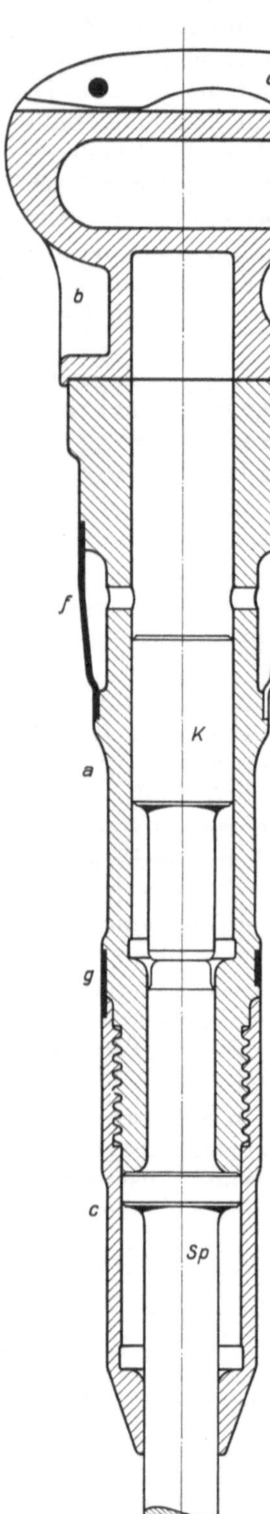

Abb. 498. Abbauhammer mit Querschiebersteuerung (Nüsse & Gräfer).

Abb. 499 veranschaulicht schematisch die Wirkungsweise der Querschiebersteuerung. Der Steuerkolben hat die wechselweise beaufschlagten Steuerflächen F_1 und F_2 und eine in seiner inneren Bohrung von der Frischluft dauernd beaufschlagte Fläche, die dem Kolben zusammen mit der Feder eine ständig nach links gerichtete Kraft erteilt. Fläche F_1 ist kleiner als Fläche F_2, deren Steuerraum durch einen engen Kanal immer mit der Außenluft verbunden ist. *I* zeigt den Beginn des Schlaghubes: Der Schieber wird vom Frischluftdruck in der rechten Endlage festgehalten und läßt die Frischluft durch den Kanal *a* hinter den Kolben treten. Der vordere Zylinderraum wird durch die Auspuffbohrung *b* und den Kanal *c* entlüftet. In *II* hat der Kolben die Bohrung *d* des Umsteuerkanals *e* freigelegt, so daß der Frischluftdruck auch auf die Fläche F_2 wirkt und den Steuerkolben so weit nach links schiebt, daß der Einströmkanal *a* abgesperrt und die Luft im Zylinder mit mäßiger Expansion weiter ausgenutzt wird, bis die hintere Kolbenkante den Auspuff *b* öffnet. Entlüftet wird jetzt nur noch durch Kanal *c*. *III* zeigt den Augenblick des Kolbenschlages und der Bewegungsumkehr. Infolge der Auspuffentlastung der Steuerflächen F_1 und F_2 ist der Steuerkolben lediglich durch den Innendruck und die Federkraft in die linke Endstellung getrieben worden und läßt nun durch die Bohrung *f* und den Kanal *c* die Frischluft für den Rückhub in den vorderen Zylinderraum strömen; die den Kanal *c* mit der Außenluft verbindende Bohrung *g* ist gleichzeitig geschlossen worden. Beim Rückhube verdichtet der Kolben die Luft im hinteren Zylinderraum nur bis auf den Einströmdruck, wodurch der Schieber wieder in die Anfangsstellung *I* gedrückt und das neue Arbeitsspiel eingeleitet wird.

243. Die Behandlung der Abbauhämmer im Betriebe. Die neuzeitlichen Abbauhämmer mit Rohrschiebersteuerungen sind zwar empfindlicher als die älteren Bauarten mit Ventilsteuerungen (besonders Kugelsteuerungen), aber doch vom Konstrukteur mit viel Sorgfalt dem rauhen Grubenbetrieb angepaßt. Wenn er also auch allerhand vertragen kann, so darf der Abbauhammer als wichtigstes Gezähe des Bergmanns schließlich doch Anspruch auf pflegliche Behandlung machen. Hierher gehört zunächst die regelmäßige Schmierung, die genau nach den Vorschriften des Herstellers mit den richtigen Ölen zu geschehen hat. Vernachlässigung in dieser Hinsicht führt mit Sicherheit zu häufigen Störungen und zu schnellem Verschleiß des Hammers und damit zu Unkosten, die sich durch mehr Sorgfalt hätten vermeiden lassen können. Bei Ölmangel kann der Hammer heißlaufen, was unbedingt vermieden werden muß. Ein wirklich einmal heißlaufender

Hammer muß sofort aus dem Betriebe gezogen und vor weiterer Benutzung instandgesetzt und geprüft werden. Ebenso wichtig wie die Schmierung ist die regelmäßige Reinigung des Hammers von eingedrungenem Staub und verharzten Ölresten, die besonders den empfindlichsten Teil, die Steuerung, und damit die ganze Arbeitsweise des Hammers schädigen und die Leistung vermindern. Ferner ist darauf zu achten, daß nur richtig passende Spitzeisen verwendet werden. Die Spitzeisen sind zwar genormt, aber solange noch Hämmer laufen, die nicht den Normen entsprechen, muß das für den Hammer vorgeschriebene Spezialeinsteckende benutzt werden; andernfalls kommt es zu Kolbenprellschlägen und Zylinderbrüchen oder mindestens zu einer Leistungsabnahme. Bei Hämmern mit Haltekappe muß die Kappe nach dem Spitzeisenwechsel wieder bis zur Arretierung fest aufgeschraubt werden; eine nicht gesicherte Kappe löst sich bald ganz und führt zu weiteren Schäden. Die die Kappe sichernden Federn dürfen beim Lösen nicht überbeansprucht werden, weil sie sonst brechen und die Kappe nicht mehr festhalten. Ein bei Instandsetzungsarbeiten auseinandergenommener Hammer muß peinlich genau wieder zusammengesetzt werden. Wenn die Einzelteile einer Bauart unter sich auch austauschbar sind, so ist es doch besser, jeden Hammer aus seinen eigenen, zusammen gut eingelaufenen Teilen wieder zusammenzubauen. Der Einbau des Steuergehäuses ist durchweg durch Paßstifte zwangsläufig bedingt. Fehler, die zu Störungen Anlaß geben, entstehen eher dadurch, daß der Griff nicht bis zur Endlage fest aufgeschraubt wird, besonders dann, wenn er sich bei verschmutztem oder beschädigtem Gewinde schwer drehen läßt. Besondere Beachtung verdienen ferner die Schläuche. Vor dem Anschluß muß der Schlauch durch Druckluft ausgeblasen werden, um eingedrungenen Schmutz, Wasser und etwaige Abblätterungen der Innenschicht zu entfernen. Scharfes Knicken ist zu vermeiden. Auf Dichtheit des Schlauches und der Schlauchanschlüsse ist größter Wert zu legen, denn die hier entstehenden Luftverluste machen den besten Luftausnutzungsgrad gegenstandslos.

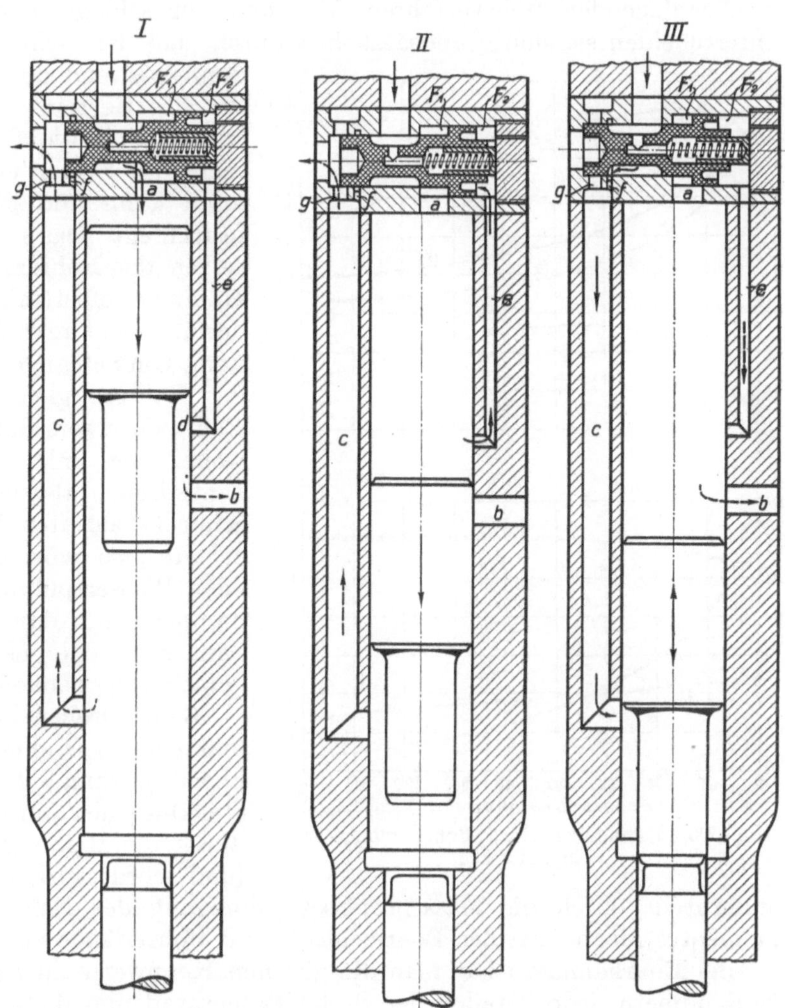

Abb. 499. Wirkungsweise der Querschiebersteuerung nach Abb. 498.

Selbst bei bester Instandhaltung tritt im Laufe der Zeit Verschleiß ein. Die Folgen sind verminderte Leistung bei erhöhtem Luftverbrauch, also Unwirtschaftlichkeit. Der Hauptverschleiß ist durchweg an der Einsteckbüchse, weniger am Kolben und Schieber zu beobachten. Durch Auswechseln der verschlissenen Teile kann der Hammer fast wieder auf den Neuwert gebracht werden. Je nach Fabrikat, Bauart und Handhabung ist der Verschleiß sehr verschieden abhängig von der Laufzeit des Hammers, so daß hierüber keine Angaben gemacht werden können. Die Verschleißwirkungen müssen deshalb durch regelmäßige Hammerprüfungen[1] kontrolliert werden, um den Hammer durch rechtzeitiges Ausbessern immer auf höchster Leistungsfähigkeit zu erhalten.

244. Wirkungsweise und Kennwerte der Bohrhämmer. Die Bohrhämmer arbeiten nach dem schlagenden Bohrverfahren. Von den nur schlagend wirkenden Abbauhämmern unterscheiden sie sich grundsätzlich dadurch, daß der Bohrer zunächst geschlagen und dann während des Kolbenrückhubes je nach Art des Gesteins mehr oder weniger gedreht wird, damit die Schneide des Bohrers beim folgenden Schlag ein neues Gesteinstückchen lösen kann und sich nicht in einer Kerbe festschlägt. Das ruckweise Drehen oder Umsetzen des Bohrers wird im allgemeinen vom Hammer selbsttätig ausgeführt, nur in Sonderfällen hat man Handumsatz. Bei Verwendung von Schlangenbohrern kann die Drehung des Bohrers gleichzeitig zum Räumen des Bohrloches vom Bohrmehl ausgenutzt werden, wobei der links gewundene Bohrer durch Linksdrehen als rückwärts fördernde Förderschnecke arbeitet. Wird mit Hohlbohrern gearbeitet, so wird das Bohrloch durch Luft- oder Wasserspülung ausgeräumt. Der Bohrhammer muß dann mit Spüleinrichtung gebaut sein, oder es ist ein besonderes Spülgerät zu verwenden.

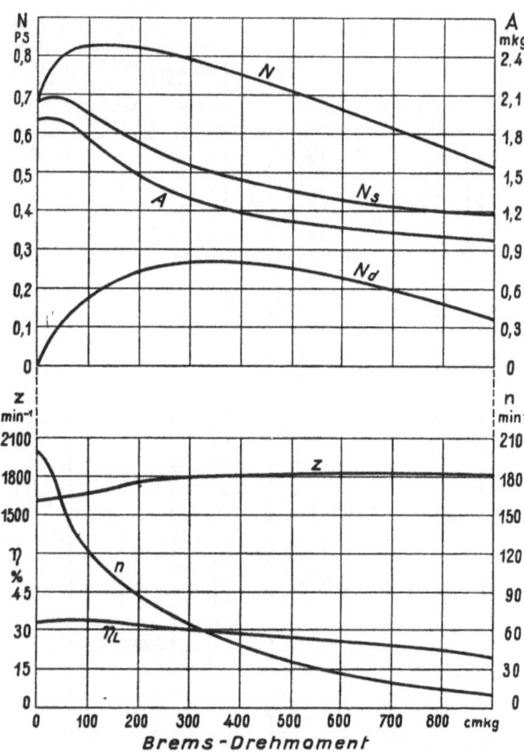

Abb. 500. Kennlinien eines Bohrhammers von 17 kg bei 4 atü.

Beim Drehen des Bohrers hat der Bohrhammer ein Drehmoment zu überwinden, das nicht gleichmäßig wirkt, sondern bei jedem Rückhub neu einsetzt; es entsteht einesteils durch die Reibung des Bohrers im Bohrloch (und Förderwirkung bei Schlangenbohrern), andernteils durch die Massendrehbeschleunigung des Bohrers. Die Größe des Drehmomentes nimmt mit der Bohrlochtiefe und Bohrerlänge zu.

Bei Bohrhämmern hat man die gleichen Kennwerte zu berücksichtigen wie bei Abbauhämmern, jedoch fallen der Stoßwirkungsgrad und die aus ihm abgeleiteten Werte fort, weil die Stoßverluste zwischen Kolben und Bohrer infolge der verschiedenen Länge und Form der Bohrer und des wechselnden Einflusses der Gesteinshärte nicht eindeutig zu erfassen sind. Als neue Kennwerte kommen dafür hinzu die minutliche Drehzahl n des Bohrers, sein Drehmoment M_d in cmkg, die sich aus der Formel $N_d = \frac{M_d \cdot n}{71600}$ in PS ergebende Drehleistung und die Gesamtleistung N als Summe aus der Schlagleistung N_s und der Drehleistung N_d. Im Gegensatz zum Abbauhammer sind die Kennwerte weniger vom Andruck, dafür aber um so mehr vom Drehmoment abhängig[2]. Um den Einfluß des Drehmomentes zu bestimmen, werden die durch einen Bremsversuch[3] ermittelten Kennwerte in einem Kennliniendiagramm über dem Drehmoment aufgetragen, wie es Abb. 500 für einen 17 kg schweren Bohrhammer und 4 atü Betriebsdruck zeigt. Die Schlagarbeit A

[1] Vgl. Ziffer 284.
[2] Vgl. C. Hoffmann: Prüfergebnisse von Drucklufthämmern. Der Bergbau 1936, S. 53 und 67.
[3] Vgl. Ziffer 270 und 284.

und die Schlagleistung N_s nehmen mit dem Drehmoment ab. Besonders auffällig ist das starke Abfallen der Drehzahl n, obgleich die Schlagzahl z anfangs zunimmt und dann unverändert bleibt. Die Drehzahl ist also nicht der Schlagzahl proportional, was einesteils auf das Spiel im Sperrgetriebe, anderenteils auf Verringerung des Kolbenhubes zurückzuführen ist.

Zahlentafel 28 gibt Durchschnittswerte für die am meisten gebräuchlichen Bohrhämmer von etwa 17 kg Gewicht. Die Werte gelten für einen Betriebsdruck von 4 atü und sind für die Drehmomente 0 und 200 cmkg angegeben.

Bohrhämmer haben stärkeren Rückschlag als Abbauhämmer. Der Rückdruck wird größer, weil Bohrhämmer größeren Kolbendurchmesser erhalten (50 bis 65 mm); der Ruck ist stärker, wird als härterer Schlag empfunden, weil die Schlagzahlen sehr hoch sind (1400 bis 2400 Schläge in der Minute). Bei zu großem Rückdruck wird der Bohrhammer in Verbindung mit besonderen Halte- und Vorschubvorrichtungen verwendet (Bohrknecht u. ä.).

Zahlentafel 28. Durchschnittskennwerte für Bohrhämmer von etwa 17 kg bei 4 atü.

Brems-Drehmoment $M_d =$	0	200	cmkg
Schlagzahl . . . . $z =$	1700	1700	$\min^{-1}$
Drehzahl . . . . $n =$	180	60	$\min^{-1}$
Schlagarbeit . . . . $A =$	2,0	1,6	mkg
Schlagleistung . . . . $N_s =$	0,75	0,60	PS
Drehleistung . . . . $N_d =$	0	0,17	PS
Gesamtleistung . . . . $N =$	0,75	0,77	PS
Stündlicher Luftverbrauch . . $Q =$	80	85	m^3/h
Spezifischer Luftverbrauch . . $q =$	106	110	m^3/PSh
Gesamtluftausnutzungsgrad . . $\eta_L =$	32	31	%

Die Bohrhammerleistung in PS ist allein für die Bohrleistung noch nicht entscheidend, weil sie von zahlreichen anderen Faktoren wie Gesteinsart, Bohrerschneidenform, Schneidenbreite und -schärfe, Art des Vorschubes usw. beeinflußt wird. Zweckmäßig wird neben der PS-Leistung noch die Bohrleistung durch die minutlich erreichbare Bohrlochtiefe in bestimmtem Gestein bei bestimmtem Bohrlochdurchmesser angegeben.

245. Bauarten der Bohrhämmer. Die Steuerungen der Bohrhämmer und Abbauhämmer stimmen in Bauart und Wirkungsweise grundsätzlich überein. Bei den hohen Schlagzahlen wird viel die Ventilsteuerung in Form der Kugel- oder Plattensteuerung verwendet. Für Bohrhämmer niedrigerer Schlagzahlen haben sich auch die Kolbenschiebersteuerungen gut bewährt. Bei den Hämmern mit selbsttätigem Bohrerumsatz wird das Umsetzen von der Kolbenbewegung beim Rückhub abgeleitet, indem man dem Kolben mit Hilfe einer Drallspindel eine Drehbewegung erteilt, die auf die Bohrereinsteckhülse und von dieser auf den Bohrer übertragen wird. Durch ein Klinkengesperre, dessen Klinken entweder durch Federn oder Druckluft angedrückt werden, wird die Drehung beim Rückhub und der Freilauf beim Schlaghub erreicht. Die Abb. 501 und 502 zeigen die Ausführungen zweier Bohrhämmer, die sich in der Steuerung und der Umsetzvorrichtung grundsätzlich unterscheiden.

Der Bohrhammer nach Abb. 501 ist mit einer Ventilsteuerung in Form der Doppelkugelsteuerung ausgerüstet. Die Parallelschaltung zweier Kugeln ermöglicht eine reichlichere Bemessung der Strömungsquerschnitte mit verhältnismäßig leichteren Ventilkörpern, wodurch der Druckabfall in der Steuerung geringer und die Umsteuerzeit kürzer wird als bei Verwendung einer Kugel. Die als Drallspindel ausgeführte Kolbenstange schlägt auf den Bohrer und nimmt beim Umsetzen mit ihrem vorderen Teile die Bohrerhülse mit, in der das rechtkantige Bohrereinsteckende geführt wird. Bei der dargestellten Ausführung sind der Bohrer und der Kolben nebst Kolbenstange hohl, so daß dauernd Druckluft zur Bohrerschneide strömt und den Bohrstaub fortbläst. Die Umsetzeinrichtung ist aus dem Schnitt JK ersichtlich. Beim Schlaghube dreht der Kolben die Drallmutter, beim Rückhube wird aber die Drallmutter gesperrt, so daß sich der Kolben dreht, die Bohrerhülse mitnimmt und den Bohrer umsetzt.

In der gezeichneten Stellung hat der Kolben gerade das hintere der beiden Auspufflöcher *a* überflogen, so daß die hintere Zylinderseite entlastet wird. Zugleich hat der Kolben den Entlüftungsschlitz *b* überlaufen und treibt durch die vor ihm entstehende Kompression die Steuerkugeln in die entgegengesetzte Lage (in der Abbildung nach rechts). Dadurch strömt dem Kolben frische Luft entgegen, so daß er, nachdem er geschlagen hat, umkehrt, bis sich auf der anderen Seite das Steuerspiel wiederholt.

Der in Abb. 502 wiedergegebene Bohrhammer hat für das Umsetzen eine besondere Drallspindel. Der Kolben *a* ist mit einer Drallmutter versehen, die die Verbindung mit der am Griff in einem Klinkengesperre verlagerten Drallspindel *b* herstellt. Das mit vier Klinken ausgerüstete Gesperre ist aus dem Schnitt *A*—*B* ersichtlich. Beim Rückhub wird die Drallspindel gesperrt und dreht den Kolben. Beim Schlaghub gibt das Gesperre die Drallspindel frei, so daß sie sich drehen und der Kolben ohne Drehung schlagen kann. Bei

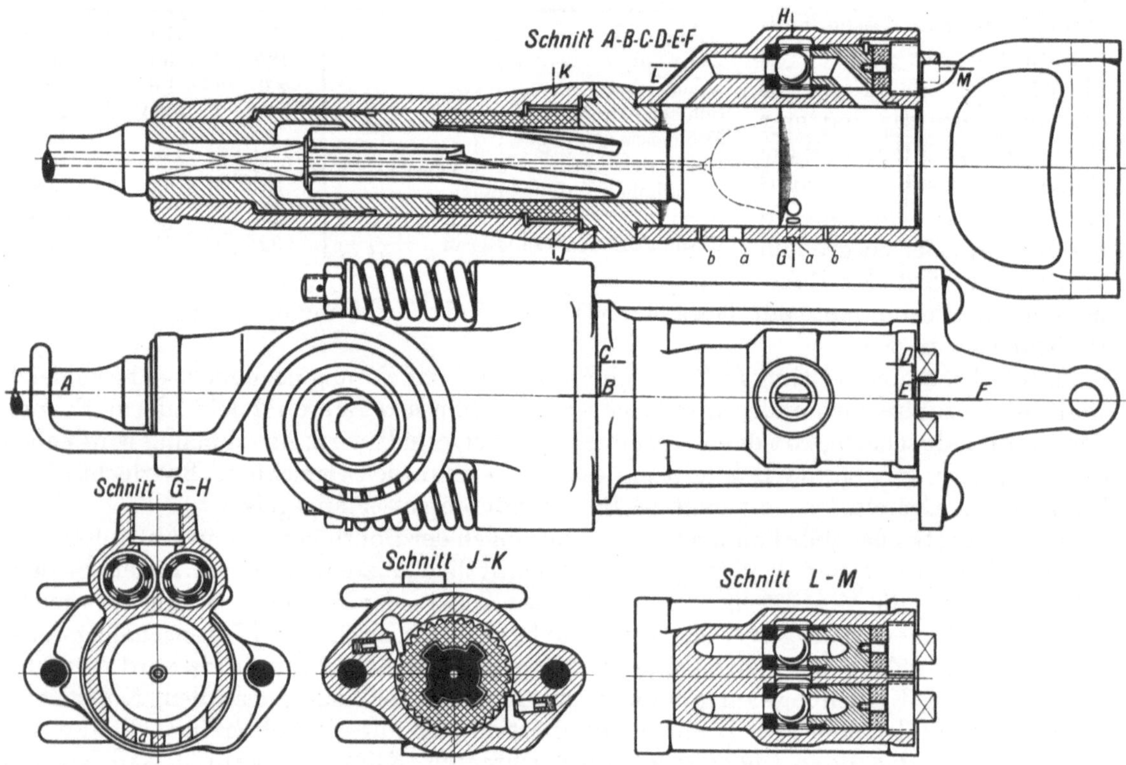

Abb. 501. Bohrhammer mit Kugelsteuerung und Drallnuten im Kolbenschaft (Flottmann).

dieser Ausführung hat der Kolbenschaft nur gerade Führungsnuten zur Mitnahme der Bohrerhülse *c*, die wiederum den mit Vier- bzw. Sechskant eingesetzten Bohrer mitnimmt.

Dieser Hammer hat als Steuerorgan einen Kolbenschieber *d*. In der Abbildung ist der Augenblick der Kolbenumkehr nach dem Schlage dargestellt. Die Frischluft ist vom Anlaßhahn *e* durch die vom Kolben freigegebene Öffnung und an der Kolbeneinschnürung vorbei zur rechten Seite des Schiebergehäuses gelangt und drückt den Schieber *d* nach links, wodurch der Frischluft der Weg durch den gestrichelten Kanal zur rechten Kolbenfläche geöffnet wird. Der Kolben macht den Rückhub, wobei die hintere Zylinderseite durch den linken gestrichelten Kanal über die Einschnürung des Schiebers hinweg entlüftet wird. Gegen Ende des Rückhubes gelangt die Frischluft über die Kolbeneinschnürung in die linke Seite des Schiebergehäuses, während die vordere Einschnürungskante des Kolbens den Zutritt zur rechten Seite absperrt. Die Rückhubluft expandiert bei weiterem Kolbenhub etwas und entlastet die rechte Schieberfläche, so daß der überwiegende Frischluftdruck auf der linken Seite den Schieber nach rechts drückt, womit der Hammer zum Schlaghub umgesteuert ist. Am Ende des Schlaghubes wiederholt sich der gleiche Vorgang im entgegengesetzten Sinne.

Der mit Luftspülung arbeitende Hammer besitzt noch eine Zusatzspülvorrichtung,

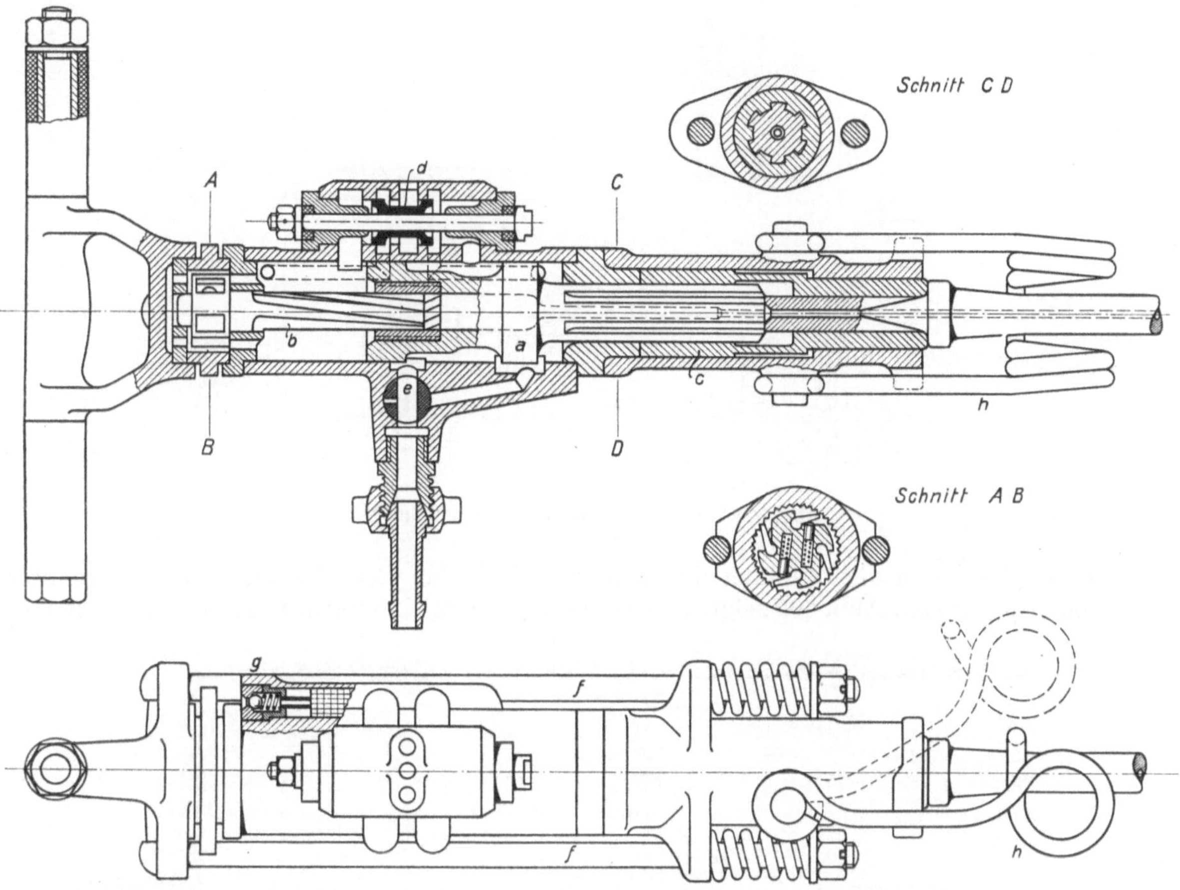

Abb. 502. Bohrhammer mit Kolbenschiebersteuerung und besonderer Drallspindel (Demag).

mit der auch tiefe Bohrlöcher restlos ausgeblasen werden können. Hierzu wird das Hahnküken *e* um 90^0 links gedreht. Der Kolben des stillgesetzten Hammers wird durch die Druckluft in die Deckellage gedrückt. In dieser Stellung strömt die Druckluft durch die geraden Führungsnuten und die Bohrerhülse unmittelbar dem Hohlbohrer zu.

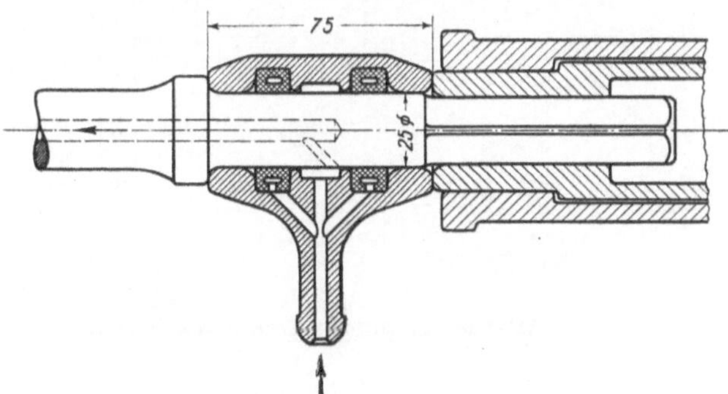

Abb. 503. Spülkopf für Bohrhämmer (Flottmann).

Die Einzelteile des Hammers sind nicht miteinander verschraubt wie bei Abbauhämmern; sie werden nur durch die langen Schrauben *f* mit zwischengelegten Federn zusammengehalten. *g* ist ein Öler, *h* eine Haltefeder, die den Bohrer gegen Herausschlagen sichert und das Herausziehen aus dem Bohrloch ermöglicht. Die Haltefeder ist hochklappbar, so daß der Bohrer leicht ausgewechselt werden kann (vgl. auch Abb. 501).

Bei Wasserspülung wird das Wasser dem Hohlbohrer entweder durch ein in den Hammer eingesetztes Spülröhrchen oder durch einen besonderen Spülkopf zugeführt. Das

Spülröhrchen wird in dem mit Wasseranschluß versehenen Griff befestigt und durch eine zentrale Bohrung durch Drallspindel und Kolben dicht bis in die Bohrung des Hohlbohrers eingeführt. Die Spülröhrchen sind empfindlich und brechen leicht. Undichtheiten

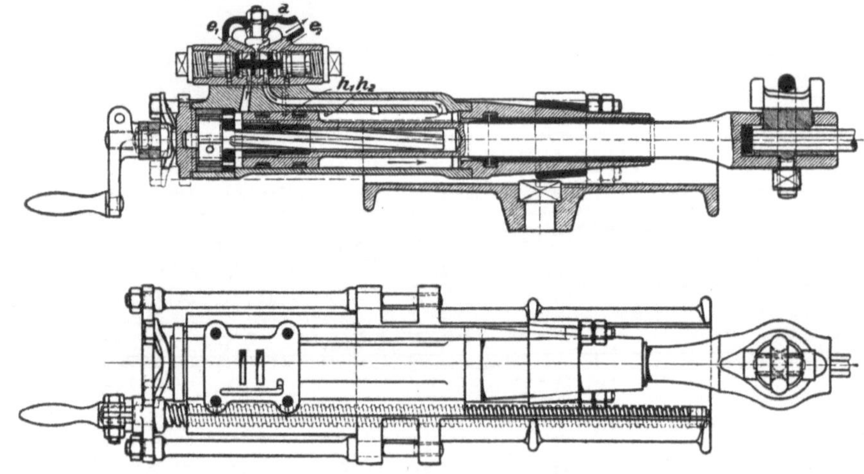

Abb. 504. Stoßende Gesteinbohrmaschine (Demag).

lassen Wasser in den Zylinder dringen. Besser ist ein vom Hammer völlig getrennter Spülkopf, wie ihn Abb. 503 zeigt. Er besteht aus einem einteiligen Gehäuse mit Schlauch-

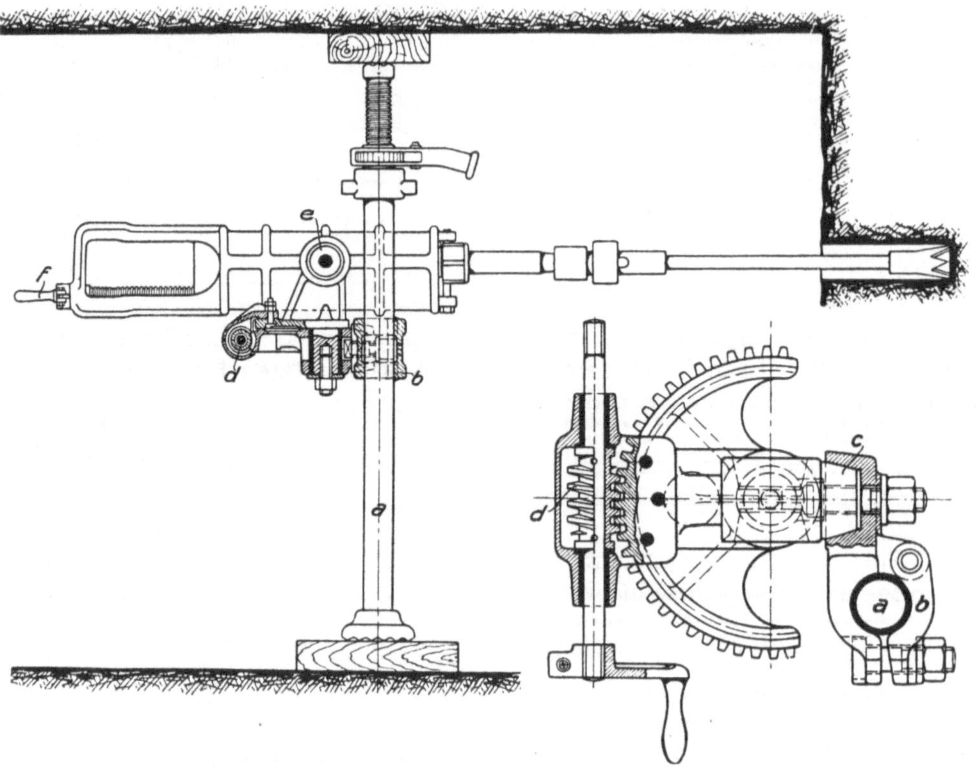

Abb. 505. Stoßende Säulenschrämmaschine (Demag).

stutzen und wird auf den Bohrer aufgeschoben, dessen Einsteckende zwischen Bund und Vierkant zylindrisch ist. Das Wasser fließt durch eine Querbohrung in den Spülkanal, der nur bis in das Zylinderstück reicht, so daß kein Wasser in den Hammer eindringen kann. Gedichtet wird durch zwei leicht auswechselbare Hohlgummiringe, die durch das dem Hohlraum zugeführte Wasser gegen Gehäuse und Bohrer gepreßt werden.

246. Stoßende Bohr- und Schrämmaschinen. Die stoßenden Gesteinbohrmaschinen sind schwere, langhubige Maschinen, die an einer kräftigen Spannsäule so angeordnet sind, daß man den in einem Schlitten geführten Zylinder in beliebiger Richtung mittels Kurbel und Schraubenspindel vorschieben kann. Der in die Kolbenstange eingesetzte Bohrer wird hin und her getrieben und beim Rückzuge umgesetzt. Wegen der größeren bewegten Massen und des längeren Hubes schlagen diese Bohrmaschinen viel langsamer als die Hämmer; im Mittel ist die minutliche Schlagzahl nur 400. Der stündliche Luftverbrauch ist im Mittel etwa 150 bis 180 m³ angesaugte Luft. Abb. 504 zeigt als Bei-

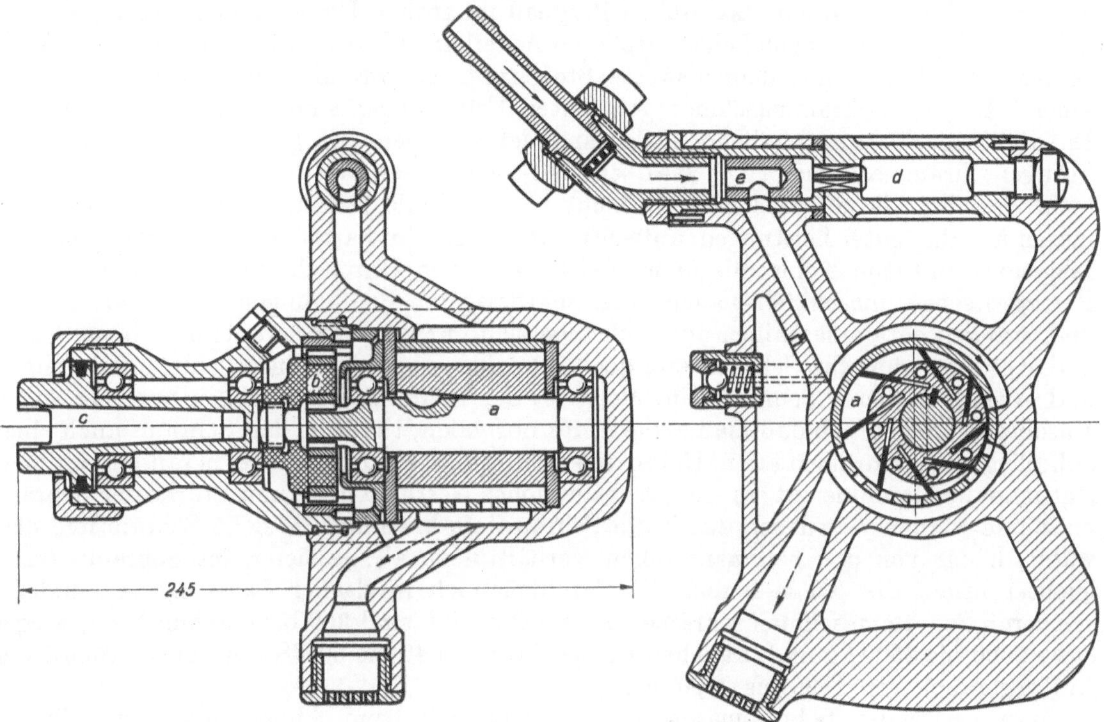

Abb. 506. Druckluftdrehbohrmaschine mit Lamellenmotor (Krupp).

spiel eine Stoßbohrmaschine der Demag. Die Kanäle e_1 und e_2 dienen zum Einlaß, Kanal a zum Auslaß der Druckluft. Zur Steuerung dient ein Kolbenschieber mit 3 Bunden, der im Verein mit den vom Kolben gesteuerten Hilfskanälen h_1 und h_2 wirkt.

Es war gesagt, daß die Stoßbohrmaschinen im Bergbau heute hauptsächlich zum stoßenden Schrämen verwendet werden. Abb. 505 zeigt eine stoßende Schrämmaschine der Demag. Die Bohrmaschine ist an der Spannsäule a mittels Klemmscharniers b und Pfanne c so angeordnet, daß sie in beliebiger Höhenlage unter beliebigem Winkel mittels Schneckengetriebes d geschwenkt werden kann. Kleinere Maschinen erhalten an Stelle des Schneckenschwenkgetriebes einen Schwenkhebel. Diese stoßenden Schrämmaschinen werden zum Abbau, vor allem aber beim Vortrieb von Kohlenstrecken, Aufhauen usw. verwendet und sind auch in härtester Kohle gut brauchbar, wo schneidende Stangen- und Kettenschrämmaschinen versagen.

247. Drehbohrmaschinen. In Kohle oder weichen und gleichmäßigen Gesteinen kann auch schneidend oder drehend gebohrt werden. Die Drehbohrmaschinen erhalten elektrischen oder Druckluftantrieb. Druckluftdrehbohrmaschinen zeichnen sich neben dem niedrigen Gewicht und Preis durch große Leistungsfähigkeit, hohes Durchziehvermögen, vielseitige Verwendungsmöglichkeit und geringen Luftverbrauch aus. Ein Vorteil gegenüber den schlagenden Bohrhämmern ist das Fehlen der Rückschlagerschütterungen und die geringere Staubentwicklung. Druckluftdrehbohrmaschinen werden im Bergbau in steigendem Maße verwendet, zumal ihr Arbeitsbereich durch die für drehendes Bohren besonders geeigneten Hartmetall-Bohrerschneiden bedeutend erweitert worden ist; wo ihr Einsatz möglich ist, sind sie geeignet, den Bohrhammer zu verdrängen.

Die in Abb. 506 gezeigte Drehbohrmaschine wiegt nur 5,7 kg und hat bei 4 atü eine Leistung von 0,7 PS. Die Drehzahl des Bohrers ist bei Belastung $n = 600$, der Luftverbrauch 60 m^3/h. Zum Antrieb dient ein Lamellenmotor *a*[1], der über das Planetengetriebe *b* die Bohrerhülse *c* dreht. Der Handgriff *d* ist drehbar; mit ihm wird der Lufthahn *e* geöffnet und geschlossen.

248. Schrämmaschinen. Kerbmaschinen. Die schneidenden Schrämmaschinen, die im englischen und amerikanischen Bergbau im großen Umfange angewendet werden, haben in Deutschland noch keinen größeren Anteil am Abbau erringen können (im Ruhrgebiet 8 bis 10%); eine nennenswerte Steigerung ist vorläufig auch noch nicht abzusehen[2]. Die mit Schrämmaschinen gemachten Erfahrungen sind jedoch wertvoll für die Entwicklung der anzustrebenden Schrämlademaschinen. Es gibt Rad-, Ketten- und Stangenschrämmaschinen[3]. Die Radschrämmaschine hat sich für deutsche Verhältnisse nicht bewährt, da sich das Rad zu leicht in der Kohle festsetzt. Die Kettenschrämmaschine, die gute Leistungen aufweist, besonders in harter Kohle, fordert gerades Liegendes und eine Kohle, die nicht gleich nach dem Unterschrämen hereinbricht. Die Stangenschrämmaschine ist auch unter schwierigeren Bedingungen brauchbar. Ketten- und Stangenschrämmaschinen unterscheiden sich nur im Schrämkopf; man baut Stange und Kette für dieselbe Schrämtiefe, doch schneidet die Kette einen schmäleren Schram und erzeugt gröberes Schrämklein. Meist ist der Schrämkopf, zuweilen auch die ganze Maschine umlegbar, so daß man anstatt des normalen, tiefliegenden Schrams auch einen höherliegenden schrämen kann. Um in dickeren Flözen ein Bergemittel herauszuschrämen, legt man die Maschine auf ein entsprechend hohes Gestell. Größe und Stärke der Schrämmaschine werden wesentlich durch die Schrämtiefe bestimmt. Welche Schrämtiefe man wählt, hängt von den bergmännischen Verhältnissen ab; je tiefer der Schram, um so leichter bricht die Kohle herein. Die hauptsächlich in flacher Lagerung verwendeten schweren Schrämmaschinen schrämen 1,6 bis 2 m tief, sind 300 bis 400 mm hoch, wiegen etwa 2000 bis 2500 kg und brauchen für den Antrieb 40 bis 50 PS mit einem stündlichen Luftverbrauch von 1500 bis 2000 m^3.

Man verwendet Schrämmaschinen hauptsächlich beim Abbau, aber auch in der Vorrichtung. Die Abbaumaschinen heißen Strebschrämmaschinen, und die zum Vortreiben von Strecken in der Kohle und zum Auffahren von Aufhauen verwendeten Maschinen heißen Streckenvortriebmaschinen. Die Strebschrämmaschinen werden in der Regel so gebaut, daß sie auch als Streckenvortriebmaschinen brauchbar sind; jedoch baut man auch besondere Streckenvortriebmaschinen.

Die Schrämleistung ist sehr verschieden, je nach der Härte der Kohle; sie steigt bis 50 m^2 stündlich unterschrämter Fläche.

Abb. 507 zeigt eine eingeschwenkte Stangenschrämmaschine, die aus dem Antriebe *a*, dem Schrämkopf *b* nebst Schrämstange *c*, der Winde *d* und dem Schlitten *e* nebst Anlaufbügel *f* besteht. Die Schrämmaschine, die auf der einen Seite am Stoß, auf der anderen an Stempeln geführt wird, treibt sich selbst mittels eines Seiles vor, das an der Maschine oder am Schlitten angeschlagen ist und über eine lose, an einem Stempel befestigte Rolle zur Winde geführt wird. Der erforderliche Zug beträgt etwa 3 t. Der Schrämvorschub

---

[1] Vgl. Ziffer 233.

[2] Vgl. über den Einsatz von Schrämmaschinen: Vogel: Ermittelung der Wirtschaftlichkeitsgrenzen für den Einsatz von Schrämmaschinen mit Hilfe von Arbeitszeitstudien. Glückauf 1941, S. 1; ferner: Wilde: Der Einsatz von Schrämmaschinen. Glückauf 1941, S. 5.

[3] Eine umfassende Darstellung der Schrämmaschinen gibt H. Hoffmann: Bau und Handhabung der deutschen Schrämmaschinen. I u. II. Glückauf 1927, Nr. 28 und 29; 1928, Nr. 31.

muß größer oder kleiner einstellbar sein, je nach der Schärfe der Schrämpicken und ob man weiche oder harte Kohle oder gar Schwefelkieseinlagerungen schrämt. Man schrämt in der Regel bergauf, weil dabei das Schrämklein am besten entfernbar ist. Soll die Maschine umgekehrt wie gezeichnet schrämen, so ist die lose Rolle auf der entgegengesetzten Maschinenseite anzubringen. Um harte oder Schwefelkies führende Kohle zu schrämen, verwendet man Picken aus legiertem Stahl oder Picken mit Hartmetallauflagen, z. B. Widia. Normal schrämt man mit 2,5 m/s Schnittgeschwindigkeit. Bemerkenswert ist, daß man sich mit der Schnittgeschwindigkeit nicht nach der Härte der Kohle richtet, sondern harte und weiche Kohle etwa gleich schnell schrämt, dafür aber bei harter Kohle einen kleineren Vorschub einstellt als bei weicher.

Die S c h r ä m s t a n g e n haben Gewinde, welches das Schrämklein abführt. Rechtes Gewinde ist normal. Die rechts gewundene Schrämstange muß auch rechts herum, d. h. nach der Stangenspitze gesehen uhrweis schneiden, während die links gewundene Stange dem Uhrzeiger entgegengesetzt laufen muß. Die in Abb. 507 dargestellte, rechts gewundene, rechts herum schneidende Stange schneidet u n t e r g ä n g i g, d. h. von unten nach oben. Schwenkt man sie um 180°, so daß sie links der Maschine schrämt, so schneidet sie wieder rechts herum, aber nunmehr o b e r g ä n g i g, d. h. von oben nach unten. Schrämt man bergauf in gleichmäßig harter Schicht, so ist die Schrämwirkung bei untergängigem und obergängigem Schneiden dieselbe. Nur verläuft, wenn über dem Schram eine weichere Schicht liegt, die obergängig schneidende Stange in diese, während sich die untergängig schneidende Stange in diesem Falle besser hält. Ferner ist die Rückwirkung auf die Maschine zu beachten. Die obergängig schneidende Stange hebt die Maschine, wenn diese zu leicht ist, hoch, so daß der Schram klettert.

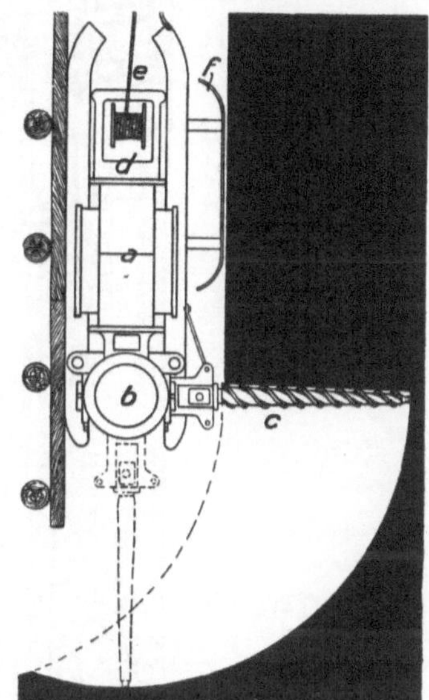

Abb. 507. Eingeschwenkte Schrämmaschine.

Die S c h r ä m k e t t e ist im Aufbau und in der Wirkung von der Schrämstange wesentlich verschieden. Sie besteht aus den Pickenhaltern und den gelenkig daran befestigten Verbindungslaschen. Das treibende Kettenrad sitzt am Schrämkopf, das Umlenkrad am Ende des Kettenarmes, der auf dem schwenkbaren Schrämkopfunterteil verschiebbar ist, damit sich die Kette spannen oder lösen läßt. Die Kette liegt innen im Kettenarm auf, so daß infolge des aufzunehmenden Anpressungsdruckes der Picken bei der üblichen Kettengeschwindigkeit von 2,5 m/s ein nicht unbeträchtlicher Reibungsverlust entsteht, den man durch in die Kette eingebaute Rollen vermindert.

Bei den Pickenhaltern sind die Löcher so versetzt, daß sich die Picken über die Schramhöhe verteilen. Der erzeugte Schram wird etwa 120 mm hoch. Die Picken werden durch Schrauben festgehalten, die so gegen die Picken drücken, daß sie mit ihrem Rücken am Pickenhalter anliegen. Die Schrämkette muß immer so laufen, daß die schneidenden Picken aus dem Schram heraustreten, wobei die Maschine gegen den Stoß gezogen wird. Beim Schrämen am linken Stoß muß also die Kette umgekehrt laufen wie am rechten Stoß, und die Schrämpicken sowohl als auch ihre Halteschrauben müssen entgegengesetzt sitzen.

Bei der Kette schneiden die Picken nicht nur einen niedrigeren Schram als bei der Stange, sondern wirken auch günstiger, weil sie einen langen, geraden Weg im Schram bleiben, so daß sie mehr reißen, weniger mahlen. Deshalb ist das Schrämklein bei der Kette gröber als bei der Stange. Vorteilhaft ist auch, daß die Kette die Maschine gegen den Stoß zieht, weil dadurch der Ausbau geschont wird. Während es ferner bei der Stange nötig ist, den Schram besonders zu räumen, tut dies die Kette selbst. Voraussetzung ist aber immer, daß die Kette imstande ist, einen geraden Schram zu schrämen, in dem sie sich nicht klemmt. Das Liegende darf also nicht wellig oder bucklig sein. Ferner darf man den Schrämkopf nur wenig heben, um den Schram höher zu legen, während nichts im Wege steht, daß man die Spitze des Kettenarmes hebt oder senkt, um einen seitlich gegen das Liegende geneigten Schram zu schneiden.

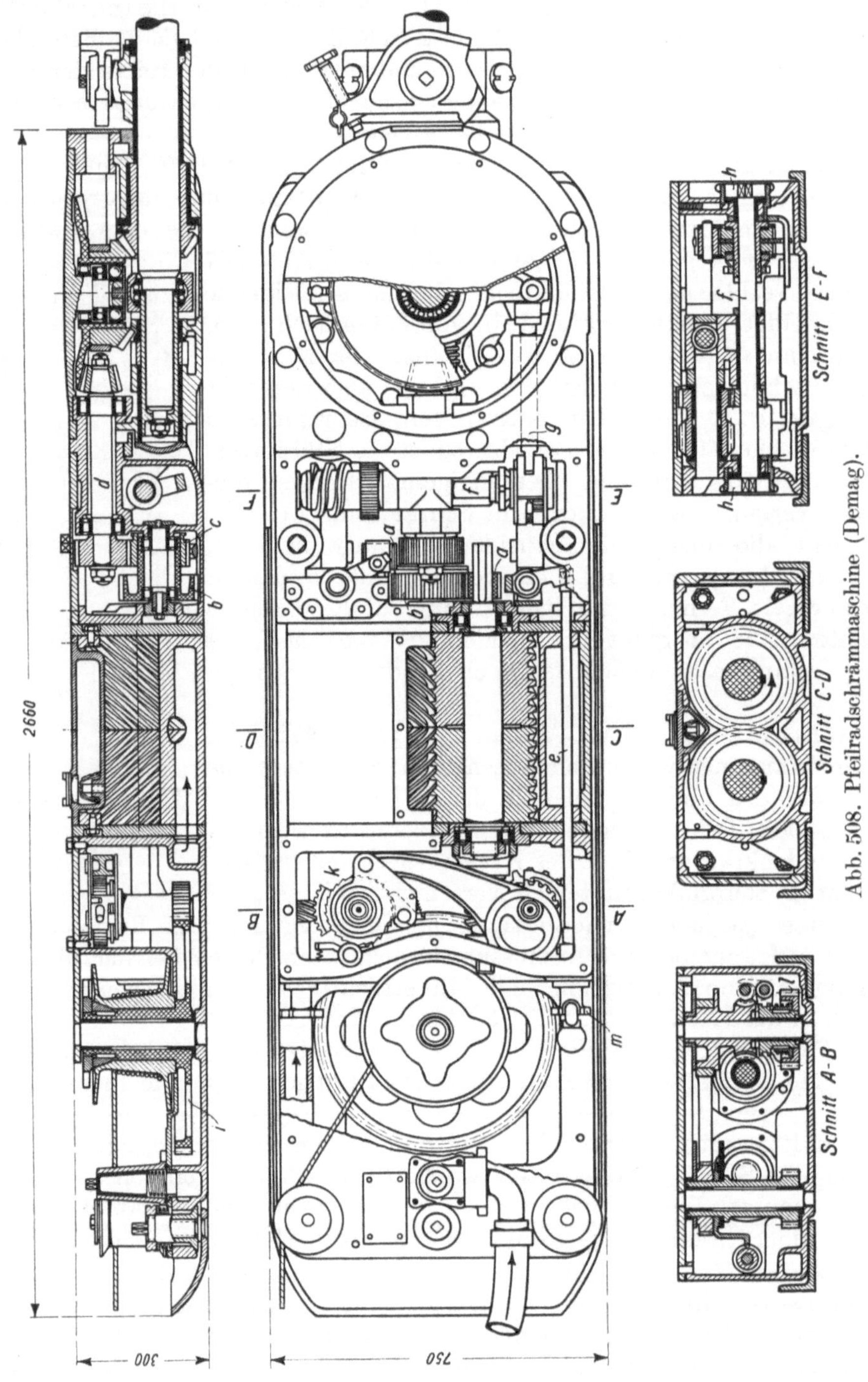

Abb. 508. Pfeilradschrämmaschine (Demag).

Abb. 508 veranschaulicht den Aufbau einer schweren Schrämmaschine mit Pfeilradmotorantrieb. Die Maschine, die für Schrämstange und -kette gebaut wird und sich bei der Kettenausführung nur im Schrämkopf von der Abb. 508 unterscheidet, hat nur 300 mm Bauhöhe; ihr Motor leistet 50 PS bei $n = 1500$. Sie ist auf dem Schlitten in

3 Stützpunkten gelagert, die jeder für sich verstellbar sind. Die Windentrommel ist stehend angeordnet, so daß es möglich war, ihr einen größern Durchmesser als üblich zu geben und ferner das Zugseil günstig über eine Lenkrolle den Stoß entlang zu führen. Die mechanische Schwenkung ist selbständig angetrieben und nicht vom Windwerk abgeleitet.

Der Pfeilradmotor treibt über die zur Umkehrung der Drehrichtung wechselweise ausrückbaren Ritzel *a* das Rad *b* einer Vorgelegewelle, die über das Ritzel *c*, die hochliegende Welle *d* und mehrere Kegelräderpaare die Schrämstange dreht. Um die Schrämstange auszurücken, bringt man das verschiebbare Ritzel *c* mit Hilfe der Schaltstange *e* außer Eingriff. Auf die ausgezeichnete Wälzlagerung der Kegelräder und die sehr lange Lagerung der Schrämstange, welche die für ihre Hin- und Herbewegung notwendige Brücke in der Mitte der Lagerung trägt, sei hingewiesen.

Das Schwenkwerk erhält seinen selbständigen, vom Windwerk unabhängigen Antrieb dadurch, daß die Schwenkwelle *f* vom Schrämkopf her durch den Stößel *g* mit Hilfe eines Klinkwerkes getrieben wird, und zwar derart, daß sie, durch die Handräder *h*

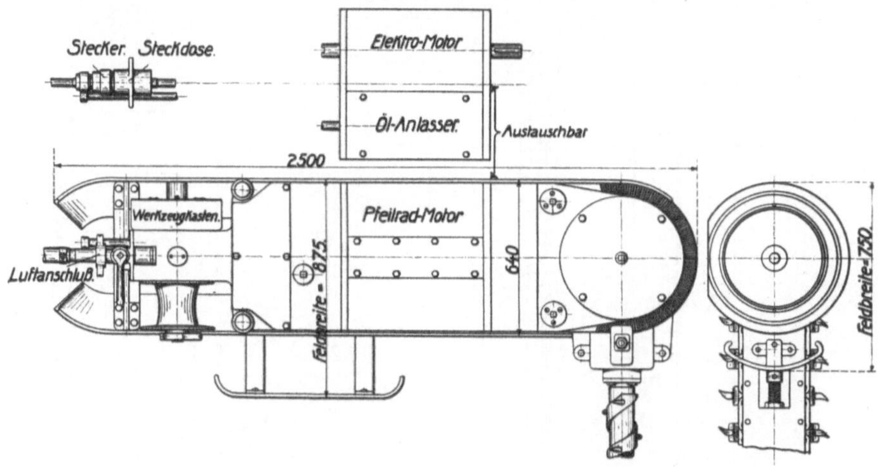

Abb. 509. Schrämmaschine mit austauschbarem Schrämkopf und Motor.

einstellbar, eine Schwenkung von 200° nach rechts oder links mit vierfach abstufbarer Geschwindigkeit bewirkt. Man kann auch von Hand schwenken, indem man die Schwenkwelle *f* mit einem Schlüssel dreht. Am Ende wird die Schwenkung selbsttätig unterbrochen. Zum Schutz gegen übermäßige Beanspruchung sind einstellbare Schleifkupplungen eingebaut.

Über den Vorschub der Schrämmaschine sei folgendes bemerkt: Die Trommel der Winde ist mit der Nabe ihres Antriebrades *i* durch eine Schleifkupplung verbunden. Vom Motor her wird ein Schneckengetriebe gedreht, das beim Schrämen über das Klinkwerk *k* wirkt, während bei der Schnellfahrt das Stirnrad *l* unmittelbar in das Antriebrad *i* der Windentrommel eingreift. Mit Hilfe des Klinkwerks kann man durch das Handrad *k* den Schrämvorschub in 6 Stufen von 0 bis 50 m stündlich einstellen. Um Schnellfahrt zu erhalten, dreht man das Handrad *m*, wodurch das Stirnrad *l* mit dem antreibenden Schneckenrade gekuppelt wird, und zwar nachgiebig, damit Überlastung vermieden wird; zur Verhütung von Gefahr kann die Schnellfahrt nur eingeschaltet werden, wenn die Schrämstange ausgerückt ist.

Außer der üblichen Schmierung mit Öl oder durch ein Gemisch von Fett und Öl ist für die schnellaufenden Kugel- und Rollenlager eine Schmierung von besonderer Art vorgesehen. In diese Lager wird nämlich unter hohem Druck Fett durch eine Spritze eingepreßt, die man an die staubdicht verschlossenen Nippel mit Bajonettverschluß ansetzt.

Aus Abb. 509 ist die Austauschbarkeit des Stangen- und des Kettenschrämkopfes ersichtlich. Von der gleichfalls dargestellten Austauschbarkeit des Elektromotors und des Druckluftpfeilradmotors ist man wieder abgekommen, da der Raumbedarf des Pfeilradmotors geringer als der des elektrischen Antriebs ist. Eine für Austausch eingerichtete Pfeilradschrämmaschine müßte sonst länger als erforderlich gebaut werden.

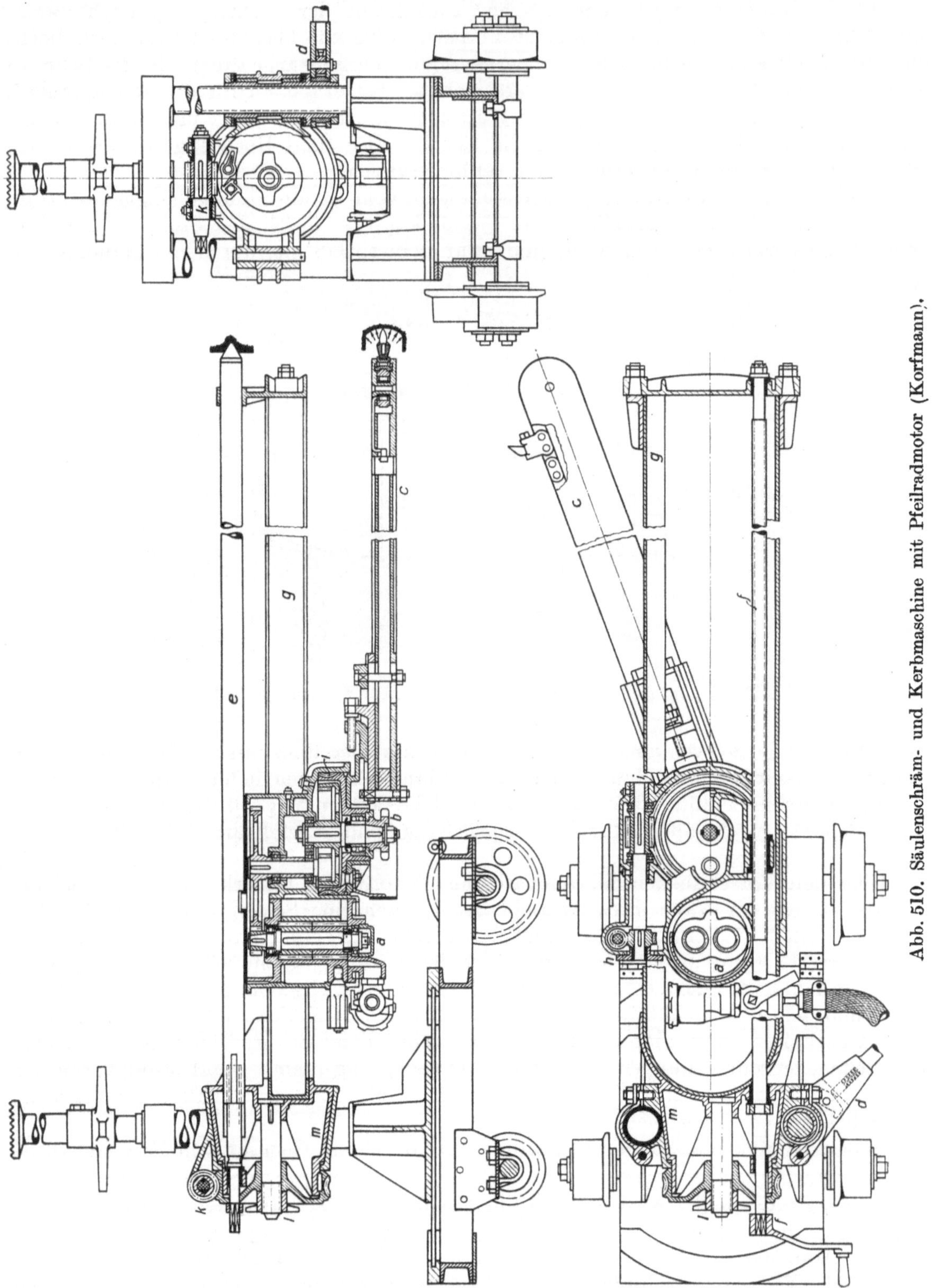

Abb. 510. Säulenschräm- und Kerbmaschine mit Pfeilradmotor (Korfmann).

Zu den leichten Schrämmaschinen gehören die Kohlenschneider, die sich von der normalen Bauart wesentlich dadurch unterscheiden, daß das mit einem eigenen Motor ausgerüstete Windwerk mit der eigentlichen Schrämmaschine vereint oder getrennt verwendet werden kann. Die Schrämmaschine selbst ist leicht, aber stark. Das geringe Gewicht und die Trennbarkeit von Winde und Maschine machen den Kohlenschneider beweglich und vielseitig anwendbar.

Die in Abb. 510 gezeigte Säulenschrämmaschine wird in erster Linie als Streckenvortrieb- und Kerbmaschine gebraucht. Sie wird wie in der Abbildung gleisfahrbar oder mit Raupentriebwerk hergestellt. Als Antriebsmotor dient ein Pfeilradmotor *a* (18,5 PS, $n = 3000$ bei 4 atü), der über ein doppeltes Vorgelege das Antriebsrad *b* der im Schrämarm *c* gelagerten Schrämkette treibt. Der Schrämarm ist umsteckbar und mit einer Kettenspannvorrichtung ausgerüstet. Die Höhenverstellung der Maschine erfolgt mit Hilfe der Knarre *d* an der rechten, als Gewindespindel ausgeführten Tragsäule. Mit der Stützdornspindel *e* wird die Maschine am Stoß abgestützt. Das Maschinengehäuse mit Schrämarm ist durch Drehen der Spindel *f* auf dem Ausleger *g* zu verschieben. Über die beiden Schneckentriebe *h* und *i* kann der Schrämarm um 180° um die Achse des Kettenantriebsrades *b* geschwenkt werden. Der Schneckentrieb *k* ermöglicht ein beliebiges Schwenken des Auslegers *g* mitsamt der Maschine um die Horizontalachse, so daß man waagerecht schrämen und schräg oder senkrecht kerben kann. Nach dem Schwenken wird der Ausleger durch Anziehen der Mutter *l* in der Kegelführung *m* festgelegt. Die Maschine wiegt 1000 kg und liefert bei 90 bis 120 mm Schramstärke eine Schrämtiefe bis zu 2 m. Die niedrigste Schrämlage beträgt 240 mm.

Säulenschrämmaschinen werden in ähnlicher Form von verschiedenen Firmen gebaut. Bemerkenswert ist die Sonderausführung des Schrämarmes der Fa. Eickhoff, der mit verbreiterter Umkehr der Kette arbeitet, wodurch die Umkehrgeschwindigkeit der Meißelschneide herabgesetzt wird. Gleichzeitig wird erreicht, daß schon nach bedeutend geringerer Einfahrtiefe stets eine Schneide im Eingriff bleibt. Dadurch wird ein ruhiges, schlagfreies Einfahren des Schrämarmes erzielt.

XXVI. Druckluftmaschinen der Förderung.

249. Überblick. Der folgende Abschnitt umfaßt nur die eigentlichen Antriebe, wie Haspel, Rutschenmotoren und Bandrollen. Über Ausführung, Einrichtung und Anwendung der Fördermittel, insbesondere der Rutschen-, Band-, Brems-, Wendelrutschen-, Seiger- und Blindschachtförderungen vgl. Heise-Herbst, Bd. 2[1]. Die mechanischen Verhältnisse der einzelnen Förderarten sind ausführlich behandelt in Maercks: Bergbaumechanik[2]. Die Druckluftlokomotiven werden in einem besonderen Abschnitt erläutert.

250. Förderhaspel und Schlepperhaspel. Förderhaspel sind kleiner als Schachtfördermaschinen und heben kleinere Last mit geringerer Geschwindigkeit aus kleinerer Teufe. Sie sind mit Trommeln oder häufiger mit Treibscheiben ausgerüstet, die meist mit Unterseil fördern. Der antreibende Motor dreht die Trommelwelle durch ein oder zwei Zahnrädervorgelege; die Bremse muß aber auf die Trommelwelle wirken, weil die auf eine Vorgelegewelle wirkende Bremse im Falle eines Zahnbruches versagt. Die Bremse, die als Bandbremse oder als Doppelbackenbremse ausgeführt wird, wird durch das Bremsgewicht dauernd angezogen; um zu fahren, muß der Maschinist die Bremse durch einen Fußtritthebel lüften. Wenn mit dem Haspel niedergehende Lasten abgebremst werden, muß das Vorgelege ausrückbar sein, oder man bremst, indem man den Motor als Kompressor laufen läßt, wie es in Ziffer 236 erläutert wurde. Für Seilfahrt sind Teufenzeiger

---

[1] Vgl. auch Eickmann: Z. d. V. d. I. 1940, S. 589.

[2] 2. Aufl. Berlin: Springer 1940.

und Schelle vorgeschrieben[1]; häufig wird verlangt, daß beim Übertreiben der Teufenzeiger ein Fallgewicht auslöst, das die Bremse aufwirft, ferner, daß beim stillstehenden Haspel die Bremse mittels Handrades und Schraubengetriebes festgelegt werden kann. Bremsberechnung siehe Ziffer 165 und 173.

Bei der Bremsbergförderung, die in der Regel eintrümig ist, derart, daß das Gegengewicht unten läuft, hängt die Last, die der Haspel ziehen kann, vom Einfallen ab. Zieht

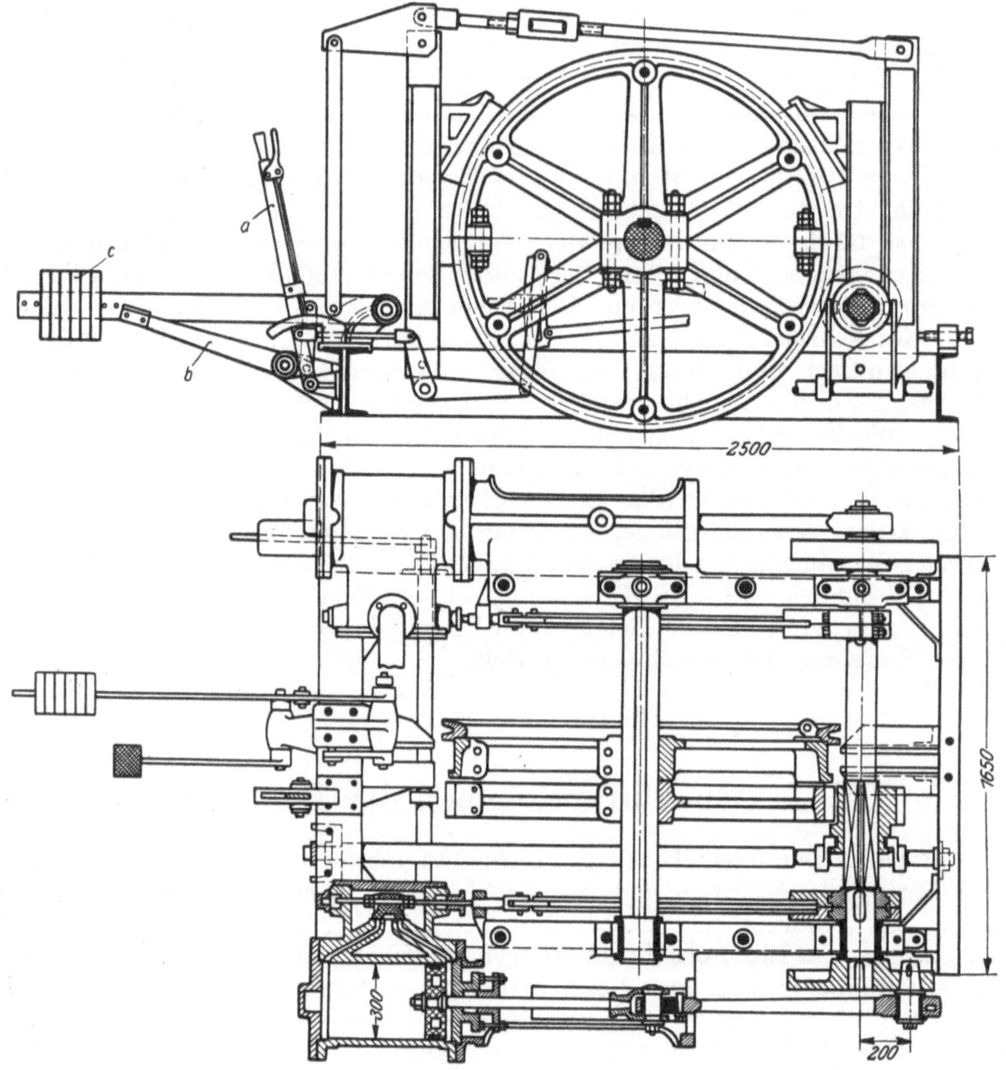

Abb. 511. Treibscheibenförderhaspel mit Zwillingsmotor (A. Beien, Herne).

der Haspel senkrecht G kg, so zieht er beim Einfallwinkel α, von der Reibung abgesehen, $G:\sin\alpha$ kg. Theoretisch würde er bei einem Einfallen von 75^0 $1{,}035 \cdot G$ kg ziehen, bei 60^0 $1{,}155 \cdot G$ kg, bei 45^0 $1{,}415 \cdot G$ kg, bei 30^0 $2 \cdot G$ kg, bei 15^0 $3{,}86 \cdot G$ kg. Praktisch wird die Zugkraft geringer, da die Reibung zu berücksichtigen ist. Als Anhalt dienen folgende Zahlen, die A. Beien, Herne, angibt: Zieht der Haspel senkrecht 1000 kg, so zieht er bei 75^0 Einfallen 1020 kg, bei 60^0 1130 kg, bei 45^0 1370 kg, bei 30^0 1920 kg, bei 15^0 3660 kg[2].

[1] Vgl. Ziffer 166.

[2] Ein zeichnerisches Verfahren zur Auffindung der Bremskraft bzw. der Haspelzugkraft gibt Dipl.-Ing. Weih an: Förderung auf schiefer Ebene. Bergbau 1927, Nr. 50 und 51. Vgl. ferner Glückauf 1927, Nr. 9.

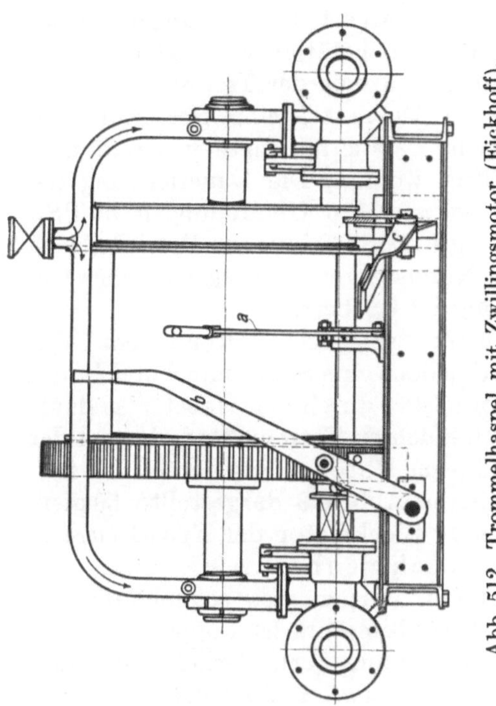

Abb. 512. Trommelhaspel mit Zwillingsmotor (Eickhoff).

Bei der Blindschacht- oder Stapelförderung, die eintrümig mit Gegengewicht, das Förderkorb und halbe Last ausgleicht, oder zweitrümig ausgeführt wird, tragen die Förderkörbe meist nur einen Wagen. Der Haspel wird entweder über dem Stapel oder neben dem Stapel aufgestellt; im letzteren Falle sind oben im Stapel Seilscheiben einzubauen.

Die am Seile gemessene Haspelleistung wird in Seil-PS angegeben. Die effektive Motorleistung, d. h. die an der Motorwelle abgegebene Leistung muß größer sein, weil der Motor noch die Reibung in den Vorgelegen überwinden muß.

Zum Antrieb der Haspel dienen in Schlagwettergruben hauptsächlich Druckluftmotoren, daneben schlagwettersichere Elektromotoren. Im folgenden sind nur Haspel mit Druckluftantrieb besprochen[1].

Abb. 511 zeigt eine früher ausschließlich, heute nur noch für große Leistungen angewen-

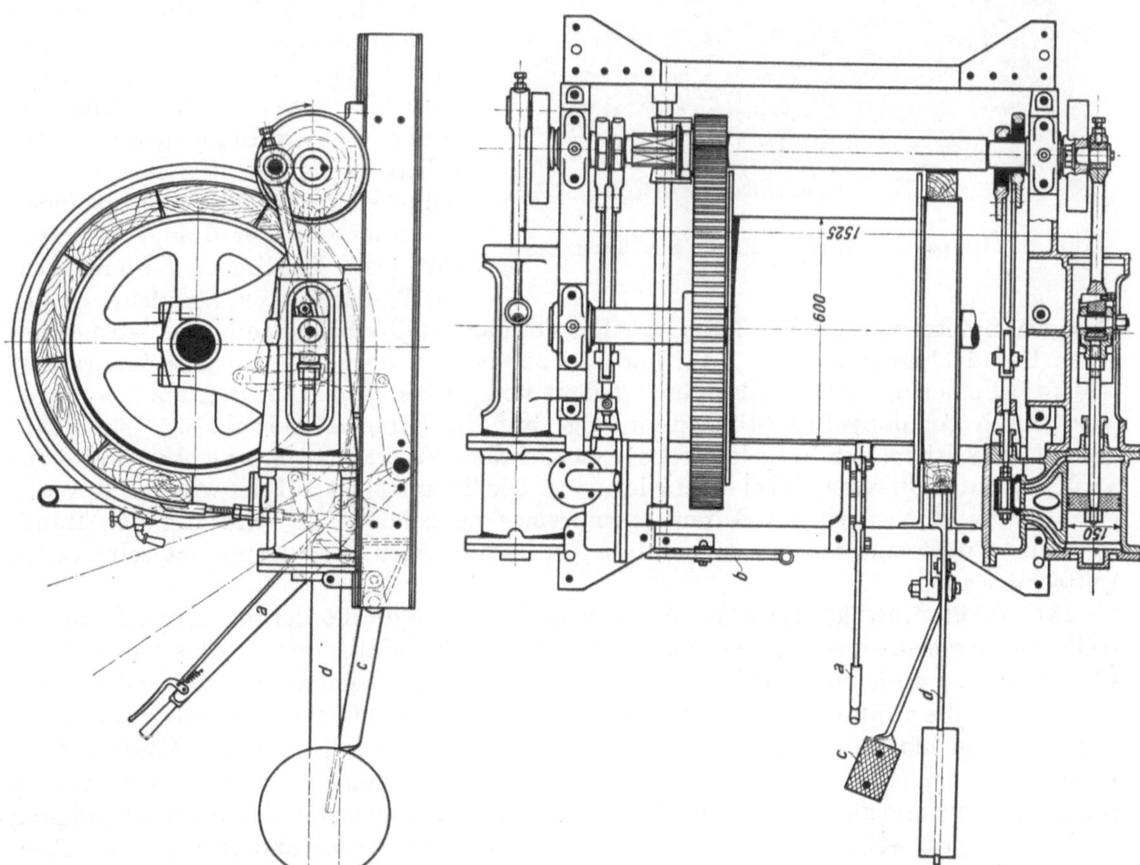

dete Bauart, bei welcher der Antrieb durch einen Zwillingsmotor erfolgt. Die Luft-

[1] Haspel mit elektrischem Antrieb siehe Ziffer 173.

zylinder werden durch die in der früheren Abb. 147 dargestellte Stephensonsche Kulissensteuerung gesteuert, die durch den Steuerhebel *a* betätigt wird. Die Kurbelwelle ist über ein ausrückbares Vorgelege (Übersetzung 1 : 5) mit der Treibscheibenwelle verbunden. Treibscheibe und Bremskranz sind vereinigt. Die mittels eines Spannschlosses nachstellbare Doppelbackenbremse wird vom Gewicht *c* dauernd angezogen und muß während des Betriebes durch den Fußtritt *b* gelüftet werden. Die Dauerleistung des Motors von 300 mm Zylinderdurchmesser beträgt bei $n = 120$ Umdrehungen 84 PS_e. Er braucht je PS_e stündlich etwa 45 m^3 angesaugte Luft bei einem Betriebsdruck von 4 atü. Der Haspel zieht senkrecht am Seil eine Nutzlast von 2740 kg mit einer Geschwindigkeit von 1,89 m/s, so daß seine Seilleistung 69 PS beträgt.

Abb. 512 zeigt einen Drucklufthaspel von Eickhoff, der gleichfalls von einem Zwillingsmotor mit Stephensonsteuerung angetrieben wird, jedoch eine Seiltrommel und Bandbremse besitzt. Die Betätigung des ausrückbaren Vorgeleges durch den Hebel *b* ist deutlich erkennbar. Bei dem durch die Abb. 513 veranschaulichten Trommelförderhaspel der Firma Beien dient der in der früheren Abb. 473 dargestellte 50pferdige Blockmotor der Frankfurter Maschinenbau A.-G. zum Antrieb. Wegen des schnellaufenden Antriebsmotors ist doppelte Räderübersetzung erforderlich, die insgesamt etwa 1 : 25 beträgt.

Abb. 513. Haspel von A. Beien, Herne, mit Blockmotor der FMA.

Bei kleinen Haspeln, wie sie als Schlepperhaspel oder Mitnehmerhaspel angewendet werden, ist der mit Wechselschiebersteuerung arbeitende Zwillingsdruckluftmotor vollständig durch den eine viel geschlossenere Bauart gestattenden Zahnradmotor verdrängt worden. Für große Leistungen bewährt sich der Pfeilradmotor, für kleine ist der Geradzahnmotor vorzuziehen[1]. Der in Abb. 514 dargestellte Schlepperhaspel wird durch einen Geradzahnmotor von 10,5 PS und $n = 2200$ angetrieben. Die mittlere Zugkraft ist 700 kg bei einer mittleren Seilgeschwindigkeit von 0,9 bis 1 m/s. Die Drehzahl des Motors wird durch ein doppeltes Stirnradvorgelege auf die Trommeldrehzahl $n = 65$ herabgesetzt. Das Ritzel der Vorgelegewelle *a* ist auf dem Vierkant *b* verschiebbar und dient als Kuppelung, die vom Hebel *c* betätigt wird. Die Trommel ist auf der Welle *d* fest aufgekeilt. Die Bremse ist als Seitenbackenbremse ausgeführt; sie wird mit der Handschraube *e* über eine zwischengeschaltete Feder angezogen. Der Motor hat selbsttätige Luftschmierung.

251. Schüttelrutschenantriebe. Wenn auch ansteigende Förderung möglich ist, so stellt im allgemeinen söhlige Förderung den einen Grenzfall, unter 20 bis 24° fallende Förderung den anderen Grenzfall dar. Bei dem in der Förderrichtung erfolgenden Hingange wird die Rinne nebst dem Fördergut beschleunigt, bis sie gegen einen durch ein Luftpolster gebildeten Anschlag stößt und so stark gehemmt wird, daß das Fördergut die Reibung an der Rinne überwindet und in der Förderrichtung vorrutscht, während die Rinne umkehrt und zurückgeht. Die der Rinne beim Hingang zu erteilende Beschleunigung darf nur so groß sein, daß die Haftreibung zwischen Fördergut und Rinne nicht überwunden wird. Ist die Haftreibungszahl μ, so ist bei söhliger Förderung an das G kg wiegende Fördergut höchstens die Kraft $P = \mu G$ übertragbar, und es wird die größte er-

[1] Ausführliche Behandlung der Motoren in Abschnitt XXIV.

reichbare Beschleunigung $b = \mu \cdot g$ m/s², z. B. für $\mu = 0{,}4 \approx 4$ m/s². Wird die Rinne bei der Geschwindigkeit v m/s gestoppt, so rutscht das Fördergut um das Stück $s = v^2 : 2\mu g$ Meter vor, wobei die aufgenommene Wucht durch die Reibungsarbeit aufgezehrt wird. Beim Beginn des Rutschens ist die Haftreibung, während des Rutschens die kleinere Gleitreibung zu überwinden; für Kohlen ist die Haftreibungszahl $\mu = 0{,}3$ bis 0,4. Die Beschleunigung beim Hingang geht im allgemeinen nicht über 2 bis 2,5 m/s² hinaus; die Endgeschwindigkeit der Rutsche ist vielfach etwa 1 m/s.

Bei fallender Förderung lastet das Fördergut mit geringerem Drucke auf der Bahn, und die in der Förderrichtung wirkende Komponente seines Gewichtes tritt treibend

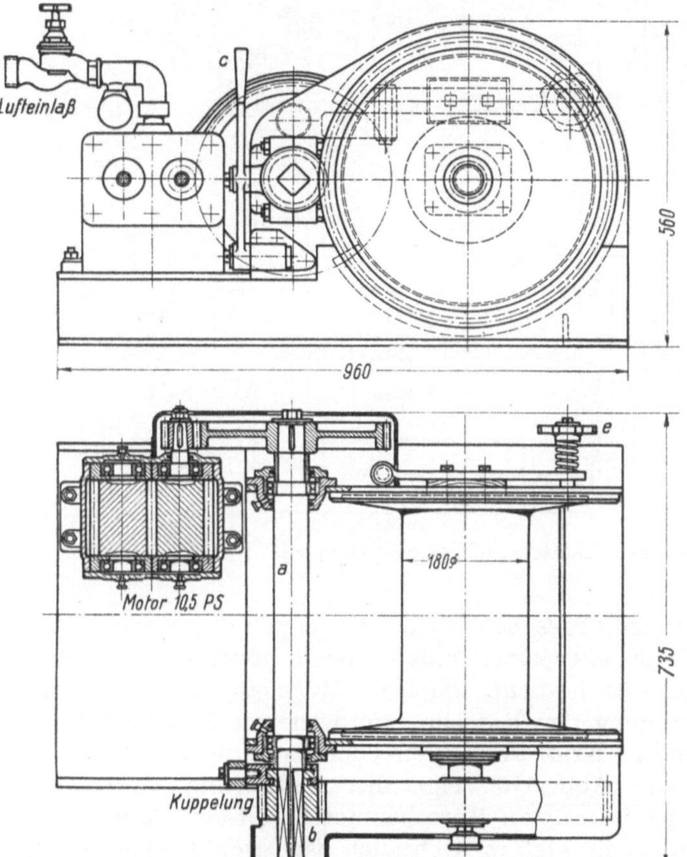

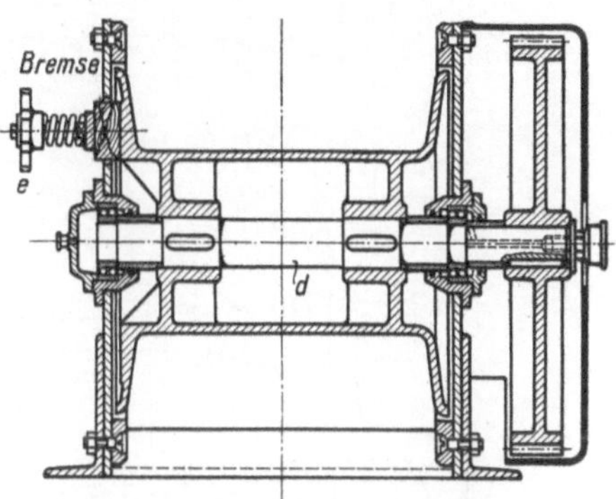

Abb. 514. Schlepperhaspel mit Geradzahnmotor von 10,5 PS (Düsterloh).

hinzu, so daß das Fördergut leichter und weiter rutscht. Infolgedessen braucht die Rinne bei derselben Förderleistung um so kleineren Hub, je stärker die Förderung fällt.

Man hat einfach- und doppeltwirkende Druckluftantriebe für Schüttelrutschen. Bei fallender, über 8° geneigter Förderung braucht der einfachwirkende Motor die Rinne nur im Einfallen zurückzuziehen, worauf sie durch die Schwerkraft getrieben vorgeht, bis sie wieder vom Motor aufgefangen und zurückgetrieben wird. Um auch bei söhliger oder schwach fallender Förderung mit einfachwirkendem Motor zu fördern, wird die Rinne so an Ketten aufgehängt oder so auf einer Rollbahn geführt, daß sie beim Rückgange hochgezogen wird, damit sie von der Schwerkraft getrieben wieder vorfällt. Oder man verbindet das Ende der Rinne, an dem der Motor nicht angreift, mit einem Gegenzylinder, dessen eine Seite dauernd unter Druckluft steht, oder der als Gegenmotor gesteuert wird. Der Kolben des Gegenzylinders, der beim Rückgange der Rinne gegen den Druck der Luft herausgezogen wird, treibt die Rinne beim Hingange. Der bedeutsame Vorteil des einfachwirkenden Antriebes ist, daß die Rinne nebst ihren Verbindungen nur in einer Richtung beansprucht wird. Der doppeltwirkende Motor hat zwei einfachwirkende Kolben von verschiedenem Durchmesser: der große treibt die Rinne zurück, der kleine treibt sie vor, bis sie wieder vom großen Kolben aufgefangen und zurückgetrieben wird; dabei wird die Rinne auf Zug und Druck beansprucht. Bei stärker fallender Förderung hört praktisch der Unterschied zwischen einfach- und doppeltwirkendem Antriebe auf, indem man die zum kleinen Kolben tretende Druckluft so stark drosselt, daß der kleine Kolben sehr wenig wirkt.

Hinsichtlich des Luftverbrauches ist es gleichgültig, ob man mit einfachwirkendem Motor und mit Gegenzylinder oder mit Gegenmotor arbeitet, oder ob man einen doppeltwirkenden Motor benutzt, der die Vereinigung des einfachwirkenden Motors mit dem

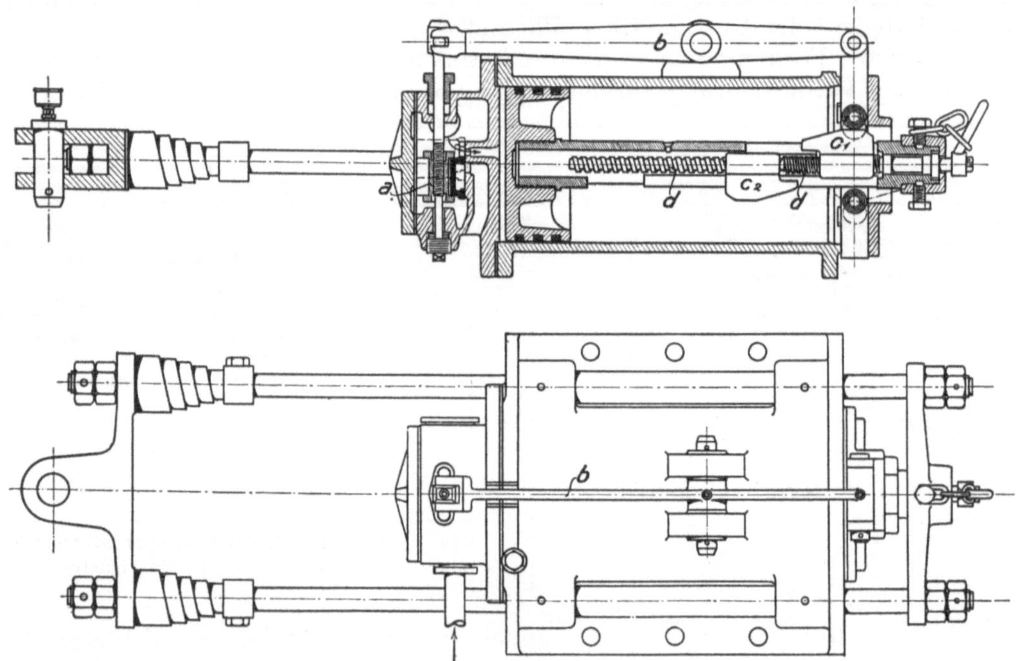

Abb. 515. Einfachwirkender Schüttelrutschenmotor (Eickhoff).

Gegenmotor darstellt. Von Undichtheiten abgesehen hat der Gegenzylinder keinen Luftverbrauch; der Hauptmotor hat dafür aber einen entsprechend höheren Verbrauch, weil er einen größeren Kolbenquerschnitt braucht, um beim Rückgang neben der zur Bewegung der Rutsche erforderlichen Kraft noch die ständige Kraft des Gegenzylinders zu überwinden.

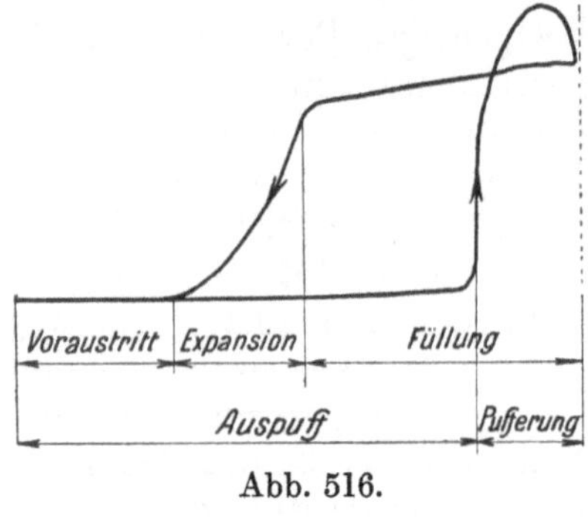

Abb. 516.

Die Abb. 515 zeigt die Ausführung eines einfachwirkenden Rutschenmotors älterer Bauart, der aber noch viel in Gebrauch ist. Der Kolben greift mittels hohler Kolbenstange an der hinteren Brücke an, die mit der an der Rutsche angreifenden vorderen Brücke durch Umführungsstangen verbunden ist. Die Druckluft wird zwangläufig durch den Muschelschieber a gesteuert, der durch den Hebel b mittels der Nocken c_1 und c_2 bewegt wird, die als Wandermuttern auf der in der hohlen Kolbenstange gelagerten Schraubenspindel d sitzen. In der gezeichneten Stellung ist der Schieber a durch den Nokken c_1 gerade auf Einlaß gestellt worden, so daß der Kolben, der auf die ihm entgegenströmende Druckluft stößt, die Rutsche abfängt und zurücktreibt, bis der Nocken c_2 den Schieber a auf Auslaß einstellt, worauf die Rutsche ausschwingt und wieder zurückfällt. Der Rutschenhub ist kleiner und größer einstellbar, indem man die mit Differentialgewinde versehene Spindel d dreht, wodurch die Nocken c_1 und c_2 einander genähert oder voneinander entfernt werden. Abb. 516 zeigt das Diagramm des Motors, dessen Verlauf sich je nach der eingestellten Hubgröße ändert; je kleiner der Hub, um so kleinere Füllung wird eingestellt, um möglichst wenig Luft zu brauchen.

Der neue einfachwirkende Motor von Eickhoff weist die gleiche Anordnung mit Umführungsstangen auf. Dadurch wird auf der Druckseite eine Stopfbüchse vermieden und die zur Pufferung erforderliche Verdichtung unbedingt gesichert; ferner werden alle eckenden Kräfte vom Kolben ferngehalten und damit ein einseitiger Verschleiß des Kolbens und Zylinders vermieden. Die Steuerung des neuen Motors ist als entlastete Stufenkolbenschiebersteuerung ausgeführt, die im Gegensatz zur alten Ausführung rein kraftschlüssig bewegt wird. Ein beim Hingang zwangsläufig vom Kolben, beim Rückgang kraftschlüssig von der Druckluft bewegter Hilfsschieber dient als Vorsteuerung für den Hauptschieber (vgl. Abb. 525).

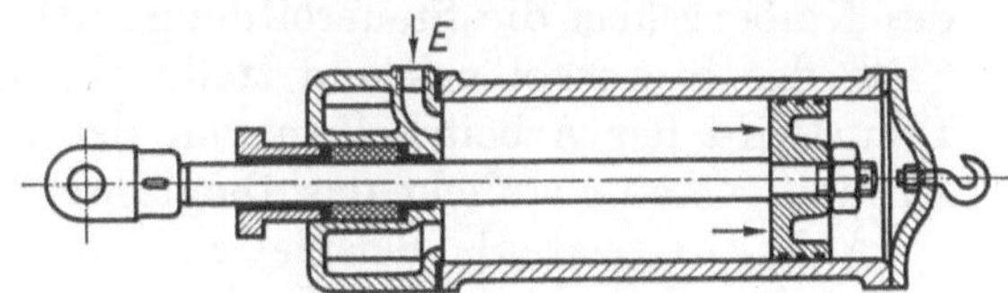

Abb. 517. Druckluft-Gegenzylinder für söhlige Rutschen (Frölich & Klüpfel).

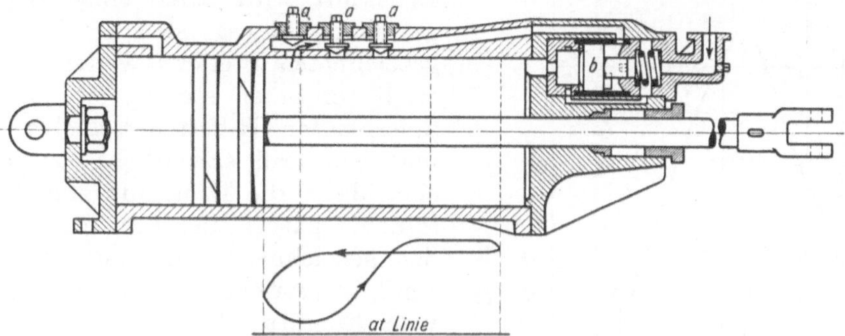

Abb. 518. Gegenmotor Bauart Klerner.

Gegenzylinder werden als Feder- oder als Luftzylinder ausgebildet. Federzylinder wirken mit veränderlicher Kraft. Die hochbeanspruchten Federn sind richtig zu dimensionieren, um einem vorzeitigen Bruch vorzubeugen. Der Luftgegenzylinder nach Abb. 517 (150 bis 200 mm Durchmesser) arbeitet mit ständig gleicher Kraft; die Druckluft pulsiert durch den Einlaß E zwischen Zylinder und Druckluftleitung.

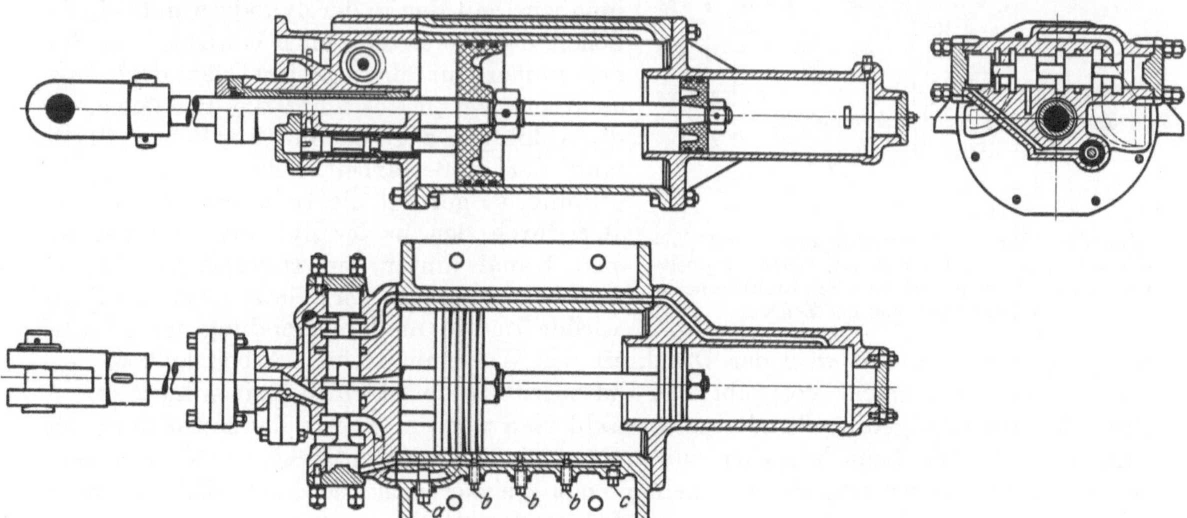

Abb. 519. Doppeltwirkender Schüttelrutschenmotor der Flottmann A.-G., Herne.

Bei dem in Abb. 518 dargestellten Gegenmotor der Bohrmaschinenfabrik Glückauf (Gelsenkirchen), Bauart Klerner, wird die Steuerung nicht mechanisch sondern von einem freifliegenden Steuerkolben b betätigt, der einerseits von der Frischluft, andererseits von der Kompressionsluft beaufschlagt wird. Der Kompressionsdruck treibt den Steuerkolben b nach rechts und öffnet damit den Eintritt für die Arbeitsluft. Der Hub des Arbeitskolbens wird durch die Steuerschrauben a eingestellt. Beim Überschleifen des Kolbens über die Steueröffnung tritt die Druckluft aus dem Zylinder auf die rechte Seite des Steuerkolbens und treibt ihn nach links, damit die Luftzufuhr absperrend. Dann wird der Arbeitskolben von der Rutsche zurückgezogen. Den Druckverlauf im Zylinder veranschaulicht das Diagramm.

Abb. 519 zeigt als Beispiel eines doppeltwirkenden Rutschenmotors den Flottmannschen Rutschenmotor, der bis 400 mm Durchmesser gebaut wird. Der große Kolben fängt die Rutsche auf und zieht sie zurück. Der kleine Kolben treibt die Rutsche vor. Der Raum zwischen den beiden Kolben steht mit der Atmosphäre in Verbindung. Die Druckluft wird durch einen Kolbenschieber gesteuert. Bewegt sich der Kolben aus der gezeichneten Stellung weiter nach links, so treibt er einen ständig mit Druckluft beaufschlagten Hilfssteuerschieber (aus Aufriß und Seitenriß ersichtlich) vor sich her, welcher dann die Druckluft zum Hauptsteuerschieber leitet. Hierdurch wird dieser in die der gezeichneten Stellung entgegengesetzte Endlage getrieben. Die Druckluft kann dann vom Eintrittstutzen in den Hauptarbeitszylinder gelangen; infolgedessen bewegt sich der große Arbeitskolben nach rechts und der Hilfsschieber geht in seine alte Endlage, also ebenfalls nach rechts, zurück. Die Hubeinstellung wird mit den in der Zylinderwand befindlichen 3 Schraubventilen b bewirkt, von denen immer nur eines geöffnet sein darf. Das geöffnete Ventil bestimmt die Hublänge, in der Abbildung z. B. das mittlere Ventil. Überläuft der große Arbeitskolben diese Ventilöffnung, so gelangt die Luft aus dem Zylinder durch den in der Zylinderwand gelegenen Kanal hinter den Hauptsteuerschieber und bringt ihn aus der zuletzt gehabten Lage wieder in die in der Abbildung gezeichnete Stellung zurück. Damit wird der Druckluft der Weg zum kleinen Arbeitskolben freigegeben, der die Rutsche vortreibt. Der Luftzutritt zu dem kleinen Kolben kann durch einen Absperrhahn gedrosselt oder ganz geschlossen werden, worauf der Motor nur noch einfach wirkt. Die beim Vorgehen vor dem großen Kolben entstehende Kompression ist durch die Ventilschraube a regelbar, mit welcher sich die Auspuffleitung mehr oder weniger drosseln läßt. Will man bei Störungen oder Reparaturen einen langsamen Einzelhub ausführen, so entfernt man den Stopfen c und schließt alle Hubverstellschrauben, um die Umsteuerung zu verhindern. Wird dann das Einlaßventil geöffnet, so bewegt sich der Kolben nach rechts. Die Rückbewegung erhält man beliebig langsam, indem man das Einlaßventil mehr oder weniger schließt.

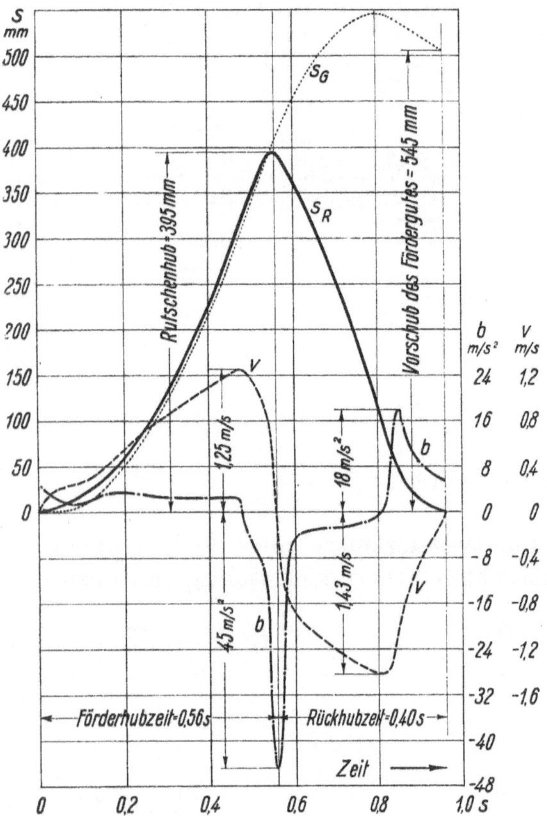

Abb. 520. Weg-, Geschwindigkeits- und Beschleunigungsverlauf einer von einem doppeltwirkenden Motor getriebenen Schüttelrutsche in Abhängigkeit von der Zeit[1].

Die Bewegungsverhältnisse einer von einem doppeltwirkenden Rutschenmotor getriebenen, ungefähr 2^0 einfallenden Schüttelrutsche veranschaulicht Abb. 520. Der

[1] Nach kinematographischem Meßverfahren vom Verfasser ermittelt.

Motor arbeitet mit größtem Hub und macht minutlich 62,5 Doppelhübe. s_R ist der Rutschenweg bzw. Kolbenhub. Die Kurve s_G gibt den Weg des Fördergutes an. v ist die Geschwindigkeit, b die Beschleunigung bzw. Verzögerung der Rutsche. Die hohe Verzögerung von 45 m/s² am Ende des Förderhubes läßt auf sehr hohe Pufferungsverdichtung schließen. Der zu diesen Bewegungsverhältnissen gehörige Druckverlauf in beiden Zylinderräumen ist in Abb. 521 wiedergegeben, in der außerdem der gleiche Geschwindigkeits- und Beschleunigungsverlauf wie in Abb. 520, jedoch in Abhängigkeit vom Rutschenhub dargestellt ist. Im Indikatordiagramm der Gegenseite ist gestrichelt das auf die große Kolbenfläche der Hauptseite umgewertete Druckdiagramm eingezeichnet, um die wirksamen Kräfte der Haupt- und Gegenseite leichter vergleichen zu können. Beim Hingange wird die Rinne durch die Schwerkraft und den kleinen Kolben des Motors beschleunigt, bis die Beschleunigung aufhört und in so starke Verzögerung übergeht, daß das Fördergut auf der Rinne zu rutschen beginnt. Dann kehrt die Rinne um.

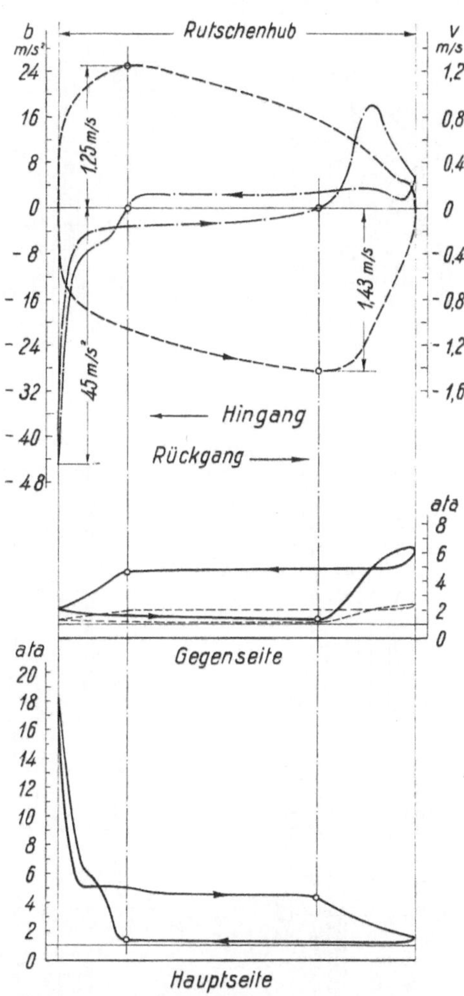

Abb. 521. Indikatordiagramme und Geschwindigkeits- und Beschleunigungsverhältnisse eines doppeltwirkenden Rutschenmotors.

Starke Rutschenmotoren haben infolge des großen Zylinderdurchmessers (bis 400 mm) eine so große Bauhöhe, daß sie sich nicht für zentrale Aufstellung unter der Rutsche eignen. Indem man zwei oder drei kleinere Zylinder in Zwillings- oder Drillingsbauart nebeneinanderlegt, kann man die gleiche Leistung bei geringerer Bauhöhe erreichen. Als Beispiel einer Zweizylinderanordnung zeigt Abb. 522 den doppeltwirkenden Zwillingsrutschenmotor von Flottmann, der in zwei Größen mit Bauhöhen von 345 mm bei 290 mm Hauptkolbendurchmesser bzw. 280 mm bei 230 mm Durchmesser ausgeführt wird, die somit Einzylindermotoren von etwa 400 mm bzw. 320 mm Durchmesser entsprechen, bei denen mit Bauhöhen von etwa 500 mm bzw. 410 mm zu rechnen wäre. Der größte Hub beträgt 400 mm bzw. 350 mm. Bei mittlerem Hub ist der Luftverbrauch des großen Motors etwa 350 bis 400 m³/h bei 4 atü, der des kleinen etwa 240 bis 280 m³/h. Der Kolben ist als Stufenkolben mit den wirksamen Flächen a, b und b' ausgebildet; die Ringfläche b' ist etwa doppelt so groß wie b. Der Steuerschieber c wird kraftschlüssig durch Druckluft bewegt, die von dem Hilfssteuerschieber d gesteuert wird, der beim Rückgang der Rutsche durch Druckluft nach rechts und beim Hingang durch den Motorkolben nach links gedrückt wird. In der gezeichneten Stellung kann die Druckluft vom Einlaß über den Schieber c durch die Kanäle q zur Druckseite a der Kolben gelangen und diese nach rechts drücken. Der Hilfssteuerschieber d gelangt dabei in seine rechte Endlage und läßt durch Kanal e über den Drosselhahn f Druckluft hinter den Schieber c treten, der dadurch umgesteuert wird. Je nachdem der Drosselhahn f (im Grundriß s) mehr oder weniger geöffnet wird, dauert das Umsteuern des Schiebers c kürzer oder länger, wodurch der Kolbenhub stufenlos kleiner oder größer einstellbar ist. Nach beendeter Umsteuerung werden die Kolben durch die gegen ihre rechte Seite strömende Druckluft nach links, d. h. in der Förderrichtung getrieben. Kurz vor Hubende wird der

Hilfsschieber *d* nach links mitgenommen, wodurch der Kanal *o* freigelegt wird, durch den die vorher durch den Drosselhahn *f* zum Hauptsteuerschieber *c* eingeströmte Luft plötzlich entweichen kann. Gleichzeitig wird der Kanal *p* geöffnet und Druckluft auf die andere Seite des Hauptsteuerschiebers geleitet, der dadurch plötzlich umgesteuert wird und Frischluft in die linken Zylinderräume eintreten läßt, womit die Verzögerung der Rutsche beginnt. Zunächst ist nur der Leitungsdruck für die Verzögerung verfügbar, bis die Kolben die Einströmöffnungen *q* überlaufen und in den nun allseitig abgeschlossenen Zylinderräumen eine sehr hohe Verdichtung erzeugen, die die Rutsche scharf und sicher abbremst und die Bewegungsumkehr einleitet, worauf ein neues Arbeitsspiel beginnt. Die Höhe des Verdichtungsdruckes hängt von der Geschwindigkeit und Masse der Rutsche ab. Abb. 523 zeigt den Druckverlauf in einem solchen doppeltwirkenden Motor.

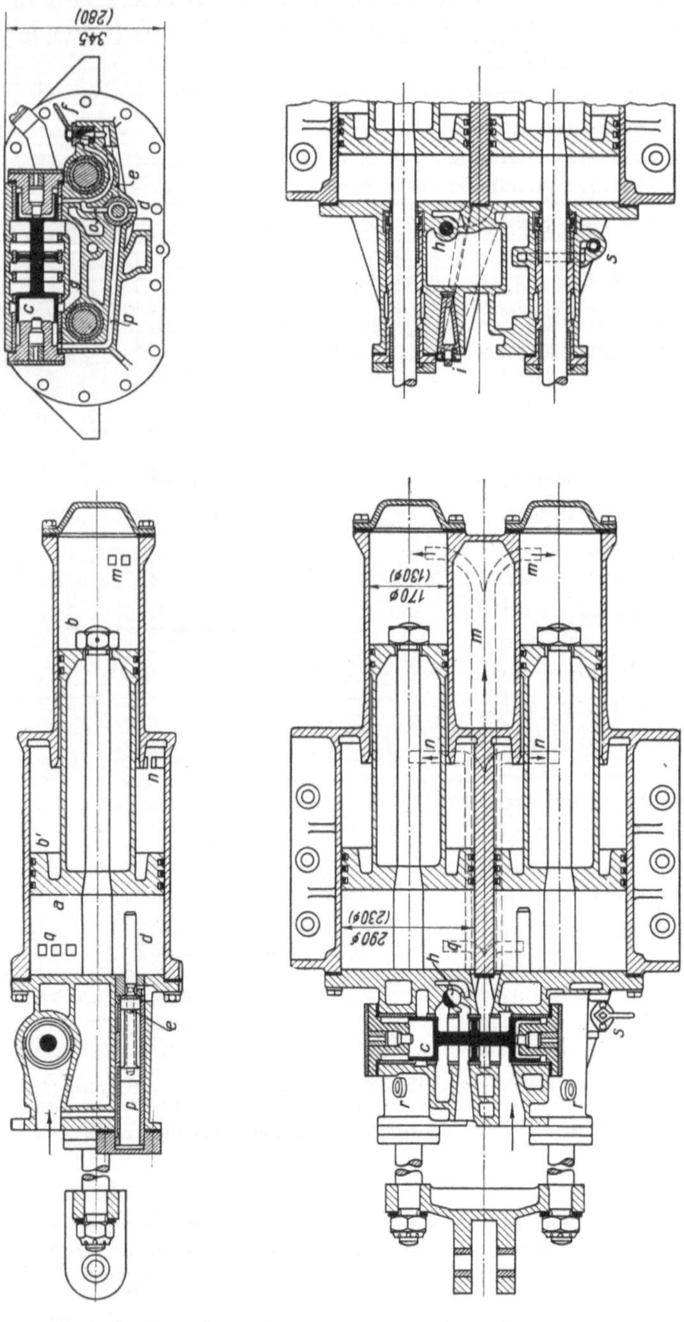

Abb. 522. Doppeltwirkender Zwillingsrutschenmotor mit Stufenkolben (Flottmann).

Neben der stufenlosen Hubverstellung bietet der Motor in Abb. 522 noch die Möglichkeit, die Kolbenhubkraft in der Förderrichtung in vier Stufen zu regeln. Nach Abb. 522 wird die vom Einlaß kommende Frischluft durch den Kanal *g* zu den Hähnen *h* und *i* geleitet. Je nach der Stellung dieser beiden Hähne werden entweder die Kolbenflächen *b* oder die Ringflächen *b'* oder die Flächen *b* und *b'* gemeinsam von Druckluft beaufschlagt. Durch Schließen beider Hähne ergibt sich als vierte Möglichkeit eine vollkommene Entlastung der Flächen *b* und *b'*, so daß der Motor einfachwirkend arbeitet. Die sich bei den vier Regelmöglichkeiten ergebenden Kräfte in der Förderrichtung veranschaulicht Abb. 524. Fall *I* ist für geringes Einfallen oder söhlige Kurzrutschen geeignet. Fall *II* ergibt rd. die doppelte Kraft, weil die Ringfläche etwa doppelt so groß wie die kleine Kolbenfläche ist. Diese Kraft reicht für söhlige Rutschen von nicht zu großer Länge. In Fall *III* hat man die dreifache Kraft, wie sie für lange söhlige Rutschen oder ansteigende Förderung erforderlich ist. Fall *IV* zeigt die Wirkungsweise als einfachwirkender Motor mit der Kraft $P = 0$ für stärker einfallende Rutschen.

Um die Bauhöhe noch weiter als beim Zwillingsmotor zu verringern, ist die Maschinenfabrik Eickhoff, Bochum, zum Drillingsmotor mit drei gleichen, in einem Block

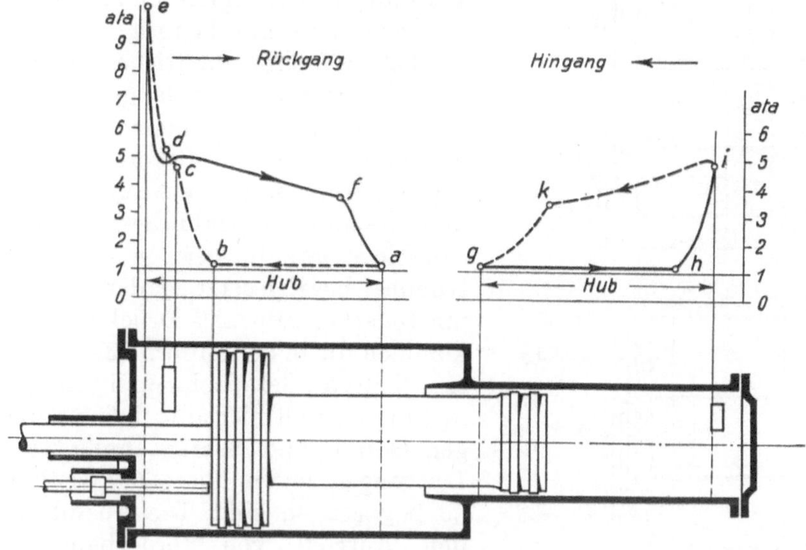

Abb. 523. Druckverlauf in einem doppeltwirkenden Rutschenmotor nach Abb. 522.

nebeneinander angeordneten Zylindern übergegangen. Die Wirkungsweise dieses doppelt- und einfachwirkenden Motors ist in Abb. 525 schematisch dargestellt. Gesteuert wird ähnlich wie beim Motor nach Abb. 522 mit einem nur durch Druckluft bewegten Hauptsteuerschieber A, der jedoch als Stufenkolben ausgebildet ist, und mit einem Hilfssteuerschieber B, der einerseits ständig von Druckluft beaufschlagt, andererseits unmittelbar vom Kolben bewegt wird. Die kleine Seite des Stufenschiebers A steht dauernd unter dem Druck der Frischluft, während die größere Seite wechselweise über den Schieber B Druckluft empfängt oder mit dem Auspuff verbunden wird. Der Hub kann stufenlos geregelt werden, indem man die von der großen Hauptschieberseite nach außen abströmende Luft mit dem Hahn c mehr oder weniger drosselt. In der Abb. 525 ist zuströmende Luft durch einen ausgezogenen Pfeil, abströmende Luft durch einen gestrichelten Pfeil gekennzeichnet, wodurch die Wirkungsweise ohne weiteres verständlich ist. — Auch bei diesem Motor kann die Kraft in der Förderrichtung geändert werden, indem man entweder nur den Kolben *II* oder die Kolben *I* und *III* oder alle drei Kolben von Druckluft beaufschlagen läßt. Erhält kein Kolben Druckluft von der rechten Seite, so ist der Motor einfachwirkend. Die Beaufschlagung der gewünschten Kolbenflächen erreicht man durch Verstellen der Hähne a und b. In Abb. 525 zeigen die Darstellungen *Ia* und *Ib* Rückhub und Hinhub mit Kraft am Kolben *II*. Darstellung *II* läßt die Stellung der Hähne a und b für Hinhubkraft an den Kolben *I* und *III* erkennen. Darstellung *III* veranschaulicht die Einfachwirkung.

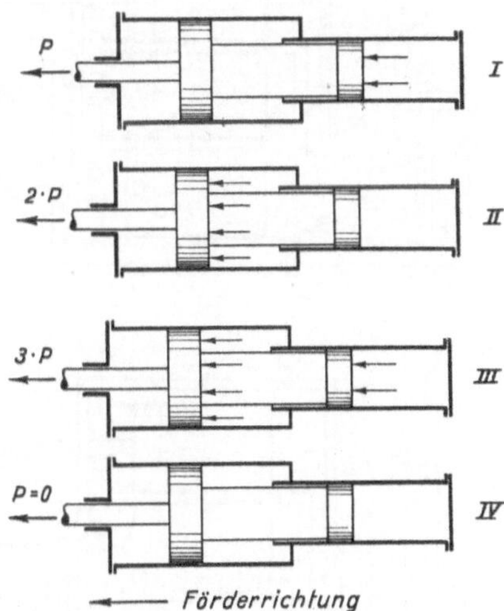

Abb. 524. Kräfte in Förderrichtung am doppeltwirkenden Rutschenmotor nach Abb. 522.

Die Schüttelrutschenförderung hat im letzten Jahrzehnt zugunsten der Bandförderung stark abgenommen, spielt aber immer noch eine bedeutende Rolle. Der Druckluftantrieb ist unbedingt vorherrschend. Elektrischer Antrieb ist wenig geeignet und wird nur in vereinzelten Fällen angewendet; es sind komplizierte und teure Getriebe in Verbindung mit Pufferfedern erforderlich, um die Drehbewegung des Elektromotors in die verschiedenartig beschleunigte und verzögerte Hin- und Herbewegung umzuwandeln, wie sie die Rutschenförderung benötigt.

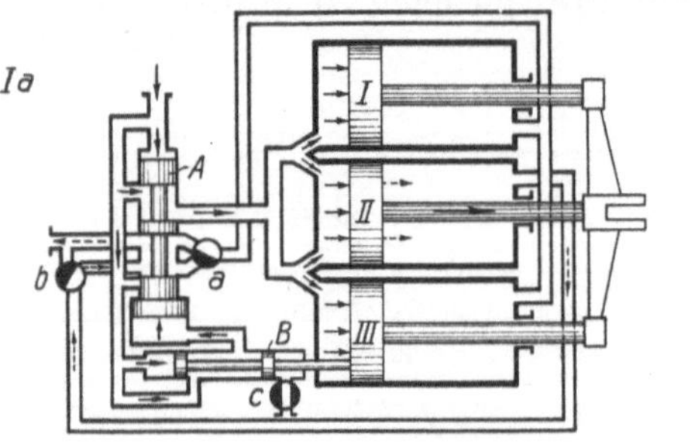

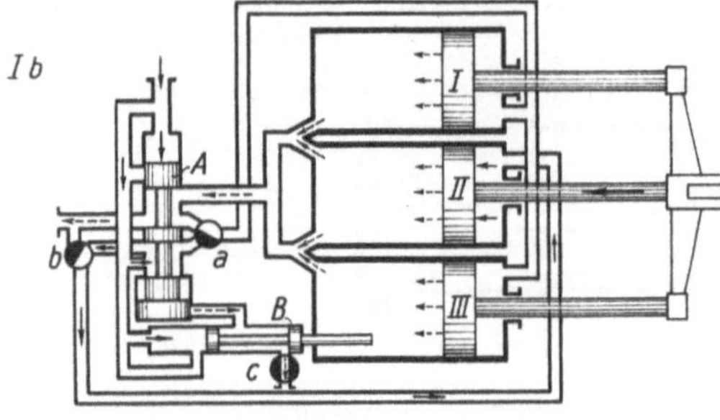

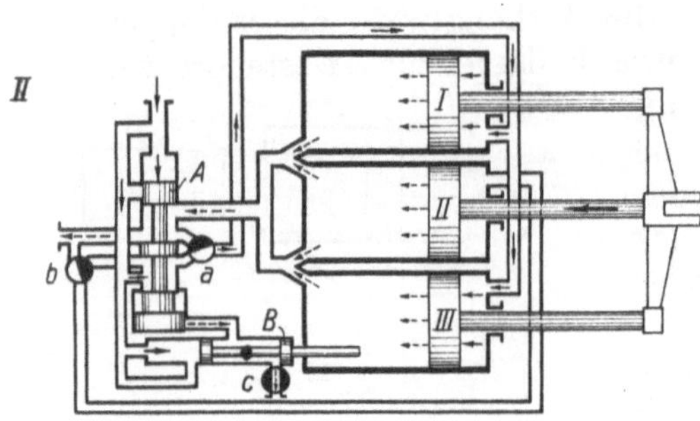

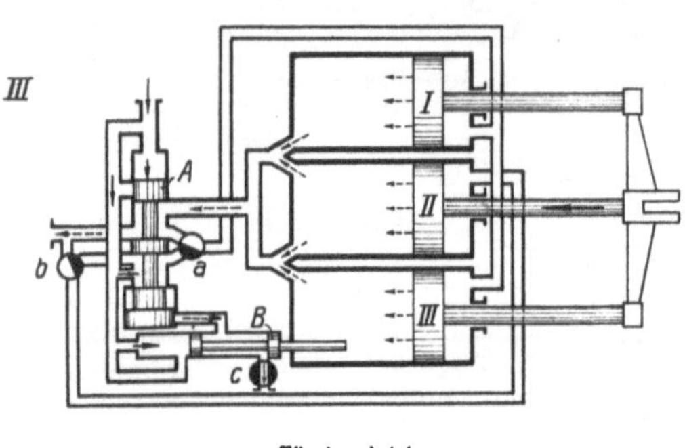

Abb. 525. Schematische Darstellung eines Drilling-Rutschenmotors (Eickhoff).

252. Förderbandantriebe[1]. Der Förderbandbetrieb verlangt eine langsam drehende Bewegung der Antriebstrommel, so daß Elektromotoren und Druckluftmotoren in gleicher Weise für den Antrieb geeignet sind. In beiden Fällen muß die hohe Drehzahl der Motorwelle durch ein Vorgelege auf die geringe Drehzahl der Bandtrommel herabgesetzt werden. Die Motoren sollen umsteuerbar sein. Als Druckluftantriebsmotoren kommen die in den Ziffern 234 und 235 behandelten Pfeilrad-, Geradzahn- und Schrägzahnmotoren in Frage. Auch hier gilt, daß für kleine Leistungen Gerad- und Schrägzahnmotoren, für große Leistungen (etwa über 25 PS) Pfeilradmotoren zu bevorzugen sind. Die Ausführung eines für den Antrieb von Förderbändern geeigneten Schrägzahnmotors mit angebautem Getriebe ist in der früheren Abb. 486 dargestellt.

Kleinste Abmessungen des Antriebes erreicht man durch Einbau des Motors in die Antriebsrolle, wie es das Beispiel der Druckluftbandrolle in Abb. 526 zeigt, die von der Demag mit Leistungen von 8, 15, 25 und 40 PS bei 4 atü und 1,5 m/s Bandgeschwindigkeit für Bandbreiten von 500 bis 800 mm gebaut wird. Bei einer Motorleistung von 8 PS hat die Trommel nur 210 mm Außendurchmesser. Motor und Getriebe sind fest mit dem Außenrahmen verbunden. Die links auf Rollen, rechts auf Kugeln gelagerte Trommel wird über ein Innenzahnrad angetrieben. Motor, Getriebe und Rolle bilden eine bauliche Einheit, so daß auch durch unsachgemäße Aufstellung keine Fehler entstehen können. Die Druckluft nimmt in *a* das Öl für die Läuferschmierung mit und gelangt zunächst zu einem Drosselschieber *b*, der von dem Drehzahlregler *c* geschlossen wird, wenn die Drehzahl bei zu geringer Bandbelastung zu groß wird. Der Regler ist auf eine Bandgeschwindigkeit von 1,5 m/s eingestellt. Vom Drosselschieber gelangt die Luft zum Umsteuerschieber *d*, der sie je nach der gewünschten Drehrichtung zu der einen oder anderen Seite der Schrägzahnläufer führt. Die Luftumsteuerung ist bei voller Drehzahl möglich. Vom Motor gelangt die verbrauchte Luft über den Schalldämpfer *e* zum seitlich angeordneten Auspuff *f*. Zur Erhöhung der Rei-

[1] Eine umfassende Behandlung der mechanischen Verhältnisse der Bandförderung bringt Maercks: Bergbaumechanik, 2. Aufl., Berlin: Springer, 1940.

bung zwischen Band und Rolle ist die Rolle mit einem besonderen Reibungsbelag *g* ausgerüstet.

Bei Bandtrommeln ist man durch den Außendurchmesser an eine bestimmte Motorhöchstleistung gebunden, welche die durch Reibung auf das Band übertragbare Leistung noch nicht erreicht. Nun kann die Leistung eines Zahnradmotors im Verhältnis zu seiner Größe dadurch günstig gesteigert werden, daß man an Stelle von zwei Läufern drei

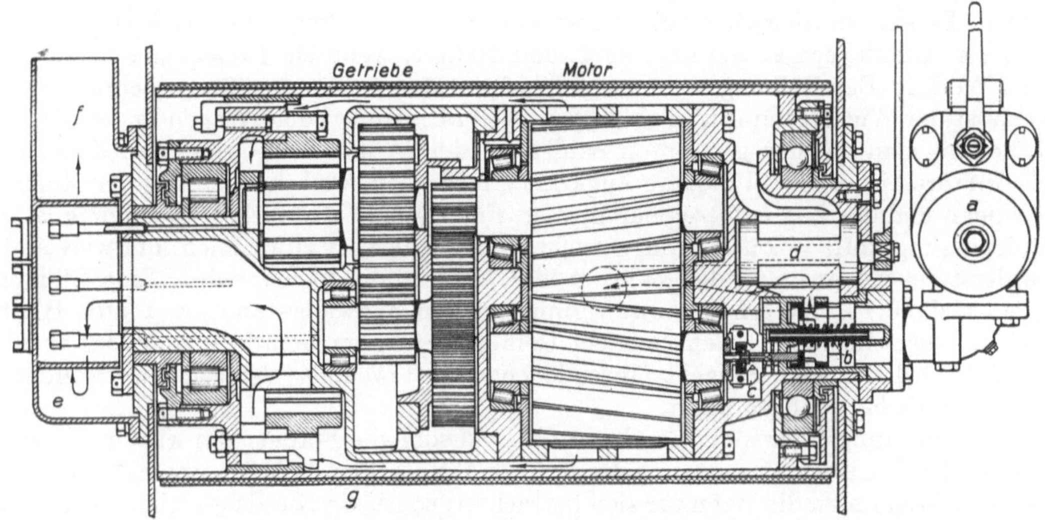

Abb. 526. Druckluftbandrolle mit eingebautem Schrägzahnmotor (Demag).

Läufer benutzt. Läufer *1* und *2* wirken dann als ein Motor und Läufer *2* und *3* als ein zweiter Motor zusammen, deren Leistungen sich addieren. Die Einströmöffnungen müssen dabei auf den entgegengesetzten Seiten liegen, damit der Drehsinn der drei Läufer in Einklang kommt. Die Leistung des Dreiläufermotors ist etwa doppelt so groß, sein Außenmaß aber nur rd. anderthalb mal so groß wie bei einem Zweiläufermotor von gleicher Zahnlänge. Eine Bandrolle mit Dreiläufermotor und Planetengetriebe der Westdeutschen Getriebewerke, Bochum, erzielt bei nur 350 mm Außendurchmesser eine Leistung von 18 PS bei 1,5 m/s Bandgeschwindigkeit[1].

XXVII. Grubenlokomotiven.

253. Überblick. Nach der Art des Antriebes ist zu unterscheiden zwischen Druckluftlokomotiven, Verbrennungslokomotiven und elektrischen Lokomotiven. Für den Antrieb der Verbrennungslokomotiven stehen Benzol- und Dieselmotoren zur Verfügung, jedoch werden die Benzollokomotiven von den Diesellokomotiven verdrängt, weil die Abgase des Benzolmotors den Grubenwettern einen zu hohen giftigen CO-Gehalt zuführen und das leichtflüchtige Benzol im Gegensatz zum Dieselöl Explosionsgefahren mit sich bringt. Neue Benzollokomotiven werden deshalb von der Bergbehörde nicht mehr zugelassen. Elektrische Lokomotiven werden als Fahrdraht- oder als Akkumulatorlokomotiven ausgeführt. Die äußerst wirtschaftliche, in ihren Fahreigenschaften ausgezeichnete Fahrdrahtlokomotive ist an die Fahrdrahterstreckung gebunden und aus Sicherheitsgründen in ihrem Zulassungsbereich stark beschränkt. Diese Nachteile entfallen bei der Akkumulatorlokomotive, die aber im Betriebe teurer und empfindlicher ist.

254. Fahrwiderstand und Energiebedarf der Grubenlokomotivförderung. Die Loko-

[1] Vgl. Maercks: Neuere Bandantriebe. Bergbau 1940, Nr. 22.

motive muß sich selbst und die Förderwagen bewegen. Die am Haken der Lokomotive gemessene Zugkraft ist für die Förderwagen verfügbar. Die Zugkraft hängt ab von der Stärke der Lokomotive und ist begrenzt durch die Reibung zwischen Lokomotive und Schienen. Wenn beide Lokomotivachsen Treibachsen sind, was bei den Grubenlokomotiven immer der Fall ist, beträgt die Zugkraft 10 bis 15% des Lokomotivgewichts. Ist das Gleis an einigen Stellen schlüpfrig, muß man dort Sand streuen; es ist nur trockener Sand brauchbar, und meist ist es nötig, den Sand erst zu trocknen, indem man ihn erhitzt. Der beim Fahren zu überwindende Reibungswiderstand beträgt etwa 15 kg/t, wenn die Wagen mit Gleitlagern ausgerüstet sind, und 10 kg/t, wenn sie Rollenlager haben. Mit andern Worten: Der Reibungswiderstand beträgt 1,5 bzw. 1% des Zuggewichtes. In den Kurven ist der Widerstand erheblich größer; weil aber nur wenige Wagen in den Kurven sind, kommt man mit den genannten Zahlen für den Widerstand des ganzen Zuges aus. Beim Anfahren ist eine viel größere Zugkraft erforderlich, weil die Reibung der Ruhe zu überwinden und der Zug zu beschleunigen ist. Für 0,1 m/s² Anfahrbeschleunigung ist die Beschleunigungskraft = 1% des Zuggewichtes. Gesondert ist zu rechnen, um wieviel der Zugwiderstand bei ansteigender Bahn größer, bei Gefälle kleiner wird. Eine Steigung oder ein Gefälle 1 : 1000 erhöht bzw. vermindert den Zugwiderstand um 1 kg/t. Häufig haben die Querschläge nach dem Schacht Gefälle; bei einem Gefälle 1 : 250 oder 4 : 1000 braucht der beladen zum Schacht fahrende Zug 4 kg/t weniger, der leer zurückfahrende 4 kg/t mehr als bei söhliger Bahn.

Die Nutzleistung einer söhligen oder annähernd söhligen Förderbahn wird in Nutztkm gemessen. 1 t Nutzlast 1 km weit gefördert ist 1 Nutztkm. Was ist unter Nutzlast zu verstehen? Wenn man die Bahn für sich betrachtet, so ist die Nutzlast gleich der Ladung der Förderwagen. Unter anderem Gesichtspunkt rechnet man nur die geförderten Kohlen, nicht die Berge oder nur die vom Tage kommenden als Nutzlast. Beim Vergleich von Grubenbahnen ist auf die Grundlage der Rechnung zu achten. Für den Energiebedarf der Bahn kommt es auf die Bruttotkm an. Ist das Gewicht der Förderwagen halb so groß wie die Nutzlast und fahren die Wagen leer ins Feld, beladen zum Schacht, so sind auf söhliger Bahn für 1 Nutztkm 2 Bruttotkm aufzuwenden. Ist der Fahrwiderstand der Förderwagen 15 kg/t, so sind bei einer Streckenförderung für 1 Nutztkm $2 \cdot 15 \cdot 1000 = 30000$ mkg oder 0,11 PSh zu leisten. Bei einer Lokomotivförderung ist außerdem die Lokomotive zu bewegen, die etwa $^1/_4$ der Nutzlast wiegt, so daß 1 Nutztkm etwa 0,14 PSh erfordert.

255. Druckluftlokomotiven. Die Druckluftlokomotiven werden als Hauptstreckenlokomotiven mit Leistungen von 30 bis 70 PS und in kleinerer Ausführung mit Leistungen von 10 bis 20 PS als Abbaulokomotiven gebaut. Sie führen Hochdruckluft von 160 bis 225 at in Stahlflaschen mit, die auf dem Fahrgestell gelagert und unter sich verbunden sind. Der Gesamtinhalt der Flaschen beträgt bis zu 1,5 m³ bei den höchsten Drücken; bei Drücken bis 175 at geht man auch bis auf 2,5 m³ Speicherraum. Während anfangs viele kleine Flaschen benutzt wurden, beschränkt man sich heute im allgemeinen auf drei Flaschen oder nimmt auch nur eine Flasche, die einen einfachen Aufbau, große Betriebssicherheit und bequeme Überwachung gewährt. Die Speicherflaschen unterliegen den behördlichen Überwachungsbestimmungen für Druckluftkessel. Der hohe Luftdruck ist nötig, um möglichst viel Luft mitführen und dadurch einen genügenden Fahrbereich erzielen zu können; in dem Maße wie Druckluft entnommen wird, sinkt der Druck in den Speicherflaschen. Der Betriebsdruck der Motoren liegt je nach Bauart zwischen 10 und 30 at, so daß die Luft vorher gedrosselt werden muß.

In Abb. 527 ist eine Hauptstreckenlokomotive von Borsig und in Abb. 528 eine solche der Berliner Maschinenbau-A.-G. (Schwartzkopff) im Aufbau schematisch dargestellt.

Die Lokomotivmaschine wird mit niedrigem, aber gleichmäßigem Druck betrieben, indem die Preßluft durch ein Druckminderventil bei zweistufiger Ausdehnung (Abb. 527) auf 15 bis 18 at, bei dreistufiger (Abb. 528) auf 25 bis 30 at herabgedrosselt wird, was etwa 28 bzw. 25% Arbeitsverlust bedeutet. Trotz der starken Entspannung entsteht im Druckminderventil keine wesentliche Temperaturänderung, weil die Drosselwärme in der Luft bleibt[1]. Aus dem Druckminderventil tritt die Luft zur Arbeitsflasche und zur Lokomotivmaschine, die durch ein Sicherheitsventil vor übermäßig hohem Druck geschützt werden, falls das Druckminderventil versagt. Hinter dem Hochdruckzylinder, bei dreistufiger Dehnung auch hinter der Mitteldruckstufe ist ein Zwischenwärmer angeordnet, durch dessen Röhren die warme Grubenluft von der auspuffenden Druckluft mittels Blasrohres[2] hindurchgesaugt wird, damit die bei der Entspannung im Zylinder stark abgekühlte Druckluft wieder erwärmt wird. Daß man bei der Druckluftlokomotive überhaupt die Luft ohne Vereisungsgefahr so weit expandieren lassen kann, hängt damit zusammen, daß hochgespannte Druckluft viel trockner ist als Druckluft von normalem Druck[3]. Trotzdem sammelt sich Wasser in den Hochdruckflaschen und in der Arbeitsflasche. Dieses Wasser ist von Zeit zu Zeit abzulassen, damit es nicht in die Zylinder treten und Wasserschläge verursachen kann.

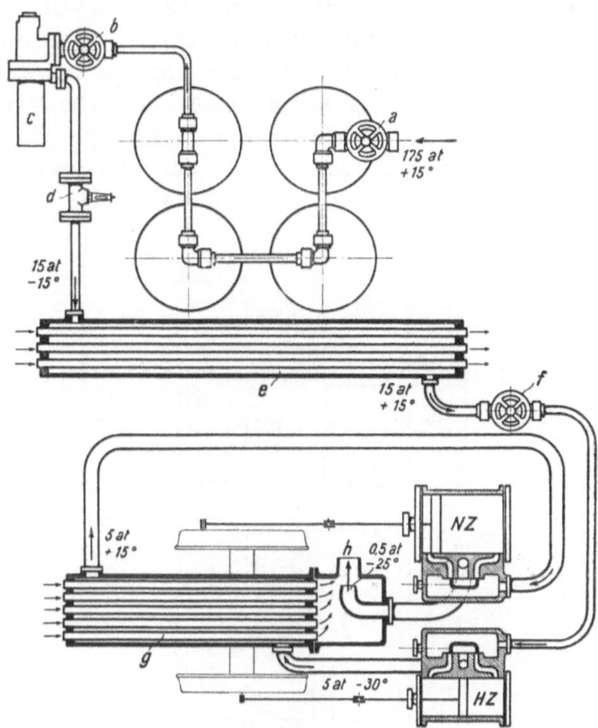

Abb. 527. Druckluftlokomotive mit zweistufiger Expansion (Borsig).

Beim Anfahren wird es meist nötig sein, dem Niederdruckzylinder Frischluft aus der Arbeitsflasche zuzuführen. Bei den Borsigschen Lokomotiven wird zu diesem Zwecke die Arbeitsflasche durch ein Anfahrventil mit dem Niederdruckzylinder verbunden, der durch ein von der zuströmenden Frischluft betätigtes Umschaltventil vom Zwischenwärmer getrennt, und der durch ein Sicherheitsventil vor übermäßig hohem Druck geschützt wird. Fährt trotz geöffneten Anfahrventiles die Lokomotive nicht an, so verbindet man den Zwischenwärmer durch einen Entlüftungshahn mit der Atmosphäre. Ist die Lokomotive in Bewegung, so ist das Anfahrventil zu schließen und die Steuerung auf möglichst kleine Füllung zurückzulegen. Bei den Schwartzkopffschen Dreifachexpansionslokomotiven ist mit der Steuerung ein Anlaßhahn verbunden. Wird die Steuerung auf größte, 80% betragende Füllung ausgelegt, so wird der Hahn so gedreht, daß er Frischluft sowohl dem Niederdruck- als dem Mitteldruckzylinder zuführt, die durch Sicherheitsventile vor höherem Druck als 5 bzw. 15 at geschützt sind. Damit nicht Druckluft vergeudet wird, wird der Steuerhebel, so-

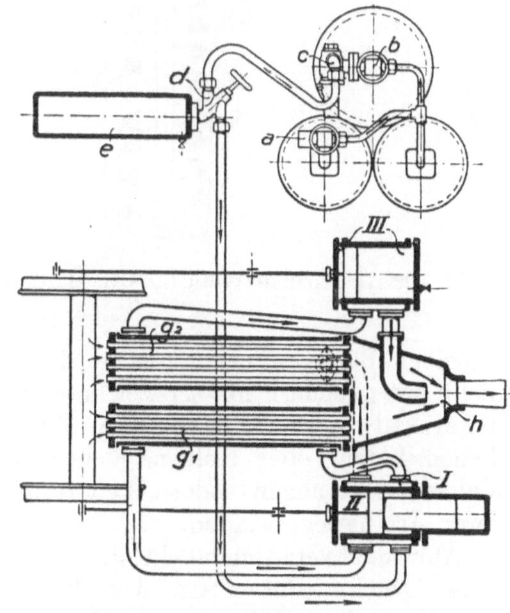

Abb. 528. Druckluftlokomotive mit dreistufiger Expansion (Schwartzkopff).

[1] Vgl. is-Diagramm für Luft (Abb. 21). [2] Vgl. Ziffer 46. [3] Vgl. Ziffer 228.

bald ihn der Maschinist losläßt, durch eine Feder in eine 60% Füllung steuernde Lage zurückgezogen, wobei zugleich der Anlaßhahn so gedreht wird, daß die Frischluftzufuhr zum Niederdruck- und zum Mitteldruckzylinder abgesperrt ist.

In Abb. 527 bedeutet *a* das Füllventil an der Lokomotive, *b* das Hauptabsperrventil, *c* das selbsttätige Druckminderventil, *d* ein die Lokomotivmaschine beim Versagen des Druckminderventils schützendes Sicherheitsventil, *e* die Arbeitsflasche, *f* das Fahrventil, *g* den oder die Zwischenwärmer, *h* den Auspuff der Druckluft nebst Blasrohr. Für Abb. 528 gelten

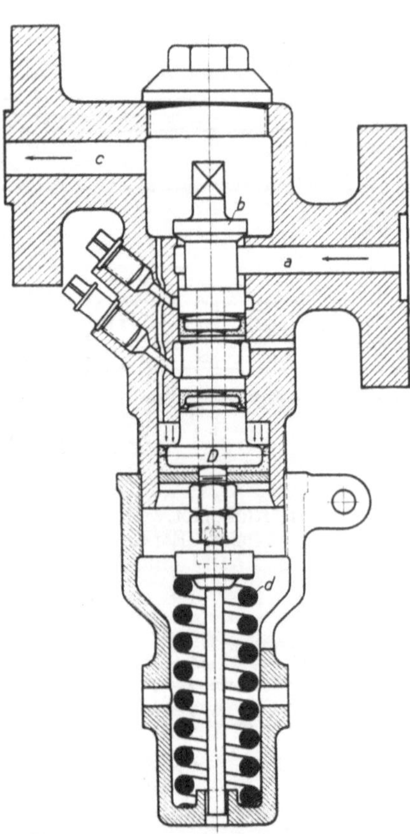

Abb. 529. Druckminderventil für Druckluftlokomotiven.

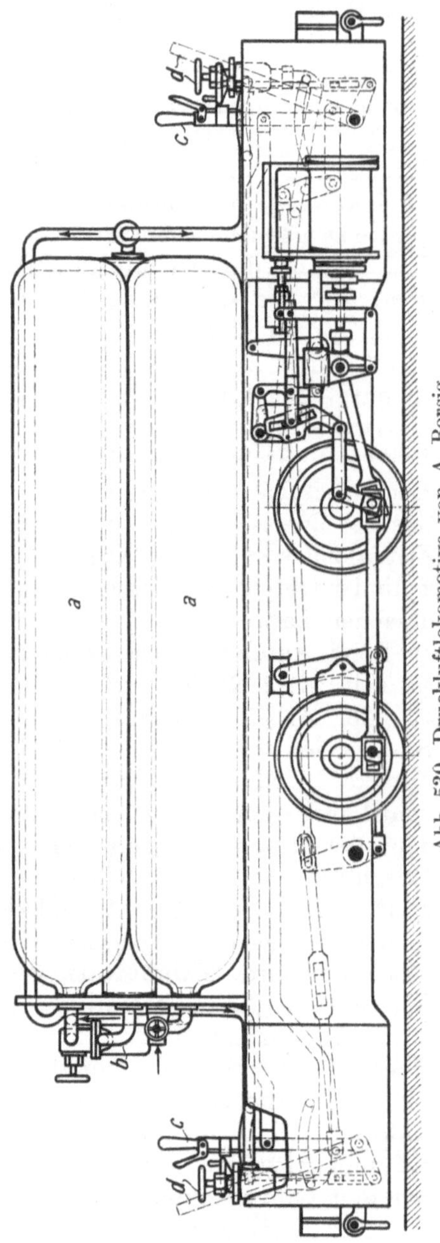

Abb. 530. Druckluftlokomotive von A. Borsig.

dieselben Bezeichnungen, nur ist das Fahrventil nicht mit *f* sondern mit *d* bezeichnet. Das Sicherheitsventil ist mit *c* verbunden. Zur Steuerung dienen Flach- oder Kolbenschieber, die durch Kulissensteuerungen oder Steuerungen besonderer Art bewegt werden.

Abb. 529 veranschaulicht die Wirkungsweise eines Druckminderventils. Auf die obere Seite des abgestuften Kolbens vom Durchmesser *D* wirkt der verminderte Druck, auf die untere die Feder *d*. Der Kolben steuert bei *b* den Übertritt der hochgepreßten Luft in den Niederdruckraum *c*. Je nachdem die Kraft der Feder *d* oder der die obere Kolbenseite belastende Druck der bei *b* gedrosselten Luft überwiegt, strömt bei *b* mehr oder weniger Luft über, und der hohe Druck der Druckluft wird auf niedrigen, ungefähr gleichbleibenden Druck herabgemindert, den man einstellt, indem man die Feder *d* mehr oder weniger spannt. Der Kolben nebst den dichtenden Ledermanschetten ist durch kältebeständiges Öl zu schmieren.

Abb. 530 zeigt als Beispiel der konstruktiven Ausführung die Grubenlokomotive von A. Borsig, Berlin, die zwei (meist überdeckte) Führersitze hat. Die Flaschen sind mit *a* bezeichnet, *b* ist das Druckminderventil, *c* der Steuerhebel, *d* der Hebel der Handbremse. Auf beiden Seiten der Lokomotive sind Sandkästen angebracht, die durch einen Zug vom Führerstande her bedient werden. Die angewandte Heusingersteuerung ist in Ziffer 89 genauer dargestellt; sie zeichnet sich durch gleichbleibendes lineares Voreilen aus. Die Demag bevorzugt bei ihren Lokomotiven eine Lenkersteuerung, die weniger empfindlich ist.

Die normalen Lokomotiven für die Hauptstrecken, die meist 600 mm Spurweite haben, üben am Haken gemessen 750 kg Zugkraft aus, haben etwa 3 bis 4 m/s Fahrgeschwindigkeit und leisten normal 30 bis 40 PS. Beim Anfahren kann durch Frischluft

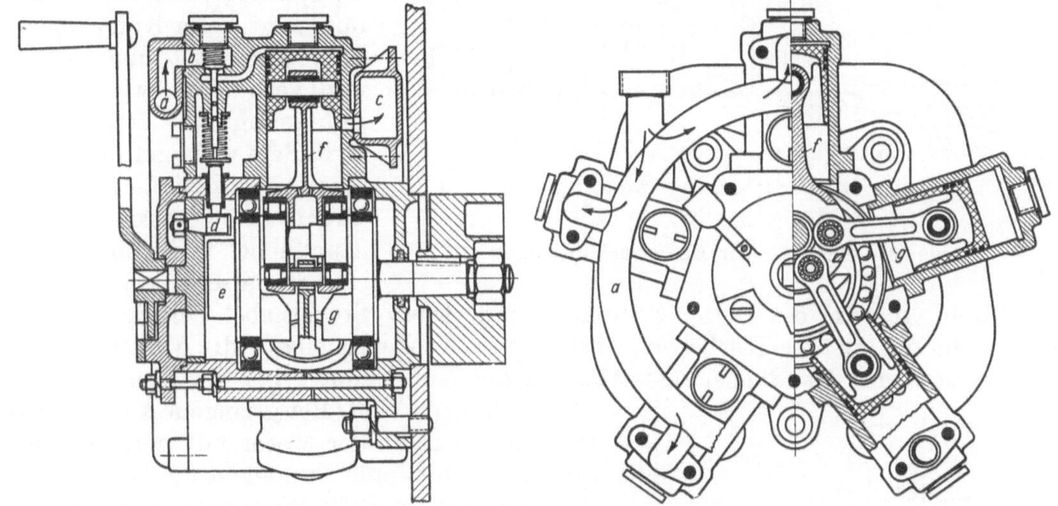

Abb. 531. Sternmotor für Abbaulokomotiven (Schwartzkopff).

im Niederdruckzylinder die Anzugkraft auf über 1500 kg erhöht werden. Das Lokomotivgewicht beträgt etwa 8 t. Der Fahrbereich ist 6 bis 8 km (ohne Verschiebedienst); häufig ist er kleiner, insbesondere wenn bei der Hinfahrt Berge gefördert werden. Der Querschnitt der Lokomotiven ist durch die Strecken begrenzt, so daß sie lang werden (4 bis 5 m), um genügenden Druckluftvorratsraum zu erhalten.

Der Vorzug der unbedingten Schlagwettersicherheit macht die Druckluftlokomotive geeignet, die Förderung unmittelbar vom Abbau aus zu übernehmen, wenn sie den räumlichen Verhältnissen des Abbaues angepaßt wird. Die von verschiedenen Firmen gebauten Abbaulokomotiven (z. B. Troll, Bergbau G. m. b. H., Dortmund; Grubenfloh, Schwartzkopff; Grubenzwerg, Demag) müssen für geringe Durchgangsprofile und das Befahren starker Kurven bemessen sein. Außerdem darf die Lokomotive für den Transport durch den Stapelschacht die Länge eines Förderwagens nicht überschreiten, oder sie muß sich dementsprechend teilen lassen. Das durch die Kleinheit bedingte geringe Speichervermögen der Abbaulokomotiven zwingt zu sparsamster Luftausnutzung. Von der Verwendung mehrfacher Expansion ist man abgegangen. Die Demag verwendet beim Grubenzwerg eine Zwillingskolbenmaschine. Die Abbaulokomotive Bauart Troll wird durch einen einfachwirkenden Vierzylindermotor angetrieben, der bei 25 at Arbeitsdruck das gesamte Druckgefälle ohne Zwischenstufen im Gleichstromverfahren ausnutzt. Die in den Zylindern verbleibende Luft wird bei der Verdichtung erwärmt. Die aus dem Arbeitsbehälter hinzutretende Frischluft erwärmt sich gleichfalls bei der Mischung, so daß eine Vereisung des Zylinders auch ohne Zwischenwärmung verhindert wird. Eine

Ventilsteuerung gestattet beim Anfahren Vollfüllung einzustellen, die sich bei gleichmäßiger Fahrt bis auf 50% Füllung verringern läßt.

In ähnlicher Weise arbeitet der in Abb. 531 dargestellte Sternmotor der Berliner Maschinenbau-A.-G. (Schwartzkopff). Die Arbeitsluft von 25 bis 30 at wird durch die Ringleitung *a* gleichmäßig auf alle Zylinder verteilt. Sie gelangt während der Füllungsperiode durch das Ventil *b* in den Zylinder, treibt den Kolben und tritt in der unteren Totlage desselben durch die dann freigelegten Schlitze in den Auspuffkasten *c* aus. Die im Zylinder verbleibende Restluft wird beim Kompressionshub verdichtet und erwärmt und verhindert, wie oben bereits gesagt, die Vereisung des Zylinders während der starken Expansion. Zylinderfüllung und Drehrichtung werden mit dem Handhebel verändert, welcher eine Steuerscheibe mit 5 Steuerhebeln dreht, die um die Bolzen *d* drehbar sind. Diese Steuerhebel betätigen in Verbindung mit der an der Kurbelwelle befestigten Nockenscheibe *e* die Ventile *b*. Beim Loslassen tritt der Handhebel selbsttätig in die Nullstellung, bei der sämtliche Ventile geschlossen sind. Bei geringem Ausschlag des Handhebels läuft der Motor mit geringer Drehzahl, aber großem Drehmoment an. Dabei beträgt die Füllung etwa 50%. Weitere Hebelauslage verringert die Füllung stetig bis auf 10%. Die einfach gekröpfte Kurbelwelle läuft in Kugellagern. An die auf Tonnenlagern laufende Hauptpleuelstange *f* sind die Nebentreibstangen *g* angeschlossen. Der Motor hat also nur ein Pleuelstangenlager, dessen Belastung außerdem durch die entgegengesetzt wirkenden Kräfte der Nebentreibstangen herabgesetzt wird, wodurch der mechanische Wirkungsgrad gegenüber dem Reihenmotor erheblich verbessert wird. Die Drehzahl des Motors beträgt normal $n = 1300$, kann jedoch auf $n = 2000$ gesteigert werden. Eine mit dem beschriebenen Sternmotor ausgerüstete Abbaulokomotive hat eine größte Zugkraft von 600 kg beim Anfahren und erreicht eine Höchstgeschwindigkeit von 2,5 m/s. Ihr Fahrbereich mit einer Füllung beträgt etwa nur 2,5 km, so daß während einer Schicht mehrmals gefüllt werden muß. Das ist ein nicht unwesentlicher Nachteil der Abbaulokomotiven, denn zur Vermeidung unnötiger Leerfahrten müssen Füllstellen in der Nähe des Abbaues eingerichtet werden, die sehr lange Zuleitungen für die Hochdruckluft erfordern.

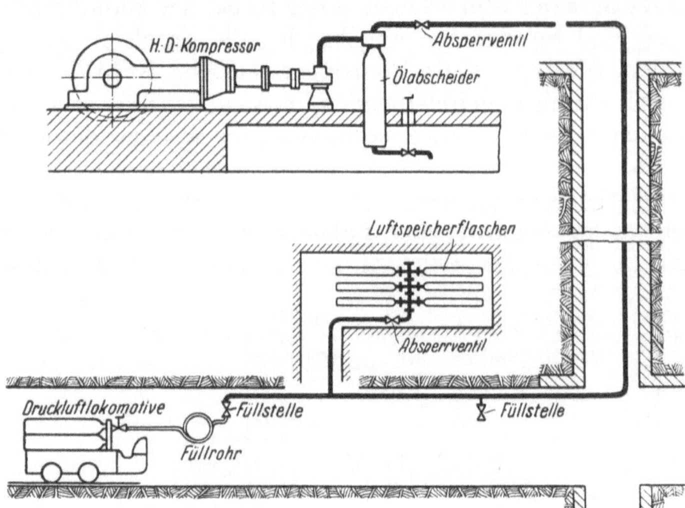

Abb. 532. Schema einer Hochdruckluftanlage.

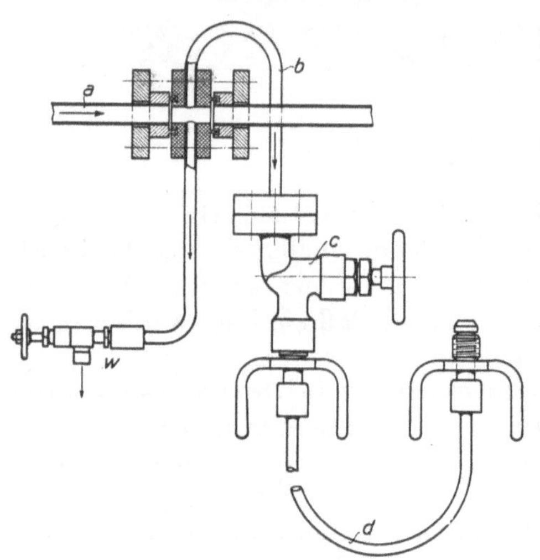

Abb. 533. Fülleitung für Druckluftlokomotiven.

Um die Lokomotiven mit Druckluft aufzufüllen, werden am Schachte und vielfach auch in den Strecken Füllstellen angeordnet. Abb. 532 zeigt schematisch den Aufbau einer Hochdruckluftanlage für Druckluftlokomotiven. An den Füllstellen versieht man die

Leitung mit einer oder mehreren Speicherflaschen (Abb. 447). Abb. 533 (Schwartzkopff) zeigt die Fülleinrichtung. Die Preßluft wird der Leitung *a* mittels der Leitung *b* entnommen, die bei *w* entwässerbar ist, und strömt über das Füllventil *c* durch das biegsame, stählerne oder kupferne Füllrohr, die sogenannte Füllschlange, zum Füllventil an der Lokomotive. Vor dem Füllen sind an der Lokomotive das Fahrventil und das Hauptabsperrventil zu schließen, die Steuerung ist auf Mitte zu stellen, und die Bremse ist anzuziehen; dann ist erst das Füllventil an der Lokomotive zu öffnen, darauf das Füllventil in der Fülleitung. Nach beendeter Füllung, die etwa 4 Min. dauert, ist umgekehrt vorzugehen. Hat man nur am Schachte eine Füllstelle, muß man gegebenenfalls erlahmte Lokomotiven hereinholen.

Druckluftlokomotiven haben sich wegen ihres einfachen Aufbaues im Grubenbetrieb bewährt. Wegen der Betriebskosten im Vergleich mit elektrischen und Benzollokomotiven vgl. Glückauf, 1922, S. 654. Der Preßluftverbrauch für 1 Bruttotkm beträgt etwa 0,8 m³ angesaugte Luft, für 1 Nutztkm 1,6 m³ und mehr.

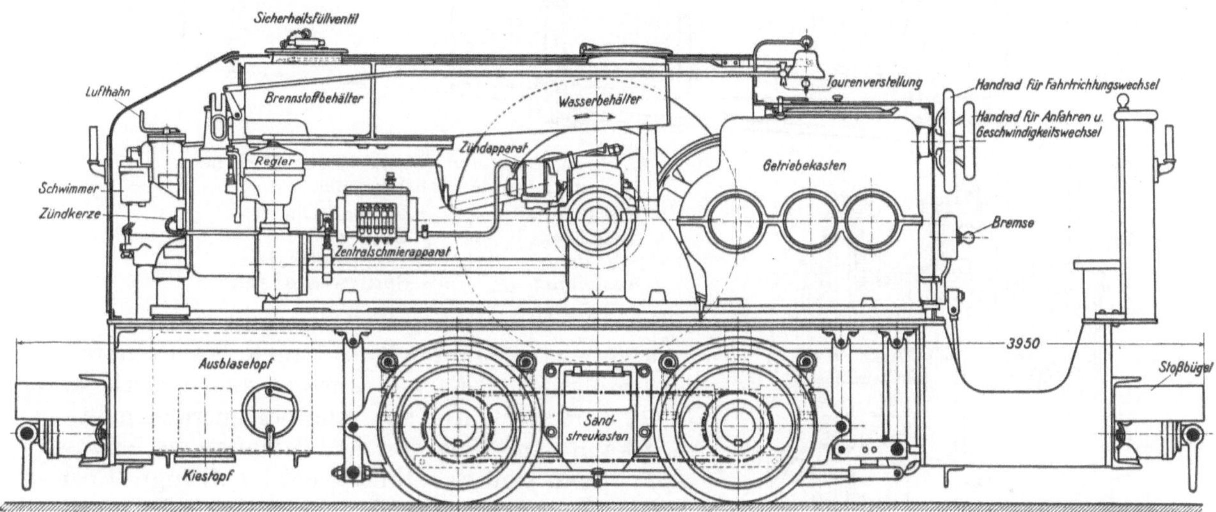

Abb. 534. Deutzer Benzolgrubenlokomotive.

256. Grubenlokomotiven mit Antrieb durch Verbrennungsmotoren. Einleitend war bereits darauf hingewiesen worden, daß Benzollokomotiven von der Bergbehörde nicht mehr neu zugelassen werden. Es sind aber noch zahlreiche Lokomotiven in Betrieb, und der grundsätzliche Aufbau ist bei den Diesellokomotiven übernommen worden, so daß die Benzollokomotiven hier nicht übergangen werden können. Bei kleinen Leistungen hat man sie mit liegendem Einzylindermotor, bei großen Leistungen mit stehendem Mehrzylindermotor ausgeführt. Als Beispiel der Lokomotiven mit Einzylindermotor sei die Grubenlokomotive der Motorenfabrik Deutz besprochen, deren Gesamtaufbau Abb. 534 zeigt. Die Lokomotive hat 4,5 t Dienstgewicht und übt am Haken bei langsamer Fahrt 600 kg, bei schneller Fahrt 200 kg Zugkraft aus.

Der mit Verdampfungskühlung ausgerüstete, liegende Einzylindermotor leistet 10 bis 12 PS. Über dem Zylinder liegt der explosionssichere, Benzol für 12stündigen Betrieb fassende Brennstoffbehälter, neben ihm der Kühlwasserbehälter. Diesem wird auch etwas Wasser entnommen, das in den Auspuff eingespritzt wird, um die Auspuffgase abzukühlen. Wie Abb. 535 zeigt, werden der Brennstoffhahn *h* und der Spritzwasserhahn *i* gemeinsam durch die Stange *k* angestellt und abgestellt. Der Vergaser mit dem Schwimmer *c*, dem Abstellventil *d* und der Brause *g* liegt hoch, so daß Tropfen, die sich infolge Kondensation des Brennstoffnebels bilden, mit Gefälle zum Einlaßventil *a* fließen. Zur Zündung dient ein von der Kurbel angetriebener Magnetzünder, der beim Andrehen spät zündet, damit die Anlaßkurbel nicht zurückschlägt, und dann selbsttätig auf Frühzündung eingestellt wird.

Der Motor, der immer im selben Sinne mit $n = 300$ läuft, treibt durch ein öldicht eingeschlossenes, aus Zahnrädern und Reibungskuppelungen bestehendes Getriebe, die hintere Achse, die mit der vorderen durch eine Kette gekuppelt ist. Das Getriebe ist mittels Handräder auf Vor- und Rückwärtsfahrt, sowie auf langsame Fahrt (4 bis 5 km/h) und schnelle Fahrt (10 km/h) einstellbar. Außerdem ist die Drehzahl des Motors vom Führerstande aus durch Einwirkung auf den Regler veränderbar.

Es ist nötig, die Benzolgrubenlokomotive so zu sichern, daß keine Flamme nach außen treten kann. Ist nämlich das im Motor verbrannte Gemisch zu reich oder zu arm,

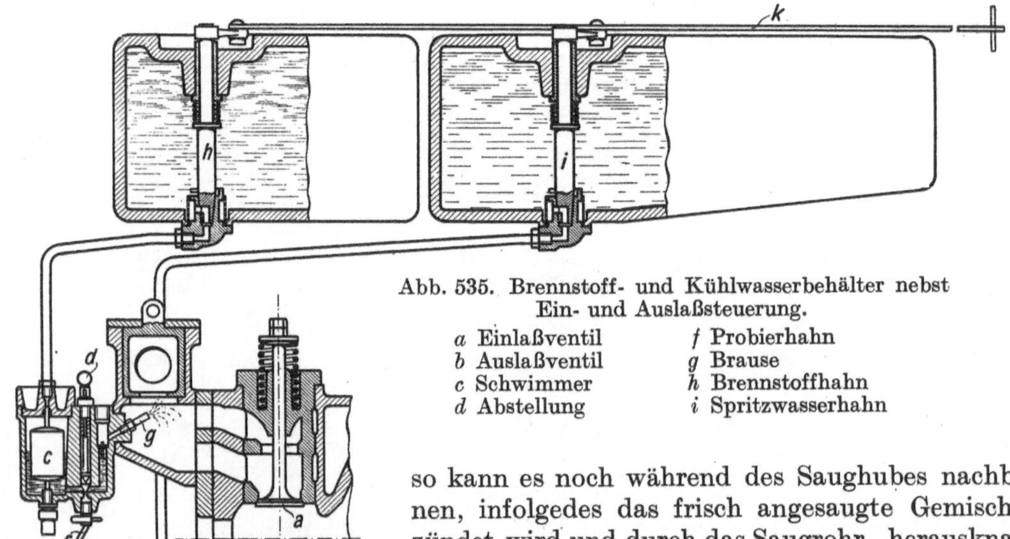

Abb. 535. Brennstoff- und Kühlwasserbehälter nebst Ein- und Auslaßsteuerung.

a Einlaßventil
b Auslaßventil
c Schwimmer
d Abstellung
f Probierhahn
g Brause
h Brennstoffhahn
i Spritzwasserhahn

so kann es noch während des Saughubes nachbrennen, infolgedes das frisch angesaugte Gemisch gezündet wird und durch das Saugrohr „herausknallt". Auch kann zum Saugrohr eine Stichflamme heraustreten, wenn sich das Einlaßventil aufhängt. Noch häufiger kommt es vor, daß im Auspuff Flammen auftreten. Deshalb sind, wie es Abb. 536 zeigt, sowohl die Ansaugleitung, die außen münden soll, wie die Auspuffleitung durch Kiesfilter und Messingsiebe gegen das Herausschlagen von Flammen geschützt. Die Kiesfüllung und Messingsiebe sind, damit sie gereinigt oder ersetzt werden können, bequem herausnehmbar.

Beim Füllen der Lokomotive mit neuem Brennstoff ist Vorsicht zu beobachten. Die Füllöffnungen sollen so eingerichtet sein, daß Benzol aus dem Tankwagen nur dann in die Lokomotive gefüllt werden kann, wenn sowohl am Tankwagen wie an der Lokomotive beide Schläuche für Brennstoffhinförderung und Luftrückleitung ordnungsgemäß angebracht sind. Auf die bergpolizeilichen Vorschriften sei hingewiesen.

Benzollokomotiven haben stärkeren Verschleiß und erfordern mehr Instandsetzungsarbeiten als andere Bauarten; sie bewähren sich nur, wo für eine sachgemäße Instandhaltung gesorgt ist.

Die Dieselgrubenlokomotiven haben sich im Untertagebetrieb ausgezeichnet bewährt. Im Aufbau sind sie den Benzollokomotiven ähnlich. Kleine Lokomotiven haben Leistungen von 8 bis 12 PS und wiegen etwa 2,5 bis 3,5 t. Mittlere Größen mit Leistungen von 25 bis 35 PS haben ein Gewicht von 6 bis 7 t, während große Maschinen mit Leistungen von 60 bis 70 PS und Dienstgewichten von 10 bis 12 t ausgeführt werden. Der Antrieb erfolgt ausschließlich durch kompressorlose Diesel-Vorkammermaschinen[1], die

[1] Vgl. Ziffer 136.

im allgemeinen im Viertakt arbeiten. Hervorzuheben ist, daß Lokomotiven mit Dieselmotorantrieb ein besseres Anzugsmoment als Benzollokomotiven haben. Die Einspritzpumpe arbeitet mit einem Druck von 70 bis 100 at. Die Maschinen laufen mit hoher Drehzahl ($n = 800$ bis 1300), so daß nur eine kurze Zeit für Zündung und Verbrennung zur Verfügung steht; um so wichtiger ist, durch geeignete Bauart des Verbrennungsraumes eine gute Durchwirbelung von Luft und Brennstoff und eine sichere Zündung zu erzwingen und dadurch eine vollkommene Verbrennung zu erreichen. Kleine Motoren werden bis 12 PS einzylindrig liegend oder stehend, bis 25 PS einzylindrig liegend oder zweizylindrig stehend gebaut. Für größere Leistungen verwendet man vier- und sechszylindrige Motoren stehender Bauart. Die Motoren brauchen etwa 180 g/PSh Dieselöl von rd. 10000 kcal/kg Heizwert. Kleine Motoren werden mittels Handkurbel angelassen, die gegen Rückschlagen gesichert sein muß. Bei größeren Motoren hat man elektrische Anlaßmotoren, für die die Lichtbatterie den Strom liefert, oder man benutzt Druckluft von 6 bis 7 at zum Anlassen, die in Speicherflaschen mit einem Druck von etwa 35 at mitgeführt wird; entweder wirkt die Druckluft unmittelbar auf die Motorkolben, oder es wird ein besonderer Druckluftanlaßmotor benutzt, wodurch jegliche Anlaßsteuerung bei den einzelnen Zylindern vermieden wird. Die Kühlung[1] kann für kleine Motorleistungen als Verdampfungskühlung gebaut werden. Größere Motoren besitzen dagegen durchweg Umlaufkühlung, die mit geringerem Wasservorrat auskommt, weil das Kühlwasser im Kreislauf verwendet und in einem besonderen Kühler rückgekühlt wird. — Die Lokomotivgeschwindigkeiten liegen zwischen 3,5 und 18 km/h, so daß die hohe Drehzahl des Motors durch ein Getriebe herabgesetzt werden muß. Das Getriebe muß auf verschiedene Übersetzungen umschaltbar sein, weil die Drehzahlregelung des Motors selbst nur in engen Grenzen möglich ist; man verwendet bei kleinen Lokomotiven Getriebe mit zwei, bei größeren mit drei bis vier Gangschaltungen. Die verwendeten Zahnradgetriebe sind nicht unter Last schaltbar, weshalb zwischen Motor und Getriebe eine Kuppelung angeordnet wird, mit der Motor und Getriebe nach Bedarf miteinander verbunden oder voneinander getrennt werden können. Zur Verbindung des Getriebes mit einer der beiden Radachsen sind entweder Ketten oder Zahnräder in Gebrauch. Die beiden Radachsen sind unter sich bei kleinen Maschinen durch Kuppelketten oder Kuppelstangen, bei großen nur durch Kuppelstangen verbunden; teilweise erfolgt der Achsantrieb auch mit Stangen von einer Blindwelle aus.

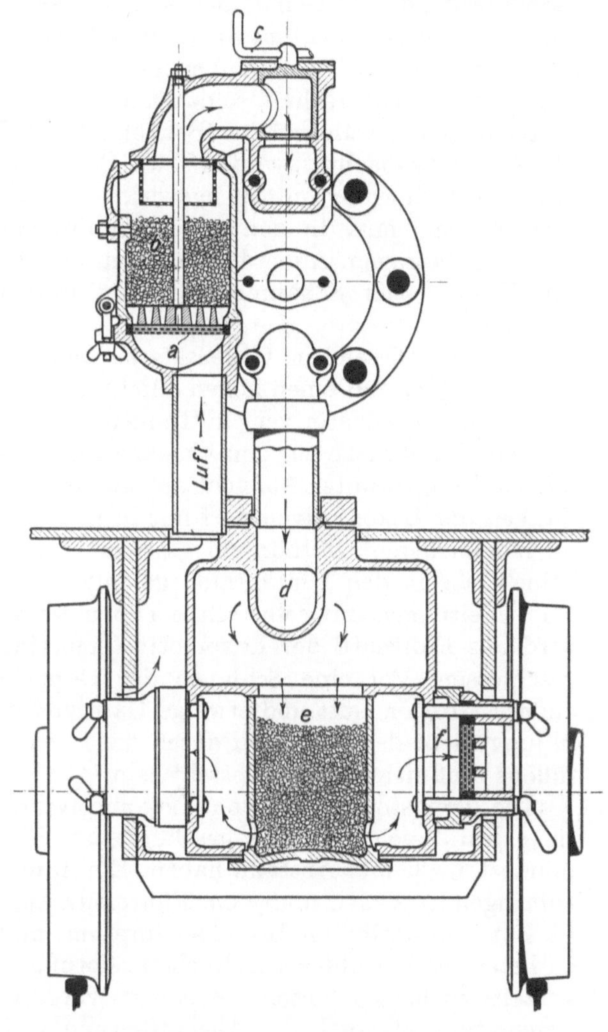

Abb. 536. Sicherung des Einlasses und des Auspuffs gegen Herausschlagen von Flammen.

[1] Vgl. Ziffer 131.

In Hinsicht auf die Grubensicherheit sind beim Diesellokomotivenbetrieb folgende Punkte von besonderer Bedeutung: 1. Vergiftung der Grubenwetter durch CO-Gehalt der Abgase bei unvollkommener Verbrennung; 2. Luftverschlechterung durch die Abgase (Sauerstoffverbrauch, CO_2-Anreicherung, üble Gerüche); 3. Explosionssicherheit des Brennstoffes und 4. Sicherheit gegen Schlagwetterzündung. Aus den bergpolizeilichen Bestimmungen sind im folgenden einige der wichtigsten angeführt[1]. Der vierteljährlich nachzuprüfende CO-Gehalt der Abgase darf bei höchster Drehzahl, und zwar bei Leerlauf und Vollast, nicht mehr als 0,12% betragen. Hier zeigt sich die Diesellokomotive der Benzollokomotive weit überlegen; die Verbrennung im Dieselmotor arbeitet mit genügendem Luftüberschuß, so daß normal nur mit etwa 0,05% CO-Gehalt in den Abgasen zu rechnen ist, während bei Benzolmotoren bei schlechter Arbeitsweise schon bis 9% CO-Gehalt beobachtet worden sind. Der Luftverschlechterung wird einmal durch reichliche Wetterführung entgegengewirkt, wodurch die Abgase stark verdünnt werden; die Wettermenge muß in den zu durchfahrenden Strecken je Lokomotiv-PS wenigstens 6 m^3/min betragen. Außerdem müssen die Abgase nach dem Verlassen des Motors durch ein Wasser- oder Schaumbad geleitet werden, um ihnen den stechenden Geruch zu nehmen.

Obgleich Dieselöl im Gegensatz zu Benzol bei normaler Temperatur keine explosiblen Dämpfe bildet und einen hohen Zündpunkt hat, wodurch die Brandgefahr bei Zusammenstößen und Brennstoffverschüttungen auf ein Mindestmaß herabgesetzt wird, bestehen strenge Vorschriften für den Umgang mit Dieseltreibstoff. Der Treibstoff ist in besonderen Tankwagen unter Aufsicht auf kürzestem Wege zum Umfüllraum zu befördern. Das Tanken der Lokomotiven darf nur in Gegenwart einer verantwortlichen Aufsichtsperson im feuersicheren Umfüllraum geschehen. Damit kein Brennstoff verschüttet wird und keine Gase in den Umfüllraum gelangen, verwendet man zum Füllen Panzerschlauch-Doppelleitungen mit selbstschließenden Ventilen. Beim Anschrauben der Doppelleitung wird das Füllventil der Lokomotive selbsttätig geöffnet, beim Abschrauben selbsttätig geschlossen. Der eine Schlauch der Doppelleitung dient der Ölförderung, durch den andern strömen Luft und etwaige Gase von der Lokomotive zum Tankwagen. Bei Überfüllung fließt der Treibstoff durch die Luftleitung zum Tank zurück. Während des Umfüllens muß der Motor abgestellt sein.

Die Treibstoffleitung vom Lokomotivtank zum Motor muß so eingebaut sein, daß sie gegen Beschädigungen geschützt ist. Sie soll von der ungekühlten Auspuffleitung mindestens 25 mm Abstand haben. Ein in der Leitung zwischen Behälter und Motor anzubringendes Ventil muß vom Führersitz aus absperrbar sein.

Zur unmittelbaren Brandbekämpfung muß jede Lokomotive eine vom Führerstand zu betätigende Kohlensäurelöscheinrichtung besitzen, mit der das Innere des Lokomotivkastens zu beiden Seiten des Motors vergast werden kann. Außerdem muß sowohl der Saugleitung als auch der Auspuffleitung Kohlensäure durch eine besondere Löschdüse zugeführt werden können. Die Kohlensäurezufuhr zur Saugleitung löscht und setzt gleichzeitig den Motor still. Außer der eingebauten Löschanlage ist ein Handfeuerlöschgerät mitzuführen.

Die Schlagwetterzündgefahr ist bei Dieselmotoren weit geringer als bei Benzolmotoren. Ein Herausschlagen von Flammen aus dem Einlaß ist ziemlich ausgeschlossen, weil beim Hängenbleiben des Einlaßventiles keine Verdichtung, also auch keine Zündung stattfinden kann; zudem wird beim Dieselmotor auch nur reine Luft angesaugt. Infolge der vollkommeneren Verbrennung sind auch Knällerflammen im Auspuff weit seltener als bei Benzolmotoren. Trotzdem sind wie bei den Benzollokomotiven sowohl die Auspuffleitung als auch die Saugleitung durch Plattenschutz gegen das Herausschlagen von Flammen zu schützen. Außerdem ist Kühlwasser in den Auspuff zu spritzen, damit die

[1] Vgl. hierzu Classen und Schensky: Die zechenseitige Überwachung der Grubendiesellokomotiven unter Berücksichtigung der neuen Bau- und Betriebsvorschriften, dargestellt auf Grund eines im praktischen Betriebe durchgeführten Dauerversuches. Der Bergbau 1940, Nr. 14 und 15.

Auspuffleitung keine gefährlichen Temperaturen annehmen kann; der Motor muß selbsttätig stillgesetzt werden, wenn der Spritzwasserzufluß aufhört. Das zum Reinigen der Abgase zwischen Auspuff und Plattenschutz angeordnete Wasserbad dient gleichzeitig auch zum Kühlen der Abgase und zum Löschen etwaiger Flammen.

Abb. 537 zeigt eine Dieselgrubenlokomotive der Motorenfabrik Deutz mit einem stehenden Vierzylindermotor von 40 PS. Je zwei Zylinder mit gemeinsamen Ansauge- und Auspuffleitungen sind zu einem Block vereinigt. Jeder Zylinder hat eine eigene Brennstoffpumpe, deren Fördermenge entweder von Hand oder durch einen Fliehkraftregler einstellbar ist. Das Anlassen geschieht bei dem dargestellten Motor durch einen besonderen Druckluftmotor, dessen Ritzel in die Verzahnung des Schwungrades eingreift

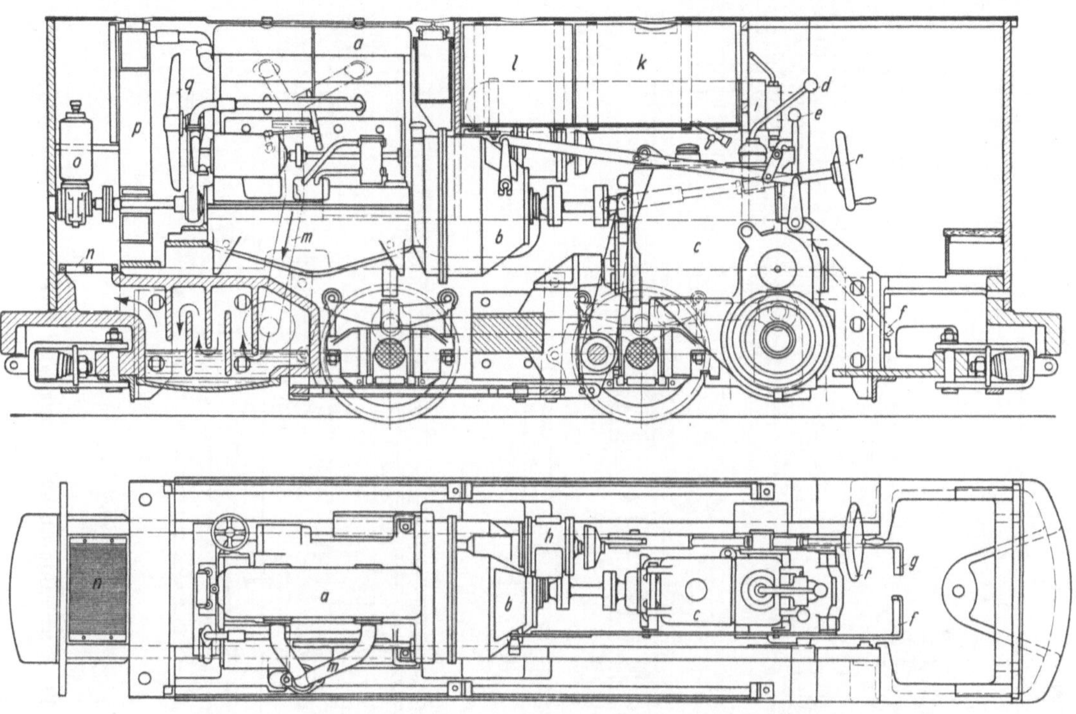

Abb. 537. Deutzer Dieselgrubenlokomotive.
a Motor, *b* Kuppelung, *c* Getriebe, *d* Gangschaltung, *e* Fahrtrichtungsschaltung, *f* Kuppelungsbetätigung, *g* Anlasserbetätigung, *h* Druckluftanlaßmotor, *i* Druckluftbehälter, *k* Brennstoffbehälter, *l* Wasserbehälter, *m* Auspuffleitung, *n* Plattenschutz, *o* Kompressor, *p* Kühler, *q* Ventilator, *r* Bremse.

Die Lokomotive arbeitet mit Umlaufkühlung; das Kühlwasser wird durch eine Kreiselpumpe in ständigem Umlauf durch den Motor und den Rückkühler gehalten. Die Kühlluft wird durch einen Ventilator durch den Rückkühler gesaugt, so daß auch bei Leerlauf und Stillstand der Lokomotive ausreichend gekühlt wird.

Direkt hinter den Auslaßventilen wird Kühlwasser in die Abgase gespritzt. Dann werden die Gase durch ein Wasserbad geleitet, in dem Wasserdampf, Schmieröl, Ruß und unverbranntes Rohöl ausgeschieden werden. Die so gereinigten und gekühlten Gase treten erst dann ins Freie aus, nachdem sie vorher reichlich mit der Kühlluft des Rückkühlerventilators vermischt worden sind. Die Kohlensäurelöschanlage ist in der Abbildung nicht enthalten.

Die dargestellte Lokomotive (Abb. 537) hat ein Gewicht von 8000 kg. Die durch ein Wechselgetriebe einschaltbaren Geschwindigkeiten betragen 3,6, 5,5, 9 oder 14,5 km/h. Die Zugkraft am Haken ist bei diesen vier Geschwindigkeitsstufen 1900 bzw. 1450 bzw. 900 bzw. 500 kg. Der mittlere stündliche Rohölverbrauch kann mit etwa 6 kg angenommen werden.

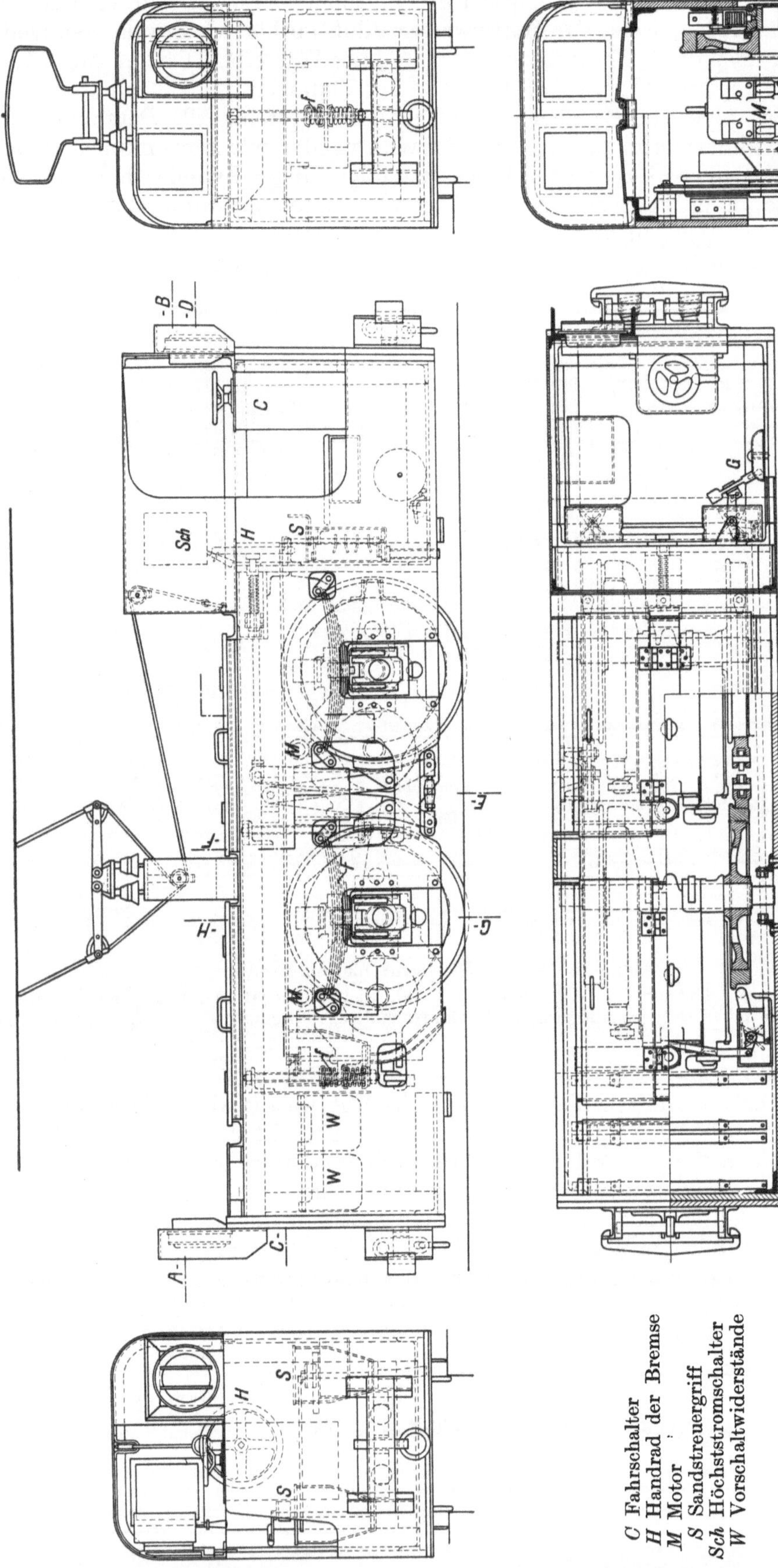

Abb. 538. Fahrdrahtgrubenlokomotive der SSW.

C Fahrschalter
H Handrad der Bremse
M Motor
S Sandstreuergriff
Sch Höchststromschalter
W Vorschaltwiderstände

Der Treibölverbrauch des Diesellokomotivbetriebes kann mit etwa 13 bis 17 g/tkm und die Betriebskosten mit 1,6 bis 1,8 Rpf/tkm gerechnet werden.

257. Elektrische Grubenlokomotiven. Man hat bei den elektrischen Grubenlokomotiven Fahrdraht- und Akkumulatorlokomotiven. Die Fahrdrahtlokomotiven (Abb. 538), die überhaupt den größten Anteil der Grubenlokomotiven stellen, überwiegen weitaus; sie können in Schlagwettergruben, da die Funken am Fahrdraht oder an der Schienenrückleitung die Schlagwetter zünden würden, nur im einziehenden Wetterstrome verwendet werden[1]. Damit die Instandhaltungskosten nicht zu hoch werden, muß man die Lokomotiven gut schmieren, darf sie nicht ohne Zahnräderschutzkasten laufen lassen und soll sie nicht übermäßig überlasten. Es werden nur noch Gleichstromgrubenlokomotiven gebaut, für die Strom von 250 V erzeugt wird, so daß die Lokomotiven unter Berücksichtigung des Spannungsabfalles in den Leitungen im Mittel Strom von 220 V empfangen. Zum Antriebe dienen zwei federnd aufgehängte Hauptstrommotoren, die ihre Achse durch ein einfaches Vorgelege treiben. Daß der Hauptstrommotor kräftig anzieht[2] und bei kleiner Last schneller fährt als bei großer, macht ihn vorzüglich für den Bahnbetrieb geeignet. Die normalen Fahrdrahtlokomotiven wiegen etwa 9 t und leisten etwa 36 PS, sind also imstande, kräftig zu ziehen und schnell zu fahren; im Mittel beträgt ihre Zugkraft 900 kg und ihre Geschwindigkeit 10 bis 12 km/h. Außer den 36pferdigen sind auch 50pferdige Fahrdrahtlokomotiven im Gebrauch. Der kupferne Fahrdraht wird unter der First der Strecke in mindestens 1,8 m Höhe angebracht. Die zur Rückleitung des Stromes dienenden Schienen sind an den Stößen und quer gut leitend zu verbinden, um die Streuströme, die den Schießbetrieb gefährden und Anfressungen an den Rohrleitungen und Kabeln verursachen, möglichst herabzusetzen[3].

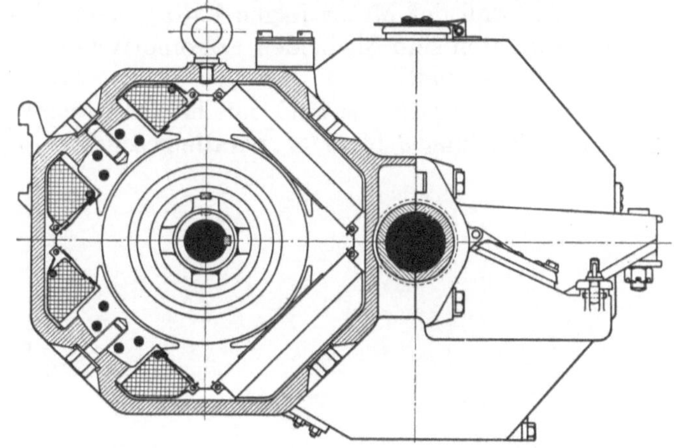

Abb. 539. Elektromotor nebst eingekapseltem Rädervorgelege.

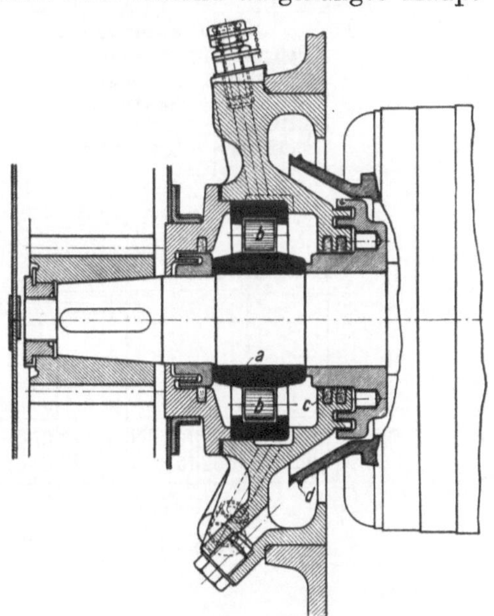

Abb. 540. Lagerung der Motorwelle.

Die Abb. 538 bis 540 zeigen die konstruktive Ausführung einer Fahrdrahtgrubenlokomotive der SSW nebst Einzelheiten. Im überdeckten Führerstande sind der Fahrschalter, das Handrad für die Bremse, der Griff für den Sandstreuer, der Höchststromschalter und ein Kurzschließer untergebracht, mit dem man den Fahrdraht mit dem Lokomotivgestell verbinden kann, um die Lokomotive spannungslos zu machen. Abb. 541 veranschaulicht die Schaltung des

---

[1] Vgl. Truhel: Die Schlagwettersicherheit der elektrischen Lokomotivförderung. Glückauf 1929, Nr. 26.

[2] Er liefert aus dem Stillstand heraus ein höchstes Anzugsmoment bis zum 2,5fachen Normaldrehmoment.

[3] Vgl. Truhel: Glückauf 1925, S. 453 und Ullmann: Glückauf 1925, S. 1553.

Fahrschalters, der zwei Kontaktwalzen hat. Mit der stromlos gesteuerten Umschaltwalze *UW* werden die Anker- und Feldanschlüsse für Vorwärts- und Rückwärtsfahrt hergestellt; die Hauptwalze *HW* enthält die Anlaß- und Fahrtstellungen. Beim Anlassen soll man ruckweise von einer Stellung zur anderen gehen, auf jeder aber so lange verweilen, daß der Motor folgen kann; beim Abschalten soll man schnell zurückgehen. Beim Anfahren sind die beiden Lokomotivmotoren zunächst — Stellung *1* bis *5* — hintereinandergeschaltet, so daß die Lokomotive, wenn die gußeisernen Anfahrwiderstände *GW* ausgeschaltet sind, mit halber Geschwindigkeit fährt. Dann werden die Motoren — Stellung *6* bis *9* — parallelgeschaltet, wobei zunächst die Anfahrwiderstände

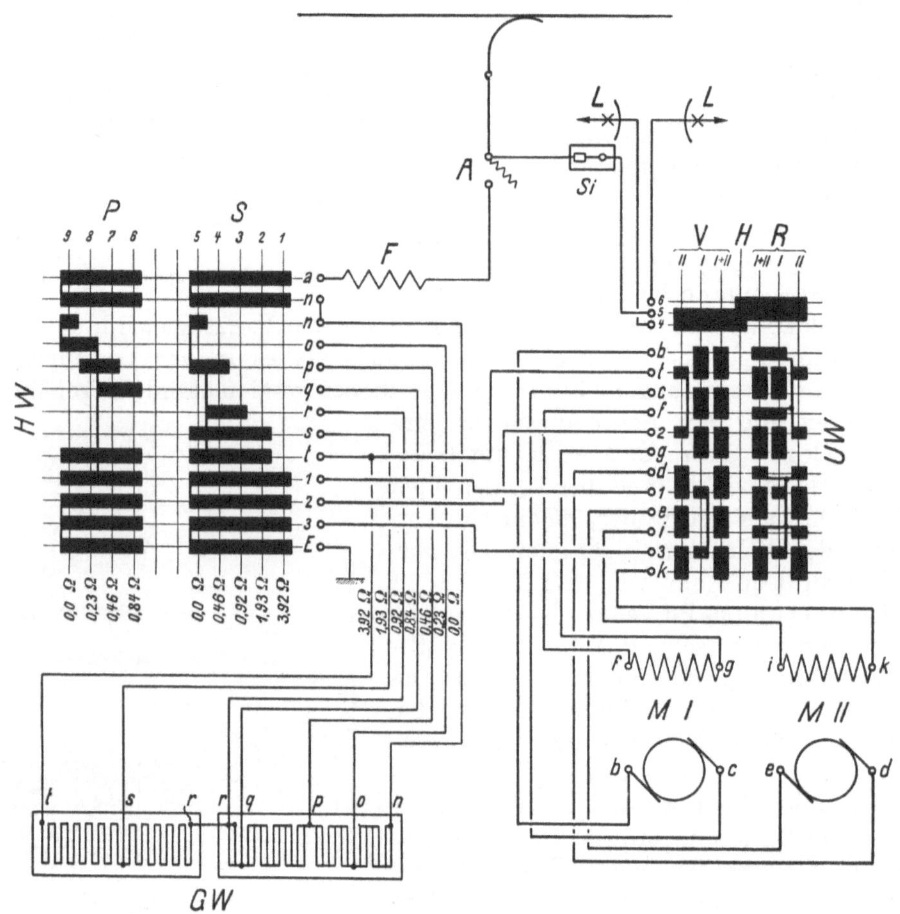

Abb. 541. Fahrschalter einer Fahrdrahtgrubenlokomotive.

wieder vorgeschaltet werden; indem man sie stufenweise abschaltet, erreicht man die volle Fahrgeschwindigkeit. Bremsung durch Gegenstrom ist nicht zulässig, weil die Motoren zu sehr belastet werden.

Akkumulatorlokomotiven sind in Schlagwettergruben unbedenklich verwendbar, da man sie vollkommen schlagwettersicher zu kapseln vermag. Sie werden mit einer Leistung von 40 PS als Hauptstrecken- und mit Leistungen von 6 bis 10 PS als Abbaulokomotiven verwendet. Die elektrische Energie wird in Panzer-Akkumulatoren von großer mechanischer Widerstandsfähigkeit mitgeführt. Es wird mit Wechselbatterien gearbeitet, um die Lokomotive während der Ladezeit nicht aus dem Betriebe ziehen zu müssen. Die Motoren werden mit druckfestem (8 atü) Stahlgußgehäuse gebaut. Der Anfahrwiderstand und die Batterie besitzen Schlagwetter-Plattenschutz. Die Stecker und

Steckdosen zwischen Batterie und Lokomotive werden so ausgeführt, daß sich beim Ziehen der Stecker keine Funken bilden können.

In neuester Zeit kommen auch Fahrdraht-Akkumulatorenlokomotiven in Aufnahme.

XXVIII. Kältemaschinen.

258. Die Vorgänge bei der Kälteerzeugung. Es seien nur die verbreitetsten Kältemaschinen: die Kaltdampfkompressionsmaschinen besprochen. Kälte wird erzeugt oder Wärme wird gebunden, indem Flüssigkeit verdampft wird. Diese bei ihrer Verdampfung Kälte erzeugende Flüssigkeit wird im Kreislauf verwendet, d. h. nachdem sie verdampft ist, wird sie verflüssigt und wieder verdampft. Da die Flüssigkeit, um Kälte zu erzeugen, erheblich unter 0^0 zu verdampfen ist, so kann der Dampf mit dem zur Verfügung stehenden Kühlwasser, dessen Temperatur meist erheblich über 0^0 liegt, nur verflüssigt werden, wenn er auf höheren Druck verdichtet wird[1]. Es ist also ein Kompressor nötig, der den aus dem Verdampfer (Refrigerator) tretenden Dampf ansaugt und auf den im Verflüssiger (Kondensator) herrschenden Druck verdichtet. Je tiefere Temperaturen man erzeugen will, bei um so niedrigerem Drucke muß man die Flüssigkeit verdampfen; je höher anderseits die Temperatur des zur Verfügung stehenden Kühlwassers ist, um so höherer Druck ist für die Verflüssigung des Dampfes notwendig. Ehe die Kälte erzeugende Flüssigkeit verdampft wird, ist sie demnach vom höheren Druck im Verflüssiger auf den niedrigeren Druck im Verdampfer zu entspannen. Das geschieht mit Hilfe eines einstellbaren Regelventils, das die Flüssigkeit entsprechend stark drosselt. Der Kälte erzeugenden Flüssigkeit wird die für ihre Verdampfung erforderliche Wärme in der Weise zugeführt, daß die Verdampferschlangen entweder von zu kühlender Luft oder von einer Salzlösung mit tiefem Gefrierpunkt bespült werden, welche die Kälte nach dem Verbrauchsort überträgt. Diese die Kälte übertragende Flüssigkeit wirkt ebenfalls im Kreislauf; nachdem sie am Verbrauchsort Kälte abgegeben bzw. Wärme aufgenommen hat, kehrt sie zum Verdampfer zurück, wo sie mit der aufgenommenen Wärme die Kälte erzeugende Flüssigkeit verdampft. In Ziffer 259 sind die Vorgänge bei der Kälteerzeugung durch Zahlenbeispiele erläutert.

Man unterscheidet nassen und trockenen Kompressorgang. Hat der Kompressor nassen Dampf zu verdichten, so bleibt er kalt, da die Kompressionswärme für die Verdampfung der im nassen Dampf enthaltenen Flüssigkeit verbraucht wird; ist der angesaugte Dampf trocken, so wird er bei der Kompression erhitzt. Trockner Kompressorgang ist wirtschaftlicher; doch will man im Verdampfer wegen des besseren Wärmeaustausches nassen Dampf haben. Man schaltet deshalb in die Saugleitung einen Flüssigkeitsabscheider, der die Flüssigkeit aus dem nassen Dampf abscheidet und wieder den Verdampferschlangen zuführt.

Abb. 542 zeigt als Beispiel eine dem Schachtgefrierverfahren[2] dienende Kälteanlage, bei der als Kälte erzeugende Flüssigkeit Ammoniak, als Kälte übertragende Flüssigkeit eine Chlormagnesiumlösung angewendet wird. *a* ist der Kompressor, der den aus dem Verdampfer abgesaugten Ammoniakdampf über den Ölabscheider *b* in den mittels Pumpe *d* berieselten Kondensator *c* drückt, aus dem das verflüssigte Ammoniak durch das den Druckabfall auf den Verdampferdruck erzeugende Regelventil *e* in die Verdampferschlangen *f* tritt. Diese liegen in einem mit einem Rührwerk ausgerüsteten Kessel, der von der im Kreislauf wirkenden Chlormagnesiumlösung durchströmt wird. Die Chlormagnesiumlösung tritt, nachdem sie an die Verdampferschlangen Wärme abgegeben, kälter aus, als sie eingetreten ist, und trägt die empfangene Kälte zu den Gefrierrohren, in denen sie Kälte abgibt, indem sie wieder Wärme aufnimmt. Um die Lösung umzuwälzen, dient die Pumpe *g*.

---

[1] Vgl. Ziffer 5. [2] Vgl. Heise-Herbst: 2. Band.

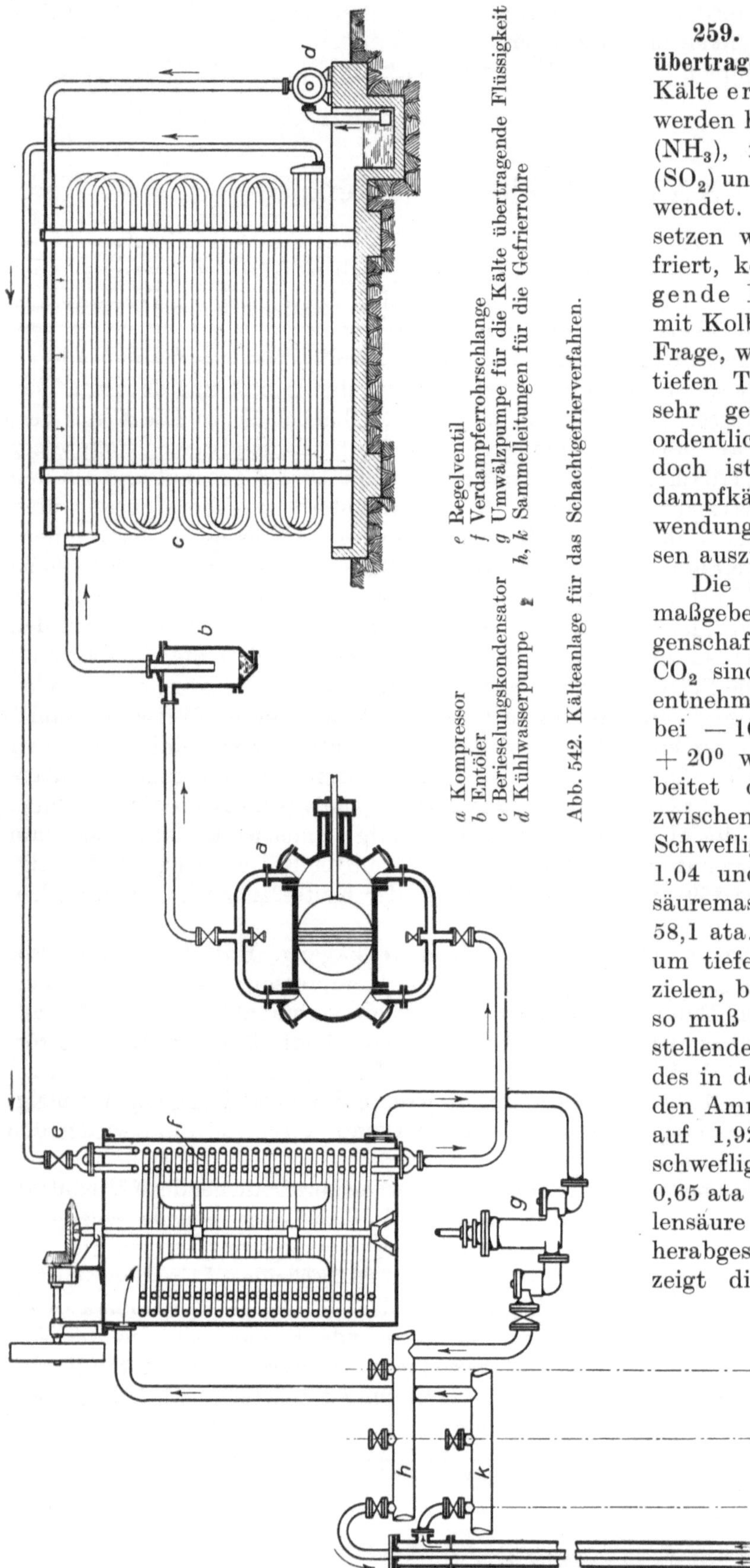

a Kompressor
b Entöler
c Berieselungskondensator
d Kühlwasserpumpe
e Regelventil
f Verdampferrohrschlange
g Umwälzpumpe für die Kälte übertragende Flüssigkeit
h, *k* Sammelleitungen für die Gefrierrohre

Abb. 542. Kälteanlage für das Schachtgefrierverfahren.

259. Kälte erzeugende und übertragende Flüssigkeiten. Als Kälte erzeugende Flüssigkeiten werden hauptsächlich Ammoniak (NH_3), ferner schweflige Säure (SO_2) und Kohlensäure (CO_2) verwendet. Wasser, dem Salz zuzusetzen wäre, damit es nicht gefriert, kommt als Kälte erzeugende Flüssigkeit für Anlagen mit Kolbenkompressoren nicht in Frage, weil der Wasserdampf bei tiefen Temperaturen wegen des sehr geringen Druckes außerordentlich großes Volumen hat; doch ist es gelungen, Wasserdampfkältemaschinen unter Verwendung von Dampfstrahlgebläsen auszuführen.

Die für die Kälteerzeugung maßgebenden physikalischen Eigenschaften von NH_3, SO_2 und CO_2 sind der Zahlentafel 29 zu entnehmen[1]. Wird die Flüssigkeit bei -10^0 verdampft und bei $+20^0$ wieder verflüssigt, so arbeitet die Ammoniakmaschine zwischen 2,93 und 8,65 ata, die Schwefligsäuremaschine zwischen 1,04 und 3,35 ata, die Kohlensäuremaschine zwischen 27,1 und 58,1 ata. Soll die Verdampfung, um tiefere Temperaturen zu erzielen, bei -20^0 vor sich gehen, so muß durch das enger einzustellende Regelventil der Druck des in den Verdampfer eintretenden Ammoniaks weiter von 2,93 auf 1,92 ata, der Druck der schwefligen Säure von 1,04 auf 0,65 ata und der Druck der Kohlensäure von 27,1 auf 20,3 ata herabgesetzt werden. Abb. 543 zeigt die entsprechenden Diagramme eines einstufigen Ammoniakkompressors; *I* ist das Diagramm des zwischen -10^0 und $+20^0$ arbeitenden, *II* das Dia-

[1] Nach Schüle: Technische Thermodynamik. Berlin: Springer.

Zahlentafel 29.

Dampf-tempe-ratur °C	Dampfdruck in ata			Dampfvolumen in m^3/kg			Verdampfungs-wärme in kcal/kg			Flüssigkeitswärme in kcal/kg		
	NH_3	SO_2	CO_2	NH_3	SO_2	CO_2	NH_3	SO_2	CO_2	NH_3	SO_2	CO_2
— 30	1,21	0,39	15,0	0,97	0,79	0,027	322	95,9	70,4	— 33	— 9,3	— 13,8
— 20	1,92	0,65	20,3	0,63	0,50	0,019	316	95,0	66,4	— 22	— 6,2	— 9,5
— 10	2,93	1,04	27,1	0,42	0,33	0,014	309	93,4	61,5	— 11	— 3,2	— 5,0
0	4,32	1,58	35,4	0,29	0,22	0,010	301	91,2	55,5	0,00	0,00	0,00
+ 10	6,19	2,34	45,7	0,21	0,15	0,007	293	88,3	47,7	+ 11	+ 3,3	+ 5,7
+ 20	8,65	3,35	58,1	0,15	0,11	0,005	284	84,7	36,9	+ 23	+ 6,7	+ 12,8
+ 30	11,8	4,67	73,1	0,11	0,08	0,003	275	80,4	15,0	+ 35	+ 10,2	+ 25,3

gramm des zwischen — 20° und + 20° arbeitenden Kompressors. Bei gleichem Gewichte hat Ammoniak die weitaus größte, Kohlensäure die kleinste Kälteleistung. Die Kohlensäuremaschine, die zwar mit dem größten Drucke arbeitet, hat wegen des geringen spezifischen Volumens der Kohlensäure die kleinsten Abmessungen; die Ammoniakmaschine erfordert etwa 5mal, die Schwefligsäuremaschine etwa 12mal größeres Hubvolumen als die Kohlensäuremaschine. Praktisch wird für 1 PS_ih bei der Ammoniakmaschine eine Kälteleistung von höchsten 4500 kcal, bei der Schwefligsäure- und Kohlensäuremaschine eine Kälteleistung von höchstens 4000 kcal erzielt.

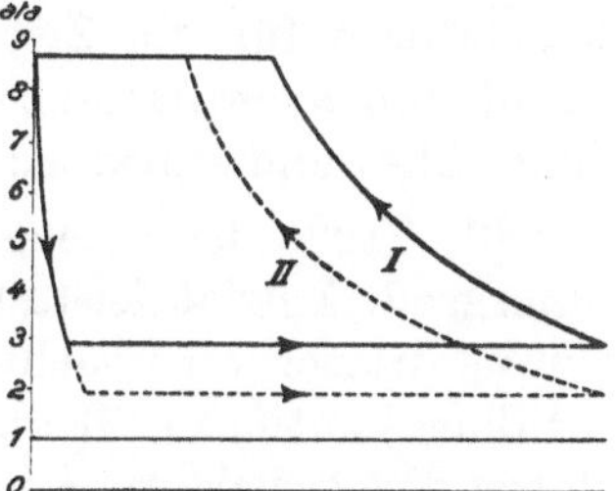

Abb. 543. Diagramme eines Ammoniakkompressors.

Wegen des chemischen Verhaltens der Flüssigkeiten sei bemerkt, daß Ammoniak Kupfer und seine Legierungen angreift, so daß bei den Ammoniakmaschinen alle Zylinderteile und Armaturen aus Eisen oder Stahl zu fertigen sind.

Als Kälte übertragende Flüssigkeiten dienen Lösungen von Kochsalz (NaCl), Chlorkalzium ($CaCl_2$) und Chlormagnesium ($MgCl_2$). Je stärker die Lösung, um so tiefer liegt ihr Gefrierpunkt; doch darf die Lösung nie gesättigt sein, weil sonst Salzkristalle ausgeschieden werden. Bis — 15° etwa sind Kochsalzlösungen anwendbar, für tiefere Temperaturen verwendet man Chlormagnesium- und Chlorkalziumlösungen.

260. Verwendung der Kältemaschinen. Die Kältemaschinen werden hauptsächlich zur Eiserzeugung, zur Kühlung von Luft und beim Schachtgefrierverfahren verwendet. Bei der Eiserzeugung liegen die Verdampferschlangen in einem Gefäße, das Sole (Salzwasser) enthält, die durch ein Rührwerk umgewälzt wird. In die Sole werden die Eiszellen eingehängt, die aus dünnem Eisenblech bestehen, nach unten verjüngt sind und mit Süßwasser gefüllt werden. Zwecks unmittelbarer Luftkühlung ordnet man die Verdampferschlangen in einer Kammer an, durch die man die zu kühlende, meist im Kreislauf verwendete Luft mittels eines Ventilators hindurchbläst. Oder die Luft wird mittels Sole gekühlt, welche die aufgenommene Wärme wieder im Verdampfer der Kälteanlage abgibt. Hierbei unterscheidet man trockene Luftkühler, bei denen die Luft die von kalter Sole durchflossenen Rohre bestreicht, und nasse Kühler, bei denen die Luft durch niederrieselnde kalte Sole strömt, die der Luft die Feuchtigkeit begierig entreißt.

XXIX. Ventilatoren.

261. Allgemeines. Die Ventilatoren, deren Entwicklung den stärksten Antrieb durch die Anforderungen des Bergbaues erhalten hat, sind Kreiselradmaschinen, die große Luftmengen auf geringen Druck pressen, und in der Regel nur Strömungswiderstände zu überwinden haben. Man hat Schleuder- und Schraubenventilatoren. Die frühere, eine Kreiselpumpe darstellende Abb. 396 kennzeichnet auch den Aufbau eines Schleuderventilators. Während aber bei den Kreiselpumpen, die meist statischen Druck zu überwinden haben, fast ausschließlich rückwärts gekrümmte Schaufeln angewendet werden, sind bei den Ventilatoren, die nur Strömungswiderstände überwinden, auch vorwärts gekrümmte Schaufeln zweckmäßig und werden bevorzugt, wenn die Drehzahl niedrig zu halten ist. Schraubenventilatoren, die nur für geringe Drücke in Frage kommen, sind, wie es Abb. 549 zeigt, viel einfacher aufgebaut; sie bestehen aus einer Luftschraube, die in einem ringförmigen Gehäuse gelagert ist. Der Schraubenventilator erzeugt bei gleicher Umfangsgeschwindigkeit nur einen Bruchteil des Druckes, den der Schleuderventilator liefert, und wirkt viel schlechter als dieser; dafür bietet er der axial hindurchströmenden Luft einen geringen Widerstand, so daß er mit kleinen Abmessungen große Wettermengen bewältigt, und ist sehr bequem einbaubar, was in vielen Fällen für ihn entscheidet. Ein Ventilator bläst und erzeugt Überdruck, wenn der Hauptwiderstand hinter ihm liegt; er saugt und erzeugt Unterdruck (Depression), wenn der Hauptwiderstand vor ihm liegt. In beiden Fällen wirkt der Ventilator selbst in derselben Weise, indem er den Druck der ihm zuströmenden Luft steigert. Die Verwendung der Ventilatoren ist sehr vielseitig: sie werden zur Lüftung von Gebäuden, zum Umwälzen der Luft in Kühlhäusern, bei Unterwindfeuerungen und bei den zum Abscheiden des Kohlenstaubes dienenden Windsichtern, in Gaswerken usw. benutzt. Im Bergbau werden die Ventilatoren für die Zwecke der Haupt- und der Sonderbewetterung verwendet; die Hauptgrubenventilatoren sind neben den Ventilatoren für die Belüftung langer Tunnel die größten und stärksten Ventilatoren, die es überhaupt gibt.

262. Größe des erzeugten Druckes. Nutzleistung des Ventilators. Mechanischer Wirkungsgrad. Antriebsleistung. Der vom Ventilator erzeugte Druck oder richtiger die durch den Ventilator verursachte Drucksteigerung ist der Unterschied der Drücke hinter und vor dem Ventilator. Bei einem blasenden Luttenventilator gilt als Druck vor dem Ventilator der Druck im Ansaugeraum, als Druck hinter dem Ventilator der hinter dem Ventilator in der Lutte gemessene statische Druck, vermehrt um den der Ausblasgeschwindigkeit entsprechenden dynamischen[1] Druck. Bei einem saugenden Hauptgrubenventilator, der mittels Diffusors ins Freie bläst, gilt als Druck vor dem Ventilator der im Saugrohr gemessene statische Druck, vermehrt um den der Wettergeschwindigkeit entsprechenden dynamischen Druck, als Druck hinter dem Ventilator der Druck der Atmosphäre. Nun mißt man im Saugrohre nicht unmittelbar den statischen Druck, sondern den statischen Unterdruck; den statischen Druck um den dynamischen vermehren, bedeutet den statischen Unterdruck um ebensoviel vermindern. Ist z. B. der gemessene statische Unterdruck 200 mm WS und beträgt der gemessene dynamische Druck 10 mm WS, so ist der vom saugenden Ventilator erzeugte Druck nicht etwa 210, sondern nur 190 mm WS. Anstatt den maßgebenden Gesamtdruck aus dem statischen zu errechnen, kann man ihn auch unmittelbar messen, indem man das Meßrohr dem Wetterstrom entgegenrichtet; dabei wird man, wenn man den Querschnitt abtastet, bemerken, daß der gemessene Gesamtdruck nicht unerheblich schwankt.

Wie bei den Kreiselpumpen[2] ändert sich auch bei den Ventilatoren der erzeugte Druck mit dem Quadrate der Geschwindigkeit; außerdem ist er in dem in Ziffer 193 dargelegten Zusammenhange von der Fördermenge abhängig. Theoretisch erzeugt ein Schleudergebläse mit radial endenden Schaufeln bei v m/s Umfangsgeschwindigkeit und bei einem Luftgewichte von γ kg/m³ einen Druck $h = \frac{v^2}{g}$ m Fördersäule $= \frac{v^2 \cdot \gamma}{g}$ mm WS; bei vorwärts gekrümmten Schaufeln ist h größer, bei rückwärts gekrümmten Schaufeln kleiner. Der tatsächlich erzeugte Druck ist nur etwa zwei Drittel des theoretischen. Große, gute

---

[1] Vgl. Ziffer 278.

[2] Die Luft im Ventilator verhält sich, da sich ihr Volumen wegen der geringfügigen Druckänderung ebenfalls geringfügig ändert, etwa ebenso wie das Wasser in der Kreiselpumpe. Bei den stärker verdichtenden Kreiselgebläsen und Turbokompressoren ist das anders; es sei daran erinnert, daß sich der Druck beim Turbokompressor nicht mit dem Quadrat, sondern etwa mit der vierten Potenz der Drehzahl ändert.

Schleuderventilatoren erzeugen bei normaler Leistung und normaler Dichte der Luft, je nachdem die Schaufeln radial enden oder vorwärts gekrümmt sind, etwa $h = 0{,}08\,v^2$ bis $h = 0{,}1\,v^2$, im Mittel $h = 0{,}09\,v^2$ mm WS Druck. Bei Schraubenventilatoren schwankt der erzeugte Druck in weiteren Grenzen und ist erheblich kleiner; als erster Anhalt diene $h = 0{,}01\,v^2$ bis $0{,}012\,v^2$, im Mittel $h = 0{,}011\,v^2$ mm WS. Mit v geht man auf 60 bis 70 m/s. Bei $v = 60$ m/s erzeugt ein Schleuderventilator rund 300 bis 350 mm WS, ein Schraubenventilator nur rund 40 mm WS Druck.

Erzeugt ein Ventilator h mm WS Druck und fördert er Q m³/s, so ist, da 1 mm WS $= 1$ kg/m², seine Nutzleistung $= Q \cdot h$ mkg/s $= \frac{Q \cdot h}{75}$ PS. Seine Antriebsleistung ist $= \frac{Q \cdot h}{\eta \cdot 75}$ PS, worin $\eta = 0{,}65$ bis $0{,}75$, bei Schraubenventilatoren nur $0{,}25$ bis $0{,}35$ ist. Die geförderte Luftmenge wird bei Ventilatoren in der Regel in m³/min angegeben, so daß sie für die Berechnung der Antriebsleistung auf die Sekunde umzurechnen ist. Bei $\eta = 0{,}72$ braucht ein Ventilator, der minutlich 10000 m³ fördert und 200 mm WS Unterdruck erzeugt, für seinen Antrieb $N = \frac{10000 \cdot 200}{60 \cdot 0{,}72 \cdot 75} = 618$ PS.

263. Der isothermische Wirkungsgrad von mit Druckluft betriebenen Ventilatoren und Strahldüsen. In dem besonderen Falle, daß Ventilatoren und Strahldüsen durch Druckluft betrieben werden, versteht man unter isothermischem Wirkungsgrad des Ventilators oder der Strahldüse das Verhältnis der Bewetterungsnutzleistung zum theoretischen Leistungsvermögen der verbrauchten Druckluft bei isothermischer Entspannung auf den Gegendruck von 1 ata. Druckluft von p ata verrichtet bei isothermischer Entspannung[1] auf 1 ata Gegendruck für 1 m³ angesaugte Luft 23030 lg p mkg, d. h. ebensoviel wie man braucht, um 1 m³ Luft von 1 ata auf p ata zu verdichten, vgl. Zahlentafel 25 (S. 300). Fördert z. B. ein Ventilator minutlich 64 m³ und erzeugt er 36 mm WS Gesamtpressung, verbraucht er ferner minutlich 1,08 m³ angesaugte, auf 4 atü gepreßte Luft, so ist die Ventilatornutzleistung $\frac{64}{60} \cdot 36 = 38{,}4$ mkg/s, die isothermisch erreichbare Leistung der verbrauchten Druckluft $\frac{1{,}08}{60} \cdot 16094 = 290$ mkg/s und der isothermische Wirkungsgrad ist $\eta_{is} = 38{,}4 : 290 = 0{,}132 = 13{,}2\,\%$.

Bei Düsen ist der isothermische Wirkungsgrad viel kleiner als bei Ventilatoren. Wenn eine Düse bei 4 atü Betriebsdruck mit 1 m³ angesaugter Luft 60 m³ Wetter fördert und 10 mm WS Pressung erzeugt, so ist ihr isothermischer Wirkungsgrad $= 600 : 16094 = 3{,}7\,\%$. Der Vorteil der Düsen ist, daß sie zuverlässig sind und keiner Wartung und Schmierung bedürfen. Für kurze Lutten sind Düsen am Platz, für lange Lutten Ventilatoren.

264. Äquivalente Grubenweite. Gleichwertige Öffnung. Temperament. Diese Begriffe, die ursprünglich geschaffen sind, um die Bewetterungsmöglichkeit einer Grube zu kennzeichnen, sind für jede Lüftungsanlage, für jeden Wetterweg brauchbar. Unter äquivalenter Weite oder gleichwertiger Öffnung einer Grube oder eines sonstigen Wetterweges versteht man eine A m² große Öffnung in dünner Wand, die ebensoviel Wetter durchläßt wie die Grube. Ist die Einschnürungszahl $= 0{,}65$ und wiegt die Luft 1,2 kg/m³, so strömt die Luft bei h mm WS Depression durch die Öffnung A mit der Geschwindigkeit $w = 0{,}65\sqrt{\frac{2\,g\,h}{1{,}2}}$ m/s, und es ist die sekundliche Wettermenge $Q = A \cdot w$ m³/s. Hieraus ergibt sich $A = \frac{0{,}38\,Q}{\sqrt{h}}$. Die äquivalente Grubenweite A, deren Größe bei einer bestehenden Grube, sofern kein natürlicher Wetterzug besteht, durch eine Messung von Q und h bestimmbar ist, verdeutlicht sehr anschaulich den Widerstand, den die Grube dem Durchgange der Luft entgegensetzt, und man kann, indem man einen Ventilator durch verschieden große Öffnungen ausblasen läßt, unmittelbar durch den Versuch fest-

[1] Vgl. Ziffer 204.

stellen, wie er sich verhält, wenn sich die gleichwertige Öffnung ändert. Für die Rechnung ist der andere Begriff, das **Temperament**, bequemer. Unter Temperament (Durchlaßvermögen) versteht man das bei einer bestimmten Grube oder Lüftungsanlage oder bei einem bestimmten Wetterwege unveränderliche Verhältnis $T = \frac{Q}{\sqrt{h}}$. Macht man $h = 1$, so ergibt sich, daß das Temperament einer Grube die sekundliche Wettermenge bedeutet, die bei 1 mm Depression durch die Grube zieht. Für die 10fache Wettermenge wären $10^2 = 100$ mm Depression erforderlich.

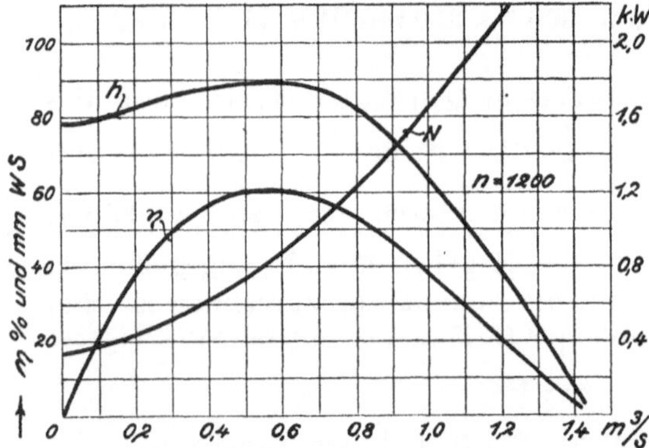

Abb. 544. Kennlinien eines Ventilators bei konstanter Drehzahl.

Das Temperament T einer Grube und ihre äquivalente Weite A sind einander proportional: $A = 0{,}38\ T$. Eine Grube, die für eine Wettermenge von 7200 m³/min oder 120 m³/s 100 mm WS Depression braucht, hat ein Temperament $T = \frac{120}{\sqrt{100}} = 12$ und eine Grubenweite $A = 0{,}38 \cdot 12 = 4{,}56$ m². Bedeutsam ist, wie sich T und A mit der Länge l einer Lutte oder Strecke ändern. Je länger die Strecke, um so kleiner werden T und A, und zwar ändern sie sich, da h proportional l zunimmt, umgekehrt proportional $\sqrt{l}$. Sind $h = 9$ mm WS erforderlich, um durch eine 100 m lange Lutte 3 m³/s zu treiben, so ist ihr Temperament $= 3 : \sqrt{9} = 1$. Verlängert man die Lutte auf 400 m und auf 900 m, so fällt ihr Temperament auf 0,5 bzw. 0,333, und im selben Verhältnis ändert sich ihre äquivalente Weite. Für Lutten von 300 bis 500 mm Durchm. kann man, vgl. Ziffer 65, den erforderlichen Wert von h etwa aus $h = \frac{l\,w^2}{d_{\text{mm}}}$ mm WS rechnen, so daß für eine 1000 m lange Lutte von 500 mm Durchm., d. h. von 0,196 m² Querschnitt, die 54 m³/min oder 0,9 m³/s Wetter führt ($w = 0{,}9 : 0{,}196 = 4{,}59$ m/s), $h = \frac{1000 \cdot 4{,}59^2}{500} \approx 42$ mm WS wird. Daraus ergibt sich

$$T = 0{,}9 : \sqrt{42} \approx 0{,}14.$$

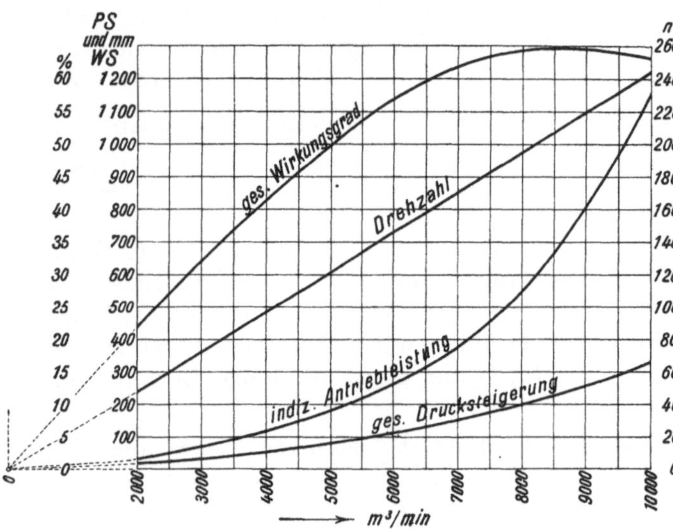

Abb. 545. Kennlinien eines Hauptgrubenventilators bei veränderlicher Drehzahl.

Die Rechnung gilt nur für **dichte** Lutten, so daß in Wirklichkeit erhebliche Abweichungen von der Rechnung vorkommen können.

265. Die Kennlinien der Ventilatoren. Abgesehen von den Hauptgrubenventilatoren laufen die meisten Ventilatoren mit annähernd gleichbleibender Drehzahl. Für diese zeichnet man ebenso wie bei den Kreiselpumpen gemäß Abb. 544 die Kennlinien so, daß sie darstellen, wie sich bei **ungeänderter Drehzahl** der erzeugte Druck, der Wirkungsgrad und die Antriebsleistung mit der Fördermenge ändern. An Stelle der Fördermenge wählt man auch die gleichwertige Öffnung A als Abszisse, über der man Fördermenge, Druck, Wirkungsgrad und Antriebsleistung aufträgt. Auf dem Versuchstande werden die Kennlinien ermittelt, indem man die Absperrung allmählich öffnet und die zu jeder Stellung gehörigen Werte von Druck, Fördermenge und Antriebsleistung mißt.

Für die Hauptgrubenventilatoren wählt man die Kennlinien anders. Man regelt nämlich bei diesen großen, viel Kraft brauchenden Maschinen den Wetterstrom nicht in der Art, daß man den Ventilator mit höchster Drehzahl betreibt und nur den Wetterstrom mehr oder weniger drosselt, sondern läßt den Ventilator je nach der gewünschten Wetterleistung schneller oder langsamer laufen. Die Kennlinien sollen also zeigen, wie sich bei ungeänderter Grubenweite der erzeugte Druck, die Drehzahl, der Wirkungsgrad und die Antriebsleistung mit der Wettermenge ändern. Die erforderliche Depression wächst mit dem Quadrat der Wettermenge, und die vom Ventilator erzeugte Depression wächst mit dem Quadrate der Drehzahl. Wettermenge und Drehzahl sind also einander proportional. Da man bei doppelter Wettermenge doppelte Drehzahl und 4fache Depression, d. h. 8fache Leistung, bei 3facher Wettermenge 3fache Drehzahl und 9fache Depression, d. h. 27fache Leistung hat, ergibt sich, daß die Nutzleistung mit der dritten Potenz der Wettermenge oder der Drehzahl wächst. Die tatsächliche Antriebsleistung verhält sich anders, da der Wirkungsgrad innerhalb weiter Grenzen schwankt. Abb. 545 zeigt die Kennlinien eines großen Grubenventilators für veränderliche Fördermenge bei ungeänderter Grubenweite.

266. Aufbau, Antrieb und Regelung der Hauptgrubenventilatoren. Die Grubenventilatoren werden saugend ausgeführt, erzeugen also Depression. Die Luft wird mittels Diffusors (Schlotes) ausgeblasen, in welchem ihre Geschwindigkeit in Druck umgesetzt wird. Die Durchgangsöffnung des Ventilators muß mehrfach größer sein als die Grubenweite. Ob der Ventilator reichlich bemessen ist oder nicht, liegt schon in seinem Wirkungsgrade; hat der Ventilator hohen Wirkungsgrad, so hat er auch eine reichlich große Durchgangsöffnung. Ventilatoren mit zweiseitigem Einlauf haben keinen Axialschub, doch ist die Führung der Kanäle verwickelt. Bei den einseitig ansaugenden Ventilatoren ist die Kanalführung einfach. Indem man gemäß Abb. 546 (Maschinenfabrik Hohenzollern) auch die Rückseite des Schaufelrades *a* mit Hilfe der „Entlastungswand“ *b* unter Depression setzt, verhütet man den sonst auftretenden großen, dem Wetterstrom entgegengerichteten Axialschub[1].

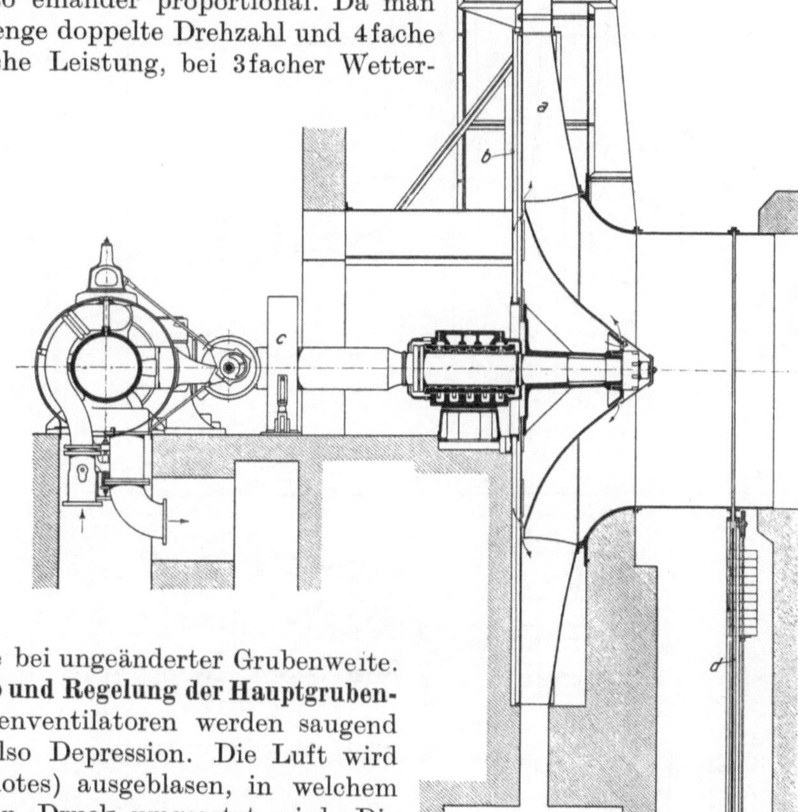

Abb. 546. Hauptgrubenventilator der Maschinenfabrik Hohenzollern, Düsseldorf, mit unmittelbarem Dampfmaschinenantrieb.

Zum Antrieb der Hauptgrubenventilatoren dienen überwiegend Dampfmaschinen. Meist wird die Kraft der langsamer laufenden Dampfmaschine durch Seile auf den schneller laufenden Ventilator übertragen, wie es Abb. 547 (Schüchtermann & Kremer) veran-

[1] Vgl. Ziffer 195.

schaulicht. Beim unmittelbaren Antrieb gemäß Abb. 546 erhält das Flügelrad, obwohl man die Dampfmaschine schnell laufen läßt, erheblich größeren Durchmesser als beim Seilantrieb; dafür hat die Dampfmaschine kein besonderes Schwungrad, sondern nur eine Andrehscheibe, und braucht weniger Dampf, weil die Seiltriebverluste fortfallen. Der Dampfmaschinenantrieb hat den besonderen Vorteil, daß man die Ventilatorleistung einfach und wirtschaftlich innerhalb weiter Grenzen regeln kann, indem man die Dampfmaschine schneller oder langsamer laufen läßt. Betreibt man die Dampfmaschine als Gegendruckmaschine, deren stetig strömender Abdampf in einer Abdampf- oder Zwei-

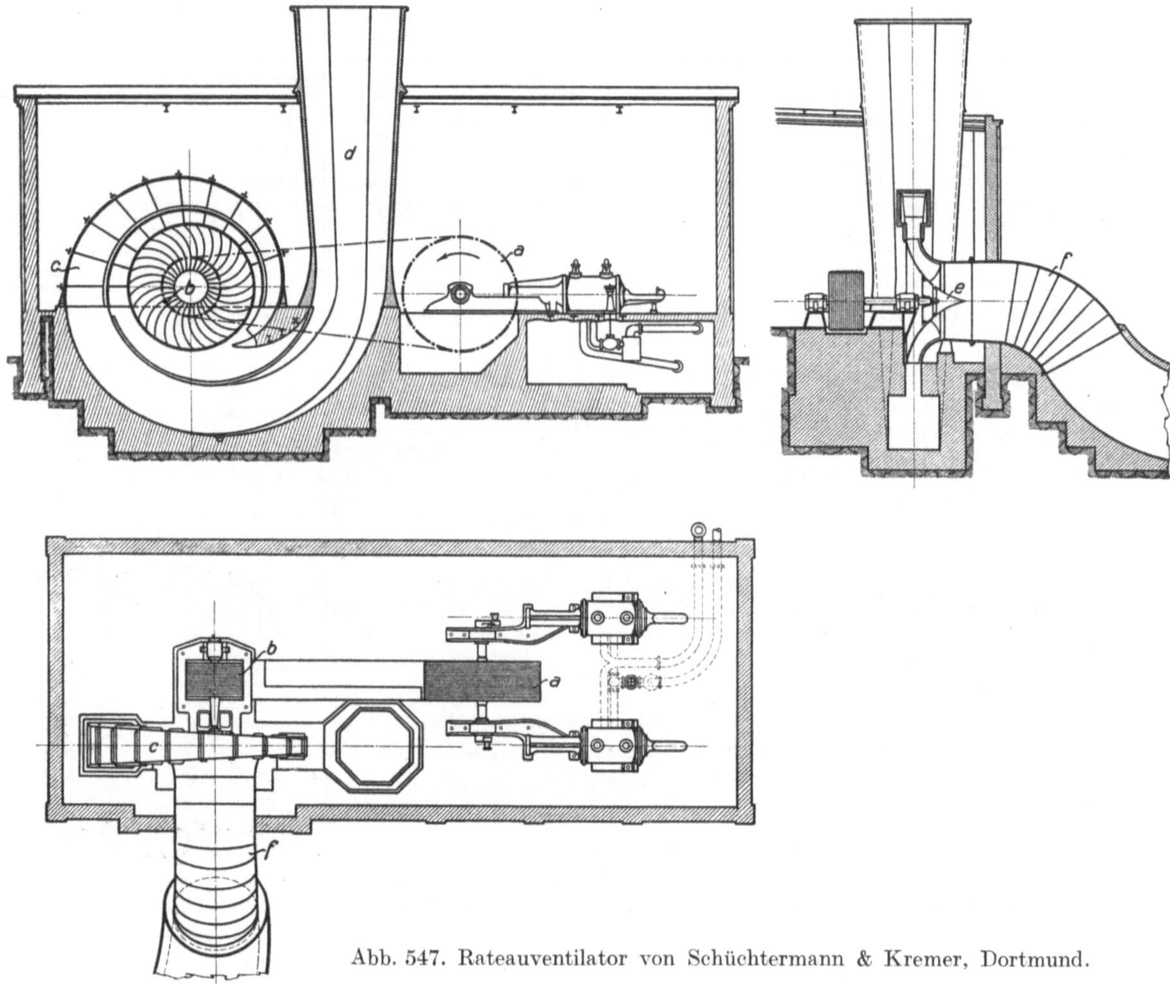

Abb. 547. Rateauventilator von Schüchtermann & Kremer, Dortmund.

druckturbine verwertet wird[1], so ist der Dampfmaschinenantrieb auch wirtschaftlich sehr günstig. Bemerkenswert ist schließlich, daß für die Hauptgrubenventilatoren auch Dampfturbinenantrieb mit Räderübersetzung mehrfach angewendet worden ist.

Elektrischer Antrieb ist gegeben, wo der Ventilator abseits der Kessel liegt; andernfalls muß er den Wettbewerb mit dem Dampfantrieb bestehen[2]. Zu berücksichtigen ist, daß der elektrisch angetriebene Ventilator mit seinem gleichmäßigen Kraftbedarfe eine sehr günstige Belastung für das Kraftwerk darstellt; es stört aber, daß die Regelung der Drehzahl beim Drehstromantrieb nicht einfach ist. Der Drehstrommotor ist für die erwartete höchste Drehzahl und Leistung zu bauen; um langsamer mit geringerer Wetterleistung zu fahren, muß man entweder die überschüssige Energie in einem im Rotor-

[1] Vgl. Ziffer 112.

[2] Vgl. Stach: Die Antriebfrage bei Großventilatoren, Glückauf 1923, Nr. 33 nebst Zuschriftenwechsel.

kreise liegenden Flüssigkeitswiderstande vernichten, oder man muß ein besonderes Regelgetriebe anordnen.

Bei Zechen, die in Entwicklung begriffen sind, treibt man den Ventilator zunächst mittels Riementriebes durch einen kleinen Motor an, den man später durch einen großen, direkt gekuppelten ersetzt. Das Bedürfnis, die Drehzahl des Ventilators innerhalb engerer Grenzen zu regeln, bleibt aber bestehen.

Eine einfache und wirtschaftliche Regelung besteht darin, daß man zwischen Motor und Ventilator ein veränderliches Zahnradgetriebe einschaltet. Die Regelung ist zwar nicht stetig, hat aber den großen Vorteil, daß man rasch-laufende, billige Motoren mit unveränderlicher Drehzahl verwenden kann. Dieser Regelung haben sich durch hochwertige Zahnradgetriebe gute Aussichten eröffnet.

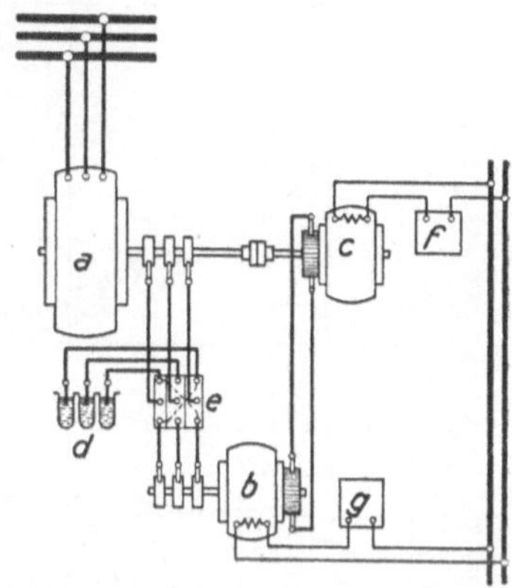

Abb. 548. Reguliergetriebe mit Gleichstromhintermotor.

Feinstufig regelnde Antriebe mit Drehstromkollektorhintermotor oder mit Umformung der Schlupfenergie über einen Drehstromkollektormotor werden bei Ventilatorantrieben nur für kleine Leistungen angewendet, während bei großen Leistungen die Regelung über Gleichstrom überwiegt. Bei dem in Abb. 548[1] dargestellten Getriebe mit Gleichstromhintermotor wird der im Läufer des Hauptmotors a erzeugte Drehstrom im Einankerumformer b in Gleichstrom umgeformt und dem mit dem Hauptmotor a starr oder durch Riemen verbundenen Gleichstromhintermotor c zugeführt. Die Drehzahl der beiden gekuppelten Motoren wird herabgesetzt, indem man den Widerstand f kleiner einstellt und dadurch das Magnetfeld des Gleichstrommotors c verstärkt. Mit dem Regelwiderstand g kann man die Erregung des Einankerumformers verändern, um für den vom Motor c verbrauchten Netzstrom $\cos \varphi = 1$ zu machen.

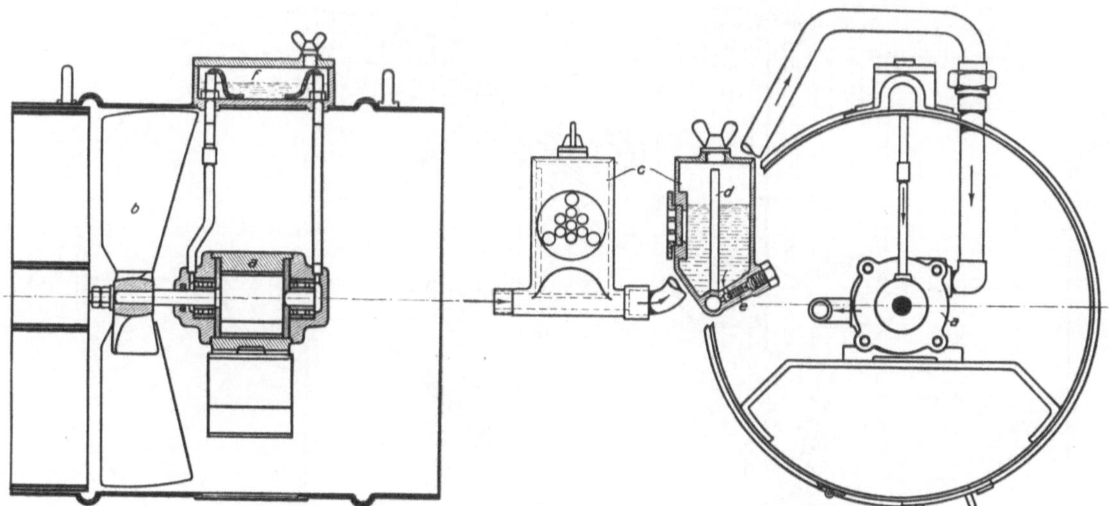
Abb. 549. Anordnung eines Luttenventilators nebst Schmierung.

267. Luttenventilatoren. Für die Zwecke der Sonderbewetterung werden vielfach Luttenventilatoren an Stelle der viel Druckluft verbrauchenden Strahldüsen verwendet[2]. Für größere Wetterleistungen verwendet man auch Schleuderventilatoren, sonst in der

[1] Nach Philippi: Elektrizität im Bergbau.

[2] Es sei auf folgende Aufsätze verwiesen: Berckhoff: Die Sonderbewetterung mit Strahlgebläsen, Glückauf 1922, S. 1025 und Maercks: Der Wirkungsgrad von Strahldüsen in Wetterlutten, Glückauf 1924, S. 1027. Die Streckenbewetterung durch Lutten, Z. d. V. d. I. 1929, S. 1549.

Regel Schraubenventilatoren, die in die Lutte eingebaut werden und durch kleine Elektromotoren oder mittels Druckluft durch Drehkolbenmotoren oder hauptsächlich durch Druckluftturbinen angetrieben werden. Bei Lamellenmotoren müssen die Schiebeflügel des Drehkolbens, wo sie am Umfange schleifen, unbedingt sicher geschmiert werden. Abb. 549 zeigt einen Luttenventilator, der durch einen einfachen Lamellenmotor gemäß Abb. 477 angetrieben wird. Die Lager des Motors werden durch Dochtöler geschmiert; um die Lamellen zu schmieren, wird die zuströmende Druckluft in dem vorgeschalteten Ölgefäß geschmiert.

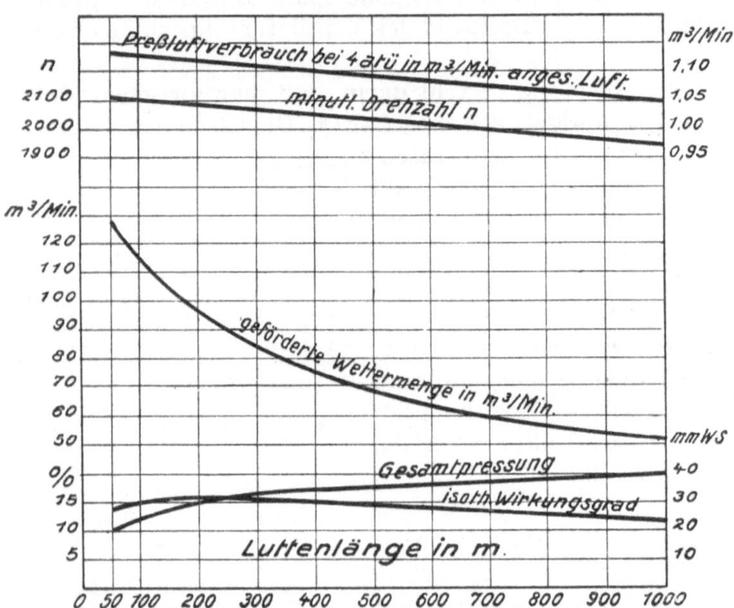

Abb. 550. Kennlinien eines Luttenventilators von 500 mm Durchm.

In Abb. 550 ist dargestellt, wie sich bei einem mittels Lamellenmotors angetriebenen Luttenventilator die Drehzahl, die erzeugte Gesamtpressung, die Fördermenge, der isothermische Wirkungsgrad und der Druckluftverbrauch in Abhängigkeit von verschiedenen Luttenlängen verhalten.

In ähnlicher Weise sind die Ventilatoren mit Zahnradmotorantrieb gebaut, bei

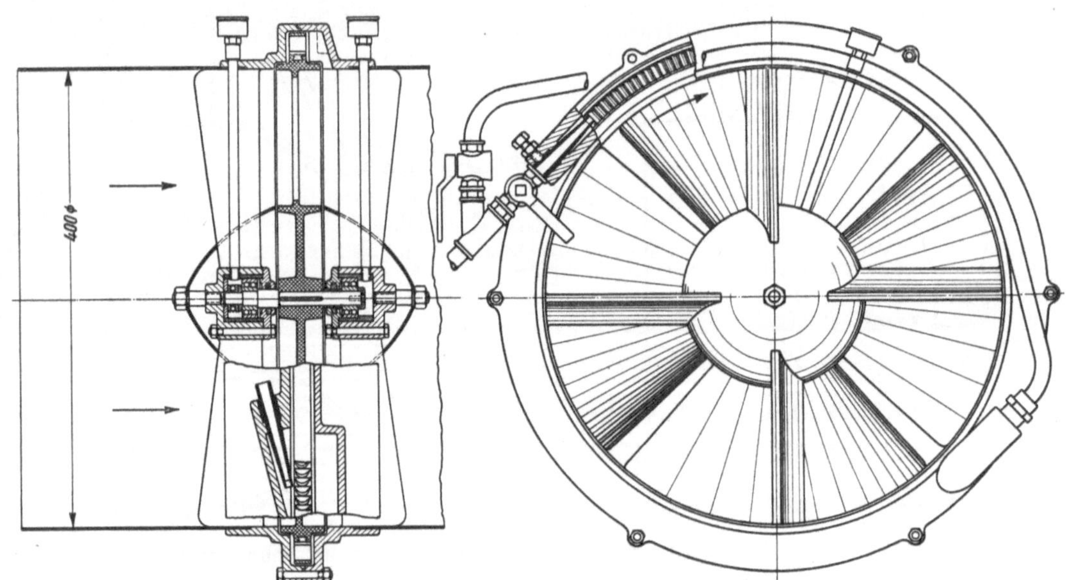

Abb. 551. Luttenventilator mit Druckluftturbine von Korfmann, Witten-Ruhr.

denen der Motor (Geradzahnmotor oder Pfeilradmotor) ebenfalls im Innern der Lutte angebracht ist.

Der neuerdings meistens angewendete Antrieb durch Druckluftturbinen ermöglicht es, den Antrieb aus der Lutte völlig herauszulegen, indem man den Turbinenschaufelkranz am Umfang des Ventilatorschraubenrades anbringt, wodurch sich der Strömungswiderstand in der Lutte vermindert. Druckluftturbinen haben zwar hohen Luftverbrauch, sind aber zuverlässig, weil nur die Lager zu schmieren sind.

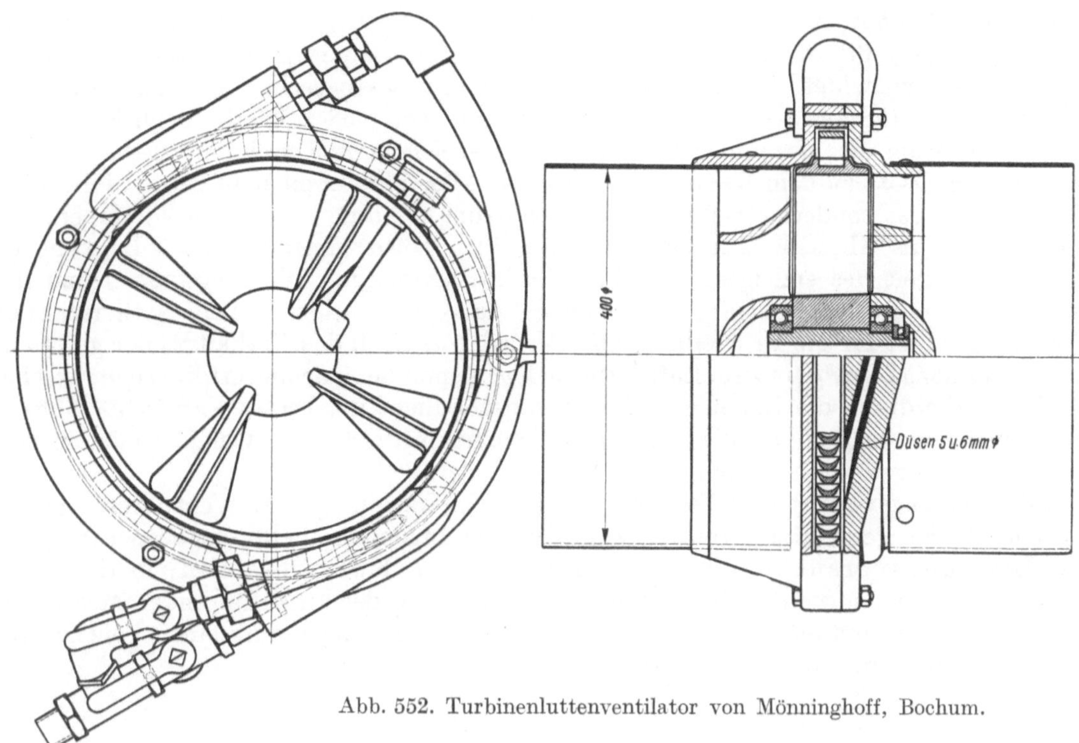

Abb. 552. Turbinenluttenventilator von Mönninghoff, Bochum.

Abb. 551 zeigt den Turbinenventilator von Korfmann, Witten-Ruhr. Das aus einer Aluminiumlegierung bestehende Flügelrad ist doppelseitig in Kugellagern gelagert. Sein Umfang trägt den Schaufelkranz der Turbine, deren Schaufeln durch zwei Düsen von 4 bzw. 5 mm Durchmesser beaufschlagt werden. Die Düsen können einzeln oder zusammen arbeiten, so daß sich bei gleichem Druck insgesamt 3 Drehzahlbereiche einstellen lassen. Jede Düse hat eine besondere Luftzuführung und einen besonderen Absperrhahn. Der Nabenkörper hat durch beiderseits aufgesetzte Kappen Stromlinienform erhalten. Zur Aufnahme des Axialschubes dient ein besonderes Kugellager. Die Kugellager werden je von vier Armen getragen, die zugleich als Leitschaufeln dienen. Turbinenluttenventilatoren ähnlicher Bauart werden noch von den Firmen Flottmann A.-G. in Herne, Frölich & Klüpfel in Barmen, Nüsse & Gräfer in Sprock-

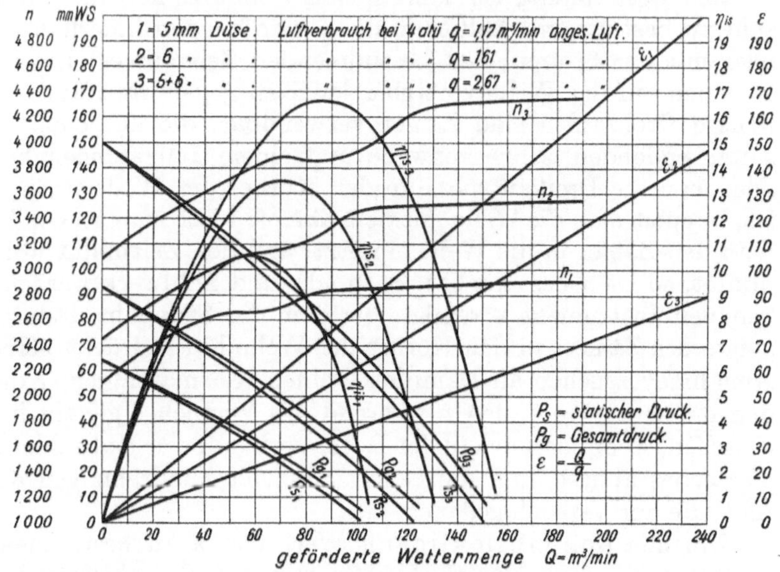

Abb. 553. Kennlinien eines Turbinenluttenventilators von 400 mm Durchm.

hövel ausgeführt. Der Flottmannventilator zeichnet sich durch besonders breit ausgebildete Leitschaufeln auf der Eintrittseite aus, welche die Luft möglichst stoßfrei zuführen und damit eine Erhöhung des Wirkungsgrades ergeben.

In der Abb. 552 ist der Turbinenventilator der Maschinenfabrik Mönninghoff, Bochum, dargestellt, der sich von den vorgenannten Bauarten wesentlich durch die Lagerung unterscheidet. Die beiden Düsen sind schräg abgeschnitten und haben bei 400 mm Luttendurchmesser 5 bzw. 6 mm Durchm. Abb. 553 zeigt die nach Versuchen im Laboratorium der Bochumer Bergschule aufgezeichneten Kennlinien dieses Ventilators. Im Gegensatz zu dem Kennliniendiagramm Abb. 550 nimmt man heute nicht mehr die Luttenlänge, sondern, wie bei den Turbokompressoren und Kreiselpumpen, die Fördermenge als Abszisse. Für die mit den beiden Düsen einstellbaren 3 Bereiche ist die Abhängigkeit des erzeugten Druckes, des isothermischen Wirkungsgrades und der Drehzahl von der geförderten Wettermenge dargestellt. Neben dem isothermischen Wirkungsgrad ist für die Beurteilung eines Ventilators noch das Verhältnis der geförderten Wettermenge $Q\,m^3$/min zum Luftverbrauch $q\,m^3$/min der Turbine erforderlich, welches im Diagramm durch die Linien $\varepsilon = Q : q$ veranschaulicht ist. Dieses Verhältnis gibt die Wettermenge in m^3/min an, die mit einem Turbinenluftverbrauch von je 1 m^3/min (angesaugte Luft) gefördert werden kann.

268. Leistungsversuche an Ventilatoren. Für Untersuchungen an Ventilatoren gelten die schon früher genannten[1], vom Verein deutscher Ingenieure herausgegebenen Regeln für Leistungsversuche an Ventilatoren und Kompressoren, in denen die Art der Versuche, sowie die Vornahme und Auswertung der auszuführenden Messungen genau dargestellt und durch Musterbeispiele für Untersuchungen an kleinen Ventilatoren und an Grubenventilatoren erläutert ist.

XXX. Meßkunde[2].

269. Bestimmung der minutlichen Umlaufzahl. Um n, d. h. die minutliche Umlaufzahl zu bestimmen, zählt man die Umdrehungen innerhalb eines mit der gewöhnlichen oder mit der Stoppuhr zu bestimmenden Zeitraumes. Bei mäßigen Drehzahlen genügt es, einen auf der Welle vorstehenden Keil gegen die Hand schlagen zu lassen. Auch für höhere Drehzahlen sind Zähler verwendbar, die aus einer kleinen, in einer Dreikantspitze endenden Schneckenwelle und einem 100zähnigen Schneckenrade bestehen; indem man die Dreikantspitze in den Körner der Welle preßt, deren Drehzahl zu messen ist, kuppelt man die Welle mit dem Zähler. Liest man an der Uhr den Zeitpunkt ab, wann man den Zähler in die Welle einsetzt, und den Zeitpunkt, wann man ihn wieder herausnimmt, so ist n bestimmbar. Stoppuhr und Zählwerk werden auch zu einem bequemen, genauen Instrument vereinigt, bei dem die Stoppuhr dadurch, daß man die Dreikantspitze des Zählers in den Körner der Welle hineindrückt, selbsttätig angestellt wird. Bei Abnahmeversuchen an Dampfmaschinen, Gasmaschinen, Kompressoren usw. kann man den mittleren Wert, den n während des Versuches gehabt hat, sehr genau dadurch bestimmen, wenn man den in der Regel vorhandenen Hubzähler zu Beginn und zu Ende des Versuches abliest, und die Gesamtzahl der Umdrehungen durch die Zahl der Minuten teilt, die der Versuch gedauert hat.

Um den augenblicklichen Wert von n zu bestimmen, hat man Tachometer, die ähnlich wirken wie Fliehkraftregler mit Federbelastung. Die Tachometerwelle, die am Ende eine Dreikantspitze oder einen Gummistopfen hat, wird in den Körner der Maschinenwelle eingesetzt und von dieser mitgenommen; die gegen die Tachometerfeder

[1] Vgl. Ziffer 215 und 223.

[2] Elektrische Messungen sind nicht behandelt. Auf Gramberg: Technische Messungen, Berlin: Springer, sei hingewiesen.

ausschlagenden Schwungmassen bewegen einen Zeiger, der n angibt. Indem man die mit den Schwungmassen verbundene Welle mit verschieden großer, durch Verrücken eines Knopfes einstellbarer Räderübersetzung antreiben läßt, erhält man verschiedene Meßbereiche. Innerhalb enger Meßbereiche sind auch Tachometer brauchbar, die aus einem Kamm mit federnden Zungen bestehen, die auf verschieden große Eigenschwingungszahlen abgestimmt sind. Es genügt, den Kamm auf die Maschine zu setzen, deren Drehzahl zu messen ist; durch die Erschütterungen der Maschine werden die Zungen erregt, so daß sie in Resonanz schwingen, wenn die Maschine die entsprechende Drehzahl hat.

Durch Tachographen wird der Verlauf der Drehzahl aufgezeichnet. Derartige Tachographen braucht man z. B., um die Ungleichförmigkeit des Ganges einer Dampfmaschine oder Gasmaschine usw. zu bestimmen. Für den Bergbau sind die in Ziffer 171 besprochenen Tachographen für Fördermaschinen von besonderer Wichtigkeit, die für jeden Förderzug den Verlauf der Fördergeschwindigkeit aufzeichnen.

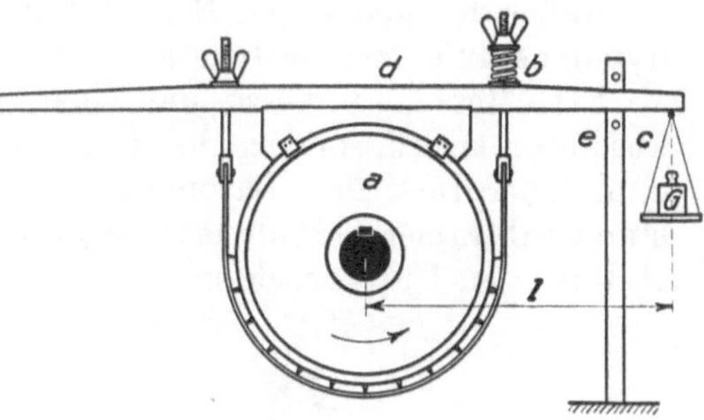

Abb. 554. Pronyscher Bremszaum.

270. Messung des Drehmoments und der Leistung einer Antriebsmaschine mittels Bremse. Abb. 554 stellt den sogenannten Pronyschen Zaum dar. a ist eine auf der Welle der Antriebsmaschine sitzende Scheibe; um diese ist eine doppelte Backenbremse gelegt, die mittels der Mutter b stärker oder schwächer anspannbar ist. Scheibe a sucht die Bremse links herum mitzunehmen; im entgegengesetzten Sinne wirkt die am Hebelarm l Meter angreifende Kraft P kg, die gleich der Summe aus der Gewichtsbelastung G der Schale c, deren Eigengewicht und dem entsprechend umgerechneten Bremshebelgewicht ist. Damit die Bremse nicht heiß wird und ihr Reibungszustand ungeändert bleibt, werden die Bremsbacken oder die Höhlung der

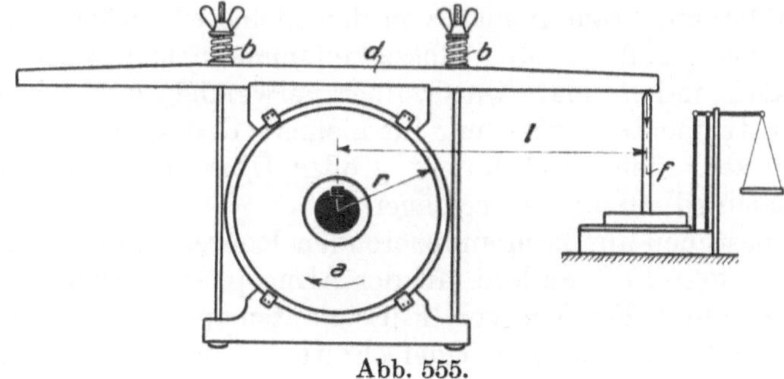

Abb. 555.

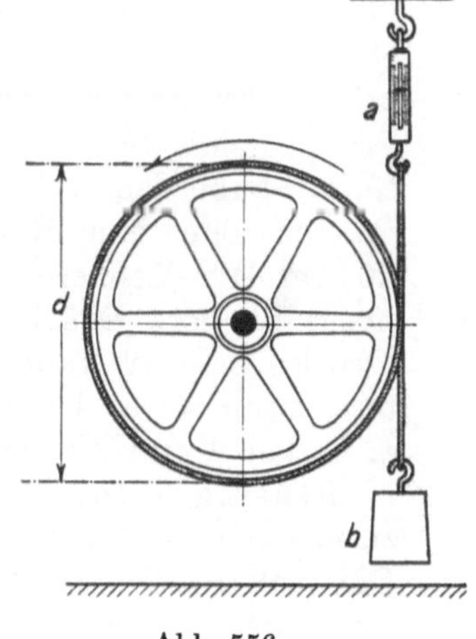

Abb. 556.

Bremstrommel mit Wasser berieselt. Der Bremszaum ist im Gleichgewicht, wenn der Bremshebel zwischen den Anschlagstiften e spielt. Dann ist das von der Antriebsmaschine ausgeübte Drehmoment $M_d = Pl$ kgm, und bei n Umdrehungen in der Minute ist die abgebremste Leistung

$$N_e = \frac{Pl \cdot 2\pi n}{60} \text{ mkg/s} = \frac{Pln}{716} \text{ PS} = \frac{Pln}{973} \text{ kW}.$$

Abb. 555 zeigt eine bequemere Bremsanordnung, bei der die Kraft P mittels einer Dezimalwaage gemessen wird. Indem man die Hebellänge l gleich einem Bruchteil oder Vielfachen von 716 bzw. 973 macht, erhält man für den Gebrauch sehr einfache Formeln; z. B. wird für $l = 358$ mm Länge die Leistung $N_e = 0{,}0005 \cdot P \cdot n$ PS oder für $l = 1946$ mm $N_e = 0{,}002 \cdot P \cdot n$ kW.

Bei der in Abb. 556 dargestellten Anordnung ist eine Seilbremse verwendet, indem ein gefettetes Tau um die Bremsscheibe geschlungen ist. P ist hier gleich dem Gewicht b, vermindert um die von der Federwaage a angezeigte Kraft. Der Hebelarm ist bei dieser Bremse gleich der halben Summe aus Bremsscheibendurchmesser und Seildicke.

Abb. 557 zeigt das Schema einer Wasserwirbelbremse, die für höchste Drehzahlen und beiderseitige Drehrichtung geeignet ist. Die Reibung wird durch Schlagstifte St in dem Wasserring W erzeugt, so daß das Gehäuse mit der am Hebelarm l wirkenden Kraft P gedreht wird. Die Bremswirkung ist um so stärker, je größer die Wasserfüllung ist.

Außer den genannten Bremsarten werden häufig auch Wirbelstrombremsen, Bremsdynamos und Torsionsdynamometer zur Bremsleistungsmessung benutzt.

271. Messung von Gas- und Flüssigkeitsdrücken[1]. Im allgemeinen mißt man nicht den absoluten Druck, sondern den Über- oder Unterdruck gegen die Atmosphäre; indem man zum Überdruck den Barometerstand addiert oder den Unterdruck vom Barometerstand subtrahiert, erhält man den absoluten Druck. Der Überdruck wird mittels Manometers, der Unterdruck mittels Vakuummeters gemessen; Manovakuummeter spielen zwischen Überdruck und Unterdruck. Um Strömungsgeschwindigkeiten zu bestimmen, wird der Druckunterschied oder der Differenzdruck zwischen zwei Punkten der Leitung gemessen. Die Differenzdruckmesser stimmen grundsätzlich mit dem Manometer überein, sind aber, wenn die Drücke, deren Differenz zu messen ist, erheblich über oder unter der Atmosphäre liegen, so eingerichtet, daß diese Drücke zugleich auf beiden Seiten des Messers auftreten und verschwinden, andernfalls der Messer Schaden erleidet.

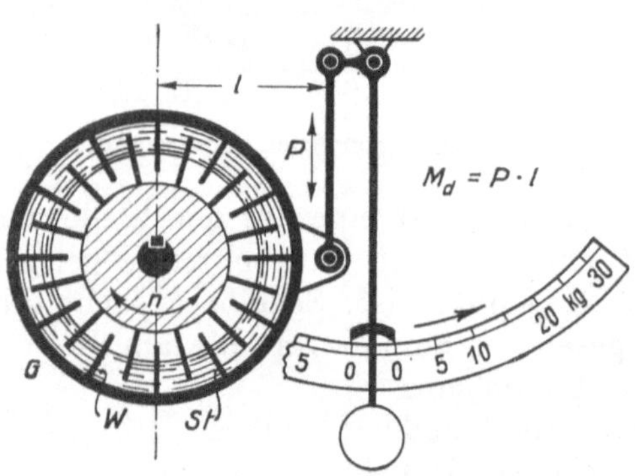

Abb. 557. Schema einer Wasserwirbelbremse.

Die Manometer, zu denen im weiteren Sinne auch die Vakuummeter gehören, werden als Feder- und als Flüssigkeitsmanometer ausgeführt; außerdem gibt es Instrumente mit Tauchglocken. Federmanometer[2], die eine Platten- oder eine Röhrenfeder haben, braucht man von den kleinsten Drücken (0 bis 20 mm WS Meßbereich) bis zu den größten. Mit Flüssigkeitsmanometern mißt man meist kleinere Drücke; doch sind, indem man Quecksilber verwendet, auch mittlere Drücke meßbar. Tauchglockeninstrumente werden nur für kleinere Drücke angewendet; man kann sie so bauen, daß sie sehr kleine Drücke mit großer Übersetzung anzeigen, z. B. bei 1 mm WS Druckunterschied 50 mm ausschlagen.

Flüssigkeitsmanometer bestehen aus kommunizierenden Röhren, deren eine den zu messenden Druck empfängt, während die andere mit der Atmosphäre verbunden ist. Die frühere Abb. 53 zeigt verschiedene Formen von Flüssigkeitsmanometern: bei der einen, dem U-Rohr, haben beide Schenkel gleichen Querschnitt, bei der anderen ist der eine Schenkel weit, der andere eng, bei der dritten ist der enge Schenkel außerdem schräg. Wie man aber auch das Flüssigkeitsmanometer gestalten mag, bei demselben Druck stellt sich derselbe senkrechte Abstand der beiden Flüssigkeitsspiegel ein. Nur der Unterschied besteht, daß bei verschieden großem Querschnitt der Schenkel die Flüssigkeit im engen Schenkel weiter aus der Nullage ausschlägt als im weiten. Macht man den einen Schenkel sehr weit im Verhältnis zum anderen, so braucht man nur den Flüssigkeitsausschlag im engen Schenkel zu messen. Daß man den engen Schenkel schräg legt, hat den Zweck, bei kleinen Drücken den Ausschlag zu vergrößern. Ist der Schenkel um α^0 gegen die Waagerechte geneigt, so muß man den abgelesenen Ausschlag mit $\sin \alpha$ multiplizieren, um den maßgebenden senkrechten Ausschlag zu erhalten. Wiegt die Meßflüssigkeit γ kg/l und haben die Flüssigkeitsspiegel h mm senkrechten Abstand, so ist der gemessene Druck $= \gamma\, h$ mm WS.

[1] Indikatoren siehe Ziffer 73. [2] Vgl. Ziffer 57.

Differenzdruckmesser dienen dazu, den Druckabfall und dadurch die Geschwindigkeit strömender Gase oder Flüssigkeiten zu bestimmen. Bei einem Dampfkessel z. B. kann man aus dem vom Zugmesser angezeigten Unterdruck gegen die Atmosphäre, der sogenannten „Zugstärke", nicht auf die Rauchgasmenge schließen, wohl aber aus dem Zugunterschiede über dem Rost und vor dem Rauchschieber (vgl. Abb. 52). Ebenso ist bei einem Grubenventilator die angezeigte Depression kein Maß der Wettermenge, vielmehr braucht man einen besonderen Mengenmesser, der meist als Differenzdruckmesser ausgeführt ist. Man mißt mit dem Differenzdruckmesser entweder nach Ziffer 278 den Unterschied zwischen Gesamtdruck und statischem Druck, oder gemäß Ziffer 279 den Unterschied der Drücke vor und hinter einer Düse oder einer Blende oder überhaupt zwischen zwei Punkten der Leitung. Die Askania-Werke, Berlin, verwenden bei ihren anzeigenden und bei ihren schreibenden Differenzdruckmessern Stahlmembranen. Sehr gebräuchlich sind U-Rohre, deren einem Schenkel man den größeren, dem andern den kleineren Druck zuführt. Bei schnell wechselnden Drücken bereitet die gleichzeitige Ablesung beider Wassersäulen im U-Rohr Schwierigkeiten; dann ist die in Abb. 558 dargestellte Wassersäule mit Einsäulenablesung vorteilhafter. Gegenüber Wassersäulen mit Zweisäulenablesung ergibt sich zwar durch die Verschiebung des Nullpunktes um Δh ein Fehler, der jedoch bei genügend großem Durchmesser D gegenüber d unberücksichtigt bleiben kann. Das Durchmesserverhältnis $D : d = 10 : 1$ ist schon hinreichend und ergibt bei Druckluftmessungen einen zu vernachlässigenden Fehler der Luftmenge von nur 0,5%.

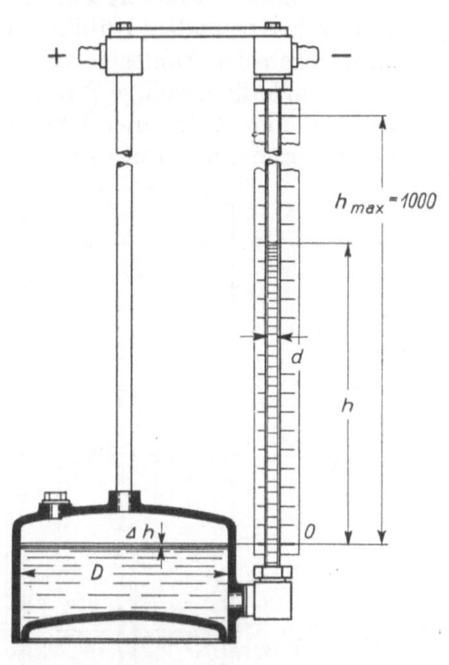

Abb. 558. Wassersäule für Differenzdruckmessungen mit Einsäulenablesung.

Abb. 559 zeigt einen Differenzdruckmesser mit einem sehr weiten und einem engen, geneigten Schenkel, der eine empfindliche und genaue Ablesung auch bei kleinen Druckdifferenzen gewährt.

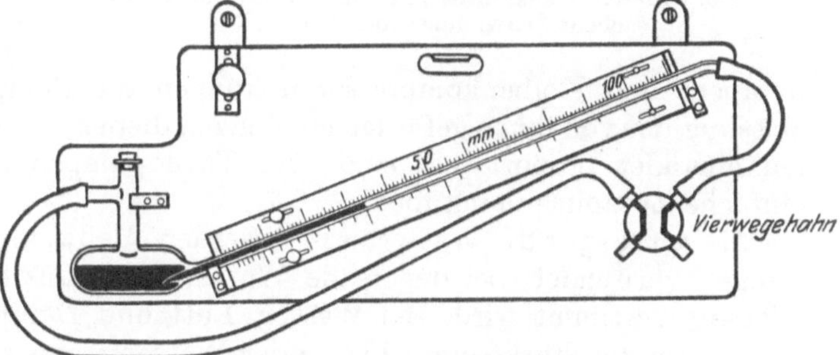

Abb. 559. Differenzdruckmesser.

Als schreibende Differenzdruckmesser verwendet man Tauchglockeninstrumente gemäß Abb. 560, deren Glocke von unten den größeren, von oben den kleineren Druck empfängt. Die Zuleitungen werden, wie es Abb. 560 zeigt, gemeinsam geöffnet und geschlossen. Weichen die Drücke, deren Unterschied zu messen ist, erheblich vom atmosphärischen ab, so muß die Schreibtrommel gemäß der rechten Abb. 560 eingeschlossen sein, sonst genügt der in der linken Abbildung dargestellte Flüssigkeitsabschluß. h ist der tatsächliche Druckunterschied, gemessen in mm Flüssigkeitssäule; den Hub der Tauchglocke macht man in der Regel weit größer als h, indem man ihre Abmessungen, insbesondere die Blechdicke, entsprechend wählt. Macht man den Schwimmer der Tauchglocke zylindrisch, so muß das Papier der Trommel, weil der Differenzdruck quadratisch mit der Luft- oder Gasmenge zunimmt (vgl. die Ziffern 278 und 279), quadratisch zunehmende Teilung haben, infolgedes die aufgezeichneten Diagramme nicht planimetrierbar sind. Um gleichmäßige Teilung und planimetrierbare Diagramme zu erhalten, benutzt man parabolisch begrenzte Schwimmer.

Wegen der richtigen Bestimmung des Vakuums durch Berücksichtigung des Barometerstandes und wegen der Angabe des Vakuums in Prozenten vgl. Ziffer 99.

272. Allgemeines über die Messung strömender Flüssigkeits- und Gasmengen[1]. Man hat zählende und anzeigende Messer. Die in ungeheurer Zahl für die Zwecke der Wasser- und Gasversorgung angewendeten Wassermesser und Gasuhren z. B. zählen die durchströmenden Kubikmeter fortlaufend, so daß sich die in einem gewissen Zeitraum durch den Zähler geströmte Menge aus dem Unterschiede der Zählwerkstellungen ergibt, auch die jeweilige Stromstärke, d. h. wieviel m^3 in der Zeiteinheit durch den Messer strömen, mit Hilfe einer Uhr bestimmbar ist. Unmittelbar kann man aber die Stromstärke nur bei den anzeigenden Messern ablesen. Damit man die Schwankungen der Stromstärke verfolgen und die innerhalb gewisser Zeit durch den Messer geströmte Menge bestimmen kann, muß man den anzeigenden Messer registrierend einrichten.

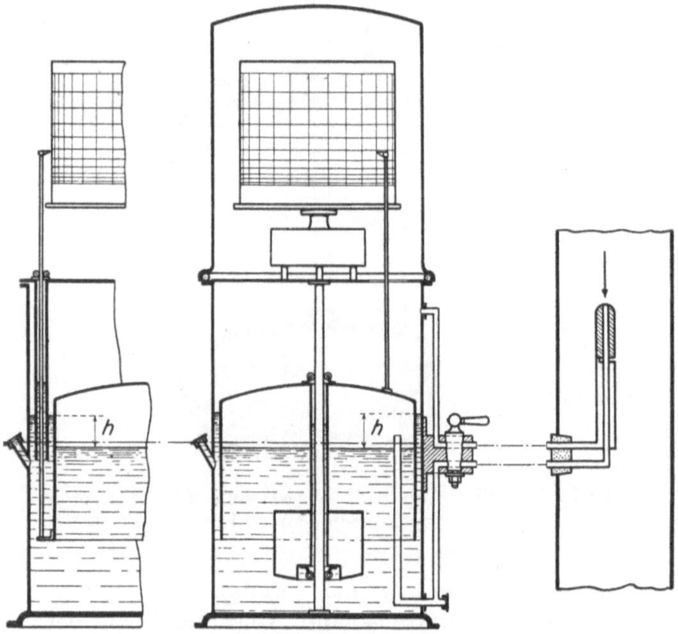

Abb. 560. Differenzdruckmesser mit Tauchglocke und zylindrischem Schwimmer (de Bruyn).

Die zählenden Messer — seien es die offen messenden Kippwassermesser oder seien es geschlossene Kolben-, Flügel- oder Kapselmesser für Wasser oder Druckluft, oder seien es Gasuhren — haben kein Uhrwerk, sondern werden nebst ihrem Zählwerk vom Flüssigkeits- oder Gasstrom getrieben, den sie messen, weshalb sie sehr anspruchslos in der Wartung sind[2]. Ihre Größe wächst mit der Durchflußmenge. Bei großen Durchflußmengen mißt man zweckmäßig nicht den ganzen Strom, sondern legt den Messer in einen kleinen, vom Hauptstrom abgezweigten, ihm proportionalen Teilstrom[3]. Bei Anlagen mit Kolbenpumpen- und Kolbenkompressoren können die Pumpen und Kompressoren selbst zur Messung der von ihnen geförderten Mengen dienen, da die Fördermengen und die Drehzahlen einander proportional sind; bei Turbopumpen und -kompressoren besteht dieser einfache Zusammenhang nicht.

Als anzeigende Wassermesser werden Meßwehre und Behälter mit Ausflußmündungen verwendet, bei denen die Wassermenge aus der Überfall- oder Standhöhe des Wassers bestimmt wird. Bei Wasser, Luft und Dampf sind Staugeräte brauchbar, bei denen, um die Stärke eines Luft- oder Wasserstroms zu bestimmen, dessen dynamischer Druck gemessen wird. Genauer sind Messungen mittels Blende, Düse oder Venturirohres, die einen Druckabfall in der Leitung erzeugen, aus dessen Größe die Stärke des Wasser-, Luft- oder Dampfstroms bestimmbar ist. Ebenfalls für Wasser, Luft und Dampf sind Schwimmermesser brauchbar, deren Schwimmer durch den zu messenden Strom um so höher gehoben wird, je stärker er strömt. Meßwehr, Ausflußbehälter und Schwimmermesser werden um so größer, je größere Mengen zu messen sind, während die Stau-

[1] Wegen Wettermessungen mittels Anemometers vgl. Heise-Herbst: 1. Band.

[2] Die zählenden Messer für Wasser und Luft entsprechen den elektrischen Motorzählern.

[3] Die technisch sehr wichtige Partial- oder Teilstrommessung (vgl. die späteren Abb. 566, 581 und 583) wird in der Elektrotechnik in genau derselben Weise angewendet.

geräte ganz unabhängig von der zu messenden Stromstärke sind. Wird mittels Blende, Düse oder Venturirohres gemessen, so sind diese nach der Rohrleitung zu bemessen, während der eigentliche den Druckabfall messende Messer unabhängig von der Größe der Rohrleitung ist. Um die angezeigte Stromstärke auch zu registrieren, brauchen die anzeigenden Messer ein Uhrwerk, das ein Papierband bewegt auf das die Stromstärke in Abhängigkeit von der Zeit geschrieben wird[1].

Es ist schwieriger, Gas oder Dampf zu messen als Wasser. Denn bei Wasser ändert sich das Volumen mit der Temperatur nur in vernachlässigbarem Maße, während bei den Gasen und Dämpfen Schwankungen des Druckes und der Temperatur entsprechend starke Schwankungen des spezifischen Volumens oder Gewichts zur Folge haben. 1 m^3 Gas, das eine Gasuhr im Sommer mißt, ist weniger Gas als 1 m^3, das sie im Winter mißt. Ein Kapselmesser für Druckluft zeigt dasselbe, ob 1 m^3 Druckluft von 4 atü oder von 6 atü hindurchgeht. Wird Dampf oder Gas mittels Staugeräts oder mittels Blende, Düse oder Venturirohres oder mittels Schwimmers gemessen, so ist die angezeigte Menge nur richtig, wenn das spezifische Gewicht des Dampfes oder Gases normalen Wert hat. Ist es größer, so wird die Anzeige zu klein; ist es geringer, wird die Anzeige zu groß. Man hilft sich bei schreibenden Dampf- oder Luftmessern, indem man gleichzeitig den Druck aufschreiben läßt, um die Fehler berücksichtigen zu können, oder man bringt am Messer besondere Vorkehrungen an, die die Druckschwankungen selbsttätig berücksichtigen. Es gibt auch Messer besonderer Art für Dampf und Luft, deren Anzeige unabhängig von den Schwankungen des Dampf- oder Luftzustandes ist (vgl. die Ziffern 282 und 283).

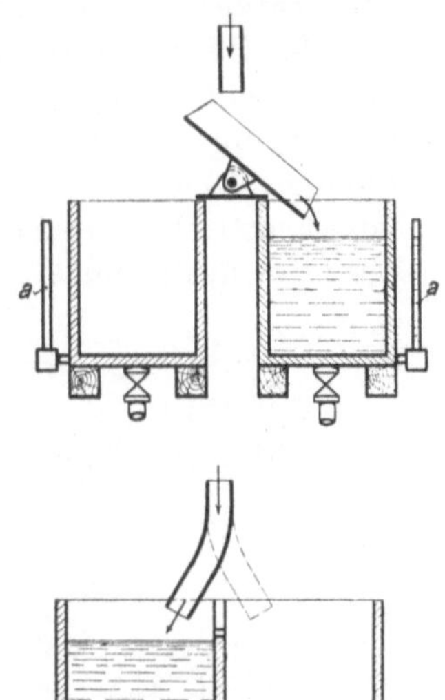

Abb. 561. Wassermessung mit Meßgefäßen.

Die Genauigkeit der Messer ist sehr verschieden. Wo es darauf ankommt, wird man sich erst überzeugen müssen, wie die Genauigkeit des Messers zu bewerten ist. Für Abnahme- und Leistungsversuche werden die der dauernden Überwachung des Betriebes dienenden Messer in der Regel nicht ausreichen, sondern man wird in diesem Fall besondere Meßeinrichtungen und -verfahren anwenden. In den Regeln für Abnahmeversuche an Dampfkesseln, Dampfmaschinen, Dampfturbinen, Kompressoren und Ventilatoren ist festgelegt, wie die Messung der strömenden Dampf- und Luftmengen vorzunehmen ist. Anstatt des Dampfes wird häufig sein Kondensat gemessen; Abb. 561 veranschaulicht, wie man das Kondensat mittels eiserner oder mittels hölzerner, mit Zinkblech ausgeschlagener Gefäße mißt, in die man das Kondensat umschichtig leitet. Die von Kolbenkompressoren angesaugte Luftmenge ist aus den Diagrammen ermittelbar. Um in Wetterkanälen die mittlere Geschwindigkeit zu bestimmen, ist die Messung netzweise vorzunehmen oder man durchfährt den Querschnitt mit dem Anemometer langsam in flachen Schlangenlinien.

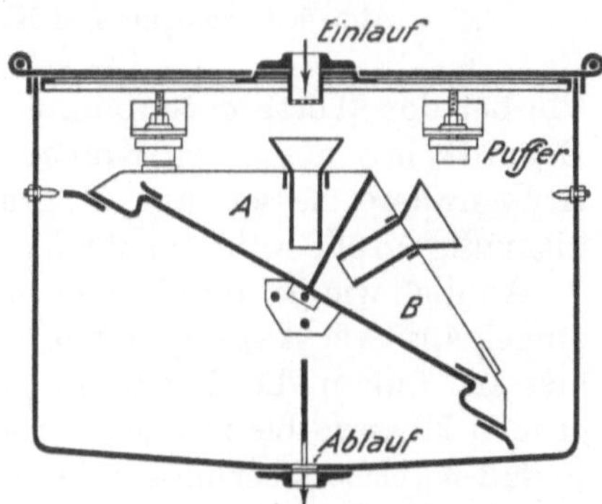

Abb. 562. Kippwassermesser von J. C. Eckardt.

273. Kippwassermesser. Kippwassermesser sind offene Wassermesser; um Kesselspeisewasser zu messen, muß man sie in die Saugleitung der Speisepumpe einschalten. Bei dem in Abb. 562 dargestellten Kippwassermesser von J. C. Eckardt, Stuttgart, ist das Kippgefäß gerade nach rechts umgeschlagen, und das Wasser fließt in die linke Hälfte *A* des Kippgefäßes, bis dieses nach links umschlägt, worauf seine rechte Hälfte *B*

[1] Mittels besonderer Einrichtungen sind die anzeigenden und registrierenden Messer auch zählend ausführbar.

gefüllt wird. Die Kippungen werden durch ein Zählwerk gezählt und sollen ein Maß des durch den Messer geströmten Wassers sein; das stimmt aber nicht genau, weil bei starkem Wasserzufluß während des Kippens mehr Wasser ins Kippgefäß strömt als bei schwachem. Genauer ist z. B. der Kippwassermesser von L. und C. Steinmüller, bei dem das Kippen nicht durch den vollen Wasserstrom, sondern durch einen Nebenstrom von gleichbleibender Stärke verursacht wird.

274. Zählende Wassermesser für geschlossene Leitungen. Außer für die Zwecke der Wasserversorgung werden geschlossene Wassermesser vielfach als Kesselspeisewassermesser angewendet, wobei sie die Temperatur des vorgewärmten Speisewassers vertragen müssen. Meist werden sie in die Druckleitung eingesetzt, jedoch vor dem Rauchgasvorwärmer. Wo für mehrere Kessel ein gemeinsamer Rauchgasvorwärmer vorhanden ist, aber das in die einzelnen Kessel gespeiste Wasser gemessen werden soll, muß der Messer hinter die Rauchgasvorwärmer geschaltet werden und erleidet dann Temperaturen bis 150°, für die Sonderausführungen erforderlich sind.

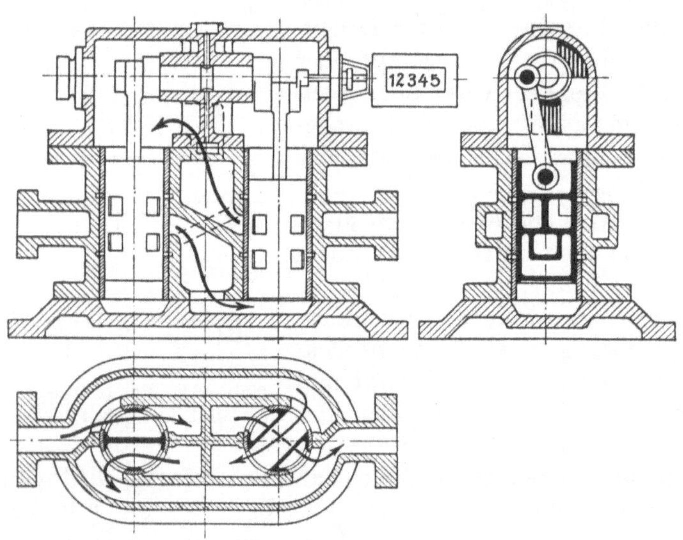

Abb. 563. Schmidscher Kolbenwassermesser.

Bei den Kolbenwassermessern wird das Volumen des durch den Messer hindurchtretenden Wassers durch hin und her gehende Kolben gemessen, die vom Wasser bewegt werden und deren Bewegungen gezählt werden. Der Schmidsche Kolbenwassermesser, Abb. 563[1], hat Kurbelgetriebe und zwei sich gegenseitig steuernde Kolben; beim Worthingtonmesser, der kein Kurbelgetriebe hat, steuern sich die Kolben gegenseitig wie bei der Worthingtonpumpe (vgl. Ziffer 187). Der Kolbenwassermesser von J. C. Eckardt hat nur einen Kolben, der an seinen Hubenden die Steuerung umschaltet. Da Kolbenwassermesser nur langsam laufen dürfen, werden ihre Abmessungen verhältnismäßig groß, während ihr Verschleiß bei reinem Wasser gering ist.

Ähnlich wie bei den Kolbenwassermessern wird bei den Kapselwassermessern, die umgekehrt wie Kapselpumpen wirken, das Volumen des hindurchtretenden Wassers gemessen, indem die Umdrehungen des Meßkörpers gezählt werden. Dieser macht bei großen Messern bis zu 400, bei kleinen Messern bis zu 700 Umdrehungen in der Minute, so daß Kapselwassermesser viel kleiner ausfallen als Kolbenwassermesser, dafür aber mehr Druck verbrauchen. Reines, kein Stein absetzendes Wasser ist Bedingung für ungestörten Betrieb. Abb. 564 zeigt den Scheibenwassermesser von Siemens & Halske. Die Meßscheibe *a*, deren Achse durch die Führungsrolle *c* zu einer Kegelbewegung um die Mitte der Kugel *b* gezwungen wird, führt eine taumelnde Bewegung aus, wobei sie den untern und den obern Boden der Meßkammer in je einer Linie berührt. Bei einem Umlauf der Meßscheibe tritt eine Wassermenge durch den Messer, die gleich dem Inhalt der Meßkammer ist; die Umläufe der Meßscheibe werden durch den Mitnehmer *d* auf das Zählwerk übertragen. Ist kaltes Wasser zu messen, bestehen Meßscheibe nebst Mittelkugel aus Hartgummi, bei Heißwassermessern besteht die Scheibe aus Bronze, die Kugel aus Graphitkohle.

---

[1] Nach Gramberg.

Unter **Nennleistung** versteht man bei den Kapsel- und den anschließend besprochenen Flügelradwassermessern die stündlich bei 10 m Druckabfall durch den Messer strömende, in Litern gemessene Wassermenge. Der Druckabfall ändert sich mit dem Quadrat der Wassermenge, so daß, wenn die Durchflußmenge halb so groß wie die Nennleistung ist, der Druckabfall nur 2,5 m beträgt.

Für Wasserversorgungszwecke finden **Flügelradmesser** ausgedehnte Anwendung. Abb. 565 zeigt den Einstrahlmesser von **Dreyer, Rosenkranz & Droop**, Hannover. Das Flügelrad *b* wird durch das den Messer durchströmende Wasser gedreht; die Drehungen werden auf das Zählwerk übertragen.

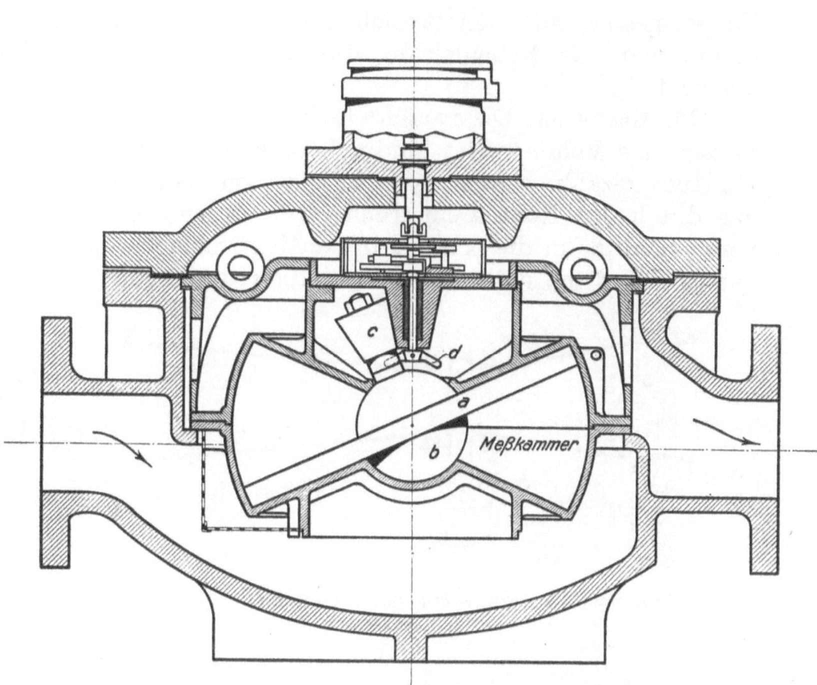

Abb. 564. Scheibenwassermesser von Siemens & Halske A.-G.

Weil die Kapsel- und die Flügelradwassermesser für große Durchflußmengen sehr groß ausfallen, wendet man bei großen Leitungen häufig die **Partial- oder Teilstrommessung**[1] an, die durch Abb. 566 (Siemens & Halske) veranschaulicht wird. Mit Hilfe eines Venturirohres[2] wird in der Hauptleitung ein kräftiger, doch größtenteils wiedergewinnbarer Druckabfall geschaffen, der einen dem Hauptstrom proportionalen Teilstrom durch die Nebenleitung *a* treibt. Dieser kleine Teilstrom wird durch den Scheibenwassermesser *b*, der durch ein vorgeschaltetes Sieb geschützt ist, gemessen; doch zeigt der Messer nicht den Teilstrom, sondern den gesamten Strom an. Ein praktisch wichtiger Vorteil der Teilstrommessung ist, daß man den

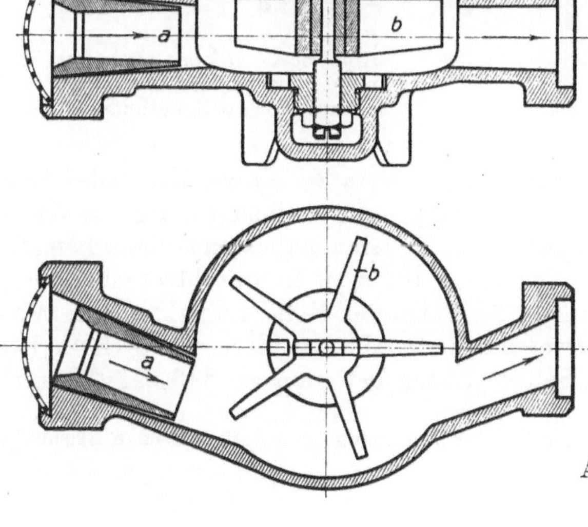

Abb. 565. Einstrahlwassermesser von Dreyer, Rosenkranz & Droop, Hannover.

[1] Vgl. Ziffer 272. [2] Vgl. Ziffer 279.

Wassermesser, ohne den Betrieb zu unterbrechen, zwecks Prüfung herausnehmen kann, indem man die Nebenleitung durch die vorgesehenen Ventile von der Hauptleitung absperrt.

275. Gasuhren. Die nassen[1] Gasuhren sind einfache, sehr sinnreiche Meßgeräte; sie messen das Volumen des hindurchtretenden Gases, das eine Meßtrommel dreht, deren Umläufe gezählt werden. Abb. 567[2] veranschaulicht die Gasuhr schematisch. Das Gas, das durch das Rohr *a* einströmt, tritt durch die inneren Schlitze in die Kammern der Meßtrommel, aus der es durch die äußeren Schlitze austritt. Dadurch,

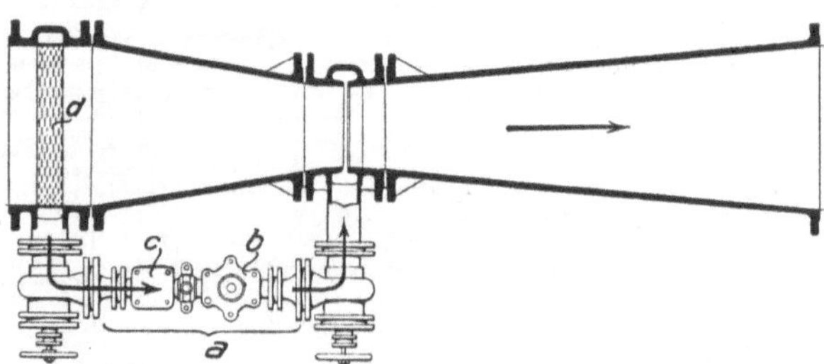

Abb. 566. Wassermessung nach dem Partial- oder Teilstromverfahren.

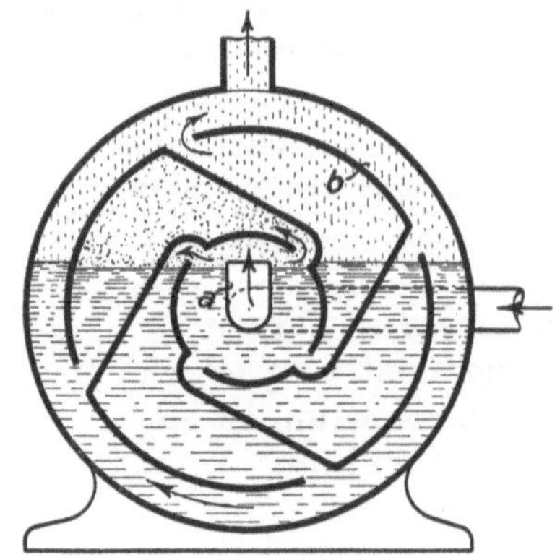

Abb. 567. Schema der nassen Gasuhr.

daß die Meßtrommel bis über die Mitte in Wasser eintaucht, sind Einlaß und Auslaß voneinander getrennt, da niemals der innere und der äußere Schlitz einer Kammer zugleich geöffnet sind. Damit das Gas durch das Wasser hindurchgeht, muß es die Meßtrommel drehen, infolgedes der Wasserspiegel auf der Einlaßseite je nach dem bei der

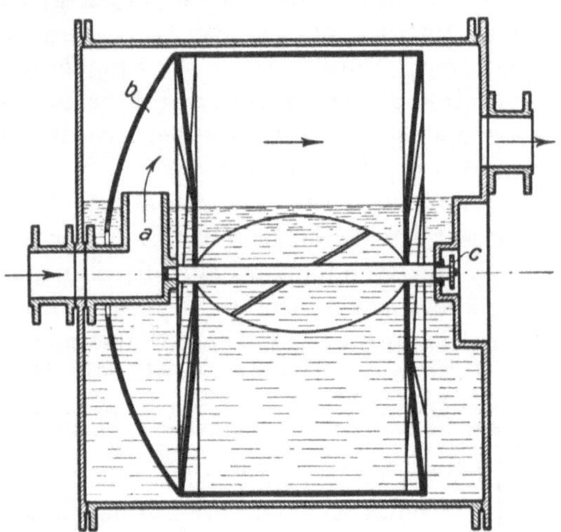

Abb. 568. Gasmesser mit Crossley-Trommel.

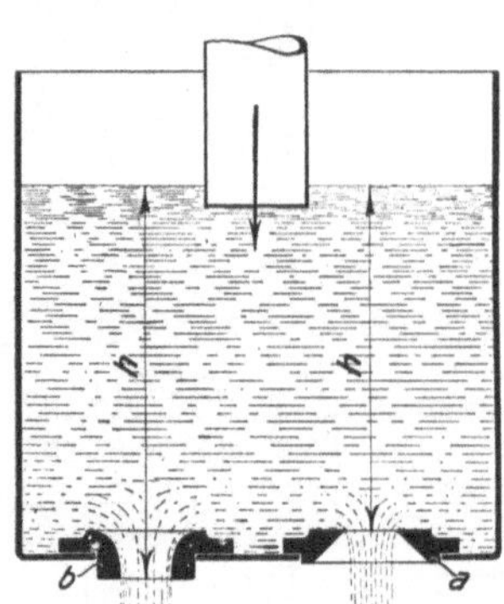

Abb. 569. Offener Behälter mit scharfkantiger und abgerundeter Ausflußöffnung.

Drehung der Trommel zu überwindenden Reibungswiderstande einige Millimeter tiefer steht als auf der Auslaßseite. Damit die Gasuhr richtig zeigt, muß sie richtig mit Wasser aufgefüllt sein. Unter dieser Voraussetzung gehört sie zu den genauesten technischen Messern, die wir haben, denn sie mißt auch die geringste durch sie hindurchtretende Menge.

Die in der schematischen Abb. 567 dargestellte Form der Meßtrommel wird in Wirklichkeit nicht ausgeführt; sondern man verwendet die in Abb. 568 dargestellte Crossley-Trommel, bei der sich die Schlitze in den Seitenwänden befinden, so daß das Gas nicht

[1] Außer den nassen gibt es auch trockene Gasuhren, die aus zwei sich gegenseitig steuernden Blasebälgen bestehen.

[2] Nach Gramberg.

radial, sondern axial durch die Trommel geht. Da sich die Meßtrommel nur mit mäßiger Geschwindigkeit drehen darf, werden Gasuhren für größere Gasmengen sehr groß.

276. Offene Wassermessung durch Ausflußmündungen. Abb. 569 zeigt einen Behälter, dem das zu messende Wasser durch ein Rohr zufließt, und aus dem es durch eine der Messung dienende Mündung wieder abfließt. Es sind zwei Mündungen gezeichnet: a ist eine scharfkantige Mündung, welche die scharfe Kante dem Wasserstrom entgegenkehrt; b ist eine abgerundete Mündung oder eine Düse. Die Mündungen seien klein im Verhältnis zum Behälterquerschnitt. Wenn die Meßeinrichtung im Gleichgewicht ist, d. h. wenn ebensoviel Wasser zufließt wie abfließt, so hat der Wasserstand im Behälter eine gleichbleibende Höhe h; fließt dann mehr Wasser zu, so steigt h allmählich, bis wieder ebensoviel Wasser abfließt wie zufließt, nimmt der Wasserzufluß ab, senkt sich h allmählich. Je größer der Behälter im Verhältnis zur zufließenden Wassermenge ist, um so länger dauert es, bis h den der Zuflußmenge entsprechenden Wert erreicht.

Steht die Flüssigkeit h Meter über der Ausflußmündung, so fließt sie, gleich ob sie leicht oder schwer ist, theoretisch mit der Geschwindigkeit $v = \sqrt{2\,g\,h}$ m/s aus; hat die Mündung F m² Querschnitt, so ist die theoretische Ausflußmenge $Q = F \cdot \sqrt{2\,g\,h}$ m³/s. Die wirkliche Ausflußmenge ist kleiner, nämlich $Q = \alpha F \sqrt{2\,g\,h}$ m³/s, worin α die „Ausflußzahl" ist. α ist für normale Düsen etwa 0,96. Für scharfkantige Mündungen ist α erheblich kleiner, nämlich nur 0,6 bis 0,62, weil der aus der scharfkantigen Mündung ausströmende Strahl eine Einschnürung (Kontraktion) erleidet. Die angegebenen Formeln gelten für die Flüssigkeiten unabhängig von ihrem spezifischen Gewicht. — Fließt Wasser unter 0,8 m WS Druck aus einer scharfkantigen Mündung von 100 mm Durchmesser, d. h. von 0,00785 m² Querschnitt, so ist die Ausflußmenge

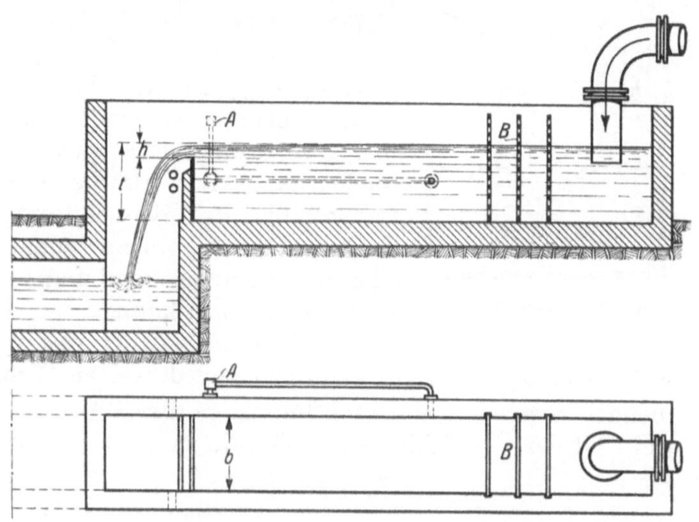

Abb. 570. Gemauertes Meßwehr.

$$Q = 0{,}61 \cdot 0{,}00785 \sqrt{2 \cdot 9{,}81 \cdot 0{,}8} = 0{,}0189 \text{ m}^3/\text{s}.$$

Löst man die Gleichung $Q = \alpha \cdot F \cdot \sqrt{2\,g\,h}$ nach h auf, so ergibt sich, daß h proportional Q^2 ist, also in schnell zunehmendem Maße ansteigt, wenn Q größer wird. Dadurch wird praktisch der Meßbereich eingeengt. Denn wenn z. B. h bei kleiner Durchflußmenge 0,1 m ist, so wird h bei der 5fachen Durchflußmenge = 2,5 m. Man hilft sich, indem man statt einer mehrere Mündungen anordnet, die man nach Bedarf öffnet. In der früheren Abb. 397 ist ein Behälter mit einer Ausflußdüse enthalten, die von außen absperrbar und auswechselbar ist. h wird mittels Wasserstandglases gemessen; steigt das Wasser im Behälter zu hoch, so fällt es durch ein Überlaufrohr in den darunter liegenden Trog.

277. Offene Wassermessung durch Wehre. Um größere Wassermengen, z. B. das von einer Wasserhaltung zu Tage oder das von der Kühlwasserpumpe einer Kondensationsanlage zum Kühlturm gepumpte Wasser offen zu messen, sind Überfallwehre wegen ihrer Einfachheit und Zuverlässigkeit vorzüglich geeignet. In der früheren Abb. 397 ist ein aus Eisenblech gefertigtes, rechteckiges Wehr mit seitlicher Einschnürung dargestellt, bei dem die Wehrbreite B nur etwa halb so groß ist wie die Breite des durch den Wehrtrog dargestellten Zuflußgrabens. In der Abb. 570 ist ein Wehr ohne seitliche Einschnürung dargestellt, bei dem Wehr und Trog dieselbe Breite b haben. Es ist ein gemauertes Wehr; zur Beruhigung des Wassers sind Siebe eingebaut.

Ist b die Wehrbreite in m und h die Stauhöhe über der scharfen Wehrkante in m, die einige Meter hinter dem Überfall dort zu messen ist, wo sich der Wasserspiegel noch nicht absenkt, dann ist die überfließende Wassermenge

$$Q = \alpha \cdot \frac{2}{3} b \sqrt{2gh^3} \text{ m}^3/\text{s} = \alpha \cdot 2{,}953\, b \sqrt{h^3} \text{ m}^3/\text{s},$$

worin α eine Zahl ist, welche die Verminderung der überfließenden Wassermenge durch die Einschnürung des Wasserstrahls berücksichtigt. Für eingeschnürte, ausreichend tiefe Wehre ist α etwa 0,62, für nicht eingeschnürte etwa 0,68[1]. Für Überschlagsrechnungen genügt die Formel $Q = 2\, b \sqrt{h^3}$ m³/s (b und h in m).

Genauere Werte (ohne α) liefert die Formel von Rehbock:

$$Q = \left(1{,}782 + 0{,}24 \frac{h + 0{,}0011}{p}\right) \cdot b \cdot \sqrt{(h + 0{,}0011)^3} \text{ m}^3/\text{s}.$$

h, b und p sind in m einzusetzen; p ist der Abstand der Wehrkante vom Boden.

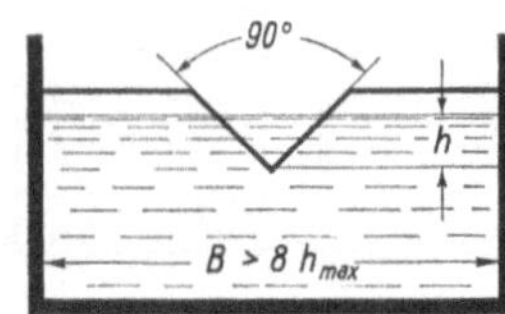

Abb. 571. Dreieckwehr.

Löst man vorstehende Gleichungen für Q nach h auf, so ergibt sich, daß h annähernd proportional $Q^{\frac{2}{3}}$ ist; d. h. die Stauhöhe h wächst langsamer als die überfließende Wassermenge Q. Es ist zweckmäßig, das Wasserstandglas, an dem man die Stauhöhe h abliest, nicht in mm zu teilen, sondern auf Grund der Rechnung oder der Eichung so, daß man unmittelbar die überfließende Wassermenge Q ablesen kann.

Wählt man anstatt des rechteckigen Überfalls ein Dreieckwehr nach Abb. 571, so kann man mit derselben Wehreinrichtung auch kleinste Wassermengen messen. Die Durchflußmenge dieses Wehres wird $Q = 2{,}36 \cdot \alpha \cdot h^2 \cdot \sqrt{h}$ m³/s. Der sich mit der Überfallhöhe h ändernde Beiwert α ist der Zahlentafel 30 zu entnehmen.

Zahlentafel 30.

$h =$	0,05	0,10	0,15	0,20	0,25	m
$\alpha =$	0,597	0,590	0,586	0,584	0,582	—

278. Messung strömender Luftmengen durch Staugeräte (Pitotrohre). Wenn man gemäß Abb. 572 Fig. *I* ein mit Wasser gefülltes *U*-Rohr so in einen offenen Luftstrom hält, daß der Luftstrom in die Mündung des Schenkels a hineinbläst, über die Mündung des Schenkels b aber hinwegbläst, so empfängt Schenkel b atmosphärischen Druck, Schenkel a außerdem den dynamischen oder Staudruck der in seine Mündung hineinblasenden Luft, so daß der Wasserspiegel im Schenkel b um h mm höher steht als im Schenkel a. Strömt die Luft mit w m/s und wiegt sie γ kg/m³, so ist der dynamische oder Staudruck $h = \gamma \cdot \frac{w^2}{2g}$ mm WS. Aus dem gemessenen, h mm WS betragenden Stau-

[1] Nach Freese (1890) ist für ein nicht eingeschnürtes, belüftetes Wehr von rechteckigem Querschnitt, bei dem der Wasserspiegel von der Sohle t Meter Abstand hat,

$$\alpha = \left(0{,}615 + \frac{0{,}0021}{h}\right)\left(1 + 0{,}55 \frac{h^2}{t^2}\right).$$

Genauer ist die Formel des Schweizerischen Ingenieur- und Architekten-Vereins (1924):

$$\alpha = 0{,}615\left(1 + \frac{1}{1000 \cdot h + 1{,}6}\right)\left(1 + 0{,}5 \frac{h^2}{t^2}\right).$$

Vgl. auch Rehbock: Wassermessung mit scharfkantigen Überfallwehren. Z. d. V. d. I. 1929, S. 817.

druck rechnet sich umgekehrt die Strömungsgeschwindigkeit[1] $w = \sqrt{\frac{2gh}{\gamma}}$ m/s. Ist z. B. $\gamma = 1{,}2$ kg/m³ und $w = 10$ m/s, so ist $h = \frac{1{,}2 \cdot 10^2}{2g} \approx 6$ mm WS. Oder für $\gamma = 1{,}3$ kg/m³ und $h = 20$ mm WS wird $w = \sqrt{\frac{2g \cdot 20}{1{,}3}} = 17{,}4$ m/s.

Genau wie in offner Luft würde das betrachtete U-Rohr auch in einer geschlossenen Leitung den Staudruck der sie durchströmenden Luft anzeigen, wenn man wieder die Mündung des Schenkels a dem Strom entgegenrichtet und den Schenkel b quer zum Luftstrom münden läßt. Schenkel b empfängt jetzt den statischen Druck p_{st} der strömenden Luft, d. h. den von ihr auf die Rohrwandung ausgeübten Druck, während Schenkel a außerdem den dynamischen Druck p_d empfängt, den das U-Rohr anzeigt. Die Summe von statischem und dynamischem Druck nennt man den Gesamtdruck p_g. Es ist $p_g = p_{st} + p_d$. Der dynamische Druck wird als Differenz des Gesamtdrucks und des statischen Drucks gemessen, d. h. $p_d = p_g - p_{st}$.

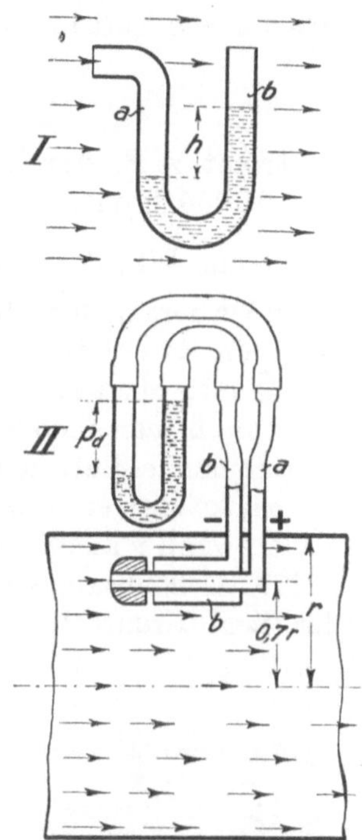

Abb. 572. Messung des dynamischen oder Staudruckes.

Weil man das U-Rohr in der geschlossenen Leitung nicht beobachten kann, muß man, um den dynamischen Druck p_d zu messen, die Drücke p_g und p_{st} nach außen übertragen. Das geschieht durch ein aus zwei Rohren bestehendes Staugerät, wie es in Fig. II der Abb. 572 dargestellt ist[2]. Das eine, mit + bezeichnete Rohr, dessen Mündung dem Luftstrome entgegengesetzt gerichtet ist, empfängt den größern Druck p_g, das andere, mit — bezeichnete Rohr, das quer zur Strömung mündet, empfängt den kleinern Druck p_{st}. Der Differenzdruck p_d wird entweder, wie es in Abb. 572 angedeutet ist, durch ein U-Rohr oder zwecks genauerer Ablesung durch ein Differenzdruckmanometer mit schrägem Schenkel gemäß Abb. 559 oder durch einen die Stromstärke aufzeichnenden Messer mit Tauchglocke nach Abb. 560 gemessen.

Bei der Verwendung der Staugeräte ist zu berücksichtigen, daß die Geschwindigkeit nicht gleichmäßig über den Rohrquerschnitt verteilt, sondern in der Rohrmitte größer als in der Nähe der Wandung ist. Aus dem in der Rohrmitte gemessenen Staudruck errechnet sich eine Geschwindigkeit, die etwa 10 bis 15% größer als die mittlere ist, die man unmittelbar erhält, wenn man den Staudruck wie in Abb. 572 etwa im Abstande 0,7 r von der Rohrmitte mißt[3].

Kennt man das spezifische Gewicht γ des strömenden Gases, so ist die Formel $w = \sqrt{\frac{2gh}{\gamma}}$ m/s unmittelbar anwendbar; sonst ist erst γ zu bestimmen. Das ist be-

[1] Für alle Gase gilt bei geringem Druckabfall $w = \sqrt{2gh}$ und $h = \frac{w^2}{2g}$, worin h der in m Gassäule angegebene Staudruck ist. Setzt man 1 m Gassäule vom spezifischen Gewicht γ kg/m³ $= \gamma$ mm WS und 1 mm WS $= \frac{1}{\gamma}$ m Gassäule und bezeichnet man den in mm WS gemessenen dynamischen Druck mit h, so entstehen die oben angegebenen Formeln.

[2] Das dargestellte Staugerät hat die von Prandtl angegebene Form; der Kopf ist halbkugelförmig, wodurch das Gerät gegen geringe Schiefstellung unempfindlich ist. Bei guten Staugeräten stimmt der angezeigte Druck mit dem errechenbaren überein, so daß keine Berichtigung erforderlich ist.

[3] Wo man mißt, soll die Strömung möglichst ungestört sein; man darf also nicht in der Nähe von Krümmungen und Einbauten messen. Um die mittlere Geschwindigkeit genauer zu bestimmen, messe man die Geschwindigkeit über einem oder über zwei sich kreuzenden Durchmessern, und zwar in der Rohrmitte sowie zu beiden Seiten der Rohrmitte in den von der Mitte gemessenen Abständen $\varrho_1 = 0{,}27\,d$, $\varrho_2 = 0{,}35\,d$, $\varrho_3 = 0{,}42\,d$ und $\varrho_4 = 0{,}47\,d$. Das arithmetische Mittel der 9 Messungen ist die mittlere Geschwindigkeit, weil die einzelnen Messungen auf den Schwerlinien gleichgroßer Ringflächen vorgenommen sind.

sonders einfach, wenn man die Konstante R des strömenden Gases kennt, weil gemäß Ziffer 4 $\gamma = \frac{P}{RT}$ ist, so daß nur der absolute Gasdruck P kg/m² (mm WS) und die absolute Gastemperatur T zu messen sind. Den Wert für γ eingesetzt, erhält man $w = \sqrt{\frac{2ghRT}{P}}$ m/s. Für trockene Luft im besondern mit $R = 29{,}27$ wird $w = 24\sqrt{\frac{hT}{P}}$ m/s.

Für die durch eine Leitung von F m² Querschnitt fließende Menge $Q = F \cdot w$ ergeben sich also folgende Formeln, in denen h der in mm WS gemessene dynamische Druck ist:

$$Q = F \cdot \sqrt{\frac{2gh}{\gamma}}\ \text{m}^3/\text{s} = F \cdot \sqrt{\frac{2ghRT}{P}}\ \text{m}^3/\text{s}.$$

Für trockene Luft im besondern wird

$$Q = F \cdot 24\sqrt{\frac{hT}{P}}\ \text{m}^3/\text{s}.$$

Strömt z. B. durch eine 500-mm-Leitung ($F = 0{,}196$ m²) Luft von 1 ata Druck ($P = 10000$ kg/m²) und 20° C ($T = 293$), und ist der gemessene dynamische Druck $h = 26$ mm WS, dann ist die Durchflußmenge $Q = 0{,}196 \cdot 24\sqrt{\frac{26 \cdot 293}{10000}} = 4{,}1$ m³/s.

Außer dem in der Abb. 572 dargestellten Staugerät von Prandtl wird auch das Staugerät von Brabbée angewendet. Staugeräte eignen sich wegen ihrer bequemen Einbaubarkeit insbesondere für große Rohrleitungen. Mit der möglichen Verstopfung des Staugeräts muß man rechnen. Wirkt das Staugerät gemäß Abb. 560 mit einem unmittelbar die strömende Luftmenge anzeigenden Messer zusammen, so ist bei schwankendem γ zu berücksichtigen, daß der Messer zu wenig zeigt, wenn γ größer wird als normal, und zu viel, wenn γ kleiner wird.

279. Gemeinsames über Messungen in geschlossenen Leitungen mittels Blende, Düse oder Venturirohres[1]. Abb. 573 veranschaulicht die Messung eines Wasser-, Luft- oder

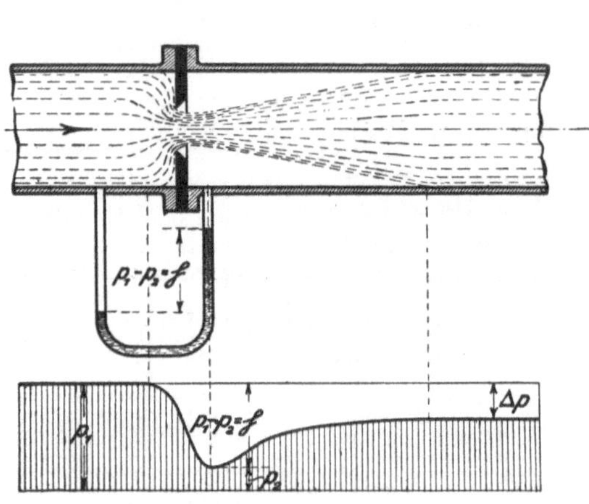

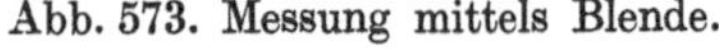

Abb. 573. Messung mittels Blende.

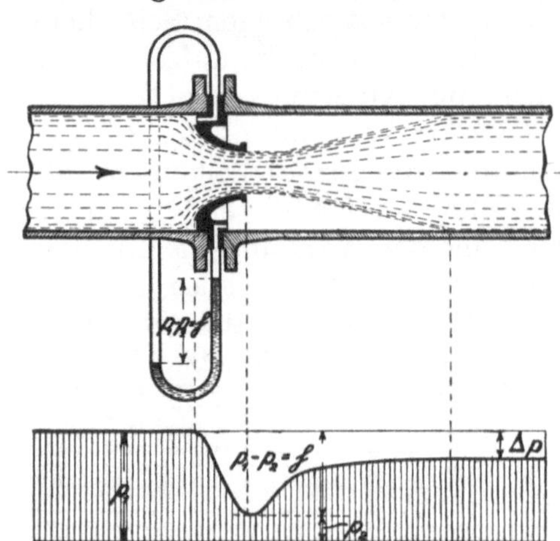

Abb. 574. Messung mittels Düse.

Dampfstromes in einer geschlossenen Leitung mittels Blende, Abb. 574 die Messung mittels Düse; Abb. 575 sowie die spätere Abb. 576 zeigen die Messung mittels Venturirohres, bei dem sich an den Einlauf ein konisch erweiterter Auslauf anschließt. Die Leitung habe den Querschnitt F'; die an der engsten Stelle der Blende, der Düse oder des Venturirohres gemessene Stauöffnung habe den Querschnitt F. Das Verhältnis $F:F'$ heißt Öffnungsverhältnis und wird mit m bezeichnet. Der zu messende Wasser- oder

[1] Vgl. hierzu die Regeln für Durchflußmessungen des Vereines deutscher Ingenieure, denen auch die genauen Durchflußbeiwerte und Abmessungen der Meßleitungen zu entnehmen sind.

Gasstrom ist von der Geschwindigkeit w' im Querschnitt F' auf die Geschwindigkeit w im Querschnitt F zu beschleunigen; um w zu bestimmen, ist das die Geschwindigkeitssteigerung erzeugende Druckgefälle zu messen, und zwar als Differenz der statischen Drücke in den Querschnitten F' und F.

Meßtechnisch entspricht die Blende[1] der in Ziffer 276 besprochenen scharfkantigen Mündung. Auch bei der Blende wird der abströmende Strahl eingeschnürt, so daß für die Blende bei kleinem Öffnungsverhältnis $F:F'$ die der „Ausflußzahl" entsprechende „Durchflußzahl" $\alpha = 0{,}61$ zu setzen ist. Die Düse[2], die der abgerundeten Ausflußöffnung entspricht, verursacht keine Einschnürung, sondern nur Reibung, und bei kleinem Öffnungsverhältnis ist ihre Durchflußzahl $\alpha = 0{,}96$. Beim Venturirohr, das mit konischem oder in der Bauart von Bopp & Reuther, Abb. 575, mit gekrümmtem Einlauf ausgeführt wird, wird der abströmende Strahl ebenfalls nicht eingeschnürt, so daß für das Venturirohr bei kleinem Öffnungsverhältnis die Durchflußzahl $\alpha = 0{,}96$ zu setzen ist[3]. Dank dem konischen Auslauf vermag das Venturirohr den durch die Verengung verursachten Druckabfall durch Umsetzung von Geschwindigkeit in Druck in weit höherm Maße wiederzugewinnen als Blende und Düse, vgl. die Abb. 573 bis 575, so daß man beim Venturirohr stärkere Verengung anwenden oder innerhalb größeren Meßbereiches messen kann, als bei der Blende oder Düse.

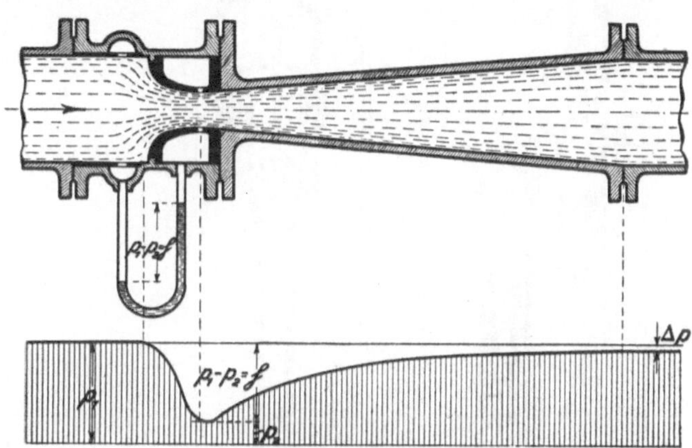

Abb. 575. Messung mittels Venturirohres.

Während man Blenden mit sehr verschiedenem Öffnungsverhältnis verwendet, benutzt man bei Düsen hauptsächlich die in den Regeln festgelegte normale Form. Bei der Normaldüse ist $D:D' = 0{,}4$ oder $F:F' = 0{,}16$; für α setzt man 0,96. Selbstverständlich ist man nicht an die Normaldüse gebunden, die eine ziemlich starke Drosselung verursacht. Um z. B. die Ansaugmenge eines Turbokompressors ununterbrochen zu messen, vgl. Abb. 460, wird man zweckmäßig eine Düse mit größerem Öffnungsverhältnis als normal einbauen.

Unter Einführung der Durchflußzahl α erhält man für die in der Stauöffnung F durch das Druckgefälle h erzeugte Geschwindigkeit die allgemeine Formel $w = \alpha\sqrt{2\,g\,h}$ m/s, worin h, wie noch einmal hervorgehoben sei, in Metern Flüssigkeits- oder Gassäule anzugeben ist. Da h aber nicht in Metern Flüssigkeits- oder Gassäule, sondern bei Wasser- und Dampfmessungen in Millimetern QS, bei Gasmessungen in Millimetern WS oder QS gemessen wird, so muß man umrechnen. Liest man ferner bei der Messung von Wasser oder Dampf am U-Rohr ein Druckgefälle von h mm QS ab, so ist das wirkliche Druckgefälle kleiner, weil auf dem niedrigeren Quecksilberspiegel außer dem Druck p_1 auch noch

[1] Um an bestehenden Leitungen Versuche zu machen, kommt nur die Blende in Frage, weil sie am schmalsten baut; in ihrer einfachsten Form ist sie ein ausgeschnittenes Blech, das man bequem zwischen die Rohrflansche schieben kann.

Zwecks genauerer Messung wende man die in den Regeln für Durchflußmessungen festgelegte Blendenform an, bei der beide zu messenden Drücke p_1 und p_2 an der Blende selbst entnommen werden, und zwar aus Ringkammern, die am ganzen Umfange mit dem Wasser- oder Luftstrome in Verbindung stehen, so daß man in sich ausgeglichene Drücke entnimmt.

[2] Bei der in Abb. 574 dargestellten Düse wird nicht der Unterschied der statischen Drücke gemessen, weil die Drücke nicht senkrecht zur Strömung entnommen werden; bei der in den eben genannten Regeln festgelegten „Normaldüse" ist das aber der Fall.

[3] Auch beim Venturirohr werden, wie es aus der Abb. 575 und 576 hervorgeht, die Drücke p_1 und p_2 senkrecht zur Strömung und in sich ausgeglichen entnommen.

der Druck einer h mm hohen Wassersäule oder Kondensatsäule lastet. 1 mm abgelesene Quecksilbersäule bedeutet in diesem besonderen Falle nicht 13,5 mm WS, sondern nur 12,5 mm WS[1]. In den folgenden Ziffern sind an Stelle der allgemeinen Formel getrennte Formeln für die Messung von Flüssigkeiten und von Gasen gegeben, die der Art der Messung angepaßt sind.

280. Wassermessung mittels Blende, Düse oder Venturirohres. Das Druckgefälle wird durch Quecksilber gemessen. Aus der allgemeinen, in Ziffer 278 entwickelten Form für w wird, wenn das abgelesene Druckgefälle $= h$ mm QS* ist, $w = 0{,}496\,\alpha\sqrt{h_{QS}}$ m/s. Daraus ergibt sich die Durchflußmenge $Q = 0{,}496\,\alpha F\sqrt{h_{QS}}$ m³/s, worin F der in m² gemessene Querschnitt der Stauöffnung ist. Für Düsen mit dem Durchmesserverhältnis etwa 4 : 10 wird $\alpha = 0{,}96$ und es wird $w = 0{,}476\sqrt{h_{QS}}$ m/s und $Q = 0{,}476\,F\sqrt{h_{QS}}$ m³/s.

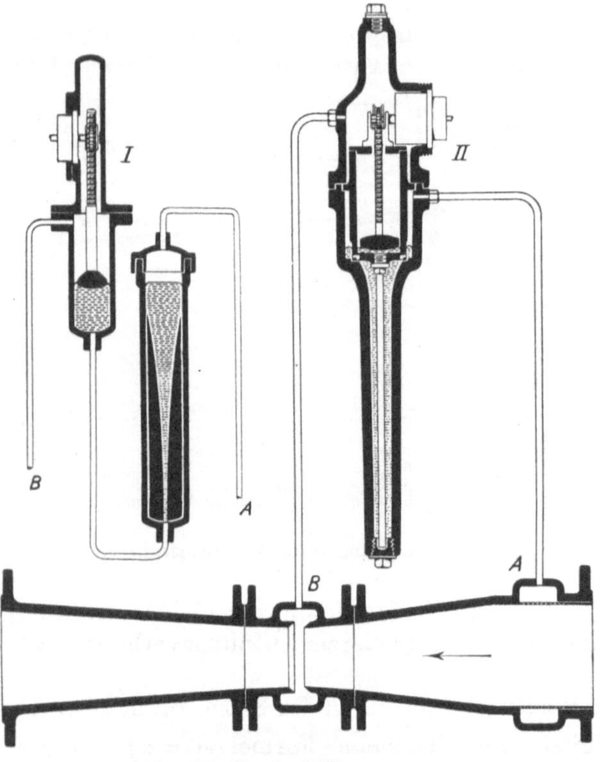

Abb. 576. Venturi-Wassermesser von Siemens & Halske, A.-G.

Für Wassermessung, auch für die Messung von Kesselspeisewasser, werden in großem Umfange Venturimesser (Siemens & Halske, Bopp & Reuther u.a.) verwendet. Abb. 576 zeigt die Anordnung von Siemens & Halske. Fig. *I* zeigt die ältere Anordnung, bei der die beiden Schenkel des mit Quecksilber gefüllten *U*-Rohres nebeneinander liegen, während bei der neuern Anordnung, Fig. *II*, der eine Schenkel den andern konzentrisch einschließt. Auf dem mit der Einschnürung *B* des Venturirohres verbundenen Schenkel schwimmt ein eiserner Schwimmer, dessen Bewegung auf den Zeiger des Messers übertragen wird. Damit der Zeigerausschlag der Stärke des gemessenen Wasserstroms trotz des quadratisch zunehmenden Druckgefälles proportional ist, ist der mit dem Venturirohre bei *A* verbundene Schenkel parabolisch geformt. Venturimesser werden entweder nur anzeigend oder außerdem registrierend, schließlich mittels besonderer Einrichtungen auch zählend ausgeführt. Wegen Benutzung der Venturimesser zur Dampfmessung vgl. Ziffer 282.

281. Gas- und Luftmessung mittels Blende, Düse oder Venturirohres. Die folgenden Formeln gelten für kleine Druckgefälle, wie sie bei Messungen üblich sind. Das Druckgefälle wird in Millimetern WS oder in Millimetern QS gemessen. In den Formeln bedeutet aber h nur Millimeter WS, so daß bei der Auswertung von Messungen mittels Quecksilbersäule die abgelesenen Werte mit 13,5 zu multiplizieren sind, um den in Millimetern WS einzusetzenden Wert von h zu erhalten. Es gelten grundsätzlich die für die Staugerätmessung in Ziffer 278 angegebenen Formeln; nur ist die Durchflußzahl α beizufügen, und für die absolute Temperatur ist der Wert T_1 vor der Stauöffnung, für den absoluten Druck der Wert P_2 hinter der Stauöffnung einzusetzen. Ist ferner R die Gaskonstante, und hat die Staumündung F m² Querschnitt, so ist die Mündungs-

[1] Das spezifische Gewicht von Quecksilber ist = 13,5 gesetzt, weil nicht bei 0°, sondern meist bei 15 bis 20° gemessen wird.

* In den angegebenen Formeln ist berücksichtigt, daß bei Wassermessung gemäß vorstehender Ziffer 1 mm abgelesene Quecksilbersäule nur 12,5 mm WS bedeutet.

geschwindigkeit

$$w = \alpha \sqrt{\frac{2 g h R T_1}{P_2}} \text{ m/s},$$

die Durchflußmenge

$$Q = \alpha F \sqrt{\frac{2 g h R T_1}{P_2}} \text{ m}^3\text{/s (bezogen auf den Zustand } T_1,\ P_2),$$

das Durchflußgewicht

$$G = \alpha F \sqrt{\frac{2 g h P_2}{R T_1}} \text{ kg/s.}$$

Kennt man das spezifische Gewicht γ_2 des aus der Staumündung fließenden Gases, so ist bei kleinem Druckabfall genügend genau

$$w = \alpha \sqrt{\frac{2 g h}{\gamma_2}} \text{ m/s}, \qquad Q = \alpha F \sqrt{\frac{2 g h}{\gamma_2}} \text{ m}^3\text{/s} \quad \text{und} \quad G = \alpha F \sqrt{2 g h \gamma_2} \text{ kg/s.}$$

Für trockne Luft ($R = 29{,}27$) ergibt sich

$$w = \alpha \cdot 24 \sqrt{\frac{h T_1}{P_2}} \text{ m/s}, \qquad Q = \alpha F \cdot 24 \sqrt{\frac{h T_1}{P_2}} \text{ m}^3\text{/s} \quad \text{und} \quad G = \alpha F \cdot 0{,}82 \sqrt{\frac{h P_2}{T_1}} \text{ kg/s}.$$

Nach dieser Formel erhält man das Luftvolumen beim Druck in der Leitung; um die auf 1 ata bezogene Luftmenge zu erhalten, muß man die Druckluftmenge mit dem absoluten Atmosphärendruck der Luft multiplizieren.

Der Wirkdruck h wächst quadratisch mit der Durchflußmenge Q, nimmt also schnell hohe Werte an, so daß man nur einen beschränkten Meßbereich hat. Das Diagramm in Abb. 577 läßt erkennen, welche stündlichen Luftmengen, bezogen auf 1 ata, bei verschiedenen Druckluftspannungen je cm² Düsen- bzw. Blendenquerschnitt innerhalb des üblichen Wirkdruckbereiches von 100 bis 2000 mm WS gemessen werden können, z. B. reicht eine Düse von 1 cm² Querschnitt bei 4 atü für Luftmengen von 33 bis 147 m³/h angesaugte Luft. Sind bei 5 atü 1000 m³ stündliche Ansaugmenge mit höchstens 1000 mm WS Wirkdruck mit einer Blende zu messen, so findet man für 5 atü, 1000 mm WS und 1 cm² Blendenquerschnitt die größte Durchflußmenge $Q = 76$ m³/h; für 1000 m³/h braucht man dann mindestens $1000 : 76 = 13{,}2$ cm² Blendenquerschnitt oder 41 mm Blendendurchmesser. Umgekehrt kann das Diagramm auch dazu dienen, überschläglich aus bekanntem Querschnitt und gemessenem Wirkdruck die stündliche Ansaugluftmenge zu ermitteln. Genaue Messungen erfordern jedoch die Kenntnis des jeweiligen Durchflußbeiwertes α.

Blende, Düse und Venturirohr werden in großem Umfange für die Messung strömender Luft- und Gasmengen angewendet. Vor und hinter der Stauöffnung sei die Rohrleitung auf eine Länge gleich dem 10fachen Durchmesser glatt und gerade, damit die Strömung möglichst ungestört ist. Die Stauöffnung verursacht zwar einen gewissen Drosselverlust, aber die Messung ist wegen des größern Druckabfalls, und weil es nicht so sehr auf die Verteilung der Geschwindigkeit im Querschnitt ankommt, genauer und weniger empfindlich als die Staugerätmessung. Zeigt und registriert der Messer unmittelbar die strömende Menge, so zeigt er nur richtig, wenn das spezifische Gewicht γ den normalen Wert hat, andernfalls die Anzeige entsprechend umzuwerten ist. Mittels der in Abb. 576 enthaltenen Einrichtung erreicht man, daß der Messer der Menge proportional ausschlägt, obwohl das Druckgefälle mit dem Quadrat der Menge zunimmt.

282. Dampfmesser. Man hat als Differenzdruckmesser wirkende Dampfmesser mit Blende, Düse oder Venturirohr, ferner Schwimmermesser und Messer, bei denen ein ganz geringer Teilstrom abgezapft oder abgezweigt, verflüssigt und als Wasser gemessen wird. Man unterscheidet anzeigende Dampfmesser und Dampfmesser, die außerdem registrieren oder zählen oder alle drei Tätigkeiten vereinen. Die durch den Messer strömende Dampfmenge wird nicht in m³ sondern in kg gemessen. Während man bei den nur anzeigenden Messern, die z. B. in Kesselhäusern die jeweilige Dampfentnahme anzeigen, auf Proportionalität zwischen Zeigerausschlag und Dampfmenge verzichten kann, werden alle registrierenden Dampfmesser mit der Dampfmenge proportionalem Ausschlage ausgeführt.

Den als Differenzdruckmesser wirkenden, auch Mündungsdampfmesser genannten Messern, die grundsätzlich mit den in den Abb. 573 bis 575 dargestellten Meßanordnungen übereinstimmen, ist gemeinsam, daß das Wirkdruckgefälle nur mit Quecksilber, nicht mit Wasser gemessen werden kann, weil der im *U*-Rohr stehende Dampf kondensiert[1].

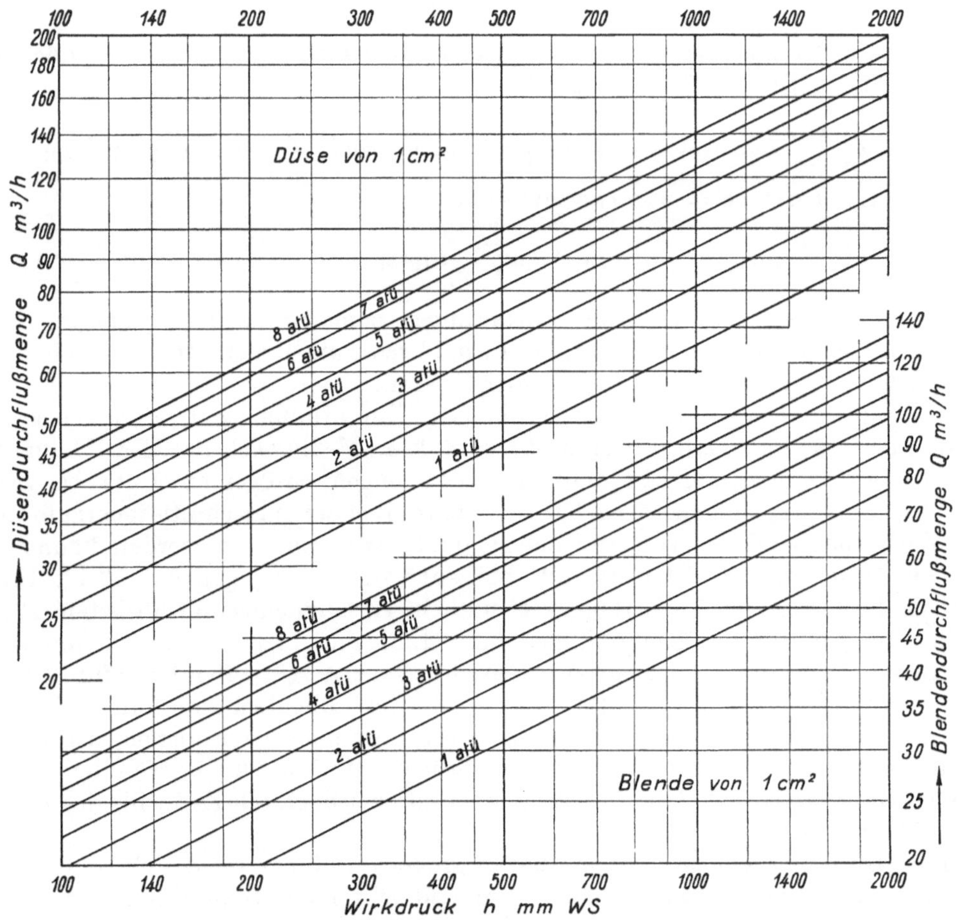

Abb. 577. Diagramm zur Bestimmung der Düsen- bzw. Blendenquerschnitte für Druckluftmessungen im Wirkdruckbereich 100 bis 2000 mm WS.

Es gibt sehr verschiedene Formen von Dampfmessern, doch kann hier nur auf einige eingegangen werden. Abb. 578 zeigt den Venturidampfmesser von Siemens & Halske, bei dem das vom Venturirohr *a* verursachte Druckgefälle durch ein der Abb. 576 entsprechendes Quecksilberdifferentialmanometer *c* gemessen und als Dampfmenge angezeigt und registriert wird[2].

In den Abb. 579 und 580 sind Schwimmerdampfmesser dargestellt. Deren Schwimmer *b* hebt und senkt sich, gedämpft durch den Bremskolben *c*, je nachdem der durch den Messer gehende Dampfstrom anschwillt und abschwillt. Der vom Dampfstrom auf den Schwimmer ausgeübte Staudruck entspricht dem Schwimmergewicht,

[1] Das wirkliche Druckgefälle ist in diesem Falle kleiner als das abgelesene, weil 1 mm QS hier nur 12,5 mm WS bedeutet, vgl. Ziffer 279.

[2] Der Dampfmesser von Siemens & Halske wird auch mit elektrischer Fernanzeige und -zählung gebaut.

ist also unabhängig davon, ob viel oder wenig Dampf durch den Messer strömt. Der hochgehende Schwimmer öffnet dem Dampfstrom einen proportional mit dem Hub zunehmenden Ringspalt, so daß wegen des gleichbleibenden Staudrucks auch Schwimmerhub und Dampfmenge proportional sind. Abb. 579 veranschaulicht den Dampfmesser der Elberfelder Farbenfabriken vorm. Bayer, Abb. 580 den Dampfmesser von Claaßen. Bei ersterem befindet sich der Meßrand am Schwimmer, während der Meßrohrquerschnitt proportional der Höhe zunimmt, bei letzterem ist es umgekehrt; weiter unterscheiden sich beide Ausführungen in der Art, wie der Schwimmerhub auf die Registriertrommel *d* übertragen wird. Um schwankenden Dampfdruck berücksichtigen zu können, wird dieser bei dem in Abb. 579 dargestellten Messer zusammen mit der Dampfmenge registriert. Die Schwimmerdampfmesser haben den Vorteil, daß sie von vornherein proportional der Dampfmenge ausschlagen, sind zuverlässig und bequem nachprüfbar. Ihre Größe hat sich der Rohrleitung anzupassen.

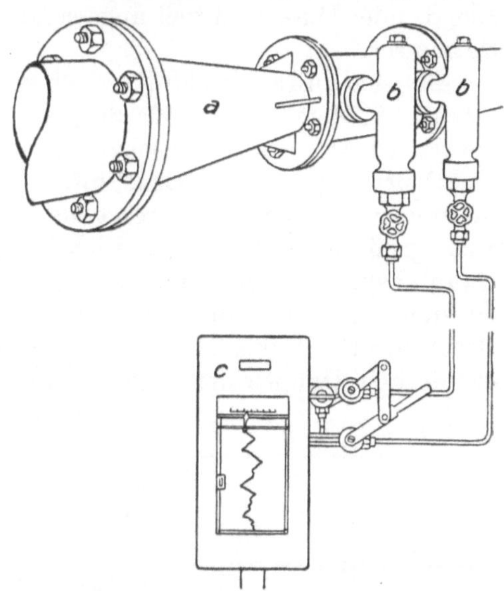

Abb. 578. Registrierender Venturi-Dampfmesser von Siemens & Halske, A.-G.

Von den im vorigen beschriebenen Dampfmessern sind die Dampfmesser grundsätzlich unterschieden, die einen Teilstrom des Dampfes ableiten und ihn, ehe er gemessen wird, verflüssigen. Beim Askania-Dampfmesser wird in derselben Weise wie bei dem in Abb. 581 dargestellten Askania-Luftmesser ein dem Hauptdampfstrom proportionaler Teildampfstrom in die Atmosphäre abgezapft, kondensiert und mittels Kippwassermessers gemessen. Anstatt den Teildampfstrom in die Atmosphäre abzuzapfen, kann man ihn, wie es in Abb. 581 für Luft angedeutet ist, durch eine, die in die Hauptleitung eingesetzte Blende *a* überbrückende Rückleitung zurückführen. In die Abzweigleitung ist die kleine Blende *c* eingesetzt, die die Größe des Teilstroms bestimmt, indem sie den Hauptwiderstand der Zweigleitung bildet. Hinter der kleinen Blende *c* wird der Dampf kondensiert, und das Kondensat wird in dem mit Quecksilber gefüllten, nach Art der Gasuhren wirkenden Messer *d* gemessen. Selbstverständlich muß der Teilstrom, der bei der Verflüssigung sein Arbeitsvermögen verliert, sehr klein sein. In beiden Fällen handelt es sich um zählende Messer. Ihr Vorteil ist, daß sie unabhängig von Druck und Temperatur des Dampfes das durchströmende Dampfgewicht anzeigen und in weiten Grenzen belastbar sind.

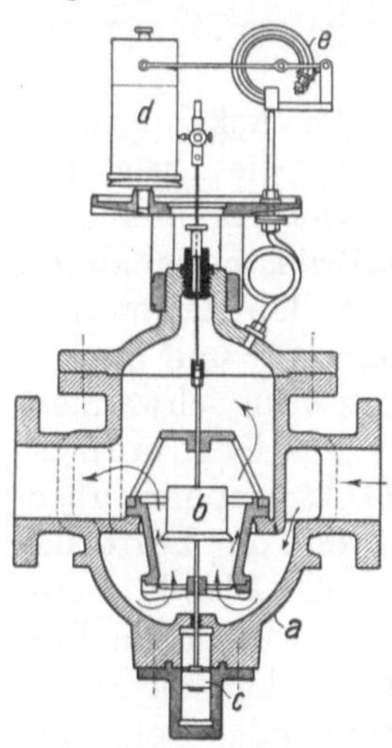

Abb. 579. Schwimmerdampfmesser der Elberfelder Farbenfabriken vorm. Bayer.

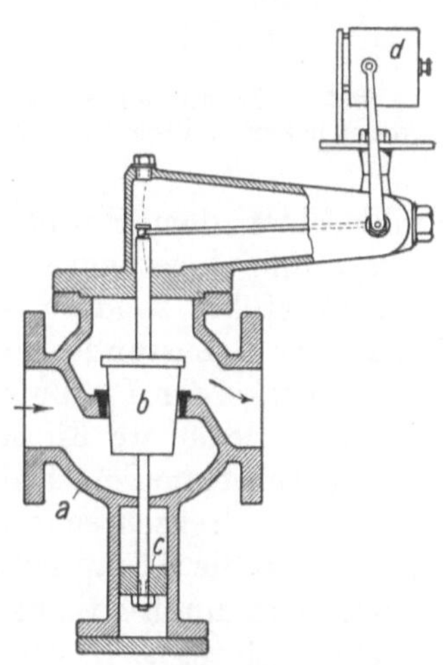

Abb. 580. Schwimmerdampfmesser von Claaßen, Berlin.

283. Druckluftmesser. Die Förderleistung von Luftkompressoren mißt man am bequemsten — weil man die Schwankungen des erzeugten Luftdruckes nicht zu berücksichtigen braucht —, indem man die angesaugte Luftmenge mißt. Für die Überwachung des Betriebes genügt es bei Kolbenkompressoren, die Drehzahlen zu verfolgen, während bei Turbokompressoren die angesaugte Luftmenge mittels Staugeräts, Blende oder Düse gemessen wird. Bei den Druckluftantrieben muß man die gepreßte Luft messen, deren Druck häufig nicht unerheblich schwankt. Die in Ziffer 281 besprochene Messung mittels Blende oder Düse wird viel angewendet. Außerdem gibt es eine Reihe besonderer Druckluftmesser.

Als zählende Druckluftmesser werden Kolbenmesser angewendet, ferner Scheibenmesser, die dem in Abb. 564 dargestellten Wassermesser entsprechen und Flügelmesser, die der in Abb. 565 veranschaulichten Anordnung ähneln[1]. Diese die durchströmenden Kubikmeter oder Liter Druckluft zählenden Messer fallen, weil die Druckluft in den Leitungen viel schneller strömt als Wasser, also viel größere Volumen zu messen sind, recht groß aus; selbstverständlich kann man auch bei ihnen die in der frühern Abb. 566 veranschaulichte Teilstrommessung anwenden. Abb. 581 zeigt, daß man bei Teilstrommessung auch die sehr genau messenden Gasuhren anwenden kann, die allerdings den Druck der Preßluft aushalten müssen; hierbei ist in die Zweigleitung eine verhältnismäßig kleine, den Hauptwiderstand darstellende Blende (c) einzubauen. Da die das Volumen der durchströmenden Druckluft messenden Geräte die Druckluftmenge in der Regel als angesaugte Luftmenge angeben, so zeigen sie nur bei normalem Druck richtig; bei anderem Druck ist auf diesen umzurechnen.

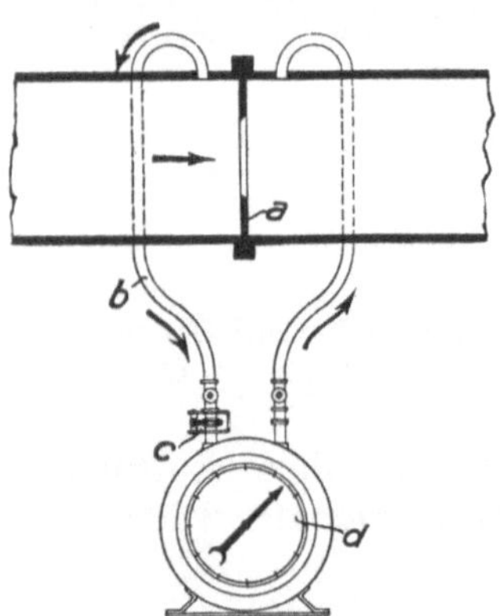

Abb. 581. Teilstrommessung von Druckluft mittels Gasuhr.

Ein nur anzeigender Druckluftmesser ist der in Abb. 582 dargestellte Demag-Luftmesser, der für kleinere Luftmengen, insbesondere für die Prüfung von Preßluftwerkzeugen bestimmt ist. Es ist ein Schwimmermesser (vgl. Ziffer 282), dessen Schwimmer a, von außen beobachtbar, in einem langen konischen Rohr spielt. Die Anzeige gilt für 5 at; bei anderm Druck ist die Anzeige mit einem Berichtigungsfaktor zu multiplizieren, der einer jedem Messer beigegebenen Schaulinie zu entnehmen ist.

Abb. 583 zeigt den Druckluftmesser der Askaniawerke, Berlin, der in der dargestellten Anordnung die Druckluftmengen anzeigt, registriert und zählt. Der Askaniamesser mißt einen dem Hauptstrom proportionalen Teilstrom, der bei vollbelastetem Messer nur 2 l/min angesaugte Luft beträgt. Dieser Teilstrom wird aber nicht in den Hauptstrom zurückgeführt, sondern — das ist das Neue — in die Atmosphäre abgezapft und in entspanntem Zustande gemessen. Dadurch ist die Messung unabhängig vom schwankenden Drucke der Preßluft. Dieser Vorteil wird durch eine besondere, als Strömungsteiler bezeichnete Einrichtung erreicht, vermöge welcher der in die Atmosphäre abgezapfte Teilstrom dem Hauptstrom proportional bemessen wird, auch wenn der Luftdruck in weiten Grenzen schwankt. In die Hauptleitung ist nämlich die große Blende a eingesetzt, in die Abzapfleitung die sehr kleine Blende b. Damit der durch b fließende Teilstrom dem durch a fließenden Hauptstrom proportional ist, muß hinter b derselbe Druck sein wie hinter a. Das bewirkt die beide Drücke empfangende, schwankender Belastung sofort folgende Membran c, die das Nadelventil d und damit die Stärke des abgezapften Stromes einstellt. Durch den beschriebenen Strömungsteiler ist die für den Messer wichtigste Aufgabe gelöst; denn der abgezapfte, dem Hauptstrom proportionale, auf atmosphärischen Druck entspannte Teilstrom ist genau durch eine Gasuhr (h) meßbar.

Damit der Messer die Stärke des Luftstroms auch unmittelbar anzeigt und registriert, ist hinter dem Nadelventil die Kapillarröhren enthaltende Patrone e eingebaut, die der abgezapfte Teilstrom durchströmen muß. Der erforderliche Überdruck, der bis 1000 mm WS steigt und wegen der angewendeten Kapillarröhren der Druckluftmenge proportional

[1] Derartige Messer liefert die Firma Preßluftindustrie Max L. Froning, Dortmund-Körne. Auch der Scheibenmesser von Siemens & Halske wird als Druckluftmesser ausgeführt.

ist, wird vom Manometer *f* angezeigt und vom Manometer *g* registriert, jedoch nicht in mm WS, sondern in Teilen einer von 0 bis 2 reichenden Skala, deren Auswertung je nach der Größe der in die Hauptleitung eingesetzten Blende *a* sehr verschieden ist. Die aus den Anzeigen der Manometer *f* und *g* bestimmte Stärke des Druckluftstroms muß mit der aus dem Gange der Gasuhr bestimmbaren übereinstimmen. Würde man die Patrone *e* fortlassen, würde die Gasuhr trotzdem richtig anzeigen. Wegen der Kleinheit des abgezapften Luftstroms ist unbedingte Dichtheit der Verbindungen notwendig.

Während die kleine Blende *b* immer dieselbe ist, ist die große Blende *a* je nach der durchgehenden Luftmenge zu bemessen. Dieselbe Anzeige des Messers hat also, je nachdem wie groß die in die Hauptleitung eingesetzte Blende ist, sehr verschiedene Bedeutung. Gehen durch die Gasuhr 1,5 l/min oder schlagen die Manometer *f* und *g* auf 1,5

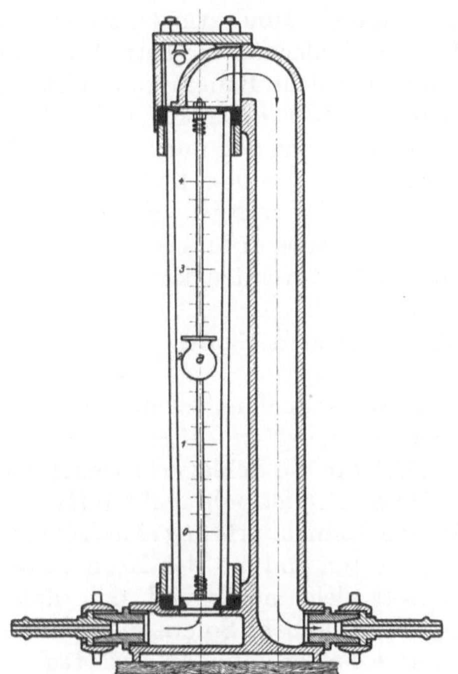

Abb. 582. Anzeigender Druckluftmesser der Demag.

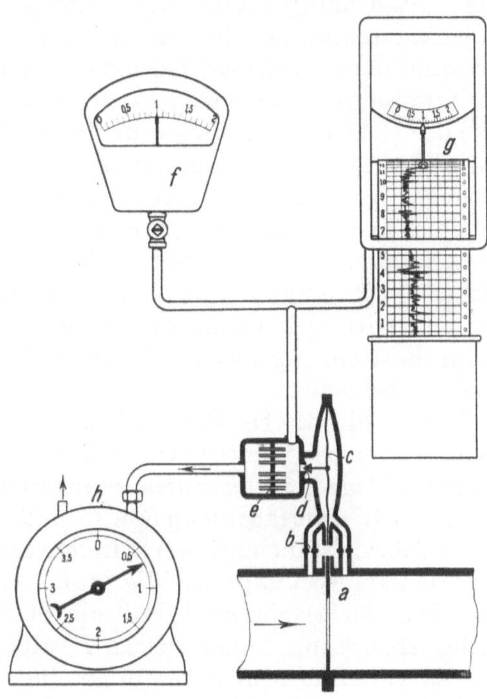

Abb. 583. Druckluftmesser der Askania-Werke, Berlin.

aus, so ist, wenn die kleinste, die Zahl 1000 tragende Blende eingesetzt ist, die gemessene Druckluftmenge $1{,}5 \cdot 1000 = 1500$ l/min angesaugte Luft, während dieselbe Anzeige bei einer großen für eine 300-mm-Leitung passende Blende, die die Zahl 200000 trägt, $1{,}5 \cdot 200000 = 300000$ l/min $= 300$ m^3/min angesaugte Luft bedeutet.

284. Prüfung von Drucklufthämmern[1]. Es ist zu unterscheiden zwischen Typenprüfungen, bei denen alle in Ziffer 241 erläuterten Kennwerte bestimmt werden, und Betriebsprüfungen, die lediglich der Betriebsüberwachung der Drucklufthämmer dienen. Die Ausführung von Typenprüfungen setzt umfangreiche und empfindliche Prüfeinrichtungen voraus, die für den Zechenbetrieb weniger geeignet sind. Hier genügen die mit einfachen Geräten durchzuführenden Betriebsprüfungen, bei welchen die Zahl der Meßwerte auf drei beschränkt werden kann: Schlagarbeit, Schlagzahl und Luftverbrauch. Stimmen bei einem überholten Hammer diese Werte mit den Neuwerten überein, so kann auch auf genügende Übereinstimmung der übrigen Werte geschlossen werden.

[1] Vgl. C. Hoffmann: Über die Hammer-Prüfstelle des Maschinenlaboratoriums der Bergschule Bochum. Der Bergbau 1932, Nr. 10; Richtlinien für die Prüfung und Bewertung der Drucklufthämmer. Der Bergbau 1936, Nr. 3; Was der Betriebsmann von seinen Abbauhämmern wissen muß. Der Bergbau 1940, Nr. 17.

Fabrikneue Hämmer gleicher Bauart zeigen unter sich meist schon Abweichungen, die während des Betriebes noch zunehmen können, so daß man von vornherein mit Toleranzen rechnen muß. Aus den durchschnittlichen Ergebnissen einer Bauart bildet man deshalb die Normalwerte für diese Bauart und legt die Grenzen der Abweichungen fest, in denen ein Hammer dieser Type noch als brauchbar anzusehen ist. Für die drei genannten Hauptkennwerte sollen die Toleranzen sein: Zulässige Abweichung von der Schlagarbeit $\triangle A = \pm 10\%$, von der Schlagzahl $\triangle z = \pm 5\%$ und vom Luftverbrauch $\triangle Q = \pm 5\%$.

Bei der Schlagarbeitsmessung ist es durchaus nicht erforderlich, die Schlagarbeit auf besonders geeichten Geräten in mkg zu ermitteln, da schon die Bestimmung eines Vergleichsmaßes für die Arbeit ausreicht (z. B. je nach Art des Prüfgerätes Kalotteninhalt, Stauchkörperverkürzung, Luftpufferkolbenweg, Bremsweg, Federdurchbiegung u. ä.). Dadurch werden die Ansprüche an die Prüfgeräte auf ein Mindestmaß herabgesetzt. Man kann ohne Rücksicht auf die dadurch entstehenden Fehler auf die betriebsähnliche Arbeitsweise des Hammers verzichten, so daß in dieser Hinsicht Bauart und Wirkungsweise der Geräte von untergeordneter Bedeutung sind. Größte Einfachheit und Billigkeit in Aufbau und Handhabung sind entscheidend. Voraussetzung ist nur, daß bei allen Prüfungen gleichbleibende Prüfbedingungen eingehalten werden können und die Meßfehler in genügend engen Grenzen liegen (etwa $\pm 5\%$). Es muß jedoch ausdrücklich betont werden, daß auf diesen einfachen Geräten nur Betriebsprüfungen in Form vergleichender Prüfungen von gleichen Hämmern durchgeführt werden können, und daß sie für absolute Leistungsprüfungen nicht brauchbar sind.

Zur Bestimmung des Vergleichsmaßes der Schlagarbeit sind Geräte verschiedenster Bauarten bekannt:

a) Stauchgeräte. Ihre Arbeitsweise beruht auf der Stauchung eines Weicheisenzylinders von bestimmter Größe. Die in einem genau festgelegten Zeitraum durch die Hammerschläge hervorgerufene Stauchung wird als Maß für die Schlagarbeit eingesetzt. Am einfachsten verfährt man nun so, daß man für jeden im Betrieb gebrauchten Hammertyp den Normalstauchungswert l in mm ermittelt. Bei der Kontrollprüfung eines gebrauchten Hammers wird dann nur die Stauchung in mm gemessen und mit den Normalwerten verglichen. Zu beachten ist, daß die Stauchkörper stets gleichmäßig sind, d. h. daß sie gleiche Abmessungen und gleiche Festigkeitseigenschaften haben. Sofern die Prüfdauer nicht zu kurz ist (nicht unter 10 Sekunden), sind andere Fehler kaum zu erwarten.

b) Federprüfgeräte. Mit Rücksicht auf schnellste Bedienung sollten für Betriebsprüfungen nur Prüfgeräte mit fester Hammereinspannung benutzt werden, weil das Ausrichten des Hammers auf Rücklaufgeräten viel zu zeitraubend und damit zu kostspielig ist. Das Vergleichsmaß für die Schlagarbeit ist die durch den Hammerschlag erzeugte Federdurchbiegung, die durch einen Schreibstift auf fortlaufendem Papierstreifen aufgeschrieben wird.

Bei Federprüfgeräten ist ganz besonders auf die Gleichmäßigkeit der Prüfbedingungen zu achten. Dazu gehört in erster Linie die Einhaltung der gleichen Federvorspannung. Ferner ist zu berücksichtigen, daß die Meßfeder durch die Stöße übermäßig stark beansprucht und dadurch leicht deformiert wird (nach einigen Prüfungen wird sie meist etwas länger, um sich dann bei weiteren Prüfungen zu verkürzen). Am stärksten werden die letzten Windungen beansprucht, die nach einiger Betriebszeit brechen, wodurch ein genaues Messen unmöglich wird. Weil der Bruch innerhalb der Federbüchse aber nicht zu erkennen ist, ist es ratsam, die Feder oft auszubauen und nachzusehen. Treten bei einer bestimmten Hammertype Fehler durch Federschwingungen auf, die an den ungleichmäßigen Federdurchbiegungen zu erkennen sind, so ist zu versuchen, ob dieser Fehler durch eine stärkere oder schwächere Prüffeder vermieden werden kann.

c) Luftpuffergeräte. Sie arbeiten ähnlich wie die Federgeräte, jedoch mit dem Unterschied, daß die Stahlfeder durch ein Luftpolster ersetzt ist, das durch einen von dem Hammerschlag vorgetriebenen Kolben verdichtet wird. Durch den Ersatz der Stahlfeder durch eine „Luftfeder" entfallen bei diesem Gerät die oben genannten Nachteile des Federgerätes. Luftpuffergeräte zeichnen sich deswegen durch eine sehr hohe Gleichmäßigkeit aus. Es ist lediglich auf die Einhaltung der richtigen Anfangsspannung der Luft im Zylinder (vergleichbar mit der Federvorspannung) zu achten, was mit einem zuverlässigen Manometer leicht zu erreichen ist. Der Weg des Pufferkolbens dient als Vergleichsmaß für die Schlagarbeit.

Die Schlagzahlbestimmung macht durchweg keine Schwierigkeiten. Die Schläge werden von den Prüfgeräten selbst aufgezeichnet. Es ist also nur nötig, die Versuchsdauer genau zu messen und die in dieser Zeit aufgeschriebenen Schläge zu zählen, um daraus die minutliche Schlagzahl zu errechnen.

Für die Luftmessung können verschiedene Verfahren gebraucht werden. Zu empfehlen ist die Messung mit Düse bzw. Blende, die sich durch Einfachheit und hohe Genauigkeit auszeichnet (vgl. Ziffer 281). Als Wirkdruckmesser ist die in Abb. 558 dargestellte Wassersäule mit Einsäulenablesung besonders geeignet.

Die bei der Düsenmessung erforderliche Spannungsmessung der Druckluft soll nur mit einem Feinmeßmanometer vorgenommen werden. Der Luftverbrauch würde sich bei 4 atü noch in den zulässigen Grenzen ändern, wenn die Spannung um 0,05 at abweicht; weil sich aber auch die Wirkungsweise des Hammers mit der Spannung ändert, sollen die Abweichungen möglichst noch kleiner sein. — Setzt man als Normalprüftemperatur der Luft 20° C an, so sind unbeschadet der nötigen Genauigkeit Abweichungen zwischen 15 und 25° C zulässig, so daß die Lufttemperatur fast stets unberücksichtigt bleiben kann. Unter diesen vereinfachenden Voraussetzungen genügt auch bei der Luftmessung die Bestimmung eines Vergleichsmaßes, wozu die abgelesene Wassersäulenhöhe h in mm gewählt wird.

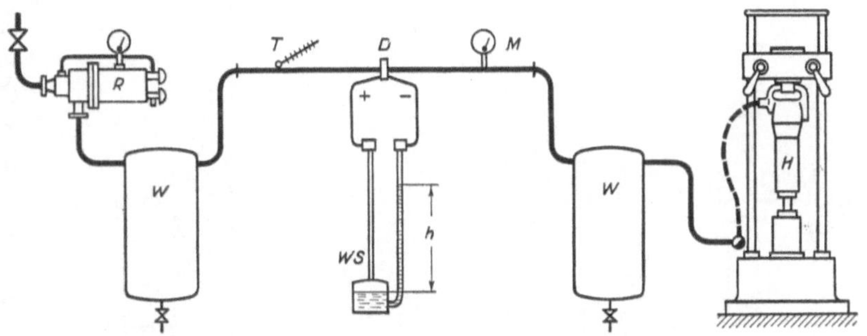

Abb. 584. Prüfstand für Drucklufthämmer.

Die Anordnung eines Prüfstandes für Betriebsprüfungen zeigt Abb. 584. Die Druckluft wird über ein Hauptabsperrventil vom Netz zunächst einem Regler R zugeführt, der die Spannungsschwankungen des Netzes fernhalten soll und so einzustellen ist, daß am Prüfmanometer M eine Spannung von 4 atü eingehalten wird. Zwischen Regler und Luftmeßleitung einerseits sowie Luftmeßleitung und Hammer andererseits sind zur Dämpfung der Luftstöße die mit Entwässerungshähnen versehenen Windkessel W von etwa 0,1 m³ Rauminhalt eingeschaltet.

Die Düse D in der Meßleitung hat bei Abbauhammerprüfungen zweckmäßig 10 mm, bei Bohrhammerprüfungen 15 mm Durchmesser (für Blenden braucht man 12,5 mm bzw. 19 mm Durchmesser). Der Düsenwirkdruck h wird an der Wassersäule WS, die Lufttemperatur am Thermometer T vor der Düse und der Luftdruck am Manometer M hinter der Düse gemessen. Der Hammer H ist in ein Luftpufferprüfgerät eingesetzt.

Abb. 585 veranschaulicht ein für Typenprüfungen geeignetes Hammerprüfgerät, welches als Ölbremsgerät ausgeführt ist. Die Schlagarbeit wird aus dem Bremsweg des vom Hammer abwärts geschlagenen Kolbens a auf Grund einer vom Hammerkolbengewicht abhängigen Schlageichung ermittelt[1].

[1] Vgl. C. Hoffmann: Über Leistung von Druckluftschlagwerkzeugen und Eichung von Leistungsprüfern. Der Bergbau 1931, Nr. 14.

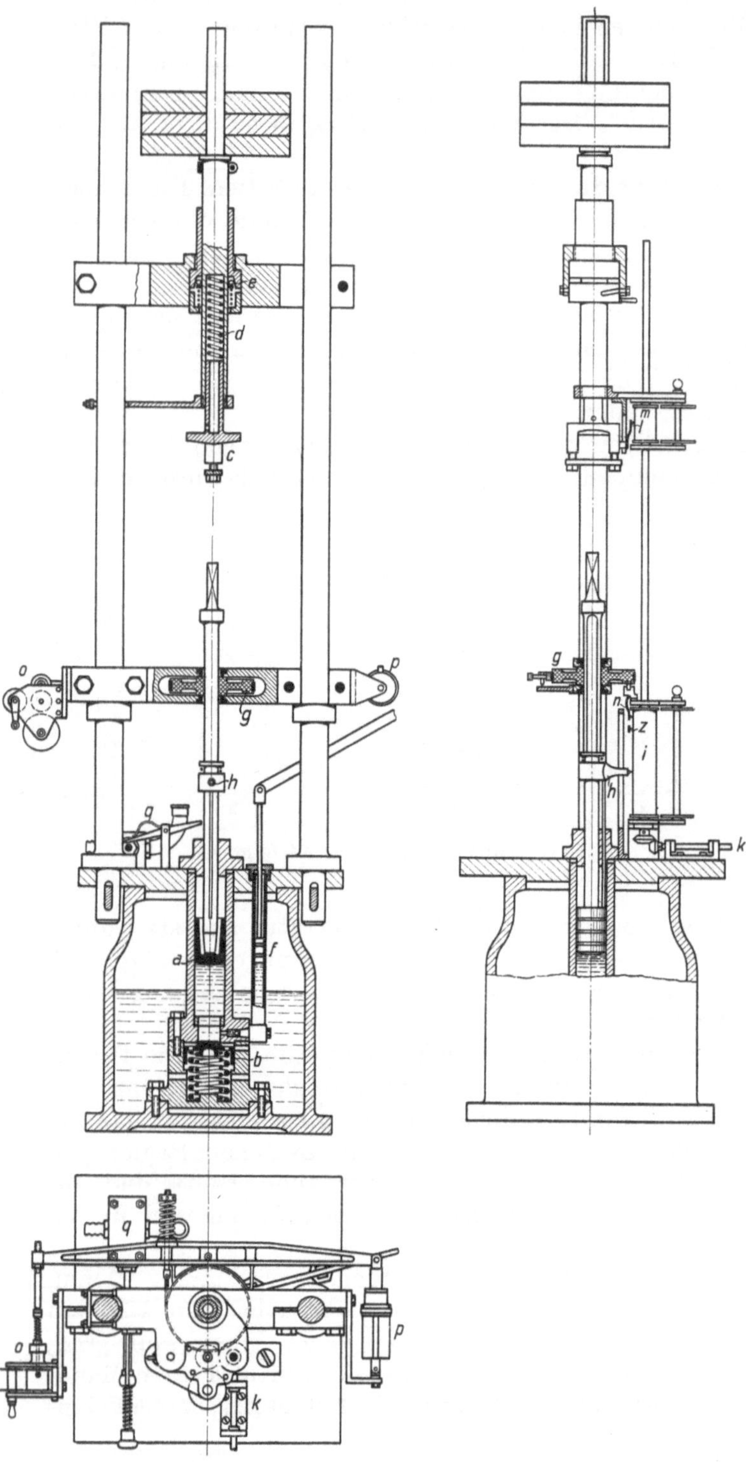

Abb. 585. Prüfgerät für Bohr- und Abbauhämmer (Westfälische Berggewerkschaftskasse).

a = Bremskolben, b = Bremsventil, c = Hammereinspannvorrichtung, d = Andruckfeder, e = Kugelringsperre, f = Ölpumpe, g = Bremsscheibe für Bohrhämmer, h = Schlagarbeitschreibstift, i = Schreibtrommel für Schlagarbeit, Schlagzahl, Drehzahl, Zeit, k = Schreibzeugantriebswelle, l = Rücklaufschreibstift, m = Rücklaufschreibtrommel, n = Drehzahlschreibstift, o = Drehmomentschreiber, p = Bremsendämpfung, q = Anlaßventil.

285. Rauchgasprüfer[1]. Bei den chemischen Rauchgasprüfern wird ein Rauchgasvolumen von 100 cm³ abgesperrt und analysiert. Erst wird das Rauchgas mit Kalilauge in Berührung gebracht, die gierig Kohlensäure absorbiert, dann zwecks Absorption des Sauerstoffs mit Pyrogallussäure oder mit in Wasser eintauchenden Phosphorstangen schließlich mit Kupferchlorürlösung, die — allerdings nur träg — Kohlenoxyd aufnimmt. Geht z. B. bei den einander folgenden Analysen das Rauchgasvolumen von 100 cm³ erst auf 89, dann auf 82, schließlich auf 81 cm³ zurück, dann enthält das Rauchgas 11 % CO_2, 7 % O_2 und 1 % CO, während der Rest als Stickstoff betrachtet wird. Da CO nur unsicher bestimmbar ist, begnügt man sich meist, nur CO_2 und O_2 zu bestimmen.

Von den Handgeräten ist das Orsat-Gerät am verbreitetsten. Der Orsat wird mit 2 oder 3 Absorptionsgefäßen ausgeführt, in die zur Vergrößerung der Absorptionsoberfläche Glasröhren eingesetzt sind. Abb. 586 veranschaulicht den Orsat schematisch. a ist ein Dreiwegehahn, durch den man das Meßgefäß c mit der Atmosphäre oder mit der Rauchgasleitung f verbindet. d und e sind durch Hähne absperrbare Absorptionsgefäße, die mit einem durch eine Gummiblase abgeschlossenen Nebengefäß kommunizieren; d ab-

[1] Über Zweck und Bedeutung der Rauchgasprüfung vgl. Ziffer 26 und 37; ferner sei verwiesen auf Winter: Wärmelehre und Chemie für Gruben- und Kokereibeamte. Berlin: Springer.

sorbiere CO_2, *e* absorbiere O_2. Mit dem Meßgefäß *c* ist die mit Wasser gefüllte Niveauflasche *b* durch einen Schlauch verbunden; indem man sie hebt, drängt man das im Meßgefäß befindliche Gas durch das überströmende Wasser heraus; senkt man sie, so saugt man durch das zurückfließende Wasser Gas in den Meßbehälter hinein. *g* schließlich ist ein Gummiball mit Rückschlagventil, durch den man die Rauchgasleitung *f* von Luft freipumpt. Über die Handhabung ist folgendes zu sagen: Die Entnahmeleitung *f* sei von Luft freigepumpt, in den Absorptionsgefäßen seien die Reagentien mittels der Niveauflasche bis zur Marke emporgesaugt, aus dem Meßgefäß *c* sei die Luft herausgedrängt; dann saugt man — um der Sicherheit willen wiederholt — Rauchgas in das Meßgefäß, das bis zur Marke 0 zu füllen ist, wobei das Wasser im Meßgefäß und in der Niveauflasche gleichhoch stehen muß. Die abgesperrten 100 cm³ treibt man mittels der Niveauflasche erst durch das die Kalilauge enthaltende Gefäß *d*, dann durch das Gefäß *e* hin und her, wobei erst CO_2, dann O_2 absorbiert wird. Der jedesmalige Volumenverlust in cm³ und damit der CO_2- bzw. O_2-Gehalt in Prozenten ist am Meßgefäß ablesbar, wobei die Reagentien wieder bis zur Marke emporgesaugt und die Wasserspiegel im Meßgefäß und in der Niveauflasche gleich hoch sein müssen. Die eingezeichneten Absperrhähne sind, wie es jeweils notwendig ist, zu öffnen und zu schließen. Wie oft eine Füllung benutzbar ist, hängt von ihrem Absorptionsvermögen ab, das man nur zu etwa $^1/_4$ ausnutzen soll.

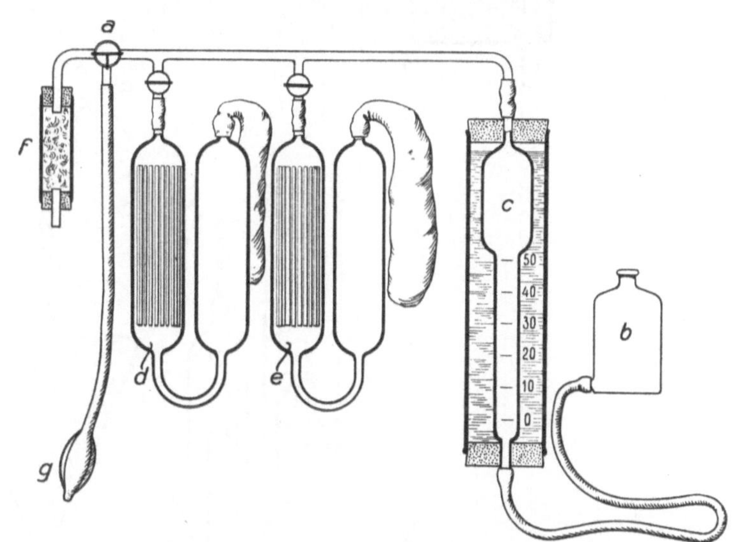

Abb. 586. Rauchgasprüfer nach Orsat.

Zur laufenden Überwachung der Feuerungsbetriebe dienen schreibende Rauchgasprüfer, die selbsttätig in 5 bis 10 Minuten Abstand eine Rauchgasprobe entnehmen und auf ihren CO_2-Gehalt analysieren. Das Grundsätzliche sei an dem in Abb. 587[1] dargestellten Gerät der Ados G. m. b. H., Aachen, erläutert. Zum Antrieb dient Wasserleitungswasser. Dieses strömt aus dem mit Überlauf versehenen Kasten *a* einmal durch das Saugrohr *b* ab, wobei von *c* her über das Meßgefäß *d* hinweg Rauchgas angesaugt wird; dann fällt das Wasser durch den Hahn *f* in das Standrohr *g* und aus diesem in den „Schwimmer" *h*, wobei es mit Hilfe des Hebers *i* die periodische Entnahme und Analyse der Rauchgasproben betätigt. Der Schwimmer *h* wird grad von neuem gefüllt, sinkt nieder und drängt das ihn umgebende, in einem abgeschlossenen Gefäße befindliche destillierte Wasser in die beiden Schenkel des Meßgefäßes *d*. Steigt das Wasser bis zur Höhe *xx*, so ist dem Gasstrom der Weg über das Meßgefäß *d* gesperrt, und das Gas muß durch das Glyzerin enthaltende Sperrgefäß *e* hindurchperlen. Das weiter steigende Wasser drängt das im Meßgefäß eingeschlossene Gas — steht das Wasser an der Mündung des durch den Gummibeutel *j* abgeschlossenen Rohres, sind es gerade noch 100 cm³ — durch das Kapillarrohr *k* in das Absorptionsgefäß *l*, aus dem eine entsprechende Menge Kalilauge in das mit ihm kommunizierende Luftgefäß *m* verdrängt wird. Die aus *l* nach *m* übertretende Kalilaugenmenge ist aber nicht mehr 100 cm³, sondern wenn das Rauchgas 5% CO_2 enthielt, nur noch 95 cm³, wenn es 10% CO_2 nur noch 90 cm³ usw. Um den CO_2-Gehalt der Gasprobe festzustellen, ist also nur zu bestimmen, wieviel cm³ Kalilauge in das Luft-

[1] Nach Gramberg: Technische Messungen, 5. Aufl. Berlin: Springer 1923.

gefäß *m* übergetreten sind; doch mißt man, da höchstens 20% CO_2 in Frage kommen, nur das 80 cm^3 übersteigende Volumen. Die von den ersten 80 cm^3 Kalilauge verdrängte Luft kann nämlich durch das beiderseits offne, in der Glocke *o* hängende Röhrchen *n* entweichen. Dann steht die Kalilauge bis zur untern Mündung des Röhrchens *n*, und die weiterhin übertretende Kalilauge hebt die Glocke *o* und das mit ihm verbundene Schreibzeug. Das in seiner tiefsten Lage 20% CO_2 anzeigende Schreibzeug steigt um so höher und zeigt um so geringeren CO_2-Gehalt, ein je größeres Volumen Kalilauge übertritt.

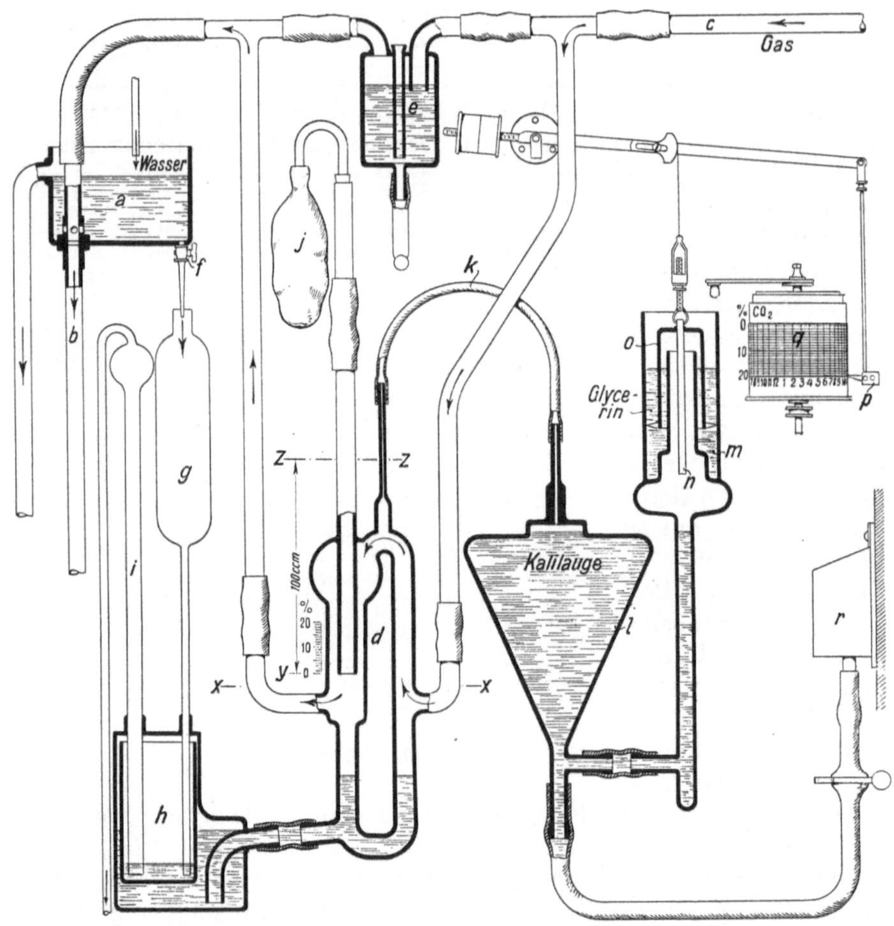

Abb. 587. Selbsttätiger, schreibender Rauchgasprüfer (Ados).

Während des dargelegten Meßvorganges hat sich das Wasser im Rohre *g* und im Heber *i* angestaut und ist bis zum Scheitel des Hebers gestiegen, worauf der Schwimmer *h* durch den Heber schnell entleert wird und wieder hochgeht. Nun tritt das Sperrwasser zurück, und es wird dem Gasstrom der Weg über das Meßgefäß wieder freigegeben, die Kalilauge tritt aus dem Gefäß *m* ins Gefäß *l* zurück, und die neue Messung beginnt. Geräte dieser Art haben sich bei guter Pflege bewährt. Ähnliche Rauchgasprüfer werden von de Bruyn, von der Maihak A.-G., von der Gesellschaft für Kohlenerparnis Arndt & Co., und andern gebaut.

Außer den chemischen sind eine ganze Zahl auf physikalischer Grundlage beruhender, selbsttätig wirkender Rauchgasprüfer vorhanden (Union, Ranarex, Siemens & Halske u. a.), die sich zum Teil gut bewährt haben; ferner ist der chemisch-physikalische Rauchgasprüfer der Askania-Werke anzuführen.

Namen- und Sachverzeichnis.

Abbauhämmer 356 ff.
—, Behandlung der 368
Abbauhammerbauarten 364
Abbauhammerkennwerte 361
Abbaulokomotiven 397, 406
Abdampfheizung 181
Abdampfspeicher 185
—, Fördermaschine mit 185
Abdampfturbine 166
Abdampfverwertung 181ff.
Abhitzefeuerungen 60
Abnahmeversuche an Dampfkesseln 51
— an Dampfmaschinen 137
— an Dampfturbinen 180
— an Kompressoren 319, 330
— an Ventilatoren 418
Abreißzündung 202
Abwärmekessel 208
Achsenregler 131
Adiabate 12, 299
Adiabatische Zustandsänderung 11ff.
Akkumulatorlokomotive 406
Alarmpfeife 89
Ammoniakkompressor 407
Anfahrregler 250
Anzapfturbinen 165, 175
Äquivalente Grubenweite 411
Arbeitswert der Wärme 8
Askania-Messer 436
Auspuffbetrieb von Dampfmaschinen 135
Ausströmgeschwindigkeit 32
Ausströmmenge 33
Ausströmung aus Düsen und Blenden 31
Avogadro, Gesetz von 6
Axialschub bei Dampfturbinen 156, 161, 174
— bei Kreiselpumpen 290, 292
— bei Turbokompressoren 323
— bei Ventilatoren 413

Bandantriebe 392
Bandrolle, Druckluft- 393
Behälterausflußmessung 427
Benson-Hochdruckkessel 79
Benzolgrubenlokomotiven 399
Blendenmessungen 430 ff.
Blockmotoren 346
Bobinenförderung 218
Bodenentleergefäß 212
Bohrhammerbauarten 371
Bohrmaschinen, drehende 375
—, stoßende 375
Bremsberechnung 248, 264
Bremsbergförderung 382
Bremsdruckregler 246
Bremsen für Förderhaspel 264
— für Fördermaschinen 244, 248
—, Endauslösung der 250
Bremsleistungsmessung 419
Bremsmagnetstromkreis 267
Bremsmotor 355
Brennstoffe 37 ff.
—, feste 37
—, flüssige 38
—, gasförmige 38
—, Heizwert der 39
Brennstoffpumpe 209
Brennstoffventil 208
Bunte, Diagramm von 42

Carnot-Prozeß 29
Curtisrad 160
Curtis-Turbine 159

Dampf, Ausströmgeschwindigkeit von 31 ff.
Dampffördermaschinen 236 ff.
—, Dampfsteuerung der 240
Dampfkessel, Ausrüstung der 86
— bauarten 66 ff.
— explosion 45
— feuerungen 52 ff.
—, gesetzliche Bestimmungen 45
—, Hauptteile der 47
— leistung 48
— messungen 51
— prüfung 45
— überwachung 45
—, Versuche an 51
— wirkungsgrade 50
Dampfleitungen 96
—, Abkühlungsverluste in 96
—, Druckverluste in 99 ff.
Dampflokomotive 71
Dampfluftgemisch 6, 150, 337
Dampfmaschinen 121ff.
—, Auspuff- und Kondensationsbetrieb der 135
— betrieb mit überhitztem Dampf 135
—, Dampfverbrauch der 135
—, Diagramme der 121, 133, 134, 135
—, Gleichstrom- 132
—, Leistungsversuche an 137
—, Regelung der 122
—, Steuerungen der 123ff.
Dampfmaschinen, thermischer, thermodynamischer Wirkungsgrad der 135
—, Verbund- 133
Dampfmesser 433
Dampfspeicher 189
Dampfsteuerung der Fördermaschinen 240
Dampftabellen 17, 19
Dampfturbinen 154 ff.
—, Abdampf- 166
—, Abnahmeversuche an 180
— bauarten 159 ff.
—, Dampfverbrauch der 179
—, Energieumformung in 154
—, Entnahme- 165, 175
—, Entwicklung der 159
—, Gegendruck- 164, 175
—, Gleichdruck- 159, 161
—, Kondensations- 164, 172
—, Leistungsversuche an 180
—, Mehrgehäuse- 174
—, Radial- 163
—, Regelung der 168
—, Sicherheitsregler der 170
—, Steuerungen der 169, 170, 173
—, Stopfbüchsen und Lager der 178
—, thermodynamischer Wirkungsgrad der 179
—, Überdruck- 160
—, Zweidruck- 166, 176
Dampfüberhitzer 81
Dampfverteilung, fehlerhafte 133
Deutzer Motor 204, 208, 211
Diagramme der Kolbenmaschinen 108
Dieselgrubenlokomotiven 400
—, Sicherheitseinrichtungen der 402
Dieselmaschinen 208 ff.
—, kompressorlose 211
Differentialpumpe 275
Differenzdruckmesser 421
Doppelschiebersteuerungen 126
Drehbohrmaschinen 375
Drehkolbenkompressoren 313
Drehkolbenmotoren 345
Drehstromförderhaspel 262
Drehstromfördermaschine 265
Dreieckwehr 428
Drillingsrutschenmotor 391
Drosselregelung 122, 168
Drosselung 20, 335
Druckabfall 97
Druckluftantriebe 345 ff.

Druckluftdrehbohrmaschine 375
Druckluftenergieübertragung 330 ff.
—, Wirkungsgrad der 343
Druckluftgrubenlokomotiven 394 ff.
Drucklufthämmer 356 ff.
Druckluftkosten 305, 331
Druckluftleitungen 341
Druckluftmesser 435
Druckluftmotorarbeit 14, 300
Druckluftmotoren 345
—, Bauarten der 345
—, Eisbildung in 340
—, Luftverbrauch der 332
—, Steuerungen der 346
Druckluftturbinen 345, 416
Druckluftverbrauch der Motoren 332, 344
Druckluft, Wasserabscheidung aus der 336
Druckmessung bei Gasen und Flüssigkeiten 420
Druckminderventil 396
Druckpumpen 274
Druckverlust in Leitungen 97, 99
Duplex-Pumpen 279
Durchflußmessungen 430 ff.
Durchflußregler 170, 257
Durchflußzahl 431
Durchlaßvermögen 412
Düsen, Messungen mittels 430 ff.
Dynamischer Druck 410, 422, 428

Effektive Leistung 112
Einzelmahlanlage 78, 94
Eisbildung im Druckluftmotor 340
Ekonomiser 83
Elektrische Fördermaschinen 262
— Grubenlokomotiven 405
Endausschalter 250, 263, 267
Energieverluste durch Drosselung 335
Entlüftungssteuerung 357
Entnahmemaschinen und -turbinen 165, 166, 175
Entropiebegriff 19
Entropietafel für Luft 28
— für Wasserdampf 23, 24, 25
Entropietafeln 21 ff.
Entzündungstemperatur 37
Expansionsarbeit 11, 13

Fahrdrahtlokomotiven 405
Fahrwiderstand 393
Fahrtregler für Fördermaschinen 250 ff.
Feuchtigkeitsgrad 337
Feuerlose Dampflokomotive 188
Feuerraumbelastung 48
Feuerröhrenkessel 69
Feuerungen der Dampfkessel 52 ff.
Feuerungstemperatur 52
Flammrohrkessel 69
Fliehkraftregler 115 ff.
—, Arbeitsvermögen der 117
—, Bauarten der 116
—, Einstellung auf veränderliche Drehzahl 119
—, Hubdrehzahllinien der 116
—, mittelbar wirkende 118
—, Muffendruck der 117
—, Stabilitätsgrad der 116
—, Unempfindlichkeitsgrad der 117
—, Ungleichförmigkeitsgrad der 117
—, Verstellkraft, Verstellvermögen der 117
Flügelradwassermesser 425
Flugasche, Flugkoks 53
Förderbandantriebe 392
Förderhaspel mit Druckluftantrieb 381
— mit Drehstromantrieb 262
Fördermaschinen mit Dampfbetrieb 236 ff.
—, Dampfverbrauch der 243
— mit Drehstromantrieb 265
— mit Gleichstromantrieb 265
—, schnellaufende 242
Förderseile 228
—, Behandlung der 231
—, Berechnung der 229
—, Prüfung der 230
—, Schäden der 231
—, Überwachung der 230
Füllungsregelung 122, 168, 201

Gasfeuerungen 58
Gaskonstante 6, 10
Gasuhren 426
Gay-Lussacsches Gesetz 4
Gefällespeicher 187
— von Rateau 187
— von Ruths 188
Gefäßförderung 212
Gegendruckmaschinen, Dampfverbrauch der 182
Gegendruckturbinen 164, 175
Gegenlaufturbine 163
Gegenmotor 385, 387
Gegenzylinder 385, 387
Gemischregelung 201
Geradzahnmotoren 352
Gesättigter Dampf 3, 7, 16
Geschwindigkeitszeiger 261
Gestellförderung 212
Getriebedampffördermaschine 242
Getriebeumsteuerung 345, 351
Glattrohrvorwärmer 84
Gleichdruckspeicher 186
Gleichdruckturbine 156, 157
Gleichstromdampfmaschine 132
Gleichstromfördermaschine 265
Gleichwertige Öffnung 411
Gleichwertige Rohrlängen 104
Glockenspeicher 189
Glühkopfmotor 212
Geradzahnmotoren 352
Gradierwerke 152
Granulierrost 77
Großgasmaschinen 205
—, Leistungssteigerung bei 206
—, Verwertung der Abwärme von 207
Großwasserraumkessel 67
Grubenlokomotiven 394 ff.
—, Benzol- 399
—, Diesel- 400
—, Druckluft- 394
—, elektrische 405

Haspel 262, 381
Haspelbremsen, Berechnung der 264
Hauptgrubenventilatoren 413 ff.
—, regelbare Antriebe für 415
Heißdampfregelung 69, 82
Heizflächenbelastung 48
Heizfläche von Kesseln 48
Heizröhrenkessel 69
Heizwert 39
— fester, flüssiger, gasförmiger Brennstoffe 39
— von Gasluftgemischen 41
Hochdruckkompressoren 317
Hochdruckluftanlage 398
Hochdruck-Vorschaltturbine 165, 175
Höchstdruckkessel 78 ff.
Hubpumpen 274
Hubraum 108
Hydraulische Fahrtregler 257

Ilgner-Umformer 267
Impfanlagen für Kühlwasser 145
Indikator 110
Indikatordiagramme 108
—, Trapezregel 110
Indirekt wirkende Regler 118
Indizierte Leistung 111
Injektor 91
Innenfeuerungen 54
Isotherme 11, 299
Isothermischer Wirkungsgrad 304, 321, 411
Isothermische Zustandsänderung 11, 298
is-Tafeln 21, 24, 25, 26, 28

Kalk-Soda-Verfahren 92
Kälteerzeugung 407
Kälteflüssigkeiten 408
Kältemaschinen 407
—, Verwendung der 409
Kaminkühler 153
Kapselwassermesser 424
Kennlinien der Abbauhämmer 363
— der Bohrhämmer 370
— der Druckluftmotoren 348, 351, 353
— der Kreiselpumpen 287
— der Turbokompressoren 325
— der Ventilatoren 412

Kerbmaschinen 381
Kerzenzündung 202
Kesselarmatur 86
Kesselröhren, Einwalzen der 80
Kesselspeisepumpen 89, 281, 292
Kettenschrämmaschine 376
Kiesselbach-Speicher 186
Kippgefäß 212
Kippwassermesser 423
Kleinwasserraumkessel 67
Klinkensteuerung 129
Knaggensteuerungen 238
Kohlensäurelöscheinrichtung 402
Kohlenschneider 381
Kohlenstaubaufbereitung 94
Kohlenstaubbrenner 61
Kohlenstaubfeuerungen 60
Kohlenstaubmühlen 94
Kolbengeschwindigkeit 106
Kolbenkompressoren 297 ff.
—, Antriebsleistung der 304
—, Antrieb und Aufbau der 305
—, Arbeit der 14, 299, 303
—, Diagramm der 297, 315, 316
— mit Drehkolben 313
—, Energieverbrauch der 305
—, Kühlung der 301
—, Leistungsversuche an 319
—, Liefergrad der 298
—, mehrstufige 302, 303
—, Regelung der 310
—, Steuerungen der 307
—, Vergleich mit Turbokompressoren 329
—, volumetrischer Wirkungsgrad der 298
—, Wirkungsgrade der 298, 304
— mit Zwischenkühlung 302
Kolbenmaschinen, Allgemeines über 105 ff.
—, mechanischer Wirkungsgrad der 112
Kolbenpumpen 269 ff.
—, Antrieb der 278
—, Antriebsleistung der 271
—, Ausrüstung der 272
—, Diagramm der 270
—, Nutzleistung der 271
—, Saughöhe, Druckhöhe, Förderhöhe der 269, 270
—, Schwungradlose 278
—, Vergleich mit Kreiselpumpen 294
—, volumetrischer Wirkungsgrad der 272
—, Wasserhaltungen mit 282
—, Windkessel der 273
—, Wirkung der 272
—, Wirkungsgrad der 271
Kolbenschiebersteuerung 125, 368
Kolbenwassermesser 424
Kompressorantriebsleistung 304
Kompressorarbeit 14, 299, 303
Kompressoren s. Kolbenkompressoren und Turbokompressoren
Kompressionsarbeit 11, 13
Kondensation des Abdampfes 138 ff.
—, Einspritz- oder Misch- 141
—, Gegenstrommisch- 142
—, Kühlwasserbedarf der 139
—, Oberflächen- 142
—, Pumpen für die 146
—, Vakuummessung bei 139
Kondensationsturbine 164
Kondensatordruck 138
Kondensatoren für Wasserdampf 141 ff.
—, Berieselungs- 144
—, Oberflächen- 142
—, Reinigen der Oberflächen- 144
Kraftwerk einer Zeche 194
Krämer-Mühlenfeuerung 63
Kreiselpumpen 285 ff.
—, Abteuf- 297
—, Antrieb der 293
—, Aufbau der 289
—, Ausrüstung der 293
—, Axialschubausgleich bei 292
—, Inbetriebsetzung der 293
—, Kennlinien der 287
—, Meßstand für 287
—, Regelung der 293
—, Schaufelformen der 285
—, Vergleich mit Kolbenpumpen 294
—, Wasserhaltungen mit 294
—, Wirkung der 285
—, Wirkungsgrad der 287
Kreiselverdichter s. Turbokompressoren
Kreisprozesse 29
Kritisches Druckverhältnis 31
Kritischer Zustand der Dämpfe 7
Kühltürme 153
Kühlwasserbedarf 139, 301, 321
Kühlwasserimpfung 145
Kulissensteuerungen 127, 238, 346, 384, 397
Kurbeltrieb 106
Kurbeltriebkräfte 114

Lamellenmotoren 347
La-Mont-Hochdruckkessel 79
Laval-Turbine 159
Leistungsgewicht 362
Leistungsregler 120
Leistungsversuche s. Abnahmeversuche
Leonard-Schaltung, Fördermaschine mit 265
Liefergrad 298
Ljungström-Luftvorwärmer 86
— -Turbine 163
Löffler-Hochdruckkessel 80
Lokomotivfahrschalter 406
Lokomotivkessel 70
Lopulco-Feuerung 62
Luftausnutzungsgrad 334
Luftbedarf der Verbrennung 40
Luftdruck, hoher oder niedriger 334
Luftentropietafel 27
Lufterhitzer 49, 85
Luftleitungen 341
—, Druckverluste in 97, 99 ff., 335, 342
—, Geschwindigkeiten in 97, 342
Luftmessung 428, 432, 435
Luftschleuse 273
Luftüberschußzahl 40
Luftumsteuerung 345, 351
Luftverbrauch 332
Luftvorwärmer 49, 85
Luttenventilatoren 415

Magnetelektrische Zündeinrichtung 203
Mannlochverschluß 89
Manometer 88, 420
Mariottesches Gesetz 4
Martin-Rückschubrost 57
Mechanischer Wirkungsgrad 112, 200, 227, 304, 321, 410
Mehrgehäuseturbinen 174
Membranpumpe 281
Mengenmessungen, Allgemeines über 422
Messung strömender Gas- und Flüssigkeitsmengen 422 ff.
Meßkunde 418 ff.
Meßstand für Pumpen 288
Meßwehre 287, 427
Mittelbare Regelung 118, 169
Mollier-Diagramm 21, 23
Motorarbeit, isothermische und adiabatische 14, 300
Mühlenfeuerung 63
Mündungsdampfmesser 434
Muffenregler 115
Muschelschiebersteuerung 123

Neckar-Regenerativverfahren 93
Normaldampf 17
Nutzleistung 112, 271, 410

Oberflächenkondensationen 142
Ölfeuerungen 64
Orsat-Rauchgasprüfer 440
Otto-Motor 196

Parsons-Turbine 160
Peltonrad 156
Permutit-Verfahren 94
Pfeilradmotoren 348
—, Umsteuerung der 351
Pitotrohr 428
Planimeter 111
Planrostfeuerungen 54
Polytrope 13
Polytropische Zustandsänderung 13
Pronyscher Bremszaum 419
Prüfgeräte für Drucklufthämmer 438

Prüfstand für Drucklufthämmer 439
Pumpen s. Kolbenpumpen und Kreiselpumpen
Pumpen, das — der Turbokompressoren 326
Pumpendiagramm 270
Pumpenventile 276
PV-Diagramm 10, 29

Radialturbinen 156, 163
Rateau-Speicher 187
—-Turbine 161
—-Ventilator 414
Rauch 53
Rauchgase, Menge der 42
—, Zusammensetzung der 41
Rauchgasprüfer 440
Regelung, Allgemeines über 115
— der Dampfmaschinen 122, 129, 131
— der Dampfturbinen 166, 167, 168 ff.
— der Fördermaschinen 252 ff.
— der Kolbenkompressoren 310
— der Kolbenpumpen 278
— der Kraftmaschinen 115 ff.
— der Kreiselpumpen 293
— der Turbokompressoren 327, 328
— der Verbrennungskraftmaschinen 201, 210
—, mittelbare 118
—, statische und astatische 115, 252
Ringventile 276, 308
Ringwalzenmühle 95
Rippenrohrvorwärmer 84
Rohrleitungen 97, 341
—, Abkühlungsverluste in 96
—, Berechnung von 97 ff.
—, Druckverluste in 97
—, Geschwindigkeiten in 96, 97, 99, 342
Rohrschieber für Abbauhämmer 357, 364
Rohrwalzen 80
Rohrventil 128
Rostfeuerungen 54 ff.
Rostflächenbelastung 48
Rückdruck der Drucklufthämmer 358, 371
Rückführung 118, 241
Rückkühlanlagen 150
Rücklauf der Drucklufthämmer 359
Rückschlag der Drucklufthämmer 358, 371
Rückschubrost 57
Ruß 53
Ruths-Speicher 188
Rutschenantriebe 384 ff.
Rutschenbewegungsverhältnisse 388
Rutschenmotoren 385 ff.

Sankey-Diagramm 184
Säulenschrämmaschine 381
Schachtförderanlagen 212 ff.
Schachtförderung, Geschwindigkeitsverhältnisse der 217, 226
—, Leistungsverhältnisse der 226
—, Wirkungsgrad der 227
Schachtgefrierverfahren 409
Schädlicher Raum 108
Schaltungen im Dampfkraftbetrieb 190 ff.
Schaltungsbeispiele 191
—, Anzapfdampfvorwärmung 192
—, Fördermaschine mit Zweidruckturbine 194
—, Gegendruckbetrieb mit Speicherausgleich 192
—, Leistungsausgleich in Gegendruckanlagen 191
—, Pumpspeicherwerk 193
—, Speicherausgleich 193
—, Zechenkraftanlage 194
—, Zwischenüberhitzung 192
Schaltzeichen für Dampfschaltungen 191
Schieberdiagramme 124
Schieberellipse 124
Schiebersteuerungen 123 ff., 357
Schlagarbeit 361
Schlägermühle 63
Schlagwetterschutz der Lokomotiven 400, 402, 406
Schlepperhaspel 381
Schleuderkolbenmotor 347
Schleuderventilatoren 409
Schmidt-Hochdruckkessel 78
Schnellschlußbremse 245
Schnüffelventil 274
Schornstein 64
— verlust 42
Schrägrohrkessel 70
Schrägzahnmotoren 352
Schrämketten 377, 381
Schräm-Lademaschinen 356
Schrämmaschinen 356, 376 ff.
Schrämpicken 377
Schrämstangen 377
Schraubenventilatoren 410, 416
Schüttelrutschenantriebe 384
Schüttelrutschen, Bewegungsverhältnisse der 388
Schwungrad 113
Seilablenkung 216
Seilauflegen 232
Seilausgleich 217
Seilberechnung 229
Seilbremse 420
Seilgeschirr 231
Seilklemme 232
Seilprüfung 230
Seilrutsch 223
Seilscheiben 215
—, Anordnung der 215
Seilwandern 226
Sicherheitsbremse 244, 248

Sicherheitseinrichtungen der Fördermaschinen 236, 244, 250
— der Grubenlokomotiven 400, 402, 406
Sicherheitsregler von Dampfturbinen 170
Sicherheitsventil 88
Siegertsche Formeln 42, 43
Simplex-Pumpen 279
Skipförderung 212
Speiseraumspeicher 186
Speiseregler 89
Speisevorrichtungen 89
Speisewasser 46, 91
— reinigung 91
— vorwärmer 49, 83
—, Zusatz- 46, 91
Spezifische Wärme der Gase 9
Spiraltrommeln 220
Spülkopf 373
Stangenschrämmaschine 376
Staugerätmessung 428
Steilrohrkessel 73
Sternmotor für Druckluft 398
Steuerungen der Dampfmaschinen 123 ff.
— der Dampfturbinen 171, 172, 177
— der Fördermaschinen 238 ff.
— der Kompressoren 307
— der Pumpen 278, 279
Stoßbohrmaschinen 375
Stoßdämpfer 232
Stoßschrämmaschine 375
Stoßwirkungsgrad der Abbauhämmer 360
Strahldüsen 411, 415
Streckenvortriebmaschinen 376, 381
Stufenkompressoren 307
Sulzer-Abteufpumpe 297
— -Hochdruckkessel 80

Tachographen für Fördermaschinen 261
Tachographen, Tachometer 261, 418
Tangentialkraftdiagramm 113
Teilkammerkessel 72
Teilstrommessung 422, 425, 435, 436
Temperament 412
Teufenzeiger 250
Thermischer Wirkungsgrad 29, 135, 200
Thermodynamik 3 ff.
Thermodynamischer Wirkungsgrad 135, 179
Treibscheiben von Fördermaschinen 220 ff.
Treibscheibenförderhaspel 263, 382
Treibscheibenfutter 220
Treppenrostfeuerung 56
Trommeln von Fördermaschinen 219 ff.
Trommelförderhaspel 383

Ts-Diagramm 20, 23
Turbinen, Axial- 156
—, Axialschub der 157
—, Beaufschlagung der 156
—, Gegenlauf- 163
—, Gleichdruck- 156, 159, 161
—, Leistung der 157
—, Radial- 156, 163
—, Überdruck- 156, 160
Turbinenluttenventilatoren 416
Turbokompressoren 319ff.
—, Antrieb der 324
—, Antriebsleistung der 321
—, Aufbau der 322
—, Axialschubausgleich bei 323
—, Dampfverbrauch der 322, 328
—, Drucksteigerung bei 321
—, Kennlinien der 325
—, Kühlung bei 324
—, Kühlwasserbedarf der 321
—, Leistungsversuche an 330
—, das Pumpen der 326
—, Regelung der 327, 328
—, Vergleich mit Kolbenkompressoren 329
—, Wirkungsgrade der 321
—, Wirkungsweise der 320
Turbopumpen s. Kreiselpumpen

Überdruckturbine 156, 158
Überfallwehre 287, 427
Überhitzer für Wasserdampf 81
Überhitzter Dampf 3, 16, 18
Überhitzungsregelung 69, 82
Umstecktrommeln 220
Undichtheitsverlust 342
Unempfindlichkeit und Ungleichförmigkeit der Regelung 116
Unterfeuerungen 55
Unterschubrost 58
Unterseil 217, 229
Unterwind 55

Ventilatoren 409ff.
—, isothermischer Wirkungsgrad der 411
—, Kennlinien von 412
—, Leistungsversuche an 418
—, Lutten- 415
—, Schleuder- 409
—, Schrauben- 410
—, Wirkungsgrade der 410, 411
Ventile von Dampfmaschinen 128
— von Gasmaschinen 204
— von Kompressoren 307
— von Pumpen 276
Ventilsteuerungen 128, 357
— mit Achsenregler 131
Venturirohrmessungen 430, 432, 434
Verbandsformel, Heizwertberechnung nach der 39
Verbrennungskraftmaschinen 195ff.
—, Entwicklung der 196
—, Kühlung bei 203
—, Regelung der 201
—, Schmierung bei 204
—, Viertaktverfahren bei 197
—, Wärmeverbrauch der 200
—, Wirkungsgrade der 200
—, Zündung bei 202, 208, 212
—, Zweitaktverfahren bei 197
Verbrennungstemperatur 52
Verbunddampfmaschinen 133
Verbundfördermaschinen 236
Verbundwirkung bei Kolbenmaschinen 107
Verdampfzahl 48
Verdichtungsraum 108
Vereisung 341
Vergaser 202
Verstellkraft der Regler 117
Versuchskompressor 312
Viertaktmaschinen 204, 208
Viertaktverfahren 197
Vorfeuerungen 56, 61
Vorkammermotoren 211

Wanderrostfeuerungen 55
Wärme, Hauptsätze der 8
Wärmediagramm 19
Wärmeeinheit 8
Wärmespeicher 185
Wärmestromdiagramm 184
Wärmewert der Arbeit 8
Wasserabscheider 339
Wasserabscheidung aus Druckluft 336
Wasserdampf 3, 15ff.
—, Entropietafeln für 21, 22
—, Erzeugungswärme von 16
—, Tabellen für 17, 19
Wasserdampfgehalt der Luft 337
Wasserhaltungen mit Kolbenpumpen 282
— mit Kreiselpumpen 294
Wasserleitungen, Druckverlust in 99
Wassermesser 424
Wassermessung 423ff.
Wasserröhrenkessel 70ff.
— mit Wasserkammern 72
Wasserrückkühlanlagen 150
Wassersäule für Druckmessungen 421
Wasserstandglas 88
Wasserturbinen 155
Wasserwirbelbremse 420
Wehrmessungen 287, 427
Windkessel 273
Windsichter 95
Wirbelfeuerungen 62
Wirkungsgrad der Druckluftenergieübertragung 343
—, Gesamt- 272, 305, 322
—, Kessel- 50
—, isothermischer 304, 322, 411
—, mechanischer 112, 200, 227, 304, 321
—, thermischer 29, 135, 200
—, thermodynamischer 135, 179
—, volumetrischer 272, 298
—, wirtschaftlicher 201
Wurffeuerung 35

Zahnradmotoren für Druckluft 348ff.
Zahnradpumpen 281
Zentralmahlanlage 94
Zoelly-Turbine 161
Zonenrost 56
Zug bei Kesselanlagen 64ff.
Zugmesser 64, 421
Zündeinrichtung für Gasmaschinen 203
Zustandsgleichung der Gase 6
Zwangsdurchlaufkessel 78
Zwangsumlaufkessel 78
Zweidruckturbinen 166
Zweitaktmaschinen 207, 210
Zweitaktverfahren 197
Zwillingsmotor für Druckluft 346
Zwillingsrutschenmotor 389
Zwischengeschirr 232